测量量具与量仪实用技术手册

邱言龙　王　兵　主编

内 容 提 要

为了给从事机械制造工艺装备方面工作的工程技术人员提供一套可直接查阅参考的工具书，以利于正确理解和合理使用相关技术标准，从而为最终提高现代机械制造技术水平和经济效益服务，特组织编写本书。

本书是其中的一本，共八章，主要内容包括：几何量测量技术基础知识，几何公差与几何误差的检测，光滑极限量规和功能量规，技术测量常用量具与量仪，表面结构特征及其检测，典型零件的公差配合及其检测，尺寸链及其计算，为了更好地发挥机床工艺装备的效益，更好地服务企业，充分发掘机床工艺装备的最大潜能，专门介绍了测量量具量仪的正确使用与维护保养等知识。

本书可供从事机械制造工艺、机械工艺装备方面工作的工程技术人员查阅、参考，也可供机床工具设备维修人员和刀具、刃具管理人员阅读，还可作为机械加工制造方面技术和管理人员，以及高职高专、大专院校与机械制造有关专业的师生们参考。

图书在版编目（CIP）数据

测量量具与量仪实用技术手册/邱言龙，王兵主编．—北京：中国电力出版社，2022.3

ISBN 978-7-5198-6087-5

Ⅰ.①测…　Ⅱ.①邱…　②王…　Ⅲ.①机械加工—量具—技术手册　②机械加工—测量仪器—技术手册　Ⅳ.①TG8-62

中国版本图书馆 CIP 数据核字（2021）第 210774 号

出版发行：中国电力出版社
地　　址：北京市东城区北京站西街 19 号（邮政编码 100005）
网　　址：http：//www.cepp.sgcc.com.cn
责任编辑：马淑范（010-63412397）
责任校对：黄　蓓　常燕昆　马　宁
装帧设计：赵姗姗（版式设计和封面设计）
责任印制：杨晓东

印　　刷：三河市万龙印装有限公司
版　　次：2022 年 3 月第一版
印　　次：2022 年 3 月北京第一次印刷
开　　本：880 毫米×1230 毫米　32 开本
印　　张：24
字　　数：683 千字
定　　价：98.00 元

本书编委会

主　编　邱言龙　王　兵

副主编　李文菱　蔡伍军

参　编　王秋杰　汪友英　聂正斌　雷振国

主　审　李德富　刘迎久　胡新华

前　言

随着现代机械制造技术的不断发展，机械设备在工业企业中的作用和地位也显得越来越重要。机械是现代社会进行生产和服务的五大要素（即人力、资金、能量、材料和机械）之一，而能量和材料的生产也必须有机械的参与。任何现代产业和工程领域，甚至智能制造都需要应用机械，例如发电设备、农业机械、冶金矿山机械、交通运输机械、仪器仪表和自动化装置，乃至人们日常生活中普遍应用的自行车、钟表、照相机以及品类繁多的智能家用电器等。各个工程领域的发展，特别是现代人工智能的飞速进步，都要求机械工程有与之相适应的发展，都需要机械工程提供所必需的机械设备。机床工业属于机械工业的一部分，也称为机械工业装备，是关系国计民生、高铁动车、航空航天、国防科技尖端建设的基础工业和战略性产业。金属切削机床是加工机器零件的主要设备，它所担负的工作量，约占机器总制造工作量的40％～60％，机床工业技术水平直接影响机械制造工业产品的最终质量和劳动生产率。在世界范围内，特别是西方发达国家，机床工业广泛受到各国政府的重点关注，一个国家机床工业发展水平的高低，实际上标志着这个国家制造能力的大小。

装备工业是促进国民经济发展的最具活力的重要领域，机械设计则是装备工业的重要基础，机械设计的水平是装备工业产品质量和获得综合经济效益的关键。装备工业产品（包括其他工业产品中的机械部分）的机械设计通常应包括方案设计、结构设计、强度设计及精度设计。精度设计一般应包括装备工业产品的力学性能、物理性能、化学性能等性能参数的精度问题，几何量的精度设计是机械产品设计的重要部分。机械产品的几何精度设计，通常应包括尺寸公差、几何公差、表面结构以及机械零件几何要素之间的结合等技术要求的综合分析和处理，选择和确定相关参数的公差，生产中也常称之为公差与配合设计。对装备工业产品而言，当方案设计、结构设计、强度设计确定之后，公差与配合的设计即几何精度设计是保证产品性能和经济性综合效果极为重要的技术措施，它在产品研究、开发、设计、制造以及运行维修等各方面均发挥着重要作用。

我国非常重视机械产品几何精度的理论研究和标准化技术的发展，并且获得了一批具有国际先进水平的成果。20 世纪 50 年代末，我国首次发布了《极限与配合》的系列技术标准；我国的《形状和位置公差》的标准化工作开始于 20 世纪 60 年代初。进入 21 世纪以来，为适应全球经济一体化的需要，我国对有关公差与配合方面的标准，参照或等同 ISO 国际标准和国外工业先进国家的标准进行了修订，形成了既与国际接轨同时又体现我国几何精度理论研究和标准化技术成果的新标准体系，为保证装备工业产品质量的不断提高、推动装备工业的迅速发展，奠定了坚实的技术基础。

2018 年 11 月 16 日，国际计量大会通过了有关修订国际单位制的决议，明确自 2019 年 5 月 20 日起，7 个国际单位制（SI）基本单位全部实现由物理常数定义。为纪念这一里程碑式变革，国际计量组织将 2019 年第 20 个“5·20 世界计量日”主题定为“国际单位制——根本性飞跃”。

2019 年 5 月 20 日起，全世界将采用新的国际单位制，时间单位“秒（s）”、长度单位“米（m）”等 7 个基本单位全部从实物改为常数定义。这是国际单位制（SI）自 1960 年创立以来最重大的变革，标志着其定义不再与实物关联，而是根据定义复现单位量值。

国际单位制规定了7个具有严格定义的基本单位，分别是时间单位“秒（s)”、长度单位“米（m)”、质量单位“千克（kg)”、电流单位“安培”、温度单位“开尔文（K)”、物质的量单位“摩尔（mol)”和发光强度单位“坎德拉（cd)”。

中国计量科学研究院院长方向说，国际单位制（SI）是从“米制”发展起来的国际通用的测量语言，是人类描述和定义世间万物的标尺。

新的国际单位制启用后，新定义用自然界恒定不变的“常数”替代了实物，保障了国际单位制的长期稳定性。“定义常数”不受时空和人为因素的限制，保障了国际单位制的客观通用性。新定义可在任意范围复现，保障了国际单位制的全范围准确性。

新国际单位制生效后要进行的首要工作，恰恰是保证普通用户、产业界人士以及科研人员的量值测量仍是连续的、稳定的。国际单位制测量方法的变革，有助于重新梳理和构建测量手段、测量能力，进而提升产品质量，为质量强国和智能制造提供技术基础。

为配合机械制造行业产业转型升级，加强机械制造工艺装备合理使用和发挥应有的效益，为广大青年技术工人充实到一些优秀的大型乡镇企业和集团化民营企业，提供一套内容起点低、层次结构合理的机械制造工艺装备的实用参考书，我们组织了一批具有国家级职业教育示范院校资格的高职高专、技师学院、高级技工学校有多年丰富理论教学经验和高超的实际操作水平的教师，编写了本书。

本书共八章，主要内容包括：几何量测量技术基础知识，几何公差与几何误差的检测，光滑极限量规和功能量规，技术测量常用量具与量仪，表面结构特征及其检测，典型零件的公差配合及其检测，尺寸链及其计算，为了更好地发挥机床工艺装备的效益，更好地服务企业，充分发掘机床工艺装备的最大潜能，专门介绍了测量量具量仪的使用与维护保养等知识。

本书适合于职业技术院校、技师学院和高级技工学校机械设计与制造专业以及机电一体化专业、模具设计与制造专业、数控技术应用专业、汽车维修与应用专业、仪器仪表检测等机械制造相关专业教学使用，还可供机械设计与制造、模具设计与制造等工程技术人员、模具生产管理人员、中等职业学校教师参考使用。

本书由邱言龙、王兵任主编，李文菱、蔡伍军任副主编，参加组稿和编写的人员还有王秋杰、汪友英、聂正斌、雷振国等；周少玉、魏天普、彭燕林等为资料收集，数据统计和图片整理做了大量工作，在此一并表示感谢！本书由李德富、刘迎久、胡新华担任审稿工作，李德富任主审；全书由邱言龙统稿。

由于编者水平所限，加之时间仓促，搜集资料方面的局限，知识更新不及时等，新标准层出不穷，挂一漏十，书中错误在所难免，望广大读者不吝赐教，以利提高！欢迎读者通过 E-mail：qiuxm6769@sina. com 与作者联系！

编　者

2019. 8

目 录

第一章

几何量测量技术基础知识

第一节 测量和检验的基本概念

一、测量技术的含义

机械工业的发展离不开检验、测量技术的发展。机械产品和零件的设计、制造及检验、测量都是互换性生产中的重要环节。

在生产和科学试验中，为了保证机械零件的互换性和精度要求，经常需要对完工零件的几何量加以检验或测量，以判断这些几何量是否符合设计要求。

在测量过程中，应保证计量单位统一和量值准确。为了完成对完工零件几何量的测量和获得可靠的测量结果，还应正确选择计量器具和测量方法，研究测量误差和测量数据的处理方法。

在实际应用中，测量、测试、计量和计量学是经常使用的术语，了解其定义及相互之间的关系对于理解测量科学与技术的专业知识是非常重要的。

1. 测量

测量，在中国国家计量技术规范JJF1001—2011《通用计量术语及定义》中定义为：通过实验获得并可合理赋予某量一个或多个量值的过程。该定义包括两层含义：

（1）测量是一个实验过程，即从确定被测量及对测量的要求开始，开展选定测量原理和方法、选用测量标准和仪器设备、设计操作程序、规定测量条件、明确过程中的影响量、实施测量操作等工作，最后给出需要的测量结果。

（2）测量是为了合理地赋与某量一个或多个量值，合理赋予表明测量要按需进行，即按照测量范围、不确定度等方面的要求设计和开展恰当的测量活动，如测量人体身高采用激光干涉仪进行测量，对于资源是极大的浪费，没有任何必要；另外测量可以一次获得一个量值，也可以获得多个量值，即多参数测量，表明测量方法和手段是多样化的。

通过测量获得被测对象相应的量值，使人们对物体、物质和自然现象属性的认识过程达到从定性到定量的转化。

几何量测量是指为确定被测几何量的量值而进行的试验过程或一组操作，其实质就是将被测几何量 x 与作为计量单位 E 的标准量进行比较，从而确定两者比值 q 的过程或一组操作。因此，被测几何量的量值为

$$x = q \cdot E \tag{1-1}$$

式（1-1）表明，任何几何量的量值都由表征几何量的数值和该几何量的计量单位两部分组成。例如，几何量量值 x＝50mm，这里的 mm 为长度计量单位，数字 50 为以 mm 为计量单位时该几何量的量值的数值。

2. 测试

测试，这一名词是我国专用的一个术语，指具有试验性质的测量，目的是通过一系列的试验来确定其物体的特性或条件的最佳状态。它往往是在没有成熟的测量方法或测量条件的情况下，对被测量的测量，具有探索性、研究性和试验性的特点，其本质还是测量。“测试”经常与“计量”连用，如测试计量技术，即分别从研究探索和量值传递/溯源这两个角度来表述测量活动，另外，“测试”在使用时也经常等同于“测量”。

3. 计量与计量学

（1）计量。计量，这一名词也是我国专用的一个术语，在中国国家计量技术规范 JJF1001—2011《通用计量术语及定义》中定义为实现单位统一、量值准确可靠的活动。这种“活动”包括测量操作活动以及其他科技活动，如法律法规上的和行政管理的活动等。实现单位统一和量值准确可靠是计量的根本出发点，单位统一是量值准确的前提条件，因此建立各个量的单位以实现对各

种量进行分别定性和互相区分是非常必要的。量值准确是指测量结果具有合理的准确度；可靠则要求在不同时间、地点，由不同的操作者用不同仪器所确定的同一个被测量的量值，应当具有可比性。对于这一要求不会自发地得到满足，必须由社会上的有关机构、团体包括政府进行有组织的活动才能达到。这些活动大体包括进行科学研究，发展测量技术，建立基准、标准与保证测量结果具有溯源性的物质技术基础，以及制定计量法制、法规、条例，开展计量行政管理等。

概括地说，计量的特点可归纳为准确性、一致性、溯源性及法制性四个方面。

1）准确性。准确性是指测量结果与被测量真值的一致程度。由于实际上不存在完全准确无误的测量，因此在给出量值的同时，必须给出适应于应用目的或实际需要的不确定度或误差范围，否则所进行的测量的质量就无从判断，量值也就不具备充分的实用价值。所谓量值的准确，是在一定的不确定度、误差极限或允许误差范围内的准确。

2）一致性。一致性是指在统一计量单位的基础上，无论在何时、何地，采用何种方法，使用何种仪器，以及由何人测量，只要符合有关的要求，其测量结果就应在给定的区间内一致。也就是说，测量结果应是可重复、可复现、可比较的。计量的一致性不仅限于国内，也适用于国际。

3）溯源性。溯源性是指任何一个测量结果或计量标准的值，都能通过一条具有规定不确定度的连续比较链，与计量基准联系起来。这种特性使所有的同种量值，都可以按这条比较链通过校准向测量的源头追溯，也就是溯源到同一计量基准（国家基准或国际基准），从而使准确性和一致性得到技术保证。

4）法制性。法制性来自计量的社会性，因为量值的准确可靠不仅依赖于科学技术手段，还要有相应的法律、法规和行政管理。特别是对国计民生有明显影响，涉及公众利益和可持续发展或需要特殊信任的领域，必须由政府主导建立起法制保障。否则，量值的准确性、一致性及溯源性都不可能实现，计量的作用也难以发挥。

由此可见，计量是一种特殊形式的测量，因其具备上述四个特点而严于一般的测量，它有一套完整的体系，且形成一个专门的领域——计量领域。在相当长的历史时期内，计量的对象主要是物理量，随着科技进步和社会发展，现代的计量对象已扩展到工程量、化学量、生理量，甚至心理量，当前，普遍开展和比较成熟或传统的有几何量、力学、温度、电磁、无线电、声学、光学、时间频率、电离辐射和化学计量等，即所谓十大计量。

（2）计量学。计量学，在中国国家计量技术规范 JJF1001—2011《通用计量术语及定义》中定义为，测量及其应用的科学。从该定义可知，计量学包含研究测量的客观需求、测量过程、如何提供统一准确可靠的测量结果、应用中其效果和作用等内容，是一门与众多领域紧密相关的应用科学。

从学科发展来看，计量学是物理学的一部分，后来随着领域和内容的扩展而形成了一门研究测量理论与实践的综合性科学。特别是计量学作为一门科学，它同国家法律、法规和行政管理紧密结合的程度，在其他学科中是少有的。当前，国际上趋向于把计量学分为科学计量、工程计量和法制计量三类，分别代表计量的基础、应用和政府起主导作用的社会事业三个方面。这时，计量学通常简称为计量。

1）科学计量。科学计量是指基础性、探索性、先行性的计量科学研究，通常用最新的科技成果来精确地定义与实现计量单位，并为最新的科技发展提供可靠的测量基础。科学计量是国家计量研究机构的主要任务，包括计量单位与单位制研究、计量基准和标准研制、物理常量与精密测量技术研究、量值溯源与量值传递系统研究、量值比对方法与测量不确定度研究等。

2）工程计量。工程计量也称工业计量，是指各种工程、工业、企业中的实用计量，如有关能源或材料的消耗、工艺流程的监控以及产品质量与性能的测试等。工业计量涉及面甚广，随着产品技术含量提高和复杂性的增大，为保证经济贸易全球化所必带的一致性和互换性，它已成为生产过程控制不可缺少的环节。

3）法制计量。法制计量是与法定计量机构工作有关的计量，涉及对计量单位、计量器具、测量方法及测量实验室的法定要求。法制计量由政府或授权机构根据法制、技术和行政的需要进行强制管理，其目的是用法规或合同方式来规定并保证与贸易结算、安全防护、医疗卫生、环境监测、资源控制、社会管理等有关的测量工作的公正性和可靠性，因为这些测量工作直接涉及公众利益和国家可持续发展战略。

由此可见，科学计量既为法制计量提供技术保障，或者说法制计量是以科学计量为其行政执法的技术基础，还为工程计量和新技术发展提供测量基础。

4. 检验

检验是指判断被测几何量是否合格的试验过程或一组操作。

5. 测量常用术语

测量常用术语见表 1-1。

表 1-1　　　　测量常用术语

术语	定　义
测量	测量是把一个被测量值（如长度、角度、表面粗糙度等）与具有计量单位的标准量值进行比较，从而确定被测量值的过程
量具	测量工具简称“量具”，能直接测量出几何量、界限以及结构简单的计量器具，没有测量值的传动放大系统，如游标卡尺、直角尺、量规等
标尺间距	分度尺上相邻两分度线中心线之间的距离或圆弧长度。为了便于目力观察，一般间距在 1～2.5mm
分度值	分度尺上每个分度间距所代表的长度单位数值
测量力	计量器具对被测件的测量表面（位置）施加的测量压力，简称“测力”
示值范围	计量量具分度尺上所显示或指示最低值到最高值的范围
测量范围	计量量具在允许误差极限内能测量出的被测量的范围。测量范围不仅包括示值范围，而且还包括仪器的悬臂和尾座等的调节范围
读数精度	在计量量具上读数时所能达到的精确度
示值误差	计量量具的示值与被测量实际数值的差值
示值变动性	在相同的测量条件下，对同一被测量进行多次重复测量时，计量器具所指示的最大差值

续表

术语	定　义
回程误差	在相同条件下，当被测量不变时，计量器具沿正、反行程在同一测量点上所指示的最大差值
不确定度	它表示计量器具在内在误差影响下而使测量结果不能肯定的一个误差极限，一般包括计量器具的示值误差和校正零位用的标准器的误差
测量程序	根据给定的测量方法，具体说明在实施测量中所涉及的一套理论运用和实际操作程序

二、测量要素及测量过程

任何一个测量过程必须有被测对象和所采用的计量单位，同时要采用与被测对象相适应的测量方法，并且测量结果还要达到所要求的测量精度。因此，一个完整的测量过程应包括被测对象、计量单位、测量方法和测量精度四个要素。

（1）被测对象。在几何量测量中，被测对象主要是指零件的尺寸、形状和位置误差以及表面粗糙度、轮廓等几何参数。由于被测对象种类繁多，复杂程度各异，因此要熟悉和掌握被测对象的定义，分析和研究被测对象的特点。

（2）计量单位。我国法定计量单位中，几何量中长度的基本单位为米（m），长度的常用单位有毫米（mm）和微米（μm）。$1mm=10^{-3}m$，$1\mu m=10^{-3}mm$。在超高精度测量中，采用纳米（nm）为单位，$1nm=10^{-3}\mu m$。几何量中平面角的角度单位为弧度（rad）、微弧度（μrad）及度（°）、分（′）、秒（″）。$1\mu rad=10^{-6}rad$，$1°=0.017\ 453\ 3rad$。度、分、秒的关系采用60等分制，即$1°=60'$，$1'=60''$。

（3）测量方法。根据给定的测量原理，概括地说明在实施测量中所涉及的一套理论运用和实际操作。在测量过程中，应根据被测零件几何参数的定义，被测零件尺寸的大小、数量的多少，以及测量精度和测量效率等来确定所采用的测量方法。技术测量常用测量方法的分类见表1-2。

表 1-2 技术测量常用测量方法的分类

测量方法		意义和示例
分类方法	类型	
按获得测量结果的方式分类	直接测量	被测量值直接由量具指示数值获得，如千分尺、比较仪测轴径
	间接测量	测量出与被测量有关的其他量值后，通过计算方法获得被测量值，如正弦规测量锥角
按比较的方式分类	绝对测量	被测量值直接由示数装置上的全值读数表示，如千分尺测轴径既是直接测量又是绝对测量
	相对测量	由计量器具示数装置上读出的被测的量相对于已知标准量值的偏差值，如量块调整比较仪测轴径
按测量时是否有机械力分类	接触测量	量具或量仪的测头与被测表面直接接触并有机械作用的测力存在所进行的测量，如电动轮廓仪测量表面粗糙度
	非接触测量	量具或量仪的测头不与被测表面直接接触进行的测量，如气动量仪、干涉显微镜的测量均属于非接触测量
按同时测量被测几何量参数的多少分类	综合测量	被测件相关的各个参数合成一个综合参数来进行测量，从而判断被测件合格与否，如用螺纹量规对螺纹零件的测量
	单项测量	对被测件各个参数分别单独进行的测量，如分别测量螺纹的单一中径、螺距和牙型半角等
按测量的目的分类	主动测量	工件加工过程中进行测量，测量结果直接用来控制工件的加工精度，及时防止和消灭废品，如在磨床上安装的主动测量装置
	被动测量	工件加工完毕后进行测量，以确定工件的有关参数值，这种测量仅限于发现和剔除废品，如检查验收测量
按被测件与测量头在测量过程中的状态分类	静态测量	测量时，被测件静止不动，被测表面与测量头相对静止，如用游标卡尺测量轴径
	动态测量	测量时，被测件不停地运动，测量头与被测对象测量表面有相对运动，如用齿轮单面啮合测量仪测量齿轮的综合误差

续表

测量方法		意义和示例
分类方法	类型	
按测量条件的情况分类	等精度测量	如同一个人，用同一台测量仪器，在相同的条件下，以同样的方法仔细地测量同一个量，求测量结果平均值时所依据的测量次数也相同，因而可以认为每一测量结果的可靠性和精确程度都是相同的。在一般情况下，为了简化测量结果的处理，大都采用等精度测量
	不等精度测量	在不同的测量条件下，对于被测的量进行的测量，其测量结果的可靠性与精确程度各不相同

（4）测量精度。测量精度指测量结果与其真值相一致的程度。由于在测量过程中总是不可避免地出现测量误差，因此测量结果只是在一定范围内近似于真值。测量误差的大小反映测量精度的高低，测量误差大则测量精度低，测量误差小则测量精度高。只有测量误差足够小，才表明测量结果是可靠的。因此，不知道其测量精度的测量是不可信的测量。

第二节　长度、角度量值的传递

一、长度基准

在生产和科学试验中的测量需要标准量，而标准量所体现的量值需要由基准提供，因此，为了保证测量的准确性，就必须建立统一、可靠的计量单位基准。在我国法定计量单位制中，长度的基本单位是米（m）。米的最初定义始于1791年的法国，随着科学技术的发展，对米的定义不断完善。在1983年第十七届国际计量大会上正式通过米的定义是："1m是光在真空中于（1/299 792 458）s的时间间隔内所经路径的长度"。

米的定义主要采用稳频激光来复现。以稳频激光的波长作为长度基准具有很好的稳定性和复现性，因此不仅可以保证计量单位稳定、可靠和统一，而且使用方便，并且提高了测量精度。

1985 年，我国用自己研制的碘吸收稳定的 0.633μm 氦氖激光辐射来复现我国的国家长度基准。

二、长度量值的传递系统

在工程上，一般不能直接按照米的定义用光波波长来测量零件的几何参数，而是采用各种计量器具直接应用于实际生产中。为了保证长度量值的准确和统一，必须把复现的长度基准量值逐级准确地传递到生产中所应用的计量器具和被测零件上，即建立从长度基准一直到被测零件的长度量值传递系统，如图 1-1 所示。

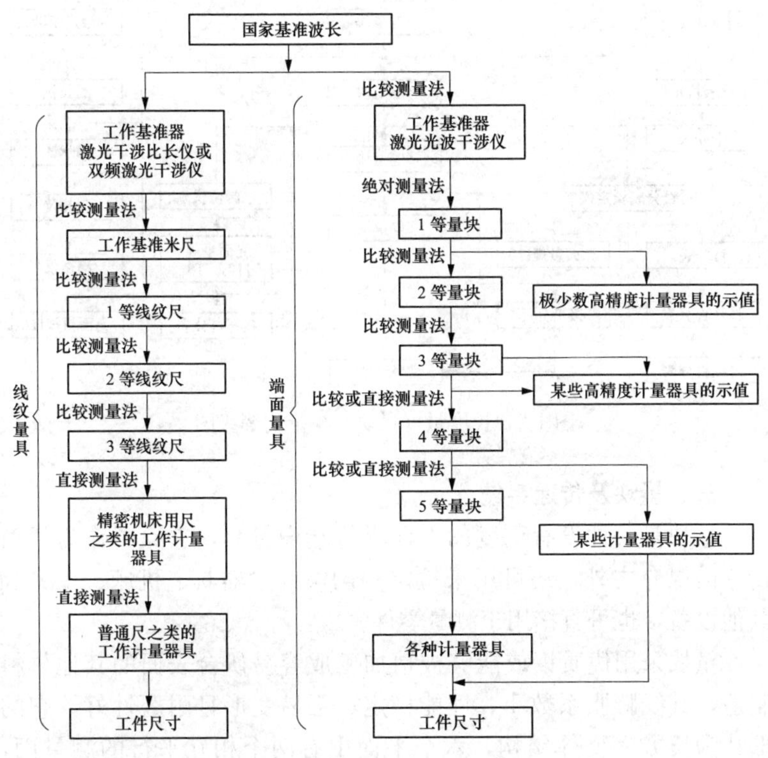

图 1-1　长度量值传递系统

长度量值从国家基准波长开始，分两个平行的系统向下传递，一个是端面量具（量块）系统，另一个是线纹量具（线纹尺）系统。因此，量块和线纹尺都是量值传递媒介，其中尤以量块的应用更为广泛。

如图 1-2 所示是长度量（量块）检定的等级图，图中省略了检定方法和技术指标的要求，但可以看出不同测量准确度的仪器对应着不同等级的量块。

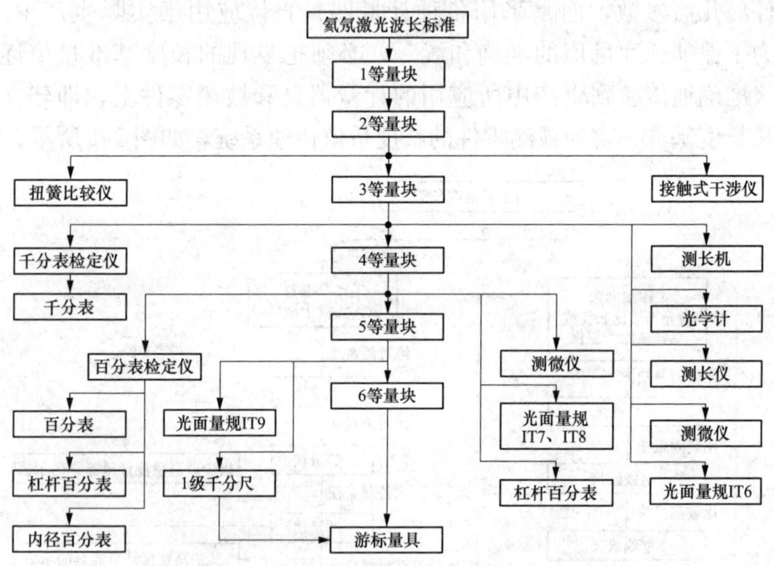

图 1-2　长度量（量块）检定的等级图

三、量块及传递系统

量块是一种没有刻度的平面平行端面量具，它除了作为量值传递的媒介之外，还可用来检定和调整计量器具、机床、工具和其他设备，也可直接用于测量零件。

量块采用优质钢或能够被精加工成容易研合表面的其他材料制造，其线膨胀系数小、性能稳定、不易变形且耐磨性好。它的形状为长方六面体结构，六个平面中有两个相互平行的测量面，测量面极为光滑平整，两测量面之间具有精确的尺寸。

1. 有关量块精度的术语

如图 1-3 所示，标注的各种符号是与量块有关的长度、偏差和误差的符号，量块的一个测量面与另一量块的测量面之间，或一个量块测量面与一个辅助体（玻璃或石英）平晶的测量面的表面之间，通过分子力的作用而相互能够粘合的性能称为量块的研合性。在图 1-3（a）中，量块的一个测量面研合在辅助体的表面上。

（1）量块长度：量块长度 l 是指量块一个测量面上的任意点到与其相对的另一测量面相研合的辅助体表面之间的垂直距离。

（2）量块的中心长度：量块的中心长度 l_c 是指量块一个测量面的中心点对应于量块未研合测量面中心点的量块长度。

（3）量块的标称长度：量块的标称长度 l_n 是指标记在量块上，用以表明其与主单位（m）之间关系的量值，也称为量块长度的示值。

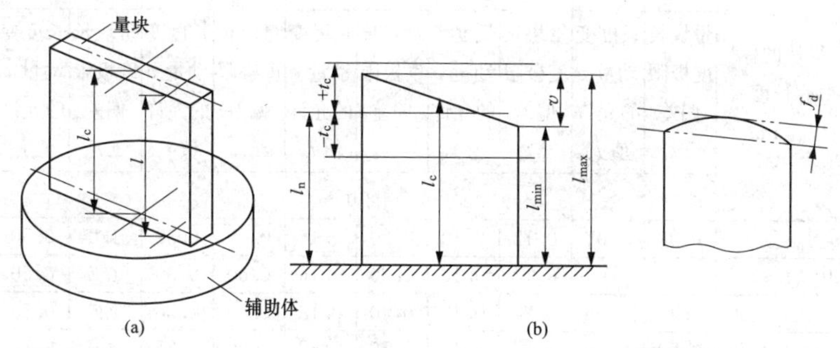

图 1-3　量块及有关量块的长度、偏差和误差的术语

（a）量块及相研合的辅助体；（b）量块的精度指标

（4）任意点的量块长度偏差：任意点的量块长度偏差，是指任意点的量块长度与标称长度的代数差，即，$e=l-l_n$。图 1-3（b）中的"$+t_e$"和"$-t_e$"为量块长度极限偏差。合格条件为 $+t_e \geqslant e \geqslant -t_e$。

（5）量块的长度变动量：量块的长度变动量 ν 是指量块测量面上任意点中的最大量块长度 l_{max} 与量小量块长度 l_{min} 之差，即 $\nu=l_{max}-l_{min}$，其允许值为 t_v，合格条件为 $\nu \leqslant t_v$。

（6）量块测量面的平面度误差：量块测量面的平面度误差 f_d 是指包容量块测量面的实际表面且距离为最小的两个平行平面之间的距离。其公差为 t_d，合格条件为 $f_d \leqslant t_d$。

2. 量块的精度等级

为了满足不同应用场合的需要，国家标准对量块规定了若干精度等级。

（1）量块的分级：按照 JJG 146—2011《量块》的规定，量块的制造精度分为五级：K、0、1、2、3 级，其中 K 级的精度最高，精度依次降低，3 级的精度最低。量块分“级”的主要依据是量块长度极限偏差$\pm t_e$。量块长度变动量的允许值 t_v见表 1-3，量块测量面的平面度公差 t_d见表 1-4。

表 1-3　　各级量块的精度指标

量块的标称长度 l_n/mm	K 级		0 级		1 级		2 级		3 级	
	量块长度极限偏差 $\pm t_e$	长度变动量 v 的允许值 t_v	量块长度极限偏差 $\pm t_e$	长度变动量 v 的允许值 t_v	量块长度极限偏差 $\pm t_e$	长度变动量 v 的允许值 t_v	量块长度极限偏差 $\pm t_e$	长度变动量 v 的允许值 t_v	量块长度极限偏差 $\pm t_e$	长度变动量 v 的允许值 t_v
	μm									
$l_n \leqslant 10$	0.20	0.05	0.12	0.10	0.20	0.16	0.45	0.30	1.0	0.50
$10 < l_n \leqslant 25$	0.30	0.05	0.14	0.10	0.30	0.16	0.60	0.30	1.2	0.50
$25 < l_n \leqslant 50$	0.40	0.06	0.20	0.10	0.40	0.18	0.80	0.30	1.6	0.55
$50 < l_n \leqslant 75$	0.50	0.06	0.25	0.12	0.50	0.18	1.00	0.35	2.0	0.55
$75 < l_n \leqslant 100$	0.60	0.07	0.30	0.12	0.60	0.20	1.20	0.35	2.5	0.60
$100 < l_n \leqslant 150$	0.80	0.08	0.40	0.14	0.80	0.20	1.60	0.40	3.0	0.65
$150 < l_n \leqslant 200$	1.00	0.09	0.50	0.16	1.00	0.25	2.0	0.40	4.0	0.70
$200 < l_n \leqslant 250$	1.20	0.10	0.60	0.16	1.20	0.25	2.4	0.45	5.0	0.75

注　距离量块测量面边缘 0.8mm 范围内不计。

表 1-4　　各个精度等级量块的平面度公差

量块的标称长度 l_n/mm	精度等级							
	1 等	K 级	2 等	0 级	3 等，4 等	1 级	5 等	2 级，3 级
	平面度公差 t_d/μm							
$0.5 < l_n \leqslant 150$	0.05		0.10		0.15		0.25	
$150 < l_n \leqslant 250$	0.10		0.15		0.18		0.25	

注　1. 距离量块测量面边缘 0.8mm 范围内不计。

2. 距离量块测量面边缘 0.8mm 范围内的表面不得高于测量面的平面。

（2）量块的分等：按照JJG146－2011《量块》的规定，量块的检定精度分为五等：1、2、3、4、5等，其中1等的精度最高，精度依次降低，5等的精度最低，各等量块的精度指标见表1-5。

量块按“级”使用时，应以量块的标称长度作为工作尺寸，该尺寸包含了量块的制造误差，量块按“等”使用时，应以经检定后所给出的量块中心长度的实际尺寸作为工作尺寸，该尺寸排除了量块制造误差的影响，仅包含检定时较小的测量误差。因此，量块按“等”使用的测量精度比量块按“级”使用的测量精度高。

表1-5　各等量块的精度指标

量块的标称长度 l_n/mm	1等		2等		3等		4等		5等	
	测量不确定度的允许值	长度变动量 v 的允许值 t_v	测量不确定度的允许值	长度变动量 v 的允许值 t_v	测量不确定度的允许值	长度变动量 v 的允许值 t_v	测量不确定度的允许值	长度变动量 v 的允许值 t_v	测量不确定度的允许值	长度变动量 v 的允许值 t_v
	μm									
$l_n \leqslant 10$	0.022	0.05	0.06	0.10	0.11	0.16	0.22	0.30	0.6	0.50
$10 < l_n \leqslant 25$	0.025	0.05	0.07	0.10	0.12	0.16	0.25	0.30	0.6	0.50
$25 < l_n \leqslant 50$	0.030	0.06	0.08	0.10	0.15	0.18	0.30	0.30	0.8	0.55
$50 < l_n \leqslant 75$	0.035	0.06	0.09	0.12	0.18	0.18	0.35	0.35	0.9	0.55
$75 < l_n \leqslant 100$	0.040	0.07	0.10	0.12	0.20	0.20	0.40	0.35	1.0	0.60
$100 < l_n \leqslant 150$	0.05	0.08	0.12	0.14	0.25	0.20	0.50	0.40	1.2	0.65
$150 < l_n \leqslant 200$	0.06	0.09	0.15	0.16	0.30	0.25	0.6	0.40	1.5	0.70
$200 < l_n \leqslant 250$	0.07	0.10	0.18	0.16	0.35	0.25	0.7	0.45	1.8	0.75

注　距离量块测量面边缘0.8mm范围内不计。

3. 量块的组合使用

量块除具有稳定、耐磨和准确的特性外，还具有研合性。利用量块的研合性，可以在一定的尺寸范围内，将不同尺寸的量块进行组合而形成所需的工作尺寸。按GB/T 6093—2001《几何量技术规范（GPS）长度标准量块》的规定，我国生产的成套量块有91块、83块、46块、38块等几种规格。表1-6列出了国产83块一套量块的尺寸构成系列。

表 1-6　　83 块一套的量块组成

尺寸范围/mm	间隔/mm	小计/块
1.01～1.49	0.01	49
1.5～1.9	0.1	5
2.0～9.5	0.5	16
10～100	10	10
1	—	1
0.5	—	1
1.005	—	1

量块组合时，为减少量块组合尺寸的累积误差，应力求使用最少的块数，一般不超过 4 块。组成量块组时，可从消去所需工作尺寸的最小尾数开始，逐一选取。例如，为了得到工作尺寸为 38.785mm 的量块组，从 83 块一套的量块中可分别选取 1.005、1.28、6.5、30mm 共 4 块量块，选取过程如下。

```
  38.785mm
一) 1.005mm      第一块量块
  37.780mm
一) 1.280mm      第二块量块
  36.500mm
一) 6.500mm      第三块量块
  30.000mm       第四块量块
```

四、溯源性

“计量”的特征之一是其所测得的量值具有溯源性。所谓溯源性是指通过具有给定不确定度的连续的比较链（连续的比较链称为溯源链）使测量结果，或标准的量值能够与有关的测量标准（通常是国家测量标准或国际测量标准）联系起来的特征，如图 1-4 所示为量块传递系统示意图。从图中可以看出，低等级量块的量值由高等级的量块进行量值传递，因此低等级量块量值可以依次溯源到最高等级量块上。而高等级的量块（通常指 1 等和 2 等量块）是用光波波长作为标准，通过干涉仪直接测量，即高等级量块的量值可以溯源到干涉测量所用的光波波长，量值传递是自上而下逐级传递，传递网络是政府建立的，有一种强制性的含义。强调的是对计量器具的检定或校准，体现了“器具”管理的特点。而量值溯源是自下而上的自发行为，由于比较链的存在可以越级，也可以逐级，强调的是“数据”的溯源，体现了“数据”管理的特点。

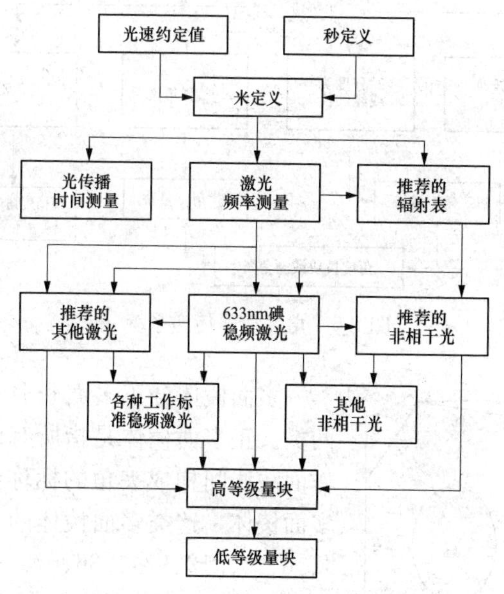

图 1-4　量块传递系统示意图

五、角度量值的传递系统

平面角的计量单位弧度，是指从一个圆的圆周上截取的弧长与该圆的半径相等时所对的中心平面角，任何一个圆周均形成封闭的 360°中心平面角，因此任何一个圆周可以视为角度的自然基准。只要对圆周的中心平面角进行细致的等分，就可获得任何一个精确的平面角。

角度量值尽管可以通过等分圆周获得任意大小的角度，而无需再建立一个角度自然基准，但在实际应用中为了特定角度的测量方便和便于对测角量具量仪进行检定，仍然需要建立角度量值基准。现在最常用的实物基准是用特殊合金钢或石英玻璃制成的多面棱体，并由此建立了角度量值传递系统，如图 1-5 所示。

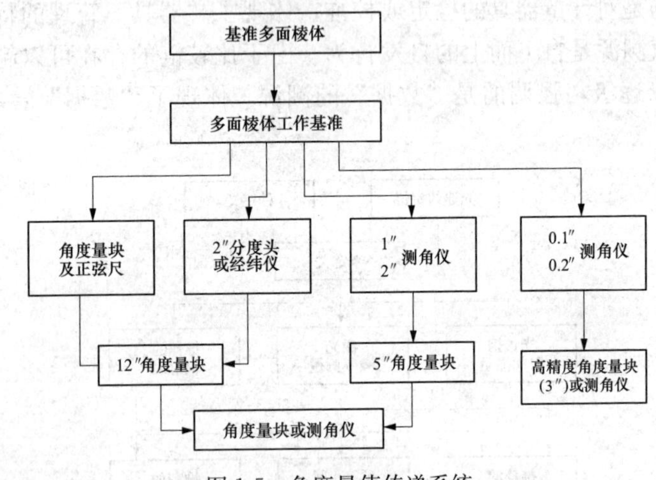

图 1-5　角度量值传递系统

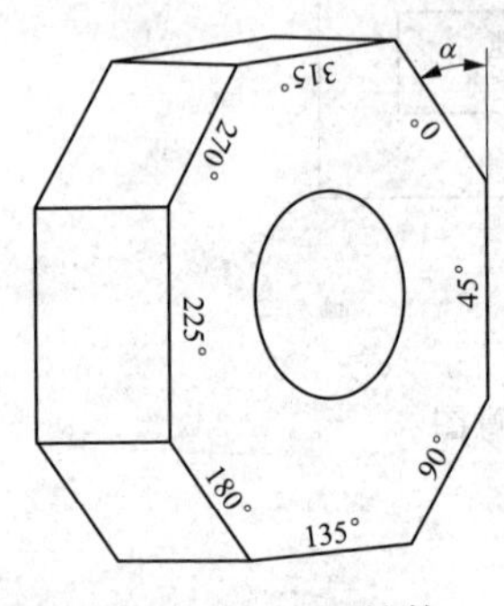

图 1-6　正八面棱体

多面棱体分正多面和非正多面棱体两类。正多面棱体是指所有由相邻两工作面法线间构成夹角的标称值均相等的多面棱体，这类多面棱体的工作面数有 4、6、8、12、24、36、72 等几种，如图 1-6 所示的多面棱体为正八面棱体，它所有相邻两工作面法线间的夹角均为 45°。因此用它作为角度基准可以测量任意 $n\times45^\circ$ 的角度（n 为正整数）。非正多面棱体是指各个由相邻两工作面法线间构成的夹角的标称值不相等的多面棱体。

用多面棱体测量时，可以把它直接安放在被检定量仪上使用，也可以利用它中间的圆孔，把它安装在心轴上使用。多面棱体通常与高精度自准直仪联合起来使用。

第三节 测量方法和计量器具的分类

一、测量方法的分类

广义的测量方法，是指测量时所采用的测量原理、计量器具和测量条件的综合。但是在实际工作中，测量方法一般是指获得测量结果的具体方式，它可从不同的角度进行分类。

（1）按实测几何量是否为被测几何量分类。

1）直接测量。直接测量是指被测几何量的量值直接由计量器具读出。例如，用游标卡尺、千分尺测量轴的外径大小。直接测量过程简单，其测量精度只与这一测量过程有关。

2）间接测量。间接测量是指欲测量的几何量的量值由几个实测几何量的量值按一定的函数关系式运算后获得。如图 1-7 所示的用弓高弦长法间接测量圆弧样板的半径 R，为了得到 R 的量值，只要测得弓高 h 和弦长 b 的量值，然后按它们的关系计算，即

$$R=\frac{b^2}{8h}+\frac{h}{2} \tag{1-2}$$

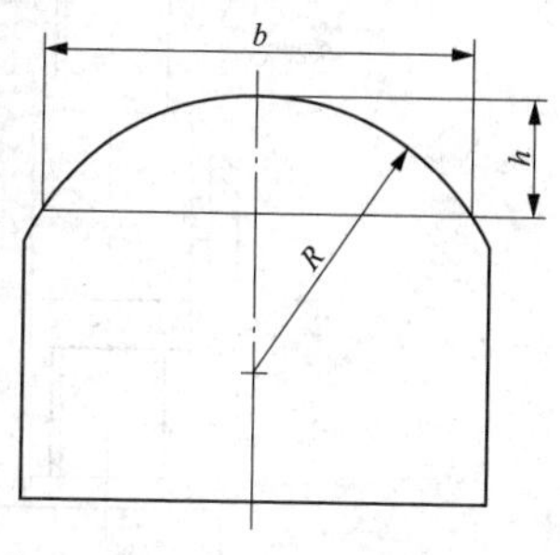

图 1-7 弓高弦长法测量圆弧半径

间接测量的精度不仅取决于几个实测几何量的测量精度，还与所依据的计算公式和计算的精度有关。因此，间接测量常用于受条件所限而无法进行直接测量的场合。

（2）按示值是否为被测几何量的量值分类。

1）绝对测量。绝对测量是指计量器具显示或指示的示值即是被测几何量的量值。例如，用游标卡尺、千分尺测量轴的外径大小。

2）相对测量。相对测量（比较测量）是指计量器具显示或指示出被测几何量相对于已知标准量的偏差，被测几何量的量值为已知标准且与该偏差值的代数和。如图 1-8 所示，用机械比较仪测

量轴的外径，测量时先用量块调整量仪示值零位，然后将轴放在工作台上进行测量，则机械比较仪指示出的示值为被测轴的外径相对于量块尺寸的偏差。一般来说，相对测量的测量精度比绝对测量的测量精度高。

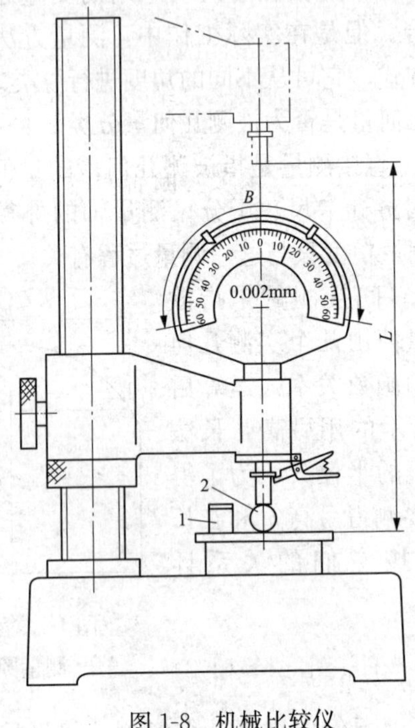

图 1-8 机械比较仪

1—量块；2—被测轴

（3）按测量时被测表面与计量器具的测头是否接触分类。

1）接触测量。接触测量是指测量时计量器具的测头与被测表面接触，并有机械作用的测量力。例如，用千分尺、机械比较仪测量轴的外径。在接触测量中，测头与被测表面的接触会引起弹性形变，产生测量误差。

2）非接触测量。非接触测量是指测量时计量器具的测头不与被测表面接触。例如，用光切显微镜测量表面粗糙度轮廓，用气动量仪测量孔的直径。非接触测量可以避免测量力引起的误差，故适宜于软质表面或薄壁易变形工件的测量。

（4）按工件上是否有多个被测几何量一起加以测量分类。

1）单项测量。单项测量是指分别对工件上的各被测几何量进行独立测量。例如，用工具显微镜测量外螺纹的牙侧角、螺距和中径。单项测量的效率比较低，但单项测量便于进行工艺分析。

2）综合测量。综合测量是指同时测量工件上几个相关几何量的综合效应或综合指标，以判断综合结果是否合格。例如，用螺纹量规通规检验螺纹单一中径、螺距和牙侧角实际值的综合结果是否合格。综合测量适用于只要求判断合格与否，而不需要得到具体的误差值的场合。

此外，还有动态测量和主动测量。动态测量是指在测量过程中，被测表面与测头处于相对运动状态，例如，用触针式轮廓仪测量表面粗糙度轮廓。动态测量效率高，并能测出工件上几何参数连续变化时的情况。主动测量是指在加工工件的同时对被测几何量进行测量。其测量结果可直接用以控制加工过程，及时防止废品的产生。主动测量适用于生产线上，因此也称在线测量。它使检测与加工过程紧密结合，充分发挥检测的作用，是检测技术发展的方向。测量方法的分类见表1-2。

二、计量器具的分类

计量器具按其本身的结构特点进行分类可分为量具、量规、计量仪器和计量装置四类。

（1）量具。量具是指以固定形式复现量值的计量器具，它可分为单值量具和多值量具两种。

单值量具是指复现几何量的单个量值的量具，如量块、直角尺等。多值量具是指复现一定范围内的一系列不同量值的量具，如线纹尺等。

（2）量规。量规是指没有刻度的专用计量器具，用以检验零件要素实际尺寸和几何误差的综合结果。使用量规检验的结果不能得到被检验要素的具体实际尺寸和几何误差值，而只能确定被检验要素是否合格，如使用光滑极限量规、螺纹量规、功能量规等检验。

（3）计量仪器。计量仪器（简称量仪）是指能将被测几何量的量值转换成可直接观测的指示值（示值）或等效信息的计量器具。计量仪器按原始信号转换的原理可分为以下几种：

1）机械式量仪。机械式量仪是指用机械方法实现原始信号转换的量仪，如指示表、杠杆比较仪等。这种量仪结构简单、性能稳定、使用方便。

2）光学式量仪。光学式量仪是指用光学方法实现原始信号转换的量仪，如光学比较仪、测长仪、工具显微镜、光学分度头、干涉仪等。这种量仪精度高、性能稳定。

3）电动式量仪。电动式量仪是指将原始信号转换为电量形式的测量信号的量仪，如电感比较仪、电容比较仪、触针式轮廓仪、圆度仪等。这种量仪精度高、测量信号易于与计算机接口，实现测量和数据处理的自动化。

4）光电式量仪。光电式量仪是指利用光学方法放大或瞄准，通过光电元件再转化为电量进行检测，以实现几何量的测量的计量器具，如光电显微镜、光电测长仪等。

5）气动式量仪。气动式量仪是指以压缩空气为介质，通过气动系统流量或压力的变化来实现原始信号转换的量仪，如水柱式气动量仪、浮标式气动量仪等。这种量仪结构简单、测量精度和效率都高、操作方便，但示值范围小。

（4）计量装置。计量装置是指为确定被测几何量量值所必需的计量器具和辅助设备的总体。

它能够测量同一工件上较多的几何量和形状比较复杂的工件，有助于实现检测自动化或半自动化。

三、计量器具的基本技术性能指标

计量器具的基本技术性能指标，是合理选择和使用计量器具的重要依据，其中的主要指标如下。

（1）标尺刻度间距。标尺刻度间距是指计量器具的标尺或分度盘上相邻两刻线中心之间的距离或圆弧长度。为了适于人眼观察，刻度间距一般为1～2.5mm。

（2）标尺分度值。标尺分度值是指计量器具的标尺或分度盘上每一刻度间距所代表的量值。一般长度计量器具的分度值有

0.1、0.05、0.02、0.01、0.005、0.002、0.001mm 等几种，例如，机械比较仪的分度值为 0.002mm。一般来说，分度值越小，则计量器具的精度就越高。

（3）分辨力。分辨力是指计量器具所能显示的最末一位数所代表的量值。由于在一些量仪（如数字式量仪）中，其读数采用非标尺或非分度盘显示，因此就不能使用分度值这一概念，而将其称为分辨力。例如，国产 JC 型数显式万能工具显微镜的分辨力为 0.5μm。

（4）标尺示值范围。标尺示值范围是指计量器具所能显示或指示的被测几何量起始值到终止值的范围，例如，机械比较仪的示值范围 B 为±60μm。

（5）计量器具测量范围。计量器具测量范围是指计量器具在允许的误差极限内所能测出的被测几何量量值的下限值到上限值的范围。测量范围上限值与下限值之差称为量程。例如，机械比较仪的测量范围 L 为 0～180mm，量程为 180mm。

（6）灵敏度。灵敏度是指计量器具对被测几何量变化的响应变化能力。一般来说，分度值越小，则计量器具的灵敏度就越高。若被测几何量的变化为 Δx，该几何量引起计量器具的响应变化能力为 ΔL，则灵敏度 s 为

$$s=\frac{\Delta L}{\Delta x} \tag{1-3}$$

当式（1-3）中的分子和分母为同种量时，灵敏度也称为放大比或放大倍数。对于具有等分刻度的标尺或分度盘的量仪，放大倍数 K 等于刻度间距 a 与分度值 i 之比，即

$$K=\frac{a}{i} \tag{1-4}$$

（7）示值误差。示值误差是指计量器具上的示值与被测几何量的真值的代数差。一般来说，示值误差越小，则计量器具的精度就越高。

（8）修正值。修正值是指为了消除或减少系统误差，用代数法加到未修正测量结果上的数值。其大小与示值误差的绝对值相

等，而符号相反。例如，示值误差为－0.004mm，则修正值为+0.004mm。

(9) 测量重复性。测量重复性是指在相同的测量条件下，对同一被测几何量进行多次测量时，各测量结果之间的一致性。通常，以测量重复性误差的极限值（正、负偏差）来表示。

(10) 不确定度。不确定度是指由于测量误差的存在而对被测几何量量值不能肯定的程度。如果给出不确定度时，就要指明置信概率。

第四节　测量误差及其数据处理

一、测量误差概述

1. 测量误差的基本概念

任何测量过程，无论采用如何精密的测量方法，其测得值都不可能是被测几何量的真值，即使在测量条件相同时，对同一被测几何量连续进行多次的测量，其测得值也不一定完全相同，只能与其真值相近似。这种由于计量器具本身的误差和测量条件的限制，而使测量结果与被测量的几何量真值之差称为测量误差。测量误差可用绝对误差或相对误差两种指标来评定。

(1) 绝对误差。绝对误差 δ 是测量结果 x 与被测量（约定）真值 x_0 之差，即

$$\delta = x - x_0 \tag{1-5}$$

因测量结果 x 可能大于或小于真值 x_0，因而绝对误差 δ 可能是正值，也可能是负值。这样，被测几何量的真值 x_0 则为

$$x_0 = x \pm |\delta| \tag{1-6}$$

由于各种测量方法和测量仪器的测量误差可查得其参考值，故利用式（1-6）可通过被测几何量的测得值，估算出真值 x_0 的范围。显然，测量误差 δ 的绝对值越小，则被测几何量的测得值就越接近于真值，因此测量精度就越高；反之，测量精度就越低。用绝对误差表示测量精度，适用于评定或比较大小相同的被测几何量的测量精度。

(2) 相对误差。相对误差 f 是指绝对误差 δ（取绝对值）与被测量（约定）真值 x_0 之比。由于被测几何量的真值 x_0 不知道，因此，在实际应用中常以被测几何量的测得值 x 代替真值 x_0 进行估算，即

$$f=\frac{|\delta|}{x_0}=\frac{|\delta|}{x} \tag{1-7}$$

显然，相对误差是一个量纲一样的数值，通常用百分比来表示。

【例 1-1】 如图 1-9 所示的齿轮液压泵端盖 1 孔 ϕ15H7 的测得值 $x_1=15.015$mm；泵体 3 孔 ϕ34.42H8 的测得值 $x_2=34.456$mm；并已知 $\delta_1=+0.002$mm，$\delta_2=-0.006$mm，试比较其测量精度。

解：由式（1-7）得

$$f_1=\frac{|\delta_1|}{x_1}=\frac{|+0.002|}{15.015}=0.013\%$$

$$f_2=\frac{|\delta_2|}{x_2}=\frac{|-0.006|}{34.456}=0.017\%$$

故端盖 1 孔的测量精度比泵体 3 孔的测量精度要高。

2. 测量误差的来源

由于测量误差的存在，测得值只能近似地反映被测几何量的真值。为了尽量减小测量误差，并减小测量误差的影响，提高测量精度，就必须仔细分析产生测量误差的原因。在实际测量中，产生测量误差的因素很多，归纳起来主要有以下几个方面的因素。

(1) 计量器具的误差。计量器具的误差是指计量器具本身所具有的误差。任何计量器具在设计、制造和使用过程中，都不可避免地要产生误差，这些误差的总和都将会反映在示值误差和测量的重复性误差上，而影响测量结果。

设计计量器具时，为了简化结构而采用近似设计的方法会产生测量误差。例如，机械杠杆比较仪的结构中，测量杆的直线位移与指针杠杆的角位移不成正比，而其标尺却采用等分刻度就是近似设计的例子，测量时它会产生测量误差。

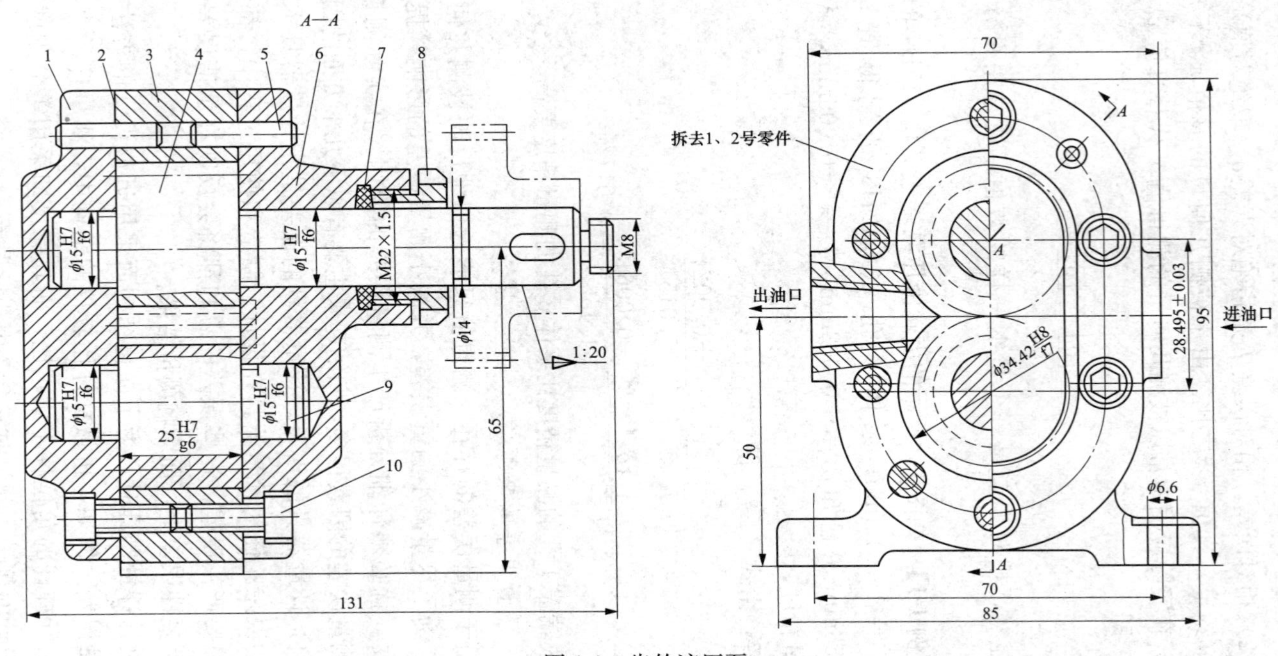

图 1-9 齿轮液压泵

1、6—端盖；2—纸垫；3—泵体；4—齿轮轴；5—销；7—毡圈；8—螺塞；9—齿轮；10—螺钉

当设计的计量器具不符合阿贝原则时，也会产生测量误差。阿贝原则是指测量长度时，为了保证测量的准确，应使被测工件的尺寸线（简称被测线）与量仪中作为标准的刻度尺（简称标准线）重合或顺次排成一条直线，如图 1-10 所示为用千分尺测量轴的直径。这时，千分尺的标准线（测微螺杆轴线）与工件被测线（被测直径）在同一条直线上。如果测微螺杆轴线的移动方向与被测直径方向间有一夹角 φ，则由此产生的测量误差 δ 为

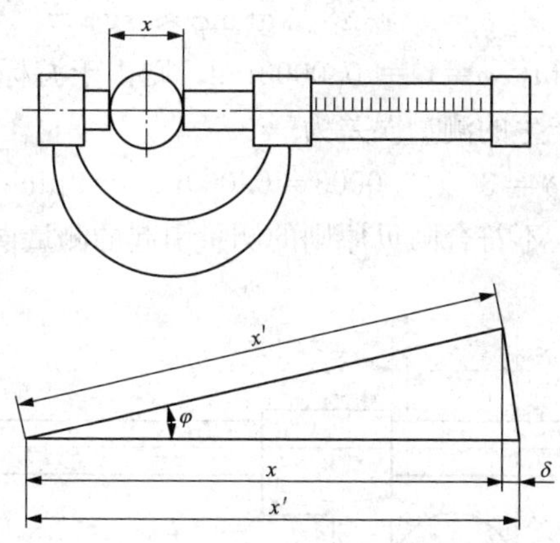

图 1-10　用千分尺测量轴的直径

$$\delta = x' - x = x'(1-\cos\varphi) \tag{1-8}$$

由于角 φ 很小，将 $\cos\varphi$ 展开成级数后取前两项可得

$$\cos\varphi = 1 - \frac{\varphi^2}{2}$$

则

$$\delta = x'\frac{\varphi^2}{2} \tag{1-9}$$

式中　x——应测长度；

x'——实测长度。

设 $x'=30\text{mm}$，$\varphi=1'=0.0003\text{rad}$，则

$$\delta = 30 \times \frac{0.0003^2}{2} = 1.35 \times 10^{-6}\,\mathrm{mm} = 1.35 \times 10^{-3}\,\mu\mathrm{m}$$

由此可见，符合阿贝原则的测量引起的测量误差很小，可以略去不计。

如图 1-11 所示，用游标卡尺测量轴的直径。作为标准长度（标准量）的刻度尺与被测直径（被测长度）不在同一条直线上，两者相距 s 平行放置，其结构不符合阿贝原则。这样在测量过程中，由于游标卡尺活动量爪与游标卡尺主尺之间配合间隙的影响，当倾斜一个角度 φ 时，则其产生的测量误差 δ 为

$$\delta = x' - x = s\mathrm{gtan}\varphi \approx s\mathrm{g}\varphi \tag{1-10}$$

设 $s=30\mathrm{mm}$，$\varphi=1'=0.0003\mathrm{rad}$，则由于游标卡尺结构不符合阿贝原则而产生的测量误差为

$$\delta = 30 \times 0.0003 = 0.009\mathrm{mm} = 9\mu\mathrm{m}$$

由此可见，不符合阿贝原则的测量引起的测量误差颇大。

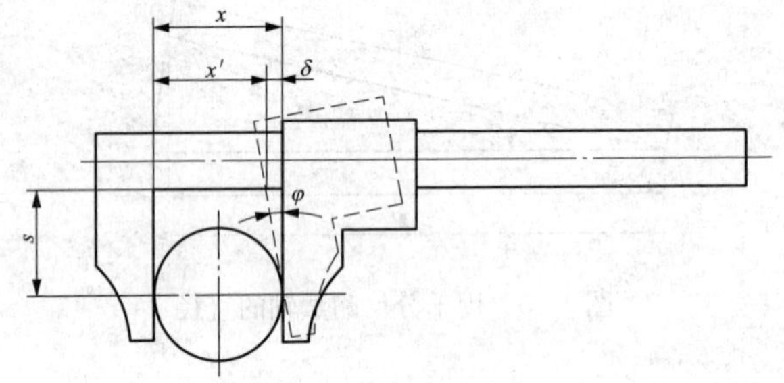

图 1-11　用游标卡尺测量轴的直径

显然，计量器具各个零件的制造误差和装配误差的影响，也会产生测量误差。例如，游标卡尺标尺的刻线距离不准确、指示表的分度盘与指针回转轴的安装有偏心，千分尺的测微螺杆与调节螺母的间隙调整不当等都会产生测量误差。至于计量器具在使用过程中零件的变形、滑动表面的磨损等同样会产生测量误差。此外，相对测量时使用的标准量（如量块）的制造误差也会产生测量误差。

(2) 方法误差。方法误差是指测量方法的不完善（包括计算

公式不准确，测量方法选择不当，工件安装、定位不准确等）所引起的误差，会产生测量误差。例如，在接触测量中，由于测头测量力的影响，使被测工件和测量装置产生变形而产生测量误差。

（3）环境误差。环境误差是指测量时环境条件不符合标准的测量条件所引起的误差，会产生测量误差。例如，环境温度、湿度、气压、照明（引起视差）等不符合标准，以及振动、灰尘、电磁场等的影响将会产生测量误差，其中尤以温度的影响最大。例如，在测量长度时，规定的环境条件是标准温度为20℃，但是在实际测量时被测工件和计量器具的温度对标准温度均会产生或大或小的偏差，而被测工件和计量器具的材料不同时，则它们的线膨胀系数是不同的，这将产生一定的测量误差，即

$$\delta = x[\alpha_1(t_1 - 20) - \alpha_2(t_2 - 20)] \tag{1-11}$$

式中　x——被测长度；

α_1、α_2——被测工件、计量器具的线膨胀系数；

t_1、t_2——测量时被测工件、计量器具的温度，℃。

因此，测量时应根据测量精度的要求，合理控制环境温度，以减小温度对测量精度的影响。

（4）人员误差。人员误差是指测量人员人为的差错，它会产生测量误差。例如，测量人员使用的计量器具不正确、测量瞄准不准确、读数或估读错误等，都会产生测量误差。

二、测量误差的分类及数据处理

测量误差的来源是多方面的，就其特点和性质而言，可分为系统误差、随机误差和粗大误差三类。

1. 测量列中系统误差的处理

系统误差是指在相同的测量条件下，多次测取同一被测几何量的量值时，绝对值和符号均保持不变的测量误差，称为定值系统误差；或者绝对值和符号按某一规律变化的测量误差，称为变值系统误差。例如，在比较仪上用相对法测量工件尺寸时，调整量仪所用量块的误差就会引起定值系统误差；量仪的分度盘与指针回转轴偏心所产生的示值误差会引起变值系统误差。

根据系统误差的性质和变化规律，系统误差可以用计算或实

验对比的方法确定，用修正值（校正值）从测量结果中予以消除。但在某些情况下，系统误差由于变化规律比较复杂，不易确定，因而难以消除。

（1）发现系统误差的方法。在测量过程中产生系统误差的因素是复杂的，人们还难以查明所有的系统误差，也不可能全部消除系统误差的影响。发现系统误差必须根据具体测量过程和计量器具进行全面而仔细的分析，但这是一件困难而又复杂的工作，目前还没有能够适用于发现各种系统误差的普遍方法。

1）实验对比法。实验对比法是指改变产生系统误差的测量条件而进行不同测量条件下的测量，以发现系统误差，这种方法适用于发现定值系统误差。例如，量块按标称长度使用时，在被测几何量的测量结果中就存在由于量块的尺寸偏差而产生的大小和符号均不变的定值系统误差，重复测量也不能发现这一误差，只有用另一块等级更高的量块进行测量对比时才能发现它。

2）残差观察法。残差观察法是指根据测量列的各个残差大小和符号的变化规律，直接由残差数据或残差曲线图形来判断有无系统误差，这种方法主要适用于发现大小和符号按一定规律变化的变值系统误差。根据测量先后次序，将测量列的残差作图观察残差的变化规律，如图 1-12 所示。若各残差大体上正、负相间，又没有显著变化，则不存在变值系统误差。若各残差按近似的线性规律递增或递减，则可判断存在线性系统误差。若各残差的大小和符号有规律地周期变化，则可判断存在周期性系统误差。

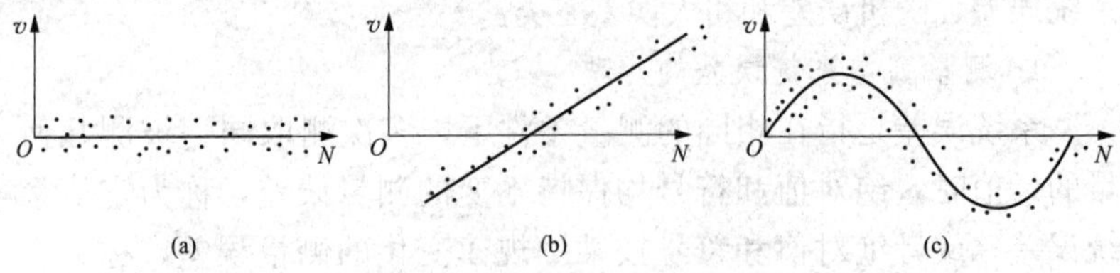

图 1-12　变值系统误差的发现

（a）不存在变值系统误差；（b）存在线性系统误差；（c）存在周期性系统误差

（2）消除系统误差的方法。在实际测量中，系统误差对测量结果的影响往往是不容忽视的，而这种影响并非无规律可循，因此揭示系统误差出现的规律性，并且消除其对测量结果的影响，是提高测量精度的有效措施。

1）从产生误差根源上消除系统误差。这要求测量人员对测量过程中可能产生系统误差的各个环节作仔细地分析，并在测量前就将系统误差从产生根源上加以消除。例如，为了防止测量过程中仪器示值零位的变动，测量开始和结束时都需检查示值零位。

2）用修正法消除系统误差。这种方法是预先将计量器具的系统误差检定或计算出来，作出误差表或误差曲线，然后取与系统误差数值相同而符号相反的值作为修正值，将测得值加上相应的修正值，即可得到不包含系统误差的测量结果。

3）用抵消法消除系统误差。某些数值不变的系统误差对测得数据的影响是带方向性的。这时可在对称的两个位置上分别测量一次，取这两次测量中数据的平均值作为测得值，这样就能使大小相等而方向（符号）相反的系统误差相互抵消。例如，在工具显微镜上测量螺纹螺距时，为了消除螺纹轴线与量仪工作台移动方向倾斜而引起的系统误差，可分别测取螺纹左、右牙侧的螺距，然后取它们的平均值作为螺距测得值。

4）用半周期法消除周期性系统误差。对周期性系统误差，可以每相隔半个周期进行一次测量，以相邻两次测量的数据的平均值作为一个测得值，即可有效消除周期性系统误差。

消除和减小系统误差的关键是找出误差产生的根源和规律，总的说来，从理论上讲，系统误差可以完全消除。实际上，由于种种因素的影响，系统误差不可能完全消除，只能减小到一定程度。

一般来说，系统误差若能减小到使其影响相当于随机误差的程度，则可认为已被消除。

2. 测量列中随机误差的处理

随机误差是指在相同的测量条件下，多次测取同一被测几何量的量值时，绝对值和符号以不可预定的方式变化着的测量误差。随机误差主要是由测量过程中一些偶然性因素或不确定因素引起的。例如，量仪传动机构的间隙、摩擦、测量力的不稳定以及温度波动等引起的测量误差，都属于随机误差。

就某一次具体测量而言，随机误差的绝对值和符号无法预先知道。但对于连续多次重复测量来说，随机误差符合一定的概率统计规律，因此可以应用概率论和数理统计的方法来对它进行处理。

应当指出，系统误差和随机误差的划分并不是绝对的，它们在一定的条件下是可以相互转化的。例如，按一定基本尺寸制造的量块总是存在着制造误差，对某一具体量块来讲，可认为该制造误差是系统误差，但对一批量块而言，制造误差是变化的，可以认为它是随机误差。在使用某一量块时，若没有检定该量块的尺寸偏差，而按量块标称尺寸使用，则制造误差属随机误差；若检定出该量块的尺寸偏差，按量块实际尺寸使用，则制造误差属系统误差。掌握误差转化的特点，可根据需要将系统误差转化为随机误差，用概率论和数理统计的方法来减小该误差的影响；或将随机误差转化为系统误差，用修正的方法减小该误差的影响。

3. 测量列中粗大误差的处理

粗大误差是指超出在规定测量条件下预期的测量误差。粗大误差也称为疏失误差或粗差，即对测量结果产生明显歪曲的测量误差。含有粗大误差的测得值称为异常值，它与正常测得值相比较，则显得它的数值相对较大或相对较小。粗大误差的产生有主观和客观两方面的原因，主观原因如测量人员疏忽造成的读数误差，客观原因如外界突然振动引起的测量误差。由于粗大误差明显歪曲测量结果，因此在处理测量数据时，应根据判别粗大误差的准则设法将其剔除。

粗大误差的数值（绝对值）相当大，在测量中应尽可能避免。如果粗大误差已经产生，则应根据判断粗大误差的准则予以剔除，通常用拉依达准则来判断。

拉依达准则又称 3σ 准则。该准则认为，当测量列服从正态分布时，在 $\pm 3\sigma$ 外的残差的概率仅有 0.27%，即在连续 370 次测量中只有一次测量的残差超出 $\pm 3\sigma$（370 次 $\times$ 0.002 7 = 1 次），而实际

上连续测量的次数绝不会超过 370 次，测量列中就不应该有超出 $\pm 3\sigma$ 的残差，因此，当测量列中出现绝对值大于 3σ 的残差时，即 $|v_i|>3\sigma$ 时，则认为该残差对应的测得值含有粗大误差，应予以剔除。当测量次数小于或等于 10 时，不能使用拉依达准则。

三、测量精度的分类

测量精度是指被测几何量的测得值与其真值的接近程度，它和测量误差是从两个不同的角度说明同一概念的术语。测量误差越大，则测量精度就越低；测量误差越小，则测量精度就越高。为了反映系统误差和随机误差对测量结果的不同影响，测量精度可分为以下几种。

(1) 正确度。正确度反映测量结果中系统误差的影响程度。若系统误差小，则正确度高。

(2) 精密度。精密度反映测量结果中随机误差的影响程度，它是指在一定测量条件下连续多次重复测量所得到的测得值之间相互接近的程度。若随机误差小，则桶精密度高。

(3) 准确度。准确度反映测量结果中系统误差和随机误差的综合影响程度。若系统误差和随机误差都小，则准确度高。

对于具体的测量，精密度高的测量，正确度不一定高；正确度高的测量，精密度也不一定高；精密度和正确度都高的测量，准确度就高，现以打靶为例加以说明，如图 1-13 所示，小圆圈表示靶心，黑点表示弹孔。图 1-13 (a) 中，随机误差小而系统误差大，表示打靶精密度高而正确度低；图 1-13 (b) 中，系统误差小而随机误差大，表示打靶正确度高而精密度低；图 1-13 (c) 中，系统误差和随机误差都小，表示打靶准确度高；图 1-13 (d) 中，系统误差和随机误差都大，表示打靶准确度低。

四、等精度测量列的数据处理

1. 等精度测量的概念

凡在相同的条件下（如同一测量者、同一计量器具、同一测量方法、同一被测几何量)，对某一被测几何量所进行的连续多次测量，称为等精度测量。虽然在该条件下得到的各个测得值不相同，但影响各个测得值精度的因素和条件相同，故测量精度认为

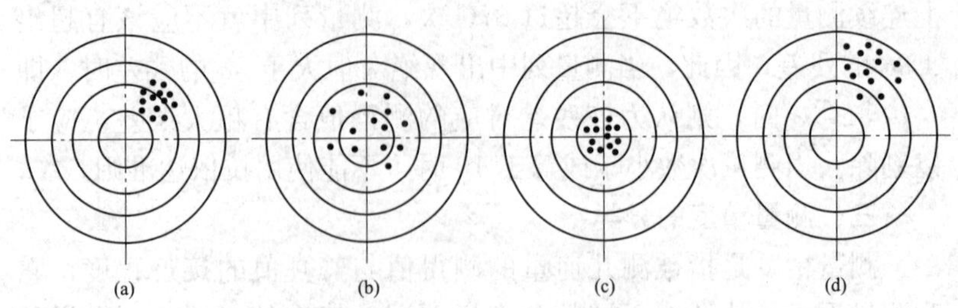

图 1-13　精密度、正确度和准确度

（a）精密度高；（b）正确度高；（c）准确度高；（d）准确度低

相等。一般情况下，为了简化对测量数据的处理，大多采用等精度测量。

2. 直接测量列的数据处理

在直接测量列的测得值中，可能同时包含有系统误差、随机误差和粗大误差，为了获得可靠的测量结果，对测量列应按系统误差、随机误差、粗大误差分析原理进行处理，其处理步骤归纳如下。

通过多次实验结果可以看出，单次测量结果的误差大，测量可靠性也较差，所以精密测量中常用测量列测得值的算术平均值作为测量结果，用总体算术平均值的标准偏差或其总体算术平均值的极限误差来评定算术平均值的精密度。

需要指出的是，在有些情况下，由于某些被测对象的特点，不能进行直接测量，这时需要采用间接测量。间接测量是指通过测量与被测几何量有一定关系的其他几何量，按照已知的函数关系式计算出被测几何量的量值。因此，间接测量的被测几何量是测量所得到的各个实测几何量的函数，而间接测量的测量误差则是各个实测几何量误差的函数，故称这种误差为函数误差。

另外，在有些情况下，测量过程中的各种条件和因素不可能都保持不变。在某些高精度测量中，为了获得较准确的测量结果，同一被测量几何量往往采用不同的测量方法、不同的测量次数、不同的测试仪器、不同的测试人员进行测量。也就是说，在测量过程中，有一部分或全部因素或条件发生改变所进行的测量称为不等精度测量。

第五节　光滑工件尺寸的检验（GB/T 3177—2009）

一、误收与误废

任何测量都存在测量误差，测得的实际尺寸通常不是真实尺寸，即测得的实际尺寸＝真实尺寸±测量误差，如图 1-14 所示。在验收产品时，测量误差的主要影响是产生两种错误判断：一是把超出公差界限的不合格品误判为合格品而接收，称为误收；二是将接近公差界限的合格品误判为不合格品而给予报废，称为误废。

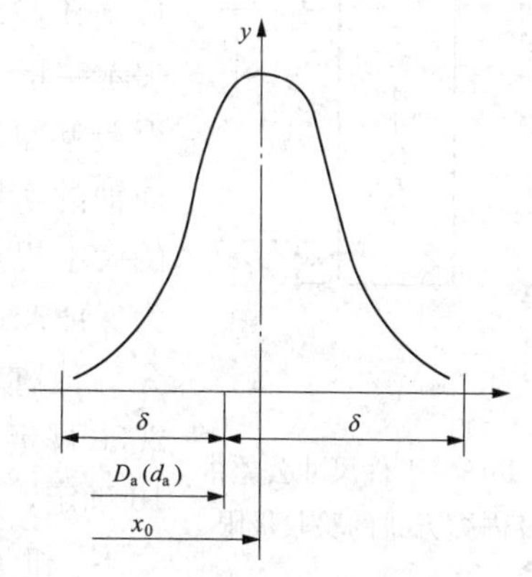

图 1-14　实际尺寸与真实尺寸的关系

x_0—真实尺寸；D_a、d_a—测得的实际尺寸；δ—测量极限误差

显然，误收会影响产品质量，误废会造成经济损失，也就是误收和误废不利于质量的提高和成本的降低。为了适当控制误废，尽量减少误收，根据我国的生产实际，国家标准 GB/T 3177—2009《产品几何技术规范（GPS）光滑工件尺寸的检验》中规定："应只接收位于规定尺寸极限之内的工件"。根据这一原则，建立了在规定尺寸极限基础上的内缩的验收极限和不内缩的验收极限。所谓内缩的验收极限，就是从工件的上极限尺寸和下极限尺寸分别向公差带内移动一段距离，这就能减小误收率或达到误收率为零，但会增大误废率。

二、安全裕度与预收极限

为了正确地选择计量器具，合理地确定验收极限，GB/T 3177—2009 规定了两种验收极限方式，并对如何选用这两种验收极限方式，也作了具体的规定。

1. 验收极限方式的确定

（1）内缩方式确定。内缩方式的验收极限是从规定的上极限尺寸和下极限尺寸分别向工件尺寸公差带内移动一个安全裕度 A 的大小的距离来确定。

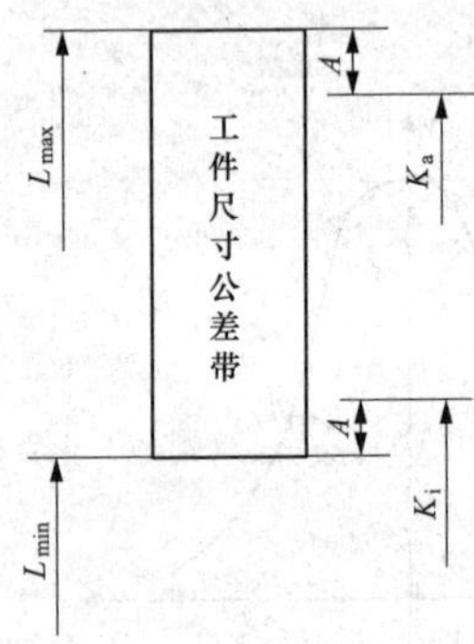

图 1-15　工件尺寸公差带及内缩方式的验收极限

由于测量误差的存在，一批工件（孔或轴）的实际尺寸是随机变量。表示一批工件实际尺寸分散极限的测量误差范围用测量不确定度表示。测量孔或轴的实际尺寸时，应根据孔、轴公差的大小规定测量不确定度允许值，以作为保证产品质量的措施，这个不确定度允许值称为安全裕度 A，GB/T 3177—2009 规定，A 值按工件尺寸公差 T 的 1/10 确定，即 $A=0.1T$，其数值见表 1-7，令 K_a 和 K_i 分别表示上、下验收极限，L_{max} 和 L_{min} 分别表示工件的上极限尺寸和下极限尺寸，如图 1-15 所示。则

$$\left.\begin{aligned} K_a &= L_{max} - A \\ K_i &= L_{min} + A \end{aligned}\right\} \tag{1-12}$$

（2）不内缩方式确定。不内缩方式的验收极限是以图样上规定的上极限尺寸和下极限尺寸分别作为上、下验收极限，即取安全裕度为零（$A=0$），则 $K_a=L_{max}$，$K_i=L_{min}$。

2. 验收极限方式的选择

选择哪种验收极限方式，应综合考虑被测工件的不同精度要求、标准公差等级的高低、加工后尺寸的分布特性和工艺能力等因素来确定，具体原则如下。

（1）对于遵循包容要求Ⓔ的尺寸和标准公差等级高的尺寸，其验收极限按双向内缩方式确定。

（2）当工艺能力指数 $C_P \geqslant 1$ 时，验收极限可以按不内缩方式确定；但对于采用包容要求Ⓔ的孔、轴，其最大实体尺寸一边的验收极限应该按单向内缩方式确定。

表 1-7　安全裕度 A 与计量器具的测量不确定度允许值 u_1　（μm）

孔、轴的标准公差等级		IT6					IT7					IT8					IT9				
公称尺寸/mm		T	A	u_1			T	A	u_1			T	A	u_1			T	A	u_1		
大于	至			Ⅰ	Ⅱ	Ⅲ			Ⅰ	Ⅱ	Ⅲ			Ⅰ	Ⅱ	Ⅲ			Ⅰ	Ⅱ	Ⅲ
18	30	13	1.3	1.2	2.0	2.9	21	2.1	1.9	3.2	4.7	33	3.3	3.0	5.0	7.4	52	5.2	4.7	7.8	12
30	50	16	1.6	1.4	2.4	3.6	25	2.5	2.3	3.8	5.6	39	3.9	3.5	5.9	8.8	62	6.2	5.6	9.3	14
50	80	19	1.9	1.7	2.9	4.3	30	3.0	2.7	4.5	6.8	46	4.6	4.1	6.9	10	74	7.4	6.7	11	17
80	120	22	2.2	2.0	3.3	5.0	35	3.5	3.2	5.3	7.9	54	5.4	4.9	8.1	12	87	8.7	7.8	13	20
120	180	25	2.5	2.3	3.8	5.6	40	4.0	3.6	6.0	9.0	63	6.3	5.7	9.5	14	100	10	9.0	15	23
180	250	29	2.9	2.6	4.4	6.5	46	4.6	4.1	6.9	10	72	7.2	6.5	11	16	115	12	10	17	26

孔、轴的标准公差等级		IT10					IT11					IT12				IT13			
公称尺寸/mm		T	A	u_1			T	A	u_1			T	A	u_1		T	A	u_1	
大于	至			Ⅰ	Ⅱ	Ⅲ			Ⅰ	Ⅱ	Ⅲ			Ⅰ	Ⅱ			Ⅰ	Ⅱ
18	30	84	8.4	7.6	13	19	130	13	12	20	29	210	21	19	32	330	33	30	50
30	50	100	10	9.0	15	23	160	16	14	24	36	250	25	23	38	390	39	35	59
50	80	120	12	11	18	27	190	19	17	29	43	300	30	27	45	460	46	41	69
80	120	140	14	13	21	32	220	22	20	33	50	350	35	32	53	540	54	49	81
120	180	160	16	15	24	36	250	25	23	38	56	400	40	36	60	630	63	57	95
180	250	185	18	17	28	42	290	29	26	44	65	460	46	41	69	720	72	65	110

注　T 为孔、轴的尺寸公差。

这里的工艺能力指数 C_P 是指工件尺寸公差 T 与加工工序工艺能力 $c\sigma$ 的比值，c 为常数，σ 为工序样本的标准偏差。如果工序尺寸遵循正态分布，则该工序的工艺能力为 6σ。在这种情况下，$C_p=\dfrac{T}{6\sigma}$。

（3）对于偏态分布的尺寸，其验收极限可以只对尺寸偏向的一边按单向内缩方式确定。

（4）对于非配合尺寸和未注公差尺寸，其验收极限按不内缩方式确定。

三、计量器具的选择

确定工件尺寸验收极限后，还需正确选择计量器具以进行测量。表示一批工件实际尺寸分散极限的测量误差范围用测量不确定度 u' 表示。根据测量误差的来源，测量不确定度 u' 是由计量器具的测量不确定度 u'_1 和测量条件引起的测量不确定度 u'_2 组成的。

u'_1 是表征由计量器具内在误差所引起的测得的实际尺寸对真实尺寸可能分散的一个范围，其中还包括使用的标准器（如调整比较仪标尺示值零位时使用的量块，调整千分尺标尺示值零位时使用的校正棒）的测量不确定度。

测量时的标准温度为 20℃，标准测量力为零。u'_2 是表征测量过程中由温度、压陷效应及工件形状误差等因素所引起的测得的实际尺寸对真实尺寸可能分散的一个范围。

u'_1 与 u'_2 均为独立随机变量，因此它们之和（测量不确定度 u'）也是随机变量。u' 是 u'_1 与 u'_2 的综合结果。

当验收极限采用内缩方式，且把安全裕度 A 取为工件尺寸公差 T 的 1/10 时，为了保证产品质量，测量不确定度允许值 u 应在安全裕度范围内，即 $u \leqslant A = 0.1T$。u 与计量器具的测量不确定度允许值 u_1 及测量条件引起的测量不确定度允许值 u_2 的关系，由独立随机变量合成规则得 $u=\sqrt{u_1^2+u_2^2}$。u_1 对 u 的影响比 u_2 大，一般按 2 ∶ 1 的关系处理。因此，$u=\sqrt{u_1^2+(0.5u_1)^2}$，得 $u_1=0.9u$，$u_2=0.45u$。

为了满足生产上对不同的误收、误废允许率的要求，GB/T 3177—2009 将测量不确定度允许值 u 与工件尺寸公差 T 的比值分成三挡。它们分别是：Ⅰ挡，$u=A=T/10$，$u_1=0.9u=0.09T$；Ⅱ挡，$u=T/6>A$，$u_1=0.9u=0.15T$；Ⅲ挡，$u=T/4>A$，$u_1=0.9u=0.225T$。相应地，计量器具的测量不确定度允许值 u_1 也分挡：对于 IT6～IT11 的工件，u_1 分为Ⅰ、Ⅱ、Ⅲ三挡；对于 IT12 ～IT18 的工件，u_1 分为Ⅰ、Ⅱ两挡。三个挡次 u_1 的数值见表 1-7。

从表 1-7 中选用 u_1 时，一般情况下优先选用Ⅰ挡，其次选用Ⅱ挡、Ⅲ挡。然后，按表 1-8～表 1-10 所列普通计量器具的测量不确定度 u_1' 的数值，选择具体的计量器具。所选择的计量器具的 u_1' 值应不大于 u_1 值。

表 1-8　　千分尺和游标卡尺的测量不确定度

<table>
<tr><th rowspan="2">尺寸范围/mm</th><th>分度值 0.01mm
外径千分尺</th><th>分度值 0.01mm
内径千分尺</th><th>分度值 0.02mm
游标卡尺</th><th>分度值 0.05mm
游标卡尺</th></tr>
<tr><th colspan="4">测量不确定度 u_1'/mm</th></tr>
<tr><td>≤50</td><td>0.004</td><td rowspan="3">0.008</td><td rowspan="4">0.020</td><td rowspan="4">0.050</td></tr>
<tr><td>>50～100</td><td>0.005</td></tr>
<tr><td>>100～150</td><td>0.006</td></tr>
<tr><td>>150～200</td><td>0.007</td><td>0.013</td></tr>
</table>

注　1. 当采用比较测量时，千分尺的测量不确定度可小于本表规定的数值。

2. 当所选用的计量器具的 $u_1'>u_1$ 时，需按 u_1' 计算出扩大的安全裕度 A' $\left(A'=\frac{u_1'}{0.9}\right)$；当 A'不超过工件公差 15%时，允许选用该计量器具。此时需按 A'数值确定上、下验收极限。

表 1-9　　比较仪的测量不确定度

<table>
<tr><th rowspan="2">尺寸范围/mm</th><th>分度值为
0.0005mm</th><th>分度值为
0.001mm</th><th>分度值为
0.002mm</th><th>分度值为
0.0005mm</th></tr>
<tr><th colspan="4">测量不确定度 u_1'/mm</th></tr>
<tr><td>≤25</td><td>0.0006</td><td rowspan="2">0.0010</td><td>0.0017</td><td rowspan="5">0.0030</td></tr>
<tr><td>>25～40</td><td>0.0007</td><td rowspan="3">0.0018</td></tr>
<tr><td>>40～65</td><td rowspan="2">0.0008</td><td rowspan="2">0.0011</td></tr>
<tr><td>>65～90</td></tr>
<tr><td>>90～115</td><td>0.0009</td><td>0.0012</td><td>0.0019</td></tr>
</table>

注　本表规定的数值是指测量时，使用的标准器由四块 1 级（或 4 等）量块组成的数值。

当选用Ⅰ挡的 u_1 且所选择的计量器具的 $u_1'\leqslant u_1$ 时，$u=A=0.1T$，根据 GB/T 3177—2009 中的理论分析，误收率为零，产品质量得到保证，而误废率为 6.98%（工件实际尺寸遵循正态分布）～14.1%（工件实际尺寸遵循偏态分布）。

当选用Ⅱ挡、Ⅲ挡的 u_1 且所选择的计量器具的 $u' \leqslant u_1$ 时，$u > A(A=0.1T)$，误收率和误废率都有所增大，u 对 A 的比值（大于1）越大，则误收率和误废率的增大就越多。

当验收极限采用不内缩方式即安全裕度等于零时，计量器具的测量不确定度允许值 u_1 也分成Ⅰ、Ⅱ、Ⅲ三挡，从表 1-7 中选用，也应满足 $u' \leqslant u_1$。在这种情况下，根据 GB/T 3177—2009 中的理论分析，工艺能力指数 C_p越大，在同一工件尺寸公差的条件下，不同挡次的 u_1 越小，则误收率和误废率就越小。

表 1-10　　指示表的测量不确定度

尺寸范围/mm	分度值为 0.001mm 的千分表（0 级在全程范围内，1 级在 0.2mm 内），分度值为 0.002mm 的千分表（在 1 转范围内）	分度值为 0.001、0.002、0.005mm 的千分表（1 级在全程范围内），分度值为 0.01mm 的百分表（0 级在任意 1mm 内）	分度值为 0.01mm 的百分表（0 级在全程范围内，1 级在任意 1mm 内）	分度值为 0.01mm 的百分表（1 级在全程范围内）
	测量不确定度 u_1'/mm			
≤25～115	0.005	0.010	0.018	0.030

注　本表规定的数值是指测量时，使用的标准器由四块 1 级（或 4 等）量块组成的数值。

四、验收极限方式和相应计量器具的选择示例

【例 1-2】 试确定测量 $\phi 85f7(^{-0.036}_{-0.071})$ Ⓔ轴时的验收极限，并选择相应的计量器具。该轴可否使用标尺分度值为 0.01mm 的外径千分尺进行比较测量，并加以分析。

解：

（1）确定验收极限。$\phi 85f7(^{-0.036}_{-0.071})$ Ⓔ轴采用包容要求，因此验收极限应按双向内缩方式确定。根据该轴的尺寸公差 $T_h =$ IT7=0.035mm，从表 1-7 中查得安全裕度 $A=0.0035$mm。按式（1-12）确定上、下验收极限 K_a和 K_i，得

$$K_a = L_{max} - A = 84.964 - 0.0035 = 84.9605\text{mm}$$

$$K_i = L_{min} + A = 84.929 + 0.0035 = 84.9325\text{mm}$$

$\phi 85f7(^{-0.036}_{-0.071})$ Ⓔ轴的尺寸公差带及验收极限如图 1-16 所示。

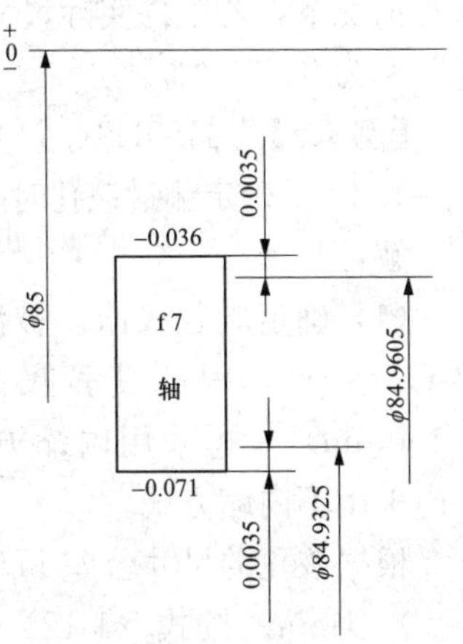

图 1-16　ϕ85f7Ⓔmm 轴的验收极限

(2) 按Ⅰ挡选择计量器具。由表 1-7 按优先选用Ⅰ挡的计量器具测量不确定度允许值的 u_1 原则，确定 $u_1 = 0.9 \times T/10 = 0.0032$mm。

由表 1-9 选用标尺分度值为 0.005mm 的比较仪，其测量不确定度 $u_1' = 0.003\text{mm} < 1$，能满足使用要求。

如果车间没有标尺分度值为 0.005mm 的比较仪或精度更高的量仪，可以使用车间最常用的标尺分度值为 0.01mm 的外径千分尺进行比较测量。

(3) 用外径千分尺进行比较测量。从表 1-8 可知，用外径千分尺对 ϕ85mm 工件进行绝对测量时，千分尺的测量不确定度 $u_1' =$ 0.005mm，它大于 $u_1 = 0.0032$mm 的允许值，为了提高千分尺的使用精度，可以采用比较测量法。实践表明，当使用形状与工件形状相同的标准器进行比较测量时，千分尺的测量不确定度降为原来的 40%；当使用形状与工件形状不相同的标准器进行比较测量时，千分尺的测量不确定度降为原来的 60%。

本例使用形状与轴的形状不相同的标准器（85mm 量块组）进行比较测量，因此千分尺的测量不确定度可以减小到 $u_1' = 0.005 \times 60\% = 0.003$mm，它小于 0.0032mm 允许值，这就能够满足使用要求（验收极限仍按图 1-16 的规定）。

(4) 按Ⅱ挡选择计量器具。本例中，按 $A = 0.1T =$ 0.0035mm 确定验收极限 $K_a = 84.9605$mm、$K_i = 84.9325$mm，现选用Ⅱ挡的计量器具测量不确定度允许值 u_1，即 $u_1 = 0.9 \times T/6 =$ 0.0053mm$>A$，则按表 1-10 可以选用标尺分度值为 0.001mm 的

指示表进行测量，其测量不确定度 $u_1'=0.005\text{mm}$ ，它小于 0.0053mm 允许值。但根据 GB/T 3177—2009 中的理论分析，在这种情况下，若工件实际尺寸遵循正态分布，则误收率为 0.10%，误废率为 8.23%。

【例 1-3】 $\phi150\text{H9}(^{+0.1}_{0})$ Ⓔ孔的终加工工序的工艺能力指数 $C_p=1.2$，试确定测量该孔时的验收极限，并选择相应的计量器具。

解：

（1）确定验收极限。被测孔采用包容要求，但其工艺能力指数 $C_p=1.2$，因此其验收极限可以这样确定：最大实体尺寸（ϕ150mm）一边采用内缩方式，而最小实体尺寸（ϕ150.1mm）一边采用不内缩方式。

根据该孔的尺寸公差 IT9=0.1mm，从表 1-7 中查得安全裕度 $A=0.01\text{mm}$。按式（1-12）确定下验收极限 $K_i=150+0.01=150.01\text{mm}$，而上验收极限 $K_a=150.1\text{mm}$。

ϕ150H9Ⓔ孔的尺寸公差带及验收极限如图 1-17 所示。

（2）选择计量器具。由表 1-7 按优先选用Ⅰ挡的计量器具测量不确定度允许值 u_1 的原则，确定 $u_1=0.009\text{mm}$。

由表 1-8 选用标尺分度值 u_1' 为 0.01mm 的内径千分尺，其不确定度 $u_1'=0.008\text{mm}<u_1$，能满足使用要求。

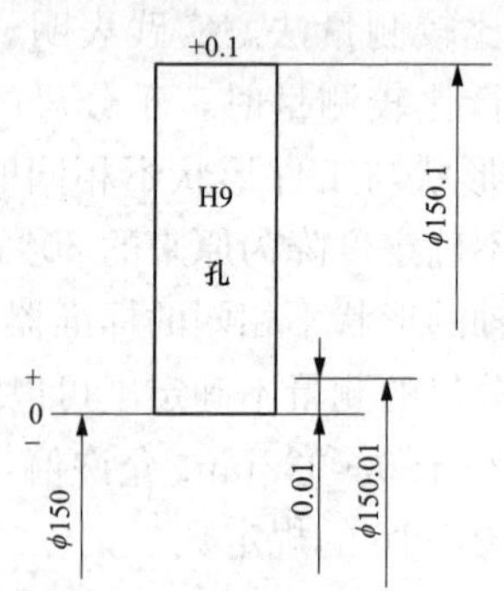

图 1-17　ϕ150H9Ⓔ孔的验收极限

【例 1-4】 $\phi50\text{h8}(^{0}_{-0.039})$ 轴加工后尺寸遵循偏态分布（偏向

最大实体尺寸一边）试确定其验收极限，并选择相应的计量器具。

解：

（1）确定验收极限。被测轴加工后尺寸遵循偏态分布，因此其验收极限可以这样确定：其尺寸偏向 ϕ50mm 最大实体尺寸的一边，采用内缩方式，而最小实体尺寸（ϕ49.961mm）一边采用不内缩方式。

根据该轴的尺寸公差 IT8＝0.039mm，从表 1-7 中查得安全裕度 $A=0.0039$mm。按式（1-12）确定上验收极限 $K_a=$ 49.9961mm，而下验收极限 $K_i=$49.961mm。

ϕ50h8 轴的尺寸公差带及验收极限如图 1-18 所示。

（2）选择计量器具。由表 1-7 按优先选用Ⅰ挡的计量器具测量不确定度允许值 u_1 的原则，确定 $u_1=0.0035$mm。

由表 1-9 选用标尺分度值为 0.005mm 的比较仪，其测量不确定度 $u_1'=0.003\text{mm}<u_1$，能满足使用要求。

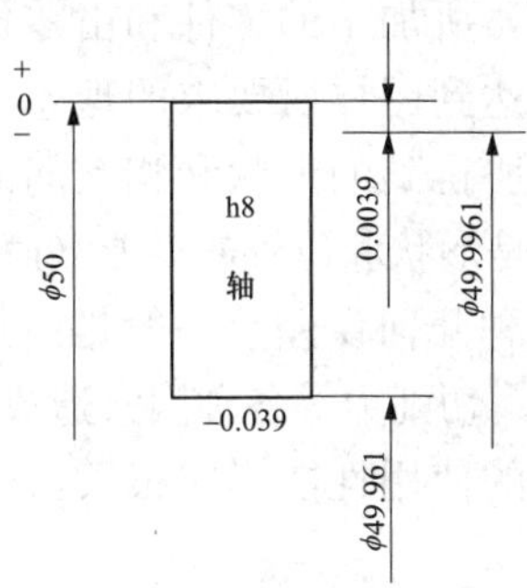

图 1-18　ϕ50h8 轴的验收极限

第二章

几何公差与几何误差的检测

第一节 零件的几何要素和几何公差的特征项目

一、零件的几何要素

1. 几何误差的产生及其对零件使用性能的影响

任何机械产品均是按照产品设计图样，经过机械加工和装配而获得。不论加工设备和方法如何精密、可靠，功能如何齐全，除了尺寸的误差以外，所加工的零件和由零件装配而成的组件和成品也都不可能完全达到图样所要求的理想形状和相互间的准确位置。在实际加工中所得到的形状和相互间的位置相对于其理想形状和位置的差异就是形状和位置的误差（简称几何误差）。

零件上存在的各种几何误差，一般是由加工设备、刀具、夹具、原材料的内应力、切削力等各种因素造成的。

几何误差对零件的使用性能影响很大，归纳起来主要是以下三个方面：

（1）影响工作精度。机床导轨的直线度误差，会影响加工精度；齿轮箱上各轴承座的位置误差，将影响齿轮传动的齿面接触精度和齿侧间隙。

（2）影响工作寿命。连杆的大、小头孔轴线的平行度误差，会加速活塞环的磨损而影响密封性，使活塞环的寿命缩短。

（3）影响可装配性。轴承盖上各螺钉孔的位置不正确，当用螺栓往机座上紧固时，有可能影响其自由装配。

2. 几何公差标准及几何要素

零件的几何误差对其工作性能的影响不容忽视，当零件上需要控制实际存在的某些几何要素的形状、方向、位置和跳动公差时，必须予以必要而合理的限制，即规定形状和位置公差（简称几何公差）。我国关于几何公差的标准有 GB/T 1184—1996《形状和位置公差　未注公差值》、GB/T 4249—1996《公差原则》和 GB/T 16671—1996《形状和位置公差　最大实体要求、最小实体要求和可逆要求》等。《产品几何技术规范（GPS）几何公差形状、方向、位置和跳动公差标注》的国家标准代号为 GB/T 1182—2008，等同采用国际标准 ISO 1101：2004，代替了 GB/T 1182—1996《形状和位置公差通则、定义、符号和图样表示法》。

（1）要素。为了保证合格完工零件之间的可装配性，除了对零件上某些关键要素给出尺寸公差外，还需要对一些要素给出几何公差。

要素是指零件上的特定部位——点、线或面。这些要素可以是组成要素（例如圆柱体的外表面），也可以是导出要素（例如中心线或中心面）。如图 2-1 所示的零件就是由各个要素组成的几何体，它由顶点、球心、轴线、球面、圆锥面和平面等要素组成。

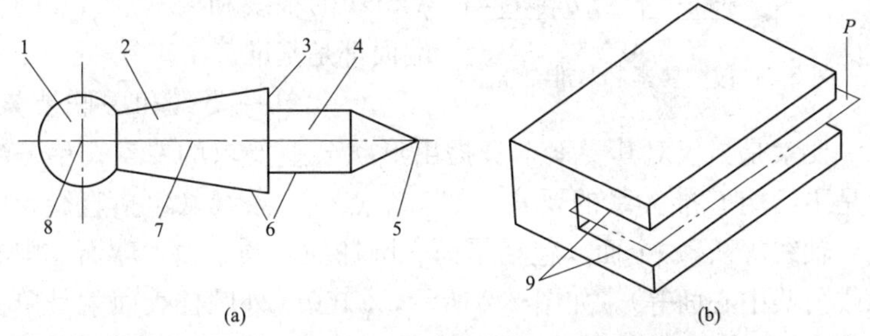

图 2-1　构成机械零件几何特征的要素

（a）点、线、面；（b）中心平面

1—圆球；2—圆锥面；3—环状端平面；4—圆柱面；5—圆锥顶点；6—素线；7—轴线；8—球心；9—两平行平面；P—中心平面

按照几何公差的要求，要素可区分为：

1）理想要素。理想要素是具有几何学意义的要素，它是具有理想形状的点、线、面。该要素严格符合几何学意义，而没有任何误差，如图样上给出的几何要素均为理想要素。

2）拟合组成要素和实际（组成）要素。拟合组成要素就是按规定方法，由提取（组成）要素所形成的并具有理想形状的组成要素；实际要素是由实际（组成）要素所限定的工件实际表面组成要素部分。由于存在测量误差，所以完全符合定义的实际要素是测量不到的，在生产实际中，通常由测得的要素代替实际要素。当然，它并非是该要素的真实状态。

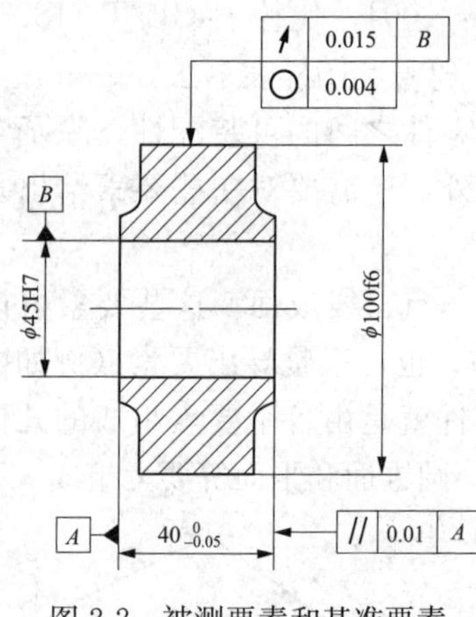

图 2-2　被测要素和基准要素

（2）被测要素和基准要素。被测要素就是在图样上给出了几何公差要求的要素。被测要素即为图样上几何公差代号箭头所指的要素。如图 2-2 所示，ϕ100f6 外圆和 $40_{-0.05}^{\ 0}$ mm，右端面是被测要素。基准要素就是用来确定提取要素的方向、位置的要素。理想的基准要素称为基准。如图 2-2 所示，ϕ45H7 的轴线和 $40_{-0.05}^{\ 0}$ mm 的左端面都是基准。

（3）单一要素和关联要素。单一要素是指仅对其要素本身提出形状公差要求的要素；单一要素是不给定基准关系的要素，如一个点、一条线（包括直线、曲线、轴线等）、一个面（包括平面、圆柱面、圆锥面、球面、中心面或公共中心面等）。如图 2-2 所示，ϕ100f6 外圆柱表面就是单一被测要素。关联要素是指与其他要素有功能关系的要素，即在图样上给出位置公差的要素。所谓功能关系是指要素与要素之间具有某种确定方向或位置关系（如垂直、平行、倾斜、对称或同轴等）。如图 2-2 所示，右端面对左端面有平等功能要求，因此可以认为，关联被测要素就是有方向或位置要求的被测要素。

（4）组成要素和导出要素。组成要素是指构成零件外表面并能直接为人们所感觉到的点、线、面；导出要素是指对称轮廓的中心点、线或面。

二、零件的几何误差

机械零件的精度一般包括尺寸精度、形状精度、方向精度、跳动精度和表面结构特征等六个方面。从加工角度看，机械零件总是有一定的误差，但是，为了保证零件的互换性，必须对零件的几何误差给予合理的限制。

若单纯用机械零件的几何特征来阐述误差的概念，则可以将误差理解为是被测要素相对理想要素的变动量。变动量越大，误差越大。例如，对存在几何形状误差的实际平面进行平面度误差检测时，可用理想平面（无形状误差的平面）与这个实际平面作比较，如图 2-3 所示，就可找出这个被测实际平面的平面度误差的大小。

人们在生产实际中对零件加工质量的要求，除尺寸公差和表面粗糙度轮廓 Ra 值的要求外，对零件各要素的形状、方向和位置要求也是十分重要的，特别是随着生产与科学技术的不断发展，如果对零件的加工仅限于给出尺寸公差与表面粗糙度轮廓 Ra 值的要求，显然是难以满足产品的使用要求的。例如图 1-9 所示的齿轮液压泵中的齿轮轴 4，两端 ϕ15f6 的轴颈与两端 ϕ15H7 的泵盖轴承孔，即加工后尺寸公差和表面粗糙度轮廓 Ra 值都合格，如果齿轮轴 4 加工后产生形状弯曲，仍然有可能装不进两端泵盖的轴承孔中，如图 2-4 所示。同样，齿轮轴 4 两端的 ϕ15f6 的轴颈，即使尺

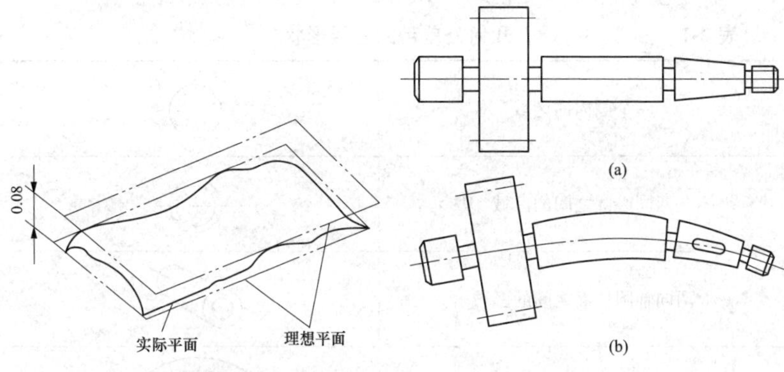

图 2-3　实际要素与理想要素的比较

图 2-4　齿轮轴加工后的形状

（a）形状正确；（b）形状弯曲

寸、表面粗糙度轮廓 Ra 值、形状都符合要求，如果位置不正确，产生了同轴度误差，也会使齿轮轴 4 装不进两端泵盖的轴承孔中。又如，泵体 3 加工后两个端面如果平行度误差过大，装配后或者可能造成齿轮液压泵工作时产生泄漏，或者可能使两端泵盖装配后轴承孔的位置歪斜，而影响齿轮轴 4 运转的灵活性。因此，为了提高产品质量和保证互换性，不仅要对零件的尺寸误差，还要对零件的形状、方向和位置产生的几何误差加以限制，给出一个经济、合理的几何误差许可变动范围，这就是形状、方向、位置和跳动公差（简称几何公差）。

三、几何公差的特征项目及其符号

1. 几何公差带的构成要素

几何公差带是用来限制实际要素变动的区域。构成零件实际要素的点、线、面都必须在该区域内，零件才算合格件。几何公差带的构成虽然比较复杂，但是，它主要由大小、形状、位置和方向性 4 个要素构成。

（1）公差带的主要形状。公差带是由一个或几个理想的几何线或面所限定的，由线性公差值表示其大小的区域。

根据公差的几何特征及其标注形式，公差带的主要形状见表 2-1。

表 2-1　几何公差带的主要形状

一个圆内的区域	
两同心圆之间的区域	
两同轴圆柱面之间的区域	
两等距线或两平行直线之间的区域	或

续表

一个圆柱面内的区域	
两等距面或两平行平面之间的区域	或
一个圆球内的区域	

（2）公差带的大小。几何公差带的大小用公差值表示，公差值和公差带是多种多样的，见表 2-1。公差带形状可分为用公差值 t 表示宽度的两条平行直线、两等距曲线、两同心圆、两同轴圆柱、两平行平面、两等距曲面；也有用公差值 t 表示直径的一个圆、一个球、一个圆柱。因此，公差值 t 可以是公差带的宽度或直径，如图 2-5 所示。

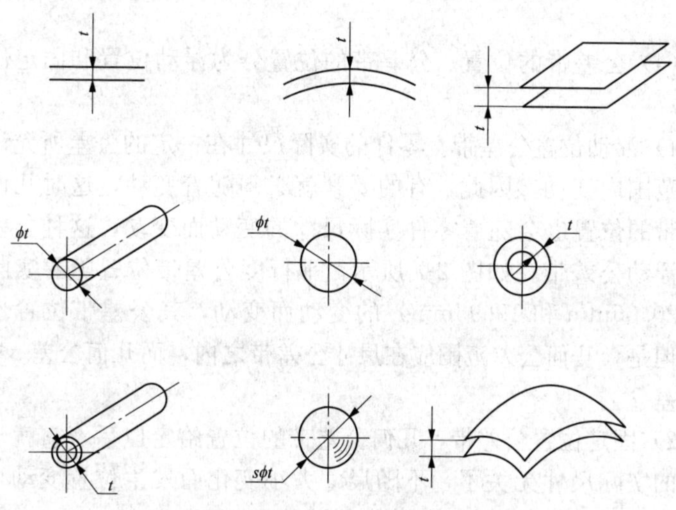

图 2-5　几何公差带的形状及公差值大小

（3）公差带的方向。

1）形状公差带的方向。形状公差带的方向是公差带的延伸方向，它与测量方向垂直。公差带的实际方向是由最小条件决定的，如图 2-6（a）所示，h_1 为最小。

2）位置公差带的方向。位置公差带的方向也是公差带的延伸方向，它与测量方向垂直。公差带的实际方向与基准保持图样上给定的几何关系，如图 2-6（b）所示。

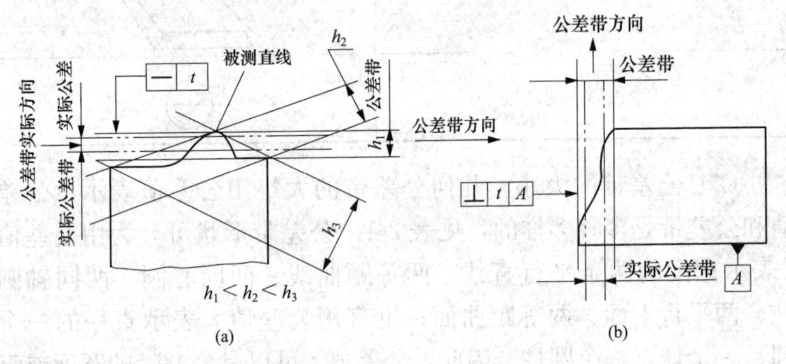

图 2-6　公差带的方向

（a）形状公差带的方向；（b）位置公差带的方向

（4）公差带的位置。公差带的位置分为浮动位置和固定位置两种。

1）浮动位置公差带。零件的实际尺寸在一定的公差所允许的变动范围内变动，因此，有的要素就必须随着变动，这时几何学公差带的位置也会随着零件实际尺寸的变动而变动，这种公差带称为浮动公差带。如图 2-7 所示，平行度公差带位置随着实际尺寸（20.05mm 和 19.95mm）的变动而变动，其公差带位置也不同。但是，几何公差范围应在尺寸公差带之内，而几何公差 $t \leqslant$ 尺寸公差 T。

2）固定位置公差带。几何公差带的位置给定以后，它就与零件上的实际尺寸无关了，不随尺寸大小变化而发生位置变动，这种公差带称为固定位置公差带。如图 2-8 所示，ϕt_1 对 ϕt_2 有同轴度要求，ϕt_2 为基准轴线，ϕt_1 为被测轴线，公差带形状是直径为 ϕt 的圆柱面，并与 ϕt_2 轴线同轴，其位置不随被测圆柱的直径 ϕt_1

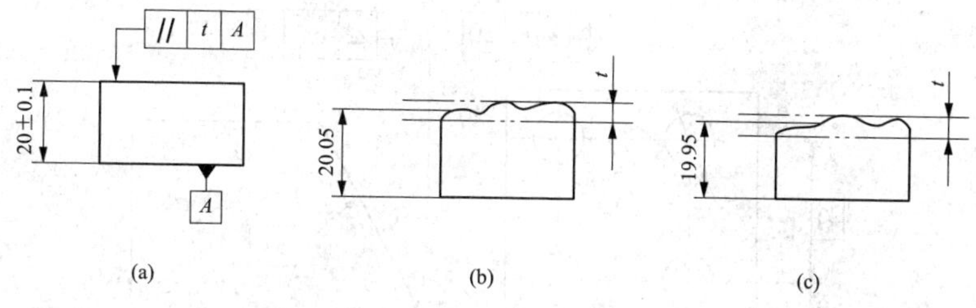

图 2-7　公差带位置浮动的情况

（a）平行度公差的标注；（b）实际尺寸为 20.05mm 时的平行度公差带；（c）实际尺寸为 19.95mm 时的平行度公差带

尺寸大小的变动而变化。

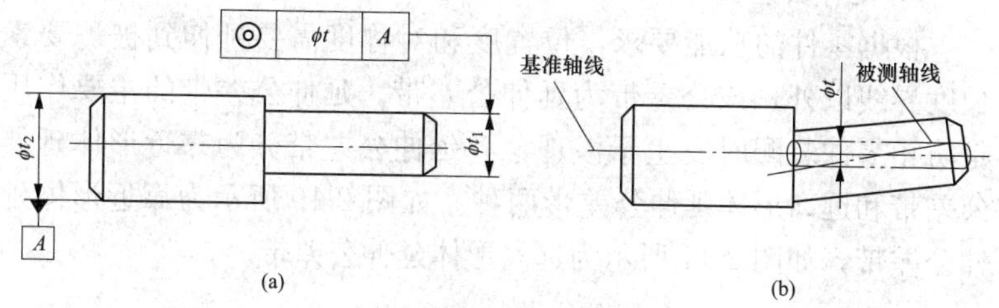

图 2-8　公差带位置固定的情况

（a）ϕt_1 对 ϕt_2 同轴度公差的标注；（b）ϕt_1 对 ϕt_2 同轴度公差带

在几何公差中，属于固定位置公差带的有同轴度、对称度、部分位置度、部分轮廓度等项目，其余各项几何公差带均属于浮动位置公差带。

2. 理论正确尺寸

理论正确尺寸是指对于要素的位置度、轮廓度或倾斜度，其尺寸由不带公差的理论正确位置、轮廓或角度确定，这种尺寸称为“理论正确尺寸”。

理论正确尺寸应围以框格表示，零件实际尺寸由在公差框格中位置度、轮廓度或倾斜度公差来限定。如图 2-9 所示，[25]、[60°]就为理论正确尺寸，它不附加公差。

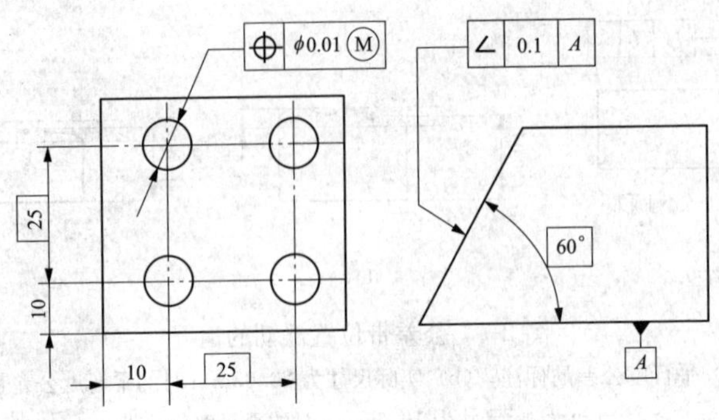

图 2-9　理论正确尺寸

3. 延伸公差带

根据零件的功能要求，位置度和对称度需要延伸到被测要素长度界线以外，该公差带为延伸公差带。延伸公差带的主要作用是防止零件装配时发生干涉现象。延伸公差带分为靠近形体延伸公差带和远离形体延伸公差带两种。如图 2-10 所示为靠近形体延伸公差带，如图 2-11 所示为远离形体延伸公差带。

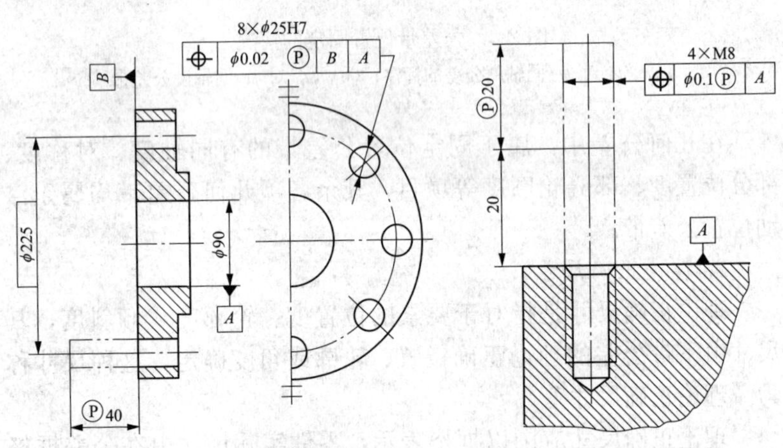

图 2-10　靠近形体延伸公差带　　　　图 2-11　远离形体延伸公差带

延伸公差带的延伸部分用双点划线绘制，并在图样上标出相应的尺寸。在延伸部分尺寸数字前和公差框格中的公差后分别加注符号Ⓟ。

4. 基准目标

当需要在基准要素上指定某些点、线或局部表面来体现各种基准时，应标注基准目标。基准目标按下列方式标注在图样上。

（1）当基准目标为点时，用“×”表示，如图 2-12（a）所示。

（2）当基准目标为线时，用细实线表示，并在棱边上加“×”表示，如图 2-12（b）所示。

（3）当基准目标为局部表面时，用双点画线绘出该局部表面图形，并画出与水平线成 45°的细实线，如图 2-12（c）所示。

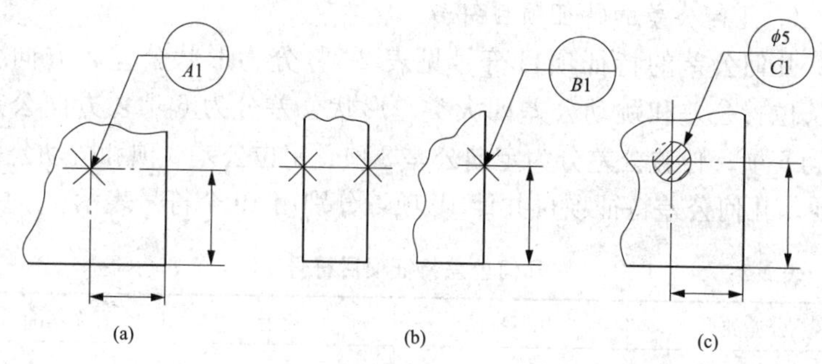

图 2-12　基准目标的表示方法

（a）基准目标为点；（b）基准目标为线；（c）基准目标为局部表面

基准目标是由基准目标代号表示的，如图 2-13 所示。基准代号的圆圈用细实线画出，圈内分上下两部分，上半部分填写给定的局部表面尺寸（直径或边长×边长），下半部分填写基准代号的字母。基准目标的指引线自圆圈的径向引出箭头指向基准目标。

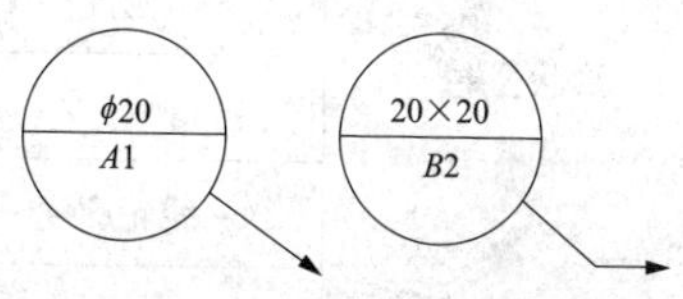

图 2-13　基准目标代号

5. 几何公差基本要求

几何公差基本要求如下：

（1）按功能要求给定几何公差，同时考虑制造和检测的要求。

（2）对要素规定的几何公差确定了公差带，该要素应限定在公差带之内。

(3) 提取(组成)要素在公差带内可以具有任何形状、方向或位置,若需要限制提取要素在公差带内的形状等,应标注附加性说明。

(4) 所注公差适用于整个提取要素,否则应另有规定。

(5) 基准要素的几何公差可另行规定。

(6) 图样上给定的尺寸公差和几何公差应分别满足要求,这是尺寸公差和几何公差的相互关系所遵循的基本原则。当两者之间的相互关系有特定要求时,应在图样上给出规定。

6. 几何公差的特征项目符号

几何公差的特征项目符号见表 2-2,分为形状公差、方向公差、位置公差和跳动公差四大类。形状公差分为 6 项;方向公差分为 5 项;位置公差分为定向公差 3 项、定位公差 3 项和跳动公差 2 项。几何公差特征项目共计 19 项,分别用 19 个符号表示。

表 2-2　　几何公差特征项目符号

公差类型	几何特征	符号	有无基准
形状公差	直线度	—	无
	平面度	⏥	无
	圆度	○	无
	圆柱度	⌭	无
	线轮廓度	⌒	无
	面轮廓度	⌓	无
方向公差	平行度	//	有
	垂直度	⊥	有
	倾斜度	∠	有
	线轮廓度	⌒	有
	面轮廓度	⌓	有

续表

公差类型	几何特征	符号	有无基准
位置公差	位置度	⌖	有或无
	同心度 （用于中心点）	◎	有
	同轴度 （用于轴线）	◎	有
	对称度	⌯	有
	线轮廓度	⌒	有
	面轮廓度	⌓	有
跳动公差	圆跳动	↗	有
	全跳动	⌰	有

7. 几何公差的数值和符号

几何公差的数值是从相应的几何公差表中查出的，并标注在框格的第二格中，框格中的数字和字母的高度应与图样中的尺寸数字高度相同。被测要素、基准要素的标注要求及其他附加符号见表 2-3。

表 2-3　　附加符号

说　明	符　号
被测要素	
基准要素	A　A
基准目标	$\phi 2$ / A1
理论正确尺寸	50
延伸公差带	Ⓟ

续表

说　明	符　号
最大实体要求	Ⓜ
最小实体要求	Ⓛ
自由状态条件（非刚性零件）	Ⓕ
全周（轮廓）	（全周符号）
包容要求	Ⓔ
公共公差带	CZ
小径	LD
大径	MD
中径、节径	PD
线索	LE
不凸起	NC
任意横截面	ACS

注　1. GB/T 1182—1996 中规定的基准符号为（基准符号 A）。

2. 如需标注可逆要求，可采用符号Ⓡ，见 GB/T 16671。

第二节　几何公差在图样上的标注方法

一、几何公差框格和基准符号

1. 几何精度的定义

几何公差与尺寸公差一样，是衡量产品质量的重要技术指标之一。零件的形状、位置、方向、跳动误差对产品的工作精度、密封性、运动平稳性、耐磨性、使用性和使用寿命等都有很大的影响。特别对那些经常处于高速、高温、高压及重载条件下工作的零件更为重要。为此，不仅要控制零件的尺寸误差、表面粗糙度，而且还要控制零件的形状误差和零件表面的相互位置以及方向和跳动误差。

如图 2-14 所示的光轴，尽管轴各段横截面的尺寸都控制在 ϕ20f7 尺寸范围内，但是，由于该轴发生弯曲，将会造成不能与配合孔装配或改变原来设计的配合性质等问题。为了保证机器零件的互换性要求，就必须对零件提出精度要求。

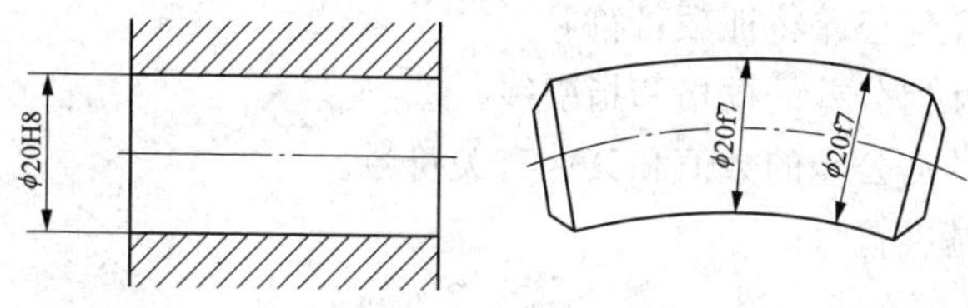

图 2-14　几何误差对配合的影响示意图

几何精度就是指构成零件的实际几何要素与理想形状、位置、方向及跳动要素相符合的程度。

为了控制零件的几何误差，国家制定和发布了“几何公差”的国家标准，以便在零件的设计、加工和检测等过程中对几何公差有统一的认识和标准，现行“几何公差”的国家标准主要有：

（1）《产品几何技术规范　几何公差　形状、方向、位置和跳动公差标注》（GB/T 1182—2008）。

（2）《形状和位置公差示注公差值》（GB/T 1184—1996）。

（3）《产品几何技术规范（GPS）公差原则》（GB/T 4249—2009）。

（4）《产品几何技术规范　几何公差最大实体要求、最小实体要求和可逆要求》（GB/T 16671—2009）。

国家标准中规定，几何公差采用框格和符号表示法进行标注。几何公差的标注有如下的优点：

（1）符号简单形象，便于记忆。

（2）在图样上标注醒目、清晰，被测要素与基准要素表达明确。

（3）几何公差有统一名称、统一术语和统一精度值。

（4）便于国际交流，可减少大量的翻译工作。

几何公差已成为国际和国内机械设计与制造行业技术交流的“语言”，设计和生产人员都必须具备使用和识读几何公差的能力。

国家标准中还规定，在图样中几何公差的标注采用符号标注，当无法用符号标注时，也允许在技术要求中用相应的文字说明。几何公共场所符号包括以下 4 个方面：

1）几何公差特征项目符号。

2）几何公差的框格和指引线。

3）几何公差的数值和其他有关符号。

4）基准符号。

2. 几何公差框格

几何公差采用框格形式标注，框格用细实线绘制，如图 2-15 所示。每一个公差框格内只能表达一项几何公差的要求，公差框格根据公差的内容要求可分为两格或多格。公差框格可以水平放置，也可垂直放置，自左至右或者从下到上依次填写公差符号、公差数值（单位为 mm）、基准代号字母，第二格及其后的各格还可填写其他有关符号。

形状公差无基准，几何公差的框格只有两格，如图 2-16 所示。而位置公差有基准要求，位置公差框格可用 3 格或多格。

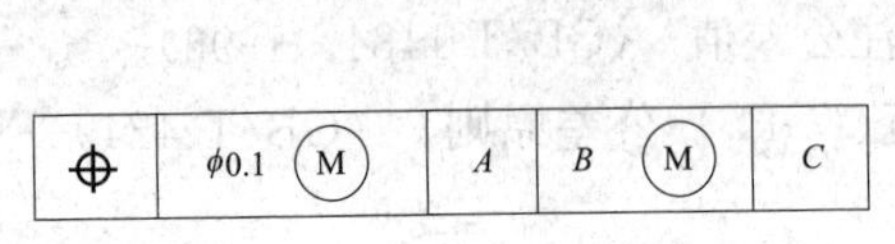

图 2-15　标注几何公差的框格

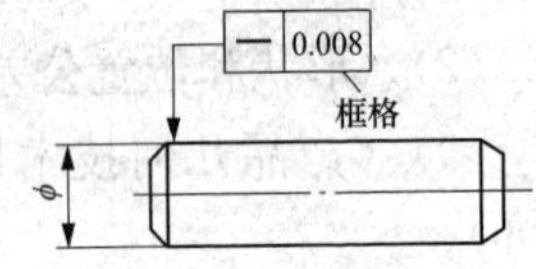

图 2-16　用框格标注形状公差

几何公差的数值是从相应的几何公差表中查出的，并标注在框格的第二格中。框格中的数字和字母的高度应与图样中的尺寸数字高度相同。被测要素、基准要素的标注要求及其他附加符号见表 2-3。

（1）形状公差框格。形状公差框格共有两格，用带箭头的指引线将框格与被测要素相连。框格中的内容，从左到右，第一格内容填写公差特征符号，第二格填写用以毫米为单位表示的公差值和有关符号，如图 2-17 所示圆柱面轴线的直线度公差。带箭头的指引线从框格的一端（左端或右端）引出，并且必须垂直于该框格，用它的箭头与被测要素相连。它引向被测要素时，允许弯折，通常只弯折一次。

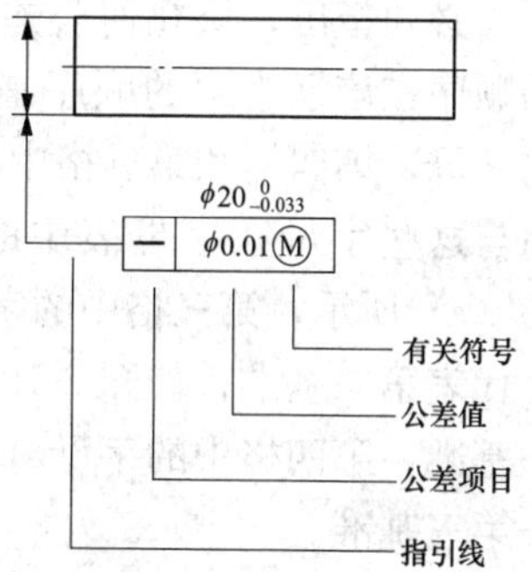

图 2-17　形状公差框格中的内容填写示例

（2）方向、位置和跳动公差框格。方向、位置和跳动三类公差框格有三格、四格、五格等几种，用带箭头的指引线将框格与被测要素相连。框格中的内容，从左到右第一格填写公差特征项目符号，第二格填写用以毫米为单位表示的公差值和有关符号，从第三格起填写被测要素的基准所使用的字母和有关符号，如图 2-18 所示圆柱面轴线的同轴度公差。这三类公差框格的指引线与形状公差框格指引线的标注方法相同。

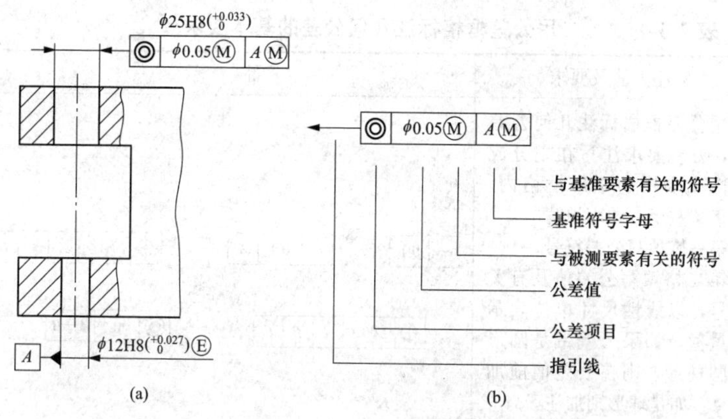

图 2-18　采用单一基准的三格几何公差框格中的内容填写示例

（a）图样标注；（b）位置公差框格

方向、位置和跳动公差有基准要求，被测要素的基准在图样上用英文大写字母表示。为了避免混淆和误解，基准所使用的字母不得采用 E、F、I、J、L、M、O、P、R 等九个字母。

必须指出，从几何公差框格第三格起填写基准字母时，基准的顺序在该框格中的顺序是固定的，总是第三格中填写第一基准的字母，第四格和第五格中分别填写第二基准和第三基准的字母，而与这些字母在字母表中的顺序无关，如图 2-19 所示。如图 2-19（a）所示，第三格中的字母 *K* 代表第一基准，第四格中的字母 *G* 代表第二基准；如图 2-19（b）所示，第三格中的字母 *C* 代表第一基准，第四格中的字母 *A* 代表第二基准，第五格中的字母 *B* 代表第三基准。

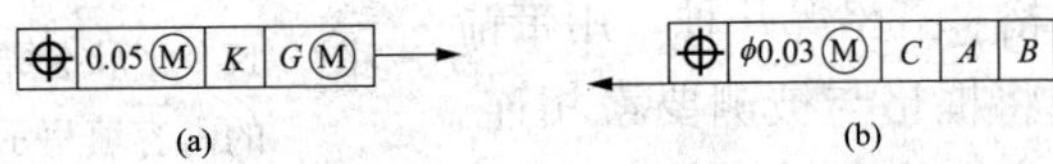

图 2-19　采用多基准的四格、五格几何公差框格中的内容填写示例

（a）四格图样标注；（b）五格图样标注

（3）几何公差的标注要求。用公差框格标注几何公差的基本要求，见表 2-4。

表 2-4　用公差框格标注几何公差的基本要求

标注方法及要求	图　示
用公差框格标注几何公差时，公差要求注写在划分成两格或多格的矩形框格内，各格从左至右顺序填写： 第一格填写公差符号； 第二格填写公差值及有关符号，以线性尺寸单位表示的量值，如果公差带是圆形或圆柱形，则在公差值前加注 ϕ，如是球形则加注 Sϕ； 第三格及以后填写基准代号	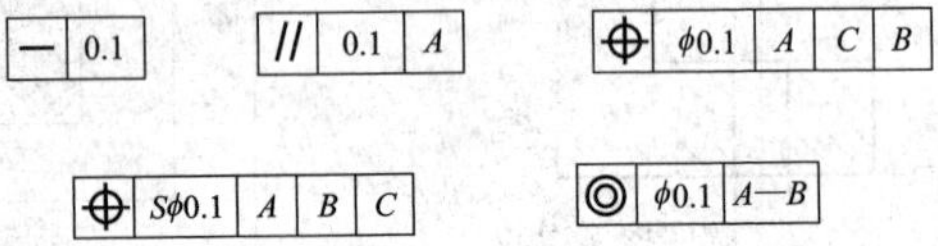 〔— | 0.1〕　〔// | 0.1 | *A*〕　〔⌖ | ϕ0.1 | *A* | *C* | *B*〕 〔⌖ | Sϕ0.1 | *A* | *B* | *C*〕　〔◎ | ϕ0.1 | *A*—*B*〕
当某项公差应用于几个相同要素时，应在公差框格的上方，被测要素的尺寸之前注明要素的个数，并在两者之间加上符号“×”	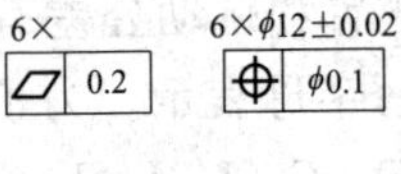 6× 〔▱ | 0.2〕 6×ϕ12±0.02 〔⌖ | ϕ0.1〕

续表

标注方法及要求	图示
如果需要限制被测要素在公差带内的形状，应在公差框格的下方注明	⏥ | 0.1 NC
如果需要就某个要素给出几种几何特征的公差，可将一个公差框格放在另一个的下面	— | 0.01 // | 0.06 | B

（4）几何公差标注示例。几何公差应标注在矩形框格内，如图 2-20 所示。

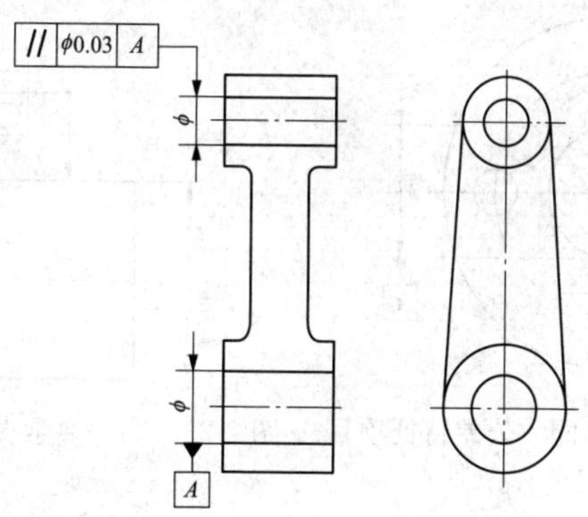

图 2-20　几何公差标注示例

矩形公差框格由两格或多格组成，框格自左至右填写，各格内容如图 2-21 所示。

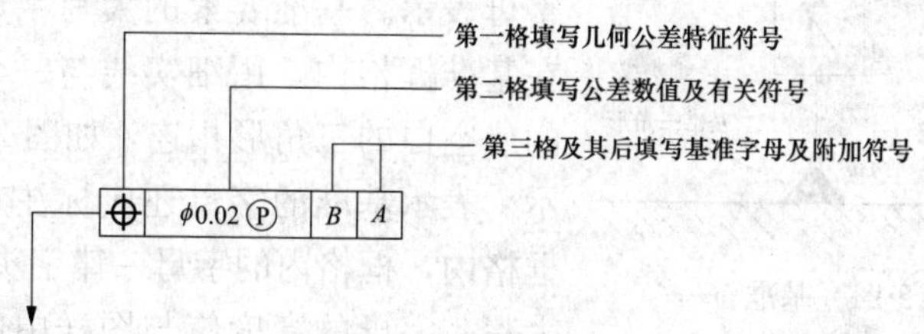

图 2-21　公差框格填写内容

公差框格的推荐宽度为：第一格等于框格高度，第二格与标注内容的长度相适应，第三格及其后各格也应与有关的字母尺寸相适应。

公差框格的第二格内填写的公差值用线性值，公差带是圆形或圆柱形时，应在公差值前加注“ϕ”，若是球形则加注“$S\phi$”。

当一个以上要素作为该项几何公差的被测要素时，应在公差框格的上方注明，如图 2-22 所示。

对同一要素有一个以上公差特征项目要求时，为了简化可将两个框格叠在一起标注，如图 2-23 所示。

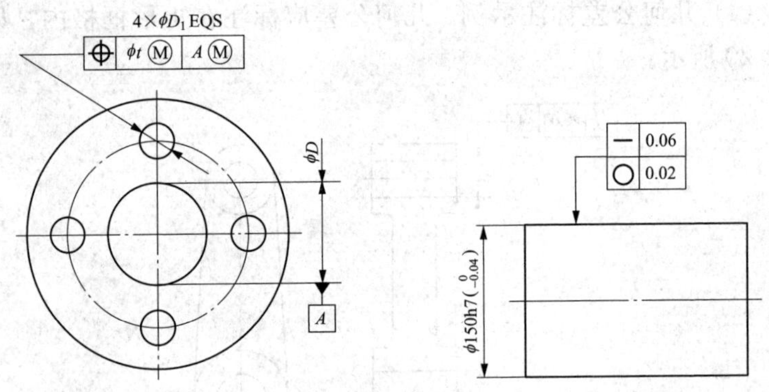

图 2-22　多个要素同一公差特征项目　图 2-23　同一要素多个公差特征项目

3. 几何公差的基准符号

对位置公差、方向公差、跳动公差要求，在图样上必须标明基准要求。

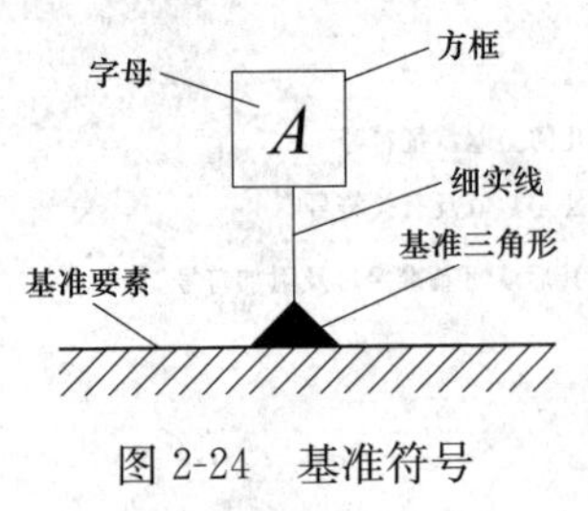

图 2-24　基准符号

相对于被测要素的基准，用基准字母表示。基准要素的大写字母标注在基准框格内，用细实线与一个涂黑的或空白的三角形相连，如图 2-24 所示。表示基准的字母还应标注在公差框格内，框格内的字母一律字头朝上、大写，字母的高度应与图样中的尺寸高度相同。基准字母的书写如图 2-25 所示。

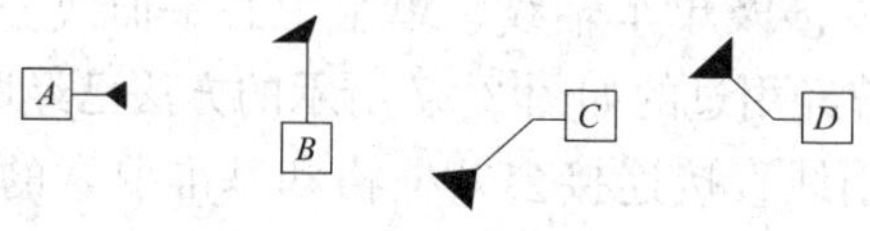

图 2-25　基准字母的书写

4. GB/T 1182—2008 与 GB/T 1182—1996 相比较主要变化

GB/T 1182－2008 与 GB/T 1182－1996 相比较，主要有以下几个方面的变化：

（1）旧标准中的“形状和位置公差”，在新标准中称为“几何公差”（细分为形状、方向、位置和跳动）。

（2）旧标准中的“中心要素”，在新标准中称为“导出要素”。

旧标准中的“轮廓要素”，在新标准中称为“组成要素”。

旧标准中的“测得要素”，在新标准中称为“提取要素”。

（3）增加了“CZ”（公共公差带）、“LD”（小径）、“MD”（大径）、“PD”（中径、节径）、“LE”（线素）、“NC”（不凸起）、“ACS”（任意横截面）等附加符号，见表 2-3。其中符号“CZ”，可在公差框格内的公差值后面标注，余下的几种附加符号，一般可在公差框格下方标注。

（4）基准符号由旧标准中的 A ，变为新标准中的 A 。原来小圆圈中的字母 A 应水平方向书写，现在改成小方框后，基准符号只有在垂直或水平方向时字母 A 才能保持正的位置。若符号成倾斜方向，就无法注写字母了，这时应将符号中黑色三角形与小方框之间的连线改成折线，使小方框各边保持铅垂或水平状态方可标注字母，如图 2-26 所示的注法，图 2-26（a）基准符号标注在用圆点从轮廓表面引出的基准线上，图 2-26（b）基准符号表示以孔的轴线为基准。

（5）新标准中理论正确尺寸外的小框与尺寸线完全脱离，而在旧标准中则是小框的下边线与尺寸线相重合。

（6）几何特征符号及附加符号的具体画法和尺寸，仍可参考 GB/T 1182—1996 中的规定。

（7）当公差涉及单个轴线、单个中心平面或公共轴线、公共中心平面时，曾经用过的如图 2-27 所示的方法已经取消。

（8）用指引线直接连接公差框格和基准要素的方法，如图 2-28 所示，也已被取消，基准必须注出基准符号，不得与公差框格直接相连，即被测要素与基准要素应分别标注。

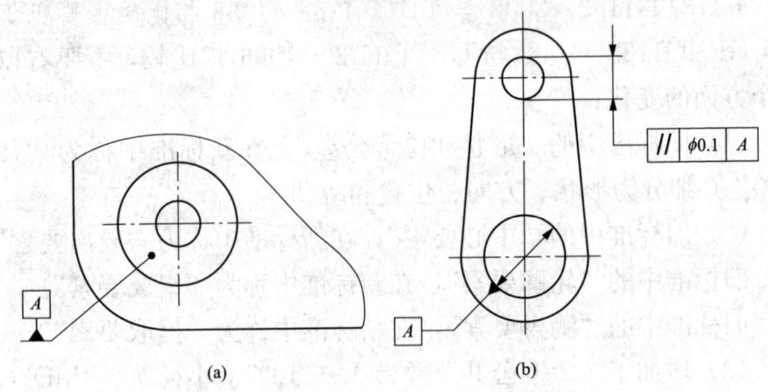

图 2-26 基准标注示例

（a）轮廓表面为基准；（b）孔的轴线为基准

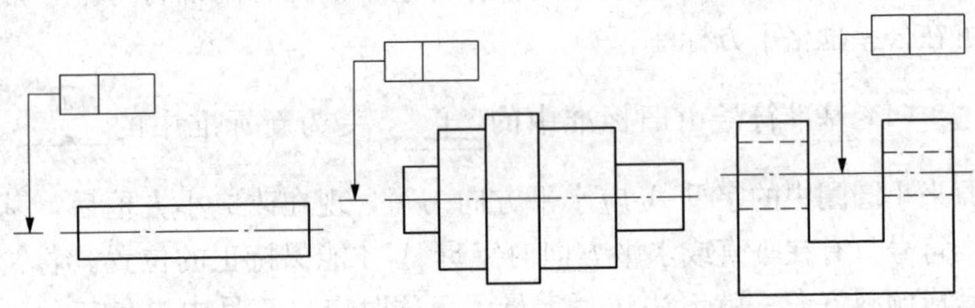

图 2-27 已经取消的公差框格标注方法（一）

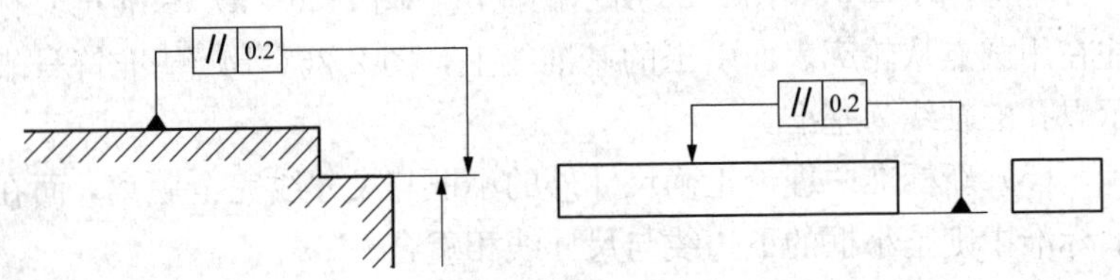

图 2-28 已经取消的公差框格标注方法（二）

二、几何公差被测要素的标注方法

被测要素是检测对象。国家标准规定：图样上用带箭头的指引线将被测要素与公差框格一端相连，指引线的箭头应垂直地指向被测要素，如图 2-29 所示。

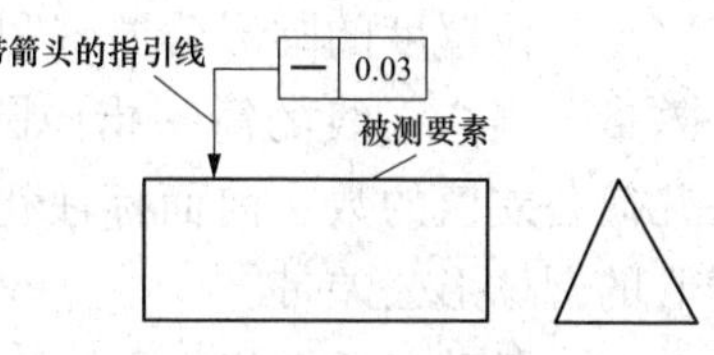

图 2-29　带箭头的指引线

1. 指引线的画法规定

指引线的画法规定如下：

（1）指引线可从框格的任一端引出，引出端垂直于框格，引向被测要素时允许弯折，但不得多于两次。

（2）指引线箭头所指的应是公差带的宽度或直径方向。指引线箭头应指向几何公差带的宽度方向或直径方向，如图 2-30 所示。当指引线的箭头指向公差带的宽度方向时，公差框格中的几何公差值只写出数字，该方向垂直于被测要素，如图 2-30（a）所示，或者与给定的方向相同，如图 2-30（b）所示。当指引线的箭头指向圆形或圆柱形公差带的直径方向时，需要在几何

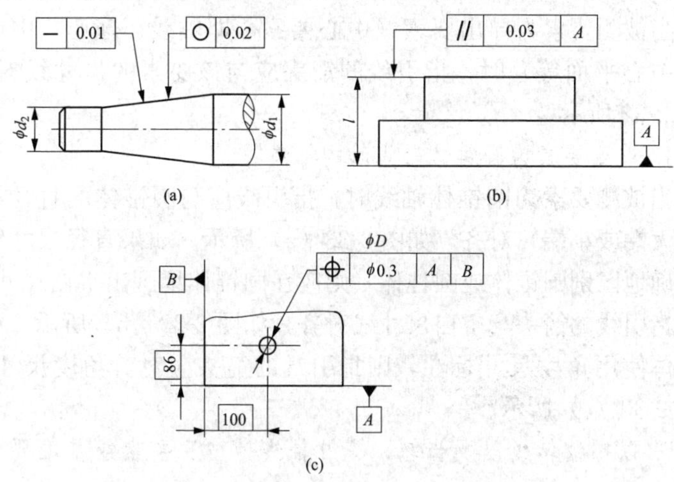

图 2-30　被测要素几何公差框格指引线箭头的指向标注示例

（a）、（b）指向公差带的宽度方向；（c）指向圆形公差带的直径方向

公差值的数字前面标注符号"ϕ"，例如图 2-30（c）所示孔心（点）位置度的圆形公差带和图 2-32 所示轴线直线度的圆柱形公差带。当指引线的箭头指向圆球形公差带的直径方向时，需要在几何公差值的数字前面标注符号"$S\phi$"，例如图 2-34（c）所示球心的圆球形公差带。

（3）跳动公差框格指引线箭头与测量方向一致。

2. 被测要素为直线或表面时的标注

当被测要素为直线或表面时，指引线的箭头应指到该要素的轮廓线或轮廓线的延长线上，并且应与尺寸线明显错开，如图 2-31 所示。

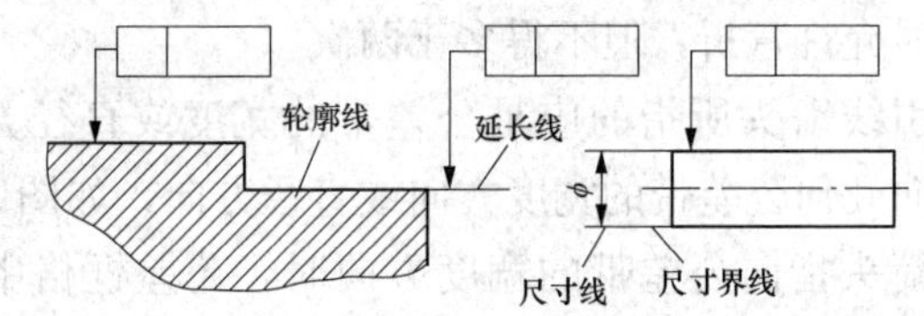

图 2-31　被测要素为直线或表面（轮廓线）标注示例

3. 被测要素为导出要素的标注

当被测要素为导出要素（中心要素，即轴线、球心、中心直线或中心平面等）时，指引线的箭头应与该要素的尺寸线对齐，如图 2-32 所示。

4. 被测要素为圆锥体轴线时的标注

当被测要素为圆锥体轴线时，指引线应与圆锥体的直径尺寸线（大端或小端）对齐，如图 2-33（a）所示。如果直径尺寸线不能明确地区别圆锥体或圆柱体，则应在圆锥体里画出空白尺寸线，并将指引线的箭头与空白尺寸线对齐，如图 2-33（b）所示。如果圆锥体使用角度尺寸标注，则指引线的箭头应对着角度尺寸线，如图 2-33（c）所示。

5. 以螺纹轴线以及齿轮、花键轴线为被测要素或基准要素时的标注

以螺纹轴线为被测要素或基准要素时，默认为圆柱中径圆柱

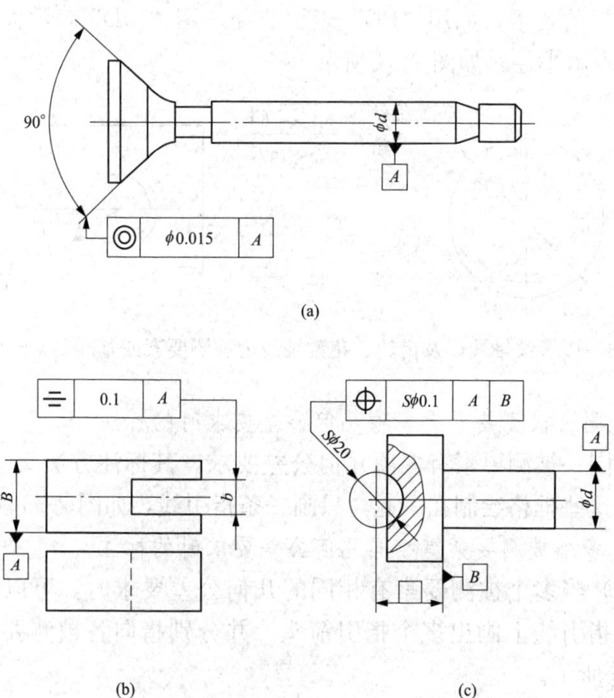

图 2-32　被测导出要素标注示例

（a）被测圆锥轴线；（b）被测中心平面；（c）被测球心

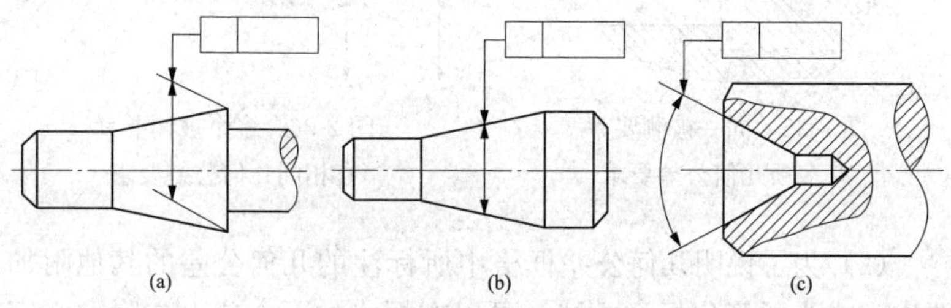

图 2-33　被测要素为圆锥体轴线

（a）与直径尺寸线对齐；（b）与空白尺寸线对齐；（c）与角度尺寸线对齐

的轴线，否则应另有说明，例如用“MD”表示大径，用“LD”表示小径，以及齿轮、花键轴线为被测要素或基准要素时，需要说明所指的要素，如用“PD”表示节径，用“MD”表示大径，用“LD”表示小径，如图 2-34 所示。

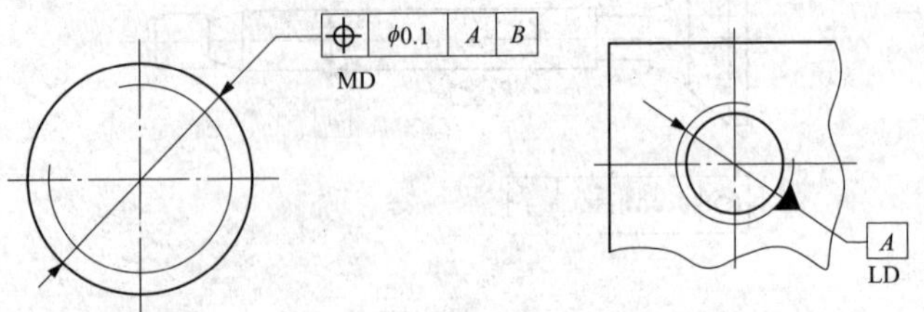

图 2-34　以螺纹轴线以及齿轮、花键轴线为被测要素或基准要素时的标注

6. 同一被测要素有多项几何公差要求时的标注

当同一被测要素有多项几何公差要求，其标注方法又一致时，可以将这些框格绘制在一起，只画一条指引线，如图 2-35 所示。

7. 多个被测要素有相同几何公差要求时的标注

(1) 当多个被测要素有相同的几何公差要求时，可以从框格引出的指引线上画出多个指引箭头，并分别指向各被测要素，如图 2-36 所示。

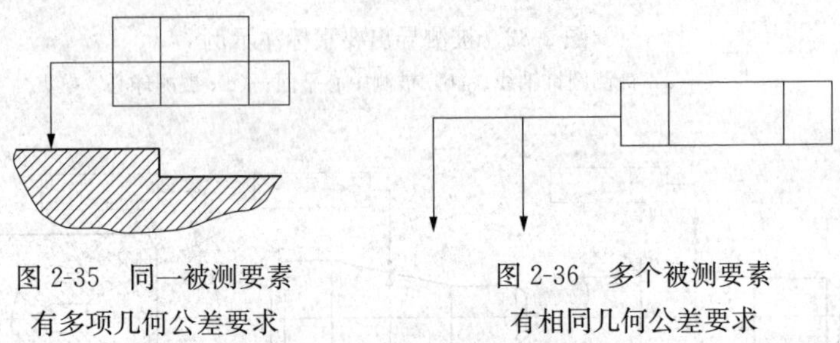

图 2-35　同一被测要素有多项几何公差要求

图 2-36　多个被测要素有相同几何公差要求

(2) 为了说明几何公差框格中所标注的几何公差的其他附加要求，或为了简化标注方法，可以在框格的下方或上方附加文字说明。凡属于被测要素数量的文字说明，应写在公差框格的上方，凡属于解释性质的文字说明，应写在公差框格的下方，如图 2-37 所示。

(3) 对于公共轴线、公共平面和公共中心平面等由几个同类要素构成的公共被测要素，应采用一个公共框格标注。这时应在公共框格第二格内公差值后面加注公共公差带的符号 CZ，在该框格的一端引出一条指引线，并由该指引线引出几条带箭头的连线，分别与这几个同类要素相连，如图 2-38、图 2-39 所示，例如图 2-38 所示两个孔的轴线要求共线而构成公共被测轴线，如图 2-39 所示三个表面要求共面而构成公共被测平面。

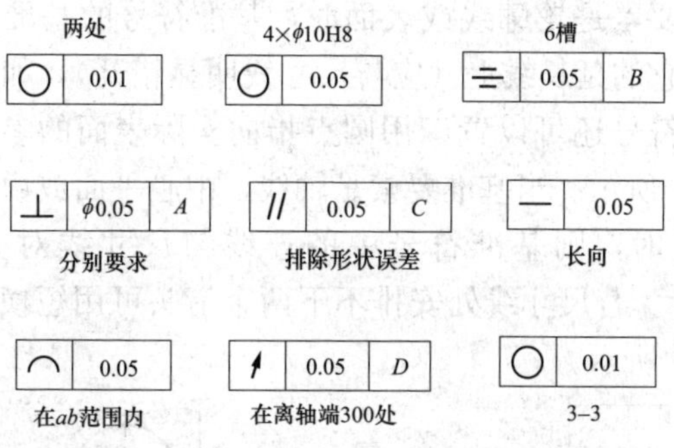

图 2-37　几何公差的其他附加要求

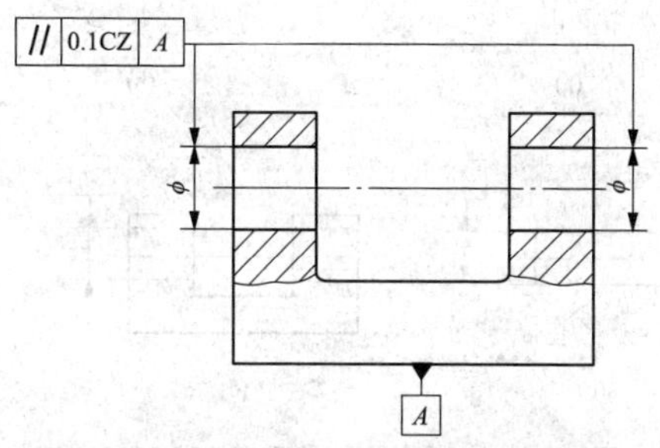

图 2-38　公共被测轴线的标注示例

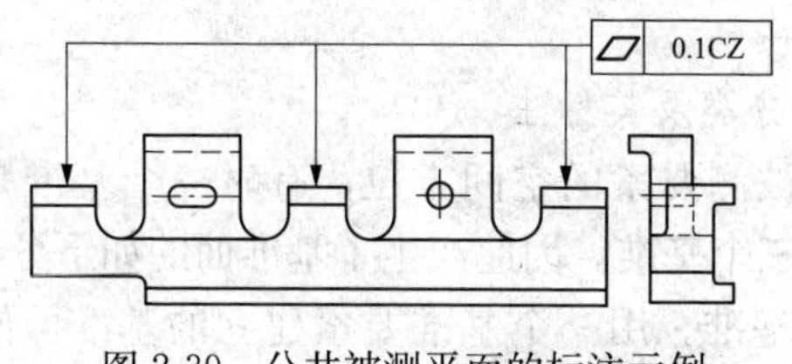

图 2-39　公共被测平面的标注示例

三、几何公差基准要素的标注方法

对于有几何公差要求的被测要素，它的方向和位置由基准要素来确定。如果没有基准，则被测要素的方向和位置就无法确定。因此在识读和使用几何公差时，不仅要知道被测要素，还要知道基准要素。国家标准中规定，基准要素用基准符号表示。

1. 用基准符号标注基准要素

当基准要素是轮廓线或表面时，基准符号的基准三角形应置于轮廓线或它的延长线上（应与尺寸线明显错开），如图 2-40（a）所示。基准符号还可以置于用圆点指向实际表面的参考线上，如图 2-40（b）所示。当基准要素是轴线、中心平面或由带尺寸的要素确定的点时，则基准符号中的连线与尺寸线对齐，如图 2-40（c）所示。若尺寸线处安排不下两个箭头可用短横线代替，如图 2-40（d）所示。

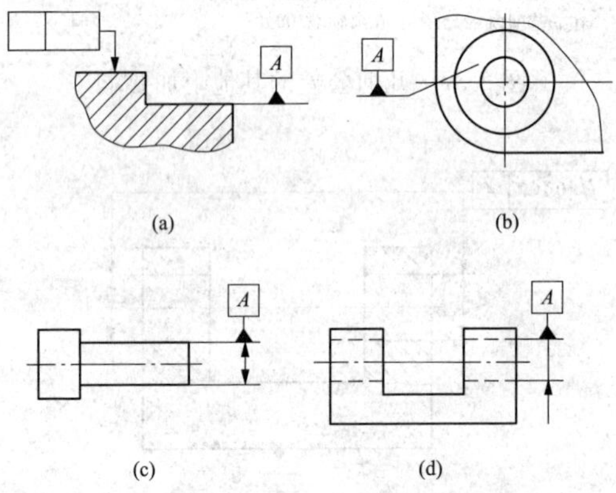

图 2-40 几何公差基准的标注

（a）置于轮廓线或它的延长线上；（b）置于指向实际表面的参考线上；（c）与尺寸线对齐；（d）用短横线代替

2. 基准的分类及其标注

为了确定被测要素的空间方位，有时一个基准是不够的，可能需要两个或三个基准。因此产生了基准面的如下分类：

（1）单一基准。用一个基准要素建立的基准。如图 2-41（a）所示为用基准平面 A 建立的基准。

（2）公共基准。由两个或两个以上的同一类基准要素建立的独立的基准。公共基准的表示是在组成公共基准的两个或两个以上同类基准代号的不同的基准字母之间加短横线，并且在被测要素方向、位置或跳动公差框格第三格或其以后某格中填写。如图 2-41（b）所示为用二基准轴线 A 和 B 建立的公共基准。如图 2-41（c）所示为用二基准中心面 A 和 B 建立的公共基准。

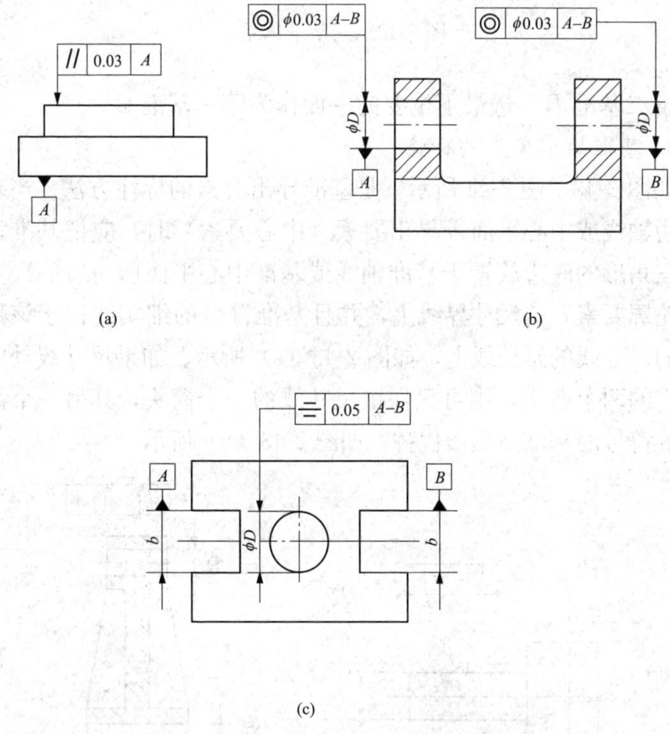

图 2-41　基准示例及标注

（a）单一基准平面示例；（b）公共基准轴线示例；（c）公共基准中心平面示例

（3）三基准体系。由三个互相垂直的基准平面组成基准体系，如图 2-42 所示。三个基准平面按功能要求分别称为第一基准、第二基准和第三基准。定位功能要求最强的是第一基准，以此类推，即选最重要或最大的平面作为第一基准 A，选择次要或较长平面

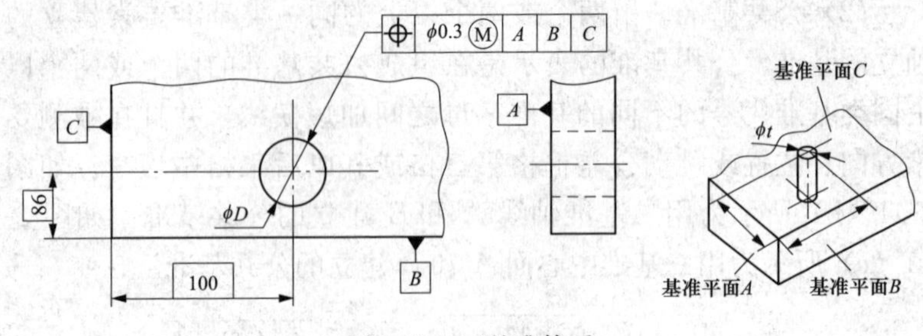

图 2-42　三基准体系

作为第二基准 B，选最不重要的平面作为第三基准 C。

3. 基准导出要素的标注

如图 2-43、图 2-44 所示，是基准导出要素的标注方法。当基准要素为轴线或中心平面等导出要素（中心要素）时，应把基准符号基准三角形的底边放置于基准轴线或基准中心平面所对应的尺寸要素（轮廓要素）的尺寸界线上，并且基准符号的细实线位于该尺寸要素的尺寸线的延长线上，如图 2-43（a）所示。如果尺寸线处安排不下它的两个箭头，则可只保留尺寸线的一个箭头，其另一个箭头用基准符号的基准三角形代替，如图 2-43（b）所示。

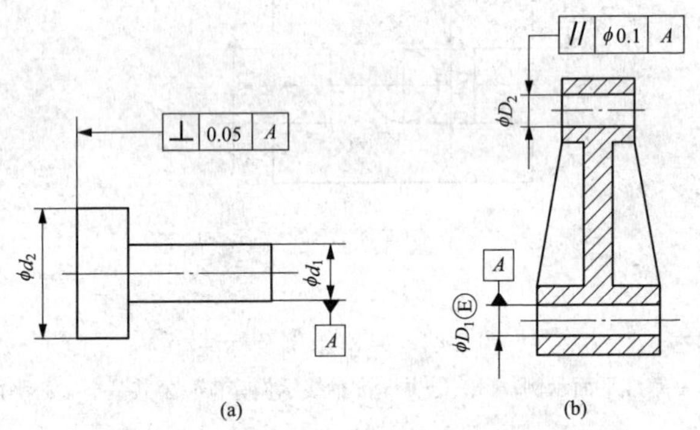

图 2-43　基准导出要素标注中基准符号的基准三角形的放置位置示例

（a）基准符号的细实线位于尺寸线的延长线上；

（b）尺寸线的一个箭头用基准符号的基准三角形代替

当基准要素为圆锥轴线时，基准符号的细实线应位于圆锥直径尺寸线的延长线上，如图 2-44（a）所示。若圆锥采用角度标注，则基准符号的基准三角形应放置在对应圆锥的角度尺寸界线上，且基准符号的细实线正对该圆锥角度尺寸线上，如图 2-44（b）所示。

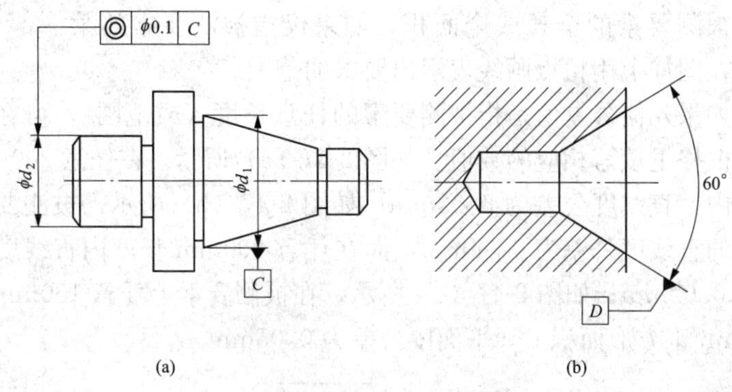

图 2-44　对基准圆锥轴线标注基准符号示例

（a）圆锥注出最大圆锥直径；（b）圆锥注出角度

4. 任选基准的标注

有时相对要素不指定基准，如图 2-45 所示，这种情况称为任选基准标注，也就是在测量时可以任选其中一个要素为基准。

5. 被测要素与基准要素的选择

在位置公差标注中，被测要素用指引箭头确定，而基准要素则由基准符号表示，如图 2-46 所示。

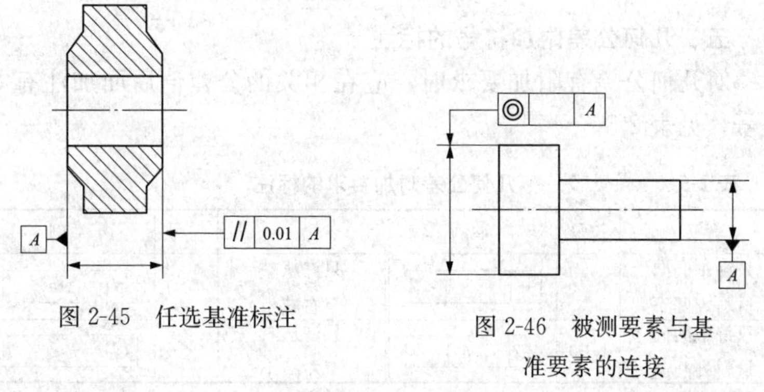

图 2-45　任选基准标注

图 2-46　被测要素与基准要素的连接

四、几何公差数值的标注

几何公差数值是几何误差的最大允许值，其数值都是指线性值，这是由公差带定义所决定的。国家标准中规定：几何公差值在图样上的标注应填写在公共框格第二格内。给出的公差值一般是指被测要素的全长或全面积，如果仅指被测要素的某一部分，则要在图样上用粗点画线表示出要求的范围。

如果几何公差值是指被测要素的任意长度（或范围），可在公差值框格里填写相应的数值。如图 2-47（a）所示，在任意 200mm 长度内，直线度公差为 0.02mm；如图 2-47（b）所示，被测要素全长的直线度公差为 0.05mm，而在任意 200mm 长度内直线度公差为 0.02mm；如图 2-47（c）所示，在被测要素上任意 100mm×100mm 正方形面积上，平面度公差为 0.05mm。

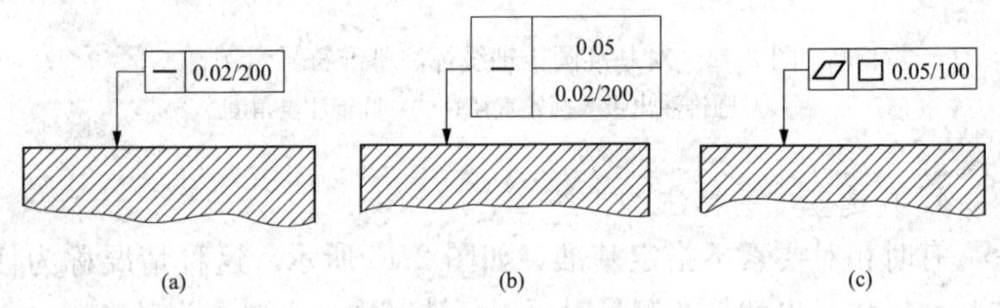

图 2-47　被测要素范围的表示

（a）被测要素任意 200mm 范围的直线度公差标注；

（b）被测要素全长范围和任意 200mm 范围的直线度公差标注；

（c）被测要素任意 100mm×100mm 范围的平行度公差标注

五、几何公差附加符号的标注

对几何公差有附加要求时，应在相关的公差值后面加注有关符号，见表 2-5。

表 2-5　　几何公差附加要求的标注

含义	符号	举例	含义	符号	举例
只许中间向材料内凹下	（−）	— t(−)	只许从左至右减小	（▷）	⌭ t(▷)
只许中间向材料外凸起	（+）	▱ t(+)	只许从右至左减小	（◁）	⌭ t(◁)

六、几何公差的简化标注方法

为了减少图样上几何公差框格或指引线的数量，而达到简化绘图的目的，在保证读图方便和不引起误解的前提下，可能简化几何公差的标注。

1. 同一被测要素有几项几何公差要求的简化标注方法

同一被测要素有几项几何公差要求时，可以将这几项要求的公差框格重叠绘出，只用一条指引线引向被测要素，如图 2-48 所示的标注方法，表示对左端面有垂直度公差和平面度公差的要求。

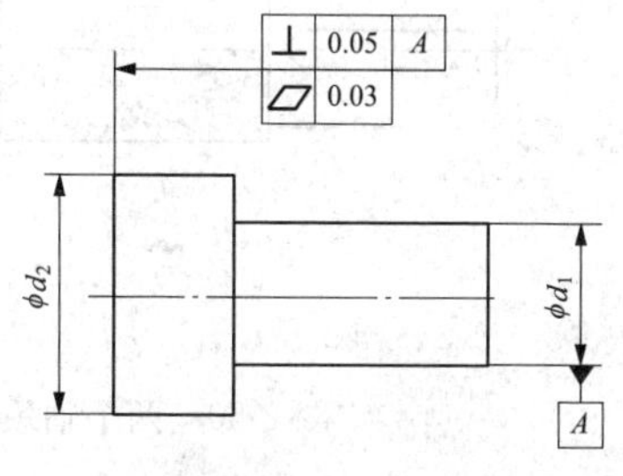

图 2-48　同一被测要素的几项几何公差的简化标注

2. 几个被测要素有同一几项公差带要求的简化标注方法

几个被测要素有同一几项公差要求时，可以只使用一个公差框格，由该公差框格的一端引出一条指引线，在这条指引线上绘制几条带箭头的连线，分别与这几个被测要素相连。如图 2-49 所示，研修不同要求共面的被测表面的平面度公差值均为 0.1mm。

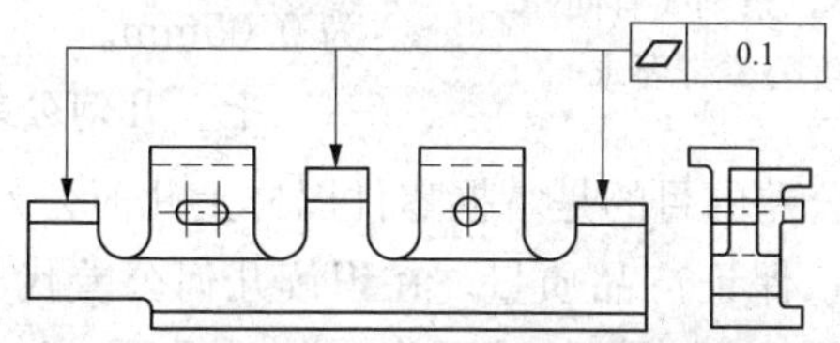

图 2-49　几个被测要素有同一几何公差带要求的简化标注

3. 几个同型被测要素有相同公差带要求的简化标注方法

结构和尺寸分别相同的几个被测要素有相同几何公差带要求时，可以只对其中一个要素绘制公差框格，在公差框格的上方所标注被测要素的定形尺寸之前注明被测要素的个数（阿拉伯数字)。并在两者之间加上乘号“×”。如图 2-50 所示，齿轮轴的两个轴颈的结构尺寸分别相同，且有相同的圆柱度公差和径向圆跳

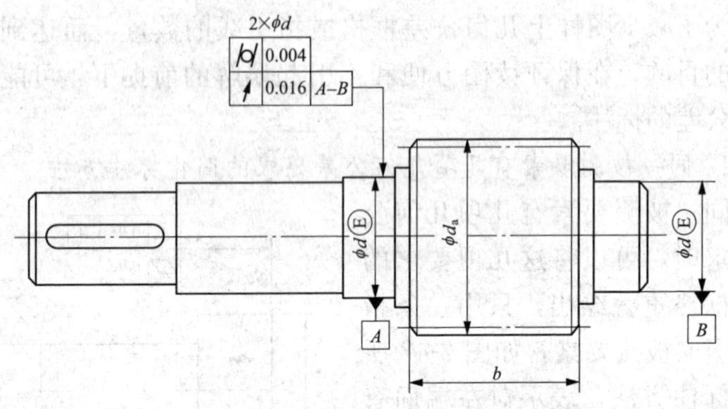

图 2-50　两个轴颈有相同几何公差带要求

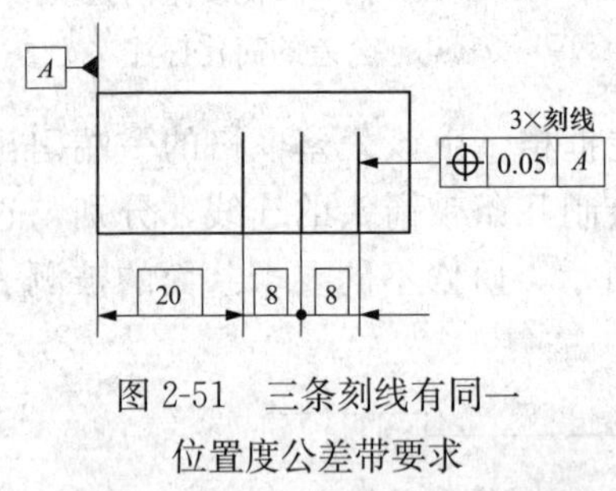

图 2-51　三条刻线有同一位置度公差带要求

动公差要求。对于非尺寸要素，可以在公差框格的上方注明被测要素的个数和乘号“×”（例如“6×”）。如图 2-51 所示，三条刻线的中心线间距离的位置度公差值均为 0.05mm。

七、几何公差的识读

学习几何公差的目的是掌握零件图样上几何公差符号的含义，了解技术要求，保证产品质量。在识读几何公差代号时，应首先从标注中确定被测要素、基准要素、公差项目、公差值、公差带的要求和有关文字说明。

【例 2-1】 如图 2-52 所示，识读止推轴承轴盘的几何公差。

解：

（1）| ⏥ | 0.01 |，表示上平面和下平面的平面度公差为0.01mm。

（2）| // | 0.02 | A |，表示上平面和下平面的平行度公差为0.02mm，基准为 A 面。

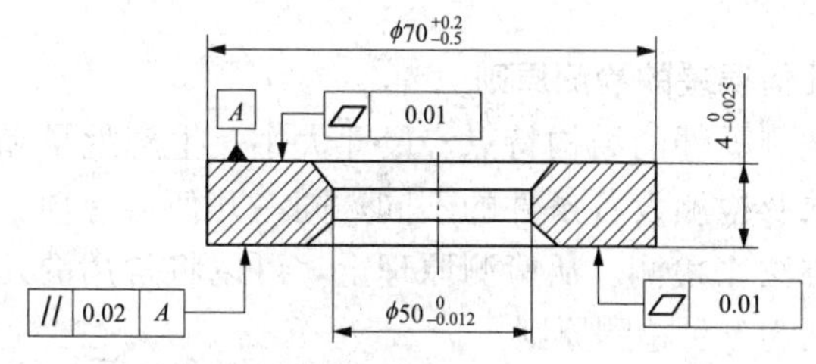

图 2-52 止推轴承轴盘的几何公差

第三节 几何公差和几何误差的检测方法

一、几何公差的含义和几何公差带的特性

几何公差（GB/T 1182—2008）是指实际被测要素对图样上给定的理想形状、理想方位的允许变动量。形状公差是指实际单一要素的形状所允许的变动量；方向、位置和跳动公差是指实际关联要素相对于基准的方位所允许的变动量。

几何公差带是用来限制实际被测要素变动的区域，这个区域可以是平面区域或空间区域。除非另有要求，实际被测要素在公差带内可以具有任何形状和方位。只要实际被测要素能全部落在给定的公差带内，就表明该实际被测要素合格。

几何公差带具有形状、大小和方位等特性，几何公差带的形状取决于被测要素的几何形状、给定的几何公差特征项目和标注形式。表 2-1 和图 2-5 列出了几何公差带的九种主要形状，它们都是几何图形；几何公差带的大小用它的宽度或直径来表示，由给定的公差值决定；几何公差带的方位则由给定的几何公差特征项目和标注形式确定。

几何公差带是按几何概念定义的（但跳动公差带除外），与测量方法无关，所以在实际生产中可以采用任何测量方法来测量和评定某一实际被测要素是否满足设计要求，而跳动是按特定的测量方法定义的，其公差带的特性则与该测量方法有关。被测要素的形状、方向和位置精度，可以用一个或几个几何公差特征项目来控制。

二、几何误差的检测原则

由于被测零件的结构特点、尺寸大小、生产批量和被测要素的精度要求及检测设备条件的不同，同一几何误差项目可以用不同的检测方法来检测。从检测原理上，可以将常用的几何误差检测方法概括为五种检测原则。

1. 与理想要素比较原则

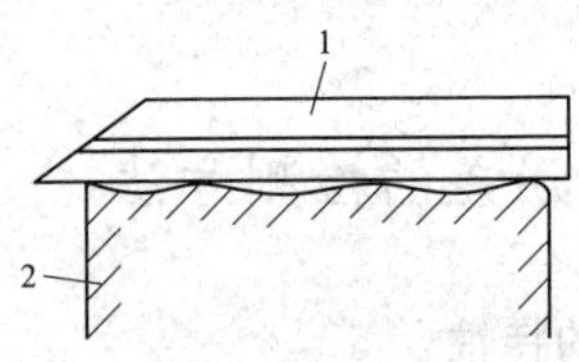

图 2-53　与理想要素比较原则应用示例

1—刀口尺；2—被测零件

与理想要素比较原则是指将实际被测要素与其理想要素进行比较，在比较过程中获得被测要素偏离理想要素的一系列测量数据（量值由直接法或间接法获得，理想要素用模拟方法获得），然后由这些测量数据来评定几何误差值。如图 2-53 所示，将实际被测轮廓线与模拟理想直线的刀口尺刀刃相比较，根据它们接触时光隙的大小来确定直线度误差值。

又如图 2-54 所示，将实际被测表面与模拟理想平面的平板工作面相比较（平板工作面也是测量基准），用指示表测出该实际被测表面上各测点的数据（指示表示），然后处理这些数据，来评定平面度误差值。

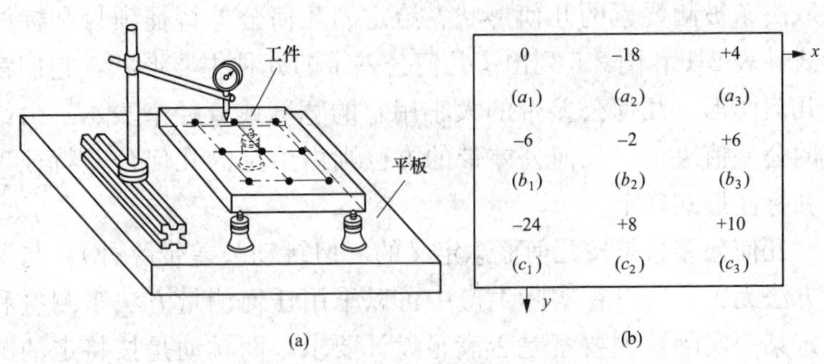

图 2-54　用指示表测量平面度误差

（a）测量示意图；（b）测量数据

2. 测量坐标值原则

测量坐标值原则是指利用计量器具的坐标系，测出实际被测要素上各测点对该坐标系的坐标值（测量被测实际要素的坐标值，例如直角坐标值、极坐标值、圆柱面坐标值），再经过数据计算处理来评定几何误差值。

如图 2-55 所示，将被测零件安放在坐标测量仪上，使零件的基准 A 和 B 分别与坐标测量仪测量系统的 x 和 y 坐标轴方向一致。然后，测量出孔轴线的实际位置 S 的坐标值（x，y），将该坐标值按 x、y 方向分别减去孔轴线的理想位置 O 的坐标值（60，40），得到实际坐标值对理想坐标值的偏差 $\Delta x=x-60$，$\Delta y=y-40$，于是被测轴线的位置度误差值 f_U 为

$$f_U=2\times OS=2\sqrt{(\Delta x)^2+(\Delta y)^2}$$

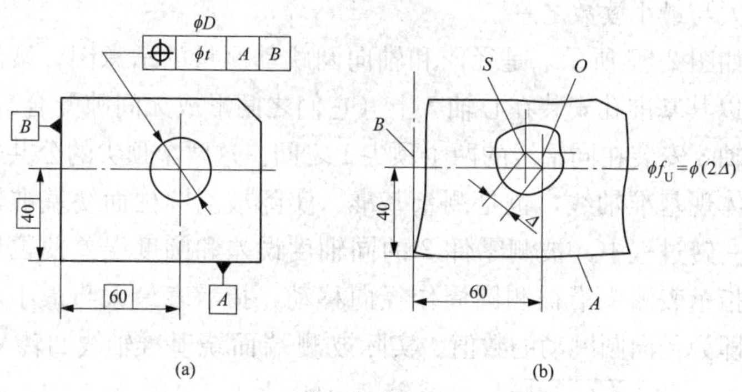

图 2-55　实际基准要素存在形状误差和方向误差

（a）图样标注；（b）两个实际基准要素存在方同误差

S—孔轴线的实际位置；O—孔轴线的理想位置

3. 测量特征参数原则

测量特征参数原则是指测量实际被测要素上具有代表性的参数（即特征参数），用它表示几何误差值。应用这种检测原则测得的几何误差值通常不是符合定义的误差值，而是近似值。

例如，用两点法测量圆柱面的圆度误差，在同一横截面内的几个方向上测量直径，取相互垂直的两直径差值中的量大值之半

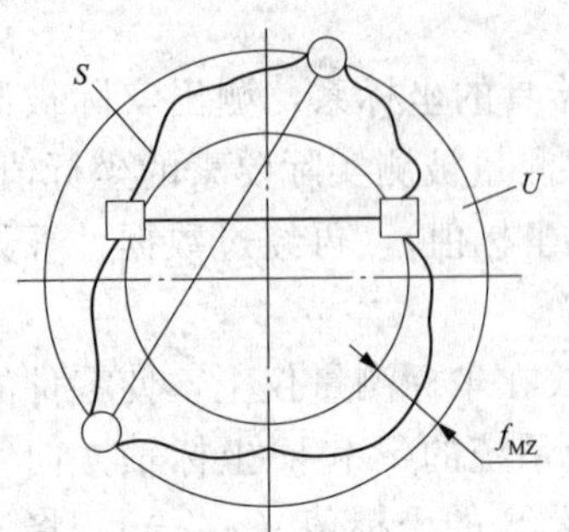

图 2-56　圆度误差最小包容区域判别准则

○—外极点；□—内极点

作为该截面内的圆度误差值。这样评定的圆度误差值，不符合如图 2-56 所示圆度误差最小包容区域判别准则的定义，即圆度误差值应该采用量小包容区域来评定。

4. 测量跳动原则

跳动是按特定的测量方法来定义的位置误差项目，测量跳动原则是针对测量圆跳动和全跳动的方法而概括的检测原则。即是被测实际要素绕基准轴线回转过程中，沿给定方向测量其对某参考点或某参考线的变动量，变动量是指指示表最大与最小读数之差。

如图 2-57 所示，是径向和轴向圆跳动测量的示意图。被测零件 2 以其基准孔安装在心轴 3 上（它们之间形成无间隙配合），再将心轴 3 安装在同轴线的两个顶尖 1 之间。这两个顶尖的公共轴线模拟体现基准轴线，也是测量基准。实际被测圆柱面绕基准轴线回转一转过程中，被测零件 2 的同轴度误差和圆度误差使位置固定的指示表测头沿被测圆周作径向移动，指示表最大与最小示值之差即为径向圆跳动的数值。实际被测端面绕基准轴线回转一转

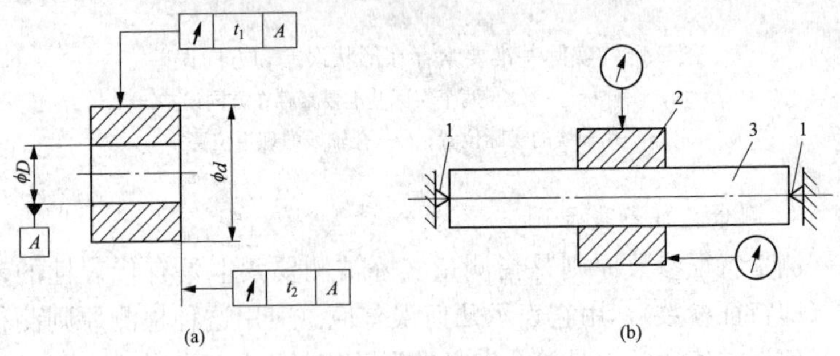

图 2-57　径向和轴向圆跳动测量

(a) 图样标注；(b) 测量示意图

1—顶尖；2—被测零件；3—心轴

的过程中，位置固定的指示表测头沿被测端面作轴向移动，指示表最大与最小示值之差即为轴向圆跳动的数值。

5. 边界控制原则

按包容要求或最大实体要求给出几何公差时，就给定了最大实体边界或最大实体实效边界，要求被测要素的实际轮廓不得超出最大实体边界或最大实体实效边界。边界控制原则是指用光滑极限量规的通规或功能量规的检验部分模拟体现图样上给定的边界，来检测实际被测要素、若被测要素的实际轮廓能被量规通过，则表示合格，否则不合格。当最大实体要求应用于被测要素对应的基准要素时，可以使用同一功能量规的定位部分来检验基准要素的实际轮廓是否超出它应遵守的边界。

如图 2-58 所示，是工件的同轴度误差用同轴度量规检验的示意图，这是一种共同检验方式的功能量规。零件被测要素的最大实体实效边界尺寸 $d_{MV}=\phi25.04$mm，因此量规检验部分（模拟最大实体实效边界）的孔径定形尺寸也为 $\phi25.04$mm。零件基准要素本身虽采用独立原则，但在与被测要素的关系上，其边界为最大实体边界，其最大实体边界尺寸 $d_M=\phi50$mm，故量规定位部分（模拟最大实体边界）的孔径定形尺寸也为 $\phi50$mm。如果量规检验部分和定位部分能够同时自由通过工件实际被测孔和实际基准孔，则表示它们的实际轮廓都未超出图样上给定的边界，工件同轴度误差合格。

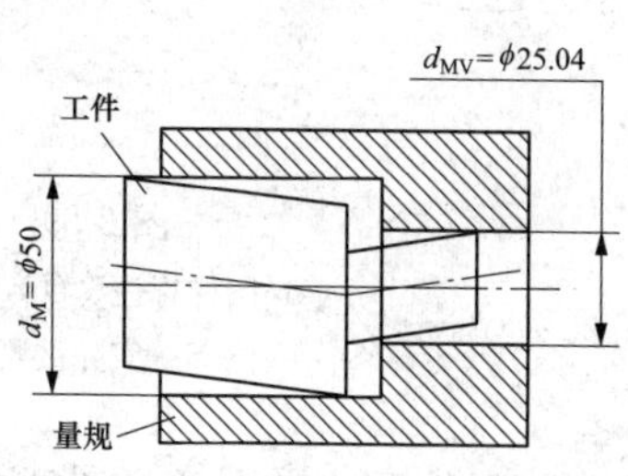

图 2-58　边界控制原则（同轴度量规检验）应用示例

三、形状公差带和形状误差的检测方法

1. 形状公差带的特性

形状公差涉及的要素是线和面，一个点无所谓形状。形状公差有直线度、平面度、圆度和圆柱度等几个特征项目。它们不涉及基准，它们的理想被测要素的形状不涉及尺寸，公差带的方位

可以浮动（用公差带判断实际被测要素是否位于它的区域内时，它的方位可以随实际被测要素的方位变动而变动）。也就是说，形状公差带只有形状和大小的要求，而没有方位的要求，如图 2-59 所示的平面度公差特征项目中，理想被测要素的形状为平面，因此限制实际被测要素在空间变动的区域（公差带）的形状为两平行平面，公差带可以上下移动或朝任意方向倾斜，只控制实际被测要素的形状误差（平面度误差）。

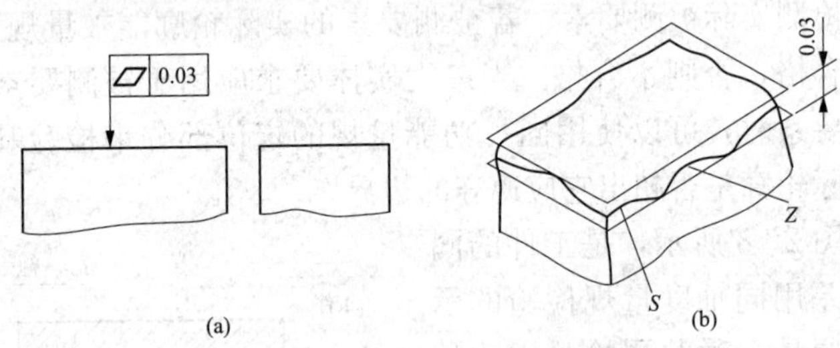

图 2-59　平面度公差带

（a）图样标注；（b）两平行平面形状的公差带

S—实际被测要素；Z—公差带

2. 直线度、平面度、圆度和圆柱度公差带的定义和标注示例

直线度、平面度、圆度和圆柱度公差带的定义和标注示例见表 2-6。

表 2-6　直线度、平面度、圆度和圆柱度公差带的定义和标注示例

特征项目	公差带定义	标注示例和解释
直线度公差	公差带为在给定平面内和给定方向上，间距等于公差值 t 的两平行直线所限定的区域 a—任一距离	在任一平行于图示投影面的平面内，上表面的实际线应限定在间距等于 0.1mm 的两平行直线之间

续表

特征项目	公差带定义	标注示例和解释
直线度公差	在给定方向上，公差带为间距等于公差值 t 的两平行平面所限定的区域 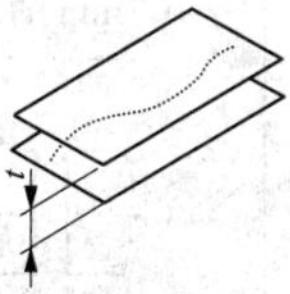	实际棱线应限定在间距等于 0.1mm 的两平行直线之间 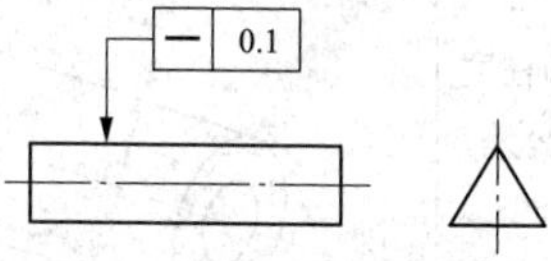
	在任意方向上，公差带为直径等于公差值 ϕt 的圆柱面所限定的区域 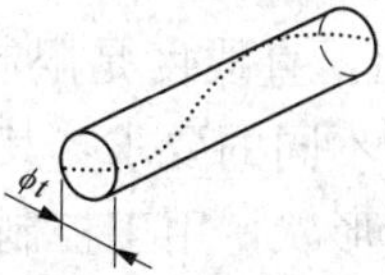	外圆柱面的实际轴线应限定在直径等于 ϕ0.08mm 的圆柱面内 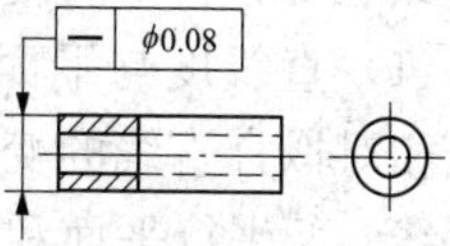
平面度公差	公差带为间距等于公差值 t 的两平行平面所限定的区域 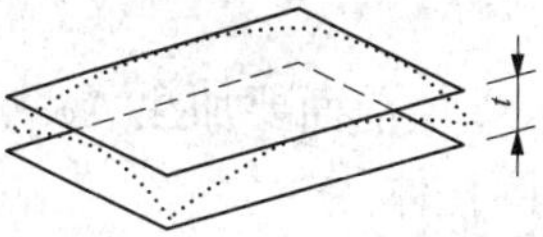	实际表面应限定在间距等于 0.08mm 的两平行平面之间 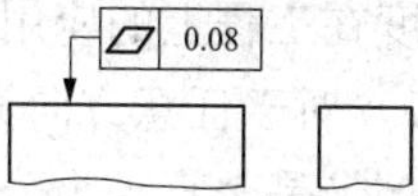
圆度	公差带为在给定横截面内，半径差等于公差值 t 的两同心圆所限定的区域 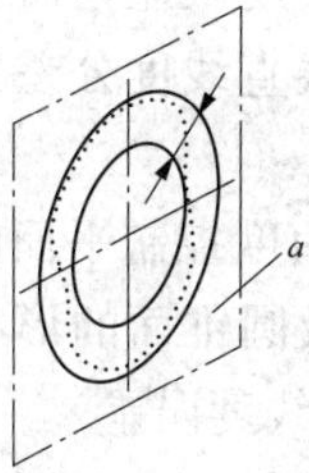 a—任一横截面	在圆柱面的任意横截面内，实际圆周应限定在半径差等于 0.03mm 的两共面同心圆之间 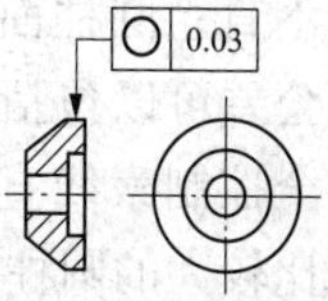 在圆锥面的任意横截面内，实际圆周应限定在半径差等于 0.1mm 的两共面同心圆之间 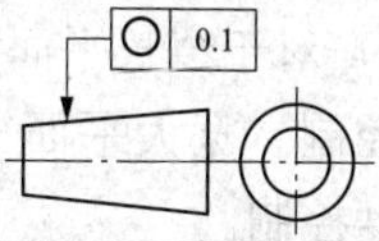

续表

特征项目	公差带定义	标注示例和解释
圆柱度公差	公差带为半径差等于公差值 t 的两同轴线圆柱面所限定的区域	实际圆柱面应限定在半径差等于 0.1mm 的两同轴线圆柱面之间

3. 直线度与平面度、圆度与圆柱度的应用说明

(1) 直线度与平面度应用说明：直线度是限制提取（实际）直线相对拟合直线的变动量，根据不同的要求，其公差带有两平行直线、两平行平面和圆柱面三种形状，用于控制平面或空间直线的形状误差。平面度是限制提取平面相对拟合平面的变动量，公差带为间距等于公差值 t 的两平行平面所限定的区域。直线度与平面度在工程上的应用说明如下。

1）对于任意方向直线度的公差值前面要加注“ϕ”，即 ϕt。说明公差带是个直径为公差值 t 的圆柱体。

2）轴线在任意方向上的直线度，代替了过去轴线的弯曲度。

3）圆柱体素线直线度与圆柱体轴线直线度，两者之间是既有联系又有区别的。圆柱面发生鼓形或鞍形，素线就不直，但轴线不一定不直；圆柱面发生弯曲，素线和轴线都不直。因此，素线直线度公差可以包括和控制轴线直线度误差，而轴线直线度公差不能完全控制素线直线度误差。轴线直线度公差只控制弯曲，用于长径比较大的圆柱工件。

4）直线度与平面度的区别。平面度控制平面的形状误差，直线度可控制直线、平面、圆柱面以及圆锥面的形状误差。图样上提出的平面度要求，同时也控制了直线度误差。

5）对于窄长平面（如龙门刨床导轨面）的形状误差，可用直线度控制。宽大平面（如龙门刨床工作台面）的形状误差，可用平面度控制。

6）直线度公差带只控制直线本身，与其他要素无关；平面度公差带也只控制平面本身，与其他要素无关。因此，直线度公差带的方位和平面度公差带的方位都可以浮动。

（2）圆度与圆柱度应用说明。圆度是在任意给定的横截面内，提取（实际）圆周对其拟合圆的变动量。圆度公差带为在横截面内半径差等于公差值 t 的两同心圆所限定的区域。它是控制圆柱（或圆锥）体的任意横截面或球体上通过球心的任一截面的圆度误差。圆柱度是限制提取圆柱面对其拟合圆柱面的变动量，公差带为半径差等于公差值 t 的两同轴圆柱面所限定的区域。圆度与圆柱度在工程上的应用说明如下。

1）圆柱度和圆度一样，是用半径差来表示，这是符合生产实际的，因为圆柱面旋转过程中是以半径的误差起作用，所以是比较先进的、科学的指标。两者的不同处是：圆度公差控制横截面误差，而圆柱度公差则是控制横截面和轴截面的综合误差。

2）国家标准取消了椭圆度和不柱度两个误差项目。椭圆度和不柱度都是用直径分别控制横截面和轴截面的形状误差，没有公差带，因而不符合形状公差中的公差带定义。

3）圆度和圆柱度在检测中，如需规定要用两点法或用三点法测量，则可在公差框格下方加注检测方案说明。

4）圆柱度公差值只是指两圆柱面的半径差，未限定圆柱面的半径和圆心位置，因此公差带不受直径大小和位置的约束，可以浮动。

4. 形状误差的检测方法

在形状误差的测量中，普遍采用的方法是将被测要素与理想要素相比较，以两者之间的最大偏差量作为形状误差、理想要素可以用实物（刀口尺、平尺、光线、平板、回转轴线等）来体现，通过使用不同测量工具来检测实际要素相对模拟理想要素的变动量。当被测要素尺寸较小时，可直接进行比较测量。对较大尺寸零件的测量，可以先在被测要素上均匀分布采样点，用测量工具（如水平仪、自准直仪、指示表）测出每一采样点的相对读数，最后通过数据处理求出形状误差。

（1）直线度误差的检测方法。直线度误差有指示表测量法、刀口尺法、钢丝法、水平仪法和自准直仪法等几种常用的检测方法。

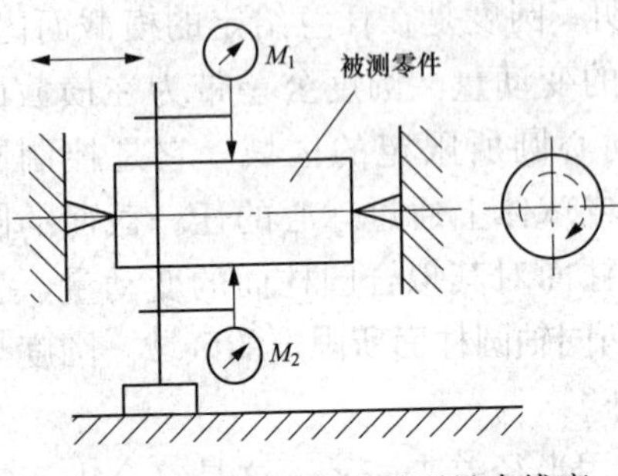

图 2-60　用两只指示器测量直线度

1）指示表测量法。如图 2-60 所示，将被测零件安装在平行于平板的两顶尖之间，用带有两只指示表的表架，沿铅垂轴线截面的两条素线测量。同时分别记录两指示表在各自测点的读数 M_1 和 M_2，取各测点读数差之半即 $\left(f=\left|\frac{M_1-M_2}{2}\right|\right)$ 中的最大差值作为该截面轴线的直线度误差。将零件转位，按上述方法测量若干个截面，取其中最大的误差值作为被测零件轴线的直线度误差。

2）刀口尺法。如图 2-61（a）所示，刀口尺法是用刀口尺和被测要素（直线或平面）接触，使刀口尺和被测要素之间的最大间隙为最小。这个最大间隙即为被测量的直线度误差，间隙量可用塞尺测量或与标准间隙比较。

3）钢丝法。如图 2-61（b）所示，钢丝法是用特别的钢丝作为测量基准，用测量显微镜读数。调整钢丝的位置，使测量显微镜读得两端的读数相等。沿被测要素移动显微镜，显微镜中的最大读数即为被测要素的直线度误差值。

4）水平仪法。如图 2-61（c）所示，水平仪法是将水平仪放在被测表面上，沿被测要素按节距逐段连续测量。对读数进行计算可求得直线度误差值，也可采用作图法求得直线度的误差值。一般是在读数之前，先将被测要素调整成近似水平，以保证水平仪读数方便。测量时，可将水平仪放在桥板上，桥板长度可按被测要素的长度，以及测量的精度要求决定。

5）自准直仪法。如图 2-61（d）所示，用自准直仪和反射镜

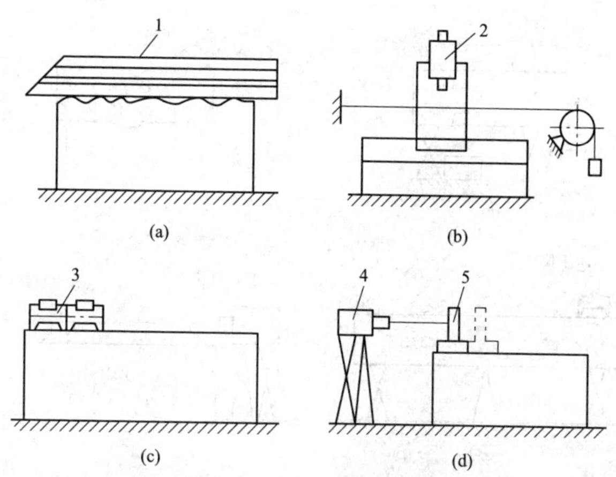

图 2-61 直线度误差的测量

(a) 刀口尺法；(b) 钢丝法；(c) 水平仪法；(d) 自准直仪法

1—刀口尺；2—测量显微镜；3—水平仪；4—自准直仪；5—反射镜

测量直线度误差值，在测量中是以准直光线为测量基准。将自准直仪放在固定位置上，测量过程中保持位置不变，反射镜通过桥板放在被测要素上，沿被测要素按节距逐段连续移动反射镜，并在自准直仪的读数显微镜中读得对应的读数，对读数进行计算可求得直线度误差值。

(2) 平面度误差的检测方法。如图 2-62 所示，是常见的几种平面度测量方法。图 2-62 (a) 是用指示器测量平面度误差值，将被测零件支承在平板上，将被测平面上两对角线的角点分别调整成等高或将最远的三点调整成距测量平板等高。按一定布点测量被测表面。指示表上最大与最小读数之差即为该平面的平面度误差近似值。

如图 2-62 (b) 所示，是用平晶测量平面度误差，这个方法适用于测量高精度的小平面。将平晶紧贴在被测平面上，由产生的干涉条纹，经过计算得到平面度误差值。

如图 2-62 (c) 所示，是水平仪测量平面度误差。水平仪通过桥板放在被测平面上，用水平仪按一定的布点和方向逐点测量，经过计算得到平面度误差值。

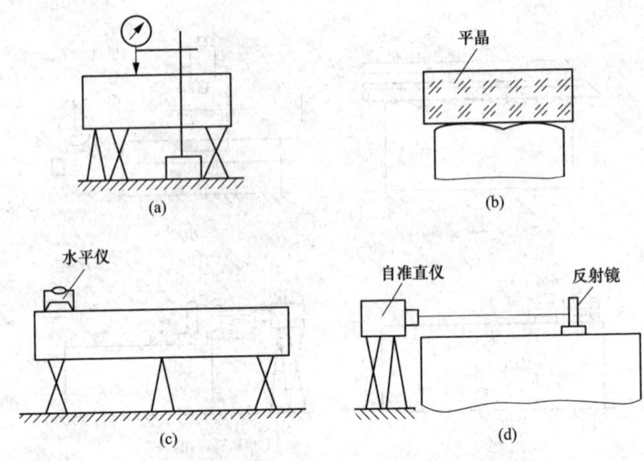

图 2-62　平面度误差的测量

(a) 指示器测量；(b) 平晶测量；(c) 水平仪测量；(d) 自准直仪测量

如图 2-62（d）所示，是用自准直仪和反射镜测量平面度误差将自准直仪固定在平面外的一定位置，反射镜放在被测平面上。调整自准直仪，使其和被测表面平行，按一定布点和方向逐点测量，经过计算得到平面度误差值。

(3) 圆度误差的检测方法。圆度误差的检测方法有两类，一类是在圆度仪上测量圆度，另一类是用两点法和三点法测量圆度。

如图 2-63 所示，是在圆度仪上测量圆度的示意图。圆度仪［见图 2-63（a)］上的回转轴 1 带着传感器 2 转动，使传感器上的测量头 3 沿被测零件 4 的表面回转一圈，测量头的径向位移由传感器转换成电信号，经放大器 6 放大，推动记录笔 7 在转盘 5 的纸上画出相应的位移，被测零件得到所测量截面的轮廓图［见图 2-63（b)］。这是以精密回转轴的回转轨迹模拟理想圆，与实际圆进行比较的方法。用一块刻有许多等距同心圆的透明板［见图 2-63（c)］置于记录纸上，与测得的轮廓圆相比较，找到紧紧包容轮廓圆而半径差又为最小的两同心圆［见图 2-63（d)］，其两同心圆的间距就是被测圆的圆度误差。注意应符合最小包容区域判别法：两同心圆包容被测实际轮廓时，至少有四个实测点内外相间地在两个同心圆圆周上，称交叉准则，如图 2-63（e）所示。根据放大倍数不同，透明板上相邻两同心圆之间的格值为 5～0.05μm，如当放大倍数为 5000 倍数时，格值为 0.2μm。

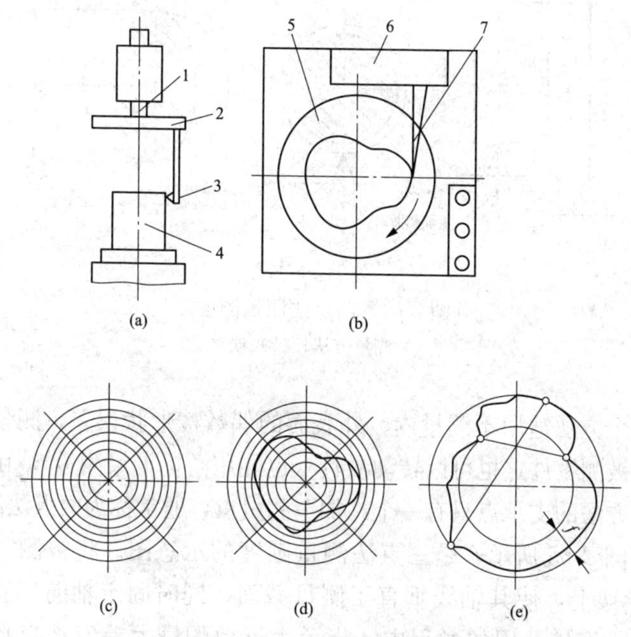

图 2-63　用圆度仪测量圆度

（a）圆度仪；（b）测量截面轮廓图；（c）等距同心圆透明板；
（d）找包容轮廓圆且半径差为最小的两同心圆；（e）最小包容区域判别法
1—圆度仪回转轴；2—传感器；3—测量头；4—被测零件；
5—转盘；6—放大器；7—记录笔

如果圆度仪上附有计算机，可将传感器拾到的电信号送入计算机，按预定程序计算出圆度误差值。圆度仪的测量精度虽很高，但价格也很高，且使用条件苛刻，也可用直角坐标测量仪来测量圆上各点的直角坐标值，再计算出圆度误差。

如图 2-64 所示，将被测零件放在支承上，用指示表来测量实际圆的各个点对固定点的变化量，被测零件的轴线应垂直于测量截面，同时固定轴向位置。在被测零件回转一周的过程中，指示表读数的最大差值之半数作为单个截面的圆度误差。也可以测量若干个截面，取其中最大的误差值作为该零件的圆度误差。

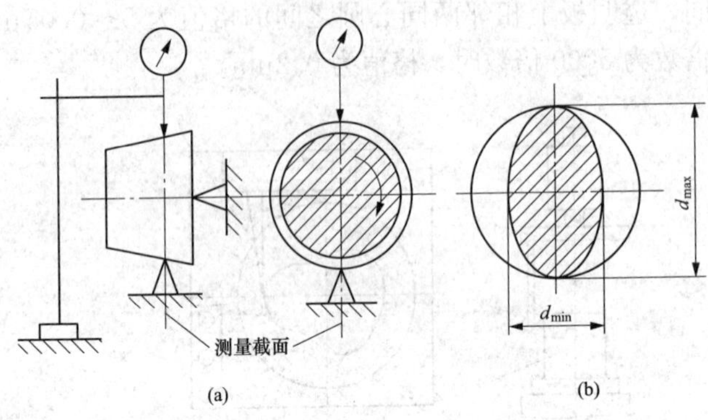

图 2-64　两点法测量圆度

（a）测量方法；（b）误差

这个方法适用于测量内、外表面的偶数棱形状误差，测量时可以转动被测零件，也可以转动量具（也能用游标卡尺测量）。由于这个检测方法的支承点只有一个，加上测量点，通常称为两点法测量。

如图 2-65 所示，是三点法测量圆度的示意图。将被测零件放在 V 形架上，使其轴线垂直于测量截面，同时固定轴向位置。在被测零件回转一周的过程中，指示表读数的最大差值之半数作为单个截面的圆度误差。也可以测量若干个截面，取其中最大的误差值作为该零件的圆度误差。

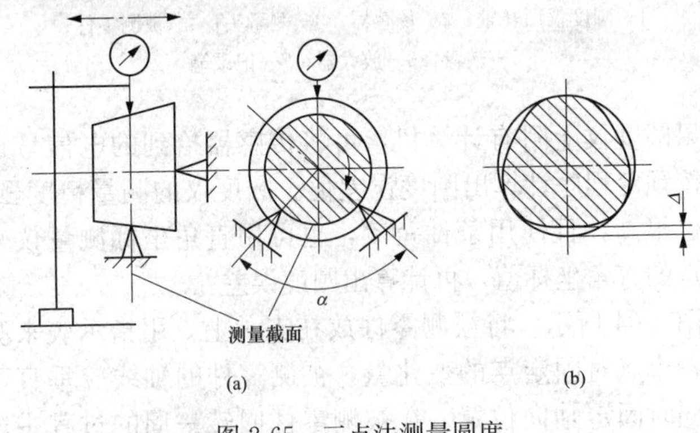

图 2-65　三点法测量圆度

（a）测量方法；（b）误差

这个方法适用于测量内、外表面的奇数棱形状误差，测量时可以转动被测零件，也可以转动量具。其测量结果的可靠性，取决于截面形状误差和V形架夹角的综合效果。常以夹角$\alpha=90°$和$\alpha=120°$或$\alpha=72°$和$\alpha=108°$两块V形架分别测量。

（4）圆柱度误差的检测方法。圆柱度误差的检测，可在圆度仪上测量若干个横截面的圆度误差，按最小条件确定圆柱度误差。如圆度仪具有使测量头沿圆柱的轴向作精确移动的导轨，使测量头沿圆柱面作螺旋运动，则可以用计算机计算出圆柱度误差。目前，在生产中测量圆柱度误差，像测量圆度误差一样，多用测量特征参数的近似方法来测量圆柱度误差。

如图2-66所示，是两点法测量圆柱度的示意图，将被测零件放在平板上，并紧靠直角座。在被测零件回转一周的过程中，测量一个横截面上的最大与最小读数。按这个方法测量若干个横截面，然后取各截面内所测得的所有读数中最大与最小读数差之半作为该零件的圆柱度误差。这个方法适用于测量外表面的偶数棱形状误差。

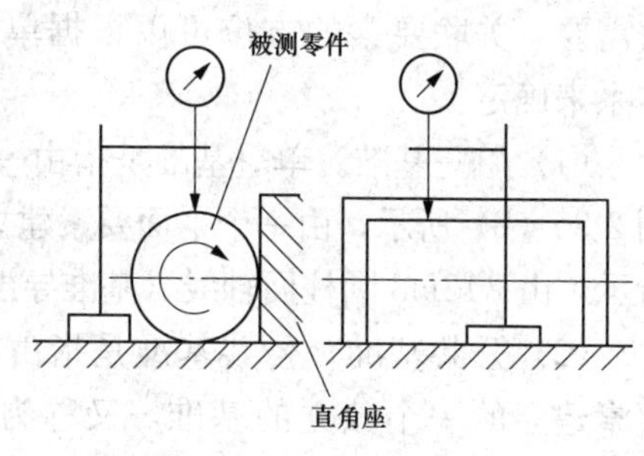

图2-66　两点法测量圆柱度

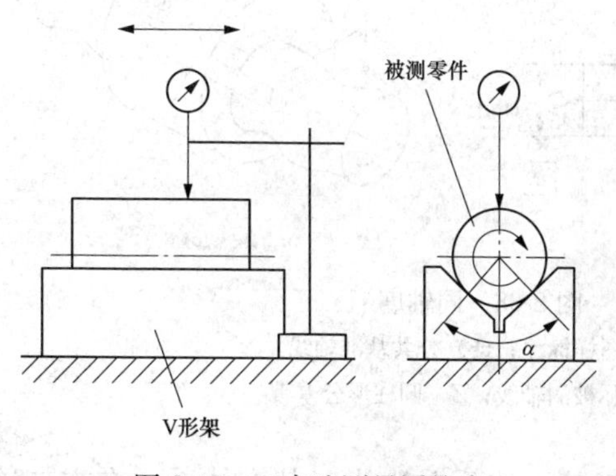

图2-67　三点法测量圆柱度

如图2-67所示，是用三点法测量圆柱度的示意图。将被测零件放在平板上的V形架内（V形架的长度应大于被测零件的长度）。在被测零件回转一周的过程中，测量一个横截面上的最大与最小读数。按这个方法，连续测量若干个横截面，然后取各横截面内所测得的所有读数中最大与最小读数的差值之半数，作为该零件的圆柱度误差。这个方法适用于测量外表面的奇数棱形状误差。为测量结果准确，通常使用夹角 $\alpha=90°$ 和 $\alpha=120°$ 的两个 V 形架分别测量。

四、基准及其应用

1. 基准的种类

基准是用来确定实际关联要素几何位置关系的参考对象，应具有理想形状（有时还应具有理想方向）。基准有基准点、基准直线（包括基准轴线）和基准平面（包括基准中心平面）等几种形式。基准点用得极少，基准直线和基准平面则得到广泛的应用。按需要，关联要素的方位可以根据单一基准、公共基准或三基面体系来确定。

（1）单一基准。单一基准是指由一个基准要素建立的基准，如图 2-30（b）所示，由一个平面要素建立基准平面 A；如图 2-18（a）所示，由 ϕ12H8 圆柱面轴线（基准导出要素）建立基准轴线 A。

（2）公共基准。公共基准是指由两个或两个以上的同类基准要素建立的一个独立的基准，又称为组合基准。如图 2-68 所示，图中的同轴度是由两个直径都为 ϕd_1 圆柱面的轴线 A、B 建立公共基准轴线 $A—B$，它作为一个独立的基准使用。

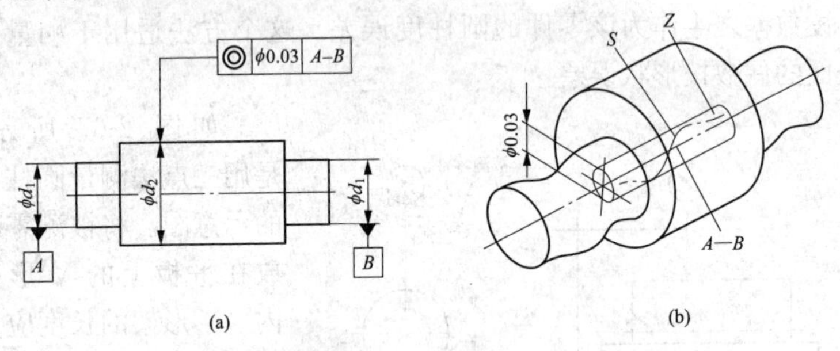

图 2-68　同轴度

（a）图样标注；（b）公共基准轴线

S—实际被测轴线；Z—圆柱形公差带

（3）三基面体系。三基面体系也称为三基准体系。在方向或位置公差中，为了确定被测要素在空间的方向或位置，当单一基准或一个独立的公共基准不仅对关联要素提供完整而正确的方向或位置时，就有必要引用基准体系，就需要指定两个或三个基准要素。为了与空间直角坐标系一致，规定以三个互相垂直的基准平面构成一个基准体系，称为三基面体系，如图 2-69 所示。三个互相垂直的平面 A、B、C 构成了一个三基面体系［见图 2-69（a)］，它们按功能要求分别称为第一、第二、第三基准平面（基准的顺序），第二基准平面 B 垂直于第一基准平面 A，第三基准平面 C 垂直于第一基准平面 A，且垂直于第二基准平面 B［见图 2-69（b)］。

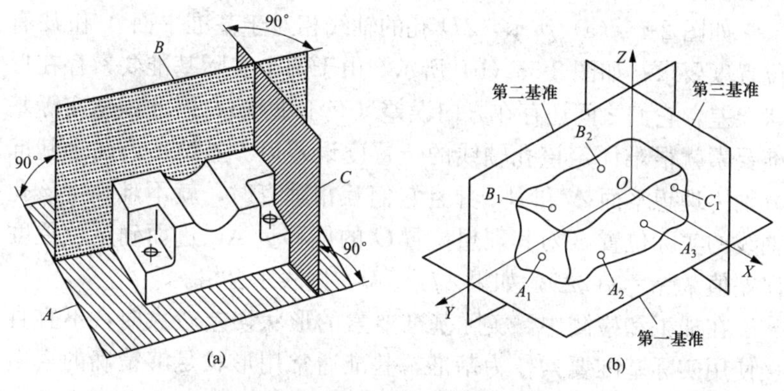

图 2-69　三基面体系与三基准平面

（a）三基面体系；（b）三基准平面

三基面体系中每两个基准平面的交线构成一条基准轴线，三条基准轴线的交点构成基准点。确定关联要素的方位时，可以使用三基面体系中的三个基准平面，也可以使用其中的两个基准平面或一个基准平面（单一基准平面），或者使用一个基准平面和一条基准轴线。

2. 基准的体现

工件加工后，其实际基准要素不可避免地存在或大或小的形状误差（有时还存在方向误差）。如果以存在形状误差的实际基准要素作为基准，则难以确定实际关联要素的方位。如图 2-70 所示，

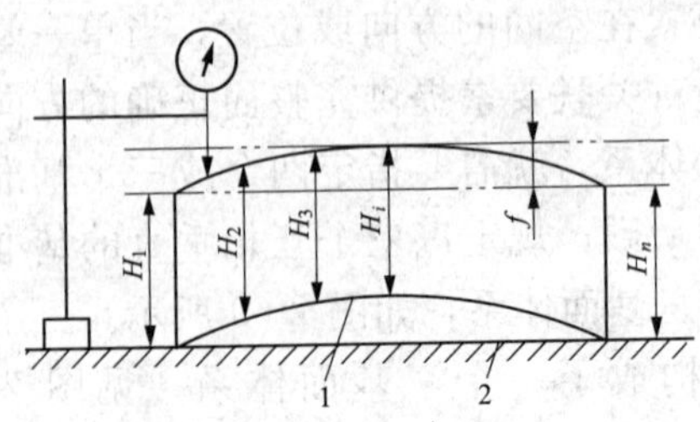

图 2-70　实际基准要素存在形状误差

1—实际基准表面；2—平板工作平面

上表面（被测表面）对底平面有平行度要求，实际基准表面1存在形状误差，用两点法测得实际尺寸 $H_1=H_2=H_3=\cdots=H_n$，则平行度误差值似乎为零，但实际上，该上表面相对于具有理想形状的基准平面（平板工作平面 2）来说，却有平行度误差，其数值为指示表最大与最小示值的差值 f。

如图 2-55（a）所示，ϕD 孔的轴线相对于基准平面 A 和 B 有位置度要求；如图 2-55（b）所示，由于两个实际基准要素存在形状误差，它们之间还存在方向误差（互不垂直），因此根据实际基准要素就很难评定该孔轴线的位置度误差值。显然，当两个基准分别为理想平面 A 和 B，并且它们互相垂直时，就不难确定该孔轴线的实际位置 S 对其理想位置 O 的偏移量 Δ，进而确定位置度误差值 $\phi f_U=\phi(2\Delta)$。如果 $\phi f_U\leqslant\phi t$，则表示合格。

在加工和检测中，实际基准要素的形状误差较大时，不宜直接使用实际基准要素作为基准，基准通常用形状足够精确的表面来模拟体现。例如，基准平面可用平台、平板的工作平面来模拟体现；孔的基准轴线可用与孔成无间隙配合的心轴或用可膨胀式心轴的轴线来模拟体现；轴的基准轴线可用 V 形架来体现，如图 2-71 所示；三基面体系中的基准平面可用平板和方箱的工作平面来模拟体现。

五、轮廓度公差带和轮廓度误差的检测方法

1. 轮廓度公差带的特性

轮廓度公差涉及的要素是线和曲面，轮廓度公差有线轮廓度公差和面轮廓度公差两个特征项目，它们的理想被测要素的形状需要用理论正确尺寸（把数值围以方框表示的没有公差而绝对准确的尺寸）决定。采用方框这种形式表示，是为了区别于图样上的未注公差尺寸。

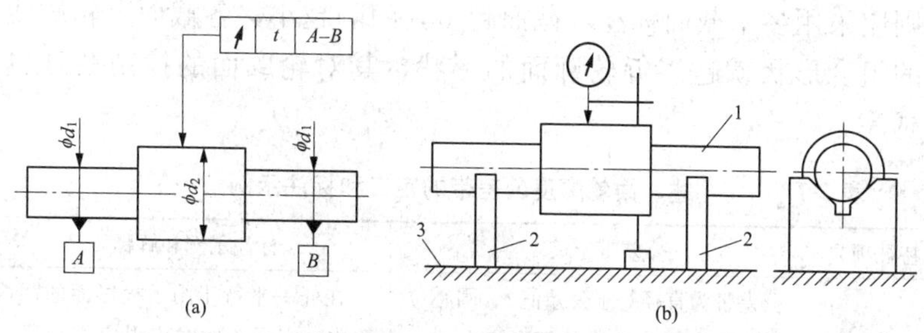

图 2-71　径向圆跳动测量

(a) 图样标注；(b) 测量示意图

1—被测零件；2—两个等高 V 形架；3—平板

轮廓度公差带分为无基准的和相对于基准体系的两种。无基准的轮廓度公差带的方位可以浮动，而相对于基准体系的轮廓度公差带的方位是固定的。

2. 线、面轮廓度公差带的定义和标注示例

线、面轮廓度公差带的定义和标注示例见表 2-7。

3. 线、面轮廓度的应用说明

(1) 线轮廓度是控制轮廓线形状和位置的形状公差项目，其公差带为两条等距轮廓线之间的区域，控制一个平面轮廓线，例如样板轮廓面上的素线（轮廓线）的形状要求。

面轮廓度是控制轮廓面形状和位置的形状公差项目，其公差带为两等距轮廓面之间的区域，控制一个空间的轮廓面。各种轮廓面，不管其形状沿厚度是否变化，均可应用面轮廓度公差来控制。

(2) 由于工艺上的原因，有时也可用线轮廓度来控制曲面形状，即用线轮廓度来解决面轮廓度的问题。其方法是用平行于投影面的平面剖截轮廓面，以形成轮廓线，用线轮廓度来控制这个平面轮廓线的形状误差，从而近似地控制轮廓面的形状，就相当于用直线度来控制平面的平面度误差一样。

当轮廓面的形状沿厚度不变时（如某些平面凸轮），由于零件不同厚度上，各截面在投影面上的理想形状均相同，故只需标出一个截面的形状。当轮廓面的形状沿厚度变化时（如叶片），

则应采用多个截面标注，截面越多，间隔越小，各截面上轮廓线的组合形状就越接近轮廓面的形状，其对轮廓面的控制精度也越高。

表 2-7　线、面轮廓度公差带的定义和标注示例

特征项目	公差带定义	标注示例和解释
无基准的线轮廓度公差	公差带为直径等于公差值 t、圆心位于被测要素理论正确几何形状上的一系列圆的两包络线所限定的区域 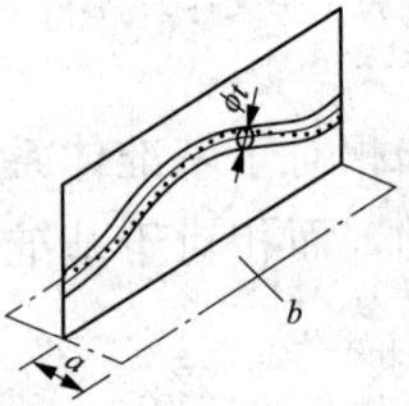 a—任一距离； b—垂直于右图视图所在平面	在任一平行于图示投影面的截面内，实际轮廓线应限定在直径等于 0.04mm、圆心位于被测要素理论正确几何形状上的一系列圆的两等距包络线之间 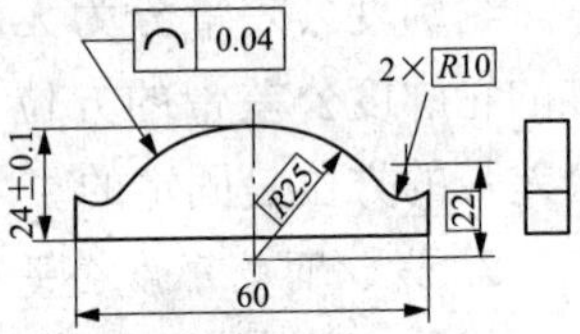
相对于基准体系的线轮廓度公差	公差带为直径等于公差值 t、圆心位于由基准平面 A 和基准平面 B 确定的被测要素理论正确几何形状上的一系列圆的两包络线所限定的区域 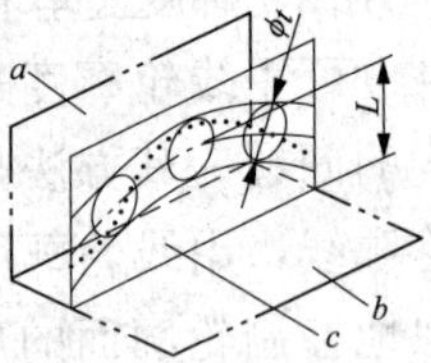 a、b—基准平面 A、基准平面 B； c—平行于基准平面 A 的平面	在任一平行于图示投影面的截面内，实际轮廓线应限定在直径等于 0.04mm、圆心位于由基准平面 A 和基准平面 B 确定的的被测要素理论正确几何形状上的一系列圆的两等距包络线之间 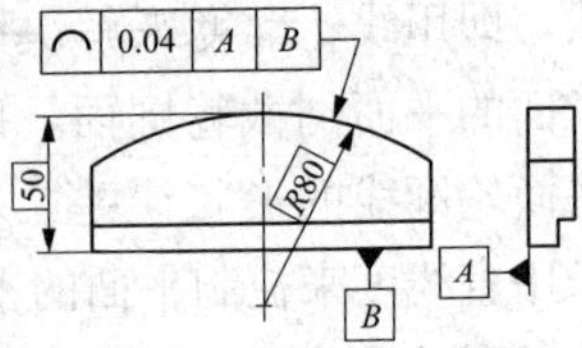

续表

特征项目	公差带定义	标注示例和解释
无基准的面轮廓度公差	公差带为直径等于公差值 t、球心位于被测要素理论正确几何形状上的一系列圆球的两包络面所限定的区域 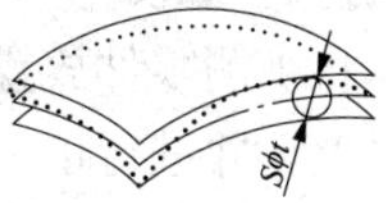 Sϕt	实际轮廓面应限定在直径等于0.02mm，球心位于被测要素理论正确几何形状上的一系列圆球的两等距包络面之间 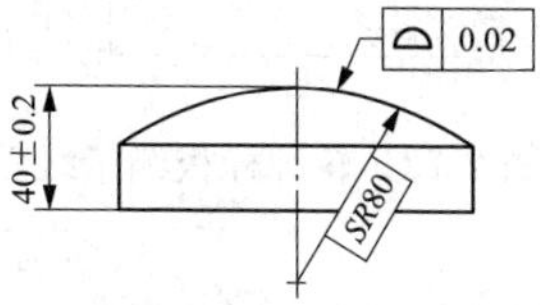 0.02　40±0.2　SR80
相对于基准体系的面轮廓度公差	公差带为直径等于公差值 t、球心位于由基准平面 A 确定的被测要素理论正确几何形状上的一系列圆球的两包络面所限定的区域 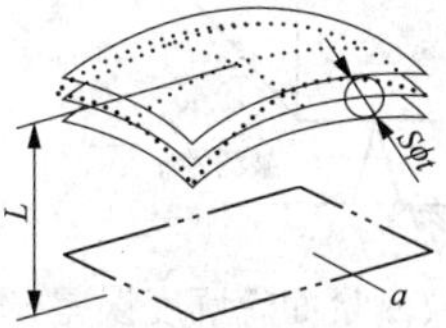 Sϕt　L　a a—基准平面 A； L—理论正确几何图形的顶点至基准平面 A 的距离	实际轮廓面应限定在直径等于0.1mm，球心位于由基准平面 A 确定的被测要素理论正确几何形状上的一系列圆球的两等距包络面之间 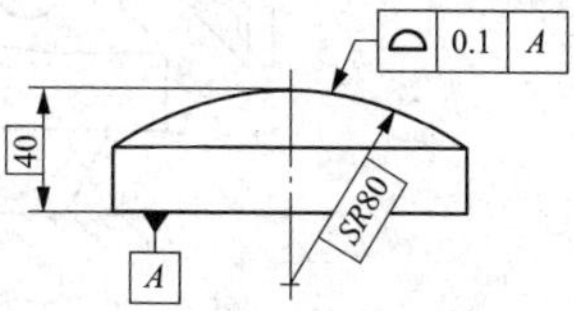 0.1　A　40　SR80　A

（3）在形状公差项目中，直线度、平面度、圆度和圆柱度都是对单一要素提出的形状公差要求，但有时某些曲线和曲面不仅有形状的要求，还有方向、位置的要求，这样就会出现带基准的线、面轮廓度公差控制的情况。

4. 线、面轮廓度误差的检测方法

轮廓度误差的检测方法有两类：一类是用轮廓样板模拟理想轮廓曲线，与实际轮廓进行比较。如图 2-72 所示，将轮廓样板按规定的方向放置在被测零件上，根据光隙法估读间隙的大小，取最大间隙作为该零件的线轮廓度误差。

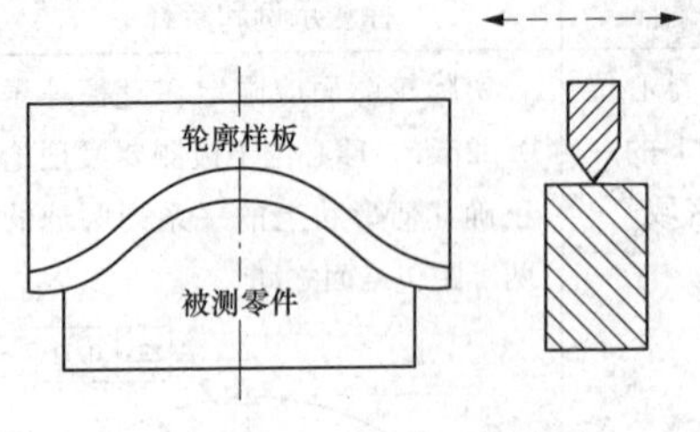

图 2-72　轮廓样板测量线轮廓度误差

另一类是用三坐标测量仪测量曲线或曲面上若干个点的坐标值，与理想轮廓的坐标值进行比较。如图 2-73 所示，将被测零件放置在仪器工作台上，并进行正确定位，测出实际曲面轮廓上若干个点的坐标值，并将测得的坐标值与理想轮廓的坐标值进行比较，取其中差值最大的绝对值的两倍作为该零件的面轮廓度误差。

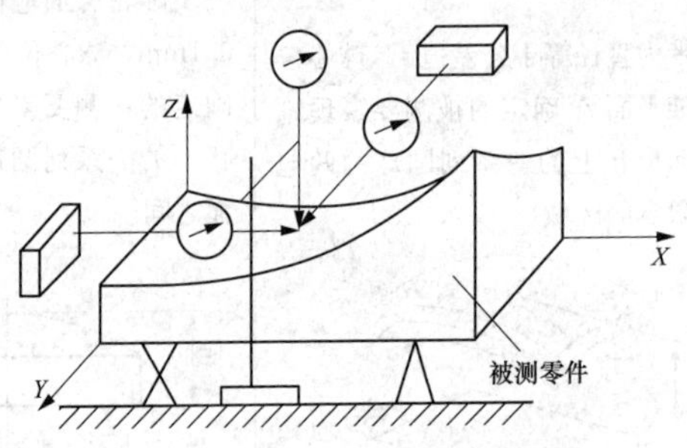

图 2-73　三坐标测量仪测量面轮廓度误差

六、方向公差带和平行度、垂直度及倾斜度误差的检测方法

1. 方向公差带的特性

方向公差涉及的要素是线和面，一个点无所谓形状和方向。方向公差有平行度、垂直度和倾斜度公差等几个特征项目。方向公差是指实际关联要素相对于基准的实际方向对理想方向的允许变动量。

平行度、垂直度和倾斜度公差的被测要素和基准要素各有平面和直线之分，因此它们的公差各有被测平面相对于基准平面（面对面）、被测直线相对于基准平面（线对面）、被测平面相对于基准直线（面对线）和被测直线相对于基准直线（线对线）四种形式。平行度、垂直度和倾斜度公差带分别相对于基准保持平行、垂直和倾斜某一理论正确角度的关系，如图 2-74 所示。

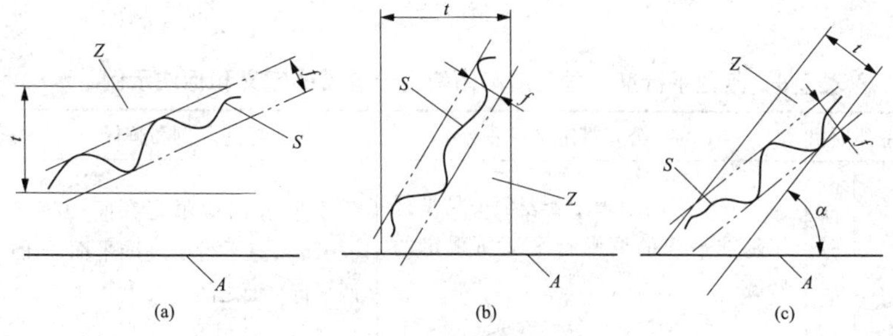

图 2-74 方向公差带示例

(a) 平行度公差带；(b) 垂直度公差带；(c) 倾斜度公差带

A—基准；*t*—方向公差值；*Z*—方向公差带；*S*—实际被测要素；*f*—形状误差值

方向公差带有形状和大小的要求，还有特定方向的要求。例如图 2-30 (b) 所示的平行度公差特征项目中，理想被测要素的形状为平面，因而公差带的形状为两平行平面 [见图 2-74 (a)]，该公差带可以平行于基准平面 *A* 移动，既控制实际被测要素的平行度误差（面对面的平行度误差），同时又自然地在 $t=0.03$mm 平行度公差带的范围内，控制该实际被测要素的平面度误差（$f \leqslant t$）。

方向公差带能自然地把同一被测要素的形状误差控制在方向公差带范围内。因此，对某一被测要素给出方向公差后仅在对其形状精度有进一步要求时，才另行给出形状公差，而形状公差值必须小于方向公差值。如图 2-75 所示，对被测表面给出了 0.03mm 平行度公差值和 0.01mm 平面度公差值。

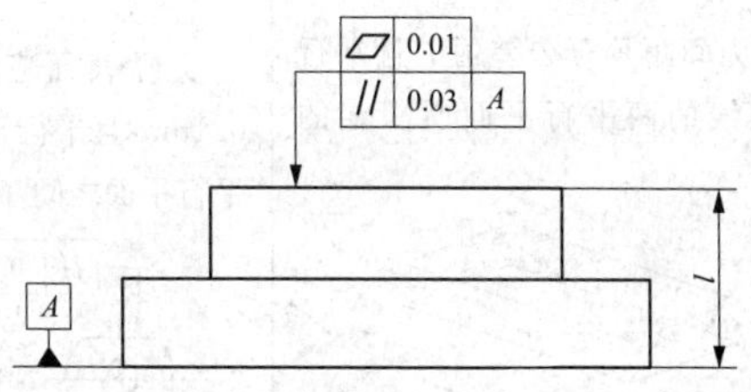

图 2-75 对一个被测要素同时给出方向公差和形状公差示例

2. 典型平行度、垂直度和倾斜度公差带的定义和标注示例

典型平行度、垂直度和倾斜度公差带的定义和标注示例见表

2-8。

表 2-8　典型平行度、垂直度和倾斜度公差带的定义和标注示例

特征项目		公差带定义	标注示例和解释
平行度公差	面对面平行度公差	公差带为间距等于公差值 t 且平行于基准平面的两平行平面所限定的区域 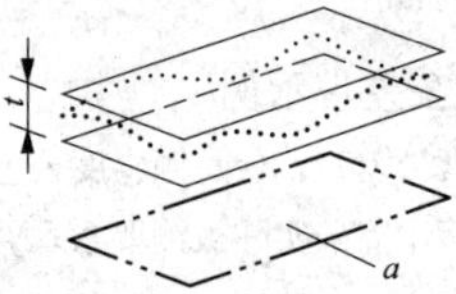 a—基准平面	实际表面应限定在间距等于 0.01mm 且平行于基准平面 D 的两平行平面之间 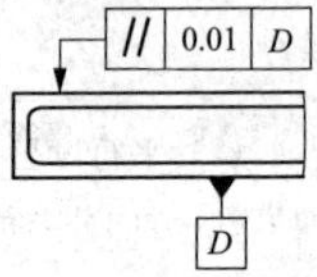 // 0.01 D
	线对面平行度公差	公差带为间距等于公差值 t 且平行于基准平面的两平行平面所限定的区域 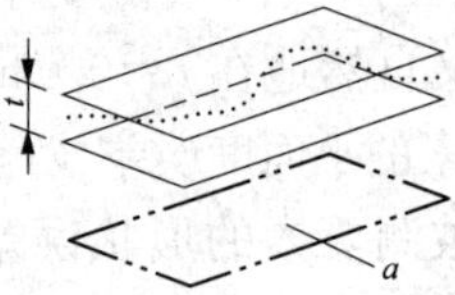 a—基准平面	被测孔的实际轴线应限定在间距等于 0.01mm 且平行于基准平面 B 的两平行平面之间 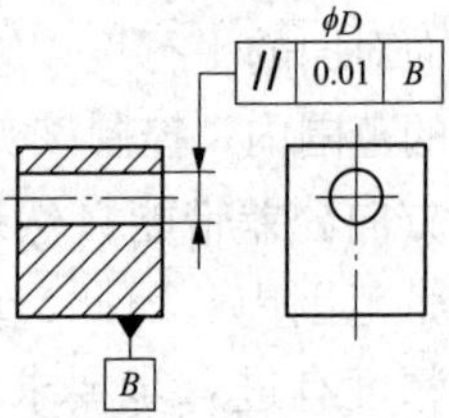 ϕD // 0.01 B
	面对线平行度公差	公差带为间距等于公差值 t 且平行于基准轴线的两平行平面所限定的区域 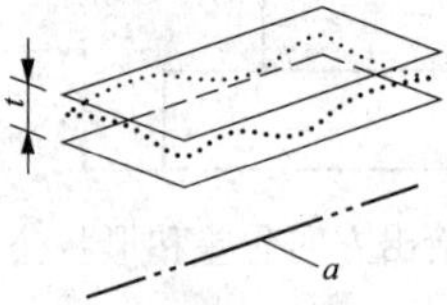 a—基准轴线	实际表面应限定在间距等于 0.1mm 且平行于基准轴线 C 的两平行平面之间 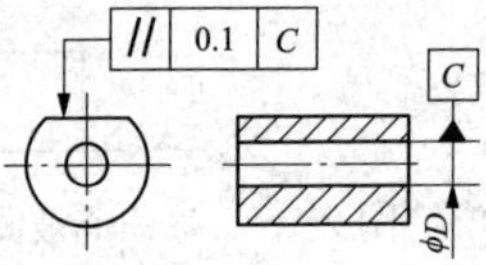 // 0.1 C ϕD

续表

特征项目			公差带定义	标注示例和解释
平行度公差	线对线平行度公差	任意方向上	公差带为直径等于公差值 ϕt 且轴线平行于基准轴线的圆柱面所限定的区域 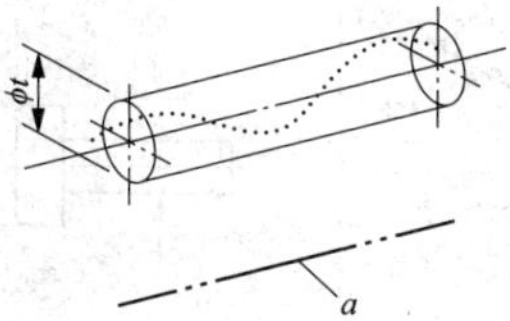 a—基准轴线	被测孔的实际轴线应限定在直径等于 $\phi 0.03$mm 且平行于基准轴线 A 的圆柱面内 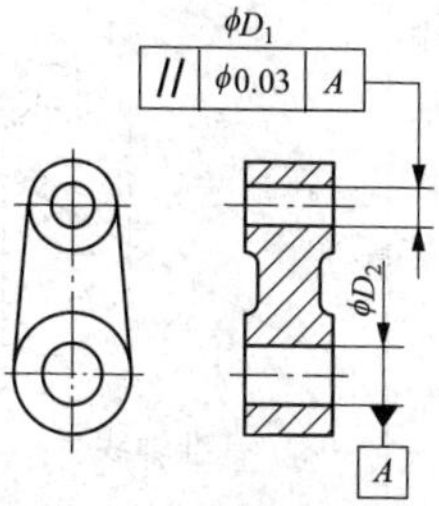
平行度公差	线对线平行度公差	互相垂直的方向上	公差带为互相垂直的间距分别等于公差值 t_1 和 t_2，且平行于基准轴线的两组平行平面所限定的区域 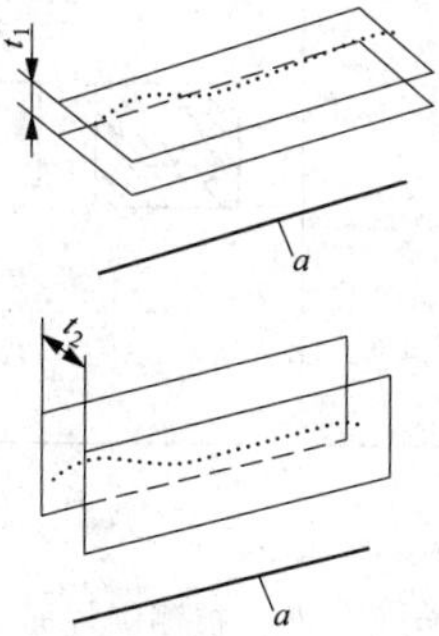 a—基准轴线	视测孔的实际轴线应限定在间距分别等于 0.2mm 和 0.1mm，在给定的相互垂直方向上且平行于基准轴线 A 的两组平行平面之间 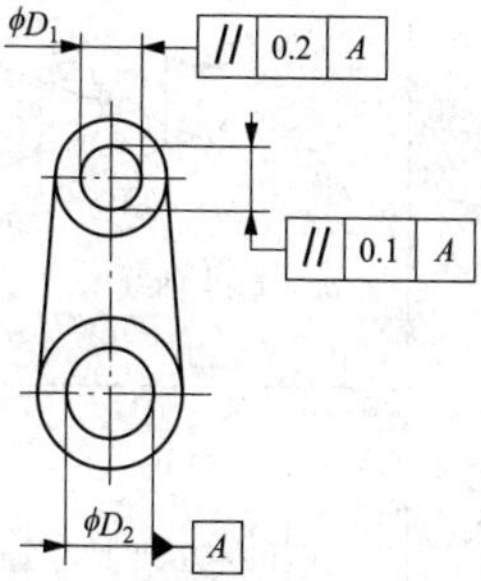
垂直度公差	面对面垂直度公差		公差带为间距等于公差值 t 且垂直于基准平面的两平行平面所限定的区域 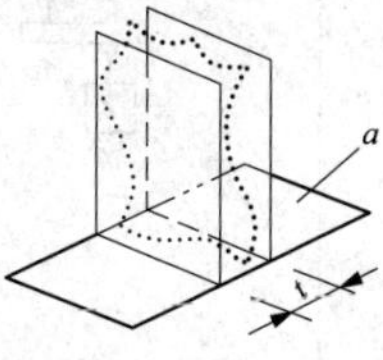 a—基准平面	实际表面应限定在间距等于 0.08mm 且垂直于基准平面 A 的两平行平面之间 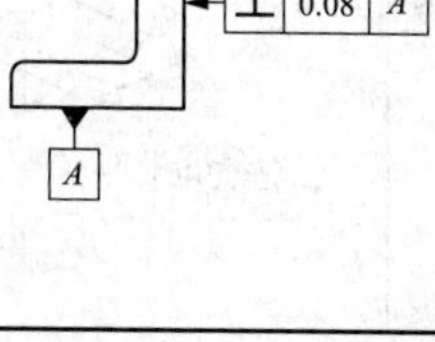

续表

<table>
<tr><th colspan="2">特征项目</th><th>公差带定义</th><th>标注示例和解释</th></tr>
<tr><td rowspan="3">垂直度公差</td><td>面对线垂直度公差</td><td>公差带为间距等于公差值 t 且垂直于基准轴线的两平行平面所限定的区域

a—基准轴线</td><td>实际表面应限定在间距等于 0.08mm 且垂直于基准轴线 A 的两平行平面之间</td></tr>
<tr><td>线对线垂直度公差</td><td>公差带为间距等于公差值 t 且垂直于基准轴线的两平行平面所限定的区域

a—基准轴线</td><td>被测孔的实际轴线应限定在间距等于 0.06mm 且垂直于基准轴线 A 的两平行平面之间</td></tr>
<tr><td>线对面垂直度公差</td><td>在任意方向上，公差带为直径等于公差值 ϕt 且轴线垂直于基准平面的圆柱面所限定的区域

a—基准平面</td><td>被测圆柱面的实际轴线应限定在直径等于 ϕ0.01mm 且轴线垂直于基准平面 A 的圆柱面内</td></tr>
</table>

续表

特征项目		公差带定义	标注示例和解释
倾斜度公差	面对面倾斜度公差	公差带为间距等于公差值 t 的两平行平面所限定的区域。该两平行平面按给定角度倾斜于基准平面 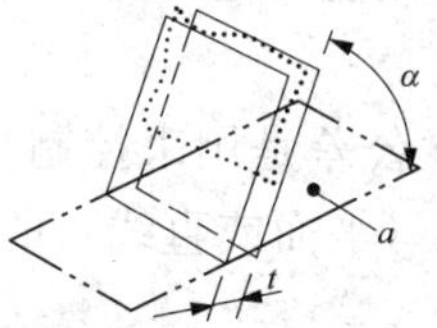 a—基准平面	实际表面应限定在间距等于0.08mm的两平行平面之间。该两平行平面按理论正确角度40°倾斜于基准平面 A 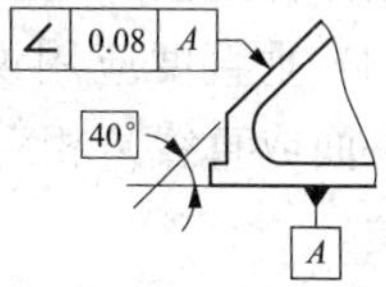
倾斜度公差	线对线倾斜度公差	被测直线与基准直线在同一平面上。公差带为间距等于公差值 t 的两平行平面所限定的区域。该两平行平面按给定角度倾斜于基准轴线 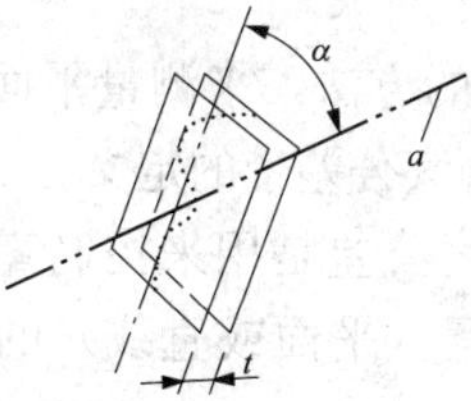 a—基准轴线	被测孔的实际轴线应限定在间距等于0.08mm的两平行平面之间。该两平行平面按理论正确角度60°倾斜于公共基准轴线 $A—B$ 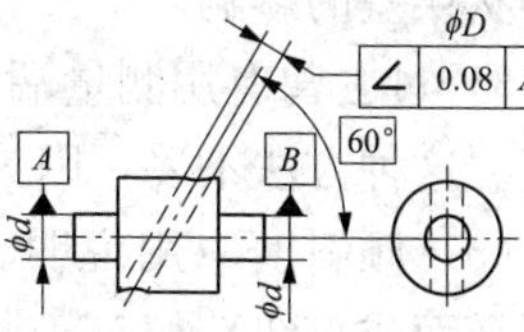

3. 平行度、垂直度和倾斜度的应用说明

（1）平行度应用说明。平行度公差是用来控制零件上被测要素（平面或直线）相对于基准要素（平面或直线）的方向偏离0°的程度。

1）当被测实际要素的形状误差相对于位置误差很小时（如精加工过的平面），可直接在被测实际表面上进行测量，不必排除被测实际要素形状误差的影响。如果必须排除时，需要在有关的公差框格下加注文字说明。

2）定向误差值是定向最小包容区域的宽度（距离）或直径，定向最小包容区域和项目与形状公差带完全相同。它和决定形状误差最小包容区域的不同之处在于：定向最小包容区域在包容被测实际要素时，它的方向不像最小包容区域那样可以不受约束，而必须和基准保持图样规定的相互位置（如平行度则应平行，垂直度则为 90°），同时要符合最小条件。

3）被测实际表面满足平行度要求，若被测点偶然出现一个超差的凸点或凹点时，这个特殊点的数值，是否要作为平行度误差，应根据零件的使用要求来确定。

（2）垂直度应用说明。垂直度公差是用来控制零件上被测要素（平面或直线）相对于基准要素（平面或直线）的方向偏离 90°的程度。

1）轴线对轴线的垂直度，如没有标注出给定的长度，则可按被测零件的实际长度进行测量。

2）直接用 90°的角尺测量平面对平面或轴线对平面的垂直度时，由于没有排除基准表面的形状误差，测得的误差值受基准表面形状误差的影响。

3）过去曾有用测量端面跳动的方法，来测量平面对轴线的垂直度。这种方法不妥，因为不符合其公差带的定义。

（3）倾斜度应用说明。倾斜度公差是用来控制零件上被测要素（平面或直线）相对于基准要素（平面或直线）的方向偏离某一给定角度（0°～90°）的程度。

1）标注倾斜度时，被测要素与基准要素间的夹角是不带偏差的理论正确角度，标注角度时要带有方框。

2）平行度和垂直度可看成是倾斜度的两个极端情况：当被测要素与基准要素之间的倾斜角为 0°时，就是平行度；当 α＝90°时，就是垂直度。这两个项目名称的本身已包含了特殊角 0°和 90°的含义，因此标注时不必再带有方框。

4. 平行度、垂直度和倾斜度误差的检测方法

（1）平行度误差的检测方法。平行度误差的检测方法是经常用平板、心轴或 V 形架来模拟平面、孔或轴作基准，然后测量被测线、面上各点到基准的距离之差，以最大相对差作为平行度误差。

如图 2-76 所示的零件，要求上平面对孔的轴线平行。这个零

件可以用如图 2-77 所示的方法测量，基准轴线由心轴模拟，将被测零件放在等高支承上，调整（转动）该零件使 $L_3=L_4$，然后测量整个被测表面并记录读数，取整个测量过程中指示表的最大与最小读数之差作为该零件的平行度误差。测量时，应选用可胀式（或与孔成无间隙配合）心轴。

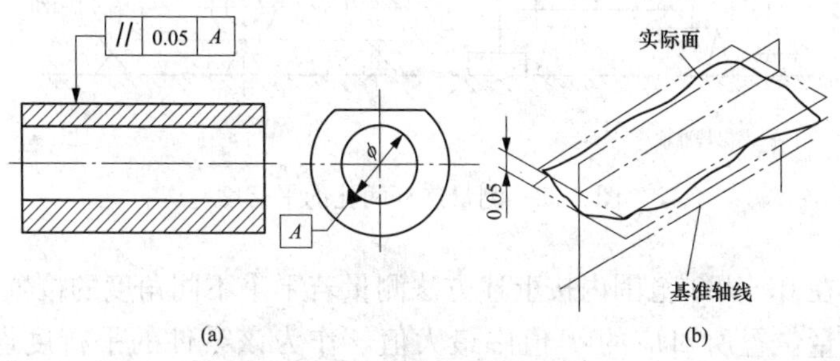

图 2-76　面对线的平行度

（a）标注示例；（b）公差带

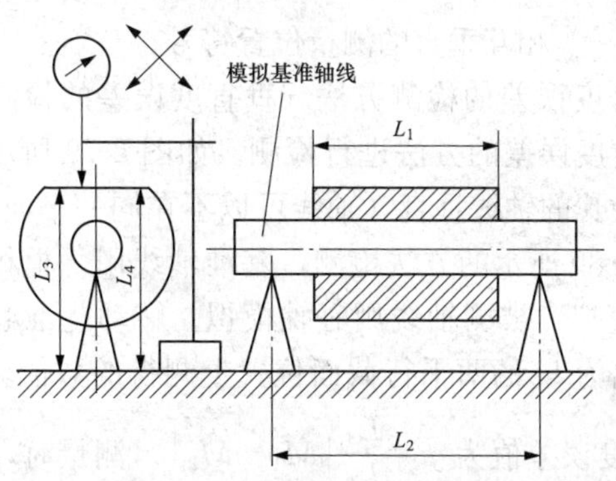

图 2-77　测量面对线的平行度

如图 2-78 所示，测量连杆两孔任意方向或互相垂直的两个方向的平行度，基准轴线和被测轴线由心轴模拟。将被测零件放在等高支承上，在测量距离为 L_2 的两个位置上测得的读数分别为 M_1 和 M_2，则平行度误差为 $f=\frac{L_1}{L_2}|M_1-M_2|$。测量时，应选用可胀式（或与孔成无间隙配合）心轴。

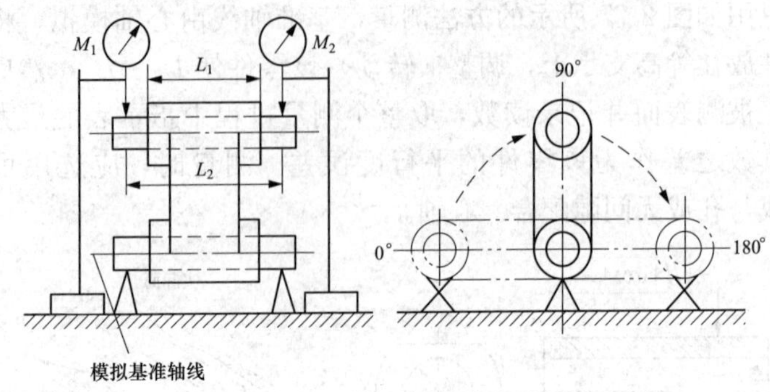

图 2-78　测量连杆两孔的平行度

在 0°～180°范围内按上述方法测量若干个不同角度的位置，取各测量位置所对应的 f 值中最大值，作为该零件的平行度误差。也可以仅往相互垂直的两个方向测量，这时平行度误差为

$$f=\frac{L_1}{L_2}\sqrt{(M_{1V}-M_{2V})^2+(M_{1H}-M_{2H})^2}$$

式中　V、H——相互垂直的测量位置符号。

（2）垂直度误差的检测方法。垂直度误差的检测，常采用转换成检测平行度误差的方法进行检测。如图 2-79 所示的零件，要求箱体的两个孔的轴线垂直（轴线可以不在同一平面内）。这个零件可以用图 2-80 所示的方法检测，基准轴线用一根相当于标准直角尺的心轴模拟，被测轴线用心轴模拟。转动基准心铀，在被测心轴测量距离为 L_2 的两平行截面位置上测得的数值分别为 M_1 和 M_2，则垂直度误差值为 $f=\frac{L_1}{L_2}|M_1-M_2|$。测量时，被测心轴应选用可胀式（或与孔成无间隙配合）心轴，而基准心轴选用可转动但配合间隙小的心轴。

（3）倾斜度误差的检测方法。倾斜度误差的检测，也可以转换成检测平行度误差的方法进行检测，只要加一个定角座（可用正弦尺或精密转台代替）或定角套即可。如图 2-81 所示，为面对面的倾斜度零件。要测量这个零件，可以用如图 2-82 所示的方法检测。将被测零件放置在定角座上，调整被测零件，使整个被测

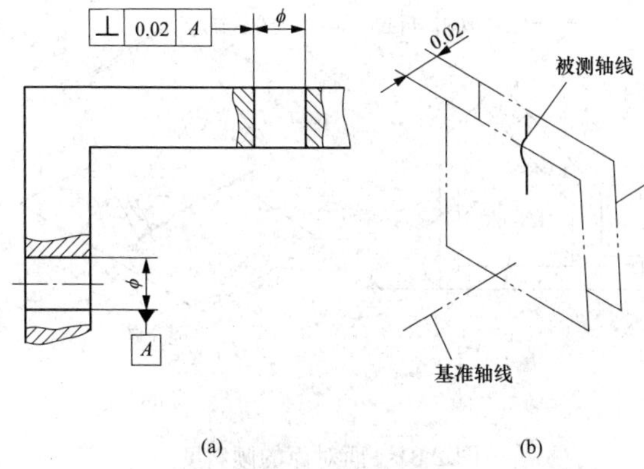

图 2-79 线对线的垂直度

(a) 标注示例；(b) 公差带

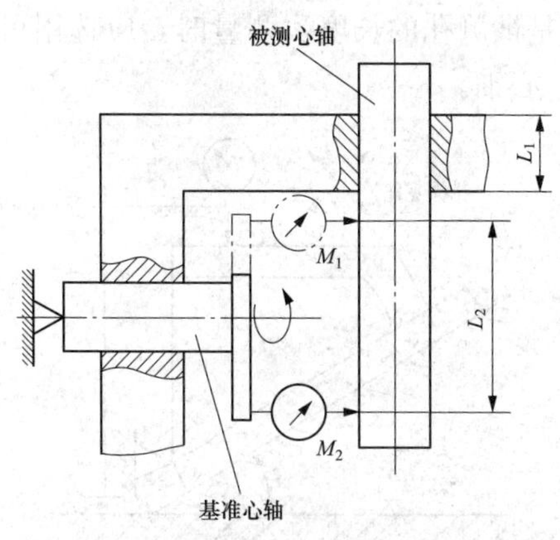

图 2-80 测量线对线的垂直度

表面的读数差为最小值。取指示表的最大与最小读数之差作为该零件的倾斜度误差。

如图 2-83 所示，为线对线的倾斜度零件，要测量这个零件，可以用如图 2-84 所示的方法检测。调整平板处于水平位置，并用心轴模拟被测轴线。调整被测零件，使心轴的右侧处于最长位置（如图 2-84 所示）。用水平仪在心轴和平板上测得的数值分别为

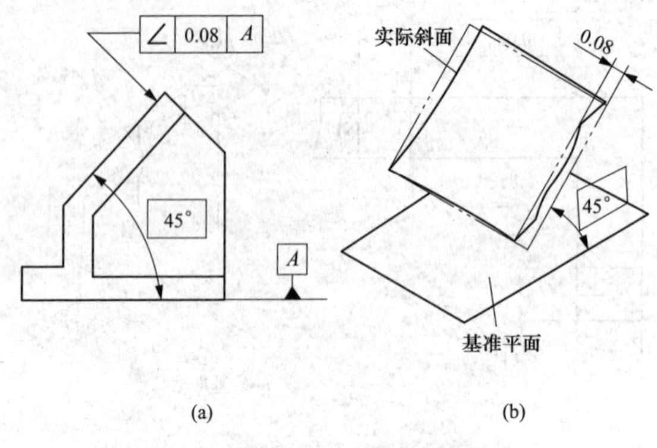

图 2-81　面对面的倾斜度

(a) 标注示例；(b) 公差带

A_1 和 A_2，则倾斜度误差为 $|A_1 - A_2|$。其中 i 是水平仪的分度值（线值），L 是被测孔的长度。测量时，应选用可胀式（或与孔成无间隙配合）心轴。

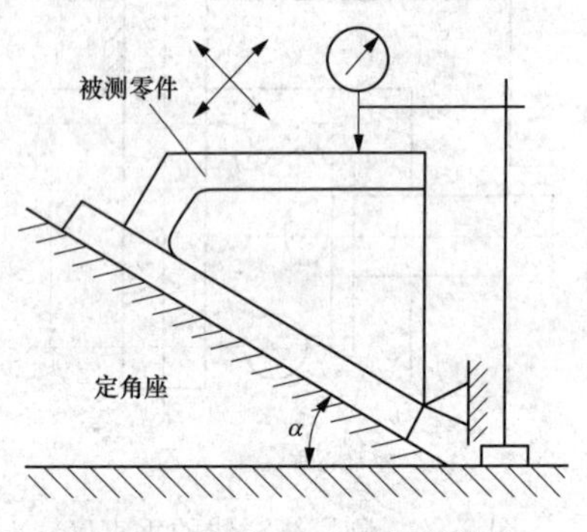

图 2-82　测量面对面的倾斜度

七、位置度公差带和同心度、同轴度、对称度及位置度误差的检测方法

1．同心度、同轴度、对称度和位置度公差带的概念

位置公差有同心度、同轴度、对称度和位置度公差等几个特征项目。位置公差是被测要素对基准在位置上允许的变动全量，当被测要素和基准都是中心要素，要求重合或共面时，在技术图

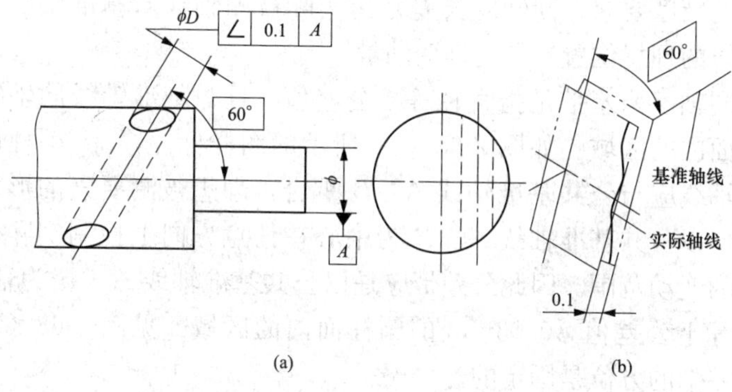

图 2-83　线对线的倾斜度

（a）标注示例；（b）公差带

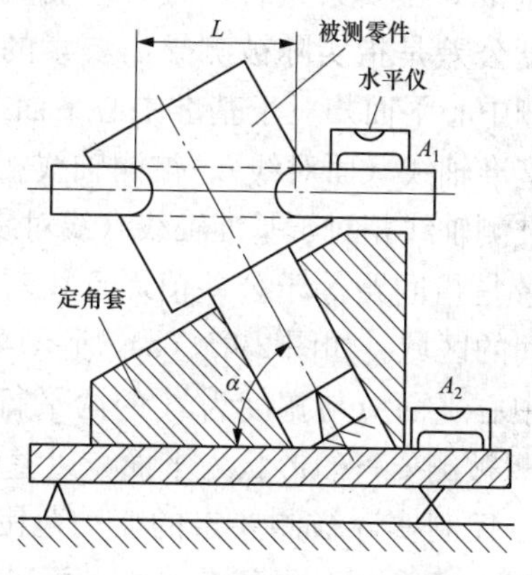

图 2-84　测量线对线的倾斜度

样中可用同轴度或对称度标注，其他情况规定用位置度标注。

（1）同心度公差带。同心度公差涉及的要素是点。同心度是指被测点应与基准点重合的精度要求，同心度公差是指实际被测点对基准点（被测点的理想位置）的允许变动量。

同心度公差带是指直径等于公差值，且与基准点同心的圆内的区域，其公差带的方位是固定的。

（2）同轴度公差带。同轴度公差涉及的要素是圆柱面和圆锥面的轴线。同轴度是指被测轴线应与基准轴线（或公共基准轴线）

重合的精度要求，同轴度公差是指实际被测轴线对基准轴线（被测轴线的理想位置）的允许变动量。

同轴度公差带是指直径等于公差值，且与基准轴线同轴线的圆柱面内的区域。如图 2-68（a）所示的图样标注，ϕd_2圆柱面的被测轴线应与公共基准轴线 $A—B$ 重合，理想被测要素的形状为直线，以公共基准轴线 $A—B$ 为中心在任意方向上控制实际被测轴线的变动范围。因此公差带应是以公共基准轴线 $A—B$ 为轴线，直径等于公差值 ϕ0.03mm 的圆柱面内的区域［见图 3-68（b）］，其公差带的方位是固定的。

（3）对称度公差带。对称度公差涉及的要素是中心平面（或公共中心平面）和轴线（或公共轴线、中心直线）。对称度是指被测导出要素应与基准导出要素重合，或者应满足基准导出要素的精度要求。对称度公差是指实际被测导出要素的位置对基准的允许变动量，有被测中心平面相对于基准中心平面（面对面）、被测中心平面相对于基准轴线（面对线）、被测轴线相对于基准中心平面（线对面）和被测轴线相对于基准轴线（线对线）四种形式。

对称度公差带是指间距等于公差值，且相对于基准对称配置的两平行平面之间的区域。如图 2-85（a）所示的图样标注，宽度为 b 的槽的被测中心平面应与宽度为 B 的两平行平面的基准中心平面 A 重合。理想被测要素的形状为平面，以基准中心平面 A 为中心在给定方向上控制实际被测要素的变动范围。因此，公差带应是间距等于 0.02mm 且相对于基准中心平面 A 对称配置的两平行平面之间的区域［见图 2-85（b）］，其公差带的方位是固定的。

（4）位置度公差带。位置度公差涉及的被测要素有点、线、面，而涉及的基准要素通常为线和面。位置度是指被测要素应位于由基准和理论正确尺寸确定的理想位置上的精度要求，位置度公差是指被测要素所在的实际位置对其理想位置的允许变动量。

位置度公差带是指以被测要素的理想位置为中心来限制实际被测要素变动的区域，这个区域相对于理想位置对称配置，其区域的宽度或直径等于公差值如图 2-86（a）所示的图样标注，理想被测要素的形状为平面，它应位于平行于基准平面 A 且至该基准

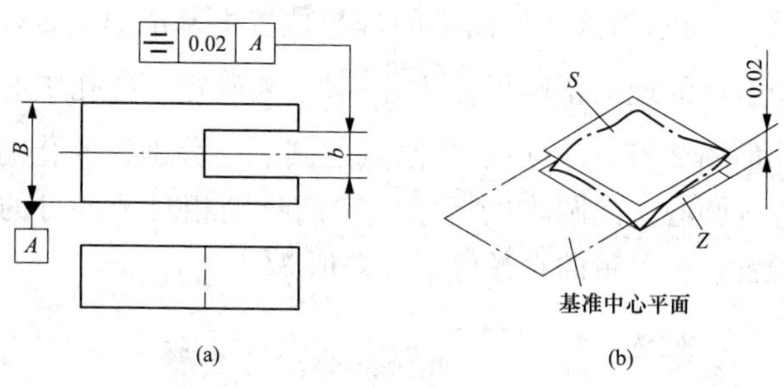

图 2-85　面对面的对称度

（a）标注示例；（b）公差带

S—实际被测中心平面；Z—两平行平面形状的公差带

平面的距离（定位尺寸）为理论正确尺寸 $\boxed{l}$ 的理想位置 P_0 上［见图 2-86（b）］。以这理想位置为中心在给定方向上控制实际被测要素的变动范围。因此，公差带应是间距等于 0.05mm 且相对于上述理想位置对称配置的两平行平面之间的区域［见图 2-86（b）］，其公差带的方位是固定的。

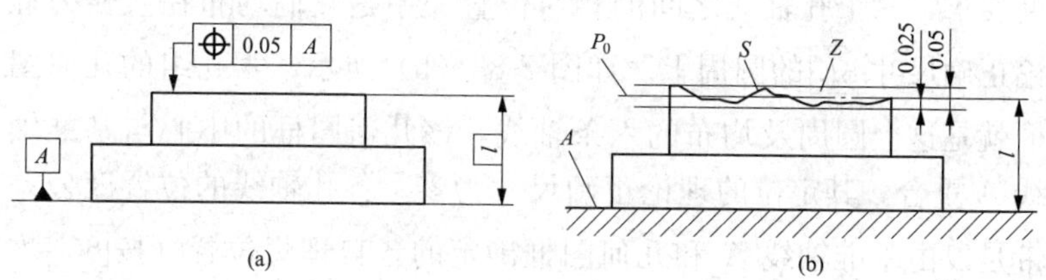

图 2-86　平面的位置度公差带

（a）图样标注；（b）两平行平面形状的公差带

S—实际被测要素；Z—公差带；P_0—被测表面的理想位置

对于尺寸和结构分别相同的几个被测要素（称为成组要素，如孔组）用由理论正确尺寸按确定的几何关系，把它们联系在一起作为一个整体而构成的几何图框，给出它们的理想位置。如图 2-87（a）所示的图样标注，矩形布置的六孔组有位置度要求，六个孔中心之间的相对位置关系由保持垂直关系的理论正确尺寸 $\boxed{x_1}$、$\boxed{x_2}$ 和 $\boxed{y}$ 确定；如图 2-87（b）所示为六孔组的几何图框；如

图 2-87（c）所示为该几何图框的理想位置由基准 A、B（B 垂直于A）和定位的理论正确尺寸$\boxed{L_x}$、$\boxed{L_y}$来确定。各孔中心位置度公差带［如图 2-87（c）所示带网点的圆］是分别以各孔的理想位置为中心（圆心）的圆内的区域，它们分别相对于各自的理想位置对称配置，公差带的直径等于公差值 ϕt。

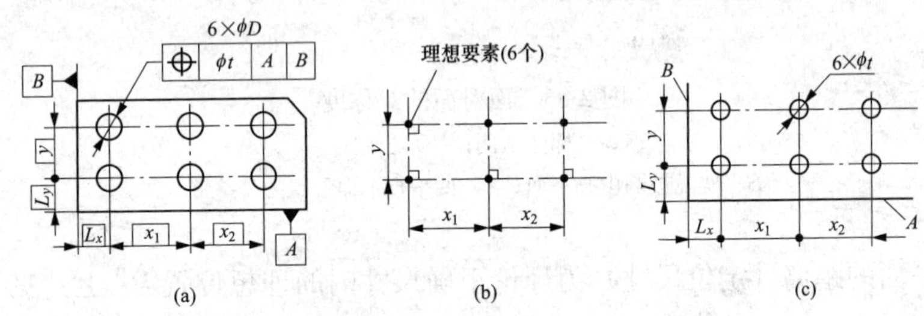

图 2-87　矩形布置六孔组的位置度公差带示例

（a）图样标注；（b）几何图框；（c）公差带

再如图 2-88（a）所示的图样标注，圆周布置的六孔组有位置度要求，六个孔轴线之间的相对位置关系是它们均布在直径为理论正确尺寸$\boxed{\phi L}$的圆周上。如图 2-88（b）所示，六孔组的几何图框就是这个圆周及均布的六条轴线，该几何图框的中心与基准轴线 A 重合，其定位的理论正确尺寸为零。各孔轴线的位置度公差带是以由基准轴线 A 和几何图框确定的各自理想位置（按$\boxed{60°}$均匀分布）为中心的圆柱面内的区域，它们分别相对于各自的理想位置对称分布，公差带的直径等于公差值 ϕt。

综上所述，位置度公差带不仅有形状和大小的要求，而且相对于基准的定位尺寸为理论正确尺寸，因此还有特定方位的要求，即位置度公差带的中心具有调定的理想位置，且以该理想位置来对称配置公差带。

位置度公差带能自然地把同一被测要素的形状误差和方向误差，都控制在位置度公差带范围内。例如图 2-86 所示被测表面的位置度公差带，既控制了实际被测表面距基准平面 A 的位置度误差，同时又自然地在 0.05mm 位置度公差带范围内，控制了该实际被测表面对基准平面 A 的平行度误差和它本身的平面度误差。

因此，对某一被测要素给出位置度公差后，仅在对其方向精度或（和）形状精度有进一步要求时，才另行给出方向公差或（和）形状公差，而方向公差值必须小于位置公差值，形状公差值必须小于方向公差值。如图 2-89 所示，对被测表面同时给出 0.05mm 位置度公差、0.03mm 平行度公差和 0.01mm 平面度公差。

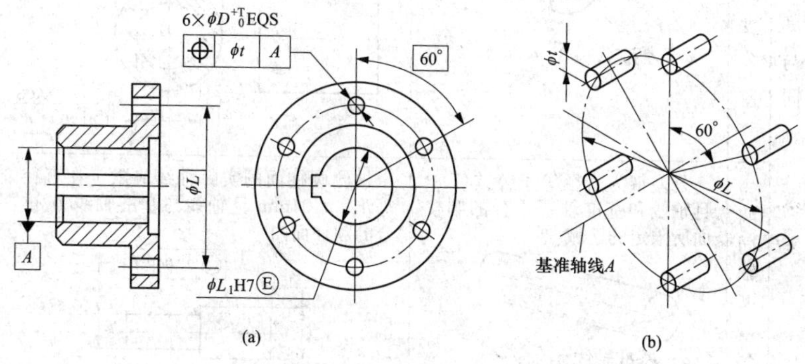

图 2-88　圆周布置六孔组的位置度公差带示例

（a）图样标注；（b）各孔轴线的公差带

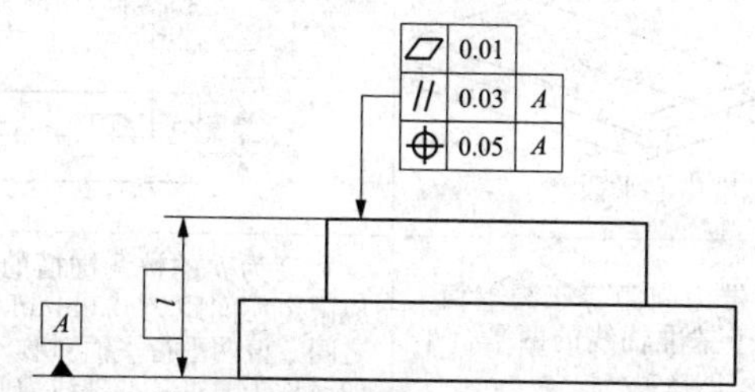

图 2-89　对一个被测要素同时给出位置、方向和形状公差

2. 典型同心度、同轴度、对称度和位置度公差带的定义和标注示例

典型同心度、同轴度、对称度和位置度公差带的定义和标注示例见表 2-9。

表 2-9　典型同心度、同轴度、对称度和位置度公差带的定义和标注示例

特征项目		公差带定义	标注示例和解释
同心度与同轴度公差	点的同心度公差	公差带为直径等于公差值 ϕt 的圆周所限定的区域。该圆周的圆心与基准点重合 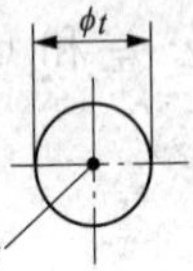 ϕt a a—基准点	在任意截面内（用符号 ACS 标注在几何公差框格的上方），内圆的实际中心点应限定在直径等于 $\phi 0.1$mm 且以基准点为圆心的圆周内 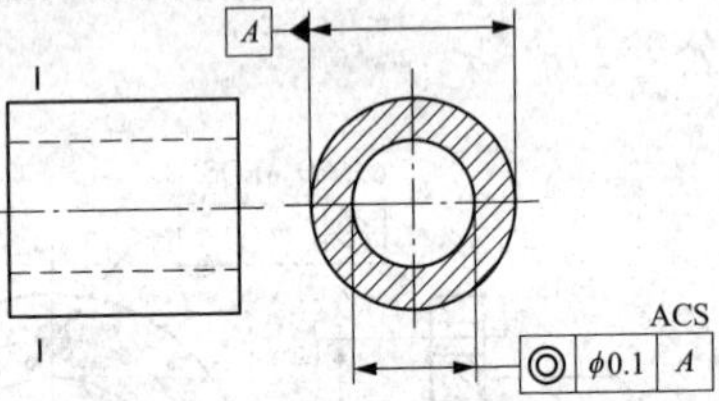 A ACS ◎ $\phi 0.1$ A
	线的同轴度公差	公差带为直径等于公差值 ϕt 且轴线和基准轴线重合的圆柱面所限定的区域 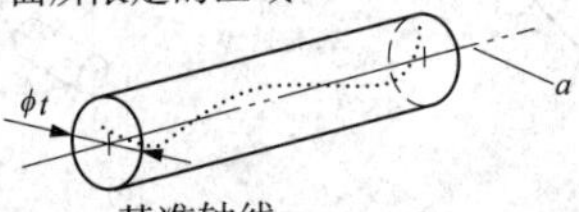 ϕt a a—基准轴线	被测圆柱面的实际轴线应限定在直径等于 $\phi 0.04$mm 且轴线与基准轴线 A 重合的圆柱面内 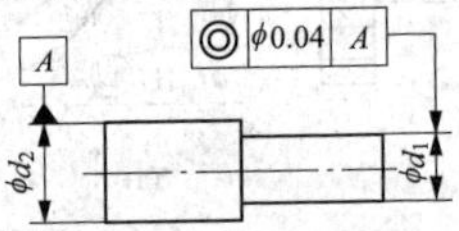 ◎ $\phi 0.04$ A A ϕd_2 ϕd_1
对称度公差	面对面对称度公差	公差带为间距等于公差值 t 且对称于基准中心平面的两平行平面所限定的区域 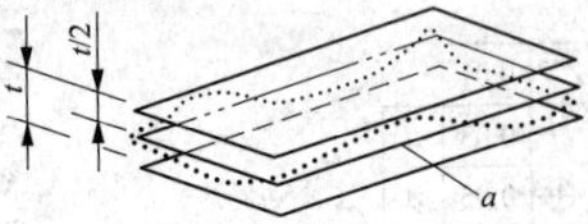 t t/2 a a—基准中心平面	两端为半圆的被测槽的实际中心平面应限定在间距等于 0.08mm 且对称于公共基准中心平面 $A—B$ 的两平行平面之间 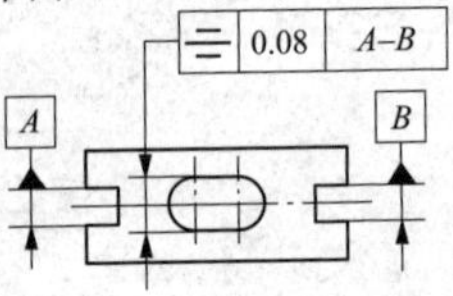 ⌯ 0.08 A–B A B
	面对线对称度公差	公差带为间距等于公差值 t 且对称于基准轴线的两平行平面所限定的区域 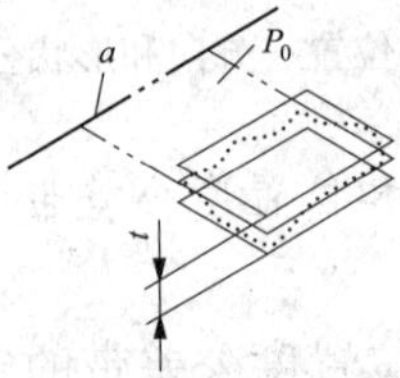 a P_0 t a—基准轴线； P_0—通过基准轴线的理想平面	宽度为 b 的被测键槽的实际中心平面应限定在间距为 0.05mm 的两平行平面之间。该两平行平面对称于基准轴线 B，即对称于通过基准轴线 B 的理想平面 P_0 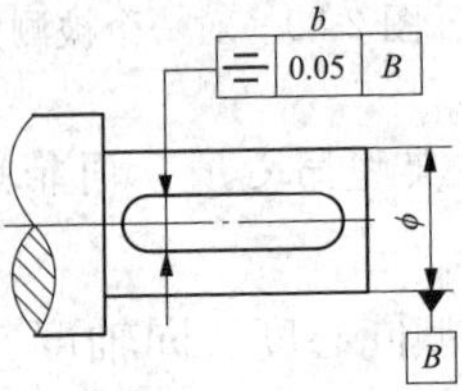 b ⌯ 0.05 B ϕ B

续表

特征项目		公差带定义	标注示例和解释
位置度公差	点的位置度公差	公差带为直径等于公差值 $S\phi t$ 的圆球所限定的区域。该圆球的中心的理论正确位置由基准平面 A、B、C 和理论正确尺寸 x、y 确定 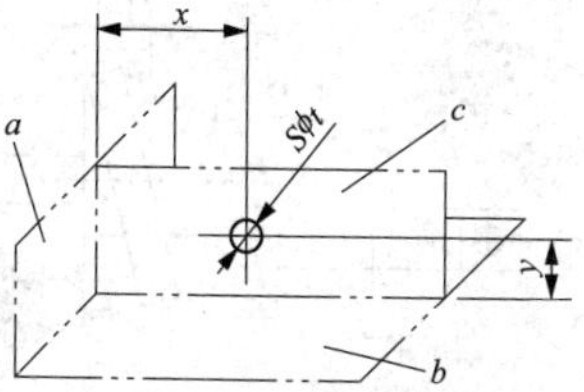 a、b、c—基准平面 A、B、C	实际球心应限定在直径等于 $S\phi0.3$mm 的圆球内。该圆球的中心应处于由基准平面 A、B、C 和理论正确尺寸 30mm、25mm 确定的理论正确位置上 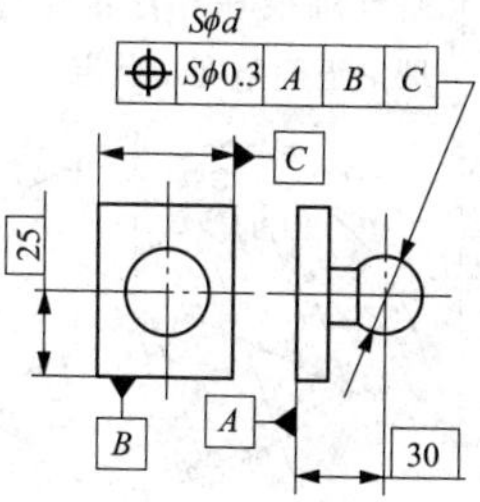
	线的位置度公差	公差带为直径等于公差值 ϕt 的圆柱面所限定的区域。该圆柱面的轴线的理论正确位置由基准平面 C、A、B 和理论正确尺寸 x、y 确定 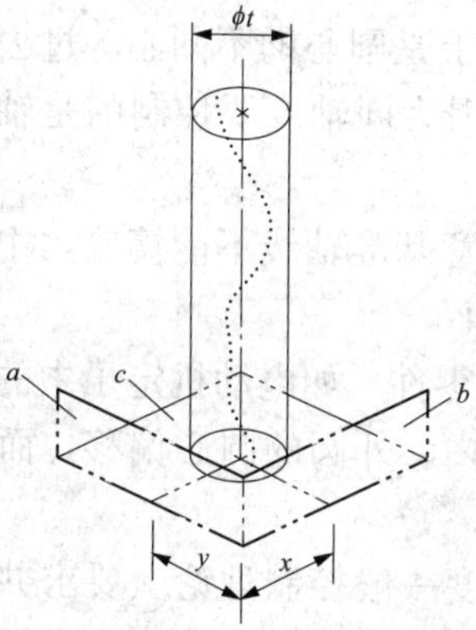 a、b、c—基准平面 A、B、C	被测孔的实际轴线应限定在直径等于 $\phi0.08$mm 的圆柱面内。该圆柱面的轴线应处于由基准平面 C、A、B 和理论正确尺寸 100mm、68mm 确定的理论正确位置上 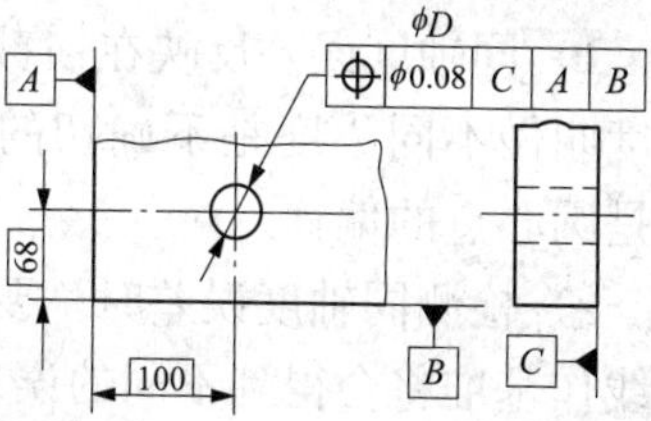

续表

<table>
<tr><th colspan="2">特征项目</th><th>公差带定义</th><th>标注示例和解释</th></tr>
<tr><td>位置度公差</td><td>面的位置度公差</td><td>公差带为间距等于公差值 t 且对称于被测表面理论正确位置的两平行平面所限定的区域。该理论正确位置由基准平面、基准轴线和理论正确尺寸 L、理论正确角度 α 确定 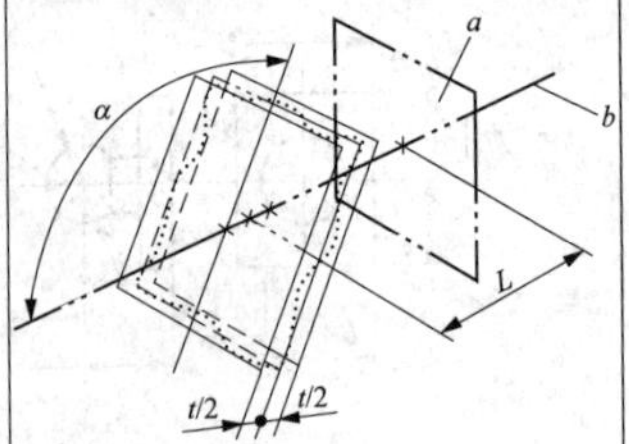
a—基准平面；
b—基准轴线</td><td>实际表面应限定在间距等于 0.05mm 且对称于被测表面理论正确位置的两平行平面之间。该理论正确位置由基准平面 A、基准轴线 B 和理论正确尺寸 15mm、理论正确角度 105°确定 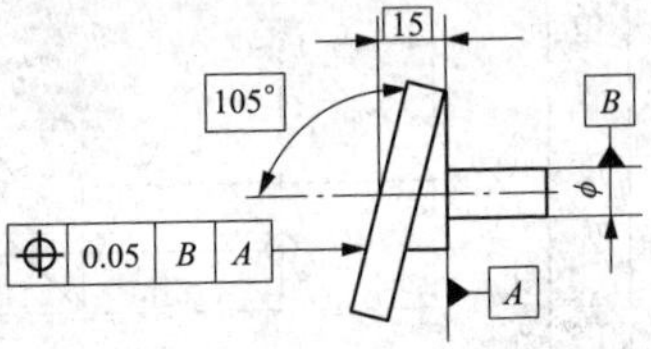</td></tr>
</table>

3. 同轴度与同心度、对称度和位置度的应用说明

(1) 同轴度与同心度应用说明。同轴度公差用来控制理论上应同轴的被测轴线与基准轴线的不同轴程度。而同心度则是用来控制理论上应同心的被测圆心与基准圆心同心的程度。

1) 同轴度误差反映在横截面上是圆心的不同心。过去常把同轴度叫做不同心度是不确切的，因为同轴度要控制的是轴线，而不是圆心点的偏移。

2) 检测同轴度误差时，要注意基准轴线不能搞错，用不同的轴线作基准将会得到不同的误差值。

3) 同心度主要用于薄的板状零件，如电动机定子中的硅钢片零件，这时控制的是在横截面上内、外圆的圆心偏移，而不是控制轴线。

(2) 对称度应用说明。对称度一般控制理论上要求共面的被测要素（中心平面、中心线或轴线）与基准要素（中心平面、中心线或轴线）的不重合程度。

1) 对称度误差是在被测要素的全长上进行测量，取测得的量

大值作为误差值。

2）过去标注的对称度公差是半值公差，而现在标注的是全值公差。

(3) 位置度应用说明。位置度公差用来控制被测实际要素相对于其理想位置的变动量，其理想位置是由基准和理论正确尺寸确定的。理论正确尺寸是不附带公差的精确尺寸，用以表示被测理想要素到基准之间的距离，在图样上用加方框的数字表示，例如$\boxed{30}$，以便与未注尺寸公差的尺寸相区别。

1）位置度公差带有两平行平面、四棱柱、球、圆和圆柱，其宽度或直径为公差值，但都是以被测要素的理想位置中心对称配置。这样，公差带位置固定，不仅控制了被测要素的位置误差，还能控制它的形状和方向误差。

2）在大批大量生产中，为了测量的准确和方便，一般都采用量规检验。在新产品试制、单件小批量生产、精密零件和工装量具的生产中，常使用测量仪器来测量位置度误差，这时，应根据位置度的要求，选择具有适当测量精度的测量仪器，按照图样规定的技术要求，测量出各被测要素的实际坐标尺寸，然后再按照位置度误差定义，将坐标测量值换算成相对于理想位置的位置度误差。

4. 同轴度、对称度和位置度误差的测量方法

(1) 同轴度误差的检测方法。同轴度误差的检测，是要找出被测轴线离开基准轴线的最大距离，以其两倍值定为同轴度误差。如图 2-90 所示，为具有同轴度要求的台阶轴零件。要测量这个零件的同轴度，可以用如图 2-91 所示的方法进行测量。以两基准圆柱面中部的中心点连线作为公共基准轴线，将零件放置在两个等高的刃口状 V 形架上，并将两指示表分别在铅垂轴向截面调零。

在进行轴向测量时，取指示表在垂直基准轴线的正截面上测得的各对应点的读数差值 $f=|M_1-M_2|$，作为在这个截面上的同轴度误差。转动被测零件按此方法测量若干个截面，取各截面测得的读数差中的最大值（绝对值）作为这个零件的同轴度误差，

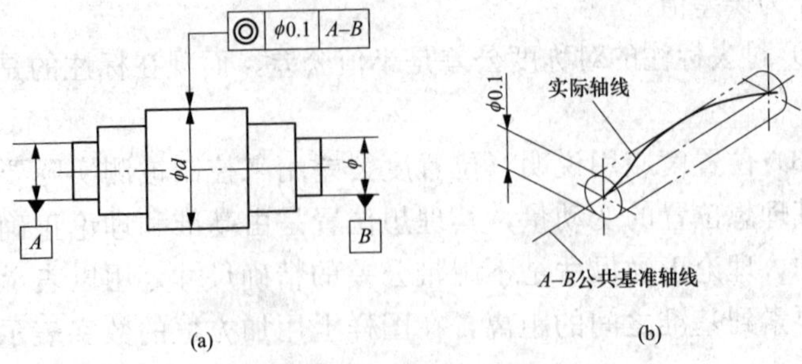

图 2-90　台阶轴的同轴度

(a) 标注示例；(b) 公差带

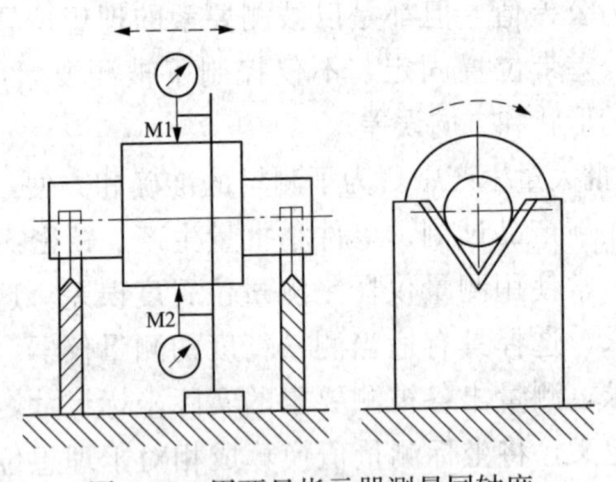

图 2-91　用两只指示器测量同轴度

该方法仅适用于测量形状误差较小的零件。

(2) 对称度误差的检测方法。对称度误差的检测，是要找出被测中心要素离开基准中心要素的最大距离，以其两倍值定为对称度误差。通常是用测量长度的测量仪器来测量对称的两平面或圆柱面的两边界线，各自到基准平面或圆柱面的两边素线的距离之差。测量时，用平板或定位块模拟基准滑块或槽面的中心平面。

如图 2-92 所示，为具有面对面对称度要求的零件。要测量这个零件的对称度误差，可以用图 2-93 所示的方法进行测量。将被测零件放置在平板上，测量被测表面与平板之间的距离。将被测零件翻转后，再测量另一被测表面与平板之间的距离，取测量截面内对应两测点的最大差值作为对称度误差。

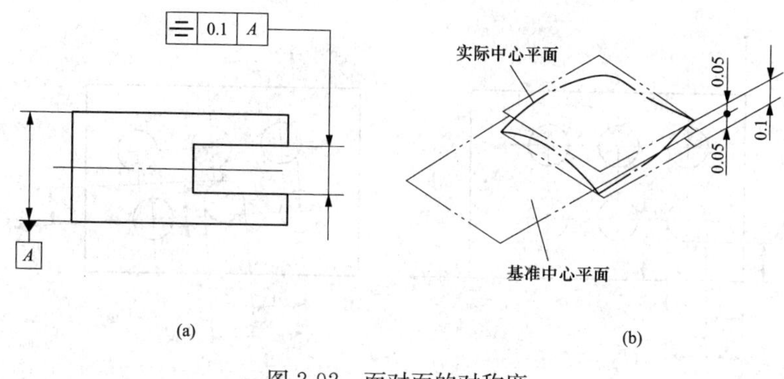

图 2-92　面对面的对称度
（a）标注示例；（b）公差带

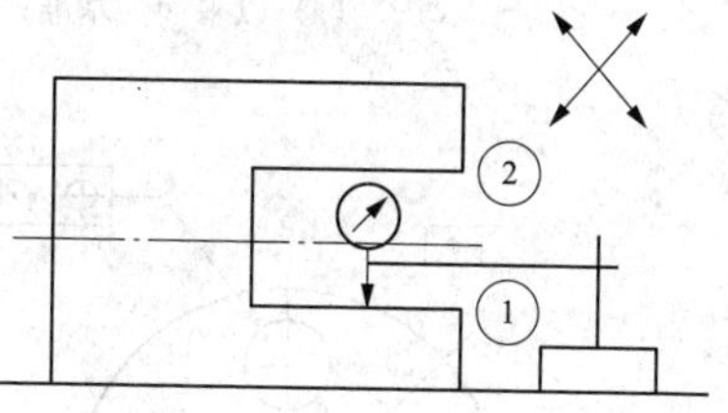

图 2-93　测量面对面的对称度

（3）位置度误差的检测方法。位置度误差的检测，通常应用的方法有两类。一类是用测量长度的测量仪器来测量被测要素的实际位置尺寸，与理论正确尺寸比较，以最大差值的两倍作为位置度误差。对于多孔的板状零件，特别适宜放在坐标测量仪上测量孔的坐标，如图 2-94 所示。以平面为基准测量孔的坐标尺寸，测量前要调整零件，使基准平面与仪器的坐标方向一致［见图 2-94（a）］。未给定基准时，可调整最远两孔的实际中心连线与坐标方向一致［见图 2-94（b）］。逐个地测结孔边的坐标，定出孔的位置度误差。

另一类是用功能量规测量被测要素的合格性，如图 2-95 所示，要求在法兰盘上装螺钉用的四个孔具有以中心孔为基准的位置度。将量规的基准测销和固定测销插入零件中，再将活动测销插入其他孔中，如果都能插入零件和量规的对应孔中，即可判断被测零件是合格品。

八、跳动公差带和圆跳动、全跳动误差的检测方法

1. 跳动公差带的概念

跳动公差是按特定的测量方法定义的位置公差，跳动公差涉

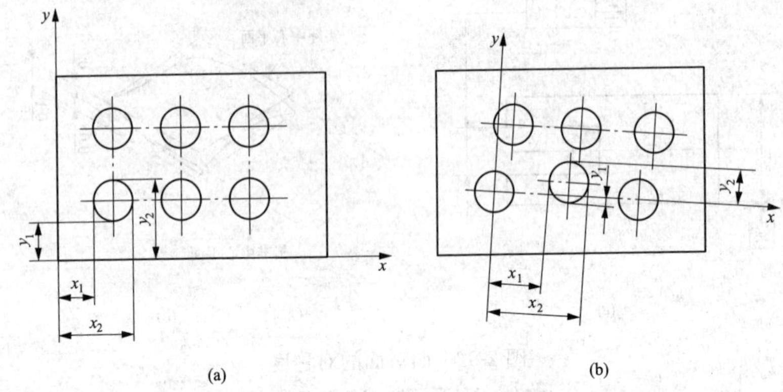

图 2-94　孔的坐标测量

(a) 以平面为基准；(b) 以两孔为基准

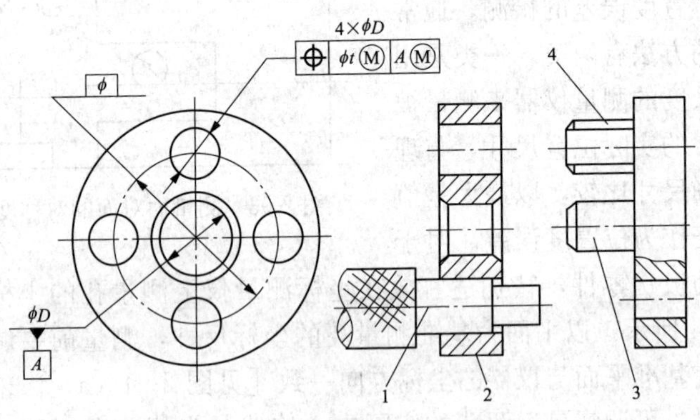

图 2-95　功能量规检验孔的位置度

1—活动测销；2—被测零件；3—式准测销；4—固定测销

及的被测要素为圆柱面、圆形端平面、环状端平面，圆锥面和曲面等组成要素（轮廓要素），涉及的基准要素为轴线，跳动公差有圆跳动公差和全跳动公差两个特征项目。圆跳动是指实际被测要素在无轴向移动的条件下，绕基准轴线旋转一转过程中，由位置固定的指示表在给定的测量方向上，对该实际被测要素测得的最大与最小示值之差。全跳动是指实际被测要素在无轴向移动的条件下，绕基准轴线连续旋转过程中，指示表与实际被测要素作相对直线运动，指示表在给定的测量方向上，对该实际被测要素测得的最大与最小示值之差。

测量跳动时的测量方向，就是指示表测杆轴线相对于基准轴线的方向。根据测量方向，跳动分为径向跳动（测杆轴线与基准轴线垂直且相交）、轴向跳动（测杆轴线与基准轴线平行）和斜向跳动（测杆轴线与基准轴线倾斜某一给定角度且相交）。

跳动公差带有形状和大小的要求，还有方位的要求，即公差带相对于基准轴线有确定的方位。例如，某一横截面径向圆跳动公差带的中心点在基准轴线上；径向全跳动公差带的轴线（中心线）与基准轴线同轴线（重合）；轴向全跳动公差带（平行平面）垂直于基准轴线。此外，跳动公差带能综合控制同一被测要素的方位和形状误差。例如，径向圆跳动公差带综合控制同轴度误差和圆度误差；径向全跳动公差带综合控制同轴度误差和圆柱度误差；轴向全跳动公差带综合控制端面对基准轴线的垂直度和平面度误差。

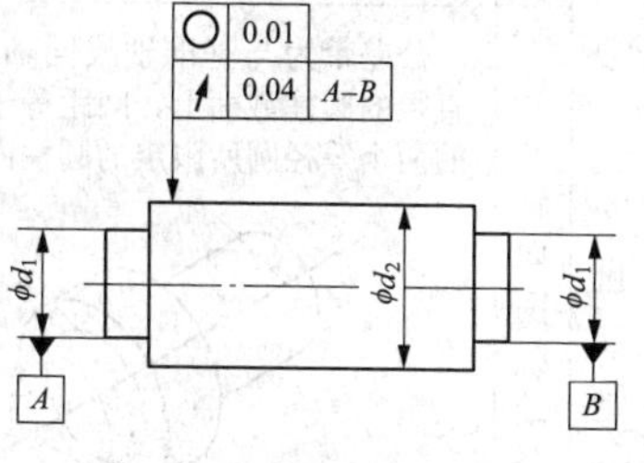

图 2-96　跳动公差和形状公差同时标注示例

采用跳动公差时，若综合控制被测要素不能满足功能要求，则可进一步给出相应的形状公差（其数值应小于跳动公差值），如图 2-96 所示。

2. 典型跳动公差带的定义和标注示例

典型跳动公差带的定义和标注示例见表 2-10。

3. 圆跳动、全跳动的应用说明

（1）圆跳动应用说明。圆跳动是被测实际要素某一固定参考点围绕基准轴线作无轴向移动、旋转一周中，由位置固定的指示表在给定方向上测得的最大与最小读数之差。它是形状误差和位置误差的综合（圆度、同轴度等），所以圆跳动是一项综合性的公差，圆跳动有径向圆跳动、轴向圆跳动和斜向圆跳动等三个项目、对于圆柱形零件，有径向圆跳动和轴向圆跳动；对于其他旋转要素（如圆锥面、球面或圆弧面），则有斜向圆跳动。

表 2-10　典型跳动公差带的定义和标注示例

特征项目		公差带定义	标注示例和解释
圆跳动公差	径向圆跳动公差	公差带为在任一垂直于基准轴线的横截面内，半径差等于公差值 t、圆心在基准轴线上的两同心圆所限定的区域 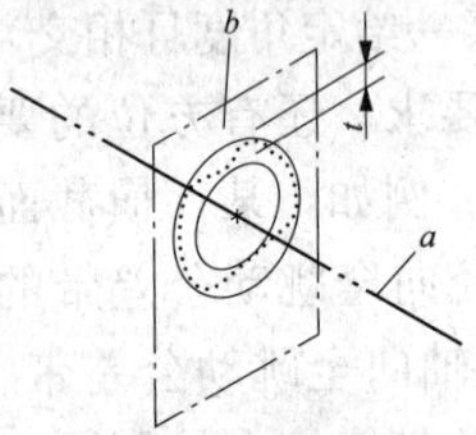 a—基准轴线；b—横截面	在任一垂直于基准轴线 A 的横截面内，被测圆柱面的实际圆应限定在半径差等于 0.1mm 且圆心在基准轴线 A 上的两同心圆之间 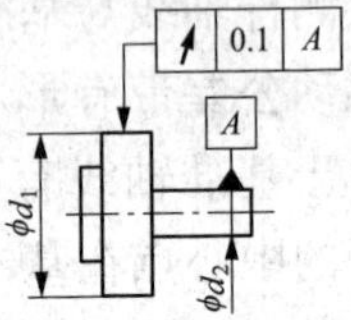
	轴向圆跳动公差	公差带为与基准轴线同轴线的任一直径的圆柱截面上，间距等于公差值 t 的两个等径圆所限定的圆柱面区域 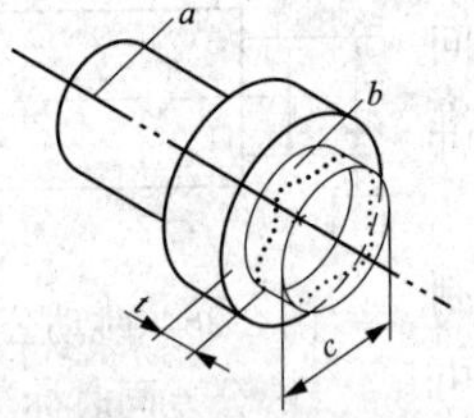 a—基准轴线；b—公差带；c—任意直径	在与基准轴线 D 同轴线的任一直径的圆柱截面上，实际圆应限定在轴向距离等于 0.1mm 的两个等径圆之间 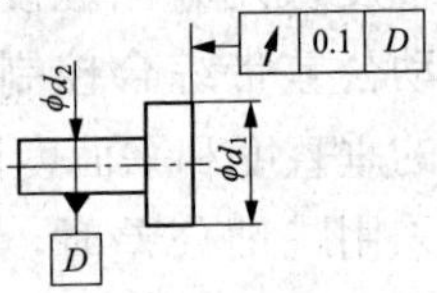
	斜向圆跳动公差	公差带为与基准轴线同轴线的某一圆锥截面上，间距等于公差值 t 的直径不相等的两个圆所限定的圆锥面区域 除非另有规定，测量方向应垂直于被测表面 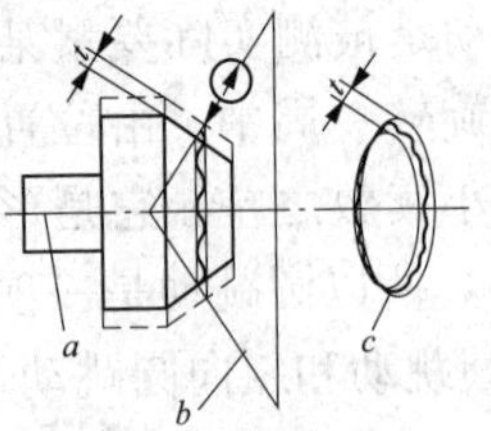 a—基准轴线；b—圆锥截面；c—公差带	在与基准轴线 C 同轴线的任一圆锥截面上，实际线应限定在素线方向间距等于 0.1mm 的直径不相等的两个圆之间 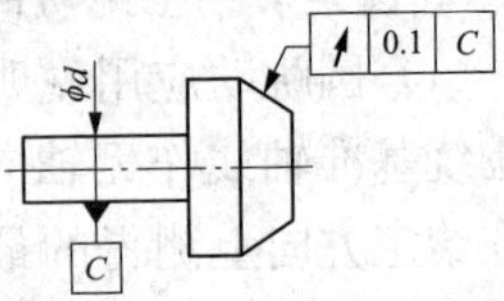

续表

特征项目		公差带定义	标注示例和解释
全跳动公差	径向全跳动公差	公差带为半径差等于公差值 t 且轴线与基准轴线重合的两个圆柱面所限定的区域 a—基准轴线	被测圆柱面的整个实际表面应限定在半径差等于 0.1mm，且轴线与公共基准轴线 A—B 重合的两个圆柱面之间
	轴向全跳动公差	公差带为间距等于公差值 t 且垂直于基准轴线的两平行平面所限定的区域 a—基准轴线；b—被测表面	实际端表面应限定在间距等于 0.1mm 且垂直于基准轴线 D 的两平行平面之间

1）若未给定测量直径，则检测时不能只在被测表面的最大直径附近测量一次，因为轴向圆跳动规定在被测表面上，任一测量直径处的轴向跳动量均不得大于公差值 t。在许多情况下，轴向的跳动最大值，并非都出现在最大直径处。如果需要在指定直径处测量（包括最大直径处），则应说明，如图 2-97 所示。

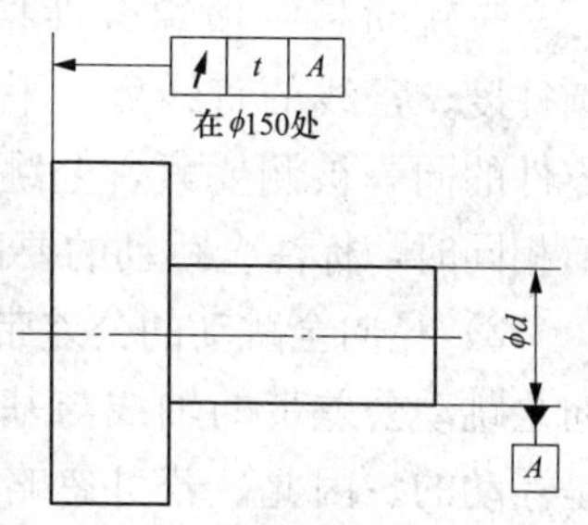

图 2-97　标注检测直径的轴向圆跳动

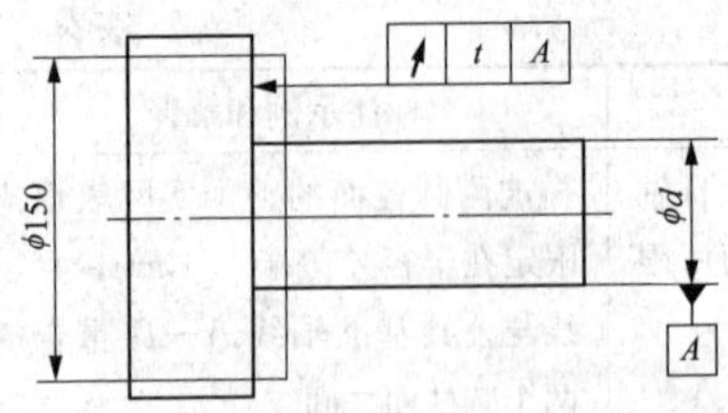

图 2-98　标注检测范围的轴向圆跳动

如果要求在指定的局部范围内测量，则应标注出相应的尺寸，以说明被测范围。如图 2-98 所示，要求在 ϕ150mm 范围内测量，以此范围内测得的最大值，作为轴向圆跳动误差。

2）斜向圆跳动的测量方向，是被测表面的法向方向。若有特殊方向要求时，也可按需要加以注明。

（2）全跳动应用说明。圆跳动仅能反映单个测量平面内被测要素轮廓形状的误差情况，不能反映出整个被测平面上的误差。全跳动则是对整个表面的几何误差综合控制，是被测实际要素绕基准轴线作无轴向移动的连续旋转，同时指示表沿理想素线连续移动（或被测实际要素每旋转一周，指示表沿理想素线作间断移动），由指示表在给定方向上测得的最大与最小读数之差。全跳动有径向全跳动和轴向全跳动等两个项目。

1）全跳动是在测量过程中的一次总计读数（整个被测表面最高点与最低点之差），而圆跳动是分别多次读数，每次读数之间又无关系。因此，圆跳动仅反映单个测量面内被测要素轮廓形状的误差情况，而全跳动则反映整个被测表面的误差情况。

全跳动是一项综合性指标，它可以同时控制圆度、同轴度、圆柱度、素线的直线度、平行度、垂直度等的几何误差。对一个零件的同一被测要素，全跳动包括了圆跳动。显然，当给定公差值相同时，标注全跳动的要比标注圆跳动的要求更严格。

2）径向全跳动的公差带与圆柱度的公差带形式一样，只是径向全跳动公差带的轴线与基准轴线同轴，而圆柱度公差带的轴线是浮动的。因此，若可忽略同轴度误差时，可用径向全跳动的测量来控制该表面的圆柱度误差。因为同一被测表面的圆柱度误差必小于径向全跳动测得值。虽然在径向全跳动的测量中得不到圆柱度误差值，但如果径向全跳动不超差，圆柱度误差也不会超差。

3）在生产中，有时用检测径向全跳动的方法测量同轴度。这样，表面的形状误差必然会反映到测量值中去，得到偏大的同轴度误差值。这个值如不超差，同轴度误差也不会超差；若测得值超差，同轴度也不一定会超差。

4）轴向全跳动的公差带与平面对轴线的垂直度公差带完全一样，故可用轴向全跳动或其测量值代替垂直度或其误差值。两者控制的结果是一样的，而轴向全跳动的检测方法比较简单。但轴向圆跳动则不同，不能用检测轴向圆跳动的方法检测平面对轴线的垂直度，如图 2-99 所示，被测实际端表面为圆弧形，测得轴向圆跳动误差为零，而这个表面对轴线的垂直度误差并不等于零。

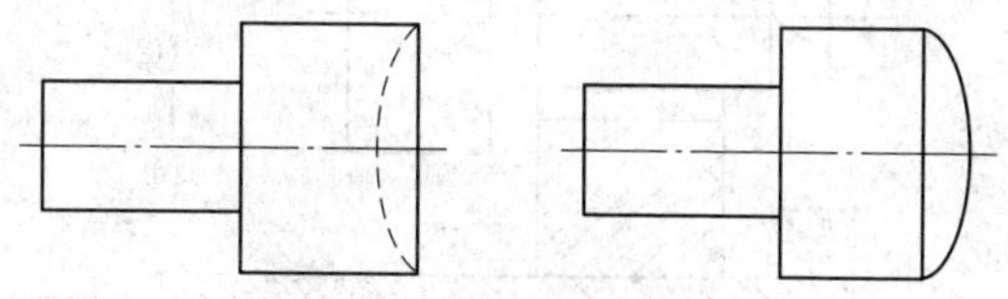

图 2-99 端表面呈圆弧形

4. 圆跳动、全跳动误差的检测方法

（1）圆跳动误差的检测方法。圆跳动误差有径向圆跳动、轴向圆跳动和斜向圆跳动三种常用的检测方法。

1）径向圆跳动的检测。如图 2-100 所示，基准轴线由 V 形架模拟，被测零件支承在 V 形架上，并在轴向定位。在被测零件旋转一周的过程中，指示表读数最大差值即为单个测量平面上的径向圆跳动误差。按这个方法测量若干个截面，取各截面上测得的跳动量中的最大值，作为该被测零件的径向圆跳动误差。这个测量方法，受 V 形架角度和基准实际要素形状误差的综合影响。

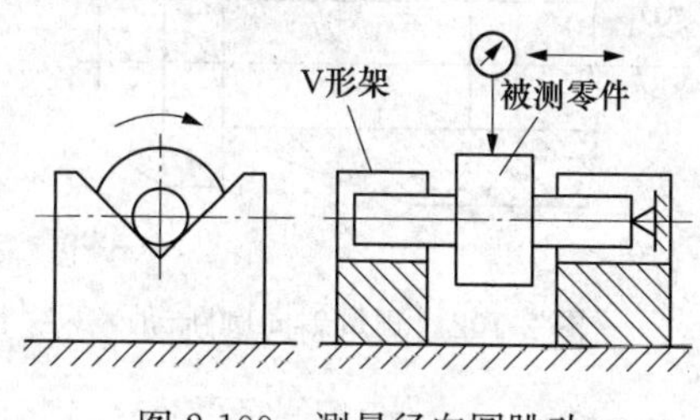

图 2-100 测量径向圆跳动

2）轴向圆跳动的检测。如图 2-101 所示，将被测零件支承在V形架上，并在轴向固定。在被测零件旋转一周的过程中，指示表读数最大差值即为单个测量圆柱面上的轴向圆跳动误差。按这个方法测量若干个圆柱面，取各测量圆柱面上测得的跳动量中的最大值，作为该被测零件的轴向圆跳动误差。这个测量方法，受V形架角度和基准实际要素形状误差的综合影响。

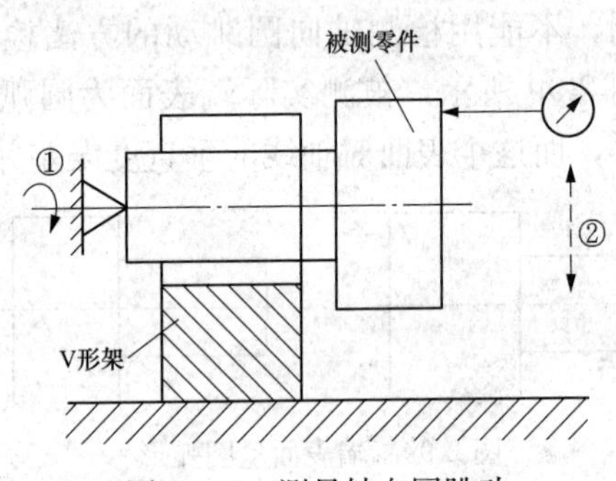

图 2-101　测量轴向圆跳动

3）斜向圆跳动误差的检测。如图 2-102 所示，将被测零件支承在导向套筒内，且在轴向固定。在被测零件旋转一周的过程中，指示表读数最大差值即为单个测量圆锥面上的斜向圆跳动误差。按这个方法在若干个测量圆锥面上测量，取各测量圆锥面上测得的跳动量中的最大值，作为该被测零件的斜向圆跳动误差。

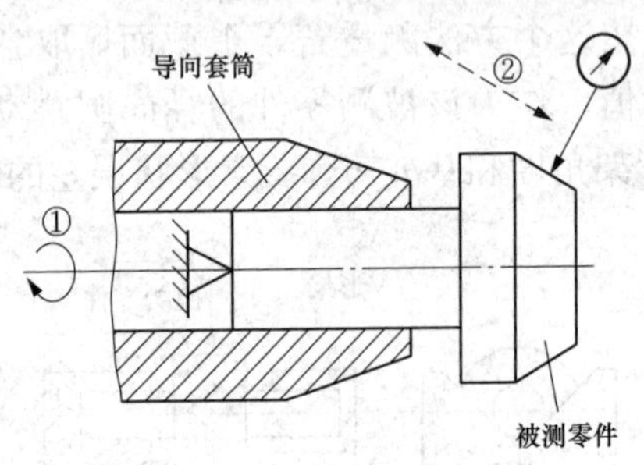

图 2-102　测量斜向圆跳动

当在机床或转动装置上直接进行测量时，具有一定直径的导向套筒不易获得（最小外接圆柱面），可用可调圆柱套（弹簧夹头）代替导向套筒，但测量结果受弹簧夹头误差的影响。

（2）全跳动误差的检测方法。全跳动误差有径向全跳动、轴向全跳动等两种常用检测方法。

1）径向全跳动误差的检测。如图 2-103 所示，将被测零件固定在两同轴导向套筒内，同时在轴向固定并调整两导向套筒，使其同轴和与平板平行。在被测零件连续旋转的过程中，同时让指示表沿基准轴线的方向作直线运动。在整个测量过程中，指示表读数的最大差值即为该被测零件的径向全跳动误差。基准轴线，也可以用 V 形架或两个顶尖等简单方法来体现。

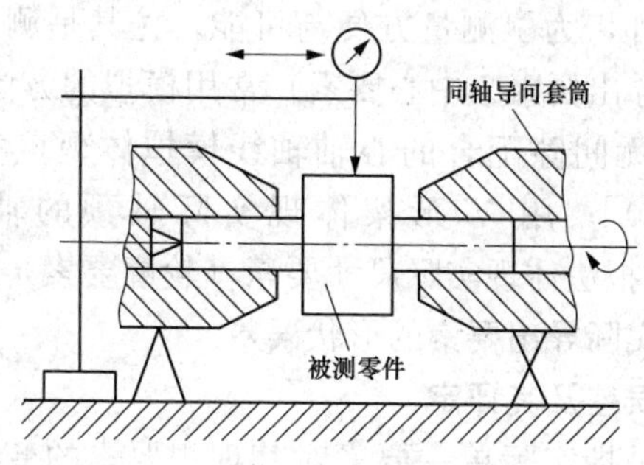

图 2-103　测量径向全跳动

2）轴向全跳动误差的检测。如图 2-104 所示，将被测零件支承在导向套筒内，并在轴向固定，导向套筒的轴线应与平板垂直。在被测零件连续旋转的过程中，指表沿其径向作直线运动。在整个测量过程中，指示表读数的最大差值即为该零件的轴向全跳动误差。基准轴线，也可以用 V 形架等简单方法来体现。

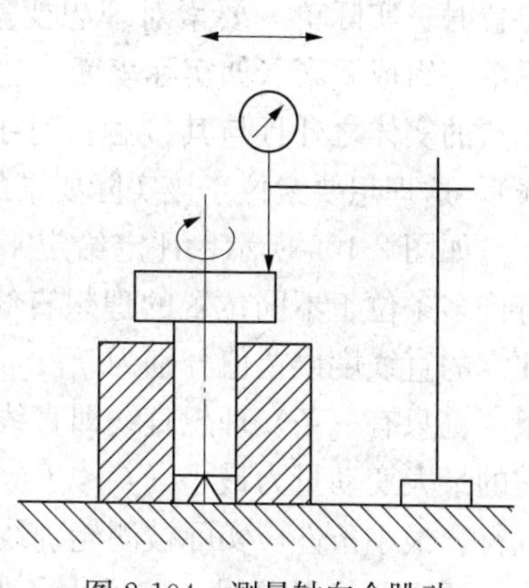

图 2-104　测量轴向全跳动

第四节 几何误差的评定准则

一、实际要素的体现

几何误差是指实际被测要素对其理想要素的变动量，是几何公差的控制对象。几何误差值不大于相应的几何公差值，则认为合格。

测量几何误差时，难于测遍整个实际要素来取得无限多测点的数据，而是考虑现有计量器具及测量本身的可行性和经济性，采用均匀布置测点的方法，测量一定数量的离散测点来代替整个实际要素，此外，为了测量方便与可能，尤其是测量方向、位置误差时，实际导出要素（中心要素）常用模拟的方法体现。例如，用与实际孔成无间隙配合的心轴轴线模拟体现该实际孔的轴线[见图 2-57（b）]；用 V 形架体现实际轴颈的轴线[见图 2-71（b）]。用模拟法体现实际尺寸要素（轮廓要素）对应的导出要素时，排除了实际导出要素的形状误差。

二、形状误差及其评定

形状误差是指实际单一要素对其理想要素的变动量，理想要素的位置应符合最小条件。也就是理想要素处于符合最小条件的位置时，实际单一要素对理想要素的最大变动量为最小，对于实际单一组成要素（如实际表面、轮廓线），这理想要素位于该实际要素的实体之外且与其接触。对于实际单一导出要素（如实际轴线），这理想要素位于该实际要素的中心位置。

如图 2-105 所示，评定给定平面内的轮廓线的直线度误差时，有许多条位于不同位置的理想直线 A_1B_1、A_2B_2、A_3B_3，用它们评定的直线度误差值分别为 f_1、f_2、f_3。这些理想直线中必有一条（也只有一条）理想直线即直线 A_1B_1，能使实际被测轮廓线对它的最大变动量为最小（$f_1<f_2<f_3$），因此理想直线 A_1B_1 的位置符合最小条件，实际被测轮廓线的直线度误差值为 f_1。

评定形状误差时，按最小条件的要求，用最小包容区域（简称最小区域）的宽度或直径来表示形状误差值。所谓最小包容区域，是指包容实际单一要素时具有最小宽度或直径的包容区域。各个形状误差项目的最小包容区域的形状分别与各自的公差带形状相同，但形状误差项目的最小包容区域形状的宽度或直径，则由实际单一要素本身决定。

此外，在满足零件功能要求的前提下，也允许采用其他的评定方法来评定形状误差值。但这样评定的形状误差值将大于，至少等于按最小条件评定的形状误差值，因此有可能把合格品误评为废品，这是不经济的。

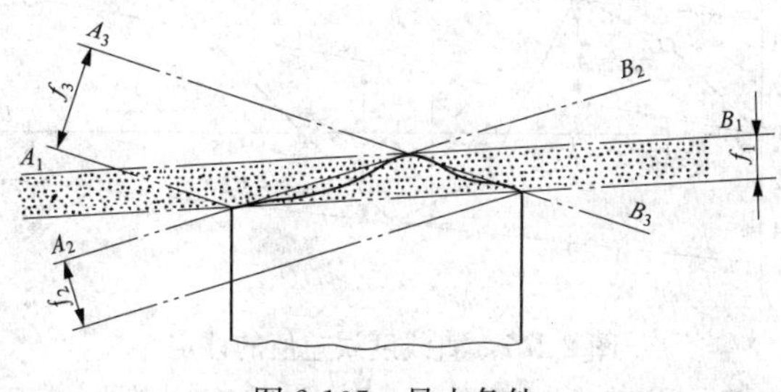

图 2-105　最小条件

1. 给定平面内直线度误差值的评定

直线度误差值应该采用最小包容区域来评定，其判别准则如图 2-106 所示：由两条平行直线包容实际被测直线 S 时，S 上至少有高、低、高相间（或者低、高、低相间）三个极点分别与这两条平行直线接触，则这两条平行直线之间的区域 U 即为最小包容区域，这个区域的宽度 f_{MZ}即为符合定义的直线度误差值。

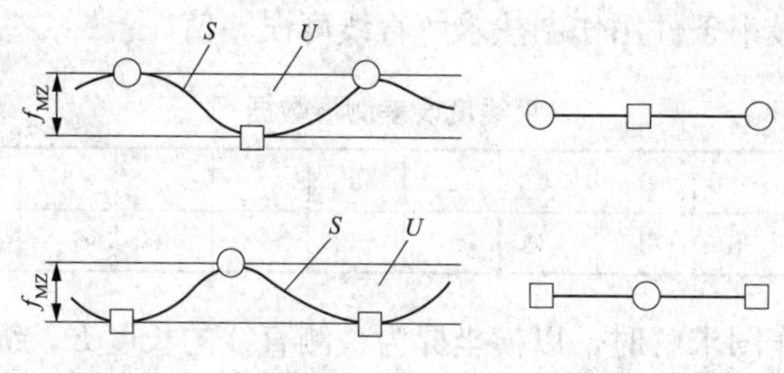

图 2-106　直线度误差最小包容区域判别准则

○—高极点；□—低极点

直线度误差值还可以用两端点连线来评定，如图 2-107 所示，以实际被测直线 S 首、末两点 B 和 E 的连线 l_{BE}（称为两端点连线）作为评定基准，取各测点相对于它的偏离值中最大偏离值 h_{max} 与最小偏离值 h_{min} 之差 f_{BE} 作为直线度误差值。测点在它的上方，偏离值取正值；测点在它的下方，偏离值取负值，即

$$f_{BE}=h_{max}-h_{min} \tag{2-1}$$

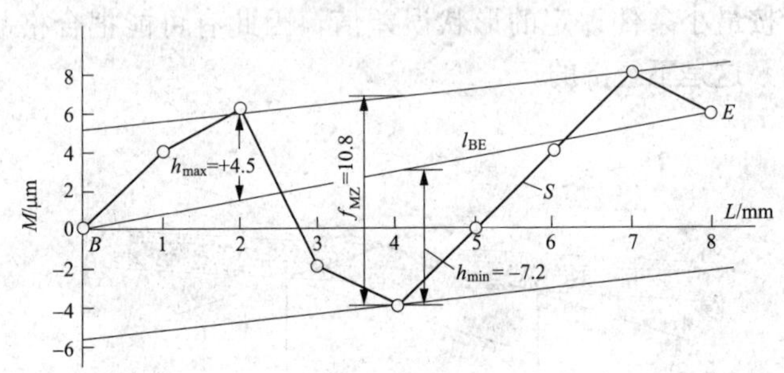

图 2-107　直线度误差值的评定

S—实际被测直线（提取要素）；B、E—被测直线的两个端点；L—测量长度；M—指示表对各测点测得的示值

【例 2-2】 如图 2-108 所示，在平板上用指示表测量窄长平面的直线度误差，以这个平板的工作面作为测量基准，用一个固定支承和一个可调支承来支承零件。测量时，首先用指示表和可调支承调整被测表面在平板上的高度位置，使指示表在被测表面两端测得的示值大致相等。将实际被测直线等距布置 9 个测点，在各测点处指示表的示值列于表 2-11。根据这些测量数据，按两端点连线和最小条件用作图法求解直线度误差值。

表 2-11　　直线度误差测量数据

测点序号 i	0	1	2	3	4	5	6	7	8
指示表示值 M_t/μm	0	+4	+6	−2	−4	0	+4	+8	+6

解：作图求解时，以横坐标为被测直线的长度 L，纵坐标为指示表测得的示值 M。被测直线的长度采用缩小的比例，而指示表示值则采用放大的比例，以便把测得的示值在图上表示清楚，如

图 2-107 所示。

如图 2-107 所示，连接测点 O 和测点 8，得到两瑞点连线 l_{BE}，从高极点 2 和低极点 4 测得它们至 l_{BE} 的纵坐标距离分别为 $+4.5\mu m$ 和 $-7.2\mu m$，因此按 l_{BE}评定的直线度误差值 f_{BE}为

$$f_{BE}=(+4.5)-(-7.2)=11.7\mu m$$

按最小条件评定时，过两个高极点（2，+6）和（7，+8）作一条直线，过低极点（4，－4）作一条平行于过两个高极点直线的直线，则这两条平行线之间的区域即为最小包容区域，它们之间的纵坐标距离 f_{MZ}，即为最小包容区城的宽度，从图上测得按最小条件评定的直线度误差值 f_{MZ}为

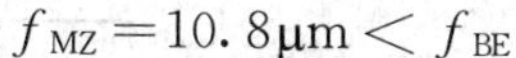

$$f_{MZ}=10.8\mu m < f_{BE}$$

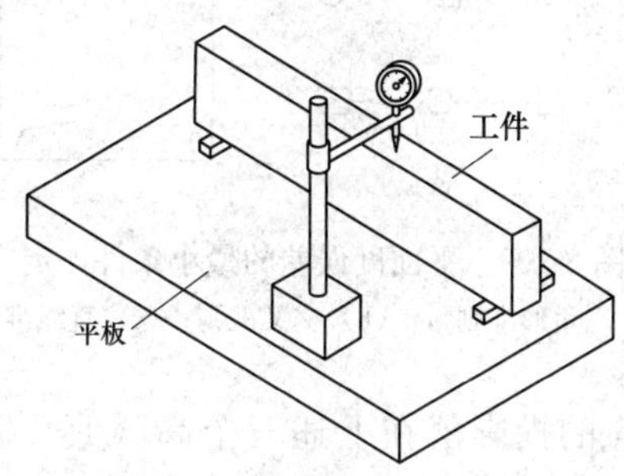

图 2-108　用指示表测量直线度误差

2. 平面度误差值的评定

平面度误差值应该采用最小包容区域法来评定。由于被测实际平面的最小包容区域（两平行平面）一般不平行基准平面，所以一般不能用最大和最小距离差值的绝对值作为平面度最小包容区域法的误差值。为了求得这个值，就必须旋转测量基准平面使之和最小包容区域方向平行，这时原来距离读数值就要按坐标变换原理增减。基准平面和最小包容区城平行的判别准则，如图 2-109 所示。

（1）三角形准则［见图 2-109（a)］。和基准平面平行的两平行平面包容被测表面时，被测平面上至少有三个高（低）极点与一个平面接触，有一个低（高）极点与另一个平面接触，并且这

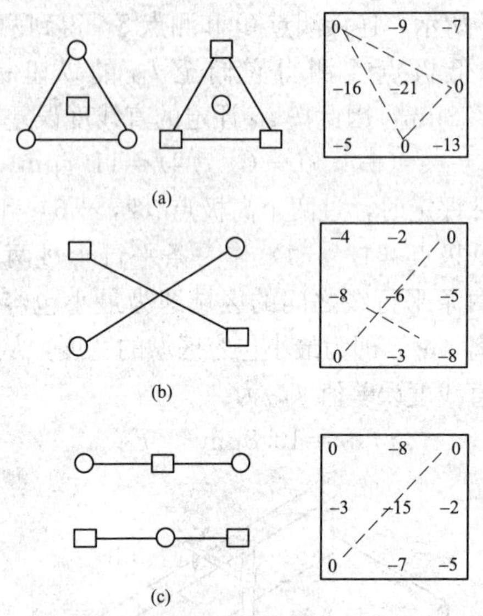

图 2-109　平面度误差的最小条件评定

(a) 三角形准则量；(b) 交叉准则；(c) 直线准则

一个低（高）极点的投影落在上述三个高（低）极点连成的三角形内，或者落在该三角形的一条边上。

(2) 交叉准则［见图 2-109（b)］。被测表面上至少有两个高极点和两个低极点分别与这两个平行平面接触，并且两个高极点的连线和两个低极点的连线在空间呈交叉状态，或者有两个高（低）极点与两个平行包容平面中的一个平面接触，还有一个低（高）极点与另一个平面接触，且该低（高）极点的投影将在两个高（低）低点的连线上。

(3) 直线准则［见图 2-109（c)］。被测表面上的同一截面内有两个高（低）极点使一个低（高）极点分别和两个平行的包容平面相接触，并且两个高（低）极点和一个低（高）极点的连线在空间呈直线状态。

除国家标准规定的最小包容区域法评定平面度之外，在工厂中常使用三远点平面法及对角线平面法评定平面度。三远点平面法是以通过被测表面上相距最远的、且不在一条直线上的三个点建立一个基准平面，各测点对这个平面的偏差中最大值与最小值的绝对值之和即为平面度误差，实测时，可以在被测表面上找到三个等高点，并且调到零点。在被测表面上按布点测量，与三远点基准平面相距最远的最高和最低点间的距离为平面度误差值。

对角线平面法评定平面度误差值，是指以通过实际被测表面的一条对角线（两个角点的连线）且平行另一条对角线（其余两个角点的连线）的平面作为评定基准，取各测点相对于它的偏离值中最大偏离值（正值或零）与最小偏离值（零或负值）的绝对值之和作为平面度误差值。

【例 2-3】 设一平板上各点对同一测量基准的读数，如图 2-110 所示。用三远点平面法、对角线平面法和最小包容区域法，比较其平面度误差的测量结果。

解：（1）用三远点平面法。如图 2-110 所示，因 a_1、a_3、c_1 三点等高，已符合三远点平面法，故

$$f_1 = 10 + |-3| = 13\mu m$$

（2）用对角线平面法。如图 2-110 所示 a_1、c_3为旋转轴，向左下方旋转，如图 3-111 所示。使 a_3和 c_1 两点等高，各点的增减值如图 2-111（a）所示（如图杠杆比例）。这样，就获得了如图 2-111（b）所示的数据。因两对角线角点分别等高，故已符合对角线平面法，即

0 a_1	–3 a_2	0 a_3
10 b_1	2 b_2	1 b_3
8 c_1	8 c_2	0 c_3

图 2-110 平面度误差的测量数据

$$f_2 = 8 + |-1| = 9\mu m$$

（3）最小包容区域法。用最小包容区域法评定平面度误差，如图 2-112 所示。

第一步，将如图 2-110 所示的各值均减去 10，使最大正值为零，如图 2-112 (a) 所示（这样做是为了观察方便，如不做这一步也可）。

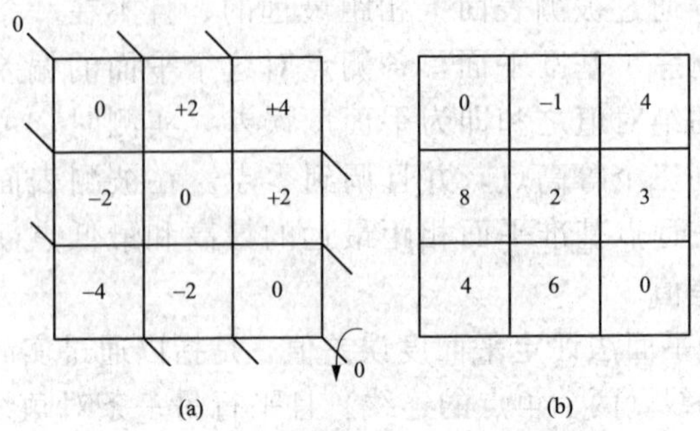

图 2-111 对角线平面法

（a）旋转轴与旋转增减量；（b）旋转后的数据

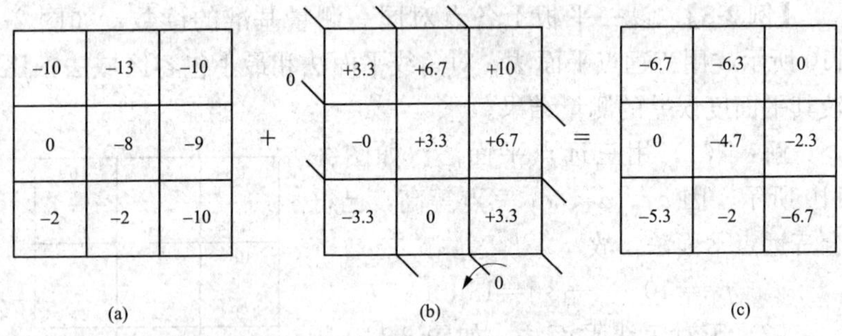

图 2-112 最小包容区域法

（a）各值减同一数据后的新值；（b）旋转轴与旋转增减量；

（c）图（a）与图（b）叠加后的结果

第二步，确定旋转轴和各点的增减值，如图 2-112（a）所示的图形分析，可初步断定这个平板测量时右上角方向偏低，左下角方向偏高，故先试以 b_1、c_2 为旋转轴逆时针旋转。由于 a_3 的最大转动量为 + 10（旋转中不出现正值），因此各点按比例的增减量，如图 2-112（b）所示。

第三步，基准平面旋转后的结果，如图 2-112 所示将 $a+b$ 得 c，由图 2-112（c）可知，已出现两个等值最高点 0 和两个等值最低点 −6.7，且这四点已符合最小条件中的交叉准则，故

$$f_3 = f_{\min} = 6.7\mu m$$

如果第一次基准平面旋转后的结果，尚未满足最小条件准则，则需进行第二次基准平面旋转，直到旋转后的结果符合最小条件为止。在初次尝试这个方法评定平面度误差时，可能会感到有困难，但只要概念清楚，即使多反复几次，总会获得同样的结果。

由上面三种评定方法可知，最小包容区域法的评定结果总是最小。当在生产中由于评定方法不同使测量结果数据发生争执时，应以最小条件来仲裁。对角线平面法由于计算简便，容易为多数人接受，而且其评定结果与最小包容区域法较接近，所以也很常用。三远点平面法的最大缺点是以不同三点为基准时，其评定结果相差很大，所以不提倡使用。例如，本例的结果数据还可能有如图 2-113 所示的三种情况，其中，$f_{(a)}=8\,\mu m$，$f_{(b)}=12\,\mu m$，$f_{(c)}=14\,\mu m$。

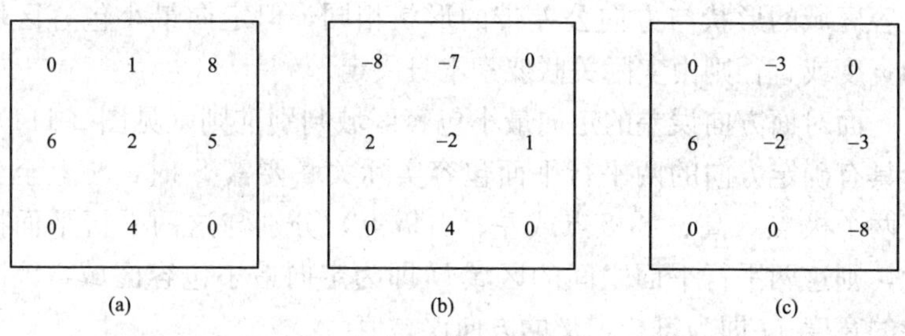

图 2-113　三远点平面法的不同结果

（a）$f_{(a)}=8\mu m$；（b）$f_{(b)}=12\mu m$；（c）$f_{(c)}=14\mu m$

3. 圆度误差值的评定

圆度误差值应该采用最小包容区域法来评定，其判别准则（见图 2-56）：由两个同心圆包容实际被测圆 S 时，S 上至少有四个极点内、外相间地与这两个同心圆接触（至少有两个内极点与内圆接触，两个外极点与外圆接触），则这两个同心圆之间的区域 U 即为最小包容区域，该区域的宽度即这两个同心圆的半径差 f_{MZ}，就是符合定义的圆度误差值。

圆度误差值也可以用由实际被测圆确定的最小二乘圆，作为评定基准来评定圆度误差值，取最小二乘圆圆心至实际被测圆轮廓的最大距离与最小距离之差，作为圆度误差值。

圆度误差值还可以用由实际被测圆确定的最小外接圆（仅用于轴）或最大内接圆（仅用于孔），作为评定基准来评定圆度误差值。

三、方向误差及其评定

方向误差是指实际关联要素对其具有确定方向的理想要素的变动量，理想要素的方向由基准确定，如图 2-114 所示，评定方向误差时，在理想要素相对于基准 A 的方向保持图样上给定的几何关系（平行、垂直或倾斜某一理论正确角度）的前提下，应使实际被测要素 S 对理想要素的最大变动量为最小。对于实际关联组成要素，这理想要素位于该实际要素的实体之外且与它接触。对于实际关联导出要素，这理想要素位于该实际要素的中心位置。

方向误差值用对基准保持所要求方向的，定向最小包容区域 U（简称定向最小区域）的宽度 f_U或直径 ϕf_U来表示。定向最小包容区域的形状与方向公差带的形状相同，但定向最小包容区域的宽度或直径则由实际关联要素本身决定。

面对面方向误差的定向最小包容区域判别准则（见图 2-114）：由具有确定方向的两平行平面包容实际关联要素 S 时，S 上至少有两个极点（高、低极点或左、右极点）分别与这两平行平面接触，则这两平行平面之间的区域 U 即为定向最小包容区域，该区域的宽度 f_U即为符合定义的方向误差值。

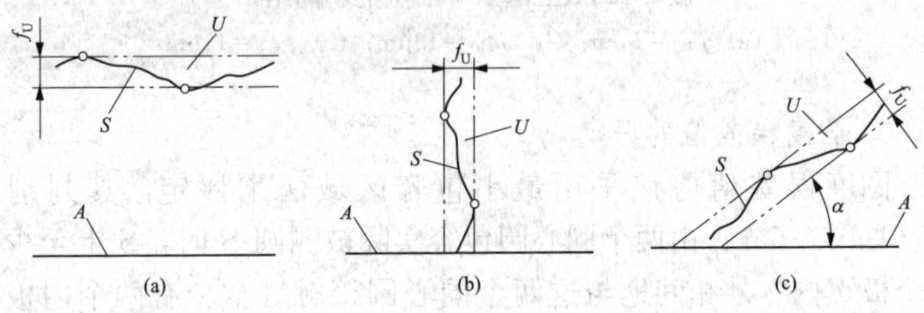

图 2-114　面对面方向误差的定向最小包容区域判别准则

(a) 平行度误差；(b) 垂直度误差；(c) 倾斜度误差

四、位置误差及其评定

位置误差是指实际关联要素对其具有确定位置的理想要素的

变动量，理想要素的位置由基准和理论正确尺寸确定，位置误差值用定位最小包容区域的宽度或直径来表示。定位最小包容区域是指以理想要素的位置为中心，来对称地包容实际关联要素时具有最小宽度或最小直径的包容区域。定位最小包容区域的形状与位置公差带的形状相同，但定位最小包容区域的宽度或直径则由实际关联要素本身决定。通常，实际关联要素上只有一个测点与定位最小包容区域接触，位置误差值等于这个接触点至理想要素所在位置的距离的两倍。

如图 2-115（a）所示，评定如图 2-86（a）所示零件的位置度误差时，理想平面所在的位置 P_0（评定基准）由基准平面 A 和理论正确尺寸 $\boxed{l}$ 确定（P_0 平行于 A 且至 A 的距离为 l）。定位最小包容区域 U 为对称配置于 P_0 的两平行平面之间的区域，实际被测要素 S 上只有一个测点与 U 接触。位置度误差值 f_U 为这一点至 P_0 的距离的两倍。

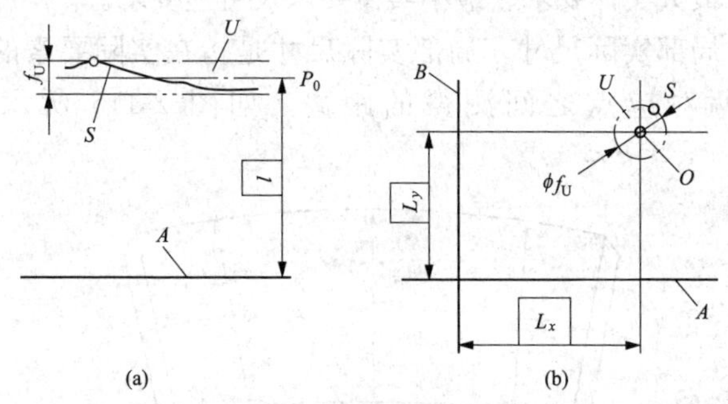

图 2-115 定位最小包容区域示例

（a）由两平行平面构成的定位最小包容区域；（b）由一个圆构成的定位最小包容区域

又如图 2-115（b）所示，测量和评定如图 2-87（a）所示零件上第一个孔的轴线的位置度误差时，设该孔的实际轴线用心轴轴线模拟体现，这实际轴线用一个点 5 表示；理想轴线的位置（评定基准）由基准 A、B 和理论正确尺寸 $\boxed{L_x}$、$\boxed{L_y}$ 确定，用点 O 表示。以点 O 为圆心，以 OS 为半径作圆，则该圆内的区域就是定位最小包容区域 U，位置度误差值即为 $\phi f_U=\phi(2\times OS)$。

第五节　公差原则

一、公差原则的一般术语及定义

任何实际要素，都同时存在几何和尺寸误差。有些几何误差和尺寸误差密切相关，如具有偶数棱的柱面的圆度误差与尺寸误差；有些几何误差和尺寸误差又相互无关，如导出要素的形状误差与相应组成要素的尺寸误差。而影响零件使用性能的有时主要是几何误差，有时主要是尺寸误差，有时则主要是它们的综合结果而不必区分出它们各自的大小。因而在设计上，为了简明扼要地表达设计意图并为工艺提供便利，应根据需要赋予要素的几何公差和尺寸公差以不同的关系。把处理几何公差和尺寸公差关系的原则称为公差原则。

公差原则包括独立原则和相关要求。其中相关要求又包括包容要求、最大实体要求、最小实体要求及可逆要求。

（1）局部实际尺寸。局部实际尺寸是指在实际要素的任意正截面上两对应点之间测得的距离，如图 2-116 所示的 A_1、A_2、A_3。

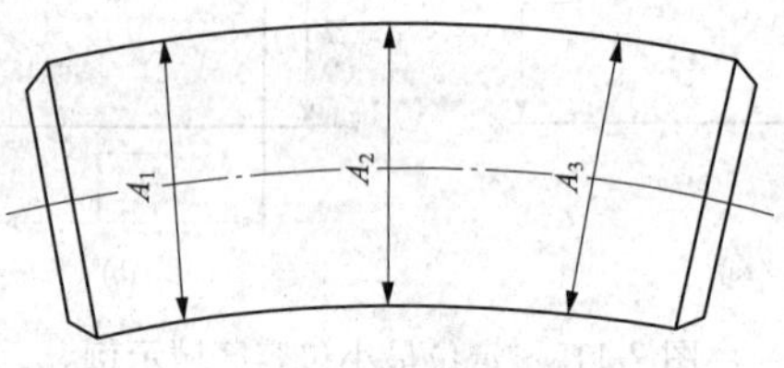

图 2-116　局部实际尺寸

（2）体外作用尺寸（作用尺寸）。在配合面的全长上，与实际孔体外相接的最大理想轴的尺寸，称为孔的作用尺寸。与实际轴体内相接的最大理想孔的尺寸，称为轴的作用尺寸。

（3）体内作用尺寸。在配合面的全长上，与实际孔体内相接的最小理想轴的尺寸，称为孔的体内作用尺寸。与实际轴体内相接的最大理想孔的尺寸，称为轴的体内作用尺寸。

（4）最大实体状态和最大实体尺寸。最大实体状态（MMC）是指实际要素在给定长度上处处位于尺寸极限并具有实体最大时的状态。最大实体尺寸（MMS）是指实际要素在最大实体状态下的尺寸。对于外表面为上极限尺寸，对于内表面为下极限尺寸。

（5）最大实体实效状态和最大实体实效尺寸。最大实体实效状态（MMVC）是指在给定长度上，实际要素处于最大实体状态，且其导出要素形状或位置误差等于给出公差值时的综合极限状态。最大实体实效尺寸（MMVS）是指在最大实体实效状态下的体外作用尺寸。对于内表面为最大实体尺寸减几何公差值（加注符号Ⓜ），对于外表面为最大实体尺寸加几何公差值（加注符号Ⓜ）。

单一要素的实效尺寸计算式为：

对孔　实效尺寸＝下极限尺寸－导出要素的形状公差

对轴　实效尺寸＝上极限尺寸＋导出要素的形状公差

关联要素的实效尺寸计算式为：

对孔　实效尺寸＝下极限尺寸－导出要素的位置公差

对轴　实效尺寸＝上极限尺寸＋导出要素的位置公差

（6）最小实体状态和最小实体尺寸。最小实体状态（LMC）是指实际要素在给定长度上处处位于尺寸极限并具有实体最小时的状态。

最小实体尺寸（LMS）是指实际要素在最小实体状态下的尺寸。对于外表面为下极限尺寸，对于内表面为上极限尺寸。

（7）最小实体实效状态和最小实体实效尺寸。最小实体实效状态（LMVC）是指在给定长度上，实际要素处于最小实体状态且其导出要素的形状或位置误差等于给出公差值时的综合极限状态。最小实体实效尺寸（LMVS）是指在最小实体实效状态的体内作用尺寸。对于内表面为最小实体尺寸＋几何公差（加注符号Ⓛ），对于外表面为最小实体尺寸－几何公差（加注符号Ⓛ）。

最小实体尺寸（LMS）是指实际要素在最小实体状态下的尺寸。对于外表面为下极限尺寸，对于内表面为上极限尺寸。

（8）边界。边界是指由设计给定的具有理想形状的极限包容面。边界的尺寸为极限包容面的直径距离。其中，尺寸为最大实体尺寸的边界称最大实体边界，尺寸为最小实体尺寸的边界称最小实体边界，尺寸为最大实体实效尺寸的边界称最大实体实效边界，尺寸为最小实体实效尺寸的边界称最小实体实效边界。

二、独立原则

图样上给定的每一个的尺寸的形状、方向或位置要求均是独立的，都应满足。如果对尺寸与形状、方向或位置之间的相互关系有特殊要求，应在图样上给予规定。

独立原则是尺寸公差和几何公差相互关系应遵守的基本原则。如图 2-117 所示的销轴，公称尺寸为 ϕ12mm，尺寸公差为 0.020mm，轴线直线度公差为 0.01mm。当轴的实际尺寸在 ϕ11.98mm 与 ϕ12mm 之间的任何尺寸，其轴线的直线度误差在 0.01mm 范围内时，轴即为合格。若直线度误差达到 0.012mm 时，尽管尺寸误差控制在 0.020mm 内，但零件仍因为其轴线的直线度误差被判为不合格。这说明零件的直线度公差与尺寸公差无关，应分别满足各自的要求。如图 2-117（a）所示标注的形状公差就为独立原则，它的局部实际尺寸由上极限尺寸和下极限尺寸控制；几何误差由几何公差控制，两者彼此独立，互相无关。

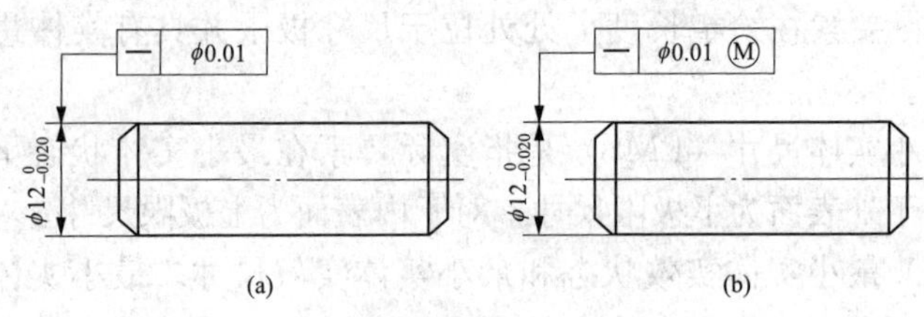

图 2-117　独立原则和相关要求

（a）独立原则；（b）相关要求

三、相关要求

（一）包容要求

（1）包容要求的含义。包容要求是要求实际要素处处不得超越最大实体边界的一种公差原则，即实际组成要素应遵守最大实体边界，作用尺寸不超出（对孔不小于，对轴不大于）最大实体尺寸。按照此要求，如果实际要素达到最大实体状态，就不得有任何几何误差；只有在实际要素偏离最大实体状态时，才允许存在与偏离量相关的几何误差。很自然，遵守包容要求时，局部实际尺寸不能超出（对孔不大于，对轴不小于）最小实体尺寸，如图 2-118 所示。

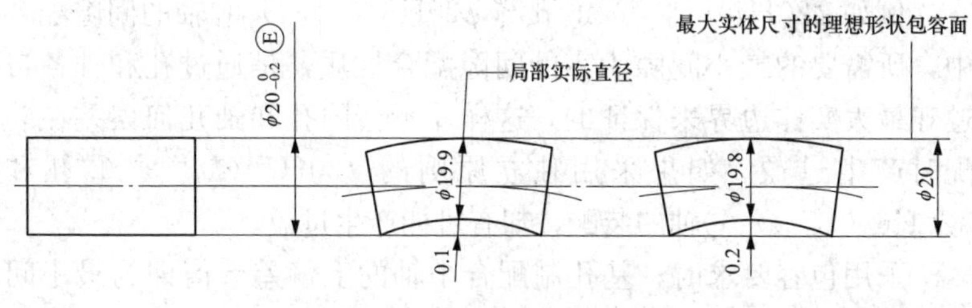

图 2-118 包容要求

应该用光滑极限量规检验实际要素是否遵守包容要求。

（2）包容要求的标注。按包容要求给出公差时，需在尺寸的上、下偏差后面或尺寸公差带代号后面加注符号Ⓔ，如图 2-119 所示。遵守包容要求而对几何公差需要进一步要求时，需另用框格注出几何公差，当然，几何公差值一定小于尺寸公差，如图 2-120 所示。

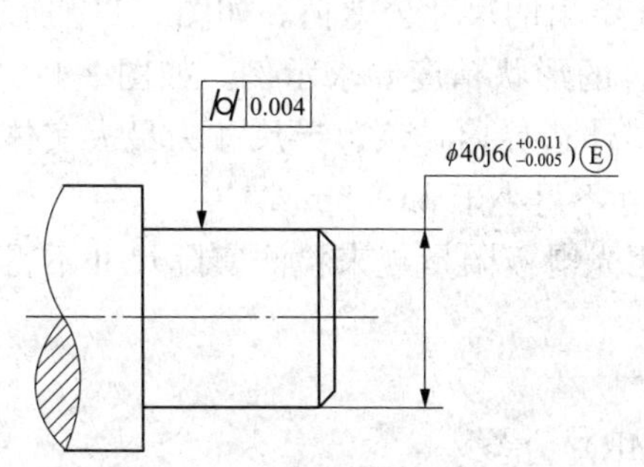

图 2-119 单一尺寸要素采用包容要求并对形状精度提出更高要求的标注示例

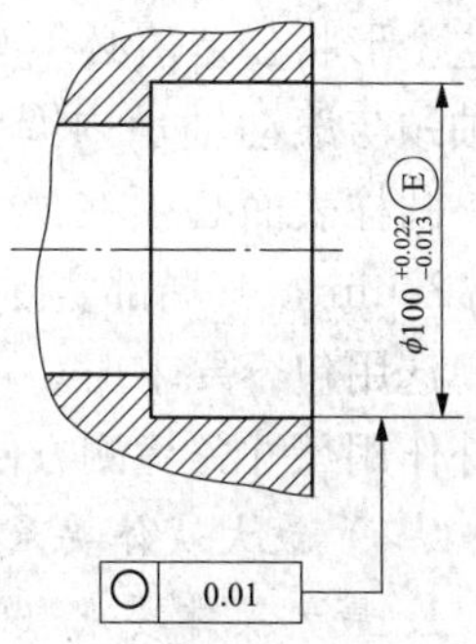

图 2-120 遵守包容要求且对几何公差有进一步要求的标注示例

（3）包容要求的应用。包容要求应用于要求以最大实体尺寸形成的理想包容面控制零件实际轮廓的场合，即有配合要求的场合。这个配合要求的精度可高可低，但需保证所需要的最小间隙或最大过盈。因而包容要求常用于保证孔与轴的配合性质，特别是配合公差较小的精密配合要求，用最大实体边界保证所需要的最小间隙或最大过盈。

例如 $\phi 20H7\left({}^{+0.021}_{0}\right)$ Ⓔ孔与 $\phi 20H6\left({}^{0}_{-0.013}\right)$ Ⓔ轴的间隙配合中，所需要的最小间隙为零的间隙配合性质，是通过孔和轴各自遵守最大实体边界来保证的，这样才不会因孔和轴几何误差在装配时产生过盈。如果采用独立原则的 $\phi 20H7\left({}^{+0.021}_{0}\right)$ Ⓔ孔和 $\phi 20H6\left({}^{0}_{-0.013}\right)$ Ⓔ轴的装配，却有可能产生过盈。

采用包容要求时，基孔制配合中轴的上偏差数值即为最小间隙或最大过盈；基轴制配合中孔的下偏差数值即为最小间隙或最大过盈。应当指出的是，对于最大过盈要求不严而最小过盈必须保证的配合，其孔和轴不必采用包容要求，因为最小过盈的大小取决于孔和轴的实际尺寸，是由孔和轴的最小实体尺寸控制的，而不是由它们的最大实体边界控制的，在这种情况下，可以采用独立原则。

按包容要求给出单一尺寸要素的孔、轴尺寸公差后，若对该孔、轴的形状精度有更高的要求，还可以进一步给出形状公差值，但这个形状公差值必须小于给出的尺寸公差值。如图 2-119 所示，是轴颈与滚动轴承内圈配合的形状精度要求示例。如图 2-118 所示，圆柱表面必须在最大实体边界内，该边界尺寸为最大实体尺寸 $\phi 20$mm，其局部实际尺寸不得小于 $\phi 19.8$mm。

选用包容要求时，可用光滑极限量规来检测实际尺寸不得小于外作用尺寸，检测方便。

（二）最大实体要求

1. 最大实体要求（MMR）的含义

最大实体要求是控制被测要素的实际轮廓处于其最大实体实效边界之内的一种公差要求。当其实际尺寸偏离最大实体尺寸时，允许其形位误差值超出其给定的公差值。

最大实体要求适用于导出要素。最大实体要求不仅可以用于被测要素，也可用于基准要素，此时应在图样中标注符号Ⓜ。引符号置于给出的公差值或基准字母的后面，或者同时置于两者后面。

当应用于被测要素时，应在被测要素几何公差框格中的公差值后面标注符号Ⓜ，如图 2-121（a）所示；当应用于基准要素时，应在几何公差框格内的基准字母代号后标注符号Ⓜ，如图 2-121（b）所示；当同时应用于被测要素和基准要素时，应在被测要素几何公差框格中公差值后和基准字母代号后同时标注符号Ⓜ，如图 2-121（c）所示。

2. 最大实体要求应用于被测要素

最大实体要求常用于只要求可装配性的场合，如轴承盖上用于穿过螺钉的通孔等。被测要素遵守最大实体要求时，其局部实际尺寸是否在极限尺寸之间，用两点法测量；实体是否超越实效边界，用位置量规检验。

最大实体要求应用于被测要素时，被测要素的几何公差值是在该要素处于最大实体状态时给出的，当被测要素的实际轮廓偏离其最大实体状态，即其实际尺寸偏离最大实体尺寸时，几何误差值可超出在最大实体状态下给出的几何公差值，即此时的几何公差值可以增大。其最大的增加量为该要素的最大实体尺寸与最小实体尺寸之差。

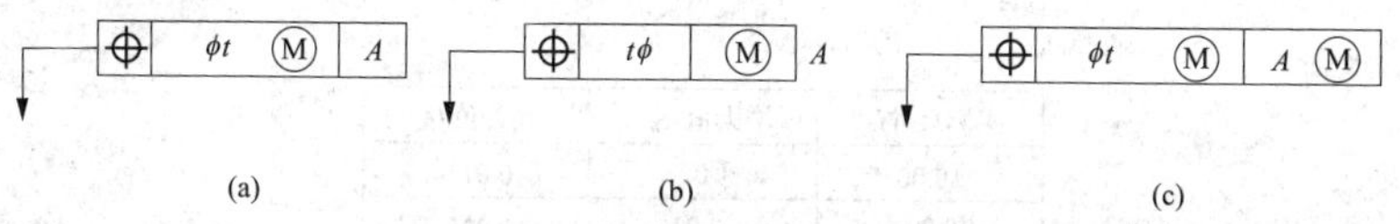

图 2-121　最大实体要求图样标注

（a）应用于被测要素；（b）应用于基准要素；（c）同时应用于被测要素和基准要素

如图 2-121 所示为最大实体要求用于被测要素 $\phi10_{-0.03}^{0}$ mm。该轴线的直线度公差是 ϕ0.015mm，其中 0.015mm 是给定值，是在零件被测要素处于最大实体状态时给定的，就是当零件的实际尺寸为最大实体尺寸 ϕ10mm 时，给定的直线度公差是 ϕ0.015mm。如果被测要素偏离最大实体尺寸 ϕ10mm 时，则直线度公差允许增大，偏离多少就可增大多少。这样就可以把尺寸公差没有用到的部分补偿给几何公差值。

$$t_{允}=t_{给}+t_{增} \tag{2-2}$$

式中 $t_{允}$——轴线直线度误差允许达到的值；

$t_{给}$——图样上给定的几何公差值；

$t_{增}$——零件实际尺寸偏离最大实体尺寸而产生的增大值。

如图 2-122 中列出了不同实际尺寸的增大值，以及由此而得到的轴线的直线度允许达到的值。可以看出，最大增大值就是最大实体尺寸与最小实体尺寸的代数差，也就等于其尺寸公差值 0.03mm。其轴线直线度允许达到的最大值即等于图样上的直线度公差值 0.015mm 与轴的尺寸公差 0.030mm 之和，为 0.045mm。

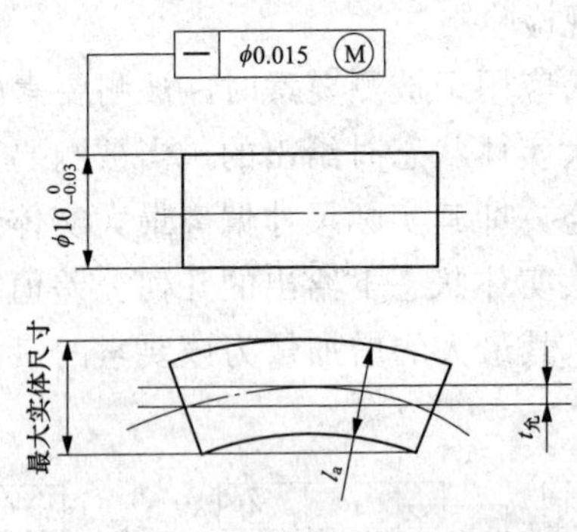

实际尺寸l_a	增大值$t_{增}$	允许值$t_{允}$
10.00	0	0.015
9.99	0.01	0.025
9.98	0.02	0.035
9.97	0.03	0.045

图 2-122 最大实体要求用于被测要素

以上说明：允许的几何公差值，不仅取决于图样上给定的公差值，也与零件的相关要素的实际尺寸有关。随着零件实际尺寸的不同，几何公差增大值也不同。

孔、轴增大值的计算公式为

孔　　$t_{给}=L_a+L_{min}$　　(2-3)

轴　　$t_{给}=l_{max}-l_a$　　(2-4)

式中　$t_{给}$——孔的实际尺寸；

L_{min}——孔的下极限尺寸；

l_{max}——轴的上极限尺寸；

l_a——轴的实际尺寸；

【例 2-4】 如图 2-123 所示，最大实体要求用于被测要素，试求出给定的直线度公差值、最大增大值，直线度误差允许达到的最大值。当孔的实际尺寸为 ϕ50.015mm 时，允许直线度公差值是多少？

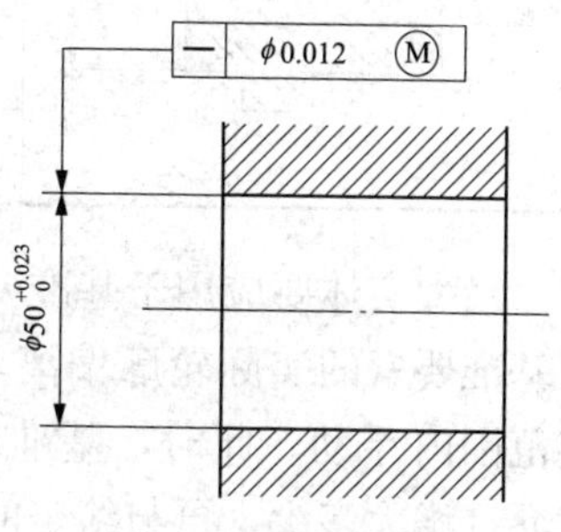

图 2-123　直线度误差要求

解：

1）给定的直线度公差值是 ϕ0.012mm。

2）直线度公差最大增大值为

$$t_{给}=l_{max}-l_a=\phi 50.023-\phi 50=\phi 0.023\text{mm}$$

3）直线度误差允许达到的最大值为

$$t_{允max}=t_{给}+t_{增}=\phi 0.012+\phi 0.023=\phi 0.035\text{mm}$$

4）当孔的实际尺寸为 ϕ50.015mm 时，允许直线度公差值为

$$t_{允}=t_{给}+t_{增}=t_{给}+(L_a-L_{min})$$

$$=\phi 0.012\text{mm}+(\phi 50.015-\phi 50)\text{mm}$$

$$=(\phi 0.012+\phi 0.015)\text{mm}=\phi 0.027\text{mm}$$

3. 最大实体要求应用于基准要素

（1）最大实体要求应用于基准要素，而基准要素本身不采用最大实体要求时，在几何公差框格内的基准字母后标注符号Ⓜ，见表 2-12。

表 2-12　　最大实体要求应用于基准要素　　(mm)

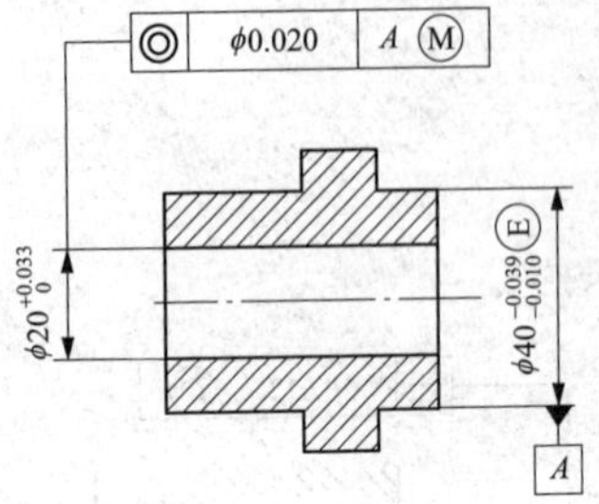

实际尺寸 l_a	增大值 $t_{增}$	允许值 $t_{允}$
39.990	0	0.020
39.985	0.005	0.025
39.980	0.01	0.03
39.970	0.02	0.04
39.961	0.029	0.049

最大实体要应用于基准要素时，基准要素应遵守相应的边界。若基准要素的实际轮廓偏离其相应的边界，则允许基准要素在一定范围内浮动。此时，基准的实际尺寸偏离最大实体尺寸多少，就允许增大多少，再与给定的公差值相加，就得到允许的公差值。

表 2-12 所示零件为最大实体要求应用于基准要素，而基准要求本身又要求遵守包容要求（用符号Ⓔ表示）。被测要素的同轴度公差值是 0.020mm，是在该基准要素处于最大实体状态时给定的。如果基准要素的实际尺寸是 ϕ39.990mm，同轴度公差是图样上给定的公差值 ϕ0.020mm；当基准要素偏离最大实体状态时，其相应的同轴度公差增大值及允许公差值见表 2-12。

【例 2-5】 如图 2-124 所示，最大实体要求用于基准要素，试求出给定的垂直度公差值、最大增大值，垂直度误差允许达到的最大值。当基准要素的实际尺寸为 ϕ50.018mm 时，允许垂直度公差值是多少?

解:

1）给定的垂直度公差值是 0.015mm。

2）垂直度公差最大增大值为

$$L_a - L_{min} = 50.028 - 50 = 0.028\text{mm}$$

3）垂直度误差允许达到的最大值为

$$t_{允max} = t_{给} + t_{增} = 0.015 + 0.028 = 0.043\text{mm}$$

4）当基准要素的实际尺寸为 ϕ50.018mm 时，允许垂直度公

差值为

$$
\begin{aligned}
t_{允} &= t_{给} + t_{增} = t_{给} + (L_a - L_{min}) \\
&= 0.015\text{mm} + (50.018 - 50)\text{mm} \\
&= (0.015 + \phi 0.018)\text{mm} = 0.033\text{mm}
\end{aligned}
$$

（2）最大实体要求应用于基准要素，而基准要素本身也采用最大实体要求时，被测要素的位置公差值是在基准要素处于实效状态时给定的。如基准要素偏离实效状态，即基准要素的作用尺寸偏离实效尺寸时，被测要素的方向和位置公差值允许增大。此时，该基准要素的代号标注在使它遵守最大实体要求的几何公差框格的下面，如图 2-125 所示。

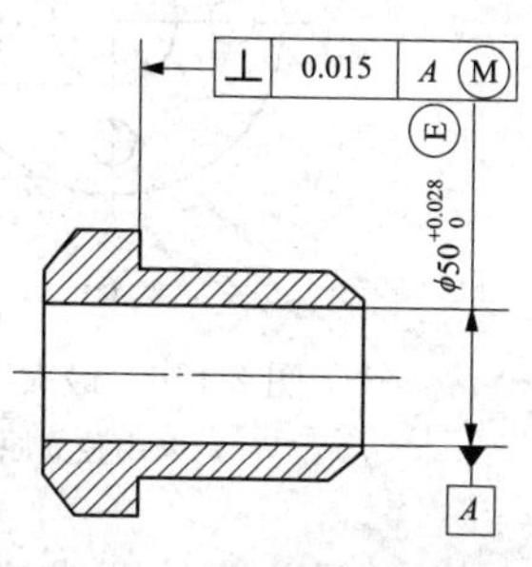

图 2-124　最大实体要求应用于基准要素实例（一）

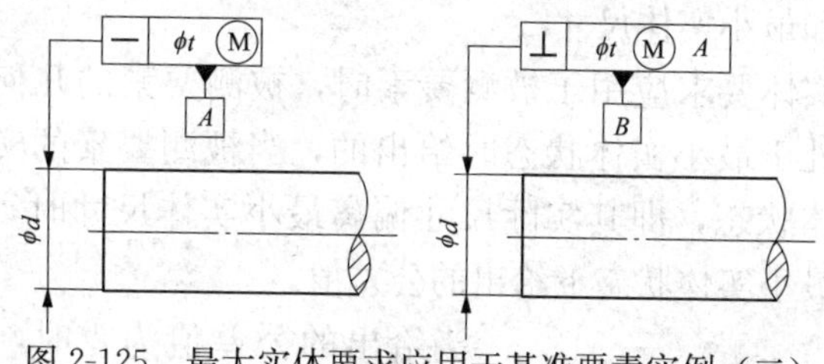

图 2-125　最大实体要求应用于基准要素实例（二）

基准要素所应遵循的边界又分为下列两种情况：

1）基准要素自身采用最大实体要求时，则其边界为最大实体实效边界。

2）基准要素本身不采用最大实体要求，而采用独立原则或包容要求时，其边界为最大实体边界；如图 2-126（a）所示为采用独立原则的示例，如图 2-126（b）所示为采用包容要求的示例。

（三）最小实体要求

最小实体要求（LMR）适用于导出要素。最小实体要求是当零件的实际尺寸偏离最小实体尺寸时，允许其几何误差值超出其给定的公差值。

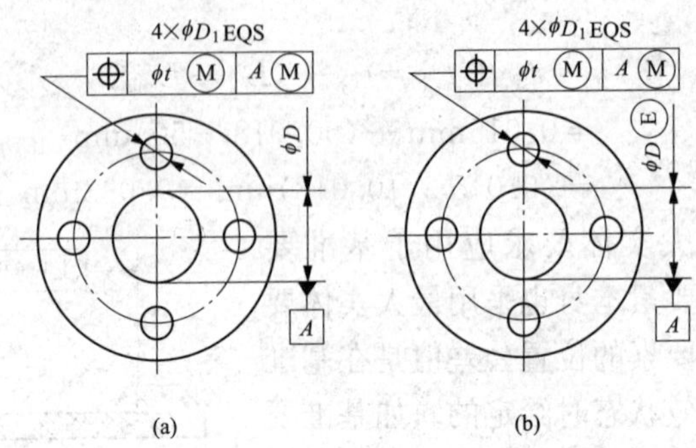

图 2-126　最大实体要求应用于基准要素实例（三）

（a）采用独立原则的示例；（b）采用包容要求的示例

（1）最小实体要求应用于被测要素。被测要素的实际轮廓在给定的长度上处处不得超出最小实体实效边界，即其体内作用尺寸不应超出最小实体实效尺寸，且其局部实际尺寸不得超出最大实体尺寸和最小实体尺寸。

最小实体要求应用于被测要素时，被测要素的几何公差值是在该要素处于最小实体状态时给出的，当被测要素的实际轮廓偏离最小实体状态，即其实际尺寸偏离最小实体尺寸时，几何误差可超出在最小实体状态下给出的公差值。

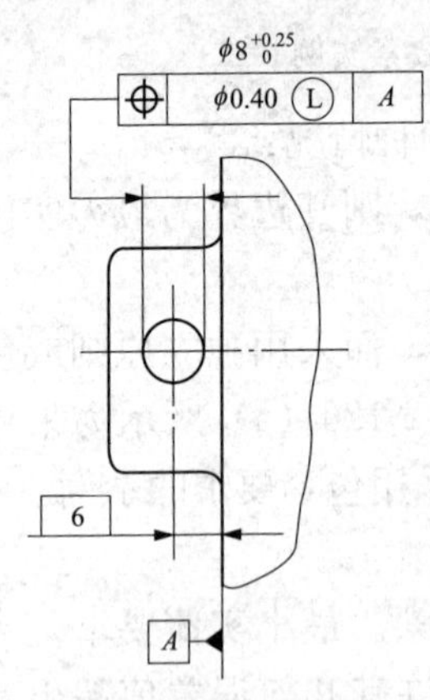

图 2-127　最小实体要求应用于导出要素

当给出的公差值为零时，则为零几何公差。此时，被测要素的最小实体实效边界等于最小实体边界，最小实体实效尺寸等于最小实体尺寸。

最小实体要求的符号为Ⓛ。当用于被测要素时，应在被测要素几何公差框格中的公差值后标注符号Ⓛ；当应用于基准要素时，应在几何公差框格内的基准字母代号后标注符号Ⓛ。

【例 2-6】 如图 2-127 所示，$\phi 8^{+0.25}_{0}$ mm 的轴线对 A 基准的位置度公差要素采用最大实体要求。当被测要素处于最小实体要求时，其轴线对 A 基准位置度公差为 $\phi 0.4$mm。试问给定的位置度公差值是多少？位置度公差最大增大值是多少？位置度误差允许最大值是多少？当孔的实际尺寸为 $\phi 8.15$mm 时，允许的位置度公差值又是多少？

解：

1）给定的位置度公差值是 $\phi 0.40$mm。

2）位置度公差最大增大值为

$$t_{增\max}=L_{\max}-L_{\min}=\phi 8.25+\phi 8=\phi 0.25\text{mm}$$

3）位置度误差允许达到的最大值为

$$t_{允\max}=t_{给}+t_{增\max}=\phi 0.40+\phi 0.25=\phi 0.65\text{mm}$$

4）当孔的实际尺寸为 $\phi 8.15$mm 时，位置度公差允许的增大值允许应为实际尺寸偏离最小实体尺寸的值，孔的最小实体尺寸为最大极限尺寸 $\phi 8.25$mm，即

$$\begin{aligned} t_{允} &= t_{给}+t_{增}=t_{给}+(L_{a}-L_{\min}) \\ &= \phi 0.40\text{mm}+(\phi 8.15-\phi 8)\text{mm} \\ &= \phi 0.40+\phi 0.15\text{mm}=\phi 0.55\text{mm} \end{aligned}$$

（2）最小实体要求应用于基准要素。最小实体要求应用于基准要素时，基准要素应遵守相应的边界。若基准要素的实际轮廓偏离相应的边界，即其体内作用尺寸偏离相应的边界尺寸，则允许基准要素在一定的范围内浮动，浮动范围等于基准要素的体内作用尺寸与相应边界尺寸之差。

基准要素本身采用最小实体要求时，相应的边界为最小实体实效边界，此时基准代号应直接标注在形成该最小实体实效边界的几何公差框格下面，如图 2-128 所示。

（四）可逆要求

可逆要求就是既允许尺寸公差补偿给几何公差，反过来也允许几何公差补偿给尺寸公差的一种要求。

可逆要求的标注方法，是在图样上将可逆要求的符号Ⓡ置于被测要素的几何公差值的符号Ⓜ或Ⓛ后面，如图 2-129 所示。

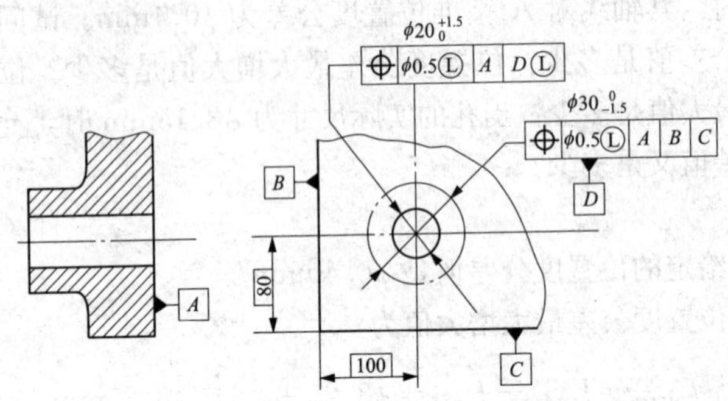

图 2-128　最小实体要求应用于基准要素

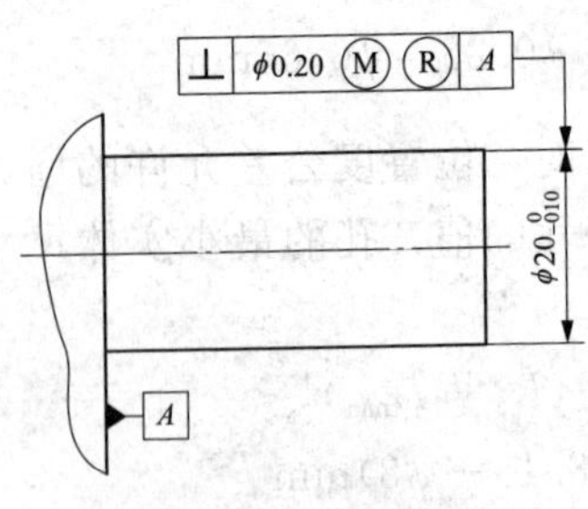

图 2-129　可逆要求应用于最大实体要求

（1）可逆要求应用于最大实体要求。当被测要素实际尺寸偏离最大实体尺寸时，偏离量可补偿给几何公差值；当被测要素的几何误差值小于给定值时，其差值可补偿给尺寸公差值。也就是说，当满足最大实体要求时，或使被测要素的几何公差值增大；而当满足可逆要求时，可使被测要素的尺寸公差增大。此时被测要素的实际轮廓应遵守其最大实体实效边界。

可逆要求应用于最大实体要求的示例如图 2-129 所示，外圆 $\phi20^{0}_{-0.10}$mm 的轴线对基准端面 A 的垂直度公差为 ϕ0.20mm，同时采用了最大实体要求的可逆要求。

当轴的实体直径为 ϕ20mm 时，垂直度误差为 ϕ0.20mm；当轴的实体直径偏离最大实体尺寸，为 ϕ19.9mm 时，偏离量可补偿给垂直度误差为 ϕ0.30mm；当轴线相对基准 A 的垂直度小于 ϕ0.20mm 时，则可给尺寸公差补偿。例如，当垂直度为 ϕ0.10mm 时，实际直径可做到 ϕ20.10mm；当垂直度为 ϕ0mm 时，实际直径可做到 ϕ20.20mm。此时，轴的实际轮廓仍然可控制在实体实效边界内。

（2）可逆要求用于最小实体要求。当被测要素实际尺寸偏离最小实体尺寸时，偏离量可补偿给几何公差值；当被测要素的几何公差小于给定的公差值时，也允许实际尺寸超出尺寸公差所给出的最小实体尺寸。此时，被测要素的实际轮廓仍应遵守其最小实体实效边界。

可逆要求应用于最小实体要求的示例如图 2-130 所示，孔 $\phi 8^{+0.25}_{0}$ mm 的轴线对基准面 A 的位置度公差为 ϕ0.40mm，既采用最小实体要求，又同时采用可逆要求。

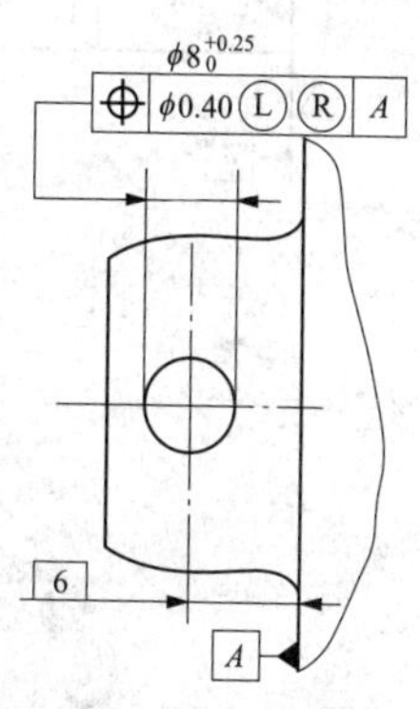

图 2-130　可逆要求应用于最小实体要求

当孔的实际直径为 ϕ8mm 时，其轴线的位置误差可达到 ϕ0.65mm；当轴线的位置误差小于 ϕ0.40mm 时，则可给尺寸公差补偿。例如，当位置误差为 ϕ0.30mm 时，实际直径可做到 ϕ8.35mm；当位置误差为 ϕ0.20mm 时，实际直径可做到 ϕ8.45mm；当位置误差为 ϕ0 时，实际直径可做到 ϕ8.65mm。此时，孔的实际轮廓仍在可控制的边界内。

（五）零几何公差

被测要素采用最大实体要求或最小实体要求时，其给出的几何公差值为零，则为零几何公差，在图样的几何公差框格中的第二格里，用“0Ⓜ”或“0Ⓛ”表示。

关联要素遵守最大实体边界时，可以应用最大实体要求的零几何公差。关联要素采用最大实体要求的零几何公差标注时，要求其实际轮廓处处不得超越最大实体边界，且该边界应与基准保持图样上给定的几何关系，要素实际轮廓的局部实际尺寸不得超越最小实体尺寸。

如图 2-131 所示，在图样的几何公差框格中“⊥”表示关联要素的垂直度，第二格中“ϕ0Ⓜ”表示遵循零几何公差。此时，圆柱表面必须在最大实体边界内，该边界的尺寸为最大实体尺寸 ϕ20mm，且与基准 A 垂直。实际圆柱的局部实际尺寸不得小于 ϕ19.8mm。

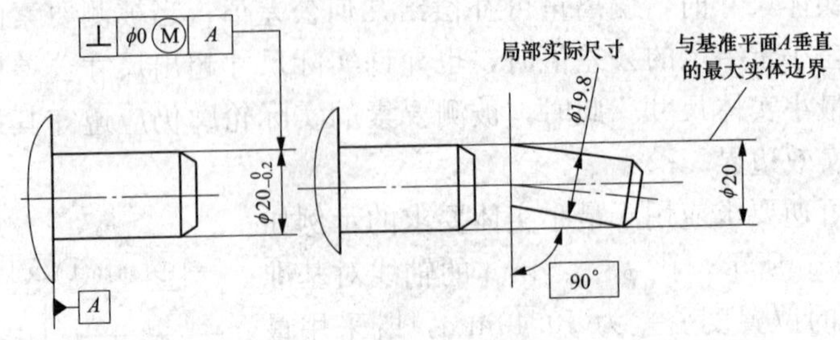

图 2-131　零几何公差

第六节　几何公差的选择

机械零件的几何误差对机器的正常使用有很大的影响，因此，合理、正确地选择几何公差对保证机器的功能要求，提高经济效益是十分重要的。

在图样上是否给出几何公差要求，可按下述原则确定。凡几何公差要求用一般机床加工能保证的，不必标出，其公差值要求应按《形状和位置公差未注公差值》(GB/T 1184—1996) 执行；若对几何公差有特殊要求（高于或低于 GB/T 1184—1996 规定的公差级别），则应按标准规定注出几何公差。

几何公差的选择包括公差原则的选择、几何公差项目的选择、几何精度要求的标注。

一、几何公差的特征项目及基准要素的选择

几何公差特征项目的选择主要从被测要素的几何特征、功能要求、测量的方便性和特征项目本身的特点等几方面来考虑。例如，对圆柱面的形状精度，根据其几何特征，可以规定圆柱度公差（标注如图 2-119 所示）或者规定圆度公差、素线直线度公差和相对素线间的平行度公差（标注在同一视图上），如图 2-132 所示。又如，减速器中齿轮轴的两个轴颈的几何精度，由于在功能上它们是齿轮轴在减速器箱体上的安装基准，因此要求它们同轴线，

可以规定它们分别对其公共轴线的同轴度公差或径向圆跳动公差。考虑到测量径向圆跳动比较方便，而轴颈本身的形状精度较高，通常都规定两个轴颈分别对其公共轴线的径向圆跳动公差，如图 2-133 所示。

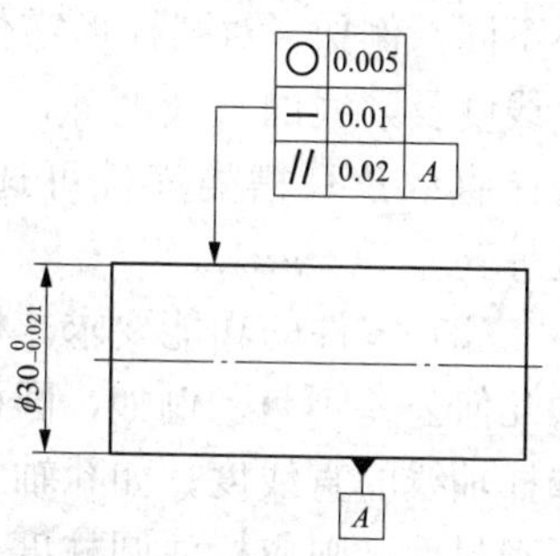

图 2-132　三项几何公差代替圆柱度公差

在确定被测要素的方向、位置公差的同时，必须确定基准要素。根据需要，可以采用单一基准、公共基准或三面基准体系，基准要素的选择主要根据零件在机器上的安装位置、作用、结构特点以及加工和检测要求来考虑。基准要素通常应具有较高的形状精度，它的长度较大、面积较大、刚度较大。在功能上，基准要素应该是零件在机器上的安装基准或工作基准。

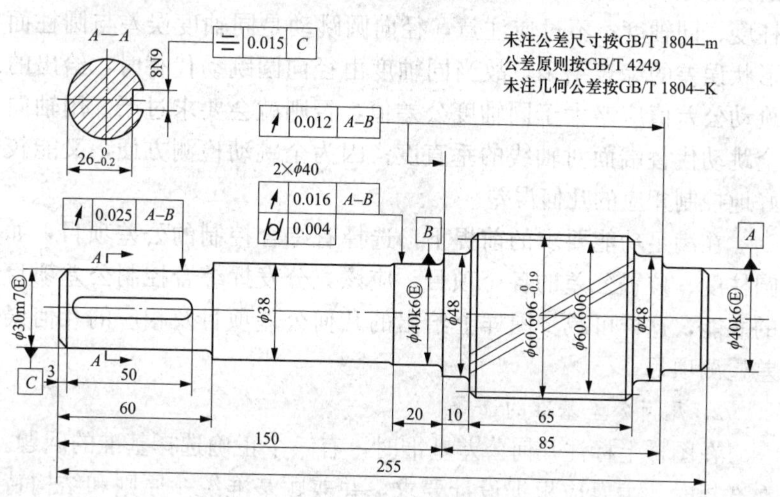

图 2-133　减速器齿轮轴

1. 几何公差类型的选择

几何公差类型的选择，需要综合考虑以下几个方面的因素。

（1）零件几何特征。零件的几何特征不同，产生的几何误差亦不同。例如，对圆柱形零件，可选择圆度、圆柱度、轴心线的直线度及素线的直线度等；平面零件可选择平面度；窄长平面可选择直线度；槽类零件可选择对称度；阶梯轴、孔可选择同轴度等。

(2) 零件的功能要求。根据零件不同的功能要求，给出不同的几何公差项目。例如，圆柱形零件，当仅需要顺利装配时，可选择轴线的直线度；如孔轴之间有相对运动，应均匀接触或为保证密封性，则应标注圆柱度公差，以综合控制圆度、素线直线度和轴线直线度。又如，为保证机床工作台或刀架运动轨迹的精度，应对导轨提出直线度要求；对安装齿轮轴的箱体孔，为保证齿轮中心的正确啮合，需要提出孔中心线的平等度要求；为使箱体、端盖等零件能用螺栓孔顺利装配，则应规定孔组位置公差等。

(3) 检测的方便性。确定几何公差特征项目时，要考虑检测的方便性和经济性。例如，对轴类零件，可用径向圆跳动控制圆柱度、同轴度；不过应注意，径向圆跳动是同轴度误差与圆柱面形状误差的综合结果，故当同轴度由径向圆跳动代替时，给出的跳动公差值应略大于同轴度公差值，否则就会要求过严。用轴向全跳动代替端面对轴线的垂直度；因为全跳动检测方便，又能较好地控制相应的几何误差。

在满足功能要求的前提下，选择有综合控制的公差项目，如圆柱度、位置公差的各个项目。应该充分发挥综合控制公差项目的职能，这样可减少图样上给出的几何公差项目及相应的几何误差检测项目。

2. 几何公差基准的选择

在图样上标注几何公差基准时，有一个正确选择基准的问题。在选择时，主要应根据设计要求，并兼顾基准统一原则和结构特征，一般可从下列几个方面来考虑。

(1) 设计时，应根据实际要素的功能要求及要素间的几何关系来选择。例如，对于旋转轴，通常以与轴配合的轴颈表面作为基准或以轴线作为基准。

(2) 从装配关系考虑，应选择零件相互配合、相互接触的表面作为各自的基准，以保证零件的正确装配。

（3）从加工、测量角度考虑，应选择在工、夹、量具中定位的相应表面作为基准，并考虑以这些表面作基准时要便于设计工具、夹具和量具，还应尽量使测量基准和设计基准统一。

（4）当被测要素的方向需要采用多基准定位时，可选用组合基准或三基面体系，还应从被测要素的使用要求考虑基准要素的顺序。

二、几何公差原则的选择

选择几何公差原则时，应根据被测要素的功能要求、零件尺寸大小和检测方便来选择，充分发挥出公差的职能和采取该公差原则的可行性、经济性。表 2-13 列出了四种几何公差原则的应用场合和示例，可供选择时参考。

表 2-13　　公差原则的应用场合和示例

公差原则	应用场合	示　例
独立原则	尺寸精度与几何精度需要分别满足要求	齿轮箱体孔的尺寸精度与两孔轴线的平行度；连杆活塞销孔的尺寸精度与圆柱度；滚动轴承内、外圆滚道的尺寸精度与形状精度
	尺寸精度与几何精度要求相差较大	滚筒类零件尺寸精度要求很低，形状精度要求较高；平板的形状精度要求很高，尺寸精度要求不高；冲模架的下模座尺寸精度要求不高，平行度要求较高；通油孔的尺寸精度有一定要求，形状精度无要求
	尺寸精度与几何精度无联系	滚子链条的套筒或滚子内、外圆柱面的轴线同轴度与尺寸精度，齿轮箱体孔的尺寸精度与孔轴线间的方向精度；发动机连杆上的尺寸精度与孔轴线间的方向精度
	保证运动精度	导轨的形状精度要求严格，尺寸精度要求次要
	保证密封性	气缸套的形状精度要求严格，尺寸精度要求次要
	未注公差	凡未注尺寸公差与未注几何公差都采用独立原则，例如退刀槽倒角、圆角等非功能要素

续表

公差原则	应用场合	示　例
包容要求	保证“极限与配合”国标规定的配合性质	ϕ20H7Ⓔ孔与ϕ20h6Ⓔ轴的配合，可以保证配合的最小间隙等于零
	尺寸公差与几何公差间无严格比例关系要求	一般的孔与轴配合，只要求作用尺寸不超越最大实体尺寸，局部实际尺寸不超越最小实体尺寸
	保证关联作用尺寸不超越最大实体尺寸	关联要素的孔与轴性质要求标注0Ⓜ
最大实体要求	被测中心要素（轴线、中心平面）	保证自由装配，如轴承盖上用于穿过螺钉的通孔，法兰盘上用于穿过螺栓的通孔
	基准中心要素（轴线、中心平面）	基准轴线或中心平面相对于理想边界的中心允许偏离，如同轴度的基准轴线
最小实体要求	被测中心要素（轴线、中心面） 基准中心要素（轴线、中心面）	保证零件的强度要求 对孔类零件，保证其最小壁厚 对轴类零件，保证其最小截面

三、几何公差数值的选用

几何公差数值总的选用原则是在满足零件功能要求的前提下，选取最经济的公差值。

1. 公差数值的选用原则

（1）根据零件的功能要求，并考虑加工经济性和零件的结构、刚度等情况，按公差表中的数系确定要素的公差值，并考虑下列情况。

1）在同一要素上给出的形状公差值应小于方向公差值。如要求平行的两个表面，其平面度公差值应小于平行度公差值。

2）一般情况下，圆柱零件的形状公差值（轴线的直线度除外）应小于其尺寸公差值。圆度、圆柱度的公差值应小于同级的尺寸公差值的1/3，因而可按同级选取，但也可根据零件的功能，在邻近的范围内选取。

3）平行度公差值应小于相应的距离公差值。

（2）对于下列情况，考虑到加工的难易程度和除主参数外其他参数的影响，在满足零件功能要求的前提下，适当降低1、2级选用。

1）孔相对于轴。

2）轴长比较大的轴和孔。

3）距离较长的轴和孔。

4）宽度较大（一般大于1/2长度）的零件表面。

5）线对线或线对面相对于面对面的平行度、垂直度公差。

2. 几何公差等级的选用

（1）设计产品时，应按国家标准提供的统一数系选择几何公差值。国家标准对直线度、平面度、平行度、垂直度、倾斜度、同轴度、对称度、圆跳动、全跳动都划分为12个公差等级，公差等级按序由高变低，公差值按序递增，详见表2-14～表2-17；对位置度没有划分公差等级，只提供了位置度系数，见表2-18；没有对线轮廓度和面轮廓度规定公差值。

（2）国家标准对圆度、圆柱度公差划分为0，1，2，3，…，12，共13个等级，公差等级按序由高变低，公差值按序递增，见表2-17。

（3）位置度公差通常需要计算后确定。对于用螺栓或螺钉连接两个或两个以上的零件，被连接零件的位置度公差按下列方法计算。

表2-14　直线度、平面度公差（摘自GB/T 1184－1996）

主参数 L/mm	公差等级											
	1	2	3	4	5	6	7	8	9	10	11	12
	公差值/μm											
≤10	0.2	0.4	0.8	1.2	2	3	5	8	12	20	30	60
>10～16	0.25	0.5	1	1.5	2.5	1	6	10	15	25	40	80
>16～25	0.3	0.6	1.2	2	3	5	8	12	20	30	50	100
>25～40	0.4	0.8	1.5	2.5	4	6	10	15	25	40	60	120
>40～63	0.5	1	2	3	5	8	12	20	30	50	80	150
>63～100	0.6	1.2	2.5	4	6	10	15	25	40	60	100	200
>100～160	0.8	1.5	3	5	8	12	20	30	50	80	120	250
>160～250	1	2	4	6	10	15	25	40	60	100	150	300

注　L为被测要素的长度。

表 2-15　平行度、垂直度、倾斜度公差（摘自 GB/T 1184—1996）

主参数 L/mm	公差等级											
	1	2	3	4	5	6	7	8	9	10	11	12
	公差值/μm											
≤10	0.4	0.8	1.5	3	5	8	12	20	30	50	80	120
>10～16	0.5	1	2	4	6	10	15	25	40	60	100	150
>16～25	0.6	1.2	2.5	5	8	12	20	30	50	80	120	200
>25～40	0.8	1.5	3	6	10	15	25	40	60	100	150	250
>40～63	1	2	4	8	12	20	30	50	80	120	200	300
>63～100	1.2	2.5	5	10	15	25	40	60	100	150	250	400
>100～160	1.5	3	6	12	20	30	50	80	120	200	300	500
>160～250	2	4	6	15	25	40	60	100	150	250	400	600

注　L 为被测要素的长度。

表 2-16　同轴度、对称度、圆跳动、全跳动公差（摘自 GB/T 1184—1996）

主参数 $d(D)$、B/mm	公差等级											
	1	2	3	4	5	6	7	8	9	10	11	12
	公差值/μm											
>6～10	0.6	1	1.5	2.5	4	6	10	15	30	60	100	200
>10～18	0.8	1.2	2	3	5	8	12	20	40	80	120	250
>18～30	1	1.5	2.5	4	6	10	15	25	50	100	150	300
>30～50	1.2	2	3	5	8	12	20	30	60	120	200	400
>50～120	1.5	2.5	4	6	10	15	25	40	80	150	250	500
>120～250	2	3	5	8	12	20	30	50	100	200	300	600

注　$d(D)$、B 为被测要素的直径、宽度。

表 2-17　圆度、圆柱度公差值（摘自 GB/T 1184—1996）

主参数 在 $d(D)$/mm	公差等级												
	0	1	2	3	4	5	6	7	8	9	10	11	12
	公差值/μm												
>6～10	0.12	0.25	0.4	0.6	1	1.5	2.5	4	6	9	15	22	36
>10～18	0.15	0.25	0.5	0.8	1.2	2	3	5	8	11	18	27	43

续表

主参数在 $d(D)$/mm	公差等级												
	0	1	2	3	4	5	6	7	8	9	10	11	12
	公差值/μm												
>18～30	0.2	0.3	0.6	1	1.5	2.5	4	6	9	13	21	33	52
>30～50	0.25	0.4	0.6	1	1.5	2.5	4	7	11	16	25	39	62
>50～80	0.3	0.5	0.8	1.2	2	3	5	8	13	19	30	46	74
>80～120	0.4	0.6	1	1.5	2.5	4	6	10	15	22	35	54	87
>120～180	0.6	1	1.2	2	3.5	5	8	12	18	25	40	63	100
>180～250	0.8	1.2	2	3	4.5	7	10	14	20	29	46	72	115

注　$d(D)$ 为被测要素的直径。

1）用螺栓连接时，被连接零件上的孔均为光孔，孔径大于螺栓的直径，位置度公差的计算公式为

$$t=X_{\min} \tag{2-5}$$

2）用螺钉连接时，有一个零件上的孔是螺纹孔，其余零件上的孔都是光孔，且孔径大于螺钉直径，位置度公差的计算公式为

$$t=0.5X_{\min} \tag{2-6}$$

式中　t——位置度公差计算值，μm；

$X_{\min}$——通孔与螺栓（钉）间的最小间隙，μm。

对位置度公差计算值经圆整为 $t_{圆整}$ 后，按表 2-18 选择标准公差值。若被连接零件之间需要调整，位置度公差应适当减少。

表 2-18　　位置度公差值系数（摘自 GB/T 1184—1996）　（μm）

$t_{圆整}$	1	1.2	1.5	2	2.5	3	4	5	6	8
标准公差值	1×10^n	1.2×10^n	1.5×10^n	2×10^n	2.5×10^n	3×10^n	4×10^n	5×10^n	6×10^n	8×10^n

注　n 为正整数。

表 2-19～表 2-22 列出了 11 个几何公差特征项目的部分公差等级的应用场合，供选择几何公差等级时参考，根据所选择的公差等级从公差表格中查取几何公差值。

表 2-19　直线度、平面度公差等级应用实例

公差等级	应用举例
5	1级平板，2级宽平尺，平面磨床的纵导轨、垂直导轨、立柱导轨及工作台，液压龙门刨床和六角车床床身导轨，柴油机进气、排气阀门导杆
6	普通机床导轨，如普通车床、龙门刨床、滚齿机、自动车床等的床身导轨和立柱导轨，柴油机壳体
7	2级平板，机床主轴箱，摇臂钻床底座和工作台，镗床工作台，液压泵盖，减速器壳体结合面
8	机床传动箱体，交换齿轮箱体，车床溜板箱体，连杆分离面，汽车发动机缸盖与气缸体结合面，液压管件和法兰连接面
9	3级平板，自动车床床身底面，摩托车曲轴箱体，汽车变速箱壳体，手动机械的支承面

表 2-20　圆度、圆柱度公差等级应用实例

公差等级	应用举例
5	一般计量仪器主轴、测杆外圆柱面，陀螺仪轴颈，一般机床主轴轴颈及主轴轴承孔，柴油机、汽油机活塞、活塞销，与6级滚动轴承配合的轴颈
6	仪表端盖外圆柱面，一般机床主轴及前轴承孔，泵、压缩机的活塞、气缸，汽油发动机凸轮轴，纺机锭子，减速器转轴轴颈，高速船用柴油机、拖拉机曲轴主轴颈，与6级滚动轴承配合的外壳孔，与0级滚动轴承配合的轴颈
7	大功率低速柴油机的曲轴轴颈、活塞、活塞销、连杆和气缸，高速柴油机箱体轴承孔，千斤顶或压力油缸活塞，机车传动轴，水泵及通用减速器转轴轴颈，与0级滚动轴承配合的外壳孔
8	大功率低速发动机曲轴轴颈，压气机的连杆盖、连杆体，拖拉机的气缸、活塞，炼胶机冷铸轴辊，印刷机传墨辊，内燃机曲轴轴颈，柴油机凸轮轴轴颈、轴承孔，拖拉机、小型船用柴油机气缸套
9	空气压缩机缸体，液压传动筒，通用机械杠杆与拉杆用的套筒销，拖拉机的活塞环和套筒孔

表 2-21　平行度、垂直度、倾斜度、轴向跳动公差等级应用实例

公差等级	应用举例
4，5	普通车床导轨、重要支承面，机床主轴轴承孔对基准的平行度，精密机床重要零件，计量仪器、量具、模具的基准面和工作面，机床主轴箱箱体重要孔，通用减速器壳体孔，齿轮泵的油孔端面，发动机轴和离合器的凸缘，气缸支承端面，安装精密滚动轴承的壳体孔的凸肩

续表

公差等级	应用举例
6，7，8	一般机床的基准面和工作面，压力机和锻锤的工作面，中等精度钻模的工作面，机床一般轴承孔对基准的平行度，变速器箱体孔，主轴花键对定心表面轴线的平行度，重型机械滚动轴承端盖，卷扬机、手动传动装置中的传动轴，一般导轨，主轴箱箱体孔，刀架、砂轮架、气缸配合面对基准轴线以及活塞销孔对活塞轴线的垂直度，滚动轴承内，外圈端面对基准轴线的垂直度
9，10	低精度零件，重型机械滚动轴承端盖，柴油机、煤气发动机箱体曲轴孔、曲轴轴颈，花键轴和轴肩端面，带式运输机法兰盖等端面对基准轴线的垂直度，手动卷扬机及传动装置中轴承孔端面，减速器壳体平面

表 2-22　同轴度、对称度、径向圆跳动公差等级应用实例

公差等级	应用举例
5，6，7	这是应用范围较广的公差等级。用于几何精度要求较高、尺寸的标准公差等级为 IT8 及高于 IT8 的零件。5 级常用于机床主轴轴颈，计量仪器的测杆，涡轮机主轴，柱塞液压泵转子，高精度滚动轴承外圈，一般精度滚动轴承内圈。7 级用于内燃机曲轴、凸轮轴、齿轮轴、水泵轴、汽车后轮输出轴、电动机转子、印刷机传墨辊的轴颈、键槽
8、9	常用于几何精度要求一般、尺寸的标准公差等级为 IT9 至 IT11 的零件。8 级用于拖拉机发动机分配轴轴颈，与 9 级精度以下齿轮相配的轴，水泵叶轮，离心泵体，棉花精梳机前后滚子，键槽等。9 级用于内燃机气缸套配合面，自行车中轴

3. 未注公差值的选用

图样上没有单独标注出几何公差的要素，也有几何精度的要求，但要求偏低。同一要素的未注几何公差与尺寸公差的关系，采用独立原则。

应当指出的是，方向公差能自然地用其公差带控制同一要素的形状误差。因此，对于标注出方向公差的要素，就不必考虑该要素的未注形状公差。位置公差能自然地用其公差带控制同一要素的形状误差和方向误差。因此，对于标注出位置公差的要素，就不必考虑该要素的未注形状公差和未注方向公差。此外，对于采用相关要求的要素，要求该要素的实际轮廓不得超出给定的边界，因此所有未对该要素单独标注出的几何公差都应遵守这个给定的边界。

（1）未注公差值的基本规定。未注公差值符合工厂的常用标准公差等级，不需在图样上标出。零件采用未注几何公差值，其精度由设备保证，一般不需要检验，只有在仲裁时或为掌握设备精度时才需要对批量生产的零件进行首检或抽检。采用了未注几何公差后可节省设计时间，使图样清晰易读，并突出了零件上几何精度要求较高的部位，便于更合理地安排加工和检验，更好地保证产品的工艺性和经济性。

（2）确定未注出几何公差值的数值。《形状和位置公差及未注公差》（GB/T 1184－1996）规定了直线度、平面度、垂直度、对称度和圆跳动的未注公差值及未注公差等级分为 H、K、L 三个等级，其中 H 为高级，K 为中间级，L 为低级，详见表 2-23～表 2-26。

表 2-23　直线度和平面度的未注公差（摘自 GB/T 1184—1996）

（μm）

公差等级	公称长度范围					
	≤10	＞10～30	＞30～100	＞100～300	＞300～1000	＞1000～3000
H	0.02	0.05	0.1	0.2	0.3	0.4
K	0.05	0.1	0.2	0.4	0.6	0.8
L	0.1	0.2	0.4	0.8	1.2	1.6

注　对于直线度，应按其相应线的长度选择公差值。对于平面度，应按矩形表面的较长边或圆表面的直径选择公差值。

表 2-24　垂直度的未注公差（摘自 GB/T 1184－1996）　（μm）

公差等级	公称长度范围			
	≤100	＞100～300	＞300～1000	＞1000～3000
H	0.2	0.3	0.4	0.5
K	0.4	0.6	0.8	1
L	0.6	1	1.5	2

注　取形成直角的两边中较长的一边作为基准要素，较短的一边作为被测要素；若两边的长度相等，则可取其中的任意一边作为基准要素。

表 2-25 对称度的未注公差（摘自 GB/T 1184－1996） (μm)

公差等级	公称长度范围			
	≤100	>100～300	>300～1000	>1000～3000
H	0.5			
K	0.6		0.8	1
L	0.6	1	1.5	2

注 取对称两要素中较长者作为基准要素，较短者作为被测要素；若两要素的长度相等，则可取其中的任一要素作为基准要素。

表 2-26 圆跳动的未注公差（摘自 GB/T 1184—1996） (μm)

公差等级	圆跳动公差值
H	0.1
K	0.2
L	0.5

注 本表也可用于同轴度的未注公差值：同轴度未注公差值的极限可以等于径向圆跳动的未注公差值。应以设计或工艺给出的支承面作为基准要素，否则应取同轴线两要素中较长者作为基准要素。若两要素的长度相等，则可取其中的任一要素作为基准要素。

上述 4 个表格中基本长度的确定原则：

1）对于直线度应按其相应线的长度确定。

2）对于平面度应按其表面较长的一侧或圆表面现象的直径确定。

3）对于垂直度或对称度，取两要素中较长者为基准，较短者为被测要素（两者相同时可任取），以被测要素的长度确定基本长度。

4）对于圆跳动应选择设计给出的支承面为基准要素，如无法选择支承面，则对于径向圆跳动应取两要素中较长者为基准要素；如两要素的长度相同，则可任取其一为基准要素；对于轴向圆和斜向圆跳动的基准要素为支承面的轴线。

（3）未注出几何公差值的选用。根据国家标准，选用未注出几何公差值时应遵守以下规定：

1）圆度未注出公差值等于标注的直径公差值，但不能大于径向圆跳动未注公差值。

2）圆柱度的未注出公差值不做规定，而将其分为圆度直线度和相对素线的平行度三个部分，即由这三个部分的注出或未注出公差控制。因为圆柱度误差由圆度、素线直线度和相对素线间的平行度误差三部分组成，其中每一项误差可分别由各自的未注公差控制。

3）平行度未注出公差值等于给出的尺寸公差值，或是直线度或平面度未注公差值中的相应两个公差值取较大者。基准要素则应选取要求平行的两个要素中的较长者，如果这两个要素的长度相等，则其中任何一个要素都可作为基准要素。

4）同轴度的未注出公差值未做规定，在极限状态下可与径向圆跳动的未注公差值相等。

5）线、面轮廓度、倾斜度、位置度和全跳动均应由各要素的注出或注出几何公差、线性尺寸公差或角度公差来控制。

（4）未注出几何公差值的标注。

1）采用《形状和位置公差及未注公差》（GB/T 1184－1996）所规定的未注公差值，应在其标题栏附近或在技术要求、技术文件中标注出标准号及所选用公差等级的代号，标准号和公差等级代号中间用短横线“－”分开。如采用高公差等级时，应标注“GB/T 1184－H”。

2）如企业已制定了“形状和位置公差及未注公差”的本企业标准，并统一规定了所采用的等级，则不必标注标准号及标注公差等级。

3）在同一张图纸中，其未注公差值应采用同一等级。

4. 几何公差的选择和标注实例

【例 2-7】 图 2-133 中的减速器齿轮轴：两个 ϕ40k6 轴颈分别与两个相同规格的 0 级滚动轴承内圈配合，ϕ30m7 轴颈与带轮或其他传动件的孔配合，两个 ϕ48mm 轴肩的端面分别为这两个 0 级滚动轴承的轴向定位基准，并且这两个轴颈是齿轮轴在箱体上的安装基准。

解：1）为了保证指定的配合性质，对两个 ϕ40k6 轴颈和 ϕ30m7 轴颈都按包容要求给出尺寸公差（按滚动轴承配合的专门标准规定和类比法确定它们的公差带代号），在它们的尺寸公差带代号后面标注符号Ⓔ。按滚动轴承有关标准的规定，应对两个 ϕ40k6 轴颈的形状精度提出更高的要求（按滚动轴承的公差等级为 0 级，因此选取轴颈圆柱度公差值为 0.004mm）。

2）为了保证齿轮轴的使用性能，两个 ϕ40k6 轴颈和 ϕ30m7 轴颈应同轴线。因此按圆柱齿轮精度制国家标准的规定和小齿轮的精度等级，确定两个 ϕ40k6 轴颈分别对它们的公共基准轴线 A-B 的径向圆跳动公差值为 0.016mm；用类比法确定 ϕ30m7 轴颈对公共基准轴线 A-B 的径向圆跳动公差值为 0.025mm。

3）为了保证滚动轴承在齿轮轴上的安装精度，按滚动轴承有关标准的规定，选取两个 ϕ48mm 轴肩的端面分别对公共基准轴线 A-B 的轴向圆跳动公差值为 0.012mm。

4）为了避免键与 ϕ30m7 轴颈键槽、传动件轮毂键槽装配困难，应规定键槽对称度公差。该项公差通常按 8 级（GB/T 1184—1996）选取。确定 ϕ30m7 轴颈的 8N9（$_{-0.036}^{\ 0}$）键槽相对于 ϕ30m7 轴颈轴线 C 的对称度公差值为 0.015mm。

5）齿轮轴上其余要素的几何精度都按未注几何公差处理。

【例 2-8】 如图 2-134 所示是某减速器中的轴套零件，该轴套零件的 ϕ55D9 孔与输出轴的 ϕ55k6 轴颈配合。它的两个端面都是安装基准，分别与齿轮端面及滚动轴承内圈端面贴合，因此这两个端面应保持平行。

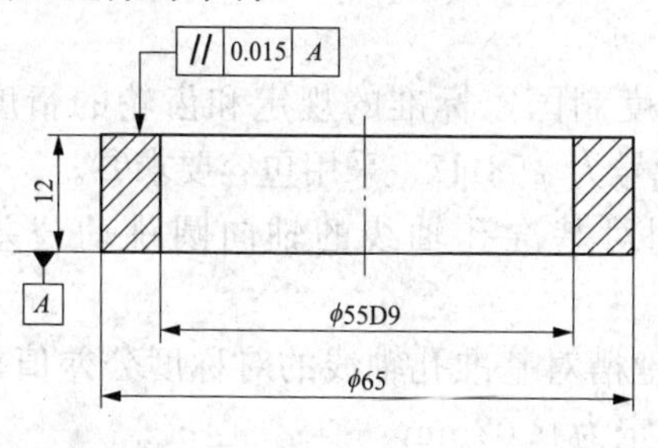

未注公差尺寸按GB/T 1804—m
公差原则按GB/T 4249
未注几何公差按GB/T 1184—K

图 2-134　轴套

解：1）参照与滚动轴承端面贴合的轴肩端面的轴向圆跳动公差值，确定端面的平行度公差为0.015mm。

2）轴套上其余要素的几何精度都按未注几何公差处理。

【例 2-9】 图2-135是某减速器的从动齿轮，其尺寸和公差的标注如图2-133所示。ϕ58H7（$^{+0.03}_{0}$）Ⓔ孔是齿轮的基准孔，它是切齿时的定位基准、测量时的测量基准和装配时的安装基准。齿轮的两个基准端面中的一个端面与输出轴的ϕ65mm轴肩贴合，它是安装基准；另一个端面则在齿轮和轴套装进输出轴后与轴套端面贴合，也是安装基准，齿轮这两个端面或其中之一又是切齿时的定位基准。

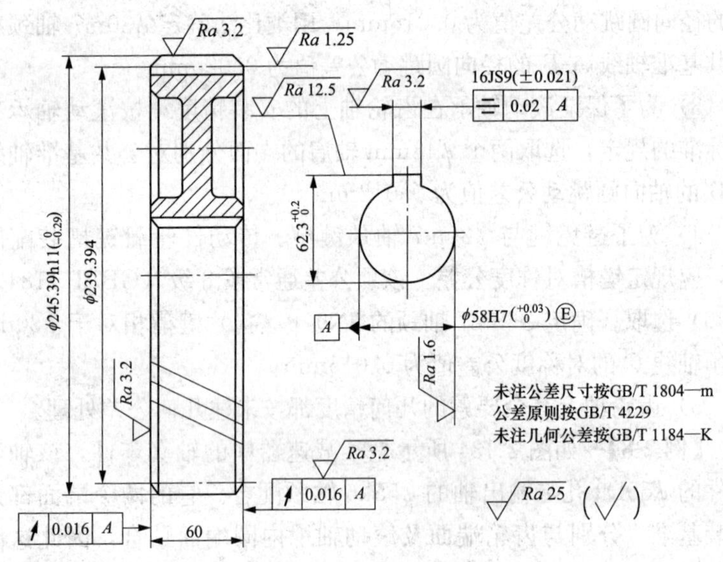

图 2-135　减速器从动齿轮

解：1）按圆柱齿轮精度制国家标准的规定和齿轮的精度等级，确定基准孔的公差带代号为ϕ58H7，采用包容要求Ⓔ。

2）确定两个端面分别对基准孔轴线的轴向圆跳动公差值为0.016mm。

3）16JS9（±0.021）键槽对基准孔轴线的对称度公差值按8级（GB/T 1184—1996）确定为0.02mm。

4）齿轮上其余要素的几何精度都按未注几何公差处理。

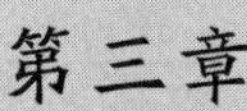

第三章 光滑极限量规和功能量规

孔、轴（被测要素）的尺寸公差与几何公差的关系采用独立原则时，它们的实际尺寸和几何误差分别使用普通计量器具来测量。对于采用包容要求的孔、轴，它们的实际尺寸和形状误差的综合结果应该使用光滑极限量规检验。最大实体要求应用于被测要素和基准要素时，它们的实际尺寸和几何误差的综合结果应该使用功能量规检验。

孔、轴实际尺寸使用普通计量器具按两点法进行测量，测量结果能够获得实际尺寸的具体数值。几何误差使用普通计量器具测量，测量结果也能获得几何误差的具体数值。

量规是一种没有刻度而用以检验孔、轴实际尺寸和几何误差综合结果的专用计量器具，用它检验的结果可以判断实际孔、轴合格与否，但不能获得孔、轴实际尺寸和几何误差的具体数值。量规的使用极为方便，检验效率高，因而量规在机械产品生产中得到广泛的应用。

必须指出，检测是检验和测量的统称。测量的结果能够获得具体的数值；检验的结果只能判断合格与否，而不能获得具体的数值。显然，检测是组织互换性生产不可缺少的重要措施。产品质量的提高，有赖于检测准确度的提高。产品生产率的提高，在一定程度上还有赖于检测效率的提高。

随着生产和科学技术的发展，对检测的准确度和效率提出了越来越高的要求，我国发布了国家标准 GB/T 3177—2009《产品几何技术规范（GPS）光滑工件尺寸的检验》和 GB/T 1957—2006《光滑极限量规　技术要求》、GB/T 10920—2008《螺纹量规和光滑极限量规　型式与尺寸》、GB/T 8069—1998《功能量规》，作为贯彻执行《极限与配合》《几何公差》以及《普通平键与键槽》《矩形花键》等国家标准的技术保证。

第一节　光滑极限量规概述

一、极限尺寸判断原则

由于零件存在着形状尺寸误差，加工出来的孔或轴的实际形状尺寸不可能是一个理想的圆柱体，所以仅控制实际尺寸在极限尺寸范围内，还是不能保证配合性质。因此，《形状和位置公差》国家标准从设计角度出发，提出包容要求，即：单一要素的孔和轴遵守包容要求时，要求其被测要素的实体处不超越最大实体边界，而实际要素局部实际尺寸不得超越最小实体尺寸。从检验的角度出发，在国家标准《极限与配合》中对要求遵守包容要求的孔和轴规定了极限尺寸判断原则（即泰勒原则）。

（1）孔或轴的作用尺寸不允许超过最大实体尺寸，即对于孔，其作用尺寸应不小于最小极限尺寸；对于轴，其作用尺寸则应不大于最大极限尺寸，如图 3-1 所示。

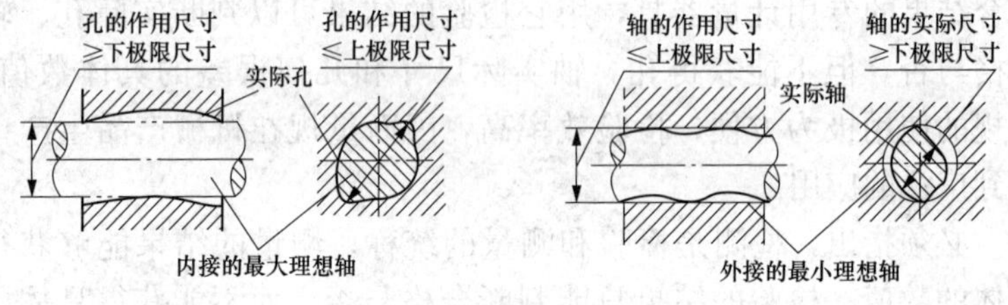

图 3-1　极限尺寸的判断原则

（2）任何位置上的实际尺寸不允许超过最小实体尺寸，即对于孔，其实际尺寸不大于最大极限尺寸；对于轴，其实际尺寸则不小于最小极限尺寸。

极限尺寸判断原则也可以用公式表示：

1）对于孔，$D_{作用} \geqslant D_{\min}$，$D_{实际} \leqslant D_{\max}$。

2）对于轴，$d_{作用} \leqslant d_{\max}$，$d_{实际} \geqslant d_{\min}$。

3）由极限尺寸判断原则可知，孔和轴尺寸的合格性，应是作用尺寸和实际尺寸两者的合格性。作用尺寸由最大实体尺寸控制，最大实体边界即为作用尺寸的界限；而实际尺寸则由最小实体尺寸控制。

4）当要求采用光滑极限量规检验遵守包容要求且为单一要素的孔或轴时，光滑极限量规应该符合泰勒原则。

符合泰勒原则的量规要求：通规用来控制零件的作用尺寸，它的测量面应是孔和轴形状的完整表面（通常称全形量规），其尺寸等于零件的最大实体尺寸，且长度等于配合长度。实际上通规就是最大实体边界。止规用来控制零件的实际尺寸，它的测量面应是点状的，其尺寸等于零件的最小实体尺寸。

二、光滑极限量规的检验原理

按照极限尺寸判断原则设计的量规，称为光滑极限量规（简称量规）。孔、轴采用包容要求时，它们应该使用光滑极限量规来检验。光滑极限量规是没有刻度的长度计量器具，由通规（通端）和止规（止端）所组成，通规和止规是成对使用的，如图 3-2 所示。通规按最大实体尺寸制造，用来模拟体现被测孔或轴的最大实体边界，检验孔或轴的实际轮廓（实际尺寸和形状误差的综合结果）是否超出其最大实体边界，即检验孔或轴的体外作用尺寸是否超出其最大实体尺寸。止规按最小实体尺寸制造，用来检验被测孔或轴的实际尺寸是否超出其最小实体尺寸。检验孔的光滑极限量规称为塞规，其测量面为外圆柱面。检验轴的光滑极限量规称为环规或卡规，环规的测量面为内圆柱面，卡规的测量面为两平行平面。

检验时，通规通过被检孔、轴，则表示零件的作用尺寸没有超出最大实体边界（$D_m \geqslant D_{min}$，$d_m \leqslant d_{max}$）；而止规不通过被检孔、轴，则说明这个零件的实际尺寸也没有超越最小实体尺寸（$D_a \leqslant D_{max}$，$d_a \geqslant d_{min}$），故零件合格。

（1）通规体现的是最大实体边界，故理论上通规应为全形规，即除其尺寸为最大实体尺寸外，其轴向长度还应与被检零件的长度相同。若通规不是全形规，则会造成检验错误。如图 3-3 所示，

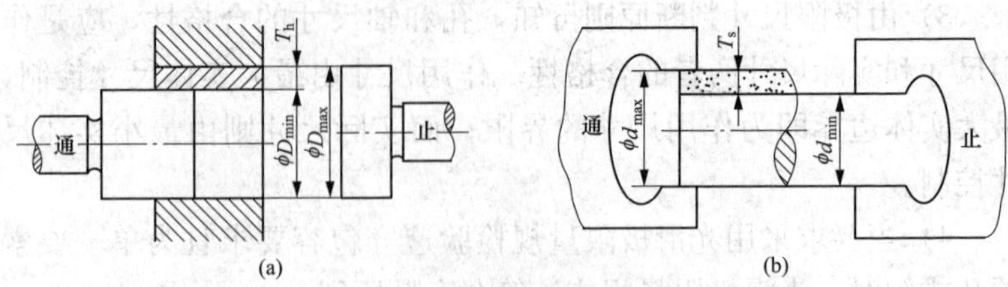

图 3-2 光滑极限量规的通规和止规

(a) 孔用塞规；(b) 轴用卡规

D_{max}、D_{min}—孔的上、下极限尺寸；T_h—孔的公差；

d_{max}、d_{min}—轴的上、下极限尺寸；T_S—轴的公差

是用通规检验轴的示例，轴的作用尺寸已经超出了最大实体尺寸，为不合格零件，通规不通过才是正确的。但不全形的通规却能通过，造成误判。

(2) 止规用于检验零件任何位置上的实际尺寸，理论上其形状应为不全形（两点式）。否则，也会造成检验错误。如图 3-4 所示，为止规形状不同对检验结果影响的示意图，图中的轴在 I—I 位置上的实际尺寸已经超出了最小实体尺寸（轴的最小极限尺寸），正确的检验情况是止规应在这个位置上通过，从而判断出轴不合格。但用全形的止规检验时，因其他部位的阻挡，该轴却不能通过，造成误判，所以，符合极限尺寸判断原则的通端形式应为全形规，而止端则应为点状即非全形规。

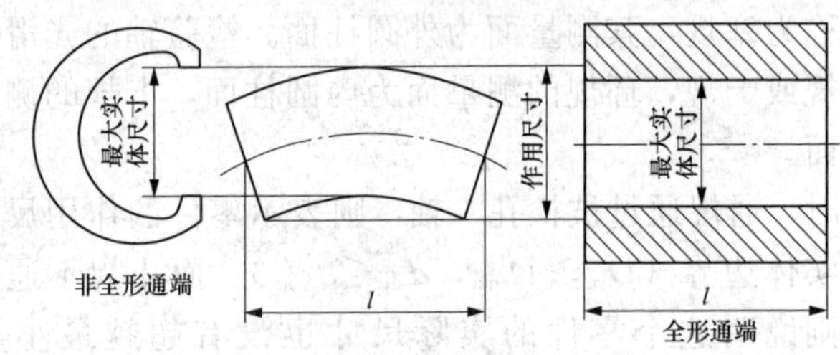

图 3-3 通规形状对检验的影响

三、光滑极限量规的种类

光滑极限量规按用途可分为工作量规、验收量规和校对量规。

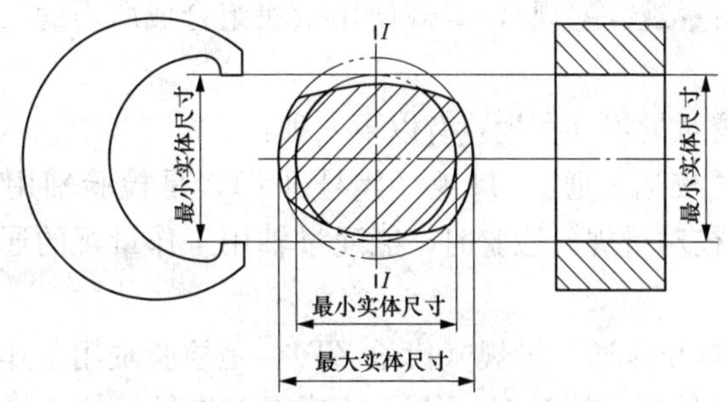

图 3-4　止规形状对检验的影响

1. 工作量规

工作量规指零件在制造过程中用于检验工件的量规，一般就是加工时操作者手中所使用的量规。应该以新量规或磨损量小的量规用作工作量规，这样可以促使操作者提高加工精度，保证零件的合格率。通常通规用“T”表示，止规用“Z”表示。

2. 验收量规

验收量规指在验收零件时检验部门（人员）或用户代表所使用的量规。为了使更多的合格零件得以验收，并减少验收纠纷，一般不另行设计制造新量规，而采用与操作者所使用相同类型的磨损量大且已接近磨损极限的通规，以及接近最小实体尺寸的止规作为验收量规。这样，由操作者自检合格的零件，检验人员验收时也一定合格。

如用量规检验工件是否合格有争议时，应使用下述尺寸的量规来仲裁。

（1）通规应等于或接近工件的最大实体尺寸。

（2）止规应等于或接近工件的最小实体尺寸。

3. 校对量规

校对量规指用来检验工作量规或验收量规的量规。也就是检验制造中的环规或卡规的止端、通端尺寸以及使用中的通端磨损量是否合格。孔用量规（塞规）可以使用指示式计量器具测量，很方便，不需要校对量规。因为轴用卡规和环规的工作尺寸属于孔尺寸，不易使用一般计量器具测量，所以只有轴用量规（环规）

才使用校对量规（塞规），卡规使用量块组合成所需的尺寸作为校对量规。

轴用校对量规（塞规）有以下三种：

（1）“校通—通”。量规（代号 TT），是检验轴用工作量规“通规”的校对量规。检验时，能通过轴用工作量规的通端，则该通规合格。

（2）“校止—通”量规（代号 ZT），是检验轴用工作量规“止规”的校对量规。检验时，能通过轴用工作量规的止端，则该止规合格。

（3）“校通—损”量规（代号 TS），是检验轴用验收量规的“通规磨损极限”的校对量规。通规在使用过程中不应该被 TS 通过；如果被 TS 通过，则认为该通规已超过极限尺寸，应予报废，否则会影响产品质量。

在实际生产中，为了方便使用和制造光滑极限量规，通规和止规常偏离其理想形状，例如，检验曲轴类零件的轴颈尺寸，全形的通规无法套到被检部位，而只能改用不全形的卡规检验。对大尺寸零件的检验，全形的通规会笨重得无法使用，也只能用不全形的通规。在小尺寸的检验中，若将止规做成不全形的两点式，则这样的止规不仅使用中强度低，耐磨性差，而且制造也不方便。因此小尺寸的止规也常按全形制造，只是轴向长度短些。

这种对量规理论形状的偏离是有前提的：即通规不是全形时，应由加工工艺等手段保证零件的作用尺寸不超出最大实体尺寸，同时在使用不全形的通规进行检验时，也应注意正确的操作方法，使得检验正确；同理，在使用偏离两点式的止规进行检验时，也应有相应的保证措施。

国家标准 GB/T 1957—2006《光滑极限量规　技术要求》中列出了不同尺寸范围内通规、止规的形式，如图 3-5 所示。

在实际生产中，常见量规的结构形式，如图 3-6 所示。其中，图 3-6（a）～（f）为常见塞规的形式，图 3-6（g）～(k）为常见卡规的形式。

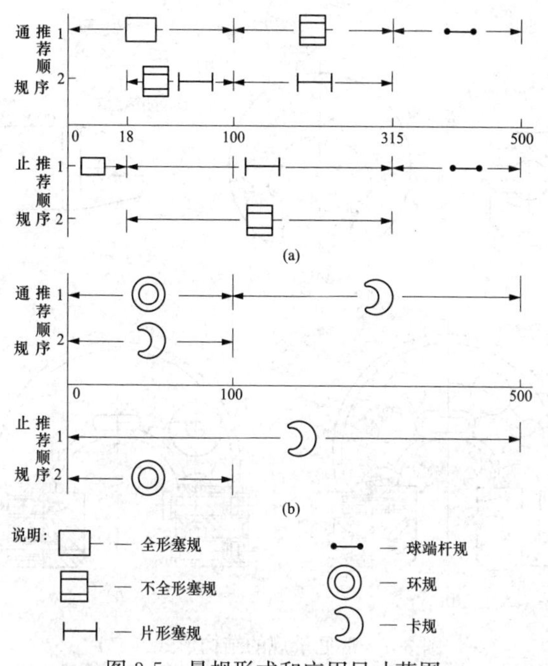

图 3-5　量规形式和应用尺寸范围

（a）孔用量规形式和应用尺寸范围；（b）轴用量规形式和应用尺寸范围

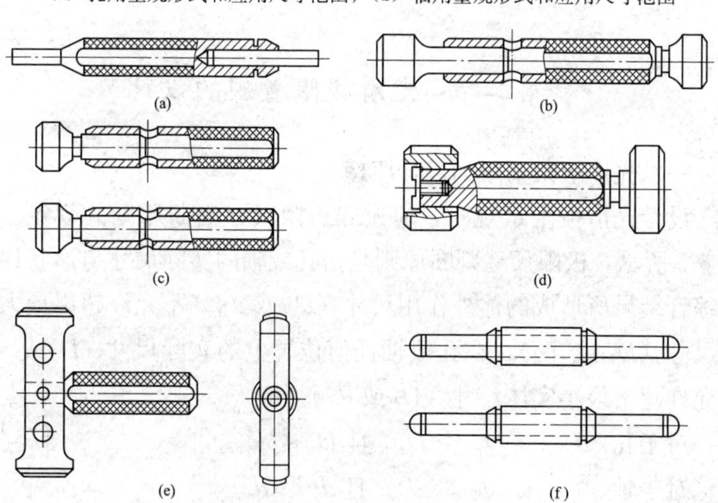

图 3-6　常见量规的结构形式（一）

（a）～（f）常见塞规形式

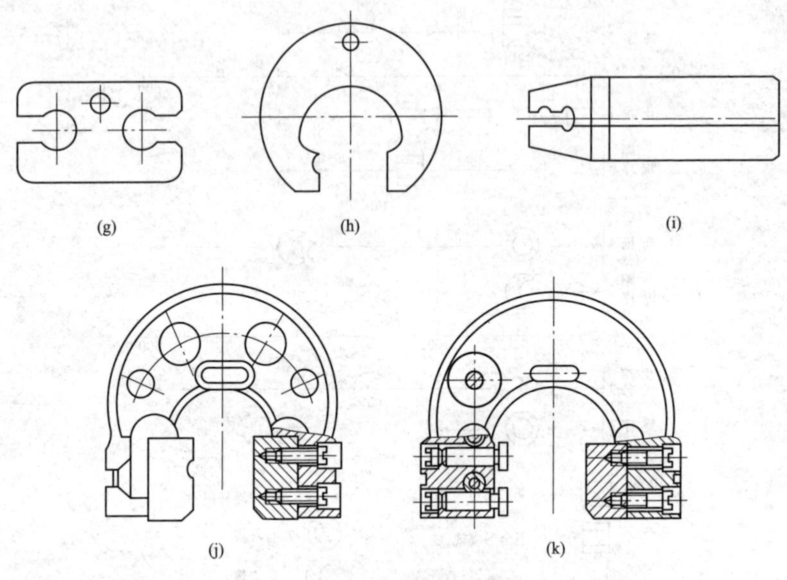

图 3-6　常见量规的结构形式（二）

（g）～（k）常见卡规形式

第二节　光滑极限量规的设计

一、光滑极限量规的设计原理

设计光滑极限量规时，应遵守极限尺寸判断原则的规定。如图 3-7 所示，极限尺寸判断原则是指孔或轴的实际尺寸与形状误差的综合结果所形成的体外作用尺寸（D_{fe}或d_{fe}）不允许超出最大实体尺寸（D_M或d_M），在孔或轴任何位置上的实际尺寸（D_a或d_a）不允许超出最小实体尺寸（D_L或d_L）。即

对于孔　　$D_{fe} \geqslant D_{min}$ 且 $D_a \leqslant D_{max}$

对于轴　　$d_{fe} \leqslant d_{max}$ 且 $d_a \geqslant d_{min}$

式中　D_{max}，D_{min}——孔的上极限尺寸与下极限尺寸（孔的最小与最大实体尺寸）；

d_{max}，d_{min}——轴的上极限尺寸与下极限尺寸（轴的最大与最小实体尺寸）。

包容要求是从设计的角度出发，反映对孔、轴的设计要求。而极限尺寸判断原则是从验收的角度出发，反映对孔、轴的验收要求。从保证孔与轴的配合性质的要求来看，两者是一致的。

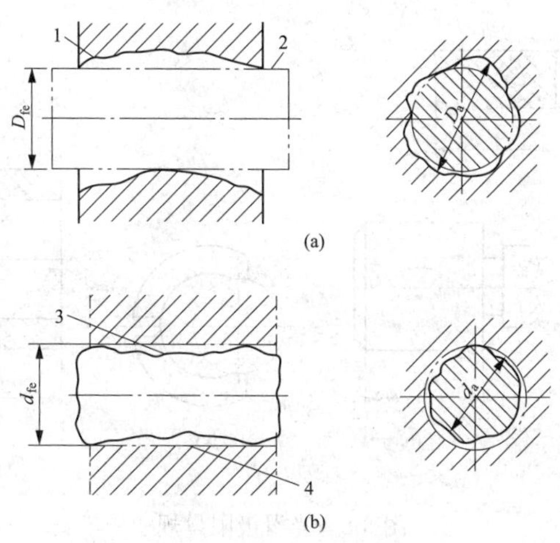

图 3-7　孔、轴体外作用尺寸 D_{fe}、d_{fe}与实际尺寸 D_a、d_a

（a）被测孔；（b）被测轴

1—实际被测孔；2—最大的外接理思轴；3—实际被测轴；4—最小的外接理想孔

如图 3-8 所示，满足极限尺寸判断原则要求的光滑极限量规通规工作部分应具有最大实体边界的形状，因而应与被测孔或被测轴成面接触［全形通规，如图 3-8（b）、（d）所示］，且其定形尺寸等于被测孔或被测轴的最大实体尺寸。止规工作部分与被测孔或被测轴的接触应为两个点的接触［两点式止规，图 3-8（a）为点接触，图 3-8（c）为线接触］，且这两点之间的距离即为止规的定形尺寸，它等于被测孔或被测轴的最小实体尺寸。

用光滑极限量规检验孔或轴时，如果通规能够在被测孔、轴的全长范围内自由通过，且止规不能通过，则表示被测孔或轴合格。如果通规不能通过，或止规能够通过，则表示被测孔或轴不合格。如图 3-9 所示，孔的实际轮廓超出了尺寸公差带，用量规检

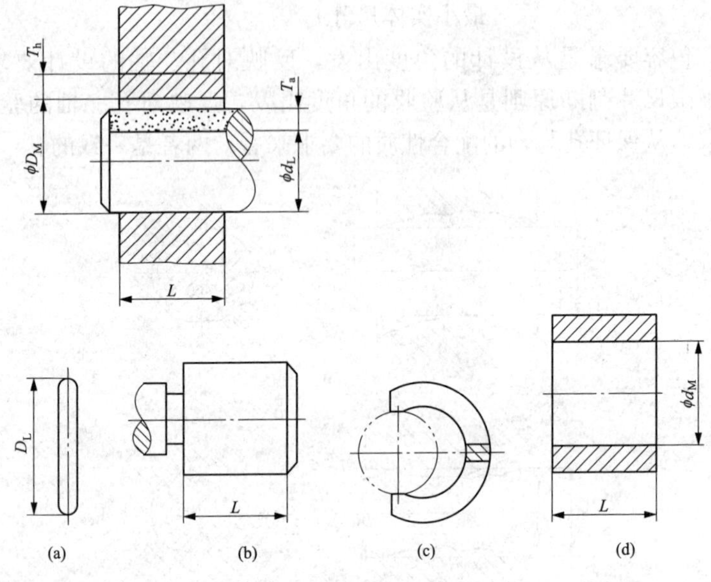

图 3-8 光滑极限量规

(a) 止规；(b) 通规；(c) 止规；(d) 通规（环规）

D_M、D_L—孔最大、最小实体尺寸；d_M、d_L—轴最大、最小实体尺寸；

T_h、T_a—孔、轴公差 L—配合长度

验应判定这个孔不合格。这个孔用全形通规检验，不能通过［见图 3-9（a）］；用两点式止规检验，虽然沿 x 方向不能通过，但沿 y 方向却能通过［见图 3-9（c）］；因此，这样就能正确地判定这个孔不合格，反之，这个孔若用两点式通规检验［见图 3-9（b）］，则可能沿 y 方向通过；若用全形止规检验，则不能通过［见图 3-9（d）］。这样，由于使用工作部分形状不正确的量规进行检验，就会误判这个孔合格。

在被测孔或轴的形状误差不致影响孔、轴配合性质的情况下，为了克服量规加工困难或使用符合极限尺寸判断原则的量规时的不方便，允许使用偏离极限尺寸判断原则的量规。例如，量规制造厂供应的统一规格的量规工作部分的长度，不一定等于或近似

于被测孔或轴的配合长度，但实际检验中却不得不使用这样的量规。大尺寸的孔和轴，通常分别使用非全形通规（工作部分为非全形圆柱面的塞规、两平行平面的卡规）进行检验，以代替笨重的全形通规。

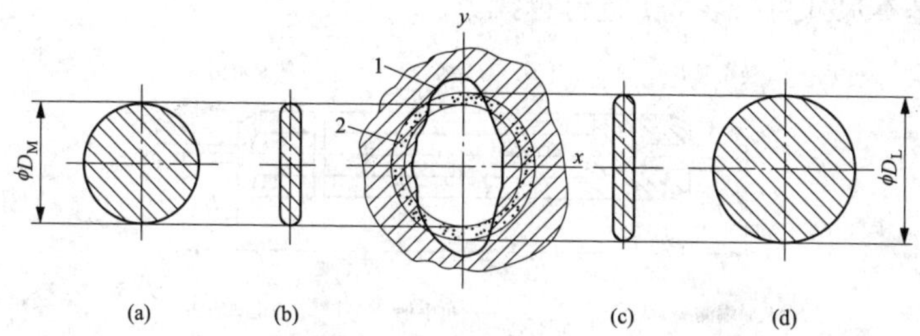

图 3-9 量规工作部分的形状对检验结果的影响

（a）全形通规；（b）两点式通规；（c）两点式止规；（d）全形止规

1—实际孔；2—尺寸公差带

由于曲轴“弓”字形特殊结构的限制，它的轴颈不能使用环规检验，而只能使用卡规检验。为了延长止规的使用寿命，止规不采用两点接触的形状，而制成非全形圆柱面。检验小孔时，为了增加止规的刚度和便于制造，可以采用全形止规。检验薄壁零件时，为了防止两点式止规容易造成薄壁零件变形，也可以采用全形止规。

使用偏离极限尺寸判断原则的量规检验孔或轴的过程中，必须做到操作正确，尽量避免由于检验操作不当而造成的误判。例如，使用非全形通规检验孔或轴时，应在被测孔或轴的全长范围内的若干部位上，分别围绕圆周的几个位置进行检验。

二、光滑极限量规的型式与尺寸

光滑极限量规有多种型式，应合理选择使用。量规型式的选择主要根据被测零件尺寸的大小、生产数量、结构特点和使用方法等因素决定。

GB/T 10920—2008《螺纹量规和光滑极限量规型式与尺寸》中，对光滑极限量规的型式、名称和对应的基本尺寸范围作出了具体规定。

1. 孔用极限量规

（1）针式塞规。针式塞规如图 3-10 所示。针式塞规主要用于检验直径尺寸从 $\phi1 \sim \phi6$mm 的小孔。两个测头可用粘结剂粘牢在手柄的两端，一个测头作为通端，另一测头作为止端。针式塞规的基本尺寸可按表 3-1 进行选择。

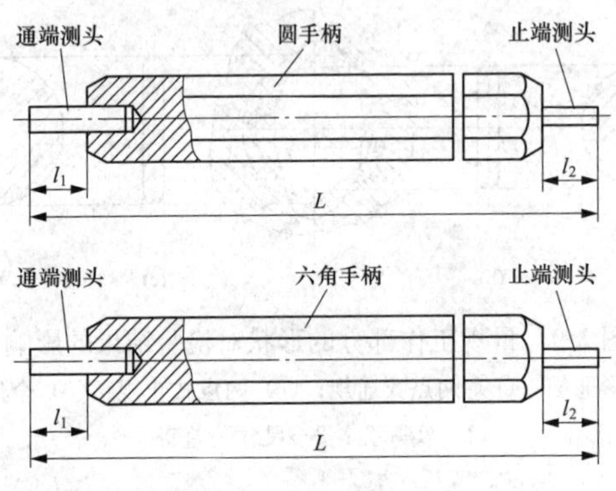

图 3-10　针式塞规（基本尺寸 1～6mm）

表 3-1　　针式塞规尺寸（摘自 GB/T 10920—2008）　　(mm)

基本尺寸 D	L	l_1	l_2
$1 \leqslant D \leqslant 3$	65	12	8
$3 < D \leqslant 6$	80	15	10

（2）锥柄圆柱塞规。锥柄圆柱塞规如图 3-11 所示，主要用于检验直径尺寸 $\phi1 \sim \phi50$mm 的孔。两测头带有圆锥形的柄部（锥度 1∶50），把它压入手柄的锥孔中，依靠圆锥的自锁性，把它们紧

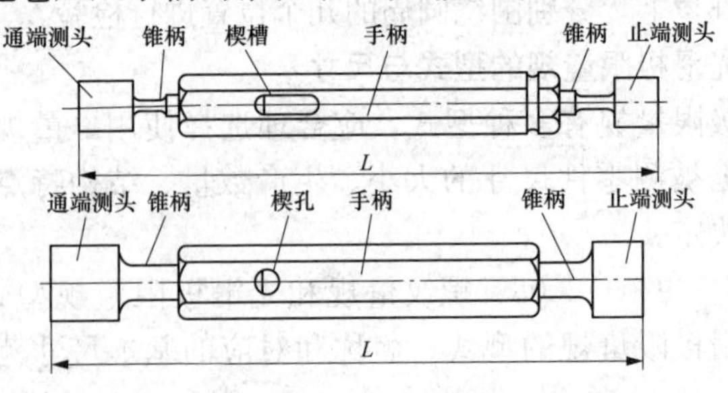

图 3-11　锥柄圆柱塞规（基本尺寸 1～50mm）

固连接在一起。检验零件时由于通端测头要通过孔，易磨损；为了拆换方便，在手柄上加工有楔槽或楔孔，以便用工具将测头拆下来。锥柄圆柱；塞规的尺寸见表 3-2。

表 3-2　锥柄圆柱塞规尺寸（摘自 GB/T 10920—2008）　（mm）

基本尺寸 D	L	基本尺寸 D	L	基本尺寸 D	L
$1 \leqslant D \leqslant 3$	62	$10 \leqslant D \leqslant 14$	97	$24 \leqslant D \leqslant 30$	136
$3 \leqslant D \leqslant 6$	74	$14 \leqslant D \leqslant 18$	110	$30 \leqslant D \leqslant 40$	145
$6 \leqslant D \leqslant 10$	85	$18 \leqslant D \leqslant 24$	132	$40 \leqslant D \leqslant 50$	171

（3）三牙锁紧式圆柱塞规。三牙锁紧式圆柱塞规如图 3-12 所示，用于检验直径尺寸大于 $\phi 40 \sim \phi 120$mm 的孔。由于测头直径较大，故可做成环形的测头装在手柄端部，用螺钉将其固定在手柄上。为了防止测头转动，在测头上加工出等分的三个槽，在手柄上加工出等分的三个牙，装配时将牙与槽装在一起，再用螺钉固定，测头就被牢固地固定在手柄上。通端测头轴向尺寸较大，一般为 25～40mm，所以测头前端磨损了还可以把它拆下，调头后装在手柄上继续使用。当测头直径较大时，为了便于测量，可把它做成单头的，即将通端测头和止端测头分别装在两个手柄上。三牙锁紧式圆柱塞规尺寸见表 3-3。

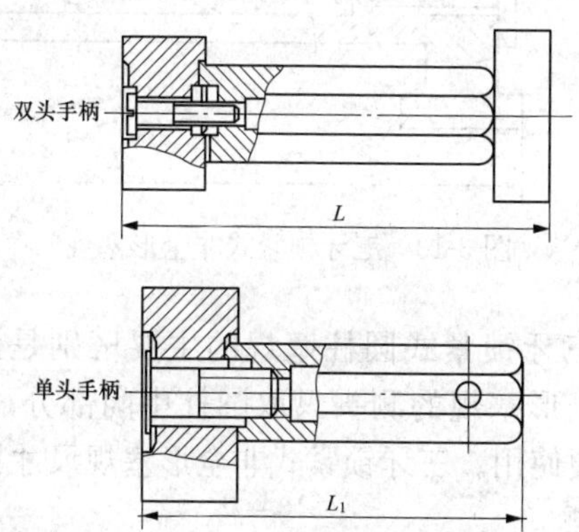

图 3-12　三牙锁紧式圆柱塞规（基本尺寸 40～120mm）

（4）三牙锁紧式非全形塞规。三牙锁紧式非全塞规如图 3-13 所示，用于检验直径尺寸大于 $\phi 80 \sim \phi 180$mm 的孔。三牙锁紧式

表 3-3 三牙锁紧式圆柱塞规尺寸（摘自 GB/T 10920—2008）（mm）

基本尺寸 D	双头手柄	单头手柄	
		通端塞规	止端塞规
	L	L_1	
$40<D\leqslant50$	164	148	141
$50<D\leqslant65$	169	153	
$65<D\leqslant110$	—	173	165
$110<D\leqslant120$		178	

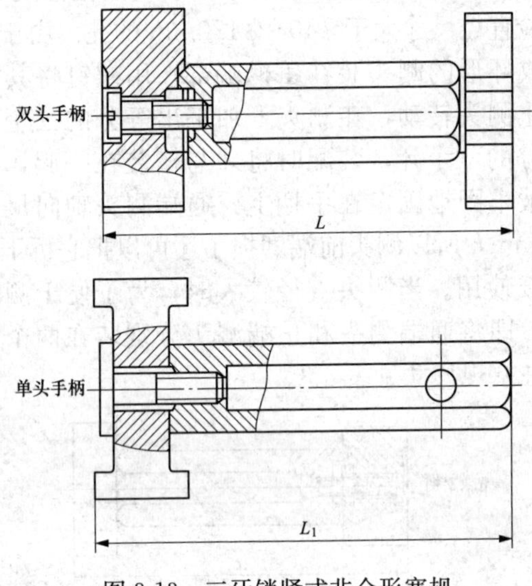

图 3-13 三牙锁紧式非全形塞规

非全形塞规与三牙锁紧式圆柱塞规的主要区别是测头形状不同。三牙锁紧式非全形塞规的测头只取圆柱中间部分，这就减轻了量规的质量，方便使用。三牙锁紧式非全形塞规尺寸见表 3-4。

2. 轴用量规

（1）圆柱环规。圆柱环规如图 3-14 所示，用于检验直径尺寸 $\phi1\sim\phi100$mm 的轴。通端与上端是分开的。为了从外观上区分通端和止端，一般在止端外圆柱面上加工一尺寸为 b 的槽。圆柱环规尺寸见表 3-5。圆柱环规具有内圆柱面的测量面，为防止变形环

表 3-4　　三牙锁紧式非全形塞规尺寸（摘自 GB/T 10920—2008）　　(mm)

<table>
<tr><td rowspan="3">基本尺寸 D</td><td rowspan="2">双头手柄</td><td colspan="2">单头手柄</td></tr>
<tr><td>通端塞规</td><td>止端塞规</td></tr>
<tr><td>L</td><td colspan="2">L_1</td></tr>
<tr><td>80<D≤100</td><td>181</td><td>158</td><td rowspan="2">148</td></tr>
<tr><td>100<D≤120</td><td>186</td><td>163</td></tr>
<tr><td>120<D≤150</td><td rowspan="2">—</td><td>181</td><td rowspan="2">168</td></tr>
<tr><td>150<D≤180</td><td>183</td></tr>
</table>

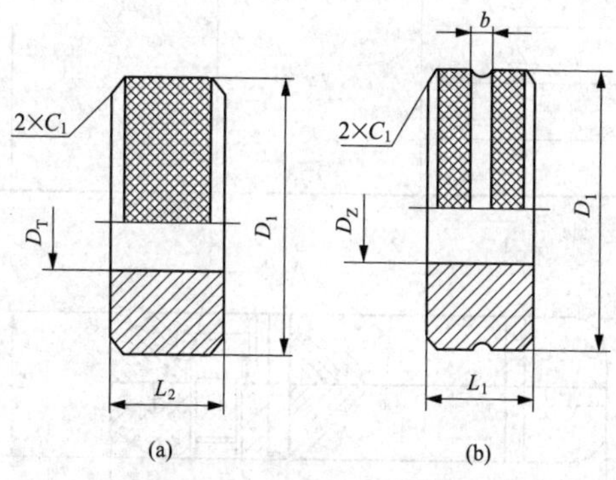

图 3-14　圆柱环规（基本尺寸 1～100mm）
(a) 通端；(b) 止端

规应有一定的厚度。

（2）双头组合卡规。双头组合卡规如图 3-15 所示，用于检验直径不大于 3mm 的小轴。卡规的通端和止端分布在两侧，由上卡规体和下卡规体用螺钉连接，并用圆柱销定位。

表 3-5　　圆柱环规尺寸（摘自 GB/T 10920－2008）　　(mm)

<table>
<tr><td>基本尺寸 D</td><td>D_1</td><td>L_1</td><td>L_2</td><td>b</td></tr>
<tr><td>1<D≤2.5</td><td>16</td><td>4</td><td>6</td><td rowspan="3">1</td></tr>
<tr><td>2.5<D≤5</td><td>22</td><td>5</td><td>10</td></tr>
<tr><td>5<D≤10</td><td>32</td><td>8</td><td>12</td></tr>
</table>

续表

基本尺寸 D	D_1	L_1	L_2	b
$10<D\leqslant15$	38	10	14	2
$15<D\leqslant20$	45	12	16	
$20<D\leqslant25$	53	14	18	
$25<D\leqslant32$	63	16	20	
$32<D\leqslant40$	71	18	24	
$40<D\leqslant50$	85	20	32	3
$50<D\leqslant60$	100			
$60<D\leqslant70$	112	24		
$70<D\leqslant80$	125			
$80<D\leqslant90$	140			
$90<D\leqslant100$	160			

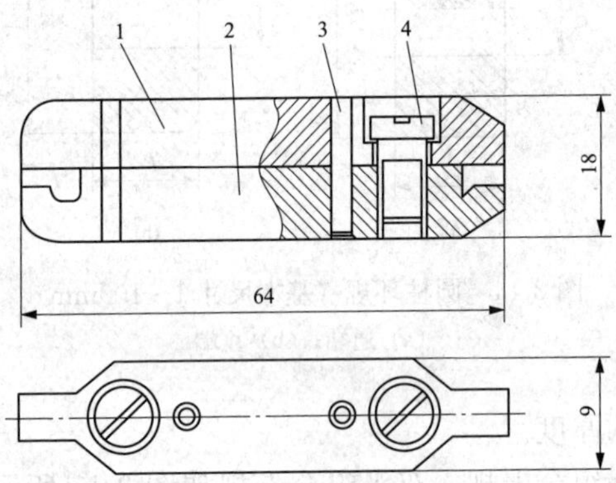

图 3-15　双头组合卡规（基本尺寸 1～3mm）

1—上卡规体；2—下卡规体；3—圆柱销；4—螺钉

（3）单头双极限组合卡规。单头双极限组合卡规如图 3-16 所示，用于检验直径不大于 3mm 的小轴。卡规的通端和止端分布在同侧，由上卡规体和下卡规体用螺钉连接，并用圆柱销定位。

（4）双头卡规。双头卡规如图 3-17 所示，用于检验直径尺寸大于 $\phi3$～$\phi10$mm 的轴。双头卡规是用 3mm 厚的钢板制成，具有平行的测量面，结构简单，一般工厂都能制造。卡规的通端和止

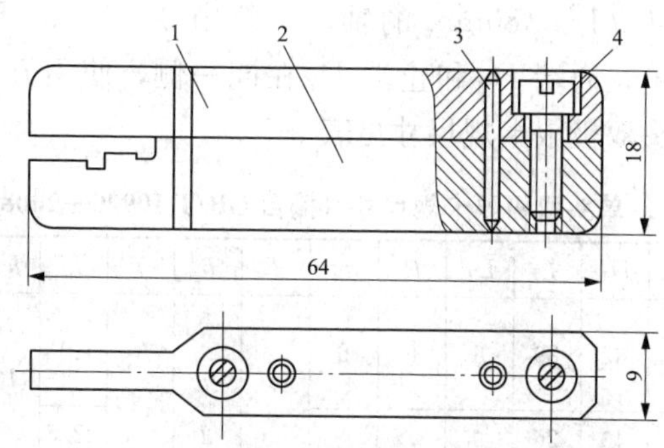

图 3-16　单头双极限组合卡规（基本尺寸 1～3mm）
1—上卡规体；2—下卡规体；3—圆柱销；4—紧固螺钉

端分别在两侧，可根据卡规体上的文字识别通端和止端。双头卡规尺寸见表 3-6。

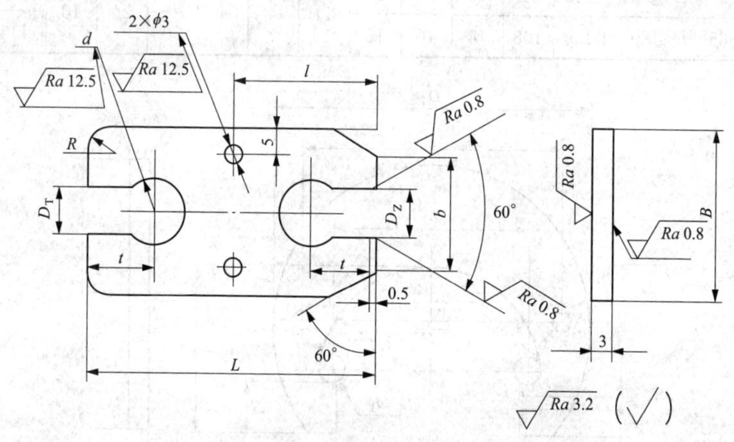

图 3-17　双头卡规（基本尺寸大于 3～10mm）

表 3-6　　双头卡规尺寸（摘自 GB/T 10920—2008）　　（mm）

基本尺寸 D	L	l	B	b	d	R	t
$3<D\leqslant 6$	45	22.5	26	14	10	8	10
$6<D\leqslant 10$	52	26	30	20	12	10	12

（5）单头双极限卡规。单头双极限卡规如图 3-18 所示，用于

检验直径尺寸 $\phi 1 \sim \phi 80$mm 的轴。一般由 3～10mm 厚的钢板制成，结构简单，通端 D_T 和止端 D_Z 在同一侧，使用方便，应用比较广泛。单头双极限卡规尺寸见表 3-7。

表 3-7　单头双极限卡规尺寸（摘自 GB/T 10920—2008）（mm）

<table>
<tr><th>基本尺寸 D</th><th>D_1</th><th>L</th><th>L_1</th><th>R</th><th>d_1</th><th>l</th><th>b</th><th>f</th><th>h</th><th>h_1</th><th>B</th><th>H</th></tr>
<tr><td>$1<D\leqslant 3$</td><td rowspan="2">32</td><td rowspan="2">20</td><td rowspan="2">6</td><td rowspan="2">6</td><td rowspan="2">6</td><td rowspan="3">5</td><td rowspan="5">2</td><td rowspan="7">0.5</td><td rowspan="2">19</td><td rowspan="3">10</td><td>3</td><td rowspan="2">31</td></tr>
<tr><td>$3<D\leqslant 6$</td><td rowspan="2">4</td></tr>
<tr><td>$6<D\leqslant 10$</td><td>40</td><td>26</td><td>9</td><td>8.5</td><td rowspan="2">8</td><td>22.5</td><td>38</td></tr>
<tr><td>$10<D\leqslant 18$</td><td>50</td><td>36</td><td>16</td><td>12.5</td><td rowspan="2">8</td><td>29</td><td rowspan="2">15</td><td>5</td><td>46</td></tr>
<tr><td>$18<D\leqslant 30$</td><td>65</td><td>48</td><td>26</td><td>18</td><td rowspan="2">10</td><td>36</td><td>6</td><td>58</td></tr>
<tr><td>$30<D\leqslant 40$</td><td>82</td><td>62</td><td>35</td><td>24</td><td rowspan="2">11</td><td rowspan="2">3</td><td>45</td><td rowspan="2">20</td><td rowspan="2">8</td><td>72</td></tr>
<tr><td>$40<D\leqslant 50$</td><td>94</td><td>72</td><td>45</td><td>29</td><td>12</td><td>50</td><td>82</td></tr>
<tr><td>$50<D\leqslant 65$</td><td>116</td><td>92</td><td>60</td><td>38</td><td>14</td><td rowspan="2">14</td><td rowspan="2">4</td><td rowspan="2">1</td><td>62</td><td rowspan="2">24</td><td rowspan="2">10</td><td>100</td></tr>
<tr><td>$65<D\leqslant 80$</td><td>136</td><td>108</td><td>74</td><td>46</td><td>16</td><td>70</td><td>114</td></tr>
</table>

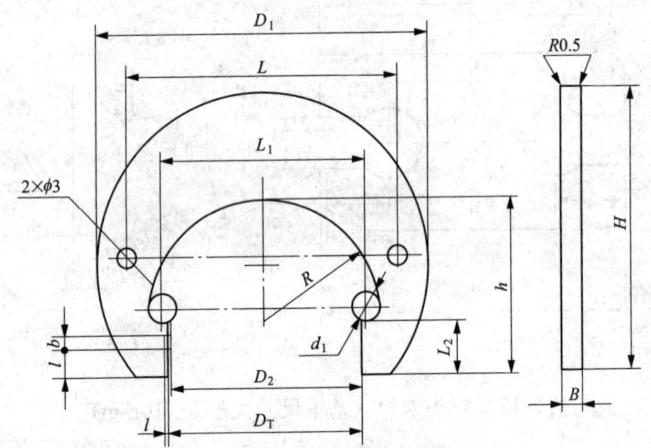

注：根据需要测量面可以制成窄面的、圆弧面的或其他型式。

图 3-18　单头双极限卡规（基本尺寸 1～80mm）

三、光滑极限量规的定形尺寸公差带和各项公差

光滑极限量规的精度比被测孔、轴的精度高得多，但光滑极限量规的定形尺寸也不可能加工成某一确定的数值。因此，GB/T

1957—2006《光滑极限量规　技术要求》中，规定了量规工作部分的定形尺寸公差带和各项公差。

通规在使用过程中，要通过合格的被测孔、轴，因而会逐渐磨损。为了使通规具有一定的使用寿命，应留出适当的磨损储量，因此对通规应规定磨损极限。止规通常不通过被测孔、轴，因此不留磨损储量（校对量规也不留磨损储量）。

1. 工作量规的定形尺寸公差带和各项公差

工作量规的公差带相对于零件公差带的分布，有两种方案，如图 3-19 所示。T_1 为保证公差，表示零件制造时允许的最大公差；T_2 为生产公差，是考虑到量规制造后，零件可能的最小制造公差。

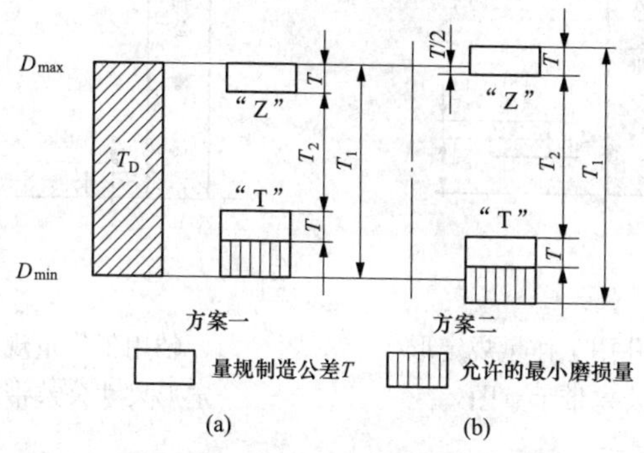

图 3-19　工作量规公差带分布的两种方案

（a）保证公差；（b）生产公差

（1）方案一中，量规的公差带完全位于零件公差带之内，保证公差等于零件公差。采用这种方案可保证配合性质，充分保证产品的质量，但也可能使有些合格品被误判为废品，并提高了加工要求。

（2）方案二中，量规的公差带和允许的最小磨损量部分超越零件公差带，保证公差大于零件公差带，这就可能将已超越极限尺寸的零件误判为合格品，会影响配合性质和产品质量。这种情况下的生产公差较大，降低了对量规的加工要求。

为了确保产品质量，GB/T 1957—2006《光滑极限量规　技术要求》规定量规定形尺寸公差带不得超出被测孔、轴尺寸公差带，如图 3-20 所示是孔用工作量规定形尺寸公差带的示意图。轴用工作量规及其校对量规定形尺寸公差带的示意图，如图 3-21 所示。图中，D_M、D_L为被测孔的最大、最小实体尺寸，D_{max}、D_{min}为被测孔的下、上极限尺寸；d_M、d_L为被测轴的最大、最小实体尺寸，d_{max}、d_{min}为被测轴的上、下极限尺寸；T_1 为量规定形尺寸公差，Z_1 为通规定形尺寸公差带中心到被测孔、轴最大实体尺寸之间的距离。通规的磨损极限为被测孔、轴的最大实体尺寸。

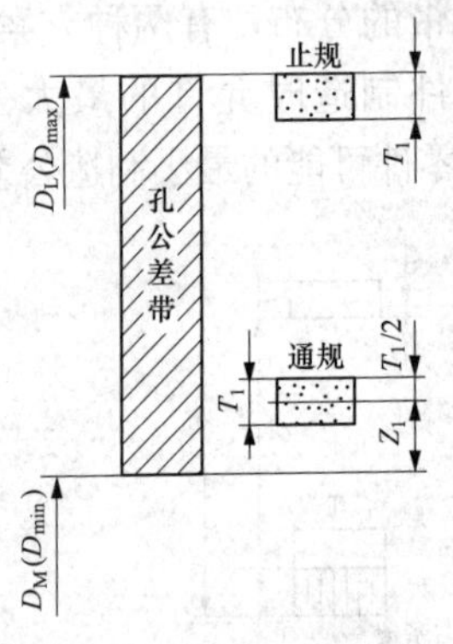

图 3-20　孔用工作量规定形尺寸公差带示意图

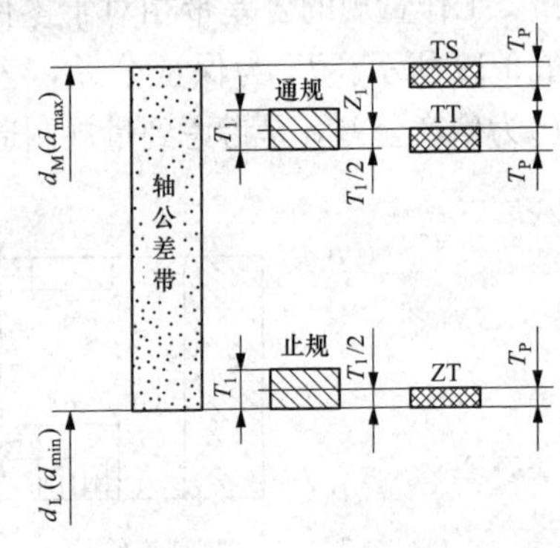

图 3-21　轴用工作量规及其校对量规定形尺寸公差带示意图

测量极限误差一般取为被测孔、轴尺寸公差的 1/10～1/3。对于标准公差等级相同而公称尺寸不同的孔、轴，这个比值基本上相同。随着孔、轴的标准公差等级的降低，这个比值逐渐减小，量规定形尺寸公差带的大小和位置就是按照这一原则规定的。通规与止规定形尺寸公差和磨损储量的总和，占被测孔、轴尺寸公差（标准公差 IT）的百分比，见表 3-8。

表 3-8　量规定形尺寸公差和磨损储量的总和占标准公差的百分比

被测孔或轴的标准公差等级	IT6	IT7	IT8	IT9	IT10	IT11	IT12	IT13	IT14	IT15	IT16
$\frac{T_1+(Z_1+T_1/2)}{IT}$(%)	40	32.9	28	23.5	19.7	16.9	14.4	13.8	12.9	12	11.5

GB/T 1957—2006《光滑极限量规　技术要求》对公称尺寸至500mm、标准公差等级为IT6～IT16的孔和轴规定了通规和止规工作部分定形尺寸的公差，以及通规定形尺寸公差带中心到零件最大实体尺寸之间的距离。它们的数值见表3-9。此外，还规定了通规和止规的代号，它们分别为T（通规）和Z（止规）。

表3-9　IT6～IT11级工作量规的尺寸公差值及其通端位置要素
（摘自GB/T 1957—2006）

工件孔或轴的基本尺寸/mm		工件孔或轴的公差等级								
		IT6			IT7			IT8		
		孔或轴的公差值	T_1	Z_1	孔或轴的公差值	T_1	Z_1	孔或轴的公差值	T_1	Z_1
大于	至	μm								
—	3	6	1.0	1.0	10	1.2	1.6	14	1.6	2.0
3	6	8	1.2	1.4	12	1.4	2.0	18	2.0	2.6
6	10	9	1.4	1.6	15	1.8	2.4	22	2.4	3.2
10	18	11	1.6	2.0	18	2.0	2.8	27	2.8	4.0
18	30	13	2.0	2.4	21	2.4	3.4	33	3.4	5.0
30	50	16	2.4	2.8	25	3.0	4.0	39	4.0	6.0
50	80	19	2.8	3.4	30	3.6	4.6	46	4.6	7.0
80	120	22	3.2	3.8	35	4.2	5.4	54	5.4	8.0
120	180	25	3.8	4.4	40	4.8	6.0	63	6.0	9.0
180	250	29	4.4	5.0	46	5.4	7.0	72	7.2	10.0
250	315	32	4.8	5.6	52	6.0	8.0	81	8.0	11.0
315	400	36	5.4	6.2	57	7.0	9.0	89	9.0	12.0
400	500	40	6.0	7.0	63	8.0	10.0	97	10.0	14.0

工件孔或轴的基本尺寸/mm		工件孔或轴的公差等级								
		IT9			IT10			IT11		
		孔或轴的公差值	T_1	Z_1	孔或轴的公差值	T_1	Z_1	孔或轴的公差值	T_1	Z_1
大于	至	μm								
—	3	25	2.0	3	40	2.4	4	60	3	6
3	6	30	2.4	4	48	3.0	5	75	4	8

续表

工件孔或轴的基本尺寸/mm		工件孔或轴的公差等级								
		IT9			IT10			IT11		
		孔或轴的公差值	T_1	Z_1	孔或轴的公差值	T_1	Z_1	孔或轴的公差值	T_1	Z_1
大于	至	μm								
6	10	36	2.8	5	58	3.6	6	90	5	9
10	18	43	3.4	6	70	4.0	8	110	6	11
18	30	52	4.0	7	84	5.0	9	130	7	13
30	50	62	5.0	8	100	6.0	11	160	8	16
50	80	74	6.0	9	120	7.0	13	190	9	19
80	120	87	7.0	10	140	8.0	15	220	10	22
120	180	100	8.0	12	160	9.0	18	250	12	25
180	250	115	9.0	14	185	10.0	20	290	14	29
250	315	130	10.0	16	210	12.0	22	320	16	32
315	400	140	11.0	18	230	14.0	25	360	18	36
400	500	155	12.0	20	250	16.0	28	400	20	40

量规工作部分的形状误差应控制在定形尺寸公差带的范围内，即采用包容要求。其几何公差为定形尺寸公差的 50%。考虑到制造和测量的困难，当量规定形尺寸公差小于或等于 0.002mm 时，其几何公差取为 0.001mm。

2. 校对量规的定形尺寸公差带和各项公差

仅轴用环规才使用校对量规（塞规）。校对塞规有下列三种，它们的定形尺寸公差带如图 3-21 所示。

（1）制造新的通规时，所使用的校对塞规：它称为“校通—通”塞规，代号为 TT。新的通规内圆柱测量面应能在其全长范围内被 TT 校对塞规整个长度通过，这样就能保证被测轴有足够的尺寸加工公差。

（2）检验使用中的通规是否磨损到极限时，所用的校对塞规：它称为“校通—损”塞规，代号为 TS。尚未完全磨损的通规内圆柱测量面应不能被 TS 校对塞规通过，并且应在这个测量面的两端进行检验。如果通规被 TS 校对塞规通过，则表示这通规已经磨损到极限，应予以报废。

（3）制造新的止规时，所使用的校对塞规：它称为“校止—通”塞规，代号为 ZT。新的止规内圆柱测量面应能在其全长范围内被 ZT 校对塞规整个长度通过，这样就能保证被测轴的实际尺寸不小于其下极限尺寸。

校对量规的定形尺寸公差 T_P 为工作量规定形尺寸公差 T_1 的 50%，其几何误差应控制在其定形尺寸公差带的范围内，即采用包容要求。其测量面的表面粗糙度轮廓幅度参数 *Ra* 值比工作量规小。

由于校对量规精度高，制造困难，目前的测量技术又有了提高，所以在生产中逐步用量块或计量仪器代替校对量规。轴用卡规通常使用量块测量。

3. 量规的几何公差

国家标准规定，量规的形状和位置误差应该在其尺寸公差带之内，其公差为量规尺寸公差的 50%（圆度、圆柱度公差值为尺寸公差的 25%）。但当量规尺寸公差≤0.002mm 时，其形状和位置公差均为 0.001mm（圆度、圆柱度公差值为 0.0005mm）。

4. 量规的其他主要技术条件

（1）外观要求。量规的工作表面不应有锈迹、毛刺、黑斑、划痕等明显影响外观和影响使用质量的缺陷，其他表面不应有锈蚀和裂纹。

根据被测孔、轴的标准公差等级的高低和量规测量面定形尺寸的大小，量规测量面的表面粗糙度轮廓幅度参数 *Ra* 的上限值为 0.05～0.8μm，见表 3-10。

表 3-10　量规测量面的表面粗糙度轮廓幅度参数 *Ra* 值

光滑极限量规	量规测量面的定形尺寸/mm		
	≤120	>120～315	>315～500
	Ra 值（μm）		
IT6 级孔用工作量规	≤0.05	≤0.10	≤0.20

续表

光滑极限量规	量规测量面的定形尺寸/mm		
	≤120	>120～315	>315～500
	Ra 值（μm）		
IT7～IT9 级孔用工作量规	≤0.10	≤0.20	≤0.40
IT10～IT12 级孔用工作量规	≤0.20	≤0.40	≤0.80
IT13～IT16 级孔用工作量规	≤0.40	≤0.80	≤0.80
IT6～IT9 级轴用工作量规	≤0.10	≤0.20	≤0.40
IT10～IT12 级轴用工作量规	≤0.20	≤0.40	≤0.80
IT13～IT16 级轴用工作量规	≤0.40	≤0.80	≤0.80
IT6～IT9 级轴用工作环规的校对塞规	≤0.50	≤0.10	≤0.20
IT10～IT12 级轴用工作环规的校对塞规	≤0.10	≤0.20	≤0.40
IT13≤IT16 级轴用工作环规的校对塞规	≤0.20	≤0.40	≤0.40

（2）材料要求。量规要体现精确尺寸，故要求用于制造量规的材料的线膨胀系数小，为了消除量规材料中的内应力，还要经过一定的稳定性处理后使其内部组织稳定。同时，量规工作表面还应耐磨，以利于提高尺寸的稳定性并延长使用寿命，所以制造量规的材料通常为碳素工具钢（T10A、T12A）、合金工具钢（CrWMn）、渗碳钢及其他耐磨性好的材料，量规表面硬度一般为58～65HRC，也可以在量规测量表面进行镀铬或者氮化处理。量规手柄可选用铸铁（Q235）、硬木、铝及夹布胶木等。

（3）结构要求。塞规测头与手柄的连接应牢靠，不应有松动。若塞规正在检验时，测头与手柄脱开了，测头就会卡留在零件内。如果测头无法取出，将导致零件的报废。另外，对于标准量规的结构，通用尺寸、适用范围、使用顺序等，设计时可以参阅有关的手册、标准资料。

四、光滑极限量规工作部分极限尺寸的计算和各项公差的确定示例

1. 光滑极限量规工作部分极限尺寸的计算步骤

光滑极限量规工作部分极限尺寸的计算通常按下列步骤进行：

（1）根据零件图上标注的被测孔或轴的公差带代号，从国家标准《极限与配合》中查出孔或轴的上、下偏差，并计算出它们的最大和最小实体尺寸，它们分别是通规和止规以及校对量规工作部分的定形尺寸。

（2）从 GB/T 1957—2006（见表 3-9）中查出量规定形尺寸公差 T_1 和通规定形尺寸公差带中心到被测孔或轴的最大实体尺寸之间的距离 Z_1 值。

（3）按照如图 3-20 和图 3-21 所示画出量规定形尺寸公差带示意图。

（4）确定量规的上、下极限偏差，并计算量规工作部分的极限尺寸。

2. 量规工作部分的极限尺寸计算实例

【例 3-1】 如图 2-135 所示为某减速器从动齿轮的工作图，计算检验 ϕ58H7Ⓔ基准孔的工作量规（塞规）工作部分的极限尺寸，并确定其几何公差和表面粗糙度轮廓参数值，画出量规简图。

解：1）由查表得出 ϕ58H7Ⓔ孔的上、下偏差为 $\phi 58^{+0.03}_{0}$ mm。因此，孔用工作量规通规和止规的定形尺寸分别为 $D_M=58$mm 和 $D_M=50.3$mm。

2）由表 3-9 查出量规定形尺寸公差 T_1 为 3.6μm，通规定形尺寸公差带中心到被测孔的最大实体尺寸之间的距离 Z_1 为 4.6μm。

3）按图 3-20 确定通规、止规定形尺寸的上、下偏差。通规定形尺寸的上偏差为 $+(Z_1+T_1/2)=+6.4\mu m$，下偏差为 $+(Z_1-T_1/2)=+2.8\mu m$。止规定形尺寸的上偏差为 0，下偏差为 $-T_1=-3.6\mu m$。

4）因此，检验 ϕ58H7Ⓔ孔的通规工作部分按 $\phi 58^{+0.006}_{+0.002}$Ⓔmm 即 $\phi 58.0064_{-0.0036}^{0}$Ⓔmm 制造，允许磨损到 ϕ58mm；止规工作部分按 $\phi 58.03_{-0.0036}^{0}$Ⓔmm 制造。量规定形尺寸公差带示意图，如图 3-22 所示。

5）量规工作部分采用包容要求，还要给出更严格的几何公差。塞规圆柱形测量面的圆柱度公差和相对素线间的平行度公差值都不得大于塞规定形尺寸公差值的一半，即它们都等于 0.0036/

2=0.0018mm。

6）根据量规工作部分对表面粗糙度轮廓的要求，由表 3-10 查得塞规测量面的轮廓算术平均偏差 Ra 的上限值不得大于 0.6μm。

7）检验 ϕ58H7Ⓔ孔用塞规工作部分各项公差的标注，如图 3-23 所示。

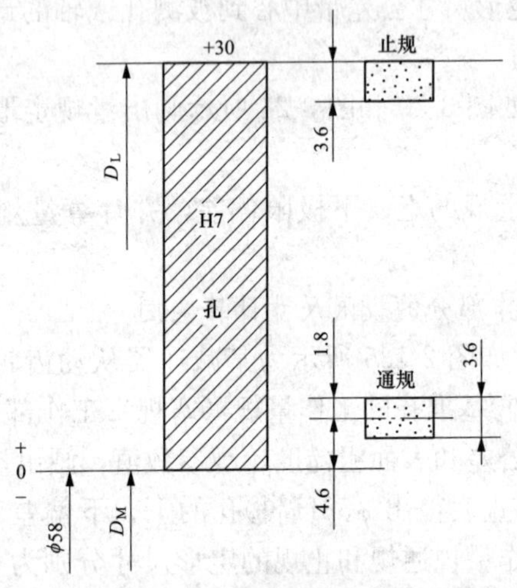

图 3-22　ϕ58H7Ⓔ孔用工作量规定形尺寸公差带示意图

D_M、D_L—孔的最大、最小实体尺寸

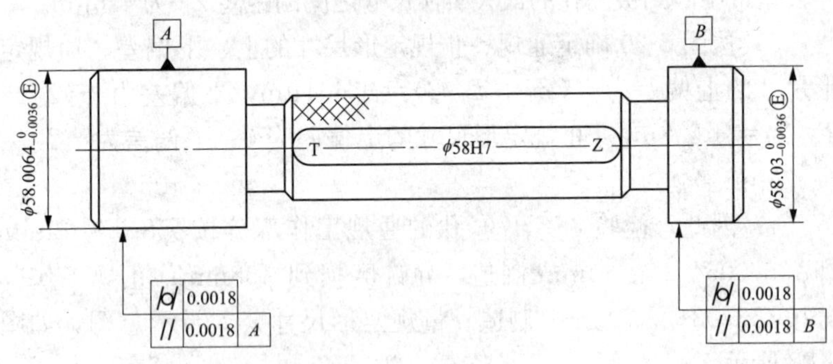

图 3-23　塞规简图

【例 3-2】 如图 2-133 所示为某减速器齿轮轴的工作图，计算检验 ϕ40k6Ⓔ轴颈的工作量规（卡规）工作部分的极限尺寸，并确

定其几何公差和表面粗糙度轮廓幅度参数值，画出量规简图。

解：1）由查表得出 ϕ40k6 轴颈的上、下偏差为$\phi 40^{+0.018}_{+0.002}$mm。因此，轴颈用工作量规通规和止规的定形尺寸分别为 $d_M=$ 40.018mm 和 $d_L=$40.002mm。

2）由表 3-9 查出量规定形尺寸公差 T_1 为 2.4μm，通规定形尺寸公差带中心到被测轴颈的量大实体尺寸之间的距离 Z_1 为2.8μm。

3）按图 3-20 确定通规、止规定形尺寸的上、下偏差。通规定形尺寸的上偏差为$-(Z_1-T_1/2)=-1.6$μm，下偏差为$-(Z_1+T_1/2)=-4.0$μm。止规定形尺寸的上偏差为$+T_1=+2.4$μm，下偏差为 0。

4）因此，检验 ϕ40k6Ⓔ轴颈的通规工作部分按$40.018^{-0.0016}_{-0.0040}$Ⓔmm 即$40.014^{+0.0024}_{0}$Ⓔmm 制造，允许磨损到 40.018mm；止规工作部分按$40.002^{+0.0024}_{0}$Ⓔmm 制造。量规定形尺寸公差带示意图，如图 3-24 所示。

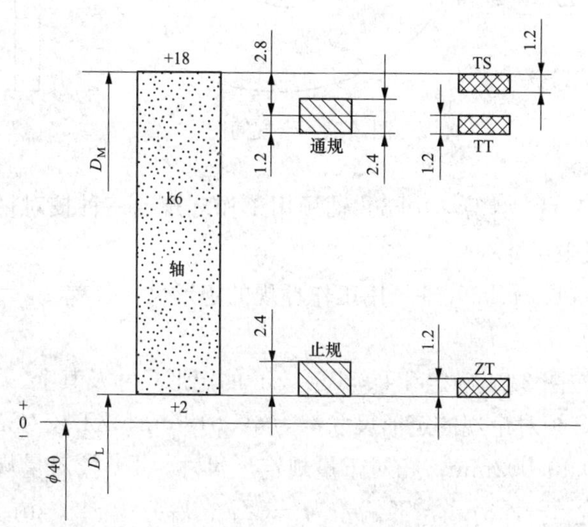

图 3-24　ϕ40k6Ⓔ轴颈用工作量规及其校对量规定形尺寸公差带示意图

D_M、D_L—轴颈的最大、最小实体尺寸

5）量规工作部分采用包容要求，还要给出更严格的几何公差，卡规两平行平面的平面度公差值和平行度公差值都不得大于卡规定形尺寸公差值的一半，即它们都等于 0.0024/2=0.0012μm。

6）根据量规工作部分对表面粗糙度轮廓的要求，由表 3-10 查得卡规测量面的轮廓算术平均偏差 Ra 的上限值不得大于 0.1μm。

7）检验 ϕ40k6Ⓔ轴颈用的卡规工作部分各项公差的标注，如图 3-25 所示。

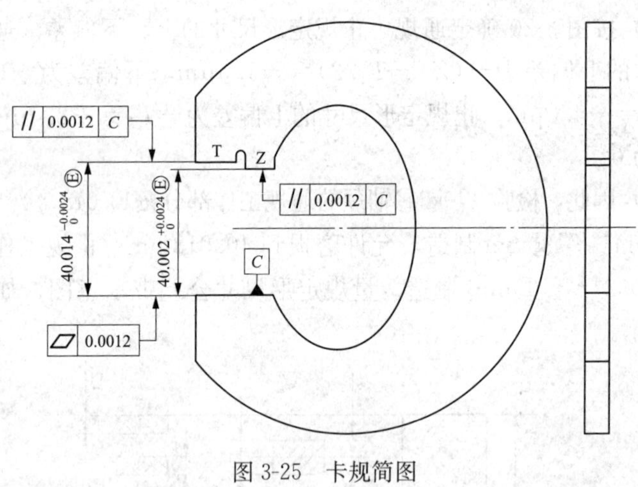

图 3-25　卡规简图

【例 3-3】 计算 ϕ40k6Ⓔ轴颈用工作环规的三种校对量规（塞规）的极限尺寸。

解：1）ϕ40k6Ⓔ轴颈用工作环规的定形尺寸公差 $T_P=T_1/2=$ 0.1 μm。

2）按图 3-21 确定 TT、TS、ZT 的定形尺寸及其上、下偏差。TT 和 TS 校对量规的定形尺寸都为 40.018mm，ZT 校对量规的定形尺寸为 40.002mm；相对于量规定形尺寸，TT 校对量规的上偏差为 $-Z_1=-2.8$μm，下偏差为 $-(Z_1+T_P)=-4.0$ μm；TS 校对量规的上偏差为 0，下偏差 $-T_P=-1.2$μm；ZT 校对量规的上偏差为 $+T_P=+1.2$μm，下偏差为 0。

3）因此，TT 校对量规按 $40.018^{-0.0028}_{-0.0040}$ Ⓔmm 即 $40.0152^{0}_{-0.0012}$

Ⓔmm 制造。TS 校对量规按 $40.018_{-0.0012}^{\ \ 0}$ Ⓔmm 制造。ZT 校对量规按 $40.002_{\ \ 0}^{+0.0012}$ Ⓔmm 即 $40.0032_{-0.0012}^{\ \ 0}$ Ⓔmm 制造。

4）校对量规定形尺寸公差带示意图，如图 3-24 所示。

第三节　功能量规

一、功能量规的功用和种类

遵守相关要求的关联被测要素的方向、位置公差与其尺寸公差的关系，以及与基准要素尺寸公差的关系都采用最大实体要求时，即被测要素方向、位置公差框格中公差值后面标注符号Ⓜ和基准字母后面标注符号Ⓜ时，应该使用功能量规（简称量规）检验，功能量规的工作部分模拟体现图样上对被测要素和基准要素分别规定的边界（最大实体实效边界或最大实体边界），检验完工要素实际尺寸和几何误差的综合结果而形成的实际轮廓是否超出这个边界。因此功能量规是全形通规，若它能够自由通过完工要素，则表示这个完工要素的实际轮廓在规定的边界范围内，这个实际轮廓合格，否则不合格。

应当指出的是，完工要素合格与否，还需要检测其实际尺寸。当被测要素采用最大实体要求而没有附加采用可逆要求时，实际尺寸应限制在最大与最小实体尺寸范围内。当被测要素采用最大实体要求并附加采用可逆要求时，实际尺寸允许超出最大实体尺寸，甚至允许达到最大实体实效尺寸，但不允许超出最小实体尺寸。

按方向、位置公差特征项目，检验采用最大实体要求的关联要素的功能量规有平行度量规、垂直度量规、倾斜度量规、同轴度量规、对称度量规和位置度量规等。单一要素孔、轴的轴线直线度公差采用最大实体要求时，也应该使用功能量规检验。

二、功能量规的设计原理

1. 功能量规工作部分的组成

功能量规的工作部分有检验部分、定位部分和导向部分（或者相应的检验元件、定位元件和导向元件）。检验部分和定位部分分别与被测零件的被测要素和基准要素相对应，分别模拟体现被测要素应遵守的边界和基准（或基准体系），它们之间的关系应保持零件图上所给定被测要素与基准要素间的几何关系。导向部分是为了在检验时引导活动式检验元件进入实际被测要素，或者引导活动式定位元件进入实际基准要素，以及在检验时便于被测零件定位而设置的。检验时，功能量规的检验部分和定位部分应能分别自由通过被测零件的实际被测要素和实际基准要素，这样才认为所检验的被测零件的方向、位置精度是合格的。

功能量规的结构有固定式类型和活动式类型两种。没有导向部分的功能量规的结构为固定式类型，其检验部分和定位部分属于同一个整体。带导向部分的功能量规的结构为活动式类型。

2. 功能量规检验部分的形状和尺寸

功能量规检验部分与被测零件的被测要素相对应。量规检验部分的形状应与被测要素应遵守的边界的形状相同，其定形尺寸（直径或宽度）应等于被测要素的边界尺寸，其长度应不小于被测要素的长度。

如图 3-26 所示是检验两孔同轴度的固定式同轴度量规（塞规）。它由检验圆柱 Ⅰ 和定位圆柱 Ⅱ 组成，检验圆柱 Ⅰ 模拟体现 ϕ25H8 孔的最大实体实效边界，定位圆柱 Ⅱ 模拟体现 ϕ12H8Ⓔ基准孔的最大实体边界，ϕ25H8 孔相对于 ϕ12H8Ⓔ应该同轴线。

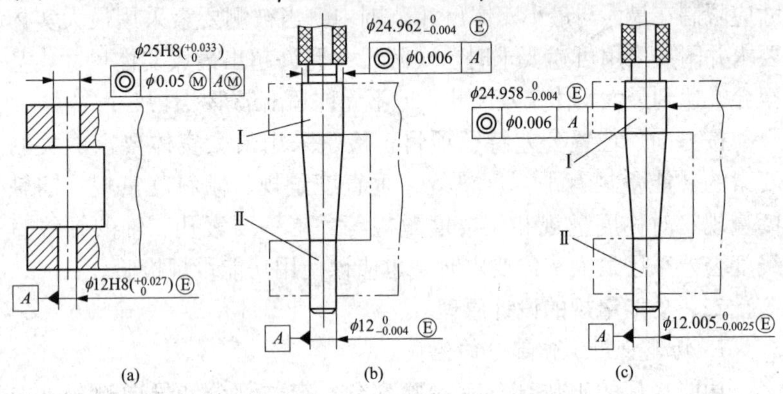

图 3-26　固定式同轴度量规

（a）零件图样标注；（b）依次检验方式的量规简图；（c）共同检验方式的量规简图

量规检验部分相对于定位部分的方向、位置和位置尺寸，应按照零件图上规定的被测要素与基准要素之间的方向、位置关系和位置尺寸来确定。

3. 功能量规定位部分的形状和尺寸

功能量规定位部分与被测零件的基准要素相对应。零件基准要素通常为平面、基准轴线对应的圆柱面和基准中心平面对应的两平行平面。

零件基准要素为平面时，量规定位部分也为平面。量规定位平面本身无厚度尺寸，不必考虑其定形尺寸，只要求其长度、宽度或直径不小于对应基准要素的尺寸。三基面体系中，各个定位平面间应保持互相垂直的几何关系。

零件基准要素为圆柱面或两平行平面时，量规定位部分的形状应与基准要素应遵守的边界的形状相同［如图 3-26（b）、（c）所示同轴度量规的定位圆柱Ⅱ］，其定形尺寸应等于这个边界的尺寸，其长度应不小于基准要素的长度。当基准要素本身采用最大实体要求（几何公差值后面标注符号Ⓜ）时，量规定位部分的定形尺寸等于基准要素的最大实体实效尺寸；当基准要素本身采用包容要求［见图 3-26（a）］或独立原则时，量规定位部分的定形尺寸等于基准要素的最大实体尺寸。

如果零件图上标注的某项位置公差中，其基准要素同时也是被测要素，则量规的定位部分也就是其检测部分，两者的定形尺寸相同。例如，箱体零件上支承同一根轴的两个轴承孔的轴线，分别相对于它们的公共轴线的同轴度公差项目中，这两个轴承孔既是被测要素，也是基准要素，如图 3-27 所示。

三、功能量规工作部分的定形尺寸公差带和各项公差

设计功能量规时，除了结构设计以外，更重要的是确定量规的检验部分、定位部分和导向部分的定形尺寸及其公差带，以及几何公差值和应遵守的公差原则等。

零件基准要素是确定被测要素方向或位置参考对象的基础，它在零件使用时还有其本身的功能要求，即它也是被测要素。因此，按是否用一个功能量规同时检验一个零件上的实际被测要素

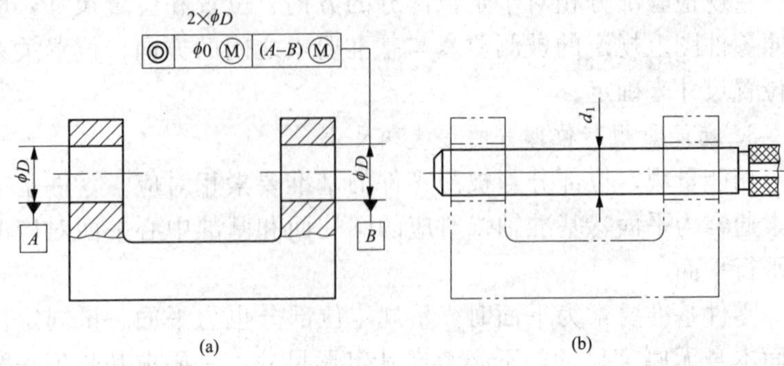

图 3-27　两孔轴线相对于其公共轴线的同轴度误差的检验

（a）零件图样标注；（b）用同轴度量规检验

和对应的实际基准要素，而将功能量规分为共同检验方式的量规和依次检验方式的量规两类。

共同检验是指功能量规的检验部分用来检验实际被测要素的轮廓是否超出它应遵守的边界。这个量规的定位部分既用来模拟体现基准（或基准体系），又用来检验实际基准要素的轮廓是否超出它应遵守的边界。例如，如图 3-26（c）所示，同轴度量规的定位圆柱Ⅱ既用来模拟体现基准孔，又用来代替光滑极限量规的通规，检验实际基准孔的轮廓是否超出它应遵守的最大实体边界。

依次检验是指功能量规的检验部分用来检验实际被测要素的轮廓是否超出它应遵守的边界，这个量规的定位部分，只用来模拟体现基准（或基准体系）。至于实际基准要素的轮廓是否超出它应遵守的边界，则用另一个功能量规或光滑极限量规的通规来检验。

1. 功能量规检验部分的定形尺寸公差带和极限尺寸

功能量规检验部分模拟体现被测要素应遵守的边界。如图 3-28 所示，为了确保产品的质量，GB/T 8069—1998 规定：量规检验部分的定形尺寸公差带及允许磨损量以被测要素应遵守的边界的尺寸为零线，配置于该边界之内，它的位置由量规检验部分的基本偏差 F_1 确定。对于被测内表面（量规检验部分为外表面），该基本偏差为上偏差；对于被测外表面（量规检验部分为内表面），该基本偏差为下偏差。

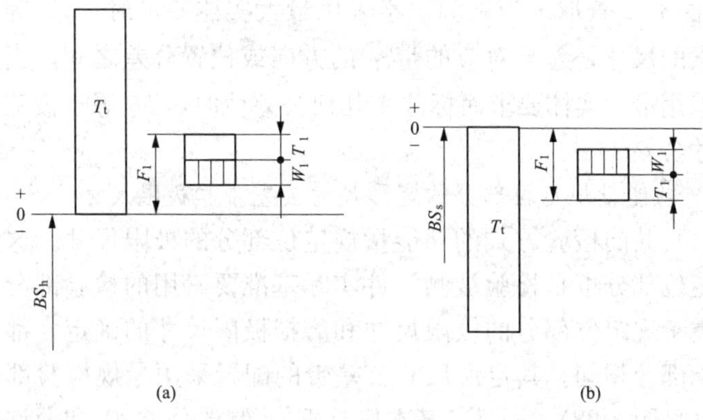

图 3-28　功能量规检验部分定形尺寸公差带示意图

（a）对于被测内表面；（b）对于被测外表面

量规检验部分的基本偏差 F_1 是指用于确定功能量规检验部分定形尺寸公差带，相对于以被测要素应遵守边界的尺寸为零线的位置的那个极限偏差。

对于被测内表面，量规检验部分为外表面，其极限尺寸 d_1 的确定［见图 3-28（a）］，即

$$d_1=(BS_h-F_1)_{-T_1}^{\ 0} \tag{3-1}$$

式中　BS_h——被测内表面应遵守边界的尺寸；

T_1——量规检验部分定形尺寸的制造公差。

对于被测外表面，量规检验部分为内表面，其极限尺寸 D_1 的确定［见图 3-28（b）］，即

$$D_1=(BS_s-F_1)_{\ 0}^{+T_1} \tag{3-2}$$

式中　BS_s——被测外表面应遵守边界的尺寸；

T_1——量规检验部分定形尺寸的制造公差。

图 3-28 中，T_1 为被测要素的综合公差，W_1 为量规检验部分的允许磨损量。因此，量规的外检验表面的磨损极限尺寸 $d_{1W}=(BS_h+F_1)-(T_1+W_1)$；量规的内检验表面的磨损极限尺寸 $D_{1W}=(BS_s-F_1)+(T_1+W_1)$。

F_1 和 T_1、W_1 的数值按被测要素的综合公差 T_1，分别由表 3-

11 和表 3-12 查取。当被测要素采用最大实体要求时，T_1 等于被测要素的尺寸公差与对应的带Ⓜ的方向或位置公差之和。当被测要素采用最大实体要求而标注零几何公差值时，T_1 等于被测要素的尺寸公差。

2. 功能量规定位部分的定形尺寸公差带和极限尺寸

（1）共同检验方式的功能量规定位部分的极限尺寸。这类量规的定位部分也是检验被测零件实际基准要素用的检验部分，因此这类量规定位部分的极限尺寸和磨损极限尺寸的确定，都与量规检验部分相同。其定形尺寸公差带的配置采用量规检验部分的方式（见图 3-28），而且其基本偏差 F_L、制造公差 T_L和允许磨损量 W_L，都分别采用相当于量规检验部分的基本偏差 F_1、制造公差 T_1 和允许磨损量 W_1。它们的数值按基准要素的综合公差 T_t，分别由表 3-11 和表 3-12 查取。当基准要素本身采用最大实体要求时，T_t等于基准要素尺寸公差与对应的带Ⓜ的几何公差之和；当基准要素本身采用最大实体要求而标注零几何公差值、包容要求或独立原则时，T_t等于基准要素的尺寸公差。

应当指出的是，共同检验方式的功能量规的检验部分和定位部分相当于两个都没有基准要求的检验部分，按特定的几何关系（如平行、同轴线、对称）构成一个整体或连接组合在一起。

（2）依次检验方式的功能量规定位部分的极限尺寸。这类量规的定位部分仅用于模拟体现基准或基准体系。如图 3-29 所示，GB/T 8069—1998 规定：其定形尺寸公差带和允许磨损量配置于基准要素应遵守的边界之外。这样配置就使按照零件图上给定的尺寸公差和几何公差检测合格的实际基准要素都能顺利地被量规定位部分通过。在这种情况下，量规定位部分的基本偏差 F_L为零。

对于基准内表面，量规定位部分为外表面，其极限尺寸 d_L的确定［见图 3-18（a)］，即

$$d_L = BS_{h-T_L}^{\ \ 0} \tag{3-3}$$

式中　BS_h——基准内表面应遵守边界的尺寸；

T_L——量规定位部分定形尺寸的制造公差。

表 3-11　功能量规检验部分（含共同检验方式的量规的定位部分）的基本偏差 F_1 的数值

（μm）

<table>
<tr><td>序号</td><td>0</td><td colspan="2">1</td><td colspan="2">2</td><td colspan="2">3</td><td colspan="2">4</td><td colspan="2">5</td></tr>
<tr><td rowspan="3">基准类型</td><td rowspan="3">无基准</td><td colspan="2" rowspan="2">无基准（成组被测要素）</td><td colspan="2" rowspan="2">一个中心要素</td><td colspan="2">一个平表面和一个中心要素</td><td colspan="2">两个平表面和一个中心要素</td><td colspan="2">一个平表面和两个成组中心要素</td></tr>
<tr><td colspan="2">三个平表面</td><td colspan="2">两个中心要素</td><td colspan="2">两个平表面和一个成组中心要素</td></tr>
<tr><td colspan="2">一个平表面</td><td colspan="2">两个平表面</td><td colspan="2">一个成组中心要素</td><td colspan="2">一个平表面和一个成组中心要素</td><td colspan="2">一个中心要素和一个成组中心要素</td></tr>
<tr><td>综合公差 T_t</td><td>固定式</td><td>固定式</td><td>活动式</td><td>固定式</td><td>活动式</td><td>固定式</td><td>活动式</td><td>固定式</td><td>活动式</td><td>固定式</td><td>活动式</td></tr>
<tr><td>≤16</td><td>3</td><td>4</td><td>—</td><td>5</td><td>—</td><td>5</td><td>—</td><td>6</td><td>—</td><td>7</td><td>—</td></tr>
<tr><td>>16～25</td><td>4</td><td>5</td><td>—</td><td>6</td><td>—</td><td>7</td><td>—</td><td>8</td><td>—</td><td>9</td><td>—</td></tr>
<tr><td>>25～40</td><td>5</td><td>6</td><td>—</td><td>8</td><td>—</td><td>9</td><td>—</td><td>10</td><td>—</td><td>11</td><td>—</td></tr>
<tr><td>>40～63</td><td>6</td><td>8</td><td>—</td><td>10</td><td>—</td><td>11</td><td>—</td><td>12</td><td>—</td><td>14</td><td>—</td></tr>
<tr><td>>63～100</td><td>8</td><td>10</td><td>16</td><td>12</td><td>18</td><td>14</td><td>20</td><td>16</td><td>20</td><td>18</td><td>22</td></tr>
<tr><td>>100～160</td><td>10</td><td>12</td><td>20</td><td>16</td><td>22</td><td>18</td><td>25</td><td>20</td><td>25</td><td>22</td><td>28</td></tr>
<tr><td>>160～250</td><td>12</td><td>16</td><td>25</td><td>20</td><td>28</td><td>22</td><td>32</td><td>25</td><td>32</td><td>28</td><td>36</td></tr>
<tr><td>>250～400</td><td>16</td><td>20</td><td>32</td><td>25</td><td>36</td><td>28</td><td>40</td><td>32</td><td>40</td><td>36</td><td>45</td></tr>
<tr><td>>400～630</td><td>20</td><td>25</td><td>40</td><td>32</td><td>45</td><td>36</td><td>50</td><td>40</td><td>50</td><td>45</td><td>56</td></tr>
<tr><td>>630～1000</td><td>25</td><td>32</td><td>50</td><td>40</td><td>56</td><td>45</td><td>63</td><td>50</td><td>63</td><td>56</td><td>71</td></tr>
<tr><td>>1000～1600</td><td>32</td><td>40</td><td>63</td><td>50</td><td>71</td><td>56</td><td>80</td><td>63</td><td>80</td><td>71</td><td>90</td></tr>
<tr><td>>1600～2500</td><td>40</td><td>50</td><td>80</td><td>63</td><td>90</td><td>71</td><td>100</td><td>80</td><td>100</td><td>90</td><td>110</td></tr>
</table>

注 1. 综合公差 T_t 等于被测要素或基准要素的尺寸公差与其带Ⓜ的几何公差之和。

2. 对于共同检验方式的固定式功能量规，单个的检验部分和定位部分（也是用于检验实际基准要素的检验部分）的 F_t 的数值皆按序号 0 查取；成组的检验部位的 F_t 的数值按序号 1 查取。

3. 用于检验单一要素孔、轴的轴线直线度量规的 F_1 的数值按序号 0 查取。

4. 对于依次检验方式的功能量规，检验部分的 F_1 的数值按被测零件的图样上所标注被测要素的基准类型选取。

表 3-12 功能量规各工作部分的尺寸公差、方向和位置公差、允许磨损量和最小间隙的数值 (μm)

综合公差 T_t	检验部位		定位部位		导向部位			t_1、t_L、t_G	t'_G
	T_1	W_1	T_L	W_L	T_G	W_G	X_{min}		
≤16	1.5							2	
>16~25	2							3	
>25~40	2.5							4	
>40~63	3							5	
>63~100	4				2.5		3	6	2
>100~160	5				3			8	2.5
>160~250	6				4		4	10	3
>250~400	8				5			12	4
>400~630	10				6		5	16	5
>630~1000	12				8			20	6
>1000~1600	16				10		6	25	8
>1600~2500	20				12			32	10

注 1. 综合公差 T_t 等于被测要素或基准要素的尺寸公差与其带Ⓜ的几何公差之和。

2. T_1、W_1、T_L、W_L、T_G、W_G 分别为量规检验部分、定位部分、导向部分的尺寸公差、允许磨损量。

3. t_1、t_L、t_G 分别为量规检验部分、定位部分、导向部分的方向、位置公差。

4. t'_G 为台阶式插入件的导向部位对检验部位（或定位部位）的同轴度公差或对称度公差。

5. X_{min}为量规检验部位（或定位部位）与导向部位配合所要求的最小间隙。

对于基准外表面，量规定位部分为内表面，其极限尺寸 D_L的确定［见图 3-18（b）］，即

$$D_L = BS_s{}^{+T_L}_{\ 0} \tag{3-4}$$

式中 BS_s——基准外表面应遵守边界的尺寸；

T_L——量规定位部分定形尺寸的制造公差。

图 3-29 中，T_L为基准要素的综合公差，W_L为量规定位部分的允许磨损量。因此，量规的外定位表面的磨损极限尺寸 d_{LW}＝

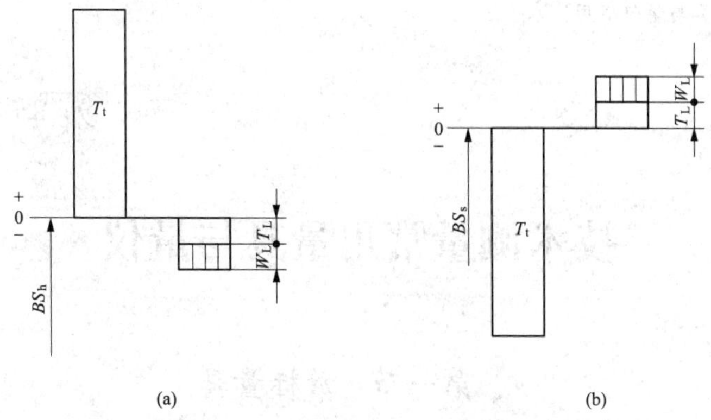

图 3-29　依次检验方式的功能量规的定位部分定形尺寸公差带示意图

（a）对于基准内表面；（b）对于基准外表面

$BS_h-(T_L+W_L)$；量规的内定位表面的磨损极限尺寸 $D_{LW}=BS_S+(T_L+W_L)$。

依次检验方式的功能量规的定位部分制造公差 T_L 和允许磨损量 W_L 的数值，都按被测要素的综合公差 T_t 由表 3-12 查取。

3. 功能量规工作部分的几何公差和表面粗糙度轮廓要求

（1）功能量规工作部分为圆柱面或两平行平面时，其形状公差与定形尺寸公差的关系应采用包容要求Ⓔ。

（2）功能量规检验、定位、导向部分的方向、位置公差 t_1、t_L、t_G，按对应被测要素或基准要素的综合公差 T_t 由表 3-12 查取，通常采用独立原则。

（3）功能量规定位平面的平面度公差可取为量规检验部分方向、位置公差 t_1 的 1/3 ～1/2。

（4）功能量规工作部分的表面粗糙度轮廓要求可由表 3-10 查取，轮廓算术平均偏差 Ra 的上限值为 0.05～0.8μm。

第四章

技术测量常用量具与量仪

第一节 游标量具

一、游标卡尺的结构形式和用途

游标类量具是利用游标读数原理制成的一种量具，主要用于机械加工中测量零件内外尺寸、宽度、厚度和孔距等，具有结构简单、使用方便、测量范围大等特点，因此生产中使用极为广泛。

常用的游标类量具主要有游标卡尺（见表 4-1）和游标万能角度尺。游标卡尺的结构种类较多，最常用的三种游标卡尺的结构和测量指标见表 4-2。从结构图中可以看出，游标量具在结构上的共同特征是都有尺身、游标以及测量基准面。尺身上有毫米分度值，游标上的分度值有 0.10、0.05、0.02mm 等三种。游标卡尺的尺身刻有分度值，其上有固定测量爪。有分度值的部分称为尺身，沿着尺身可移动的部分称为尺框；尺框上有活动测量爪，并

表 4-1　　游标卡尺（GB/T 21388—2008）　　（mm）

图示	测量范围	分度值 0.02	分度值 0.05	分度值 0.10
		示值误差	示值误差	示值误差
	0～150	±0.02	±0.05	±0.10
	0～200	±0.03	±0.05	±0.10
	0～300	±0.04	±0.08	±0.10
	0～500	±0.05	±0.08	±0.10
	0～1000	±0.07	±0.10	±0.15

装有游标和紧固螺钉。有的游标卡尺上为调节方便还装有微动装置。在尺身上滑动尺框，可改变两测量爪的距离，从而完成不同尺寸的测量工作。游标卡尺通常用来测量内外径尺寸、孔距、壁厚、沟槽及深度等。

二、游标卡尺的刻线原理和读数方法

游标卡尺的读数部分由尺身与游标组成。其原理是利用尺身刻线间距和游标刻线间距之差来进行小数读数。通常尺身刻线间距 a 为1mm，尺身刻线（$n-1$）格的长度等于游标刻线 n 格长度。常用的有 $n=10$，$n=20$ 和 $n=50$ 三种，相应的游标刻线间距分别为0.90、0.95、0.98mm等三种。尺身刻线间距与游标刻线间距之差，即 $i=a-b$ 为游标读数值（游标卡尺的分度值），此时 i 分别为0.10、0.05、0.02mm。

根据游标卡尺的刻线原理，在测量时，尺框沿着尺身移动，根据被测尺寸的大小尺框停留在某一确定的位置，此时游标上的零线落在尺身的某一刻度间，游标上的某一刻线与尺身上的某一刻线对齐，由以上二点得出被测尺寸的整数部分和小数部分，两者相加，即得测量结果。

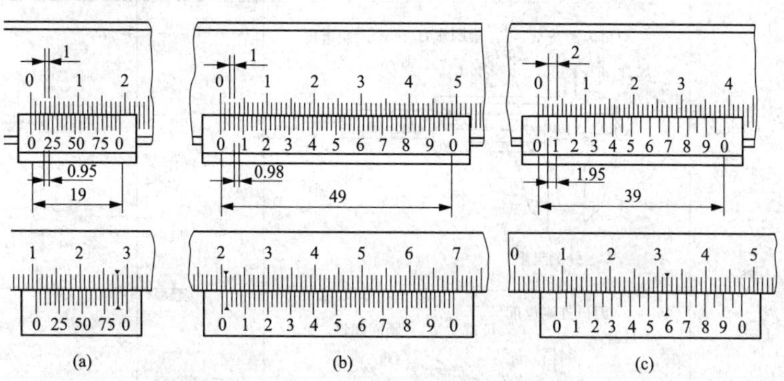

图4-1 游标卡尺的刻线原理和读数示例

（a）$y=1$，$i=0.05$mm；（b）$y=1$，$i=0.02$mm；（c）$y=2$，$i=0.05$mm

下面将读数的方法和步骤以图4-1为例进行说明。

图4-1（a）上图为读数值 $i=0.05$mm 的游标卡尺的刻线图。

尺身刻线间距 $a=1$mm，游标刻线间距 $b=0.95$mm，游标刻线格数 20 格，游标刻线总长 19mm。下图为某测量结果，游标的零线落在尺身的 10～11mm 之间，因而读数的整数部分为 10mm。游标的第 18 格的刻线与尺身的一条刻线对齐，因而小数部分值为 $0.05\times18=0.9$mm，所以被测量尺寸为 $10+0.9=10.9$mm。

图 4-1（b）上图为读数值 $i=0.02$mm 的游标卡尺的刻线图。尺身刻线间距 $a=1$mm，游标刻线间距 $b=0.98$mm，游标的刻线格数为 50 格，游标刻线总长为 49mm。下图为某测量结果。游标的零线落在尺身的 20～21mm 之间，因而整数部分为 20mm。游标的第 1 格刻线与尺身的一条刻线对齐，因而小数部分值为 $0.02\times1=0.02$mm，所以被测尺寸为 20.02mm。

使用游标卡尺时，当游标上的某一刻线与尺身上的一条刻线对齐时，此刻线左、右相邻的两条刻线也与尺身上的另外刻线近似对齐，因而易发生判断错误而产生测量误差，此误差属粗大误差。

表 4-2　　常用三种游标卡尺的结构和测量指标

种类	结构图	测量范围/mm	游标读数值/mm
三用卡尺（Ⅰ型）	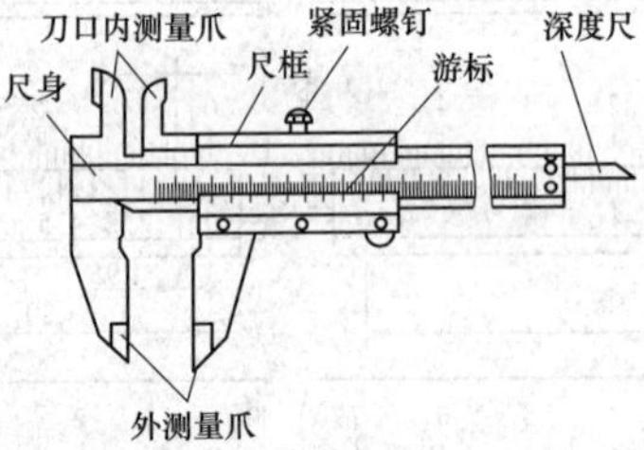 刀口内测量爪 紧固螺钉 深度尺 尺框 游标 尺身 外测量爪	0～125 0～150	0.02 0.05
双面卡尺（Ⅲ型）	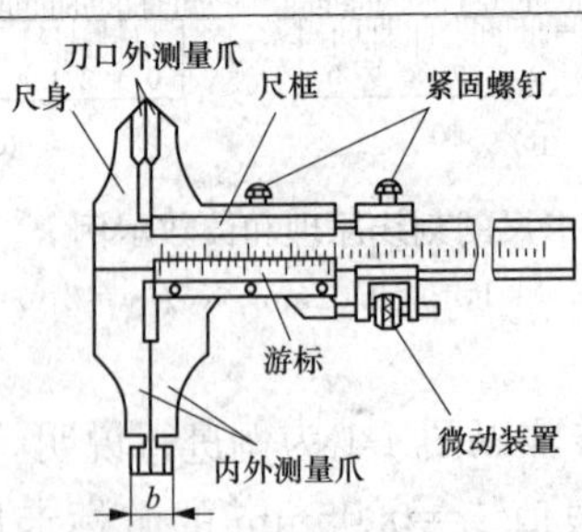 刀口外测量爪 尺身 尺框 紧固螺钉 游标 微动装置 内外测量爪 b	0～200 0～300	0.02 0.05

续表

种类	结构图	测量范围/mm	游标读数值/mm
单面卡尺（Ⅳ型）	尺身 尺框 游标 紧固螺钉 内外测量爪 微动装置 b	0～200 0～300	0.02 0.05
		0～500	0.02 0.05 0.1
		0～1000	0.05 0.1

为使读数更加清晰，可把游标的刻线间距分别增大为 1.90mm 或 1.95mm，使尺身两格与游标刻线一格的间距差为 0.10mm 或 0.05mm，此时，式中的 γ 为游标系数。图 4-1（c）上图为 $\gamma=2$，$i=0.05$mm 的游标卡尺的刻线图，其中 $a=1$mm，$b=1.95$mm，游标格数 20 格，游标刻线总长 39mm。下图为某一测量结果，其整数部分为 8mm，小数部分为 0.05×12=0.60mm，因而被测尺寸为 8.60mm。

三、其他游标卡尺

其他游标卡尺还有齿厚游标卡尺、游标深度卡尺、游标高度卡尺等。

1、深度游标卡尺

深度游标卡尺主要用于测量工件的孔、槽的深度和阶台的高度等，其结构和测量指标见表 4-3。

表 4-3　深度游标卡尺（GB/T 21388—2008）　(mm)

图示	测量范围	分度值 0.02	分度值 0.05
		示值误差	
	0～200	±0.03	±0.05
	0～300	±0.04	±0.08
	0～500	±0.05	±0.08

2. 高度游标卡尺

高度游标卡尺主要用于测量工件的高度尺寸或进行划线，其结构和测量指标见表4-4。

表4-4 高度游标卡尺（GB/T 21388—2008） （mm）

图示	测量范围	分度值	
		0.02	0.05
		示值误差	
	0～200	±0.03	±0.05
	0～300	±0.04	±0.08
	0～500	±0.05	±0.08
	0～1000	±0.07	±0.10

3. 齿厚游标卡尺

齿厚游标卡尺结构上是由两把互相垂直的游标卡尺组成，用于测量直齿、斜齿圆柱齿轮的固定弦齿厚，其结构和测量指标见表4-5。

表4-5 齿厚游标卡尺（GB/T 21388—2008） （mm）

图示	测量模数范围	分度值	示值误差
	1～16	0.02	±0.02
	1～25		
	5～32		
	10～50		

4. 带表卡尺或数显卡尺

为了方便读数，有的游标卡尺装有测微表头，如有的卡尺上还装有百分表或数显装置，成为带表卡尺或数显卡尺。

(1) 如图 4-2 所示为带表游标卡尺，它是通过机械传动装置，将两测量爪的相对移动转变为指示表的回转运动，并借助尺身分度值和指示表，对两测量爪相对位移所分隔的距离进行读数。

(2) 如图 4-3 所示为数显卡尺，它具有非接触性电容式测量系统，由液晶显示器显示，数显卡尺测量方便、可靠。

由于这两种卡尺采用了新的更准确的读数装置，因而减小了测量误差，提高了测量的准确性。

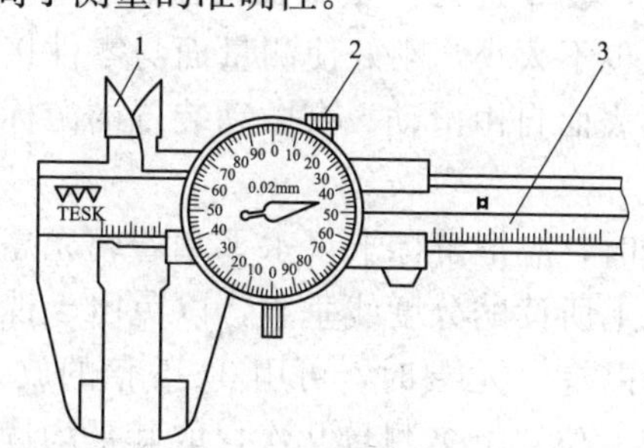

图 4-2 带表游标卡尺

1—量爪；2—百分表；3—毫米标尺

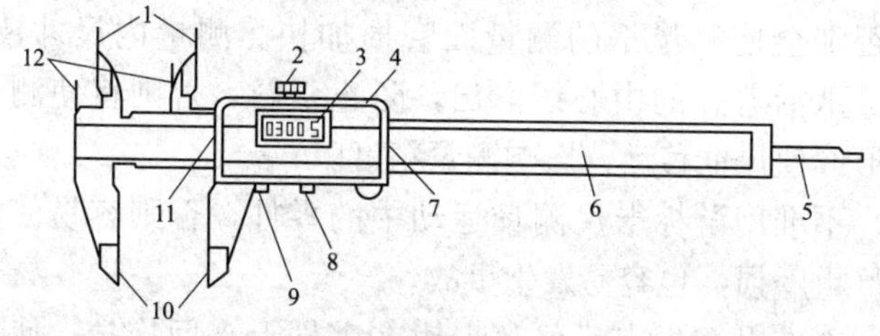

图 4-3 数显卡尺

1—内测量爪；2—紧固螺钉；3—液晶显示器；4—数据输出端口；5—深度尺；6—尺身；7、11—防尘板；8—置零按钮；9—米制、英制转换按钮；10—外测量爪；12—台阶测量面

四、游标卡尺的使用及注意事项

使用游标卡尺时，应注意以下事项：

（1）使用前，应先把测量爪和被测零件表面的灰尘和油污等擦干净，以免碰伤测量爪面，影响测量精度。同时检查各部件，如尺框和尺身装置移动是否灵活，紧固螺钉是否起作用等。

（2）使用前，还应检查游标卡尺零位，使游标卡尺两测量爪紧密贴合，用眼睛观察时应无明显的光隙，同时观察游标零线与尺身零线是否对准，游标的尾线与尺身的相应分度线是否对准。最好把测量爪闭合3次，观察各次读数是否一致。如果3次读数虽然不是“0”，但却一样，可把这一数值记下来，在测量时加以修正。

（3）使用时，要掌握好测量爪面同工件表面接触时的压力，做到既不太大，也不太小，刚好使测量面与零件接触，同时测量爪还能沿着零件表面自由滑动。有微动装置的游标卡尺，应使用微动装置。

（4）在读数时，应把游标卡尺水平拿着朝光亮的方向，使视线尽可能地和尺上所读的分度线垂直，以免由于视线的歪斜而引起读数误差（即视差）。必要时，可用3～5倍的放大镜帮助读数。最好在零件的同一位置上多测量几次，取其平均读数，以减小读数误差。

（5）测量外尺寸读数后，切不可从被测零件上猛力抽下游标卡尺，否则会使测量爪的测量面磨损加快。测量内尺寸读数后，要使测量爪沿着孔的中心线滑出，防止歪斜，否则将使测量爪扭伤、变形或使尺框移动，影响测量精度。

（6）不准用游标卡尺测量运动中的零件，否则容易使游标卡尺受到严重磨损，也容易发生事故。

（7）不准以游标卡尺代替卡钳在零件上来回拖拉。使用游标卡尺时不可用力同工件撞击，防止损坏游标卡尺。

（8）游标卡尺不要放在强磁场附近（如磨床的工作台上），以免使游标卡尺感应磁性，影响使用。

（9）使用后，应当注意把游标卡尺平放，尤其是大尺寸的游标卡尺，否则会使尺身弯曲变形。

（10）使用完毕后，应将游标卡尺放在专用盒内，注意不要弄脏卡尺或使卡尺生锈。

（11）不可用砂布或普通磨料来擦除刻度尺表面及量爪测量面的锈迹和污物。

（12）游标卡尺受损后，不能用锤子、锉刀等工具自行修理，应交专门的修理部门修理，并经检定合格后才能使用。

第二节　测微螺旋量具

测微螺旋量具是利用螺旋副的运动原理进行测量和读数的一种测微量具。按用途可分为外径千分尺、内径千分尺、深度千分尺及专用的测量螺纹中径尺寸的螺纹千分尺和测量齿轮公法线长度的公法线千分尺等。

一、外径千分尺的结构

外径千分尺由尺架、测微装置、测力装置和锁紧装置等组成，如图 4-4 所示。外径千分尺结构和测量指标见表 4-6。

表 4-6　　外径千分尺（GB/T 1216—2004）

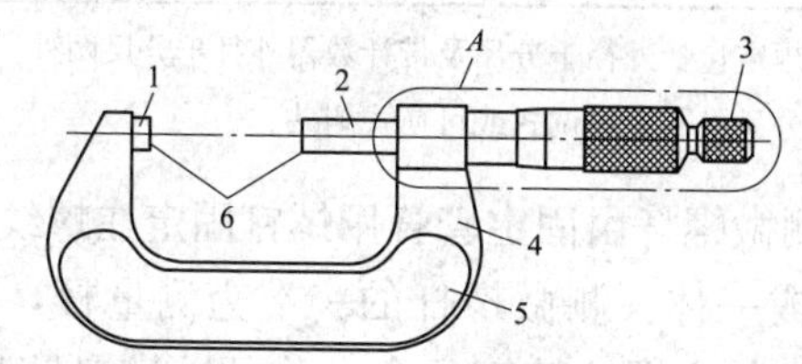

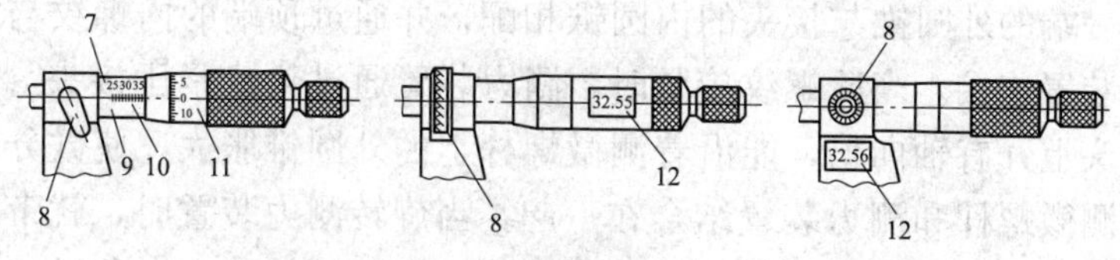

A 部详图

1—测砧；2—测微螺杆；3—棘轮；4—尺架；5—隔热装置；6—测量面；7—模拟显示；8—测微螺杆锁紧装置；9—固定套管；10—基准线；11—微分筒；12—数值显示

续表

<table>
<tr><th>测量范围/mm</th><th>最大允许误差/μm</th><th>两测量面平行度公差/μm</th></tr>
<tr><td>0～25，25～50</td><td>4</td><td>2</td></tr>
<tr><td>50～75，75～100</td><td>5</td><td>3</td></tr>
<tr><td>100～125，125～150</td><td>6</td><td>4</td></tr>
<tr><td>150～175，175～200</td><td>7</td><td>5</td></tr>
<tr><td>200～225，225～250</td><td>8</td><td>6</td></tr>
<tr><td>250～275，275～300</td><td>9</td><td>7</td></tr>
<tr><td>300～325，325～350</td><td>10</td><td rowspan="2">9</td></tr>
<tr><td>350～375，375～400</td><td>11</td></tr>
<tr><td>400～425，425～450</td><td>12</td><td rowspan="2">11</td></tr>
<tr><td>450～475，475～500</td><td>13</td></tr>
<tr><td>500～600</td><td>14</td><td>12</td></tr>
<tr><td>600～700</td><td>16</td><td>14</td></tr>
<tr><td>700～800</td><td>18</td><td>16</td></tr>
<tr><td>800～900</td><td>20</td><td>18</td></tr>
<tr><td>900～1000</td><td>22</td><td>20</td></tr>
</table>

注 1. 本标准规定包括外径千分尺及带计数器外径千分尺两种。

2. 外径千分尺可制成可调式或可换式测砧。

图 4-4 中测微螺杆由固定套管用螺钉固定在螺纹轴套上，并与尺架紧密结合成一体。测微螺杆的一端为测量杆，它的中部外螺纹与螺纹轴套上的内螺纹精密配合，并可通过螺母调节配合间隙；另一端的外圆锥与接头的内圆锥相配，并通过顶端的内螺纹与测力装置连接。当此螺纹旋紧时，测力装置通过垫片紧压接头，而接头上开有轴向槽，能沿着测微螺杆上的外圆锥胀大，使微分筒与测微螺杆和测力装置结合在一起。当旋转测力装置时，就带动测微螺杆和微分筒一起旋转，并沿精密螺纹的轴线方向移动，使两个测量面之间的距离发生变化。

千分尺测微螺杆的移动量一般为 25mm，少数大型千分尺也有制成 50mm 的。

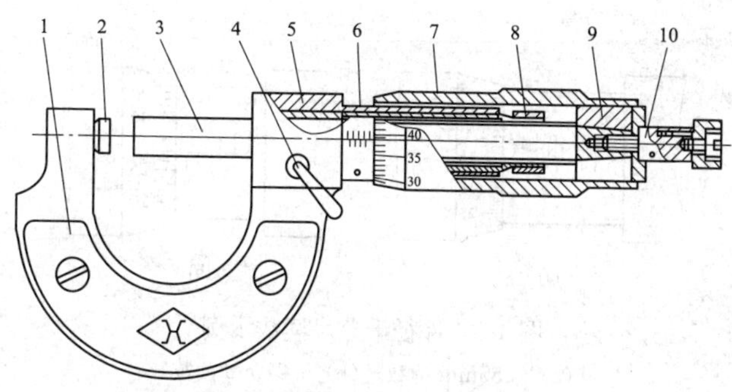

图 4-4　外径千分尺

1—尺架；2—砧座；3—测微螺杆；4—锁紧装置；5—螺纹轴套；6—固定套管；7—微分筒；8—螺母；9—接头；10—测力装置

二、外径千分尺的读数原理和读数方法

1. 千分尺的读数原理和读数方法

在千分尺的固定套管上刻有轴向中线，作为微分筒读数的基准线。在中线的两侧，刻有两排刻线，每排刻线间距为 1mm，上下两排相互错开 0.5mm。测微螺杆的螺距为 0.5mm，微分筒的外圆周上刻有 50 等分的刻度。当微分筒转一周时，螺杆轴向移动 0.5mm。如微分筒只转动一格时，则螺杆的轴向移动为 0.5/50＝0.01mm，因而 0.01mm 就是千分尺的分度值。

读数时，从微分筒的边缘向左看固定套管上距微分筒边缘最近的刻线，从固定套管中线上侧的刻度读出整数，从中线下侧的刻度读出 0.5mm 的小数，再从微分筒上找到与固定套管中线对齐的刻线，将此刻线数乘以 0.01mm 就是小于 0.5mm 的小数部分的读数，最后把以上几部分相加即为测量值。

【例 4-1】　读出图 4-5 中外径千分尺所示读数。

解：从图 4-5（a）中可以看出，距微分筒最近的刻线为中线下侧的刻线，表示 0.5mm 的小数，中线上侧距微分筒最近的为 7mm 的刻线，表示整数，微分筒上的 35 的刻线对准中线，所以外径千分尺的读数＝7＋0.5＋0.01×35＝7.85mm。

从图 4-5（b）中可以看出，距微分筒最近的刻线为 5mm 的刻

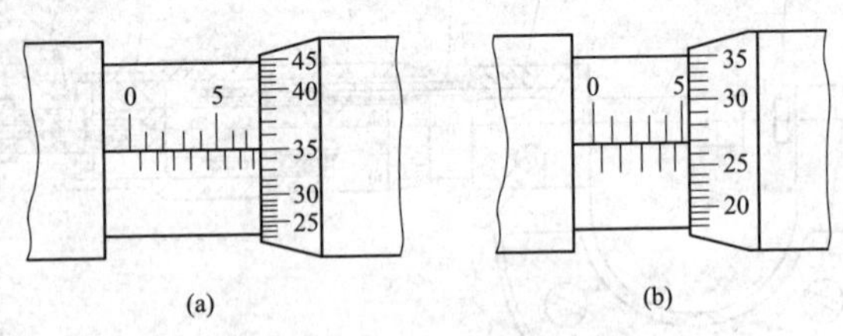

图 4-5　外径千分尺读数示例

(a) 7.85mm 读数；(b) 5.27mm 读数

线，而微分筒上数值为 27 的刻线对准中线，所以外径千分尺的读数＝5＋0.01×27＝5.27mm。

2. 千分尺的测量范围和精度特点

千分尺使用方便，读数准确，其测量精度比游标卡尺高，在生产中使用广泛；但千分尺的螺纹传动间隙和传动副的磨损会影响测量精度，因此主要用于测量中等精度的零件。常用的外径千分尺的测量范围有 0～25、25～50、50～75mm 等多种，最大的可达 2500～3000mm。

千分尺的制造精度主要由它的示值误差（主要取决于螺纹精度和刻线精度）和测量面的平行度误差决定。制造精度可分为 0 级和 1 级两种，0 级精度较高。

三、其他测微螺旋量具

其他类型的千分尺的读数原理与读数方法与外径千分尺相同，只是由于用途不同，在外形和结构上有所差异。

1. 内径千分尺

内径千分尺结构如图 4-6（a）所示，它可以用来测量 50mm 以上的实体内部尺寸，其读数范围为 50～63mm；也可用来测量槽宽和两个内端面之间的距离。为了扩大其测量范围，内径千分尺附有成套接长杆［见图 4-6（b）］，必要时可以通过连接接长杆，以扩大其量程，连接时去掉保护螺帽，把接长杆右端与内径千分尺左端旋合，可以连接多个接长杆，直到满足需要为止。

(1) 两点内径千分尺，结构和测量指标见表 4-7。

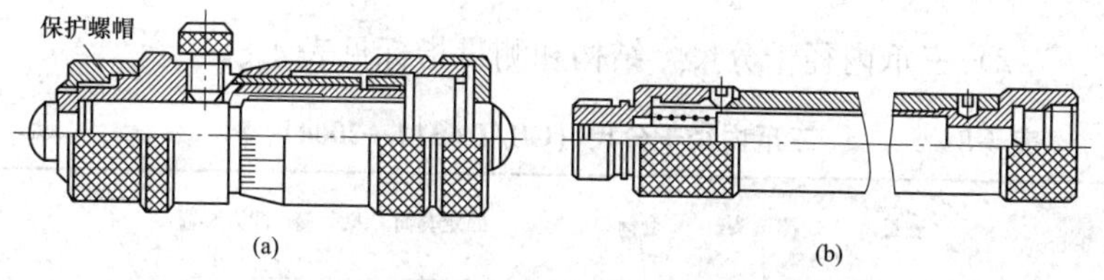

图 4-6 内径千公尺

(a) 结构；(b) 接长杆

表 4-7 两点内径千分尺（GB/T 8177—2004）

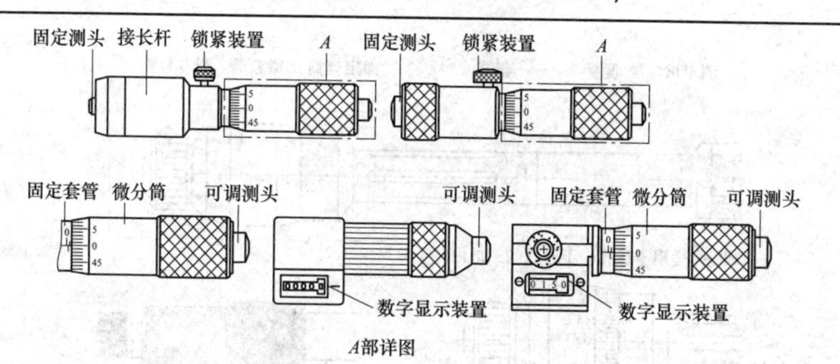

主要规格/mm	测量长度 l/mm	最大允许误差/μm
50～250，50～600；100～1225，100～1500，100～5000；150～1250，150～1400，150～2000，150～3000，150～4000，150～5000；250～2000，250～4000，250～5000；1000～3000，1000～4000，1000～5000，2500～5000	l≤50	4
	50<l≤100	5
	100<l≤150	6
	150<l≤200	7
	200<l≤250	8
	250<l≤300	9
	300<l≤350	10
	350<l≤400	11
	400<l≤450	12
	450<l≤500	13
	500<l≤800	16
	800<l≤1250	22
	1250<l≤1600	27
	1600<l≤2000	32
	2000<l≤2500	40
	2500<l≤3000	50
	3000<l≤4000	60
	4000<l≤5000	72

注 本标准规定包括两点内径千分尺及带计数器两点内径千分尺两种。

（2）三爪内径千分尺，结构和测量指标见表 4-8。

表 4-8　三爪内径千分尺（GB/T 6314—2004）

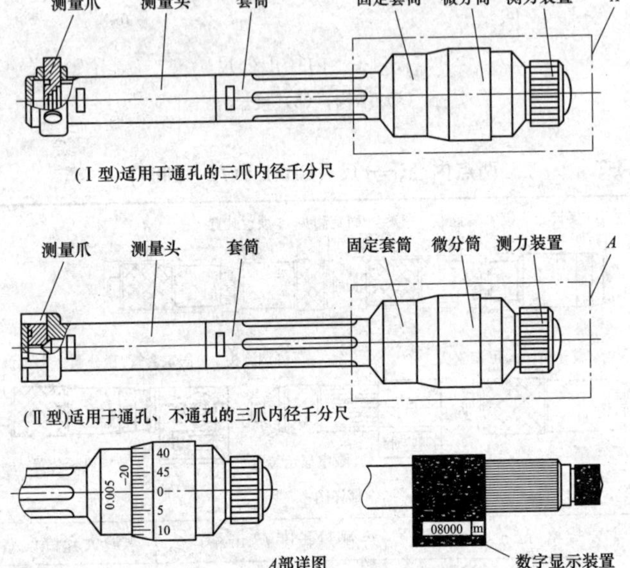

型式	测量范围/mm
Ⅰ型	6～8，8～10，10～12，11～14，14～17，17～20，20～25，25～30，30～35，35～40，40～50，50～60，60～70，70～80，80～90，90～100
Ⅱ型	3.5～4.5，4.5～5.5，5.5～6.5，8～10，10～12，11～14，14～17，17～20，20～25，25～30，30～35，35～40，40～50，50～60，60～70，70～80，80～90，90～100，100～125，125～150，150～175，175～200，200～225，225～250，250～275，275～300

测量上限 l_{max}/mm	最大允许误差/mm
$3.5<l_{max}\leqslant 40$	0.004
$40<l_{max}\leqslant 100$	0.005
$100<l_{max}\leqslant 300$	0.008

注　本标准规定包括三爪内径千分尺及带计数器三爪内径千分尺两种。

使用内径千分尺时的注意事项：

1）使用前，应使用调整量具（校对卡规）校对微分头零位，若不正确，则应进行调整。

2）选取接长杆时，应尽可能选取数量最少的接长杆来组成所需的尺寸，以减少累积误差。

3）连接接长杆时，应按尺寸大小排列。尺寸最大的接长杆应与微分头连接，依次减小，这样可以减少弯曲，减少测量误差。

4）接长后的大尺寸内径千分尺，测量时应支撑在距两端距离为全长的 20％处，使其变形量为最小。

5）当使用测量下限为 75（或 150）mm 的内径千分尺时，被测量面的曲率半径不得小于 25mm（或 60mm），否则可能使内径千分尺的测头球面边缘接触被测件，造成测量误差。

2. 内测千分尺

内测千分尺主要适用于直接测量工件的沟槽宽度、浅孔直径、浅槽和空隙的宽度、活塞环宽度以及传动轴的配合槽宽度等。普通内测千分尺是由微分头和两个柱面形测量爪组成的，如图 4-7 所示。

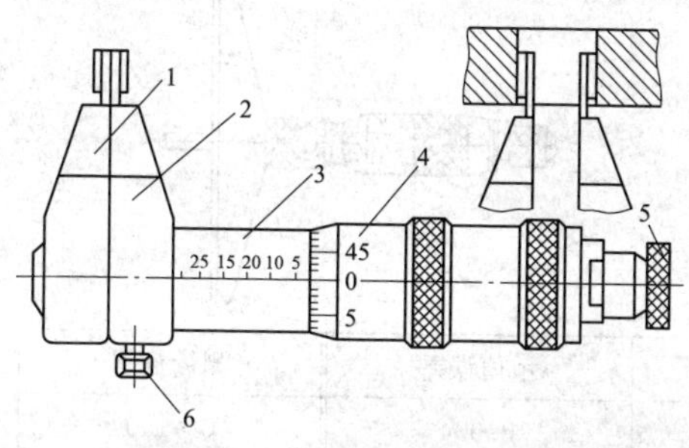

图 4-7　普通内测千分尺

1—固定测量爪；2—活动测量爪；3—固定套筒；
4—微分筒；5—测力装置；6—紧固螺钉

普通内测千分尺的读数方法与外径千分尺相同，但测量和读数方向与外径千分尺相反。由于它测量轴线不在基准轴线的延长线上，因此，测量精度较低。普通内径千分尺的读数值为 0.01mm，测量范围有 5～30、5～25、25～50、50～75mm 等多种，并且都备有校对零位用的光面环规（校对量具）。

常用内测千分尺的结构和测量指标见表4-9。

表4-9　　内测千分尺（JB/T 10006—1999）

测量范围	示值误差	测量范围	示值误差
5～30	0.007	75～100	0.010
25～50	0.008	100～125	0.011
50～75	0.009	125～150	0.012

3. 深度千分尺

深度千分尺的结构和测量指标见表4-10，其主要结构与外径千分尺相似，只是多了一个基座而没有尺架。深度千分尺主要用于测量孔和沟槽的深度及两平面间的距离。在测微螺杆的下面连接着可换测量杆，测量杆有四种尺寸，测量范围分别为：0～25、25～50、50～75、75～100mm等。

表4-10　　深度千分尺（GB/T 1218—2004）　　(mm)

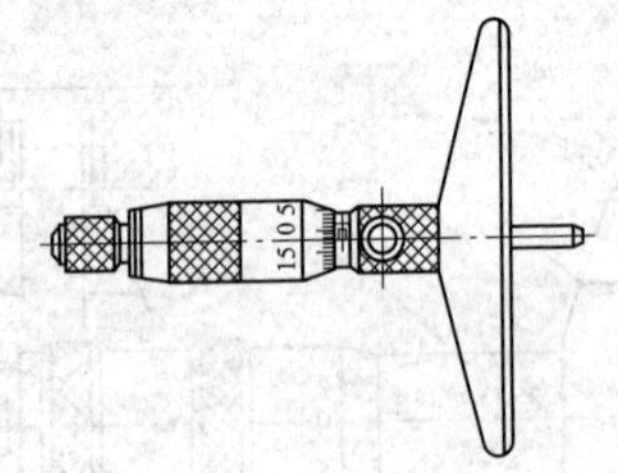

测量范围	示值误差	测量范围	示值误差
0～25	0.004	0～150	0.007
0～100	0.005		

使用时的注意事项包括以下几个方面：

(1) 测量前，应将底板的测量面和工件被测面擦干净，并去除毛刺，被测表面的表面粗糙度值应比较小。

(2) 应经常正确校对零位，零位的校对可采用两块尺寸相同的量块组合体进行。

(3) 每次更换测量杆后，必须用调整量具校正其示值；如无调整量具，可用量块校正。

（4）测量时，应使测量底板与被测零件表面保持紧密接触。测量杆中心轴线与被测零件的测量面保持垂直。

（5）用完之后，应放在专用盒内保存。

4. 螺纹千分尺

螺纹千分尺的结构和测量指标见表 4-11，主要用于测量螺纹的中径尺寸，其结构与外径千分尺基本相同，只是砧座与测量头的形状有所不同。其附有各种不同规格的测量头，每一对测量头用于一定的螺距范围，测量时可根据螺距选用相应的测量头。测量时，V 形测量头与螺纹牙型的凸起部分相吻合，锥形测量头与螺纹牙型沟槽部分相吻合，从固定套管和微分筒上可读出螺纹的中径尺寸。

表 4-11　　螺纹千分尺（GB/T 10932—2004）　　（mm）

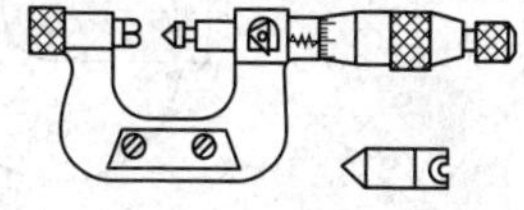

测量范围	测头对数	测头测量螺距的范围	示值误差
0～25	5	0.4～0.5；0.6～0.8 1～1.25；1.5～2；2.5～3.5	±0.004
25～50	5	0.6～0.8；1～1.25 1.5～2；2.5～3.5；4～6	±0.004
50～75；75～100	4	1～1.25；1.5～2；2.5～3.5；4～6	±0.005
100～125；125～150	3	1.5～2；2.5～3.5；4～6	±0.005

5. 壁厚千分尺和板厚千分尺

（1）壁厚千分尺的结构和测量指标，见表 4-12，它是用来测量精密管形零件的壁厚尺寸，测量面镶有硬质合金，以提高寿命，壁厚千分尺的读数值为 0.01mm。

（2）板厚千分尺的结构和测量指标，见表 4-13，它是用来测量精密板形零件的板厚尺寸，分Ⅰ型和Ⅱ型两种，板厚千分尺的读数值为 0.01mm。

表 4-12　　壁厚千分尺（GB/T 6312—2004）　　（mm）

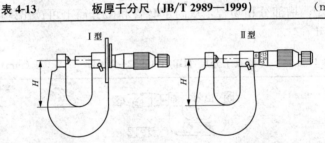

图　示	型式	测量范围	示值误差
	Ⅰ	0～25	0.004
	Ⅱ	0～25	0.008

表 4-13　　板厚千分尺（JB/T 2989—1999）　　（mm）

型式	测量范围	示值误差	
		1 级	2 级
Ⅰ级	0～10、0～15、0～25	±0.004	±0.008
Ⅱ级	0～25		

注　H 分为 40、80、150mm 三种。

6. 尖头千分尺

尖头千分尺的结构和测量指标，见表 4-14，是用来测量普通千分尺不能测量的小沟槽的，如钻头和偶数槽丝锥的沟槽直径等。尖头千分尺读数值为 0.01mm，测量范围有：0～25、25～50、50～75、75～100mm。

7. 杠杆千分尺

（1）杠杆千分尺的结构与特点。杠杆千分尺是一种带有精密杠杆齿轮传动机构的指示式测微量具，它的用途与外径千分尺相

表 4-14　　　　尖头千分尺（GB/T 6313—2004）　　　　（mm）

图　示	测量范围	示值误差
	0～25 25～50	0.004
	50～75 75～100	0.005

同，但因其能进行相对测量，故测量效率较高，适用于较大批量、精度较高的中、小零件的测量。

杠杆千分尺的结构如图 4-8 所示。杠杆千分尺与外径千分尺相似，只是尺架的刚性比外径千分尺好，可以较好地保证测量精度和测量的稳定性。其测砧可以微动调节，并与一套杠杆测微机构相连。被测尺寸的微小变化，可引起测砧的微小位移，此微小位移带动与之相连的杠杆偏转，从而在分度盘中将微小位移显示出来。

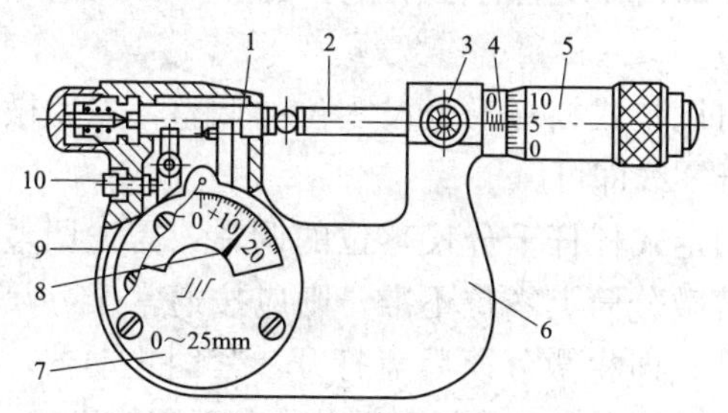

图 4-8　杠杆千分尺

1—测砧；2—测微螺杆；3—锁紧装置；4—固定轴套；
5—微分筒；6—尺架；7—盖板；8—指针；9—分度盘；10—按钮

杠杆千分尺的量程有 0～25、25～50、50～75、75～100mm 等 4 种。其螺旋读数装置的分度值是 0.001mm，而杠杆齿轮机构的表盘分度值有 0.001mm 和 0.002mm 两种，指示表的示值范围为±0.02mm，其测量精度比外径千分尺高。若使用标准量块辅助进行相对测量，还可进一步提高其测量的精度。分度值为 0.001mm 的杠杆千分尺，可测量的尺寸公差等级为 6 级；分度值为 0.002mm 的杠杆千分尺可测量的尺寸公差等级为 7 级。

杠杆千分尺的结构和测量指标，见表 4-15。

表 4-15　　杠杆千分尺（GB/T 8061—2004）　　（mm）

图示	测量范围	分度值	
		0.001	0.002
		综合误差	
	0～25 25～50	±0.002	±0.003
	50～75 75～100	±0.003	±0.004

（2）使用杠杆千分尺的注意事项。

1）使用前，应校对杠杆千分尺的零位。首先校对微分筒零位和杠杆指示表零位。0～25mm 杠杆千分尺可使两测量面接触，直接进行校对；25mm 以上的杠杆千分尺用 0 级调整量棒或用 1 级量块来校对零位。

分度盘可调整式杠杆千分尺零位的调整，先使微分筒对准零位，指针对准零线即可。

分度盘固定式杠杆千分尺零位的调整，需先调整指示表指针零位，此时若微分筒上零位不准，则应按通常千分尺调整零位的方法进行调整，即将微分筒后盖打开，紧固止动器，松开微分筒后，将微分筒对准零线，再紧固后盖，直至零位稳定。

在上述零位调整时，均应多次拨动拨叉，示值必须稳定。

2）直接测量时，将零件正确置于两测量面之间，调节微分筒使指针有适当示值，并应拨动拨叉几次，示值必须稳定。此时，微分筒的读数加上表盘的读数，即为工件的实测尺寸。

3）相对测量时，可用量块做标准，调整杠杆千分尺，使指针位于零位，然后紧固微分筒，在指示表上读数。相对测量可提高测量精度。

4）成批测量时，应按零件被测尺寸，用量块组调整杠杆千分尺示值，然后根据零件公差，转动公差带指标调节螺钉，调节公差带。

测量时，只需观察指针是否在公差带范围内，即可确定零件是否合格，这种测量方法不但精度高且检验效率亦高。

5）使用后，放在专用盒内保存。

8. 公法线千分尺

公法线千分尺用于测量齿轮公法线长度，是一种利用螺旋副原理，对弧形尺架上两盘形测量面分隔的距离进行读数的齿轮公法线测量器具，可方便测量直齿轮和斜齿轮根切线方向的长度。公法线千分尺具有测力装置，通过测力装置移动测微螺杆，并作用到测微螺杆测量面（平面）与球面接触的测力应在 3N 至 6N 之间，测力变化不应大于 2N；公法线千分尺具有能有效地锁紧测微螺杆的装置；当锁紧时，两测量面间的距离与未锁紧时的变化值不应大于 2 μm。

公法线千分尺的结构和测量指标，见表 4-16。

表 4-16　　公法线千分尺（GB/T 1217—2004）　　（mm）

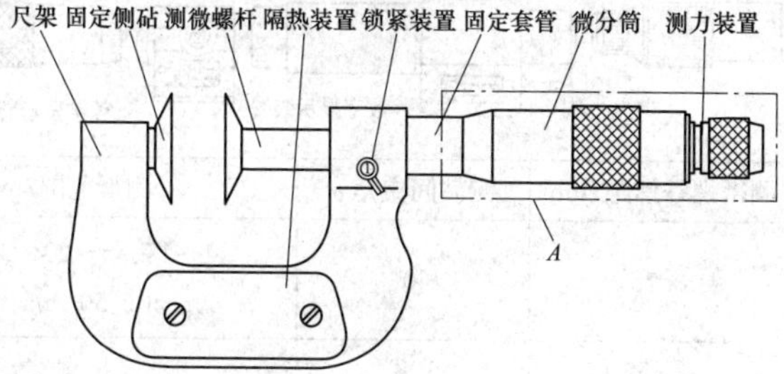

尺架 固定侧砧 测微螺杆 隔热装置 锁紧装置 固定套管 微分筒 测力装置

A

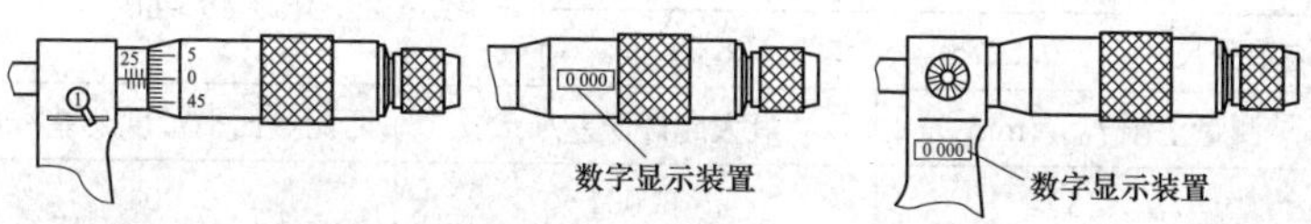

数字显示装置

数字显示装置

A部详图

测量范围/mm	最大允许误差/μm	两测量面平行度/μm
0～25，25～50	4	4
50～75，75～100	5	5
100～125，125～150	6	6
150～175，175～200	7	7

注　本标准规定包括公法线千分尺及带计数器公法线千分尺两种。

9. 奇数沟千分尺

奇数沟千分尺是应用螺旋副原理和采用V型测量面组成的一种长度计量器具，主要用于测量具有奇数等分槽、齿的制件（如丝锥、铰刀等）外径尺寸的量具。奇数沟千分尺分为三沟千分尺、五沟千分尺、七沟千分尺等三类。

奇数沟千分尺的结构和测量指标，见表4-17。

表4-17　　奇数沟千分尺（GB/T 9058—2004）　　（mm）

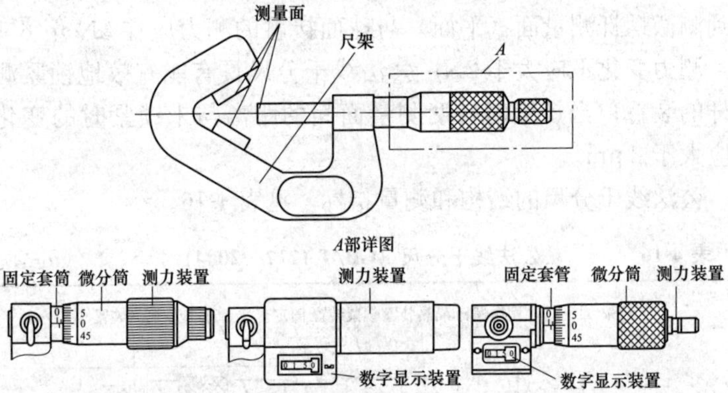

基本型式	测微螺杆螺距/mm	测砧间夹角 α	测量范围/mm
三沟千分尺	0.75	60°	1～15、5～20、20～35、35～50、50～65、65～80
五沟千分尺	0.559	108°	5～25、25～45、45～65、65～85
七沟千分尺	0.5275	128°34′17″	

测量上限 l_{max}/mm	最大允许误差/mm	两测量面平行度公差/mm
$l_{max} \leqslant 50$	0.004	0.004
$50 < l_{max} \leqslant 100$	0.005	0.005

注　本标准规定包括奇数沟千分尺及带计数器奇数沟千分尺两种。

以上所介绍的各种千分尺，在读尺寸时都比较麻烦，目前生产的新型千分尺就比较方便，当千分尺在零件上量得尺寸时，这个尺寸就会在微分筒数字显示装置的窗口显示出来，如图4-9所示。

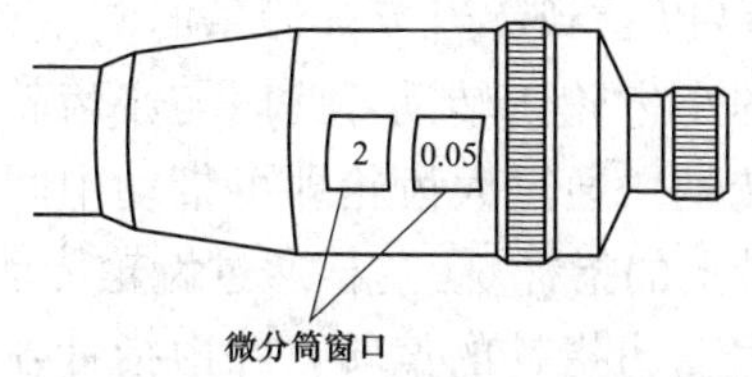

图 4-9　新型千分尺微分筒数字显示装置的窗口

第三节　机械式量仪

游标卡尺和千分尺虽然结构简单，使用方便，但由于其示值范围较大及机械加工精度的限制，故其测量准确度不易提高。

机械测量仪器是借助杠杆、齿轮、齿条或扭簧的传动，将测量杆的微小直线位移经传动和放大机构转变为表盘上指针的角位移，从而指示出相应的数值。机械测量仪器又称指示式测量仪。

机械测量仪器主要用于相对测量，可单独使用，也可将它安装在其他仪器中作为测微表头使用。这类量仪的示值范围较小，示值范围最大的（如百分表）不超出 10mm，最小的（如扭簧比较仪）只有±0.015mm，其示值误差在±0.01～±0.0001mm。此外，机械测量仪器都有体积小、质量轻、结构简单、造价低等特点，不需附加电源、光源、气源等，也比较坚固耐用，因此，应用十分广泛。

机械测量仪器按其传动方式的不同，可以分为以下四类。

（1）杠杆式传动量仪，如刀口式测微仪。

（2）齿轮式传动量仪，如百分表。

（3）扭簧式传动量仪，如扭簧比较仪。

（4）杠杆式齿轮传动量仪。如杠杆齿轮式比较仪、杠杆式卡规、杠杆式千分尺、杠杆百分表和内径百分表。

一、百分表和千分表

1. 百分表

百分表是一种应用最广的机械量仪，其外形及传动如图 4-10

所示。从图4-10可以看到，当带有齿条的测量杆5上下移动时，带动与齿条啮合的小齿轮1转动，此时与小齿轮固定在同一轴上的大齿轮也跟着转动。通过大齿轮即可带动中间齿轮3及与中间齿轮固定在同一轴上的指针6。这样通过齿轮传动系统就可将测量杆的微小位移放大变为指针的偏转，并由指针在分度盘上读出相应的数值。

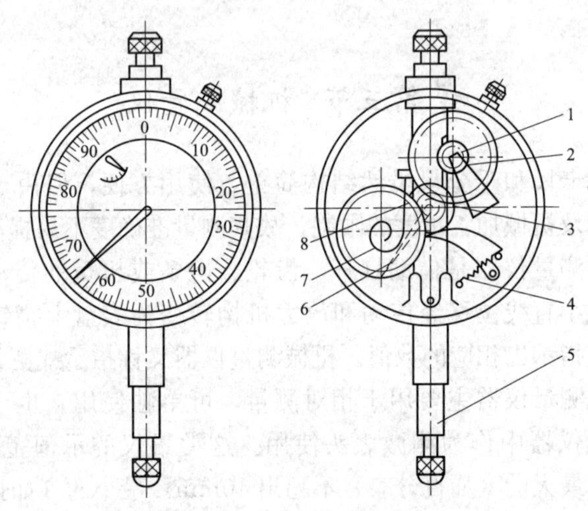

图4-10　百分表的结构

1—小齿轮；2、7—大齿轮；3—中间齿轮；4—弹簧；5—测量杆；6—指针；8—游丝

为了消除由齿轮传动系统中齿侧间隙引起的测量误差，在百分表内装有游丝，由游丝产生的扭矩作用在大齿轮7上，大齿轮7也和中间齿轮啮合，这样可以保证齿轮在正反转时都在齿的同一侧面啮合，因而可消除齿侧间隙的影响。大齿轮7的轴上装有小指针，以显示大指针的转数。

百分表体积小、结构紧凑、读数方便、测量范围大、用途广，但齿轮的传动间隙和齿轮的磨损及齿轮本身的误差会产生测量误差，影响测量精度。百分表可用来检验机床精度和测量工件的尺寸、形状和位置误差。按测量尺寸范围，普通百分表的示值范围通常有 0～3、0～5、0～10mm 等三种。

GB/T 1219—2008 代替 GB/T 1219—2000《几何量技术规范 长度测量器具：指示表 设计及计量技术要求》和 GB/T6311—2004《大量程百分表》，百分表和千分表统称为指示表。普通指示表、大量程指示表和深度指示表的结构和测量指标见表 4-18～表 4-20。

表 4-18　　　　指示表（GB/T 1219—2008）　　　　(mm)

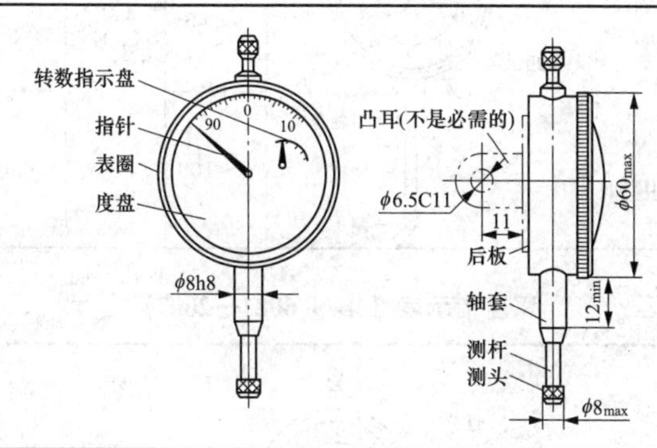

测量范围	分度值	示值总误差	示值变动性
0～3	0.01	0.020	0.003
0～5	0.002	0.008	
0～10	0.001	0.005	

（1）百分表的分度原理。百分表的测量杆移动 1mm，通过齿轮传动系统，使大指针沿刻度盘转动一周。刻度盘沿圆周刻有 100 个刻度，当指针转过 1 格时，表示所测量的尺寸变化为 1mm/100＝0.01mm，所以百分表的分度值为 0.01mm。

（2）百分表的操作和使用。测量前应检查表盘玻璃是否破裂或脱落，测量头、测量杆、套筒等是否有碰伤或锈蚀，指针有无松动现象，指针的转动是否平稳等。

测量时，应使测量杆垂直零件被测表面。测量圆柱面的直径时，测量杆中心线要通过被测圆柱面的轴线。测量头开始与被测表面接触时，测量杆就应压缩 0.3～1mm，以保持一定的初始测量力，以免当偏差为负值时得不到测量数据。

表 4-19　　大量程指示表（GB/T 1219—2008）　　（mm）

图示	测量范围	分度值	示值总误差	示值变动性
	0～30	0.01	0.030	0.005
	0～50		0.040	
	0～100		0.050	

表 4-20　　深度指示表（JB/T 6081—2007）　　（mm）

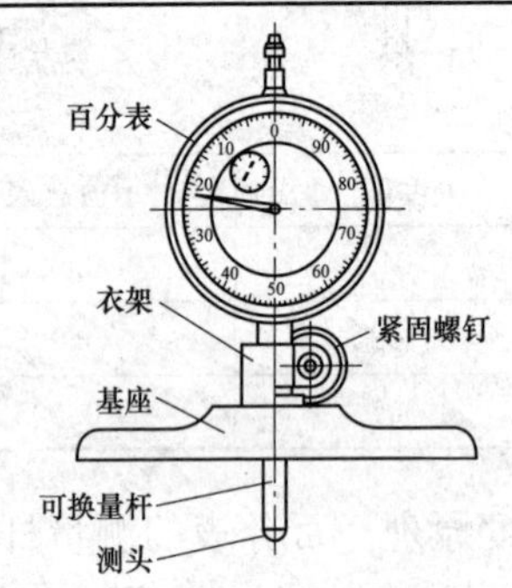

可换量杆分组及测量范围	示值误差
0～10，10～20，20～30，30～40，40～50，50～60，60～70，70～80，80～90，90～100	±0.012

测量时应轻提量杆，移动工件至测量头下面（或将测量头移至工件上），再缓慢向下与被测表面接触。不能快速放下测量杆，否则易造成测量误差。不准将工件强行推入至测量头下，以免损坏百分表。

使用百分表座及专用夹具，可对长度尺寸进行相对测量。测量前先用标准件或量块校对百分表，转动表圈，使表盘的零刻线对准指针，然后再测量工件，从表中读出工件尺寸相对标准或量块的偏差，从而确定工件尺寸。

使用百分表及相应附件还可测量工件的直线度、平面度及平行度等误差，以及在机床上或者其他专用装置上测量工件的跳动误差等。

百分表是精密量仪，使用和维护保养时要注意以下几点：

(1) 测头移动要轻缓，移动距离不要太大。

(2) 测量杆与被测表面的相对位置要正确，提压测量杆的次数不要过多，距离不要过大，以免损坏机件及加剧零件磨损。

(3) 测量时，测量杆的行程不要超过它的量程（示值范围），以免损坏表内零件。

(4) 调整时，应避免剧烈振动和碰撞，不要使测量头突然撞击在被测表面上，以防测量杆弯曲变形，更不能敲打表的任何部位。

(5) 表架要放稳，以免百分表落地摔坏。使用磁性表座时要注意表座的旋钮位置。

(6) 表体不得猛烈震动，被测表面不能太粗糙，以免齿轮等运动部件损坏。

(7) 严防水、油、灰尘等进入表内，不要随便拆卸表的后盖。

(8) 百分表使用完毕，要擦净放回盒内，使测量杆处于自由状态，以免表内弹簧长期受压失效。

2. 千分表

千分表的用途、结构形式及工作原理与百分表相似，如图4-11所示，也是通过齿轮齿条传动机构把测量杆的直线移动转变为指针的转动，并在表盘上指示出数值。但是，千分表的传动机构中齿轮传动的级数要比百分表多，因而放大比更大，分度值更小，测量精度也更高，可用于较高精度的测量。千分表的分度值为0.001mm，示值范围为0～1mm。示值误差在工作行程范围内不大于5μm，在任意0.2mm范围内不大于3μm，示值变化不大于0.3μm。

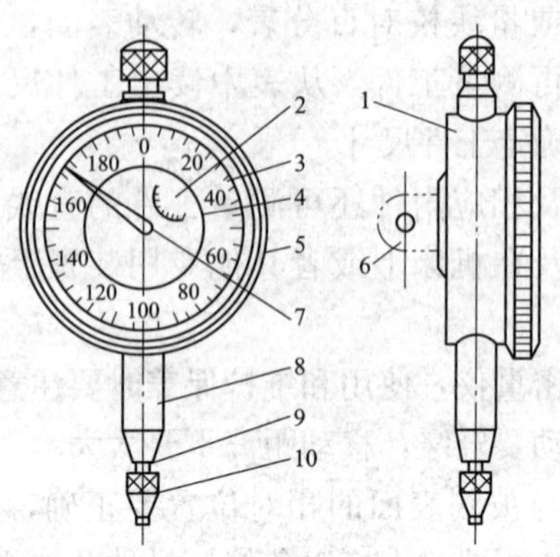

图 4-11　千分表

1—表体；2—转数指针；3—表盘；4—转数指示盘；5—表圈；6—耳环；7—指针；8—套筒；9—量杆；10—测量头

二、内径百分表

1. 内径百分表的结构

内径百分表由百分表和专用表架组成，用于测量孔的直径和孔的形状误差，特别适宜测量深孔。

内径百分表的构造如图 4-12 所示，百分表的测量杆与传动杆始终接触，由弹簧控制测量力，并经过传动杆、杠杆向外顶住活动测头。测量时，活动测头的移动使杠杆回转，通过传动杆推动百分表的测量杆，回转百分表指针。由于杠杆是等臂的，百分表测量杆、传动杆及活动测头三者的移动量是相同的，所以，活动测头的移动量可以在百分表上读出来。

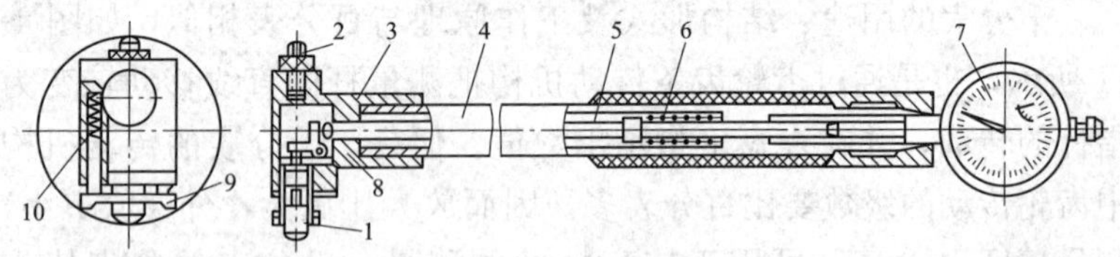

图 4-12　内径百分表

1—活动测头；2—可换测头；3—表架头；4—表架套杆；5—传动杆；6—测力弹簧；7—百分表；8—杠杆；9—定位装置；10—定位弹簧

内径百分表的结构和测量指标见表 4-21。

表 4-21　　内径指示表（GB/T 8122—2004）　　（mm）

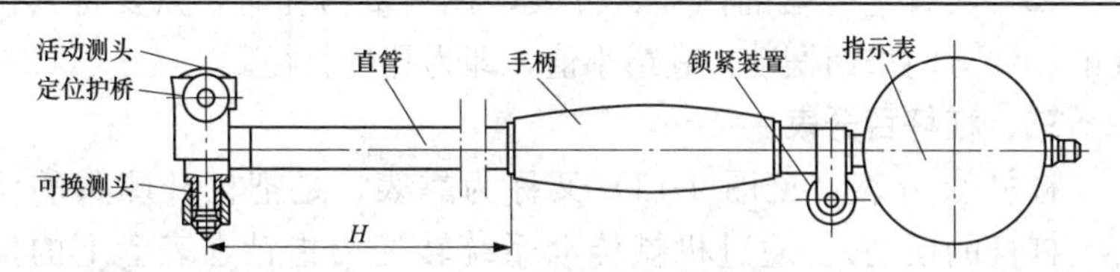

分度值	测量范围	活动测量头的工作行程	最大允许误差
0.01	6～10	≥0.6	±0.012
	10～18	≥0.8	
	18～35	≥1.0	±0.015
	35～50	≥1.2	
	50～100	≥1.6	±0.018
	100～160		
	160～250		
	250～450		
0.001	6～10	≥0.6	±0.005
	18～35	≥0.8	±0.006
	35～50		
	50～100		±0.007
	100～160		
	160～250		
	250～450		

2. 使用内径百分表时的注意事项

（1）测量前必须根据被测零件尺寸，选用相应尺寸的测头，安装在内径百分表上。

（2）使用前应调整内径百分表的零位。根据零件被测尺寸，选择相应精度标准环规或用量块附件的组合体来调整内径百分表的零位。调整时，表针应压缩 1mm 左右，表针指向正上方为宜。

（3）调整及测量中，内径百分表的测头应与环规及被测孔径轴线垂直，即在径向找最大值，在轴向找最小值。

（4）测量槽宽时，在径向及轴向均找其最小值。

（5）具有定心器的内径百分表，在测量内孔时，只要将其按孔的轴线方向来回摆动，其最小值，即为孔的直径。

三、杠杆百分表

杠杆百分表（见图 4-13）又称为靠表，是把杠杆测头的位移（杠杆的摆动），通过机械传动系统转变为指针在表盘上的偏转。杠杆百分表表盘圆周上有均匀的刻度，分度值 0.01mm，示值范围一般为±0.4mm。

当杠杆测头的位移为 0.01mm 时，杠杆齿轮传动机构使指针偏转一格。杠杆百分表体积较小，杠杆测头的位移方向可以改变，在校正工件和测量工件时都很方便。特别适宜对小孔的测量和在机床上校正零件。

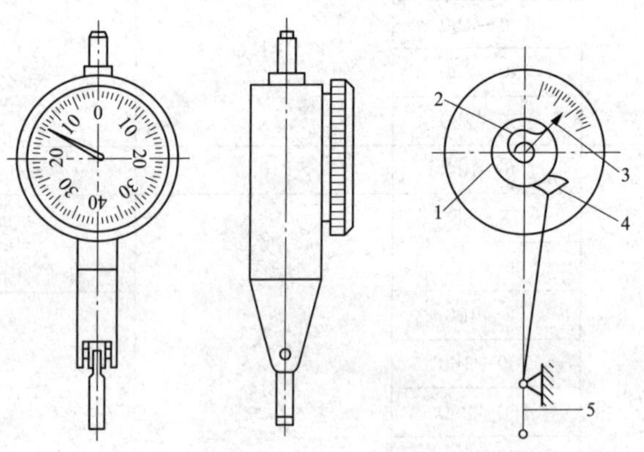

图 4-13　杠杆百分表

1—齿轮；2—游丝；3—指针；4—扇形齿轮；5—杠杆测头

杠杆百分表的外形和传动原理如图 4-13 所示。它是由杠杆和齿轮传动机构组成。杠杆测头位移时，带动扇形齿轮绕其轴摆动，使与其啮合的齿轮转动，从而带动与齿轮同轴的指针偏转。当杠杆测头的位移为 0.01mm 时，杠杆齿轮传动机构使指针正好偏转一格。

杠杆指示表的结构和测量指标见表 4-22。

表 4-22　　杠杆指示表（GB/T 8123—2007）　　（mm）

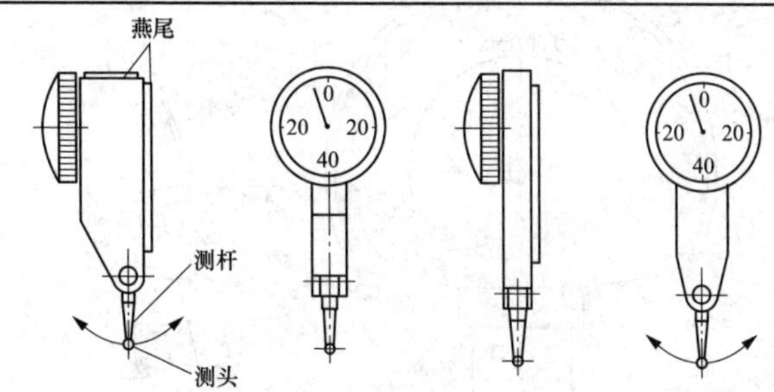

测量范围	分度值	示值总误差	示值变动性
0～0.8	0.01	0.013	0.003
0～0.2	0.002	0.004	0.0005

杠杆百分表体积较小，杠杆测头的位移方向可以改变，因而在校正零件和测量零件时都很方便。尤其是对小孔的测量和在机床上校正零件时，由于空间限制，百分表放不进去或测量杆无法垂直于零件被测表面，使用杠杆百分表则十分方便。

若无法使测量杆的轴线垂直被测零件的被测尺寸时，测量结果修正公式为

$$A = B\cos\alpha \tag{4-1}$$

式中　A——正确的测量结果；

B——测量读数；

α——测量线与被测量零件尺寸的夹角。

四、杠杆齿轮比较仪

杠杆齿轮比较仪是将测量杆的直线位移，通过杠杆齿轮传动系统变为指针在表盘上的角位移。表盘上有不满一周的均匀分度。如图 4-14 所示为杠杆齿轮比较仪的外形结构和传动示意图。

当测量杆移动时，推动杠杆绕轴转动，并通过杠杆短臂 R_4 和长臂 R_3 将位移放大，同时扇形齿轮带动与其啮合的小齿轮转动，这时小齿轮分度圆半径 R_2 与指针长度 R_1 又起放大作用，使指针在标尺上指示出相应测量杆的位移值。

由图 4-14（b）可知，零件尺寸的微小变化将使测量杆作上、

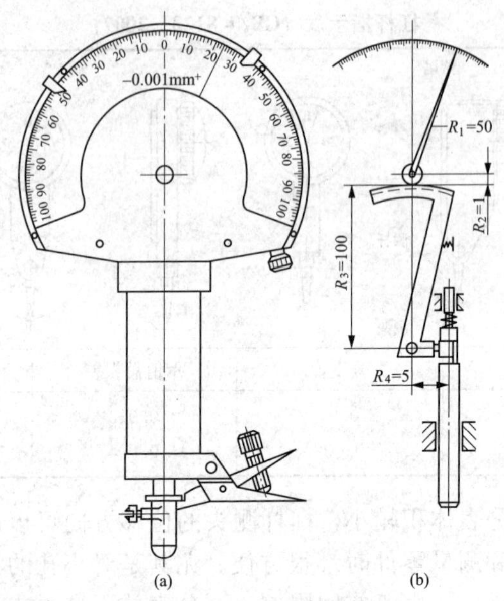

图 4-14　杠杆齿轮比较仪

(a) 外形结构图；(b) 传动示意图

下移动，由于测量杆上部缺口与杠杆的短臂 R_4 相连，故使短臂 R_4 绕支点偏转，长臂 R_3 随之偏转，长臂 R_3 是一个扇形齿轮，其扇形齿轮又与小齿轮相啮合，指针 R_1 固定在小齿轮上，小齿轮的偏转使指针 R_1 也偏转，通过刻度盘读取测量值。这种仪器的分度值一般为 0.01mm，刻度尺的示值误差范围为±0.1mm，其放大倍数为

$$K=\frac{R_1}{R_2}\times\frac{R_3}{R_4}=\frac{50}{1}\times\frac{100}{5}=1000$$

这种仪器一般情况下采用比较测量法，必须使用量块调整零位，测出值为被测相对于量块尺寸的微小差值，测量时仪器必须装在专用的支座或专用仪器上使用。

五、扭簧比较仪

扭簧比较仪是利用扭簧作为传动放大机构，将测量杆的直线位移转变为指针的角位移。图 4-15 所示为扭簧比较仪的外形与传动原理。

灵敏弹簧片 2 是截面为 0.01mm×0.25mm 长方形的扭曲金属带，由中间一半向左，一半向右扭曲成麻花状（故又称扭簧片），其一端被固定在可调整的弓形架上，另一端则固定在弹性杠杆 3 的支臂上，弹性杠杆 3 的另一端与测量杆 4 相连，指针 1 粘在灵敏弹簧片的中部。测量时，测量杆 4 向上或向下移动，从而推动弹性杠杆 3 摆动，当弹性杠杆 3 摆动时将使灵敏弹簧片 2 伸长或压缩，从而使灵敏弹簧片 2 偏转，因而带动指针 1 转动一个角度，其大小与弹簧片伸长成比例，在标尺上指示出相应的测量杆位移值。

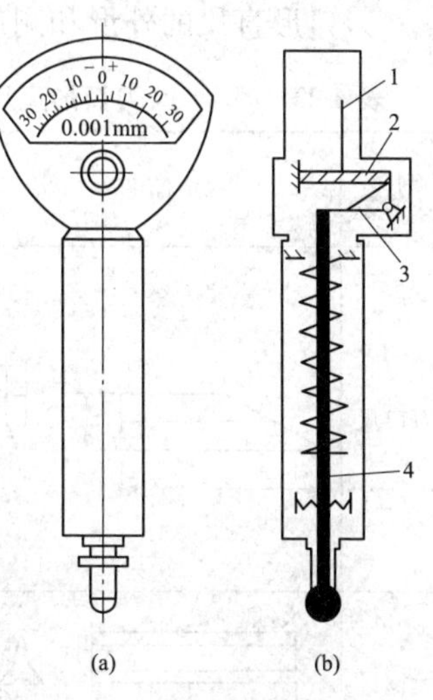

图 4-15　扭簧比较仪

(a) 外形图；(b) 传动原理

1—指针；2—灵敏弹簧片；3—弹性杠杆；4—测量杆

扭簧比较仪的结构简单，内部没有相互摩擦的零件，由此灵敏度极高，其分度值一般为 0.001、0.0005、0.0002、0.0001、0.0000 2mm。刻度盘相应的示值范围为 ±0.03、±0.015、±0.006、±0.003、±0.001mm。扭簧比较仪可用作精密测量，与杠杆齿轮比较仪的使用方法相同。

第四节　角度量具

一、刀口形直尺

刀口形直尺是一类测量面呈刃口状的直尺，用于测量工件平面形状误差的测量器具。刀口形直尺测量面上的表面粗糙度 *Ra* 值不应大于 0.05μm；刀口尺和三棱尺上与测量面相邻接表面的表面粗糙度 *Ra* 值不应大于 0.8μm；四棱尺上与测量面相邻接表面的表面粗糙度 *Ra* 值不应大于 0.2μm。刀口尺上应安装隔热板或装置，三棱尺和四棱尺上应带有手柄。

刀口形直尺的外形和测量指标见表 4-23。

表 4-23　　刀口形直尺（GB/T 6094—2004）　　（mm）

型式	简图	精度等级	尺寸		
			L	*B*	*H*
刀口尺	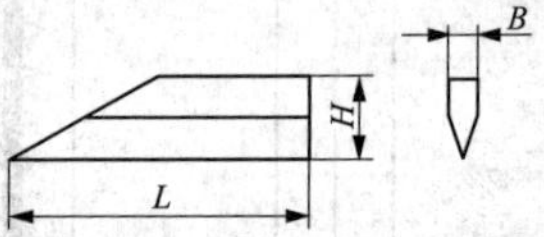	0 级和 1 级	75	6	22
			125	6	27
			200	8	30
			300	8	40
			(400)	(8)	(45)
			(500)	(10)	(50)
三棱尺	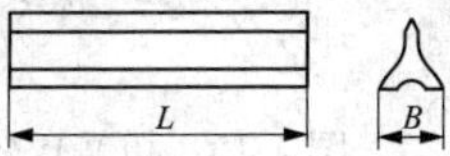	0 级和 1 级	200	26	
			300	30	
			500	40	
四棱尺	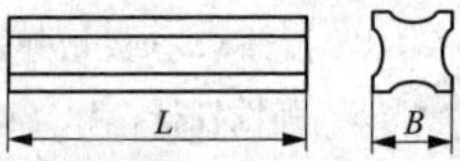	0 级和 1 级	200	20	
			300	25	
			500	35	

刀口形直尺通常分下列几种：

（1）刀口形直尺，测量面呈刃口状，用于测量工件平面形状误差的测量器具。

（2）刀口尺，具有一个测量面的刀口形直尺。

（3）三棱尺，具有角度互为 60°的三个测量面的刀口形直尺。

（4）四棱尺，具有角度互为 90°的四个测量面的刀口形直尺。

二、直角尺

直角尺是具有至少一个直角和两个或更多直边的，用来画或检验直角的工具，有时也用于划线。适用于机床、机械设备及零部件的垂直度检验，安装加工定位，划线等是机械行业中的重要测量工具，它的特点是精度高，稳定性好，便于维修。

直角尺规格有：750mm×40mm、1000mm×50mm、1200mm×50mm、1500mm × 60mm、2000mm × 80mm、2500mm × 80mm、

3000mm×100mm、3500mm×100mm、4000mm×100mm 等，直角尺的分类和测量指标见表 4-24。

表 4-24　　直角尺（GB/T 6092—2004）　　（mm）

圆柱直角尺

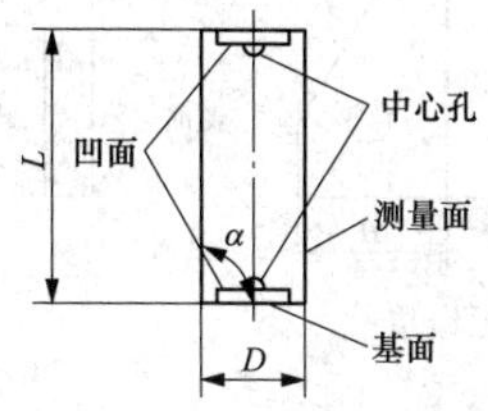

注　图中 α 角为直角尺工作角。

精度等级		00 级，0 级				
公称尺寸	D	200	315	500	800	1250
	L	80	100	125	160	200

矩形直角尺

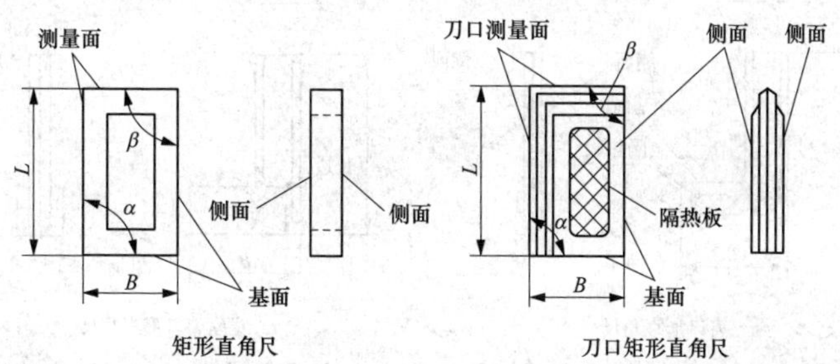

注　图中 α，β 角为直角尺的工作角。

矩形直角尺	精度等级		00 级、0 级、1 级				
	公称尺寸	L	125	200	315	500	800
		B	80	125	200	315	500

刀口矩形直角尺	精度等级		00 级、0 级		
	公称尺寸	L	63	125	200
		B	40	80	125

续表

三角形直角尺

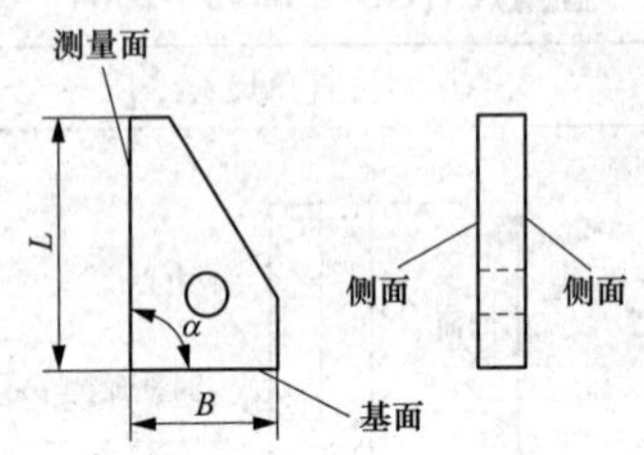

注　图中 α 角为直角尺的工作角。

精度等级		00 级、0 级					
公称尺寸	L	125	200	315	500	800	1250
	B	80	125	200	315	500	800

刀口形直角尺

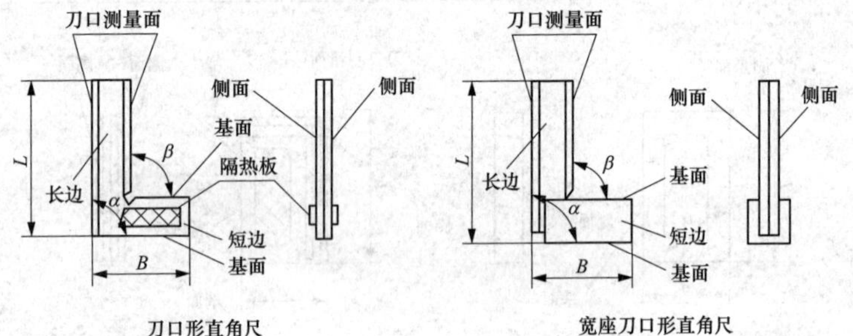

刀口形直角尺　　　宽座刀口形直角尺

注　图中 α、β 角为直角尺的工作角。

刀口形直角尺	精度等级		0 级、1 级						
	公称尺寸	L	50	63	80	100	125	160	200
		B	32	40	50	63	80	100	125

宽座刀口形直角尺	精度等级		0 级、1 级									
	公称尺寸	L	50	75	100	150	200	250	300	500	750	1000
		B	40	50	70	100	130	165	200	300	400	550

续表

平面形直角尺

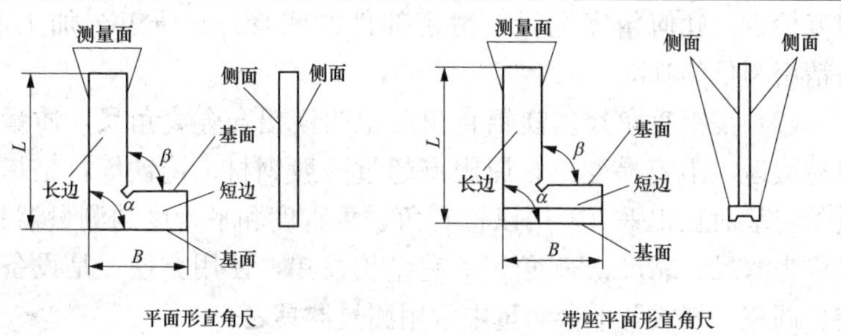

注　图中 α、β 角为直角尺的工作角。

平面形直角尺和带座平面形直角尺	精度等级		0 级、1 级和 2 级									
	公称尺寸	L	50	75	100	150	200	250	300	500	750	1000
		B	40	50	70	100	130	165	200	300	400	550

宽座直角尺

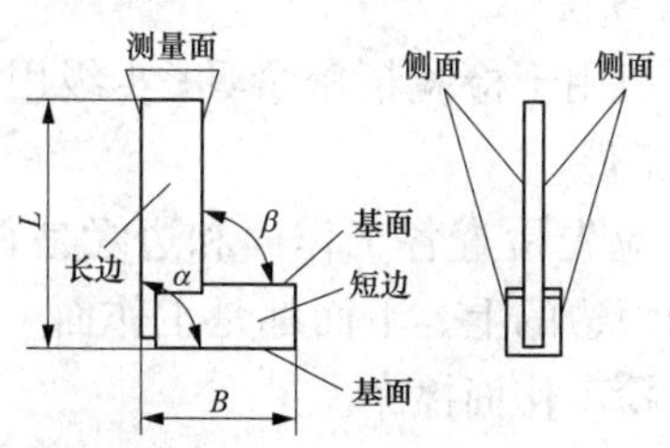

注　图中 α、β 角为直角尺的工作角。

精度等级		0 级、1 级和 2 级														
公称尺寸	L	63	80	100	125	160	200	250	315	400	500	630	800	1000	1250	1600
	B	40	50	63	80	100	125	160	200	250	315	400	500	630	800	1000

1. 直角尺分类

直角尺按材质可分为铸铁直角尺、镁铝直角尺和花岗石直角尺。

（1）铸铁直角尺。铸铁平尺按国家标准制造，材料为 HT250，工作面采用刮研或精密研磨削工艺，用于测量工件的直线度和平面度及设备安装，使用温度（20±5℃）。铸铁平尺产品别名：方尺、铸铁方尺、检验方尺、矩形角尺、方型角尺、平行方尺、等边方尺、角度平尺及专用平尺等，主要用于机床导轨、工作台的精度检查、几何精度测量，精密部件的测量，刮研工艺加工等，是精密测量的基准。

（2）镁铝直角尺。镁铝直角尺也叫镁铝合金直角尺，质量轻容易搬运，不容易变形，屈服点超过一般钢材、铸铁等，是指测量面与基面互相垂直，用以检直角、垂直度和平行度的测量器具，又称为弯尺、靠尺、90°角尺。它结构简单，使用方便，是设备安装、调整、划线及平台测量中常用测量器具之一。

（3）花岗石直角尺。采用优质石料经机械加工和手工精磨制成。黑色光泽、结构精密，质地均匀，稳定性好，强度大，硬度高，能在重负荷及一般温度下保持高精度，并且具有不生锈、耐酸碱、耐磨性、不磁化、不变形等优点。主要用于检测、测量、划线、设备安装、工业工程的施工。

2. 直角尺使用方法

（1）直角尺一般用于检验精密量具；1 级用于检验精密工件；2 级用于检验一般工件。

（2）使用前，应先检查各工作面和边缘是否被碰伤。角尺的长边的左、右面和短边的上、下面都是工作面（即内外直角）。应将直尺工作面和被检工作面擦净。

（3）使用时，将直角尺靠放在被测工件的工作面上，用光隙法鉴别工件的角度是否正确。注意轻拿、轻靠、轻放，防止弯曲变形。

（4）为保证精确测量结果，可将直角尺翻转 180°再测量一次，取二次读数算术平均值为其测量结果，可消除角尺本身的偏差。

三、游标万能角度尺

游标万能角度尺是用来测量工件 0°～320°内外角度的量具。按其最小分度（即分度值）可分为 2′和 5′两种；按其尺身的形状不同可分为圆形和扇形两种。以下仅介绍最小分度值为 2′的扇形游标万能角度尺的结构、分度原理、读数方法和测量范围。

（1）游标万能角度尺的结构。如图 4-16 所示，游标万能角度尺由尺身、角尺、游标、制动器、扇形板、基尺、直尺、夹块（卡块）、捏手、小齿轮和扇形齿轮等组成。游标固定在扇形板上，基尺和尺身连成一体。扇形板可以与尺身作相对回转运动，形成和游标卡尺相似的读数机构。角尺用夹块固定在扇形板上，直尺又用夹块固定在角尺上。根据所测角度的需要，也可拆下角尺，将直尺直接固定在扇形板上。制动器可将扇形板和尺身锁紧，便于读数。

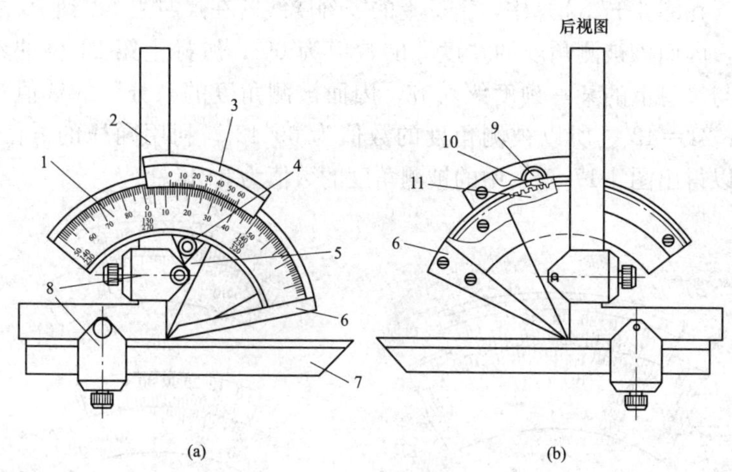

图 4-16　游标万能角度尺

（a）正面；（b）背面

1—尺身；2—角尺；3—游标；4—制动器；5—扇形板；6—基尺；7—直尺；8—夹块；9—捏手；10—小齿轮；11—扇形齿轮

测量时，可转游标万能角度尺背面的捏手，通过小齿轮转动扇形齿轮，使尺身相对扇形板产生转动，从而改变基尺与角尺或直尺间的夹角，满足各种不同情况测量的需要。

（2）游标万能角度尺的刻线原理及读数方法。游标万能角度尺的尺身刻线每格 1°，游标刻线将对应于尺身上 29°的弧长等分为 30 格，如图 4-17（a）所示，即游标上每格所对应的角度为$\frac{29°}{30}$，因此尺身 1 格与游标上 1 格相差

$$1° - \frac{29°}{30} = \frac{1°}{30} = 2'$$

即游标万能角度尺的读数值（分度值）为 2′。

游标万能角度尺的读数方法和游标卡尺相似，即先从尺身上读出游标零刻度线指示的整度数值，再判断游标上的第几格的刻线与尺身上的刻线对齐，就能确定角度“分”的数值，然后将两者相加，就是被测角度的数值。

在图 4-17（b）中，游标上的零刻度线落在尺身上 69°到 70°之间，因而该被测角度的“度”的数值为 69°；游标上第 21 格的刻线与尺身上的某一刻度线对齐，因而被测角度的“分”的数值为 2′×21=42′。所以被测角度的数值为 69°42′。利用同样的方法，可以得出图 4-17（c）中的被测角度的数值为 34°8′。

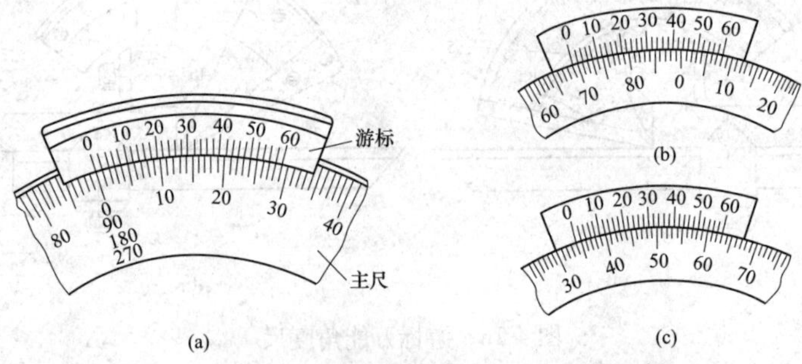

图 4-17　游标万能角度尺的刻线原理及读数

（a）刻线原理；（b）、（c）读数示例

（3）游标万能角度尺的测量范围。由于角尺和直尺可以移动和拆换，因而游标万能角度尺可以测量 0°～320°的任何大小的角度，如图 4-18 所示。

图 4-18（a）为测量 0°～50°角时的情况，被测工件放在基尺和直尺的测量面之间，此时按尺身上的第一排刻度读数。

图 4-18（b）为测量 50°～140°角时的情况，此时应将角尺取下来，将直尺直接装在扇形板的夹块上，利用基尺和直尺的测量面进行测量，按尺身上的第二排刻度表示的数值读数。

图 4-18（c）为测量 140°～230°角时的情况，此时应将直尺和

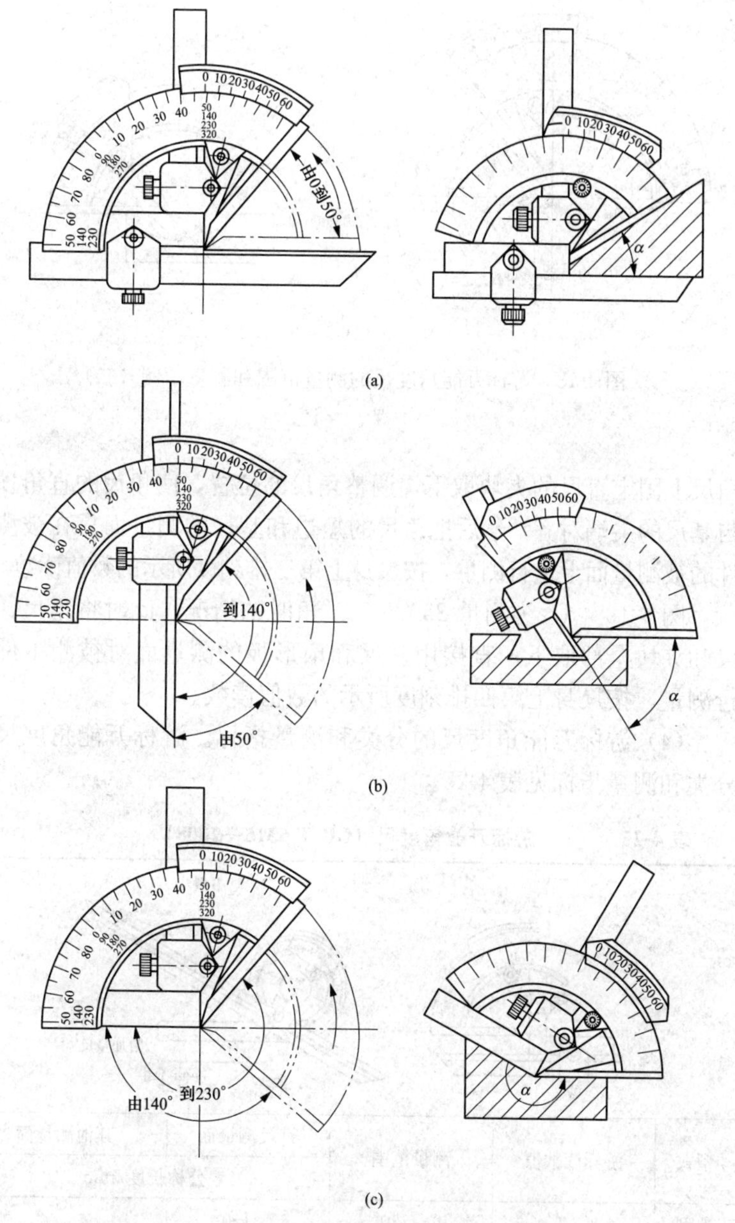

图 4-18　游标万能角度尺的测量范围和测量示例（一）

(a) 0°～50°；(b) 50°～140°；(c) 140°～230°

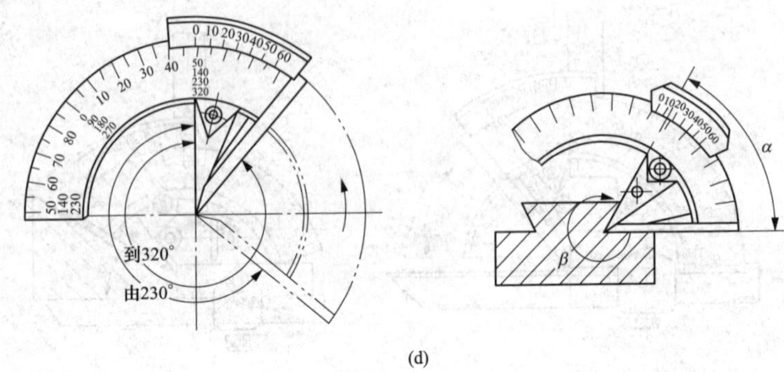

图 4-18　游标万能角度尺的测量范围和测量示例（二）
（d）230°～320°

角尺上固定直尺的夹块取下，调整角尺的位置，使角尺的直角顶点与基尺的尖端对齐，然后把角尺的短边和基尺的测量面靠在被测工件的被测量面上进行测量，按尺身上第三排刻度所示的数值读数。

图 4-19（d）为测量 230°～320°角时的情况，此时将角尺、直尺和夹块全部取下，直接用基尺和扇形板的测量面对被测工件进行测量，按尺身上第四排刻度所示的数值读数。

（4）游标万能角度尺的分类和测量指标。游标万能角度尺的分类和测量指标见表 4-25。

表 4-25　　游标万能角度尺（GB/T 6315—2008）

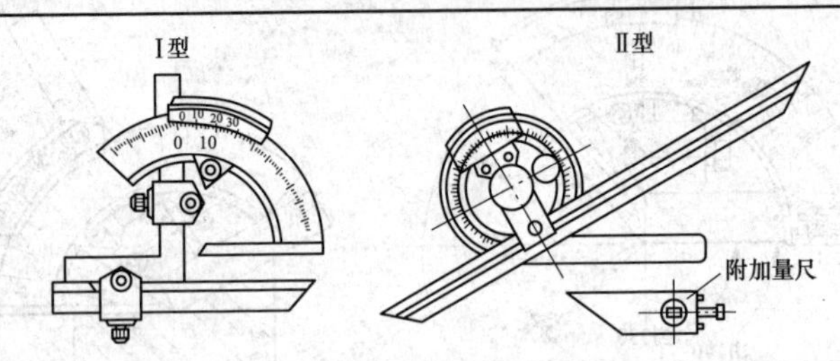

型式	游标读数值	测量范围	直尺测量面	其他测量面
			公称长度/mm	
Ⅰ型	2′，5′	0°～320°	≥150	≥50
Ⅱ型	5′	0°～360°	200，300	

(5) 游标万能角度尺的维护、保养方法与游标卡尺的维护、保养基本相同。

四、正弦规

(1) 正弦规的工作原理和使用方法。正弦规的结构简单，主要由主体工作平板和两个直径相同的圆柱组成，如图 4-19 所示。为了便于被检工件在平板表面上定位和定向，装有侧挡板和后挡板。

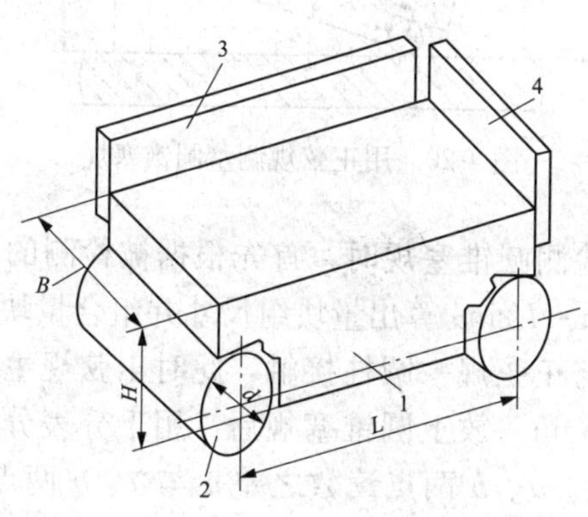

图 4-19　正弦规

1—主体；2—圆柱；3—侧挡板；4—后挡板

正弦规两个圆柱中心距精度很高，中心距 100mm 的极限偏差为±0.003mm 或±0.002mm，同时工作平面的平面度精度，以及两个圆柱的形状精度和它们之间的相互位置精度都很高。因此，可以用作精密测量。

使用时，将正弦规放在平板上，一圆柱与平板接触，而另一圆柱下垫以量块组，使正弦规的工作平面与平板间形成一角度 α。从图 4-20 可以看出

$$\sin\alpha = \frac{h}{L}$$

式中　α——正弦规放置的角度；

h——量块组尺寸；

L——正弦规两圆柱的中心距。

图 4-20 是用正弦规检测圆锥塞规的示意图。

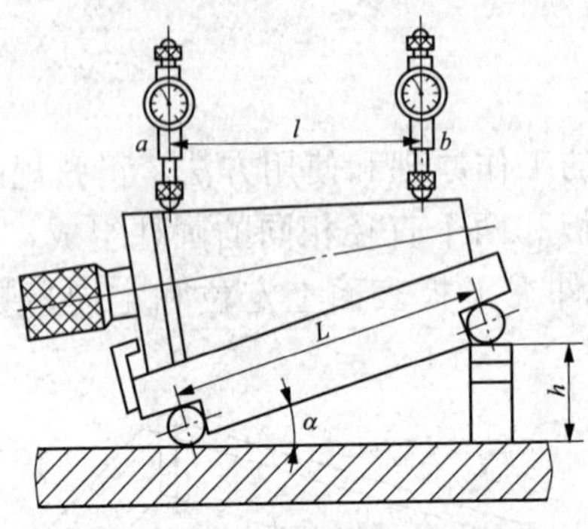

图 4-20　用正弦规测量圆锥塞规

用正弦规检测圆锥塞规时，首先根据被检测的圆锥塞规的基本圆锥角，由 $h=L\sin\alpha$ 算出量块组尺寸并组合量块，然后将量块组放在平板上与正弦规一圆柱接触，此时正弦规主体工作平面相对于平板倾斜 α 角。放上圆锥塞规后，用千分表分别测量被测圆锥上 a、b 两点。a、b 两点读数之差 n 与 a、b 两点距离 l（可用直尺量得）之比即为锥度偏差 Δc，并考虑正负号，即

$$\Delta c=\frac{n}{l}$$

式中，n，l 的单位均取 mm。

锥度偏差乘以弧度对秒的换算系数后，即可求得圆锥角偏差，即

$$\Delta\alpha=2\Delta c\times10^5$$

式中，$\Delta\alpha$ 的单位为（″）。

用此法也可测量其他精密零件的角度。

(2) 正弦规的结构形式和基本尺寸。正弦规的结构形式分为窄型和宽型两类，每一类型又按其主体工作平面长度尺寸分为两类。正弦规常用的精度等级为 0 级和 1 级，其中 0 级精度为高。正弦规的基本尺寸见表 4-26。

表 4-26　　　　　　　　**正弦规**

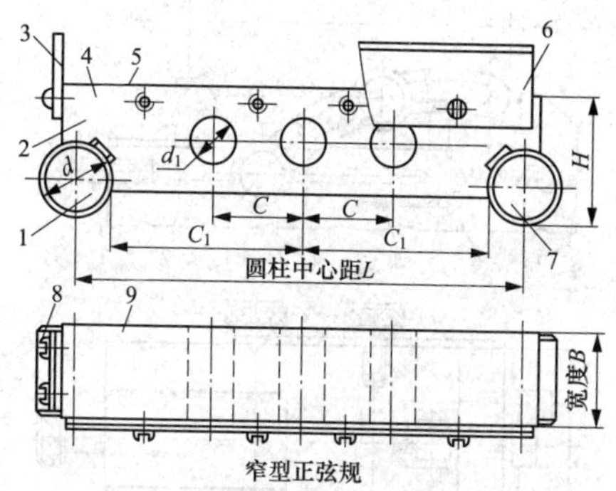

窄型正弦规

1—圆柱；2—侧面；3—前挡板；4—主体；
5—工作面；6—侧挡板；7—圆柱；8—螺钉；9—侧面

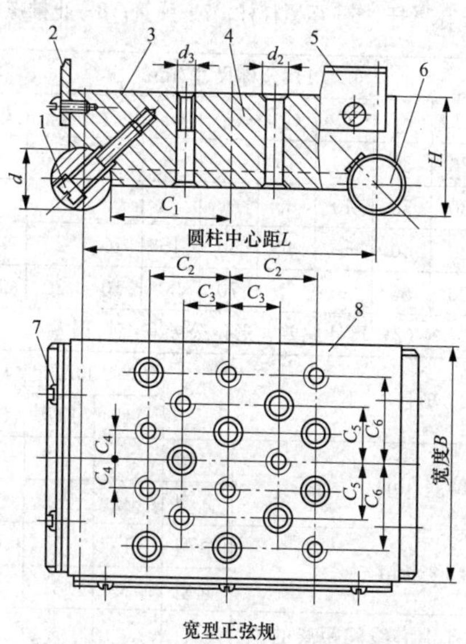

宽型正弦规

1、7—螺钉；2—前挡板；3—工作面；
4—主体；5—侧挡板；6—圆柱；8—侧面

续表

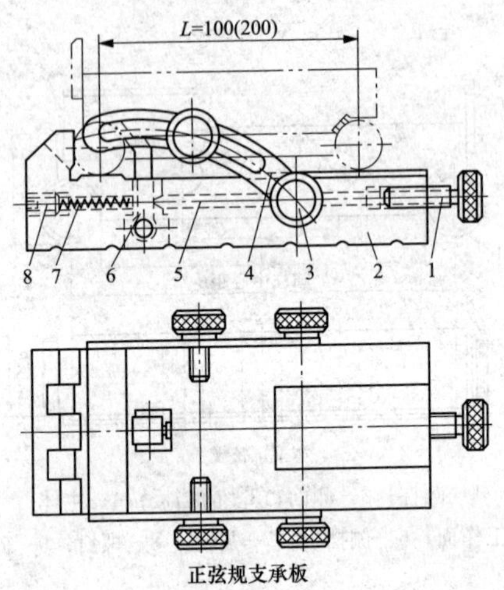

正弦规支承板

1—锁紧螺钉；2—底座；3—支撑螺钉；4—支撑板；
5—压紧杆；6—压紧杠杆；7—弹簧；8—止推螺钉

(1) 公称尺寸/mm

型式	L	B	d	H	C	C_1	C_2	C_3	C_4	C_5	C_6	d_1	d_2	d_3
窄型	100	25	20	30	20	40	—	—	—	—	—	12	—	—
	200	40	30	55	40	85	—	—	—	—	—	20	—	—
宽型	100	80	20	40	—	40	30	15	10	20	30	—	7B12	M6
	200	80	30	55	—	85	70	30	10	20	30	—	7B12	M6

(2) 尺寸偏差、形位公差和综合误差

项目		L=100mm		L=200mm		备注
		0级	1级	0级	1级	
两圆柱中心距的偏差/μm	窄型	±1	±2	±1.5	±3	—
	宽型	±2	±3	±2	±4	
两圆柱轴线的平行度/μm	窄型	1	1	1.5	2	全长上
	宽型	2	3	2	4	
主体工作面上各孔中心线间距离的偏差/μm	宽型	±150	±200	±150	±200	—
同一正弦规的两圆柱直径差/μm	窄型	1	1.5	1.5	2	—
	宽型	1.5	3	2	3	

续表

(2) 尺寸偏差、形位公差和综合误差						
项目		$L=100$mm		$L=200$mm		备注
		0级	1级	0级	1级	
圆柱工作面的圆柱度/μm	窄型	1	1.5	1.5	2	—
	宽型	1.5	3	1.5	2	
正弦规主体工作面平面度/μm		1	2	1.5	2	中凹
正弦规主体工作面与两圆柱下部母线公切面的平行度/μm		1	2	1.5	3	—
侧挡板工作面与圆柱轴线的垂直度/μm		22	35	30	45	全长上
前挡板工作面与圆柱轴线的平行度/μm	窄型	5	10	10	20	全长上
	宽型	20	40	30	60	
正弦规装置成30°时的综合误差	窄型	±5″	±8″	±5″	±8″	—
	宽型	±8″	±16″	±8″	±16″	

注　1. 表中数值是温度为20℃时的数值。

2. 距工作面边缘1mm范围内，形位公差不计。

五、V形架

V形架适用于精密轴类零部件的检测、划线、定位及机械加工中的装夹等用途，也是平台测量中的重要辅助工具。常用V形架形式及应用如图4-21～图4-25所示。

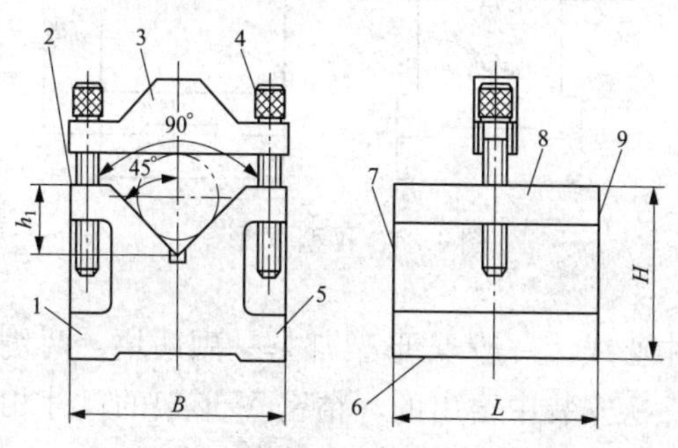

图4-21　Ⅰ型V形架

1、5—侧面；2—主体；3—压板；4—紧固螺钉；6—底面；7、9—端面；8—上面

V形架主要用来安放轴、套筒、圆盘等圆形工件，以便找中

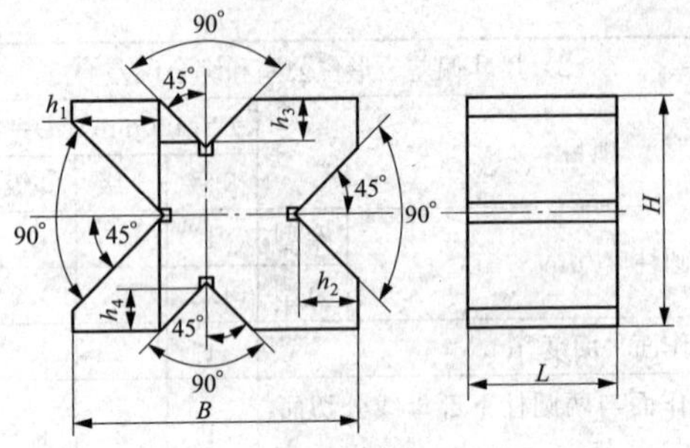

图 4-22　Ⅱ型 V 形架

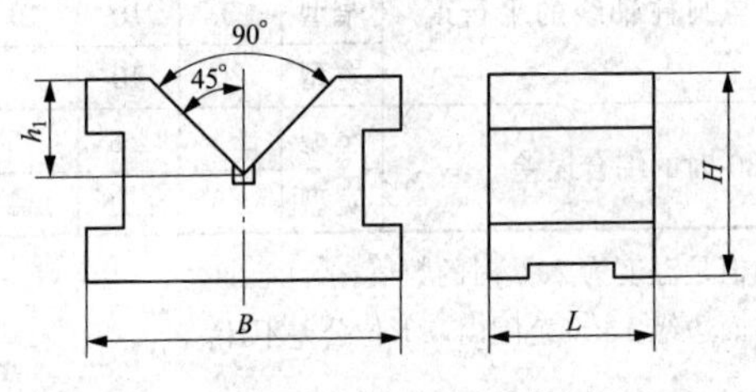

图 4-23　Ⅲ型 V 形架

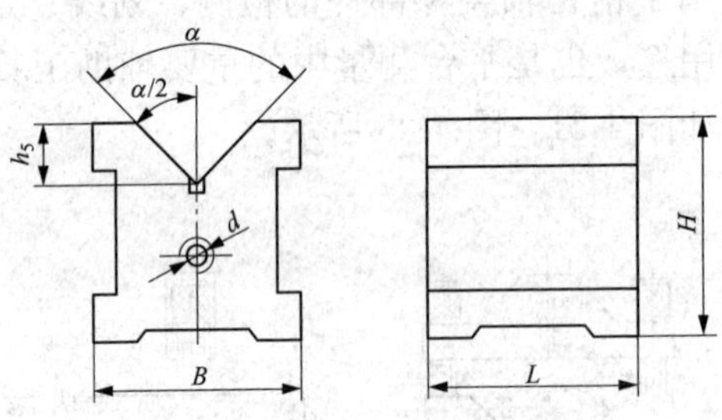

图 4-24　Ⅳ型 V 形架

心线与划出中心线。一般 V 形架都是一副两块，两块的平面与 V 形槽都是在一次安装中磨出的。精密 V 形架的尺寸相互表面间的平行度、垂直度误差在 0.01mm 之内，V 形槽的中心线必须在 V 形架的对称平面内并与底面平行，同心度、平行度的误差也在 0.01mm 之内，V 形槽半角误差在±30～±1 范围内。精密 V 形架也可用来划线，带有夹持弓架的 V 形架，可以把圆柱形工件牢固

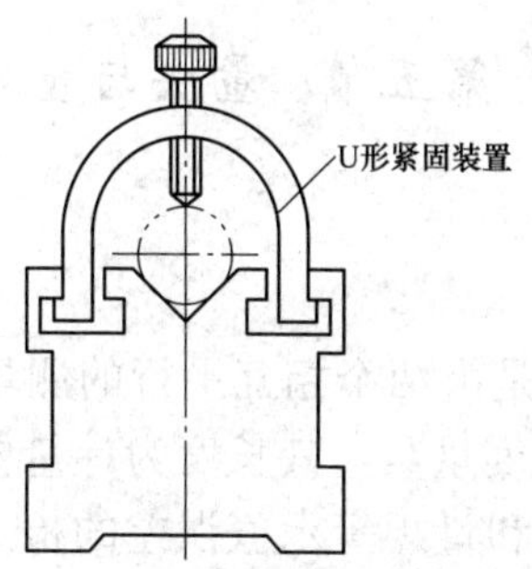

图 4-25　带 U 形紧固装置的 V 形架

的夹持在 V 形架上，翻转到各个位置划线。

V 形架的规格、尺寸、等级见表 4-27。

表 4-27　　V 形架的规格、尺寸和精度等级　　（mm）

型式	型号	尺寸													精度等级	适用直径范围	
		L	B	H	h_1	h_2	h_3	h_4	V 形槽角度 α 60°	72°	90°	108°	120°	d		min	max
									h_5								
Ⅰ	Ⅰ-1	40	35	30	6	—			—					—	0 1 2	3	15
	Ⅰ-2	60	60	50	10											5	40
	Ⅰ-3	100	105	80	32											8	80
	Ⅰ-4	100	150	100	50											12	135
Ⅱ	Ⅱ-1	60	100	90	32	25	20	16							1 2	8	80
	Ⅱ-2	80	150	125	50	32	25	20								12	135
	Ⅱ-3	100	200	180	60	50	32	25								20	160
	Ⅱ-4	125	300	270	110	80	60	50								30	300
Ⅲ	Ⅲ-1	100	200	125	60	—									0，1 2	20	160
	Ⅲ-2	125	300	180	110											30	300
Ⅳ	Ⅳ-1	40	30	30	—				13	10	7.5	5.5	4.5	M4	0 1	3	15
	Ⅳ-2	60	60	60					32	25.5	17.5	12.5	10	M5		5	40
	Ⅳ-3	100	100	100					62	48	30	22	18	M6		8	80

第五节 量块与量规

一、成套量块

1. 长度量块的分类

量块又称块规，是由两个相互平行的测量面之间的距离来确定其工作长度的高精度量具，其长度为计量器具的长度标准，通过对计量仪器、量具和量规等示值误差的检定等方式，使机械加工中各种制成品的尺寸能够溯源到长度基准。

量块具有经过精密加工的很平整、很光滑的两个平行平面，即测量面。量块以其两个测量面之间的距离作为长度实物基准，是一种单值量具。其两测量面之间的距离为工作尺寸，又称为标称尺寸，该尺寸具有很高的精度。为了消除量块测量面的平面度误差和两测量面间的平行度误差对量块测量精度的影响，将量块的工作尺寸定义为量块的中心长度，即两个测量面中心点的距离。

量块的标称尺寸大于或等于 10mm 时，其测量面尺寸为 35mm×9mm；标称尺寸在 10mm 以下时，其测量面的尺寸为 30mm×9mm。量块材料通常都用铬锰钢、铬钢和轴承钢制成，其材料及热处理工艺可以满足对量块的尺寸稳定、硬度高、耐磨性好的要求，线胀系数与普通钢材相同，即为 $(11.5\pm1)\times10^{-5}$℃，稳定性约为年变化量不超出±(0.5～1)μm。成套量块组合尺寸见表 4-28，量块的精度等级和偏差见表 4-29。

绝大多数量块被制成直角平行六面体，如图 4-26 所示，也有的制成 ϕ20mm 的圆柱体。每块量块的两个测量面非常光洁，平面度精度很高，用少许压力推合两块量块，使它们的测量面紧密接触，两块量块就能粘合在一起，量块的这种特性称为研合性。利用量块的研合性，就可用不同尺寸的量块组合成所需的各种尺寸。

量块的应用较为广泛，除了作为量值传递的媒介以外，还用于检定和校准其他量具、量仪，相对测量时调整量具和量仪的零位，以及用于精密机床的调整、精密划线和直接测量精密零件等。

表 4-28　　成套量块组合尺寸（GB/T 6093—2001）

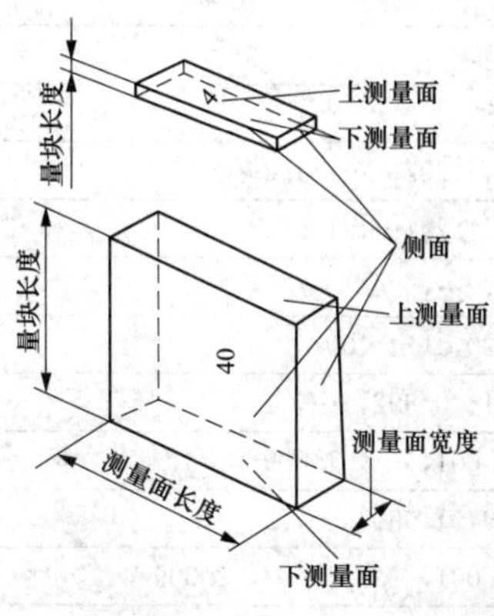

套别	总块数	级别	尺寸系列/mm	间隔/mm	块数
1	91	0.1	0.5	—	1
			1	—	1
			1.001，1.002，…，1.009	0.001	9
			1.01，1.02，…，1.49	0.01	49
			1.5，1.6，…，1.9	0.1	5
			2.0，2.5，…，9.5	0.5	16
			10，20，…，100	10	10
2	83	0，1，2	0.5	—	1
			1	—	1
			1.005	—	1
			1.01，1.02，…，1.49	0.01	49
			1.5，1.6，…，1.9	0.1	5
			2.0，2.5，…，9.5	0.5	16
			10，20，…，100	10	10
3	46	0，1，2	1	—	1
			1.001，1.002，…，1.009	0.001	9
			1.01，1.02，…1，1.09	0.001	9
			1.1，1.2，…，1.9	0.1	9
			2，3，…，9	1	8
			10，20，…，100	10	10

续表

套别	总块数	级别	尺寸系列/mm	间隔/mm	块数
4	38	0，1，2	1	—	1
			1.005	—	1
			1.01，1.02，…，1.09	0.01	9
			1.1，1.2，…，1.9	0.1	9
			2，3，…，9	1	8
			10，20，…，100	10	10
5	10^{-}	0.1	0.991，0.992，…，1	0.001	10
6	10^{+}	0，1	1，1.001，…，1.009	0.001	10
7	10^{-}	0，1	1.999，1.992，…，2	0.001	10
8	10^{+}	0，1	2，2.001，2.002，…，2.009	0.001	10
9	8	0，1，2	125，150，175，200，250，300，400，500	—	8
10	5	0，1，2	600，700，800，900，1000	—	5
11	10	0，1，2	2.5，5.1，7.7，10.3，12.9，15，17.6，20.2，22.8，25	—	10
12	10	0，1，2	27.5，30.1，32.7，35.3，37.9，40，42.6，45.2，47.8，50	—	10
13	10	0，1，2	52.9，55.1，57.7，60.3，62.9，65，67.6，70.2，72.8，8.75	—	10
14	10	0，1，2	77.5，80.1，82.7，85.3，87.9，90，92.6，95.2，97.8，100	—	10
15	12	3	10，20（二块），41.2，51.2，81.5，101.2，121.5，121.8，191.8，201.5，291.8	—	12
16	6	3	101.2、200、291.5、375、451.8、490	—	6
17	6	3	201.2、400、581.5、750、901.8、990	—	6

2. 量块的选择和使用

（1）量块的选择。长度量块的分“等”，其量值按长度量值传递系统进行，即低一等的量块的检定，必须用高一等的量块作基准进行测量。

单个量块使用很不方便，一般都按序列将许多不同标称尺寸

表 4-29　　量块的精度等级和偏差（GB/T 6093—2001）　　（μm）

公称长度范围/mm		00 级		0 级		1 级		2 级		（3 级）		标准级 *K*	
大于	至	量块长度的极限偏差	长度变动量允许值	量块长度的极限偏差	长度变动量允许值	量块长度的极限偏差	长度变动量允许值	量块长度的极限偏差	长度变动量允许值	量块长度的极限偏差	长度变动量允许值	量块长度的极限偏差	长度变动量允许值
—	10	±0.06	0.05	±0.12	0.10	±0.20	0.16	±0.45	0.30	±1.0	0.50	±0.20	0.05
10	25	±0.07	0.05	±0.14	0.10	±0.30	0.16	±0.60	0.30	±1.2	0.50	±0.30	0.05
25	50	±0.10	0.06	±0.20	0.10	±0.40	0.18	±0.80	0.30	±1.6	0.55	±0.40	0.06
50	75	±0.12	0.06	±0.25	0.12	±0.50	0.18	±1.00	0.35	±2.0	0.55	±0.50	0.06
75	100	±0.14	0.07	±0.30	0.12	±0.60	0.20	±1.20	0.35	±2.5	0.60	±0.60	0.07
100	150	±0.20	0.08	±0.40	0.14	±0.80	0.20	±1.60	0.40	±3.0	0.65	±0.80	0.08
150	200	±0.25	0.09	±0.50	0.16	±1.00	0.25	±2.00	0.40	±4.0	0.70	±1.00	0.09
200	250	±0.30	0.10	±0.60	0.16	±1.20	0.25	±2.40	0.45	±5.0	0.75	±1.20	0.10
250	300	±0.35	0.10	±0.70	0.18	±1.40	0.25	±2.80	0.50	±6.0	0.80	±1.40	0.10
300	400	±0.45	0.12	±0.90	0.20	±1.80	0.30	±3.60	0.50	±7.0	0.90	±1.80	0.12
400	500	±0.50	0.14	±1.10	0.25	±2.20	0.35	±4.40	0.60	±9.0	1.0	±2.20	0.14
500	600	±0.60	0.16	±1.30	0.25	±2.60	0.40	±5.00	0.70	±11.0	1.1	±2.60	0.16
600	700	±0.70	0.18	±1.50	0.30	±3.00	0.45	±6.00	0.70	±12.0	1.2	±3.00	0.18
700	800	±0.80	0.20	±1.70	0.30	±3.40	0.50	±6.50	0.80	±14.0	1.3	±3.40	0.20
800	900	±0.90	0.20	±1.90	0.35	±3.80	0.50	±7.50	0.90	±15.0	1.4	±3.80	0.20
900	1000	±1.00	0.25	±2.00	0.40	±4.20	0.60	±8.00	1.00	±17.0	1.5	±4.20	0.25

注　1. 根据特殊订货要求，对 00 级、0 级和校准级 *K* 量块可供给成套量块中心长度的实测值。

2. 带括号的等级根据订货供应。

3. 表中所列偏差为保证值。

4. 距离测量面边缘 0.5mm 范围内不计。

的量块成套配置，使用时根据需要选择多个适当的量块组合起来使用。为了减少量块组合的累计误差，使用量块时，应该尽量减少使用的块数，通常组成所需尺寸的量块总数不应超过 4 块。选用量块时，应根据所需要的组合尺寸，从最后一位数字开始选择，

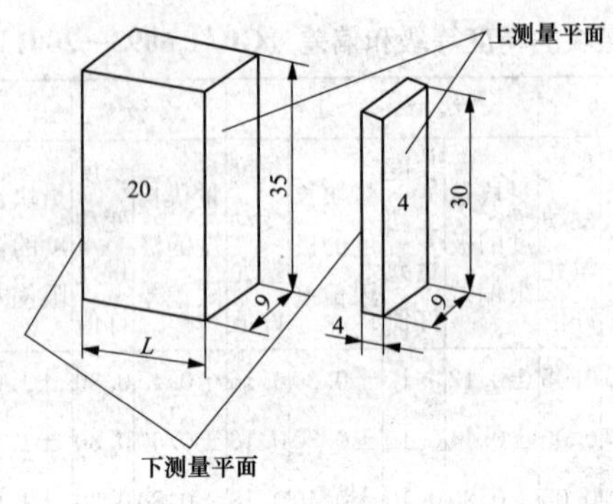

图 4-26　量块

每选一块量块，应使尺寸数字的位数少一位，依此类推，直到组合成完整的尺寸。

按“等”使用量块，需要在测量值上加入修正值，虽麻烦一些，但可消除量块尺寸制造误差的影响，因此可使用制造精度较低的量块进行较精密的测量，例如，标称长度为 30mm 的 0 级量块，其长度的极限偏差为±0.000 20mm，若按“级”使用，不管该量块的实际尺寸如何，按 30mm 计，则引起的测量误差为±0.0002mm。但是，若该量块经检定后确定为 3 等，其实际尺寸为 30.000 12mm，测量极限偏差为±0.000 15mm。显然，按“等”使用比按“级”使用测量精度高。

量块除了具有稳定性、耐磨性和准确性的基本特性外，还有一个重要特性，即研合性。研合性是指两块量块的测量面相互接触，并在不大的压力下作切向相向滑动就能贴附在一起的性质。利用这一性质把量块研合在一起，便可以组成所需要的各种尺寸。

（2）量块的使用。量块是一种精密量具，在使用时一定要十分注意不能划伤和碰伤表面，特别是其测量面。量块在使用过程中应注意以下几点：

1）量块必须在使用有效期内，否则应及时送专业部门检定。

2）量块应存放在干燥处，如存放在干燥缸内，房间湿度应不大于 25%。

3）当空气温度高于恒温室内的温度时，从恒温室中取出量块后应及时将其清洗干净，并涂一薄层油后存放在干燥处。

4）使用前，应清洗量块，先用航空汽油或苯洗净表面的防锈油，洗涤液应经过化验，酸碱度应符合规定要求，清洗后应立即用鹿皮或软绸将其擦干净。

5）使用前，应对量块、仪器工作台、平台等接触表面进行检查，清除杂质，并将接触表面擦干净。

6）使用量块时必须戴上手套，不准直接用手去拿量块，应尽量避免近距离面对量块讲话，并避免碰撞和跌落量块。

7）使用时，应尽可能地减少量块的摩擦。

8）量块研合时应保持动作平稳，以免测量面被量块棱角刮伤。应用推压的方法将量块逐块研合。

9）使用后，应涂防锈油，防锈油或防锈油纸应经化验，酸碱度应符合规定要求。然后将量块装在特制的木盒内，绝不允许将量块结合在一起长期存放。

10）为了扩大量块的应用范围，可采用量块附件。量块附件主要有夹持器和各种量爪，如图 4-27（a）所示。量块及其附件装配后，可测量外径、内径或作精密划线等，如图 4-27（b）所示。

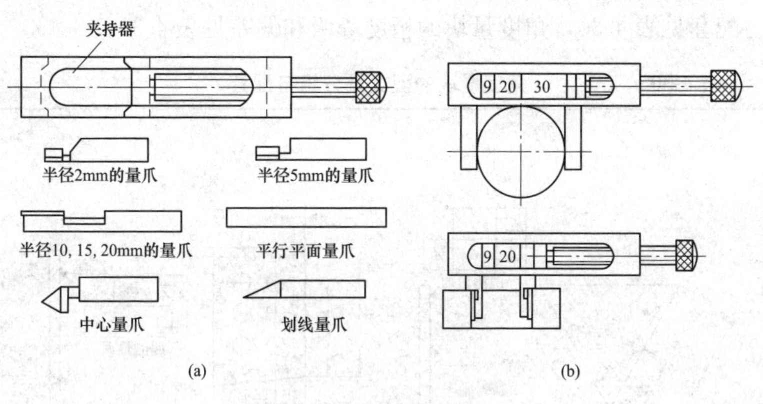

图 4-27　量块附件及其应用

（a）量块附件；（b）应用实例

二、角度量块

角度量块有三角形量块（一个工作角）和四边形量块（四个

工作角）两种。如图 4-28 所示，三角形角度量块（称为Ⅰ型角度量块）只有 1 个工作角（10°～79°），可以用作角度测量的标准量，而四边形角度量块（称为Ⅱ型角度量块）则有 4 个工作角（80°～100°），也可以用作角度测量的标准量。

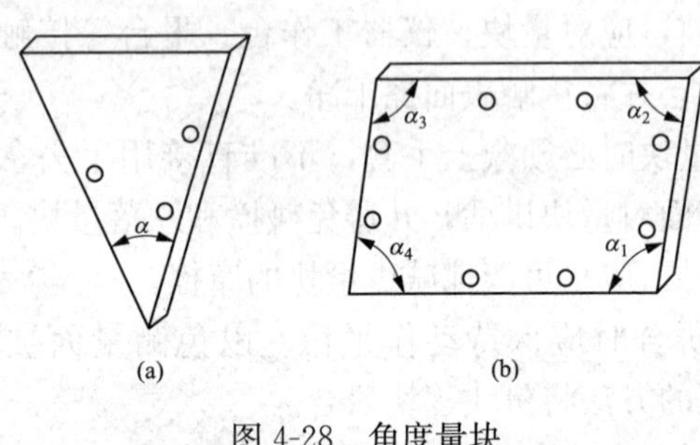

图 4-28 角度量块
(a) Ⅰ型；(b) Ⅱ型

角度量块是角度检测中的标准量具，用来检定和调整测角仪器和量具校对角度样板，也可以直接用于检验高精度的工件。

角度量块成套供应，分 0 级、1 级、2 级 3 种精度，其测量角 α 的允许偏差分别为±3″、±10″和±30″。角度量块的型式及分组与配套见表 4-30，角度量块的精度等级和偏差见表 4-31。

表 4-30　　角度量块的型式及分组与配套

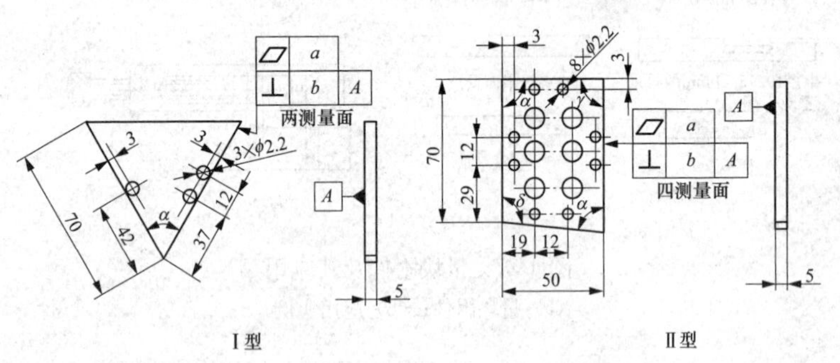

续表

第 1 组（7 块）				
序号	工作角度公称值	型式	块数	精度等级
1	15°10′	Ⅰ	1	1 级和 2 级
2	30°20′		1	
3	45°30′		1	
4	50°		1	
5	60°40′		1	
6	70°50′		1	
7	90°—90°—90°—90°	Ⅱ	1	

第 2 组（36 块）				
序号	工作角度公称值	型式	块数	精度等级
1	10°，11°，…，20°	Ⅰ	11	0 级和 1 级
2	30°，40°，50°，60°，70°	Ⅰ	5	
3	45°	Ⅰ	1	
4	15°10′，15°20′，15°30′，15°40′，15°50′	Ⅰ	5	
5	15°1′，15°2′，…，15°9′	Ⅰ	9	
6	10°0′30″	Ⅰ	1	
7	80°—81°—100°—99° 89°10′— 89°20′—90°50′—90°40′ 89°30′— 89°40′—90°30′—90°20′ 90°—90°—90°—90°	Ⅱ	4	

第 3 组（94 块）				
序号	工作角度公称值	型式	块数	精度等级
1	10°，11°，…，19° 20°，21°，…，29° 30°，31°，…，39° 40°，41°，…，49° 50°，51°，…，59° 60°，61°，…，69° 70°，71°，…，79°	Ⅰ	70	0 级和 1 级

续表

第3组（94块）				
序号	工作角度公称值	型式	块数	精度等级
2	15°10′，15°20′，15°30′，15°40′，15°50′	Ⅰ	5	0级和1级
3	15°1′，15°2′，…，15°9′	Ⅰ	9	
4	10°0′30″	Ⅰ	1	
5	80°—81°—100°—99° 82°—83°—98°—97° 84°—85°—96°—95° 86°—87°—94°—93° 88°—89°—92°—91° 90°—90°—90°—90°	Ⅱ	6	
6	89°10′—89°20′—90°50′—90°40′ 89°30′—89°40′—90°30′—90°20′ 89°50′—89°89′30″—90°10′—90°0′30″	Ⅱ	3	

第4组（7块）				
序号	工作角度公称值	型式	块数	精度等级
1	15°，15°0′15″，15°0′30″，15°0′45″，15°1′	Ⅰ	5	0级
2	89°59′30″—89°59′45″—90°0′30″ 90°0′15″	Ⅱ	1	
3	90°—90°—90°—90°	Ⅱ	1	

表4-31　　角度量块的精度等级和偏差

精度等级	工作角度偏差	测量面的平面度公差 a/μm	测量面对于基准面 A 的垂直度公差 b
0	±3″	0.1	30″
1	±10″	0.2	90°
2	±30″	0.3	

角度量块是一种角度计量基准，适用于万能角度尺和角度样板的检定。

三、光滑极限量规

按照极限尺寸判断原则设计的量规，称为光滑极限量规（简称量规），具有孔或轴的最大极限尺寸和最小极限尺寸为公称尺寸的标准测量面（测头），能反映控制被检孔或轴边界条件的无刻线长度测量器具。

1. 光滑极限量规的型式和适用的基本尺寸范围

光滑极限量规的型式和适用的基本尺寸范围见表 4-32。

表 4-32　光滑极限量规的型式和适用的基本尺寸范围

光滑极限量规型式		适用的基本尺寸/mm	光滑极限量规型式		适用的基本尺寸//mm
孔用极限量规	针式塞规（测头与手柄）	1～6	轴用极限量规	圆柱环规	1～100
	锥柄圆柱塞规（测头）	1～50		双头组合卡规	1～3
	三牙锁紧式圆柱形塞规（测头）	>40～120		单头双极限组合卡规	1～3
	三牙锁紧式非金型塞规（测头）	>80～180		双头卡规	>3～10
	非全型塞规	>180～260		单头双极限卡规	1～260
	球端杆规	>120～500			

2. 孔用极限量规的型式及公称尺寸范围

孔用极限量规的型式及公称尺寸范围见表 4-33。

表 4-33　孔用极限量规的型式及公称尺寸范围　(mm)

类型	型式	公称尺寸 D	L	l_1	l_2
针式塞规	通端 圆手柄 止端	$1\leqslant D\leqslant 3$	65	12	8
	通端 六角手柄 止端	$3\leqslant D\leqslant 6$	80	15	10

续表

类型	型式	公称尺寸 D	L	l_1	l_2
锥柄圆柱塞规	通端测头、锥柄、楔槽、手柄、锥柄、止端测头；通端测头、止端测头	公称尺寸 D	L	公称尺寸 D	L
		$1 \leqslant D \leqslant 3$	62	$14 \leqslant D \leqslant 18$	114
		$3 \leqslant D \leqslant 6$	74	$18 \leqslant D \leqslant 24$	132
				$24 \leqslant D \leqslant 30$	136
		$6 \leqslant D \leqslant 10$	87	$30 \leqslant D \leqslant 40$	155
		$10 \leqslant D \leqslant 14$	99	$40 \leqslant D \leqslant 50$	169
三牙锁紧式圆柱塞规	通端测头、止端测头；双头手柄；单头手柄	公称尺寸 D	双头手柄 L	单头手柄通端塞规 L_1	单头手柄止端塞规 L_1
		$40 < D \leqslant 50$	164	148	141
		$50 < D \leqslant 65$	169	153	141
		$65 < D \leqslant 80$	—	173	165
		$80 < D \leqslant 90$	—	173	165
		$90 < D \leqslant 95$	—	173	165
		$95 < D \leqslant 100$	—	173	165
		$100 < D \leqslant 110$	—	173	165
		$110 < D \leqslant 120$	—	178	165
三牙锁紧工非全型塞规	通端测头、止端测头；双头手柄；单头手柄	公称尺寸 D	双头手柄 L	单头手柄通端塞规 L_1	单头手柄止端塞规 L_1
		>80～100	181	158	148
		>100～120	186	163	148
		>120～150	—	181	168
		>150～180	—	183	168

续表

类型	型式	公称尺寸 D	L	l_1	l_2

类型	型式	公称尺寸 D	L 通端塞规	L 止端塞规
非全型塞规		180＜D＜200 200＜D＜220 220＜D＜240 240＜D＜260	52	42

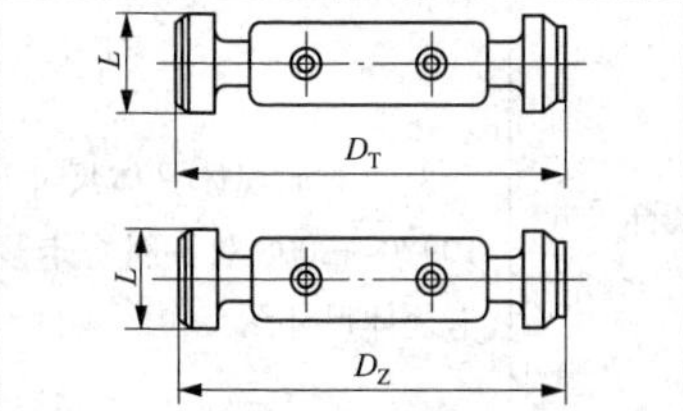

类型	型式	公称尺寸 D	a	b	c	l_1	l_2	f
球端杆规	120＜D≤250	120＜D≤180	16	12	8	22	60	—
		180＜D≤250	16	12	8	22	80	—
	250＜D≤500	250＜D≤315	20	16	12	26	50	30
		315＜D≤500	24	18	14	32	60	45

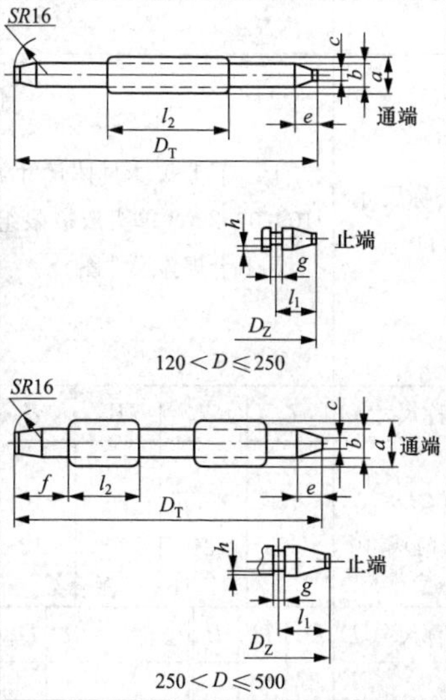

3. 轴用极限量规的型式及公称尺寸范围

轴用极限量规的型式及公称尺寸范围表 4-34。

表 4-34　　轴用极限量规的型式及公称尺寸范围　　(mm)

名称	型式	公称尺寸 D	D_1	L_1	L_2	b	公称尺寸 D	D_1	L_1	L_2	b
圆柱环规	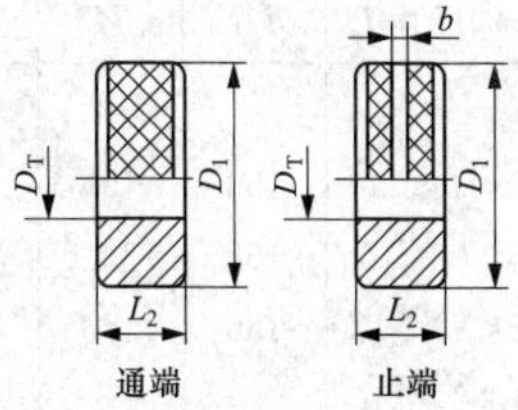 通端　止端	1≤D≤2.5	16	4	6		32≤D≤40	71	18	24	2
		2.5≤D≤5	22	5	10	1	40≤D≤50	85	20	32	
		5＜D≤10	32	8	12		50≤D≤60	100	20	32	
		10＜D≤15	38	10	14		60≤D≤70	112	24	32	
		15＜D≤20	45	12	16		70≤D≤80	125	24	32	3
		20＜D≤25	53	14	18	2	80≤D≤90	140	24	32	
		25＜D≤32	63	16	20		90≤D≤100	160	24	32	

续表

名称	型式	公称尺寸 D	D_1	L_1	L_2	b	公称尺寸 D	D_1	L_1	L_2	b
双头组合卡规	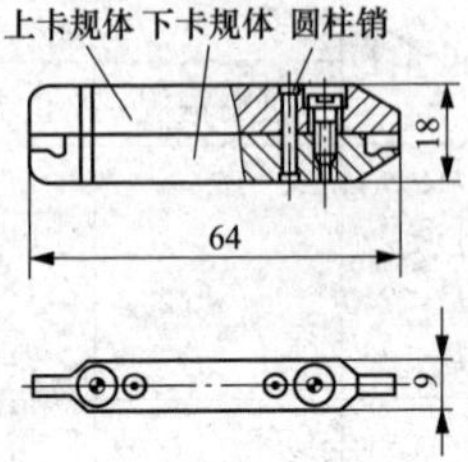 上卡规体 下卡规体 圆柱销；18；64；9	公称尺寸 $D\leqslant 3$	上、下卡规体具体尺寸见 GB/T 10920—2008 双头组合卡规上、下卡规体尺寸图								
单头双极限组合卡规	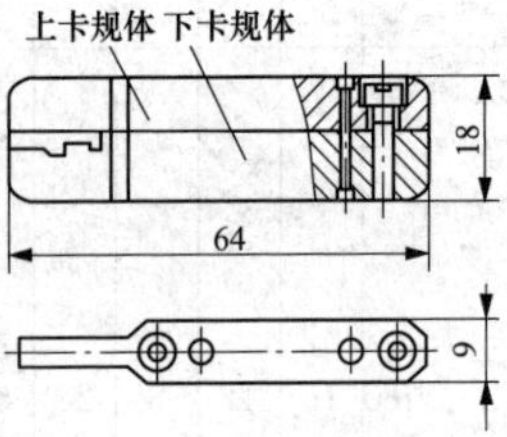 上卡规体 下卡规体；18；64；9	公称尺寸 $D\leqslant 3$	上、下卡规体具体尺寸见 GB/T 10920—2008 单头双极限组合卡规上、下卡规体尺寸图								

名称	型式	公称尺寸 D	L	l	B	d	b
双头卡规	d；D_T；D_Z；b；B；l；L；3	$3<D\leqslant 6$	45	22.5	26	10	14
		$6<D\leqslant 10$	52	26	30	12	20

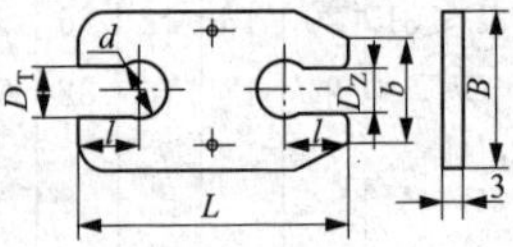

名称	型式	公称尺寸 D	D_1	H	B	公称尺寸 D	D_1	H	B
单头双极限卡规	D_1；L；L_1；H；D_Z；D_T；B	$1\leqslant D\leqslant 3$	32	31	3	$30\leqslant D\leqslant 40$	82	72	8
		$3<D\leqslant 6$	32	31	4	$40\leqslant D\leqslant 50$	94	82	8
		$6<D\leqslant 10$	40	38	4	$50\leqslant D\leqslant 65$	116	100	10
		$10<D\leqslant 18$	50	46	5	$65\leqslant D\leqslant 80$	136	114	10
		$18<D\leqslant 30$	65	58	6				

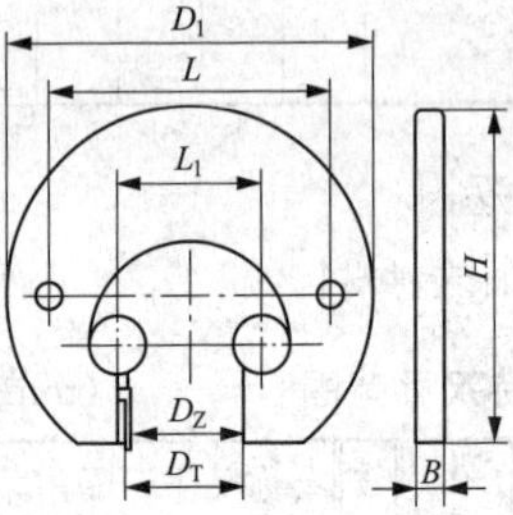

名称	型式	公称尺寸 D	D_1	H	B
单头双极限卡规	D_1；H；D_Z；D_T；B	$80<D\leqslant 90$	150	129	10
		$90<D\leqslant 105$	168	139.5	
		$105<D\leqslant 120$	186	153	

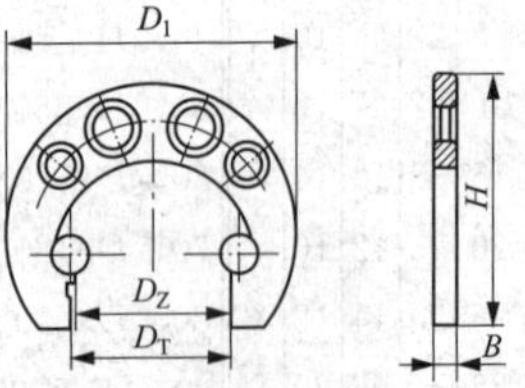

续表

名称	型式	公称尺寸 D	D_1	H	B
单头双极限卡规		$120<D\leqslant135$	204	168.5	10
		$135<D\leqslant150$	222	178	10
		$150<D\leqslant165$	240	192.5	12
		$165<D\leqslant180$	258	202	12
		$180<D\leqslant200$	278	216.5	14
		$200<D\leqslant220$	298	227	14
		$220<D\leqslant240$	318	242.5	14
		$240<D\leqslant260$	338	252	14

四、量针与塞尺

1. 量针

量针具有确定的公称直径，是一种以间接法测量螺纹中径的针形测量器具。

（1）量针应采用碳素钢 T12A 或合金工具钢 GCr15、Cr、CrMn 等材料制造。

（2）量针测量面的硬度应不小于 60HRC，表面粗糙度 Ra 的最大允许值为 0.04μm。

（3）量针应成组供应，每组为 3 个量针。

（4）每组量针应带有悬挂量针的号牌，号牌应采用钢或铝等材料制造，号牌上应有不小于 ϕ3mm 的孔，且孔中心到量针工作部分中间的距离约为 70mm。

量针的型式及公称直径范围见表 4-35。

2. 塞尺

塞尺又称厚薄规或间隙片，主要用来检验机床特别紧固面和紧固面、活塞与气缸、活塞环槽和活塞环、十字头滑板和导板、进排气阀顶端和摇臂、齿轮啮合间隙等两个结合面之间的间隙。塞尺是由许多层厚薄不一的薄钢片组成，如图 4-29 所示。按照塞尺的组别制成一把一把的塞尺，每把塞尺中的每片具有两个平行的测量平面，且都有厚度标记，以供组合使用。测量时，根据结合面间隙的大小，用一片或数片塞尺片重叠在一起塞进间隙内。

表 4-35　　量针的型式及公称直径范围　　（mm）

Ⅰ型量针
公称直径 D 为
0.118～0.572mm

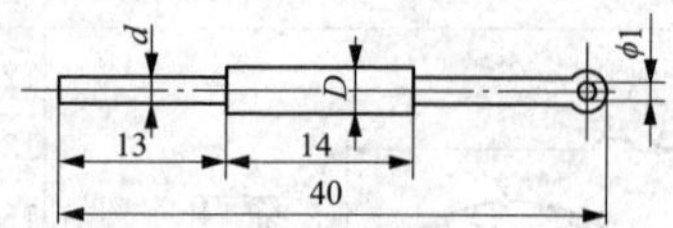

Ⅱ型量针
公称直径 D 为
0.724～1.553mm

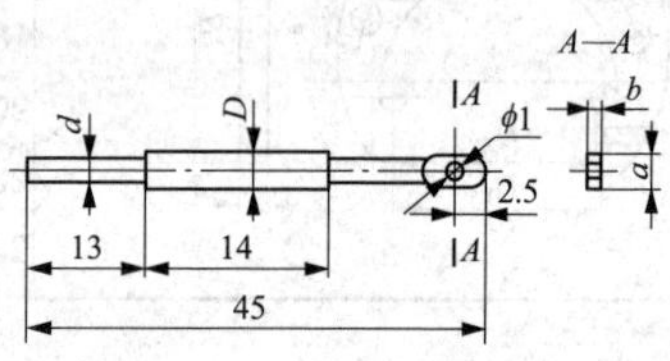

Ⅲ型量针
公称直径 D 为
1.732～6.212mm

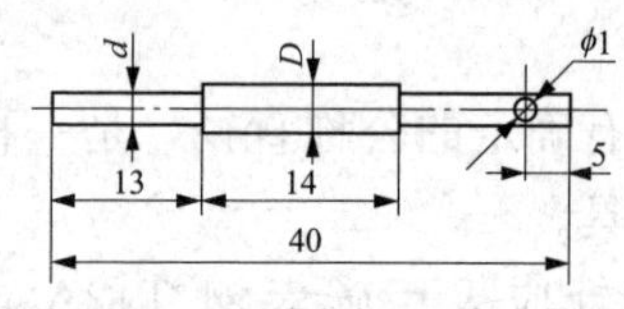

量针型式	公称直径 D	公称尺寸 d	公称尺寸 a	公称尺寸 b
Ⅰ型	0.118	0.10	—	—
	0.142	0.12		
	0.185	0.165		
	0.250	0.23		
	0.291	0.26		
	0.343	0.31		
	0.433	0.38		
	0.511	0.46		
	0.572	0.51		
Ⅱ型	0.724	0.65	2.0	0.20
	0.796	0.72		
	0.866	0.79		0.25
	1.008	0.93	2.5	
	1.157	1.08		0.30
	1.302	1.22		0.40
	1.441	1.36		0.50
	1.553	1.47		0.60
Ⅲ型	1.732	1.66		—
	1.833	1.76		
	2.050	1.98		
	2.311	2.24		
	2.595	2.52		
	2.886	2.81		
	3.106	3.03		
	3.177	3.10		
	3.550	3.47		
	4.120	4.04		
	4.400	4.32		
	4.773	4.69		
	5.150	5.07		
	6.212	5.12		

例如，用 0.03mm 的塞尺片能插入的间隙，而 0.04mm 的塞尺片不能插入，这说明间隙在 0.03～0.04mm 之间，所以塞尺也是一种界限量规。成组塞尺的片数、塞尺长度及组装顺序见表 4-36。

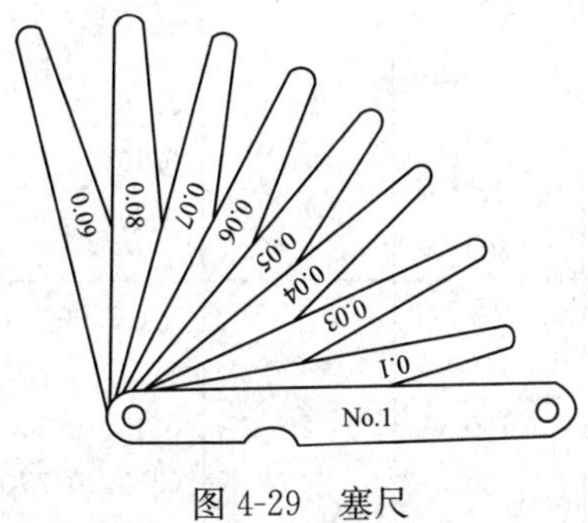

图 4-29　塞尺

表 4-36　成组塞尺的片数、塞尺长度及组装顺序（摘自 GB/T 22523—2008）　（mm）

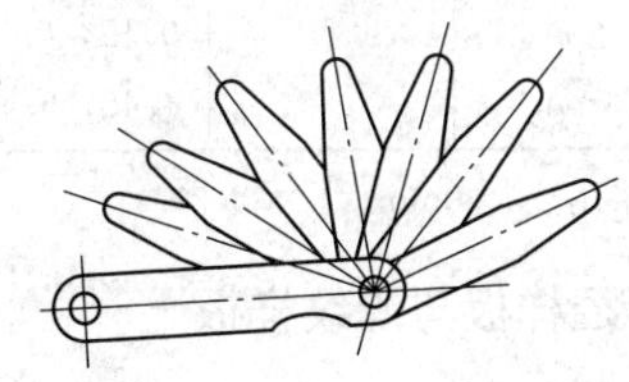

A 型	B 型	塞尺片长度/mm	片数	塞尺片厚度及组装顺序
组别标记				
	75B13	75	13	0.10，0.02，0.02，0.03，0.03，0.04，0.04，0.05，0.05，0.06，0.07，0.08，0.09
	100B13	100		
150A13		150		
200A13		200		
300A13		300		
	75B14	75	14	1.00，0.05，0.06，0.07，0.08，0.09，0.10，0.15，0.20，0.25，0.30，0.40，0.50，0.75
	100B14	100		
150A14		150		
200A14		200		
300A14		300		

续表

A型	B型	塞尺片长度/mm	片数	塞尺片厚度/mm及组装顺序
组别标记				
	75B17	75	17	0.50，0.02，0.03，0.04，0.05，0.06，0.07，0.08，0.09，0.10，0.15，0.20，0.25，0.30，0.35，0.40，0.45
	100B17	100		
150A17		150		
200A17		200		
300A17		300		
	75B20	75	20	1.00，0.05，0.10，0.15，0.20，0.25，0.30，0.35，0.40，0.45，0.50，0.55，0.60，0.65，0.70，0.75，0.80，0.85，0.90，0.95
	100B20	100		
150A20		150		
200A20		200		
300A20		300		
	75B21	75	21	0.50，0.02，0.02，0.03，0.03，0.04，0.04，0.05，0.05，0.06，0.07，0.08，0.09，0.10，0.15，0.20，0.25，0.30，0.35，0.40，0.45
	100B21	100		
150A21		150		
200A21		200		
300A21		300		

注　保护片厚度建议采用≥0.30mm。

五、中心规、半径样板与螺纹样板

1. 中心规

三角形螺纹中心规的规格见表4-37。

表4-37　　　　　　螺纹中心规的规格

	公称规格	公称尺寸		
		L/mm	B/mm	φ
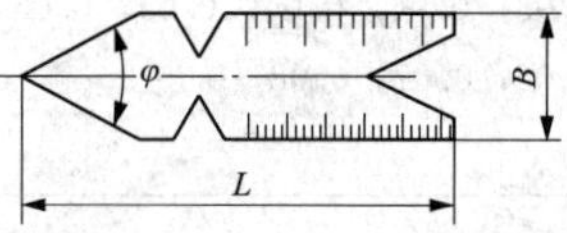	60°	57	20	60°
	55°	57	20	55°

2. 半径样板

半径样板半径尺寸测量范围及规格见表4-38。

表 4-38　　半径样板（JB/T 7980—2010）

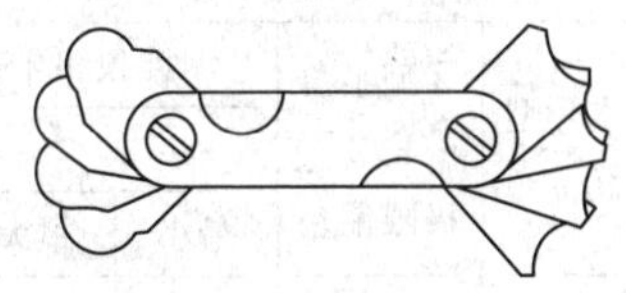

<table>
<tr><th rowspan="2">组别</th><th rowspan="2">半径尺寸
范围/mm</th><th rowspan="2">半径尺寸
系列/mm</th><th rowspan="2">样板宽度
/mm</th><th rowspan="2">样板厚度
/mm</th><th colspan="2">样板数</th></tr>
<tr><th>凸形</th><th>凹开</th></tr>
<tr><td>1</td><td>1～6.5</td><td>1,1.25,1.5,1.75
2,2.25,2.5,2.75
3,3.5,4,4.5
5,5.5,6,6.5</td><td>13.5</td><td rowspan="3">0.5</td><td rowspan="3">16</td><td rowspan="3">16</td></tr>
<tr><td>2</td><td>7～14.5</td><td>7,7.5,8,8.5,9,9.5
10,10.5,11,11.5,
12,12.5,13,13.5
14,14.5</td><td rowspan="2">20.5</td></tr>
<tr><td>3</td><td>15～25</td><td>15,15.5,16,16.6,
17,17.5,18,18.5,
19,19.5,20,21,22,
23,24,25</td></tr>
</table>

3. 螺纹样板

螺纹样板牙型及尺寸见表 4-39。

表 4-39　　螺纹样板（JB/T 7981—2010）　　（mm）

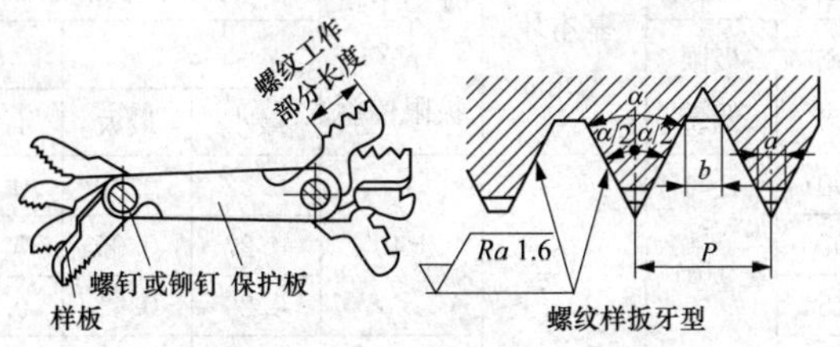

续表

(1) 普通螺纹样板的牙型及尺寸

螺距 P 公称尺寸	螺距 P 极限偏差	基本牙型角 α	牙型半角 $\alpha/2$ 极限偏差	牙顶和牙底宽度 a 最小	牙顶和牙底宽度 a 最大	牙顶和牙底宽度 b 最大	螺纹工作部分长度
0.04	±0.010	60°	±60′	0.10	0.16	0.05	5
0.45				0.11	0.17	0.06	
0.50			±50′	0.13	0.21	0.06	
0.60				0.15	0.23	0.08	
0.70	±0.015			0.18	0.26	0.09	10
0.75			±40′	0.19	0.27	0.09	
0.80				0.20	0.28	0.10	
1.00				0.25	0.33	0.13	
1.25			±35′	0.31	0.43	0.16	
1.50			±30′	0.38	0.50	0.19	
1.75	±0.020			0.44	0.56	0.22	16
2.00				0.50	0.62	0.25	
2.50			±25′	0.63	0.75	0.31	
3.00				0.75	0.87	0.38	
3.50				0.88	1.03	0.44	
4.00				1.00	1.15	0.50	
4.50			±20′	1.13	1.28	0.56	
5.00				1.25	1.40	0.63	
5.50				1.38	1.53	0.69	
6.00				1.50	1.65	0.75	

(2) 英制螺纹样板的牙型及尺寸

螺距 P 每英寸牙数	螺距 P 公称尺寸	螺距 P 极限偏差	基本牙型角 α	牙型半角 $\alpha/2$ 极限偏差	牙顶和牙底宽度 a 最小	牙顶和牙底宽度 a 最大	牙顶和牙底宽度 b 最大	螺纹工作部分长度
28	0.907	±0.015		±40′	0.22	0.30	0.15	10
24	1.058				0.27	0.39	0.18	
22	1.154				0.29	0.41	0.19	
20	1.270			±35′	0.31	0.43	0.21	

续表

<table>
<tr><th colspan="11">（2）英制螺纹样板的牙型及尺寸</th></tr>
<tr><th colspan="3">螺距 P</th><th rowspan="3">基本牙型角 α</th><th rowspan="3">牙型半角 α/2 极限偏差</th><th colspan="3">牙顶和牙底宽度</th><th rowspan="3">螺纹工作部分长度</th></tr>
<tr><th rowspan="2">每英寸牙数</th><th rowspan="2">公称尺寸</th><th rowspan="2">极限偏差</th><th colspan="2">a</th><th>b</th></tr>
<tr><th>最小</th><th>最大</th><th>最大</th></tr>
<tr><td>19</td><td>1.337</td><td rowspan="3"></td><td rowspan="14">55°</td><td rowspan="5">±30′</td><td>0.33</td><td>0.45</td><td>0.22</td><td rowspan="4">10</td></tr>
<tr><td>18</td><td>1.411</td><td>0.35</td><td>0.47</td><td>0.24</td></tr>
<tr><td>16</td><td>1.588</td><td>0.39</td><td>0.51</td><td>0.27</td></tr>
<tr><td>14</td><td>1.814</td><td rowspan="11">±0.020</td><td>0.45</td><td>0.57</td><td>0.30</td></tr>
<tr><td>12</td><td>2.117</td><td>0.52</td><td>0.64</td><td>0.35</td><td rowspan="10">16</td></tr>
<tr><td>11</td><td>2.309</td><td rowspan="5">±25′</td><td>0.57</td><td>0.69</td><td>0.38</td></tr>
<tr><td>10</td><td>2.540</td><td>0.62</td><td>0.74</td><td>0.42</td></tr>
<tr><td>9</td><td>2.822</td><td>0.69</td><td>0.81</td><td>0.47</td></tr>
<tr><td>8</td><td>3.175</td><td>0.77</td><td>0.92</td><td>0.53</td></tr>
<tr><td>7</td><td>3.629</td><td>0.89</td><td>1.04</td><td>0.60</td></tr>
<tr><td>6</td><td>4.233</td><td rowspan="4">±20′</td><td>1.04</td><td>1.19</td><td>0.70</td></tr>
<tr><td>5</td><td>5.080</td><td>1.24</td><td>1.39</td><td>0.85</td></tr>
<tr><td>4.5</td><td>5.644</td><td>1.38</td><td>1.53</td><td>0.94</td></tr>
<tr><td>4</td><td>6.350</td><td>1.55</td><td>1.70</td><td>1.06</td></tr>
</table>

六、普通螺纹量规

螺纹综合检验法是用螺纹量规对螺纹各基本要素进行综合性检验。螺纹量规（见图 4-30）包括螺纹塞规和螺纹环规，螺纹塞规用来检验内螺纹，螺纹环规用来检验外螺纹。它们分别有通规

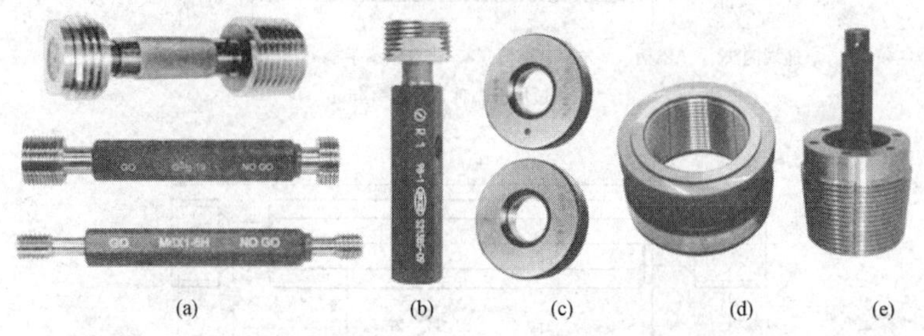

(a)　(b)　(c)　(d)　(e)

图 4-30　常用螺纹量规

（a）、（b）、（e）螺纹塞规；（c）、（d）螺纹环规

T（或 GO）和止规 Z（或 NO GO），在使用中要注意区分，不能搞错。如果通规难以拧入，应对螺纹的各直径尺寸、牙型角、牙型半角和螺距等进行检查，经修正后再用通规检验。当通规全部拧入，止规不能拧入时，说明螺纹各基本要素符合要求。

1. 普通螺纹量规名称及适用公称直径的范围

普通螺纹量规名称及适用公称直径的范围见表 4-40。

表 4-40　普通螺纹量规名称及适用公称直径的范围　(mm)

普通螺纹量规名称		适用公称直径范围
内螺纹用螺纹量规	锥度锁紧式螺纹塞规	1～100
	双线三牙锁紧式螺纹塞规	40～62
	单线三牙锁紧式螺纹塞规	40～120
	套式螺纹塞规	40～120
	双柄式螺纹塞规	120～180
外螺纹用螺纹量规	整体式螺纹环规	1～20
	双柄式螺纹环规	120～180

2. 普通螺纹量规的型式和尺寸

(1) 锥度锁紧式螺纹塞规的型式和尺寸见表 4-41。

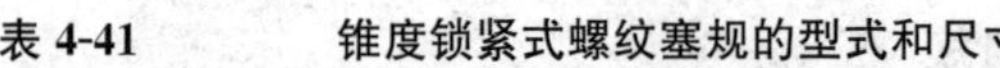

表 4-41　锥度锁紧式螺纹塞规的型式和尺寸　(mm)

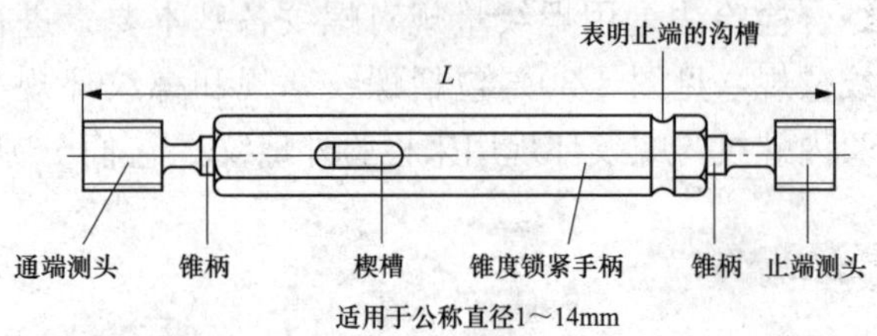

适用于公称直径1～14mm

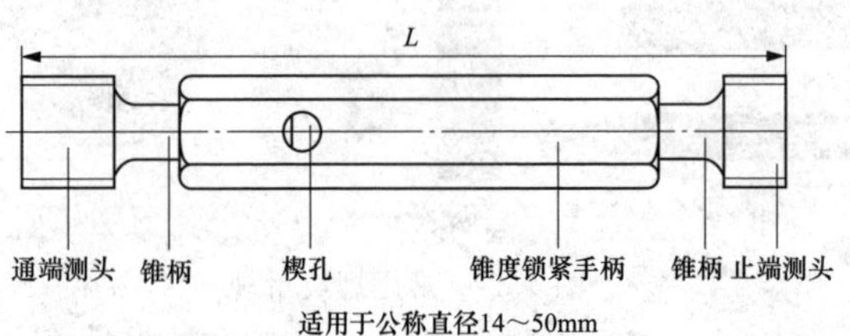

适用于公称直径14～50mm

续表

公称直径 d	螺距 P	L	公称直径 d	螺距 P	L
1～3	0.2，0.25，0.3，0.35,0.4,0.45,0.5	58.5	24～30	0.75，1，1.5	128
3～6	0.35，0.5，0.6，0.7,0.75	70.5		2	136
	0.8，1	74		3	146
6～10	0.5	82		3.5	150
	0.75	84	30～40	0.75，1，1.5	145
	1	86		2	150
	1.25，1.5	90		3	159
10～14	0.5	91		3.5，4	172
	0.75，1	93	40～50	1，1.5，2	154
	1.25，1.5	99		3	168
	1.75，2	105		4	182
14～18	0.5，0.75	104		4.5，5	190
	1	106	50～62	1.5，2	172
	1.5	112		3	183
	2	120		4	197
	2.5	124		5	210
18～24	0.5，0.75，1	124		5.5	217
	1.5	128	62～100	1.5，2	172
	2	132		3	183
	2.5	140		4	200
	3	144		6	225

（2）三牙锁紧式螺纹塞规的型式和尺寸见表 4-42。

表 4-42　　三牙锁紧式螺纹塞规的型式和尺寸　　(mm)

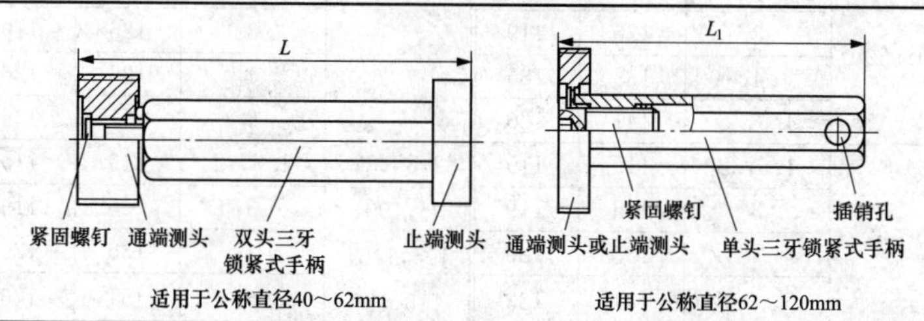

续表

公称直径 d	螺距 P	双头手柄 L	单头手柄 通端 L_1	单头手柄 止端 L_1
40～50	1，1.5，2	153	139	139
	3	162	148	139
	4	178	155	148
	4.5，5	186	163	
50～62	1.5，2	153	139	139
	3	162	148	139
	4	178	155	148
	5	191	168	
	5.5	198		155

公称直径 d	螺距 P	双头手柄 L	单头手柄 通端 L_1	单头手柄 止端 L_1
62～80	1.5，2	—	159	159
	3		168	159
>62～80	4	—	173	168
	6		186	173
82,85,90,95,100,105,110,115,120	1.5，2	—	159	159
	3		168	159
	4		173	168
	6		186	173

(3) 套式螺纹塞规的型式和尺寸见表4-43。

表 4-43　套式螺纹塞规的型式和尺寸　(mm)

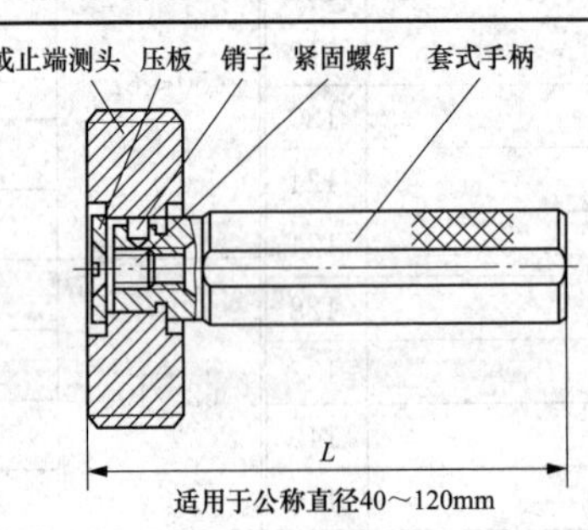

适用于公称直径40～120mm

公称直径 d	螺距 P	L 通端	L 止端	公称直径 d	螺距 P	L 通端	L 止端
40～50	1，1.5，2	119	119	62～80	1.5，2	119	119
	3	126	119		3	126	119
	4	133	126		4	136	126
	4.5，5	141	126		6	151	136
50～62	1.5，2	119	119	82,85,80,95,100,105,110,115,120	1.5，2	119	119
	3	126	119		3	126	119
	4	133	126		4	136	126
	5，5.5	141	133		6	151	136

（4）整体式螺纹环规的型式和尺寸见表 4-44。

表 4-44　　整体式螺纹环规的形式和尺寸　　（mm）

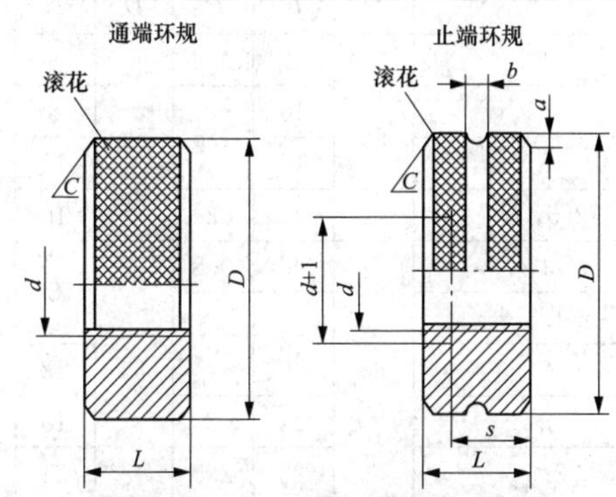

s 对于止端测头的螺纹牙数过多时，可在其一端切成台阶（或在其两端切成 120°的倒棱），但长度 s（或中间螺纹部分）上应有不少于 4 个完整牙型

公称直径 d	螺距 P	通端			止端				
		D	L	C	D	L	a	b	C
1～2.5	0.2，0.25，0.3，0.35，0.4，0.45	22	4	0.4	22	4	0.6	0.6	0.4
2.5～5	0.35，0.5，0.6		5			5			
	0.7，0.75，0.8		6						
5～10	0.75	32	8	0.8	32	5	0.6	0.6	0.4
	1						0.8	1	
	1.25		12	1.2		8			0.6
	1.5								0.8
10～15	1	38	8	0.8	38	6	1	2	0.6
	1.25		12	1.2		8			0.6
	1.5		14						0.8
	1.75					10			1.2
	2		16	1.5					
15～20	1	45	8	0.8	45	6			0.6
	1.5		16	1.5		8			0.8
	2					12			1.2
	2.5		20	2					

续表

公称直径 d	螺距 P	通端			止端				
		D	L	C	D	L	a	b	C
20～25	1	53	8	0.8	53	8	1	2	0.6
	1.5		16	1.5		8			0.8
	2		18			12			1.2
	2.5，3		24	2		16			
25～32	1	63	8	0.8	63	8			0.8
	1.5		16	1.5					
	2					12			1.2
	3		24	2		18			2
	3.5		28	2.5		24			2
32～40	1	71	12	1.2	71	8	1.5	3	0.8
	1.5		16	1.5		10			
	2		18			12			1.2
	3		24	2		18			2
	3.5		32	3					
	4					24			
40～50	1，1.5	85	16	1.5	85	10			0.8
	2		16	1.5		12			1.2
	3		24	2		18			2
	4		32	3		24			
	4.5，5		40			30			
50～60	1.5，2	100	16	1.5	100	12			1.2
	3		24	2		18			1.2
	4		32	3		24			2
	5		45			30			
	5.5					32			3
60～70	1.5，2	112	16	1.5	112	12			1.2
	3		24	2		18			2
	4		32	3		24			
	6		50			32			3
	1.5，2		16	1.5		12			1.2

续表

公称直径 d	螺距 P	通端			止端				
		D	L	C	D	L	a	b	C
70～80	3	125	24	2	125	18	1.5	3	2
	4		32	3		24			
	6		50			32			3
82，85，90	1.5，2	140	16	1.5	140	14			1.2
	3		24	2		18			2
	4		32	3		24			2
	6		50			32			3
95，100	2	160	16	1.5	160	14			1.2
	2		24	2		18			2
	4		32	3		24			
	6		50			32			3
105，110	2	170	20	1.5	170	16			1.5
	3		28	2		20			2
	4		36	3		24			
	6		56			32			3
115，120	2	180	20	1.5	180	16			1.5
	3		28	2		20			2
	4		36	3		24			
	6		56			32			3

七、工具圆锥量规

为了制造和使用方便，降低生产成本，常用的工具、刀具上的圆锥都已经标准化。即圆锥的各部分尺寸，都符合几个号码的规定，使用时，只要号码相同，则能互换。标准工具圆锥已在国际上通用，不论哪个国家生产的机床或工具，只要符合标准圆锥都能达到互换要求。

常用标准工具的圆锥有下面两种。

1. 莫氏圆锥

莫氏圆锥是机器制造业中应用最为广泛的一种，如车床主轴锥孔、顶尖、钻头柄、铰刀柄等都是莫氏圆锥。莫氏圆锥分为 0

号、1 号、2 号、3 号、4 号、5 号和 6 号七种，最小的是 0 号，最大的是 6 号。莫氏圆锥号码不同，圆锥的尺寸和圆锥半角都不同，莫氏圆锥的各部分尺寸可以从表 4-45、表 4-46 中查得。

表 4-45　莫氏圆锥与米制圆锥量规的型式和尺寸　(mm)

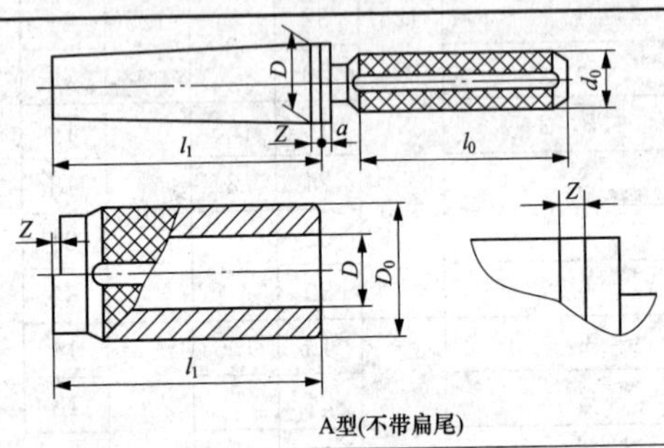

A型(不带扁尾)

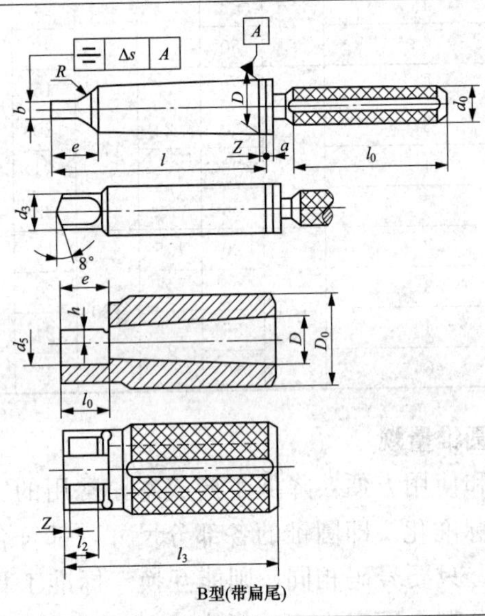

B型(带扁尾)

圆锥规格		锥度 C	锥角 α	公称尺寸										参考尺寸	
				$D\pm$ IT5/2	$a \geqslant$	b h8	$e \leqslant$	d_3	$l_1\pm$ IT10/2	l_3	$R\leqslant$	Δs	$Z\pm$0.05	d_0	l_0
米制圆锥	4	1∶20=0.05	2°51′51.1″	4	2	—	—	—	23	—	—	—	0.5	7	60
	6			6	3	—	—	—	32	—	—	—	0.5	7	60

续表

圆锥规格		锥度 C	锥角 α	公称尺寸										参考尺寸	
				$D\pm$ IT5/2	$a \geqslant$	b h8	$e \leqslant$	d_3	$l_1\pm$ IT10/2	l_3	$R\leqslant$	Δs	$Z\pm$0.05	d_0	l_0
莫氏圆锥	0	0.624 6∶12 =1∶19.212 =0.052 05	2°58′53.8″	9.045	3	4.05	10.5	6	50	56.5	4	0.012	1	10	60
	1	0.598 58∶12 =1∶20.047 =0.049 88	2°51′26.7″	12.065	3.5	5.35	13.5	8.7	53.5	62	5	0.012	1	12	65
	2	0.599 41∶12 =1∶20.020 =0.049 95	2°51′41.0″	17.780	5	6.46	16	13.5	64	75	6	0.015	1	16	70
	3	0.602 35∶12 =1∶19.922 =0.050 20	2°52′31.5″	23.825	5	8.06	20	18.5	81	94	7	0.015	1	20	80
	4	0.623 26∶12 =1∶19.254 =0.051 94	2°58′30.6″	31.267	6.5	12.07	24	24.5	102.5	117.5	8	0.020	1.5	25	90
	5	0.631 51∶12 =1∶19.002 =0.052 63	3°0′52.4″	44.399	6.5	16.07	29	35.7	129.5	149.5	10	0.020	1.5	32	100
	6	0.625 65∶12 =1∶19.180 =0.052 14	2°59′11.7″	63.380	8	19.18	40	51	182	210	13	0.025	2	35	110
米制圆锥	80	1∶20=0.05	2°51′51.1″	80	8	21.16	48	67	197	220	24	0.025	2	40	115
	100			100	10	32.19	58	85	232	260	30	0.030	2	40	115
	120			120	12	38.19	68	102	268	300	36	0.030	2	40	115
	160			160	16	50.20	88	138	340	380	48	0.040	3	40	120
	200			200	20	62.22	108	174	412	460	60	0.040	3	40	120

英氏与米制环规的尺寸

圆锥规格		锥度 C	锥角 α	公称尺寸								参考尺寸	
				$D\pm$ IT5/2	$h+$ IT8	$l_2\pm$ IT11/2	l_0 $\leqslant$	e $\leqslant$	l_1 $\pm$IT11/2	l_3 −IT10	Z $\pm$0.05	D_0	d_5
米制圆锥	4	1∶20=0.05	2°51′51.1″	4	—	—	—	—	23	—	0.5	12	—
	6			6	—	—	—	—	32	—	0.5	16	—

续表

莫氏与米制环规的尺寸

圆锥规格		锥度 C	锥角 α	公称尺寸								参考尺寸	
				$D\pm$ IT5/2	$h+$ IT8	$l_2\pm$ IT11/2	l_0 ≤	e ≤	l_1 ±IT11/2	l_3 −IT10	Z ±0.05	D_0	d_5
莫氏圆锥	0	0.624 6∶12 =1∶19.212 =0.052 05	2°58′53.8″	9.045	2.01	6.5	10.5	10.5	50	56.5	1	20	6.7
莫氏圆锥	1	0.598 58∶12 =1∶20.047 =0.049 88	2°51′26.7″	12.065	2.66	8.5	13.5	13.5	53.5	62	1	25	9.7
莫氏圆锥	2	0.599 41∶12 =1∶20.020 =0.049 95	2°51′41.0″	17.780	3.21	10	16	16	64	75	1	35	14.7
莫氏圆锥	3	0.602 35∶12 =1∶19.922 =0.050 20	2°52′31.5″	23.825	4.01	13	20	20	81	94	1	40	20.2
莫氏圆锥	4	0.623 26∶12 =1∶19.254 =0.051 94	2°58′30.6″	31.267	6.01	16	24	24	102.5	117.5	1.5	50	26.5
莫氏圆锥	5	0.631 51∶12 =1∶19.002 =0.052 63	3°0′52.4″	44.399	8.01	19	29	29	129.5	149.5	1.5	70	38.2
莫氏圆锥	6	0.625 65∶12 =1∶19.180 =0.052 14	2°59′11.7″	63.380	9.56	27	40	40	182	210	2	92	54.6
米制圆锥	80	1∶20=0.05	2°51′51.1″	80	13.06	24	48	48	196	220	2	120	71.5
米制圆锥	100	1∶20=0.05	2°51′51.1″	100	16.06	28	58	58	232	260	2	150	90
米制圆锥	120	1∶20=0.05	2°51′51.1″	120	19.06	32	68	68	268	300	2	180	108.5
米制圆锥	160	1∶20=0.05	2°51′51.1″	160	25.06	40	88	88	340	380	3	240	145.5
米制圆锥	200	1∶20=0.05	2°51′51.1″	200	31.06	48	108	108	412	460	3	300	182.5

表 4-46 莫氏与米制圆锥量规精度等级和公差（GB/T 11853—2003）

（1）圆锥工作塞规

圆锥规格		测量长度 L_P/mm	锥角公差等级								
			1级			2级			3级		
			锥角极限偏差								
			AT_α μrad	AT_α (″)	AT_{DP}/ μm	AT_α μrad	AT_α (″)	AT_{DP}/ μm	AT_α μrad	AT_α (″)	AT_{DP}/ μm
米制圆锥	4	19	—	—	—	±40	±8	±0.8	−200	−41	−4
	6	26	—	—	—	±31.5	±6	±0.8	−160	−33	−4
莫氏圆锥	0	43	±10	±2	±0.5	±25	±5	±1.0	−125	−26	−5
	1	45	±10	±2	±0.5	±25	±5	±1.1	−125	−26	−6
	2	54	±8	±1.5	±0.5	±20	±4	±1.1	−100	−21	−5
	3	69	±8	±1.5	±0.6	±20	±4	±1.4	−100	−21	−7
	4	87	±6.3	±1.3	±0.6	±16	±3	±1.4	−80	−16	−7
	5	114	±6.3	±1.3	±0.8	±16	±3	±1.8	−80	−16	−9
	6	162	±5	±1	±0.8	±12.5	±2.5	±2.0	−63	−13	−10
米制圆锥	80	164	±5	±1	±0.8	±12.5	±2.5	2.0	−63	−13	−10
	100	192	±5	±1	±1.0	±12.5	±2.5	±2.4	−63	−13	−12
	120	220	±4	±0.8	±0.9	±10	±2.0	±2.2	−50	−10	−11
	160	276	±4	±0.8	±1.1	±10	±2.0	±2.8	−50	−10	−14
	200	332	±3.2	±0.5	±1.1	±8	±1.5	±2.7	−40	−8	−13

（2）圆锥工作环规

圆锥规格		测量长度 L_P/mm	锥角公差等级								
			1级			2级			3级		
			锥角极限偏差								
			AT_α μrad	AT_α (″)	AT_{DP}/ μm	AT_α μrad	AT_α (″)	AT_{DP}/ μm	AT_α μrad	AT_α (″)	AT_{DP}/ μm
米制圆锥	4	19	—	—	—	±40	±8	±0.8	+200	+41	+4
	6	26	—	—	—	±31.5	±6	±0.8	+160	+33	+4
莫氏圆锥	0	43	±10	±2	±0.5	±25	±5	±1.0	+125	+26	+5
	1	45	±10	±2	±0.5	±25	±5	±1.1	+125	+26	+6
	2	54	±8	±1.5	±0.5	±20	±4	±1.1	+100	+21	+5
	3	69	±8	±1.5	±0.6	±20	±4	±1.4	+100	+21	+7
	4	87	±6.3	±1.3	±0.6	±16	±3	±1.4	+80	+16	+7
	5	114	±6.3	±1.3	±0.8	±16	±3	±1.8	+80	+16	+9
	6	162	±5	±1	±0.8	±12.5	±2.5	±2.0	+63	+13	+10

续表

(2) 圆锥工作环规

圆锥规格		测量长度 L_P/mm	锥角公差等级								
			1级			2级			3级		
			锥角极限偏差								
			AT_α μrad	AT_α (″)	AT_{DP}/ μm	AT_α μrad	AT_α (″)	AT_{DP}/ μm	AT_α μrad	AT_α (″)	AT_{DP}/ μm
米制圆锥	80	164	±5	±1	±0.8	±12.5	±2.5	2.0	+63	+13	+10
	100	192	±5	±1	±1.0	±12.5	±2.5	±2.4	+63	+13	+12
	120	220	±4	±0.8	±0.9	±10	±2.0	±2.2	+50	+10	+11
	160	276	±4	±0.8	±1.1	±10	±2.0	±2.8	+50	+10	+14
	200	332	±3.2	±0.5	±1.1	±8	±1.5	±2.7	+40	+8	+13

(3) 校对塞规

圆锥规格		测量长度 L_P/mm	锥角公差等级								
			用于1级环规			用于2级环规			用于3级环规		
			锥角极限偏差								
			AT_α/ μrad	AT_α (″)	AT_{DP}/ μm	AT_α/ μrad	AT_α (″)	AT_{DP}/ μm	AT_α μrad	AT_α (″)	AT_{DP}/ μm
米制圆锥	4	19	—	—	—	±40	±8	±0.8	+100	+21.0	+2.0
	6	26	—	—	—	±31.5	±6	±0.8	+80	+17.0	+2.0
莫氏圆锥	0	43	±10	±2	±0.5	±25	±5	±1.0	+63	+13.0	+2.5
	1	45	±10	±2	±0.5	±25	±5	±1.1	+63	+13.0	+3.0
	2	54	±8	±1.5	±0.5	±20	±4	±1.1	+50	+11.0	+2.5
	3	69	±8	±1.5	±0.6	±20	±4	±1.4	+50	+11.0	+3.5
	4	87	±6.3	±1.3	±0.6	±16	±3	±1.4	+40	+8.0	+3.5
	5	114	±6.3	±1.3	±0.8	±16	±3	±1.8	+40	+8.0	+4.5
	6	162	±5	±1	±0.8	±12.5	±2.5	±2.0	+31.5	+6.0	+5.0
米制圆锥	80	164	±5	±1	±0.8	±12.5	±2.5	2.0	+31.5	+6.0	+5.0
	100	192	±5	±1	±1.0	±12.5	±2.5	±2.4	+31.5	+6.0	+6.0
	120	220	±4	±0.8	±0.9	±10	±2.0	±2.2	+25	+5.0	+5.5
	160	276	±4	±0.8	±1.1	±10	±2.0	±2.8	+50	+5.0	+7.0
	200	332	±3.2	±0.5	±1.1	±8	±1.5	±2.7	+40	+4.0	+6.5

注 1. 用于检验圆锥锥角和尺寸的莫氏与米制A型圆锥量规，规定有三个精度等级。

2. 锥角公差 AT_{DP} 的数值是根据测量长度 L_P 给定的，即：

$$AT_{DP} = AT_\alpha L_P \times 10^{-3}$$

式中 L_P——测量长度，mm；

AT_{DP}——对应于测量长度 L_P 上用线值表示的锥角公差，μm；

AT_α——用角度值表示的锥角公差，μrad。

2. 米制圆锥

米制圆锥分 4 号、6 号、80 号、100 号、120 号、140 号、160 号和 200 号八种，其中 140 号较少采用。它们的号码表示的是大端直径，锥度固定不变，即 $C=1:20$ 如 200 号米制圆锥的大端直径为 ϕ200mm，锥度 $C=1:20$ 米制圆锥的优点是锥度不变，记忆方便，其各部分尺寸可以从表 4-45 中查得。

3. 专用标准圆锥

除了常用标准工具的圆锥外，还经常遇到各种专用的标准圆锥，其锥度大小及应用场合见表 4-47。

（1）7∶24 工具圆锥量规的形式和尺寸见表 4-48。

（2）7∶24 工具圆锥量规的精度等级和公差见表 4-49。

表 4-47　　　专用标准圆锥的锥度及应用场合

锥度 C	圆锥角 α	圆锥半角 $\alpha/2$	应用举例
1∶4	14°15′	7°7′30″	车床主轴法兰及轴头
1∶5	11°25′16″	5°42′38″	易于拆卸的连接，砂轮主轴与砂轮法兰的结合，锥形摩擦离合器等
1∶7	8°10′16″	4°5′8″	管件的开关塞、阀等
1∶12	4°46′19″	2°23′9″	部分滚动轴承内环锥孔
1∶15	3°49′6″	1°54′23	主轴与齿轮的配合部分
1∶16	3°34′47″	1°47′24″	圆锥管螺纹
1∶20	2°51′51″	1°25′56″	米制工具圆锥，锥形主轴颈
1∶30	1°54′35″	0°57′23″	锥柄的铰刀和扩孔钻与柄的配合
1∶50	1°8′45″	0°34′23″	圆锥定位销及锥铰刀
7∶24	16°35′39″	8°17′50	铣床主轴孔及刀杆的锥体
7∶64	6°15′38″	3°7′49″	刨齿机工作台的心轴孔

表 4-48　　7∶24 工具圆锥量规形式和尺寸
(GB/T 11854—2003)　　(mm)

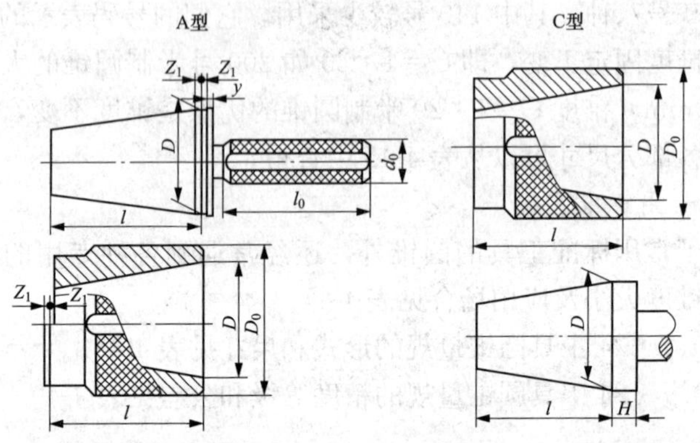

(1) 7∶24 工具圆锥塞规的尺寸

圆锥规格	锥度 C	锥角 α	公称尺寸				参考尺寸		
			D ±IT5/2	l ±IT11/2	y	Z_1 ±0.05	H	d_0	l_0
30	1∶3.428 571=0.291 667	16°35′39.4″	31.750	48.4	1.6	0.4	1.0	25	90
40			44.450	65.4	1.6			32	100
45			57.150	82.8	3.2			32	100
50			69.850	101.8	3.2			35	110
55			88.900	126.8	3.2			40	115
60			107.950	161.8	3.2			40	115
65			133.350	202.0	4			40	115
70			165.100	252.0	4			40	115
75			203.200	307.0	5			45	120
80			254.000	394.0	6			50	120

(2) 7∶24 工具圆锥环规的尺寸

圆锥规格	锥度 C	锥角 α	公称尺寸			参考尺寸
			D ±IT5/2	l ±IT11/2	Z_1 ±0.05	D_0
30	1∶3.428 571=0.291 667	16°35′39.4″	31.750	48.4	0.4	58
40			44.450	65.4		64

续表

(2) 7∶24 工具圆锥环规的尺寸

圆锥规格	锥度 C	锥角 α	公称尺寸			参考尺寸
			D ±IT5/2	l ±IT11/2	Z_1 ±0.05	D_0
45	1∶3.428 571 =0.291 667	16°35′39.4″	57.150	82.8	0.4	80
50			69.850	101.8		95
55			88.900	126.8		118
60			107.950	161.8		140
65			133.350	202.0		168
70			165.100	252.0		204
75			203.200	307.0		245
80			254.000	394.0		300

表 4-49　7∶24 工具圆锥量规精度等级和公差（GB/T 11854—2003）

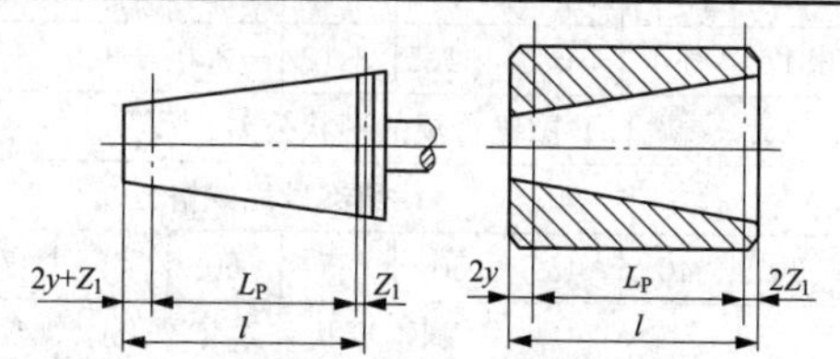

(1) 圆锥工作量规

圆锥规格	测量长度 L_P/mm	锥角公差等级								
		1 级			2 级			3 级		
		锥角极限偏差								
		AT_α μrad	AT_α (″)	AT_{DP}/ μm	AT_α μrad	AT_α (″)	AT_{DP}/ μm	AT_α μrad	AT_α (″)	AT_{DP}/ μm
30	44	±10	±2.0	±0.5	±25	±5.0	±1.2	±63	±13.0	±3.0
40	61	±8	±1.5	±0.5	±20	±4.0	±1.3	±50	±11.0	±3.0
45	76	±8	±1.5	±0.6	±20	±4.0	±1.6	±50	±11.0	±4.0
50	95	±6.3	±1.3	±0.6	±16	±3.0	±1.6	±40	±8.0	±4.0
55	120	±6.3	±1.3	±0.8	±16	±3.0	±2.0	±40	±8.0	±5.0
60	155	±5	±1.0	±0.8	±13	±2.5	±2.0	±31.5	±6.5	±5.0
65	193	±5	±1.0	±1.0	±13	±2.5	±2.6	±31.5	±6.5	±6.0
70	243	±4	±0.8	±1.0	±10	±2.0	±2.5	±25	±5.0	±6.0
75	296	±4	±0.8	±1.2	±10	±2.0	±3.0	±25	±5.0	±8.0
80	381	±4	±0.8	±1.5	±10	±2.0	±3.9	±25	±5.0	±10.0

续表

(2) 校对塞规

圆锥规格	测量长度 L_P/mm	锥角公差等级								
		1级			2级			3级		
		锥角极限偏差								
		AT_α/μrad	AT_α/(″)	AT_{DP}/μm	AT_α/μrad	AT_α/(″)	AT_{DP}/μm	AT_α/μrad	AT_α/(″)	AT_{DP}/μm
30	44	+10	+2.0	+0.5	+25	+5.0	+1.2	+63	+13.0	+3.0
40	61	+8	+1.5	+0.5	+20	+4.0	+1.3	+50	+11.0	+3.0
45	76	+8	+1.5	+0.6	+20	+4.0	+1.6	+50	+11.0	+4.0
50	95	+6.3	+1.3	+0.6	+16	+3.0	+1.6	+40	+8.0	+4.0
55	120	+6.3	+1.3	+0.8	+16	+3.0	+2.0	+40	+8.0	+5.0
60	155	+5	+1.0	+0.8	+13	+2.5	+2.0	+31.5	+6.5	+5.0
65	193	+5	+1.0	+1.0	+13	+2.5	+2.6	+31.5	+6.5	+6.0
70	243	+4	+0.8	+1.0	+10	+2.0	+2.5	+25	+5.0	+6.0
75	296	+4	+0.8	+1.2	+10	+2.0	+3.0	+25	+5.0	+8.0
80	381	+4	+0.8	+1.5	+10	+2.0	+3.9	+25	+5.0	+10.0

(3) 圆锥量规的形状公差

圆锥工作量规公差等级	圆锥量规规格									
	30	40	45	50	55	60	65	70	75	80
	圆锥形状公差 T_F/μm									
1	0.5		0.5		0.8		1.0		1.2	1.5
2	0.8		1.1		1.3		1.7		2.0	2.6
3	2.0		2.7		3.3		4.0		5.3	6.7

注 1. 用于检验圆锥和尺寸的7∶24工具圆锥量规，规定有三个精度等级。

2. 锥角偏差 AT_{Dp} 的数值是根据测量长度 L_P 给定的，即：

$$AT_{Dp}=AT_\alpha\times L_P\times10^{-3}$$

式中 L_P——测量长度，mm，$L_P=l-2(y+Z_1)$；

AT_{DP}——对应于测量长度 L_P 上用线值表示的锥角公差，μm；

AT_α——用角度值表示的锥角公差，μrad。

第六节 水平仪

一、水平仪的用途和分类

(1) 水平仪的用途。水平仪是测量被测平面相对水平面的微小倾角的一种计量器具，在机械制造中，常用来检测工件表面或设备安装的水平情况。如检测机床、仪器的底座、工作台面及机床导轨等的水平情况；还可以用水平仪检测导轨、平尺、平板等的直线度和平面度误差，以及测量两工作面的平行度和工作面相对于水平面的垂直度误差等。

（2）水平仪的分类。水平仪按其工作原理可分为水准式水平仪和电子水平仪两类。水准式水平仪又有条式水平仪、框式水平仪和合像水平仪三种结构形式。水准式水平仪目前使用最为广泛，以下仅介绍水准式水平仪。

二、水准式水平仪的结构和规格

水准式水平仪的主要工作部分是管状水准器，它是一个密封的玻璃管，其内表面的纵剖面是一曲率半径很大的圆弧面。管内装有精馏乙醚或精馏乙醇，但未注满，形成一个气泡。玻璃管的外表面刻有分度，不管水准器的位置处于何种状态，气泡总是趋向于玻璃管圆弧面的最高位置。当水准器处于水平位置时，气泡位于中央。水准器相对于水平面倾斜时，气泡就偏向高的一侧，倾斜程度可以从玻璃管外表面上的分度值读出，经过简单的换算，就可得到被测表面相对水平面的倾斜度和倾斜角。水准式水平仪如图 4-31 所示。

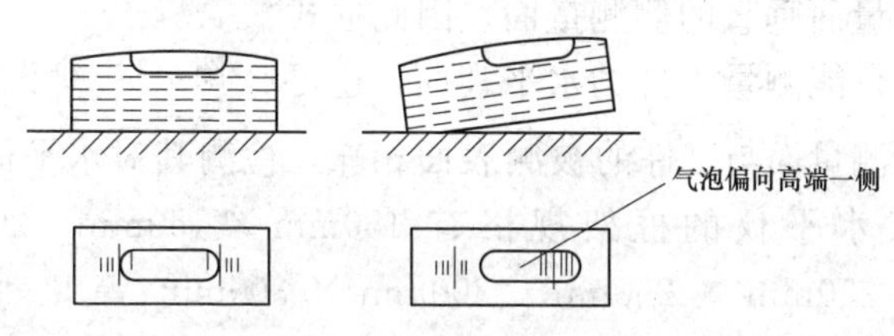

图 4-31　水准式水平仪

1. 条式水平仪

条式水平仪的外形如图 4-32 所示。它由主体、盖板、水准器和调零装置组成。在测量面上刻有 V 形槽，以便放在圆柱形的被测表面上测量。图 4-32（a）中的水平仪的调零装置在一端，而图 4-32（b）中的调零装置在水平仪的上表面，因而使用更为方便。

条式水平仪工作面的长度有200mm和300mm两种。

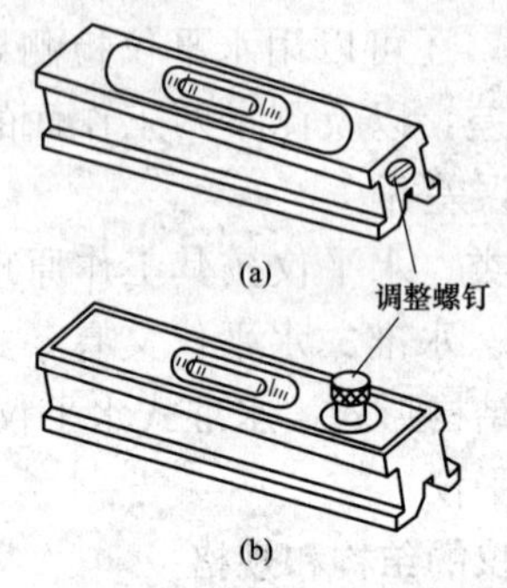

图4-32　条式水平仪

(a) 调零装置在水平仪一端；(b) 调零装置在水平仪上表面

2. 框式水平仪

框式水平仪的外形如图4-33所示。它由横水准器、主体把手、主水准器、盖板和调零装置组成。它与条式水平仪的不同之处在于：条式水平仪的主体为一条形，而框式水平仪的主体为一框形。框式水平仪除有安装水准器的下测量面外，还有一个与下测量面垂直的侧测量面，因此框式水平仪不仅能测量工件的水平表面，还可用它的侧测量面与工件的被测表面相靠，检测其对水平面的垂直度。框式水平仪的框架规格有150mm×150mm、200mm×200mm、250mm×250mm、300mm×300mm等几种，其中200mm×200mm最为常用。

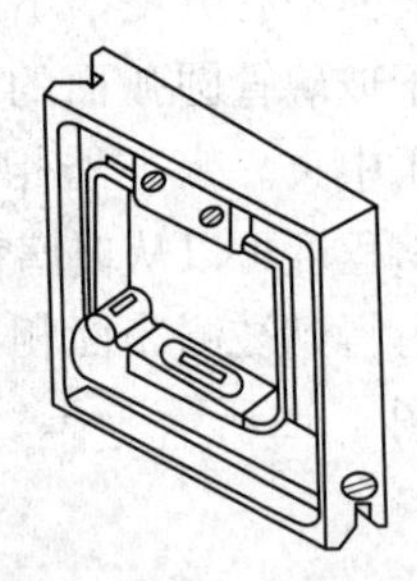

图4-33　框式水平仪

3. 合像水平仪

合像水平仪主要由水准器、放大杠杆、测微螺杆和光学合像棱镜等组成，如图4-34（a）、（b）所示。

合像水平仪的水准器安装在杠杆架的底板上，它的位置可用微动旋钮通过测微螺杆与杠杆系统进行调整。水准器内的气泡，

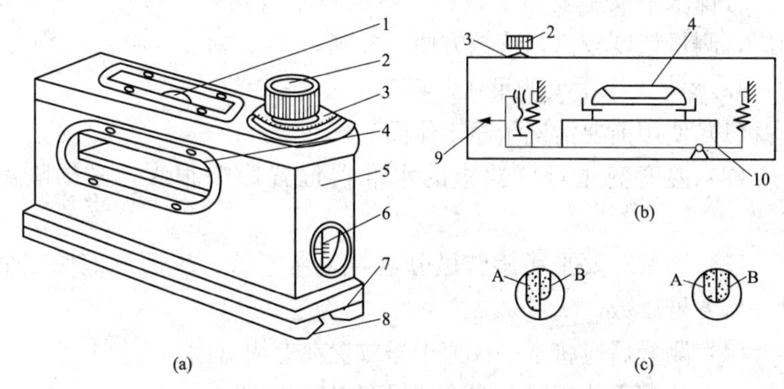

图 4-34　合像水平仪的结构和工作原理

（a）结构；（b）工作原理；（c）测量原理

1—观察窗；2—微动旋钮；3—微分盘；4—主水准器；5—壳体；6—毫米/米刻度；7—底工作面；8—V 形工作面；9—指针；10—杠杆

经三个不同位置的棱镜反射至观察窗放大观察（分成两半合像）。当水准器不在水平位置时，气泡 A、B 两半不对齐，当水准器在水平位置时，气泡 A、B 两半就对齐，如图 4-34（c）所示。

使用读数值为 0.01mm/1000mm 的光学合像水平仪时，先将水平仪放在工件被测表面上，此时气泡 A、B 一般不对齐，用手转动微分盘的旋钮，直到两半气泡完全对齐为止。此时表示水准器平行水平面，而被测表面相对水平面的倾斜程度就等于水平仪底面对水准器的倾斜程度，这个数值可从水平仪的读数装置中读出。读数时，先从刻度窗口读出毫米（mm）数，此 1 格表示 1000mm 长度上的高度差为 1mm，再看微分盘刻度上的格数，每 1 格表示 1000mm 长度上的高度差为 0.01mm，将两者相加就得所需的数值。例如窗口刻度中的示值为 1mm，微分盘刻度的格数是 16 格，其读数就是 1.16mm，即在 1000mm 长度上的高度差为 1.16mm。

如果工件的长度不是 1000mm，而是 1mm，则在 1mm 长度上的高度差为：1000mm 长度上的高度差$\times\frac{l}{1000}$。

合像水平仪主要用于精密机械制造中，其最大特点是使用范围广，测量精度较高，读数方便、准确。

4. 水准式水平仪使用注意事项

(1) 使用前要清洗干净工作面。

(2) 温度变化对仪器中的水准器位置影响很大，必须隔离热源。

(3) 测量时要平稳旋转微分盘，必须等 A、B 两气泡像完全对齐后方可读数。

(4) 测量后应将水平仪擦干净放置在专用盒内。

(5) 长期不使用时，应涂油保存以防止生锈。

三、电子水平仪

电子水平仪是具有一个基座测量面，以电容摆的平衡原理测量被测面相对水平面微小倾角，将微小的角位移转变为电信号，经放大后由指示仪表读数的一种角度计量仪器。

1. 电子水平仪原理

电子水平仪原理有电感式和电容式等两种。根据测量方向不同还可分为一维和二维电子水平仪。电子水平仪的测量部分主要由壳体、测微装置和电极水泡式传感器组成。电子水泡式传感器与一般水平仪的水准器的作用相似，但结构不同。

电感式原理：当水平仪的基座因待测工件倾斜而倾斜时，其内部摆锤因移动所造成感应线圈的电压变化。电容式水平仪其测量原理为一圆形摆锤自由悬挂在细线上，摆锤受地心重力所影响，且悬浮于无摩擦状况。摆锤的两边均设有电极，且间隙相同时电容量是相等的，若水平仪受待测工件所影响，而造成两间隙不同导致距离发生改变，即产生电容不同，形成角度的差异。

2. 电子水平仪的类型

电子水平仪以指针式指示装置指示测量值的仪器称为指针式电子水平仪，以数显式指示装置指示测量值的仪器称为数显式电子水平仪。

(1) 指针式电子水平仪。如图 4-35 所示是上海水平仪厂生产的 JDZ－B 型指针式电子水平仪。它的分度值有三挡：0.005mm/

1000mm、0.01mm/1000mm 和 0.02mm/1000mm。

指针式电子水平仪由用作工作测量面的铸铁座、电极水准泡式传感器和指示电表三部分构成。

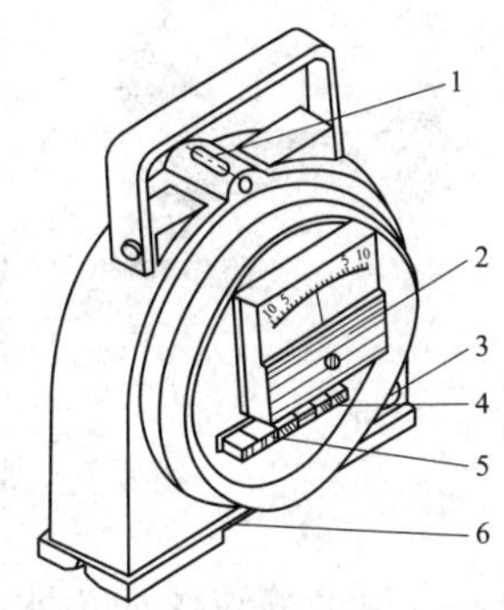

图 4-35　JDZ-B 型指针式电子水平仪

1—副水准泡；2—电能表；3—调零口；4—电源开关；5—分度值选择按钮；6—底座

电极水准泡式传感器是由一种直径为 14mm，长度为 90mm 左右的玻璃管内壁，压贴 4 片相互对称的铂电极，并由铂丝引出而成的。玻璃管内壁经研磨、内灌导电液体且有一定长度的气泡，经烧结而成。

电极水准泡内的四片铂电极为两个活动桥臂，两个固定桥臂，桥臂组成一个差动交流电桥。其工作原理是：

当电极水准泡内的气泡在中间位置时，两对电极间阻抗相等，这时电桥平衡，输出信号近似为零。当气泡向任何一方移动时，电极水准泡阻抗增大或减小，故电桥不平衡，于是有信号输出。

指针式电子水平仪信号传递如下：

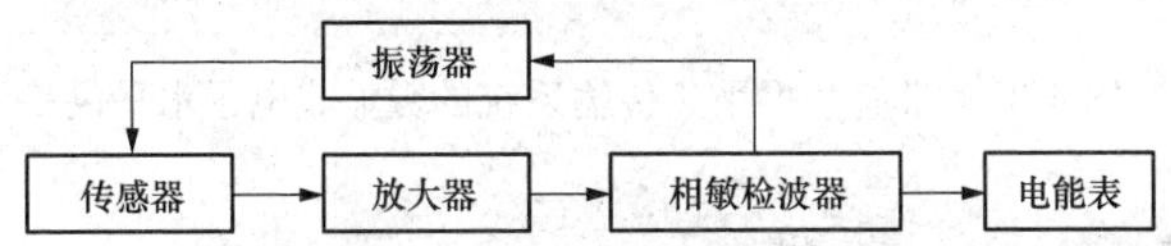

其中：振荡器供给传感器工作的交流信号；传感器是电子水平仪的敏感元件；放大器是将传感器输出的信号放大；相敏检波器是将放大后的信号相敏整流；电表用于读数。

由于指针式电子水平仪结构复杂、精度差，现逐渐被数显式电子水平仪取代。

（2）常用数显式电子水平仪。

1）常用数显式电子水平仪，如图 4-36 所示。

2）数显式电子水平仪的构成。数显式电子水平仪一般利用光

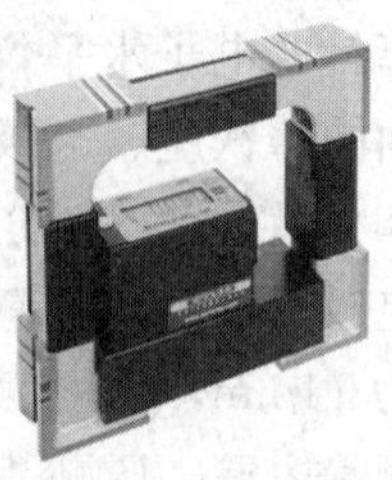

图 4-36　常用数显式电子水平仪

电原理，以平静液体面为水平面，测量出物体偏离水平面方向和角度值并转换成数字信号传送给计算机或显示出来。数显式电子水平仪的测量系统主要由机械结构、传感器、数据采集、微处理器、数码显示或输出 5 部分构成。带有数据采集传输系统的数显式电子水平仪如图 4-37 所示。

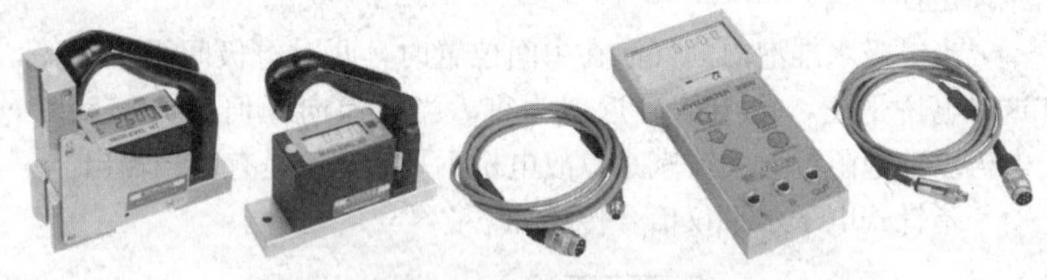

图 4-37　带有数据采集传输系统的数显式电子水平仪

3. 电子水平仪的应用

电子式水平仪常用来测量高精度的工具机，如 NC 车床、铣床、切削加工机床、三次元量床等方面，其灵敏度非常高，若以测量时可左右偏移 25 刻度计算，测量工件只要在一定的倾斜范围内均可测量。

对刮研平板的检测，电子水平仪提供了简单灵活的方法。而运用电子水平仪检测的重点在于根据所检测平板的大小确定跨距的长短及其所对应的桥板。在检测过程中桥板的移动必须要相连，这是保证检测接近真实值最主要的。

4. 电子水平仪使用与操作方法

(1) 电子水平仪使用时，应先将工作底面上的防锈油擦净，在规定的工作环境中放 3h（不必通电），用后仍涂上防锈油。

(2) 测量时将电子水平仪工作面放在已擦净的被测工作面上。根据需要选择分度值挡，然后按下分度值开关和电源开关的“开”键，这时电表应表示出被测工作面的倾斜度。

(3) 如用 V 形工作面放在圆柱面上测量时，需将副水准泡的气泡停在中间位置后，方能在电表上读数。

(4) 如发现电子水平仪零点位置不正而需调整时，可将水平仪放在水平工作面上（取下调零孔塞），当电表指示稳定后进行第一次读数。然后将电子水平仪调转 180°仍放在原位进行第二次读数。这时可用螺钉旋具调整偏心调节器，使电表指示在二次读数差的一半，这样反复调整几次，使两次读数的代数和为零，这时则认为零点位置已调整完毕。

(5) 电池电压校验方法，拨动校对开关后观察电表指针是否小于电压指示标记，如小于电压指示标记，则应更换电池。如长期不用水平仪，则应将电池取出。

(6) 测量结束后应立即关断水平仪电源。

第七节　电动量仪与气动量仪

一、电动量仪

电动量仪一般由指示放大部分和传感器两部分组成，因此也称为电感式量仪。电动量仪的传感器大多为各种类型的电感和互感传感器或电容传感器，一般以电感传感器应用较多。电感式量仪的传感器一般分为气隙式电感传感器、截面式电感传感器和螺管式电感传感器。

如图 4-38 所示为电感式传感器的工作原理图。如图 4-38 (a) 所示为气隙式电感传感器，铁心 3 上绕有线圈 1 且固定不动，衔铁 2 与仪器的测量杆连接在一起，与铁心 3 保持有一个空气隙 δ，当被测工件尺寸变化时，随着测量杆与衔铁的上、下移动，改变空

气隙 δ 的大小，从而改变磁路中电感量的大小。如图 4-38（b）所示为截面式电感传感器，其左部铁心 3 上绕有线圈 1 并固定不动，右部衔铁 2 由于工件尺寸的变化而随着测量杆上、下移动，使实际通磁气隙面积 S 因测量杆移动 Δb 发生变化而使电感量变化。如图 4-38（c）所示为螺管式电感传感器，图中 1 是线圈，2 是与测量杆相连的衔铁，当衔铁向上或向下移动时，使电感量发生变化。由磁路的基本原理可知，电感量的计算为

$$L=\frac{W^2}{R_m}$$

其中

$$R_m=\sum\frac{l_i}{\mu_i S_t}+\frac{2\delta}{\mu_0 S} \tag{4-2}$$

式中 W——线圈 1 的匝数；

R_m——磁路的总磁阻；

l_i——导磁体的长度（即铁心 3 与衔铁 2 的总长）；

μ_i——导磁体的磁导率；

S_t——导磁体的截面积（$a\times b$）；

δ——空气隙厚度；

μ_0——空气的磁导率；

S——通磁气隙面积。

一般导磁体的磁阻比空气的磁阻小得多，可忽略不计。则

$$L\approx\frac{W^2\mu_0 S}{2\delta} \tag{4-3}$$

由式（4-3）可以看出：电感量 L 与空气隙成反比，而与通磁气隙面积成正比，这就是气隙式电感传感器电动量仪和截面式电感传感器电动量仪的基本原理。

当然，电感量的变化还不能直接用来读取工件的测量值，还需通过测量电路将电感量的变化转换成电压（或电流）信号，并经放大器放大与相敏整流器整流后，才能通过指示器的指针反映被测量工件的尺寸变化，也可以将整流后经功率放大器放大的电

压（或电流）信号，通过记录器转换成图形或由控制器发出信号，如图 4-39 所示。

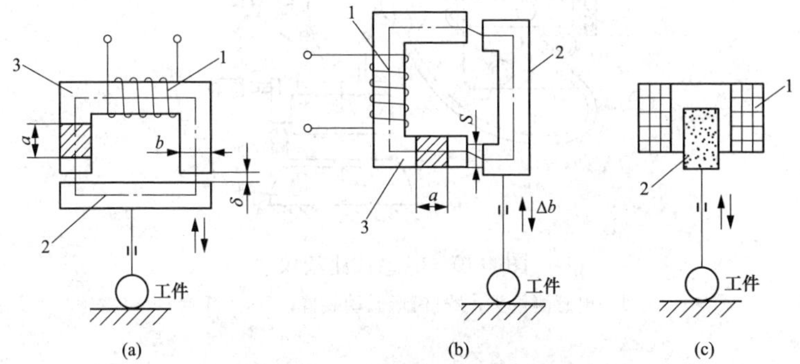

图 4-38　电感式传感器的工作原理图

（a）气隙式电感传感器；（b）截面式电感传感器；（c）螺管式电感传感器

1—线圈；2—衔铁；3—铁心

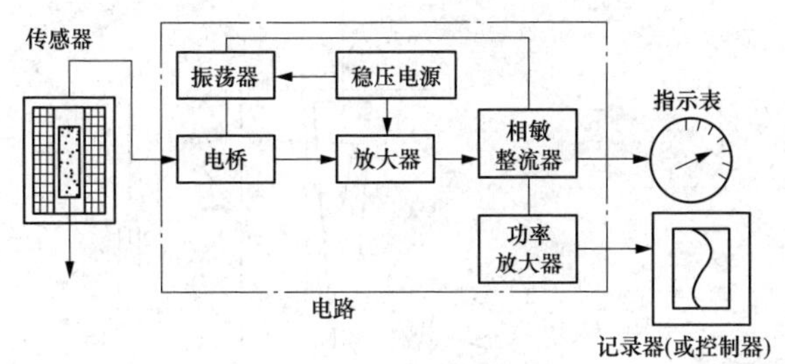

图 4-39　测量电路

如图 4-40 所示为国产电感式比较仪，该仪器的分度值为 0.5μm（高精度）和 5μm（低精度），示值范围分别为±10μm 和±5μm，示值误差分别为±0.25μm 和±1.3μm。

二、气动量仪

1. 流量式气动量仪

如图 4-41 所示为流量式气动量仪的原理图。被测工件与测量喷嘴 8 之间间隙 Z 的变化（即被测工件尺寸的变化），将使通过测

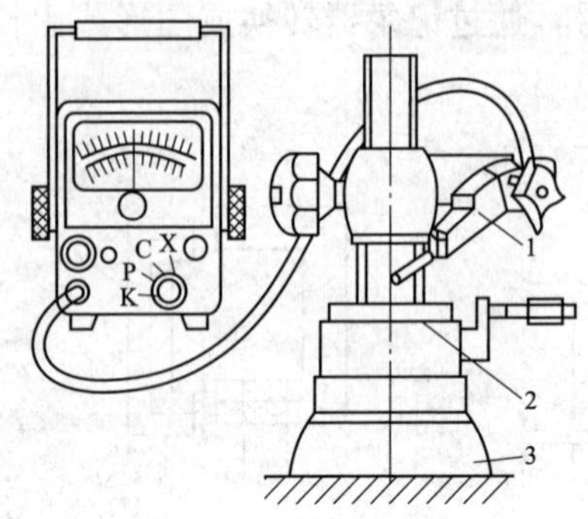

图 4-40　电感式比较仪

1—电感测量头；2—楔形微动装置；3—工作台

量喷嘴 8 的空气流量发生变化，使锥度玻璃管 4 内的浮子 5 也随之上升或下降，直到新的平衡位置保持不动，该位置所指示出的读数，即为 Z 值的大小。浮子 5 的零位由可调喷嘴 6 调整，放大比例则由可调喷嘴 7 进行调整。

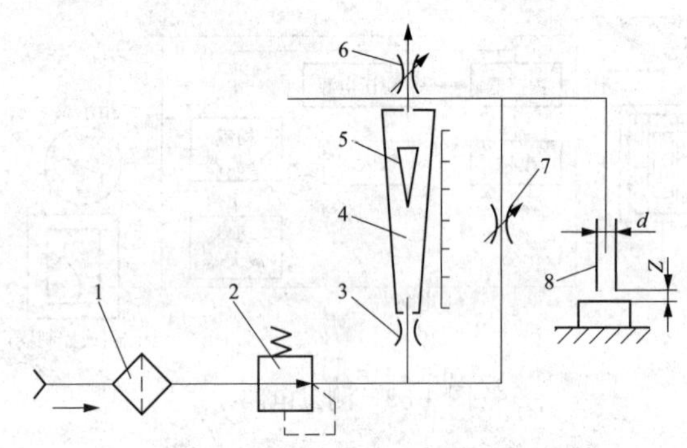

图 4-41　流量式气动测量的原理图

1—过滤器；2—稳压器；3—进气喷嘴；4—锥度玻璃管；5—浮子；6—可调喷嘴（零位调整）；7—可调喷嘴（比例调整）；8—测量喷嘴

2. 水柱式气动量仪

如图 4-42 所示为水柱式气动量仪的原理图。在图中，气流通过节流喷嘴 1 进入空气管道 2，靠调整稳压管 9 插入水罐 7 中的深浅来控制气流的工作压力，稳压后的气流再经主喷嘴 3 进入测量气室 4，然后经测量喷嘴 6 和工件之间的测量间隙 Z 流入大气中。随着工件尺寸的变化，测量间隙 Z 发生变化，使测量气室 4 的测量压力（静压力）P_b相应变化，水柱的高度落差 h 就指示出 Z 的大小。

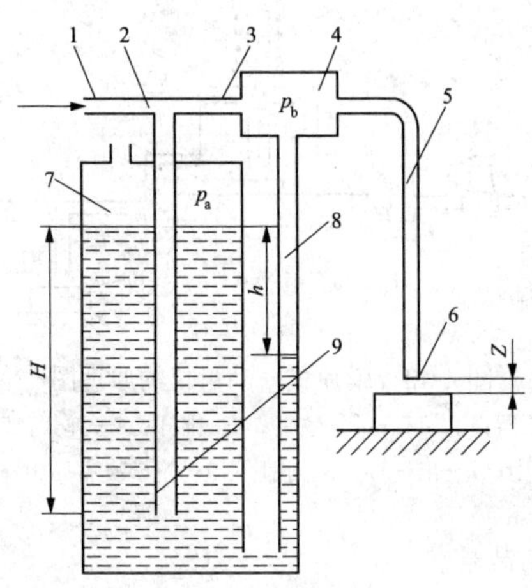

图 4-42　水柱式气动量仪的原理图

1—节流喷嘴；2—空气管道；3—主喷嘴；4—测量气室；
5—连接管道；6—测量喷嘴；7—水罐；8—玻璃管；9—稳压管；
p_a—大气压力；p_b—测量压力；h—水柱落差；Z—测量间隙

3. 膜片式气动量仪

如图 4-43 所示为膜片式气动量仪的原理图。在图中，经过过滤稳压器 1 的压缩空气，通过进气喷嘴 2 与进气喷嘴 11 分别进入由膜片 8 隔开的上、下气室，并保持平衡状态。当被测工件 10 的尺寸变化时，直接使测量间隙 Z 发生变化，影响到下气室的压力发生变化，使膜片 8 失去原来的平衡而带动锥杆 3 上、下移动，而锥杆 3 的圆锥部又与出气环 7 的孔配合，随着锥杆 3 的移动使之与出气环 7 之间的间隙产生变化，影响到上气室的压力也产生变化，直到最后上、下气室压力重新平衡。锥杆 3 的位移量可通过指示表 5 读出，该读数即反映出测量间隙 Z 的大小。同时，可由电触点副 6 发出相应的指示信号。

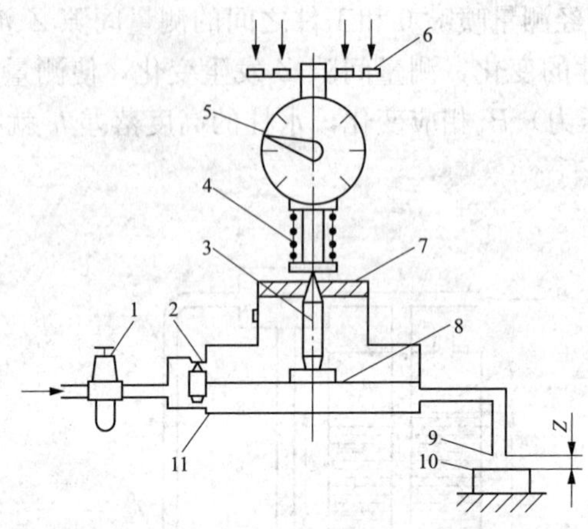

图 4-43　膜片式气动量仪的原理图

1—过滤稳压器；2、11—进气喷嘴；3—锥杆；4—弹簧；5—指示表；6—电触点副；7—出气环；8—膜片；9—测量喷嘴；10—被测工件

4．波纹管气动量仪

如图 4-44 所示为波纹管气动量仪的原理图。在图中，压缩空气通过进气喷嘴 7、8 分别进入左波纹管 1 的内腔与右波纹管 5 的

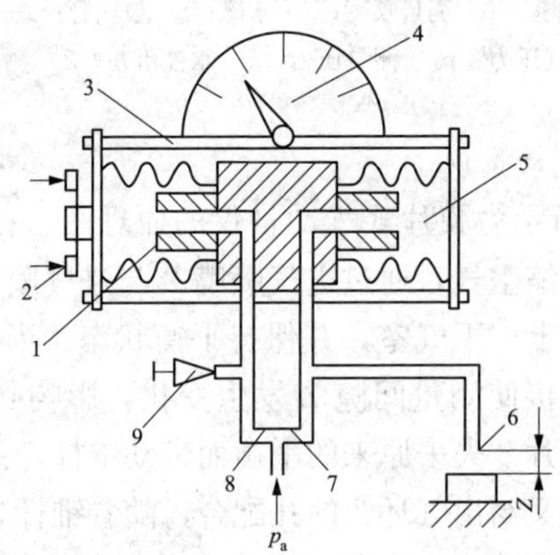

图 4-44　波纹管气动量仪的原理图

1、5—波纹管；2—电触点副；3—框架；4—指针；6—测量喷嘴；7、8—进气喷嘴；9—可调喷嘴（零位调整）

内腔，测量间隙 Z 的变化，使左右两侧波纹管产生压力差，推动框架 3 左、右移动。框架 3 通过齿轮传动机构再带动指针 4 转动，从而反映出测量间隙 Z 的大小，并可通过电触点副 2 发出相应的控制信号，指针 4 可通过可调喷嘴 9 调整其零位。

第八节 光学测量仪器

一、光学平直仪

1. 光学平直仪的用途

光学平直度测量仪简称为光学平直仪。光学平直仪在机床制造和修理中，是用来检查床身导轨在水平面内和垂直面内的直线度误差，并可检查检验用平板的平面度误差。光学平直仪的测量精度较高，是当前导轨直线度误差测量仪器中较先进的一种，其外观如图 4-45 所示，光学系统如图 4-46 所示。自准直仪的测量精度为：当测量范围为 1′时，误差±1″；当测量范围为 10′时，误差为±2″。

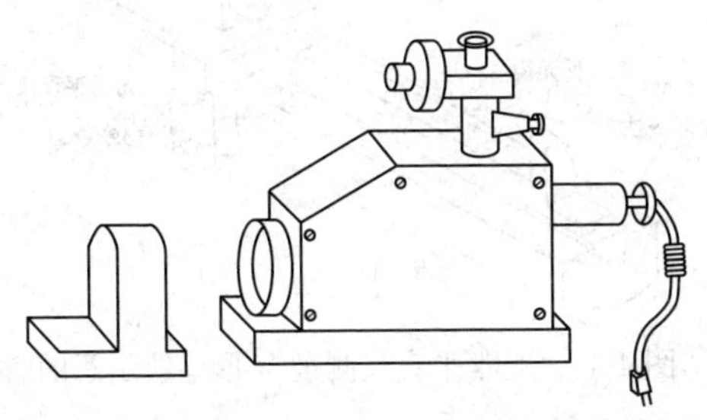

图 4-45 光学平直仪外形图

2. 使用方法

图 4-47 所示为光学平直仪测量 V 形导轨示意图。将反光镜放在导轨一端的 V 形垫铁上（垫铁与 V 形导轨必须配刮研）。在导轨另一端外也放一个升降可调支架，支架上固定着光学平直仪本体。移动反光镜垫板，使其接近光学平直仪本体。左右摆动反光镜，同时观察目镜，直至反射回来的亮“十字像”位于视场中心为止。

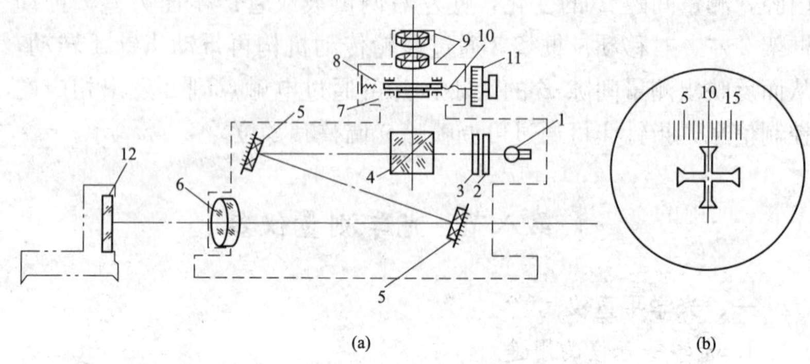

图 4-46 光学平直仪光学系统图

1—光源；2—滤光片；3—指示分划板；4—立方棱镜；5—反光镜；6—物镜；7—固定分划板；8—可动分划板；9—目镜；10—测微螺杆；11—测微鼓轮；12—平面反射镜

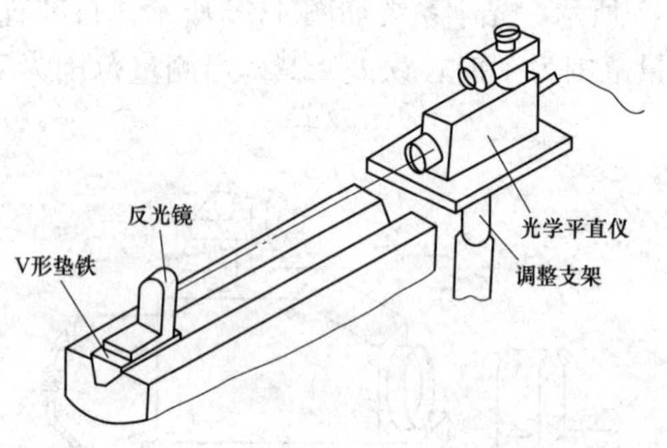

图 4-47 光学平直仪测量 V 形导轨示意图

然后再将反光镜垫板移至原来的端点，再观察“十字像”是否仍在视场中，否则需重新调整平直仪本体和反光镜（可用薄纸片垫塞）使其达到上述要求。调整好以后，平直仪本体即不许移动。此时将反光镜用橡皮泥固定在垫铁上，然后将反光镜及垫板一起移至导轨的起始测量位置。转动手轮，使目镜中指示的黑线在亮“十字像”中间，记录下微动手轮刻度上的读数值，然后，每隔 200mm 移动反光镜一次，记下读数，直至测完导轨全长。根据记下的数值，便可采用作图或计算的方法求出导轨的直线度误差。

目镜观察视场的情况，如图 4-48 所示。图 4-48（a）、（b）为测量导轨在垂直平面内的直线度误差。如图 4-48（a）所示“十字像”重合，表示在此段 200mm 长度内，导轨没误差。如图 4-48（b）所示“十字像”不重合，距离一个 Δ_2，表示在此段 200mm 长度内，导轨有误差。将目镜旋转 90°角，即可测量导轨在水平面内的直线度误差。如图 4-48（c）、（d）所示为旋转 90°角后“十字像”重合与不重合的情况。

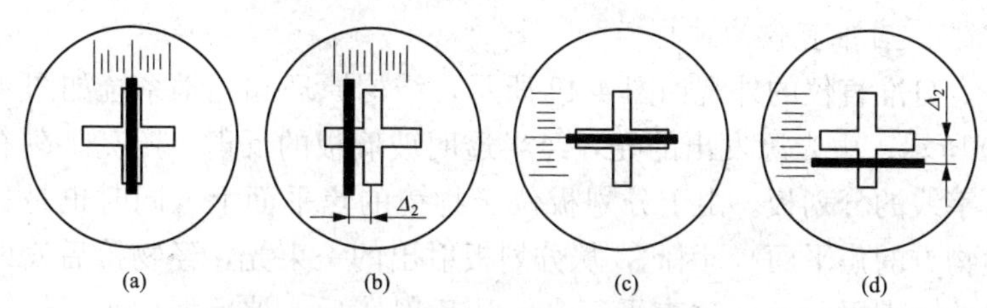

图 4-48　目镜观察视场图

（a）、（b）测量导轨在垂直平面内的直线度误差；

（c）、（d）测量导轨在水平平面内的直线度误差

二、自准直仪

1. 自准直仪的用途

自准直仪是精密的小角度测量仪器。它主要用于小角度的精密测量，如机床导轨直线度误差的测量，工作台面的平面度误差的测量，多面体的检定，在精密测量和仪器检定中还可以作非接触定位，因此自准直仪是现场经常使用的仪器之一。

自准直仪的分度值为 0.2″和 1″、0.005mm/m 和 0.025mm/m 的示值误差分别见表 4-50 和表 4-51。

表 4-50　　分度值为 0.2″和 1″自准直仪的示值误差

分度值 i/(″)		示值误差/(″)	
		任意 1′范围内	10′范围内
0.2	目视	0.5	2
0.2	光电	0.5	2
1	目视	1	3

表 4-51　分度值为 0.005mm/m 和 0.0025mm/m 自准直仪的示值误差

分度值/(mm/m)	示值误差/(′)	
0.005	任意 100′范围内	1000′范围内
	1.5	5
0.0025	任意 100′范围内	600′范围内
	1.5	4

2. 自准直仪的结构

自准直仪的外观如图 4-49 所示，结构原理和光学系统如图 4-50 所示。由光源发出的光，经半透明玻璃板的反射，照亮了刻有十字线的分划板。由于分划板位于物镜的焦平面上（同时也是目镜物方的焦平面），因此，从分划板射出的一束光，经物镜后发射出的一束平行光。这束平行光到达反射镜后，被反射回来，经过物镜，将分划板上的十字线又成像在分划板上。如果反光镜的镜面垂直于主光轴，则分划板的十字线影像与原刻十字线完全重合。若被测直线有误差，使反光镜对主光轴倾斜一个微小的角度 θ，则反光镜的法线也同时偏转一个角度 θ，所以反射光偏转了 2θ 角。这样在分划板上形成的十字线影像 b，对原有的十字刻线 a 就产生了偏离。偏离量 Δ 与反光镜倾斜角 θ 之间的关系是

$$\Delta = f\tan 2\theta \approx 2f\theta \tag{4-4}$$

因此，当物镜的焦距为已知时，可根据分划板上的十字线影像的偏离量 Δ，计算出测微目镜读数鼓轮应表示反射镜的倾斜角度值 θ。

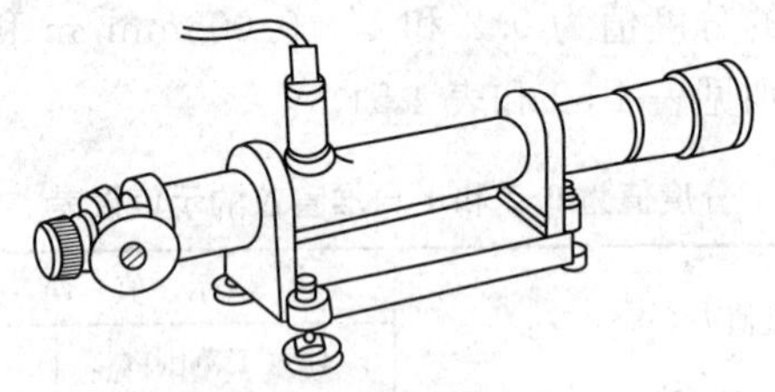

图 4-49　自准直仪外观图

3. 自准直仪的使用方法

(1) 根据被测工件的长度选择合适的板桥，将反光镜牢固地

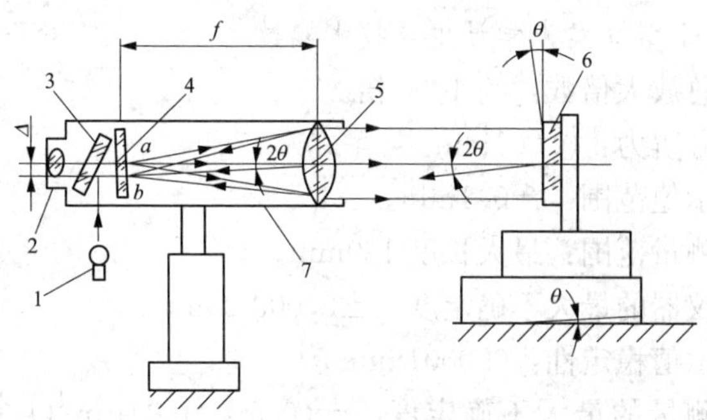

图 4-50　自准直仪的光学系统图

1—光源；2—目镜；3—半透明反光镜；4—分划板；

5—物镜；6—反光镜；7—望远镜

放在桥板上，并放在被测工件的一端。

（2）在被测工件的另一端安放一个调整支架，上面放有自准直仪。

（3）接上电源，调整支架的位置，使自准直仪的主光轴对准反射镜，观察目镜，使十字线影像出现在视场的中心附近。

（4）再将反射镜（和桥板）移至被测工件的另一端，再观察十字线影像是否在视场内，必要时需重新调整。

（5）按“节距法”进行直线度误差的测量。

测微读数目镜座有两个互相垂直的位置，分别测量垂直方向和水平方向的直线度误差，使用时应注意。

自准直仪是精密的光学仪器，不用时应放在干燥、温度适当、温差小的地方。反光镜和外露镜面要用镜头纸或麂皮擦拭，切忌用手触摸或用棉纺擦拭。

三、立式光学计

除了上述测量仪器外，利用光学原理制成的光学量仪应用也比较广泛，如在长度测量中的光学计、测长仪等。光学计是利用光学杠杆放大作用将测量杆的直线位移转换为反射镜的偏转，使反射光线也发生偏转，从而得到标尺影像的一种光学量仪。

立式光学计主要是利用量块与零件相比较的方法来测量物体外形的微差尺寸，是测量精密零件的常用测量器具。

1. LG-1 型立式光学计主要技术参数

（1）总放大倍数：约 1000 倍。

（2）分辨力：0.001mm。

（3）示值范围：±0.1mm。

（4）测量范围：最大长度 180mm。

（5）仪器的最大不确定度：±0.000 25mm。

（6）示值稳定性：0.0001mm。

（7）测量的最大不确定度：±(0.5＋/100)μm（L 为测量长度）。

2. 工作原理

利用光学杠杆的放大原理，将微小的位移量转换为光学影像的移动。

3. 结构组成

立式光学比较仪外形结构如图 4-51 所示，主要由以下部分组成。

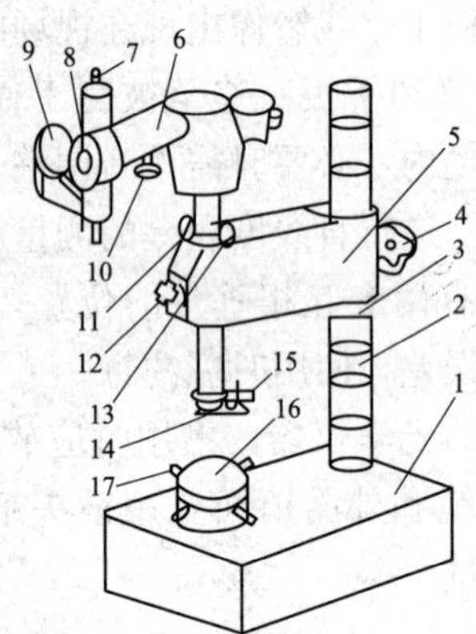

图 4-51　立式光学比较仪外形结构

1—底座；2—立柱；3—横臂升降螺母；4、11、12—紧固螺钉；5—横臂；6—直角光管；7—上下偏差调整螺钉；8—目镜；9—反光镜；10—零位调整螺钉；13—偏心手轮；14—测头；15—拔叉；16—工作台；17—调整螺钉

（1）光管，测量读数的主要部件。

（2）零位调整螺钉，可对零位进行微调整。

(3) 测头，根据被测件形状选择不同的测头套在测杆上，其选择原则为测头与被测件的接触面积要最小。

(4) 工作台，对不同形状的被测件，应选用尺寸不同的工作台，选择原则与工作台校正基本相同。

4. 使用方法

(1) 粗调。仪器放在平稳的工作台上，将光管安在横臂的适当位置。

(2) 测头选择。测量时被测零件与测头间的接触面应最小，即近似于点或线接触。

(3) 工作台校正。工作台校正的目的是使工作面与测头平面保持平行。一般是将与被测件尺寸相同的量块放在测头边缘的不同位置，若读数相同，则说明其平行，否则可调整工作台旁边的 4 个调整螺钉。

(4) 调零。将选用的量块组放在一个清洁的平台上，转动横臂升降螺母使横臂下降至测头刚好接触量块组时，将横臂固定在立柱上。再松开横臂前端的紧固螺钉，调整光管与横臂的相对位置，当从光管的目镜中看到零线与指示虚线基本重合后，固定光管。调整上下偏差调整螺钉（或光管微调手轮），使零刻线与指示虚线完全对齐。拨动拨叉（即提升器）几次，若零位稳定，则仪器可进行工作。

5. 仪器保养

(1) 使用精密仪器应注意保持清洁，不用时宜套上罩子防尘。

(2) 使用完毕后必须在工作台、测头以及其他金属表面用航空汽油清洗、拭干，再涂上无酸凡士林。

(3) 光管内部构造比较复杂、精密，不宜随意拆卸，出现故障应送专业部门修理。

(4) 避免用手指碰触光学部件，以免影响成像质量。

四、万能测长仪

万能测长仪是由精密机械、光学系统和电气部分结合起来的长度测量仪器，既可用来对零件的外形尺寸进行直接测量和比较测量，也可以使用仪器的附件进行各种特殊测量工作。

1. 主要技术参数

(1) 分辨力：0.001mm。

(2) 测量范围包括以下几个方面。

1) 直接测量：0～100mm。

2) 外尺寸测量：0～500mm。

3) 内尺寸测量：10～200mm。

4) 电眼装置测量：1～20mm。

5) 外螺纹中径测量：0～180mm。

6) 内螺纹中径测量：10～200mm。

(3) 仪器误差包括以下方面。

1) 测外部尺寸：±(0.5+L/100)μm(*L* 为测量长度)。

2) 测内部尺寸：±(2+/100)μm(*L* 为测量长度)。

2. 测量原理

万能测长仪是按照阿贝原则设计制造的，其测量精度较高。在万能测长仪上进行测量，是直接把被测件与精密玻璃尺做比较，然后利用补偿式读数显微镜观察分度尺，进行读数。玻璃分度尺被固定在被测件上，因其在纵向轴线上，故分度尺在纵向上的移动量完全与被测件的长度一致，因此移动量可在显微镜中读出。

3. 仪器结构

如图 4-52 所示，卧式万能测长仪主要由手轮、尾座、万能工作台、测量座、底座和各种测量设备附件等组成。

底座的头部和尾部分别安装着测量座和尾座，它们可在导轨上沿测量轴线方向移动。在底座中部安装着万能工作台，通过底座尾部的平衡装置，使工作台连同被测零件一起轻松地升降。平衡装置是通过尾座下方的手柄使弹簧产生不同的伸长和拉力，再通过杠杆机构与工作台升降机构连接，使其与工作台的质量相平衡。

万能工作台可有 5 个自由度的运动。中间手轮调整其升降运动，范围为 0～105mm，并可在分度盘上读出；旋转前端微分筒可使工作台产生 0～25mm 的横向移动；扳动侧面两手柄可使工作台具有±3°的倾斜运动或使工作台绕其垂直轴线旋转±4°；在测量轴线上工作台可自由移动±5°。

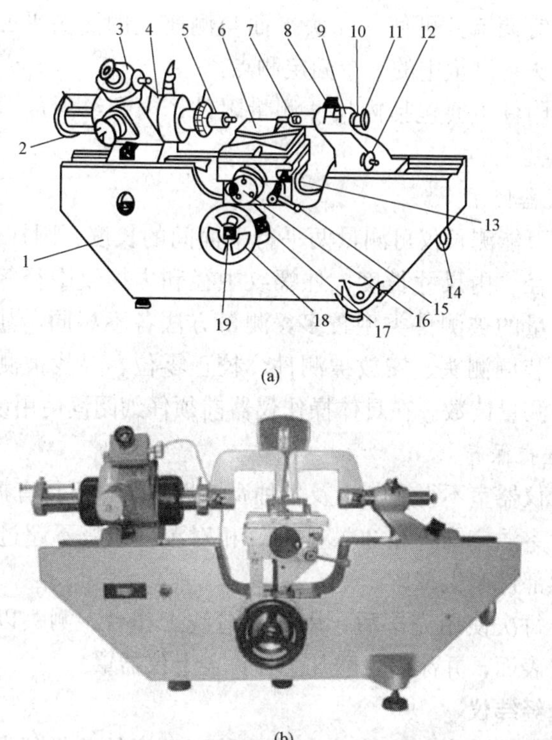

(a)

(b)

图 4-52　万能测长仪外形

(a) 示意图；(b) 外形图

1—底座；2、11—微动手轮；3—读数显微镜；4—测量座；5—测量轴；6—万能工作台；7—微调螺钉；8—尾管紧固手柄；9—尾座；10—尾管；12—尾座紧固手柄；13—工作台转动手柄；14—平衡手轮；15—工作台摆动手柄；16—微分筒；17—限位螺钉；18—工作台升降手轮；19—锁紧螺钉

测量座是测量过程中感应尺寸变化并进行读数的重要部件，主要由测量杆、读数显微镜、照明装置及微动装置组成。测量座可以通过滑座在底座床面的导轨上滑动，并能用手轮在任何位置上固定。测量座的壳体由内六角螺钉与滑座紧固成一体。

尾座放在底座右侧的导轨面上，可以用手柄固定在任意位置上。尾管装在尾管的相应孔中，并能用手柄固定。旋转其后面的手轮时可使尾座测头作轴向微动。测头上可以装置各种测头，同时通过螺钉调节，可使其测头平面与测座上的测头平面平行，尾座上的测头是测量中的一个固定测点。

测量附件主要包括内尺寸测量附件、内螺纹测量附件和电眼装置等3类。

4. 仪器使用

卧式万能测长仪可测量两平行平面间的长度、圆柱体的直径、球体的直径、内尺寸长度、外螺纹中径和内螺纹中径等。万能测长仪能测量的被测件类型较多，测量方法各不相同，其基本步骤为选择并装调测头、安放被测件、校正零位、寻找被测件的最佳测量点、测量读数。在具体操作仪器前须仔细阅读使用说明书。

5. 维护保养

(1) 仪器室不得有灰尘及各种腐蚀性气体，不得有振动。

(2) 室温应维持在20℃左右，相对湿度最好不超过60%，以防止光学部件产生霉斑。

(3) 每次使用完毕后，用汽油清洗工作台、测头以及其他附属设备的表面，并涂上无酸凡士林，盖上仪器罩。

五、经纬仪

经纬仪在机床精度检验中是一种高精度的测量仪器，主要用于坐标镗床的水平转台和万能转台、精密滚齿机和齿轮磨床分度精度的测量，常与平行光管（主要作用是作为一个固定目标，如图4-53所示为平行光管外观图）组成光学系统来使用。它具有竖轴和横轴，可使瞄准镜管在水平方向作360°角的方位转动，也可在垂直面内作大角度的俯仰。经纬仪的刻度值为1″，外观和结构示意图如图4-54、图4-55所示。

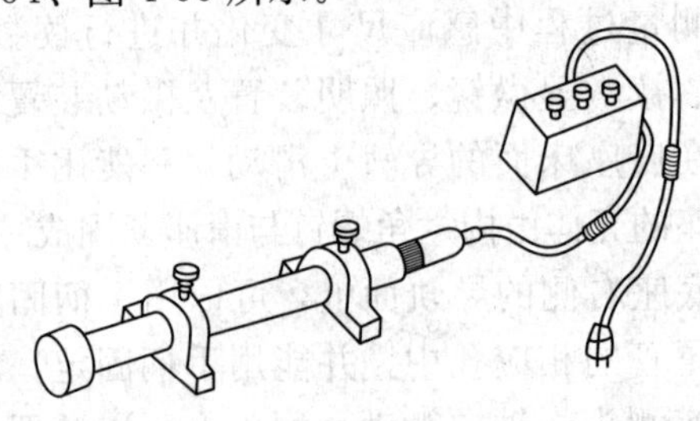

图4-53　平行光管外形图

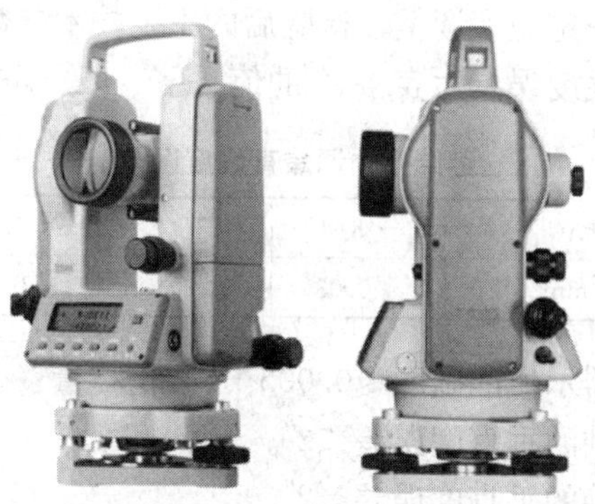

图 4-54　电子数显经纬仪外观图

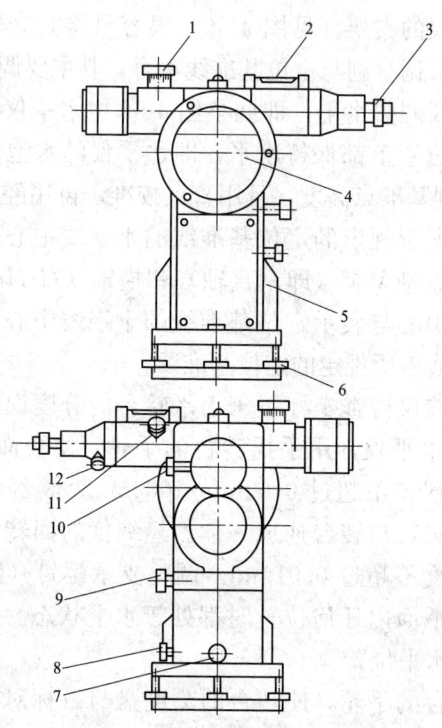

图 4-55　经纬仪结构示意图

1—测微鼓轮；2—上水准器；3—视度调节环；4—侧镜；5—照准架；6—支承螺钉；7—方位紧定螺钉；8—方位正切螺钉；9—仰视正切螺钉；10—俯视紧定螺钉；11—调焦鼓轮；12—光源安装口

经纬仪经一定顺序调整，检验后的主要技术参数如下：

调焦的直线度误差为表 4-52 的值。

表 4-52　经纬仪的调焦直线度误差

观测距离/m	3	9	18	36
直线度误差/mm	<0.03	<0.10	<0.20	<0.50

光学测微器示值准确度≤0.005+2%位移量（mm）。

视线与横轴的垂直度误差<2″。

横轴与竖轴的垂直度误差<2″。

侧镜反射面与横轴的垂直度误差<2″。

应用经纬仪的支架（见图 4-56）很容易将其光轴（即所能提供的基准视线）调整到与定位基准线重合，其主要调整步骤如下。

先将经纬仪调整水平，即调整图 4-56 中水平仪 *L-L*，使之在前后、左右两位置上都保持水平，即水平仪的水泡居中。然后将轴 *H-H* 调整到基准点高度，且用直尺校准，再用经纬仪上的铅锤复核。随后根据所规定的定位基准线的十字线中心，将经纬仪上的望远镜镜筒纵轴 *V-V*（即垂直轴）和横轴（*H-H*）转动，使经纬仪的十字线中心与表示定位基准线的十字线中心重合，此时经纬仪的光轴即代表所规定的定位基准线。

例如用经纬仪检查坐标镗床水平转台的分度误差。首先在转台面的中央放水平仪，用手摇转台的手轮，使台面旋转 360°角，要求水平仪的误差不超过 0.02mm/1000mm。将经纬仪固定在精密水平转台中央，与转台连成一体。经纬仪的回转中心与转台回转中心不重合度不超过 0.01mm。调整支承螺钉（图 4-55 中 6），使经纬仪在水平面内任何位置时都处于水平状态。同时将经纬仪的镜管也调到水平位置。

用手摇转台的手轮，使转台的刻度盘与游标对准零位，同时使微分刻度值及游标盘精确地对准零位。

将平行光管 3（见图 4-57）放在离经纬仪约 3m 处，并接通平行光管的灯光电源。以经纬仪为基准，调整平行光管的位置及角度，使平行光管的光轴和经纬仪望远镜管的光轴同轴。调整经纬

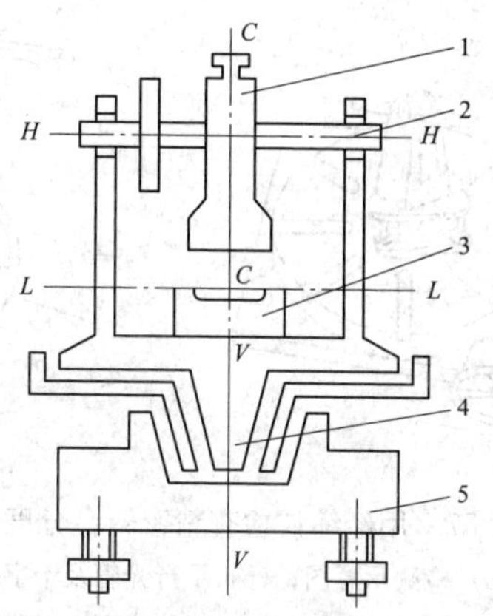

图 4-56 经纬仪支架示意图

1—经纬仪；2—横轴 H-H；3—水平仪；4—纵轴 V-V；5—底座

仪目镜使之能看清分划板影像，与此同时，调整调焦鼓轮（图 4-55 中 11）使平行光管中的十字线，在望远镜目镜的分划板上显示出影像。然后再用微动手轮旋转望远镜管，使平行光管的十字线对准望远镜管中的分划板［见图 4-57（b)］。

如不用平行光管，也可采用挂标线的方法。在经纬仪的视距内（10m 左右)，悬挂一头发丝或细铜丝作为标线，标线下挂一重物并放在水中（为防止晃动)，将经纬仪望远镜头中的十字线对准标线。旋转测微鼓轮（图 4-55 中 1)，将经纬仪读数微分尺置于零位上。

一切调整妥当后，即可进行测量，先摇动被检转台手轮，使转台顺时针方向旋转一定角度的整度数，即每次转过 1°、2°、5°或 10°，记下角度数值，此后再使经纬仪逆时针方向转回相应角度，以平行光管为目标，观察望远镜管，并调整照准部件微动手轮，使望远镜管中目镜分划板上的刻度重新对准平行光管的十字线，同时可从读数目镜中读出经纬仪在新位置的读数值。

在转台顺时针一转中，如每隔 2°进行测量，则应按 0°、2°、4°、…、358°、0°。最后水平转台若未回到零位，说明测量误差较大，需重复进行检查，直至回到零位或接近零位。同样，转台再

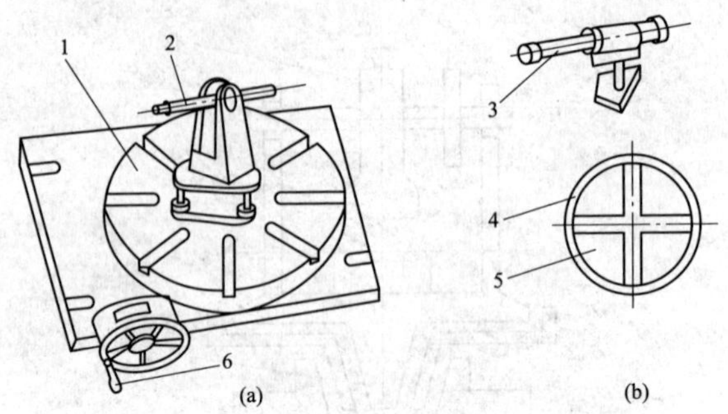

图 4-57　用经纬仪检查精密转台分度误差

(a) 检测示意图；(b) 平行光管及十字架

1—被检查的精密转台；2—经纬仪；3—平行光管；

4—平行光管十字架；5—经纬仪目镜；6—手轮

逆时针一转，依次测定 0°、358°、356°，…，2°、0°亦应回到零位。

重复检查 2～3 次，将各次检查所得读数值，仔细地记入误差记录（见表 4-53），计算分度误差平均值。

表 4-53　　　　误差记录表

转台顺时针回转			转台逆时针回转		
转台分度盘读数/(°)	经纬仪水平回转角读数	误差值	转台分度盘读数/(°)	经纬仪水平回转角读数	误差值
0	0	0	0	0	0
2	2°6″	＋6″	358	357°58″	－2″
4	4°4″	＋4″	356	356°2″	＋2″
6	6°2″	＋2″	354	354°4″	＋4″
8	7°58″	－2″	352	352°6″	＋6″
10	10°2″	＋2″	350	349°58″	－2″
⋮			⋮		
⋮			⋮		
0	0	0	0	0	0

经纬仪水平回转角的读数和转台分度盘读数的最大平均值，就是转台的分度误差。

误差值栏内的最大误差，即为转台的最大分度误差。

六、光切显微镜

光切显微镜是光切法测量表面粗糙度的一种常用仪器，其外观结构如图 4-58 所示。

光切显微镜的基本原理如图 4-59（a）所示。测量时转动目镜上的千分尺，使目镜分划板上十字线的水平线先后与波峰及相邻的一个波谷对齐，此间分划板沿 45°角方向移动的距离为 H，如图 4-59（b）所示。若被测表面微观不平高度为 h，则

$$h=\frac{H\cos45^{\circ}}{K}\cos45^{\circ}=\frac{H}{2K}$$

令

$$i=\frac{1}{2K}$$

则

$$h=iH$$

式中　K——物镜的放大倍数；

i——使用不同放大倍数的物镜时目镜上千分尺的分度值，它由仪器的说明书给定。

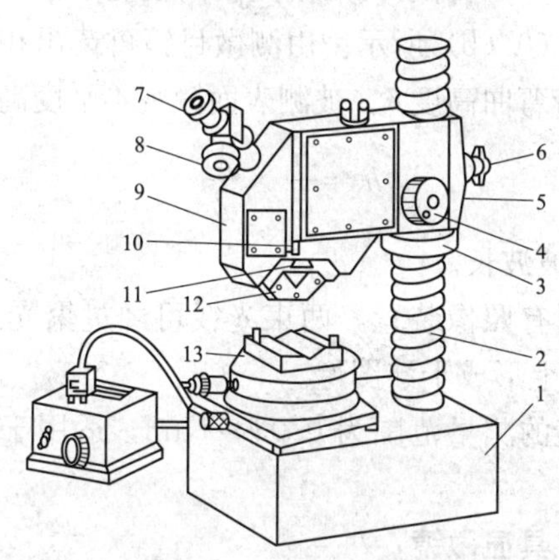

图 4-58　光切显微镜

1—底座；2—立柱；3—手轮；4—微调手轮；5—横臂；6—旋钮；7—测微目镜；8—读数千分尺；9—壳体；10—手柄；11—物镜；12—可换物镜组；13—工作台

光切法的测量范围为 0.5～50μm，适用于 Rz 参数的评定。

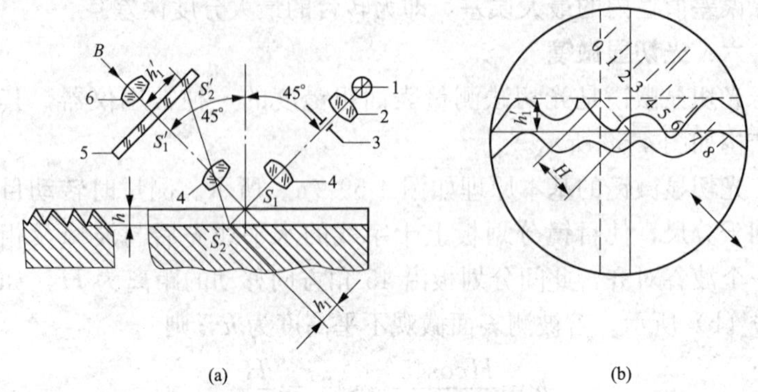

图 4-59 光切显微镜测量原理

(a) 原理示意图；(b) 目镜视场

1—光源；2—聚光镜；3—光栅；4—物镜；5—分划板；6—目镜

七、干涉显微镜

干涉显微镜是干涉法测量表面粗糙度的一种常用仪器，其测量原理如图 4-60（a）所示，如被测表面粗糙不平，干涉带即成弯曲形状，如图 4-60（b）所示。由测微目镜可读出相邻两干涉带的距离 a 及干涉带弯曲高度 b。被测表面微观不平度高度为

$$h=\frac{b}{a}\times\frac{\lambda}{2}$$

式中 λ——光波波长。

该仪器还附有照像装置，两束光线可经过聚光镜 15、反射镜 14 在玻璃屏 13 上形成干涉图像。

干涉显微镜的测量范围为 0.03～1μm，适用于测量表面粗糙度 Rz 参数值。

八、万能工具显微镜

1. 万能工具显微镜的用途

万能工具显微镜是一种在工业生产和科学研究部门中使用最广泛的光学测量仪器。它具有较高的测量精度和万能性，以影像法、轴切法或接触法按直角坐标与极坐标方法精确地测定机械工具和零件的长度、角度和几何形状，例如螺纹、齿轮的各项参数，

刀具（滚刀、铣刀、车刀、丝攻等）、量具的角值和线值，模具的内外尺寸、样板的几何形状等。

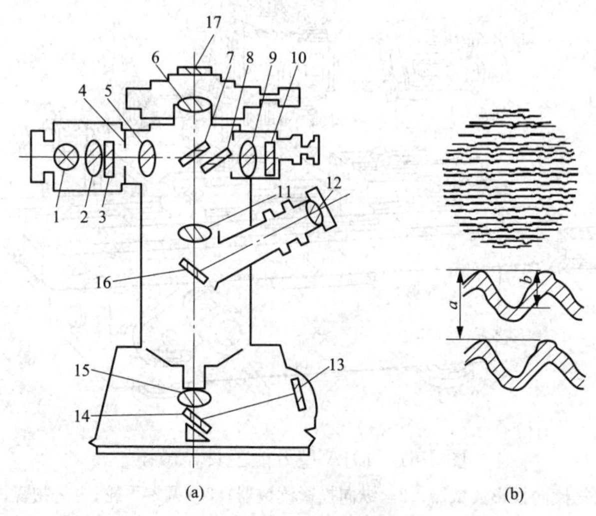

图 4-60　干涉显微镜

（a）测量原理图；（b）干涉带

1—光源；2—聚光镜；3—滤色片；4—光栅；5—透镜；6—物镜；7—分光镜；8—补偿镜；9—物镜；10—反射镜；11—聚光镜；12—目镜；13—玻璃屏；14—反射镜；15—聚光镜；16—反射镜　17—被测工件

2. 万能工具显微镜的结构组成

如图 4-61 所示为上海光学仪器厂生产的 19JA 型万能工具显微镜的外观结构图。

19JA 型万能工具显微镜主要由底座、顶尖架、工作台、立柱、主显微镜，还有纵、横向滑台和投影读数器等部件组成。显微镜光路及纵、横向投影系统光路如图 4-62 所示。

纵向滑台 18 用来安装顶尖架、V 形架、分度台、平工作台、测量刀及垫板等，它可在底座 15 的导轨上纵向移动。转动手轮 16 可使滑台左右移动，并锁紧在任意位置，转动纵向微动装置鼓轮 17，可使滑台微动到测量位置。滑台侧面装有 200mm 玻璃分度尺 20，通过纵向投影读数器 2 可读得移动量。

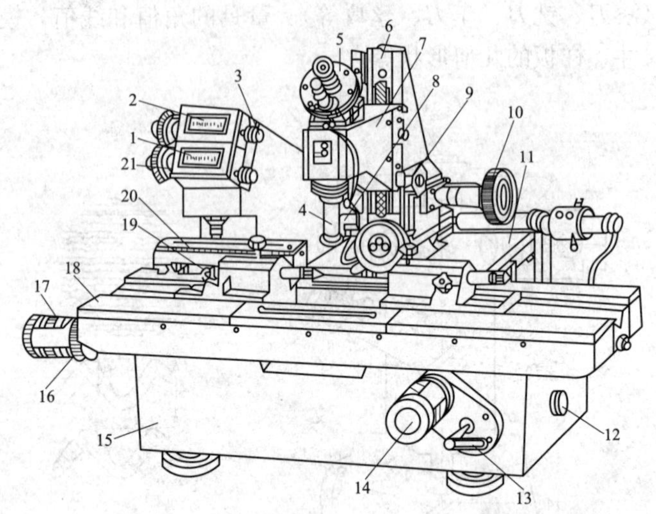

图 4-61　19JA 型万能工具显微镜

1—横向投影读数器；2—纵向投影读数器；3—调零手轮；4—物镜；5—测角目镜；6—立柱；7—臂架；8—反射照明器；9、10、16—手轮；11—横向滑台；12—仪器调平螺钉；13—手柄；14—横向微动装置鼓轮；15—底座；17—纵向微动装置鼓轮；18—纵向滑台；19—紧固螺钉；20—玻璃分度尺；21—读数器鼓轮

横向滑台 11 上装有主显微镜（由件 4、件 5 等组成），臂架 7、立柱 6 和主照明装置等。推拉手柄 13，可使横向滑台在底座 15 的导轨上前后移动，并锁紧在任意位置上。转动横向微动装置鼓轮 14，可使滑台微动到所需的测量位置。横向滑台配有 100mm 玻璃刻度尺，滑台移动量可由横向投影读数器读得。

主显微镜装在臂架 7 上，转动手轮 9，可使其沿立柱 6 的垂直导轨作上、下移动。旋转手轮 10，可使立柱左、右倾斜 15°。

3. 测量原理

万能工具显微镜主要是应用直角坐标或极坐标原理，通过主显微镜瞄准定位和读数系统读取坐标值而实现测量的。

根据被测件的形状、大小及被测部位的不同，一般有以下三种测量方法。

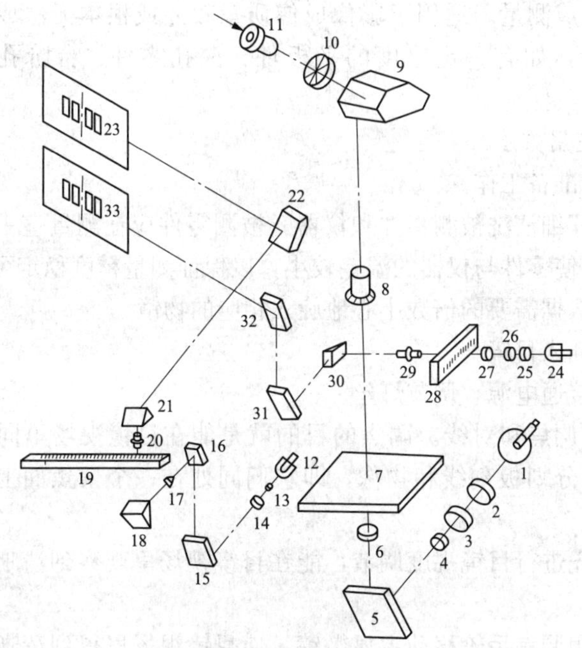

图 4-62　19JA 万能工具显微镜光学系统

主显微镜系统：1—灯；2—聚光镜；3—可变光阑；4—滤色片；5—反射镜；6—主聚光镜；7—工作台玻璃板；8—物镜；9—转像棱镜；10—分划板；11—目镜；纵向投影读数系统：12—灯；13—聚光镜；14—隔热片；15、16—反射镜；17—主聚光镜；18—棱镜；19—纵向毫米分划尺；20—投影物镜；21—棱镜；22—反射镜；23—影屏

横向投影读数系统：24—灯；25—聚光镜；26—隔热片；27—主聚光镜；28—横向毫米分划尺；29—投影物镜；30—棱镜；31、32—反射镜；33—影屏

（1）影像法。中央显微镜将被测件的影像放大后，成像在"米"字分划板上，利用"米"字分划板对被测点进行瞄准，由读数系统读取其坐标值，相应点的坐标值之差即为所需尺寸的实际值。

（2）轴切法。为克服影像法测量大直径外尺寸时因出现衍射现象而造成较大的测量误差，利用仪器所配的附件测量刀上的刻线，来替代被测表面轮廓进行瞄准，从而完成测量。

（3）接触法。用光学定位器直接接触被测表面来进行瞄准、定位并完成测量。适用于影像成像质量较差或根本无法成像的零件的测量，如有一定厚度的平板件、深孔零件、台阶孔、台阶槽等。

4. 使用方法

(1) 准备工作。

1) 仔细清洗被测零件和仪器。被测零件应在测量室中预放适当时间，使零件与仪器的温差较小，以保证测量精度稳定可靠。

2) 根据需要的倍数小心地旋入相应的物镜。

3) 插入目镜。

4) 接通电源，调节灯丝。

(2) 调焦和对线。调焦的目的就是能在目镜视场里同时观察到清晰的分划板刻线和物像，即它们同处在一个聚焦面上，其方法如下：

1) 先进行目镜视度调节，能在目镜视场里观察到清晰的米字刻线像。

2) 用调焦手轮移动主显微镜，使目镜视场里得到清晰的物体轮廓的像，然后移动纵、横向滑台进行对线，使物体像和米字分划板在同一平面上。

对线就是用米字刻线和被测零件影像轮廓边缘相互重叠，即对准。

(3) 测量工作。针对不同的被测件所采用的测量原理各不相同，测量的方法也很多，如可采用影像法测量长度、测量角度，采用轴切法测量圆柱体直径等。详细的操作使用方法可查阅其使用说明书和有关的参考书。

第九节　其他测量仪器

一、声级计

1. 声级计用途

声级计是一种噪声检测仪器。在声级计中，设置有“计权网络”A、B、C，可使所接受的声音对中、低频进行不同程度的滤波，如图 4-63 所示。C 网络是模拟人耳对 100 方纯音的响应，在整个可听频率范围内有近乎平直的特性，它能让几乎所有频率的声音一样通过而不予衰减。因此 C 网络代表总声压级；B 网络是模拟人耳对 70 方纯音的响应，在使接收到的声音通过时，低频段有一定的衰减。A 网络则是模拟人耳对 40 方纯音的响应，使接收到的声音通过时，500Hz 以下的低频段有较大的衰减。用 A 网络测得的噪声值较为接近人耳对噪声的感觉。近年来在噪声测试中，往往就用 A 网络测得的声压级代表噪声的大小，称 A 声级，单位为分贝（A）或 dB（A）。

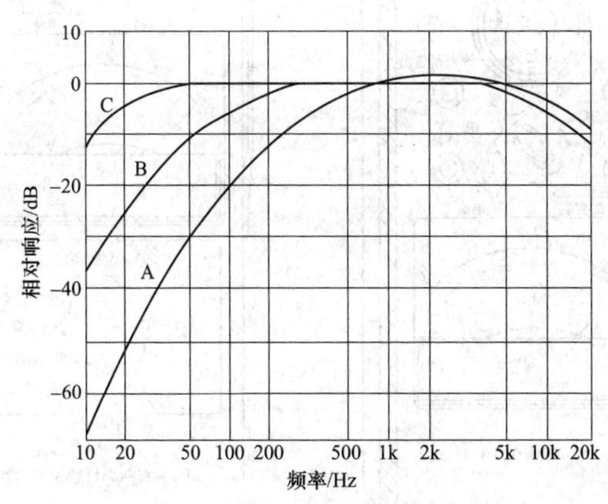

图 4-63　计权网络的衰减曲线

2. 声级计的使用

在实际生产中，测量噪声的方法是较多的应用便携式声级计，因它体积小，质量轻，一般用干电池供电，携带方便，使用稳定可靠。

如图 4-64 所示为 ND1 型和 ND2 型精密声级计，用来测量声音的声压级和声级。如果仪器上的 A、B、C 三个计权网络分别进行测量读数，则可大致判断出机械设备的噪声频率特性，由图 4-40 可看出：

当 LA＝LB＝LC 时，表明噪声中高频较突出；

当 LA＜LB＝LC 时，表明中频成分略强；

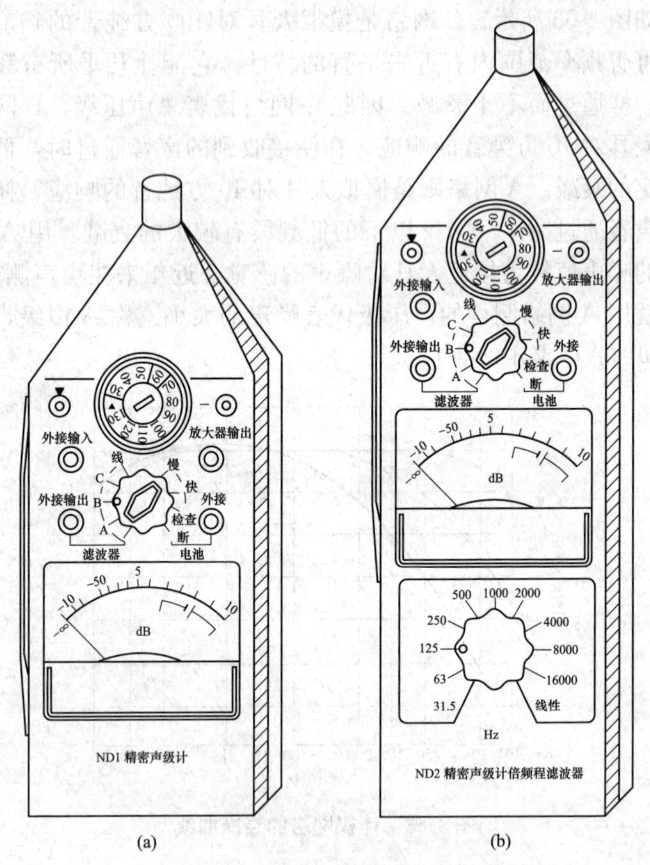

图 4-64　ND 型声级计外观图

(a) ND1 型精密声级计；(b) ND2 型精密声级计

当 LA<LB<LC 时，表明噪声呈低频特性。

(1) 声压级的测量。两手平握仪器两侧，并稍远离人体，使装于仪器前端的微声器指向被测声源。使“计权网络”开关指示在“线性”位置，输出衰减器旋钮（透明旋钮）顺时针旋到底。调节输入衰减器旋钮（黑色旋钮），使电表有适当偏转，由透明旋钮二条界限指示线所指量程和电表读数，即为被测声压级。例如透明旋钮二条界限指示线指 90dB 量程，电表指示为＋4dB，则被测声压级为 90dB＋4dB＝94dB。

(2) 声级的测量。如上述声压级测量后，使“计权网络”开关放在A、B或C位置就可进行声级的测量。如此时电表指针偏转较小，可降低“输出衰减器”的衰减量（调节黑色旋钮），以免输入放大器的过载。例如测量某声音的声压级为90dB，需测量声级（A），则开关置“A”位置，电表偏转太小，可逆时针转动输出衰减器透明旋钮。当二条界限指示线指到70dB量程时，电表指示+6dB，则声级（A）为70dB+6dB=76dB(A)。

二、测振仪

测振仪是用来测定振动幅度的仪器，它与速度传感器和加速度传感器联用，可测轴承振动，与位移传感器联用可测轴的振动。

（一）旋转机械振动标准

评定旋转机械振动的方式有两种，即用轴承振动或轴振动，而这两种振动的评定又各有其评定标准。

轴承振动评定标准有两种，即以振动位移双幅值来评定或以振动烈度来评定。

(1) 以振动位移双幅值来评定典型的通用旋转机械。如鼓风机、汽轮发电机等的评定已有部颁标准，是以振动位移双幅值表示的，其振幅的大小是按转速的高低进行规定的。转速低，选大振幅，转速高，选小振幅，这样可以避免高速旋转带来的危害。

(2) 以振动烈度评定振动烈度就是振动速度的有效值。当轴心以圆周轨迹振动时，振动速度（ν）等于圆周半径（单幅值）r乘上轴心角速度（ω）即

$$v=r\omega$$

式中，$\omega=2\pi f=\frac{\pi n}{30}$ n 为转速。

由于振动的波形为正弦波，所以振动速度的有效值即振动烈度为

$$\nu_{\mathrm{f}}=\frac{\sqrt{2}\,\nu}{2}$$

因为 $$\nu=r\omega=\frac{1}{2}S\omega$$

所以 $$\nu_f=\frac{\sqrt{2}}{4}S\omega$$

式中　S——双幅值，mm。

由上式可知，振动烈度与线速度 ν 无关，而与角速度 ω 有关，可以反映出振动的能量，因此，该标准较合理。

转速为 600～1200r/min 的旋转设备的振动烈度标准可分为四个品质段，即：A 段（优级）、B 段（良级）、C 段（有一定故障应检修）、D 段（停止运行段）。

ν_f的选取与设备规模有关（见表 4-54），ν_f选取值可随设备的规模增大而适当放大。此外，ν_f的选取还与支承类别有关。支承分为刚性支承和柔性支承。所谓刚性支承是指机械的主激振频率低于支承系统一阶固有频率的支承。其余为柔性支承，其中固有频率是测得的，而主激振频率就是转速频率。

表 4-54　　振动烈度标准

振动裂度 v_f/(mm/s)	小型机械	中型机械	大型机械	
			刚性支承	柔性支承
0.45	A			
0.71		A	A	
1.12	B			A
1.8		B		
2.8	C		B	
4.5		C		B
7.1	D		C	
11.2		D		C
18.0			D	
28.0				D
45.0				
71.0				

【例 4-2】 某旋转设备的工作转速为 1450r/min，测得其支承系统固有频率为 20Hz。判断其支承类别。

解：主激振频率$=\frac{1450\text{r/min}}{60\text{s}}=24\text{Hz}$

$$24\text{Hz}>20\text{Hz}$$

所以该系统属柔性支承。

【例 4-3】 某设备工作转速为 2400r/min，支承系统为柔性支承，达到 A 级，$\nu_{\text{fmin}}=2.8\text{min/s}$，求振动位移双幅值 S。

解：$\nu_{\text{f}}=\frac{\sqrt{2}}{4}S\omega$

则 $S=\frac{4\nu_{\text{f}}}{\sqrt{2}\,\omega}=\frac{4\nu_{\text{fmin}}}{\sqrt{2}\,\frac{2400\pi}{30}}=\frac{4\times 2.8\text{mm/s}\times 30}{\sqrt{2}\times 2400\pi}=0.031\ 25\text{mm}$

（二）工作原理

1. 与速度传感器、加速度传感器联用测轴承振动

传感器称为一次仪表，测振仪称为二次仪表。

（1）与速度传感器联用测轴承振动，速度传感器又称拾振器。磁电式速度传感器（见图 4-65）是用铝架 4 把永久磁铁 2 固定在外壳 6 内，外壳与永久磁铁形成磁回路。工作线圈 7 在外壳和磁铁间的气隙的右边，阻尼环 3 在左边，它们通过心杆 5 连接起来，用两个弹簧片 1 和 8 支承在外壳上。

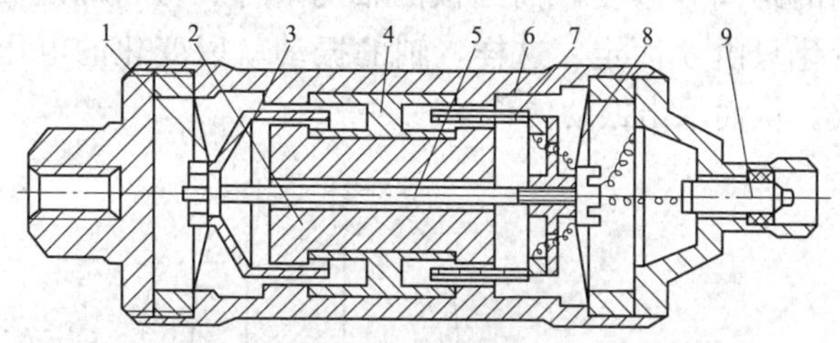

图 4-65 磁电式速度传感器

1—弹簧片；2—永久磁铁；3—阻尼环；4—铝架；5—心杆；6—外壳；7—工作线圈；8—弹簧片；9—接头

测量时，使传感器与轴承一起振动。由于弹簧片的作用，使线圈与外壳产生相对运动，从而使它在工作气隙中切割磁力线而产生感应电动势，电动势的大小与切割速度成正比。电动势的信

号由接头传给测振仪，经电路变换后，即可在测振仪面板上示出振动速度值。

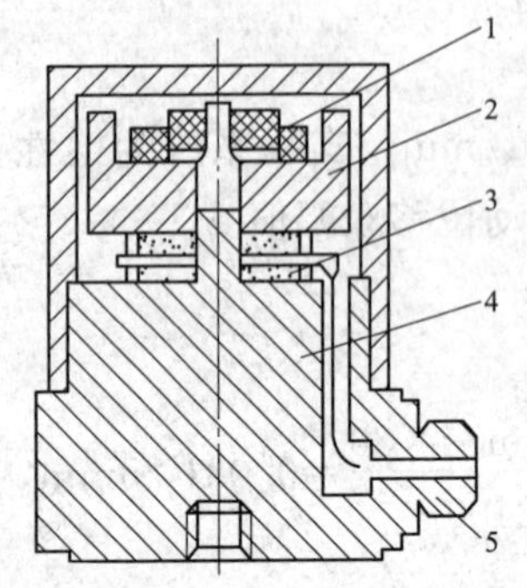

图 4-66　压电式加速度传感器

1—弹簧；2—质量块；

3—压电晶体；4—基座；5—接头

（2）与加速度传感器联用测轴承振动的加速度。压电式加速度传感器（见图 4-66）的压电晶体 3 装在质量块 2 和基座 4 之间，始终被弹簧 1 压紧。当传感器与轴承同振时，质量块 2 靠惯性作用在压电晶体上。压电效应在晶体表面产生电信号，该信号由输出接头送给测振仪，经电路放大和变化后，可得振动值。

2. 测量轴振动

利用位移传感器与测振仪联用来测量轴的振动，涡流式位移传感器（见图 4-67）的端部是一个电感线圈 1。测振仪输入的高频电流使线圈产生磁场，并在附近的轴表面 2 感应出涡电流（在轴的金属体内自成回路的电流）。线圈的电感值随之变化，引起线路的阻抗变化，输出电压就相应改变。测量时，被测轴的振动使传感器与轴之间的距离 δ 改变。而当被测轴的尺寸、材料确定后，输出电压的变化只由 δ 而定。这样，轴的振动就以变化的电压形式输给测振仪。从而示出振动位移。

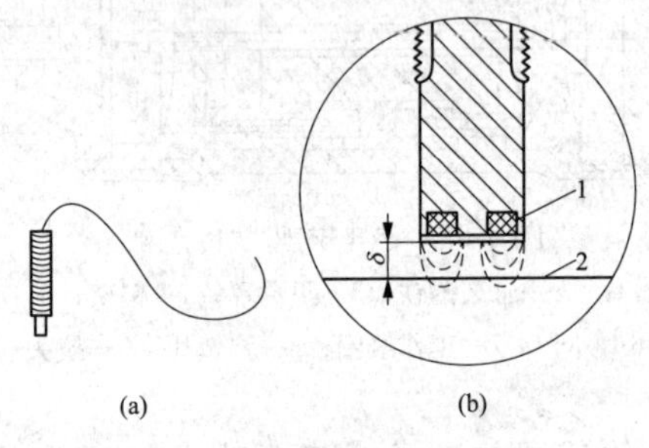

图 4-67　涡流式位移传感器

（a）传感器；（b）测量示意图

1—电感线圈；2—轴表面

（三）使用方法

1. 测量轴承振动

（1）与速度传感器联用时，应把速度传感器放在轴承反应振动最直接、最灵敏的位置上。如测量垂直振动值时，应选在轴承宽度中间位置的正上方为测点。当测量水平振动时，应选轴承宽度中央的中分面为测点。测轴向振动值时，应选轴心线附近的端面为测点。这样安装后与测振仪联用进行测量。

（2）与加速度传感器联用时，把加速度传感器用螺杆通过基座下的螺孔固定在轴承上；有时也用永久磁铁将传感器与轴承吸在一起，然后与测振仪联用进行测量。

2. 测量轴振动

涡流式位移传感器测量轴振动时，测点在轴承的壳体上。测量轴向位移时，测点选在轴肩的两侧。但传感器与轴表面之间的距离通常为 1～1.5mm，因为大了将超测量范围，小了易使传感器端部被碰坏。通过这样安装后，与测振仪联用，便可测量。

（四）使用注意事项

（1）要与速度传感器、加速度传感器、位移传感器等一次仪表联用，才能发挥其二次仪表的作用。

（2）在与一次仪表联用时，一定要保证一次仪表的测点选择正确，否则将影响测量结果。

（3）在与位移传感器联用时，轴的被测表面要有较高的几何精度、较小的表面粗糙度值和材料金相组织的均匀性。否则会产生机械或电气上的障碍，从而影响测量精度，甚至是无法实现测量。

三、温度测量仪

温度测量仪是用来监测温度的仪器，可对设备内部温度进行监测，如测循环水温，也可对表面温度进行监测，如轴承座外壁温度等，温度测量仪又称测温仪。

常见温度测量仪如图 4-68 所示。

（一）分类及其工作原理

温度测量仪按接触与否可分为两大类，接触式温度测量仪和非接触式温度测量仪。

1. 接触式温度测量仪

（1）工作原理。测温元件与被测物体必须接触可靠，通过传导和对流两种热传递方式实现热平衡，进而把该测量信息平稳输出（既可近距离输出，又可远距离输出）。

（2）特点。使用较方便，但其精度受接触的程度控制。接触可靠，精度就高（表面测温时，可将感温元件嵌入或焊在被测物上）；而反应时间受传感器热容量控制，装置越大，反应越慢。

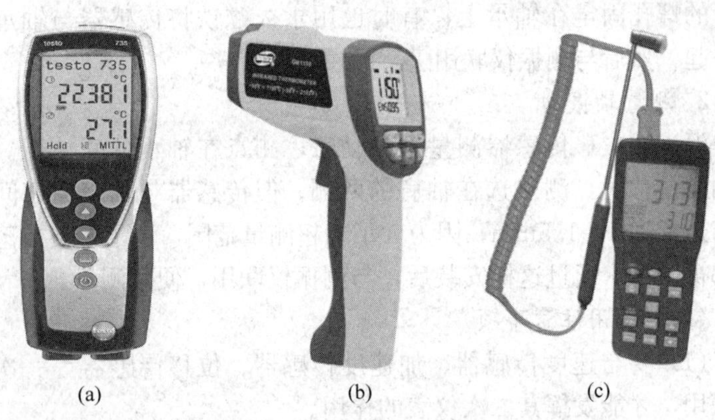

图 4-68　常见温度测量仪

（a）多通道温度测量仪；（b）红外线测温仪；（c）表面温度测量仪

（3）常用的接触式测温仪。

1）液体膨胀式温度计。通常以水银和酒精作测温介质。根据介质随温度的变化而膨胀或收缩的原理工作。精度较高（0.5～2.5 级），但易损坏。水银温度计测温范围－35～＋350℃，而酒精等有机液体温度计测温最大范围可达－200～＋200℃。此类温度计使用时，要避免温度的骤变，应注意避免断液、液中气泡和视差现象的发生。在精密测量时要考虑其测量部分与露出部分的温差的影响。

2）压力推动式温度计。通常以液体、气体或低沸点液体的饱和蒸汽为测温介质。依据被封闭的介质受热后，体积膨胀或所受压力的变化来推动传动机构，实现温度值的输出。测量精度不高（1级、1.5级、2.5级），测温范围也因介质而异。应注意的是，使用时要将温包全部没入被测介质中，以减少测温误差。小型压力推动式温度计，常用于内燃机和机械设备的冷却水、润滑油系统的测温。

3）热电阻温度计。它是用铅、铜、镍等金属导体或半导体制成的热敏电阻为测温介质。通过上述介质的电阻随温度的变化值，在测温回路的转换，来显示出被测的温度值。虽然金属热电阻的阻值随温度的变化呈较规则的直线性，而且重复使用时，一致性较好。但阻值变化与温度变化的同步性差，所以不能测点温和进行动态测试。常制成部位监测计，如轴承测温计，其传感器输出为1mV/℃（灵敏度）。而依据半导体热电阻元件对热的敏感性，可将它制成小型、灵敏度高、可测点温的测温仪。但它的缺点是电阻的阻值随温度的变化是非线性的，而且重复使用的一致性较差，其传感器输出为10mV/℃。

4）热电偶温度计。它是以铜/康铜、镍铬合金/镍铬合金等热电偶为测温介质的。通过热电偶的两种导体接触部位的温度差产生的热电势进行测温，电动势的大小与温度成正比，可用普通的电压表、电位差计测出电动势，灵敏度为40mVI/℃，用于测量高温或应用于温度骤变的场合。

5）示温片、示温漆、示温涂料。它们是以视觉式测温材料制成的示温片、涂料为测温介质。粘贴或涂抹在被测物表面的上述介质，随物体表面温度的变化而发生变色，依据变色程度，便可知被测物表面温度。这种方法用于低精度的测量，也用于测定外形复杂或运动的物体的表面温度，这种测温方式较经济、便捷。示温片和示温涂料又分可逆和不可逆两种。不可逆示温片的示温范围在30～600℃；可逆示温片示温范围在40～70℃，误差±1℃；而不可逆示温涂料的示阻范围可达40～1350℃，误差是±5℃。示温片可贴于晶体管、变压器、电机、电缆上进行示温。为了进行温升比较，可在不同位置贴多枚。可逆性的示温片可对电器、机械设备作经常性温测。涂抹式示温材料适用于大面积、表面凹凸不平或形状复杂对象的示温，如交换器、锅炉、内燃机等。

2. 非接触式测温仪

这种测温仪是通过接收热辐射的能量来实现测温的。测温元器件与被测物不接触，故其温度可大大低于被测介质的温度。而且其动态特性较好，如可测运动、小目标、热容量小、温度变化快的对象表面温度及温度场的幅度分布。不足之处是受物体的辐射率、环境状况的影响较大，故精度不高。根据测取温度的不同，辐射测温仪可分为亮度测温仪和比色测温仪两大类。亮度测温仪测取的是亮强；比色测温仪测取的是色温。

常用的非接触式测温仪有：

（1）光学高温计。它属亮度测温仪，用加热的灯丝作测温元件。测温范围 700～3200℃，它利用物体表面颜色同仪器内加热的灯丝作亮度对比来测量温度，误差小于 2%。注意，仪器物镜与目标距离不得小于 700mm，只有在灯丝仅显现下部时，仪表读数才是正确的。它适用于被测温度高于热电偶所测范围及热电偶难以装置的场所。

（2）全辐射温度计。它属亮度测温仪，测温元件为热电元件或硫化铅元件。测温范围 40～4000℃，它是通过上述测温元件来测量发热物体表面温度。一般应在 10～80℃下固定使用，若在 80℃以上的环境下，要进行水冷，而在空气中杂质较多的环境下，要进行通风。

（3）比色测温仪。它又称颜色高温计，包括双色测温仪和多色测温仪等。它依据辐射功率随光谱波长的变化规律来测量的，该温度为色温。它受发射率影响较小，还能克服恶劣环境的影响。其中应用较广的是双色测温仪，它是由两个窄波段处的目标辐射率产生的探测器信号，通过电路系统的比较处理，而实现测温的。

（4）红外测温仪。其工作原理是被测物体发出的红外线，经透镜聚集后，射在红外探测器上而产生一个正比于辐射能量的电信号，该信号经放大、处理、变换而示温。它的优点是体积小、质量轻、携带方便、灵敏度高、响应快、操作简单，适用于现场热态监测和红外诊断。

（二）主要技术指标和选用方式

1. 主要技术指标

（1）测量精度。测量精度就是对国际通用温度标准值的不确定度或误差，也称作允许误差。它的三种表示方法及其运算公式如下

绝对误差＝实测值－标准值

相对误差＝(绝对误差/实测值)×100％

引用误差＝(绝对误差/量程上限值)×100％

例如一测温仪的测温范围是800～1400℃：

1）若绝对误差＝±14℃

则－14℃＜测量值误差≤14℃

2）若相对误差＝±1％，测量值(实测值)＝800℃

则　±1％＝(绝对误差/800℃)×100％

绝对误差＝800℃×(±1％)＝±8℃

即　－8℃≤测量值误差≤8℃

3）若引用误差＝±1％，且量程上限值＝1400℃

则　±1％＝(绝对误差/1400℃)×100％

绝对误差＝1400℃×(±1％)＝±14℃

即－14℃≤测量值误差≤14℃

（2）稳定性。稳定性就是一定时间间隔内其示值的最大可能变化值，也称复现性。表示测温仪示值的可靠程度。稳定性分为短期（时间间隔24h，一月等）、长期（时间间隔半年、一年等）。

（3）温度分辨率。温度分辨率表示其辨别被测温度变化的能力。它与测温仪的温度灵敏度、噪声电压和显示机构的误差有关。当了解被测温度的变化比了解其真实温度更重要时，必须知道温度分辨率。

（4）响应时间。响应时间是指被测温度从室温达到测温范围上限温度时，统一模拟信号输出的时间。也可以是测温示值达到稳定值的某一百分数时，所需的时间。如1s（63％）即达到稳定值的63％需1s的时间。而显示机构存在的响应时间的取舍，视具体情况定。

(5) 距离系数。距离系数是指测温仪探头到被测目标的距离和垂直于探头光轴方向的投影圆面积的最小允许直径之比，或者用视场表示，即探头中心对被测目标最小允许投影直径的张角。

2. 测温仪表的选用

(1) 接触式与非接触式测温方法的比较。

1) 接触式测温要求有良好的热接触，且接触时，不破坏被测温度场；而非接触式测温要求知道物体的发射率且检测器要充分吸收物体的辐射能。

2) 接触式测温易破坏被测温度场，故小于限制值的物体不能测温，运动物体不能测温，因为响应慢不能进行瞬时测温。另外，检测器数随测量范围变宽而增多，而且也不能同时测量多个物体，而接触式测温的这些缺点，恰恰是非接触式测温极易实现的。

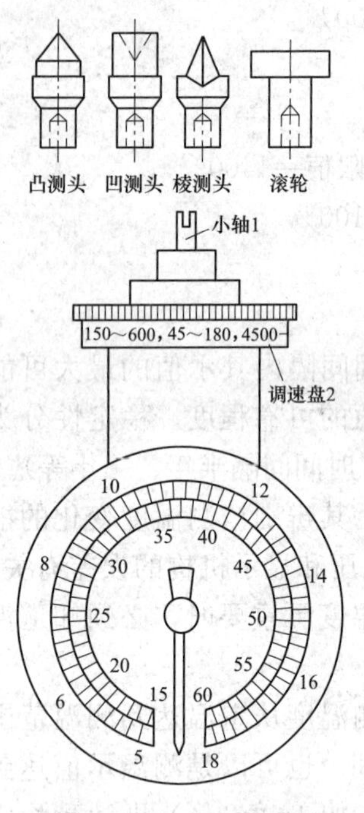

图 4-69 转速表外观图

3) 接触式测温可测物体内部温度，而非接触式测温却无法实现测量。接触式测量过程简单，而非接触式测温过程要求严格。

(2) 选用程序。根据上述接触式测温仪和非接触式测温仪的比较，结合作业条件选择出是采用接触式的还是非接触式的，再根据测温范围、精度等级、分度值范围及主要技术指标来选择具体规格和型号。

四、转速测量表

转速测量表又称转速表，外观如图 4-69 所示。常用的手持式转速表测速范围有四种规格：

LZ-30	30～12 000r/min
LZ-45	45～18 000r/min
LZ-60	60～24 000r/min
LZ-120	120～48 000r/min

每种规格的测速范围又分五挡，以 LZ-45 为例，Ⅰ挡 45～180r/min；Ⅱ挡 150～600r/min；Ⅲ挡 450～1800r/min；Ⅳ挡 1500～6000r/min；Ⅴ挡 4500～18 000r/min。

1. 工作原理

主要利用离心器旋转后，产生惯性离心力与起反作用的拉力弹簧相平衡，再由传动机构使指针在分度盘上指示出相应的转速。

2. 转速的测量

当测量时，应首先将调速盘旋转到所要测量的范围（即将调速盘上的刻度数值转到与分度盘处于同一水平面），便可进行测量。若调速盘的数值在Ⅰ、Ⅲ、Ⅴ挡，则测得转速应看分度盘外圈的数字再分别乘以 10、100、1000。若调速盘的数值在Ⅱ、Ⅳ挡，则测得数值应看分度盘内圈的数字，再分别乘以 10、100。

3. 线速度测量

转速表不仅可以测转速，还可以测量旋转物的线速度，测量时只要在小轴 1 上换上滚轮即可。线速度测量范围可根据公式计算

$$v = Cn\ (\mathrm{m/min})$$

式中　v——线速度，m/min；

C——滚轮的周长，m；

n——每分钟转速，r/min。

4. 注意事项

（1）不准以低速范围测量高转速。所以如不知旋转物为多少转时，要测量转速应先将调速盘调到高挡（即Ⅴ挡），逐次往低挡测试。

（2）测轴与被测轴接触时，动作应缓慢，同时应使两轴保持在一条水平线上。

（3）测量时，测轴和被测轴不应接触过紧，以两轴接触不产生相对滑动为原则。

（4）转速表不能测量瞬时转速。

（5）指针偏转方向与被测轴旋转方向无关。

（6）使用时应加润滑油（钟表油）可从外壳及调速盘上的油

孔注入。

5. 测量举例

测量车床主轴转速时，可在主轴内插入一顶尖，用凹形测头测量，如图 4-70 所示。测量立式车床工作台转速时，可在工作台锥孔内插入一短锥度棒，用凸测头测量，如图 4-71 所示。

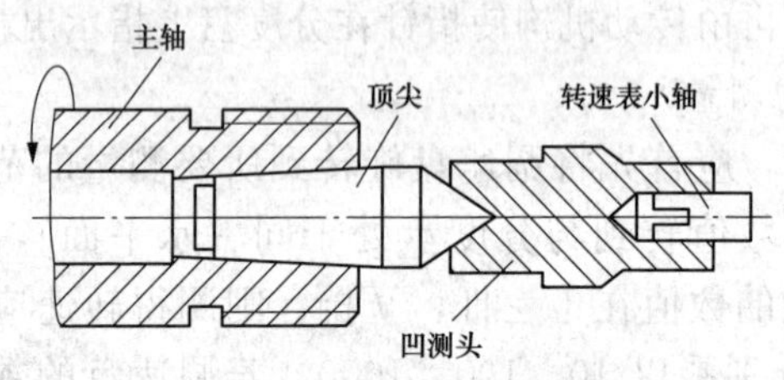

图 4-70　测量主轴转速

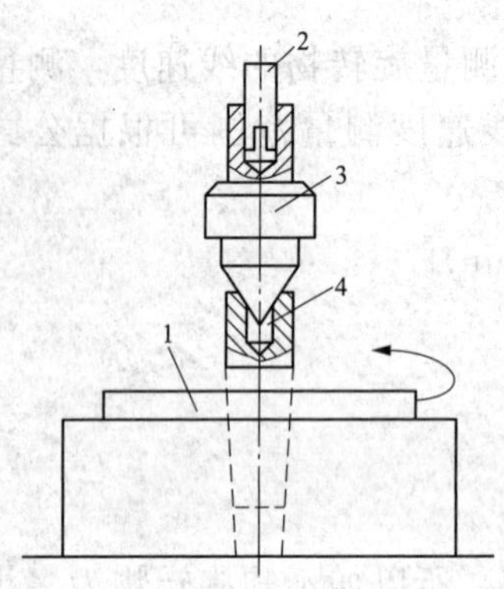

图 4-71　测量立车工作台转速
1—工作台；2—转数表小轴；3—凸测头；4—检验棒

例如 CA6140 车床最高转速为 1400r/min，现用手持式转速表（此种转速表是用来测量各种动力机械每分钟的转速或线速度，精度等级±1%）校对主轴是否能达到额定转速。用 LZ-45 测试，先将调速盘 2 旋转到Ⅲ挡上（即 450～1800r/min)，然后把凹形测头装在小轴 1 上，启动车床使主轴旋转，将凹形测头接触顶尖，既不产生滑动也不应接触过紧，指针指到外圈 12，Ⅲ挡为数字乘 100，即 12×100=1200r/min。

第五章

表面结构特征及其检测

第一节 表面结构特征概述

一、表面结构特征的定义

表面结构特征的概念是随着我国标准体系与国际标准体系逐渐接轨，由表面粗糙度的单一概念拓展而来的。

表面粗糙度原称表面光洁度，是指加工表面所具有的较小间距和峰谷所组成的微观几何形状特性，一般由加工方法和其他因素形成，属于几何因素的表面结构范畴。无论是机械加工后的零件表面，还是用其他方法获得的零件表面，总是存在着由较小间距的峰、谷组成的微量高低不平的痕迹。粗加工表面，用眼睛直接就可看出加工痕迹；精加工表面，看上去似乎光滑平整，但用放大镜或仪器观察，仍然可看到错综交叉的加工痕迹。通俗地讲，表面粗糙度就是指零件表面经加工后遗留的痕迹，在微小的区间内形成的高低不平的程度（也可说成为粗糙的程度）用数值表现出来，作为评价表面状况的一个依据。它是研究和评定零件表面粗糙度状况的一项质量指标，是在一个限定的区域内排除了表面形状和波纹度误差的零件表面的微观不规则状况。

零件在参与工作时，其表面的不规则状况直接影响零件表面的耐磨性、耐腐蚀性、疲劳强度，也影响零件两表面间的接触刚度、密封性，还影响流体动力阻力的大小，导电、导热等性能。因此，各个国家十分注意表面结构特征这门学科的发展，纷纷成立了专门的研究机构，从事研究零件表面结构特征对产品质量的影响，并在改进表面结构特征等方面取得了显著的成果。

二、表面结构特征对零件工作性能的影响

机械零件的表面结构特征不仅影响美观，而且对运动面的摩擦与磨损、贴合面的密封性等都有影响，另外还会影响零件的定位精度，配合性质、疲劳强度、接触刚度、抗腐蚀性等。

例如在间隙配合中，由于表面粗糙不平，会因磨损而使间隙迅速增大，致使配合性质改变；在过盈配合中，表面经压合后，过粗的表面会被压平，减少了实际过盈量，从而影响到结合的可靠性；较粗的零件表面，接触时有效面积会减少，使单位面积承受的压力加大，零件相对运动时，磨损就会加剧；粗糙的表面，峰谷痕迹越深，越容易产生应力集中，使零件疲劳强度下降。

（1）对摩擦、磨损的影响。当两个表面作相对运动时，一般情况下表面越粗糙，其摩擦因数、摩擦阻力越大，磨损也越快。

（2）对配合性质的影响。对间隙配合，粗糙表面会因峰尖委以磨损而使间隙很快增大；对过盈配合，粗糙表面的峰顶被挤平，使实际过盈减小，影响连接强度。

（3）对疲劳强度的影响。表面越粗糙，微观不平的凹痕就越深，在交变应力的作用下易产生应力集中，使表面出现疲劳裂纹，从而降低零件的疲劳强度。

（4）对接触刚度的影响。表面越粗糙，表面间的实际接触面积就越小，单位面积受力就越大，使峰顶处的局部塑性变形增大，接触刚度降低，从而影响机器的工作精度和抗振性能。

此外，表面粗糙度还影响零件表面的抗腐蚀性能及结合表面的密封性和润滑性能等。

总之，表面粗糙度直接影响零件的使用性能和寿命，因此应对零件的表面结构特征加以合理规定。

三、国内外有关表面结构特征的标准

1. 国外有关表面结构特征的标准

表面结构特征的标准化工作是从20世纪30年代开始发展起来的，与几何公差一样，也是首先从解决图样标注的统一开始的。前联邦德国标准DIN140发布于1939年，是世界上最早的有关表面粗糙度方面的标准。这个标准只规定了表面粗糙度的符号，把

需要加工的表面分为▽、▽▽、▽▽▽、▽▽▽▽，不需要加工的表面用符号“∽”表示，由于没有参数标准，各个符号均无既定的数值，而是凭目测加以区分。

最早制定表面粗糙度参数标准的是美国，1940年发布了美国标准《表面粗糙度、波纹度和加工纹理》（ASAB46.1—1940），1947年又修订为ASAB46.1—1947；修订的标准采用中线制，在高度方向并列4个参数，并规定了数值系列。美国的现行标准是ASAB46.1—1978，与英国、加拿大的标准一致；标准中规定了各种参数及定义，明确以轮廓算术平均偏差为主要参数，其他参数在特殊需要时应用；表面粗糙度值不分等级，采用与符号一起直接标注在图样上的形式表示。

1945年，苏联颁布了国家标准《表面光洁度、表面微观几何形状、分级和表示法》（ГОСТ 2789—1945）。标准采用中线制，只规定了一个参数，即轮廓均方根偏差 H_{ck}，数值分为14级。1951年修订为ГОСТ 2789—1951，除 H_{ck} 外，还增加了微观不平度平均高度 H_{cp}。1959年修订为ГОСТ 2789—1959，用轮廓算术平均偏差 Ra 代替 H_{ck}，用微观不平度十点高度Rz代替 H_{cp}。1973年又对原标准进行了修订，除原规定的轮廓算术平均偏差 Ra 和微观不平度十点高度 Rz 外，又增加了个4个参数，即轮廓最大高度 R_{max}、不平度的平均间距 S_m、不平度峰顶平均间距 S 和轮廓的支承长度率 t_p。该标准规定了数值系列，取消了原来分为14级数值分级的规定。由于苏联是ISO/TC57/TCI的秘书国，1973年的标准与ISI468是一致的。

1950年英国颁布了国家标准《表面特征的评定》（BS 1134：1950）。标准采用中线制，规定了参数用轮廓度的中心线平均值CLA（Center Line Average，CLA）来评定。

日本于1955年颁布了国家标准《表面粗糙度》（JISBO 601—1955）。随着国际标准的修订，德国、英国、法国和日本都修订了本国的标准，均是尽量与国际标准相一致。

2. 我国有关表面结构特征的标准

我国的表面粗糙度的制定工作是从工作20世纪50年代初开始

的。1951 年颁布的标准《工程制图表面记号及处理说明》620.040-13）中规定了表面光洁度符号为：毛面“∽”，普通光面▽、▽▽、▽▽▽；高级光面▽▽▽▽（加工方法）。1956 年发布的第一机械工业部部颁标准《表面光洁度代号和表面处理与热处理说明的标注》（机 40-1956）和《表面光洁度等级代号》（机 50-1956）中规定光洁度分为 14 级，即▽1～3、▽▽4～6、▽▽▽7～9、▽▽▽▽10～14，对光洁度无特殊要求的表面标注“∽”。标准中规定了以微量不平度的平均平方根的偏差（H_{ck}）或微量不平度的平均高度（H_{cp}）为评定表面光洁度的参数，并规定了H_{ck}、H_{cp}的数值，这与苏联标准 ГОСТ 2789—1951 完全一致。1956 年将该标准修订为国家标准，即《机械制图表面光洁度和不涂层的代号及热处理、表面处理和涂层说明的注法》（GB 130—1959），其中表面光洁度的代号和注法与机 50—1956 标准相同。1960 年发布了第一机械工业部标准《表面光洁度等级代号》（JB 178—1960），与机 50—1956 标准相比较，仅将代号改为汉语拼音字母。到了 1968 年，发布的国家标准《表面光洁度》（GB/T 1031—1968）与 ISO/R 468 基本一致，将评定参数改为 Ra 和 Rz。

1964 年，我国开始修订国家标准 GB 130—1959，1970 年发布试行标准《机械制图表面光洁度状况、镀涂和热处理的代（符）号及标志》（GB/T 131—1970），1974 年转为正式标准。该标准将多个▽改为单个▽1～▽14，并明确规定符号的含义除表面不加工外，还包括维持原材料的表面光洁状况。

为了积极采用国际标准，我国 1980 年开始对《表面光洁度》（GB/T 1031—1968）进行修订，1981～1982 年期间对国家标准 GB/T 131—1974 进行了修订。经过修订后的标准改为《表面粗糙度参数及其数值》（GB/T 1031—1983）、《表面粗糙度术语 表面及其参数》（GB/T 3505—1983）和《表面粗糙度代号及其注法》（GB/T 131—1983）三个标准。

20 世纪末，我国对上述三个标准又进行了修订，分别为《机械制图表面粗糙度符号、代号及其注法》（GB/T 131—1993）、《表面粗糙度参数及其数值》（GB/T 1031—1993）、《产品几何技术规范表面结构轮廓法表面结构的术语、定义及参数》(GB/T 3505—2000)。由于修订时间的不一致，使得几个标准的术语定义等出现了不协调之处，尤其是GB/T 131—1993中表面粗糙度代号的标注方法已不能满足1997年以来发布的表面结构特征国家标准的要求。

为了解决这个问题，国家标准化管理委员会于2006年又重新修订了GB/T 131—1993，即《产品几何技术规范（GPS）技术产品文件中表面结构的表示方法》(GB/T 131—2006)，用以代替GB/T 131—1993。与以前的版本相比，在技术内容上有很大变化，某些标注示例已全部重新解释。在GB/T 131—2006中，表面粗糙度的概念已被扩大为广义的表面结构特征（波纹度参数）和轮廓P（原始轮廓参数）。

第二节　表面结构的评定

一、表面结构的基本术语

1. 表面轮廓

为了研究零件的表面结构，通常用垂直于零件实际表面的平面与这个实际表面相交所得的轮廓线作为评估对象，它称为表面轮廓，是一条轮廓曲线，如图5-1所示。在评定表面结构特征时，除非特别说明，通常指垂直于表面加工纹理方向的轮廓线。

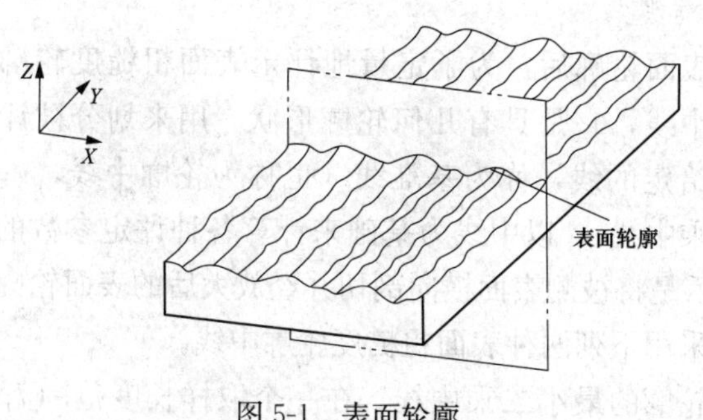

图5-1　表面轮廓

一般来说，任何加工后的表面实际轮廓总是包含着表面粗糙度轮廓、波纹度轮廓和宏观形状轮廓等构成的几何形状误差，它们叠加在同一表面上，如图 5-2 所示。粗糙度、波纹度、宏观形状通常按表面轮廓上相邻峰、谷间距的大小不划分：间距小于 1mm 的属于粗糙度；间距小于 1～10mm 的属于波纹度；间距大于 10mm 的属于宏观形状。粗糙度叠加在波纹度上，在忽略由于粗糙度和波纹度引起的变化的条件下，表面总体形状为宏观形状，其误差为宏观形状误差或 GB/T 1182—2008 称谓的形状误差。表面粗糙度轮廓产生的原因主要是在切削加工过程中由刀具和工件表面之间的强烈摩擦、在切屑分离过程中的物料破损残留以及工艺系统的高频振动等。

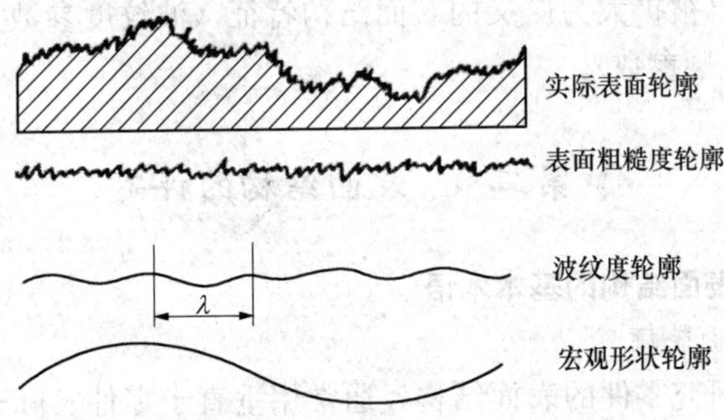

图 5-2　零件实际表面轮廓的形状和组成成分

λ—波长（波距）

2. 基准线

获得表面轮廓后，为了定量地评定表面粗糙度轮廓，首先要确定一条中线，它是具有几何轮廓形状、用来划分被评定轮廓参数的一条给定的线，称为基准线（也称为轮廓中线，一般为轮廓的最小二乘中线），以中线为基础来计算各种评定参数的数值。如图 5-3 所示是将被测表面横向剖切并经放大后的表面轮廓示意图。

通常采用下列两种表面粗糙度轮廓中线。

（1）轮廓的最小二乘中线。在一个取样长度范围 l_r 内，轮廓的最小二乘中线使轮廓上各点至该线的距离的平方之和为最小，如图 5-4 所示。

（2）轮廓的算术平均中线。在一个取样长度范围 l_r 内，算术平均中线与轮廓走向一致，这条中线将轮廓分为上、下两部分，使上部分的各个峰的面积之和等于下部分的各个谷的面积之和，如图 5-5 所示。

3. 取样长度

为判别具有表面结构特征而规定的一段基准线长度，称为取样长度，如图 5-3、图 5-4 和图 5-5 所示的“l_r”。

4. 评定长度

为评定表面轮廓而测量时必须的一段长度称为评定长度，它可以包含一个或几个取样长度，一般情况下以 5 个取样长度为一个评定长度，如图 5-3 所示的“l_n”。

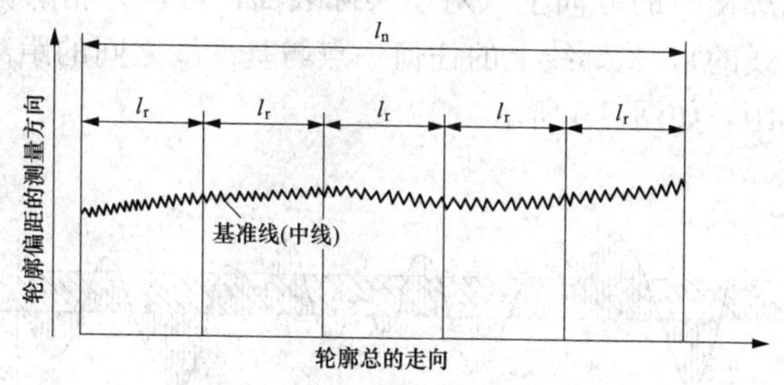

图 5-3 被测表面轮廓示意图

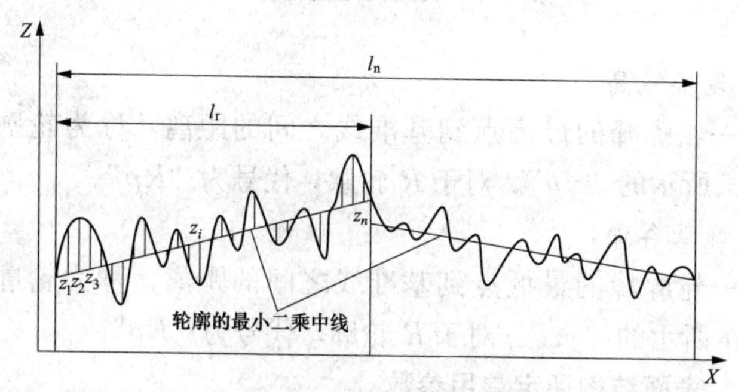

图 5-4 表面粗糙度轮廓的最小二乘中线

Z_1、Z_2、Z_3、…、Z_i、…、Z_n—轮廓上各点至最小二乘中线的距离

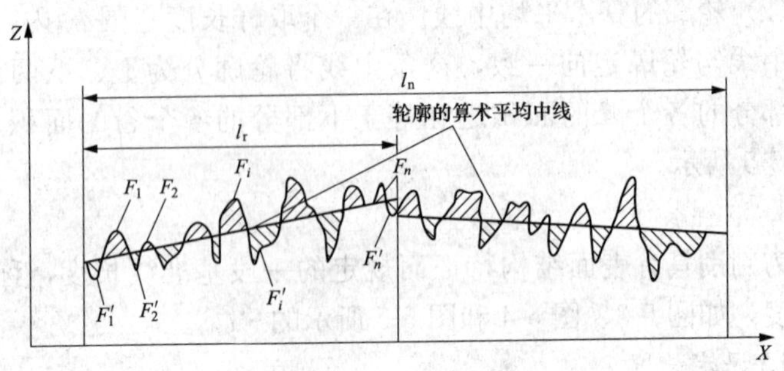

图 5-5　表面粗糙度轮廓的算术平均中线

5. 轮廓偏距

在轮廓偏距的方向上（对于实际表面，可认为轮廓偏距是垂直于基准线的），轮廓线上的任何一点与基准线之间的距离，均称为轮廓偏距，如图 5-6 所示。

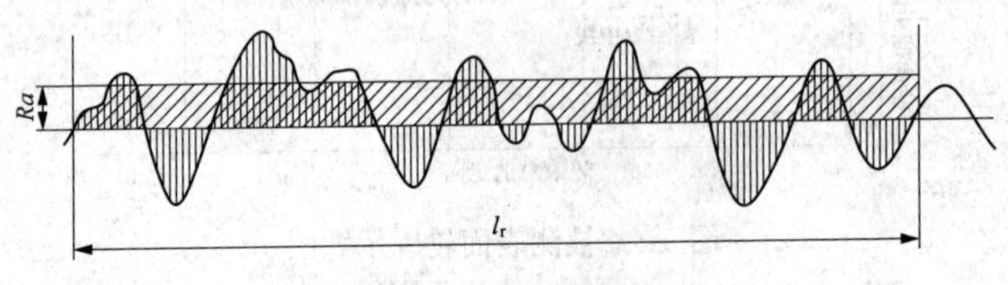

图 5-6　表面粗糙度轮廓偏距

6. 轮廓峰高

任一轮廓峰的最高点到基准线之间的距离，称为轮廓峰高，如图 5-7 所示的“yp”。对于 R 轮廓，代号为“Rp”。

7. 轮廓谷深

任一轮廓峰的最低点到基准线之间的距离，称为轮廓谷深，如图 5-7 所示的“yv”。对于 R 轮廓，代号为“Rv”。

二、表面结构评定常用参数

在零件图上每个表面都应根据使用要求标注出它的表面结构要求，以明确该表面完工后的状况，便于安排生产工序，保证产品质量。

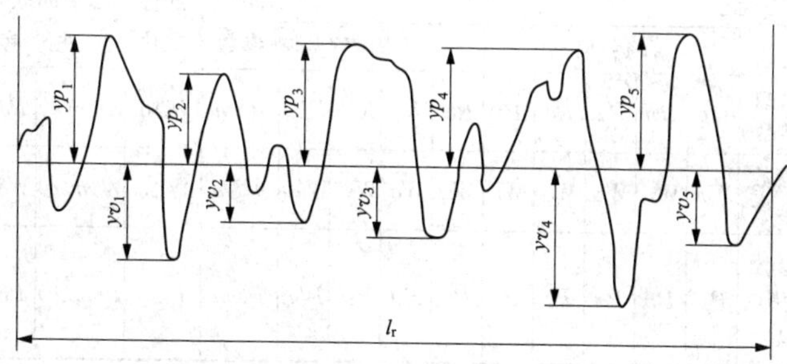

图 5-7　表面粗糙度轮廓峰高

国家标准规定在零件图上标注出零件各表面的表面结构要求，其中不仅包括直接反映表面微观几何形状特性的参数值，而且还可以包含说明加工方法，加工纹理方向（即加工痕迹的走向）以及表面镀覆前后的表面结构要求等其他更为广泛的内容，这就更加确切和全面地反映了对表面的要求。

若将表面横向剖切，把剖切面和表面相交得到的交线放大若干倍就是一条有峰有谷的曲线，可称为“表面轮廓”，如图 5-8 所示。

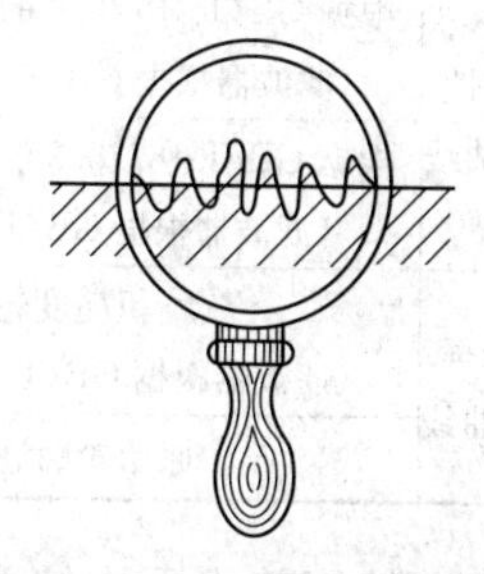

图 5-8　表面轮廓放大图

通常用三大类参数评定零件表面结构状况：轮廓参数（*R*、*W* 和 *P* 轮廓，由 GB/T 3505—2009 定义）、图形参数（由 GB/T 18618—2002 定义）、支承率曲线参数（由 GB/T 18778.2—2003 定义）。这样三个参数组已经标准化并与完整符号一起使用。其中轮廓参数是我国机械图样中最常用的评定参数。GB/T 3505—2009 代替 GB/T 3505—2000 表面粗糙度评定常用参数，最常用评定粗糙度轮廓（*R* 轮廓）中的两个高度参数是 *Ra* 和 *Rz*。

表面结构参数代号见表 5-1～表 5-3。

表 5-1　　　　轮廓参数代号

	高度参数									间距参数	混合参数	曲线和相关参数		
	峰谷值					平均值								
R 轮廓参数（粗糙度参数）	Rp	Rv	Rz	Rc	Rt	Ra	Rq	Rsk	Rku	RSm	RΔq	Rmr(c)	Rδc	Rmr
W 轮廓参数（波纹度参数）	Wp	Wv	Wz	Wc	Wt	Wa	Wq	Wsk	Wku	WSm	WΔq	Wmr(c)	Wδc	Wmr
P 轮廓参数（原始轮廓参数）λs	Pp	Pv	Pz	Pc	Pt	Pa	Pq	Psk	Pku	PSm	PΔq	Pmr(c)	Pδc	Pmr

表 5-2　　　　图形参数代号

	参　数			
粗糙度轮廓（粗糙度图形参数）	R	Rx	AR	—
波纹度轮离（波纹度图形参数）	W	Wx	AW	Wte

表 5-3　　　　支承率曲线的参数代号

类　型		参　数				
基于线性支承率曲线	根据 GB/T 18778.2 的粗糙度轮廓参数（滤波器根据 GB/T 18778.1 选择）	Rk	Rpk	Rvk	Mrl	Mr2
	根据 GB/T 18778.2 的粗糙度轮廓参数（滤波器根据 GB/T 18618 选择）	Rke	Rpke	Rvke	Mrle	Mr2e
基于概率支承率曲线	粗糙度轮廓（滤波器根据 GB/T 18778.1 选择）	Rpq		Rvq		Rmq
	原始轮廓滤波 λs	Ppq		Pvq		Pmq

（1）轮廓算术平均偏差 Ra。轮廓算术平均偏差 Ra 是指在一个取样长度 l_r 内，被评定各点轮廓偏距绝对值的算术平均值，如图 5-9 所示。其值为

$$Ra=\frac{1}{l}\int_0^1 |y(x)|\,\mathrm{d}x \tag{5-1}$$

或近似为

$$Ra=\frac{1}{n}\sum_{i=1}^{n}|y_i| \tag{5-2}$$

式中　y_i——第 i 个轮廓偏距。

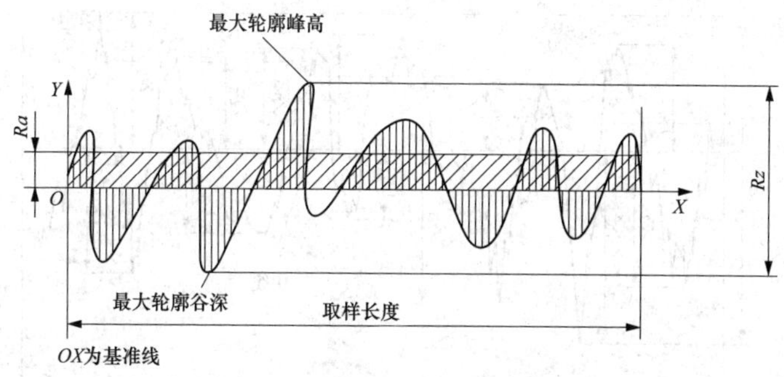

图 5-9　轮廓算术平均偏差 Ra 和轮廓最大高度 Rz

轮廓算术平均偏差 Ra 的系列数值一般在表 5-4 中选取。

表 5-4　　轮廓算术平均偏差 *Ra* 的系列数值　　(μm)

第 1 系列	第 2 系列	第 1 系列	第 2 系列	第 1 系列	第 2 系列	第 1 系列	第 2 系列
	0.008						
	0.010						
0.012			0.125		1.25	12.5	
	0.016		0.160	1.60			16
	0.020	0.20			2.0		20
0.025			0.25		2.5	25	
	0.032		0.32	3.2			32
	0.040	0.40			4.0		40
0.050			0.50		5.0	50	
	0.063		0.63	6.3			63
	0.080	0.80			8.0		80
0.100			1.00		10.0	100	

(2) 轮廓最大高度 Rz。轮廓最大高度 Rz 是指在同一取样长度 l_r 内，最大轮廓峰顶线与最大轮廓谷底线之间的距离，为以前称为“微观不平十点高度 Rz”，如图 5-9、图 5-10 所示参考图，可供读者对照。轮廓最大高度 Rz 的常用数值有：0.2 、0.4、0.8、1.6、3.2、6.3、12.5、25、50μm。轮廓最大高度 Rz 系列数值一般在表 5-5 中选取。

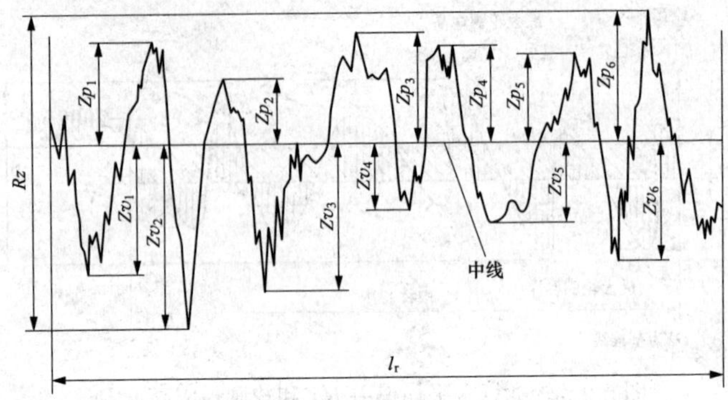

图 5-10　轮廓最大高度 Rz

表 5-5　　轮廓最大高度 Rz 的系列数值　　(μm)

第1系列	第2系列	第1系列	第2系列	第1系列	第2系列	第1系列	第2系列	第1系列	第2系列	第1系列	第2系列
			0.125		1.25	12.5			125		1250
			0.160	1.60			16.0		160	1600	
		0.20			2.0		20	200			
0.025			0.25		2.5	25			20		
	0.032		0.32	3.2			32		320		
	0.040	0.40			4.0		40	400			
0.050			0.50		5.0	50			500		
	0.063		0.63	6.3			63		630		
	0.080	0.80			8.0		80	800			
0.100			1.00		10.0	100			1000		

特别提示：原来的表面粗糙度参数 Rz 的定义不再使用。新的 Rz 为原 Ry 定义，原 Ry 的符号也不再使用。

(3) 取样长度 l_r。取样长度是指用于判别被评定轮廓不规则特征的 X 轴上的长度，代号为 l_r。

为了在测量范围内较好的反映粗糙度的情况，标准规定取样长度按表面粗糙度选取相应的数值，在取样长度范围内，一般至少包含 5 个轮廓峰和轮廓谷。规定和选取取样长度目的是为了限制和削弱其他几何形状误差，尤其是表面波度对测量结果的影响。取样长度的数值见表 5-6。

表 5-6 取样长度 l_r 的数值系列数值（摘自 GB/T 1031—2009）

取样长度 l_r 的系列数值/mm					
0.08	0.25	0.8	2.5	8	25

（4）评定长度 l_n。评定长度是指用于判别被评定轮廓的 x 轴上方向的长度，代号为 l_n，它可以包含一个或几个取样长度。

为了较充分和客观地反映被测表面的粗糙度的，须连续取几个取样长度的平均值作为取样测量结果。国标规定，$l_n=5l_r$ 为默认值。选取评定长度目的是为了减少被测表面上表面粗糙度不均匀性的影响。

取样长度与幅度参数之间有一定的联系，一般情况下，在测量 Ra、Rz 数值时推荐按表 5-7 选取对应的取样长度值。

（5）轮廓单元的平均宽度 R_{sm}。轮廓单元的平均宽度 R_{sm} 是在取样长度 lr 内轮廓微观不平度的间距的平均值，如图 5-11 所示。

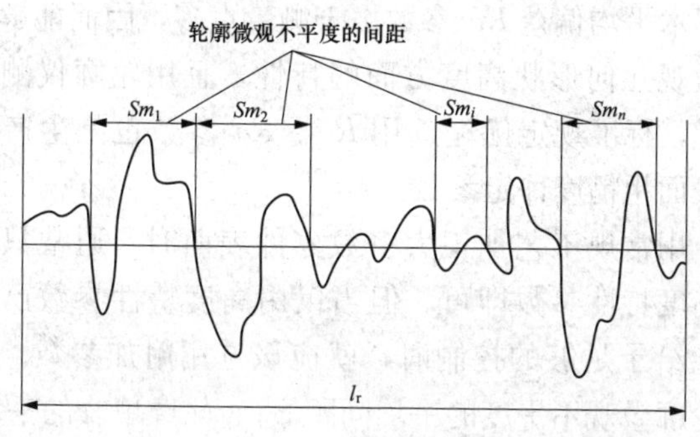

图 5-11 轮廓单元的平均宽度 R_{sm}

（6）轮廓支承长度率。轮廓支承长度率是轮廓支承长度与取样长度之比。轮廓支承长度，是在取样长度内，一平行于中线的线与轮廓相截所得的各段线长之和。

表 5-7　取样长度（l_r）和评定长度（l_n）的选用值　(mm)

Ra/μm	Rz/μm	l_r	l_n （$l_n=5l_r$）
0.008～0.02	0.025～0.1	0.08	0.4
0.02～0.1	0.1～0.5	0.25	1.25
0.1～2	0.5～10	0.8	4
2～10	10～50	2.5	12.5
10～80	50～200	8	40

（7）传输带和滤波器。传输带是两个定义的滤波器之间的波长范围，也是评定时的波长范围。传输带被一个截止短波的滤波器所限制，滤波器由截止波长值表示，长波滤波器的截止波长值也就是取样长度。

三、表面结构评定参数值的规定

国家标准规定，表面结构的评定参数包括高度参数和附加参数，其中轮廓算术平均偏差 Ra 和轮廓最大高度 Rz 最为常见。

轮廓算术平均偏差 Ra 参数由于测量点多，因而能够充分反映零件表面微观几何形状高度方面的特性，且用轮廓仪测量也比较简便，因此，标准规定优先选用 Ra。Ra 参数也是生产应用中最为普遍的表面粗糙度评定参数。

目前，用常规工艺加工大多数零件表面时，通常只给出主要参数——高度特性参数即可。但当仅用高度特性参数已不能对零件表面功能给予足够的控制时，就应该选用附加参数。附加参数一般包括轮廓微观不平度的平均间距 S_m、轮廓单峰的平均间距 S、轮廓支承长度率 t_p。

GB/T 1031—2009 规定的参数值系列中各表列出了粗糙度表面评定参数的第 1 系列和第 2 系列，应优先选用表中第 1 系列。轮廓算术平均偏差 Ra 的系列数值见表 5-4，轮廓最大高度 Rz 的系列数值见表 5-5，取样长度 l_r 的数值见表 5-7。

第三节　表面结构特征技术要求在零件图上的标注

一、表面结构特征的技术要求

1. 表面结构特征技术要求的内容

在零件图上规定表面结构特征的技术要求时，必须标注幅度参数符号及极限值。同时，还应标注传输带、取样长度、评定长度的数值（若采用标准化值，则可以不标，而予以默认）、极限值判断规则（若采用特定的某一规则，而予以默认，也可以不标注）。必要时可以标注补充要求，补充要求包括表面纹理及方向、加工方法、加工余量和附加其他的评定参数（如 R_{sm}）。表面结构特征的评定参数及极限值应根据零件的功能要求和经济性来选择。

2. 表面结构特征幅度参数的选择

在机械零件精度设计中，对于表面结构特征的技术要求，通常只给出幅度参数符号（Ra 或Rz）及极限值，而其他要求采用默认的标准化值。参数 Ra 的概念比较直观，参数 Rz 值反映表面结构特征的信息量大，而且 Ra 值采用触针式轮廓仪测量比较容易。因此，对于光滑表面和半光滑表面，普遍采用 Ra 作为评定参数。但由于触针式轮廓仪功能的限制，它不适宜于测量极光滑和粗糙的表面，因此，对于极光滑和粗糙的表面采用 Rz 作为评定参数。

3. 表面结构特征参数极限值的选择

表面结构特征参数的数值已标准化。设计时，表面结构特征参数极限值应从 GB/T 1031—2009 规定的参数值系列中选取，见表 5-4、表 5-5。必要时，可采用其补充系列中的数值。

一般来说，零件表面结构特征参数值越小，它的工作性能就越好，使用寿命也越长。但不能不顾及加工成本来追求过小的参数值，因此在满足零件功能要求的前提下，应尽量选用较大的幅度参数值，以获得最佳的技术经济效益。此外，零件运动表面过于光滑，不利于在该表面上储存润滑油，容易使运动表面间形成半干摩擦或干摩擦，从而加剧该表面现象的磨损。

在表面结构特征的评定参数中，Ra 和 Rz 两个幅度参数为基本参数；间距参数 R_{sm} 为附加参数，仅附加选用于少数零件的有特殊要求的重要表面。这些参数分别从不同的角度反映了零件表面形貌特征，在具体选择表面结构特征参数极限值时，要根据零件的功能要求、材料性能、结构特点以及测量的条件等情况适当选择。表面结构特征幅度参数极限值的选用原则如下：

（1）同一零件上，工作表面的结构特征参数极限值通常比非工作表面的结构特征参数极限值小。但对于特殊用途的非工作表面，如机械设备上的操作手柄的表面，为了美观和手感舒服，其表面结构特征参数极限值应予以特殊考虑。

（2）摩擦表面的结构特征参数极限值通常比非摩擦表面结构特征参数极限值小。

（3）相对运动速度高、单位面积压力大、承受交变应力作用的表面的结构特征参数极限值都应小。

（4）对于要求配合性质稳定的小间隙配合和承受重载荷的过盈配合，它们的孔、轴的表面结构特征参数极限值都应小。

（5）在确定表面结构特征参数极限值时，应注意它与尺寸公差、形状公差协调。这可以参考表 5-8 所列的比例关系来确定。一般来说，孔、轴尺寸的标准公差等级越高，则该孔或轴的表面结构特征参数极限值就应越小。对于同一标准公差等级的不同尺寸的孔或轴，小尺寸的孔或轴的表面结构特征参数极限值应比大尺寸的孔或轴的表面结构特征参数极限值小一些。

表 5-8　表面结构特征幅度参数值与尺寸公差值、形状公差值的一般关系

形状公差值 t 对尺寸公差值 T 的百分比 $t/T/(\%)$	表面粗糙度轮廓幅度参数值对尺寸公差值的百分比	
	$Ra/T/(\%)$	$Rz/T/(\%)$
约 60	≤5	≤30
约 40	≤2.5	≤15
约 25	≤1.2	≤7

（6）凡有关专门标准业已对表面结构特征技术要求作出具体规定的特定表面（例如，与滚动轴承配合的轴颈和外壳孔），应按有关标准的规定，来确定其表面结构特征参数极限值。

（7）对于防腐蚀、密封性要求高的表面以及要求外表美观的表面，其表面结构特征参数极限值应小。

确定零件表面结构特征参数极限值，除有特殊要求的零件表面外，通常采用类比法来确定零件的表面结构特征参数极限值。各种不同的表面结构特征参数极限值的选用实例，见表 5-9。

表 5-9　　表面结构特征幅度参数值的选用实例

表面粗糙度幅度参数 *Ra* 值/μm	表面粗糙度幅度参数 *Rz* 值/μm	表面形状特征		应用举例
>40～80		粗糙	明显可见刀痕	表面粗糙度很大的加工面，一般很少用
>20～40			可见刀痕	
>10～20	>63～125		微见刀痕	应用范围较广的表面，如轴端面、倒角、铆钉孔的表面和垫圈接触面等
>5～10	>32～63	半光面	可见加工痕迹	半精加工面，用于外壳、箱体、套筒、离合器、带轮侧面等非配合表面；与螺栓头相接触的表面；需要法兰的表面；以及一般遮板的结合面等
>2.5～5	>16～32		微见加工痕迹	半精加工面、要求有定心及配合特性的固定支承
>1.25～2.5	>8.0～16.0		看不见加工痕迹	要求保证定心和配合特性的表面：基面及表面质量较高的面；与G级和E级精度轴承相配合的孔和轴的表面；机床主轴箱箱座和箱盖的结合面等

续表

表面粗糙度幅度参数 Ra 值/μm	表面粗糙度幅度参数 Rz 值/μm	表面形状特征		应用举例
>0.063~1.25	>4.0~8.0	光面	可变加工痕迹的方向	要求能长期保持配合特性精度的齿轮工作表面；如普通精度的中型机床滑动导轨面；与D级轴承配合的孔和轴颈表面；一般精度的分度盘和需镀铬抛光的外表面等
>0.32~0.63	>2.0~4.0	光面	微辨加工痕迹的方向	工作时承受交变应力的重要零件表面；如滑动轴承轴瓦的工作表面；轴颈表面和活塞表面；曲轴轴颈的工作面；液压缸和柱塞的表面；高速旋转的轴颈和轴套的表面等
>0.16~0.32	>1.0~2.0	光面	不可辨加工痕迹的方向	工作时承受较大交变应力的重要零件表面；如精密机床主轴锥孔和顶尖圆锥面；液压传动用孔的表面；活塞销孔和气密性要求高的表面等
>0.08~0.16	>0.05~1.0	极光面	暗光泽面	特别精密的滚动轴承套圈滚道、滚珠或滚柱表面，仪器在使用中承受摩擦的表面（如导轨等）；对同轴度有精确要求的轴和孔等
>0.04~0.08	>0.25~0.5	极光面	亮光泽面	特别精密的滚动轴承套圈滚道、滚珠或滚柱表面，测量仪表中的中等间隙配合零件的工作表面，柴油发动机高压油泵中柱塞和柱塞套的配合表面等
>0.02~0.04		极光面	镜状光泽面	仪器的测量表面，测量仪表中的高精度间隙配合零件的工作表面，尺寸超过100mm的量块工作表面等
>0.01~0.02		极光面	镜面	量块工作表面，高精度测量仪表的测量面，光学测量仪表中的金属镜面等

二、表面结构特征的基本图形符号和完整图形符号

《产品几何技术规范（GPS）表面结构 轮廓法 表面粗糙度参数及其数值》（GB/T 1031—2009）等同采用国际标准 ISO 1302：2002《产品几何技术规范（GPS）技术产品文件中表面结构的表示法》（英文版）。它遵循了 1996 年和 1997 年以来发布的（GPS）表面结构系列标准的基本规定，规范了技术产品文件中表面结构要求的表示方法，技术产品文件包括图样、说明书、合同、报告等，同时规范了表面结构要求标注用图形符号和标注方法。该标准适用于对表面结构有要求时的表示方法，而不适用于对表面缺陷（如孔、划痕等）的标注方法，如对表面缺陷有要求时，参见 GB/T 15757。

1. 表面结构要求图形符号的画法与含义

国家标准《产品几何技术规范（GPS）技术产品文件中表面结构的表示法》（GB/T 131—2006）规定了表面结构要求的图形符号、代号及其画法，其说明见表 5-10，表面结构要求的单位为微米（μm）。

国家标准 GB/T 131—2006 中规定，在报告和合同的文本中时用文字“APA”表示允许用任何工艺获得表面，用文字“MRR”表示允许用去除材料的方法获得表面，用文字“NMR”表示允许用不去除材料的方法获得表面。

表 5-10　　表面结构要求的画法与含义

符号	意义及说明
	基本符号，表示表面可用任何方法获得。当不加注表面结构要求参数值或有关说明（例如：表面处理、局部热处理状况等）时，仅适用于简化代号标注
	表示表面是用去除材料的方法获得。如车、铣、钻、磨、剪切、抛光、腐蚀、电火花加工、气割等
	表示表面是用不去除材料的方法获得。如铸、锻、冲压变形、热轧、冷轧、粉末冶金等，或者是用保持原供应状况的表面（包括上道工序的状况）

续表

符号	意义及说明
	完整图形符号，可标注有关参数和说明
	表示部分或全部表面具有相同的表面结构要求

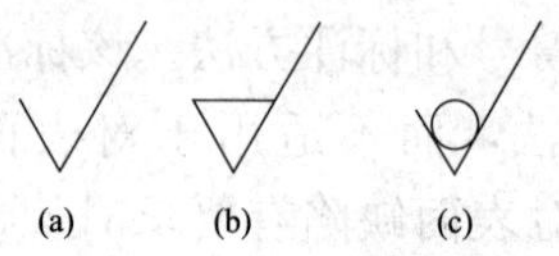

图 5-12 表面结构的基本图形符号
(a) 基本图形符号；
(b) 去除材料的扩展图形符号；
(c) 不去除材料的扩展图形符号

(1) 基本图形符号。基本图形符号由两条不等长的与标注表面成60°夹角的直线构成，如图 5-12 (a) 所示。该基本图形符号仅用于简化代号标注（见图 5-13 和图 5-14），没有补充说明时不能单独使用。如果基本图形符号与补充的或辅助的说明一起使用，则不需要说明为了获得指定的表面要求是否应去除材料或不去除材料。

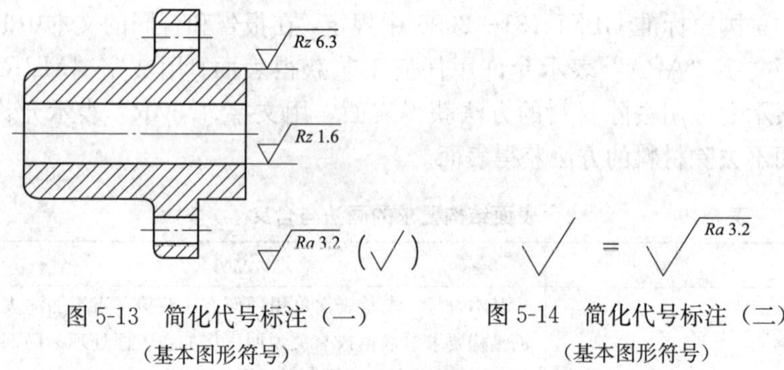

图 5-13 简化代号标注（一）（基本图形符号）

图 5-14 简化代号标注（二）（基本图形符号）

(2) 扩展图形符号。如需表示指定表面用去除材料的方法获得，则应在基本图形符号上加一短横，如图 5-12 (b) 所示。去除材料主要是指切削加工的方法，如车、铣、刨、钻、磨以及其他工艺方法（剪切、抛光、腐蚀、电火花加工、气割等）获得。如需表示指定表面是用不去除材料的方法获得，如铸造、锻造、冲压变形、热轧、冷轧、粉末冶金等，应在基本图形符号上加一圆圈，如图 5-12（c）所示。

（3）完整符号。当要求标注结构特征的补充信息时，应在上述三个图形符号的长边上加一横线，如图 5-15 所示。

在报告和合同文本中用文字表达如图 5-15 所示符号的要求时，用 APA 表示允许任何工艺，如图 5-15（a）所示，用 MRR 表示去除材料时，如图 5-15（b）所示，用 NMR 表示不去除材料时，如图 5-15（c）所示。

（4）工件轮廓各表面的图形要求。当在图样某个视图上构成封闭轮廓的各表面具有相同的表面结构要求时，应在上述完整符号上加一圆圈，标注在图样中工件的封闭轮廓线上，如图 5-16 所示。如果标注会引起歧义，各表面应分别标注。

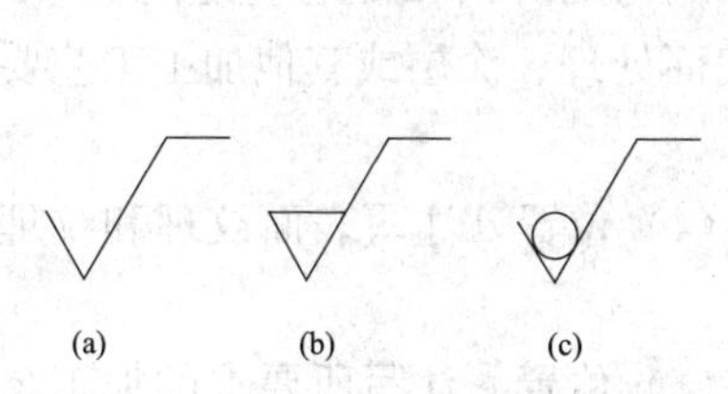

图 5-15　表面结构特征的完整图形符号
（a）允许任何工艺；（b）去除材料；
（c）不去除材料

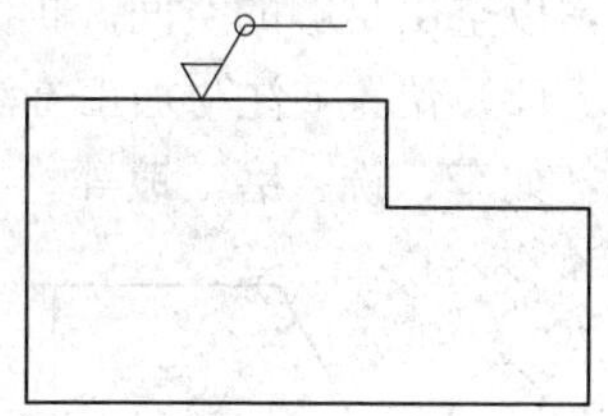

图 5-16　构成封闭轮廓的各表面具有相同表面结构要求时的标注

2. 表面结构完整图形符号注写规定

为了明确表面结构要求，除了标注表面结构参数和数值外，必要时应标注补充要求。补充要求包括传输带长度、取样长度、加工工艺、表面纹理及方向、加工余量等。

在完整符号中，对表面结构的单一要求和补充要求注写在图 5-17 所示的指定位置。

（1）位置 a 注写表面结构的单一要求。标注表面结构参数代号、极限值和传输带长度或取样长度。为了避免误解，在参数代号和极限值间应插入空格。传输带长度或取样长度后应有一斜线“/”，之后是表面结构参数符号，最后是数值，如：0.0025-0.8/Rz6.3。

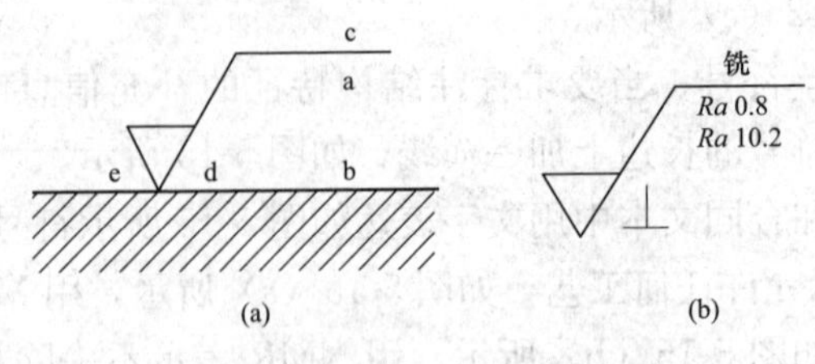

图 5-17　补充要求的注写位置

（a）位置分布；（b）注写示例

（2）位置 a 和 b 注写两个或多个表面结构要求。在位置 a 注写一个表面结构要求，在位置 b 注写第二个表面表面结构要求。如果要注写第三个或更多表面结构要求，图形符号应在垂直方向扩大，以空出足够的空间。扩大图形符号时，a、b 的位置随之上移。

（3）位置 c 注写加工方法、表面处理、涂层或其他加工工艺要求，如车、铣、磨、镀等。

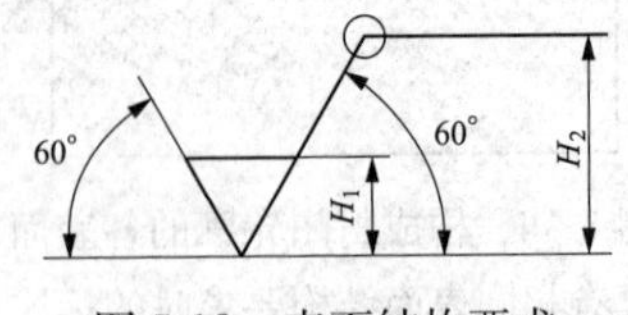

图 5-18　表面结构要求符号的比例

（4）位置 d 注写表面纹理和纹理方向。

（5）位置 e 注写所要求的加工余量，以 mm 为单位给出数值。

表面结构要求符号的比例画法如图 5-18 所示。

表面结构具体标注示例及意义见表 5-11。

表 5-11　　表面结构代号的标注示例及意义

符号	含义/解释
Rz 0.4	表示不允许去除材料，单向上限值，粗糙度的最大高度为 0.4μm，评定长度为 5 个取样长度（默认），“16%规则”（默认）
R_{zmax}0.2	表示去除材料，单向上限值，粗糙度最大高度的最大值为 0.2μm，评定长度为 5 个取样长度（默认），“最大规则”（默认）

续表

符号	含义/解释
−0.8/*Ra*3.2	表示去除材料，单向上限值，取样长度 0.8μm，算术平均偏差 3.2μm，评定长度包含 3 个取样长度，“16%规则”（默认）
U Ra_{max}3.2 L *Ra*0.8	表示不允许去除材料，双向极限值，上限值：算术平均偏差 3.2μm，评定长度为 5 个取样长度（默认），“最大规则”，下限值：算术平均偏差 0.8μm，评定长度为 5 个取样长度（默认），“16%规则”（默认）
车 *Rz*3.2	零件的加工表面的粗糙度要求由指定的加工方法获得时，用文字标注在符号上边的横线上
Fe/Ep·Ni15pCr0.3r *Rz*0.8	在符号的横线上面可注写镀（涂）覆或其他表面处理要求。镀覆后达到的参数值这些要求也可在图样的技术要求中说明
铣 *Rz*0.8 ⊥　*Rz*13.2	需要控制表面加工纹理方向时，可在完整符号的右下角加注加工纹理方向符号
3	在同一图样中，有多道加工工序的表面可标注加工余量时，加工余量标注在完整符号的左下方，单位为 mm

注　评定长度（l_n）的标注：

若所标注的参数代号没有“max”表明采用的是有关标准中默认的评定长度。

若不存在默认的评定长度时，参数代号中应标注取样长度的个数，如 *Ra*3，*Rz*3，*RSm*3…（要求评定长度为 3 个取样长度）。

3. 表面纹理的标注

表面加工后留下的痕迹走向称为纹理方向，不同的加工工艺往往决定了纹理的走向，一般表面不需标注。对于有特殊要求的表面，需要标注纹理方向时，可用表 5-12 所列的符号标注在完整图形符号中相应的位置，如图 5-17（b）所示。

表 5-12 常见表面加工的纹理方向及其符号

符号	说明	示意图	符号	说明	示意图
=	纹理平行于视图所在的投影面	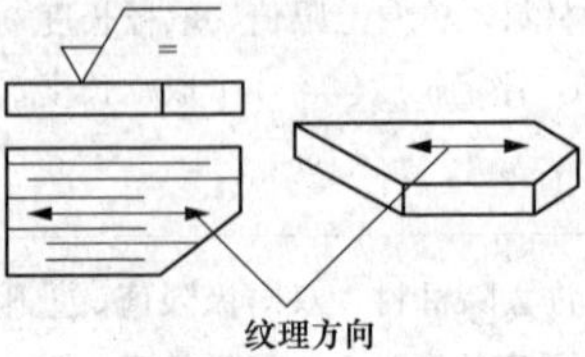 = 纹理方向	C	纹理呈近似同心圆且圆心与表面中心相关	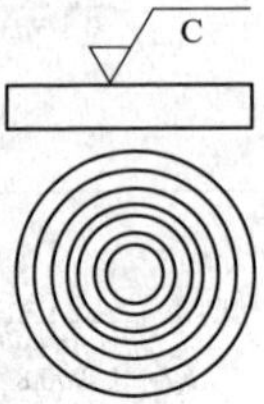 C
⊥	纹理垂直于视图所在的投影面	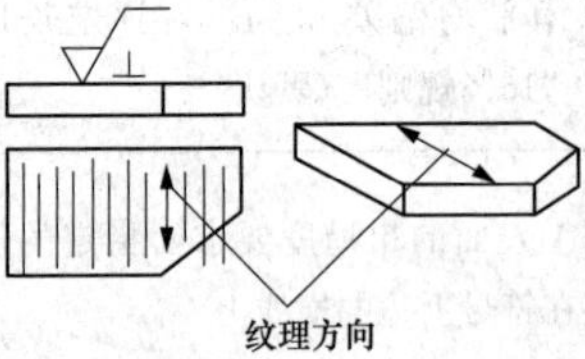 ⊥ 纹理方向	R	纹理呈近似放射形且与表面圆心相关	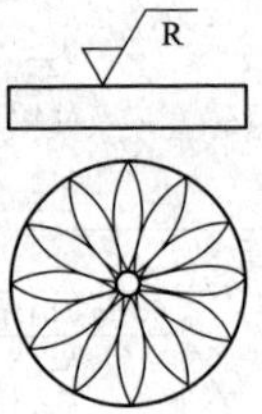 R
×	纹理呈两斜向交叉且与视图所在的投影面相交	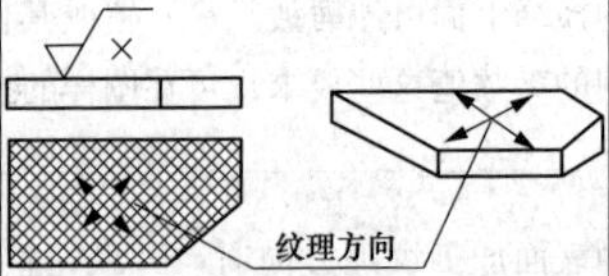 × 纹理方向	P	纹理呈微粒、凸起，无方向	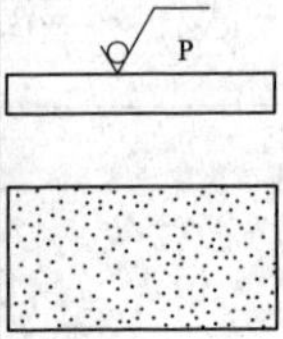 P
M	纹理呈多方向	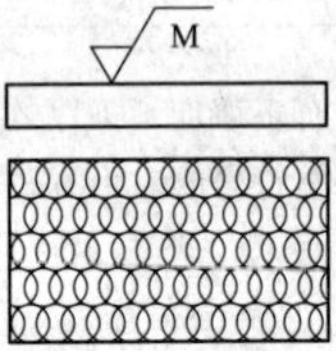 M			

注 若表中所列符号不能清楚地表明所要求的纹理方向，应在图样中用文字说明。

4. 表面结构标注方法新旧标准对照

基本术语新旧标准对照见表 5-13，表面结构参数新旧标准对照见表 5-14，表面结构标注方法新旧标准对照见表 5-15。

GB/T 131 的新旧标准三个版本对照特别提示如下：

(1) GB/T 131—2006 新标准规定的 Ra 和 Rz 的写法是大小写斜体字母，a 和 z 不是下角标。而 GB/T 131—1996 旧标准规定的 a 、y 和 z 的写法是正体下角标，如 R_{a}、R_{y}，不再使用。

表 5-13　　基本术语新旧标准对照

基本术语（GB/T 3505—2009）	GB/T 3505—1983	GB/T 3506—2009
取样长度	l	lp、lw、lr①
评定长度	l_{n}	ln
纵坐标值	y	$Z(r)$
局部斜率		$\frac{\mathrm{d}Z}{\mathrm{d}X}$
轮廓峰高	y_{p}	Zp
轮廓谷深	y_{v}	Zv
轮廓单元高度		Zt
轮廓单元宽度		Xs
在水平截面高度 c 位置上轮廓的实体材料长度	η_{p}	$Ml(c)$

① 给定的三种不同轮廓的取样长度。

表 5-14　　表面结构参数新旧标准对照

参数（GB/T 3505—2009）	GB/T 3505—1983	GB/T 3505—2009	在测量范围内	
			评定长度 ln	取样长度
最大轮廓峰高	R_{p}	Rp		√
最大轮廓谷深	R_{m}	Rv		√
轮廓最大高度	R_{y}	Rz		√
轮廓单元的平均高度	R	Rc		√
轮廓总高度	—	Rt	√	
评定轮廓的算术平均偏差	R_{a}	Ra		√
评定轮廓的功方根偏差	R_{q}	Rq		√
评定轮廓的偏斜度	S_{k}	Rsk		√
评定轮廓的陡度	—	Rku		√
轮廓单元的平均宽度	S_{m}	Rsm		√
评定轮廓的均方根斜率	Δ_{q}	$R\Delta q$		
轮廓支承长度率	—	$Rmr(c)$	√	

续表

参数（GB/T 3505—2009）	GB/T 3505—1983	GB/T 3505—2009	在测量范围内	
			评定长度 *ln*	取样长度
轮廓水平截面高度	—	*Rδc*	√	
相对支承长度率	t_p	*Rmr*	√	
十点高度	R_z	—		

注 1. √符号表示在测量范围内，现采用的评定长度和取样长度。

2. 表中取样长度是 *lr*、*lw* 和 *lp*，分别对应于 *R*、*W* 和 *P* 参数。*lp*=*ln*。

3. 在规定的三个轮廓参数中，表中只列出了粗糙度轮廓参数。例如：三个参数分别为：*Pa*（原始轮廓）、*Ra*（粗糙度轮廓）、*Wa*（波纹度轮廓）。

表 5-15　　表面结构标注方法新旧标准对照

GB/T 131—1983	GB/T 131—1993	GB/T 131—2006	说明主要问题的示例
1.6	1.6　1.6	*Ra* 1.6	*Ra* 只采用“16％规则”
Ry 3.2	*Ry* 3.2　*Ry* 3.2	*Rz* 3.2	除了 *Ra* “16％规则”的参数
—	1.6max	*Ra* max1.6	“最大规则”
1.6　0.8	1.6　0.8	0.8/*Ra* 1.6	*Ra* 加取样长度
Ry 3.2　0.8	*Ry* 3.2　0.8	–0.8/*Rz* 6.3	除 *Ra* 外其他参数及取样长度
1.6 *Ry* 6.3	1.6 *Ry* 6.3	*Ra* 1.6 *Rz* 6.3	*Ra* 及其他参数
—	*Ry* 3.2	*Rz* 36.3	评定长度中的取样长度个数如果不是 5，则要注明个数（此例表示比例取样长度个数为 3）

续表

GB/T 131—1983	GB/T 131—1993	GB/T 131—2006	说明主要问题的示例
—	—	L *Rz* 1.6	下限值
3.2 1.6	3.2 1.6	U *Ra* 3.2 L *Rz* 1.6	上、下限值

(2) GB/T 131—2006 新标准中必须标出 Ra 和 Rz 等参数代号，不得省略。而在 GB/T 131—1996 等旧标准中 R_a 可省略不写。

(3) GB/T 131—2006 新标准在图形上标注表面结构要求时，要用完整符号，所以如底面和右侧面的标注，需通过指引线引出标注。

(4) 新标准中对所谓的“其余”和“全部”的注写方式和位置都已改变。

(5) 除加工方法“车”或“铣”等仍用汉字标注外，别的内容都可用符号、数字等标注，减少了注写汉字的概率。

(6) GB/T 131—1996 旧标准中的符号 R_y 不再使用。新标准中的 Rz 是原标准中的 R_y 的定义，所以新标准中已不存在旧标准中的符号 R_z（十点高度）。

(7) 新标准中除已有的 R 轮廓或粗糙度轮廓个，还定义了两个新的表面结构轮廓 W 轮廓（波纹度轮廓）和 P 轮廓（原始轮廓）。三个表面轮廓特征几乎构成所有表面结构参数的基础，如 Ra、Wa 和 Pa。

(8) 新标准重新定义了表面结构测量仪器（GB/T 6062）；带导头的仪器不再是标准仪器。表面结构参数的“真值”由绝对测量仪器确定。

(9) 采用了不同的滤波特征（GB/T 18777，数字相位修正高斯滤波器），定义了新的滤波器，原来的 ZRC 模拟滤波器不再是标准滤波器。

(10) 原来的标准与 1997 年以来发布的新版本标准相比变化

很大，若根据新标准评定旧图中的表面要求可能会有问题。企业需要决定如何将旧图样从旧标准向新标准进行过渡，旧图样仍可按旧版本 GB/T 131 解释。

三、表面结构特征代号在零件图上标注的规定和方法

1. 一般规定

对零件任何一个表面的表面结构特征的技术要求一般只标注一次，并且用表面结构特征代号（在周围注写了技术要求的完整图形符号）尽可能标注在标注了相应尺寸及其极限偏差的同一视图上。除非另有说明，所标注的表面结构特征技术要求是对完工零件表面的要求。此外，表面结构特征代号上的各种符号、数字的注写和读取方向，应与尺寸的注写和读取方向一致，并且表面结构特征代号的尖端必须从材料外指向并接触零件表面。

为了使图例简单，下文所述各个图例中的表面结构特征代号上都只标注了幅度参数符号及其上限值，其余的技术要求都采用默认的标准化值。

2. 常规标注方法

（1）表面结构特征代号可以标注在可见轮廓线或其延长线、尺寸界线上，也可以用带箭头的指引线或用带黑端点（它位于可见表面上）的指引线引出标注。

（2）在不致引起误解的前提下，表面结构特征代号可以标注在特征尺寸的尺寸线上。例如，表面结构特征代号标注在孔、轴的直径定形尺寸的尺寸线上和键槽的宽度定形尺寸的尺寸线上。

（3）表面结构特征代号可以标注在几何公差框格的上方。

（4）圆柱或棱柱表面的表面结构要求只标注一次，如果每个棱柱表面有不同的表面结构要求，则应分别单独标注。

（5）由两种或多种加工工艺获得的同一表面的标注，如图5-19所示，当需要明确每种加工工艺方法的表面结构要求时，图样同时给出了镀覆前后的表面结构要求，与以往标准不同的是，不需要加镀覆“前、后”等字样，但要用粗虚线画出其范围并标注相应的尺寸。

（6）在同一表面上有不同表面结构要求的标注，需用细实线

画出两个不同要求部分的分界线，并标注出相应的表面结构要求符号和尺寸，如图 5-20 所示。

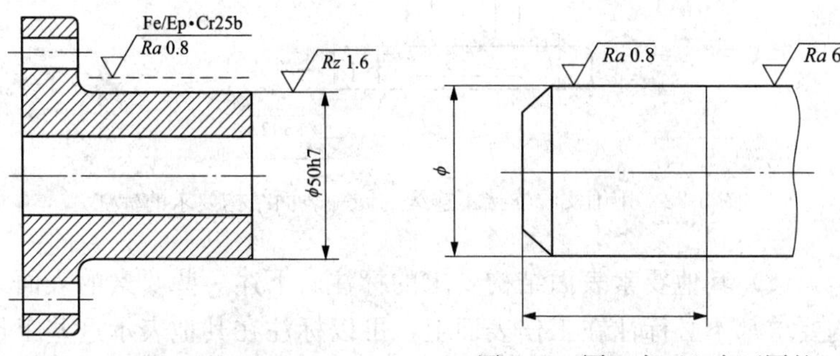

图 5-19　由两种或多种加工工艺获得的同一表面的标注

图 5-20　同一表面上有不同的表面结构要求的标注

（7）连续表面及具有重要因素（孔、槽、齿、…）的表面（见图 5-21）和用细实线连接不连续的同一表面（见图 5-22）的标注，其表面结构不需要在所有表面标注，只需要标注一处即可。

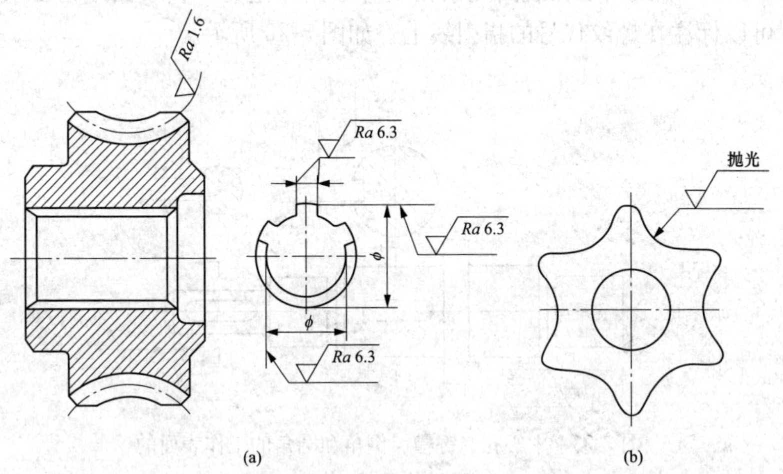

图 5-21　零件上连续表面及具有重要因素表面结构要求的标注

（a）带花键孔的蜗轮；（b）手轮

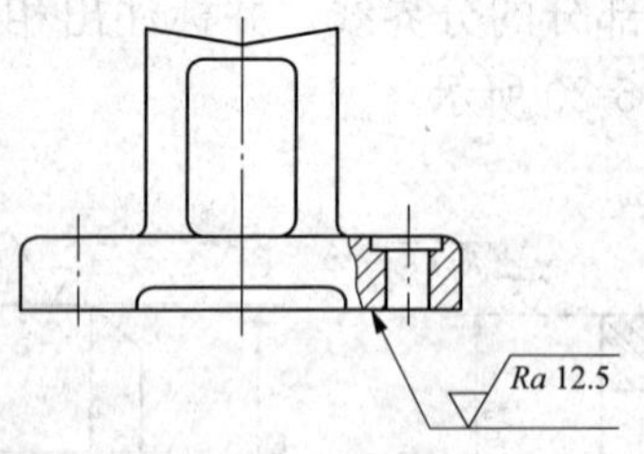

图 5-22　用细实线连接不连续的同一表面结构要求的标注

（8）其他要素表面结构要求的标注。下述一些要素的表面结构要求都不必标注在工作表面上，可以标注在其他表示这些工作面的线上。

1）中心孔工作面的表面结构要求，可以标注在表示中心孔的代号的引线上；键槽工作表面、倒角和圆角的表面结构要求可以标注在尺寸线上，如图 5-23 所示。

2）齿轮、渐开线花键等零件的工作表面在没有画出齿形时，其表面结构要求应该标注在分度线上，如图 5-24 和图 5-25 所示。

3）螺纹的工作表面现象在没有画出牙型时，其表面结构要求可以标注在螺纹代号的指引线上，如图 5-26 所示。

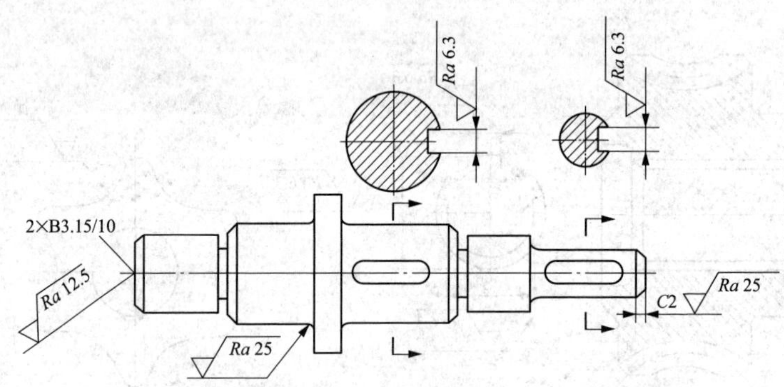

图 5-23　中心孔、键槽、倒角和圆角的工作表面的表面结构要求的标注

表面结构要求在图样上标注方法示例，见表 5-16。

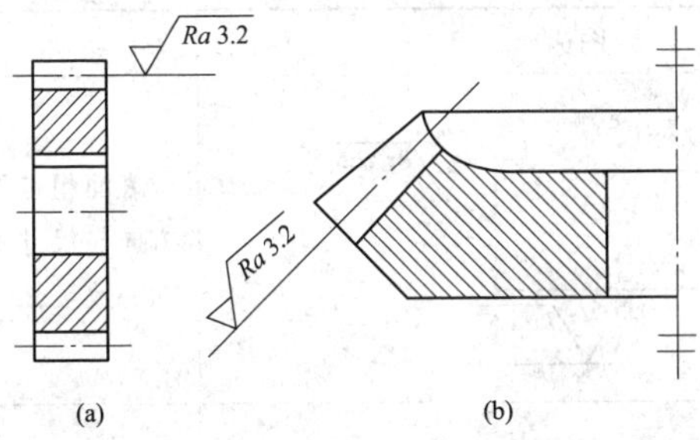

图 5-24 齿轮的工作表面在没有画出齿形时其表面结构要求的标注
(a) 圆柱齿轮；(b) 锥齿轮

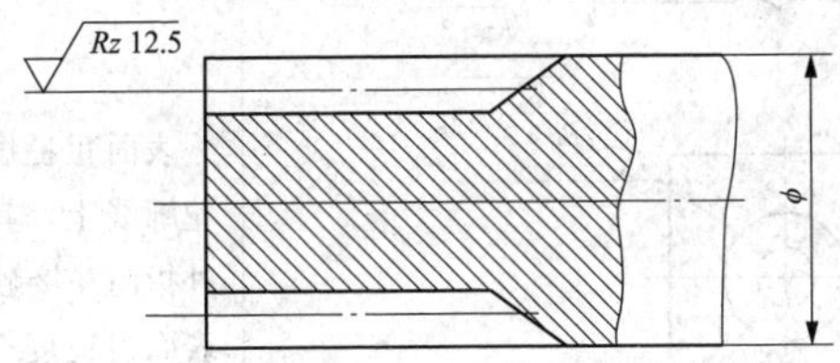

图 5-25 渐开线花键的工作表面在没有画出齿形时其表面结构要求的标注

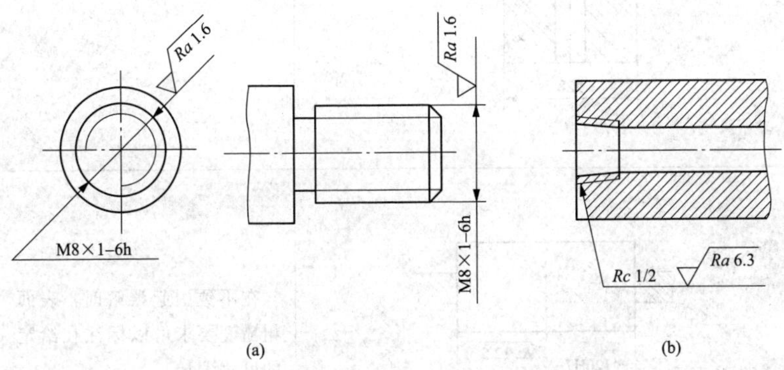

图 5-26 螺纹的工作表面在没有画出牙形时其表面结构要求的标注
(a) 外螺纹零件；(b) 内螺纹零件

表 5-16　　表面结构要求在图样上的标注方法示例

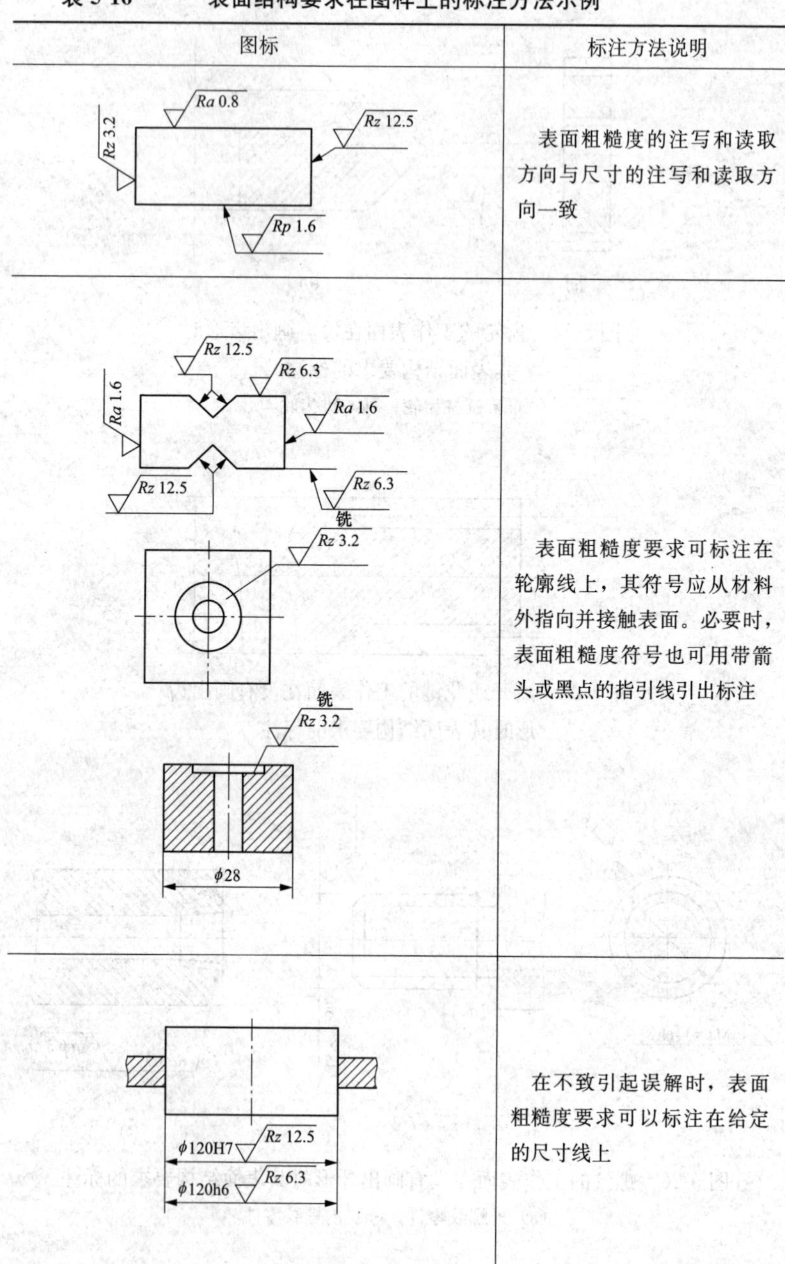

图标	标注方法说明
	表面粗糙度的注写和读取方向与尺寸的注写和读取方向一致
	表面粗糙度要求可标注在轮廓线上，其符号应从材料外指向并接触表面。必要时，表面粗糙度符号也可用带箭头或黑点的指引线引出标注
	在不致引起误解时，表面粗糙度要求可以标注在给定的尺寸线上

续表

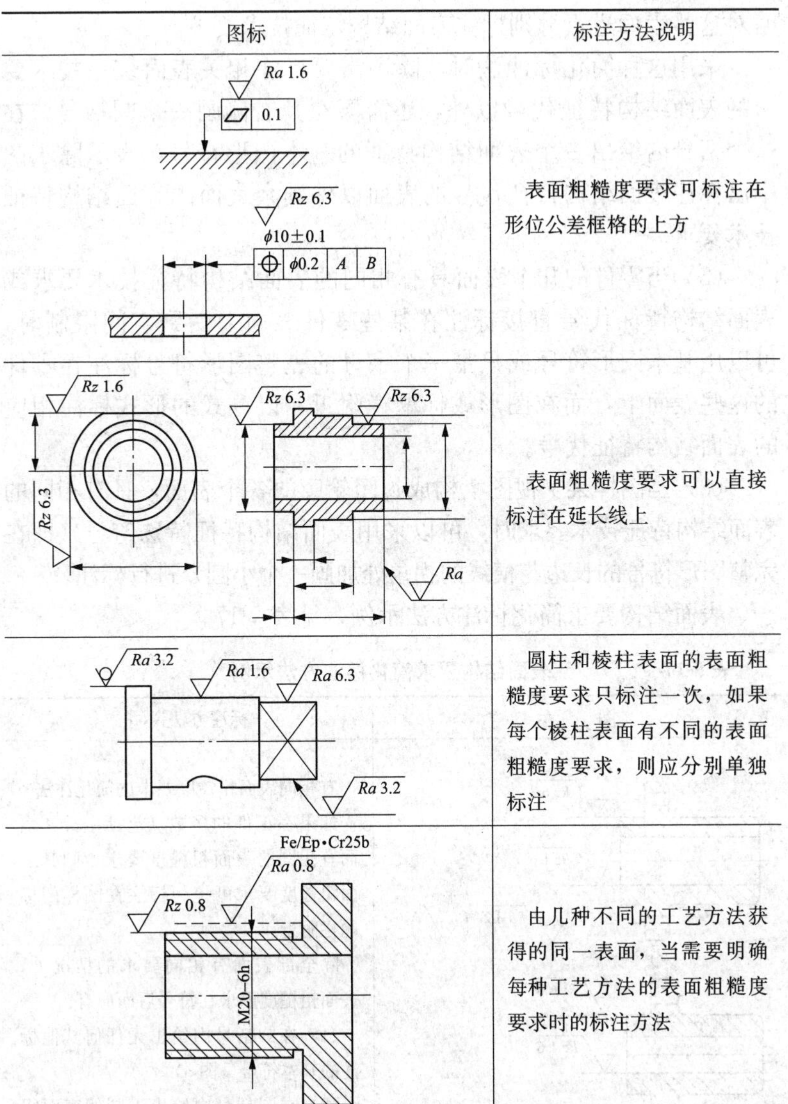

图标	标注方法说明
	表面粗糙度要求可标注在形位公差框格的上方
	表面粗糙度要求可以直接标注在延长线上
	圆柱和棱柱表面的表面粗糙度要求只标注一次，如果每个棱柱表面有不同的表面粗糙度要求，则应分别单独标注
	由几种不同的工艺方法获得的同一表面，当需要明确每种工艺方法的表面粗糙度要求时的标注方法

3. 简化标注的规定方法

（1）当零件的某些表面（或多数表面，包括全部表面）具有相同的表面结构特征技术要求时，则对这些表面的表面结构特征技术要求的符号、代号可以统一标注在零件图的标题栏附近，省略对这些表面进行分别标注表面结构特征技术要求。

采用这种简化标注法时，除了需要标注相关表面统一技术要求的表面结构特征代号以外，还需要在其右侧画一个圆括号，在这个括号内给出一个表面结构特征的基本图形符号，表示除了图中已标注表面结构特征代号的表面以外其余表面的表面结构特征技术要求。

（2）当零件的几个表面具有相同的表面结构特征技术要求或表面结构特征代号直接标注在某些零件表面上受到空间限制时，可以用基本图形符号或只带一个字母的完整图形符号标注在零件的这些表面上，而在图形或标题栏附近，以等式的形式标注相应的表面结构特征代号。

（3）当图样某个视图上构成封闭轮廓的各个表面，具有相同的表面结构特征技术要求时，可以采用表面结构特征特殊符号（即在完整图形符号的长边与横线的拐角处加画一个小圆）进行标注。

表面结构要求简化标注方法示例，见表 5-17。

表 5-17　　表面结构要求简化标注方法示例

图　示	标注方法说明
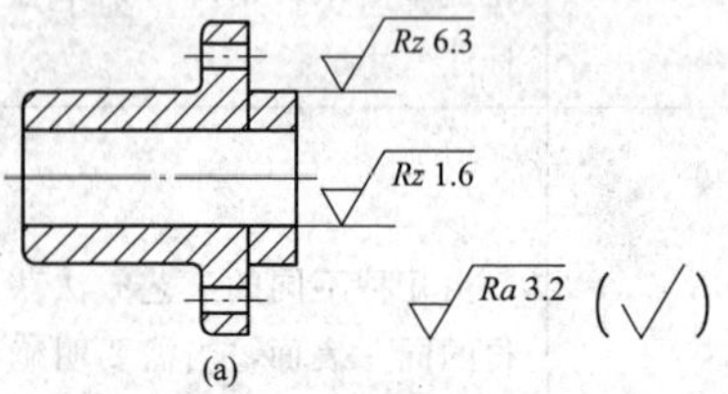 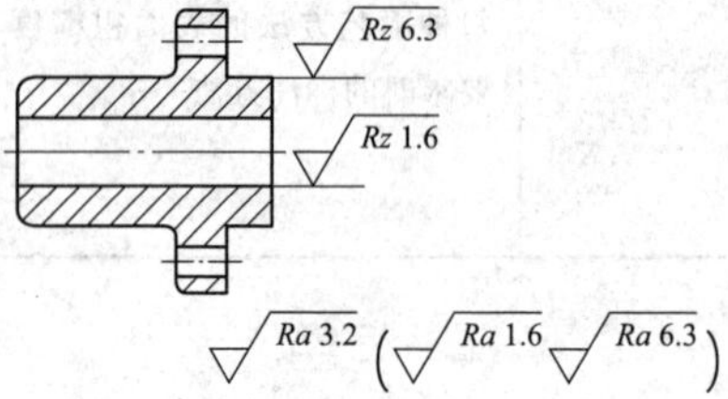 *Rz* 6.3 *Rz* 1.6 *Ra* 3.2 (√) (a) *Rz* 6.3 *Rz* 1.6 *Ra* 3.2 (*Ra* 1.6 *Ra* 6.3) (b)	有相同表面粗糙度要求的简化注法 如果在工件的多数（包括全部）表面有相同的表面粗糙度要求，则其表面粗糙度要求可统一标注在图样的标题栏附近 除全部表面有相同要求的情况外，表面粗糙度要求在符号后面应有： （1）在圆括号内给出无任何其他标注的基本符号（图 a） （2）在圆括号内给出不同的表面粗糙度要求（图 b） 不同表面粗糙度要求应直接标注在图形中

续表

图　示	标注方法说明
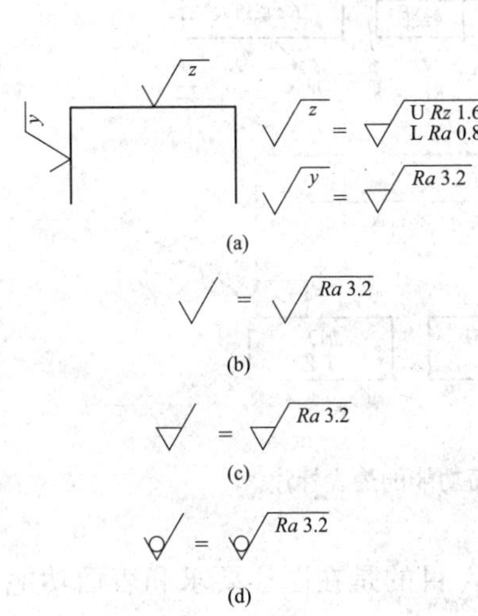	多个表面有共同要求的注法 当多个表面具有相同的表面粗糙度要求或图样空间有限时的简化注法 （1）图样空间有限时，可用带字母的完整符号，以等式的形式，在图形或标题栏附近，对有相同表面结构要求的表面进行简化标注（图 a） （2）只用表面粗糙度符号的简化注法： 可用基本和扩展的表面粗糙度符号，以等式的形式给出对多个表面共同的表面粗糙度要求 1）未指定工艺方法的多个表面粗糙度要求的简化注法（图 b） 2）要求去除材料的多个表面粗糙度要求的简化注法（图 c） 3）不允许去除材料的多个表面粗糙度要求的简化注法（图 d）

4. 控制表面功能的最少标注

表面结构要求通过几个不同的控制元素建立，它们可以是图样中标注的一部分或在其他文件中给出的文本标注，如图 5-27 所示。

经验证明，所有这些控制元素对于表面结构要求和表面功能之间形成明确关系是必要的。只有在很少情况下，当不会导致歧义时，其中的一些元素可以省略。而多数元素对于设置仪器的测量条件是必要的，其余元素对于明确评价测量结果并与所要求的极限进行比较也是必要的。

在某些情况下，标注多个表面结构参数是必要的，这些参数

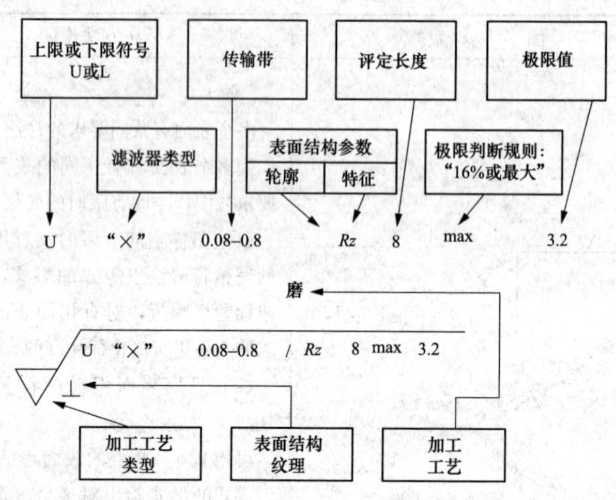

图 5-27　控制表面功能的最少标注

可能是轮廓或特征，或两者都是，目的是在图样要求和表面功能之间建立明确的关系。

为了简化表面结构要求的标注，同时能够表达图样标注及表面功能之间的关系，定义了一系列的默认值，例如极限值判断规则、传输带和评定长度。有了默认定义，便可更加简化表面结构标注（如 Ra1.6μm 和 Rz6.3μm），但这只是指无歧义部分。适用于所有参数的默认定义原则目前尚未确定。

每个标准都包含默认定义的信息。如果默认定义存在，全部的信息都应该标注在图样的表面结构要求中。选择 GB/T 10610 中定义的默认传输带时需要特别注意，选择默认传输带的规则对测量表面参数也许有很大影响。根据 GB/T 10610 的规则，表面细微变化也许导致测量参数值达到 50%的变化。如果表面结构对工件功能有重要作用，则必须在图形符号中标注出传输带，这时绝不能使用默认滤波器。

加工工艺以及某些情况下的表面纹理对零件表面功能和图样

中表面结构要求之间的关系有非常重要的作用。对相同的表面功能，两种不同的加工工艺常有它们自己的“表面结构尺寸”。当采用两种不同的加工工艺时，为了得到相同的表面功能，表面的测量参数值的差异可能会超过10%。

对两个或多个表面结构参数作比较时，只有在这些值有相同的测量条件时才能有意义，相同的测量条件是指传输带、评定长度和加工工艺等相同。

四、机械零件表面结构要求的选用

机械零件表面结构特征参数直接影响到零件的使用性能。但是，由于国家标准对旧标准中表面结构要求作了很大的修改，选用的经验数据不多，这里只介绍轮廓算术平均偏差 Ra 的选用。

确定机械零件轮廓算术平均偏差 Ra 时，除有特殊要求的表面外，一般多采用类比法选取。此外，一般应考虑以下因素：

（1）在满足零件表面功能要求的情况下，尽量选用大一些的数值。

（2）一般情况下，同一个零件上，工作表面（或配合面）的轮廓算术平均偏差 Ra 数值应小于非工作表面（或非配合面）的数值。

（3）摩擦面、承受高压和交变载荷的工作面轮廓算术平均偏差 Ra 的数值应小一些。

（4）尺寸精度和形状精度要求较高的表面，轮廓算术平均偏差 Ra 的数值应小一些。

（5）要求耐腐蚀的零件表面，轮廓算术平均偏差 Ra 的数值应小一些。

（6）有关标准已对轮廓算术平均偏差 Ra 的要求作出规定的，应按相应标准确定数值。

圆柱体结合的轮廓算术平均偏差 Ra 的数值选用，见表5-18。

表 5-18　圆柱体结合的轮廓算术平均偏差 *Ra* 的数值选用

表面特征	公差等级	表面	Ra/μm 公称尺寸/mm ～50	＞50～500
经常装拆零件的配合表面（如交换齿轮、滚刀等）	5	轴	0.2	0.4
		孔	0.4	0.8
	6	轴	0.4	0.8
		孔	0.4～0.8	0.8～1.6
	7	轴	0.4～0.8	0.8～1.6
		孔	0.8	1.6
	8	轴	0.8	1.6
		孔	0.8～1.6	1.6～3.2

表面特征	公差等级	表面	Ra/μm 公称尺寸/mm ～50	＞50～120	＞120～500
过盈配合的配合表面 a）装配按机械压入法 b）装配按热处理方法	5	轴	0.1～0.2	0.4	0.4
		孔	0.2～0.4	0.8	0.8
	6～7	轴	0.4	0.8	1.6
		孔	0.8	1.6	1.6
	8	轴	0.8	0.8～1.6	1.6～3.2
		孔	1.6	1.6～3.2	1.6～3.2
	—	轴	1.6		
		孔	1.6～3.2		

表面特征	表面	径向圆跳动公差/μm 2.5	4	6	10	16	24
精密定心用的配合零件表面		Ra/μm					
	轴	0.05	0.1	0.1	0.2	0.4	0.8
	孔	0.1	0.2	0.2	0.4	0.8	1.6

表面特征	表面	公差等级 6～9	10～12	液体湿摩擦条件
滑动轴承的配合表面		Ra/μm		
	轴	0.4～0.8	0.8～3.2	0.1～0.4
	孔	0.8～1.6	1.6～3.2	0.2～0.8

五、表面结构特征技术要求在完整图形上的标注示例

表面结构要求的标注示例见表 5-19。

表 5-19　　表面结构要求的标注示例

序号	要求	示例
1	表面粗糙度： ——双向极限值； ——上限值 Ra=50μm； ——下限值 Ra=6.3μm； ——均为“16%规则”（默认）； ——两个传输带均为 0.008～4mm； ——默认的评定长度 5×4mm=20mm； ——表面纹理呈近似同心圆且圆心与表面中心相关； ——加工方法：铣削； 注：因为不会引起争议，则不必加 U 和 L	铣 0.008–4/Ra 50 C 0.008–4/Ra 6.3
2	除一个表面以外，所有表面的粗糙度为： ——单向上限值； ——Rz=6.3μm； ——“16%规则”（默认）； ——默认传输带； ——默认的评定长度（5×λc）； ——表面纹理没有要求； ——去除材料的工艺 不同要求的表面的表面粗糙度为： ——单向上限值； ——Ra=0.8μm； ——“16%规则”（默认）； ——默认传输带； ——默认评定长度（5×λc）； ——表面纹理没有要求； ——去除材料的工艺	Ra 0.8 Rz 6.3（√）

续表

序号	要求	示例
3	表面粗糙度： ——两个单向上限值； 1）Ra＝1.6μm； a）"16％规则"（默认）； b）默认传输带； c）默认评定长度 5×λc； 2）Rzmax＝6.3μm； a）最大规则； b）传输带－2.5μm； c）评定长度默认（5×2.5）mm； ——表面纹理垂直于视图的投影面； ——加工方法：磨削	磨 *Ra* 1.6 –2.5/*Rz*max 6.3 ⊥
4	表面粗糙度： ——单向上限值； ——Rz＝0.8μm； ——"16％规则"（默认）； ——默认传输带； ——默认的评定长度（5×λc）； ——表面纹理没有要求； ——表面处理：铜件，镀镍/铬； ——表面要求对封闭轮廓的所有表面有效	Cu/Ep·Ni5bCr0.3r *Rz* 0.8
5	表面粗糙度： ——单向上限值和一个双向极限值； 1）单向 Ra＝1.6μm： a）"16％规则"（默认）； b）传输带－0.8mm； c）评定长度 5×0.8＝4mm； 2）双向 Rz： a）上限值 Rz＝12.5μm； b）下限值 Rz＝3.2μm； c）"16％规则"（默认）； d）上、下极限传输带均为－2.5mm； e）上、下极限评定长度均为 5×2.5＝12.5mm； （即使不会引起争议，也可以标注 U 和 L 符号） ——表面处理：钢件，镀镍/铬	Fe/Ep·Ni10bCr0.3r –0.8/*Ra* 1.6 U–2.5/*Rz* 12.5 L–2.5/*Rz* 3.2

续表

序号	要求	示例
6	表面结构和尺寸可以标注在同一尺寸线上 1）键槽侧壁的表面粗糙度： ——一个单向上限值； ——Rz＝6.3μm； ——“16％规则”（默认）； ——默认传输带； ——默认评定长度 5×λc； ——表面纹理没有要求； ——去除材料的工艺 2）倒角的表面粗糙度； ——一个单向上限值； ——Ra＝3.2μm； ——“16％规则”（默认）； ——默认传输带； ——默认评定长度 5×λc； ——表面纹理没有要求； ——去除材料的工艺	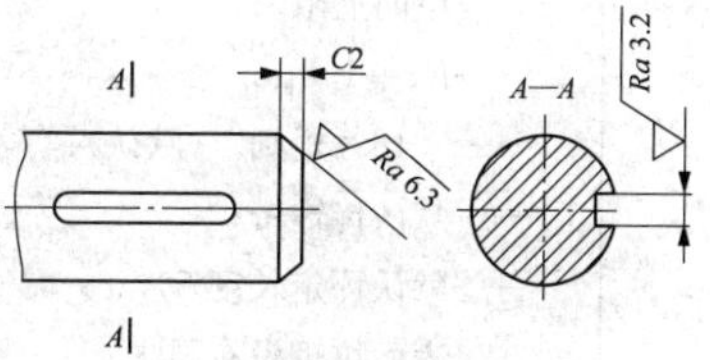 A　C2　A—A　Ra 3.2　Ra 6.3　A
7	1）表面结构要求和尺寸为： ——一起标注在延长线上； ——分别标注在轮廓线和尺寸界线上； 2）示例中的 3 个表面粗糙度要求为： ——单向上限值； ——分别是：Ra＝1.6μm，Ra＝6.3μm，Rz＝12.5μm； ——“16％规则”（默认）； ——默认传输带； ——默认评定长度 5×λc； ——表面纹理没有要求； ——去除材料的工艺	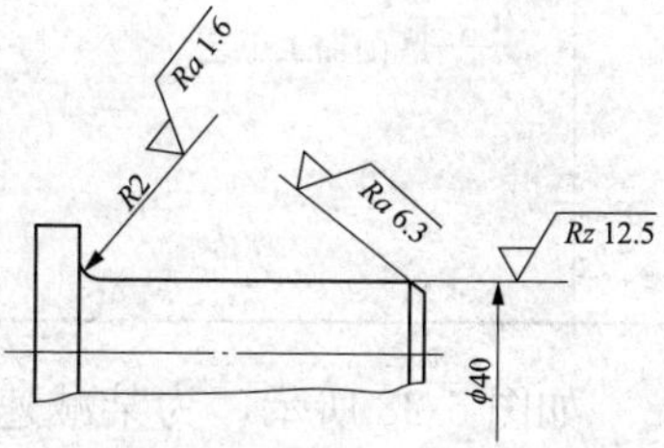 Ra 1.6　R2　Ra 6.3　Rz 12.5　ϕ40

续表

序号	要求	示例
8	表面结构、尺寸和表面处理的标注，示例是3个连续的加工工序 1）第一道工序： ——单向上限值； ——$Rz=1.6\mu m$； ——“16%规则”（默认）； ——默认传输带； ——默认评定长度 $5\times\lambda c$； ——表面纹理没有要求； ——去除材料的工艺 2）第二道工序： ——镀铬，无其他表面结构要求 3）第三道工序： ——一个单向上限值仅对长为50mm的圆柱表面有效； ——$Rz=6.3\mu m$； ——“16%规则”（默认）； ——默认传输带； ——默认评定长度 $5\times\lambda c$； ——表面纹理没有要求； ——磨削加工工艺	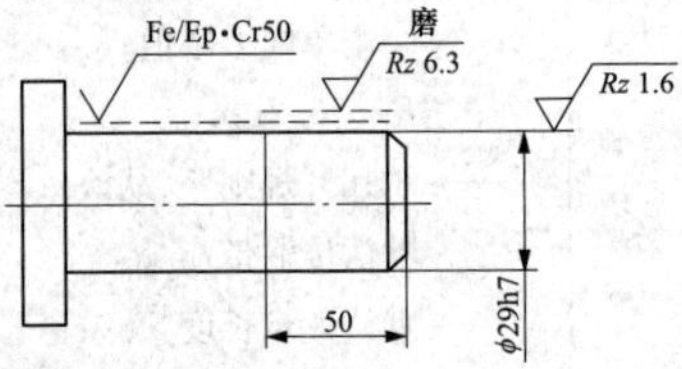 Fe/Ep·Cr50 磨 Rz 6.3 Rz 1.6 50 φ29h7

如图5-28所示，为某减速器输出轴的零件图。图中，对各表面标注了尺寸及其公差带代号、几何公差及表面粗糙度轮廓技术要求。

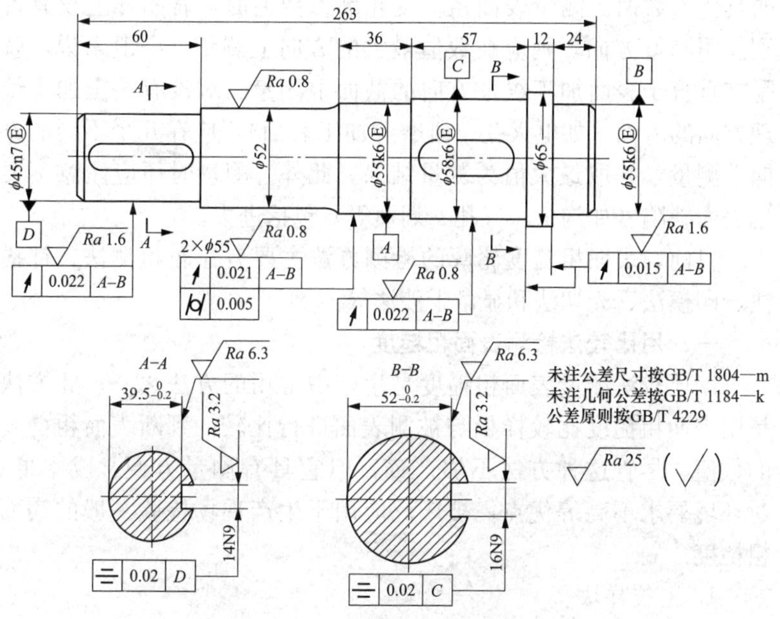

图 5-28　减速器输出轴的零件图

第四节　表面结构特征的检测

《产品几何技术规范（GPS）　技术产品文件中表面结构的表示法》（GB/T 131—2006）、《产品几何技术规范（GPS）表面结构　轮廓法、接触（触针）式仪器的标称特性》（GB/T 6062—2009）等国家标准，已将原来“表面粗糙度”的概念扩大为广义的表面结构特征，而表面结构的轮廓参数在原来的 R 轮廓（粗糙度参数）基础上又增加了两个：W 轮廓（波纹度参数）和 P 轮廓（原始轮廓参数）。

表面粗糙度轮廓的评定，有定性及定量两种。定性主要借助于表面粗糙度轮廓样块或放大镜、显微镜，根据检验者的目测或感触，通过比较的方法来判断被测零件的表面粗糙度轮廓；定量是借助于各种检验仪器，准确地测出被测零件的表面粗糙度轮廓的具体参数值。测量表面粗糙度轮廓参数值时，若图样上没有特别注明测量方向，则应在数值最大的方向上测量。一般来说，就是在垂直于表面加工纹理方向的截面上测量。对没有一定加工纹理方向的表面（如电火花、研磨等加工表面），应在几个不同的方向上测量，并取最大值为测量结果。此外，测量时还应注意不要把表面缺陷（如沟槽、气孔、划痕等）包括进去。

目前，表面粗糙度轮廓的检测方法主要有比较检测法、针描法、印模法、光切法和显微干涉法等。

一、用比较法检测表面粗糙度

用比较法测量表面粗糙度是生产中常用的方法之一，此方法是用表面粗糙度比较样板与被测表面进行比较，判断表面粗糙度的数值。尽管这种方法不够严谨，但它具有测量方便、成本低、对环境要求不高等优点，被广泛应用于生产现场检验一般的表面粗糙度。

1. 比较样块

如图 5-29 所示为表面粗糙度比较样块，它是采用特定合金材料加工而成，具有不同的表面粗糙度参数值。通过触觉、视觉将被测零件表面与之作比较，以确定被测表面的粗糙度值。

ISO 粗糙度比较样块由高纯度镍电镀的特定低碳钢制成，在同一比较块上有细砂型和喷丸型两种规格，符合 ISO8503 标准所规定的细、一般、粗糙三个等级，达到喷砂、喷丸清除表面的 Sa2.5 级和 Sa3 级标准，如图 5-30 所示。

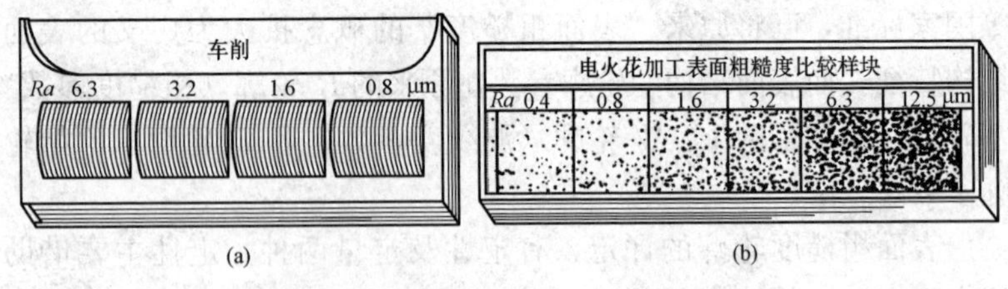

图 5-29 表面粗糙度比较样块

（a）车削加工样块；（b）电铸工艺复制的样块

2. 检测方法

(1) 视觉比较法。视觉比较法就是用人的眼睛反复比较被测表面与比较样板间的加工痕迹异同、反光强弱、色彩差异，以判定被测表面的粗糙度的大小，必要时可借用放大镜进行比较。

图 5-30　ISO 表面粗糙度比较样块

(2) 触觉比较法。触觉比较法就是用手指分别触摸或划过被测表面和比较样板，根据手的感觉判断被测表面与比较样板在峰谷高度和间距上的差别，从而判断被测表面粗糙度的大小。

采用比较法检测时，应注意以下事项：

1) 被测表面与粗糙度比较样板应具有相同的材质。不同的材质表面的反光特性和手感的粗糙度不一样。例如，用一个钢质的粗糙度比较样板与一个铜质的加工表面相比较，将会导致误差较大的比较结果。

2) 被测表面与粗糙度比较样板应具有相同的加工方法，不同的加工方法所获取的加工痕迹是不一样的。例如，车削加工的表面粗糙度绝对不能用磨削加工的粗糙度比较样板去比较并得出结果。

3) 用比较法检测零件的表面粗糙度时，应注意温度、照明方式等环境因素影响。

二、用印模法测量表面粗糙度

对诸如不通孔、深槽、内螺纹及一些特殊部位的表面粗糙度，既无法用常规方法测量，又不便用样块对比评定，可用印模法。

印模法是指用塑性材料将工件内表面轮廓复制成具有外表的印模，然后对印模表面进行测量，根据测量结果来评定被测表面粗糙度的方法。由于印模材料有一定的收缩变形，且使用时印模材料难以完全充满被测表面微观不平的谷底，所以测得印模的粗糙度参数值一般均小于被测表面的实际值，故应对测量参数值进行修正。一般是乘以大于 1 的修正系数，此系数通常由实验确定。

印模材料应为收缩变形小，可塑性好，冷凝及硬化速度快，化学性能稳定，不易氧化或腐蚀被测表面，无损害人身健康的有害物质。常用印模材料有赛璐璐或有机玻璃、川蜡或石蜡、硫磺粉、固塔依波胶和伍氏合金等。

三、用表面粗糙度检查仪测量表面粗糙度

针描法是用一种特殊的触针垂直接触被测表面，并以恒定速度沿被测表面移动，表面的微观不平使触针在垂直于被测表面的方向上做相应的上下移动，该上下移动经一定的变换形成电信号，再经一系列电路处理，最后由指示器或打印机打印出测量结果（粗糙度参数值），或由记录器描绘出被测表面微观不平的轮廓曲线。

表面粗糙度检查仪就是利用针描法测量表面粗糙度的一种仪器，其中以电感式应用最为广泛。

利用表面粗糙度检查仪测量表面粗糙度，具有直观、准确、高效等优势。测量时，主要是严格遵守使用说明书的操作程序，仔细处理各项数据。

1. 电感式轮廓检测仪的结构组成

电感式轮廓检测仪如图 5-31 所示，由底座、传感器、驱动箱、电气箱和记录器等部分组成。

2. 用 2205 型表面粗糙度检查仪测量表面粗糙度

2205 型表面粗糙度检查仪的外形结构如图 5-32 所示，由驱动箱臂、底座和计算机等六个基本部件组成。

（1）底座。底座上有安装驱动箱子 9 的立柱 6，还有安装圆柱形被测件的 V 形架 2，在 V 形架的上面架一方形盖板，可安置平面被测件。由驱动箱驱动的测杆 4 和触针 3 的运动方向，与工作台面在水平方向保持严格平行（在垂直面内与 V 形架两对称斜面的交线也要平行），否则将产生测量误差，尤其是在测量圆柱形工件时，触针不沿圆柱素线运动，就会造成很大的测量误差，甚至无法测量。这些相互位置关系，仪器出厂时均已调好。

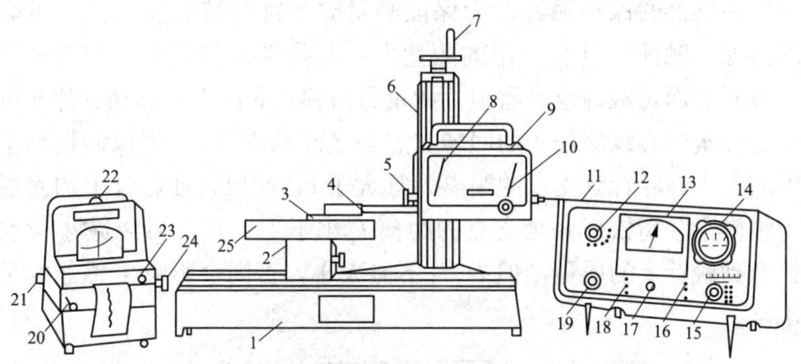

图 5-31　电感式表面粗糙度轮廓检测仪的结构组成

1—底座；2—V 形架；3—触针；4—测杆；5—锁紧螺钉；6—立柱；7—升降手轮；8—启动手柄；9—驱动箱；10—变速手柄；11—电气箱；12—量程开关；13—平均表；14—指零表；15—切除（取样）长度手柄；16—电源开关；17—指示灯；18—测量方式开关；19—调零旋钮；20—记录开关；21—线纹调整旋钮；22—制动栓；23—锁盖手轮；24—记录器变速手轮；25—被测工件

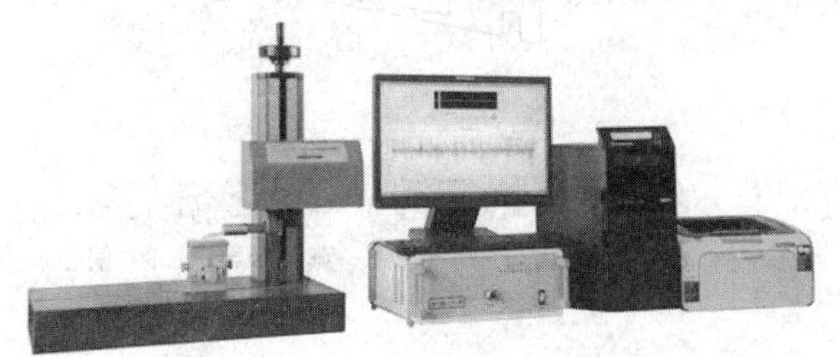

图 5-32　2205 型表面粗糙度检查仪的外形

（2）驱动箱。2205 型表面粗糙度检查仪的驱动箱如图 5-33 所示。它的主要功能是使传感器触针在测量时能沿被测表面滑行一预定长度。传感器插入插座孔 6 并用手轮锁定后，传感器即与驱动箱内的滚动导轨连接在一起。驱动箱内有转速均匀的同步电动机，通过齿轮减速系统以丝杠带动滚动导轨和传感器在水平方向恒速滑行。

（3）传感器。2205 型表面粗糙度检查仪的传感器如图 5-34 所示。测量时触针 3 和导头 2 都与被测表面接触，导头的主要作用是支撑传感器的保护触针。为保证测量时触针与被测表面保持可靠的接触，触针应具有一定的测量力，但测量力非常小，否则易划伤被测表面，触针也易磨损。测量力由弹簧 5 产生，移动支片 6 可改变弹簧中心线测杆 4 的回转支点 7 之间的距离 t，借以调整测量力的大小。触针到支点的距离 l_1远大于 t，所以可使触针上的测量力很微小。衔铁杆 8 至支点的距离 l_2小于 l_1，这样可以减小衔铁折合到触针上的质量，但 l_2/l_1不能太小，否则会影响传感器的灵敏度。

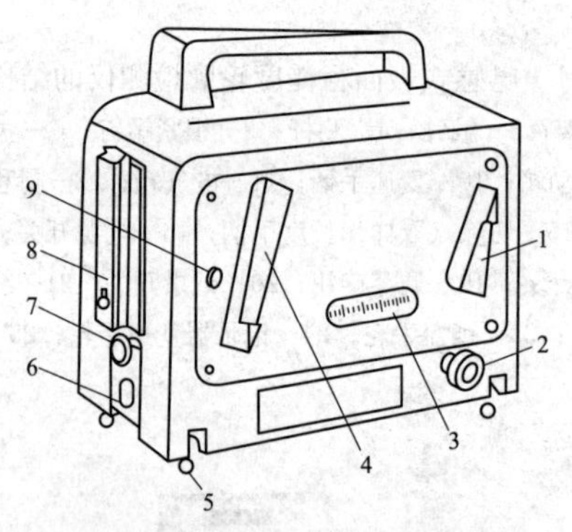

图 5-33 驱动箱

1—变速手柄；2—调整手枪；3—标尺；4—启动手柄；
5—球形支脚；6—插座孔；7—手轮；8—燕尾形导轨；9—偏心限位销

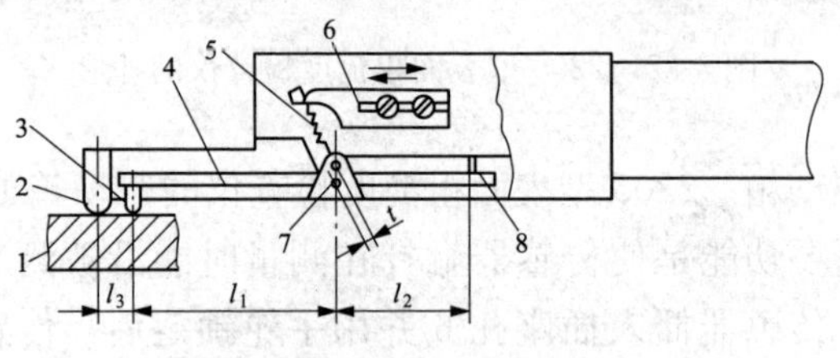

图 5-34 传感器

1—被测件；2—导头；3—触针；4—测杆；5—弹簧；6—支片；7—支点；8—衔铁杆

测量时，将启动手柄 4 轻轻地拨向右方，驱动器即开始运动，当触针走完预选的行程长度（评定长度）后，电动机自动停止转动，触针也停止移动；将手柄拨向左方，靠在偏心限位销 9 上，传感器及触针即被向左推到起始位置，平均表回零位，准备下一次测量。行程长度用电气箱面板上的手轮来选择，从标尺 3 上可观察传感器的行程长度。驱动箱以背面的燕尾导轨（图中未画出）与立柱的横向臂相边（侧面导轨用于备装特种附件），转动如图 5-31 中的升降手轮 7，可使驱动箱升降，以使测量时触针接触被测表面，并处于正确位置。当测量大型工件时，可将驱动箱从立柱上卸下，以其下方的四个球形支脚 5 直接将驱动箱安置在被测件上，转动调整手轮 2，可调节传感器位置的高低，使传感器触针相对被测表面有正确的位置，调整是使四个支脚改变角度来实现的。

（4）电气箱。电感式轮廓仪的主要电路环节都安装在电气箱内，有关调整选择部位，由电气箱面板上的相应旋钮来控制。

如图 5-35 所示为电气箱外形图。量程选择旋钮 1 共分八挡，其对应的平均表量程范围见表 5-20。调零旋钮 2，可使指零表准确指零。测量方式开关 3，有“读表”和“记录”两挡，只能择一使用。电源开关 5，开启后指示灯 4 将通亮。切除长度旋钮 6（或称有效行程旋钮）有四挡，行程长度分别为 2、4、7mm（用于“读表”）和 40mm（用于“记录”），行程长度（评定长度）2、4mm 和 7mm 对应的切除长度分别为 0.25、0.8mm 和 2.5mm，用于“记录”时不考虑切除长度。

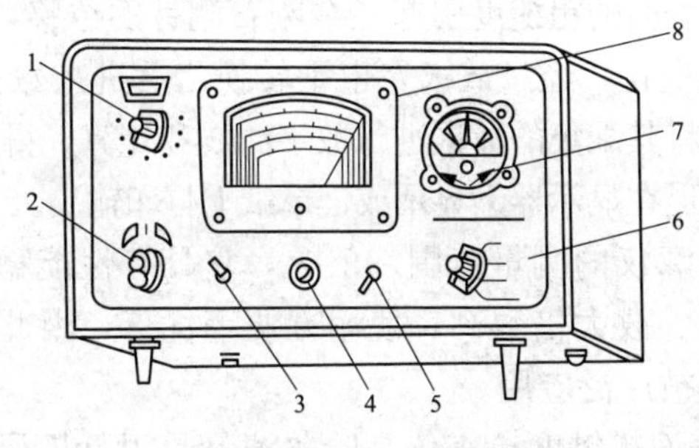

图 5-35　电气箱

1—量程选择旋钮；2—调零旋钮；3—测量方式开关；4—指示灯；5—电源开关；6—切除长度旋钮；7—指零表；8—平均表

表 5-20　　平均量程范围

挡位	平均表量程范围/μm	对应记录器垂直放大倍数	挡位	平均表量程范围/μm	对应记录器垂直放大倍数
1	0～10	500	5	0～0.5	10000
2	0～5	1000	6	0～0.25	20000
3	0～2.5	2000	7	0～0.1	50000
4	0～1	5000	8	0～0.05	100000

（5）记录器。记录器如图 5-31 左边部分所示，记录开关 20 在停止记录和不用时应关闭。线纹调整旋钮 21 可记录图形线纹的粗细。记录器变速手柄 24 有六挡（见表 5-21），当需计算 Ra 值时，排纸速度的水平放大倍数可取大些，计算时可取小些。锁盖手柄 23 拉出后即可抬起上盖。按下制动栓 22 后划线机构与上盖脱开。记录变速手柄前侧还有一推轴按钮（图中未画出），用手按住可将记录纸自动拉出。

表 5-21　　记录器水平放大倍数

水平放大倍数	25	50	100	250	500	1000
排纸速度/(mm/s)	0.375	0.70	1.5	3.75	7.5	15

当测量零件表面粗糙度时，将传感器搭在零件被测表面上，由传感器的极其尖锐的棱锥形金刚石测针，沿着零件被测表面滑行，此时零件被测表面的粗糙度引起了金刚石测针的位移，该位移使线圈电感量发生变化，经过放大及电平转换之后进入数据采集系统，计算机自动地将其采集的数据进行数字滤波和计算，得出测量结果，测量结果及图形在显示器上显示或记录纸上打印输出。

电感式轮廓仪的测量范围一般为，它具有性能稳定、测量迅速、数字显示、放大倍数高、使用方便等优点，因此在计算机室和生产现场都被广泛应用。

2205 型表面粗糙度检查仪是哈尔滨量具刃具厂研制的便携式多参数轮廓仪，采用先进的计算机系统，电路采用集成块，体积小，质量轻，结构简单，便于携带，可测量国家标准中所列的 Ra、Rz 和 S_m、S、t_p，可测范围 Ra0.02～5μm。测量结果可数字显示、打印或记录轮廓曲线，还可绘出 t_p 曲线。

3. 其他表面粗糙度检测仪

（1）TR300 表面粗糙度形状测量仪。TR300 表面粗糙度形状测量仪如图 5-36 所示，是最新推出的一款完全符合最新 ISO 国际标准的新产品，是评定零件表面质量的多用途便携式仪器，具有符合多个国家标准和国际标准的多个参数，可对多种零件表面的粗糙度、波纹度和原始轮廓进行多参数评定，可测量平面、外圆柱面、内孔表面及轴承滚道等。该仪器具有测量范围大、性能稳定、精度高的特点，适用于生产现场、科研实验室和企业计量室。测量结果可以用数字和图形方式显示在液晶显示器上，也可以输出到打印机上打印，还可以连接到计算机，计算机专用分析软件可直接控制测量操作并提供强大的高级分析功能。

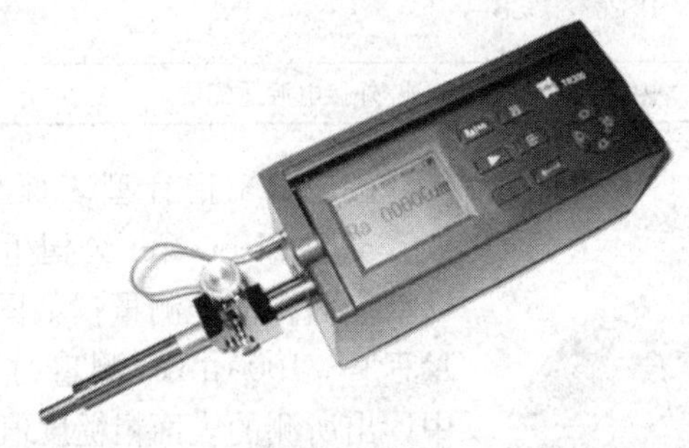

图 5-36　TR300 表面粗糙度形状测量仪

TR300 表面粗糙度形状测量仪的性能参数见表 5-22。

表 5-22　TR300 表面粗糙度形状测量仪的性能参数

项目	描　述
测量轮廓	粗糙度，波纹度，原始轮廓
参数	*R* 参数：*Ra*，*Rp*，*Rv*，*Rt*，*Rz*，*Rq*，*Rsk*，*Rku*，*Rc*，*RS*，*RSm*，*Rlo*，*RHSC*，*Epc*，*Rmr*（*c*），*RzJIS*，*R3y*，*R3z* *W* 参数：*Wa*，*Wp*，*Wv*，*Wt*，*Wz*，*Wq*，*Wsk*，*Wku*，*Wc*，*WS*，*WSm*，*Wlo*，*WHSC*，*Wpc*，*Wmr*（*c*），*WzJIS* *P* 参数：*Pa*，*Pp*，*Pv*，*pt*，*pz*，*pq*，*Psk*，*Pku*，*Pc*，*PS*，*PSm*，*Plo*，*PHSC*，*Ppc*，*pmr*（*c*），*PzJIS* *Rk* 参数：*Rk*，*Rpk*，*Rvk*，*Mr*1，*Mr*2

续表

项目	描　述
滤波	*RC*，*PCRC*，*Causs*，ISO13565
取样长度 l	0.08、0.25、0.8、2.5、8mm
评定长度 L	$(1\sim5)l$
最大测量范围	800μm
最高分辨率	0.000 125μm/8μm
残余轮廓	$Ra<0.005\mu m$
示值误差	<±5%
示值变动性	<3%
内部存储能力	10 组原始数据
外部输入/输出接口	RS232，USB
电源	内置锂离子充电电池/外接电源适配器

图 5-37　123 指针型表面粗糙度测量仪

（2）123 指针型表面粗糙度测量仪。英国 Elcometer 公司生产的 123 指针型表面粗糙度测量仪如图 5-37 所示，量程 0～1000μm，测量时可直接在表中读出所测的表面粗糙度值。

（3）Surtronic 25 便携式表面粗糙度测量仪。英国泰勒公司生产的 Surtronic 25 便携式表面粗糙度测量仪是一种体积小、携带方便的表面粗糙度测量仪，如图 5-38 所示，被广泛应用于加工现场或在计量室进行进一步分析。它可测量各种加工表面，包括油泵油嘴、曲轴、凸轮轴、缸体缸盖的配合表面、缸套、缸孔、活塞孔等的表面粗糙度。同时也可应用于 PS 版测量、机床在线检测、加工过程中刀具的磨损或松动的检测。

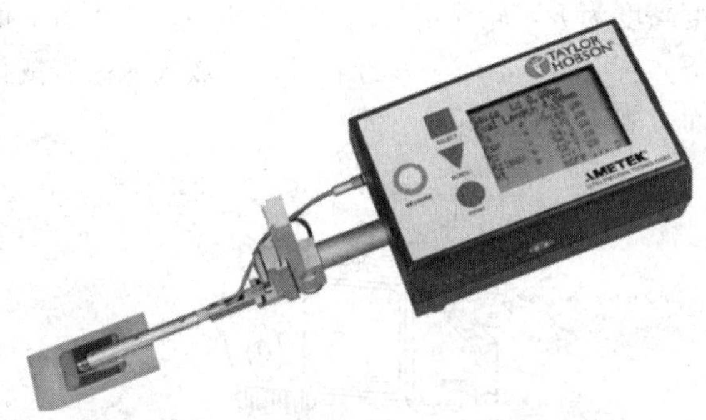

图 5-38　Surtronic 25 便携式表面粗糙度测量仪

Surtronic 25 便携式表面粗糙度测量仪仅手掌大小，可携带到任何需要测量表面粗糙度的场合，设计独特的探头支架可轻易使探头和被测零件表面稳定接触。在操作过程中，内置电池作微型驱动电源，测量通过按键控制，采用菜单选择方式，简单易行。测量值在行程结束后 2s 在大 LCD 屏幕上自动显示，测量结果可输出打印，或与 DPM 数据处理器连接。可选择多种探头和附件以满足各种形状零件的测量。

四、用光切法测量表面粗糙度

光切法是利用“光切原理”来测量被测零件表面粗糙度的方法，属于非接触测量的方法。工厂计量室用的光切显微镜（又称双管显微镜，如图 5-39 所示）就是用这一原理设计而成的，它可用于测量车削、铣削、刨削及其他类似方法加工的金属零件的平面和外圆柱面，还可用来观察木材、纸张、塑料、电镀层等表面的微观不平度，它适宜于测量幅度参数 Rz 值，测量范围一般为 2.0～63μm（相当于 Ra 值为 0.32～10μm）。

图 5-40 是光切显微镜的测量原理图。光切显微镜有两个轴线相互垂直的光管，左光管为观察管，右光管为投射照明管，照明管中光源 1 发出的光线经过聚光镜 2、光阑 3 及物镜 4 后，形成一束平行光带。这束平行光带以 45°的倾角投射到被测零件表面，光带在粗糙不平的波峰 S_1 和波谷 S_2 处产生反射，S_1 和 S_2 经观察管的物镜 4 后，分别成像于分划板 5 上的 S_1' 和 S_2'。若零件被测表面

微观不平度高度为 h，轮廓峰、谷 S_1 与 S_2 在 45°截面上的距离为 h_1，S_1' 与 S_2' 之间的距离 h' 是 h 经物镜后的放大像。若测得 h'，便可求出表面微观不平度高度 h，即

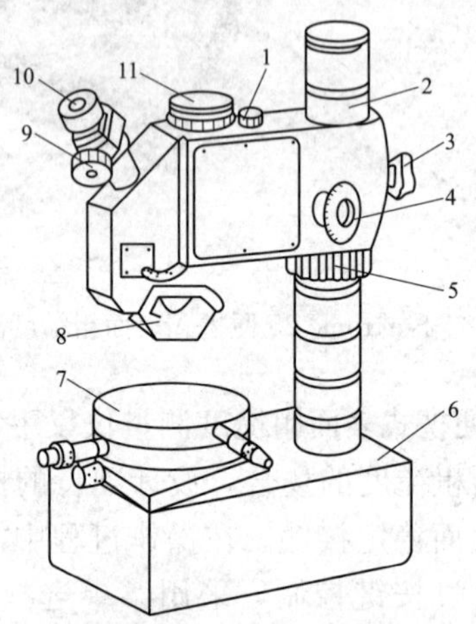

图 5-39 光切显微镜

1—光源；2—立柱；3—锁紧螺钉；4—微调手轮；5—粗调螺母；6—底座；7—工件；8—物镜组；9—测微鼓轮；10—目镜；11—照相机插座

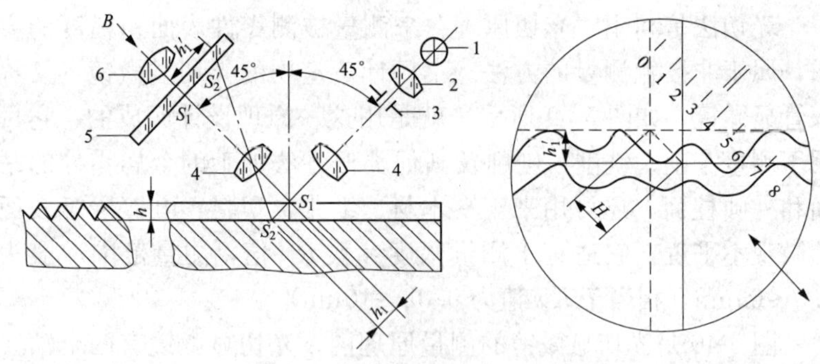

图 5-40 光切显微镜测量原理图

1—光源；2—聚光镜；3—光阑；4—物镜；5—分划板；6—目镜

$$h = h_1\cos 45° = \frac{h_1'}{K}\cos 45° \tag{5-3}$$

式中　K——物镜的放大倍数。

测量时，使用目镜测微器中分划板上十字线的横线与波峰对准，记录下第一个读数，然后移动十字线，使十字线的横线对准峰、谷，记录下第二个读数。由于分划板十字线与分划板移动方向成45°角，故两次读数的差值即如图5-40所示的H，H与h'的关系，即

$$h'=H\cos45^\circ \tag{5-4}$$

将式（5-4）代入式（5-3）得

$$h=\frac{H}{K}\cos^2 45^\circ=\frac{H}{2K} \tag{5-5}$$

令$i=\frac{1}{2K}$，则$h=iH$，式中，i为使用不同放大倍数的物镜时测量鼓轮的分度值，它由仪器的说明书给定。

五、用显微干涉法测量表面粗糙度

干涉法是利用光波干涉原理和显微系统测量精密加工表面粗糙度轮廓数值的方法，属于非接触测量的方法。采用显微干涉法的原理制成的表面粗糙度轮廓测量仪称为干涉显微镜，如图5-41所示。它适宜于测量幅度参数Rz值的平面、外圆柱面和球面，测量范围一般Rz值为0.063～1μm（相当于Ra值为0.01～0.16μm）。

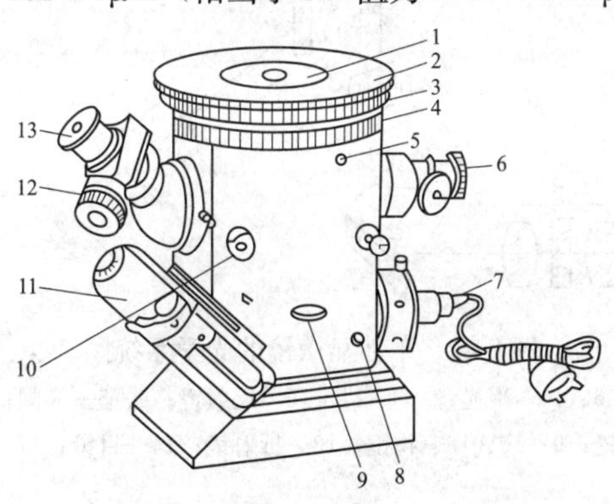

图5-41　干涉显微镜的外形图

1—工作台；2、3、4—滚花轮；5、6、9、10—手轮（有的手轮在显微镜背面）；7—光源；8—手柄；11—照相机；12—测微鼓轮；13—目镜

如图 5-42 所示，是干涉显微镜的光学系统图。由光源 1 发出的光经过聚光镜 2 和反射镜 3 转向，通过光阑 4、5 和聚光境 6 投射到分光镜 7 上，而被分为两束光。其中一束光透过分光镜 7，经补偿镜 8、物镜 9 射向零件被测表面 P_2，再经 P_2反射后经原光路返回，再经分光镜 7 反射向目镜 14，另一束光由分光镜 7 反射，经滤光片 17、物镜 10，射向标准镜 P_1，再由 P_1反射回来，透过分光镜 7 射向目镜 14。两路光束在目镜 14 的焦平面上相遇叠加。由于它们有光程差，便产生干涉，形成干涉条纹。如果被测零件表面为理想平面，则在视场中出现一组等距平直的干涉条纹；若被测零件表面存在微观不平度，则会出现一组弯曲的干涉条纹，如图 5-43 所示。

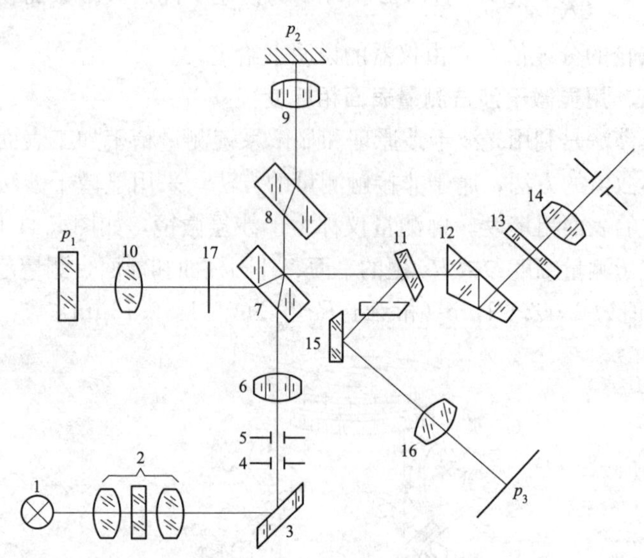

图 5-42　干涉显微镜的光学系统图

1—光源；2、6、13—聚光镜；3、11、15—反射镜；4、5—光阑；7—分光镜；8—补偿镜；9、10、16—物镜；12—折射镜；14—目镜；17—滤光片

图 5-43　干涉条纹

干涉条纹的弯曲程度，随微观不平度的大小而定。根据光波干涉原理，干涉条纹的弯曲量与微观不平度高度值 h'有确定的数值关系，即

$$h=\frac{a\lambda}{2b} \tag{5-6}$$

式中　a——干涉条纹的弯曲量；

b——相邻干涉条纹的间距；

λ——光波波长。

干涉显微镜还附有照相装置，可将成像于平面玻璃 P_3上的干涉条纹拍下，然后进行测量计算。

第六章

典型零件的公差配合及其检测

第一节　圆锥的公差配合及其检测

圆锥结合是机器、仪器工具结构中常用的典型结合。圆锥配合与圆柱配合相比较，圆锥配合具有同轴度精度高、紧密性好、间隙或过盈可调整、可利用摩擦力来传递转矩等优点。但是，圆锥配合在结构上比较复杂，影响其互换性的参数较多，加工和检测也较困难。为了满足圆锥配合的使用要求，保证圆锥配合的互换性，我国发布了一系列有关圆锥公差与配合及圆锥公差标注方法的标准。它们分别是 GB/T 157—2001《产品几何量技术规范（GPS）圆锥的锥度和角度系列》、GB/T 11334—2005《产品几何量技术规范（GPS）圆锥公差》、GB/T 12360—2005《产品几何量技术规范（GPS）圆锥配合》、GB/T 15754—1995《技术制图 圆锥的尺寸和公差标注》等国家标准。

一、圆锥公差与配合的基本术语和基本概念

1. 圆锥配合的特点及主要参数

（1）圆锥配合的特点。圆锥配合广泛应用于机械制造行业中，如图 6-1 所示，在圆柱间隙配合中，孔与轴的轴线有同轴度误差 $2e$ 产生；但在圆锥配合中，只要使内、外圆锥沿轴向移动配合，就可以消除间隙，甚至可以产生过盈配合，从而消除同轴度误差 $2e$。

圆锥配合的特点如下：

1）具有良好的对中性，拆装方便。

2）配合的性质可以调整（间隙配合及过盈配合）。

3）密封性和自锁性好。

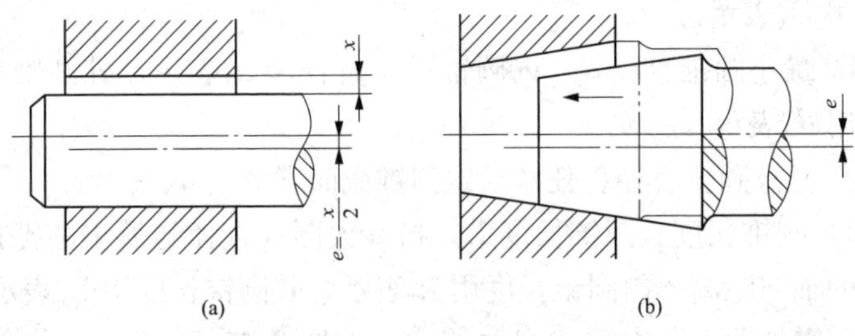

图 6-1　圆柱与圆锥配合的比较

（a）圆柱配合；（b）圆锥配合

4）结构比较复杂，加工和检验较困难。

（2）圆锥配合的主要参数。圆锥分为内圆锥（圆锥孔）和外圆锥（圆锥轴）两种，其主要几何参数如图 6-2 所示。

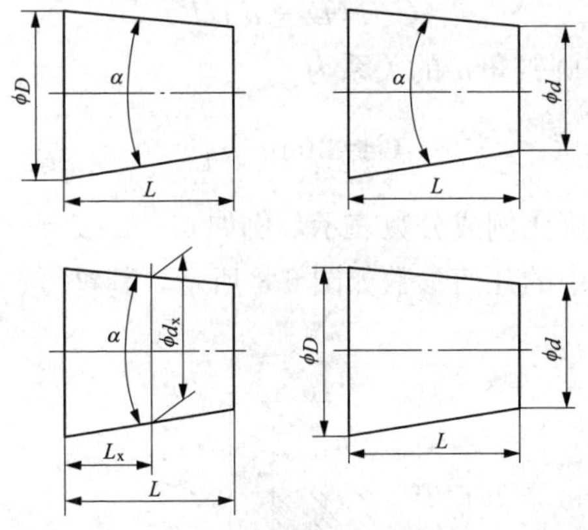

图 6-2　圆锥的主要几何参数

1）圆锥角。圆锥角（锥角 α）指在通过圆锥轴线的截面内两条素线间的夹角，内圆锥角用 α_i 表示，外圆锥角用 α_e 表示。

2）圆锥素线角。圆锥素线角指圆锥素线与其轴线之间的夹角，它等于圆锥角的一半，也称为圆锥半角，即 $\alpha/2$。

3）圆锥直径。圆锥在垂直轴线截面上的直径为圆锥直径，常用圆锥直径表示如下：

a. 最大圆锥直径 D。内圆锥最大直径用 D_i 表示，外圆锥最大

直径用 D_e 表示。

b. 最小圆锥直径 d。内圆锥最小直径用 d_i 表示，外圆锥最小直径用 d_e 表示。

c. 任意圆锥直径。任意给定圆锥截面直径用 d_x 表示。

4）圆锥长度。圆锥长度 L，指最大圆锥直径与最小圆锥直径之间的轴向距离。内圆锥长度用 L_i 表示，外圆锥长度用 L_e 表示。

在零件图上，对圆锥只要标注一个圆锥直径（D、d 或 d_x），一个圆锥角 α 和圆锥长度（L 或 L_x），或者标注最大与最小圆锥直径 D、d 和圆锥长度 L，如图 6-2 所示，则该圆锥就被完全确定了。

5）锥度。锥度 C 指最大圆锥直径与最小圆锥直径之差与圆锥长度之比，即

$$C=(D-d)/L \tag{6-1}$$

锥度 C 与圆锥角 α 的关系为

$$C=2\tan\left(\frac{\alpha}{2}\right) \tag{6-2}$$

锥度一般用比例或分数表示，例如 $C=1:5$ 或 $C=1/5$。

圆锥配合中的几何参数如图 6-3 所示，其符号、定义及解释见表 6-1。

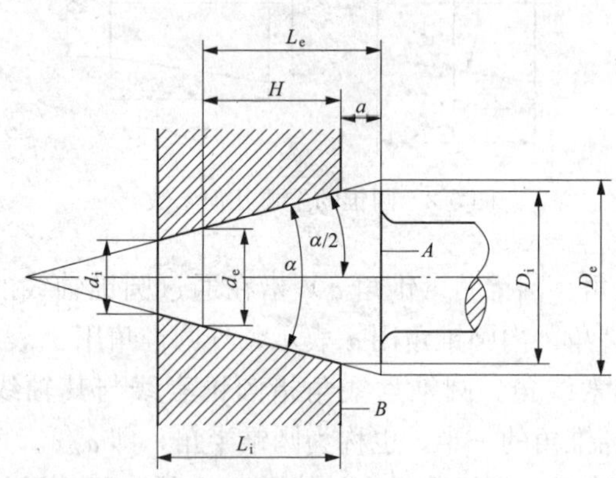

图 6-3　圆锥配合中的几何参数

A—外圆锥基准面；B—内圆锥基准面

表 6-1　　　　圆锥配合中的几何参数及符号与释义

<table>
<tr><th>序号</th><th colspan="2">名称</th><th>符号</th><th>释　义</th></tr>
<tr><td rowspan="2">1</td><td rowspan="2">锥角</td><td>圆锥角</td><td>α</td><td>指在通过圆锥轴线的截面内两条素线之间的夹角</td></tr>
<tr><td>圆锥素线角</td><td>$\frac{\alpha}{2}$</td><td>指圆锥素线与其轴线的夹角，它等于圆锥角之半</td></tr>
<tr><td rowspan="3">2</td><td rowspan="3">圆锥直径</td><td>内圆锥大、小端直径</td><td>D_i、d_i</td><td rowspan="2">指与圆锥轴线垂直的截面内的直径
设计时一般选用内锥大端直径 D_i 或外锥小端直径 d_e 作为基本直径</td></tr>
<tr><td>外圆锥大、小端直径</td><td>D_e、d_e</td></tr>
<tr><td>给定截面内圆锥直径</td><td>d_x</td><td>在任意给定截面（与圆锥轴线垂直）的圆锥直径</td></tr>
<tr><td rowspan="2">3</td><td rowspan="2">圆锥长度</td><td>内圆锥长度</td><td>L_i</td><td rowspan="2">指圆锥大端直径与小端直径截面之间的轴向距离</td></tr>
<tr><td>外圆锥长度</td><td>L_e</td></tr>
<tr><td>4</td><td colspan="2">圆锥配合长度</td><td>H</td><td>指向、外圆锥配合的轴向距离</td></tr>
<tr><td>5</td><td colspan="2">锥角</td><td>C</td><td>指圆锥的大、小端直径差与圆锥长度之比
$C=(D-d)/L=2\tan\left(\frac{\alpha}{2}\right)$
锥度常用比例表示，如 $C=1:20$ 或 $C=1/20$</td></tr>
<tr><td>6</td><td colspan="2">基础距</td><td>a</td><td>指相互结合的内、外圆锥基础间的距离
基础距用来确定内外圆锥的轴向相对位置
基础距的位置取决于所指定的基本直径；若以内圆锥大端直径 D_i 为基本直径，基面距在大端；若以外圆锥小端直径 d_e 为基本直径，则基面距在小端</td></tr>
</table>

为了减少加工圆锥工件所用的专用刀具、量具种类和规格，满足生产需要，国家标准《锥度和角度系列》（GB/T 157—2001）规定了一般用途的锥度与圆锥角系列（见表 6-2）和特殊用途的锥度与圆锥角系列（见表 6-3），只适合于光滑圆锥。

表 6-2　一般用途的锥度与圆锥角（摘自 GB/T 157—2001）

基本值		推算值			
系列 1	系列 2	圆锥角 α			锥度 C
		(°) (′) (″)	(°)	rad	
120°		—	—	2.094 395 10	1∶0.288 675 1
90°		—	—	1.57 079 633	1∶0.500 000 0
	75°	—	—	1.3 899 694	1∶0.651 612 7
60°		—	—	1.04 719 755	1∶0.866 025 4
45°		—	—	0.78 539 816	1∶1.207 106 8
30°		—	—	0.52 359 978	1∶1.866 025 4
1∶3		18°55′28.7199″	18.924 644 42°	0.330 297 35	—
	1∶4	14°15′0.1177″	14.250 032 70°	0.248 709 99	—
1∶5		11°25′16.2706″	11.421 186 27°	0.199 337 30	—
	1∶6	9°31′38.2202″	9.527 283 38°	0.166 282 46	—
	1∶7	8°10′16.4408″	8.171 233 56°	0.142 614 93	—
	1∶8	7°9′9.6075″	7.152 668 75°	0.124 837 62	—
1∶10		5°43′29.3176″	5.724 810 45°	0.099 916 79	—
	1∶12	4°46′18.7910″	4.771 888 06°	0.083 285 16	—
	1∶15	3°49′5.8975″	3.818 304 87°	0.066 641 99	—
1∶20		2°51′51.0925″	2.864 192 37°	0.049 989 59	—
1∶30		1°54′34.8570″	1.909 682 51°	0.033 330 25	—
1∶50		1°8′45.1586″	1.145 877 40°	0.019 999 33	—
1∶100		0°34′22.6309″	0.572 953 02°	0.009 999 92	—
1∶200		0°17′11.3219″	0.286 478 30°	0.004 999 99	—
1∶500		0°6′52.5295″	0.114 591 52°	0.002 000 00	—

表 6-3　特殊用途的锥度与圆锥角（摘自 GB/T 157—2001）

锥度 C	圆锥角 α		适用
7∶24 (1∶3.429)	16°35′39.4″	16.594 290°	机床主轴 工具配合
1∶19.002	3°0′53″	3.014 554°	莫氏锥度 No.5
1∶19.180	2°59′12″	2.986 590°	莫氏锥度 No.6
1∶19.212	2°58′54″	2.981 618°	莫氏锥度 No.0

续表

锥度 C	圆锥角 α		适用
1：19.254	2°58′31″	2.975 117°	莫氏锥度 No.4
1：19.922	2°52′32″	2.875 402°	莫氏锥度 No.3
1：20.020	2°51′41″	2.861 332°	莫氏锥度 No.2
1：20.047	2°51′26″	2.857 480°	莫氏锥度 No.1

在零件图样上，锥度用特定的图形符号和比例（或分数）来标注，如图 6-4 所示。图形符号放置在平行于圆锥轴线的基准线上，并且其方向与圆锥方向一致，在基准线的上面标注锥度的数值，用指引线将基准线与圆锥素线相连。在图上标注了锥度，就不必标注圆锥角，两者不应重复标注。此外，在图样上对圆锥只要标注了最大圆锥直径 D 和最小圆锥直径 d 中的一个直径及圆锥长度 L、圆锥角 α（或锥度 C），则该圆锥就完全确定了。

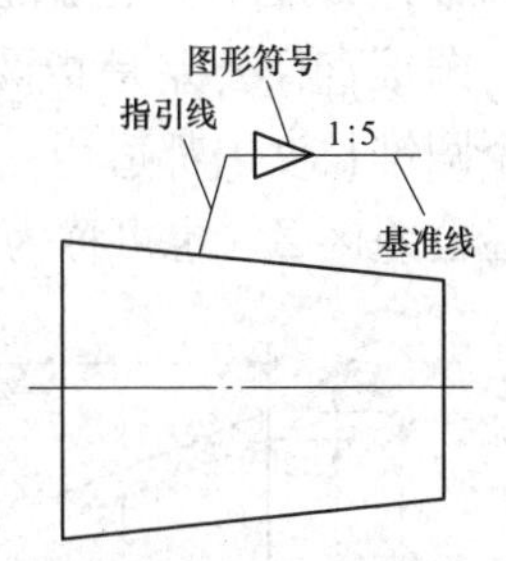

图 6-4　圆锥锥度的标注方法

6）圆锥配合长度。圆锥配合长度 H 指内、外圆锥配合部分的长度。

7）基面距。基面距 a 指相互结合的内、外圆锥基面之间的距离，如图 6-3 所示。基面距用来确定内、外圆锥的轴向相对位置。基面距的大小取决于圆锥配合直径。若以外圆锥最小直径 d_e 为基本直径，则基面距的位置在小端。若以内圆锥最大直径为基本直径，则基面距的位置在大端。

2. 圆锥公差的术语

（1）公称圆锥：公称圆锥是指设计时给定的理想状态的圆锥。它所有的尺寸分别为公称圆锥直径、公称圆锥角（或公称锥度）和公称圆锥长度。也就是说，公称圆锥可用一个公称圆锥直径（最大圆锥直径 D、最小圆锥直径 d 和给定截面圆锥直径 d_x）、公称圆锥角 α（或公称锥度 C）和公称圆锥长度 L 确定，或者由两个公称圆锥直径和公称圆锥长度 L 确定。

（2）极限圆锥、圆锥直径公差和圆锥直径公差区：极限圆锥是指与公称圆锥共轴线且圆锥角相等、直径分别为上极限直径和下极限直径的两个圆锥，如图 6-5 所示。在垂直于圆锥轴线的所有截面上，这两个圆锥的直径差都相等。直径为上极限直径（D_{max}、d_{max}）的圆锥称为最大极限圆锥，直径为下极限直径（D_{min}、d_{min}）的圆锥称为最小极限圆锥。

圆锥直径公差是指圆锥直径允许的变动量，圆锥直径公差在整个圆锥长度内都适用。两个极限圆锥 B 所限定的区域称为圆锥直径公差区 Z，也可称为圆锥直径公差带。

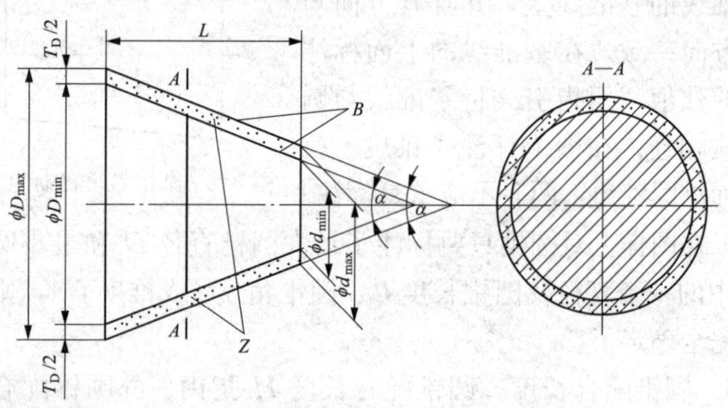

图 6-5　极限圆锥 B 和圆锥直径公差区 Z

（3）极限圆锥角、圆锥角公差和圆锥角公差区：极限圆锥角是指允许的上极限圆锥角和下极限圆锥角，它们分别用符号 α_{max} 和 α_{min} 表示，如图 6-6 所示。圆锥角公差是指圆锥角的允许变动量，当圆锥角公差以弧度或角度为单位时，用代号 AT_{α} 表示；以长度为单位时，用代号 AT_D 表示。极限圆锥角 α_{max} 和 α_{min} 所限定的区域称为圆锥角公差区 Z_{α}，也可称为圆锥角公差带。

二、圆锥配合类型及其形成和影响因素分析

1. 圆锥连接的类型

内、外圆锥连接形成 3 种配合类型：间隙配合、过盈配合和紧密配合。在装配和使用过程中其间隙量和过盈量可通过内、外

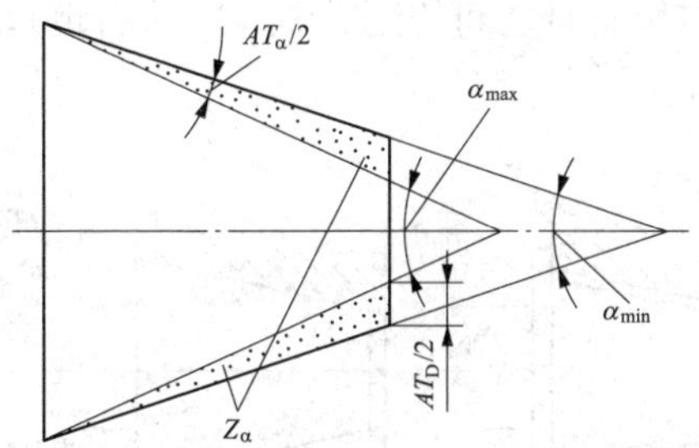

图 6-6　极限圆锥角和圆锥角公差区 Z_α

圆锥的轴向位移得到调整，这是圆锥连接的一个突出特点。

（1）间隙配合。圆锥间隙配合是指内、外圆锥结合面间具有间隙的配合，如车床主轴的圆锥轴颈与圆锥轴承衬套的配合等。

（2）过盈配合。圆锥过盈配合是指内、外圆锥结合面间具有过盈的配合。过盈配合圆锥利用自锁使接触面间产生较大的摩擦力来传递转矩，具有较高的同轴度，且拆卸方便，如钻头（或铰刀）的圆锥柄与机床主轴圆锥孔的连接等。

（3）紧密配合。圆锥紧密配合也称过渡配合，是指内、外圆锥结合面间接触紧密、间隙为零或稍有过盈的配合，主要用于定心或密封的场合，如锥形旋塞、发动机中气阀和阀座的配合等。为了使配合圆锥面接触紧密，达到较好密封性，加工中通常要将内、外圆锥配对研磨，故一般没有互换性。

2. 圆锥配合类型的形成

圆锥配合的 3 种配合类型的间隙或过盈的大小，或由内、外圆锥的轴向相对位移形成，分为两种形成方式：结构型圆锥配合和位移型圆锥配合。

（1）结构型圆锥配合。结构型圆锥配合是指由内、外圆锥的自身结构或通过控制基面距来确定它们之间最终的轴向相对位置，以形成指定配合性质的圆锥配合。

1）在外圆锥端部做出轴肩形成。如图 6-7（a）所示，在结构上作出轴肩以保证内、外圆锥结合的间隙配合。

2）通过控制基面距形成。如图 6-7（b）所示，在结构上通过控制内、外圆锥基准面之间的距离 a（即基面距），来形成内、外圆锥的过盈配合。

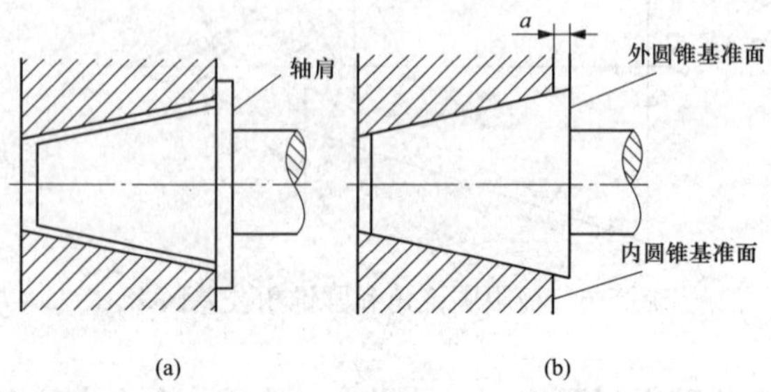

图 6-7　结构型方式形成的圆锥配合

（a）由加工出轴肩形成间隙配合；（b）由控制基面距形成过盈配合

（2）位移型圆锥配合。位移型圆锥配合是指通过规定内、外圆锥的相对轴向位移量来形成指定配合性质的圆锥配合。

1）不施加装配力。如图 6-8（a）所示，外圆锥固定，将内圆锥由位置 1 向左推到位置 2 控制轴向位移量为 E_a，形成指定间隙量的间隙配合。

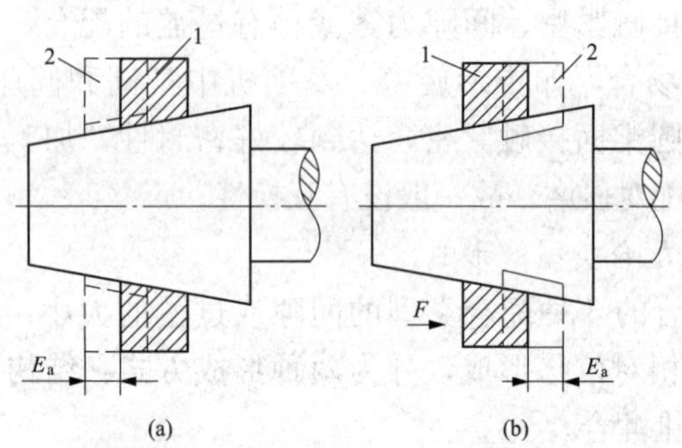

图 6-8　位移型方式形成圆锥配合

（a）不施加装配力；（b）施加装配力

2）施加装配力。如图 6-8（b）所示，外圆锥固定，施加装配力 F 将内圆锥由位置 1 向右推到位置 2，控制轴向位移量为 E_a，形成指定过盈量的过盈配合。

3. 圆锥配合的使用要求及影响因素分析

(1) 使用要求及影响因素。

1) 要求基面距在规定范围内变动。基面距与配合长度是互补关系：若基面距过大，则配合长度减小，会改变配合性质，影响圆锥结合的稳定性和转矩传递；反之使配合长度过长，会增加结合面间的磨损量。

影响基面距的主要因素有：直径误差和锥角误差。

2) 要求配合表面接触均匀。如果圆锥配合表面发生不均匀接触，则影响圆锥结合的紧密性及配合性质。

影响圆锥配合表面接触均匀性的主要因素有：锥角误差和形状误差。影响圆锥结合的主要因素是：直径误差、锥角误差和形状误差。

(2) 影响因素分析——误差分析。

1) 直径误差分析。对结构型圆锥配合，由于配合性质是由其结构确定，其影响效果同圆柱配合。对于位移型圆锥配合，直径误差将直接影响装配后的基面距。

设以内圆锥最大直径 D_i 为基本直径，基面距位置在大端。若圆锥角不存在误差，则只有内、外圆锥直径误差 ΔD_i、ΔD_e，如图 6-9 所示，对接触均匀性没有影响，但对基面距有影响。此时，基面距偏差为

$$\Delta a' = \frac{\Delta D_e - \Delta D_i}{2\tan\frac{\alpha}{2}} = \frac{1}{C}(\Delta D_e - \Delta D_i) \tag{6-3}$$

当 $\Delta D_i > \Delta D_e$ 时，$\Delta a'$ 为负值，基面距减小；反之，基面距增大［见图 6-9 (b)］。

2) 锥角误差分析。锥角误差使内、外圆锥配合表面接触不均匀，对于位移型圆锥还影响其基面距。

设以内圆锥最大直径 D_i 为基本圆锥直径，基面距在大端，内、外圆锥大端直径均无误差，只有圆锥角误差 $\Delta\alpha_i$、$\Delta\alpha_e$，且 $\Delta\alpha_i \neq \Delta\alpha_e$，如图 6-10 所示。

当 $\Delta\alpha_i < \Delta\alpha_e$，即 $\alpha_i < \alpha_e$ 时，内、外圆锤在大端接触，如图 6-

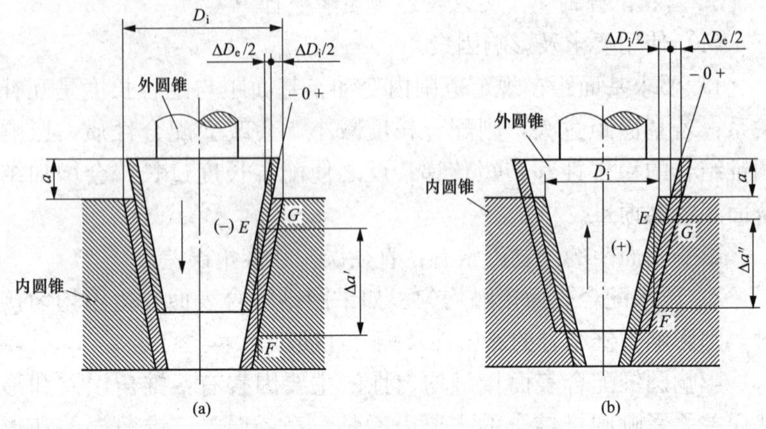

图 6-9　直径误差对基面距的影响

(a) $\Delta D_i > \Delta D_e$；(b) $\Delta D_i < \Delta D_e$

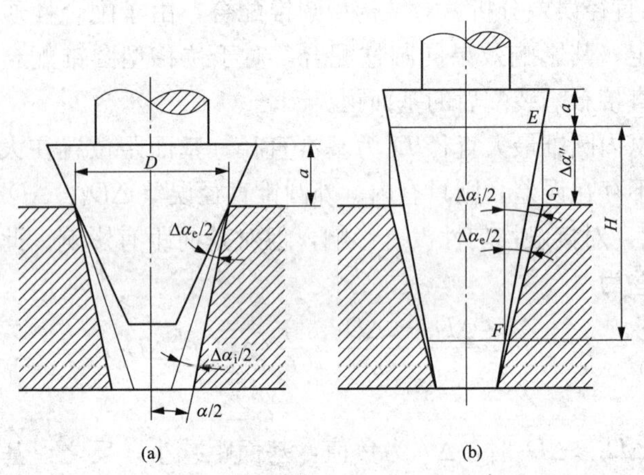

图 6-10　圆锥角误差对基面距的影响

(a) $\alpha_i < \alpha_e$时内、外圆锥在大端接触；(b) $\alpha_i > \alpha_e$时内、外圆锥在小端接触

10 (a) 所示，它们对基面距影响很小，可忽略不计。但由于内、外圆锥在大端局部接触，接触面积小，磨损加剧，且可能导致内、外圆锥相对倾斜，影响使用性能。

当 $\Delta\alpha_i > \Delta\alpha_e$，即 $\alpha_i > \alpha_e$时，内、外圆锥在小端接触，如图 6-

10（b）所示，不但影响接触均匀性，而且影响位移型圆锥配合的基面距，由此而产生的基面距的变化量为 $\Delta\alpha''$。

$$\Delta\alpha''=EG=\frac{FG\sin\left(\frac{\alpha_i'}{2}-\frac{\alpha_e''}{2}\right)}{\sin\frac{\alpha_e}{2}}=\frac{H\sin\left(\frac{\alpha_i}{2}-\frac{\alpha_e}{2}\right)}{\sin\frac{\alpha_e}{2}\cos\frac{\alpha_i}{2}} \tag{6-4}$$

由于角度误差很小，$\cos\frac{\alpha_i}{2}\approx\cos\frac{\alpha}{2}$；$\sin\frac{\alpha_e}{2}\approx\sin\frac{\alpha}{2}$；$\sin\left(\frac{\alpha_i}{2}-\frac{\alpha_e}{2}\right)\approx\frac{\alpha_i}{2}-\frac{\alpha_e}{2}$；将角度单位化成弧度 rad（$1'=0.0003\text{rad}$），则有

$$\Delta\alpha''=\frac{0.0006H\left(\frac{\alpha_i}{2}-\frac{\alpha_e}{2}\right)}{\sin\alpha} \tag{6-5}$$

当圆锥角较小时，$\sin\alpha\approx2\tan\frac{\alpha}{2}=C$，则

$$\Delta\alpha''=\frac{0.0006H\left(\frac{\alpha_i}{2}-\frac{\alpha_e}{2}\right)}{C} \tag{6-6}$$

在正常情况下，直径误差和角度误差同时存在，会对基面距产生综合影响。当 $\alpha_i>\alpha_e$ 时，对于位移型圆锥，基面距会有很大的变动量，最大变动量为

$$\Delta\alpha=\Delta\alpha'+\Delta\alpha''=\frac{1}{C}\left[(\Delta D_e-\Delta D_i)+0.0006H\left(\frac{\alpha_i}{2}-\frac{\alpha_e}{2}\right)\right] \tag{6-7}$$

3）形状误差分析。圆锥形状误差，是指圆锥素线的直线度误差和横截面的圆度误差，如图 6-11 所示。

圆锥的形状误差主要影响配合表面的接触精度；对于间隙配合，使间隙分布不均匀，磨损加剧；对于过盈配合，使圆锥接触面积减小，致使连接不可靠、传递转矩减小；对紧密配合，则影响其配合的密封性。

由此可见，实际加工中圆锥的直径误差、锥角误差和形状误

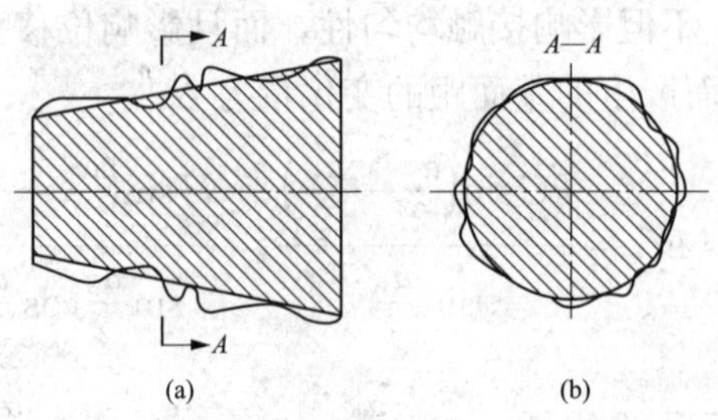

图 6-11　圆锥的形状误差

(a) 圆锥素线直线度误差；(b) 圆锥横截面圆度误差

差都对圆锥连接的正常工作造成影响，应规定相应公差加以限制。

三、圆锥公差与表面结构特征要求的选用

1. 圆锥公差项目及公差等级

圆锥是多参数结构，为了保证内、外圆锥的互换性和满足使用要求，实现配合，《产品几何量技术规范（GPS）圆锥公差》（GB/T 11334—2005）规定了 4 项圆锥公差：圆锥直径公差 T_D、给定截面圆锥直径公差 T_{DS}、圆锥角公差 AT 和圆锥形状公差 T_F。

(1) 圆锥直径公差。圆锥直径公差 T_D是指圆锥直径的允许变动量，即允许圆锥直径的最大值与最小值之差。其公差带是在轴切面内最大、最小两个极限圆锥所限定的区域，如图 6-12 所示（如锥角相等，在轴切面内两圆锥在各横截面的直径差相等）。

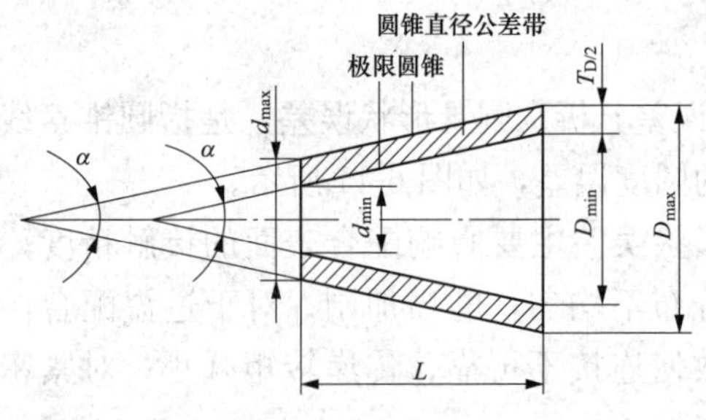

图 6-12　圆锥直径公差带

为了统一和简化公差标准，对圆锥直径公差带没有再作专门规定，其标准公差和基本偏差可直接从《极限与配合基础 第 3 部分：标准公差和基本偏差数值表》（GB/T 1800.3—1998）中选取。查表时以大端直径 D 为基本参数查取。

对于有配合要求的圆锥，建议采用基孔制。对于没有配合要求的内、外圆锥，最好选用基本偏差 JS 和 js。

【例 6-1】 一对圆锥 $D=\phi60$mm，$d=\phi40$mm，8 级精度，要求间隙配合，外圆锥无配合要求。试查出有关参数。

解：1）间隙配合，采用基孔制，按大端直径 $\phi60$mm，查标准公差数值表，得 IT8＝0.046mm，查轴的基本偏差表，结果为：内锥 $\phi60^{+0.046}_{0}$mm、外锥 $\phi40^{-0.037}_{-0.076}$mm。

2）非配合外圆锥。选用基本偏差 js，($\phi60\pm0.023$)mm。

（2）给定截面圆锥直径公差。给定截面圆锥直径公差 T_{DS}是指在垂直于圆锥轴线的给定截面内直径的允许变动量，它仅适用于该给定截面的圆锥直径，其公差带是在给定的截面内两同心圆所限定的区域，如图 6-13 所示。

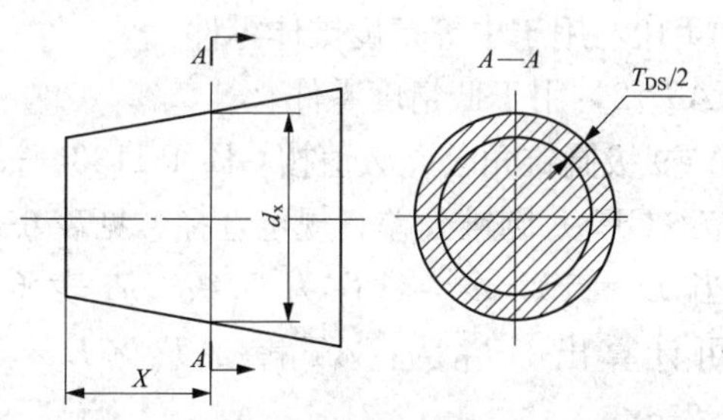

图 6-13　给定截面圆锥直径公差带

注意：T_{DS}公差带所限定的是平面区域，而 T_D公差带限定的是空间区域，二者是不同的。一般情况不规定给定截面圆锥直径公差 T_{DS}，只有对圆锥工件有特殊要求（如阀类零件，要求配合圆锥在给定截面上接触良好，以保证密封性）时，才规定此项公差，但必须同时规定圆锥角公差 AT。

（3）圆锥角公差。圆锥角公差 AT 是指圆锥角的允许变动量，

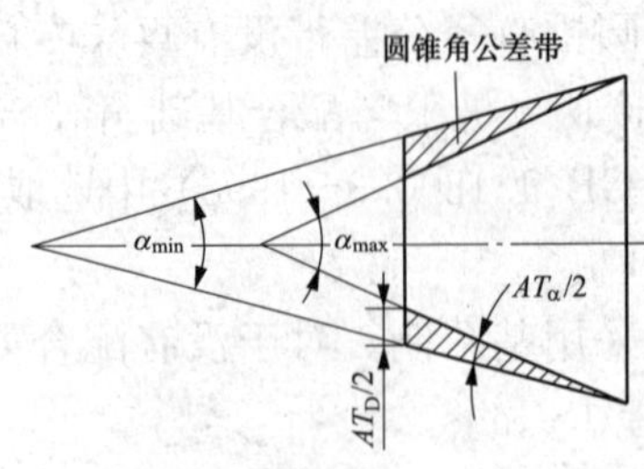

图 6-14　圆锥角公差

即允许的锥角最大值 α_{max} 与最小值 α_{min} 之差。圆锥角公差带是在轴切面内最大、最小两个极限圆锥角所限定的区域，如图 6-14 所示。

1）圆锥角公差有两种表示方式：角度表示 AT_α，直径表示 AT_D。两者关系为

$$AT_D = AT_\alpha \times L \times 10^{-3} \tag{6-8}$$

式（6-8）中各参数的单位分别是：AT_α 为μrad，AT_D 为μm，L 为 mm。

2）圆锥角公差等级规定有 12 级：$AT1$ 为最高级，其余依次降低，$AT12$ 精度最低，应用范围如下。

$AT1 \sim AT5$，用于高精度的圆锥量规、角度样板等。

$AT6 \sim AT8$，用于工具圆锥、传递大扭矩的摩擦锥体、锥销等。

$AT8 \sim AT10$，用于中等精度锥体零件。

$AT11 \sim AT12$，用于低精度零件。

$AT4 \sim AT9$ 级圆锥角公差数值按 GB/T 11334—2005《产品几何量技术规范（GPS）圆锥公差》规定选择，见表 6-4。

例如，当 $L = 100$mm，AT 为 7 级，查表 6-4 得 $AT_\alpha = 250$μrad，则可计算出 AT_D 为：$AT_D = AT_\alpha \times L \times 10^{-3} = 250 \times 100 \times 10^{-3} = 25$μm。

圆锥角的极限偏差可按单向取值（$\alpha^{+AT_\alpha}_{0}$ 或 $\alpha^{0}_{-AT_\alpha}$）或者双向对称取值（$\alpha \pm \dfrac{AT_\alpha}{2}$）。为了保证内、外圆锥接触的均匀性，圆锥角公差带通常采用对称于公称圆锥角公布。

3）直径公差 T_D 与锥角公差 T_α 间的关系。

a. 当对圆锥角公差 AT 没有特殊要求时，可用圆锥直径公差 T_D 加以限制，如图 6-6 和图 6-14 所示。此时圆锥角 α_{max} 与 α_{min} 是在直径公差内的极限圆锥角，实际圆锥角被允许在此范围内

变动。

表 6-5 列出了圆锥长度是 100mm 时圆锥直径公差 T_D所限制的最大圆锥角误差 $\Delta\alpha_{max}$。

从加工角度考虑，角度公差 AT 与尺寸公差相应等级的加工难度大体相当，即精度相当。如例 6-1 中，基本直径（大端）$D=60$mm，$L=100$mm，精度 IT8 级。查表 6-5 得所限制的最大锥角 $\Delta\alpha_{max}=460\mu$rad，代入式（6-8）计算得 $AT_D8=AT_\alpha\times L\times 10^{-3}=(460\times 100\times 10^{-3})\mu m=46\mu m$，即 AT_D8 相当于 IT8 级。

表 6-4　　圆锥角公差数值（摘自 GB/T 11334—2005）

公称圆锥长度 L/mm		圆锥角公差等级								
		$AT4$			$AT5$			$AT6$		
		AT_α		AT_D	AT_α		AT_D	AT_α		AT_D
大于	至	/μrad	(″)	/μm	/μrad	(′)(″)	/μm	/μrad	(′)(″)	/μm
16	25	125	26	>2.0～3.2	200	41″	>3.2～5.0	315	1′05″	>5.0～8.0
25	40	100	21	>2.5～4.0	160	33″	>4.0～6.3	250	52″	>6.3～10.0
40	63	80	16	>3.2～5.0	125	26″	>5.0～8.0	200	41″	>8.0～12.5
63	100	63	13	>4.0～6.3	100	21″	>6.3～10	160	33″	>10.0～16.0
100	160	50	10	>5.0～8.0	80	16″	>8.0～12.5	125	26″	>12.5～20.0

公称圆锥长度 L/mm		圆锥角公差等级								
		$AT7$			$AT8$			$AT9$		
		AT_α		AT_D	AT_α		AT_D	AT_α		AT_D
大于	至	/μrad	(′)(″)	/μm	/μrad	(′)(″)	/μm	/μrad	(′)(″)	/μm
16	25	500	1′43″	>8.0～12.5	800	2′45″	>12.5～20.0	1250	4′18″	>20～32
25	40	400	1′22″	>10.0～16.0	630	2′10″	>16.0～25.0	1000	3′26″	>25～40

续表

公称圆锥长度 L/mm		圆锥角公差等级								
		$AT7$			$AT8$			$AT9$		
		AT_{α}		AT_{D}	AT_{α}		AT_{D}	AT_{α}		AT_{D}
大于	至	/μrad	(″)	/μm	/μrad	(′)(″)	/μm	/μrad	(′)(″)	/μm
40	63	315	1′05″	>12.5～20.0	500	1′43″	>20.0～32.0	800	2′45″	>32～50
63	100	250	52″	>16.0～25.0	400	1′22″	>25.0～40.0	630	2′10″	>40～63
100	160	200	41″	>20.0～32.0	315	1′05″	>32.0～50.0	500	1′43″	>50～80

注 表中每一圆锥角公差等级的 AT_{α} 值是随基本圆锥长度 L 的增大而减小，因为经实验验证圆锥角的加工误差是随 L 增大而变小的。

表 6-5 L=100mm 时圆锥直径公差 T_D 所限制的最大圆锥角误差 $\Delta\alpha_{max}$

（摘自 GB/T 11334—2005） （μrad）

标准公差等级	圆锥直径/mm												
	≤3	>3～6	>6～10	>10～18	>18～30	>30～50	>50～80	>80～120	>120～180	>180～250	>250～315	>315～400	>400～500
IT4	30	40	40	50	60	70	80	100	120	140	160	180	200
IT5	40	50	60	80	90	110	130	150	180	200	230	250	270
IT6	60	80	80	110	130	160	190	220	250	290	320	360	400
IT7	100	120	150	180	210	250	300	350	400	460	520	570	630
IT8	140	180	220	270	330	390	460	540	630	720	810	890	970
IT9	250	300	360	430	520	620	740	870	1000	1150	1300	1400	1550
IT10	400	480	580	700	840	1000	1200	1400	1300	1850	2100	2300	2500

注 表中所列为 L=100mm 的圆锥直径公差 T_D 所限制在最大圆锥角误差。当 $L\neq$100mm 时，应将表中数值×100/L。

b. 当对圆锥角精度要求较高时（如圆锥量规），则应单独规定圆锥角公差 AT。此时，圆锥角极限偏差可按单向或双向分布，如

图 6-15 所示。

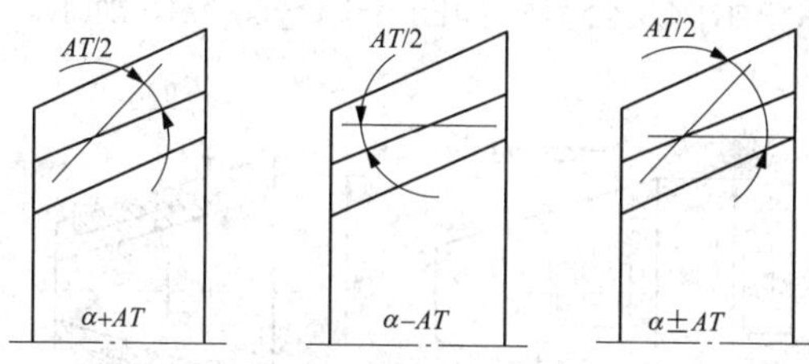

图 6-15　圆锥角极限偏差分布

(4) 圆锥的形状公差。圆锥的形状公差 T_F包括素线直线度公差和截面圆度公差。

T_F的数值未另作规定，仍从《形状和位置公差　未注公差值》(GB/T 1184—1996) 标准中选取。

一般情况下，精度要求不高的圆锥零件也由给定的圆锥直径公差带 T_D来控制，即圆锥素线直线度误差和截面圆度误差都被限制在由直径公差 T_D所形成的圆锥公差空间内。

在零件图样上可以标注圆锥的这两项形状公差或其中某一项公差，或者标注圆锥的面轮廓度公差。对圆锥形状公差有较高要求时，应单独给出圆锥的形状公差 T_F。

2. 圆锥公差的给定方法和标注

对一个具体的圆锥零件而言，四项公差不必全部给出，而是根据零件的不同要求来给定公差项目。

《产品几何量技术规范（GPS）圆锥公差》(GB/T 11334—2005) 规定了两种圆锥公差的给定方法，《技术制图　圆锥的尺寸和公差标注》(GB/T 15754—1995) 规定了具体的标注方法。

(1) 基本锥度法。基本锥度法相对应于原标准中“给定圆锥直径公差 T_D”。此方法遵循包容要求，即给定圆锥直径公差 T_D和作为基准的理论正确锥度 C（或锥角 α），而将锥角误差和形状误差均限制在 T_D公差带内。

有特殊要求时，可再给出圆锥角公差 AT、形状公差 T_F，但每一种公差仅占圆锥直径公差 T_D的一部分。

标注方法：按面轮廓度法标注，即用面轮廓度公差代替直径公差 T_D，标注示例及公差带如图 6-16～图 6-18 所示。

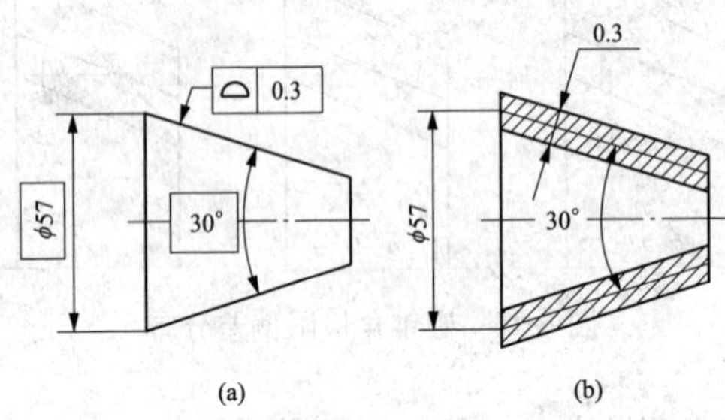

图 6-16　圆锥公差标注（一）

（a）理论正确锥角作基准；（b）公差带

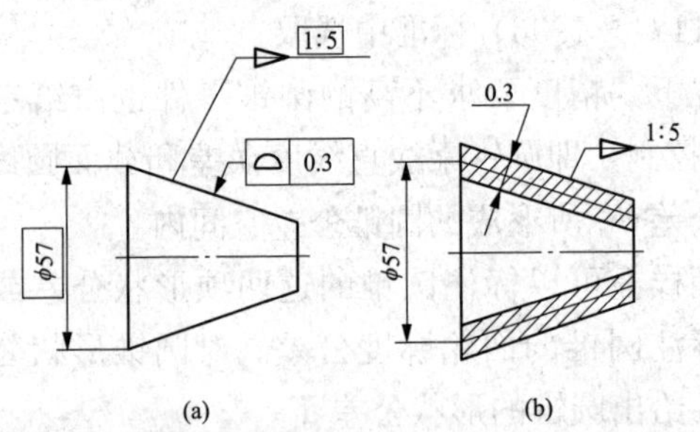

图 6-17　圆锥公差标注（二）

（a）理论正确锥度作基准；（b）公差带

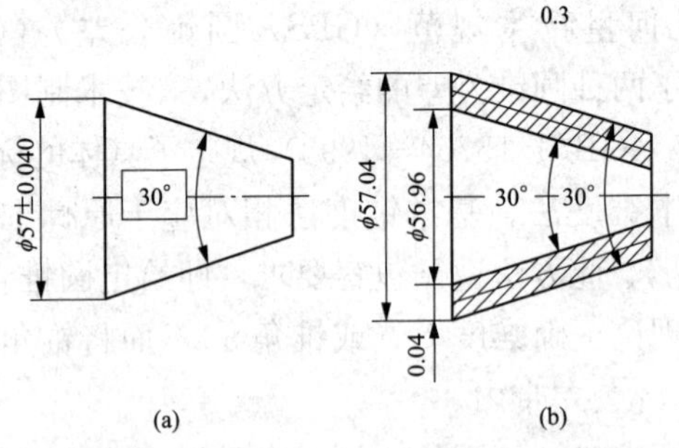

图 6-18　圆锥公差标注（三）

（a）理论正确锥角作基准仍用直径公差；（b）公差带

此方法应用于要求保证配合性质的圆锥结合。

(2) 公差锥度法。公差锥度法相对应于原给定圆锥截面直径公差 T_{DS}和圆锥角公差 AT。

此方法遵循独立原则，即同时给定圆锥截面直径公差 T_{DS}和圆锥角公差 AT，两种公差相互无关，分别满足要求。

此方法应用于在功能和制造上对圆锥截面直径有更高要求的圆锥结合，如阀类零件，使圆锥配合在给定的截面上有更好的接触，以保证密封性能，但必须同时规定锥角公差 AT，如图 6-19 所示。

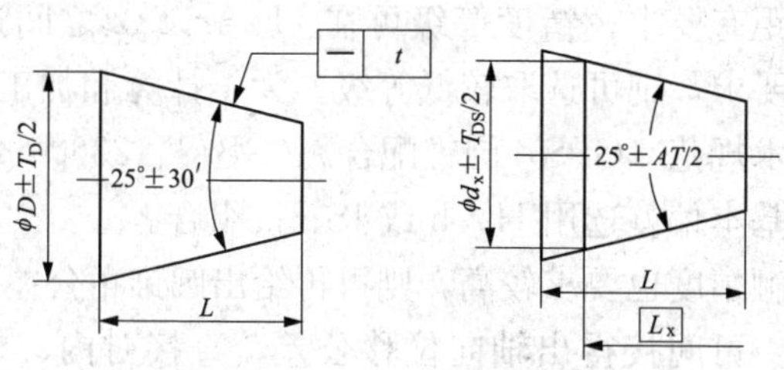

图 6-19　公差锥度法标注

3. 圆锥公差的选用

在实际生产中，应根据具体使用要求选用圆锥公差。

(1) 选用直径公差。对于有一般配合要求的内、外圆锥的结合，应按第一种公差给定方法，即选用直径公差。

1) 结构型圆锥。其配合性质由其结构决定，因此应同圆柱配合一样存在关系，即 $T_{DP}=T_{Di}+T_{De}$。选用时，可根据配合公差 T_{DP}来确定内、外圆锥直径公差 T_{Di}、T_{De}。

为保证配合精度，直径公差一般不低于 9 级精度。

【例 6-2】 某结构型圆锥根据传递转矩的需要，要求过盈量在 0.035～0.076mm，大径 $D=40$mm，锥度 $C=1:30$，试确定圆锥结合的直径公差带代号。

解：计算圆锥配合公差为

$$T_{DP}=Y_{max}-Y_{min}=(0.076-0.035)\text{mm}=0.041\text{mm}$$

同时，根据 $T_{DP}=T_{Di}+T_{De}=0.041$mm，查标准公差数值表，

并按孔精度比轴精度低一级的选用得知

$$IT7+IT6=0.025mm+0.016mm=0.041mm$$

再查基本偏差表，确定直径公差带代号为：内圆锥 H7、外圆锥 u6。

最后，确定圆锥配合为 $\phi 40\ \dfrac{H7^{+0.025}_{\ \ 0}}{u6^{+0.076}_{+0.060}}$ mm。

2）位移型圆锥。其配合性质由内、外圆锥轴向位移量确定，直径误差是直接影响因素。圆锥公差的选用方法有两种。

方法一：根据对基面距的要求选取直径公差。

对基面距有要求，精度等级可在 IT8～IT12 之间选取；对基面距无严格要求，则可选取较低等级。为了计算和加工方便，《产品几何量技术规范（GPS）圆锥配合》（GB/T 12360—2005）推荐位移型圆锥基本偏差选用 H、h 或 JS、js 组合。

若对接触精度也要求较高，则可再给出圆锥角公差 AT 控制。

方法二：可间接得出轴向位移公差，直接对内、外圆锥的轴向位移量进行控制。

【例 6-3】 将例 6-2 中的圆锥配合改为位移型圆锥配合，试计算极限轴向位移，并确定轴向位移公差。

解：由例 6-2 得知 $Y_{max}=0.076mm$，$Y_{min}=0.060mm$

最大轴向位移 $E_{max}=Y_{max}/C=0.076mm\times30=2.28mm$

最小轴向位移 $E_{min}=Y_{min}/C=0.060mm\times30=1.80mm$

轴向位移公差 $T_E=E_{max}-E_{min}=2.28mm-1.80mm=0.48mm$

（2）同时给出给定圆锥截面直径公差和圆锥角公差。对于配合面有较高接触精度要求的内、外圆锥结合，应按第二种公差给定方法，即同时给出给定圆锥截面直径公差 T_{DS} 和圆锥角公差 AT。

（3）非配合外圆锥。对于非配合外圆锥选用同圆柱公差，一般选用基本偏差 js。

4. 圆锥表面结构特征要求的选用

圆锥表面轮廓算术平均偏差 Ra 的推荐数值见表 6-6。

表 6-6 圆锥表面轮廓算术平均偏差 *Ra* 的推荐数值

表面 \ 表面粗糙度 \ 连接形式	定心连接	紧密连接	固定连接	支承轴	工具圆锥面	其他
	Ra/μm ≤					
外表面	0.4～1.6	0.1～0.4	0.4	0.4	0.4	1.6～6.3
内表面	0.8～3.2	0.2～0.8	0.6	0.8	0.8	1.6～6.3

5. 未注公差角度的极限偏差的选用

未注公差角度尺寸的极限偏差数值（见表 6-7）适用于金属切削加工圆锥角度的选用，也可用于非切削加工圆锥角度的选用，包括在图样上标注的角度和通常不需标注的角度，如 90°角度等。

表 6-7 未注公差角度尺寸的极限偏差数值（摘自 GB/T 1804—2000）

公差等级	长度分段/mm				
	≤10	>10～50	>50～120	>120～400	>400
精密	±1°	±30′	±20′	±10′	±5′
中等					
粗糙	±1°30′	±1°	±20′	±15′	±10′
最粗	±3°	±2°	±1°	±30′	±20′

未注公差角度的公差等级在图样上或技术文件上用标准号和公差等级表示，如选用表面粗糙度值时，则表示为 GB/T 1804—2000。

四、圆锥（角）的检测

1. 直接测量圆锥角

直接测量圆锥角，即用量具、量仪直接测量零件的角度。例如，用万能角度尺、光学测角仪等计量器具测量实际圆锥角的数值。

2. 间接测量圆锥角

间接测量圆锥角是指测量与被测圆锥角有一定的函数关系的若干线性尺寸，然后计算出被测圆锥角的实际值。通常使用指示式计量器具和正弦尺、量块、滚子、钢球进行测量。

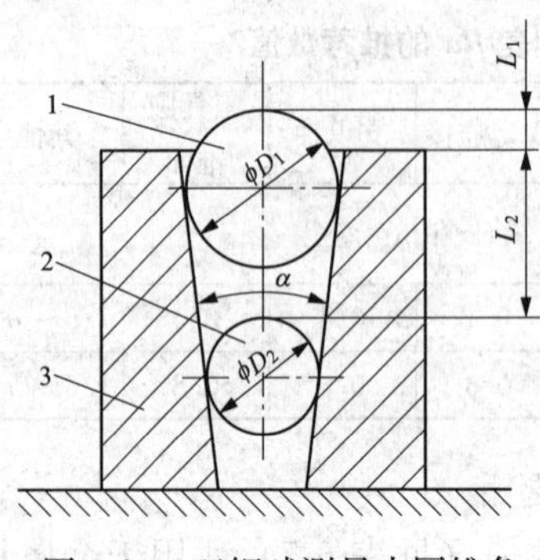

图 6-20　双钢球测量内圆锥角

(1) 如图 6-20 所示，为利用标准钢球和指示式计量器具测量内圆锥的示例。把两个直径分别为 D_2 和 D_1 的钢球 2 和 1，先后放入被测零件 3 的内圆锥内，以被测圆锥的大端面作为测量基准面，分别测量出两个钢球顶点至该测量基准面的距离 L_2 和 L_1。然后，求解内圆锥半角 $\frac{\alpha}{2}$ 的数值，即

$$\sin\frac{\alpha}{2}=\frac{D_1-D_2}{\pm 2L_1+2L_2-D_1+D_2} \tag{6-9}$$

当大球突出于测量基准面时，式 (6-9) 中 $2L_1$ 前的符号取 "+" 号；反之，取为 "−" 号。根据 $\sin\left(\frac{\alpha}{2}\right)$ 的值，便可确定被测圆锥角的实际值。

(2) 如图 6-21 所示，为利用正弦尺、量块和指示表测量外圆锥角的示例。测量时，将尺寸为 h 的量块组 4 安放在平板 5 的工作面（测量基准）上，然后把正弦尺 3 的两个圆柱分别放置在平板 5 的工作面上和量块 4 的上测量面上。根据被测圆锥的基本圆锥角 α 和正弦尺两圆柱的中心距 L，计算量块组的尺寸 h，即

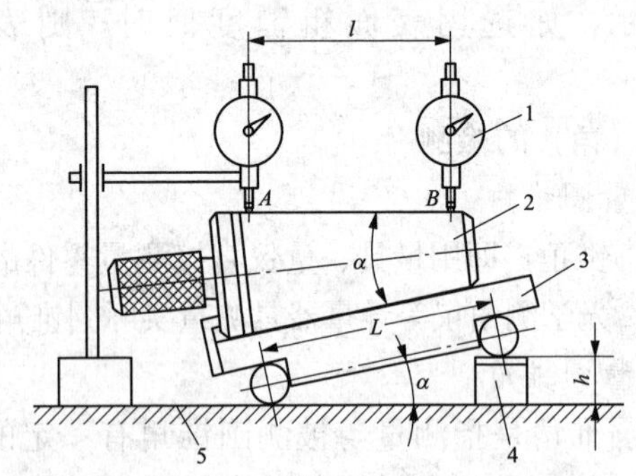

图 6-21　用正弦尺测量外圆锥角

1—指示表；2—被测外圆锥；3—正弦尺；4—量块组；5—平板

$$h = L\sin\alpha \tag{6-10}$$

如果被测外圆锥 2 的实际圆锥角等于 α，则该圆锥最高的素线必然平行于平板 5 的工作面，由指示表 1 在最高素线两端的 A、B 两点测得的示值相同，否则在 A、B 两点测得的示值就不相同。令指示表 1 在 A、B 两点测得的示值分别为 M_A（μm）和 M_B（μm），用普通量具测得的 A、B 两点的距离为 l（mm），则可获得圆锥角的偏差 $\Delta\alpha$，即

$$\Delta\alpha = \frac{M_A - M_B}{l}(\text{rad}) = 206\,265\,\frac{M_A - M_B}{l}('') \tag{6-11}$$

3. 用量规检验圆锥角偏差

内、外圆锥的圆锥角实际偏差可分别用圆锥量规检验，如图 6-22 所示。测量内圆锥用圆锥塞规检验，测量外圆锥用圆锥环规检验。检验内圆锥的圆锥角偏差时，在圆锥塞规工作面的素线全长上，涂 3～4 条极薄的显示剂；检验外圆锥的圆锥角偏差时，在被测外圆锥表面的素线全长上，涂 3～4 条极薄的显示剂。然后，把量规（圆锥塞规、圆锥环规）与被测圆锥对研（来回旋转应小于 180°）。根据被测圆锥上的着色或量规上擦掉的痕迹，来判断被测圆锥角的实际值合格与否。

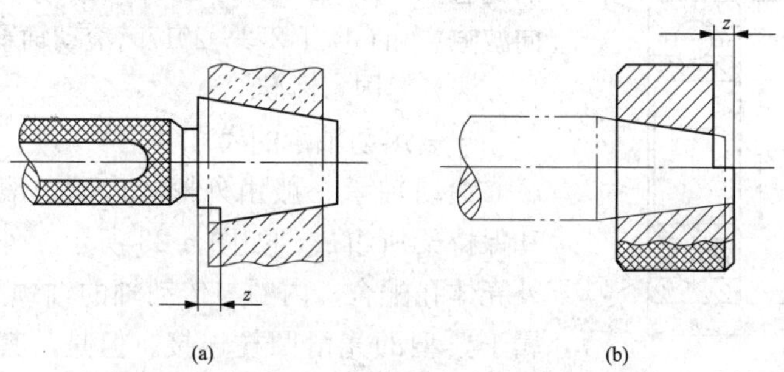

图 6-22　用圆锥量规检验圆锥角偏差

（a）圆锥塞规；（b）圆锥环规

此外，在量规的基准端部刻有两条刻线（凹缺口），它们之间轴线的距离为 z，用以检验被测圆锥的实际直径偏差、圆锥角的实际偏差和形状误差的综合结果，面产生的基面距偏差。若被测圆

锥的基准平面位于量规这两条线之间，则表示该综合结果合格。

第二节　滚动轴承的公差与配合及其检测

滚动轴承是机械制造业中应用极为广泛的一种标准部件，在机器中起着支承作用，可以减小运动副的摩擦，提高机械效率。滚动轴承的公差与配合方面的精度设计是指正确确定滚动轴承内圈与轴颈的配合、外圈与外壳孔的配合以及轴颈和外壳孔的尺寸公差带、几何公差和表面粗糙度轮廓幅度参数，以保证滚动轴承的工作性能和使用寿命。

为了实现滚动轴承及其相配合零件的互换性，正确进行滚动轴承的公差与配合设计，我国发布了 GB/T 6930—2002《滚动轴承词汇》《ISO5593：1997，IDT》、GB/T 4199—2003《滚动轴承　公差　定义》、GB/T 7235—2004《产品几何量技术规范（GPS）评定圆度误差的方法　半径变化量测量》、GB/T 307.1—2005《滚动轴承　向心轴承　公差》、GB/T 307.3—2005《滚动轴承　通用技术规则》、GB/T 307.4—2017《滚动轴承　推力轴承产品几何技术规范（GPS）和公差值》、GB/T 275—2015《滚动轴承与轴和外壳的配合》、GB/T 4604—2006《滚动轴承径向游隙》和 GB/T 272—2017《滚动轴承　代号方法》等国家标准。

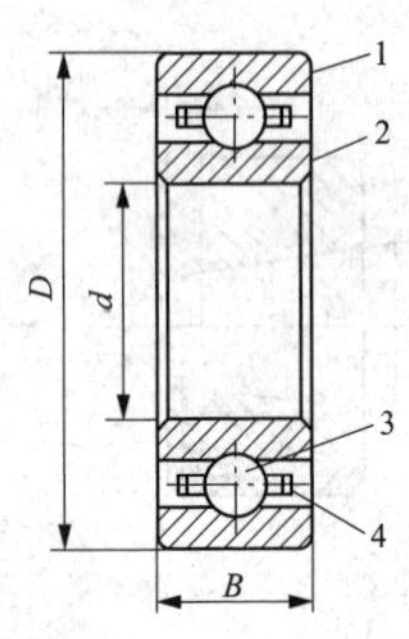

图 6-23　滚动轴承
1—外圈；2—内圈；
3—滚动体；4—保持架

一、滚动轴承的代号

滚动轴承一般由外圈、内圈、滚动体和保持架所组成，如图 6-23 所示。外圈与外壳体孔配合，内圈与传动轴的轴颈配合，属于典型的光滑圆柱连接。但是，其公差配合与一般光滑圆柱连接要求不同。

按承受负荷的方向，滚动轴承可分为推力轴承（承受轴向负荷）、向心轴承（承受径向负荷）和角接触轴承（同时承受径向与轴向负荷）。

滚动轴承的工作性能与使用寿命，既取决于其本身的制造精度，也取决于其与箱体外壳孔、传动轴轴颈的配合尺寸精度、几何精度以及表面粗糙度等。

滚动轴承代号是表示其结构、尺寸、公差等级和技术性能等特征的产品符号，由字母和数字组成。按 GB/T 272—2017 的规定，轴承代号由前置代号、基本代号和后置代号构成，其排列顺序见表 6-8。

表 6-8　　滚动轴承代号的构成

<table>
<tr><th colspan="5">轴承代号</th></tr>
<tr><td rowspan="4">前置代号</td><td colspan="3">基本代号</td><td rowspan="4">后置代号</td></tr>
<tr><td colspan="2">轴承系列</td><td rowspan="3">内径代号</td></tr>
<tr><td rowspan="2">类型代号</td><td>尺寸系列代号</td></tr>
<tr><td>宽度（或高度）系列代号　直径系列代号</td></tr>
</table>

1. 滚动轴承的基本代号

滚动轴承的基本代号表示轴承的基本类型、结构和尺寸，是轴承代号的基础。基本代号由轴承类型代号、尺寸系列代号和内径代号三部分构成，其排列顺序见表 6-8。

（1）类型代号。轴承类型代号用阿拉伯数字（以下简称数字）或大写拉丁字母（以下简称字母）表示。一般滚动轴承类型代号见表 6-9。

表 6-9　　一般滚动轴承类型代号

代号	轴承类型	代号	轴承类型
0	双列角接触球轴承	N	圆柱滚子轴承
1	调心轴承		双列或多列用字母 NN 表示
2	调心滚子轴承和推力调心滚子轴承	U	外球面球轴承
3	圆锥滚子轴承	QJ	四点接触球轴承
4	双列深沟球轴承	C	长圆弧面滚子轴承（圆环轴承）
5	推力球轴承		
6	深沟球轴承		
7	角接触深沟球轴承		
8	推力圆柱滚子轴承		

注　在代号后或前加字母或数字表示该类轴承中的不同结构。

（2）尺寸系列代号。尺寸系列代号用数字表示。尺寸系列代号由轴承的宽（高）度系列代号和直径系列代号组合而成。向心轴承、推力轴承尺寸系列代号见表 6-10。

表 6-10　向心轴承、推力轴承尺寸系列代号

直径系列代号	向心轴承								推力轴承			
	宽度系列代号								高度系列代号			
	8	0	1	2	3	4	5	6	7	9	1	2
	尺寸系列代号											
7	—	—	17	—	37	—	—	—	—	—	—	—
8	—	08	18	28	38	48	58	68	—	—	—	—
9	—	09	19	29	39	49	59	69	—	—	—	—
0	—	00	10	20	30	40	50	60	70	90	10	—
1	—	01	11	21	31	41	51	61	71	91	11	—
2	82	02	12	22	32	42	52	62	72	92	12	22
3	83	03	13	23	33	—	—	—	73	93	13	23
4	—	04	—	24	—	—	—	—	74	94	14	24
5	—	—	—	—	—	—	—	—	—	95	—	—

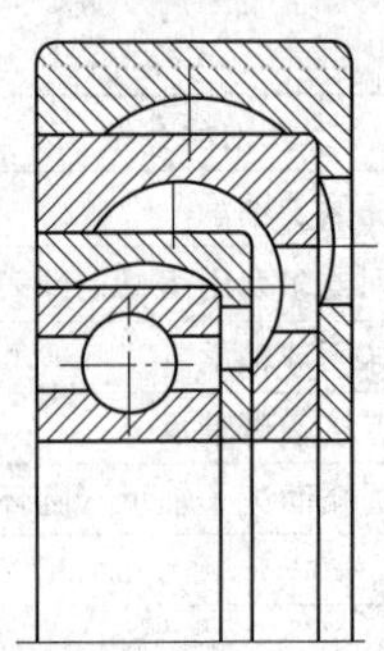

图 6-24　滚动轴承的直径系列

直径系列代号表示内径相同的同类轴承有几种不同的外径和宽度，如图 6-24 所示。宽度系列代号表示内、外径相同的同类型轴承宽度的变化。

（3）内径代号。滚动轴承内径代号用数字表示，见表 6-11。

表 6-11　　滚动轴承的内径代号

<table>
<tr><th colspan="2">轴承公称内径/mm</th><th>内径代号</th><th>示例</th></tr>
<tr><td colspan="2">0.6～10（非整数）</td><td>用公称内径毫米数直接表示，在其与尺寸系列代号之间用“/”分开</td><td>深沟球轴承 617/0.6 d=0.6mm
深沟球轴承 618/2.5 d=2.5mm</td></tr>
<tr><td colspan="2">1～9（整数）</td><td>用公称内径毫米数直接表示，对深沟及角接触球轴承直径系列 7、8、9，内径与尺寸系列代号之间用“/”公开</td><td>深沟球轴承 625 d=5mm
深沟球轴承 618/5 d=5mm
角接触球轴承 707 d=7mm
角接触球轴承 719/7 d=7mm</td></tr>
<tr><td rowspan="4">10～17</td><td>10</td><td>00</td><td>深沟球轴承 6200 d=10mm</td></tr>
<tr><td>12</td><td>01</td><td>调心球轴承 1201 d=12mm</td></tr>
<tr><td>15</td><td>02</td><td>圆柱滚子轴承 NU 202 d=15mm</td></tr>
<tr><td>17</td><td>03</td><td>推力球轴承 51103 d=17mm</td></tr>
<tr><td colspan="2">20～480（22，28，32 除外）</td><td>公称内径除以 5 的商数，商数为个位数，需在商数左边加“0”，如 08</td><td>调心滚子轴承 22308 d=40mm
圆柱滚子轴承 NU 1096 d=480mm</td></tr>
<tr><td colspan="2">≥500 以及 22，28，32</td><td>用公称内径毫米数直接表示，但在与尺寸系列之间用“/”表示</td><td>调心滚子轴承 230/500 d=500mm
深沟球轴承 62/22 d=22mm</td></tr>
</table>

（4）基本代号编制规则。基本代号中当轴承类型代号用字母表示时，编排时应与轴承的尺寸系列代号、内径代号或安装配合特征尺寸的数字之间空半个汉字距，例如：NJ 230、AXK 0821。

2. 滚动轴承的前置代号和后置代号

前置代号和后置代号是当轴承的结构形状、公差、技术要求等有改变时，在轴承基本代号左右添加的补充代号。

（1）前置代号用字母表示，经常用于表示轴承分部件（轴承组件），其代号及含义见表 6-12。

表 6-12　滚动轴承的前置代号（摘自 GB/T 272—2017）

代号	含　义	示　例
L	可分离轴承的分离内圈或外圈	LNU207，表示 NU207 轴承的内圈 LN207，表示 N207 轴承的内圈
LR	带可分离内圈或外圈与滚动体的组件	—
R	不带可分离内圈或外圈与滚动体的组件（滚针轴承仅适用于 NA 型）	RNU207，表示 NU207 轴承外圈与滚子组件 RNA6904，表示无内圈的 NA6904 滚针轴承
K	滚子和保持架组件	K811087，表示无内圈和外圈的 81107 轴承
WS	推力圆柱滚子轴承轴圈	WS81107
GS	推力圆柱滚子轴承座圈	GS81107
F	带凸缘外圆的向心球轴承（仅适用于 $d \leqslant 10$mm）	F618/4
FSN	凸缘外圆分离型微型角接触球轴承（仅适用于 $d \leqslant 10$mm）	FSN 719/5-Z
KIW-	无座圈的推力轴承组件	KIW-51108
KOW-	无轴圈的推力轴承组件	KOW-51108

（2）后置代号用字母或字母加数字表示。后置代号所表示轴承的特性及排列顺序见表 6-13，内部结构代号及含义见表 6-14，公差等级代号及含义见表 6-15，游隙代号及含义见表 6-16，配置代号及含义见表 6-17。有关后置代号的其他内容可查阅轴承标准及设计手册。

（3）后置代号的编制规则。

1）后置代号置于基本代号的右边并与基本代号空半个汉字距（代号中有符号“—”“/”除外）。当改变项目多，且有多组后置代号，按表 6-8 所列从左至右的顺序排列。

2）改变为第 4 组（含第 4 组）以后的内容，则在其代号前用“/”与前面代号隔开，例如：6205-2Z/P6，22308/P63。

表 6-13　滚动轴承的后置代号的排列顺序（摘自 GB/T 272—2017）

组别	1	2	3	4	5	6	7	8	9
含义	内部结构	密封与防尘与外部形状	保持架及其材料	轴承零件材料	公差等级	游隙	配置	振动及噪声	其他

表 6-14　滚动轴承后置代号的内部结构代号及含义（摘自 GB/T 272—2017）

代号	含　义	示　例
A	无装球缺口的双列角接触或深沟球轴承	3205A
	滚针轴承外圈带双链圈（$d>10$mm，$F_r>10$mm）	—
	套圈直滚道的深沟球轴承	—
AC	角接触球轴承，公称接触角度 $\alpha=25°$	7210AC
B	角接触球轴承，公称接触角 $\alpha=25°$	7210B
	圆锥滚子轴承，接触角加大	32310B
C	角接触球轴承，公称接触角度 $\alpha=25°$	7005C
	调心滚子轴承 C 型调心滚子轴承设计改变，内圈无挡边，活动中挡圈，冲压保持架，对称型滚子，加强型	23122
CA	C 型调心滚子轴承，内圈带挡边，活动中挡圈，实体保持架	23084CA/W33
CAB	CA 型调心滚子轴承，滚子中部穿孔，带柱销式保持架	—
CABC	CAB 型调心滚子轴承，滚子引导方式有改进	—
CAC	CA 型调心滚子轴承，滚子引导方式有改进	22252CACK
CC	C 型调心滚子轴承，滚子引导方式有改进（注：CC 还有第二种解释，见表 6-17）	22205CC
D	剖分式轴承	K50×55×20D
E	加强型	NU 207 E
ZW	滚针保持架组件，双列	K20×25×40 ZW

注　加强型，即内部结构设计改进，增大轴承承载能力。

表 6-15　滚动轴承后置代号中的公差等级代号及含义
（摘自 GB/T 272—2017）

代号	含　义	示　例
/PN	公差等级符合标准规定的普通级，代号中省略不表示	6203
/P6	公差等级符合标准规定的 6 级	6203/P6
/P6X	公差等级符合标准规定的 6X 级	30210/P6X
/P5	公差等级符合标准规定的 5 级	6203/P5
/P4	公差等级符合标准规定的 4 级	6203/P4
/P2	公差等级符合标准规定的 2 级	6203/P2
/SP	尺寸精度相当于 5 级，旋转精度相当于 4 级	234420/SP
/UP	尺寸精度相当于 4 级，旋转精度相当于 4 级	234730/UP

表 6-16　滚动轴承后置代号中的游隙代号及含义
（摘自 GB/T 272—2017）

代号	含　义	示　例
/C2	游隙符合标准规定的 2 组	6210/C2
/CN	游隙符合标准规定的 N 组，代号中省略不表示	6210
/C3	游隙符合标准规定的 3 组	6210/C3
/C4	游隙符合标准规定的 4 组	NN 3006 K/C4
/C5	游隙符合标准规定的 5 组	NNU 4920 K/C5
/CA	公差等级为 SP 和 UP 的机床主轴用圆柱滚子轴承径向游隙	—
/CM	电机深沟球轴承游隙	234420/SP6204-2RZ/P6CM
/CM	N 组游隙，/CN 与字母 H、M 和 L 组合，表示游隙范围减半，或与 P 组合，表示游隙范围偏移，如： /CNH——N 组游隙减半，相当于 N 组游隙范围的上半部 /CNL——N 组游隙减半，相当于 N 组游隙范围的下半部 /CNM——N 组游隙减半，相当于 N 组游隙范围的中部 /CNP——偏移游隙范围，相当于 N 组游隙范围的上半部及 3 组游隙范围的下半部	—
/C9	轴承游隙不同于现标准	6205-2RS/C9

表 6-17　滚动轴承的后置代号的配置代号及含义（摘自 GB/T 272—2017）

<table>
<tr><th colspan="2">代号</th><th>含义</th><th>示　例</th></tr>
<tr><td colspan="2">/DB</td><td>成对背靠背安装</td><td>7210C/DB</td></tr>
<tr><td colspan="2">/DF</td><td>成对面对面安装</td><td>32208/DF</td></tr>
<tr><td colspan="2">/DT</td><td>成对串联安装</td><td>7210C/DT</td></tr>
<tr><td rowspan="5">配置组中轴承数目</td><td>/D</td><td>两套轴承</td><td rowspan="12">配置组中轴承数目和配置中轴承排列可以组合成多种配置方式，如：
——成对配置的/DB、/DF、/DT；
——三套配置的/TBT、/TFT、/TT；
——四套配置的/QBC、/QFC、/QT、/QBT、/QFT 等；
7210C/TF——接触角 $\alpha=15°$ 的角接触球轴承 7210C，三套配置，两套串联和一套面对面；
7210C/PT——接触角 $\alpha=15°$ 的角接触球轴承 7210C，五套串联配置；
7210AC/QBT——接触角 $\alpha=25°$ 的角接触球轴承 7210C，四套成组配置，三套串联和一套背对背</td></tr>
<tr><td>/T</td><td>三套轴承</td></tr>
<tr><td>/Q</td><td>四套轴承</td></tr>
<tr><td>/P</td><td>五套轴承</td></tr>
<tr><td>/S</td><td>六套轴承</td></tr>
<tr><td rowspan="7">配置中的轴承排列</td><td>B</td><td>背对背</td></tr>
<tr><td>F</td><td>面对面</td></tr>
<tr><td>T</td><td>串联</td></tr>
<tr><td>G</td><td>万能组配</td></tr>
<tr><td>BT</td><td>背对背和串联</td></tr>
<tr><td>BC</td><td>成对串联的背对背</td></tr>
<tr><td>FC</td><td>成对串联的对面对</td></tr>
<tr><td rowspan="5">预定载荷</td><td>G</td><td>特殊预紧，附加数字直接表示预紧力的大小（单位为 N），用于角接触球轴承时，“G”可省略</td><td>7210 C/G325——接触角 $\alpha=15°$ 的角接触球轴承 7210C，特殊预载荷为 325N</td></tr>
<tr><td>GA</td><td>轻预紧，预紧力较小（深沟及角接触球轴承）</td><td>7210 C/DBGA——接触角 $\alpha=15°$ 的角接触球轴承 7210 C，成对串联的背对背，有轻预紧</td></tr>
<tr><td>GB</td><td>中预紧，预紧力大于 GA（深沟及角接触球轴承）</td><td>—</td></tr>
<tr><td>GC</td><td>重预紧，预紧力大于 GB（深沟及角接触球轴承）</td><td>—</td></tr>
<tr><td>R</td><td>径向载荷均匀分配</td><td>NU 210/QTR——圆柱滚子轴承 NU 210，四套配置，均匀预紧</td></tr>
</table>

续表

代号		含义	示　例
轴向载荷	CA	轴向游隙较小（深沟及角接触球轴承）	—
	CB	轴向游隙大于CA（深沟及角接触球轴承）	—
	CC	轴向游隙大于CB（深沟及角接触球轴承）	—
	CG	轴向游隙为零（圆锥滚子轴承）	—

3）改变内容为第4组后的两组，在前组与后组代号中的数字或文字表示含义可能混淆时，两代号间空半个汉字距，例如：6208/P63 V1。

3. 滚动轴承代号的解释

（1）71908/P5滚动轴承。

7——轴承类型为角接触球轴承。

19——尺寸系列代号，1为宽度系列代号，9为直径系列代号。

08——内径代号，$d=40$mm。

P5——公差等级为5级。

（2）6204滚动轴承。

6——轴承类型为深沟球轴承。

（0）2——尺寸系列代号，宽度系列代号为0（省略），2为直径系列代号。

04——内径代号，$d=20$mm。

公差等级为0级（公差等级代号P0省略）。

轴承代号中的基本代号最为重要，而7位数字中，从右边数起的4位数字最为常用。

二、滚动轴承的公差

滚动轴承安装在机器上，为保证其正常工作性能，必须满足两项要求：一是必要的旋转精度，以防止轴承内、外圈和端面跳动引起机件运转不平稳，产生振动和噪声，二是适当的径向和轴向游隙，以避免游隙过大引起径向或轴向窜动，产成振动和噪声，或因游隙过小引起滚动体与套圈间产生较大的接触应力而摩擦发热，导致轴承使用寿命缩短。

为此国家标准专门制定了滚动轴承公差，其公差带的大小和位置有其特殊规定。

1. 滚动轴承公差带的大小

（1）公差项目。滚动轴承的内外圈都是薄壁零件，在制造和搬运过程中容易变形（变成椭圆形）。但当轴承内圈与轴颈、外圈与外壳孔装配后，这种变形往往又能得到矫正。考虑上述情况，国家标准对轴承内径和外径尺寸公差做了两项规定。

1）规定单一平面平均内、外径偏差 Δd_{mp}、ΔD_{mP}，即实测内、外径尺寸的最大值和最小值的平均值与公称直径的允许偏差，目的是用于轴承的配合。

2）规定单一内、外径偏差 Δd_s、ΔD_s，即内、外径尺寸的最大值、最小值的允许偏差，目的是为了限制变形量。

部分向心轴承单一平面平均内、外径偏差 Δd_{mp}、ΔD_{mP} 值见表6-18。

表 6-18　部分向心轴承单一平面平均内、外径偏差 Δd_{mp}、ΔD_{mP} 值（摘自 GB/T 307.1—2005）

公差等级			0		6		5		4		2	
直径/mm			极限偏差/μm									
大于		到	上偏差	下偏差	上偏差	下偏差	上偏差	下偏差	上偏差	下偏差	上偏差	下偏差
内圈	18	30	0	−10	0	−8	0	−6	0	−5	0	−2.5
	30	50	0	−12	0	−10	0	−8	0	−6	0	−2.5
外圈	50	80	0	−13	0	−11	0	−9	0	−7	0	−4
	80	120	0	−15	0	−13	0	−10	0	−8	0	−5

（2）标准公差等级。《滚动轴承通用技术规则》（GB/T 307.3—2005）规定，向心轴承精度（圆锥滚子轴承除外）分为5级，即0、6、5、4、2五级，精度依次升高；圆锥滚子轴承精度

分为五级，即0、6x、5、4、2五级；推力轴承精度分为4级，即0、6、5和4四级。

（2）滚动轴承各级精度应用范围如下。

1）0级滚动轴承。0级滚动轴承称为普通级轴承，在机械中应用最广。用于低、中速及旋转精度要求不高的一般旋转机构，如普通机床的变速、进给机构，汽车、拖拉机变速箱，普通电动机、水泵、压缩机的旋转机构等。

除0级以外的其余各级统称为高精度轴承。

2）6级滚动轴承。6级滚动轴承用于旋转精度和转速要求较高的旋转机构，如用于普通机床主轴的轴承、精密机床变速箱的轴承等。

3）5、4级滚动轴承。5、4级滚动轴承用于要求高速、高旋转精度的机构，如用于精密机床的主轴轴承，精密仪器仪表的主要轴承等。

4）2级滚动轴承。2级滚动轴承用于转速很高、旋转精度要求也很高的机构，如用于齿轮磨床、精密坐标镗床的主轴轴承，高精度仪器仪表及其他高精度精密机械的主要轴承。

2. 滚动轴承的公差带位置

滚动轴承是标准件，国家标准规定轴承内圈与轴配合采用基孔制，外圈与外壳孔配合采用基轴制。这种配合制与普通光滑圆柱体的配合制有所不同，这是由滚动轴承配合的特殊需要决定的。

图6-25所示为滚动轴承内、外径的公差带图，各级轴承公差带均采用单向下置配置，即上极限偏差为零，下极限偏差为负值。

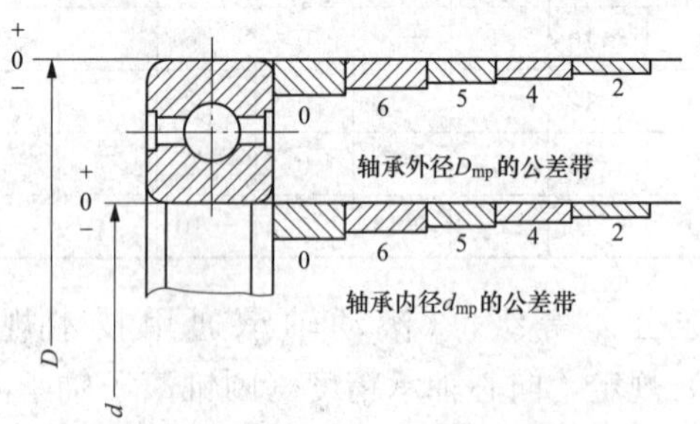

图6-25　滚动轴承内、外径的公差带图

滚动轴承内圈内孔与轴颈的配合属于基孔制，但采用下置制。因为多数情况下轴承内圈轴随轴一起转动，为防止内圈与轴颈发生相对滑动而导致磨损，要求其配合必须有一定过盈。但若过盈量过大，则使内圈应力过大而且不便拆卸；若过盈量不足，会出现孔轴结合不可靠的情况，因此应该选择小过盈量的过盈配合或大过盈量的过渡配合。假如轴承内圈公差带直接引用一般基准孔的公差带（单向偏置在零线上侧），与一般轴组成配合，很难达到上述要求。若采用非标准配合，不仅给设计者带来麻烦，又违反了标准化与互换性原则。为此，国家标准专门规定将轴承内圈公差带置于零线下侧，再与《极限与配合》（GB/T 1801—2009）中推荐的常用（优先）轴公差带相结合，其配合性质将不同程度地变紧，即能够较好地满足使用要求。

滚动轴承的外圈与外壳孔采用基轴制，但公差值却与一般基轴制不同。原因是为了补偿轴由工作引起的热膨胀而产生的轴向移动，轴承一端设计为游动支撑，故外圈与外壳孔之间的结合不能很紧。因此，标准中规定作为基准轴的轴承外圈公差带与一般基准轴的公差带位置相类似，但公差值不同。

滚动轴承自身的尺寸误差、几何误差、表面粗糙度以及滚动体与内、外圈的配合误差等，可在滚动轴承的制造过程中由轴承厂根据滚动轴承公差与配合标准加以控制。因此，对于滚动轴承使用者来说，在实际生产中面临最多的问题，是对与滚动轴承相配合的轴颈及外壳孔公差的选用问题。

3. 滚动轴承公差选用实例

【例 6-4】 某车床传动机构中的深沟球轴承，其尺寸为 $d\times D\times B=50\text{mm}\times110\text{mm}\times27\text{mm}$，试确定尺寸公差带。

解： 1）确定精度等级。此轴承属于普通机床变速机构，从上述应用范围中可确定为普通级 0 级轴承。

2）确定极限偏差。查表 6-18 得，向心轴承单一平面平均内径偏差 Δd_{mp}值，上偏差＝0，下偏差＝－0.015μm；平均外径偏差 ΔD_{mp}，上偏差＝0，下偏差＝－0.015μm。

3）绘制公差带图。根据上述选用公差等级及上下偏差、轴承

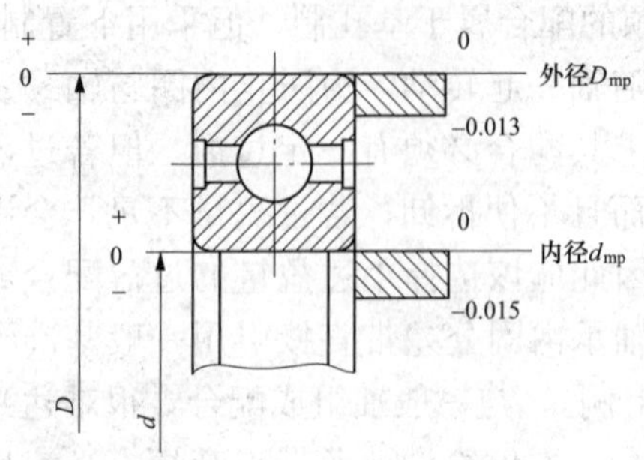

图 6-26 ［例 6-4］滚动轴承尺寸公差带

尺寸公差带如图 6-26 所示。

三、滚动轴承与轴颈、外壳孔的配合

1. 轴颈与外壳孔的尺寸公差带

如前所述，与滚动轴承相配合的轴颈、外壳孔直接引用光滑圆柱体的公差标准。为了方便选用，《滚动轴承与轴和外壳孔的配合》（GB/T 275—2015）中，对与 0 级和 6 级轴承相配合的轴颈、外壳孔规定了一定数量的常用公差带（其相应数值选自 GB/T 1801—2009），如图 6-27 所示。与 5 级和 4 级轴承相配的轴颈、外壳孔的公差带，见表 6-19～表 6-22。

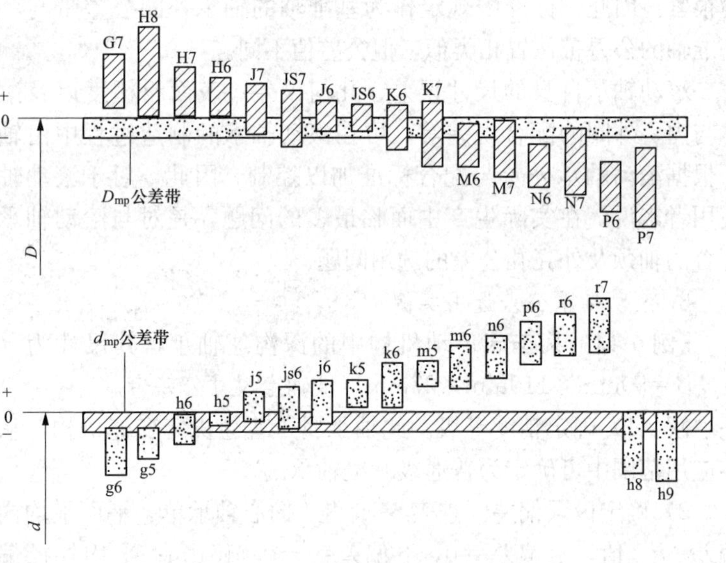

图 6-27 轴颈、外壳孔与轴承配合的公差带

表 6-19　　向心轴承和轴颈的配合　轴公差带
（摘自 GB/T 275—2015）

<table>
<tr><td colspan="8">圆柱孔轴承</td></tr>
<tr><td colspan="3" rowspan="2">载荷情况</td><td rowspan="2">举例</td><td>深沟球轴承、调心球轴承和角接触球轴承</td><td>圆柱滚子轴承和圆锥滚子轴承</td><td>调心滚子轴承</td><td>公差带</td></tr>
<tr><td colspan="4">轴承公称内径/mm</td></tr>
<tr><td rowspan="3">内圈承受旋转载荷或方向不定载荷</td><td colspan="2">轻载荷</td><td>输送机、轻载齿轮箱</td><td>≤18
>18～100
>100～200
—</td><td>—
≤40
>40～140
>140～200</td><td>—
≤40
>40～100
>100～200</td><td>h5
j6[a]
k6[a]
m6[a]</td></tr>
<tr><td colspan="2">正常载荷</td><td>一般通用机械、电动机、泵、内燃机、正齿轮传动装置</td><td>≤18
>18～100
>100～140
>140～200
>200～280
—
—</td><td>—
≤40
>40～100
>100～140
>140～200
>200～400
—</td><td>—
≤40
>40～65
>65～100
>100～140
>140～280
>280～500</td><td>j5、js5
k5[b]
m5[b]
m6
n6
p6
r6</td></tr>
<tr><td colspan="2">重载荷</td><td>铁路机车车辆轴箱、牵引电机、破碎机等</td><td>—</td><td>>50～140
>140～200
>200
—</td><td>>50～100
>100～140
>140～200
>200</td><td>n6[c]
p6[c]
r6[c]
r7[c]</td></tr>
<tr><td rowspan="2">内圈承受固定载荷</td><td rowspan="2">所有载荷</td><td>内圈需在轴向易移动</td><td>非旋转轴上的各种轮子</td><td colspan="3" rowspan="2">所有尺寸</td><td>f6
g6</td></tr>
<tr><td>内圈不需在轴向易移动</td><td>张紧轮、绳轮</td><td>h6
j6</td></tr>
<tr><td colspan="3">仅有轴向载荷</td><td colspan="4">所有尺寸</td><td>j6、js6</td></tr>
</table>

续表

圆锥孔轴承				
所有载荷	铁路机车车辆轴箱	装在退卸套上	所有尺寸	h8 (IT6)[d,e]
	一般机械传动	装在紧定套上	所有尺寸	h9 (IT7)[d,e]

注 1. 凡精度要求较高的场合，应用 j5、k5、m5 代替 j6、k6、m6。

2. 圆锥滚子轴承、角接触球轴承配合对游隙影响不大，可用 k6、m5 代替 k5、m5。

3. 重载荷下轴承游隙应选大于 N 组。

4. 凡精度要求较高或转速要求较高的场合，应选用 h7（IT5）代替 h8（IT6）等。

5. IT6、IT7 表示圆柱度公差数值。

表 6-20　向心轴承和外壳孔的配合　孔公差带（摘自 GB/T 275—2015）

载荷情况		举例	其他状况	公差带	
				球轴承	滚子轴承
外圈承受固定载荷	轻、正常、重	一般机械、铁路机车车辆轴箱	轴向易移动，可采用剖分式轴承座	H7、G7[b]	
	冲击		轴向能移动，可采用整体或剖分式轴承座	J7、JS7	
方向不定载荷	轻、正常	电机、泵、曲轴主轴承			
	正常、重		轴向不移动，采用整体式轴承座	K7	
	重、冲击	牵引电机		M7	
外圈承受旋转载荷	轻	皮带张紧轮		J7	K7
	正常	轮毂轴承		M7	N7
	重			—	N7、P7

[a] 并列公差带随尺寸的增大从左至右选择。对旋转精度有较高要求时，可相应提高一个公差等级。

[b] 不适用于剖分式轴承座。

2. 滚动轴承配合的选用

选用轴颈、外壳孔与滚动轴承配合的方法是类比法。选用时需考虑的主要因素有：轴承套圈的旋转状态、负荷类型、负荷大小等，以及旋转精度、旋转速度、工作温度、零件结构、安装与拆卸等因素。

表 6-21　　推力轴承与轴颈的配合　轴公差带
（摘自 CB/T 275—2015）

载荷情况		轴承类型	轴承公称内径/mm	公差带
仅有轴承载荷		推力球和推力圆柱滚子轴承	所有尺寸	j6、js6
径向和轴向联合载荷	轴圈承受固定载荷	推力调心滚子轴承、推力角接触球轴承、推力圆锥滚子轴承	≤250	j6
			>250	js6
	轴圈承受旋转载荷或方向不定载荷		≤200	k6[a]
			>200～400	m6
			>400	n6

[a] 要求较小过盈时，可分别用 j6、k6、m6 代替 k6、m6、n6。

表 6-22　　推力轴承与外壳孔的配合　孔公差带
（摘自 GB/T 275—2015）

载荷情况		轴承类型	公差带
仅有轴向载荷		推力球轴承	H8
		推力圆柱、圆锥滚子轴承	H7
		推力调心滚子轴承	—[a]
径向和轴向联合载荷	座圈承受固定载荷	推力角接触球轴承、推力调心滚子轴承、推力圆锥滚子轴承	H7
	座圈承受旋转载荷或方向不定载荷		K7[b]
			M7[c]

注　1. 轴承座孔与座圈间间隙为 0.001D（D 为轴承公称外径）。
2. 一般工作条件。
3. 有较大径向载荷时。

（1）负荷类型。轴承套圈的负荷类型直接影响着轴承配合的选用。作用在轴承上的径向负荷主要有两种情况：定向负荷（如齿轮作用力、皮带拉力等）和旋转负荷（如机械零件偏心力），这些负荷的合成称为合成径向负荷，由轴承内、外圈和滚动体来承受。根据套圈工作时相对于合成径向负荷的方向，将套圈所承受的合成径向负荷分为 3 种类型，即固定负荷、循环负荷和摆动负荷。

1）固定负荷。固定负荷是指套圈所承受的合成径向负荷仅固定作用在套圈的固定区域，其特点是套圈相对于合成径向负荷的方向相对静止。

以外圈静止、内圈旋转的向心球轴承为例，如图 6-28 所示，轴承上只承受了定向负荷 P，其大小和方向皆保持不变，这时固定不转动的外圈滚道上承受的就是固定负荷。

2）循环负荷。循环负荷是指套圈所承受的合成径向负荷沿套圈循环作用（依次作用在套圈的整个滚道上），其特点是套圈相对于合成径向负荷的方向相对转动。同样，图 6-28 中旋转的内圈承受的就是循环负荷。

如图 6-29 所示，在轴上安装有一个重的偏心零件，当轴旋转时，轴承上便承受一个旋转的离心力 Q，此时，若忽略其他负荷作用，则离心力 Q 将沿着外圈滚道循环作用，静止的外圈所承受的负荷即为循环负荷。而此时与离心力 Q 一起旋转的内滚道上，所承受的则是固定负荷。

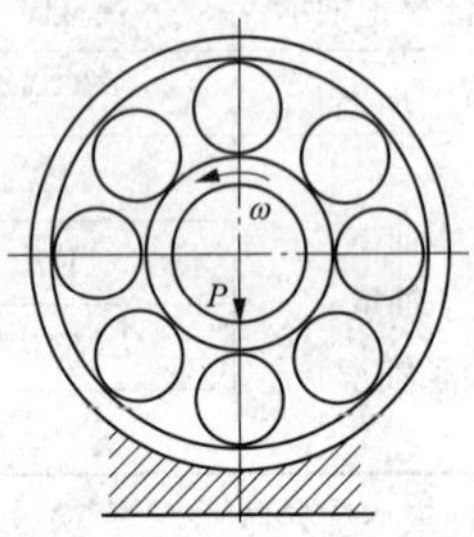

图 6-28　只承受定向负荷

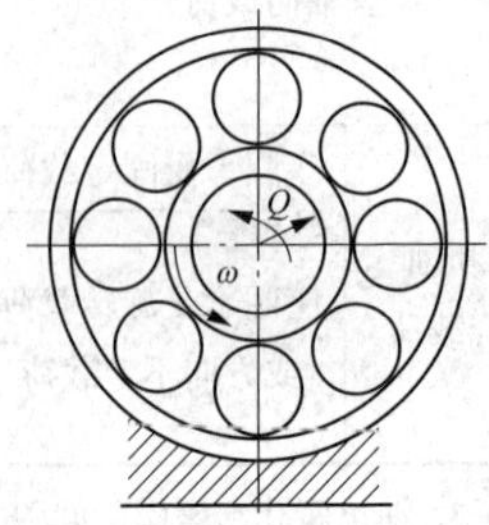

图 6-29　只承受旋转负荷

3）摆动负荷。摆动负荷是指套圈所承受的合成径向负荷沿套圈在一定区域内往复作用，其特点是套圈相对于合成径向负荷的方向在一定区域内作摆动。

如图 6-30（a）所示，在轴承的套圈上承受一个定向负荷 P 和一个旋转负荷 Q（一般情况下 $P>Q$）。两者合成的径向负荷 R 其大小与方向都在变动，如图 6-30（b）所示。此时合成的径向负荷并不作用在外圈滚动的整个圆周上，而仅在 A、B 两点间滚道上往返作用。这时，外圈滚道所承受的合成径向负荷就是摆动负荷。例如，在车床上切削偏心零件而未加配重平衡时，车床主轴前端轴承的外圈即承受此种负荷，内圈承受循环负荷。

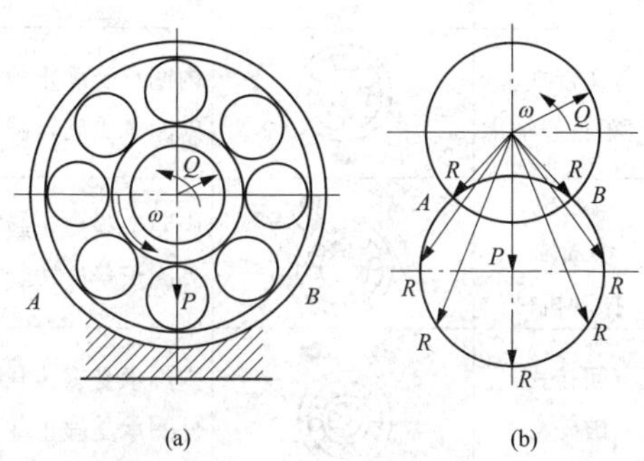

图 6-30　套圈负荷类型（外圈摆动负荷、内圈循环负荷）

（a）同时承受定向负荷 P 和旋转负荷和旋转负荷 Q（而 $P>Q$）；（b）摆动负荷

套圈所承受的负荷类型决定轴承配合的松紧程度，选用配合时必须遵循以下原则。

a. 当轴承套圈承受固定负荷时，应选用较松的过渡配合或较小的间隙配合，以便于套圈在摩擦力矩作用下缓慢转位，使受力均匀，延长使用寿命。

b. 当轴承套圈承受循环负荷时，应选较紧的过渡配合或小过盈配合，以防止配合面打滑，导致发热和磨损。过盈量的大小，以其转动时与轴或壳体间不产生爬行现象为原则。

c. 当轴承套圈承受摆动负荷时，其配合的松紧程度应略松于循环负荷。

套圈相对于载荷方向旋转或摆动时，应选择过盈配合；套圈相对于载荷方向固定时，可选择间隙配合；载荷方向难以确定时，宜选择过盈配合，套圈运转承载情况推荐配合种类可参照表 6-23 选择。

表 6-23　　套圈运转及承载情况和配合的选择
（摘自 GB/T 275—2015）

套圈运转情况	典型示例	示意图	套圈承载情况	推荐的配合
内圈旋转 外圆静止 载荷方向恒定	皮带驱动轴		内圈承受旋转载荷 外圈承受静止载荷	内圈过盈配合 外圈间隙配合
内圈静止 外圈旋转 载荷方向恒定	传送带托辊 汽车轮毂轴承		内圈承受静止载荷 外圈承受旋转载荷	内圈间隙配合 外圈过盈配合
内圈旋转 外圈静止 载荷随内圈旋转	离心机、 振动筛、 振动机械		内圈承受静止载荷 外圈承受旋转载荷	内圈间隙配合 外圈过盈配合
内圈静止 外圈旋转 载荷随外圈旋转	回转式 破碎机		内圈承受旋转载荷 外圈承受静止载荷	内圈过盈配合 外圈间隙配合

（2）负荷大小。轴承所承受负荷的大小也直接影响轴承配合的松紧程度。由于施加在轴承上的过大负荷将引起套圈产生变形，导致配合面的实际过盈量减少及轴承内部游隙增大。为保证轴承正常转动，在承受较重负荷时，转动的套圈与零件间应选用较紧的配合；承受较轻负荷时，应选用较松的配合。

轴承所承受负荷的大小可用径向当量动负荷 P_r 与径向额定动负荷 C_r 的比值来区分。《滚动轴承与轴和外壳孔的配合》（GB/T 275—2015）规定：

$P_r/C_r \leqslant 0.06$ 时为轻负荷。

$0.06 < P_r/C_r \leqslant 0.12$ 时为正常负荷。

$P_r/C_r > 0.12$ 时为重负荷。

载荷越大，选择配合过盈量应越大。当承受冲击载荷或重载荷时，一般应选择比正常载荷、轻载荷量更紧的配合。

（3）旋转精度与旋转速度。机器对旋转精度与旋转速度的要求影响着轴承精度的确定，也影响着与其配合的轴颈和外壳孔公差的选择。例如，对 0 级轴承，与之配合的轴颈采用 IT6、外壳孔采用 IT7。对旋转精度和运转平稳性有较高要求的场合，轴颈应选

IT5、外壳孔应选 IT6。对 4 级轴承，标准推荐轴颈采用 IT4 或 IT5，外壳孔用 IT5 或 IT6。

另外，轴承的旋转速度越高，配合应越紧。对旋转精度要求高的轴承，应避免采用间隙配合，以防止因间隙而导致的变形与振动。

（4）工作温度。轴承旋转时，因滚动体与滚道摩擦发热引起套圈温度升高而膨胀，导致内圈与轴颈松动，外圈与外壳孔胀紧而阻止轴承游动。因此，在选用配合时应考虑轴承的发热因素，内圈与轴颈的配合适当紧些，外圈与外壳孔的配合适当地松些。

（5）轴颈与外壳孔的结构。轴承与轴颈或外壳孔相配合，不应由于轴颈或外壳孔因结构方面的原因而导致轴承内、外圈产生不正常变形，如剖分式外壳孔与轴承外圈应采用较松的配合（但不能使外圈在外壳孔内转动）。当轴承装于空心轴或刚性较差的薄壁外壳时，为保证轴承有足够的支承刚性，应采用较紧的配合。

（6）安装与拆卸。对于安装在需经常拆卸、维修的零部件上的轴承，或者装于不便拆装部位的轴承，常采用较松的配合，以便于拆装。

3. 轴颈、外壳孔几何公差及表面结构要求

为了避免安装后轴承套圈出现变形，国家标准 GB/T 275－2015 规定了与轴承配合的轴颈和外壳孔表面的圆柱度公差、轴肩及外壳孔端面的轴向圆跳动公差，以及各表面结构要求等，见表 6-24 和表 6-25。

表 6-24　轴和轴承座孔的几何公差（摘自 GB/T 275—2015）

公称尺寸/mm		圆柱度 t/μm				轴向圆跳动 t_1/μm			
		轴颈		轴承座孔		轴肩		轴承座孔肩	
		轴承公差等级							
>	≤	0	6（6X）	0	6（6X）	0	6（6X）	0	6（6X）
—	6	2.5	1.5	4	2.5	5	3	8	5
6	10	2.5	1.5	4	2.5	6	4	10	6
10	18	3	2	5	3	8	5	12	8

续表

公称尺寸/mm		圆柱度 t/μm				轴向圆跳动 t_1/μm			
		轴颈		轴承座孔		轴肩		轴承座孔肩	
		轴承公差等级							
>	≤	0	6（6X）	0	6（6X）	0	6（6X）	0	6（6X）
18	30	4	2.5	6	4	10	6	15	10
30	50	4	2.5	7	4	12	8	20	12
50	80	5	3	8	5	15	10	25	15
80	120	6	4	10	6	15	10	25	15
120	180	8	5	12	8	20	12	30	20
180	250	10	7	14	10	20	12	30	20
250	315	12	8	16	12	25	15	40	25
315	400	13	9	18	13	25	15	40	25
400	500	15	10	20	15	25	15	40	25
500	630	—	—	22	16	—	—	50	30
630	800	—	—	25	18	—	—	50	30
800	1000	—	—	28	20	—	—	60	40
1000	1250	—	—	33	24	—	—	60	40

表 6-25　配合表面的表面结构要求（摘自 GB/T 275—2015）

轴或轴承座孔直径/mm		轴或轴承座孔配合表面直径公差等级					
		IT7		IT6		IT5	
		表面粗糙度 Ra/μm					
>	≤	磨	车	磨	车	磨	车
—	80	1.6	3.2	0.8	1.6	0.4	0.8
80	500	1.6	3.2	1.6	3.2	0.8	1.6
500	1250	3.2	6.3	1.6	3.2	1.6	3.2
端面		3.2	6.3	6.3	6.3	6.3	3.2

4. 滚动轴承公差配合的标注

由于滚动轴承的特殊性，国家标准进一步规定，若需要在图样上反映滚动轴承的公差配合时，标注出与其配合的轴颈及外壳孔的公差带代号即可，如图 6-31 所示。

5. 滚动轴承与轴颈、外壳孔配合选用实例

【例 6-5】 C616 车床主轴后轴颈轴承，尺寸为 $d \times D \times B = 50\text{mm} \times 90\text{mm} \times 20\text{mm}$，$P_r/C_r \leqslant 0.07$，旋转精度要求较高。试确定轴承以及相配合的轴颈、外壳孔的精度，并画出公差带图，可将确定的轴、孔几何公差及表面粗糙度标注在装配图和零件图上。

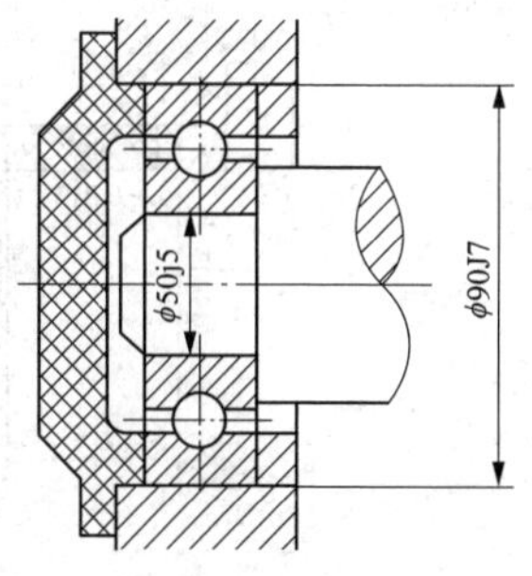

图 6-31　轴承配合精度标注

（1）确定轴承精度。由于 C616 车床属普通机床，根据轴承精度选择条件，与后轴颈相配的轴承选择 6 级精度的单列向心球轴承（210）。

查表 6-18，单一平面平均内径偏差的上偏差 Δd_{mp} 为 0，下偏为 $-10\mu\text{m}$；单一平面平均外径偏差 ΔD_{mp} 的上偏差为 0，下偏为 $-13\mu\text{m}$。

（2）确定轴颈、外壳孔精度。由于主轴转动，所以运转状态为内圈旋转，$P_r/C_r \leqslant 0.07$，属于轻负荷。

1）轴颈：根据已知条件，从表 6-19 查得，与内圈配合的轴颈公差带应选 j6。但考虑车床旋转精度要求较高（参见表 6-19 中的注 1），应选用 j5。

2）外壳孔：根据已知条件（包括轴向游隙），从表 6-20 查得，与外圈配合的外壳孔公差带应选 J7。

如图 6-32 所示为轴承公差与配合图解，从中可看出内圈配合比外圈配合稍紧，是由于旋转精度有较高要求，故所选配合符合要求。

（3）配合面的表面结构要求。查表 6-25 得外壳孔的轮廓算术平均偏差 Ra 为 $1.6\mu\text{m}$，外壳孔端面的轮廓算术平均偏差 Ra 为 $3.2\mu\text{m}$；轴颈的轮廓算术平均偏差 Ra 为 $0.4\mu\text{m}$，轴肩端面的轮廓算术平均偏差 Ra 为 $3.2\mu\text{m}$。

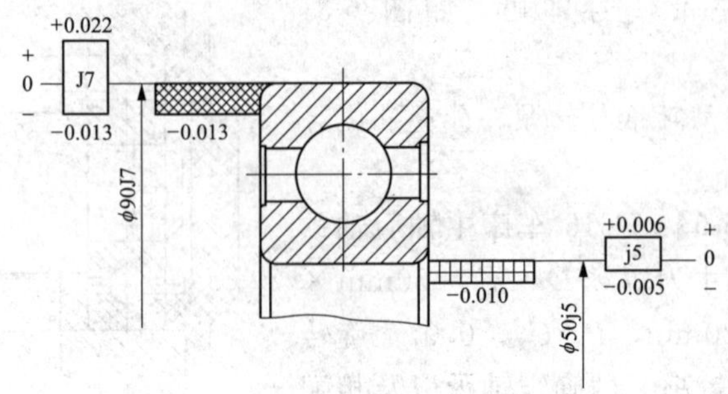

图 6-32　轴承公差与配合公差带图

（4）几何公差。查表 6-24 得外壳孔表面圆柱度为 10μm，外壳孔轴向圆跳动为 25μm；轴颈表面圆柱度 4μm，轴肩轴向圆跳动为 12μm。

（5）轴承配合的标注。轴承尺寸公差、几何公差和表面结构要求的标注，如图 6-33 所示。

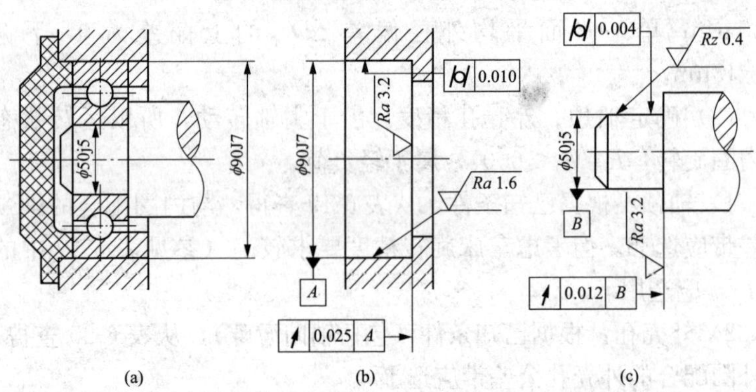

图 6-33　轴承尺寸公差、几何公差和表面结构要求的标注

（a）轴承配合的精度标注；（b）外壳孔的精度标注；（c）轴径的精度标注

四、滚动轴承测量和检验的原则及方法

国家标准 GB/T 307—2005《滚动轴承　测量和检验的原则及方法》确立了滚动轴承尺寸和旋转精度的测量准则，旨在概述所使用的各种测量和检验原则的基本原理，以阐述符合于 GB/T

4199—2003《滚动轴承　公差　定义》和 GB/T 6930—2002《滚动轴承　词汇》中的定义。

本部分所规定的测量和检验方法之间互不相同，所提供的也不是唯一的解释。鉴于还有其他适用的测量和检验方法，且随着科学技术的进步，会有更方便的方法出现。因此，本部分不限定必须使用某一特殊方法，但在有争议的情况下，应按本部分规定的方法。

本部分适用于生产厂及订户对轴承的测量、检验和验收。

1. 测量和检验的一般条件

（1）测量设备。各种尺寸和跳动的测量可在不同类型的测量设备上以不同精度完成。轴承制造厂和用户采用本部分所规定的原则，而且其精度通常均能满足实际需要。原则上测量总误差不应超过实际公差带的 10%。然而，该测量和检验方法往往不能完全满足所提要求，这些方法能否满足要求和可否被接受，取决于偏离理论尺寸或形状的实际偏差值和检测环境。

轴承制造厂经常采用专用测量设备来测量单个零件和组件，以提高测量速度和精度。采用本部分任何方法所示的设备时，如果尺寸或形状误差超过有关技术规定，则应向轴承制造厂咨询。

（2）标准件和指示仪。尺寸是通过将实测零件与相应的量块或标准件进行比较确定的，量块和标准件应校准，并按规定进行传递，这样的比较测量应使用经校准并具有合适灵敏度的指示仪。

（3）心轴。使用心轴测量跳动时，应确定心轴的旋转精度，以便在随后的轴承测量中，对心轴误差进行适当校正，可使用锥度约为 1∶5000 的精密心轴。

使用心轴测量滚子总体内径时，可使用锥度约为 1∶2000 的精密心轴。

（4）温度。测量前应使被测零件、测量设备和标准件均处于测量室的温度，推荐的室温为＋20℃。测量中应尽量避免传递到零件或成套轴承上。

（5）测量力和测头半径。为了避免薄壁套圈的过度变形，测量力应尽量减至最小。若出现明显的变形，则应引入载荷变形系数将测量值修正成自由、无载荷状态下的值。最大测量力和最小测头半径见表6-26。

表 6-26　　最大测量力和最小测头半径

轴承部位	公称尺寸范围/mm		测量力[a]/N	测头半径[b]/mm
	超过	到	max	min
内径 d	—	10	2	0.8
	10	30	2	2.5
	30	—	2	2.5
外径 D	—	30	2	2.5
	30	—	2	2.5

[a] 最大测量力系指在无样品变形的情况下、可给出复验性测量结果的测量力。

[b] 随着所施加测量力的适当减小，可使用更小的半径。

（6）中心轴向测量载荷。为保持轴承零件各自处于正常的相对位置，对于某些条款规定的测量方法，应采用表6-27和表6-28规定的中心轴向测量载荷。

表 6-27　　向心轴承和接触角≤30°接触球轴承的中心轴向测量载荷

外径 D/mm		轴承上的中心轴向载荷/N
超过	到	min
—	30	5
30	50	10
50	80	20
80	120	35
120	180	70
180	—	140

表 6-28　　圆锥滚子轴承和接触角＞30°接触球轴承和推力轴承的中心轴向测量载荷

外径 D/mm		轴承上的中心轴向载荷/N
超过	到	min
—	30	40
30	50	80
50	80	120
80	120	150
120	—	150

（7）测量区域。内径或外径偏差极限仅适用于在距离套圈端面或凸缘端面大于 a 距离的径向平面内测量，a 值见表 6-29。

最大实体尺寸只适用于测量区域之外。

表 6-29　　测量区极限　　（mm）

r_{min}		a
超过	到	
—	0.6	$r_{max}+0.5$
0.6	—	$1.2\times r_{max}$

（8）测量前的准备。粘附于轴承上的可能影响测量结果的油脂或防锈剂均应除去。测量前，轴承应用低黏度油润滑。

预润滑轴承和密封、防尘轴承的某些结构可能会影响测量精度，为消除差异，测量应在拆除了密封/防尘盖和（或）清除了滑润剂的开型轴承上进行，并且注意，测量完成后应立即进行研究防锈处理。

（9）测量基准面。基准面是由轴承制造厂指定的表面，通常可作为测量的基准（套圈的测量基准面通常为非标志面。当不能确定对称套圈的基准面时，可认为公差分别适用于任一端面）。

推力轴承轴圈和座圈的基准面系指承受轴向载荷的端面，通常为滚道的背面。

单列角接触球轴承套圈和圆锥滚子轴承套圈的基准面为承受轴向载荷的背面。

凸缘外圈轴承的基准面为随轴向载荷的凸缘端面。

2. 测量和检验的原则及方法

（1）注意事项。

1）测量设备的精度、设计及操作者的技巧均未考虑。有时这些因素会对测量或检验结果产生显著影响。

2）测量和检验的原则及方法未作详尽图示且不适用于成品图。

3）测量和检验的原则及方法的编号不表示测量的先后顺序。

（2）测量和检验的原则及方法见表 6-30～表 6-38。

滚动轴承测量和检验的原则和方法

表 6-30　　测量内径的原则和方法

测量项目	测量原则和方法	测量说明
1. 单一内径的测量	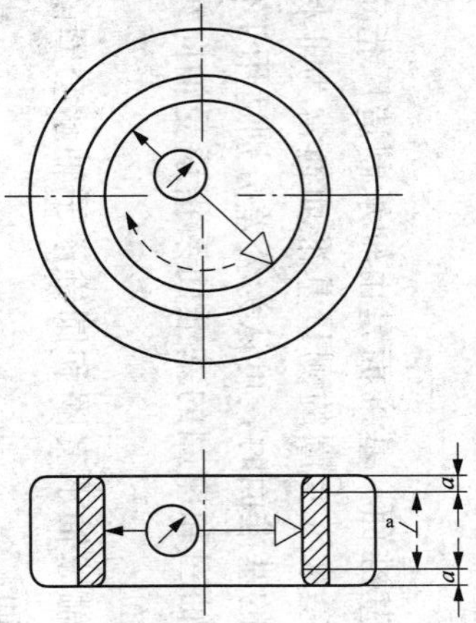 a 测量区域 用合适尺寸的量块或标准套圈将量仪对零。 在规定的测量区域内，在一单一径向平面内和若干个角方向上，测量并记录最大和最小单一内径 d_{apmax} 和 d_{spmin}。 在若干个径向平面内重复测量并记下读数，以确定单个套圈的最大和最小单一内径 d_{spmax} 和 d_{spmin}。	此方法适用于所有类型滚动轴承的套圈、轴圈及中圈。 单一内径 d_{sp} 可从指示仪直接测得。 此方法还适用于测量可分离圆柱滚子轴承或滚针轴承外圈内径，但测点应避开滚道引导倒角。 轴承套圈或垫圈的轴线应置于铅垂位置，以避免重力的影响。 以下可根据 d_{spmax} 和 d_{spmin} 的测值求得： d_{tsp}——单一平面平均内径 Δ_{dmp}——单一平面平均内径偏差 V_{dsp}——单一平面内径变动量 V_{dmp}——平均内径变动量。 以下可根据 d_{sp}、d_{smax} 和 d_{smax} 的测值求得： d_m——平均内径 Δ_{dei}——平均内径偏差； Δ_{ds}——单一内径偏差； V_{ds}——内径变动量

续表

测量项目	测量原则和方法	测量说明
2. 推力滚针和保持架组件及推力垫圈的最小单一内径的功能检验	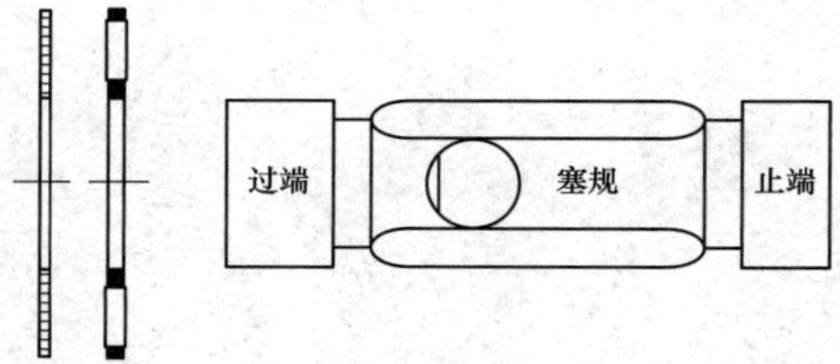 自由状态下，推力滚针和保持架组件或推力垫圈的内径用塞规过端和止端测量。 塞规过端尺寸分别为 GB/T 4605—2003 中规定的推力滚针和保持架组件或推力垫圈的最小内径 d_{csmin}或 d_{smin}。 塞规止端尺寸分别为 GB/T 4605—2003 中规定的推力滚针和保持架组件或推力垫圈的最大内径	此方法适用于 GB/T 4605—2003 中所规定的推力滚针和保持架组件及推力垫圈。 本方法也可用于测量 GB/T 273.2—1998 中规定的座圈最小内径 D_{spmin}。 组件或垫圈借助自重，应能从塞规过端自由落下。 塞规止端应插不进组件或垫圈内孔，若塞规止端用力能插进内孔，则组件或垫圈借助自重，不应从塞规落下。 塞规只用于检验尺寸极限而不直接测量内径。 注：由于推力滚针和保持架组件及相应推力垫圈各自的公差不同，因此需要不同的塞规
3. 滚动体总体单一内径的测量	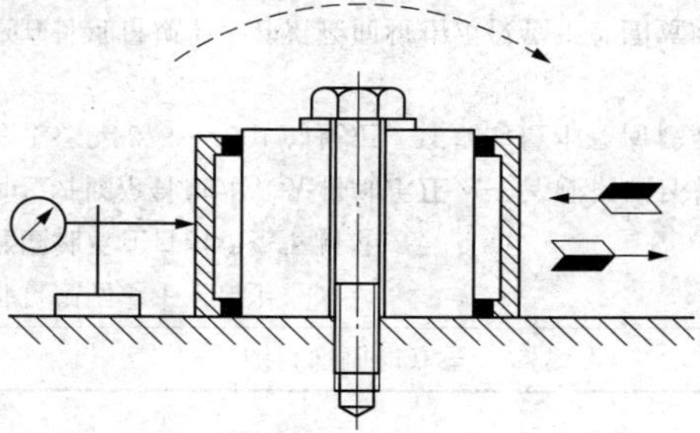	此方法适用于所有无内圈圆柱滚子轴承、滚针轴承和冲压外圈滚针轴承。 滚动体总体单一内径 F_{ws}等于测值加上标准量规直径。 以下可根据 F_{wamax}和 F_{wsmin}求得： F_{wm}——滚动体总体平均内径； ΔF_{wm}——滚动体总体平均内径偏差

续表

<table>
<tr><th>测量项目</th><th>测量原则和方法</th><th>测量说明</th></tr>
<tr>
<td>3. 滚动体总体单一内径的测量</td>
<td>将标准量规固定于平台上。
机制套圈轴承在自由状态下测量。
对于冲压外圈滚针轴承，先将轴承压入一淬硬钢制环规中，环规内径按 JB/T 8878—2001 的规定。环规的最小径向截面尺寸见右表。
轴承套在标准量规上，并沿径向将指示仪置于外圈宽度中部的外表面。
在与指示仪相同的径向方向上，对外圈往复施加足够的径向载荷，测出外圈在径向的移动量。施加的径向载荷见右表。
在外圈径向极限位置记录指示仪读数。旋转轴承，在若干个不同的角位置上重复测量，以确定最大和最小读数 F_{wsmax} 和 F_{wsmin}。</td>
<td>冲压外圈滚针轴承用
环规的最小径向截面尺寸
<table>
<tr><th colspan="2">环规公称
内径/mm</th><th>环规径向截面
尺寸/mm</th></tr>
<tr><th>超过</th><th>到</th><th>min[a]</th></tr>
<tr><td>6</td><td>10</td><td>10</td></tr>
<tr><td>10</td><td>18</td><td>12</td></tr>
<tr><td>18</td><td>30</td><td>15</td></tr>
<tr><td>30</td><td>50</td><td>18</td></tr>
<tr><td>50</td><td>80</td><td>20</td></tr>
<tr><td>80</td><td>120</td><td>25</td></tr>
<tr><td>120</td><td>150</td><td>30</td></tr>
<tr><td colspan="3">[a] 为保证精确的测量，可采用较大的环规径向截面尺寸。</td></tr>
</table>
径向测量载荷
<table>
<tr><th colspan="2">F_w/mm</th><th>测量载荷/N</th></tr>
<tr><th>超过</th><th>到</th><th>min</th></tr>
<tr><td>—</td><td>30</td><td>50</td></tr>
<tr><td>30</td><td>50</td><td>60</td></tr>
<tr><td>50</td><td>80</td><td>70</td></tr>
<tr><td>80</td><td>—</td><td>80</td></tr>
</table>
</td>
</tr>
</table>

续表

<table>
<tr><th>测量项目</th><th>测量原则和方法</th><th>测量说明</th></tr>
<tr><td>4. 滚动体总体最小单一内径的测量</td><td>a
b
c</td><td>此方法适用于所有 $F_w \leqslant 150$mm 的无内圈圆柱滚子轴承、滚针轴承和冲压外圈滚针轴承。
此方法用于测量滚动体总体最小单一内径 F_{wsmin}。滚动体总体单一内径 F_{ws}不直接测量。
此方法也可用于检验。在位于轴承内径公差范围极限处的直径上，对心轴进行标志。若滚子总体接触位置处的心轴直径超过标志的最小直径标定线但不超过标志的最大直径标定线，则滚动体总体内径的公差极限满足要求。

冲压外圈滚针轴承用
环规的最小径向截面尺寸
<table>
<tr><th colspan="2">环规公称
内径/mm</th><th>环规径向截面
尺寸/mm</th></tr>
<tr><th>超过</th><th>到</th><th>min[a]</th></tr>
<tr><td>6</td><td>10</td><td>10</td></tr>
<tr><td>10</td><td>18</td><td>12</td></tr>
<tr><td>18</td><td>30</td><td>15</td></tr>
<tr><td>30</td><td>50</td><td>18</td></tr>
<tr><td>50</td><td>80</td><td>20</td></tr>
<tr><td>80</td><td>120</td><td>25</td></tr>
<tr><td>120</td><td>150</td><td>30</td></tr>
<tr><td colspan="3">[a] 为保证精确的测量，可采用较大的环规径向截面尺寸。</td></tr>
</table></td></tr>
</table>

续表

<table>
<tr><th>测量项目</th><th>测量原则和方法</th><th>测量说明</th></tr>
<tr><td>4. 滚动体总体最小单一内径的测量</td><td>[a] 锥度心轴
[b] 标定过的最小直径
[c] 标定过的最大直径
滚动体总体内径用一圆形标定过的锥度心轴测量。锥度心轴包括内孔尺寸的范围，其锥度约为 1∶2000。
机制套圈轴承在自由状态下测量。
对于冲压外圈滚针轴承，先将轴承压入一淬硬钢制环规中，环规内径按 JB/T 8878—2001 的规定。环规的最小径向截面尺寸见右表。
锥度心轴插入轴承内孔并轻微振动，以消除径向间隙和调整滚子而又不使轴承胀大。插入心轴的轴向载荷见右表。拔出心轴，在滚子总体位于最大心轴直径处测量其直径。
注：测量前可在轴承上涂一薄层防护剂，以显示滚动体在心轴上的精确止点</td><td>用锥度心轴测量时的轴向插入载荷
<table>
<tr><th colspan="2">F_w/mm</th><th rowspan="2">轴向载荷[a]/N</th></tr>
<tr><th>超过</th><th>到</th></tr>
<tr><td>8</td><td>15</td><td>10</td></tr>
<tr><td>15</td><td>30</td><td>15</td></tr>
<tr><td>30</td><td>80</td><td>30</td></tr>
<tr><td>80</td><td>150</td><td>50</td></tr>
<tr><td colspan="3">[a] 若对测量无影响，也可采用较大的载荷。</td></tr>
</table></td></tr>
<tr><td>5. 滚动体总体最小单一内径的功能检验</td><td>过端 塞规 止端
过端 塞规 止端</td><td>此方法适用于所有 $F_w \leqslant 150$mm 的无内圈圆柱滚子轴承、滚针轴承和冲压外圈滚针轴承。
轴承借助自重（装入环规中的冲压外圈滚针轴承借助环规和轴承的总重量），应能从塞规过端自由落下，但不能从塞规止端自由落下。
塞规只用于检验尺寸极限而不直接测量滚动体总体单一内径 F_{wa}。此检验方法可确定 F_{wsmin} 的范围是否在公差极限范围内</td></tr>
</table>

续表

<table>
<tr><th>测量项目</th><th>测量原则和方法</th><th>测量说明</th></tr>
<tr><td>5. 滚动体总体最小单一内径的功能检验</td><td>滚动体总体内径 F_w 用塞规过端和止端检验。
机制套圈轴承在自由状态下测量。
对于冲压外圈滚针轴承，先将轴承压入一淬硬钢制环规中，环规内径按 JB/T 8878—2001 的规定。环规的最小径向截面尺寸见右表。
然后，滚动体总体内径用塞规过端和止端检验。
塞规过端尺寸为滚动体总体的最小内径。
塞规止端尺寸比滚动体总体的最大内径大 0.002mm</td><td>冲压外圈滚针轴承用
环规的最小径向截面尺寸
<table>
<tr><td colspan="2">环规公称内径/mm</td><td>环规径向截面尺寸/mm</td></tr>
<tr><td>超过</td><td>到</td><td>min[a]</td></tr>
<tr><td>5</td><td>10</td><td>10</td></tr>
<tr><td>10</td><td>18</td><td>12</td></tr>
<tr><td>18</td><td>30</td><td>15</td></tr>
<tr><td>30</td><td>50</td><td>18</td></tr>
<tr><td>50</td><td>80</td><td>20</td></tr>
<tr><td>80</td><td>120</td><td>25</td></tr>
<tr><td>120</td><td>150</td><td>30</td></tr>
<tr><td colspan="3">[a] 为保证精确的测量，可采用较大的环规径向截面尺寸。</td></tr>
</table></td></tr>
<tr><td>6. 滚动体总体最小单一内径的功能检验（向心滚针和保持架组件）</td><td>b
a</td><td>此方法适用于向心滚针和保持架组件。
滚动体总体单一内径 F_{ws} 和外径 E_{ws} 不直接测量</td></tr>
</table>

续表

测量项目	测量原则和方法	测量说明
6. 滚动体总体最小单一内径的功能检验（向心滚针和保持架组件）	[a] 塞规 [b] 环规 将向心滚针和保寺架组件置于一环规中，环规外滚道尺寸按JB/T 7918—1997的规定。环规尺寸等于滚动体总体公称外径 E_w 与公差级G6（见GB/T 1800.2—1998）的下偏差之和。 插入塞规，其尺寸等于JB/T 7918—1997中规定的滚动体总体公称内径 F_w。 环规和塞规彼此相互转动时，向心滚针和保持架组件应旋转灵活	

表 6-31　测量外径的原则和方法

测量项目	测量原则和方法	测量说明
1. 单一外径的测量		此方法适用于所有类型滚动轴承的套圈、轴圈及座圈。 单一外径 D_{sp} 或 D_s 可从指示仪直接测得。 轴承套圈或垫圈的轴线应置于铅垂位置，以避免重力的影响。 以下可根据 D_{spmax} 和 D_{spmin} 的测值求得： D_{mp}——单一平面平均外径； Δ_{Dmp}——单一平面平均外径偏差； V_{Dmp}——平均外径变动量。 以下可根据 D_s、D_{smax} 和 D_{smin} 的测值求得： D_m——平均外径； Δ_{Dm}——平均外径偏差； Δ_{Dn}——单一外径偏差； V_{Dl}——外径变动量

续表

测量项目	测量原则和方法	测量说明
1. 单一外径的测量	[a] 测量区域 用合适尺寸的量块或标准件将量仪对零。 在 5.7 所规定的测量区域内，在一个单一径向平面内和若干个角方向上，测量并记录最大和最小单一外径 D_{spmax} 和 D_{spmin}。 在若干个径向平面内重复测量并记下读数，以确定单个套圈的最大和最小单一外径 D_{smax} 和 D_{smin}。	
2. 滚动体总体单一外径的测量	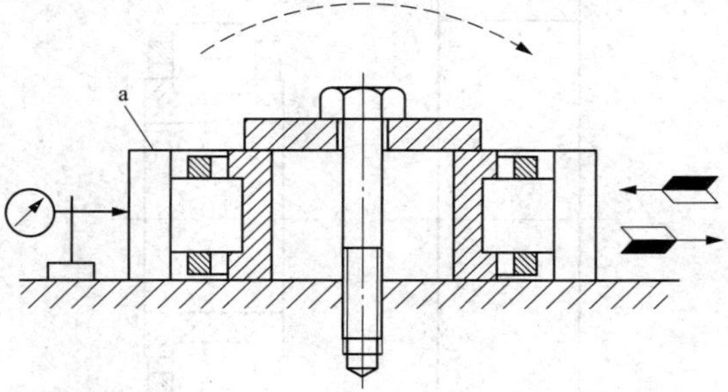 [a] 环规 将无外圈轴承的内圈固定于平台上。 将一环规套在滚动体总体的外径上，指示仪置于环规的外径表面，正对内圈宽度的中部。 在与指示仪相同的径向方向上，对环规往复施加足够的径向载荷，测出环规在径向的移动量。施加的径向载荷见右表。 在环规的径向极限位置记录指示仪读数。在轴承若干个不同的角位置上重复测量，以确定最大和最小读数 E_{wsmax} 和 E_{wsmin}。	此方法适用于无外圈圆柱滚子轴承和滚针轴承。 滚动体总体单一外径 E_{ws} 等于环规内径减去测值。 以下可根据 E_{wsmax} 和 E_{wsmin} 求得： E_{wm}——滚动体总体平均外径； Δ_{Emax}——滚动体总体平均外径偏差。 径向测量载荷（见下表）

径向测量载荷

E_w/mm		测量载荷/N
超过	到	min
—	30	50
30	50	60
50	80	70
80	—	80

续表

测量项目	测量原则和方法	测量说明
3. 滚动体总体最大单一外径的功能检验	[a] 环规 滚动体总体外径 E_w 用环规过端和止端检验。 环规过端尺寸比滚动体总体的最大外径大 0.002mm。 环规止端尺寸比滚动体总体的最小外径小 0.002mm	此方法适用于无外圈圆柱滚子轴承和滚针轴承。 环规过端应能通过滚动体总体，而环规止端不应通过滚动体总体。 环规只用于检验尺寸极限而不直接测量滚动体总体单一外径 E_{ws}。此检验方法可确定 E_{wxmax} 的范围是否在公差极限范围内

表 6-32　测量宽度和高度的原则和方法

测量项目	测量原则和方法	测量说明
1. 套圈单一宽度的测量	用距基准端面合适高度的量块或标准件将量仪对零。 将套圈一端面支承于 3 个均布、等高的固定支点上、内孔表面用两个互成 90°的适当的径向支点对套圈进行定心。 将指示仪置于套圈的另一端面上、一固定支点的正上方。 旋转套圈一周，测量并记录套圈最大和最小单一宽度 B_{smax} 和 B_{smin}（C_{xmax}和 C_{xmin}）。	此方法适用于所有类型滚动轴承的内圈和外圈。 套圈单一宽度 B_s 或 C_s 为套圈上任一点的实测值。 以下可根据内圈或外圈单一宽度 B_s 或 C_s 求得： Δ_{Bs}或 Δ_{Ca}——套圈单一宽度偏差 V_{Ba}或 V_{Ca}——套圈宽度变动量 B_m或 C_m——套圈平均宽度

续表

测量项目	测量原则和方法	测量说明
2. 外圈凸缘单一宽度的测量	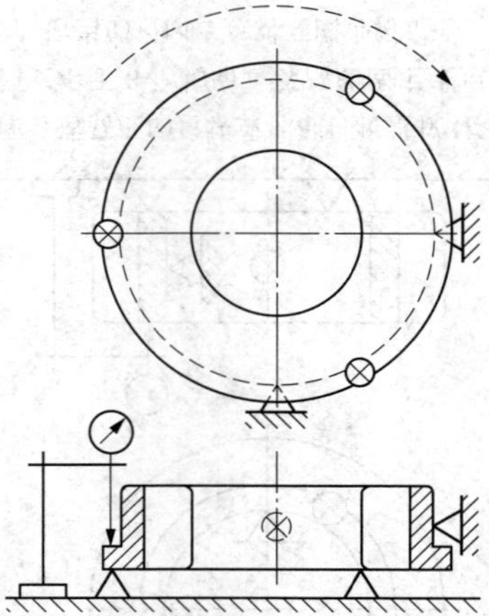 用距固定支点合适高度的量块或标准件将量仪对零。 将外圈凸缘前面支承于 3 个均布、等高的固定支点上，轴承外表面用两个互成 90°的适当的径向支点对外圈进行定心。 将指示仪置于凸缘背面、一固定支点的正上方。 旋转外圈一周，测量并记录外圈凸缘最大和最小单一宽度 C_{1smax}和 C_{1smin}。	此方法适用于所有类型的凸缘外圈向心轴承。 外圈凸缘单一宽度 C_{1s}为凸缘背面任一点的实测值。 以下可根据外圈凸缘单一宽度 C_{1a}求得： Δ_{C1s}——外圈凸缘单一宽度偏差； V_{C1s}——外圈凸缘宽度变动量

续表

测量项目	测量原则和方法	测量说明
3. 轴承实际宽度的测量（方法一）	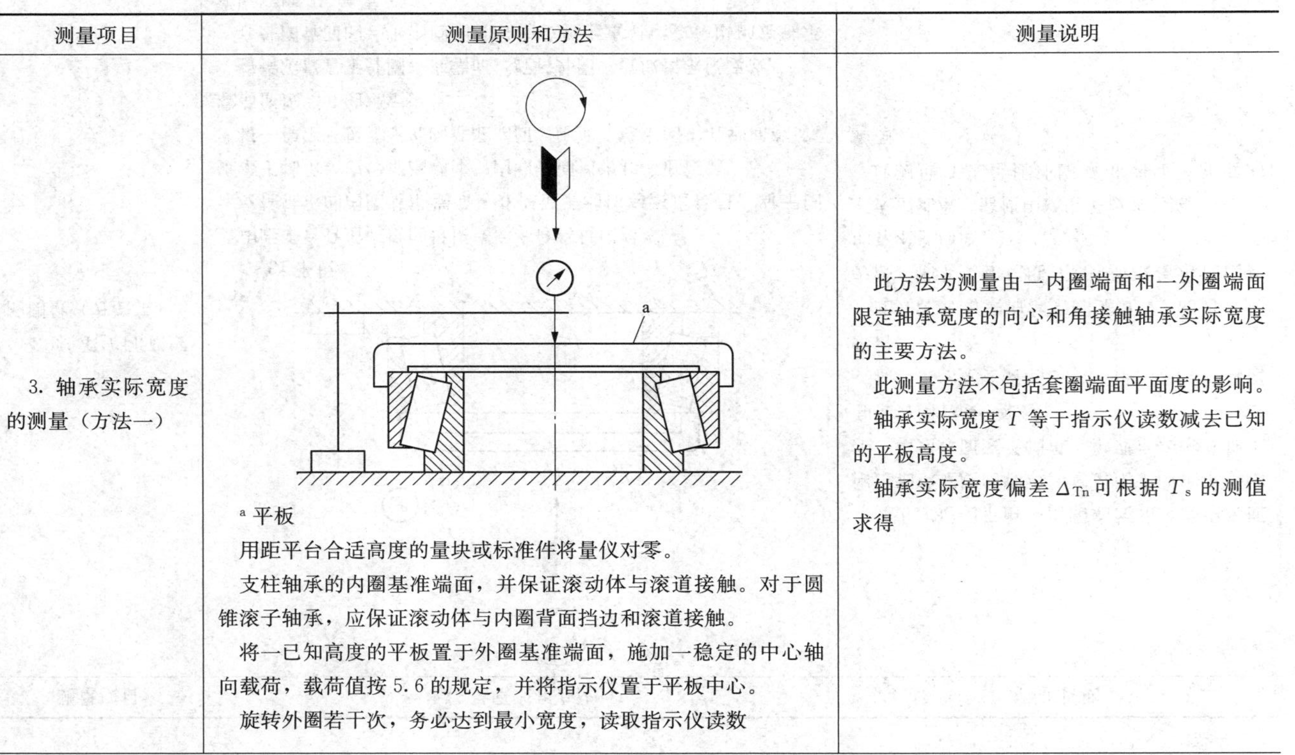 [a] 平板 用距平台合适高度的量块或标准件将量仪对零。 支柱轴承的内圈基准端面，并保证滚动体与滚道接触。对于圆锥滚子轴承，应保证滚动体与内圈背面挡边和滚道接触。 将一已知高度的平板置于外圈基准端面，施加一稳定的中心轴向载荷，载荷值按 5.6 的规定，并将指示仪置于平板中心。 旋转外圈若干次，务必达到最小宽度，读取指示仪读数	此方法为测量由一内圈端面和一外圈端面限定轴承宽度的向心和角接触轴承实际宽度的主要方法。 此测量方法不包括套圈端面平面度的影响。 轴承实际宽度 T 等于指示仪读数减去已知的平板高度。 轴承实际宽度偏差 Δ_{Tn} 可根据 T_s 的测值求得

续表

测量项目	测量原则和方法	测量说明
4. 轴承实际宽度的测量（方法二）	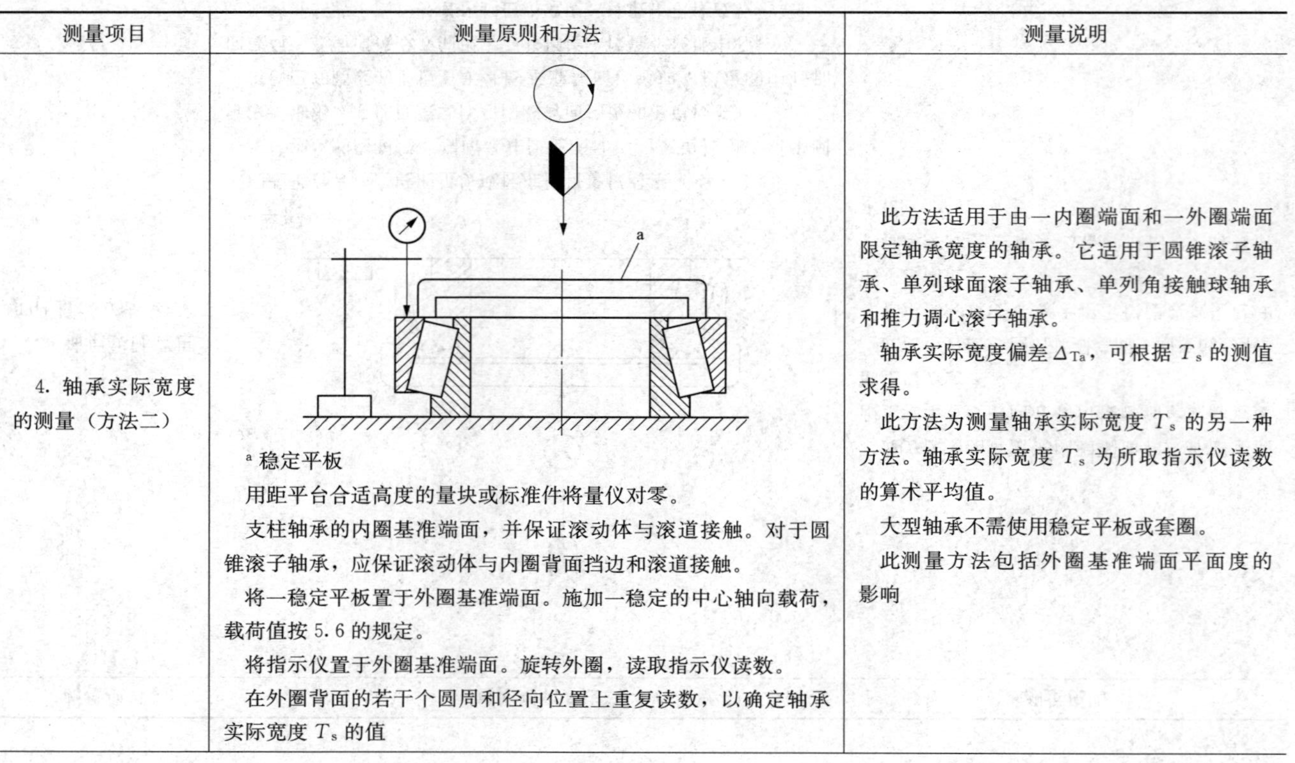 [a] 稳定平板 用距平台合适高度的量块或标准件将量仪对零。 支柱轴承的内圈基准端面，并保证滚动体与滚道接触。对于圆锥滚子轴承，应保证滚动体与内圈背面挡边和滚道接触。 将一稳定平板置于外圈基准端面。施加一稳定的中心轴向载荷，载荷值按 5.6 的规定。 将指示仪置于外圈基准端面。旋转外圈，读取指示仪读数。 在外圈背面的若干个圆周和径向位置上重复读数，以确定轴承实际宽度 T_s 的值	此方法适用于由一内圈端面和一外圈端面限定轴承宽度的轴承。它适用于圆锥滚子轴承、单列球面滚子轴承、单列角接触球轴承和推力调心滚子轴承。 轴承实际宽度偏差 Δ_{Ta}，可根据 T_s 的测值求得。 此方法为测量轴承实际宽度 T_s 的另一种方法。轴承实际宽度 T_s 为所取指示仪读数的算术平均值。 大型轴承不需使用稳定平板或套圈。 此测量方法包括外圈基准端面平面度的影响

续表

测量项目	测量原则和方法	测量说明
5. 轴承实际高度的测量（推力轴承）	[a] 平板 将轴承支在一平台上，用距平面合适高度的量块或标准件将量仪对零。 将一已知高度的平板置于成套轴承上，施加一稳定的中心轴向载荷，载荷值按 5.6 的规定，并将指示仪置于平板中心。 旋转轴承若干次，务必达到最小高度，读取指示仪读数	此方法适用于所有类型推力轴承，包括推力球轴承、推力圆柱滚子轴承和推力圆锥滚子轴承。 轴承实际高度 T_s 等于指示仪读数减去已知的平板高度。 此测量方法不包括垫圈端面平面度的影响。 轴承实际高度偏差 Δ_{Ts} 可根据 T_s 的测值求得

续表

测量项目	测量原则和方法	测量说明
6. 内组件实际有效宽度的测量（圆锥滚子轴承）	 [a] 平板 [b] 标准外圈 用距平台合适高度的量块或标准件将量仪对零。 支柱内组件的内圈基准端面，并保证滚子与内圈背面挡边和滚道接触。 将标准外圈置于内组件上。 将一已知高度的平板置于标准外圈的背面，施加一稳定的中心轴向载荷，载荷值按 5.6 的规定，并将指示仪置于平板中心。 旋转标准外圈若干次，务必达到最小宽度，读取指示仪读数	此方法适用于圆锥滚子轴承内组件，它需要使用标准外圈。 内组件实际有效宽度 T_{1s} 基于标准外圈的高度，等于指示仪读数减去已知的平板高度。 此测量方法不包括套圈端面平面度的影响

续表

测量项目	测量原则和方法	测量说明
7. 外圈实际有效宽度的测量（圆锥滚子轴承）	 [a] 平板 [b] 内标准塞规 用距平台合适高度的量块或标准件将量仪对零。 将内标准塞规的背面支在一平台上，外圈置于塞规上。 将一已知高度的平板置于外圈背面，施加一稳定的中心轴向载荷，载荷值按 5.6 的规定，并将指示仪置于平板中心。 旋转外圈若干次，务必达到最小宽度，读取指示仪读数	此方法适用于圆锥滚子轴承外圈，它需要使用内标准塞规。 外圈实际有效宽度 T_2，基于内标准塞规的高度，等于指示仪读数减去已知的平板高度。 此测量方法不包括套圈端面平面度的影响。 若需要，可用标定过的内组件（内圈、保持架和滚动体的分部件）代替内标准塞规

表 6-33 测量套圈和垫圈倒角尺寸的原则和方法

测量项目	测量原则和方法	测量说明
1. 单一倒角尺寸的测量方法	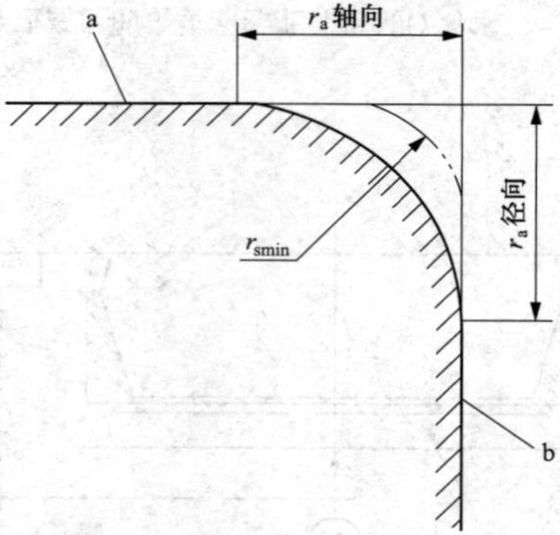 [a] 内孔或外径表面 [b] 端面 用至少×20 的放大倍数画出倒角剖面轮廓，延长直径表面和端面的轮廓母线至交点，测量从交点至直径表面和端面起始点的水平和垂直距离。 画出半径等于 r_{max} 的圆弧。若轴向和径向公称倒角尺寸不同，可使用两个倒角尺寸中较小的一个	测量半径 r_1 的方法适用于所有类型滚动轴承的内、外圈及推力垫圈。 套圈倒角不应超出半径为 r_{smax} 的圆弧。 r_{smax} 的轴向和径向极限可以不同。 此方法同样适用于指定半径 r_1、r_2 等的测量

续表

测量项目	测量原则和方法	测量说明
2. 单一倒角尺寸的功能检验	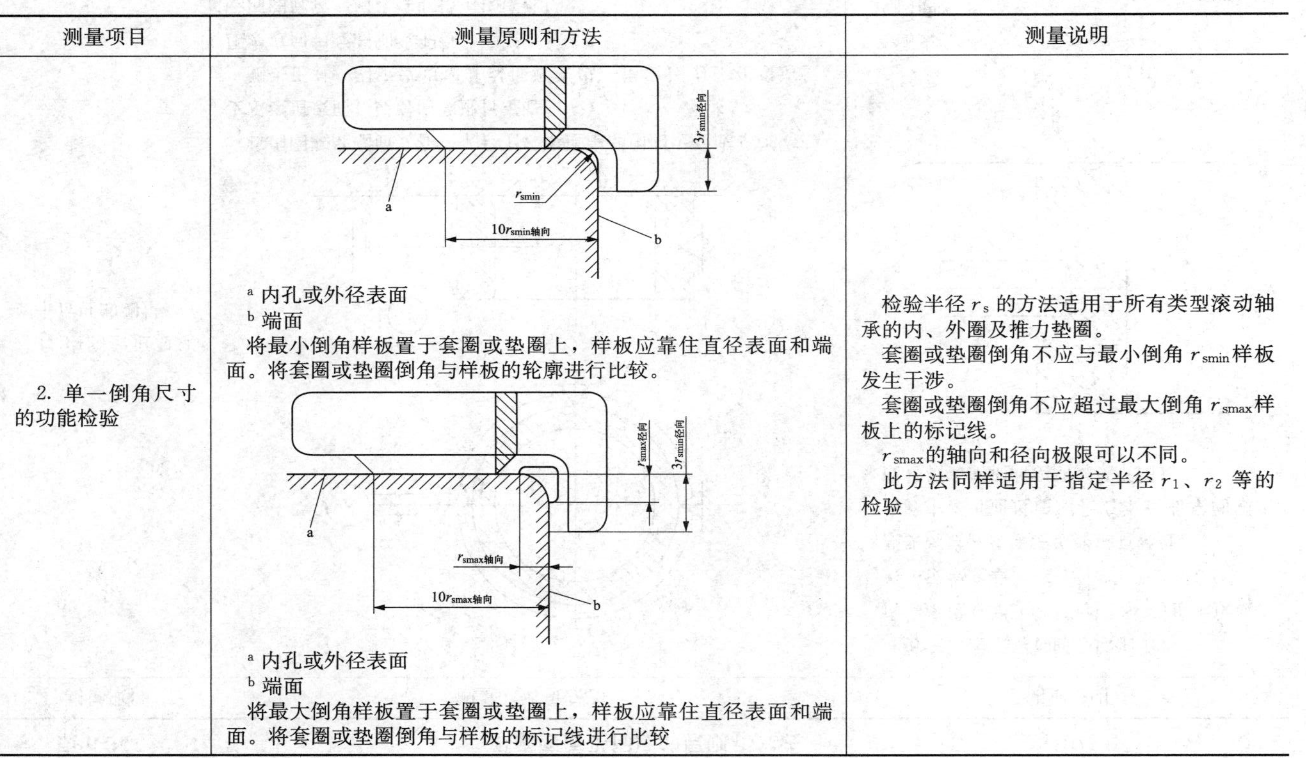 [a] 内孔或外径表面 [b] 端面 将最小倒角样板置于套圈或垫圈上，样板应靠住直径表面和端面。将套圈或垫圈倒角与样板的轮廓进行比较。 [a] 内孔或外径表面 [b] 端面 将最大倒角样板置于套圈或垫圈上，样板应靠住直径表面和端面。将套圈或垫圈倒角与样板的标记线进行比较	检验半径 r_s 的方法适用于所有类型滚动轴承的内、外圈及推力垫圈。 套圈或垫圈倒角不应与最小倒角 r_{smin} 样板发生干涉。 套圈或垫圈倒角不应超过最大倒角 r_{smax} 样板上的标记线。 r_{smax} 的轴向和径向极限可以不同。 此方法同样适用于指定半径 r_1、r_2 等的检验

表 6-34　测量滚道平行度的原则和方法

测量项目	测量原则和方法	测量说明
1. 内圈滚道对端面平行度的测量	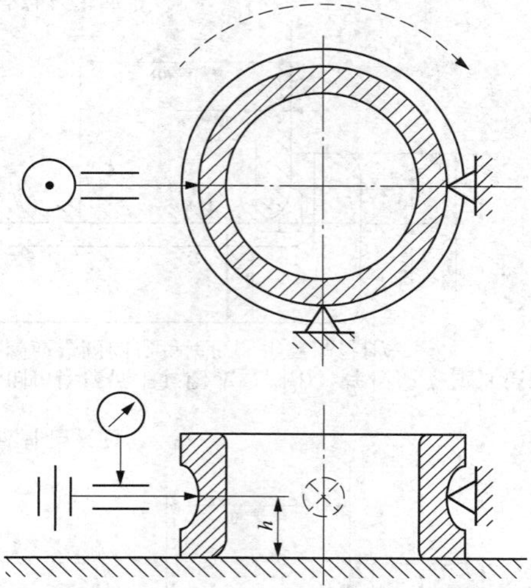 将内圈基准端面支在一平台上，滚道中部用两个互成 90°的支点支承滚道表面，以对内圈进行定心。 测头正对一固定支点，并保证测头以一恒定压力压在滚道上，压力方向与套圈轴线平行。 内圈旋转一周，读取指示仪读数	此方法适用于所有向心球轴承 内圈滚道对端面的平行度 S_1 为指示仪最大与最小读数之差。 测头高度 b 位于滚道接触直径处。 实际中，可通过使用具有滚道曲率的测头来改善测头的轴向摆动（见下图）。 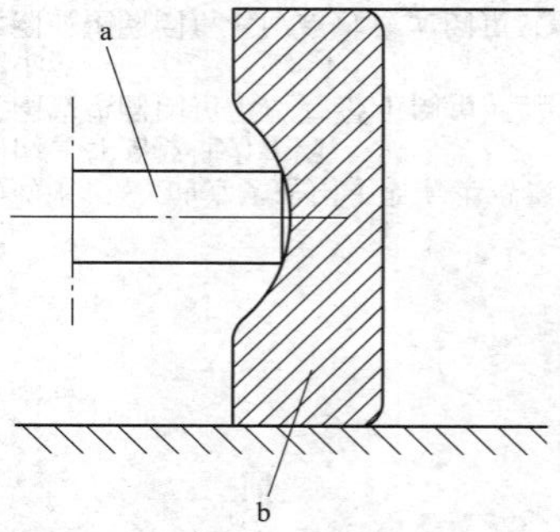 a 测头 b 内圈

续表

测量项目	测量原则和方法	测量说明
2. 外圈滚道对端面平行度的测量	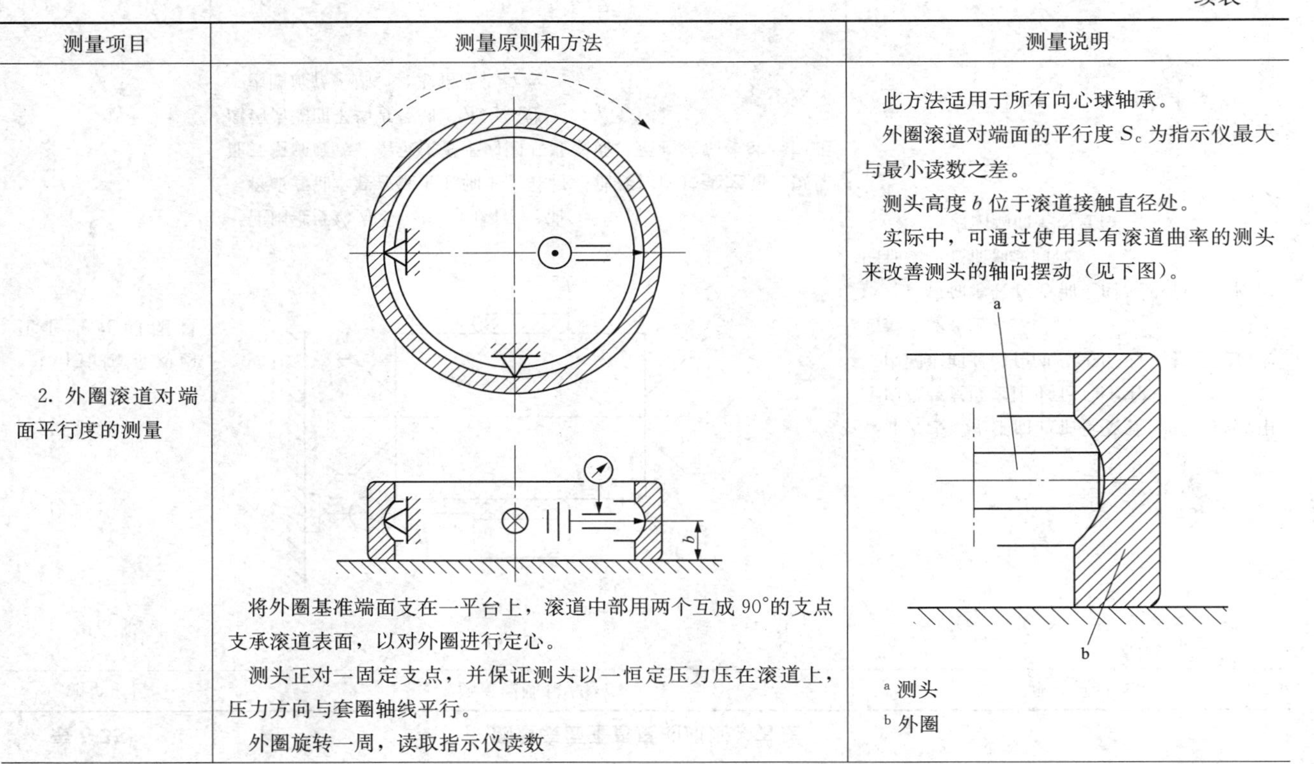 将外圈基准端面支在一平台上，滚道中部用两个互成 90°的支点支承滚道表面，以对外圈进行定心。 测头正对一固定支点，并保证测头以一恒定压力压在滚道上，压力方向与套圈轴线平行。 外圈旋转一周，读取指示仪读数	此方法适用于所有向心球轴承。 外圈滚道对端面的平行度 S_c 为指示仪最大与最小读数之差。 测头高度 b 位于滚道接触直径处。 实际中，可通过使用具有滚道曲率的测头来改善测头的轴向摆动（见下图）。 [a] 测头 [b] 外圈

表 6-35 测量表面垂直度的原则和方法

测量项目	测量原则和方法	测量说明
1. 内圈端面对内孔垂直度的测量（方法 A）	使用锥度约为 1∶5000 的精密心轴。 将成套轴承装在锥度心轴上，并将心轴装在两顶尖之间，以保证其精确旋转。指示仪置于内圈基准端面、距心轴轴线的径向距离约为端面平均直径的二分之一处。 内圈旋转一周，读取指示仪读数	此方法适用于向心轴承及其内圈，最适用于内径与宽度之比小于 4 的内圈。 内圈端面对内孔的垂直度 S_d 为指示仪最大与最小读数之差。 注：将轴承装在心轴上时应小心，应使内圈轴线与心轴轴线同轴。 d_1——内圈端面平均直径

续表

测量项目	测量原则和方法	测量说明
2. 内圈端面对内孔垂直度的测量（方法 B）	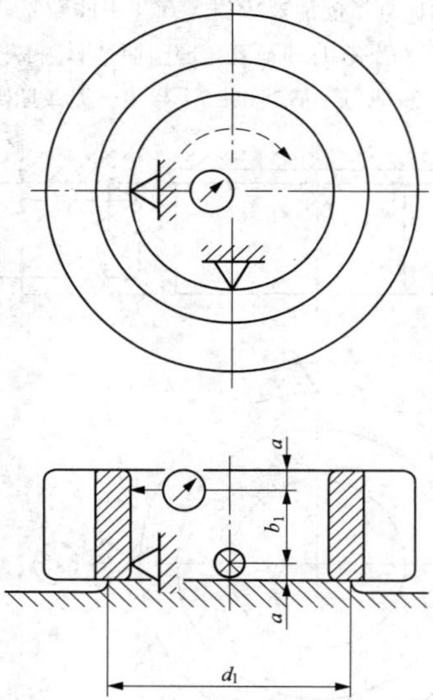 将内圈基准端面支在一平台上，如果是成套轴承，则使外圈处于自由状态，内圈内孔表面用两个互成 90°的支点对内圈进行定心。 指示仪置于一支点的正上方。指示仪与两支点沿轴向分设在 5.7 所规定的倒角尺寸的测量区域的极限位置处。 内圈旋转一周，读取指示仪读数	此方法适用于所有类型的向心轴承及其内圈，主要适用于大套圈，或内径与宽度之比不小于 4 的内圈。此时轴承重量影响测量。 此测量方法确定的是内孔对端面的垂直度，可通过计算转换为端面对内孔的垂直度 S_d。 $S_d=\dfrac{S_{dr}\times d_1}{2\times b_1}$ S_d——内圈端面对内孔的垂直度； S_{dr}——指示仪最大与最小读数之差； d_1——内圈端面平均直径； b_1——指示仪与其正下方固定支点间的轴向距离

续表

测量项目	测量原则和方法	测量说明
3. 外圈外表面对端面垂直度的测量	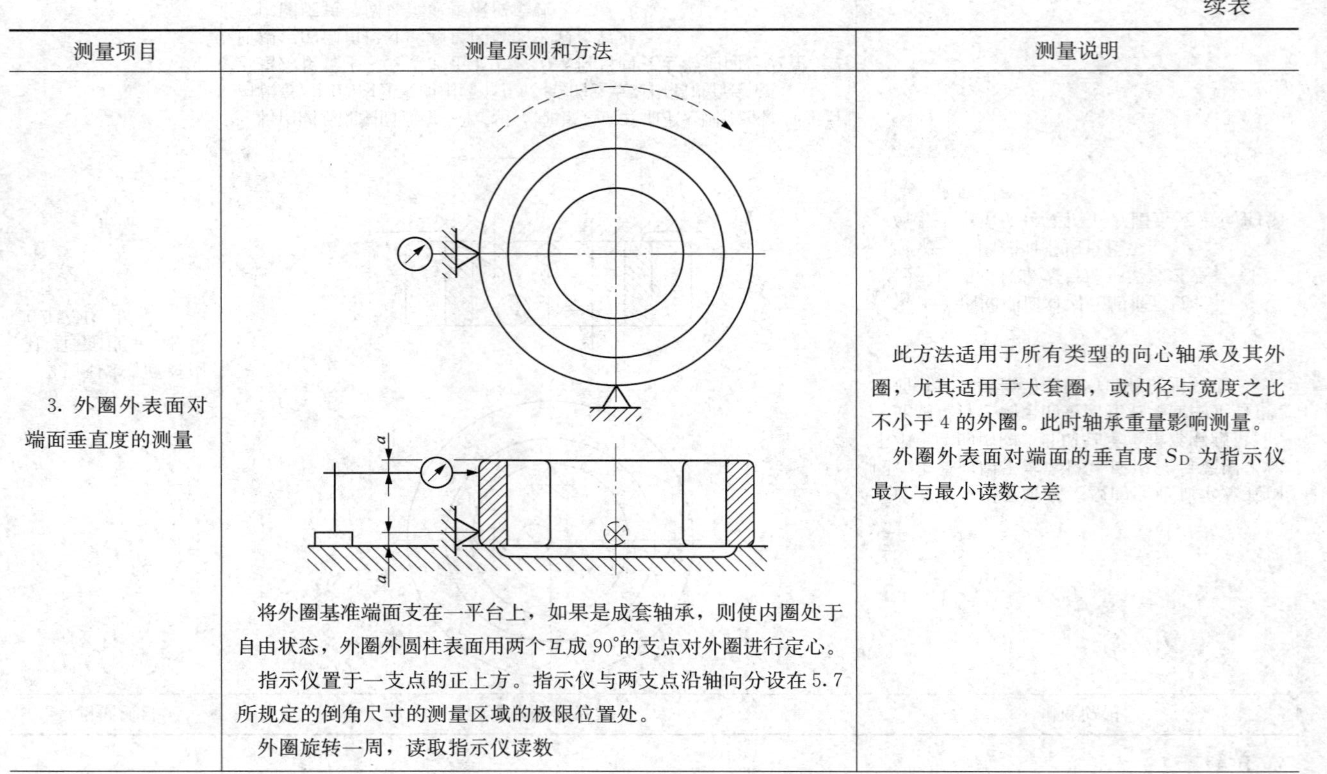 将外圈基准端面支在一平台上，如果是成套轴承，则使内圈处于自由状态，外圈外圆柱表面用两个互成 90°的支点对外圈进行定心。 指示仪置于一支点的正上方。指示仪与两支点沿轴向分设在 5.7 所规定的倒角尺寸的测量区域的极限位置处。 外圈旋转一周，读取指示仪读数	此方法适用于所有类型的向心轴承及其外圈，尤其适用于大套圈，或内径与宽度之比不小于 4 的外圈。此时轴承重量影响测量。 外圈外表面对端面的垂直度 S_D 为指示仪最大与最小读数之差

续表

测量项目	测量原则和方法	测量说明
4. 外圈外表面对凸缘背面垂直度的测量	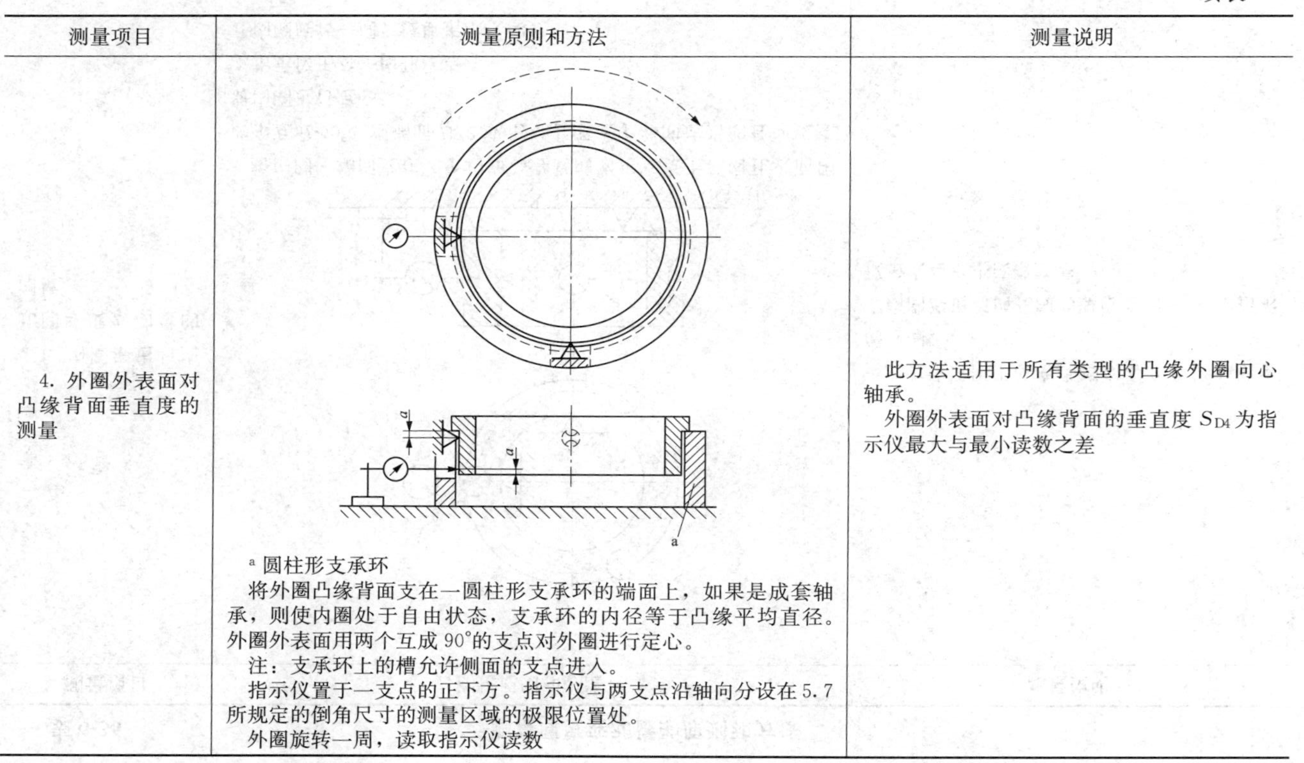 [a] 圆柱形支承环 将外圈凸缘背面支在一圆柱形支承环的端面上，如果是成套轴承，则使内圈处于自由状态，支承环的内径等于凸缘平均直径。外圈外表面用两个互成 90°的支点对外圈进行定心。 注：支承环上的槽允许侧面的支点进入。 指示仪置于一支点的正下方。指示仪与两支点沿轴向分设在 5.7 所规定的倒角尺寸的测量区域的极限位置处。 外圈旋转一周，读取指示仪读数	此方法适用于所有类型的凸缘外圈向心轴承。 外圈外表面对凸缘背面的垂直度 S_{D4} 为指示仪最大与最小读数之差

表 6-36 测量厚度变动量的原则和方法

测量项目	测量原则和方法	测量说明
1. 内圈滚道与内孔间厚度变动量的测量	B/2 将内圈一端面支在 3 个均布、等高的固定支点上，内孔表面用两个互成 90°、距端面 $B/2$ 或正对着滚道中部的适当的径向支点对内圈进行定心。 指示仪正对一内孔支点。 内圈旋转一周，读取指示仪读数	此方法适用于所有类型向心和角接触轴承的内圈。 内圈滚道与内孔间的厚度变动量 K 为指示仪最大与最小读数之差

续表

测量项目	测量原则和方法	测量说明
2. 外圈滚道与外表面间厚度变动量的测量	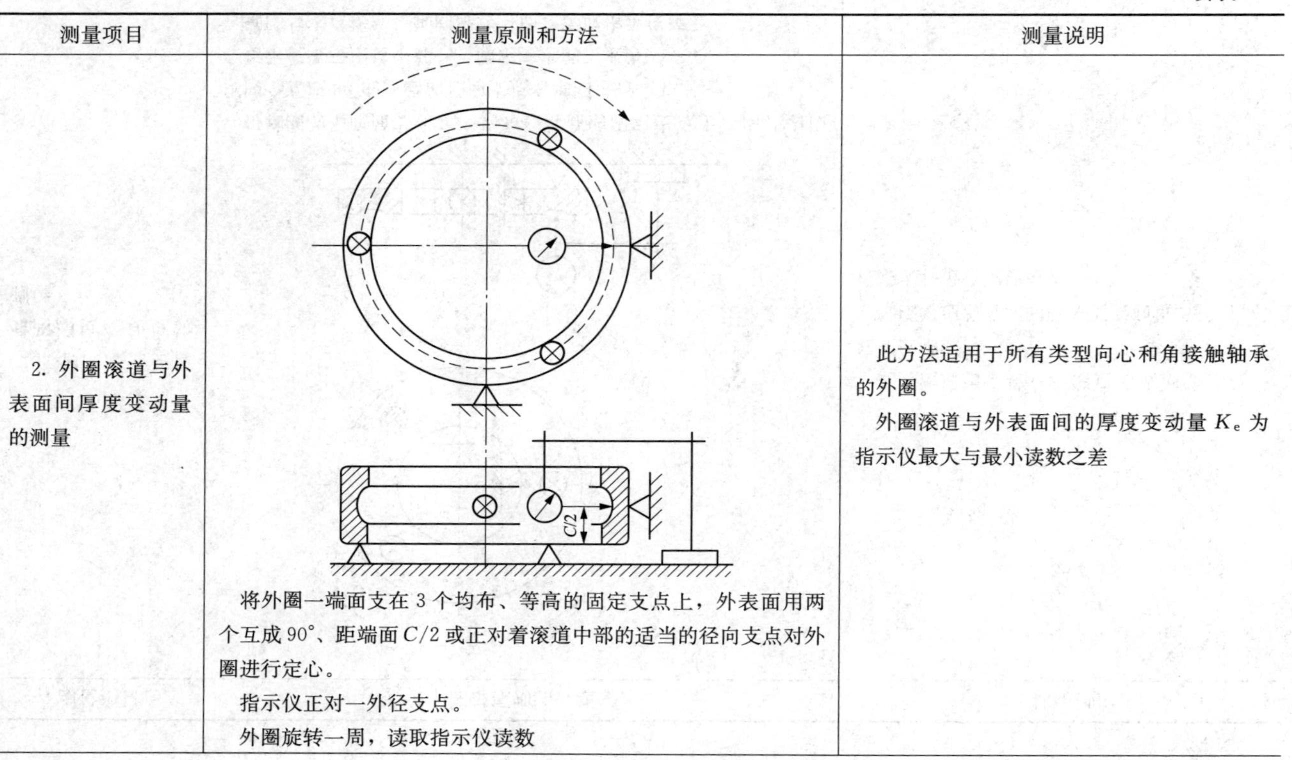将外圈一端面支在 3 个均布、等高的固定支点上，外表面用两个互成 90°、距端面 $C/2$ 或正对着滚道中部的适当的径向支点对外圈进行定心。 指示仪正对一外径支点。 外圈旋转一周，读取指示仪读数	此方法适用于所有类型向心和角接触轴承的外圈。 外圈滚道与外表面间的厚度变动量 K_e 为指示仪最大与最小读数之差

续表

测量项目	测量原则和方法	测量说明
3. 轴圈滚道与背面间厚度变动量的测量	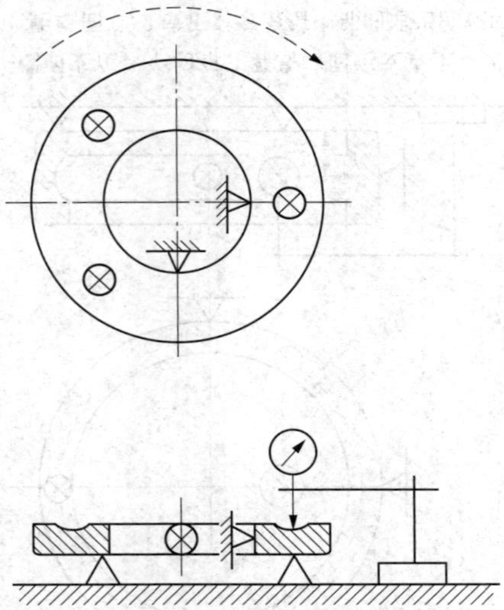 将轴圈的平底面支在 3 个均布、等高的固定支点上，内孔表面用两个互成 90°的适当的径向支点对轴圈进行定心。 指示仪置于滚道中部、一固定支点的正上方。 轴圈与支点接触，轴圈旋转一周，读取指示仪读数	此方法适用于具有平滚道或成型滚道及平底面的轴圈。 轴圈滚道与背面间的厚度变动量 S_i 为指示仪最大与最小读数之差

续表

测量项目	测量原则和方法	测量说明
4. 中圈滚道与背面间厚度变动量的测量	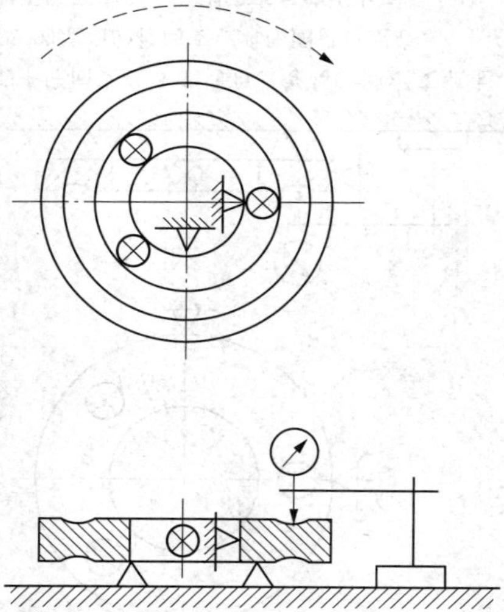 将中圈一端面支在 3 个均布、等高的固定支点上，内孔表面用两个互成 90°的适当的径向支点对中圈进行定心。 指示仪置于滚道中部、与邻近的一固定支点相对。 中圈与支点接触，中圈旋转一周，读取指示仪读数。 对另一滚道重复测量	此方法适用于每一端面具有成型滚道的中圈。 中圈滚道与背面间的厚度变动量 S_1 为指示仪最大与最小读数之差。 每个背面对滚道的厚度变动量是独立测量的

续表

测量项目	测量原则和方法	测量说明
5. 座圈滚道与背面间厚度变动量的测量	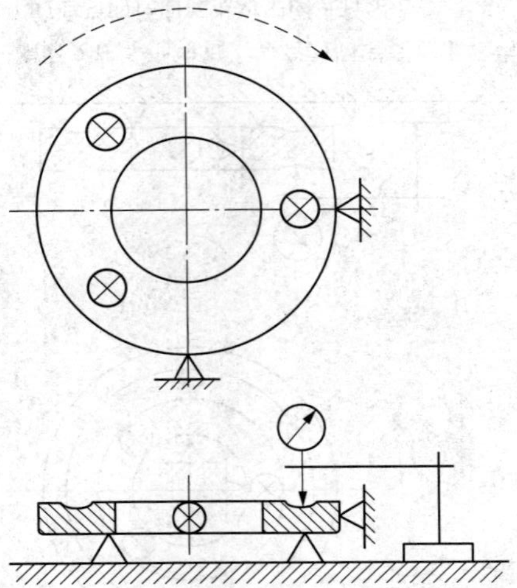 将座圈的平底面支在 3 个均布、等高的固定支点上，外表面用两个互成 90°的适当的径向支点对座圈进行定心。 指示仪置于滚道中部、一固定支点的正上方。 座圈与支点接触，座圈旋转一周，读取指示仪读数	此方法适用于具有平滚道或成型滚道及平底面的座圈。 座圈滚道与背面间的厚度变动量 S_e 为指示仪最大与最小读数之差

表 6-37 测量径向跳动量的原则和方法

测量项目	测量原则和方法	测量说明
1. 成套轴承内圈径向跳动量的主要测量方法（一）	[a] 内圈上的载荷 将外圈基准端面支在一带导向器的平台上，以便对套圈外径定心。对内圈基准端面施加一稳定的中心轴向载荷（见 5.6），以保证滚动体与滚道接触。对于圆锥滚子轴承，应保证滚动体与内圈背面挡边及滚道接触。 指示仪置于内圈内孔表面，并尽可能地靠近内圈滚道中部。内圈旋转一周，读取指示仪读数	此方法适用于向心球轴承（包括单列角接触球轴承）、四点接触球轴承和圆锥滚子轴承。 成套轴承内圈的径向跳动 K_{in} 为指示仪最大与最小读数之差。 成套轴承内圈径向跳动是诸多因素（如滚动体直径变动量、滚道缺陷和波纹度、接触角变动量、基准端面/表面平面度和润滑剂杂质）影响的结果，难以精确测量，尤其在轴承有较高精度时。有争议时，制造厂和用户之间可协商确定一种更为有效的方法，它包括 11.1、11.2、13.1 和 13.2 所规定的单个零件的测量方法

续表

测量项目	测量原则和方法	测量说明
2. 成套轴承内圈径向跳动量的测量方法（二）	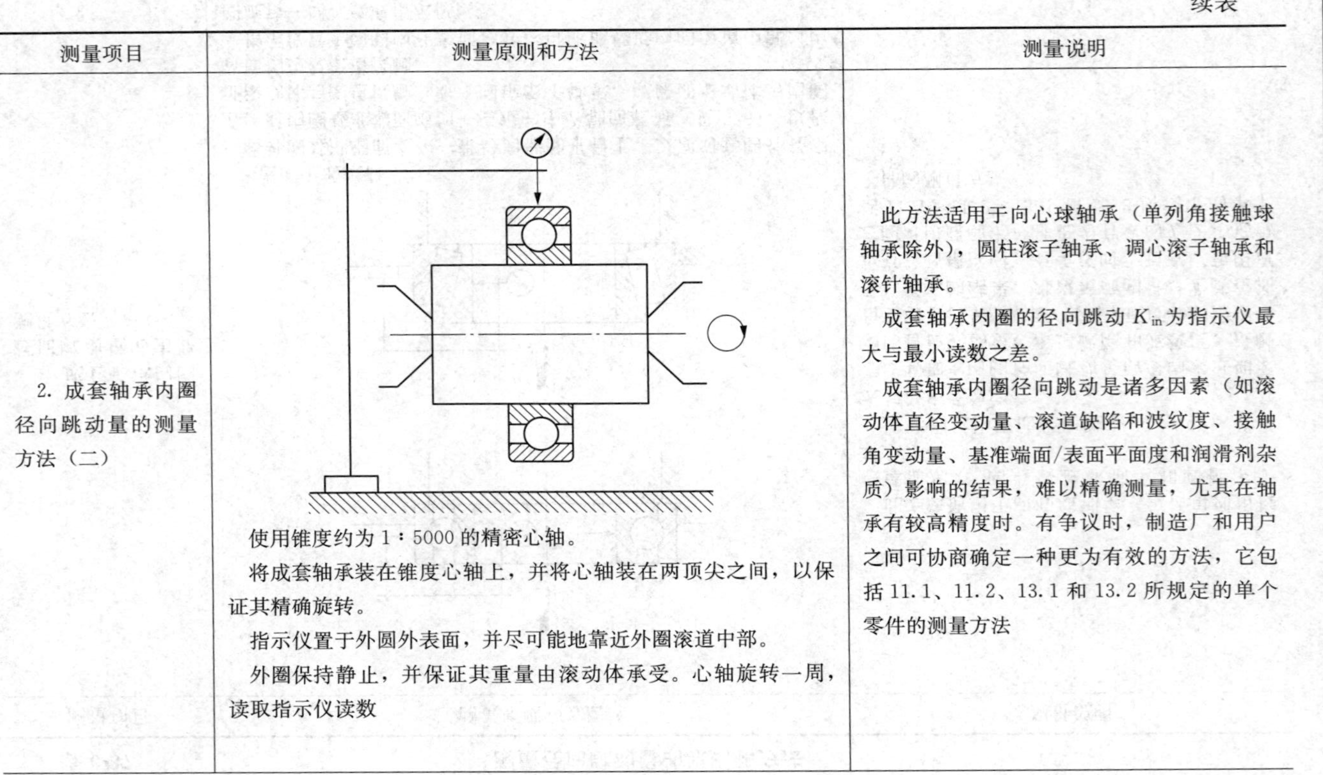 使用锥度约为 1∶5000 的精密心轴。 将成套轴承装在锥度心轴上，并将心轴装在两顶尖之间，以保证其精确旋转。 指示仪置于外圆外表面，并尽可能地靠近外圈滚道中部。 外圈保持静止，并保证其重量由滚动体承受。心轴旋转一周，读取指示仪读数	此方法适用于向心球轴承（单列角接触球轴承除外），圆柱滚子轴承、调心滚子轴承和滚针轴承。 成套轴承内圈的径向跳动 K_{in} 为指示仪最大与最小读数之差。 成套轴承内圈径向跳动是诸多因素（如滚动体直径变动量、滚道缺陷和波纹度、接触角变动量、基准端面/表面平面度和润滑剂杂质）影响的结果，难以精确测量，尤其在轴承有较高精度时。有争议时，制造厂和用户之间可协商确定一种更为有效的方法，它包括 11.1、11.2、13.1 和 13.2 所规定的单个零件的测量方法

续表

测量项目	测量原则和方法	测量说明
3. 成套轴承外圈径向跳动量的主要测量方法（一）	[a] 外圈上的载荷 将内圈基准端面支在一带导向器的平台上，以便对套圈内孔定心。对外圈基准端面施加一稳定的中心轴向载荷（见 5.6），以保证滚动体与滚道接触。对于圆锥滚子轴承，应保证滚动体与内圈背面挡边及滚道接触。 指示仪置于外圈外表面，并尽可能地靠近外圈滚道中部。外圈旋转一周，读取指示仪读数	此方法适用于向心球轴承（包括单列角接触球轴承）、四点接触球轴承和圆锥滚子轴承。 成套轴承外圈的径向跳动 K_{in} 为指示仪最大与最小读数之差。 成套轴承外圈径向跳动是诸多因素（如滚动体直径变动量、滚道缺陷和波纹度、接触角变动量、基准端面/表面平面度和润滑剂杂质）影响的结果，难以精确测量，尤其在轴承有较高精度时。有争议时，制造厂和用户之间可协商确定一种更为有效的方法，它包括 11.1、11.2、13.1 和 13.2 所规定的单个零件的测量方法

续表

测量项目	测量原则和方法	测量说明
4. 成套轴承外圈径向跳动量的测量方法（二）	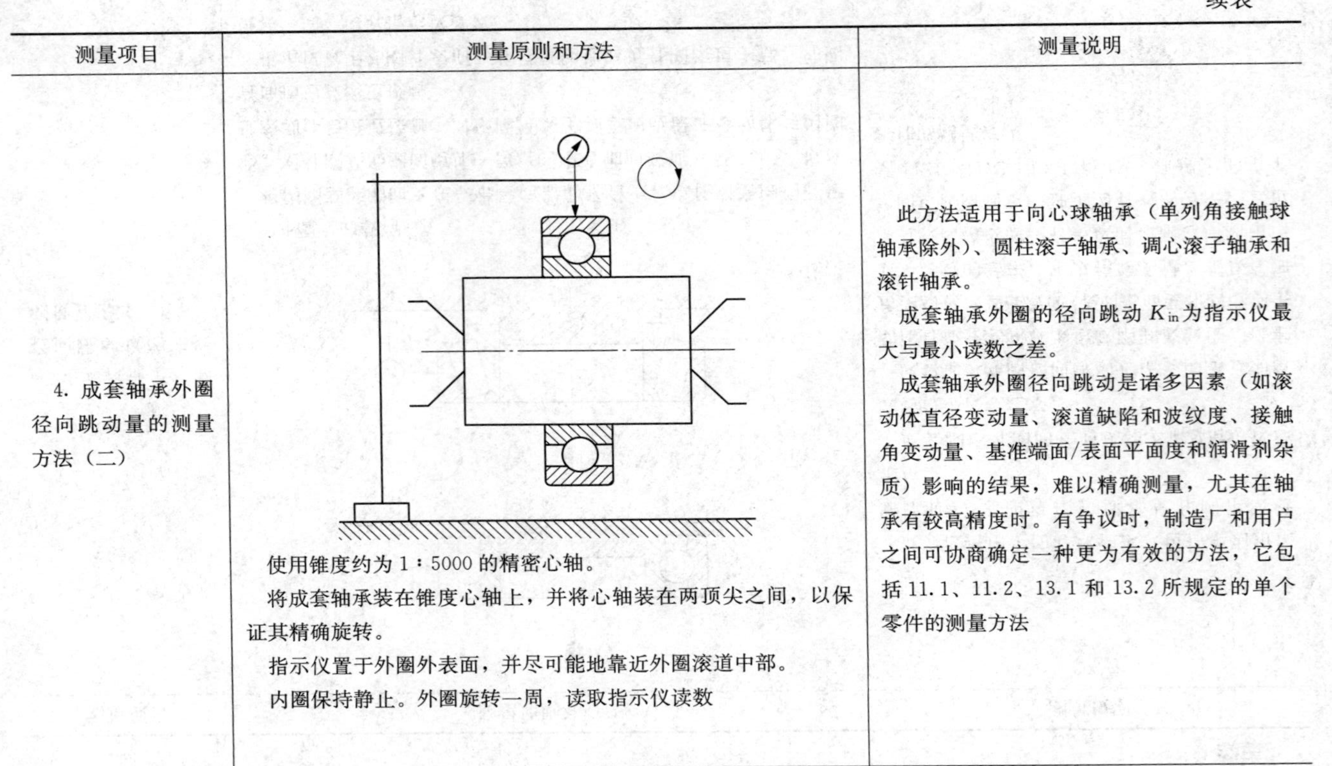 使用锥度约为 1∶5000 的精密心轴。 将成套轴承装在锥度心轴上，并将心轴装在两顶尖之间，以保证其精确旋转。 指示仪置于外圈外表面，并尽可能地靠近外圈滚道中部。 内圈保持静止。外圈旋转一周，读取指示仪读数	此方法适用于向心球轴承（单列角接触球轴承除外）、圆柱滚子轴承、调心滚子轴承和滚针轴承。 成套轴承外圈的径向跳动 K_{in} 为指示仪最大与最小读数之差。 成套轴承外圈径向跳动是诸多因素（如滚动体直径变动量、滚道缺陷和波纹度、接触角变动量、基准端面/表面平面度和润滑剂杂质）影响的结果，难以精确测量，尤其在轴承有较高精度时。有争议时，制造厂和用户之间可协商确定一种更为有效的方法，它包括 11.1、11.2、13.1 和 13.2 所规定的单个零件的测量方法

续表

测量项目	测量原则和方法	测量说明
5. 成套轴承内圈异步径向跳动量的测量方法	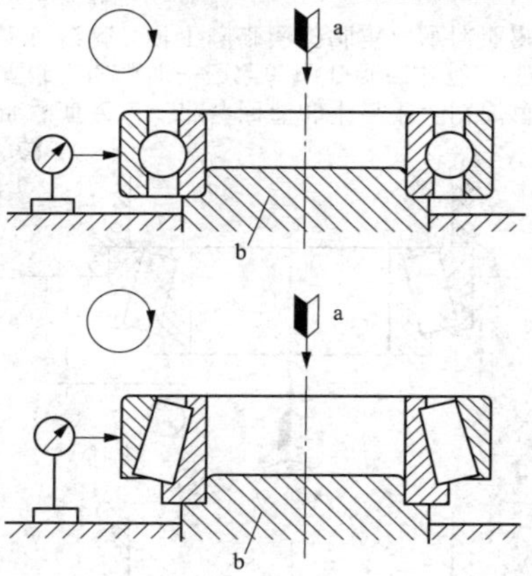 [a] 外圈上的载荷 [b] 旋转的平台 将内圈基准端面支在一带导向器的旋转平台上，以便对套圈内孔定心。轴承内圈和平台之间无相对旋转。对外圈基准端面施加一稳定的中心轴向载荷（见 5.6），以保证滚动体与滚道接触。对于圆锥滚子轴承，应保证滚动体与内圈背面挡边及滚道接触。 指示仪置于静止外圈的外表面，并尽可能地靠近外圈滚道中部。内圈（带平台）正反向旋转若干周，记录每一周指示仪最大读数。 指示仪置于外圈外表面另一径向位置，内圈正反向旋转若干周重复测量。指示仪置于外圈外表面不同的径向位置，重复测量	此方法适用于向心球轴承（包括单列角接触球轴承），四点接触球轴承和圆锥滚子轴承。 成套轴承内圈的异步径向跳动 K_{in} 为内圈旋转若干周、在外圈不同固定点测量时的指示仪的最大读数。 测量时，内圈应正反向旋转若干周。 成套轴承内圈异步径向跳动是诸多因素（如滚动体直径变动量、滚道缺陷和波纹度、接触角变动量、基准端面/表面平面度和润滑剂杂质）影响的结果，难以精确测量，尤其在轴承有较高精度时。有争议时，制造厂和用户之间可协商确定一种更为有效的方法，它包括 11.1、11.2、13.1 和 13.2 所规定的单个零件的测量方法

表 6-38　　测量轴向跳动量的原则和方法

测量项目	测量原则和方法	测量说明
1. 成套轴承内圈轴向跳动量的测量方法	a 内圈上的载荷 将外圈基准端面支在一带导向器的平台上，以便对套圈外径定心。对内圈基准端面施加一稳定的中心轴向载荷（见 5.6），以保证滚动体与滚道接触。对于圆锥滚子轴承，应保证滚动体与内圈背面挡边及滚道接触。 指示仪置于内圈内孔表面，并尽可能地靠近内圈滚道中部。内圈旋转一周，读取指示仪读数	此方法适用于向心球轴承（包括单列角接触球轴承）、四点接触球轴承和圆锥滚子轴承。 成套轴承内圈的轴向跳动 S_{in}为指示仪最大与最小读数之差。 成套轴承内圈轴向跳动是诸多因素（如滚动体直径变动量、滚道缺陷和波纹度、接触角变动量、基准端面/表面平面度和润滑剂杂质）影响的结果，难以精确测量，尤其在轴承有较高精度时，更难以测量。有争议时，制造厂和用户之间可协商确定一种更为有效的方法，它包括 11.1、11.2、13.1 和 13.2 所规定的单个零件的测量方法

续表

测量项目	测量原则和方法	测量说明
2. 成套轴承外圈轴向跳动量的测量方法	[a] 外圈上的载荷 将内圈基准端面支在一带导向器的平台上，以便对内圈内孔定心。对外圈基准端面施加一稳定的中心轴向载荷（见 5.6），以保证滚动体与滚道接触。对于圆锥滚子轴承，应保证滚动体与内圈背面挡边及滚道接触。 指示仪置于外圈基准端面。外圈旋转一周，读取指示仪读数	此方法适用于向心球轴承（包括单列角接触球轴承）、四点接触球轴承和圆锥滚子轴承。 成套轴承外圈的轴向跳动 S_{in} 为指示仪最大与最小读数之差。 成套轴承外圈轴向跳动是诸多因素（如滚动体直径变动量、滚道缺陷和波纹度、接触角变动量、基准端面/表面平面度和润滑剂杂质）影响的结果，难以精确测量，尤其在轴承有较高精度时，更难以测量。有争议时，制造厂和用户之间可协商确定一种更为有效的方法，它包括 11.1、11.2、13.1 和 13.2 所规定的单个零件的测量方法

续表

测量项目	测量原则和方法	测量说明
3. 成套轴承外圈凸缘背面轴向跳动量的测量方法	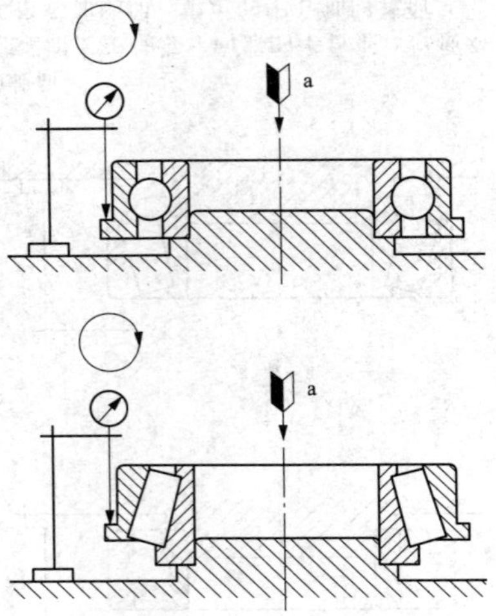 [a] 外圈上的载荷 将内圈基准端面支在一带导向器的平台上，以便对内圈内孔定心。对外圈基准端面施加一稳定的中心轴向载荷（见 5.6），以保证滚动体与滚道接触。对于圆锥滚子轴承，应保证滚动体与内圈背面挡边及滚道接触。 指示仪置于外圈凸缘背面、凸缘的中部。外圈旋转一周，读取指示仪读数	此方法适用于有外圈凸缘的向心球轴承（包括单列角接触球轴承）、四点接触球轴承和圆锥滚子轴承。 成套轴承外圈凸缘背面的轴向跳动 S_{sel} 为指示仪最大与最小读数之差。 成套轴承外圈凸缘背面轴向跳动是诸多因素（如滚动体直径变动量、滚道缺陷和波纹度、接触角变动量、基准端面/表面平面度和润滑剂杂质）影响的结果，难以精确测量，尤其在轴承有较高精度时。有争议时，制造厂和用户之间可协商确定一种更为有效的方法，它包括 11.1、11.2、13.1 和 13.2 所规定的单个零件的测量方法

第三节 螺纹的公差与配合及其检测

螺纹加工产生的误差不可避免，但若误差过大将直接影响螺纹的正常连接与互换，误差过小使得螺纹加工成本上升。如何兼顾二者？这就要分析导致误差的因素和实现互换的条件，并对误差加以规范与限制。

一、螺纹及几何参数特性

1. 螺纹的分类与使用要求

螺纹连接在机械制造及装配安装中是广泛采用的一种结合形式，按用途不同可分为以下两大类。

（1）连接螺纹。连接螺纹主要用于紧固和连接零件，因此又称为紧固螺纹，如米制普通螺纹是使用最广泛的一种，要求其具有良好的旋入性和连接的可靠性，牙型为三角形。

（2）传动螺纹。传动螺纹主要用于传递动力或精确定位，要求具有足够的强度和保证精确的位移。传动螺纹牙型有梯形、矩形等。机床中的丝杠、螺母常用梯形牙型，而在滚动螺旋副（滚珠丝杠副）则采用单、双圆弧轨道。

本章主要讨论普通螺纹，并简要介绍丝杠、螺母。

2. 普通螺纹联接的基本要求

普通螺纹常用于机械设备、仪器仪表中，用于连接和紧固零部件，为使其实现规定的功能，必须满足以下要求。

（1）可旋入性。可旋入性是指同规格的内、外螺纹在装配时不经挑选就能在给定的轴向长度内全部旋合。

（2）连接可靠性。连接可靠性是指用于连接和紧固时，应具有足够的连接强度和紧固性，确保机器或装置的使用性能。

3. 普通螺纹的基本牙型与几何参数

（1）螺纹的基本牙型。螺纹的基本牙型可分为三角形、梯形、锯齿形和矩形等，螺纹的种类、特征代号和使用要求见表6-39。

表 6-39　　螺纹的种类、特征代号和使用要求

种类			特征代号	使用要求
连接螺纹	普通螺纹		三角形　M	良好的旋合性、密封性及连接的可靠性
	管螺纹	密封	三角形　R	
		非密封	三角形　G	
传动螺纹		梯形	梯形　Tr	传递位移的准确性、传递动力的可靠性
		锯齿形	锯齿形　B	
		矩形	矩形	

（2）螺纹的主要几何参数。在通过螺纹轴线的剖面内，按规定的削平高度截去原始三角形的顶部和底部形成螺纹牙型，如图 6-34 所示，该牙型全部尺寸均为基本尺寸，称为基本牙型。

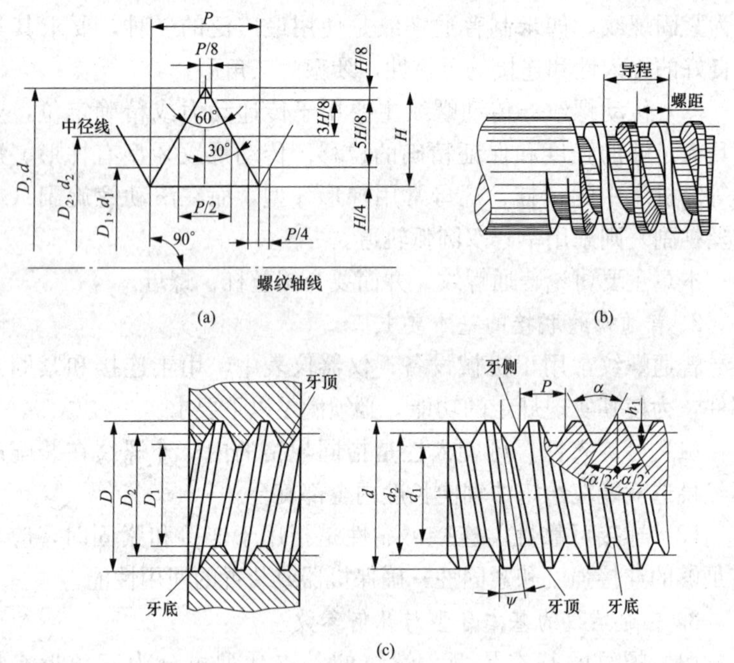

图 6-34　普通螺纹的基本尺寸

（a）螺纹牙型；（b）螺纹外型；（c）螺纹尺寸

普通螺纹的主要参数有牙型、公称直径、线数、螺距和旋向等，普通螺纹的基本几何参数及具体定义和代号，见表 6-40，普通螺纹的基本尺寸见表 6-41。

表 6-40　　普通螺纹的基本几何参数及具体定义和代号

<table>
<tr><th colspan="2" rowspan="2">几何参数</th><th colspan="2">代号</th><th rowspan="2">定　义</th></tr>
<tr><th>内螺纹</th><th>外螺纹</th></tr>
<tr><td colspan="2">原始三角形高度</td><td colspan="2">H</td><td>原始等边三角形顶点到底边的垂直距离</td></tr>
<tr><td colspan="2">牙型角</td><td colspan="2">α</td><td>在螺纹牙型上相邻两牙侧间的夹角
普通螺纹的理论牙型角 α 为 60°，牙型半角 $\alpha/2$ 为 30°</td></tr>
<tr><td rowspan="4">螺纹直径</td><td>螺纹大径</td><td>D</td><td>d</td><td>与外螺纹牙顶或内螺纹牙底相重合的假想圆柱面的直径
国家标准规定大径作为螺纹的公称直径</td></tr>
<tr><td>螺纹小径</td><td>D_1</td><td>d_1</td><td>与外螺纹牙底或内螺纹牙顶相重合的假想圆柱面的直径</td></tr>
<tr><td>螺纹中径</td><td>D_2</td><td>d_2</td><td>牙型宽与牙槽宽度相等处的一个假想圆柱面的直径</td></tr>
<tr><td>顶径</td><td>D_1</td><td>d</td><td>与外螺纹牙顶或内螺纹牙顶相重合的假想圆柱面的直径</td></tr>
<tr><td colspan="2">螺距</td><td colspan="2">P</td><td>相邻两牙在中径线上对应两点间的轴向距离</td></tr>
<tr><td colspan="2">导程</td><td colspan="2">P_h</td><td>同一条螺旋线上相邻两牙在中径线上对应两点间的轴向距离
对单线螺纹：$P_h = P$；对多线螺纹；$P_h = nP$；如图 6-34（b）所示</td></tr>
<tr><td colspan="2">旋合长度</td><td colspan="2">L</td><td>内、外螺纹沿轴线方向相互旋合部分的长度，如图 6-35 所示</td></tr>
<tr><td colspan="2">螺纹升角</td><td colspan="2">ϕ</td><td>在中径圆柱上螺旋线的切线与垂直于螺纹轴线的平面的夹角</td></tr>
</table>

续表

几何参数	代号		定　义
	内螺纹	外螺纹	
单一中径	$D_{2单}$	$d_{2单}$	指素线通过牙型上牙槽宽等于基本螺距一半处的一个假想圆柱面的直径，如图 6-36 所示 当螺距无误差时，单一中径就是中径 当螺距有误差时单一中径可近似视为实际中径

表 6-41　　普通螺纹的基本尺寸　　(mm)

大径 D，d			螺距	中径	小径	大径 D，d			螺距	中径	小径
第一系列	第二系列	第三系列	P	D_2，d_2	D_1，d_1	第一系列	第二系列	第三系列	P	D_2，d_2	D_1，d_1
6			**1**	5.350	4.917			9	0.75	8.513	8.188
			0.75	5.513	5.188				0.5	8.675	8.459
			(0.5)	5.675	5.459	10			**1.5**	9.026	8.376
		7	1	6.350	5.917				1.25	9.188	8.647
			0.75	6.513	6.188				1	9.350	8.917
			0.5	6.675	6.459				0.75	9.513	9.188
8			**1.25**	7.188	6.647				(0.5)	9.675	9.459
			1	7.350	6.917			11	**(1.5)**	10.026	9.376
			0.75	7.513	7.188				1	10.350	9.917
			(0.5)	7.675	7.459				0.75	10.513	10.188
		9	**(1.25)**	8.188	7.647				0.5	10.675	10.459
			1	8.350	7.917	12			1.75	10.853	10.106

续表

大径 D，d			螺距 P	中径 D_2，d_2	小径 D_1，d_1	大径 D，d			螺距 P	中径 D_2，d_2	小径 D_1，d_1
第一系列	第二系列	第三系列				第一系列	第二系列	第三系列			
12			1.5	11.026	10.376		18		1	17.350	16.917
			1.25	11.188	10.647				(0.75)	17.513	17.188
			1	11.350	10.917				(0.5)	17.675	17.459
			(0.75)	11.513	11.188	20			2.5	18.376	17.294
			(0.5)	11.675	11.459				2	18.701	17.355
	14		**2**	12.701	11.835				1.5	19.026	18.376
			1.5	13.026	12.375				1	19.350	18.917
			(1.25)	13.188	12.647				(0.75)	19.513	19.188
			1	13.350	12.917				(0.5)	19.675	19.459
			(0.75)	13.513	13.188		22		2.5	20.376	19.294
			(0.5)	13.675	13.459				2	20.701	19.835
		15	**1.5**	14.026	13.376				1.5	21.026	20.376
			(1)	14.350	13.917				1	21.350	20.917
16			**2**	14.701	13.835				(0.75)	21.513	21.188
			1.5	15.026	14.376				(0.5)	21.675	21.459
			1	15.350	14.917	24			3	22.051	20.752
			(0.75)	15.513	15.188				2	22.701	21.835
			(0.5)	15.675	15.549				1.5	23.026	22.376
		17	1.5	16.026	15.376				1	23.350	22.917
			(1)	16.350	15.917				(0.75)	23.513	23.188
	18		**2.5**	16.376	15.294			25	2	23.701	22.835
			2	16.701	15.835				1.5	24.026	23.376
			1.5	17.026	16.376				(1)	24.350	23.917

注　1. 直径优先选用第一系列，其次选用第二系列，第三系列尽可能不用。

2. 括号内的螺距尽可能不用。用黑体字表示的螺距为粗牙。

螺纹的旋合长度，如图 6-35 所示。螺纹的单一中径，如图 6-

36 所示。

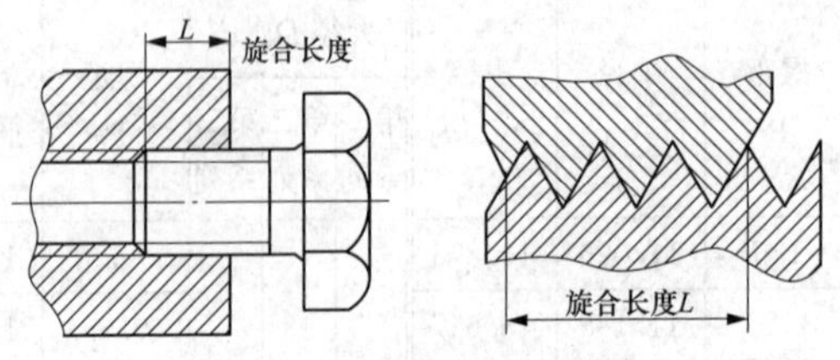

图 6-35　螺纹的旋合长度

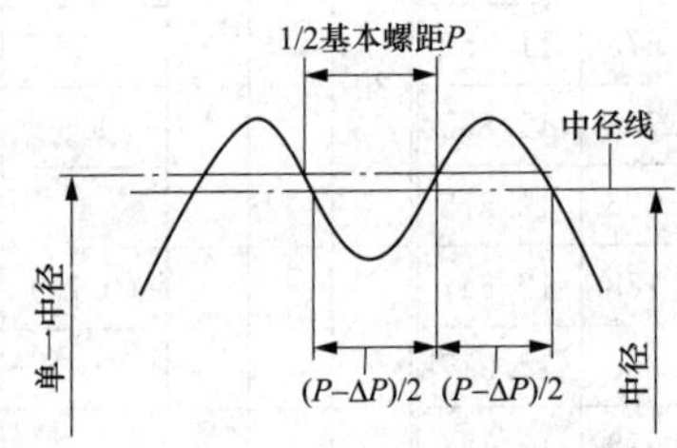

图 6-36　螺纹的单一中径

（3）普通螺纹的标记。《普通螺纹　公差》（GB/T 197—2003）规定，完整的螺纹标记由螺纹特征代号、尺寸代号、公差带代号及其他有必要做进一步说明的个别信息组成，如图 6-37 和图 6-38 所示。

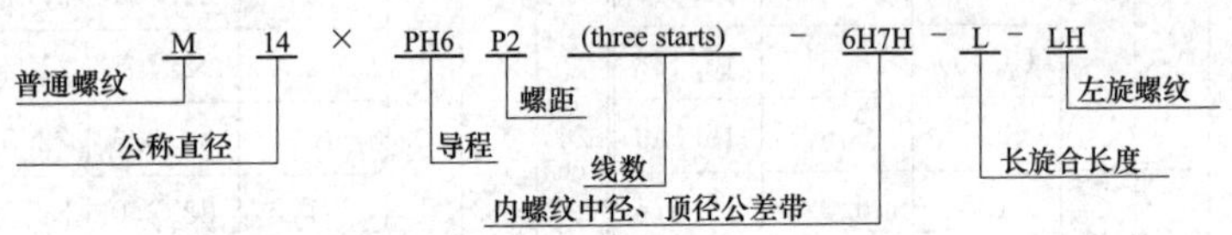

图 6-37　内螺纹在零件图上的标记

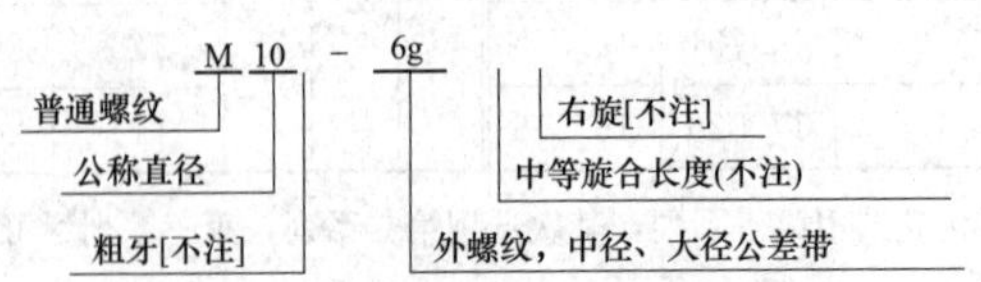

图 6-38　外螺纹在零件图上的标记

1）螺纹特征代号用字母“M”表示。单线螺纹的尺寸代号为“公称直径×螺距”，公称直径和螺距数值的单位为毫米（mm），对粗牙螺纹，可以省略标注其螺距项。

标注示例：

公称直径为8mm、螺距为1mm的单线细牙螺纹M8×1。

公称直径为8mm、螺距为1.25mm的单线粗牙螺纹M8。

2）多线螺纹的尺寸代号为“公称直径×Ph（导程）P（螺距）”，公称直径、导程和螺距数值的单位为毫米。如果要进一步表明螺纹的线数，可在后面增加括号说明（使用英语进行说明，双线为two starts，三线为three starts，四线为four starts）。

标注示例：公称直径为16mm、螺距为1.5mm、导程为3mm的双线螺纹M16×Ph3P1.5或M16×Ph3P1.5（two starts）。

3）公差带代号包含中径公差带代号和顶径公差带代号。中径公差带代号在前，顶径公差带代号在后。各直径的公差带代号由表示公差等级的数值和表示公差带位置的字母（内螺纹用大写字母，外螺纹用小写字母）组成。如果中径公差带代号与顶径公差带代号相同，则应只标注一个公差带代号。螺纹尺寸代号与公差带间用“-”号分开。

标注示例：

中径公差带为5g、顶径公差带为6g的外螺纹：M10×1-5g6g。

中径公差带和顶径公差带为6g的粗牙外螺纹：M10-6g。

中径公差带为5H、顶径公差带为6H的内螺纹：M10×1-5H6H。

中径公差带和顶径公差带为6H的粗牙内螺纹：M10-6H。

4）在下列情况下，中等公差精度螺纹不标注其公差带代号。

a. 内螺纹：5H、公称直径小于和等于1.4mm时；6H、公称直径大于和等于1.6mm时。对螺距为0.2mm的螺纹，其公差等级为4级。

b. 外螺纹：6h、公称直径小于和等于1.4mm时；6g、公称直径大于和等于1.6mm时。

标注示例：

中径公差带和顶径公差带为6g、中等公差精度的粗牙外螺纹：M10。

中径公差带和顶径公差带为6H、中等公差精度的粗牙内螺纹：M10。

5）表示内、外螺纹配合时，内螺纹公差带代号在前，外螺纹公差带代号在后，中间用斜线分开。

标注示例：

公差带为6H的内螺纹与公差带为5g6g的外螺纹组成配合：M20×2-6H/5g6g。

公差带为6H的内螺纹与公差带为6g的外螺纹组成配合（中等公差精度、粗牙）：M6。

6）标记内有必要说明的其他信息包括螺纹的旋合长度T旋向。对短旋合长度组和长旋合长度组的螺纹，宜在公差带代号后分别标注“S”和“L”代号，旋合长度代号与公差带间用“-”号分开，中等旋合长度组螺纹不标注旋合长度代号（N）。

标注示例：

短旋合长度的内螺纹：M20×2-5H-S。

长旋合长度的内、外螺纹：M6-7H/7g6g-L。

中等旋合长度的外螺纹（粗牙、中等精度的6g公差带）：M6。

7）对左旋螺纹，应在旋合长度代号之后标注“LH”代号，旋合长度代号与旋向代号间用“-”号分开，右旋螺纹不标注旋向代号。

标注示例：

a. 左旋螺纹：M8×1-LH（公差带代号和旋合长度代号被省略）

M6×0. 75-5h6h-S-LH

M14×Ph6P2-7H-L-LH或M14 × Ph6P2（three starts）7H-L-LH

b. 右旋螺纹：M6（螺距、公差带代号、旋合长度代号和旋向代号被省略）。

装配图上，螺纹公差带代号用斜线分开，分子为内螺纹公差带代号、分母为外螺纹公差带代号，如图 6-39 所示。

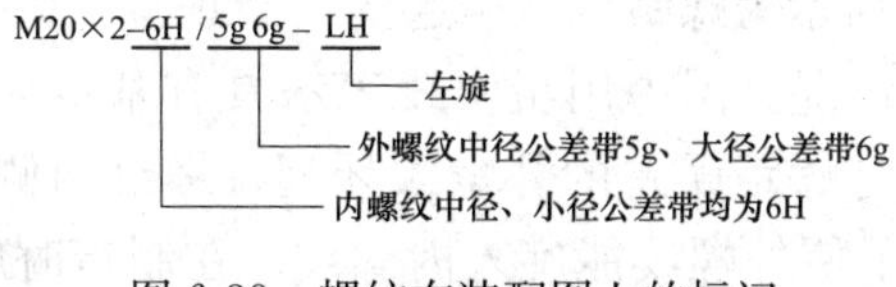

图 6-39　螺纹在装配图上的标记

二、普通螺纹几何参数误差对互换性的影响

保证螺纹互换性的基本要求是螺纹应具有良好的可旋合性和连接的可靠性。

影响螺纹互换性的因素有螺纹的大径、中径、小径、螺距和牙型半角等处的误差。由于螺纹的大径和小径处留有间隙，一般不会影响配合性质。而内、外螺纹在中径处旋合，是依靠旋合后牙侧面接触的均匀性来实现连接的。因此，影响螺纹互换性的主要因素是中径误差、螺距误差和牙型半角误差。

1. 螺纹直径对互换性的影响

螺纹中径误差是指实际中径与理论中径之差，若内螺纹中径过小、外螺纹中径过大，则影响旋合性；反之（内螺纹中径过大、外螺纹中径过小），将影响连接强度。

2. 螺距误差对互换性的影响

螺距误差是指实际螺距与理论螺距之差，它包括局部误差和累积误差 ΔP_{Σ}。后者与旋合长度有关，是主要影响因素，会导致内、外螺纹在旋合时发生干涉。

假设一对内、外螺纹连接，中径及牙型角均无误差，内螺纹是理想牙型。在旋合长度内，外螺纹出现累积误差 ΔP_{Σ}。外螺纹的螺距累积误差使旋合时产生干涉而无法旋合，此时相当于使外螺纹中径增大了一个数值，此值称为螺距误差的中径当量 f_{p}。为了使产生螺距累积误差的外螺纹可旋入理想的内螺纹中去，应把外螺纹中径减少一个中径当量 f_{p}数值。

假定内螺纹具有基本牙型，内、外螺纹的中径与牙型半角分别相同，仅外螺纹螺距有误差，并在旋入 n 个螺牙的旋合长度内，其螺距最大累积误差为 ΔP_{Σ}，此时，内、外螺纹因产生干涉而无法旋合。

如图 6-40 所示为螺距误差引起的干涉现象，以及外螺纹中径减小后的旋合情况。图中用粗实线表示具有基本牙型的内螺纹，用虚线表示具有螺距误差的外螺纹牙型，螺纹两侧接触不均匀，产生干涉。为了使外螺纹能旋入内螺纹，在制造时应将外螺纹中径减去一个数值 f_{p}。图 6-40 中的粗实线表示外螺纹中径减去 f_{p} 值后与内螺纹旋合在一起的情况。

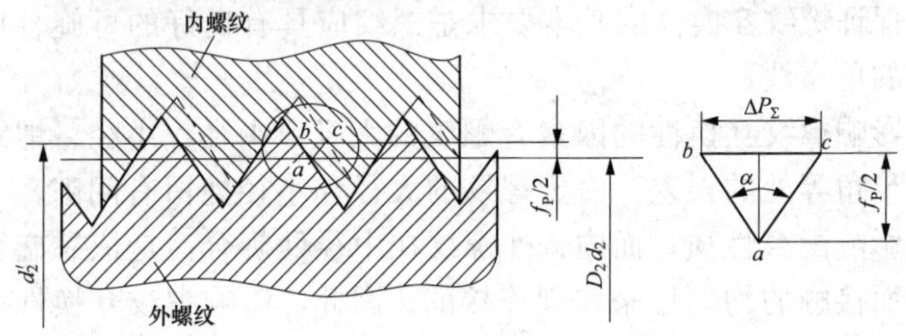

图 6-40　螺距误差引起的干涉现象以及螺纹中径减小后的旋合情况

从三角形 abc 中可知，中径当量 f_{p} 的计算公式为

$$f_{\mathrm{p}}=|\Delta P_{\Sigma}|\cot\frac{\alpha}{2}\ (\mathrm{mm}) \tag{6-12}$$

对于普通螺纹，$\frac{\alpha}{2}=30°$，则

$$f_{\mathrm{p}}=1.732|\Delta P_{\Sigma}|\ (\mathrm{mm}) \tag{6-13}$$

3. 螺纹牙型半角误差对互换性的影响

牙型半角误差是指实际牙型半角与理论牙型半角之差，如果牙型半角产生误差，内、外螺纹旋合时就会发生干涉。

假设一对内、外螺纹连接，中径及螺距均无误差，内螺纹是理想牙型。外螺纹的半角误差使旋合时产生干涉而无法旋合，此时相当于使外螺纹中径增大一个数值，此值称为半角误差的中径当量 $f_{\alpha/2}$。为了使产生半角误差的外螺纹可旋入理想的内螺纹中去，应把外螺纹中径减少一个中径当量数 $f_{\alpha/2}$ 值。

假定内螺纹具有基本牙型，内、外螺纹的中径与螺距分别相同，仅外螺纹的牙型半角有误差，并分别为 $\Delta\alpha/2_{左}<0$，$\Delta\alpha/2_{右}<0$，

明显内、外螺纹因干涉而无法旋合。图 6-41 所示为牙型半角误差引起的干涉现象及外螺纹中径减少后的旋合情况。图中用粗实线表示具有基本牙型的内螺纹，用双点画线表示具有牙型半角误差的外螺纹牙型。为了使稍有牙型半角误差的外螺纹仍能旋入具有基本牙型的内螺纹中，需将外螺纹中径减小一个数值 $f_{\alpha/2}$。图 6-41 中细实线表示外螺纹中径减小一个数值 $f_{\alpha/2}$后与内螺纹的旋合情况。

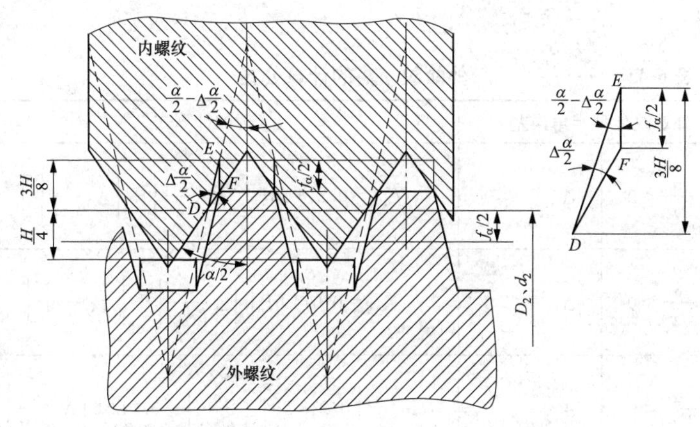

图 6-41 牙型半角误差引起的干涉现象及外螺纹中径减少后的旋合情况

$f_{\alpha/2}$的计算公式为

$$f_{\alpha/2}=0.073\times P\left(K_1\left|\Delta\frac{\alpha}{2_{左}}\right|+K_2\left|\Delta\frac{\alpha}{2_{右}}\right|\right) \tag{6-14}$$

式中 P——螺距，mm；

$f_{\alpha/2}$——中径当量，μm；

$\Delta\frac{\alpha}{2_{左}}$——左半角误差，(′)；

$\Delta\frac{\alpha}{2_{右}}$——右半角误差，(′)；

K_1、K_2——系数，见表 6-42。

式（6-14）是在外螺纹左、右牙型半角误差同时小于零的情况下做出的。实际上左、右牙型半角误差存在 4 种情况，相应的 $f_{\alpha/2}$ 计算式也有 4 种，见表 6-43。

表 6-42 K_1、K_2系数值

半角误差	内螺纹		外螺纹	
	>0	<0	>0	<0
K_1、K_2	3	2	2	3

式（6-14）也同样适用内螺纹牙型半角误差的当量中径 $f_{\alpha/2}$ 的计算。

表 6-43 外螺纹 $f_{\alpha/2}$ 的计算公式

外螺纹牙型半角误差		$f_{\alpha/2}$的计算式
$\Delta\frac{\alpha}{2_{(左)}}<0$	$\Delta\frac{\alpha}{2_{(右)}}<0$	$f_{\alpha/2}=0.218\ 25P\left[\left\|\Delta\frac{\alpha}{2_{(左)}}\right\|+\left\|\Delta\frac{\alpha}{2_{(右)}}\right\|\right]$
$\Delta\frac{\alpha}{2_{(左)}}>0$	$\Delta\frac{\alpha}{2_{(右)}}>0$	$f_{\alpha/2}=0.014\ 6P\left[\left\|\Delta\frac{\alpha}{2_{(左)}}\right\|+\left\|\Delta\frac{\alpha}{2_{(右)}}\right\|\right]$
$\Delta\frac{\alpha}{2_{(左)}}<0$	$\Delta\frac{\alpha}{2_{(右)}}>0$	$f_{\alpha/2}=P\left[0.218\ 25\left\|\Delta\frac{\alpha}{2_{(左)}}\right\|+0.014\ 6\left\|\Delta\frac{\alpha}{2_{(右)}}\right\|\right]$
$\Delta\frac{\alpha}{2_{(左)}}>0$	$\Delta\frac{\alpha}{2_{(右)}}<0$	$f_{\alpha/2}=P\left[0.014\ 6\left\|\Delta\frac{\alpha}{2_{(左)}}\right\|+0.218\ 25\left\|\Delta\frac{\alpha}{2_{(右)}}\right\|\right]$

三、螺纹中径合格性判断条件

1. 作用中径

作用中径（$D_{2作用}$、$d_{2作用}$）是指在规定的旋合长度内，恰好包容实际螺纹的一个假想螺纹的中径。这是在螺距误差、牙型半角误差综合影响下形成的实际中径，是螺纹旋合时起作用的中径。

（1）外螺纹的作用中径。假设内螺纹为理想牙型，当产生了螺距误差、牙型半角误差的外螺纹与其旋合时，使旋合变紧，其效果好像是外螺纹增大了。这个增大的中径就是与内螺纹旋合时起作用的中径，它等于外螺纹的单一中径与螺距、牙型半角误差在中径上的当量之和，即

$$d_{2作用}=d_{2单一}+(f_P+f_{\alpha/2}) \tag{6-15}$$

（2）内螺纹的作用中径。同理，假设外螺纹为理想牙型，当与产生螺距误差、牙型半角误差的内螺纹旋合时，也会使旋合变紧，其效果好像是内螺纹减小了。这个减小的中径就是与外螺纹旋合时起作用的中径，它等于内螺纹的单一中径与螺距、牙型半角误差在中径上的当量之差，即

$$D_{2作用}=D_{2单一}-(f_{P}+f_{\alpha/2}) \tag{6-16}$$

显然，为了使内、外螺纹能够自由旋合，应保证 $D_{2作用}\geqslant d_{2作用}$。

【例 6-6】 已知某螺纹 M24×2-6g，加工后测得实际中径 $d_{2实}=22.521\text{mm}$，螺距累积误差＝＋0.05mm，牙型半角误差 $\Delta\frac{\alpha}{2_{左}}=+20'$、$\Delta\frac{\alpha}{2_{右}}=-25'$。试求其作用中径。

解：1）计算单一中径为

$$D_{2单一}=d_{2实}=22.521\text{mm}$$

2）计算螺距累积误差的中径当量为

$$f_{P}=1.732|\Delta P_{\Sigma}|=(1.732\times 0.05)\text{mm}=0.087\text{mm}$$

3）计算半角误差的中径当量为

$$\begin{aligned}f_{\alpha/2}&=0.073\times P\left(K_1\left|\Delta\frac{\alpha}{2_{左}}\right|+K_2\left|\Delta\frac{\alpha}{2_{右}}\right|\right)\\&=0.732\times 2(2\times 20+3\times 25)\ \mu\text{m}\\&=16.8\mu\text{m}\approx 17\mu\text{m}\end{aligned}$$

4）计算螺纹作用中径为

$$\begin{aligned}d_{2作用}&=d_{2实}+(f_{P}+f_{\alpha/2})=22.521+(0.087+0.017)\\&=22.625\text{mm}\end{aligned}$$

2. 中径合格性判断条件

由上述可知，作用中径是用来判断螺纹旋合性的中径。若外螺纹作用中径比内螺纹大，则使螺纹难以旋合；若外螺纹作用中径比内螺纹小，而外螺纹实际中径小于内螺纹，虽能旋合，但是，太松将影响螺纹的连接强度。因此，在螺纹加工中应将作用中径

及实际中径（单一中径）限制在一定范围内。

从保证螺纹连接强度的要求出发，螺纹中径的合格性条件应遵循泰勒原则（包容要求），即螺纹的作用中径不能超越最大实体中径，任意位置的实际中径（单一中径）不能超越最小实体中径。

对外螺纹，应满足

$$d_{2作用} \leqslant d_{2\max}, d_{2单一} \geqslant d_{2\min} \tag{6-17}$$

对内螺纹，应满足

$$D_{2作用} \geqslant D_{2\min}, D_{2单一} \leqslant D_{2\max} \tag{6-18}$$

中径合格性条件示意图如图 6-42 所示。

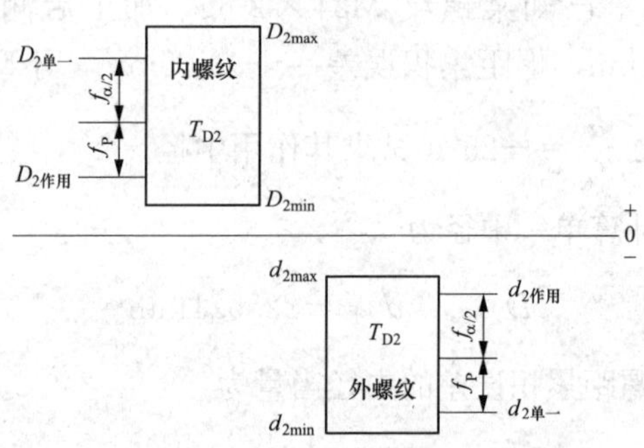

图 6-42　中径合格性条件示意图

四、普通螺纹公差配合与表面结构要求的选用

1. 普通螺纹的公差带

螺纹公差带由公差等级（大小）和基本偏差（位置）决定。螺纹公差带以基本牙型轮廓为零线沿基本牙型的牙侧、牙顶、牙底分布，且中、顶径基本偏差在垂直于螺纹轴线的方向测量。

(1) 螺纹的公差等级。国家标准规定螺纹中径、顶径的公差等级见表 6-44。

表 6-44　　螺纹公差等级（摘自 GB/T 197—2003）

螺纹直径	公差等级	螺纹直径	公差等级
内螺纹小径 D_1	4、5、6、7、8	外螺纹大径 d	4、6、8
内螺纹中径 D_2	4、5、6、7、8	外螺纹中径 d_2	3、4、5、6、7、8、9

其中，3 级精度最高，9 级精度最低，一般 6 级为基本级。普通螺纹中径公差见表 6-45。

表 6-45　普通螺纹中径公差（摘自 GB/T 197—2003）　（μm）

公称直径 D、d/mm		螺距 P/mm	内螺纹中径公差 T_{D2}					外螺纹中径公差 T_{d2}						
			公差等级					公差等级						
>	≤		4	5	6	7	8	3	4	5	6	7	8	9
5.6	11.2	0.75	85	106	132	170	—	50	63	80	100	125	—	—
		1	95	118	150	190	236	56	71	90	112	140	180	224
		1.25	100	125	160	200	250	60	75	95	118	150	190	236
		1.5	112	140	180	224	280	67	85	106	132	170	212	265
11.2	22.4	1	100	125	160	200	250	60	75	95	118	150	190	236
		1.25	112	140	180	224	280	67	85	106	132	170	212	265
		1.5	118	150	190	236	300	71	90	112	140	180	224	280
		1.75	125	160	200	250	315	75	95	118	150	190	236	300
		2	132	170	212	265	335	80	100	125	160	200	250	315
		2.5	140	180	224	280	355	85	106	132	170	212	265	335
22.4	45	1	106	132	170	212	—	63	80	100	125	160	200	250
		1.5	125	160	200	250	315	75	95	118	150	190	236	300
		2	140	180	224	280	355	85	106	132	170	212	265	335
		3	170	212	265	335	425	100	125	160	200	250	315	400
		3.5	180	224	280	355	450	106	132	170	212	265	335	425
		4	190	236	300	375	475	112	140	180	224	280	355	450
		4.5	200	250	315	400	500	118	150	190	236	300	375	475

对牙底处内螺纹的大径和外螺纹的小径不规定具体公差值，而只规定内、外螺纹牙底实际轮廓不得超过基本偏差所确定的最大实体牙型，即保证在旋合时不发生干涉。

（2）螺纹的基本偏差。螺纹的基本偏差是指公差带两极限偏差中靠近零线的那个偏差，它确定了公差带相对基本牙型的位置。由于螺纹连接的配合性质只能是间隙配合，故内螺纹的基本偏差是下极限偏差（EI），外螺纹的基本偏差是上极限偏差（es）。

国标 GB/T 197—2003 对内螺纹规定了两种基本偏差，其代号为 G、H 如图 6-43（a）、（b）所示。对外螺纹规定了 4 种基本偏差，其代号为 e、f、g、h，如图 6-43（c）、（d）所示。普通螺纹的基本偏差和（顶径公差）见表 6-46。

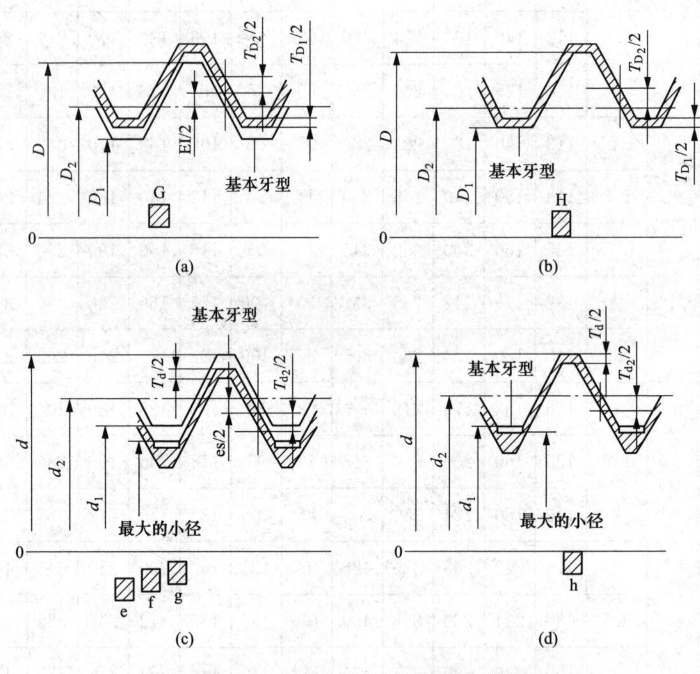

图 6-43　内、外螺纹的基本偏差

(a) G 偏差；(b) H 偏差；(c) e、f、g 偏差；(d) h 偏差

表 6-46　　普通螺纹基本偏差和顶径公差
（摘自 GB/T 197—2003）　　（μm）

螺距 P/mm	内螺纹的基本偏差 EI		外螺纹的基本偏差 es				内螺纹小径公差 T_{D1} 公差等级					外螺纹大径公差 T_d 公差等级		
	G	H	e	f	g	h	4	5	6	7	8	4	6	8
1	+26		−60	−40	−26		150	190	236	300	375	112	180	280
1.25	+28		−63	−42	−28		170	212	265	335	425	132	212	335
1.5	+32		−67	−45	−32		190	236	300	375	475	150	236	375
1.75	+34		−71	−48	−34		212	265	335	425	530	170	265	425
2	+38	0	−71	−52	−38	0	236	300	375	45	600	180	280	450
2.5	+42		−80	−58	−42		280	355	450	560	710	212	335	530
3	+48		−85	−63	−48		315	400	500	630	800	236	375	600
3.5	+53		−90	−70	−53		355	450	560	710	900	265	425	670
4	+60		−95	−75	−60		375	475	600	750	950	300	475	750

【例 6-7】 通过查表，求出 M20-6H5/5g6g 普通内、外螺纹的中径、大径和小径的基本尺寸，极限偏差和极限尺寸。

解：1）由表 6-41 普通螺纹的基本尺寸，查螺距 $P=2.5$mm，大径 $D=d=20$mm，中径 $D_2=d_2=18.376$mm，小径 $D_1=d_1=17.294$mm。

2）由表 6-45 普通螺纹中径公差、表 6-46 普通螺纹基本偏差和顶径公差，查得极限偏差及计算极限尺寸，见表 6-47。

表 6-47　　M20-6H/5g6g 螺纹极限偏差及极限尺寸　　（mm）

		ES（es）	EI（ei）	上极限尺寸	下极限尺寸
内螺纹	大径	不规定	0	不超过实体牙型	20
	中径	+0.224	0	18.600	18.376
	小径	+0.450	0	17.744	17.294
外螺纹	大径	−0.042	−0.377	19.958	19.623
	中径	−0.042	−0.174	18.334	18.202
	小径	−0.042	不规定	17.252	不超过实体牙型

2. 螺纹旋合长度、螺纹公差带和配合的选用

(1) 螺纹的旋合长度。国家标准规定了螺纹的长、中、短等 3 种旋合长度，分别用代号 L、N、S 表示，其数值见表 6-48。一般情况下选用中等旋合长度 N，只有当结构或强度上需要时，才用短旋合长度 S 或长旋合长度 L。

表 6-48　　螺纹旋合长度（摘自 GB/T 197—2003）　　（mm）

公称直径 D、d		螺距 P	旋合长度			
			S	N		L
>	≤		≤	>	≤	>
5.6	11.2	0.75	2.4	2.4	7.1	7.1
		1	3	3	9	9
		1.25	4	4	12	12
		1.5	5	5	15	15
11.2	22.4	1	3.8	3.8	11	11
		1.25	4.5	4.5	13	13
		1.5	5.6	5.6	16	16
		1.75	6	6	18	18
		2	8	8	24	24
		2.5	10	10	30	30
22.4	45	1	4	4	12	12
		1.5	6.3	6.3	19	19
		2	8.5	8.5	25	25
		3	12	12	36	36
		3.5	15	15	45	45
		4	18	18	53	53
		4.5	21	21	63	63

【例 6-8】 已知螺纹尺寸 M24×2-6g，同时测得实际大径 d_a = 23.850mm，试判断螺纹中径、顶径是否合格，并查出所需旋合长度的范围。

解：1）判断中径的合格性。

由表 6-41 查得，d_2=22.701mm。

查表 6-45 和表 6-46 得，es=−0.038mm，T_{d2}=0.170mm。

$d_{2max}=d_2+es=22.701mm-0.038mm=22.663mm$

$d_{2min}=d_{2max}-T_{d2}=22.663mm-0.170nm=22.493mm$

由例 6-6 可知，$d_{2作用}=22.625mm$，$d_{2单一}=22.521mm$

据中径合格性判断条件：

$$d_{2作用}\leqslant d_{2max}，22.625mm\leqslant 22.663mm$$

$$d_{2单一}\geqslant d_{2min}，22.521mm\geqslant 22.493mm$$

故中径合格。

2）判断大径的合格性。

查表 6-46 得，$es=-0.038mm$，$T_d=0.280mm$。

$d_{max}=d+es=24mm-0.038mm=23.962mm$

$d_{min}=d_2-T_d=23.962mm-0.280mm=23.682$

据大径合格性判断条件：

$d_{min}\leqslant d_2\leqslant d_{max}$，$23.682mm\leqslant 23.850mm\leqslant 23.962mm$

故大径合格。

3）所需旋合长度。据大径 $d=24mm$、螺距 $P=2mm$，查表 6-48 得，应采取中等旋合长度为 8.5～25mm。

（2）螺纹配合精度等级及应用。根据螺纹连接的要求，《普通螺纹　公差》（GB/T 197—2003）按螺纹的公差等级和旋合长度对螺纹规定了 3 种配合精度等级，分别为精密、中等及粗糙级，同一精度等级，随旋合长度的增加，公差等级相应降低，应用范围如下。

1）精密级。精密级用于精密连接螺纹，要求配合性质稳定、配合间隙变动较小、需要保证一定定心精度的螺纹连接，如飞机零件上的螺纹可用内螺纹 4H、5H 与外螺纹 4h 相配合。

2）中等级。中等级用于一般的螺纹连接。

3）粗糙级。粗糙级用于对精度要求不高或制造比较困难的螺纹连接，如较深的不通孔中攻螺纹或热轧棒上的螺纹。

（3）螺纹配合的选用。国家标准规定，宜优先按表 6-49 和表 6-50 选取螺纹公差带。除特殊情况外，表 6-49 和表 6-50 以外的其他公差带不宜选用。如果不知道螺纹旋合长度的实际值（例如标准螺栓），推荐按中等旋合长度（N）选取螺纹公差带。公差带优先选用顺序为：粗字体公差带、一般字体公差带、括号内公差带。带方框的粗字体公差带用于大量生产的紧固件螺纹。

表 6-49　内螺纹的推荐公差带（摘自 GB/T 197—2003）

公差精度	公差带位置 C			公差带位置 H		
	S	N	L	S	N	L
精密	—	—	—	4H	5H	6H
中等	(5G)	6G	(7G)	5H	[6H]	7H
粗糙	—	(7G)	(8G)	—	7H	8H

表 6-50　外螺纹的推荐公差带（摘自 GB/T 197—2003）

公差精度	公差带位置 e			公差带位置 f			公差带位置 g			公差带位置 h		
	S	N	L	S	N	L	S	N	L	S	N	L
精密		—	—	—	—	—	—	(4g)	(5g4g)	(3h4h)	4h	(5h4h)
中等	—	6e	(7e6e)		6f	—	(5g6g)	[6g]	(7g6g)	(5h6h)	6h	(7h6h)
粗糙	—	(8e)	(9e8e)	—	—	—		8g	(9g8g)	—	—	—

表 6-49 的内螺纹公差带能与表 6-50 的外螺纹公差带形成任意组合。但是，为了保证内、外螺纹间有足够的螺纹接触高度，推荐完工后的螺纹零件宜优先组成 H/g、H/h 或 G/h 配合。对公称直径小于和等于 1.4mm 的螺纹，应选用 5H/6h、4H/6h 或更精密的配合。

3. 螺纹的表面结构特征要求

螺纹牙型表面的轮廓算术平均偏差 *Ra* 主要根据中径公差等级来确定。表 6-51 列出了螺纹牙型的表面粗糙度 *Ra* 的推荐值。

表 6-51　螺纹牙型的表面粗糙度 *Ra* 的推荐值　(μm)

工件	螺纹中径公差等级		
	4，5	6，7	7～9
	Ra 不大于		
螺栓、螺钉、螺母	1.6	3.2	3.2～6.3
轴及轴套上的螺纹	0.8～1.6	1.6	3.2

4. 螺纹在图样上的标注

（1）单个螺纹的标记。完整的螺纹标记由普通螺纹标记、螺纹公称直径、细牙螺纹螺距、中径公差代号、顶径公差代号、旋合长度代号、左旋螺纹标记组成，如图 6-44 所示。

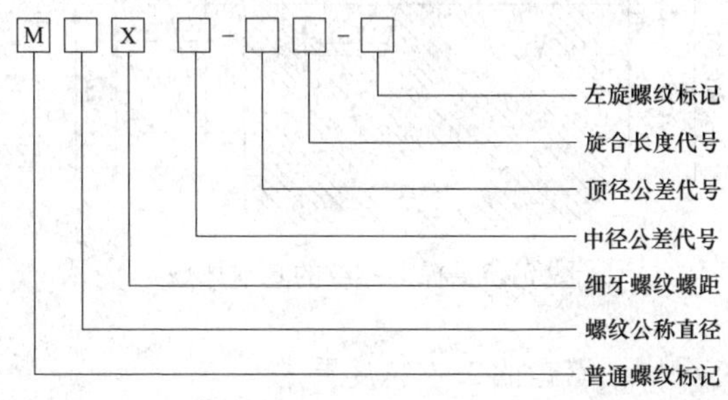

图 6-44　单个螺纹的标记

当螺纹是粗牙螺纹时，螺距不写出；当螺纹为左旋时，在左旋螺纹标记位置写“LH”字样，右旋螺纹则不标出；当螺纹的中径和顶径公差带相同时，合写为一个；当螺纹旋合长度为中等时，不写出；当旋合长度需要标出具体值时，应在旋合长度代号标记位置写出其具体值。如 M20×2-7g6g-L-LH，M10-7H，M10×1-6H-30。

（2）螺纹配合在图样上的标记。标注螺纹配合时，内、外螺纹公差代号用斜线分开，左边为内螺纹公差代号，右边为外螺纹公差代号，如 M20×2-6H/6g。

五、机床丝杠、螺母公差配合

1. 机床丝杠、螺母的基本牙型及主要参数

机床上的丝杠螺母机构用于传递准确的运动、位移及力。丝杠为外螺纹，其牙型为梯形。《梯形螺纹　第 1 部分：牙型》（GB/T 5796.1—2005）规定的基本牙型如图 6-45 所示，主要几何参数也在图中示出。由图 6-45 所示可知，丝杠、螺母的牙型为 30°，牙型半角为 15°。丝杠的大径、小径的基本尺寸，分别小于螺母的大径、小径的基本尺寸，而丝杠、螺母的中径基本尺寸是相同的。

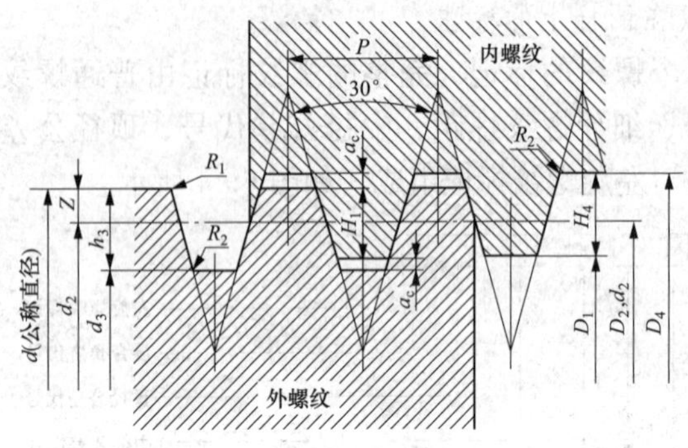

图 6-45 梯形螺纹的基本牙型

2. 机床丝杠、螺母的工作精度要求

根据丝杠的功用，提出了轴向的传动精度要求，即对螺旋线（或螺距）提出了公差要求。又因丝杠、螺母有相互间的运动，为保证其传动精度，要求螺纹牙侧表面接触均匀，并使牙侧面的磨损小，故对丝杠提出了牙型半角的极限偏差、中径尺寸的一致性等要求，以保证牙侧面的接触均匀性。

3. 丝杠、螺母公差

《机床梯形丝杠、螺母技术条件》（JB/T 2886—2008）规定了机床梯形丝杠、螺母的术语和定义、精度要求及检验方法，适用于机床传动及定位用、牙型角符合 GB/T 5796.1，螺距与直径符合 GB/T 5796.2 规定的单线梯形丝杠、螺母。

（1）丝杠、螺母的精度等级。机床丝杠、螺母的精度等级分七级，即 3、4、5、6、7、8、9 级，其中 3 级的精度最高，9 级的精度最低。各级精度的常用范围是：3 级和 4 级用于超高精度的坐标镗床和坐标磨床的传动定位丝杠和螺母；5 级和 6 级用于高精度的螺纹磨床、齿轮磨床和丝杠车床中的主传动丝杠和螺母；7 级用于精密螺纹车床、齿轮机床、镗床、外圆磨床和平面磨床等的精确传动丝杠和螺母；8 级用于卧式车床和普通铣床的进给丝杠和螺母；9 级用于低精度的进给机构中。

（2）丝杠的公差项目。

1）螺旋线轴向公差。螺旋线轴向公差是指丝杠螺旋线轴向实际测量值对于理论值的允许变动量，用于限制螺旋线轴向误差。对于螺旋线轴向误差的评定，分别在任意一个螺距内，任意 25、100、300mm 的丝杠轴向长度内，以及丝杠工作部分全长上进行评定。此公差在中径线上测量。对螺旋线轴向误差的评定，可以全面反映丝杠螺纹的轴向工作精度。

但因测量条件限制，目前只用于高精度（3～6 级）丝杠的评定。

2）螺距公差。螺距公差分两种，一种用于评定单个螺距的误差，称单个螺距公差。单个螺距误差是指单一螺距的实际尺寸相对于基本值的最大代数差，用 ΔP 表示。另一种公差用于评定螺距的累积误差，称为螺距累积公差。螺距累积误差是指在规定的轴向长度内及丝杠工作部分全长范围内，螺纹牙型任意两个同侧表面的轴向尺寸相对于基本值的最大代数差，分别用 ΔP_1 和 ΔP_{Lu} 表示。测量时规定长度为丝杠螺纹的任意 60、300mm 的轴向长度。

评定螺距误差不如评定螺旋线轴向误差全面，但其方法比较简单，常用于评定 7～9 级的丝杠螺纹。

3）牙型半角的极限偏差。当丝杠的牙型半角存在误差时，会使丝杠与螺母牙侧接触不均匀，影响耐磨性并影响传动精度。故标准中规定了丝杠牙型半角的极限偏差，用于控制牙型半角误差。

4）丝杠直径的极限偏差。标准中对丝杠螺纹的大径、中径、小径分别规定了极限偏差，用于控制直径误差。

对于配作螺母 6 级以上的丝杠，其中径公差带相对于基本尺寸线（中径线）是对称分布的。

5）中径的一致性公差。丝杠螺纹的工作部分全长范围内，若实际中径的尺寸变化太大会影响丝杠与螺母配合间隙的均匀性和丝杠螺纹两牙侧螺旋面的一致性，因此规定了中径尺寸的一致性公差。

6）大径表面对螺纹轴线的径向圆跳动。丝杠为细长件，易发生弯曲变形，从而影响丝杠轴向传动精度以及牙侧面的接触均匀性，故提出大径表面对螺纹轴线的径向圆跳动公差。

（3）螺母的公差。对于与丝杠配合的螺母规定了大径、中径、小径的极限偏差。因螺母这一内螺纹的螺距累积误差和半角误差难以测量，故用中径公差加以综合控制。与丝杠配作的螺母，其中径的极限尺寸是以丝杠的实际中径为基值，按《机床梯形丝杆、螺母 技术条件》(JB/T 2886—2008) 规定的螺母与丝杠配作的中径径向间隙来确定。

(4) 丝杠和螺母的表面粗糙度。JB/T 2886—2008 标准对丝杠和螺母的牙侧面、顶径和底径提出了相应的表面粗糙度要求，以满足和保证丝杠和螺母的使用质量。

4. 机床丝杠、螺母产品的标识

丝杠、螺母标记的写法是：丝杠螺纹代号 T 后跟尺寸规格（公称直径×螺距)、螺纹旋向代号（右旋不写出，左旋写代号 LH）和精度等级，其中旋向代号与精度等级间用短横线“-”相隔，如图 6-46 所示。如 T55×12-6，表示的是公称直径为 55mm，螺距为 12mm，6 级精度的右旋丝杠螺纹。如 T55×12LH-6，表示的是公称直径为 55mm，螺距为 12mm，6 级精度的左旋丝杠螺纹。

机床用梯形螺纹丝杠、螺母的公差项目与一般梯形螺纹的公差项目是不同的，详见《机床梯形丝杠、螺母 技术条件》(JB/T 2886—2008)。

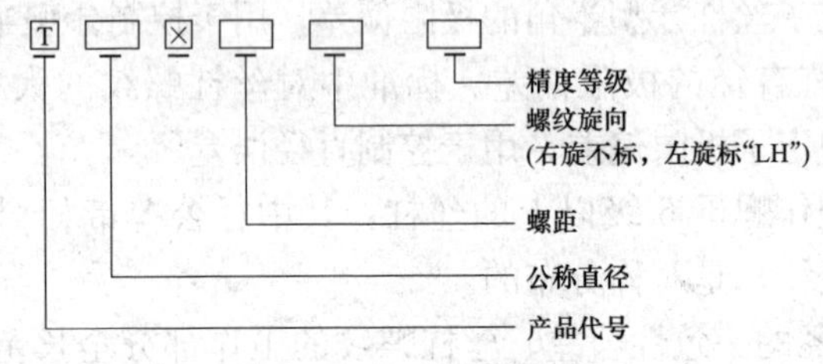

图 6-46 机床丝杆、螺母产品的标识

六、普通螺纹的检测

普通螺纹的检测方法分为螺纹的综合检验法和单项测量法。

(1) 所谓综合检验法，就是指用螺纹工作量规对影响螺纹互换性的几何参数偏差的综合结果进行检验。综合检验法不能测出参数的具体数值，但检验效率较高，适用于批量生产的中等精度的螺纹。

（2）单项测量法是指用量具或量仪测量螺纹各（或某个）参数的实际值。如用工具显微镜测量螺纹各参数，用螺纹千分尺测量螺纹中径，用单针法或三针法测量螺纹中径等，其中三针测量法测量精度较高，且在车间生产条件下使用较方便。

（一）螺纹的综合检验

对于成批量生产的螺纹类零件，为提高生产效率，一般采用综合检验的方法。根据极限尺寸判断原则，综合检验是指作用螺纹量规检验被测螺纹各个几何参数误差的综合结果，用这个量规的通规检验被测螺纹的作用中径（含底径），用止规检验被测螺纹的单一中径，还要用光滑极限量规检验被测螺纹顶径的实际尺寸。

检验内螺纹的量规称为塞规，如图 6-47 所示。检验外螺纹的量规称为环规，如图 6-48 所示。螺纹量规通规模拟体现被测螺纹的最大实体牙型，检验被测螺纹的作用中径是否超出其最大实体牙型的中径，并同时检验被测螺纹的底径的实际尺寸是否超出其最大实体尺寸。因此，通规应具有完整的牙型，并且其螺纹的长度应等于被测螺纹的旋合长度。止规用来检验被测螺纹的单一中径是否超出其最小实体牙型的中径，因此，止规采用截短牙型，并且只有 2～3 个螺距的螺纹长度，以减少牙侧角偏差和螺距误差对检验结果的影响。

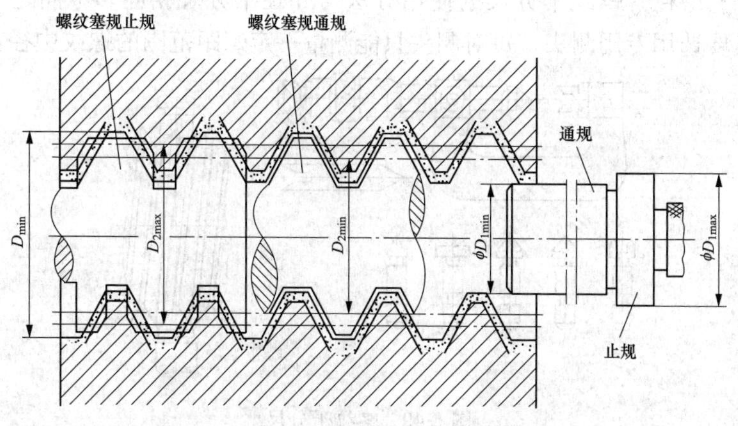

图 6-47　用螺纹塞规和光滑极限塞规检验内螺纹

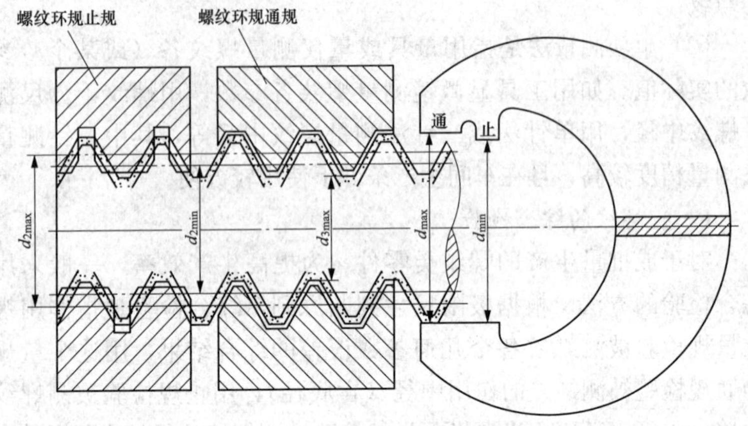

图 6-48　用螺纹环规和光滑极限卡规检验外螺纹

用螺纹量规检验时，若其通规能够旋合通过整个被测螺纹，则认为旋合性合格，否则不合格；如果其止规不能旋入或不能完全旋入被测螺纹（只允许与被测螺纹的两端旋合，旋合量不得超过两个螺距），则认为联合强度合格，否则不合格。

(二）螺纹的单项测量

1. 用螺纹千分尺测量螺纹中径

对于精度要求不高的螺纹，可用螺纹千分尺（见图 6-49）检测其中径。螺纹千分尺的使用方法与外径千分尺相同，不同之处是要选用专用测头，每对测头只能测量一定螺距范围的螺纹中径。

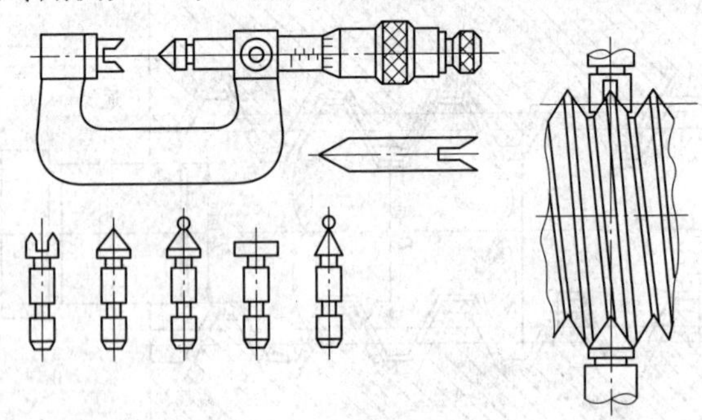

图 6-49　螺纹千分尺

用螺纹千分尺测量螺纹中径的测量误差主要来源于被测螺纹的螺距误差和牙型半角的误差，以及螺纹千分尺本身的误差。螺纹千分尺的误差来源于测量压力和可换测头测端角度的误差、圆锥测头工作面曲线和三棱测头工作面二等分线的重合性误差，以及千分尺螺旋机构的误差等。

由于上述误差因素，用螺纹千分尺测量螺纹中径的测量误差一般在 0.10～0.15mm。

2. 用三针法测量螺纹中径

(1) 三针法测量原理。用三针法测量螺纹中径是一种较精密的间接测量方法。测量时，将三根直径相同、精度很高的量针放入被测螺纹的牙槽中，用测量外尺寸的量具测量尺寸 M（见图 6-50），由螺纹各参数的几何关系，换算出被测螺纹的单一中径 d_{2s}

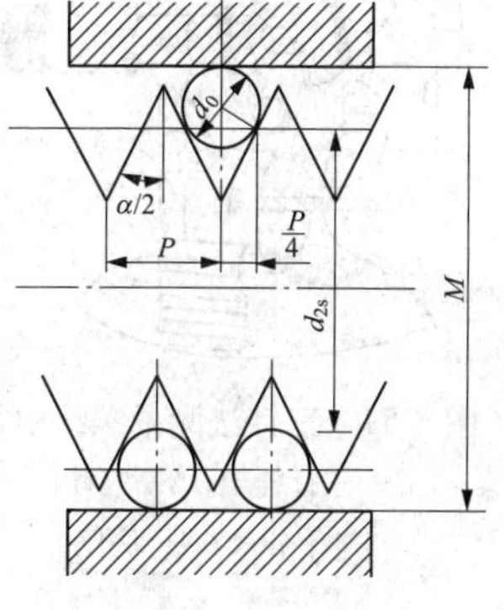

图 6-50　三针的选择

$$d_{2s}=M-d_0\left(1+\frac{1}{\sin\frac{\alpha}{2}}\right)+\frac{P}{2}\cot\frac{\alpha}{2} \tag{6-19}$$

式中　d_{2s}——被测螺纹的单一中径；

d_0——量针直径；

P——螺纹的螺距；

M——将三根量针放入被测螺纹牙槽后量针之间的轴向距离；

$\frac{\alpha}{2}$——螺纹牙型半角。

普通螺纹，当 $\alpha=60°$时，$d_{2s}=M-3d_0+0.866P$。

梯形螺纹，当 $\alpha=30°$时，$d_{2s}=M-4.8637d_0+1.866P$。

测量时，选择最佳直径的量针，使量针与牙侧的接触点在单一中径上，量针最佳直径 $d_{0最佳}$ 的计算公式为

$$d_{0最佳}=\frac{P}{2}\cos\frac{\alpha}{2} \tag{6-20}$$

由式（6-20）可知，当 $\alpha=60°$时，$d_{0最佳}=0.577P$，当 $\alpha=30°$

时，$d_{0最佳}=0.518P$。

（2）三针法测量步骤。三针法测量螺纹中径的步骤是：

1）根据被测螺纹的中径，正确选择最佳量针。

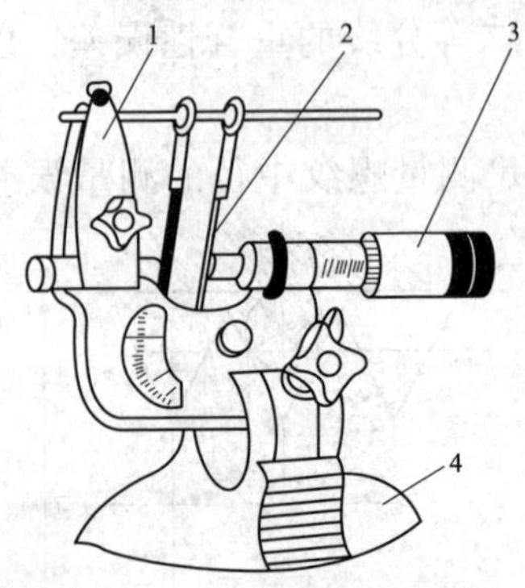

图 6-51 三针法测量螺纹中径

1—三针挂架；2—三针；3—千分尺；4—底座

2）在底座上安装好螺纹千分尺和三针，并校正仪器零位，如图 6-51 所示。

3）将三针放入螺纹牙槽中，用螺纹千分尺进行测量，读出 M 值。

4）在同一截面相互垂直的两个方向上，测出尺寸 M，取其平均值。

5）计算螺纹单一中径，并判断合格性。

6）填写用三针法检测螺纹中径的检测报告。

3. 用影像法测量螺纹中径、螺纹和牙型半角

（1）大型工具显微镜的结构与技术规格。大型工具显微镜是一种用于测量长度和角度的精密光学仪器。在大型工具显微镜上测量螺纹参数常用的测量方法有影像法、灵敏杠杆法、轴切法等，本节主要介绍采用影像法测量螺纹参数。

1）外形结构。大型工具显微镜的外形结构如图 6-52 所示，主要由机座组、支臂支座组、物镜棱镜组、目镜组、照明组五大部分组成。

2）光学系统。大型工具显微镜的光学系统如图 6-53 所示，光源发出的光经聚光镜 2、滤光镜 3、可变光阑 5、反射镜 6 后垂直向上，再通过透镜 7 形成一组远心光束，照明被测零件 9。通过物镜把放大的零件轮廓成像在目镜分划板上，然后由目镜进行观察。同时，依靠纵、横向千分尺的移动，以及工作台、目镜度盘的转动取得数据。

3）测角目镜。工具显微镜附有测角目镜、螺纹轮廓目镜和曲率轮廓目镜三种，以适应不同的用途。其中测角目镜（见图 6-54）

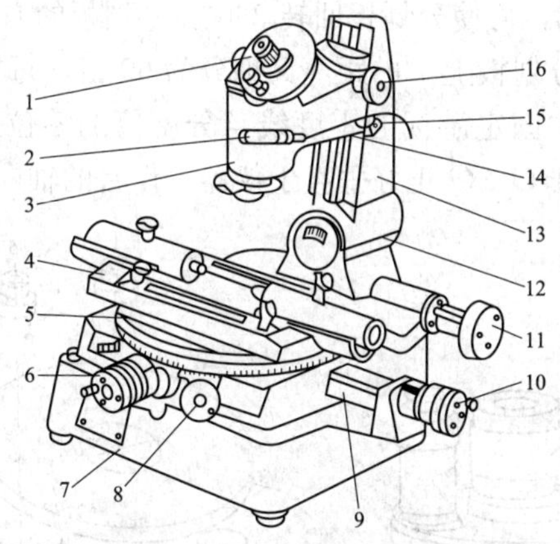

图 6-52　大型工具显微镜的外形结构

1—目镜；2—照明灯；3—物镜管座；4—顶尖架；5—工作台；6—横向千分尺；7—底座；8—转动手轮；9—量块；10—纵向千分尺；11—立柱倾斜手轮；12—支座；13—立柱；14—悬臂；15—锁紧手轮；16—升降手轮

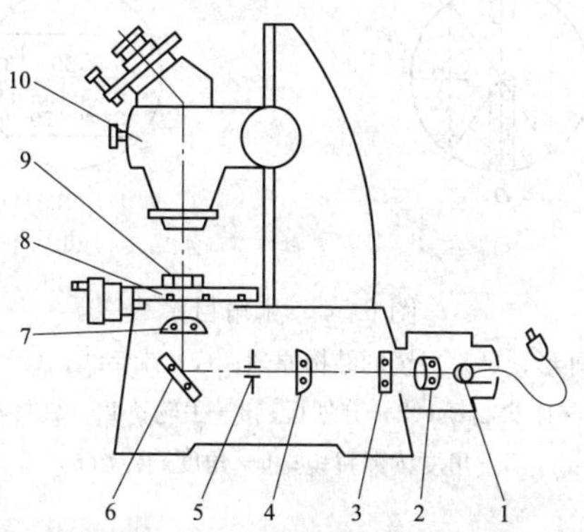

图 6-53　大型工具显微镜的光学系统

1—光源；2—聚光镜；3—滤光镜；4、7—透镜；5—可变光阑；6—反射镜；8—工作台；9—被测零件；10—显微物镜与目镜部分

用途较广。

图 6-54（a）所示为目镜的外形，图 6-54（b）所示为目镜的结构原理。在分划板中央刻有米字线，其圆周刻有 0°～359°的分度

线。转动手轮 3，可使分划板回转 360°。分划板的右下方有一角度固定游标，将分划板上 1°的距离又细分为 60 格，每格表示 1′。

当该目镜中固定游标的零度线与分度值的零位对准时，则米字线中间的虚线 *O*—*O* 正好垂直于仪器工作台的轴向移动方向。

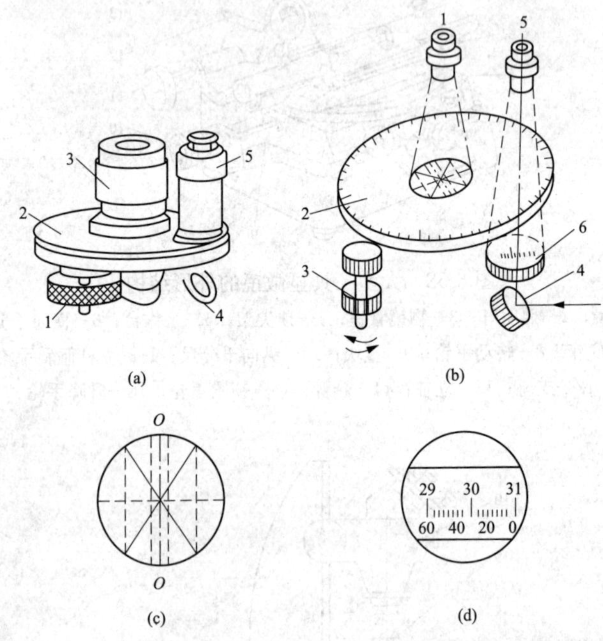

图 6-54　测角目镜

(a) 目镜的外形；(b) 目镜的结构原理；(c) 米字线；(d) 圆周分度线

1—中央目镜；2—分划板；3—手轮；4—反射镜；

5—角度读数目镜；6—角度固定游标

4）大型工具显微镜的技术规格。

纵向测量范围：0～150mm。

横向测量范围：0～50mm。

分辨力：0.01mm。

圆工作台角度示值范围：0°～360°，分辨力 1′。

测角目镜角度示值范围：0°～360°，分辨力 1′。

立柱倾斜角度范围：12°。

（2）测量步骤。用影像法测量螺纹中径、螺纹和牙型半角的测量步骤是：

1）将零件小心地安装在两顶尖之间，拧紧顶尖的紧固螺钉，以防零件掉下打碎玻璃工作台。

2）根据被测螺纹的直径，从仪器说明书中查出适宜的光阑直径，然后调好光阑的大小，同时检查工作台的刻度是否对准零位。

3）按被测螺纹的旋向及螺纹升角 γ，旋转立柱倾斜手轮 11（见图 6-52），使立柱向一侧倾斜角度为 γ。

$$\tan\gamma=\frac{nP}{\pi d_2} \tag{6-21}$$

式中　n——（螺纹）线数；

P——螺距；

d_2——螺纹中径。

4）旋转升降手轮 16（见图 6-52），调整焦距，使被测轮廓影像清晰。

5）测量螺纹的主要参数如下。

a. 测量单一中径。转动纵向千分尺和横向千分尺，使米字线的交点对准牙侧中部附近的某一点，将米字线中两条相交 60°的斜线之一与牙型影像边缘相压，记下纵向千分尺的第一次读数 Y_1。纵向移动工作台（横向工作台不能移动），使米字线的另一斜线与螺纹牙型沟槽的另一侧相应点相压，记下纵向千分尺的第二次读数，看两次纵向读数之差是否为螺距的一半，否则，应对工作台作相应的调整。按上述过程重复进行，直到该牙型的沟槽宽度等于基本螺距的一半为止（此过程是找单一中径），如图 6-55 所示。记下横向千分尺的第一次读数 X_1。

旋转立柱倾斜手轮 11（见图 6-52），使立柱反向倾斜螺纹升角 γ。横向移动千分尺（此时工作台不能有纵向移动），使米字线的交点对准另一边牙侧，记下第二次横向千分尺读数 X_2。

两次读数之差，为螺纹的单一中径，即

$$d_{2s}=|X_2-X_1| \tag{6-22}$$

测量时，由于安装误差，螺纹轴线可能不垂直于横向移动方

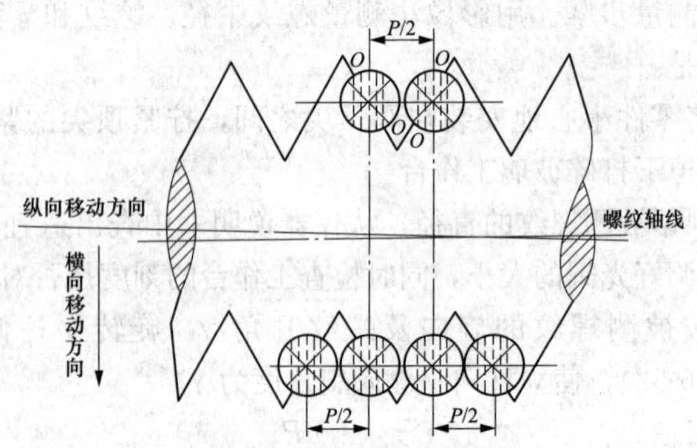

图 6-55　影像法测量螺纹中径

向。为了消除这一系统误差，必须测出 $d_{2S左}$、$d_{2S右}$，取两者的平均值为实际中径。

实际中径为

$$d_{2S}=(d_{2S左}+d_{2S右})/2 \tag{6-23}$$

b. 测量螺距。如图 6-54 所示转动纵向千分尺和横向千分尺，使目镜米字线中虚线 $O—O$ 在中径上与牙型左侧影像相压（一般应使 $O—O$ 线的宽度一半在牙型轮廓影像外，一半在影像内）。记下纵向千分尺的第一次读数 b_1，如图 6-56 所示。

转动纵向千分尺（横向不动）在旋合长度内使 $O—O$ 线依次在相邻牙型左侧相应点与牙型侧影像相压。记下纵向千分尺各点读数 b_2，b_3，…，b_n。每相邻两读数值之差，即为被测螺纹的螺距 $P_{左i}$。

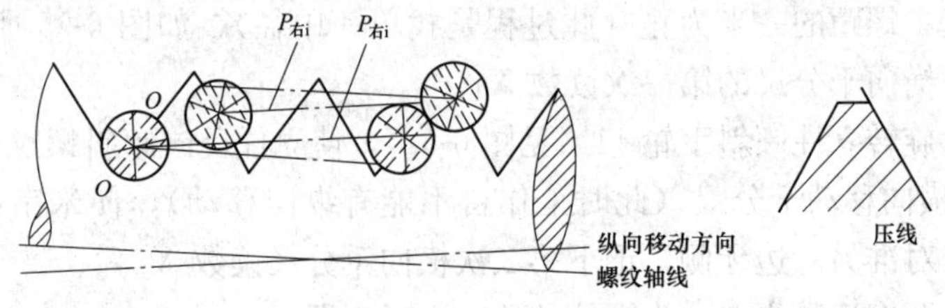

图 6-56　影像法测螺距

为了减少由安装误差而引起的系统误差，可从第 N 牙的牙型右侧进行回测，依次得出螺距 $P_{右i}$，然后取各牙型左右的平均值为单个螺距的实测值 P_i 为

$$P_i=(P_{左i}+P_{右i})/2 \tag{6-24}$$

单个螺距误差 ΔP_i 为

$$\Delta P_i=P_i-P \tag{6-25}$$

式中　P——螺距公称值。

取旋合长度内任意两螺距之间代数差的绝对值中最大的误差累积值作为螺距累积误差 ΔP_Σ。

c. 测量牙型半角。转动角度调节手轮，用对线方式使目镜米字线中虚线 $O—O$ 与螺纹牙型的左侧影像保持一条均匀的狭窄光隙，角度目镜中显示的读数即为左边牙型半角 $\frac{\alpha_{左1}}{2}$，如图 6-57 所示。

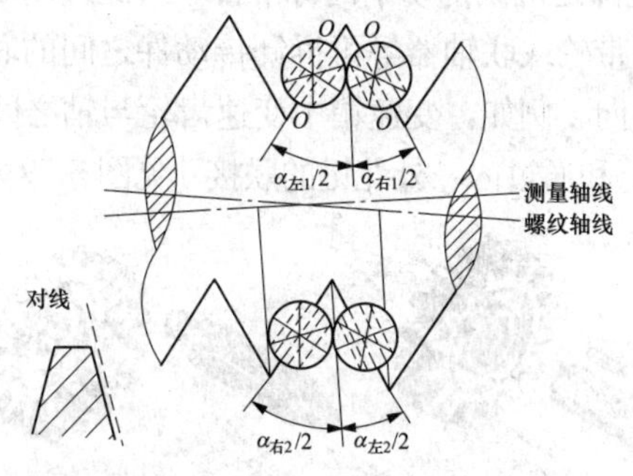

图 6-57　影像法测螺纹牙型半角

转动角度调节手轮，使米字线中虚线 $O—O$ 与螺纹牙型右侧影像对线，读出右边牙型半角 $\frac{\alpha_{右1}}{2}$。

为了减少安装误差的影响，在螺纹轴线的另一边重复上述测量，得 $\frac{\alpha_{左2}}{2}$ 和 $\frac{\alpha_{右2}}{2}$（测量前要先旋转立柱倾斜手轮 11，使立柱反向倾斜螺纹升角 γ）。

牙型半角偏差为

$$\frac{\alpha_{右}}{2}=\left(\frac{\alpha_{右1}}{2}+\frac{\alpha_{右2}}{2}\right)/2 \tag{6-26}$$

$$\frac{\alpha_{左}}{2}=\left(\frac{\alpha_{左1}}{2}+\frac{\alpha_{左2}}{2}\right)/2 \tag{6-27}$$

$$\Delta\frac{\alpha_{右}}{2}=\frac{\alpha_{右}}{2}-\frac{\alpha}{2} \tag{6-28}$$

$$\Delta\frac{\alpha_{左}}{2}=\frac{\alpha_{左}}{2}-\frac{\alpha}{2} \tag{6-29}$$

6）根据螺纹互换性条件，判断零件的合格性。

7）填写用影像法检测螺纹中径、螺距和牙型半角检测报告。

第四节　键与花键的公差与配合及其检测

一、键联接及其类型

单键与花键都是机械传动中的标准件，广泛应用于轴与轴上零件如齿轮、链轮、带轮或联轴器等可拆卸传动件之间的联接，以传递转矩、运动兼作导向。例如，变速箱中变速齿轮与轴之间通过平键联接［见图 6-58（a)］和通过内、外花键的联接［见图 6-58（b)］。

图 6-58　键联接示意图

（a）平键联接；（b）花键联接

1. 单键联接

单键的类型有平键、半圆键、钩头楔键等，如图 6-59 所示。

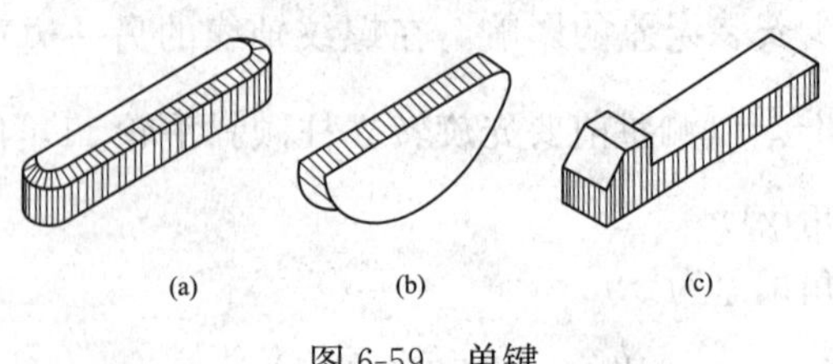

图 6-59　单键

（a）平键；（b）半圆键；（c）钩头楔键

平键分为普通平键和导向平键，前者用于固定联接，后者用于移动联接（如双联齿轮），如图 6-60 所示。

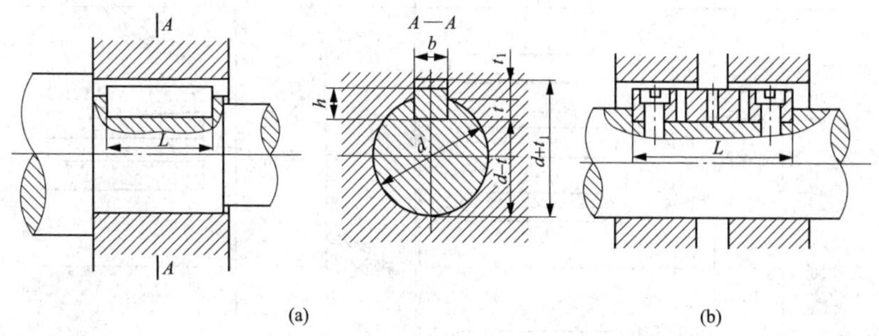

图 6-60　平键联接

（a）普通平键联接；（b）导向平键联接

普通平键根据其两端形状又有 A 型（两端圆）、B 型（两端平）、C 型（一端圆、一端平）之分，如图 6-61 所示。

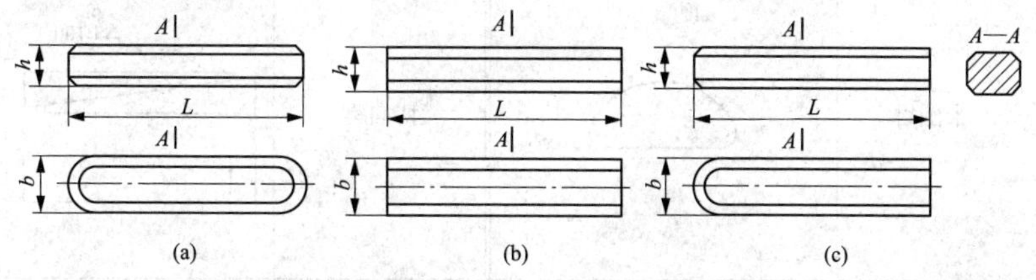

图 6-61　普通平键

（a）A 型（两端圆）；（b）B 型（两端平）；（c）C 型（一端圆、一端平）

平键对中性好，可用于较高精度的联接，具有制造装拆简便，成本低廉等优点。

单键的类型见表 6-52。

2. 花键联接

当需要传递较大转矩时，单键联接已不能满足要求，因而由单键联接发展为花键联接。花键分为内花键（花键孔）和外花键（花键轴）。按截面形状又有矩形花键、渐开线花键、梯形花键和三角形花键之分，其中矩形花键应用最广泛。常用花键的类型，主要有矩形花键、渐开线花键，如图 6-62 所示。

表 6-52　　　　**单键的类型**

类型		图形	类型		图形
平键	普通平键	A型 B型 C型	楔键	普通楔键	⊿1:100
	导向平键	A型 B型		钩头楔键	⊿1:100
半圆键			切向键		⊿1:100

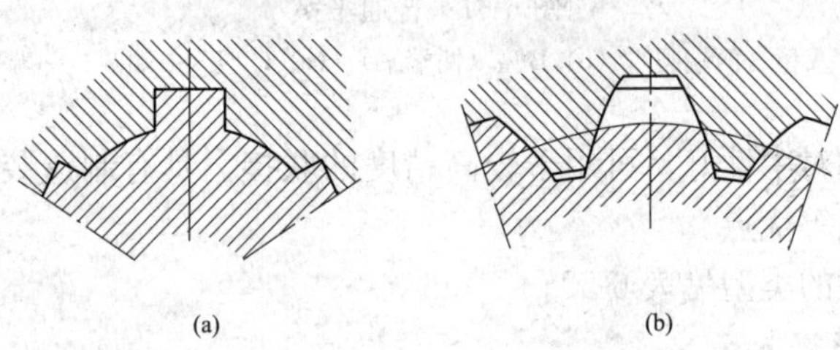

(a)　　(b)

图 6-62　常用花键的类型

(a) 矩形花键；(b) 渐开线花键

花键联接中因键的数目增加，接触面比平键多，且联接键与轴为一体，使轴和轮毂上承受的负荷分布比较均匀。花键联接可作固定联接，也可作滑动联接，因此，与平键联接相比，花键联接具有定心精度高、导向性好、承载能力强等优点；矩形花键联接在机床和一般机械传动等机械行业中应用较广泛；渐开线花键联接与矩形花键联接相比较，渐开线花键联接的强度更高，承载能力更强，且具有精度高、齿面接触良好、能自动定心、加工方便等优点，在汽车、拖拉机制造业中已被广泛采用。但是，加工花键需用专用设备和刃具、量具，制造成本较高。

为了满足普通平键联接、矩形花键联接和圆柱直齿渐开线花键联接的使用要求，并保证其互换性，我国发布了GB/T 1095—2003《平键　键槽的剖面尺寸》、GB/T 1144—2001《矩形花键尺寸、公差和检测》和GB/T 3478.1—2008《圆柱直齿渐开线花键（米制模数　齿侧配合）第1部分　总论》等国家标准。

二、普通平键联接的公差、配合与检测

1. 平键联接的几何参数

平键联接由键、轴上键槽和轮毂上键槽（孔键槽）三部分组成，通过键的侧面与轴上键槽、轮毂上键槽侧面之间的相互接触来实现转矩传递。联接时，键的上表面与轮毂键槽底面间要留有一定的间隙，其结构及其主要尺寸如图6-60（a）所示（图示为减速器的输出轴与带轮之间的联接，输出的动力及转矩通过平键来传递）。

键为标准件（由型钢制成），其基本尺寸是键宽（b）、键高（h）和键长（L）。《普通型半圆键》GB/T 1099.1—2003）规定，平键标记为：GB/T 1099.1 键 $b\times h\times L$，如GB/T 1099.1 键 $6\times10\times25$。

其他尺寸包括：轴槽深（t_1）和轮毂槽深（t_2），设计键联接时，平键的规格参数根据基本尺寸查表确定，见表6-53和表6-54。

2. 平键联接的公差带

（1）配合尺寸的公差带。单键是标准件，所以单键联接通常采用基轴制配合。

表 6-53　　普通平键键槽的尺寸与公差（摘自 GB/T 1095—2003）

键尺寸 $b\times h$	键槽											
	宽度 b						深度				半径 r	
	基本尺寸	极限偏差					轴 t_1		毂 t_2			
		正常联结		紧密联结	松联结							
		轴 N9	毂 JS9	轴和毂 P9	轴 H9	毂 D10	基本尺寸	极限偏差	基本尺寸	极限偏差	min	max
2×2	2	−0.004 −0.029	±0.0125	−0.006 −0.031	+0.025 0	+0.060 +0.020	1.2	+0.1 0	1.0	+0.1 0	0.08	0.16
3×3	3						1.8		1.4			
4×4	4	0 −0.030	±0.015	−0.012 −0.042	+0.030 0	+0.078 +0.030	2.5		1.8			
5×5	5						3.0		2.3		0.16	0.25
6×6	6						3.5		2.8			
8×7	8	0 −0.036	±0.018	−0.015 −0.051	+0.036 0	+0.098 +0.040	4.0	+0.2 0	3.3	+0.2 0		
10×8	10						5.0		3.3		0.25	0.40
12×8	12	0 −0.043	±0.0215	−0.018 −0.061	+0.043 0	+0.120 +0.050	5.0		3.3			
14×9	14						5.5		3.8			
16×10	16						6.0		4.3			
18×11	18						7.0		4.4			
20×12	20	0 −0.052	±0.026	−0.022 −0.074	+0.052 0	+0.149 +0.065	7.5		4.9		0.40	0.60
22×14	22						9.0		5.4			
25×14	25						9.0		5.4			
28×16	28						10.0		6.4			
32×18	32	0 −0.062	±0.031	−0.026 −0.088	+0.062 0	+0.180 +0.080	11.0		7.4			
36×20	36						12.0		8.4		0.70	1.00
40×22	40						13.0		9.4			
45×25	45						15.0		10.4			
50×28	50						17.0		11.4			
56×32	56	0 −0.074	±0.037	−0.032 −0.106	+0.074 0	+0.220 +0.100	20.0	+0.3 0	12.4	+0.3 0	1.20	1.60
63×32	63						20.0		12.4			
70×36	70						22.0		14.4			
80×40	80						25.0		15.4		2.00	2.50
90×45	90	0 −0.087	±0.0435	−0.037 −0.124	+0.087 0	+0.260 +0.120	28.0		17.4			
100×50	100						31.0		19.5			

表 6-54　　普通平键的尺寸与公差（摘自 GB/T lD6—2003）　（mm）

宽度 *b*	基本尺寸		2	3	4	5	6	8	10	12	14	16	18	20	22
	极限偏差（h8）		0 −0.014		0 −0.018			0 −0.022		0 −0.027				0 −0.033	
宽度 *h*	基本尺寸		2	3	4	5	6	7	8	8	9	10	11	12	14
	极限偏差	矩形（h11）	—		—			0 −0.090					0 −0.110		
		方形（h8）	0 −0.014		0 −0.018			—					—		
倒角或倒圆 *s*			0.16～0.25			0.25～0.40			0.40～0.60					0.60～0.80	
长度 *L*															
基本尺寸	极限偏差(h14)														
6	0 −0.36				—	—	—	—	—	—	—	—	—	—	—
8						—	—	—	—	—	—	—	—	—	—
10							—	—	—	—	—	—	—	—	—
12	0 −0.43						—	—	—	—	—	—	—	—	—
14								—	—	—	—	—	—	—	—
16								—	—	—	—	—	—	—	—
18									—	—	—	—	—	—	—
20									—	—	—	—	—	—	—
22	0 −0.52		—			标准				—	—	—	—	—	—
25			—							—	—	—	—	—	—
28			—								—	—	—	—	—
32	0 −0.62		—								—	—	—	—	—
36			—									—	—	—	—
40			—	—								—	—	—	—
45			—	—					长度				—	—	—
50			—	—	—									—	—
56	0 −0.74		—	—	—	—									—
63			—	—	—	—									
70			—	—	—	—									
80			—	—	—	—	—								

续表

长度 L														
基本尺寸	极限偏差(h14)													
90	0 −0.87	—	—	—	—	—					范围			
100		—	—	—	—	—	—							
110		—	—	—	—	—	—							
125	0 −1.00	—	—	—	—	—	—	—						
140		—	—	—	—	—	—	—						
160		—	—	—	—	—	—	—	—					
180		—	—	—	—	—	—	—	—	—				
200	0 −1.15	—	—	—	—	—	—	—	—	—	—			
220		—	—	—	—	—	—	—	—	—	—	—		
250		—	—	—	—	—	—	—	—	—	—	—	—	

键与轴键槽、轮毂键槽的键槽宽（b）是主要配合尺寸，其他尺寸如键的高度（h）和长度（L）以及轴键槽的深度（t_1）和长度（L）、轮毂键槽的深度（t_2）等都为非配合尺寸。一般来说，对配合尺寸给予较严格的公差，对非配合尺寸给出较宽松的公差。

由于键是标准件，因此对误差的主要控制对象是键槽宽。《普通型 平键》（GB/T 1096—2003）规定，键宽公差带为 h8。《平键 键槽的剖面尺寸》（GB/T 1095—2003）规定了三种配合类型：正常联接（轴槽 N9、轮毂槽 JS9）、紧密联接（轴槽 P9、轮毂槽 P9）、松联接（轴槽 H9、轮毂槽 D10），如图 6-63 所示，其应用，见表 6-55。

表 6-55　平键联接中键宽 *b* 的 3 种配合类型及其应用

配合类型	尺寸公差带			应　用
	键	轴槽	轮毂槽	
松联接	H8	H9	D10	轮毂可在轴上滑动，主要用于导向平键
正常联结		N9	JS9	键固定在键槽和轮毂槽中，用于载荷不大的场合
紧密联结		P9	P9	键牢固安装在轴槽和轮毂槽中，主要用于载荷较大、有冲击和传递双向转矩的场合

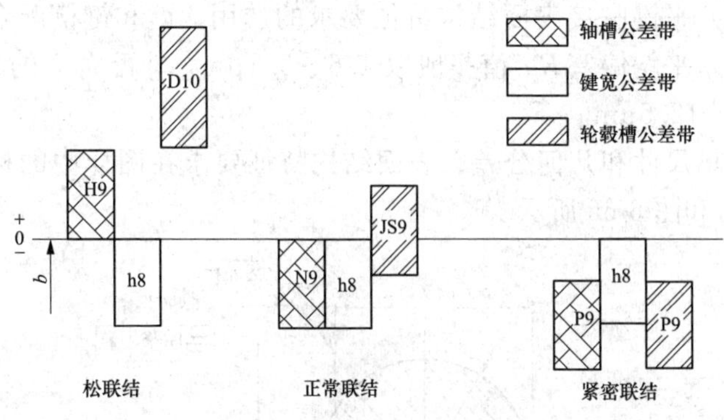

图 6-63　平键联接的配合类型

(2) 非配合尺寸。轴槽深（t_1）和轮毂槽深（t_2）的公差带，见表 6-53。平键联接中键高（h）、键长（L）和轴槽长等非配合尺寸的公差带，见表 6-56。

表 6-56　　平键联接中非配合尺寸的公差带

非配合尺寸	键高（h）	键长（L）	轴槽长
公差带	h11	h14	H14

3. 平键联接几何公差与表面结构特征要求的选用

(1) 平键联接几何公差的选用。键槽的几何公差主要是指键槽的实际中心平面对基准轴线的对称度公差。键槽的对称度误差使键与键槽间不能保证面接触，传递转矩时键工作表面负荷不均匀，从而影响键联接的配合性质。同时对称度误差还会影响键联接的自由装配。

为了保证键联接正常工作，《形状相位置公差　未注公差值》(GB/T 1184—1996) 对键和键槽的几何公差作出了以下规定：

1) 对称度公差等级按《形状和位置公差　未注公差值》(GB/T 1184—1996) 选取，以键宽（b）为主参数，一般取 7～9 级。

2) 对于长键 $L/b \geqslant 8$ 时，规定了键的两工作侧面在长度方向上的平行度。平行度公差也按 GB/T 114—1996 选取。当 $b \leqslant 6$mm 时取 7 级，$8 \leqslant b \leqslant 36$ mm 时取 6 级，$b \geqslant 40$mm 时取 5 级。

（2）平键联接表面结构特征要求的选用。键和键槽配合面的轮廓算术平均偏差 Ra 值一般取 1.6～3.2μm，非配合面的 Ra 值取 6.3～12.5μm。

键槽尺寸和几何公差、表面结构特征要求在图样中的标注如图 6-64 和图 6-65 所示。

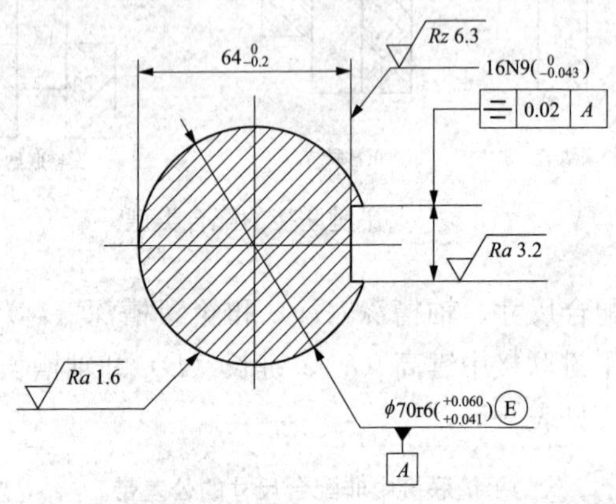

图 6-64　轴键槽尺寸和几何公差、表面结构特征要求的标注
（对称度公差采用独立原则）

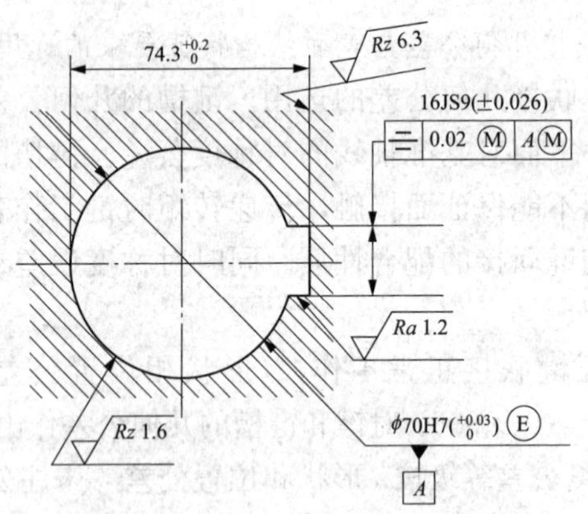

图 6-65　轮毂键槽尺寸和几何公差、表面结构特征要求的标注
（对称度公差采用最大实体要求）

4. 单键联接中键槽的检测

（1）键槽宽度和深度尺寸检测。在单件小批生产中，键槽宽度和深度一般用游标卡尺、千分尺等通用测量工具来测量。在成批大量生产中可用量块或极限量规来检测键槽尺寸，如图 6-66 所示。

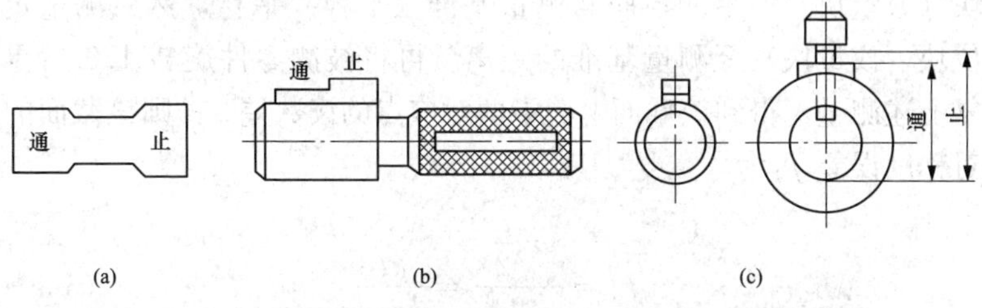

图 6-66　键槽尺寸检测的极限量规

（a）键槽宽极限尺寸量规；（b）轮毂槽深极限尺寸量规；（c）轴槽深极限尺寸量规

（2）键槽截面对称度误差 f_1 和长度方向对称度误差 f_2 的测量。键槽对称度误差可由图 6-67 所示方法测量。轴键槽中心平面对基准轴线的对称度公差采用独立原则，这时测量键槽对称度误差的方法是以平板 4 作为测量基准，用 V 形架 3 体现被测零件轴 1 的基准轴线，它平行于平板 4，用定位块 2（或量块）模拟体现键槽中心平面。将置于平板 4 上的指示表的测头与定位块 3 的侧平面接触，沿定位块的一个横截面移动，并稍微转动被测轴来调整定

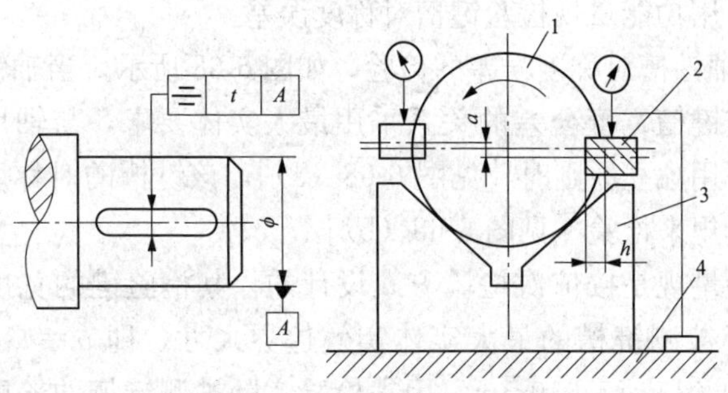

图 6-67　键槽对称度误差测量

1—零件；2—量块；3—V 形架；4—平板

位块的位置，使指示表沿定位块这个横截面移动时示值始终不变为止，从而确定定位块的这个横截面的素线平行于平板4。然后，用指示表对定位块长度两端的测点分别进行测量，测得的示值分别计算。

测量键槽截面对称度误差 f_1 时，首先调整被测零件，使定位块（或量块）沿零件径向与测量基准（平板）平行，然后测量定位块（或量块）至测量基准的距离。再将被测零件旋转180°后重复上述测量，得到该截面上、下两对应点的读数差 a，则该截面的对称度误差 f_1 为

$$f_1=\frac{a\frac{t}{2}}{r-\frac{t}{2}}=\frac{at}{d-t} \tag{6-30}$$

式中　r——轴的半径，$r=\phi/2$；

　　　t——键槽深度。

测量键槽长度方向对称度误差 f_2 时，首先沿轴槽长度方向进行测量，然后取长度方向两点的最大读数差。该最大读数差即为键槽长度方向对称度误差 f_2。

$$f_2=a_{\max}-a_{\min} \tag{6-31}$$

当 f_1 和 f_2 的值被计算出来后，取 f_1 和 f_2 中的最大值作为该键槽的对称度误差。

（3）用功能量规检验键槽对称度误差。

1）轴键槽对称度误差的检验。如图6-68所示，当轴键槽对称度公差与键槽宽度公差的关系采用最大实体要求，与轴尺寸公差的关系采用独立原则时［见图6-68（a）］，该键槽的对称度误差可用功能量规来检验［见图6-68（b）］。

功能量规是按依次检验方式设计的，其检验键的宽度定形尺寸 b 等于被测键槽的最大实体实效边界尺寸，即 $b=D_{MV}=8-0.036-0.015=7.949$mm，用来检验实际被测键槽的轮廓是否超出其最大实体实效边界。这个量规以其V形表面作为定位表面来体现基准轴线（不受轴实际尺寸变化的影响），用检验键两侧面模

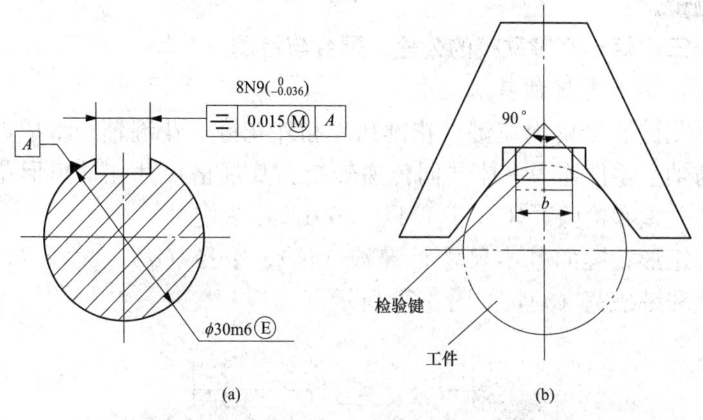

图 6-68　用功能量规检验轴键槽的对称度误差

（a）零件图样标注；（b）量规示意图

拟体现被测键槽的最大实体实效边界，若量规的 V 形定位表面与轴表面接触且检验键能够自由进入实际被测键槽，则表示对称度误差合格（键槽的实际尺寸用两点法测量）。

2）孔键槽对称度误差的检验。如图 6-65 所示，轮毂键槽对称度公差与键槽宽度公差及基准孔尺寸公差的关系都采用最大实体要求，则该键槽的对称度误差可用功能量规来检验，如图 6-69 所示。

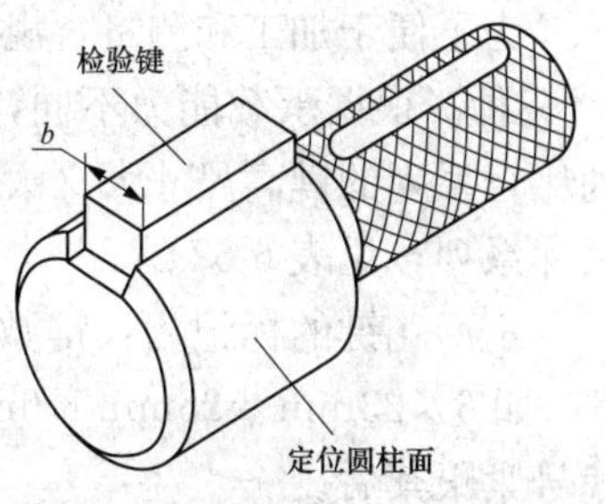

图 6-69　孔键槽对称度量规

功能量规是按共同检验方式设计的，它的定位圆柱面既模拟体现基准孔，又能够检验实际基准孔的轮廓是否超出其最大实体边界。它的检验键模拟体现被测键槽两侧面的最大实体实效边界，检验键的宽度定形尺寸 b 等于该边界的尺寸 $D_{MV}=16-0.021-0.02=15.959$mm，这个检验键用来检验实际被测键槽的轮廓是否超出该边界。如果它的定位圆柱面和检验键，能够同时自由通过轮毂的实际基准孔和实际被测键槽，则表示对称度误差合适。基准孔和链槽宽度的实际尺寸，用两点法测量。

三、矩形花键联接的公差、配合与检测

1. 矩形花键的基本尺寸

花键联接由内花键（花键孔）和外花键（花键轴）组成，将轴与轴上零件连为一体共同传递转矩。其规格尺寸在《矩形花键尺寸公差和检验》（GB/T 1144－2001）中规定。

矩形花键的基本尺寸是键数（N）、小径（d）、大径（D）、键宽和键槽宽（b），如图 6-70 所示。

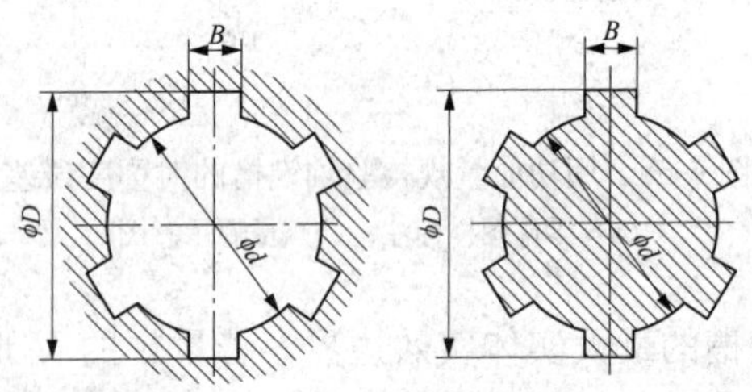

图 6-70　矩形花键的基本尺寸

为了便于加工和测量，规定矩形花键的键数为偶数，有 6、8、10 三种。根据承载能力不同，按键高分为中、轻两个系列，中系列比轻系列的键高尺寸大（大径大）、承载能力强。矩形花键基本尺寸系列，见表 6-57。

矩形花键的标记为：键数×小径×大径×键宽，即 $N\times D\times B$，如 6×23mm×26mm×6mm。需要标注公差时，各自公差带代号紧跟其后。

例如：某矩形花键副，$N=6$，$d=23$H7/f7，$D=26$H7/a11，$B=6$H11/d10，在图样中的标注如图 6-71 所示。

(1) 装配图的标注［见图 6-71（a）］：6×23H7/f7×26H10/a11×6H11/d10 GB/T 1144—2001。

(2) 零件图的标注［见图 6-71（b）］：外花键 6× 23f7×26a11×6d10 GB/T 1144—2001。

(3) 零件图的标注［见图 6-71（c）］：内花键 6×23H7×26H10×6H11 GB/T 1144—2001。

表 6-57　　　　矩形花键基本尺寸系列

（摘自 GB/T 1144—2001）　　　　（mm）

小径（d）	轻系列				中系列			
	规格（$N\times b\times D\times B$）	键数（N）	大径（D）	键宽（B）	规格（$N\times b\times D\times B$）	键数（N）	大径（D）	键宽（B）
23	6×23×26×6	6	26	6	6×23×28×6	6	28	6
26	6×26×30×6		30		6×26×32×6		32	
28	6×28×32×7		32	7	6×28×34×7		34	7
32	6×32×36×6		36	6	8×32×38×6	8	38	6
36	8×36×40×7	8	40	7	8×36×42×7		42	7
42	8×42×46×8		46	8	8×42×48×8		48	8
46	8×46×50×9		50	9	8×46×54×9		54	9
52	8×52×58×10		58	10	8×52×60×10		60	10
56	8×56×62×10		62		8×56×65×10		65	
62	8×62×68×12		68	12	8×62×72×12		72	12
72	10×72×78×12	10	78		10×72×82×12	10	82	
82	10×82×88×12		88		10×82×92×12		92	
92	10×92×98×14		98	14	10×92×102×14		102	14
102	10×102×108×16		108	16	10×102×112×16		112	16
112	10×12×120×18		120	18	10×112×125×18		125	18

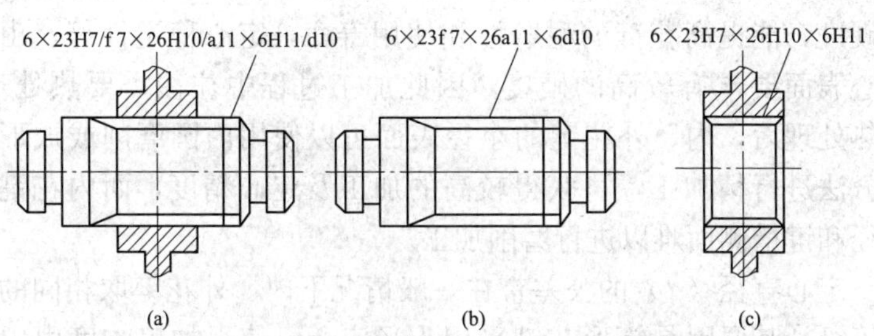

图 6-71　矩形花键在图样中的标注

（a）花键装配图的标注；（b）外花键零件图的构注；（c）内花键零件图的标注

2. 矩形花键的定心

在花键联接中，以小径 d、大径 D 和键（槽）宽 B 三个联接尺寸中的一个尺寸作为主要配合尺寸，来保证内外花键的同轴度的方式称为花键的定心。据此花键联接的定心方式有三种：小径 d 定心、大径 D 定心和键（槽）宽度定心，如图 6-72 所示。

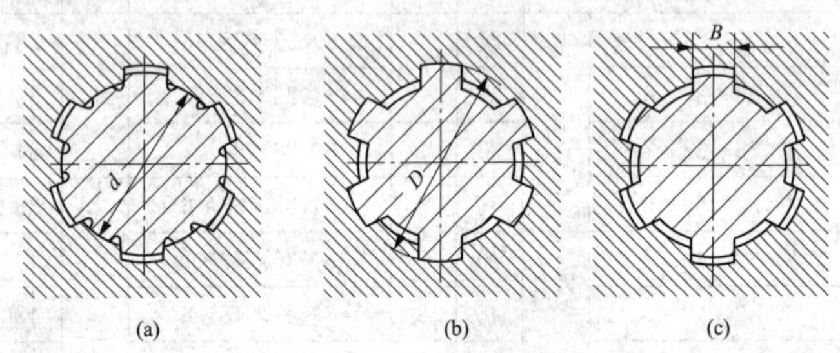

图 6-72 花键联接的定心方式

（a）小径 d 定心；（b）大径 D 定心；（c）键（槽）宽度定心

在矩形花键联结中，要保证三个配合面同时达到高精度的配合是很困难的，也没有必要。因此，国家标准 GB/T 1144—2001 规定矩形花键采用小径定心，即对小径 d 选用公差等级较高的间隙配合。由于转矩靠键侧面传递，所以键（槽）宽要有足够的精度。大径 D 为非定心尺寸，公差等级应较低，并且非定心直径表面之间应留有较大间隙，以保证它们不接触。

小径定心的主要优点是，小径较易保证较高的加工精度和表面硬度，能提高花键的耐磨性和使用寿命，定心稳定性好。由于定心表面要求有较高的硬度，因此加工过程中往往需要热处理。在热处理后，内、外花键的小径表面可以使用内圆磨削或成形磨削方法进行精加工，可获得较高的加工及定心精度，而内花键的大径和键槽侧面难以进行磨削加工。

定心直径（d）的公差带在一般情况下内、外花键取相同的公差等级，其原因是矩形花键采用小径定心，使得加工难度由内花键转向外花键。

3. 矩形花键尺寸公差的选用

（1）基准制。由于内花键较外花键加工复杂，为了减少内花键加工、检验用刀具、量具的规格及数量，花键联接通常采用基孔制配合。

（2）主要配合尺寸。小径（d）是花键的主要配合尺寸也称为定心尺寸，其他为次要配合尺寸。一般来说对定心尺寸给予较严格的公差值，对其他尺寸给出较宽松的公差值。

（3）配合精度。花键的配合精度（也称联接精度）分为两种，一般传动和精密传动。根据定心精度要求和传递转矩大小选用。

精密传动多用于定心精度高、传递转矩大且要求平稳的精密传动机械，如精密机床主轴变速箱。

一般传动用于定心精度要求不太高但传递转矩较大的重载减速器，如重载汽车、拖拉机的变速器。

矩形花键的尺寸公差带见表 6-58。

表 6-58　　矩形花键的尺寸公差带与装配形式

<table>
<tr><th colspan="4">内花键</th><th colspan="3">外花键</th><th rowspan="3">装配形式</th></tr>
<tr><th rowspan="2">d</th><th rowspan="2">D</th><th colspan="2">B</th><th rowspan="2">d</th><th rowspan="2">D</th><th rowspan="2">B</th></tr>
<tr><th>拉削后不热处理</th><th>拉削后热处理</th></tr>
<tr><td colspan="8">一般传动用</td></tr>
<tr><td rowspan="3">H7</td><td rowspan="3">H10</td><td rowspan="3">H9</td><td rowspan="3">H11</td><td>f7</td><td rowspan="3">a11</td><td>d10</td><td>滑动</td></tr>
<tr><td>g7</td><td>f9</td><td>紧滑动</td></tr>
<tr><td>h7</td><td>h10</td><td>固定</td></tr>
<tr><td colspan="8">精密传动用</td></tr>
<tr><td rowspan="3">H5</td><td rowspan="6">H10</td><td rowspan="6" colspan="2">H7、H9</td><td>f5</td><td rowspan="6">a11</td><td>d8</td><td>滑动</td></tr>
<tr><td>g5</td><td>f7</td><td>紧滑动</td></tr>
<tr><td>h5</td><td>h8</td><td>固定</td></tr>
<tr><td rowspan="3">H6</td><td>f6</td><td>d8</td><td>滑动</td></tr>
<tr><td>g6</td><td>f7</td><td>紧滑动</td></tr>
<tr><td>h6</td><td>h8</td><td>固定</td></tr>
</table>

（4）配合类型。配合类型即花键的联接类型，分为三种，即固定联接、紧滑动联接和滑动联接，其选用范围见表 6-59。

表 6-59　　　　花键联接类型及选用范围

联接类型	选用范围
固定联接	内外花键间无相对滑动，只传递转距
紧滑动联接	内外花键间有相对滑动，但定心精度要求高，传递转矩大或常有正反向转动
滑动联接	内外花键间有相对滑动，且滑动距离长、滑动频率高。其配合间隙较大，使配合面间有足够的润滑层以保证其运动灵活性，如汽车、拖拉机等变速箱中的变速齿轮与轴的联接

4. 矩形花键几何公差的选用

由于矩形花键联接表面复杂，键长与键宽比值较大。几何误差是影响联接质量的重要因素，必须加以控制。单件小批生产多采用单项控制法，为保证定心表面的配合性质，给出键宽对称度，并规定小径处的尺寸公差与几何公差的关系必须采用包容要求。矩形花键位置度公差的标注如图 6-73 所示，矩形花键对称度公差的标注如图 6-74 所示。

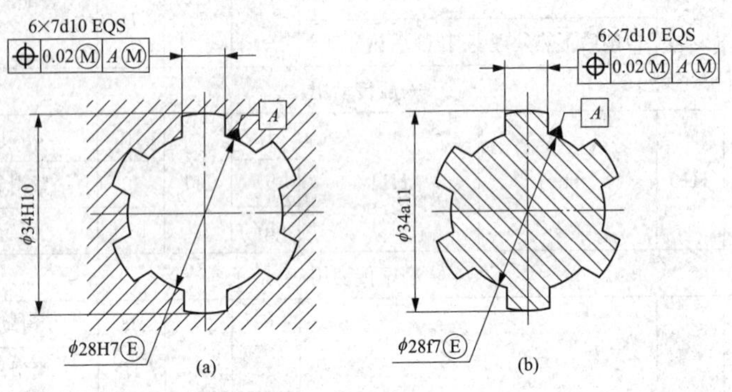

图 6-73　矩形花键位置度公差的标注
（a）内花键；（b）外花键

大批量生产时，对如键宽对定心轴线的对称度、键的分度及键侧对定心轴线的平行度等位置误差，规定位置度公差加以综合控制，并按 GB/T 1144—2001 规定采用最大实体要求。矩形花键的位置度公差见表 6-60，矩形花键的对称度公差见表 6-61。

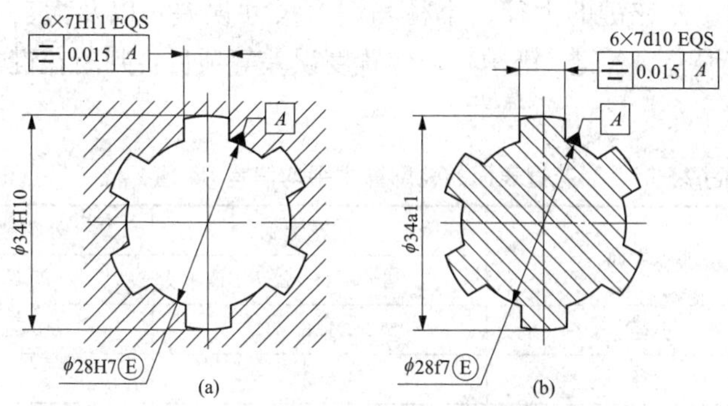

图 6-74　矩形花键对称度公差的标注

(a) 内花键；(b) 外花键

表 6-60　　**矩形花键的位置度公差**　　(mm)

键槽宽或键宽 (B)		3	3.5～6	7～10	12～18
		位置度公差数值 (t_1)			
键槽宽		0.010	0.015	0.020	0.025
键宽	滑动、固定	0.010	0.015	0.020	0.025
	紧滑动	0.006	0.010	0.013	0.016

表 6-61　　**矩形花键的对称度公差**　　(mm)

键槽宽或键宽 (B)	3	3.5～6	7～10	12～18
	对称度公差数值			
一般传递用	0.010	0.012	0.015	0.018
精密传递用	0.006	0.008	0.009	0.011

5. 花键联结表面结构特征要求的选用

花键联结各结合表面的轮廓算术平均偏差 Ra 参考值见表 6-62。

6. 花键的检测

矩形花键的检测包括尺寸检测和几何误差检测。在单件小批量生产时，花键的尺寸和位置度误差使用千分尺、游标卡尺、指示表等通用量具分别检测。大批量生产时，用花键综合量规综合检验内、外花键的大径、小径和键宽尺寸误差，以及大、小径的同轴度误差、各键（键槽）的位置度误差等项目，判断花键加工的合格性。

表 6-62　花键表面的轮廓算术平均偏差 *Ra* 值　(μm)

加工表面	内花键	外花键
	Ra 值不大于	
小径	1.6	0.8
大径	6.3	3.2
键侧	6.3	1.6

如图 6-73 所示，当花键小径定心表面采用包容要求Ⓔ，各键（键槽）位置度公差与键宽度（键槽宽度）公差的关系采用最大实体要求，且该位置度公差与小径定心表面尺寸公差的关系也采用最大实体要求时，为了保证花键装配形式的要求，验收内、外花键应该首先使用花键塞规和花键环规（均系全形通规），分别检验内、外花键的实际尺寸和几何误差的综合结果。即同时检验在键的小径、大径、键宽（键槽宽）表面的实际尺寸和形状误差以及各键（键槽）的位置度误差，大径表面轴线的同轴度误差等的综合结果。花键量规应能够自由通过实际被测花键，这样才表示小径表面和键（键槽）两侧的实际轮廓都在各自应遵守的边界的范围内，位置度误差和大径同轴度误差合格。

实际被测花键用花键量规检验合格后，还要分别检验其小径、大径和键宽（键槽宽）的实际尺寸是否超出各自的最小实体尺寸，即按内花键小径、大径及键槽宽的上极限尺寸和外花键小径、大径及键宽的下极限尺寸，分别用单项止端塞规和单项止端卡规检验它们的实际尺寸，或者使用普通计量器具测量它们的实际尺寸。单项止端量规不能通过，则表示合格。如果实际被测花键不能被花键量规通过，或者能够被单项止端量规通过，则表示该实际被测花键不合格。

（1）花键的单项检测和综合检测。花键的检测分为单项检测和综合检测两类。单项检测就是对花键的单项参数，即小径、大径、键宽（键槽宽）等尺寸和位置误差分别测量或检验。综合检测就是对花键的尺寸、几何误差按控制实效边界原则，用综合量规进行检验。

当花键小径定心表面采用包容要求，各键（键槽）的对称度公差及花键各部位均遵守独立原则时，一般采用单项检测。当花键小径定心表面采用包容要求，各键（键槽）位置度公差与键宽（键槽宽）的尺寸公差关系采用最大实体要求，且该位置度公差与小径定心表面（基准）尺寸公差的关系也采用最大实体要求时，应采用综合检测。

采用单项检测时，花键小径定心表面应采用光滑极限量规检验。在单件小批量生产时，大径、键宽的尺寸使用普通计量器具测量。在成批大量的生产中，可用专用极限量规来检验。检验花键各要素极限尺寸用的量规，如图 6-75 所示。花键的位置度误差是很少进行单项测量的，若需分项测量位置度误差时，可在光学分度头或万能工具显微镜上进行测量。

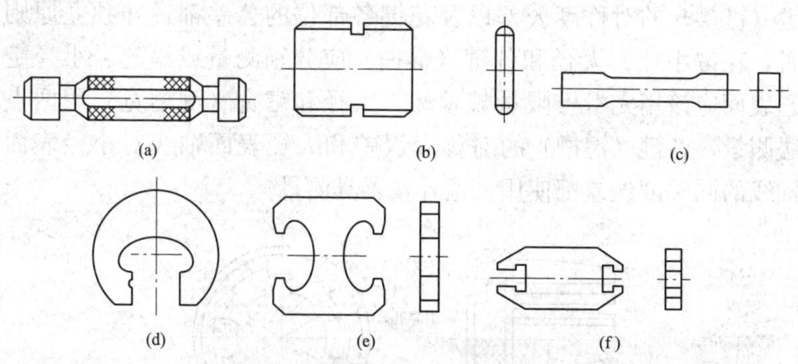

图 6-75　检验孔键各要素极限尺寸的量规

（a）内花键小径的光滑极限量规；（b）内花键大径的板式塞规；（c）内花键槽宽塞规；（d）外花键大径的卡规；（e）外花键小径的卡规；（f）外花键槽宽的卡规

内花键用综合塞规，外花键用综合环规，对其小径、大径、键与槽宽、大径对小径的同轴度、键与槽的位置度（包括等分度、对称度）进行综合检验。花键检验用综合量规如图 6-76 和图 6-77 所示。综合量规只有通端，故还需用单项止端塞规或止端卡规分

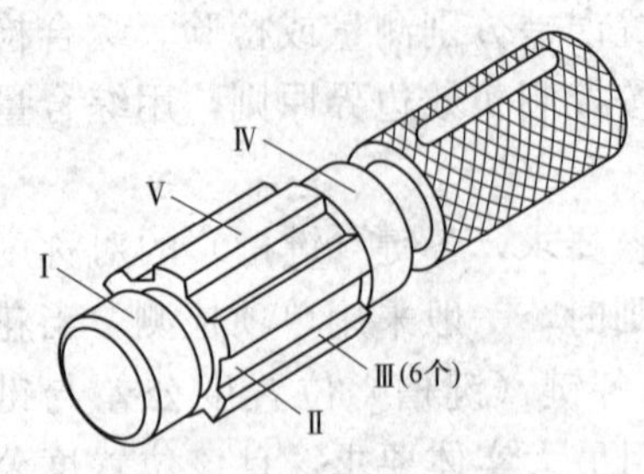

图 6-76　花键检验用矩形花键塞规

别检验大径、小径、键（槽）宽等是否超过各自的最小实体尺寸。

如图 6-76 所示，是用来检验内花键的矩形花键塞规。图 6-73（a）标注的内花键可用该花键塞规来检验，该塞规是按共同检验方式设计的功能量规，由引导圆柱面Ⅰ和Ⅳ、小径定位表面Ⅱ、检验键Ⅲ（6 个）和大径检验表面Ⅴ组成，前端的圆柱面Ⅰ用来引导塞规进入内花槽，其后端的槽键则用来检验内花键的各部位。

如图 6-77 所示为花键环规，它用于检验如图 6-73（b）所示的标注的外花键，其前端的圆柱形孔用来引导环规进入外花键，其后端的花键则用来检验外花键的各部位。

如图 6-74 所示，当花键小径定心表面采用包容要求Ⓔ，各键（键槽）的对称度公差以及花键各部位的公差都遵守独立原则时，花键小径、大径和各键（键槽）应分别测量或检验。小径定心表面应该用光滑极限量规检验，大径和键宽（键槽宽）用两点法测量，各键（键槽）的对称度误差和大径表面轴线对小径表面轴线的同轴度误差都使用普通计量器具测量。

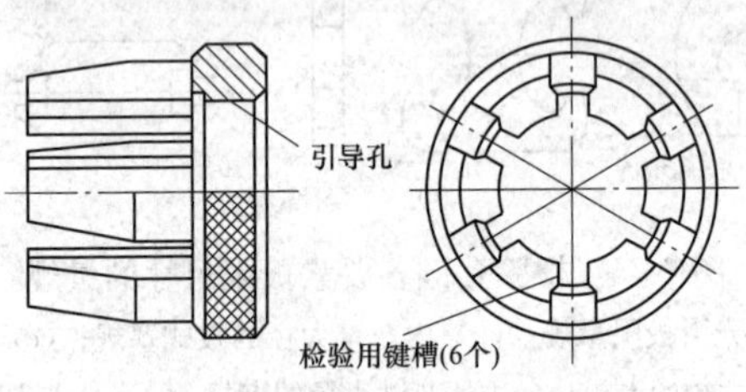

图 6-77　花键检验用矩形花键环规

检测时，综合量规能通过，单项量规不能通过则花键合格。

（2）用光学分度头检测矩形花键的等分度。

1）光学分度头的结构、性能参数与读数原理。FP130A 型影屏式光学分度头的外形结构如图 6-37 所示。光学分度头的光学系统如图 6-38 所示。读数原理如图 6-39 所示。

2）测量步骤。

a. 校验光学分度头与尾座的中心线是否对准。

b. 将零件顶在光学分度头的两顶尖间，指示表引向花键，并使表头与接近花键大径处的表面某一位置相接触，如图 6-78 所示。

c. 将分度头主轴上的外活动分度盘转到零度，再将指示表调零。

d. 根据花键分度角理论值 $\phi=360°/n$，进行逐齿分度。在一周内，分度头每转过一个角度（或进行了一次分度），记录从指示表上读取的相应点的数值。

e. 进行数据处理并作出合格性判断。指示表在各齿上的读数最大值与最小值的代数差为分度误差，n 为键数。

f. 填写检测报告。

（3）花键对轴线对称度的测量。

1）花键对称度测量。花键对轴线的对称度测量，如图 6-79 所示。

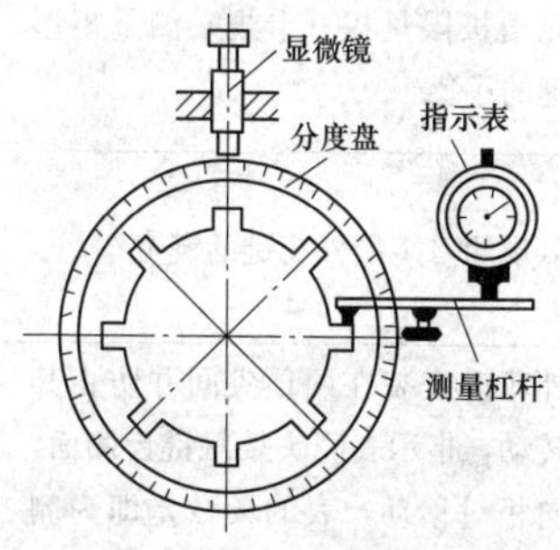

图 6-78　花键测量方法

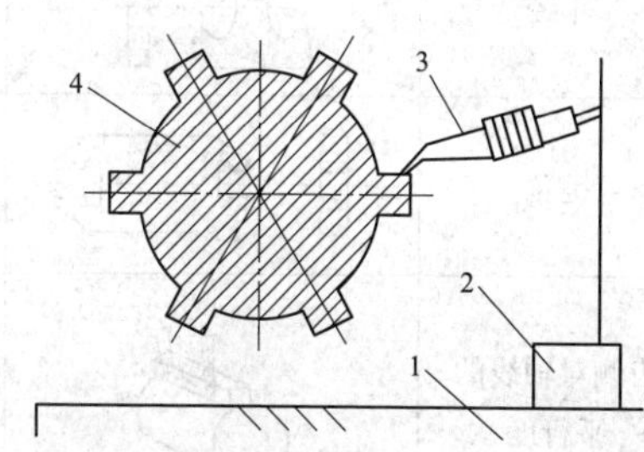

图 6-79　花键对轴线的对称度测量

1—平台；2—表座；3—杠杆千分表；4—花键

2）测量步骤。

a. 将外花键安装于顶尖间或 V 形铁上，并使被测面沿径向与平板平行。

b. 检测并记录指示表读数，不要转动花键，将指示表移动另

一侧，即如图 6-79 所示的左侧的键侧面，记录第二次指示表读数。设两次读数差为 a，则对称度为

$$F=\frac{ah}{d-h} \tag{6-32}$$

式中 a——读数差；

d——大径，mm；

h——键齿工作面高度，mm。

c. 填写检测报告。

(4) 外花键大径、小径、键宽与侧面对轴线平行度的测量。外花键大径、小径、键宽与侧面对轴线的平行度测量方法，见表 6-63。

表 6-63　外花键大径、小径、键宽与齿侧面对轴线平行度的测量方法

被检项目	示意图	说　明
大径		用光滑极限量规（卡规）测量矩形外花链的大径
小径		用光滑极限量规（卡规）测量矩形外花键的小径
键宽		用卡规测量矩形外花键的键宽
齿侧对轴线的平行度		将外花键安装在两顶尖间并防止其自由转动，指示表测头接触键齿侧面，沿轴向相对移动，表的读数差即为侧面对轴线的平行度

花键检验量具为专用量具，如图 6-76 和图 6-77 所示。检测时，被测零件应先去除毛刺。

四、圆柱直齿渐开线花键联接的公差、配合与检测

1. 渐开线花键的基本参数和几何尺寸

渐开线花键联结相当于模数、齿数和标准压力角分别相同，

且变位系数为零的内、外直齿渐开线圆柱齿轮啮合。两者有关模数和压力角的基本概念相同，分度圆直径、基圆直径、分度圆齿距和齿厚、齿槽宽公称值等的计算公式也分别相同，相互联结的内、外花键齿顶圆与齿根圆之间也有足够的径向间隙。

渐开线花键联结和直齿渐开线圆柱齿轮啮合的差异，仅在于花键的齿顶高和齿根高分别比齿轮的短，因此花键齿顶圆和齿根圆直径的计算公式分别与齿轮有所不同。

此外，渐开线花键的齿厚偏差（齿槽宽偏差）、齿形误差、齿同误差、齿距累积误差的概念也分别与渐开线齿轮的齿厚偏差（齿槽宽偏差）、齿廓总偏差、螺旋线总偏差、齿距累积总偏差一致。这样，渐开线花键可以采用加工渐开线齿轮的方法来加工，也可以使用测量渐开线齿轮的仪器来进行单项测量。

渐开线花键的标准压力角有30°和37.5°（模数0.5～10mm）以及45°（模数0.25～2.5mm，代替三角形花键）三种。其中，对于30°标准压力角，可以采用平齿根或圆齿根齿形；对于37.5°和45°压力角，通常只采用圆齿根齿形。GB/T 3478.1－2008《圆柱直齿渐开线花键（米制模数　齿侧配合　第1部分：总论》按上述三种标准压力角和两种齿根规定了四种基本齿廓，列出了内、外渐开线花键的几何尺寸及其计算公式，如图6-80所示。

（1）外花键的三个几何尺寸的计算公式。

1）大径公称尺寸：大径公称尺寸（齿顶圆直径）D_{ee}由模数m、齿数Z及相应的常数C确定，计算公式为

$$D_{ee}=m(Z+C) \tag{6-33}$$

对于三种标准压力角α_D（30°、37.5°、45°），C分别取为1、0.9、0.8。

2）渐开线起始凹直径最大值：渐开线起始圆直径最大值D_{Femax}的计算公式为

$$D_{Femax}=2\sqrt{(0.5D_b)^2+\left(0.5D\sin\alpha_D-\frac{h_S-\dfrac{0.5es_V}{\tan\alpha_D}}{\sin\alpha_D}\right)^2} \tag{6-34}$$

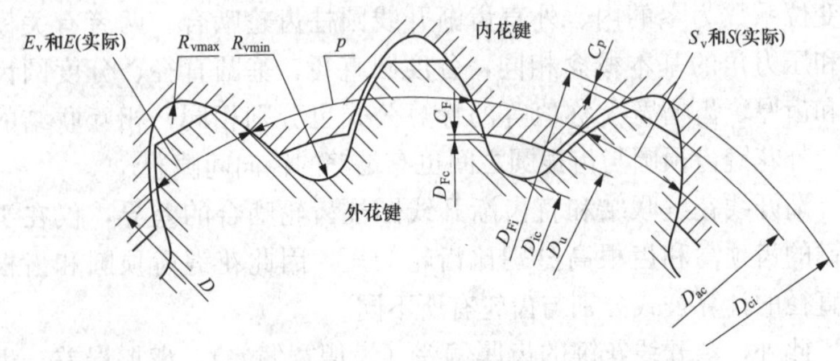

图 6-80　圆柱直齿渐开线花键的几何尺寸（30°圆齿根）

$D=mZ$—分度圆直径；D_{ei}、D_{ee}—内、外花键大径公称尺寸；D_{ii}、D_{ie}—内、外花键小径公称尺寸；D_{Fi}—内花键渐开线终止圆直径；D_{Fe}—外花键渐开线起始圆直径；$P=\pi m$—分度圆齿距；$S=0.5\pi m$—分度圆齿厚；S_v—作用齿厚；$E=0.5\pi m$—分度圆齿槽宽；E_v—作用齿槽宽；C_F—齿形裕度；R_{imin}、R_{emin}—内、外花键最小齿根圆弧曲率半径

式中　D_b、D、α_D——基圆直径、分度圆直径、标准压力角；

h_s——外花键渐开线起始圆至齿根圆的径向距离，α_D为 30°、37.5°、45°时，h_s分别为 0.6m、0.55m、0.5m、（m 为模数）；

es_v——作用齿厚的上偏差（数值见表 6-66）。

3）小径公称尺寸：小径公称尺寸（齿根圆直径）D_{ie}由模数 m、齿数 Z 及相应的常数 K 确定，计算公式为

$$D_{ie}=m(Z-K) \tag{6-35}$$

标准压力角 α_D为 30°时，平齿根 $K=1.5$，圆齿根 $K=1.8$；α_D为 37.5°和 45°时，K 分别取为 1.4 和 1.2。

（2）内花键的三个几何尺寸的计算公式。

1）大径公称尺寸：大径公称尺寸（齿根圆直径）D_{ei}由模数 m、齿数 Z 及相应的常数 K 确定，计算公式为

$$D_{ei}=m(Z+K) \tag{6-36}$$

标准压力角 α_D为 30°时，平齿根 $K=1.5$，圆齿根 $K=1.8$；α_D为 37.5°和 45°时，K 分别取为 1.4 和 1.2。

2）渐开线终止圆直径最小值：渐开线终止圆直径最小值 D_{Fimin} 由模数 m、齿数 Z 及相应的常数 C、齿形裕度 C_F 确定，计算公式为

$$D_{Fimin}=D_{ee}+2C_F=m(Z+C)+2C_F \quad (6\text{-}37)$$

对于三种标准压力角 α_D（30°、37.5°、45°），C 分别取为 1、0.9、0.8。$C_F=0.1m$（m 为模数），为内花键渐开线终止圆至外花键齿顶圆的径向距离。

3）小径公称尺寸：小径公称尺寸（齿顶圆直径）D_{ii} 由外花键渐开线起始圆直径最大值 D_{Femax} 和相应的齿形裕度 C_F 确定，计算公式为

$$D_{ii}=D_{Femax}+2C_F \quad (6\text{-}38)$$

$C_F=0.1m$（m 为模数），为外花键渐开线起始圆至内花键齿顶圆的径向距离。

2. 渐开线花键联结的定心方式和配合尺寸

渐开线花键联结采用花键齿侧面（齿形表面）作为定心表面，即采用齿侧定心。因此，内、外花键齿的侧面是配合表面，内花键齿槽宽和外花键齿厚是配合尺寸，内、外花键的配合是齿侧配合。

内、外花键的大径表面之间和小径表面之间（即内花键齿顶圆与外花键齿根圆之间、内孔键齿根圆与外花键齿顶圆之间）都有较大的间隙，这两个表面属于非配合表面，都不起定心作用，大径和小径都为非配合尺寸。

渐开线花键联结采用了齿侧定心，则花键齿的侧面既起驱动作用，又起自动定心的作用。由于渐开线花键键齿受力后会产生径向分力，使键齿沿齿面滑动，当相对键齿产生的径向分力相等（径向力平衡，合力为零）时，内、外花键的分度圆就会自动重合。这时，各齿侧可以较好地贴合在一起，各键齿受力比较均匀。

3. 内花键的作用齿槽宽、外花键的作用齿厚和作用侧隙

内、外渐开线花键键齿加工时，会产生齿槽宽偏差、齿厚偏差和齿侧几何误差（齿形误差 Δf_f、齿向误差 ΔF_β 和齿距累积误差

ΔF_P）。渐开线花键齿形误差 Δf_f、齿向误差 ΔF_β 和齿距累积误差 ΔF_P 的影响与矩形花键几何误差的影响类似，会使内、外渐开线花键装配时在键齿的侧面产生干涉。

内花键的实际齿槽宽和齿侧几何误差的综合结果，可以用作用齿槽宽来表示。如图 6-81 所示。内花键的作用齿槽宽 E_a 是指在内花键键齿全长上，与实际内花键齿侧体外相接的最大理想外花键（双点划线）的分度圆上的弧齿厚［见图 6-81（a）］。

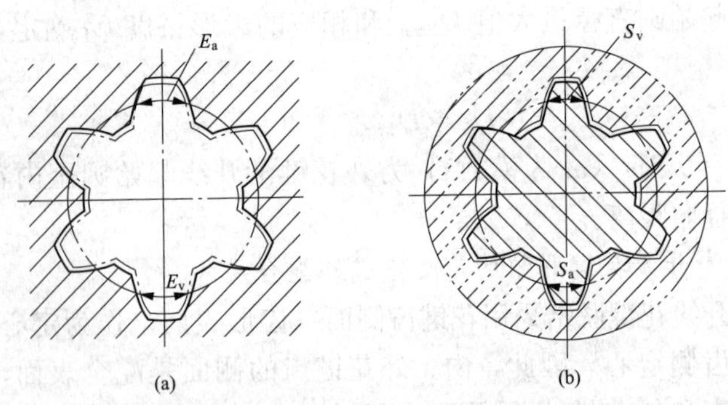

图 6-81　渐开线花键齿侧实际尺寸与几何误差的综合结果

（a）内花键的实际齿槽宽 E_a 与作用齿槽宽 E_v；

（b）外花键的实际齿厚 S_a 与作用齿厚 S_v

外花键的实际齿厚和齿侧几何误差的综合结果，可以用作用齿厚来表示。外花键的作用齿厚 S_v 是指在外花键键齿全长上，与实际外花键齿侧体外相接的最小理想内花键（双点划线）的分度圆上的弧齿槽宽［见图 6-81（b）］。

由此可见，相互配合的内、外渐开线花键的实际齿槽宽 E_a、实际齿厚 S_a 和齿侧几何误差（Δf_f、ΔF_β、ΔF_P）会综合影响它们的齿侧配合性质。内、外花键的 Δf_f、ΔF_β 和 ΔF_P 可以分别折算成齿槽宽当量和齿厚当量（与普通螺纹的中径当量类似），这两个当量分别与 E_a 和 S_a 综合为分度圆上的圆弧尺寸，即作用齿槽宽 E_v 和作用齿厚 S_v 来表示它们影响齿侧配合性质的程度。

内花键的作用齿槽宽 E_v 与外花键的作用齿厚 S_v 之差称为作用

侧隙，用代号 C_v 表示，即 $C_v = E_v - S_v$。这个差值为正值时，C_v 为作用间隙；这个差值为负值时，C_v 为作用过盈。

4. 内、外渐开线花键的配合尺寸公差带和配合类别

与孔、轴的尺寸公差带类似，GB/T 3478.1—2008 所规定的内、外渐开线花键配合尺寸（齿槽宽、齿厚）公差带，由“公差带大小”和“公差带位置”两个要素组成，这两个要素分别用公差等级和基本偏差表示，如图 6-82 所示。

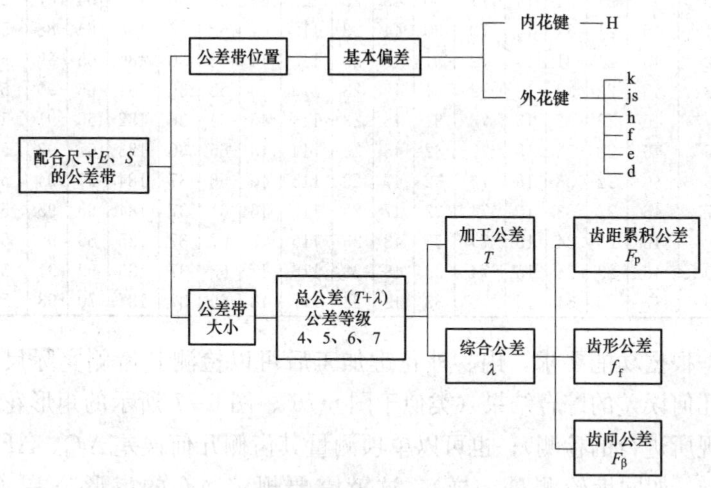

图 6-82　内、外渐开线花键配合尺寸公差带的组成

(1) 公差等级。内花键齿槽宽和外花键齿厚各分为 4 个公差等级，分别用阿拉伯数字 4、5、6、7 表示，其中，4 级最高，等级依次降低，7 级最低。

齿槽宽和齿厚的公差各由两部分组成：限制实际齿槽宽或实际动齿厚变动量的加工公差 T，以及限制齿侧几何误差的齿槽宽当量或齿厚当量的综合公差 λ。加工公差与综合公差之和（$T+\lambda$）称为总公差。内、外花键配合尺寸公差带的大小由总公差决定，（$T+\lambda$）和 λ 的数值由相应的公差等级和模数、齿数确定，见表 6-64。

表 6-64 圆柱直齿渐开线花键键齿的总公差 $(T+\lambda)$ 综合公差 λ、齿距累积公差 F_P 和齿形公差 f_f

齿数 Z	模数 m=2mm，公差等级															
	4				5				6				7			
	$T+\lambda$	λ	F_p	f_f	$T+\lambda$	λ	F_p	f_f	$T+\lambda$	λ	F_p	f_f	$T+\lambda$	λ	F_p	f_f
26	44	20	29	14	70	29	41	23	109	41	58	36	175	61	82	57
27	44	20	29	14	70	29	42	23	110	42	59	36	175	62	83	57
28	44	20	30	14	71	29	42	23	111	42	59	36	177	62	85	57
29	44	21	30	14	71	30	43	23	111	43	60	36	178	63	86	57
30	45	21	31	14	71	30	43	23	112	43	61	36	179	64	87	57
31	45	21	31	14	72	30	44	23	112	44	62	36	180	64	88	57
32	45	21	31	14	72	31	45	23	113	44	63	36	180	65	89	58
33	45	22	32	15	72	31	45	23	113	45	63	36	181	66	90	58
34	45	22	32	15	73	31	46	23	114	45	64	36	182	66	91	58
35	46	22	33	15	73	32	46	23	114	45	65	36	183	67	92	58
36	46	22	33	15	73	32	47	23	115	46	66	37	184	67	94	58
37	46	22	33	15	74	32	47	23	115	46	66	37	184	68	95	58
38	46	23	34	15	74	33	48	23	116	47	67	37	185	69	96	59
39	46	23	34	15	74	33	48	23	116	47	68	37	186	69	97	59
40	47	23	34	15	75	33	49	23	117	48	69	37	187	70	98	59

根据功能要求，内、外花键加工后可以检测其齿侧实际尺寸与几何误差的综合结果（类似于图 6-76 、图 6-77 所示的矩形花键量规所进行的检测）；也可以单项测量其齿侧几何误差 Δf_f、ΔF_β、ΔF_P（如同齿轮测量一样），这就需要规定 Δf_f 的齿形公差 f_f、ΔF_β 的齿向公差 F_β 和 ΔF_P 的齿距累积公差 F_P。F_P 和 f_f 的数值，由相应的公差等级和模数、齿数确定（见表 6-64）。F_β 的数值由相应的公差等级和花键长度确定，见表 6-65。

表 6-65 圆柱直齿渐开线花键的齿向公差 F_β (μm)

花键长度 /mm		≤5	>5~10	>10~15	>15~20	>20~25	>25~30	>30~35	>35~40	>40~45	>45~50	>50~55	>55~60	>60~70	>70~80	>80~90	>90~100
公差等级	4	6	7	7	8	8	8	9	9	9	10	10	10	11	11	12	12
	5	7	8	9	9	10	10	11	11	12	12	12	13	13	14	14	15
	6	9	10	11	12	13	13	14	14	15	15	16	16	17	17	18	19
	7	14	16	18	19	20	21	22	23	23	24	25	25	27	28	29	30

公差等级决定了侧隙变化范围、齿面接触好坏（取决于 f_f 和 F_β 的大小），以及同时接触齿数的多少（取决于 F_P 的大小）。因此，在选择公差等级时应根据花键的工作条件，并考虑以上情况进行选择。通常，4 级、5 级花键用于精密传动的联结；6 级花键用于一般精度的联结；7 级花键用于精度要求不高的联结。根据需要，可以采用不同公差等级的内、外花键相互配合。

（2）基本偏差。内、外渐开线花键联结的齿侧配合采用基孔制配合，以基本偏差为一定的齿槽宽公差带与不同基本偏差的齿厚公差带组成各类配合。内、外花键配合尺寸公差带的位置，分别由作用齿槽宽、作用齿厚的基本偏差决定。

内、外渐开线花键配合尺寸基本偏差的代号，与 GB/T 1800.1—2009 中的基本偏差代号一致。如图 6-83 所示，基准作用齿槽宽的基本偏差代号为 H，基本偏差为下偏差，其数值为零，非基准作用齿厚的基本偏差代号，分别为 k、js、h、f、e 和 d 六种。代号 k 的基本偏差为下偏差，其数值为零；js 为公差带相对于

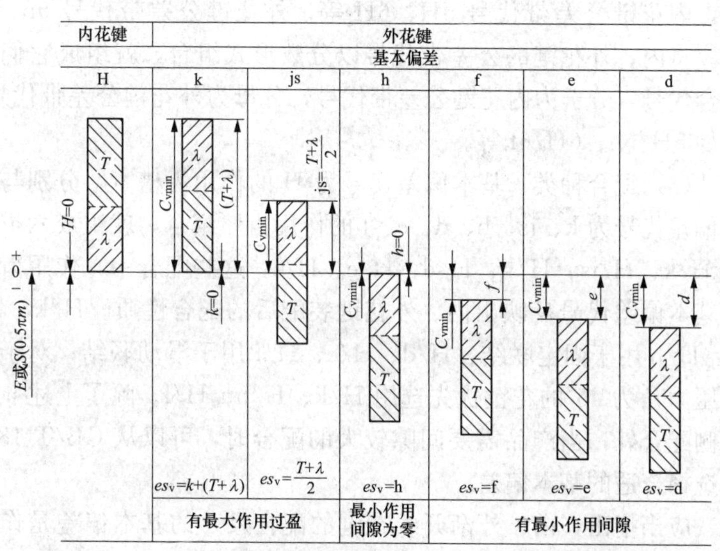

图 6-83　渐开线花键的配合尺寸公差带和六类配合

零线对称分布的基本偏差代号，它为上偏差，其数值为$(T+\lambda)/2$；代号 h 的基本偏差为上偏差，其数值为零；代号 f、e 和 d 的基本偏差为上偏差，它们的数值见表 6-66。

表 6-66　圆柱直齿渐开线花键的作用齿槽宽 E_v，下偏差和作用齿厚 S_v 上偏差

分度圆直径 D/mm	基本偏差						
	H	d	e	f	h	js	k
	作用齿槽宽 E_V 下偏差/μm	作用齿厚 S_v 上偏差 es_v/μm					
>30～50	0	−80	−50	−25	0	$+(T+\lambda)/2$	$+(T+\lambda)$（下偏差为零）
>50～80	0	−100	−60	−30	0		
>80～120	0	−120	−72	−36	0		
>120～180	0	−145	−85	−43	0		
>180～250	0	−170	−100	−50	0		

将花键的公差等级代号和基本偏差代号组合，就组成它们的公差带代号，标注时公差等级代号在前而基本偏差代号在后。例如，内花键公差带代号 5H、6H 等，外花键公差带代号 5h、6f 等。将内、外花键的公差带代号以分数形式组合，就组成它们的配合代号，分子为内花键公差带代号，分母为外花键公差带代号，例如 5H/5h、6H/6f 等。

（3）配合种类。基本偏差代号为 H 的作用齿槽宽，分别与基本偏差代号为 k、js、h、d、e、f 的作用齿厚组合，就组成六类配合 H/k、H/js、H/h、H/d、H/e、H/f。这些配合中，作用齿厚的基本偏差代号反映出内、外花键装配后的配合性质。H/k、H/js、H/h 用于固定联结，H/d、H/e、H/f 用于滑动联结；对于标准压力角为 45°的花键优先选用 H/k、H/h、H/f。除了上述 6 类齿侧配合外，当产品需要间隙较大的配合时，可以从 GB/T 1800 中选择合适的基本偏差。

应当指出，内、外渐开线花键的配合尺寸的基本偏差是作用齿槽宽和作用齿厚的基本偏差，而不是实际齿槽宽和实际齿厚的基本偏差，这是与矩形花键不相同的。

5. 内花键齿槽宽、外花键齿厚及作用侧隙的极限值

如图 6-81 和图 6-82 所示，设计时应该对齿槽宽 E 和齿厚 S 分别规定极限值，作用侧隙 C_v 也应控制在允许的极限值范围内。

（1）齿槽宽的极限值。

1）实际齿槽宽 E_a 的下极限值 E_{min} 和上极限值 E_{max}：$E_{min}=0.5\pi m+\lambda$，$E_{max}=E_{min}+T=0.5\pi m+(T+\lambda)$，$E_a$ 应限制在 $E_{min}\sim E_{max}$ 范围内。

2）作用齿槽宽 E_v 的下极限值 E_{vmin} 和上极限值 E_{vmax}：$E_{vmin}=0.5\pi m$，它相当于几何公差概念中实际齿槽宽为下极限值 E_{min}（孔的最大实体尺寸），而齿侧几何误差的齿槽宽当量达到允许值 λ（孔的几何误差值等于几何公差值）时的某种边界尺寸（孔的最大实体实效边界尺寸），内花键的实际齿槽宽与齿侧几何误差的综合结果，不允许超出这个边界。

$E_{vmax}=E_{max}-\lambda=E_{vmin}+T$，它相当于几何公差概念中实际齿槽宽为上极限值 E_{max}（孔的最小实体尺寸），而齿侧几何误差的齿槽宽当量达到允许值 λ 时的极限尺寸。E_v 应限制在 $E_{vmin}\sim E_{vmax}$ 范围内。

（2）齿厚的极限值。

1）实际齿厚 S_a 的上极限值 S_{max} 和下极限值 S_{min}：$S_{max}=0.5\pi m+es_v-\lambda$，$S_{min}=S_{max}-T=0.5\pi m+es_v-(T+\lambda)$，式中 es_v 值见表 6-66，S_a 应限制在 $S_{min}\sim S_{max}$ 范围内。

2）作用齿厚 S_v 的上极限值 S_{vmax} 和下极限值 S_{vmin}：$S_{vmax}=0.5\pi m+es_v$，它相当于几何公差概念中实际齿厚为上极限值 S_{max}（轴的量大实体尺寸），而齿侧几何误差的齿厚当量达到允许值 λ（轴的几何误差值等于几何公差值）时的某种边界尺寸（轴的量大实体实效边界尺寸）。外花键实际齿厚与齿侧几何误差的综合结果，不允许超出这个边界。

$S_{vmin}=S_{min}+\lambda=S_{vmax}-T$，它相当于几何公差概念中实际齿厚为下极限值 S_{min}（轴的最小实体尺寸），而齿侧几何误差的齿厚当量达到允许值 λ 时的极限尺寸。S_v 应限制在 $S_{vmax}\sim S_{vmin}$ 范围内。

（3）作用侧隙的最小极限值 C_{vmin} 和最大极限值 C_{vmax}。由作用

齿槽宽和作用齿厚的极限值，可以计算出作用侧隙的最小极限值 C_{vmin} 和最大极限值 C_{vmax}。

$C_{vmin}=E_{vmin}-S_{vmax}$，作用侧隙 C_v，不允许小于 C_{vmin}。

$C_{vmax}=E_{vmax}-S_{vmin}$，作用侧隙 C_v，不允许大于 C_{vmax}。

根据设计要求，作用齿槽宽和作用齿厚的极限值见表 6-66（E_v 的下偏差，S_v 的上偏差）和从 GB/T 3478.2—2008《圆柱直齿渐开线花键（米制模数 齿侧配合）第 2 部分：30°压力角尺寸表》、GB/T 3478.4—2008《圆柱直齿渐开线花键（米制模数 齿侧配合）第 4 部分：45°压力角尺寸表》中查取。

6. 渐开线花键非配合尺寸的极限偏差、齿根圆弧曲率半径极限值和表面粗糙度轮廓要求

（1）内花键大径和小径公差带。内花键大径 D_{ei} 的公差带可以来用 H12、H13 或 H14；小径 D_{ii} 的公差带按模数 m 的大小而分别采用 H10、H11 或 H12，见表 6-67。

表 6-67　　内渐开线花键小径 D_{ei} 的公差带

模数 m/mm	D_{ii} 的公差带
0.25～0.75	H10
1～1.75	H11
2～10	H12

（2）外花键大径和小径极限偏差。外花键大径 D_{ee} 的极限偏差，按模数 m 的大小和作用齿厚的基本偏差代号确定，见表 6-68。小径 D_{ie} 的极限偏差按作用齿厚的基本偏差代号确定，见表 6-69。

表 6-68　　外渐开线花键大径 D_{ee} 的极限偏差

模数 m/mm	上偏差		公差
	齿侧配合类型		
	h、f、e、d	js、k	
0.25～0.75	$es_v/\tan\alpha_D$	0	IT10
1～1.75			IT11
2～10			IT12

注　α_D——标准压力角。

表 6-69　　外渐开线花键小径 D_{ie} 的极限偏差

齿侧配合类别	上偏差	公差
h、f、e、d	$es_V/\tan\alpha_D$	IT12、IT13、I1T4（任选）
js	$(T+\lambda)/2\tan\alpha_D$	
k	$(T+\lambda)/\tan\alpha_D$	

注　α_D 为标准压力角。

（3）齿根圆弧曲率半径极限值。内、外花键齿根圆弧曲率半径最小值 R_{imin} 和 R_{emin} 按标准压力角 α_D 确定，见表 6-70。最大值分别由内花键渐开线终止圆直径最小值 D_{Fimin} 和外花键渐开线起始圆直径最大值 D_{Femax} 控制。

表 6-70　　内、外渐开线花键齿根圆曲率半径最小值 R_{imin} 和 R_{emin}

标准压力角 α_D			
30P	30R	37.5°	45°
0.2m	0.4m	0.3m	0.25m

注　P 为平齿根；R 为圆齿根；m 为模数，mm。

（4）渐开线花键的表面粗糙度轮廓要求。内、外花键渐开线齿面（配合表面）和非配合表面的表面粗糙度轮廓幅度参数 Ra 的上限值，见表 6-71。

表 6-71　　渐开线花键表面粗糙度轮廓幅度参数 Ra 值

装配形式	配合表面		非配合表面	
	内花键	外花键	内花键	外花键
	Ra 值/μm			
固定	0.8～1.6	0.4～0.8	3.2～6.3	1.6～6.3
滑动	0.8～1.6	0.4～0.8	3.2	1.6～6.3

7. 渐开线花键键齿的检验方法

渐开线花键键齿配合部位公差项目的确定，与其检测方法密切相关。GB/T 3478.5—2008《圆柱直齿渐开线花键（米制模数齿侧配合）　第 5 部分：检验》对花键的齿槽宽和齿厚规定了三种综合检验法和一种单项检验法，如图 6-84 所示，通常采用其中的基本方法和单项测量。

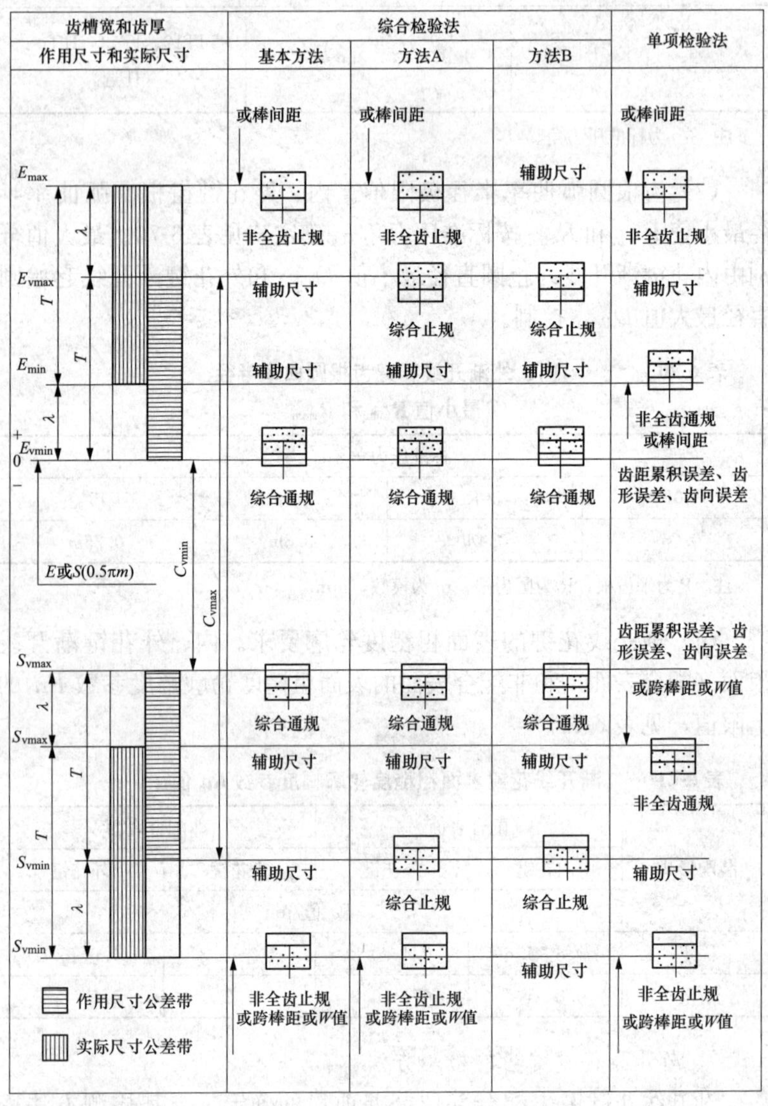

图 6-84　齿槽宽、齿厚及检验图解

（1）基本方法。对于渐开线花键配合，通常要求内、外花键齿侧实际尺寸与几何误差的综合结果（作用齿槽宽、作用齿厚）不得超出某种边界，且实际尺寸不得超出最小实体尺寸。这如同孔、轴配合中，孔和轴的几何公差与尺寸公差的关系采用最大实体要求一样。

用综合通端花键量规（塞规或止规）控制内花键作用齿槽宽最小值 E_{vmin} 或外花键作用齿厚最大值 S_{vmax}，从而控制作用侧隙的最小值 C_{vmin}。

同时，用非全齿止端花键量规（塞规或止规）或测量 M 值（棒间距或跨棒距），对外花键可测量公法线平均长度 W 值，控制内花键实际齿槽宽最小值 E_{vmax} 或外花键实际齿厚最大值 S_{vmin}，从而控制内、外花键的最小实体尺寸。

基本方法是批量生产中常用的检验方法。

1）方法 A。在基本方法的基础上增加用综合止端花键量规（塞规或环规）控制内花键作用齿槽宽最大值 E_{vmax} 或外花键作用齿厚最小值 S_{vmin}，从而控制作用侧隙的最大值 C_{vmax}。

这种方法适用于双向传动并有加程要求的传动机构。

2）方法 B。用综合通端花键量规和综合止端花键量规（塞规或环规）分别控制内花键作用齿槽宽最小值 E_{vmin} 和最大值 E_{vmax} 或外花键作用齿厚最大值 S_{vmax} 和最小值 S_{vmin}，从而控制作用侧隙的最小值 C_{vmin} 和最大值 C_{vmax}。

这种方法是须在采用方法 A 时，经过批量生产证明工艺质量后，方可采用。若工艺质量出现波动，可能影响产品质量时，还应采用方法 A。

基本方法检测花键特点如下：

1）采用基本方法，检测内花键时的特点。使用按作用齿槽宽的下极限值 E_{vmin} 设计的全齿花键塞规（通规），检验作用齿槽宽 E_v 是否不小于 E_{vmin}；使用按实际齿槽宽的上极限值 E_{max} 设计的短齿花键塞规（止规），检验实际齿槽宽 E_a 是否不大于 E_{max}；或者用其他方法测量 E。在图样上，应该对内花键标注 E_{vmin} 和 E_{max}。

2）采用基本方法，检测外花键时的特点。使用按作用齿厚的

上极限值 S_{vmax} 设计的全齿花键环规（通规），检验作用齿厚 S_v 是否不大于 S_{vmax}；使用按实际齿厚的下极限值 S_{min} 设计的短齿花键环规（止规），检验实际齿厚 S_a 是否不小于 S_{min}；或者用其他方法测量 S_a。在图样上，应该对外花键标注 S_{vmax} 和 S_{min}。

用上述花键量规（通规和止规）检验内花键或外花键时，如果全齿通规能够自由通过，且短齿止规不能通过，则表示被测花键合格。相互配合的被测内、外花键用基本方法检测合格，则表示它们装配后作用侧隙 C_v 不小于作用侧隙最小极限值 C_{vmin}（$C_v \geqslant C_{vmin}$），且实际齿槽宽 E_a 不大于其上极限值 E_{max}（$E_a \leqslant E_{max}$），实际齿厚 S_a 不小于其下极限值 S_{min}（$S_a \geqslant S_{min}$）。

2. 单项检验法

用非全齿通规和非全齿止规，或测量棒间距 M_{Ri}，控制内花键实际齿槽宽最大值 E_{max} 和最小值 E_{min}，用非全齿通规和非全齿止规，或跨棒距 M_{Re} 或公法线平均长度 W 值，控制外花键实际齿厚最大值 S_{max} 和最小值 S_{min}。

同时，用测量齿距累积误差、齿形误差和齿向误差，控制综合误差。齿距累积误差和齿向误差允许在花键分度圆附近测量。

当产量少或花键直径较大或者需要进行工艺分析时，可对实际齿槽宽 E_a、实际齿厚 S_a 和齿距累积误差 ΔF_P、齿形误差断 Δf_f、齿向误差 ΔF_β 分别进行单项测量，并由相应的极限偏差和公差分别判断它们合格与否。

在图样上，应该对内花键标注实际齿槽宽的上、下极限值，以及 ΔF_P 的齿距累积公差 F_P、Δf_f 的齿形公差 f_f、ΔF_β 的齿向公差 F_β；应该对外花键标注实际齿厚的上、下极限值，以及 F_P、f_f、F_β。

这种方法适用于单件或小批量生产、工艺分析、质量分析、无量规，或因尺寸偏大和偏小而无法制造量规的花键检验。

3. 渐开线花键的标记和公差要求在图样上的标注方法

(1) 渐开线花键的标记。在图样上或技术文件上，需要标记花键副或单独标记内、外花键时，应依次用代号标出：花键类别（花键副、内花键或外花键），齿数、模数、标准压力角、公差等级和齿根类别（平齿根或圆齿根）、齿侧配合代号或配合尺寸公差带代号（它们之间都用乘号“×”隔开），标准号 GB/T 3478.1—2008。其中，花键副用 INT/EXT 表示，内花键用 INT 表示，外花键用 EXT 表示；齿数用 Z 表示（符号 Z 前面加齿数值）；模数用 m 表示（符号 m 前面加模数值）；标准压力角度数用阿拉伯数字表示，平齿根用 P 表示，圆齿根用 R 表示；但采用 37.5°和 45°标准压力角的渐开线花键只有一种圆齿根，因而省略 R。公差等级 4、5、6 或者 7；配合类别：H（内花键），k、js、h、f、e 或 d（外花键）；标准编号 GB/T 3478.1—2008。

例如，花键的齿数为 18、模数为 2mm；其内花键为 30°标准压力角、平齿根，公差等级为 6 级；其外花键为 30°标准压力角、圆齿根，公差等级为 5 级；配合类别为 H/h 的标记为

1）花链副：INT/EXT $18Z\times 2m\times 30P/R\times 6H/5h$　GB/T 3478.1—2008。

2）内花链：INT $182\ Z\times 2m\times 30P\times 6H$　GB/T 3478.1—2008。

3）外花键：EXT $18\ Z\times 2m\times 30R\times 5h$　GB/T 3478.1—2008。

（2）渐开线花键公差要求在图样上的标注方法。

在具有渐开线花键部位的零件图样上，应给出加工花键时所需要的全部尺寸、公差（公差值或极限偏差）和参数，并列出数据表。

在图样的投影视图上标注：花键大径和小径及它们的公差带代号或极限偏差、分度圆直径、键齿表面粗糙度轮廓幅度参数值。按需要，可标注花键标记。

在数据表中填写的内容：花键的齿数、模数、标准压力角和齿根类别、配合尺寸公差等级和齿侧配合类别，渐开线终止圆直径最小值（内花键）或渐开线起始圆直径最大值（外花键）、齿根圆弧曲率半径最小值，按 GB/T 3478.1—2008 所选择的检测方法确定的相应齿槽宽或齿厚的上、下极限值，齿距累积公差、齿形公差和齿向公差（这三项公差只限于选用单项测量法）等项目。也可列出其他项目，例如，大径、小径及其偏差、M 值或 W 值等

项目；必要时，还要画出齿形放大图。

如图 6-85 所示为汽车变速箱中啮合齿圈的标注示例，其图样上标注有内、外渐开线花键的大径、小径和它们的极限偏差，以及分度圆直径。啮合齿圈上的内渐开线花键数据，见表 6-72。

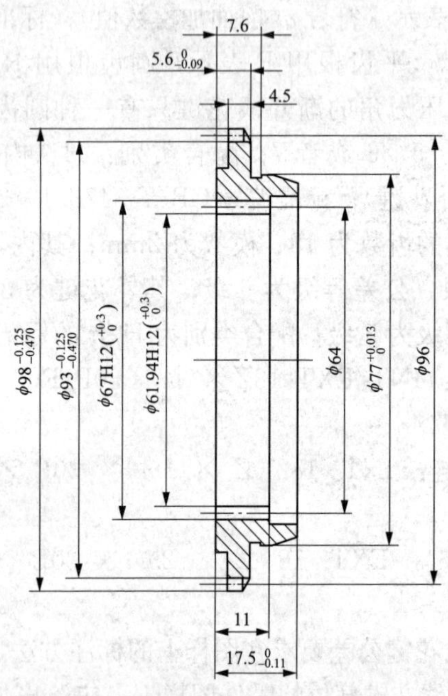

图 6-85　汽车变速箱中的啮合齿圈

表 6-72　　　　啮合齿圈上的内渐开线花键数据
（采用基本方法检测）

齿数	Z	32
模数	m	2
模准压力角	α_D	30P
配合尺寸公差等级和齿侧配合类别	6H GB/T 3478.1—2008	
渐开线终止圆直径最小值	D_{Fimin}	ϕ66.4
齿根圆弧曲率半径最小值	R_{imin}	0.4
作用齿槽宽的下极限值	E_{vmin}	3.142
实际齿槽宽的上极限值	E_{max}	3.254

图 6-86 为图 6-85 所示的内花键啮合的汽车变速齿轮的标注示例，其图样上标注有：外渐开线花键的大径、小径和它们的极限偏差，以及分度圆直径。汽车变速齿轮上的外花键数据，见表 6-73。

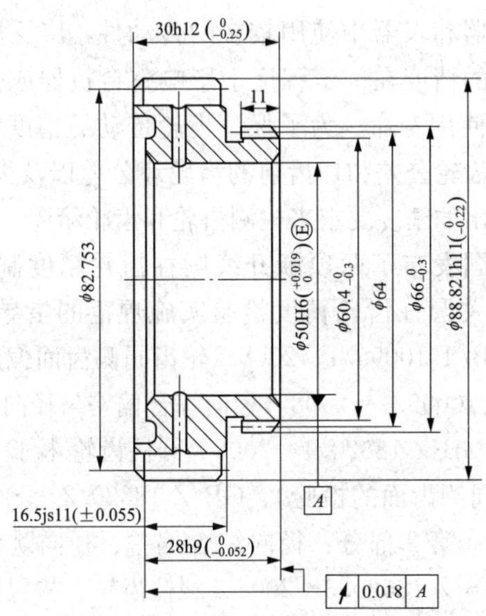

图 6-86　汽车变速齿轮的外渐开线花键

表 6-73　汽车变速齿轮上的外花键数据（采用单项测量）

齿数	Z	32
模数	m	2
模准压力角	α_D	30R
配合尺寸公差等级和齿侧配合类别	6hGB/T 3478.1—2008	
渐开线起始圆直径最大值	D_{Femax}	ϕ61.74
齿根圆弧曲率半径最小值	R_{emin}	0.8
实际齿厚的上极限值	S_{max}	3.098
实际齿厚的下极限值	S_{min}	3.029
齿距累积公差	F_p	0.063
齿形公差	f_f	0.036
齿向公差	F_β	0.011

第五节　圆柱齿轮传动的公差及其检测

齿轮是机器和仪器中使用较多的传动件，广泛用于传递运动和动力。齿轮的精度在一定程度上影响整台机器或仪器的质量和工作性能以及使用寿命。为了保证齿轮传动的精度和互换性，因而就需要规定齿轮公差和切齿前的齿轮坯公差以及齿轮箱体公差，并按图样上给出的精度要求来检测齿轮和齿轮箱体。

对此，我国发布了两项渐开线圆柱齿轮精度制的国家标准，四个相应的有关圆柱齿轮精度检验实施规范的指导性技术文件。它们分别是 GB/T 10095.1—2008《轮齿同侧齿面偏差的定义和允许值》、GB/T 10095.2—2008《径向综合偏差与径向跳动的定义和允许值》以及 GB/Z 18620.1—2008《圆柱齿轮 检验实施规范　第 1 部分：轮齿同侧齿面的检验》、GB/Z 18620.2—2008《圆柱齿轮　检验实施规范　第 2 部分：径向综合偏差、径向跳动、齿厚和侧隙的检验》、GB/Z 18620.3—2008《圆柱齿轮　检验实施规范　第 3 部分：齿轮坯、轴中心距和轴线平行度的检验》、GB/Z 18620.4—2008《圆柱齿轮　检验实施规范　第 4 部分：表面结构和轮齿接触斑点的检验》等。

一、齿轮传动的使用要求

1. 齿轮传递运动的准确性

齿轮传递运动的准确性是指要求齿轮在一转范围内传动比变化尽量小，以保证主、从动齿轮的运动协调。也就是说，在齿轮一转中，它的转角误差的最大值（绝对值）不得超过一定的限度，要控制在一定的范围内，最大转角误差也称为长周期误差。例如，在车床上加工螺纹，如果车床主轴与丝杠之间的交换齿轮传递运动的准确性精度低，则会使该车床所加工的螺纹产生较大的螺距偏差。

如图 6-87 所示，假设主动齿轮为没有误差的理想齿轮，它的各个轮齿相对于它的回转中心 O_1 的分布是均匀的；而从动齿轮的各个轮齿相对于它的回转中心 O_2 的分布是不均匀的。如果不考虑其他的误差，当两齿轮单面啮合而主动齿轮匀速回转时，主动齿轮每转过一齿，在同一时间内，从动齿轮必然随之转过一齿。因为从动齿轮的各个轮齿相对其回转中心的分布不均匀，所以从动齿轮是不等速地回转（渐快渐慢回转），从动齿轮每转一齿转角偏差的变化情况，如图 6-88 所示。在从动齿轮的一转范围内最为严重的情况是，从动齿轮从第 3 齿转到第 7 齿时，应该转 180°而实际只转 179°59′18″；从动齿轮从第 7 齿转到第 3 齿时，应该转 180°而实际转了 180°0′42″。实际转角对理论转角的转角误差的最大值为（＋24″）－（－18″）＝42″，将其化为弧度并乘以半径则得到线性值，它表示从动齿轮传递运动准确性的精度。齿轮转角误差曲线形状的变化一般呈正弦变化规律，即齿轮一转中最大的转角误差只出现一次，而且出现转角误差正、负极值的两个轮齿相隔约 180°。

2. 齿轮的传动平稳性

齿轮的传动平稳性是指要求齿轮回转过程中瞬时传动比的变化尽量小，也就是要求齿轮在一个较小的角度范围内（如一个齿距角范围内），转角误差的变化不得超过一定的限度。否则，在齿轮回转过程中，瞬时传动比频繁地变化，会产生冲击、噪声和振动，严重时会损坏齿轮，因而影响其传动平稳性，这种误差也称为短周期误差。

如图 6-87 所示，从动齿轮每转过一齿的实际转角对理论转角的转角误差中，其最大值（绝对值）为第 5 齿转至第 6 齿的转角误差，它等于 $|(-12'')-(+6'')|=18''$。将其化为弧度并乘以半径则得到线性值，它在很大程度上表示从动齿轮传动平稳性的精度。

应当指出的是，齿轮传递运动不准确和传动不平稳，都是齿轮传动比变化引起的，实际上在齿轮回转过程中，两者是同时存在的，如图 6-89 所示。引起传递运动不准确的传动比的最大变化量，是以齿轮一转为周期，且波幅大；而瞬时传动比的变化，是由齿轮每个齿距角范围内的单齿误差引起的，在齿轮一转内单齿误差频繁出现，且波幅小，影响齿轮传动的平稳性。

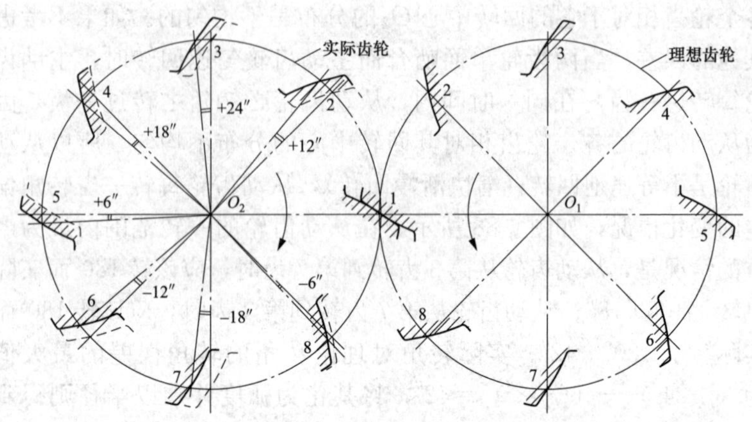

图 6-87　齿轮啮合的转角误差

1、2、3、…、8—轮齿序号，实线齿廓—表示轮齿的实际位置；虚线齿廓—表示从动齿轮轮齿的理想位置

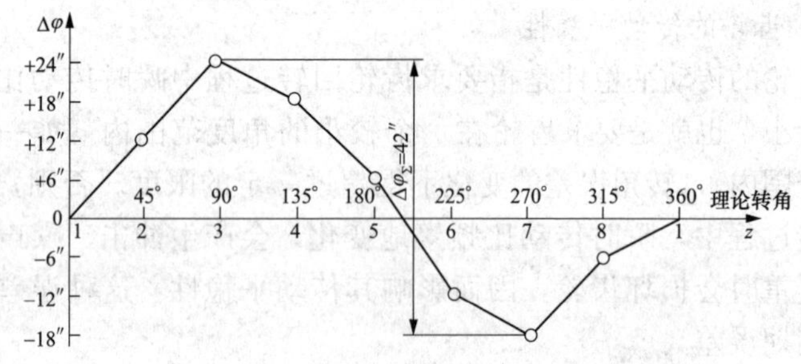

图 6-88　从动齿轮的转角误差曲线

Z—齿序；$\Delta\varphi$—轮齿实际位置对理想位置的偏差；$\Delta\varphi_\Sigma$—转角误差的最大值

3. 轮齿载荷分布的均匀性

轮齿载荷分布的均匀性是要求齿轮啮合时，工作齿面接触良好，载荷分布均匀。避免载荷集中于局部齿面而造成齿面磨损或折断，以保证齿轮传动有较大的承载能力和较长的使用寿命，若轮齿齿面上的载荷分布不均匀，将会导致齿面接触不好，而产生应力集中，引起磨损、点蚀或轮齿折断，严重影响齿轮使用寿命。

例如，齿轮在啮合的过程中，理想齿轮的工作齿面在全齿宽上均匀接触，但由于受各种误差的影响，工作齿面不可能全部均匀接触，如图 6-90 所示。

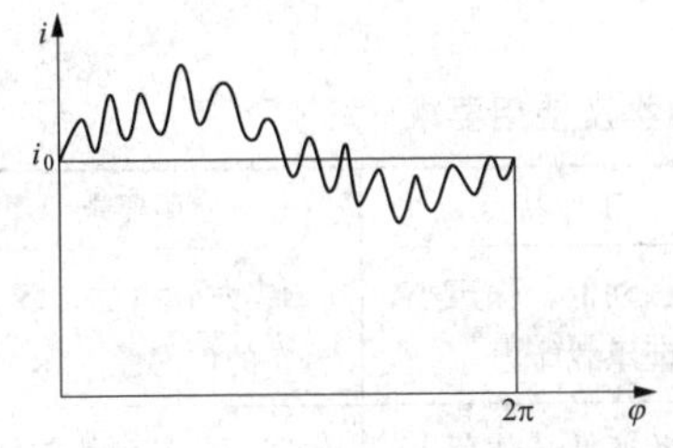

图 6-89　齿轮一转中传动比的变化

φ—齿轮转角；i—实际传动比；i_0—理论传动比

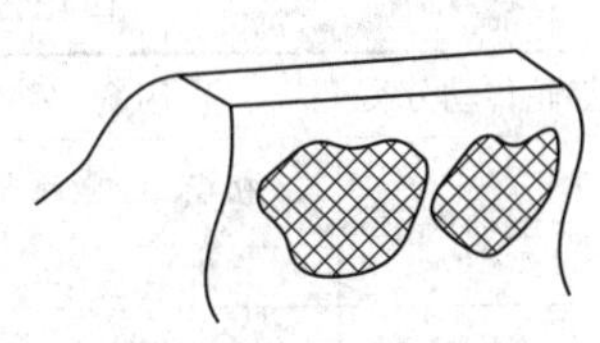

图 6-90　齿轮接触面积

4. 齿轮副侧隙

齿轮副侧隙即齿侧间隙，是指两个相互啮合齿轮的工作齿面接触时，相邻的两个非工作齿面之间形成的间隙，如图 6-91 所示。侧隙是在齿轮轴、轴承、箱体和其他零部件装配成减速器、变速箱，或其他传动装置后自然形成的。齿轮副应具有适当的侧隙，用来储存润滑油，补偿热变形和弹性变形，防止齿轮在工作中发生齿面烧蚀或卡死，以使齿轮副能够正常工作。但侧隙又不能过大，对经常正、反转的齿轮会产生空程和引起换向冲击，因而侧隙必须合理确定。

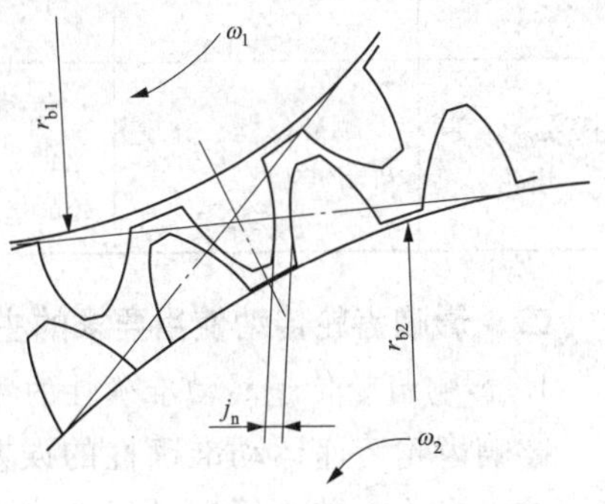

图 6-91　齿轮副侧隙

实际上，齿轮传递运动的准确性、齿轮的传动平稳性和轮齿载荷分布的均匀性是对齿轮的精度要求。不同用途的齿轮及齿轮副，对齿轮精度要求的侧重点是不同的。而齿轮副侧隙则是独立于齿轮精度要求的另一类使用要求，齿轮副所要求的侧隙大小，主要取决于齿轮副的工作条件。对重载、高速齿轮传动，由于受力、受热变形较大，侧隙应大些，以补偿较大的变形和使润滑油畅通；而经常正转、逆转的齿轮，为了减小回程误差，应适当减小侧隙。根据齿轮传动的不同工作情况，常见的不同使用要求的齿轮，见表6-74。

表 6-74　　齿轮传动的分类及使用要求

齿轮传动分类	用途	工作特点	使用要求
一般动齿轮	机床、减速器、汽车等	振动低、噪声小、保证承载能力	传动平稳性、载荷分布的均匀性
动力齿轮	轧钢机、矿山机械、起重机械等	转速低、载荷大、保证承载能力	载荷分布的均匀性、较大的侧隙
高速齿轮	载重汽车、汽轮机等	高速度、重载荷、功率大、易发热	传递运动准确性、传动平稳性、载荷分布的均匀性、较大的侧隙
读数、分度齿轮	测量仪器、分度机构等	传动精度高、转速低、主、从动齿轮的运动协调一致	传递运动准确性、一般情况下要求侧隙保持为零

二、影响齿轮传动使用要求的主要误差

1. 影响齿轮传递运动准确性的主要误差

影响齿轮传递运动准确性的误差，是齿轮齿距分布不均匀而产生的以齿轮一转为周期的误差，主要来源于齿轮的几何偏心和运动偏心，是由机床—刀具—工件系统的长周期误差而造成的。

如图6-92所示为滚齿机滚切齿轮的示意图。滚齿过程是滚刀6与齿轮坯2强制啮合的过程，滚刀的纵向剖切面形状为标准齿条，滚刀每转过一转，该齿条移动一个齿距。齿轮坯2安装在工作台3的心轴1上，通过分齿传动链，使得滚刀转过一转时，工作台恰好转过一个齿距角。滚刀和工作台连续回转，切出所有轮齿的齿廓。滚刀架沿滚齿机刀架导轨移动，使滚刀切出整个齿宽上的齿廓。滚刀切入齿轮坯的深度，决定齿轮齿厚的大小。在滚齿过程中，被切齿轮不可避免地存在几何偏心和运动偏心。

(1) 齿轮几何偏心。齿轮几何偏心是指齿轮坯2在机床工作

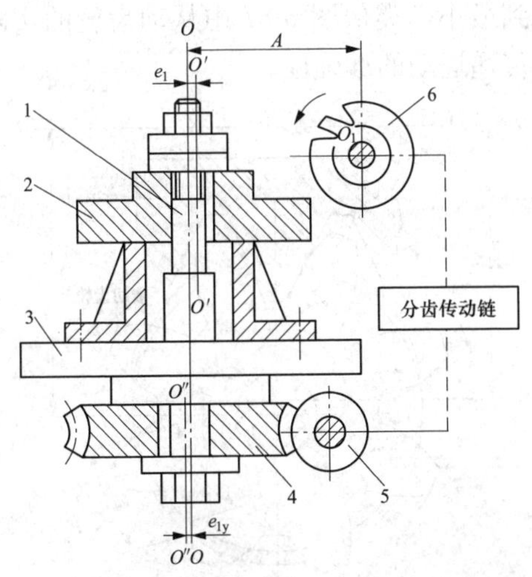

图 6-92　在滚齿机上切齿示意图

1—心轴；2—齿轮坯；3—工作台；4—分度蜗轮；5—分度蜗杆；6—滚刀

台心轴 1 上的安装偏心（见图 6-92）。由于齿轮坯的基准孔与心轴（它与工作台 3 同轴线）之间有间隙等因素的影响，使齿轮坯基准孔的轴线 $O'O'$（即齿轮坯工作时的回转轴线）与工作台回转轴线 OO 不重合而产生偏心 $e_1=OO'$，它称为几何偏心。

如图 6-93 所示，在滚齿的过程中，滚刀轴线 O_1O_1 的位置固定不变，工作台回转中心（即齿轮坯旋转中心）O 至 O_1O_1 的距离 A 保持不变。齿轮坯基准孔中心 O' 绕工作台回转中心 O 转动，因而在齿轮坯转一转的过程中，其基准孔中心 O' 至滚刀轴线 O_1O_1 的距离 A' 是变动的，其最大距离 A'_{max} 与最小距离 A'_{min} 之差为 $2e_1$。由于齿轮坯基准孔中心 O' 距滚刀时近时远，使齿轮坯相对于滚刀产生径向位移，所以滚刀切出的各个齿槽的深度不相同。若不考虑其他因素的影响（设滚齿机分度蜗轮中心 O'' 与工作台回转中心 O 重合），则所切各个轮齿在以 O 为圆心的圆周（包括分度圆）上是均匀分布的，任意两个相邻轮齿之间的齿距都相等，即 $P_{ti}=P_{tk}$。但这些轮齿在以 O' 为圆心的圆周上却是不均匀分布的，各个齿距也不相等，即 $P'_{ti}=P'_{tk}$。这些齿距由小逐渐变大到最大，然后由最大逐渐变小到最小，类似图 6-87 中从动齿轮的实际齿距，因此影响所切齿轮传递运动的准确性。

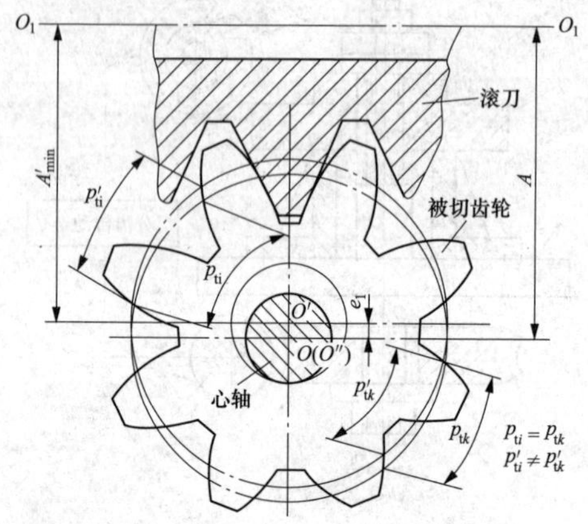

图 6-93　齿轮几何偏心对齿距分布均匀性的影响

e_1—齿轮几何偏心；O—滚齿机工作台回转中心；O'—齿轮坯基准中心

（2）齿轮运动偏心。如图 6-94 所示，分度蜗轮 4（见图 6-92）的分度圆半径为 r，它的几何偏心为其在滚齿机上安装的偏心，是指分度蜗轮的分度圆中心 O'' 与滚齿机工作台回转中心 O 不重合，而产生的偏心 $e_{1y}=\overline{OO''}$。

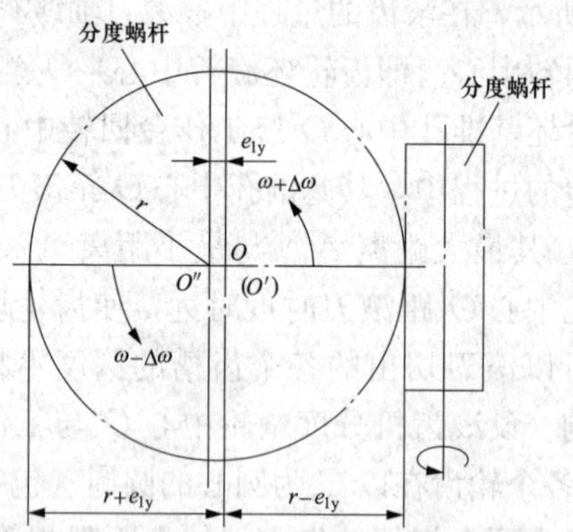

图 6-94　分度蜗轮几何偏心与齿轮运动偏心

O''—滚齿机分度蜗轮的分度圆中心；O—滚齿机工作台回转中心

在滚齿的过程中，设齿轮坯基准孔中心 O' 与工作台回转中心 O 重合（即 O' 至滚刀轴线 O_1O_1 的距离保持不变），滚刀匀速回转，经过分齿传动链，使分度蜗杆 5 匀速回转，带动分度蜗轮使其中心 O'' 绕工作台回转中心 O 转动，则分度蜗轮的节圆半径在最小值（$r-e_{1y}$）至最大值（$r+e_{1y}$）范围内变化。与此同时，若不考虑其他因素的影响，则分度蜗轮的角速度在最大值（$\omega+\Delta\omega$）至最小值（$\omega-\Delta\omega$）范围内变化（ω 为对应于分度蜗轮节圆半径为 r 的角速度）。

由于安装在工作台心轴上的齿轮坯与分度蜗轮同步回转，因此齿轮坯的角速度随分度蜗轮角速度的变化而在（$\omega+\Delta\omega$）至（$\omega-\Delta\omega$）范围内变化。分度蜗轮由于其具有偏心 e_{1y} 而使它以 O 为圆心的圆周上的齿距分布不均匀的误差，会按一定比例复映到被切齿轮上。这个误差可折算成偏心，它称为齿轮运动偏心 e_2。因而说，齿轮运动偏心是指机床分度蜗轮几何偏心复映到被切齿轮上的误差，它对被切齿轮精度的影响与齿轮几何偏心相同。

不难看出，运动偏心没有使齿轮坯相对于滚刀产生径向位移，但使被切齿轮沿其分度圆切线方向产生额外的切向位移，因而使所切各个轮齿的齿距在分度圆上分布不均匀（各个齿距的大小，呈正弦规律变化），如图 6-95 所示。

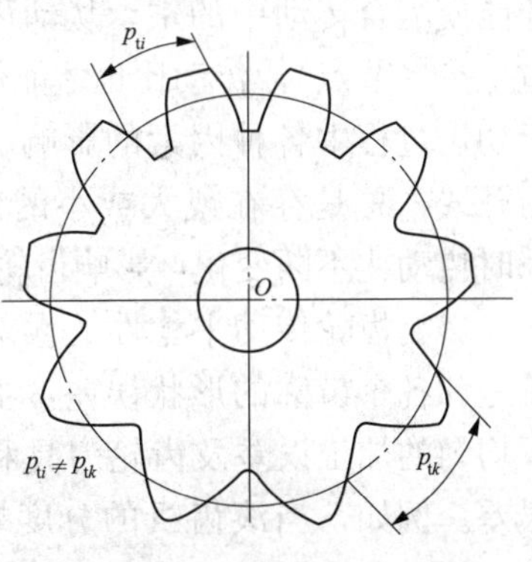

图 6-95　具有运动偏心的齿轮

必须指出的是，几何偏心和运动偏心产生齿轮误差的性质有一定的差异。有几何偏心时，齿轮各个轮齿的形状和位置相对于切齿时加工的中心 O 来说，是没有误差的；但相对于齿轮基准孔中心 O' 来说，却是有误差了，各个轮齿的齿高是变化的，各个齿距分布不均匀。而有运动偏心时，虽然滚刀切削刃相对于切齿时加工的中心 O 的位置是不变的，但是齿轮各个轮齿的形状和位置相对于 O 来说是有误差的，各个齿距分布不均匀，至于各个轮齿的齿高却是不变的。

齿轮几何偏心和运动偏心是同时存在的，两者都造成以齿轮基准孔中心为圆心的圆周上各个齿距分布不均匀，且以齿轮一转为周期，它们可能叠加，也可能抵消。齿轮传递运动准确性的精度，应以两者综合造成的各个齿距分布不均匀而产生的转角误差的最大值（见图 6-87，其线性值称为齿距累积总偏差）来评定。

2. 影响齿轮传动平稳性的主要误差

（1）齿轮同侧相邻齿廓间的齿距偏差。齿轮同侧相邻齿廓间的齿距偏差称为单个齿距偏差，它是指同侧相邻齿廊间的实际齿距与理论齿距的代数差。由于齿轮各个实际齿距存在不同程度的齿距偏差，在齿轮每转一个齿距角的过程中都会出现不同程度的转角误差，因而引起瞬时传动比不断变化，影响齿轮传动平稳性。

（2）齿轮各齿廓的形状误差。齿轮齿廊的形状误差称为齿廊偏差，它是指在齿轮端平面内实际齿廊形状对渐开线的形状误差。由齿轮啮合的基本定律可知，只有理论渐开线、摆线或共轭齿廓，才能使啮合传动中的主、从动齿轮的齿廓接触点的公法线始终通过一点（节点），传动比也才能保持不变。对渐开线齿轮来说，由于切齿过程中各种因素的影响，难以保证所切齿廓的形状为理论渐开线，总是存在或大或小的齿廓偏差。因而导致齿轮工作时，瞬时传动比不断变化，影响齿轮传动平稳性。

影响齿轮传动平稳性的误差，是齿轮同侧相邻齿廓间的齿距偏差和各个齿廓的形状误差，主要来源于引起被切齿轮齿距分布不均匀的加工误差及齿轮刀具和机床分度蜗杆的制造误差和安装误差。例如，当滚齿机的分度蜗杆存在安装误差和轴向窜动时，蜗轮转速发生周期性的变化，使被加工齿轮出现齿距偏差和齿廓偏差，产生切向误差。又例如，齿轮加工中，滚刀的径向跳动使得齿轮相对滚刀的径向距离发生变动，引起齿轮径向误差；滚刀的轴向窜动使得齿坯相对滚刀的转速不均匀，产生切向误差；滚刀安装误差破坏了滚刀和齿坯之间的相对运动关系，从而使被加工齿轮产生基圆误差，导致基节偏差和齿廓偏差。另外，滚刀本身的齿距、齿形、基节有制造误差时，会将误差复映到被加工齿轮上，从而使齿轮基圆半径发生变化，产生基节偏差和齿形误差。

齿轮每转过一齿时，单个齿距偏差和齿廓偏差是同时存在的。因此，齿轮传动平稳性的精度，应联合采用单个齿距偏差和齿廓偏差两者来评定。

3. 影响轮齿载荷分布均匀性的主要误差

一对齿轮在啮合过程中，它们的轮齿从齿根到齿顶或从齿顶到齿根，在齿高上依次接触，每一瞬间相互啮合的两个齿轮在齿宽方向的接触线为直线。直齿轮的接触线平行于齿轮基准轴线（轮齿方向平行于齿轮基准轴线），斜齿轮的接触线相对于齿轮基准轴线倾斜一个角度（基圆螺旋角）。两个齿轮在齿高方向的接触线为齿廓曲线。

齿轮啮合时，齿面接触不良会影响轮齿载荷分布均匀性。影响齿宽方向载荷分布均匀性的主要误差是实际螺旋线对理想螺旋线的偏离量，它称为螺旋线偏差；影响齿高方向载荷分布均匀性的主要误差是齿廓偏差。

滚切直齿轮时，刀架导轨相对于工作台回转轴线的平行度误差、心轴轴线相对于工作台回转轴线倾斜、齿轮坯的切齿定位端面对其基准孔轴线的垂直度误差等，都会使被切齿轮在齿宽方向产生螺旋线偏差（即轮齿方向不平行于齿轮基准轴线），而滚切斜齿轮时，除了上述因素使被切齿轮产生螺旋线偏差以外，还有机床差动传动链的误差也会使被切齿轮产生螺旋线偏差。

如图 6-96 所示，滚齿机刀架导轨在齿轮坯径向平面内的倾斜，而造成滚刀进给方向与工作台回转轴线不平行，会使被切直齿轮左、右齿面产生大小相等而方向相反的螺旋线偏差。这样的齿轮与没有螺旋线偏差的配偶齿轮，安装后形成齿宽一端局部接触斑点。

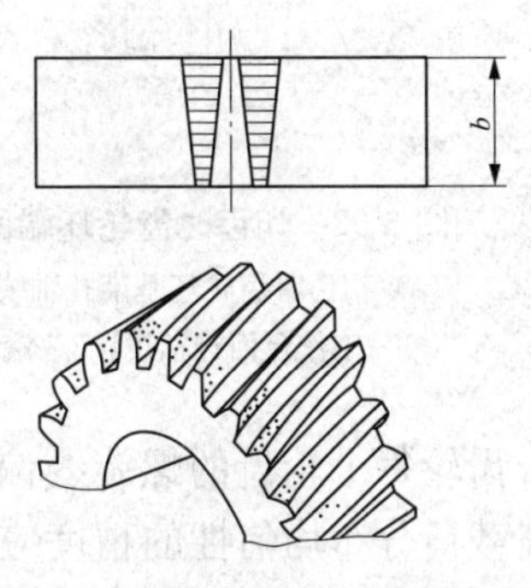

图 6-96　刀架导轨径向倾斜的影响
b—轮齿的宽度

在测量螺旋线偏差时，得到

的记录图上的螺旋线偏差曲线叫作螺旋线迹线。如图 6-107 所示，实际螺旋线迹线用粗实线表示，设计螺旋线迹线用点划线表示。螺旋线总偏差 ΔF_{β} 是指在计值范围内（在齿宽上从轮齿两端处各扣除倒角或修圆部分），最小限度地包容实际螺旋线迹线的两条设计螺旋线迹线间的距离。

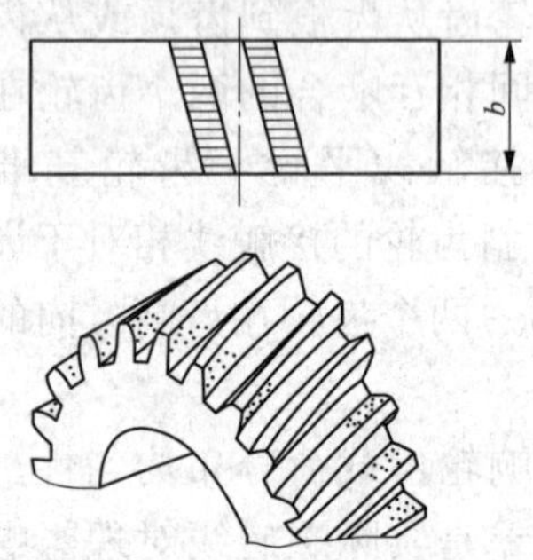

图 6-97 刀架导轨切向倾斜的影响
b—轮齿的宽度

如图 6-97 所示，滚齿机刀架导轨在齿轮坯切向平面内的倾斜，会使被切直齿轮左、右齿面产生大小相等且方向相同的螺旋线偏差。这样的齿轮与没有螺旋线偏差的配偶齿轮安装后形成对角接触斑点。

如图 6-98 所示，齿轮坯的切齿定位端面对其基准孔轴线的垂直度误差（端面的轴向圆跳动），会使被切齿轮齿面产生螺旋线偏差。这样的齿轮与没有螺旋线偏差的配偶齿轮，安装后形成的接触斑点的位置是游动的。

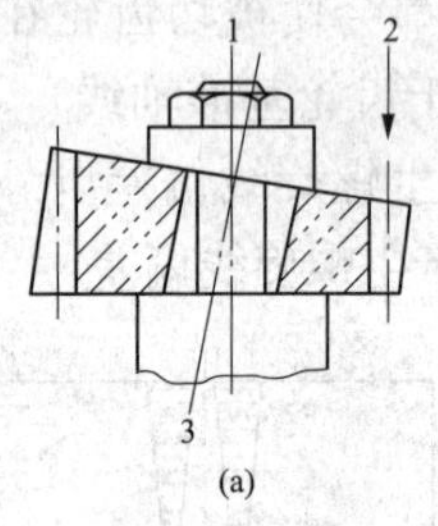

(a)

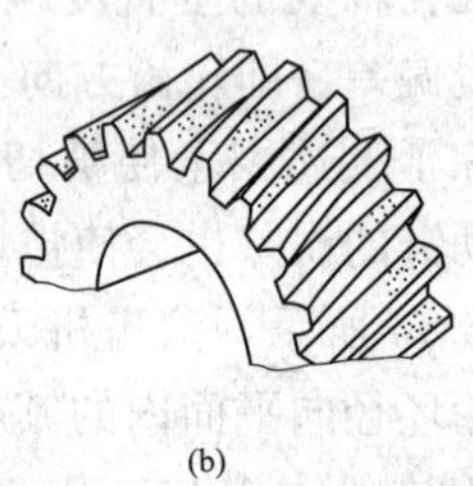

(b)

图 6-98 切齿时齿轮坯端面的轴向圆跳动产生的螺旋线偏差
(a) 切齿时齿轮坯基准孔轴线倾斜；(b) 各齿接触斑点的位置游动
1—工作台回转轴线；2—滚刀进给方向；3—齿轮坯基准孔轴线

齿轮每个轮齿的螺旋线偏差和齿廓偏差是同时存在的，因此轮齿载荷分布均匀性的精度应联合采用轮齿的螺旋线偏差和齿廓偏差两者来评定。而在确定齿轮公差时，齿廓偏差由齿轮传动平稳性的公差项目加以控制。

4．影响齿轮副侧隙的主要误差

齿轮上影响侧隙大小和侧隙不均匀的主要误差，是齿厚偏差及齿厚变动量。齿厚偏差是指实际齿厚与公称齿厚之差，为了保证必要的最小侧隙，必须规定齿厚的最小减薄量，即齿厚上偏差；又为了保证侧隙不致过大，必须规定齿厚公差，实际齿厚的大小与切齿时齿轮刀具的切削深度有关，同一齿轮各齿齿厚的变动量与几何偏心有关。

三、齿轮的强制性检测精度指标、侧隙指标及其检测

为了评定齿轮传递运动的准确性、齿轮的传动平稳性、轮齿载荷分布的均匀性三项精度，GB/T 10095.1—2008《圆柱齿轮 精度制 第1部分：轮齿同侧齿面偏差的定义和允许值》规定的强制性检测精度指标是齿距偏差（单个齿距偏差、齿距累积偏差、齿距累积总偏差）、齿廓总偏差和螺旋线总偏差。为了评定齿轮的齿厚减薄量，常用的指标是齿厚偏差或公法线长度偏差，以控制齿轮副侧隙。

1．齿轮传递运动准确性的强制性检测精度指标及其检测

（1）评定齿轮传递运动准确性的强制性检测精度指标。评定齿轮传递运动准确性的强制性检测精度指标是其齿距累积总偏差 ΔF_{P}，有时还要增加齿距累积偏差 ΔF_{Pk}。也就是说，对于齿数较多且精度要求很高的齿轮、非圆整齿轮或高速齿轮，还要求评定一段齿范围内（k 个齿距范围内）的齿距累积偏差 ΔF_{Pk}。

1）齿距累积总偏差 ΔF_{P}。在齿轮端平面上，接近齿高中部的一个与齿轮基准轴线同心的圆上，任意两个同侧齿面间的实际弧长与理论弧长的代数差中的最大绝对值，它表现为齿距累积偏差曲线的总幅值，如图6-99所示。

2）齿距累积偏差 ΔF_{Pk}。在齿轮端平面上，接近齿高中部的一个与齿轮基准轴线同心的圆上，任意两个齿距实际弧长与理论弧长的代数差，如图6-100所示。图中，$k=3$，$\Delta F_{Pk}=\Delta F_{P3}$，是取其中绝对值最大的数值 $\Delta F_{Pk\max}$ 作为评定值。ΔF_{Pk} 值一般限定在不大于1/8圆周上评定。因此，k 为从 $2\sim z/8$ 的整数（z 为被评定齿轮的齿数），通常取 $k=z/8$ 就足够了。

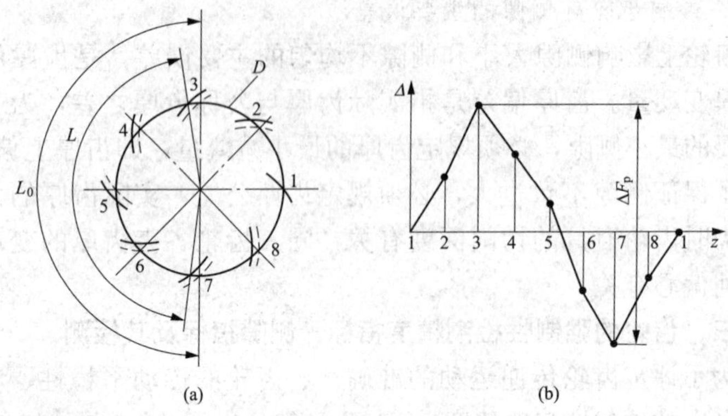

图 6-99 齿轮齿距累积总偏差

（a）齿距分布不均匀；（b）齿距偏差曲线

L—实际弧长；L_0—理论弧长；D—接近齿高中部的圆；z—齿序；

Δ—轮齿实际位置（粗实线齿廓）对其理想位置（虚线齿廓）的偏差；

1、2、3、…、8—轮齿序号

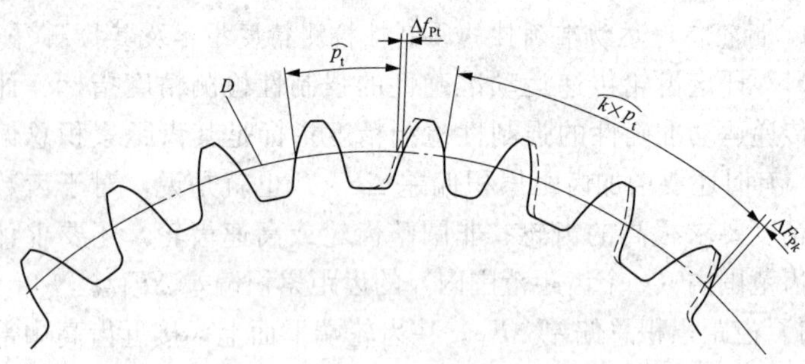

图 6-100 齿轮单个齿距偏差 Δf_{Pt} 与齿距累积偏差 ΔF_{Pk}

P_t —单个理论齿距；D—按近齿高中部的圆；

实线齿廓—表示抡齿的实际位置；虚线曲廓—表示轮齿的理想位置

如果高速齿轮在较少的几个齿距范围内的 ΔF_{Pk} 太大，则这个齿轮工作时将产生很大的加速度，因而产生很大的动负荷，对齿轮传动产生不利的影响。对于一般齿轮传动，不需要评定 ΔF_{Pk}。

（2）齿距偏差的检测。齿距累积总偏差 ΔF_P 和齿距累积偏差 ΔF_{Pk} 的测量基准，就是被测齿轮的基准轴线。它们的数值是在测量了齿轮各个齿距偏差，并进行数据处理后得到的。齿距偏差就是相邻同侧齿面间实际齿距与理论齿距之差。因此，k 个齿距累积偏差，就是连续 k 个齿距的齿距偏差的代数和。

测量一个齿轮的 ΔF_{P} 和 ΔF_{Pk} 时，它们的合格条件是：ΔF_{P} 不大于齿距累积总偏差允许值 F_{P}（$\Delta F_{P} \leqslant F_{P}$）；所有的 ΔF_{Pk} 都在齿距累积偏差允许值 $\pm F_{Pk}$ 的范围内（$+F_{Pk} \leqslant \Delta F_{Pk} \leqslant -F_{Pk}$），即 $P_{t}\left|\Delta F_{Pk\max}\right| \leqslant F_{Pk}$。齿距偏差的测量方法如下。

1）绝对法测量齿距偏差。就是把实际齿距直接与理论齿距比较，以获得齿距偏差的角度值或线性值。如图 6-101 所示，这种测量方法是利用分度装置（如分度盘、分度头，其回转轴线与被测齿轮的基准轴线同轴线），按照理论齿距角（$360°/z$，z 为被测齿轮的齿数）精确分度，将位置固定的测量装置的一个测头与齿面在接近齿高中部的一个圆上接触来进行测量，在切向读取示值。

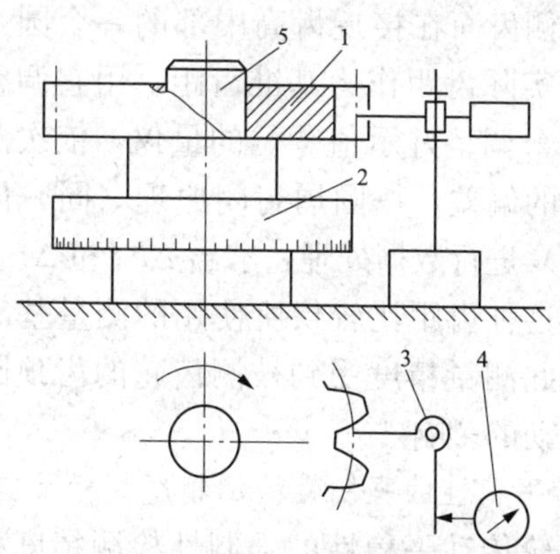

图 6-101　用绝对法在分度装置上测量齿距偏差时的示意图

1—被测齿轮；2—分度装置；3—测量杠杆；4—指示表；5—心轴

测量时，被测齿轮 1 安装在分度装置 2 的心轴 5 上（它们应同轴线），然后将被测齿轮的一个齿面调整到起始角 0°的位置，使测量杠杆 3 的测头与这个齿面接触，并调整指示表 4 的示值零位，同时固定测量装置的位置。当转过一个理论齿距角时，便将测量杠杆 3 的测头与下一个齿的同侧齿面接触，测取用线性值表示的实际齿距角相对理论齿距角的偏差。这样，依次测取所有轮齿实际齿距角相对理论齿距角的偏差（轮齿的实际位置对理论位置的偏差）。这些偏差经过数据处理，即可求出 ΔF_P 和 $\Delta F_{Pk\max}$ 的数值。

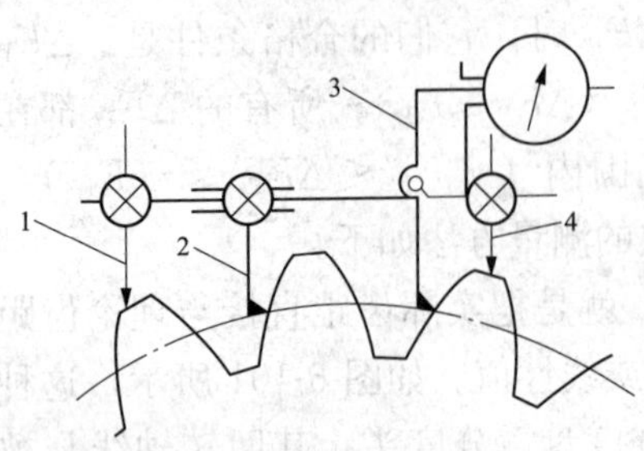

图 6-102　用相对法并使用双测头式齿距比较仪测量齿距偏差时的示意图

1、4—定位支脚；2—固定量爪；3—活动量爪

2）相对法测量齿距偏差。用相对法测量齿距偏差，可以使用双测头齿距比较仪或在万能测齿仪上进行测量。如图 6-102 所示，用齿距比较仪测量齿距偏差时，用定位支脚 1 和 4 在被测齿轮的齿顶圆上定位，使固定量爪 2 和活动量爪 3 的测头，分别与相邻的两个同侧齿面在接近齿高中部的一个圆上接触，以被测齿轮上任意一个实际齿距作为基准齿距，用它调整指示表的示值零位。然后用这个调整好示值零位的量仪，依次测出被测齿轮各齿距对基准齿距的偏差，按圆周封闭原理（同一齿轮所有齿距偏差的代数和为零）进行数据处理，求出 ΔF_P 和 $\Delta F_{Pk\max}$ 的数值。

应当指出，这种齿距比较仪所使用的测量基准不是被测齿轮的基准轴线，因此测量精度受到被测齿轮的齿顶圆柱面对其基准轴线的径向圆跳动的影响。

2. 齿轮传动平稳性的强制性检测精度指标及其检测

（1）评定齿轮传动平稳性的强制性检测精度指标。评定齿轮传动平稳性的强制性检测精度指标，是其单个齿距偏差 Δf_{Pt} 和齿廓总偏差 ΔF_α。

1）单个齿距偏差 Δf_{Pt}。在齿轮端平面上，接近齿高中部的一个与齿轮基准轴线同心的圆上，实际齿距与理论齿距的代数差，取其中绝对值最大的数值 $\Delta f_{Pt\max}$ 作为评定值。由于单个齿距偏差的存在，使齿轮每转过一个齿距角，都将产生不同程度的转角偏差，从而使瞬时传动比不断变化，影响传动的平稳性。

2）齿廓总偏差 ΔF_α。包括实际齿廓工作部分且距离为最小的两条设计齿廓之间的法间距离，如图 6-103 所示。齿廓偏差就是实际齿廓对设计齿廓的偏离量，它在齿轮端平面内且在垂直于渐开线齿廓的方向上计值。

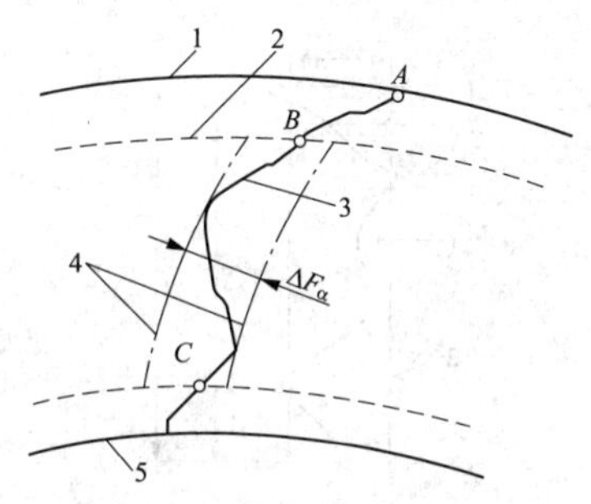

图 6-103　齿廓总偏差

1—齿顶圆；2—齿顶修缘起始圆；
3—实际齿廓；4—设计齿廓；5—齿根圆
AC—齿廓有效长度；AB—倒棱部分；
BC—工作部分（齿廓计值范围）

凡符合设计规定的齿廓都是设计齿廓，一般是指端面齿廓。设计齿廓通常为渐开线，考虑到制造误差和轮齿受载后的弹性变形，为了降低噪声和减小动载荷的影响，也可以采用以渐开线为基础的修形齿廓，如凸齿廓、修缘齿廓等（所谓设计齿廓也包括这样的修形齿廓）。

在测量齿廊偏差时，得到的记录图上的齿廓偏差曲线叫做齿廓迹线。如图 6-104 所示，实际齿廊迹线用粗实线表示，设计齿廓迹线用点划线表示。齿廊总偏差 ΔF_α是指在齿廓计值范围内（从齿廓有效长度内扣除齿顶倒棱部分），最小限度地包容实际齿廓迹线的两条设计齿廓迹线间的距离。

图 6-104 便是齿廓偏差测量记录图，图中纵坐标表示被测齿廓上各个测点相对于该齿廓工作起始点的展开长度，齿廓工作终止点与起始点之间的展开长度即为齿廓偏差的测量范围；横坐标表示测量过程中杠杆 4 测头在垂直于记录纸走纸方向位移的大小，即被测齿廓上各个测点相对于设计齿廓上对应点的偏差。四条平行于横坐标的细实线分别与图 6-103 中的四个圆对应；起始点 C 细实线对应于 C 点虚线圆；终止点 B 细实线对应于 B 点虚线圆；最高的一条细实线 A 对应于齿顶圆；最低的一条细实线对应于齿根圆。

如图 6-104（b）所示，设计齿廓迹线是一条直线（它表示理论渐开线）。如果实际被测齿廓为理论渐开线，则在测量过程中杠杆 3（见图 6-101）测头的位移为零，齿廓偏差记录图形是一条直

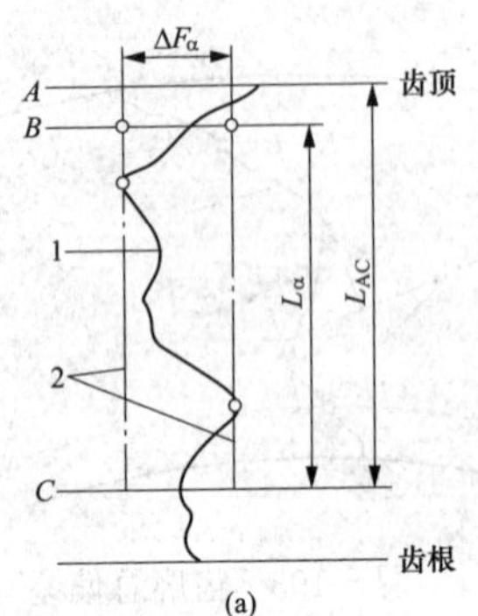

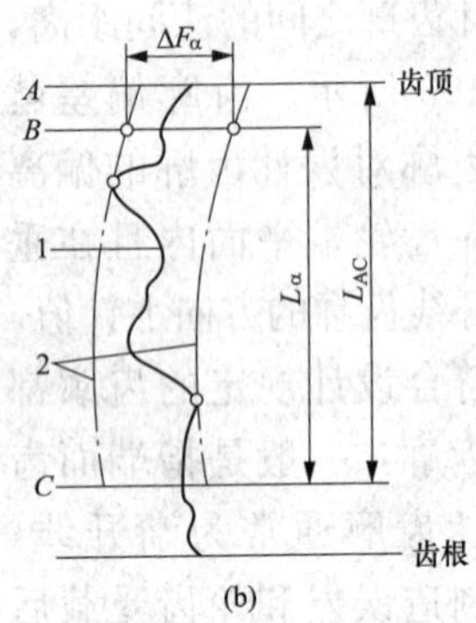

图 6-104 齿廓偏差测量记录图

(a) 未经修形的渐开线；(b) 修形的渐开线（凸齿廓）

L_a—齿廓计值范围；L_{AC}—齿廓有效长度；1—实际齿廓迹线；2—设计齿廓迹线

线。当被测齿廓存在齿廓偏差时，则齿廓偏差记录图形是一条不规则的曲线。按横坐标方向，最小限度地包容这条不规则的粗实线（即实际被测齿廓迹线）的两条设计齿廓迹线之间的距离所代表的数值，即为齿廓总偏差 ΔF_α的数值。

如图 6-104（b）所示，设计齿廓采用凸齿廓，因此在齿廓偏差测量记录图上，设计齿廓迹线不是一条直线，而是一段凸形曲线。按横坐标方向，最小限度地包容实际被测齿廓迹线（不规则的粗实线）的两条设计齿廓迹线之间的距离所代表的数值，即为齿廓总偏差 ΔF_α的数值。

评定齿轮传动平稳性的精度时，应在被测齿轮圆周上测量均匀分布的三个轮齿，或更多的轮齿左、右齿面的齿廓总偏差，取其中的最大值 $\Delta F_{\alpha tmax}$作为评定值。如果 $\Delta F_{\alpha tmax}$不大于齿廓总偏差允许值 F_α（$\Delta F_{\alpha tmax} \leqslant F_\alpha$），则表示合格。

（2）单个齿距偏差和齿廓总偏差的检测。

1）单个齿距偏差 Δf_{Pt}的测量。单个齿距偏差 Δf_{Pt}、齿距累积总偏差 ΔF_P、齿距累积偏差 ΔF_{Pk}是用同一量仪同时测出的。用相对法测量时，用所测得的各个实际齿距的平均值作为理论齿距。测量齿轮的齿距偏差时，单个齿距偏差的合格条件是：所有的单

个齿距偏差 Δf_{Pt} 都在单个齿距偏差允许值 $\pm\Delta f_{Pt}$ 的范围内 $(-f_{Pt}\leqslant\Delta f_{Pt}\leqslant+f_{Pt})$，即 $|\Delta f_{Pk\max}|\leqslant f_{Pt}$。

【例 6-9】 按如图 6-101 所示的绝对测量方法，测量如图 6-87 所示齿数 z 为 8 的从动直齿轮（O_2）左齿面的齿距偏差。测量时指示表的起始读数为零，分度头每旋转了 $360°/z$（即 45°），就用指示表测量一次，并读数一次。由指示表依次测得的数据（指示表示值，μm）为：+12，+24，+18，+6，−12，−18，−6.0。根据这些数据，求解这个齿轮左齿面的齿距累积总偏差 ΔF_P 和 2 个齿距累积偏差 ΔF_{P2}、单个齿距偏差 Δf_{Pt} 的评定值。

解：数据处理过程及结果，见表 6-75。

表 6-75　用绝对法测量齿距偏差所得的数据及相应的数据处理

轮齿序号	1→2	1→3	1→4	1→5	1→6	1→7	1→8	1→1
齿距序号 p_i	p_1	p_2	p_3	p_4	p_5	p_6	p_7	p_8
指示表示值（齿距偏差逐齿轮计值，μm）	+12	+24	+18	+6	−12	−18	−6	0
$p_i-p_{(i-1)}=\Delta f_{pti}$（实际齿距与理论齿距的代数差，μm）	+12	+12	−6	−12	−18	−6	+12	+6

a. 齿距累积总偏差 ΔF_P，为被测齿轮任意两个同侧齿面间的实际弧长与理论弧长代数差中的最大绝对值，它等于指示表所有示值中的正、负极值之差的绝对值（本例为第 3 齿至第 7 齿之间），即

$$\Delta F_P=(+24)-(-18)=42\mu m$$

b. 两个齿距累积偏差 ΔF_{P2}，等于连续两个齿距的单个齿距偏差的代数和。其中，它的评定值为 P_4 与 P_5 的单个齿距偏差的代数和，即

$$\Delta F_{P3\max}=(-12)+(-18)=-30\mu m$$

c. 单个齿距偏差 Δf_{Pt} 的评定值为 P_5 的齿距偏差，即

$$\Delta f_{Pt\max}=-18\mu m$$

【例 6-10】 按如图 6-102 所示的相对测量方法，测量齿数 z 为

12 的直齿轮右齿面的齿距偏差。测量时以第一个实际齿距 P_1 作为基准齿距，调整量仪指示表的示值零位，然后依次测出其余齿距对基准齿距的偏差。由指示表依次测得的数据（指示表示值，μm）为：0，+5，+5，+10，−20，−10，−20，−18，−10，−10，+15，+5。根据这些数据，求解这个齿轮右齿面的齿距累积总偏差 ΔF_P 和 3 个齿距累积偏差 ΔF_{P3}、单个齿距偏差 Δf_{Pt} 的评定值。

解：数据处理过程及结果见表 6-76。

表 6-76　用相对法测量齿距偏差所得的数据及相应的数据处理

轮齿序号	1→2	2→3	3→4	4→5	5→6	6→7	7→8	8→9	9→10	10→11	11→12	12→1
齿距序号 p_i	p_1	p_2	p_3	p_4	p_5	p_6	p_7	p_8	p_9	p_{10}	p_{11}	p_{12}
指示表示值（实际齿距对基准齿距的偏差，μm）	0	+5	+5	+10	−20	−10	−20	−18	−10	−10	+15	+5
各个示值的平均值 $p_m=\frac{1}{12}\sum_{i=1}^{12}p_i(\mu m)$	−4											
$p_i-p_m=\Delta f_{pti}$（实际齿距与理论齿距 p_m 的代数差，μm）	+4	+9	+9	+14	−16	−6	−16	−14	−6	−6	+19	+9
$p_\Sigma=\sum_{i=1}^{j}(p_i-p_m)$（齿距偏差逐齿累计值，μm），($j$=1, 2, …, 12)	+4	13	+22	+36	+20	+14	−2	−16	−22	−28	−9	0

a. 齿距累积总偏差 ΔF_P，为被测齿轮任意两个同侧齿面间的实际弧长与理论弧长的代数差中的最大绝对值，即所有齿距偏差逐齿累计值 P_Σ 中的正、负极值之差的绝对值（本例为第 5 齿至第 11 齿之间），即

$$\Delta F_P=(+36)-(-28)=64\mu m$$

b. 3 个齿距累积偏差 ΔF_{P3}，等于连续 3 个齿距的单个齿距偏差的代数和。其中，它的评定值为 P_5、P_6 与 P_7 的单个齿距偏差的代数和，即

$$\Delta F_{P2max} = (-16) + (-6) + (-16) = -38\mu m$$

c. 单个齿距偏差 Δf_{Pt} 的评定值为 P_{11} 的齿距偏差，即

$$\Delta f_{Ptmax} = +19\mu m$$

2）齿廓总偏差 ΔF_{α} 的测量。齿廓偏差通常用渐开线测量仪来测量。如图 6-105 所示，为基圆盘式渐开线测量仪的原理图。按照被测齿轮 3 的基圆直径 d_b 精确制造的基圆盘 2 与该齿轮同轴安装，基圆盘 2 与直尺 1 利用弹簧以一定的压力相接触且相切。杠杆 4 安装在直尺 1 上，随该直尺一起移动；它一端的测头与被测齿面接触，它的另一端与指示表的测头接触，或者与记录器的记录笔连接。直尺 1 做直线运动时，借助摩擦力带动基圆盘 2 旋转，两者做纯滚动，因此直尺工作面与基圆盘最初接触的切点，相对于基圆盘运动的轨迹便是一条理论渐开线。同时，被测齿轮与基圆盘同步转动。

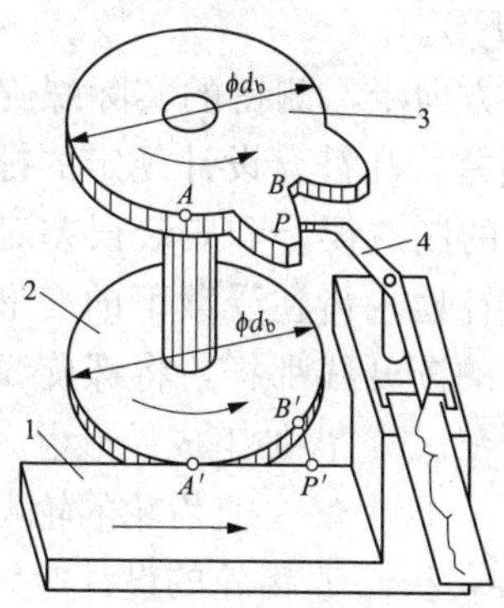

图 6-105　基圆盘式渐开线测量仪的原理图

1—直尺；2—基圆盘；3—被测齿轮；4—杠杆

测量时，首先要按基圆直径 d_b 调整杠杆 4 测头的位置，使该测头与被测齿面的接触点，正好处在直尺工作面与基圆盘最初接触的切点上。

测量过程中，直尺与基圆盘沿箭头方向作纯滚动，最初，直尺的 P' 点与基圆盘的 B' 点接触，以后两者在 A' 点接触。P' 点相对于基圆盘运动的轨迹，就是直尺从 B' 点运动到 P' 点的一段曲

线，$B'P'$则为理论渐开线。同时，杠杆 4 测头从它最初与被测齿面接触的点 B，沿被测齿面移动到 P 点，BP 则为实际被测齿廓。

实际被测齿廓 BP 上各个测点相对于理论渐开线 $B'P'$上对应点的偏差，使杠杆 4 测头产生微小的位移，它的大小由指示表的示值读出。在被测齿廓工作部分的范围内的最大示值与最小示值之差，即为齿廓总偏差 ΔF_α的数值。测头位移的大小，还可以由记录器记录下来而得到齿廓偏差的图形。如果测量过程中杠杆 4 测头不产生位移，因而记录器的记录笔也就不移动，则记录下来的齿廓偏差图形是一条平行于记录纸走纸方向的直线。

3. 轮齿载荷分布均匀性的强制性检测精度指标及其检测

(1) 评定轮齿载荷分布均匀性的强制性检测精度指标。评定轮齿载荷分布均匀性的强制性检测精度指标，在齿宽方向是其螺旋线总偏差 ΔF_β，在齿高方向是其传动平稳性的强制性检测精度指标（齿廓总偏差 ΔF_α）。

在端面基圆切线方向上，测得的实际螺旋线对设计螺旋线的偏离量叫作螺旋线偏差。凡符合设计规定的螺旋线，都是设计螺旋线，为了减小齿轮的制造误差和安装误差对轮齿载荷分布均匀性的不利影响，以及补偿轮齿在受载下的变形，提高齿轮的承载能力，也可以像修形的渐开线那样，将螺旋线进行修形，如将轮齿加工成鼓形齿。

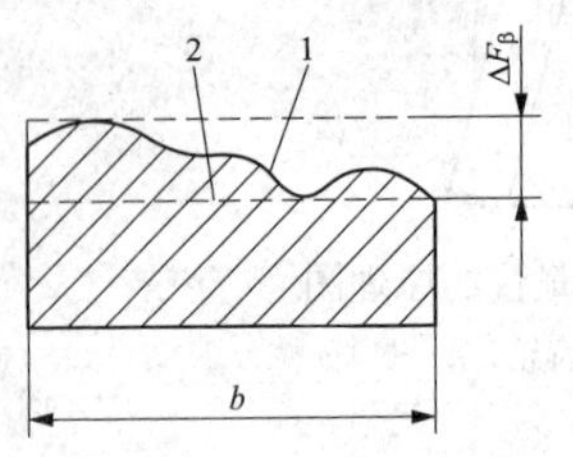

图 6-106　直齿轮轮齿的螺旋线总偏差 ΔF_β

1—实际的螺旋线；2—设计螺旋线（直线）；b—齿宽

直齿轮的轮齿螺旋角为 0°，因此直齿轮的设计螺旋线为一条直线，它平行于齿轮基准轴线；在基圆柱的切平面内，在齿宽工作部分（轮齿两端的倒角或修圆部分除外）的范围内，包容实际螺旋线且距离为最小的两条设计螺旋线之间的法向距离为螺旋线总偏差 ΔF_β，如图 6-106 所示。

如图 6-107 所示的螺旋线偏差测量记录图，图中的横坐标表示齿宽，纵坐标表示测量过程中测头位移的大小，即齿宽的两端Ⅰ、Ⅱ之间实际被测螺旋线上各个测点相对于设计螺旋线上对应点的偏差。

如图 6-107（a）所示，设计螺旋线为未经修形的螺旋线，它的迹线是一条直线。如果实际被测螺旋线为理论螺旋线，则在测量过程中测头的位移为零，它的记录图形是一条直线，当被测齿面存在螺旋线偏差时，则其记录图形是一条不规则的曲线。按纵坐标方向，最小限度地包容这条不规则粗实线（实际被测螺旋线迹线）的两条设计螺旋线迹线之间的距离所代表的数值，即为螺旋线总偏差 ΔF_{β}的数值。

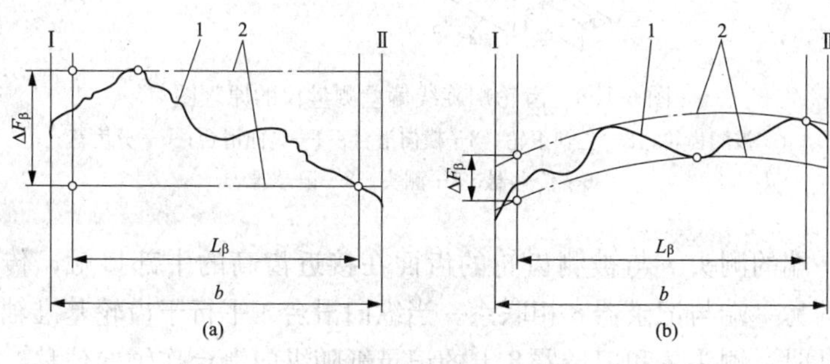

图 6-107　螺旋线偏差测量记录图

（a）未经修形的螺旋线；（b）修形的螺旋线

Ⅰ、Ⅱ—轮齿的两端；L_{β}—螺旋线计值范围；b—齿宽；

1—实际螺旋线迹线；2—设计螺旋线迹线

如图 6-107（b）所示，设计螺旋线为修形的螺旋线（如鼓形齿），它的迹线是一段凸形曲线。按纵坐标方向，最小限度地包容实际螺旋线迹线的两条设计螺旋线迹线之间的距离所代表的数值，即为螺旋线总偏差 ΔF_{β}的数值。

评定轮齿载荷分布均匀性的精度时，应在被测齿轮圆周上测量均匀分布的三个轮齿或更多的轮齿左、右齿面的螺旋线总偏差，取其中的最大值 $\Delta F_{\beta\max}$ 作为评定值。如果 $\Delta F_{\beta\max}$ 不大于螺旋线总偏差允许值 F_{β}（$\Delta F_{\beta\max} \leqslant F_{\beta}$），则表示合格。

（2）螺旋线总偏差的检测。螺旋线偏差通常用螺旋线偏差测量仪来测量，如图 6-108 所示为其原理图。被测齿轮 1 安装在测量仪主轴顶尖与尾座顶尖之间，纵向滑台 4 上安装着传感器 6，传感

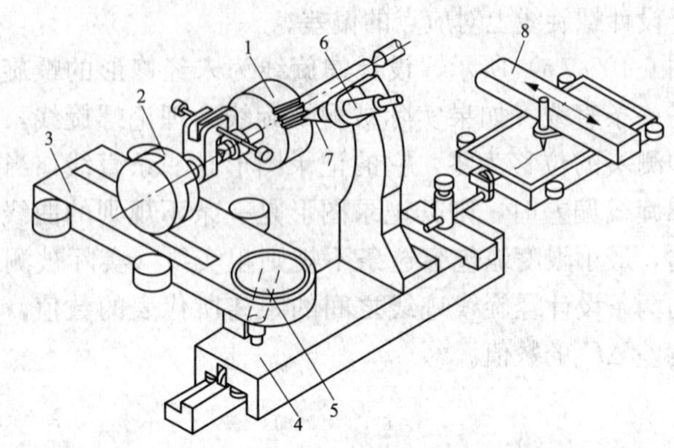

图 6-108 齿轮螺旋线偏差测量仪的原理图

1—被测齿轮；2—主轴滚轮；3—横向滑台；4—纵向滑台；5—分度盘；
6—传感器；7—测头；8—记录器

器一端的测头 7 与被测齿轮的齿面在接近齿高的中部接触，传感器的另一端与记录器 8 相联系。当纵向滑台 4 平行于齿轮基准轴线移动时，测头 7 和记录器 8 上的记录纸随纵向滑台作轴向位移，同时纵向滑台的滑柱在横向滑台 3 上的分度盘 5 的导槽中移动，使横向滑台 3 在垂直于齿轮基准轴线的方向移动，相应地使主轴滚轮 2 带动被测齿轮 1 绕其基准轴线回转，以实现被测齿面相对于测头 7 做螺旋线运动。

分度盘 5 的导槽的位置，可以在一定的角度范围内调整到所需要的螺旋角。实际被测螺旋线对设计螺旋线的偏差，使测头 7 产生微小的位移，它经传感器 6 由记录器 8 记录下来而得到记录图形。

如果测量过程中测头 7 不产生位移，因而记录器的记录笔也就不移动，则记录下来的螺旋线偏差图形（即实际螺旋线迹线）是一条平行于记录纸走纸方向的直线。

4. 评定齿轮齿厚减薄量用的侧隙指标及其检测

(1) 评定齿轮齿厚减薄量用的侧隙指标。齿轮副侧隙的大小与齿轮齿厚减薄量有着密切的关系，齿轮齿厚减薄量可以用齿厚偏差或公法线长度偏差来评定。

1）齿厚偏差。对于直齿轮，齿厚偏差 ΔE_{sn} 是指在分度圆柱面上，实际齿厚与公称齿厚（齿厚理论值）之差，如图 6-109 所示。对于斜齿轮，指法向实际齿厚与公称齿厚之差。

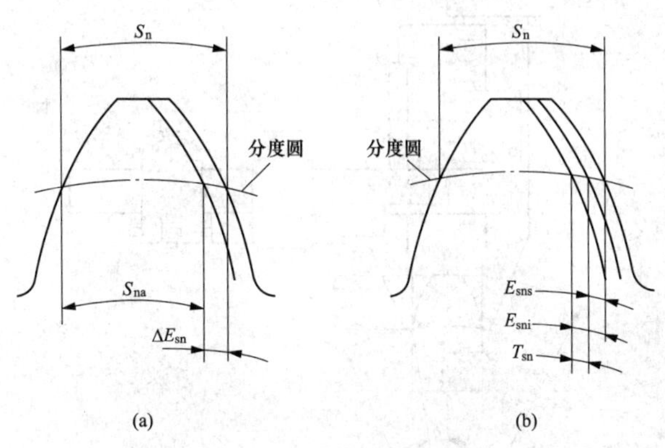

图 6-109　齿厚偏差和齿厚极限偏差

（a）齿厚偏差；（b）齿厚极限偏差

s_n—公称齿厚；s_{na}—实际齿厚；ΔE_{sn}—齿厚偏差；

E_{sns}—齿厚上偏差；E_{sni}—齿厚下偏差；T_{sn}—齿厚公差

按照定义，齿厚以分度圆弧长计值（弧齿厚），但弧长不便于测量。因此，实际上是按分度圆上的弦齿高定位来测量弦齿厚。如图 6-110 所示，直齿轮分度圆上的公称弦齿厚 s_{nc} 与公称弦齿高 h_c 的计算为

$$\left.\begin{aligned} s_{nc} &= mz\sin\delta \\ h_c &= r_a - \frac{mz}{2}\cos\delta \end{aligned}\right\} \tag{6-39}$$

$$\delta = \frac{\pi}{2z} + \frac{2x}{z}\tan\alpha$$

式中　δ——分度圆弦齿厚之半所对应的中心角；

r_a——齿轮齿顶圆半径的公称值；

m、z、α、x——齿轮的模数、齿效、标准压力角、变位系数；

零件图样上标注公称弦齿高 h_c 和公称弦齿厚 s_{nc} 及其上、下偏差 E_{sns}、E_{sni}（$s_{nc}{}^{+E_{sns}}_{+E_{sni}}$）；齿厚偏差 ΔE_{sn} 的合格条件是其在齿厚极

限偏差范围内（$E_{sni} \leqslant \Delta E_{sn} \leqslant E_{sns}$）。

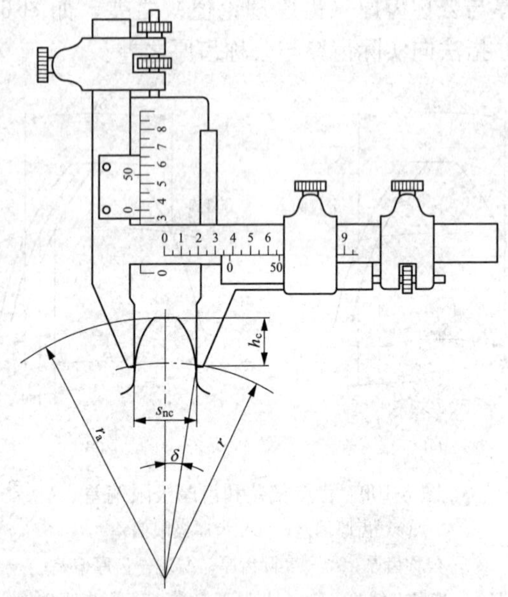

图 6-110　分度圆弦齿厚的测量

r—分度圆半径；r_a—齿顶圆半径

2）公法线长度偏差。公法线长度是指齿轮上几个轮齿的两端异向齿廓间所包含的一段基圆圆弧，即该两端异向齿廓间基圆切线线段的长度。公法线长度偏差 ΔE_W 是指实际公法线长度 W_k 与公称公法线长度之差。

a. 直齿轮的公称公法线长度 W 的计算。直齿轮的公称公法线长度 W 的计算公式为

$$W = m\cos\alpha[\pi(k-0.5)+z\cdot\text{inv}\alpha]+2x\sin\alpha \tag{6-40}$$

式中　m、z、α、x——齿轮的模数、齿数、标准压力角、变位系数；

$\text{inv}\alpha$——渐开线函数，$\text{inv}20° = 0.014904$；

k——测量时的跨齿数（整数）。

b. 斜齿轮的公称法向公法线长度 W_n 的计算。斜齿轮的公法线长度不在圆周方向测量，而在法向测量，其公称法向公法线长度

W_n的计算公式为

$$W_n = m_n \cos\alpha_n [\pi(k-0.5) + z \cdot \mathrm{inv}\alpha_t] + 2x_n \sin\alpha_n \quad (6\text{-}41)$$

式中　m_n、z、α_n、α_t、x_n——斜齿轮的法向模数、齿数、标准压力角、端面压力角、法向变位系数；

$\mathrm{inv}\alpha_t$——端面压力角渐开线函数；

k——法向测量公法线尺度时的跨齿数。

计算 W_n时，首先根据标准压力角 α_n和分度圆螺旋角 β 计算出端面压力角，则

$$\alpha_t = \arctan\left(\frac{\tan\alpha_n}{\cos\beta}\right)$$

再由 z、α_n和 α_t计算出假想齿数 z'，即

$$z' = zg\,\frac{\mathrm{inv}\alpha_t}{\mathrm{inv}\alpha_n}$$

应当指出，当斜齿轮的齿宽 $b > 1.015W_n \sin\beta_b$（β_b为基圆螺旋角）时，才能采用公法线长度偏差作为侧隙指标。

零件图样上标注跨齿数 k 和公称公法线长度 W 或（W_n）及其上、下偏差 E_{sns}、E_{sni}，即 W 或（W_n）$^{+E_{sns}}_{+E_{sni}}$。公法线长度偏差 ΔE_W的合格条件是其在极限偏差范围内（$E_{sni} \leqslant \Delta E_{sn} \leqslant E_{sns}$）。

(2) 齿厚偏差和公法线长度偏差的检测。

1）齿厚偏差的测量。弦齿厚通常用游标测齿卡尺（见图 6-110）或者光学测齿卡尺以弦齿高为依据来测量。由于测量弦齿厚以齿轮齿顶圆柱面作为测量基准，因此齿顶圆直径的实际偏差和齿顶圆柱面对齿轮基准轴线的径向圆跳动，都对齿厚测量精度产生较大的影响。

测量弦齿厚时，考虑到齿顶圆直径的尺寸偏差会产生弦齿高定位误差，对弦齿厚测量结果有影响，因此应把弦齿高的数值加以修正，修正结果 h'_c的确定，即

$$h'_c = h_c + (r'_c - r_c)$$

式中　h'_c——弦齿高的修正值，mm；

h_c——弦齿高公称值，mm；

r_c——齿顶圆半径的实测值，mm；

r'_c——齿顶圆半径的公称值，mm。

进行齿轮精度设计时，如果对齿顶圆直径给出了严格的尺寸公差，则不必考虑其尺寸偏差产生弦齿高定位误差的影响。

2）公法线长度偏差的测量。齿轮齿厚的实际尺寸减小或增大，实际公法线长度相应地也减小或增大，因此可以测量公法线长度代替测量齿厚，以评定齿厚减博量，如图 6-111 所示。

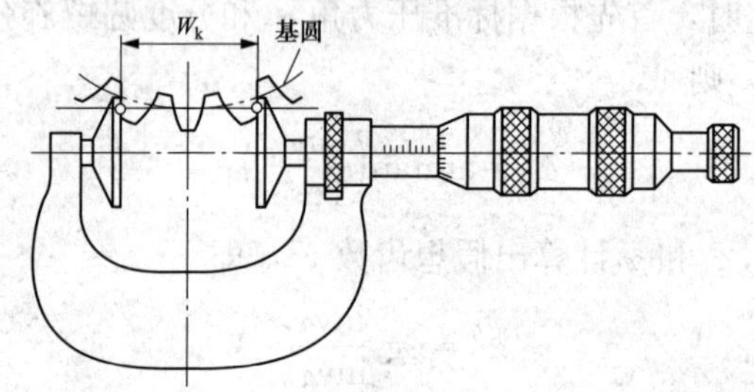

图 6-111　用公法线千分尺测量公法线长度

跨齿数 $k=3$

a. 直齿轮的公称公法线长度测量时跨齿数 k 的计算。跨齿数 k 按照量具量仪的测量面与被测齿面大体上在齿高中部接触来选择。

对于标准齿轮（$x=0$）

$$k=z\frac{\alpha}{180^\circ}+0.5$$

当 $\alpha=20^\circ$时，则

$$k=\frac{z}{9}+0.5$$

对于变位齿轮

$$k=z\frac{\alpha_m}{180^\circ}+0.5$$

$$\alpha_m=\arccos\left[\frac{d_b}{(d+2xm)}\right]$$

式中　α_m——变位齿轮的压力角；

d、d_b——分别为被测齿轮的基圆直径和分度圆直径，mm。

计算出的k值通常不是整数，应将它化整为最接近计算值的整数。

b. 斜齿轮的公称法向公法线长度测量时跨齿数的计算。已知（或者计算出）标准压力角α_n、假想齿数z'和法向变位系数x_n，计算跨齿数k，即

$$k = z' \frac{\alpha_n}{180°} + 0.5 + \frac{2x_n \cot\alpha_n}{\pi}$$

对于标准斜齿轮（$x_n=0$），跨齿数$k=z'\frac{\alpha_n}{180°}+0.5$。当$\alpha_n=20°$时，跨齿数$k=\frac{z'}{9}+0.5$。

与测量齿厚相比较，测量公法线长度时测量精度不受齿顶圆直径偏差，以及齿顶圆柱面对齿轮基准轴线的径向圆跳动的影响。

四、评定齿轮精度时可采用的非强制性检测精度指标及其检测

用某种切齿方法生产第一批齿轮时，为了掌握这批齿轮加工后的精度是否达到规定的要求，需要按齿轮的强制性检测精度指标、侧隙指标对齿轮进行检测。按强制性检测精度指标、侧隙指标检测合格后，在工艺条件不变（尤其是切齿机床精度得到保证）的条件下，用这种切齿方法继续生产同样的齿轮时，以及作分析研究时，可以采用非强制性检测精度指标来评定齿轮传递运动的准确性和齿轮的传动平稳性的精度。

1. 切向综合总偏差和一齿切向综合偏差及其检测

（1）切向综合偏差。切向综合偏差包括切向综合总偏差$\Delta F'_i$和一齿切向综合偏差$\Delta f'_i$，它们分别影响齿轮传递运动的准确性和齿轮的传动平稳性，是齿距偏差、齿廓偏差的综合反映。

1）切向综合总偏差$\Delta F'_i$是指被测齿轮与测量齿轮单面啮合检测时（两者回转轴线间的距离为公称中心距），在被测齿轮一转内，被测齿轮分度圆上实际圆周位移与理论圆周位移的最大差值。

2）一齿切向综合偏差$\Delta f'_i$是指被测齿轮一转中对应一个齿距范围内的实际圆周位移与理论圆周位移的最大差值。

测量齿轮的精度应比被测齿轮的精度至少高四级，这样测量

齿轮的误差可忽略不计。如图 6-112 所示，是切向综合偏差的测量记录图，切向综合总偏差 $\Delta F'_i$ 反映齿距累积总偏差 ΔF_P 和单齿误差的综合结果；一齿切向综合偏差 $\Delta f'_i$ 反映单个齿距偏差和齿廓偏差等单齿误差的综合结果。

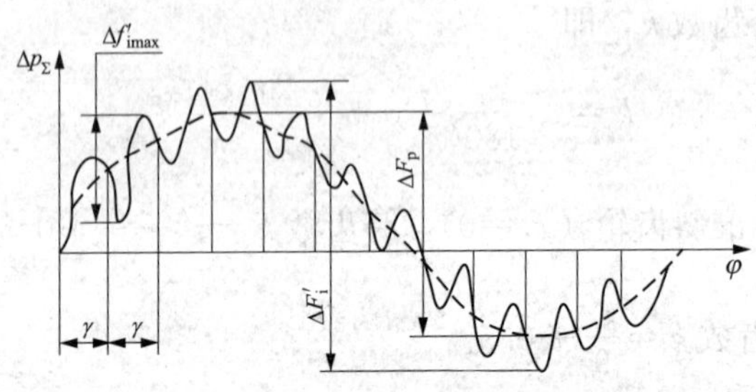

图 6-112　切向综合偏差曲线

φ—被测齿轮转角；$\gamma=360°/z$（z 为被测齿轮的齿数）；

ΔP_Σ—被测齿轮实际圆周位移对理论圆周位移的偏差

切向综合总偏差 $\Delta F'_i$ 和一齿切向综合偏差 $\Delta f'_i$ 可分别用来评定齿轮传递运动准确性和齿轮传动平稳性的精度。被测齿轮 $\Delta F'_i$ 和 $\Delta f'_i$ 的合格条件是：$\Delta F'_i$ 不大于切向综合总偏差允值 F'_i（$\Delta F'_i \leqslant F'_i$），$\Delta f'_{imax}$ 不大于一齿切向综合偏差允许值 f'_i（$\Delta f'_{imax} \leqslant f'_i$）。

（2）切向综合偏差的检测。切向综合偏差用齿轮单面啮合综合测量仪（单啮仪）来测量，如图 6-113 所示，为单啮仪的测量原理图。它具有比较装置，测量基准为被测齿轮的基准轴线。被测齿轮 1 与测量齿轮 2 在公称中心距 a 上作单面啮合，它们分别与直径精确等于齿轮分度圆直径的两个摩擦盘（圆盘）同轴安装。测量齿轮 2 和圆盘 4 固定在同一根轴上，并且同步转动。被测齿轮 1 和圆盘 3 可以往同一根轴上

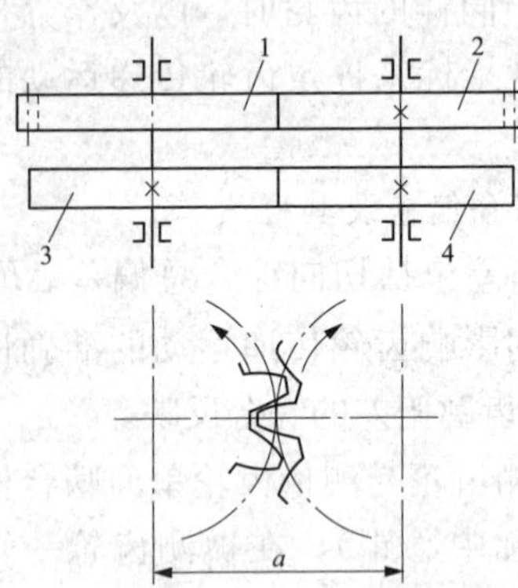

图 6-113　单啮仪测量原理图

1—被测齿轮；2—测量齿轮；

3—被测齿轮分度圆摩擦盘；

4—测量齿轮分度圆摩擦盘

做相对转动。当测量齿轮 2 和圆盘 4 匀速回转，分别带动被测齿轮 1 和圆盘 3 回转时，有误差的被测齿轮 1 相对于圆盘 3 的角位移，就是被测齿轮实际转角对理论转角的偏差。将转角偏差以分度圆弧长计值，就是被测齿轮分度圆上实际圆周位移对理论圆周位移的偏差。在被测齿轮一转范围内的位移偏差用记录器记录下来，就得到测量记录图（见图 6-112），从这个图上量出 $\Delta F_i'$ 和 $\Delta f_i'$ 的数值，取量得的各个 $\Delta f_i'$ 中的最大值 $\Delta f_{imax}'$ 作为评定值。

2. 齿轮径向跳动及其检测

（1）齿轮径向跳动 ΔF_r 是指将测头相继放入被测齿轮每个齿槽内，于接近齿高中部的位置与左、右齿面接触时，从这个测头到被测齿轮基准轴线的最大距离与最小距离之差。如图 6-114 所示，测量时可以使用圆球形测头或圆锥角等于 2α（α 为标准压力角）的圆锥形测头，测头的尺寸应与被测齿轮模数的大小相适应。

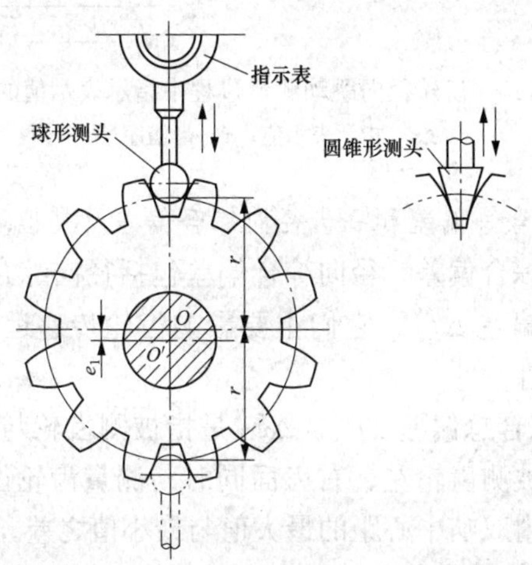

图 6-114　齿轮径向跳动测量

O—切齿时回转中心；O'—齿轮基础孔中心；r—齿槽与测头的接触点所在圆周半径；e_1—几何偏心

被测齿轮径向跳动 ΔF_r 可用来评定齿轮传递运动准确性的精度，它的合格条件是：它不大于齿轮径向跳动允许值 F_r（$\Delta F_r \leqslant F_r$）。

(2) 齿轮径向跳动的检测。齿轮径向跳动 ΔF_r 可以用齿轮径向跳动测量仪（见图 6-114）来测量。测量时，被测齿轮绕其基准轴线 O' 间断地转动，并将测头依次地放入每一个齿槽内，对所有的齿槽进行测量。与测头连接的指示表的示值变动，如图 6-115 所示。各个示值中的最大示值与最小示值之差，即为齿轮径向跳动 ΔF_r 的数值，它大体上由两倍几何偏心（$2e_1$）组成，添加单个齿距偏差和齿廓偏差的影响。

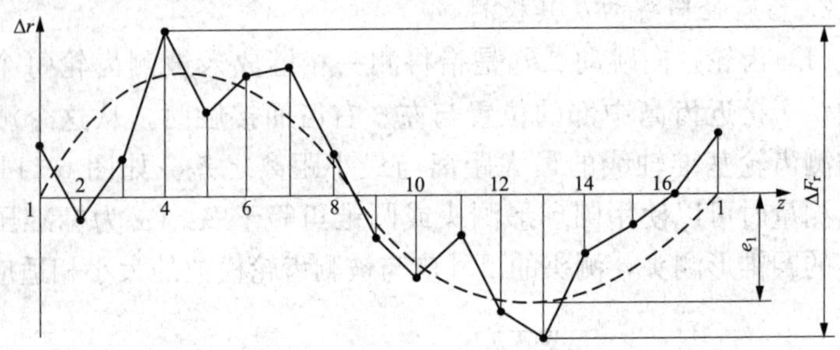

图 6-115　齿轮径向跳动测量过程中指示表示值的变动

Δr—指示表示值；z—齿槽序号

3. 径向综合总偏差和一齿径向综合偏差及其检测

(1) 径向综合偏差。径向综合偏差包括径向综合总偏差 $\Delta F''_i$、一齿径向综合偏差 $\Delta f''_i$，它们主要影响齿轮传递运动的准确性和齿轮传动平稳性。

1) 径向综合总偏差 $\Delta F''_i$。$\Delta F''_i$ 是指被测齿轮与测量齿轮双面啮合检测时（被测齿轮左、右齿面同时与测量齿轮齿面接触），在被测齿轮一转内双啮中心距的最大值与最小值之差。

2) 一齿径向综合偏差 $\Delta f''_i$。$\Delta f''_i$ 是指在被测齿轮一转中对应一个齿距角（360°/z，z 为被测齿轮的齿数）范围内的双啮中心距变动量，取其中的最大值 $\Delta f''_{imax}$ 作为评定值。

测量齿轮的精度应比被测齿轮的精度至少高四级，这样测量齿轮的误差可忽略不计。如图 6-116 所示，是径向综合偏差的测量记录图。径向综合总偏差 $\Delta F''_i$ 的测量效果相当于测量齿轮径向跳动 ΔF_r，可用来评定齿轮传递运动准确性的精度；$\Delta F''_i$ 可用来评定齿轮传动平稳性的精度。

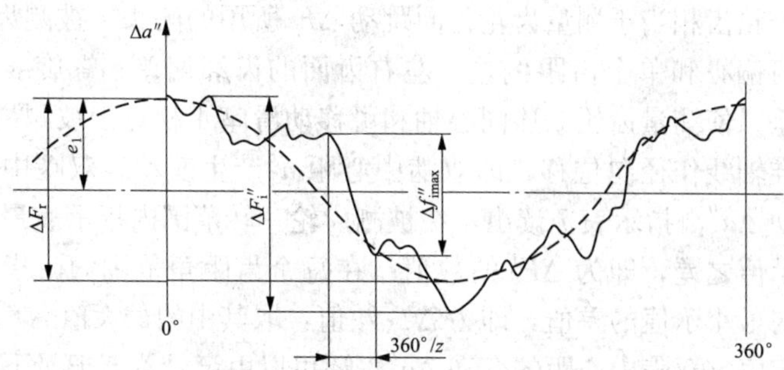

图 6-116　径向综合偏差曲线图

$\Delta a''$—中心距变动；e_1—几何偏心；ΔF_r—齿轮径向跳动

被测齿轮 $\Delta F''_i$ 和 $\Delta f''_i$ 的合格条件是：$\Delta F''_i$ 不大于径向综合总偏差允许值 F''_i（$\Delta F''_i \leqslant F''_i$）；$\Delta f''_i$ 不大于一齿径向综合偏差允许值 f''_i（$\Delta f''_i \leqslant f''_i$）。

（2）径向综合偏差的检测。径向综合偏差，一般用齿轮双面啮合综合测量仪（双啮仪）来测量。如图 6-117 所示为双啮仪测量原理图。被测齿轮 2 安装在测量时位置固定的滑座 1 的心轴上，测量齿轮 3 安装在测量时可径向移动的滑座 4 的心轴上，利用弹簧 6 的作用，使两个齿轮作无侧隙的双面啮合。被测齿轮 2 和测量齿轮 3 双面啮合时的中心距 a'' 称为双啮中心距。

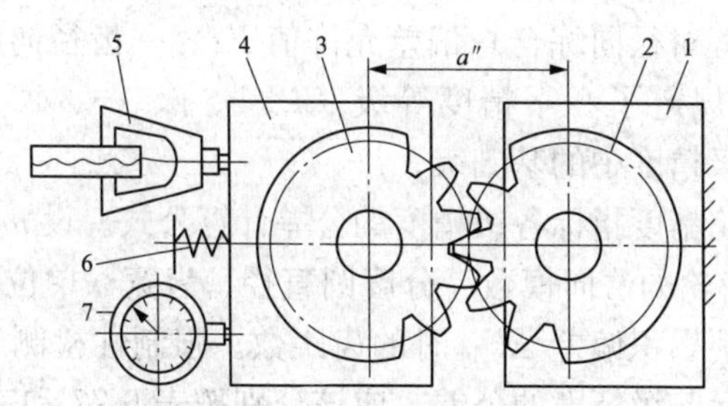

图 6-117　双啮仪测量原理图

1—固定滑座；2—被测齿轮；3—测量齿轮；4—可移动滑座；5—记录器；6—弹簧；7—指示表

测量时，转动被测齿轮2，带动测量齿轮3转动，测量齿轮3的每个轮齿相当于测量齿轮径向跳动ΔF_r所用的测头。被测齿轮2的几何偏心和单个齿距偏差、左右齿面的齿廓偏差、螺旋线偏差等误差，使测量齿轮3连同心轴和可移动滑座4相对于被测齿轮3的基准轴线作径向位移，即双啮中心距a''产生变动。双啮中心距的变动$\Delta a''$由指示表7读出，在被测齿轮一转范围内指示表最大与最小示值之差，即为$\Delta F_i''$的数值。在每个齿距角范围内，指示表最大与最小示值的差值，即为$\Delta f_i''$数值，取其中的最大值$\Delta f_{imax}''$作为评定值。双啮中心距的变动$\Delta a''$，还可以由记录器5记录下来而得到径向综合偏差曲线图。

五、齿轮精度指标的公差（偏差允许值）及其精度等级与齿轮坯公差

GB/T 10095.1、2—2008 规定了单个渐开线圆柱齿轮的精度制，适用于齿轮基本齿廓符合GB/T 1356—2001《通用机械和重型机械用圆柱齿轮　标准基本齿条齿廓》规定的外齿轮、内齿轮、直齿轮和斜齿轮（人字齿齿轮）。

1. 齿轮精度指标的公差（偏差允许值）的精度等级和计算公式

（1）齿轮精度等级。GB/T 10095.1、2—2008 对强制性检测和非强制性检测精度指标的公差（双啮精度指标的公差F_i''、f_i''除外）分别规定了13个精度等级，并分别用阿拉伯数字0、1、2、…、12表示，其中，0级精度最高，随后各级精度依次递降，12级精度最低。对径向综合总偏差允许值F_i''、一齿径向综合偏差允许值f_i''分别规定了9个精度等级（4、5、6、…、12）。其中，5级精度是各级精度中的基础级。

（2）齿轮精度指标各级精度的公差计算公式。设m_n、d、b和k分别表示齿轮的法向模数、分度圆直径、齿宽（单位均为mm），以及测量齿距累积偏差ΔF_{Pk}时的齿距数。强制性检测和非强制性检测精度指标5级精度的公差，应该分别按表6-77和表6-78所列的公式计算确定。

两相邻精度等级的分级公比等于$\sqrt{2}$，本级公差数值乘以（或除以）$\sqrt{2}$，即可得到相邻较低（或较高）等级的公差数值。

表 6-77　　齿轮强制性检测精度指标 5 级精度的公差计算公式　　（μm）

公差项目的名称和符号	计算公式	精度等级
齿距累积总偏差允许值 F_p	$F_p=0.3m_n+1.25\sqrt{d}+7$	0、1、2、…、12 级
齿距累积偏差允许值 $\pm F_{pk}$	$F_{pk}=f_{pt}+1.6\sqrt{(k-1)\ m_n}$	
单个齿距偏差允许值 $\pm f_{pt}$	$f_{pt}=0.3\ (m_n+0.4\sqrt{d})\ +4$	
齿廓总偏差允许值 F_a	$F_a=3.2\sqrt{m_n}+0.22\sqrt{d}+0.7$	
螺旋线总偏差允许值 F_β	$F_\beta=0.1\sqrt{d}+0.63\sqrt{b}+4.2$	

表 6-78　　齿轮非强制性检测精度指标 5 级精度的公差计算公式

公差项目的名称和符号	计算公式	精度等级
一齿切向综合偏差允许值 f_i	$f_i=K(4.3+f_{pt}+F_a)\ =K(9+0.3m_a+3.2\sqrt{m_n}+0.34\sqrt{d})$ 当总重合度 $\varepsilon_\gamma<4$ 时，$K=0.2\ (\varepsilon_\gamma=4)/\varepsilon_\gamma$ 当 $\varepsilon_\gamma\geqslant4$ 时，$K=0.4$	0、1、2、…、12 级
切向综合总偏差允许值 F''_i	$F'_i=F_p+f'_i$	
齿轮径向跳动允许值 F_r	$F_r=0.8F_p=0.24m_n+1.0\sqrt{d}+5.6$	
径向综合总偏差允许值 F''_i	$F''_i=3.2m_n+1.01\sqrt{d}+6.4$	4、5、6、…、12 级
一齿径向综合偏差允许值 f''_i	$f''_i=2.96m_n+0.01\sqrt{d}+0.8$	

齿轮精度指标任一精度等级的公差计算值，可以按 5 级精度的公差计算值确定，其计算公式为

$$T_Q=T_5\times2^{0.5(Q-5)} \tag{6-42}$$

式中　T_Q——Q 级精度的公差计算值；

T_5——5 级精度的公差计算值；

Q——表示 Q 级精度的阿拉伯数字。

公差计算值中小数点后的数值应圆整，圆整的规则为：如果计算值大于 10μm，圆整到最接近的整数；如果计算值小于 10μm，圆整到最接近的尾数为 0.5μm 的小数或整数；如果计算值小于 5μm，圆整到最接近的尾数为 0.1μm 的倍数的小数或整数。

（3）齿轮参数数值的分段。齿轮参数数值的分段与按孔、轴公称尺寸分段的几何平均值计算孔、轴尺寸公差值类似，用表 6-78 所列的公式计算齿轮公差值或极限偏差值时，应按齿轮的法向模数 m_n、分度圆直径 d、齿宽 b 分段界限值的几何平均值代入公式，并将计算值加以圆整，齿轮的法向模数 m_n、分度圆直径 d 和齿宽 b 的分段界限值，见表 6-79 表中的第一栏和第二栏，表 6-78 中，在 F_r、F''_i、f''_i 的计算公式中则使用 m_n 和 d 的实际值代入，并将计算值加以圆整。

表 6-79　圆柱齿轮强制性检测精度指标的公差和极限偏差

分度圆直径 d/mm	法向模数 m_n 或齿宽 b/mm	精度等级												
		0	1	2	3	4	5	6	7	8	9	10	11	12
齿轮传递运动准确性		齿轮齿距累积总偏差允许值 F_p/μm												
$50<d\leqslant125$	$2<m_n\leqslant3.5$	3.3	4.7	6.5	9.5	13.0	19.0	27.0	38.0	53.0	76.0	107.0	151.0	220.0
	$3.5<m_n\leqslant6$	3.4	4.9	7.0	9.5	14.0	19.0	28.0	39.0	55.0	78.0	110.0	156.0	241.0
$125<d\leqslant280$	$2<m_n\leqslant3.5$	4.4	6.0	9.0	12.0	18.0	25.0	35.0	50.0	70.0	100.0	141.0	199.0	282.0
	$3.5<m_n\leqslant6$	4.5	6.5	9.0	13.0	18.0	25.0	36.0	51.0	72.0	102.0	144.0	204.0	288.0
齿轮传动平稳性		齿轮单个齿距偏差允许值 $\pm f_{pt}$/μm												
$50<d\leqslant125$	$2<m_n\leqslant3.5$	1.0	1.5	2.1	2.9	4.1	6.0	8.5	12.0	17.0	23.0	33.0	47.0	66.0
	$3.5<m_n\leqslant6$	1.1	1.6	2.3	3.2	4.6	6.5	9.0	13.0	18.0	26.0	36.0	52.0	73.0
$125<d\leqslant280$	$2<m_n\leqslant3.5$	1.1	1.6	2.3	3.2	4.6	6.5	9.0	13.0	18.0	26.0	36.0	51.0	73.0
	$3.5<m_n\leqslant6$	1.2	1.8	2.5	3.5	5.0	7.0	10.0	14.0	20.0	28.0	40.0	56.0	79.0
齿轮传动平稳性		齿轮齿廓总偏差允许值 F_α/μm												
$50<d\leqslant125$	$2<m_n\leqslant3.5$	1.4	2.0	2.8	3.9	5.5	8.0	11.0	16.0	22.0	31.0	44.0	63.0	89.0
	$3.5<m_n\leqslant6$	1.7	2.4	3.4	4.8	6.5	9.5	13.0	19.0	27.0	38.0	54.0	76.0	108.0
$125<d\leqslant280$	$2<m_n\leqslant3.5$	1.6	2.2	3.2	4.5	6.5	9.0	13.0	18.0	25.0	36.0	50.0	71.0	101.0
	$3.5<m_n\leqslant6$	1.9	2.6	3.7	5.5	7.5	11.0	15.0	21.0	30.0	42.0	60.0	84.0	119.0

续表

分度圆直径 d/mm	法向模数 m_n 或齿宽 b/mm	精度等级												
		0	1	2	3	4	5	6	7	8	9	10	11	12
齿轮载荷分布均匀性		齿轮螺旋线总偏差允许值 $F_\beta/\mu m$												
$50<d\leqslant125$	$20<b\leqslant40$	1.5	2.1	3.0	4.2	6.0	8.5	12.0	17.0	24.0	34.0	48.0	68.0	95.0
	$40<b\leqslant80$	1.7	2.5	3.5	4.9	7.0	10.0	14.0	20.0	28.0	39.0	56.0	79.0	111.0
$125<d\leqslant280$	$20<b\leqslant40$	1.6	2.2	3.2	4.5	6.5	9.0	13.0	18.0	25.0	36.0	50.0	71.0	101.0
	$40<b\leqslant80$	1.8	2.6	3.6	5.0	7.5	10.0	15.0	21.0	29.0	41.0	58.0	82.0	117.0

为了使用方便，GB/T 10095.1、2—2008 还给出了齿轮公差数值表，见表 6-79～表 6-82 这些公差表格中的齿轮公差数值，都是以齿轮参数分段界限值的几何平均值代入公式进行计算、圆整后而得到的。

表 6-80 编制了 f_i'/K 比值，f_i' 的数值可以由表 6-80 给出的数值乘以表 6-78 中所列的系数 K 求得。

表 6-80　圆柱齿轮 f_i'/K 的比值　(μm)

分度圆直径 d/mm	法向模数 m_n/mm	精度等级												
		0	1	2	3	4	5	6	7	8	9	10	11	12
$50<d\leqslant125$	$2<m_n\leqslant3.5$	3.2	4.5	6.5	9.0	13.0	18.0	25.0	36.0	51.0	72.0	102.0	144.0	204.0
	$3.5<m_n\leqslant6$	3.6	5.0	7.0	10.0	14.0	20.0	29.0	40.0	57.0	81.0	115.0	162.0	229.0
$125<d\leqslant280$	$2<m_n\leqslant3.5$	3.5	4.9	7.0	10.0	14.0	20.0	28.0	39.0	56.0	79.0	111.0	157.0	222.0
	$3.5<m_n\leqslant6$	3.9	5.5	7.5	11.0	15.0	22.0	31.0	44.0	62.0	88.0	124.0	175.0	247.0

表 6-81　圆柱齿轮径向跳动允许值　(μm)

分度圆直径 d/mm	法向模数 m_n/mm	精度等级												
		0	1	2	3	4	5	6	7	8	9	10	11	12
$50<d\leqslant125$	$2.0<m_n\leqslant3.5$	2.5	4.0	5.5	7.5	11	15	21	30	43	61	86	121	171
	$3.5<m_n\leqslant6.0$	3.0	4.0	5.5	8.0	11	16	22	31	44	62	88	125	176
$125<d\leqslant280$	$2.0<m_n\leqslant3.5$	3.5	5.0	7.0	10	14	20	28	40	56	80	113	159	225
	$3.5<m_n\leqslant6.0$	3.5	5.0	7.0	10	14	20	29	41	58	82	115	163	231

表 6-82　　圆柱齿轮双啮精度指标的公差值

分度圆直径 d/mm	法向模数 m_n/mm	精度等级 4	5	6	7	8	9	10	11	12
齿轮传递运动准确性		齿轮径向综合总偏差允许值 F_i''/μm								
50<d≤125	1.5<m_n≤2.5	15	22	31	43	61	86	122	173	244
	2.5<m_n≤4.0	18	25	36	51	72	102	144	204	288
	4.0<m_n≤6.0	22	31	44	62	88	124	176	248	351
125<d≤280	1.5<m_n≤2.5	19	26	37	53	75	106	149	211	299
	2.5<m_n≤4.0	21	30	43	61	86	121	172	243	343
	4.0<m_n≤6.0	25	36	51	72	102	144	203	287	406
齿轮传动平稳性		齿轮一齿径向综合偏差允许值 f_i''/μm								
50<d≤125	1.5<m_n≤2.5	4.5	6.5	9.5	13	19	26	37	53	75
	2.5<m_n≤4.0	7.0	10	14	20	29	41	58	82	116
	4.0<m_n≤6.0	11	15	22	31	44	62	87	123	174
125<d≤280	1.5<m_n≤2.5	4.5	6.5	9.5	13	19	27	38	53	75
	2.5<m_n≤4.0	7.5	10	15	21	29	41	58	82	116
	4.0<m_n≤6.0	11	15	22	31	44	62	87	124	175

2. 齿轮精度等级的选择

GB/T 10095.1、2—2008 规定的 13 个精度等级中，0 ～2 级精度齿轮的精度要求非常高，为超精度等级。目前我国只有极少数单位能够制造和测量 2 级精度的齿轮，因此 0～2 级属于有待发展的精度等级，而 3～5 级为高精度等级，6～9 级为中等精度等级，10～12 级为低精度等级。

同一齿轮的三项精度要求，可以取成相同的精度等级，也可以以不同的精度等级相组合，设计者应根据所设计的齿轮传动在工作中的具体使用条件，对齿轮的加工精度规定最合适的技术要求。

精度等级的选择适当与否，不仅影响齿轮传动的质量，而且影响制造成本。选择精度等级的主要依据是齿轮的用途和工作条件，应该考虑齿轮的圆周速度、传递的功率、工作持续时间、传递运动准确性的要求、振动和噪声、承载能力和寿命等，选择精度等级的方法有类比法和计算法两种，目前大多来用类比法。

（1）类比法。类比法是参照已有的类似产品的成熟经验，按齿轮的用途和工作条件等进行对比选择，从而确定齿轮的精度等级。表 6-83 列出了某些机器中的齿轮所采用的精度等级，表 6-84 列出了齿轮某些精度等级的应用范围，供参考。

表 6-83　某些机器中的齿轮所采用的精度等级

应用范围	精度等级	应用范围	精度等级
单啮仪、双啮仪（测量齿轮）	2～5	载重汽车	6～9
涡轮机减速器	3～5	通用减速器	6～8
金属切削机床	3～8	轧钢机	5～10
航空发动机	4～7	矿用绞车	6～10
内燃机车、电气机车	5～8	起重机	6～9
轿车	5～8	拖拉机	6～10

表 6-84　齿轮某些精度等级的应用范围

精度等级		4 级	5 级	6 级	7 级	8 级	9 级
应用范围		极精密分度机构的齿轮，非常高速并要求平稳、无噪声的齿轮，高速涡轮机齿轮	精密分度机构的齿轮，高速并要求平稳、无噪声的齿轮，高速涡轮机齿轮	高速、平稳、无噪声、高效率齿轮，航空、汽车、机床中的重要齿轮，分度机构齿轮，读数机构齿轮	高速、动力小而需逆转的齿轮，机床中的进给齿轮，航空齿轮，读数机构齿轮，具有一定速度的减速器齿轮	一般机器中的普通齿轮，汽车、拖拉机、减速器中的一般齿轮，航空器中的不重要齿轮，农机中的重要齿轮	精度要求低的齿轮
齿轮圆周速度/(m/s)	直齿	＜35	＜20	＜15	＜10	＜6	2
	斜齿	＜70	＜40	＜30	＜15	＜10	＜4

（2）计算法。计算法主要用于精密齿轮传动系统中使用的齿轮。当齿轮传动精度要求很高时，可按使用要求计算出所允许的回转角误差，以确定齿轮传递运动准确性的精度等级，例如，对于读数齿轮传动链就应该进行这方面的分析和计算。对于高速动力齿轮，可按其工作时最高转速计算出的圆周速度，或按允许的噪声大小，来确定齿轮传动平稳性的精度等级，对于重载齿轮，可在强度计算或寿命计算的基础上，来确定轮齿载荷分布均匀性的精度等级。

3. 图样上齿轮精度等级的标注

当齿轮所有精度指标的公差（偏差允许值）同为某一精度等级时，图样上可标注该精度等级和标准号，例如，同为7级精度等级时，可标注为

7 GB/T 10095.1—2008

当齿轮各个精度指标的公差（偏差允许值）的精度等级不同时，图样上可按齿轮传递运动的准确性、齿轮传动平稳性和轮齿载荷分布均匀性的顺序，分别标注它们的精度等级及带括号的对应偏差允许值的符号和标准号，或分别标注它们的精度等级和标准号，例如，齿距累积总偏差允许值 F_P、单个齿距偏差允许值 f_{Pt}、齿廓总偏差允许值 F_α 都为8级，而螺旋线总偏差允许值 F_β 为7级时，可标注为

8（F_P、f_{Pt}、F_α）、7（F_β）GB/T 10095.1—2008

或标注为

8-8-7 GB/T 10095.1—2008

4. 齿轮坯公差

切齿前的齿轮坯基准表面的精度，对齿轮的加工精度和安装精度的影响很大。用控制齿轮坯精度，来保证和提高齿轮的加工精度是一项有效的技术措施。因此，在齿轮零件图上除了明确地表示齿轮的基准轴线和标注齿轮公差以外，还必须标注齿轮坯公差。

（1）盘形齿轮的齿轮坯公差。如图6-118所示，为盘形齿轮的

齿轮坯公差标注示例。盘形齿轮的基准表面是：齿轮安装在轴上的基准孔，切齿时的定位端面，齿顶圆柱面。公差项目主要有：基准孔的直径尺寸公差并采用包容要求，齿顶圆柱面的直径尺寸公差，定位端面对基准孔轴线的轴向圆跳动公差；有时还要规定齿顶圆柱面对基准孔轴线的径向圆跳动公差。

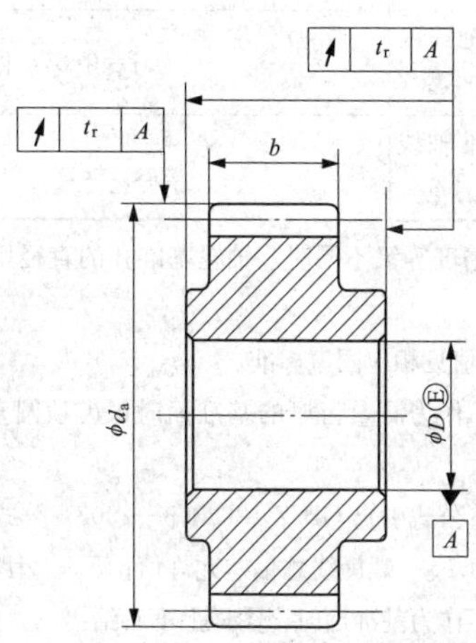

图 6-118　盘形齿轮的齿轮坯公差

基准孔直径尺寸公差和齿顶圆柱面的直径尺寸公差，按齿轮精度等级从表 6-85 中选用。基准端面对基准孔轴线的轴向圆跳动公差 t_t，由该端面的直径 D_d、齿宽 b 和齿轮螺旋线总偏差允许值 F_β 计算确定，即

$$t_t = \frac{0.2 D_d F_\beta}{b} \tag{6-43}$$

切齿时，如果齿顶圆柱面用来在切齿机床上将齿轮基准孔轴线相对于工作台回转轴线找正，或者以齿顶圆柱面作为测量齿厚的基准时，则需规定齿顶圆柱面对齿轮坯基准孔轴线的径向圆跳动公差 t_r，该公差 t_r 由齿轮齿距累积总偏差允许值 $F_{P'}$ 计算确定，即

$$t_r = 0.3 F_{P'} \tag{6-44}$$

表 6-85　　　　齿轮坯公差

齿轮精度等级	1	2	3	4	5	6	7	8	9	10	11	12
盘形齿轮基准孔直径尺寸公差	IT4				IT5	IT6	IT7		IT8		IT9	
齿轮轴轴颈直径尺寸公差和形状公差	通常按滚动轴承的公差等级确定											
齿顶圆直径尺寸公差	IT6		IT7			IT8			IT9		IT11	
基准端面对齿轮基准轴线的轴向圆跳动公差 t_1	$t_1=0.2(D_d/b)F_\beta$											
基准圆柱面对齿轮基准轴线的径向圆跳动公差 t_r	$t_r=0.3F_p$											

注　1. 齿轮的三项精度等级不同时，轴轮基准孔的直径尺寸公差按最高的精度等级确定。

2. 标准公差 IT 值见相应国家标准。

3. 齿顶圆柱面不作为测量齿厚的基准面时，齿顶圆直径尺寸公差按 IT11 给定，但不得大于 $0.1m_n$。

4. t_t 和 t_r 的计算公式引自 GB/Z 18620.3—2008。公式中，D_d—基准端面的直径；b—齿宽；F_β—螺旋线总偏差允许值；F_p—齿距累积总偏差允许值。

5. 齿顶圆柱面不作为基准面时，图样上不必给出 t_r。

（2）齿轮轴的齿轮坯公差。如图 6-119 所示，为齿轮轴的齿轮坯公差标注示例。齿轮轴的基准表面是：安装滚动轴承的两个轴颈，齿顶圆柱面。公差项目主要有：

两个轴颈的直径尺寸公差（采用包容要求）和形状公差，通常按滚动轴承的公差等级确定。

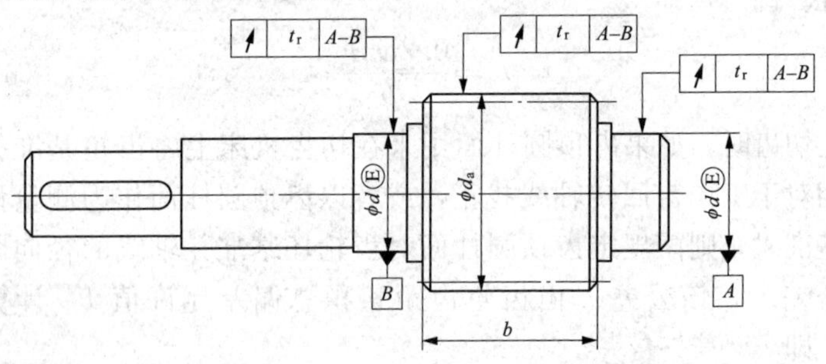

图 6-119　齿轮轴的齿轮坯公差

齿顶圆柱面的直径尺寸公差，按齿轮精度等级从表 6-86 中选用。

两个轴颈分别对它们的公共轴线（基准轴线）的径向圆跳动公差，按式（6-44）确定。

以齿顶圆柱面作为测量齿厚的基准时，则需规定齿顶圆柱面对两个轴颈的公共轴线（基准轴线）的径向圆跳动公差，按式（6-44）确定。

5. 齿轮齿面和基准面的表面粗糙度轮廓要求

齿轮齿面、盘形齿轮的基准孔、齿轮轴的轴颈和基准端面，以及径向找正用的圆柱面和作为测量基准的齿顶圆柱面，其表面粗糙度轮廓幅度参数 Ra 的上限值可从表 6-86 中查取。

表 6-86　齿轮齿面和齿轮坯基准面的表面粗糙度轮廓幅度参数 Ra 上限值　(μm)

齿轮精度等级	3	4	5	6	7	8	9	10
齿面	≤0.63	≤0.63	≤0.63	≤0.63	≤1.25	≤5	≤10	≤10
盘形齿轮的基准孔	≤0.2	≤0.2	0.2～0.4	≤0.8	1.6～0.8	≤1.6	≤3.2	≤3.2
齿轮轴的轴颈	≤0.1	0.2～0.1	≤0.2	≤0.4	≤0.8	≤1.6	≤1.6	≤1.6
端面、齿顶圆柱面	0.2～0.1	0.4～0.2	0.8～0.4	0.8～0.4	1.6～0.8	3.2～1.6	≤3.2	≤3.2

注　齿轮的三项精度等级不同时，按最高的精度等级确定。齿轮轴轴颈的 Ra 值可按滚动轴承的公差等级确定。

六、齿轮副中心距极限偏差和轴线平行度公差

如图 6-120 所示，是箱体上轴承跨距和齿轮副中心距的示意图。圆柱齿轮减速器的箱体上有两对轴承孔，这两对轴承孔分别用来支承与两个相互啮合的齿轮各自连成一体的两根轴。这两对轴承孔的公共轴线应平行，它们之间的距离称为齿轮副中心距 a；箱体上支承同一根轴的两个轴承各自中间平面之间的距离称为轴承跨距 L，它相当于被支承轴的两个轴颈各自中间平面之间的距离。例如，图 2-133 中的齿轮轴，$L=20/2+85+20/2=105$mm。

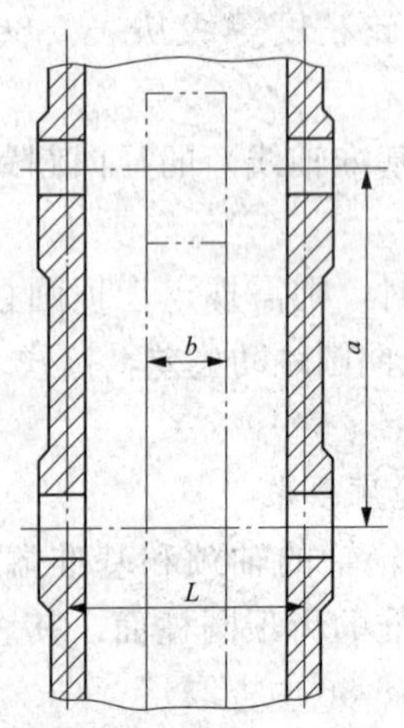

图 6-120　箱体上轴承跨距和齿轮副中心距的示意图
b—齿宽；L—轴承跨距；
a—公称中心距

中心距偏差和轴线平行度误差，对齿轮传动的使用要求都有影响。中心距偏差影响侧隙的大小，轴线平行度误差影响轮齿载荷分布的均匀性。

1. 齿轮副中心距极限偏差

齿轮副中心距偏差 Δf_a（见图 6-120）是指在箱体两侧轴承跨距 L 的范围内齿轮副的两条轴线之间的实际距离（实际中心距）与公称中心距 a 之差。在图样上标注公称中心距，以及其上、下偏差（$\pm f_a$）的形式为 $a \pm f_a$。其上、下偏差 f_a 的数值，按齿轮精度等级可从表 6-87 中选用，中心距偏差的合格条件是：它在中心距极限偏差范围内（$-f_a \leqslant \Delta f_a \leqslant +f_a$）。

表 6-87　齿轮副的中心距极限偏差 $\pm f_a$ 值　（μm）

齿轮精度等级		1～2	3～4	5～6	7～8	9～10	11～12
f_a		$\frac{1}{2}$IT4	$\frac{1}{2}$IT6	$\frac{1}{2}$IT7	$\frac{1}{2}$IT8	$\frac{1}{2}$IT9	$\frac{1}{2}$IT11
齿轮副的中心距/mm	>80～120	5	11	17.5	27	43.5	110
	>120～180	6	12.5	20	31.5	50	125
	>180～250	7	14.5	23	36	57.5	145
	>250～315	8	16	26	40.5	65	160
	>315～400	9	18	28.5	44.5	70	180

2. 齿轮副轴线平行度公差

测量齿轮副两条轴线之间的平行度误差时，应根据两对轴承的跨距 L，选取跨距较大的那条轴线作为基准轴线；如果两对轴承的跨距相同，则可取其中任何一条轴线作为基准轴线。如图 6-121 所示，是测量齿轮副轴线平行度误差的示意图。被测轴线对基准轴线的平行度误差，应在相互垂直的轴线平面［H］和垂直平面［V］上测量。轴线平面［H］是指包含基准轴线，并通过被测轴线与一个轴承中间平面的交点所确定的平面。垂直平面［V］是指通过上述交点确定的垂直于轴线平面［H］，且平行于基准轴线的平面。

轴线平面［H］上的平行度误差$\Delta f_{\Sigma\delta}$是指实际被测轴线2，在［H］平面上的投影对基准轴线1的平行度误差。垂直平而［V］上的平行度误差$\Delta f_{\Sigma\beta}$是指实际被测轴线2，在［V］平面上的投影对基准轴线1的平行度误差。

$\Delta f_{\Sigma\delta}$的公差$f_{\Sigma\delta}$和$\Delta f_{\Sigma\beta}$的公差$f_{\Sigma\beta}$，推荐按轮齿载荷分布均匀性的精度等级分别用下列两个公式计算确定，即

$$f_{\Sigma\delta}=\frac{L}{b}F_{\beta} \tag{6-45}$$

$$f_{\Sigma\beta}=\frac{0.5L}{b}F_{\beta}=0.5f_{\Sigma\delta} \tag{6-46}$$

式中　L——箱体上轴承跨距，mm；

b——齿轮齿宽，mm；

F_{β}——齿轮螺旋线总偏差允许值，μm。

齿轮副轴线平行度误差的合格条件是：$\Delta f_{\Sigma\delta}\leqslant f_{\Sigma\delta}$且$\Delta f_{\Sigma\beta}\leqslant f_{\Sigma\beta}$。

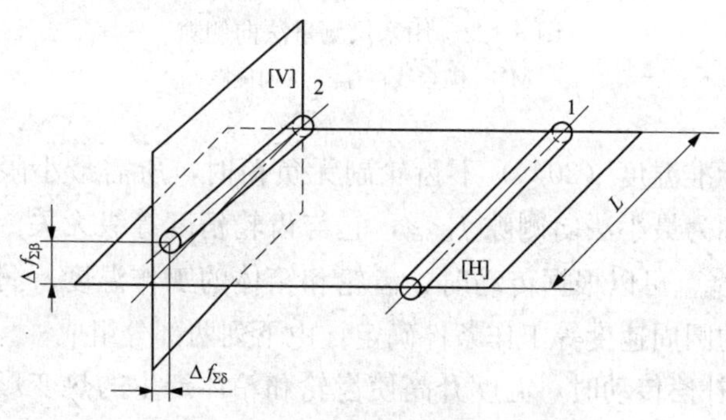

图6-121　齿轮副轴线平行度误差

1—基准轴线；2—被测轴线

七、齿轮侧隙指标的极限偏差

1. 齿厚极限偏差的确定

相互啮合的齿轮相邻非工作齿面间的侧隙，是齿轮副装配后自然形成的。适当的侧隙可以用改变齿轮副中心距的大小，或（和）把齿轮轮齿切薄来获得，当齿轮副中心距不能调整时，就必须在加工齿轮时按规定的齿厚极限偏差将轮齿切薄。

齿厚的上偏差可以根据齿轮副所需要的最小侧隙，通过计算或用类比法确定；齿厚的下偏差则按齿轮精度等级、加工齿轮时的径向进刀公差和几何偏心确定。齿轮精度等级和齿厚极限偏差确定后，齿轮副的最大侧隙就自然形成，一般不必验算。

（1）齿轮副所需要的最小间隙。侧隙通常在相互啮合齿轮齿面的法向平面上或沿啮合线测量，如图 6-122 所示，法向侧隙 j_{bn} 可用塞尺测量。为了保证齿轮转动的灵活性，根据润滑和补偿热变形的需要，齿轮副必须具有一定的最小侧隙。

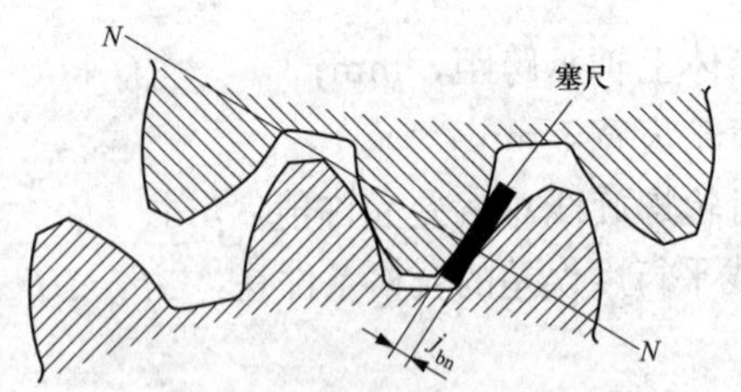

图 6-122　用塞尺测量法向侧隙

MN—啮合线；j_{bn}—法向侧隙

在标准温度（20℃）下齿轮副无负荷时，所需最小限度的法向侧隙称为最小法向侧隙 j_{bnmin}，它与齿轮精度等级无关。最小法向侧隙 j_{bnmin} 可以根据传动时，齿轮和箱体的工作温度、润滑方法和齿轮的圆周速度等工作条件确定，由下列两部分组成。

1）补偿传动时，温度升高使齿轮和箱体产生的热变形所需的法向侧隙 j_{bn1}：法向侧隙 j_{bn1} 的计算确定，即

$$j_{bn1}=a(\alpha_1\Delta t_1-\alpha_2\Delta t_2)\times 2\sin\alpha_n \tag{6-47}$$

$$\Delta t_1=t_1-20℃\quad \Delta t_2=t_2-20℃$$

式中　a——齿轮副的公称中心距；

α_1、α_2——齿轮和箱体材料的线膨胀系数，℃$^{-1}$；

Δt_1、Δt_2——齿轮温度 t_1 和箱体温度 t_2 分别对标准温度 20℃的偏差；

α_n——齿轮的标准压力角。

2）保证正常润滑条件所需的法向侧隙 j_{bn2}：取决于润滑方法和齿轮的圆周速度，可参考表 6-88 选取。

齿轮副的最小法向侧隙为

$$j_{bnmin}=j_{bn1}+j_{bn2}$$

表 6-88　保证正常润滑条件所需的法向侧隙 j_{bn2} 推荐值

润滑方式	齿轮的圆周速度 r/(m/s)			
	≤10	>10～25	>25～60	>60
喷油润滑	$0.01m_n$	$0.02m_n$	$0.03m_n$	$(0.03\sim0.05)m_n$
油池润滑	$(0.005\sim0.01)m_n$			

注　m_n 为齿轮法向模数，mm。

（2）齿厚上偏差的确定。齿厚的上偏差 E_{sns}，即齿厚的最小减薄量，它除了要保证齿轮副所需要的最小法向侧隙 j_{bnmin} 以外，还要补偿齿轮和箱体的制造误差、安装误差所引起的侧隙减小量 J_{bn}。其中，制造误差主要考虑相互啮合的两个齿轮的基圆齿距偏差 Δf_{Pb}，以及螺旋线总偏差 ΔF_β；安装误差考虑箱体上两对轴承孔的公共轴线，在轴线平面上的平行度误差 $\Delta f_{\Sigma\delta}$ 和在垂直平面上的平行度误差 $\Delta f_{\Sigma\beta}$。

计算 J_{bn} 时，考虑到基圆齿距偏差和螺旋线总偏差的计算方向与法向侧隙方向一致，而轴线平面、垂直平面等两个平面上的平行度误差的计值方向都与法向侧隙方向不一致，应分别乘以 $\sin\alpha_n$ 和 $\cos\alpha_n$（α_n 为标准压力角）后换算到法向侧隙方向。并且大、小齿轮的基圆齿距偏差分别用其允许值 Δf_{Pb1} 和 Δf_{Pb2} 代替，大、小齿轮的螺旋线总偏差 $\Delta F_{\beta1}$ 和 $\Delta F_{\beta2}$ 分别用其允许值 $F_{\beta1}$ 和 $F_{\beta2}$ 代替，$\Delta f_{\Sigma\delta}$ 和 $\Delta f_{\Sigma\beta}$ 分别用它们的公差 $f_{\Sigma\delta}$ 和 $f_{\Sigma\beta}$ 代替。此外，鉴于基圆齿距与分度圆齿距的关系，得 $f_{Pb1}=f_{Pt1}\cos\alpha_n$，$f_{Pb2}=f_{Pt2}\cos\alpha_n$；再按独立随机变量合成，其计算公式为

$$J_{bn}=\sqrt{(f_{Pt1}^2+f_{Pt2}^2)\cos^2\alpha_n+F_{\beta1}^2+F_{\beta2}^2+(f_{\Sigma\delta}\sin\alpha_n)^2+(f_{\Sigma\beta}\cos\alpha_n)^2} \tag{6-48}$$

考虑到同一齿轮副的大、小齿轮的单个齿距偏差允许值的差值，以及螺旋线总偏差允许值的差值都很有限（差值对允许值的百分比很小），为了计算简便，可将大、小齿轮的单个齿距偏差允许值，以及螺旋线总偏差允许值分别取成相等，且以数值相对较大的大齿轮单个齿距偏差允许值 f_{Pt} 和螺旋线总偏差允许值 F_β 代入式（6-47）。此外，按式（6-44）和式（6-45），将 $f_{\Sigma\delta}=(L/b)F_\beta$（$L$ 为箱体上轴承跨距，b 为齿宽）和 $f_{\Sigma\beta}=0.5(L/b)F_\beta$ 代入式（6-47），并取 $\alpha_n=20℃$，则

$$J_{bn}=\sqrt{1.76f_{Pt1}^2+[2+0.34(L/b)^2]F_\beta^2} \tag{6-49}$$

考虑到实际中心距为下极限尺寸，即中心距实际偏差为下偏差（$-f_a$）时，会使法向侧隙减小 $2f_a\sin\alpha_n$，同时将齿厚偏差的计算值换算到法向侧隙方向（乘以 $\cos\alpha_n$），则最小法向侧隙 j_{bnmin} 与齿轮副中两个齿轮齿厚上偏差（E_{sns1}、E_{sns2}）、中心距下偏差（$-f_a$）及 J_{bn} 的关系为

$$J_{bnmin}=(|E_{sns1}|+|E_{sns2}|)\cos\alpha_n-f_a\times2\sin\alpha_n-J_{bn} \tag{6-50}$$

通常，为了方便设计和计算，令 $E_{sns1}=E_{sns2}=E_{sns}$，于是由式（6-50）求得齿厚上偏差为

$$|E_{sns}|=\frac{j_{bnmin}+J_{bn}}{2\cos\alpha_n}+f_a\tan\alpha_n \tag{6-51}$$

（3）齿厚下偏差的确定。齿厚的下偏差 E_{sni} 由齿厚的上偏差 E_{sns} 和齿厚公差 T_{sn} 求得，即

$$E_{sni}=E_{sns}-T_{sn}$$

齿厚公差 T_{sn} 的大小主要取决于切齿时的径向进刀公差 b_r，以及齿轮径向跳动允许值 F_r（考虑切齿时几何偏心的影响，它使被切齿轮的各个轮齿的齿厚不相同），b_r 和 F_r 按独立随机变量合成，并把它们从径向计值换算到齿厚偏差方向（乘以 $2\tan\alpha_n$），则

$$T_{sn} = 2\tan\alpha_n \sqrt{b_r^2 + F_r^2} \tag{6-52}$$

式中，b_r 的数值推荐按表 6-89 选取；F_r 的数值按齿轮传递运动准确性的精度等级、分度圆直径和法向模数确定。

表 6-89　　切齿时的径向进刀公差 b_r

齿轮传递运动准确性的精度等级	4 级	5 级	6 级	7 级	8 级	9 级
b_r	1.26JT7	IT8	1.26IT8	IT9	1.26IT9	IT10

注　标准公差值 IT 按齿轮分度圆直径从相应国家标准中查取。

2. 公法线长度极限偏差的确定

公法线长度的上、下偏差（E_{ws}、E_{wi}），分别由齿厚的上、下偏差（E_{sns}、E_{sni}）换算得到。由于几何偏心使同一齿轮各齿的实际齿厚大小不相同，而几何偏心对实际公法线长度没有影响，因此在换算时应该从齿厚的上、下偏差中扣除几何偏心的影响。

考虑到齿轮径向跳动 ΔF_r 服从瑞利（Rayleigh）分布规律，假定 ΔF_r 的分布范围等于齿轮径向跳动允许值 F_r，则切齿后，一批齿轮中 93% 的齿轮的 ΔF_r 不超过 $0.72F_r$，如图 6-123 所示，所以在换算时要扣除 $0.72F_r$ 的影响，如图 6-124 所示。这样，便得出外齿轮的换算公式，即

$$\left.\begin{aligned} E_{ws} &= E_{sns}\cos\alpha - 0.72F_r\sin\alpha \\ E_{wi} &= E_{sni}\cos\alpha + 0.72F_r\sin\alpha \end{aligned}\right\} \tag{6-53}$$

模数、齿数和标准压力角分别相同的内、外齿轮的公称公法线长度相同，跨齿数也相同。内、外齿轮的公法线长度极限偏差互成倒影关系，即正、负号相反，上、下偏差值颠倒，所以内齿轮的换算公式为

$$\left.\begin{aligned} E_{ws} &= -E_{sni}\cos\alpha - 0.72F_r\sin\alpha \\ E_{wi} &= -E_{sns}\cos\alpha + 0.72F_r\sin\alpha \end{aligned}\right\} \tag{6-54}$$

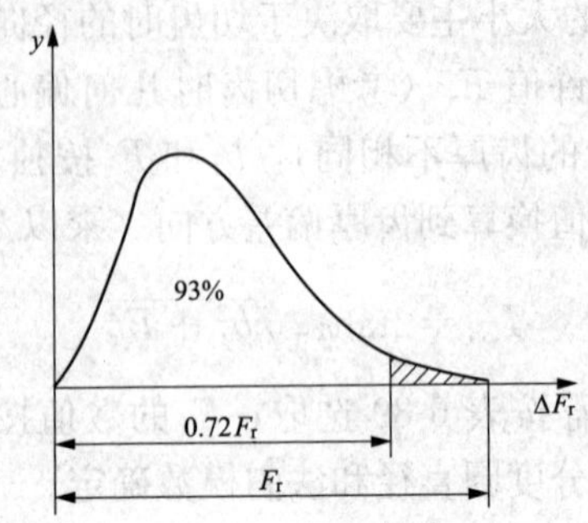

图 6-123　齿轮径向跳动 ΔF_r的分布

y-概率密度

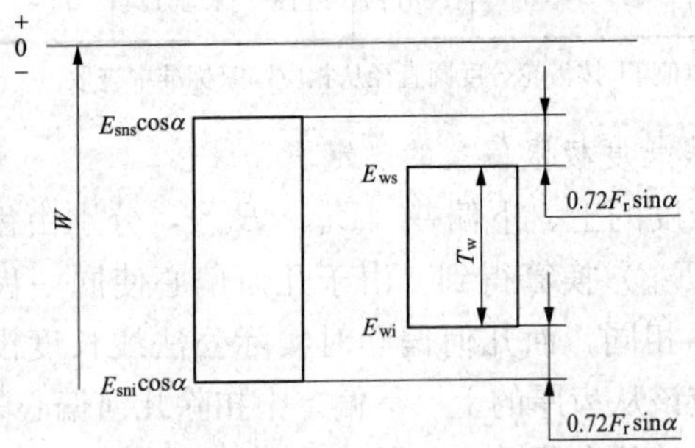

图 6-124　公法线长度上、下偏差的换算

W—公称公法线长度；T_w—公法线长度公差

第七章

尺寸链及其计算

在设计机器和零部件时，不仅需要进行运动、强度和刚度等的分析与计算，还要进行几何精度设计。零件的精度是由整机、部件所要求的精度决定的，而整机、部件的精度则由零件的精度来保证。为了保证机器和零部件能顺利地进行装配，合理地确定构成机器的有关零部件的几何精度，并保证达到预定的工作性能要求。在充分考虑整机、部件的装配精度与零件加工精度的前提下，可以运用尺寸链计算方法，合理地确定零件的尺寸公差与方向、位置公差，使产品获得尽可能高的性能价格比，创造最佳的技术经济效益。我国业已发布了 GB/T 5847—2004《尺寸链　计算方法》这方面的国家标准，可供设计时参考使用。

第一节　尺寸链的基本概念

一、尺寸链的基本术语及其定义

参照国家标准 GB/T 5847—2004《尺寸链　计算方法》，尺寸链的基本术语及其定义如下。

1. 尺寸链的定义

在机器装配或零件加工过程中，一些相互联系且按一定顺序排列的封闭尺寸组合，称为尺寸链。其中，在设计机器或零部件时，设计图上形成的封闭尺寸组合，称为设计尺寸链；按尺寸链的对象不同还可分为零件尺寸链、部件尺寸链或总体尺寸链，由单个零件在加工过程中的各有关工艺尺寸所组成的尺寸链，称为工艺尺寸链。机器或零部件在装配的过程中，零件或部件间的有关尺寸构成了互相有联系的封闭尺寸组合，称为装配尺寸链。

如图 7-1 所示零件上三个平面间的尺寸 A_1、A_2 和 A_0，组成一个尺寸链。

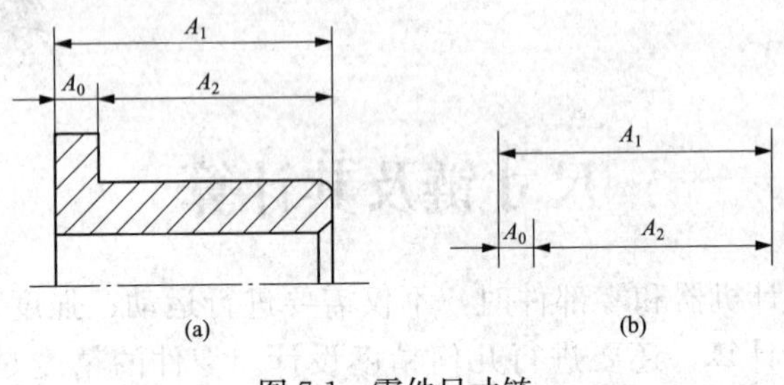

图 7-1 零件尺寸链

(a) 零件图；(b) 尺寸链图

如图 7-2 所示，根据金属切削机床专业标准规定，一般卧式车床主轴锥孔的轴线和尾座顶尖套锥孔轴线对床身导轨的不等高度公差为 A_0，只允许尾座高［见图 7-2（a）］。这项技术要求就是装配尺寸链的封闭环，与之有关的零件有主轴箱、主轴、轴承、尾座、顶尖套及底板。影响这项技术要求的尺寸有尾座顶尖套锥孔轴线高度 A_2、底板厚度 A_1 和主轴锥孔轴线高度 A_3，这四个相互联系的尺寸所形成的封闭尺寸组合就构成了一个尺寸链简图［见图 7-2（b）］，这就是装配尺寸链。

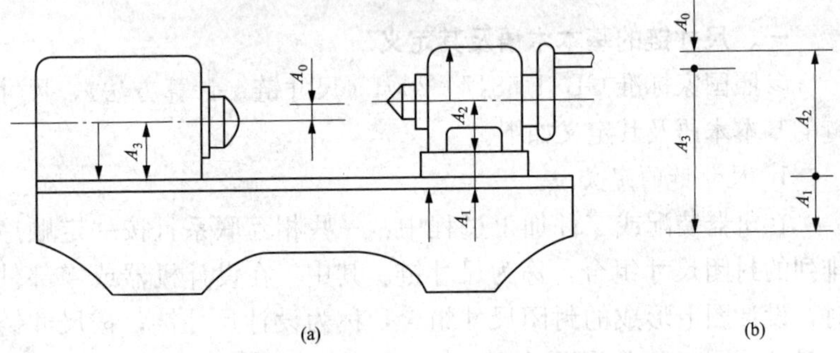

图 7-2 主轴锥孔和尾座顶尖套锥孔轴线的不等高度

(a) 车床；(b) 尺寸链简图

如图 7-3 所示，图中的尺寸 A_1、A_2、A_3 和尺寸 A_0 均为齿轮轴零件上的尺寸［见图 7-3（a)］，也就是说，相互联系的尺寸所形成的封闭尺寸组合的全部尺寸均在一个零件上时，构成的尺寸链简图则为零件尺寸链［见图 7-3（b)］。

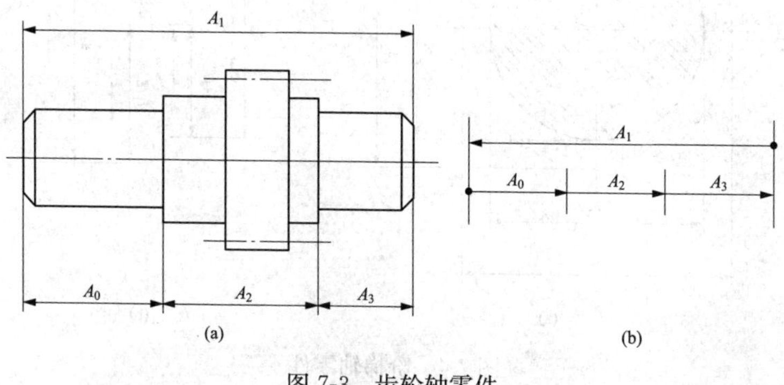

图 7-3　齿轮轴零件
（a）齿轮轴；（b）尺寸链简图

零件在加工过程中形成的有关尺寸，也是有相互联系的。如图 7-4 所示的阶梯轴，先车外圆至尺寸 A_1，再铣平面至尺寸 A_2，最后磨外圆至尺寸 A_3，则 A_1、A_2、A_3 和尺寸 A_4 这四个相互联系的尺寸所形成的封闭尺寸组合也同样构成了一个尺寸链简图，这就是工艺尺寸链。

2. 尺寸链的基本术语

（1）环。环是指列入尺寸链中的每一个尺寸，例如图 7-2 中的尺寸 A_1、A_2、A_3 和尺寸 A_0 都是尺寸链的环。环一般用英文大写字母表示，按环的不同性质分为封闭环和组成环。

（2）封闭环。封闭环是指尺寸链中，在装配或加工过程中最后自然形成的那一个环。例如图 7-1～图 7-3 中的尺寸 A_0 和图 7-4 中的尺寸 A_4。封闭环是尺寸链中其他尺寸互相组合后获得的尺寸，所以封闭环的实际尺寸受到尺寸链中其他尺寸的影响。一般情况下，封闭环用下角标为阿拉伯数字“0”表示。

（3）组成环。组成环是指尺寸链中对封闭环有影响的全部环，这些环中任何一环的变动必然引起封闭环的变动。组成环一般用下角标为阿拉伯数字（1、2、3、…）的英文大写字母表示，分为

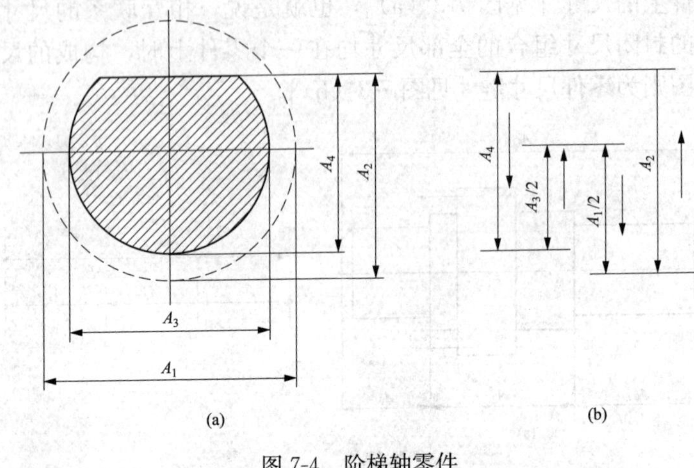

图 7-4　阶梯轴零件

(a) 阶梯轴；(b) 尺寸链简图

增环和减环，例如图 7-2 中的尺寸 A_1、A_2 和 A_3。

1）增环。增环是指它的变动会引起封闭环同向变动的组成环。所谓同向变动，是指在其他组成环不变的条件下，某一组成环的尺寸增大，封闭环的尺寸也随之增大；某一组成环的尺寸减小，封闭环的尺寸也随之减小，则该组成环称为增环（如图 7-2 中的尺寸 A_1、A_2）。

2）减环。减环是指它的变动会引起封闭环反向变动的组成环。所谓反向变动，是指在其他组成环不变的条件下，某一组成环的尺寸增大，封闭环的尺寸则随之减小；某一组成环的尺寸减小，封闭环的尺寸则随之增大，则该组成环称为减环（如图 7-2 中的尺寸 A_3）。

（4）补偿环。在计算尺寸链中，有时需要预先选定组成环中的某一环，且通过改变这个环的尺寸大小和位置使封闭环达到规定的要求，则预先选定的那一环称为补偿环。如图 7-5 所示，图中的 L_2 如需要即适宜于充作补偿环。装配时选择并安装不同厚度的 L_2 来调整端盖的底端面与对应滚动轴承的端面之间的轴向间隙的大小。

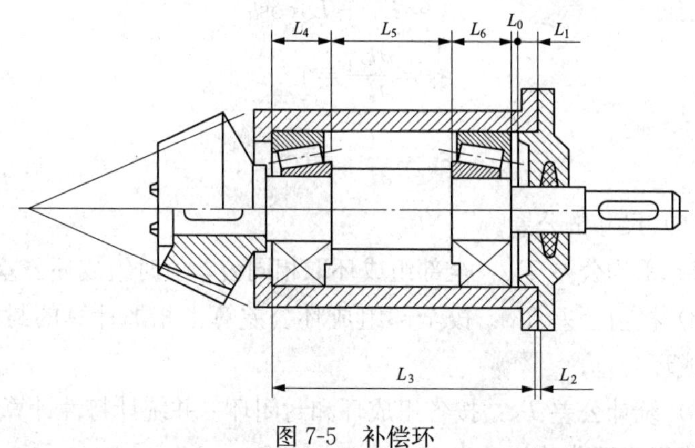

图 7-5　补偿环

（5）传递系数。传递系数是指表示各组成环影响封闭环大小的程度和方向的系数，用符号 ξ_i 表示（下角标 i 为组成环的序号），对于增环 ξ_i 为正值；对于减环 ξ_i 为负值。尺寸链中封闭环与组成环的关系，可用函数式表示，即

$$L_0=f(L_1, L_2, L_3, \cdots, L_n)$$

设第 i 组成环的传递系数为 ξ_i，则

$$\xi_i=\frac{\partial f}{\partial L_i}$$

如图 7-6 所示，则

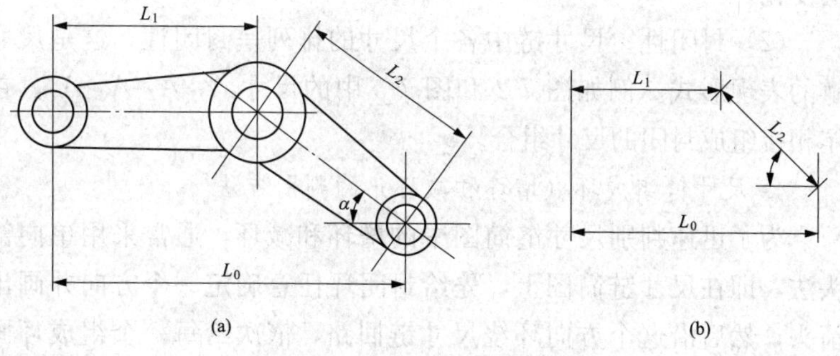

图 7-6　摇杆零件

（a）摇杆；（b）尺寸链简图

$$L_0 = L_1 + L_2\cos\alpha$$

$$\xi_1 = \frac{\partial L_0}{\partial L_1} = 1$$

$$\xi_2 = \frac{\partial L_0}{\partial L_2} = \cos\alpha$$

（6）尺寸链公差。

1）平均公差 T_{av}：全部组成环取相同公差值时组成环公差；

2）极值公差 T_L：按全部组成环公差算术相加计算的封闭环或组成环公差；

3）统计公差 T_S：按各组成环和封闭环一并统计特性计算的封闭环或组成环公差；

4）平方公差 T_Q：按全部组成环公差平方和计算的封闭环或组成环公差；

5）当量公差 T_E：按各组成环具有相同统计特性计算的封闭环或组成环公差。

3. 尺寸链的特征

如图 7-2 和图 7-3 所示，尺寸链都具有两个特征：

（1）关联性。任何一个直接保证的尺寸及其精度的变化，必将影响间接保证的尺寸及其精度，这是尺寸链的实质。例如图 7-2 和图 7-3 的尺寸链中，尺寸 A_1、A_2 和 A_3 的变化都将引起尺寸 A_0 的变化，

（2）封闭性。尺寸链中各个尺寸的排列呈封闭性，这是尺寸链的表现形式。例如图 7-2 和图 7-3 中的尺寸 A_1-A_2-A_3-A_0，首尾相接组成封闭的尺寸组合。

4. 尺寸链组成环（增环和减环）的判别方法

为了迅速判别尺寸链简图中的增环和减环，通常采用单向箭头法，即在尺寸链简图上，先给封闭环任意确定一个方向并画出箭头，然后沿这个方向环绕尺寸链回路，依次给每一个组成环画出箭头，凡是箭头方向和封闭环箭头方向相反的则为增环，相同的则为减环［见图 7-2（b）和图 7-3（b）］。

二、尺寸链的分类

1. 按尺寸链的功能要求分类

（1）装配尺寸链：装配尺寸链是指全部组成环为不同零件的设计尺寸（零件图上标注的尺寸）所形成的尺寸链［见图 7-2（b)］。

（2）零件尺寸链：零件尺寸链是指全部组成环为同一零件的设计尺寸所形成的尺寸链［见图 7-1（b)、图 7-3（b)］。装配尺寸链和零件尺寸链统称为设计尺寸链。

（3）工艺尺寸链：工艺尺寸链是指全部组成环为零件加工时，这个零件的工艺尺寸所形成的尺寸链［见图 7-4（b)］。

设计尺寸指零件图上标注的尺寸，工艺尺寸指工序尺寸、定位尺寸与测量尺寸等，装配尺寸链与零件尺寸链统称为设计尺寸链。

2. 按尺寸链中各环的相互位置分类

（1）直线尺寸链：直线尺寸链是指全部组成环都平行于封闭环的尺寸链（见图 7-1、图 7-2)。在直线尺寸链中，增环的传递系数 $\xi_i=+1$，减环的传递系数 $\xi_i=-1$。最常见的尺寸链是直线尺寸链，平面尺寸链和空间尺寸链可以通过采用坐标投影的方法转换为直线尺寸链，然后按直线尺寸链的计算方法来计算。

（2）平面尺寸链：平面尺寸链是指全部组成环位于一个平面或几个平行平面内，但某些组成环不平行于封闭环的尺寸链（见图 7-6)。

（3）空间尺寸链：空间尺寸链是指全部组成环位于几个不平行的平面内的尺寸链。空间尺寸链在空间坐标系中各部分构件形成一定的角度和距离，组合成复杂的尺寸链。如图 7-7 所示是工业机器人的示意图，工业机器人的底部可以回转和升降，中间的大臂可以绕水平轴回转，同时也可以伸缩移动，大臂前端的小臂可以俯仰转动，小臂前端手腕部分可以绕小臂轴回转而使手爪转位。在这一套机构中共有六个运动部件，能够实现六种不同的运动。六种运动的组合，使工业机器人手爪实现在空间由一个位置移动到另一个位置。当对工业机器人手背各部分的制造误差和运动误差进行分析时，就需要应用空间尺寸链的误差综合关系。

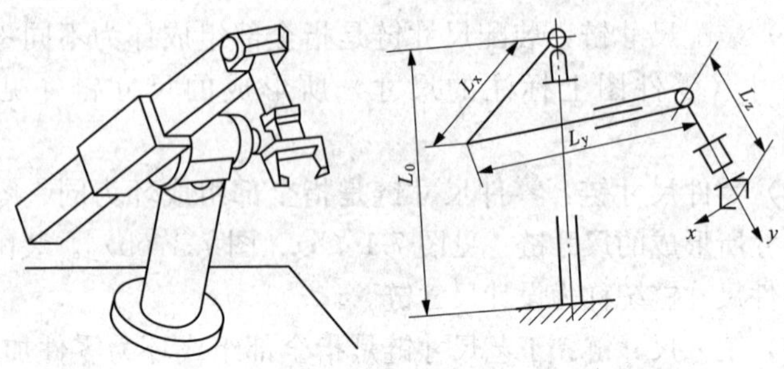

图 7-7 工业机器人

平面尺寸链或空间尺寸链，均可用投影的方法得到两个或三个方位的直线尺寸链，最后综合求解平面或空间尺寸链，本章仅研究直线尺寸链。

3. 按尺寸链相互联系的形态分类

(1) 基本尺寸链：全部组成环皆直接影响封闭环的尺寸链，如图 7-8 中的尺寸 β。

(2) 派生尺寸链：一个尺寸链的封闭环为另一个尺寸链的组成环，如图 7-8 中的尺寸 α_0。

(3) 串联尺寸链：串联尺寸链是各组尺寸链之间以一定的基准线互相串联结合，成为相互有关的尺寸链组合，如图 7-9 所示。在串联尺寸链中，前一组尺寸链中各环的尺寸误差引起基准线位

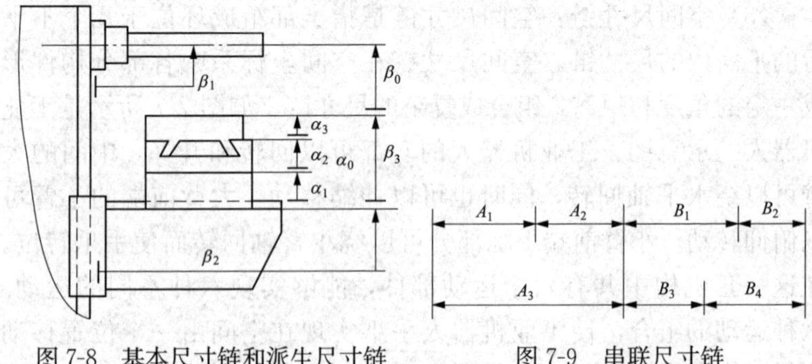

图 7-8 基本尺寸链和派生尺寸链　　图 7-9 串联尺寸链

置的变化，将引起后一组尺寸链的起始位置发生根本的变动，因此在串联尺寸链中，公共基准线是计算中应当特别注意的关键问题。

（4）并联尺寸链：并联尺寸链是在各组尺寸链之间，以一定的公共环互相并联结合成的复合尺寸链。它一般由几个简单的尺寸链组成，如图 7-10 所示。并联尺寸链中的关键问题，是要根据几个尺寸链的误差累积关系来分析确定公共环的尺寸公差。因此并联尺寸链的特点是几个尺寸链具有一个或几个公共环，当公共环有一定的误差存在时，将同时影响几组尺寸链关系的变化。

（5）混联尺寸链：混联尺寸链是由并联尺寸链和串联尺寸链混合组成的复合尺寸链，如图 7-11 所示。混联尺寸链中，既有公共的基准线，又有公共环，这在分析混联尺寸链时应当特别注意。

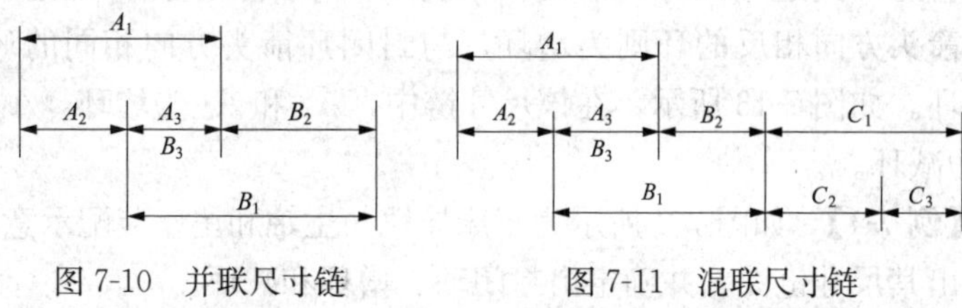

图 7-10　并联尺寸链　　　　图 7-11　混联尺寸链

4. 按尺寸链中各环尺寸的几何特征分类

按尺寸链中各环尺寸的几何特征，可分为以下几类。

（1）长度尺寸链：全部环为长度尺寸的尺寸链（本章所列的各尺寸链均属此类）。

（2）角度尺寸链：全部环为角度尺寸的尺寸链。

（3）标量尺寸链：全部组成环为标量尺寸所形成的尺寸链，如图 7-1～图 7-4 所示。

（4）矢量尺寸链：全部组成环为矢量尺寸所形成的尺寸链，如图 7-12 所示。

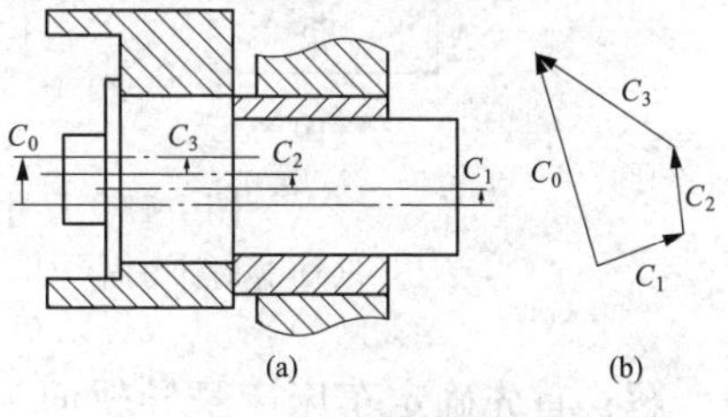

图 7-12　矢量尺寸链

（a）装配图；（b）尺寸链简图

第二节 尺 寸 链 图

一、尺寸链图的绘制

要进行尺寸链分析和计算，首先必须画出尺寸链图，所谓尺寸链图，是指由封闭环和组成环构成的一个封闭回路图。

绘制尺寸链图时，可从某一加工（或装配）基准出发，按加工（或装配）顺序依次画出各个环，环与环之间不得间断，最后用封闭环构成一个封闭回路。用尺寸链图很容易确定封闭环及判定组成环中的增环或减环。

对于不易判别增环与减环的尺寸链，可按箭头方向判别：在画尺寸链图时，由任一尺寸开始沿一定方向画单向箭头，首尾相接，直至回到起始尺寸，形成一个封闭的形式。这样，凡是与封闭环箭头方向相反的环则为增环，与封闭环箭头方向相同的环必为减环。如图 7-13 所示，在该尺寸链中，A_1 和 A_3 为增环，A_2 和 A_4 为减环。

【例 7-1】 如图 7-2 所示为车床导轨与主轴和尾座装配示意图，试画出其尺寸链图，并确定出封闭环、增环和减环。

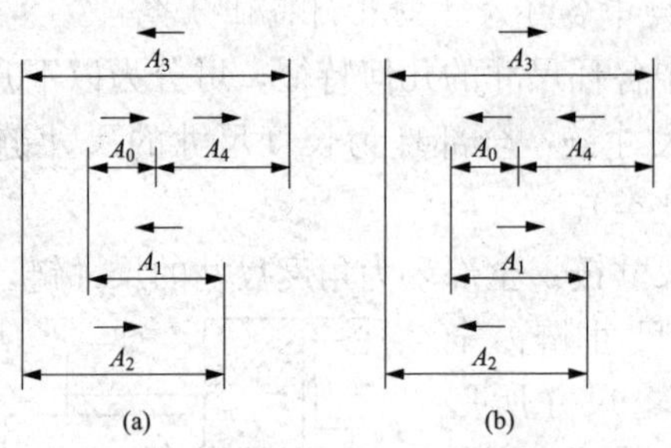

图 7-13 尺寸链图

（a）逆时针方向；（b）顺时针方向

解： 首先确定车床床身导轨面为基准面，根据车床主轴、垫板和尾座在导轨面上的安装顺序，分别依次画出 A_3、A_2 和 A_1，把它们用 A_0 连接成封闭回路，形成了尺寸链图，如图 7-14 所示。

由于尾座轴线与主轴轴线之间的距离 A_0 是装配后自然形成的，故可将其确定为封闭环。

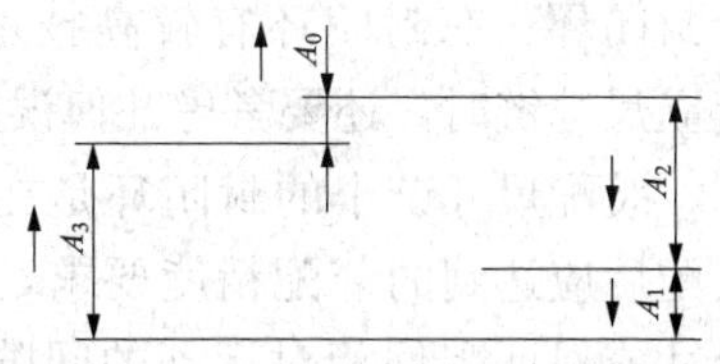

图 7-14 ［例 7-1］（图 7-2）尺寸链图

按箭头方向判定增环和减环，先按以上规定画出各环箭头，由图 7-14 可知，与 A_0 方向相同的 A_3 是减环，与 A_0 方向不同的 A_1、A_2 是增环。

【例 7-2】 加工一个带键槽的内孔，如图 7-15（a）所示，其加工顺序为：车（镗）内孔得尺寸 A_1，插键槽得尺寸 A_2，磨内孔得尺寸 A_3。试画出其尺寸链图，并确定封闭环、增环和减环。

解：确定车（镗）内孔和磨内孔的基准为圆心 O。按加工顺序分别画出 $A_1/2$、A_2 和 $A_3/2$，把它们用 A_0 连接成封闭回路，形成了尺寸链图，如图 7-15（b）所示。

因为图 7-15（a）中键槽尺寸 A_0 是加工后自然形成的，因此 A_0 为封闭环。

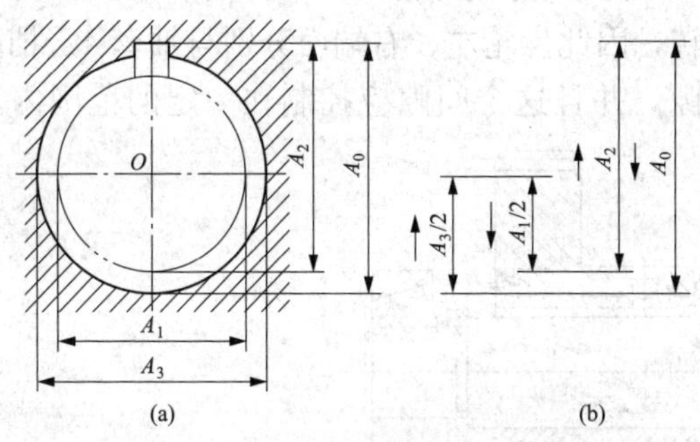

图 7-15 ［例 7-2］键槽孔尺寸链图

（a）键槽孔加工尺寸示意图；（b）尺寸链图

按箭头方向判断法画出各环箭头［见图 7-15（b）］，根据组成环和封闭环的箭头异同可确定 $A_1/2$ 为减环，A_2 和 $A_3/2$ 为增环。

二、尺寸链的建立

1. 确定封闭环

建立尺寸链时，必须首先明确封闭环，一个尺寸链中只有一个封闭环。在封闭环有较高技术要求或几何误差较大的情况下，建立尺寸链时，还要考虑几何误差对封闭环的影响。

装配尺寸链中的封闭环是在装配之后形成的，往往就是机器装配后应达到的装配精度要求，如保证机器可靠工作的相对位置尺寸或保证零件相对运动的间隙等，在着手建立尺寸链之前，必须查明在机器装配和验收的技术要求中规定的所有几何精度要求项目，这些几何精度要求项目往往就是某些尺寸链的封闭环，例如图 7-2 中的尺寸 A_0。

零件尺寸链的封闭环应为公差等级要求最低的环，一般在零件图上不进行标注，以免引起加工中的混乱。例如图 7-3 中的尺寸 A_0 是不标注的。

工艺尺寸链的封闭环是在加工过程中最后自然形成的环，一般为被加工零件要求达到的设计尺寸或工艺过程中需要的余量尺寸。加工顺序不同，封闭环也不同，所以，工艺尺寸链的封闭环必须在加工顺序确定之后才能判断，例如图 7-4 中的尺寸 A_4。

如图 7-16 所示，为一齿轮机构部件的装配图。由于齿轮 3 要在轴 1 上回转，因此齿轮左、右端面分别与轴套 4、挡圈 2 之间应该有轴向间隙，并且这个间隙应控制在一定的范围内。由于这个

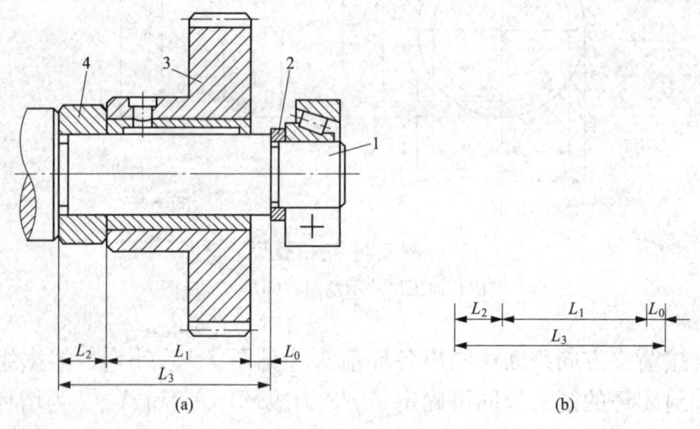

图 7-16　齿轮机构的尺寸链

(a) 齿轮机构；(b) 尺寸链简图

1—轴；2—挡圈；3—齿轮；4—轴套

间隙是在零件装配过程中最后自然形成的，所以它就是封闭环。为计算方便，可将间隙集中在齿轮与挡圈之间，用 L_0 表示。

2. 查找组成环并画出尺寸链简图

组成环是对封闭环有直接影响的那些零件尺寸，与此无关的零件尺寸要排除在外。在查找组成环时，应注意遵循“最短尺寸链原则”，一个尺寸链的环数应尽量少，因为在装配精度要求既定的条件下，组成环数目越少，则组成环所分配到的公差就越大，组成环所在部位的加工就越容易。所以在设计产品时，应尽可能使影响装配精度的零件数量最少。

在装配关系中，对装配精度要求有直接影响的那些零件的尺寸，都是装配尺寸链中的组成环。

对于每一项装配精度要求，通过对装配关系的分析，都可查明其相应装配尺寸链的组成环。查找装配尺寸链的组成环时，先从封闭环的任意一端开始，依次找出那些会引起封闭环变动的相互连接的各个零件尺寸，直到最后一个零件尺寸与封闭环的另一端连接为止，其中的每一个尺寸就是一个组成环，从而形成封闭的尺寸组合。

确定了封闭环并找出了组成环后，用符号将它们标注在装配示意图上，或将封闭环和各个组成环相互连接的关系单独地用简图表示出来，就得到了尺寸链图。画尺寸链图时，通常不需要画出零件或部件的具体结构，也不必按照严格的比例，只需将尺寸链中各零件尺寸依次画出，形成封闭的图形即可。在尺寸链图中，可用带箭头的线段来表示尺寸链的各环，线段一端的箭头只表示查找组成环的方向，则与封闭环线段箭头方向一致的组成环为减环，与封闭环线段箭头方向相反的组成环为增环。

例如图 7-2 中的卧式车床主轴锥孔轴线与尾座顶尖套锥孔轴线的高度差允许值 A_0 是装配技术要求，这项技术要求就是封闭环。组成环从尾座顶尖开始查找，尾座顶尖轴线到尾座底面的高度 A_2、与床身平面相接的底板厚度 A_1、床身平面到主轴轴线的距离 A_3，最后至封闭环 A_0。A_1、A_2、和 A_3 均为组成环，一个尺寸链中最少要有两个组成环，组成环中，可能只有增环没有减环，但不可能只有减环没有增环。

3. 零件方向、位置误差对封闭环的影响

在尺寸链中，有时还需要考虑方向、位置误差对封闭环的影响，这时方向、位置误差可以按尺寸链中的尺寸来处理。如图 7-17 所示，是图 7-16 中的轴套零件，当轴套厚度 L_2 的尺寸公差与两端面的平行度公差之间的关系采用包容要求时［见图 7-17（a）］，其两端面的平行度误差控制在 L_2 的尺寸公差内，因此这个平行度误差对封闭环的影响已经包含在 L_2 的尺寸公差内，不必单独考虑其影响。当轴套厚度 L_2 的尺寸公差与两端面的平行度公差 t_2 之间的关系采用独立原则时［见图 7-17（b）］，其两端面的平行度误差 f_2 会影响封闭环的大小［见图 7-17（c）］，平行度公差 t_2（允许的平行度误差最大值）就应作为一个组成环（减环）列入尺寸链中。

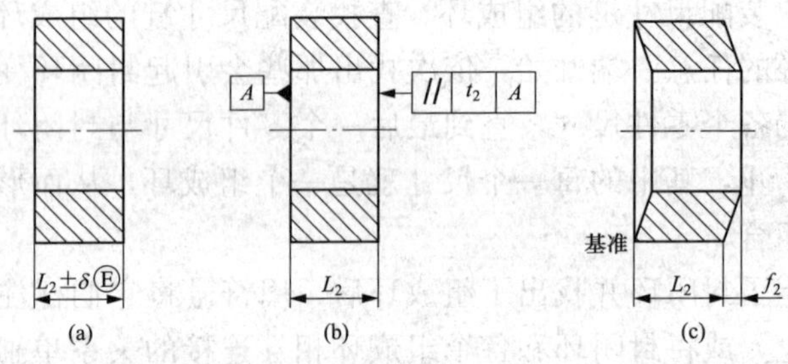

图 7-17　轴套

（a）采用包容要求；（b）采用独立原则；（c）实际零件

如图 7-18 所示，当齿轮轮毂宽度 L_1 的尺寸公差与两端面的轴向圆跳动公差 t_1 之间的关系采用独立原则时［见图 7-18（a）］，齿轮的任意一个轴向圆跳动 f_1 或 f_1' 会影响封闭环的大小［见图 7-18（b）］。因此，轴向圆跳动公差 t_1 应作为组成环（减环）列入尺寸链中。

如图 7-19 所示，当轴上两台肩之间的长度 L_3 的尺寸公差与台肩端面的轴向圆跳动公差 t_3 之间的关系采用独立原则时［见图 7-19（a）］，大台肩端面的轴向圆跳动 f_3 会影响封闭环的大小［见图 7-19（b）］。因此，轴向圆跳动公差 t_3 应作为组成环（减环）列入尺寸链中。

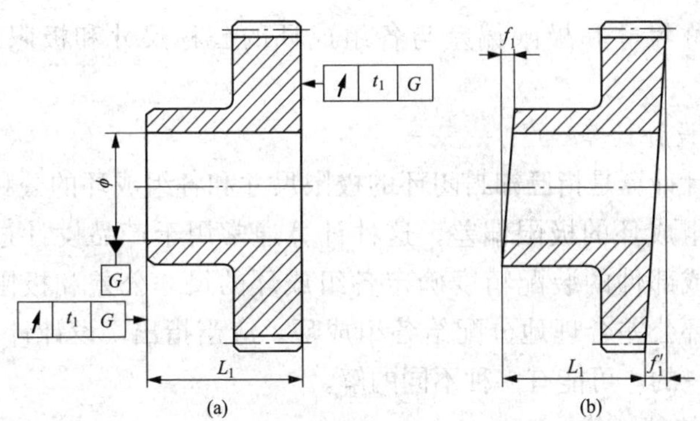

图 7-18 齿轮

（a）零件图样标注；（b）实际零件

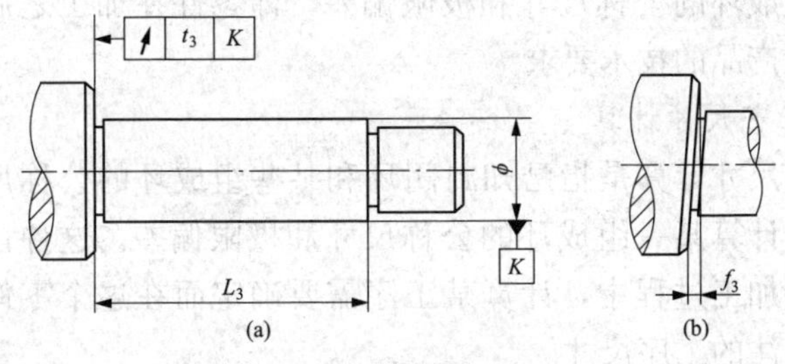

图 7-19 轴

（a）零件图样标注；（b）实际零件

如果三个零件的方向、位置公差都列入尺寸链中，则除尺寸 L_3 为增环外，其余五个组成环，即线性尺寸 L_1、L_2 和方向、位置公差 t_1、t_2、t_3 为减环。尺寸链中方向、位置误差对封闭环的影响比较复杂，应根据具体情况作具体分析。

第三节 尺寸链的分析和计算

一、尺寸链的计算类型

尺寸链的计算是指计算封闭环与组成环的公称尺寸和极限偏差，尺寸链计算主要有设计计算、校核计算和工艺尺寸计算三种计算，无论设计计算、校核计算或工艺尺寸计算，都要处理封闭环的公称尺寸和极限偏差与各组成环的公称尺寸和极限偏差的关系。

1. 设计计算

设计计算是指已知封闭环的极限尺寸和各组成环的公称尺寸，计算各组成环的极限偏差。这种计算通常用于产品设计过程中，由机器或部件的装配精度确定各组成环的尺寸公差和极限偏差，把封闭环公差合理地分配给各组成环。应当指出，设计计算的解不是唯一的，可能有多种不同的解。

2. 校核计算

校核计算是指已知各组成环的公称尺寸和极限偏差，计算封闭环的公称尺寸和极限偏差，这种计算主要用于验算零件图上标注的各组成环的公称尺寸和极限偏差，即零件在加工之后能否满足所设计产品的技术要求。

3. 工艺尺寸计算

工艺尺寸计算是指已知封闭环和某些组成环的公称尺寸和极限偏差，计算某一组成环的公称尺寸和极限偏差。这种计算通常用于零件加工过程中，计算某工序需要确定而在这个零件的图样上没有标注的工序尺寸。

如图 7-20 所示，是多环直线尺寸链图。设组成环环数为 m，增环环数为 l，则减环环数为（$m-l$），得到封闭环公称尺寸 L_0 与各组成环公称尺寸 L_i 的关系，即

$$L_0=\sum_{i=1}^{l}L_i-\sum_{i=l+1}^{m}L_i \tag{7-1}$$

则封闭环的公称尺寸，等于所有增环公称尺寸之和减去所有减环公称尺寸之和。

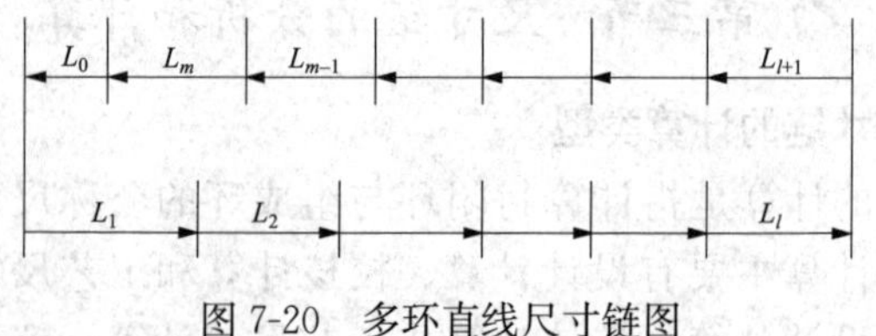

图 7-20　多环直线尺寸链图

如图 7-21 所示，尺寸链中任何一环的公称尺寸 L、上极限尺寸 $L_{\max}$、下极限尺寸 $L_{\min}$、上偏差 ES、下偏差 EI、公差 T 以及中间偏差 Δ 之间的关系。即 $L_{\max}=L+ES$，$L_{\min}=L+EI$，$T=L_{\max}-L_{\min}=ES-EI$，中间偏差 Δ 为上、下偏差的平均值，即

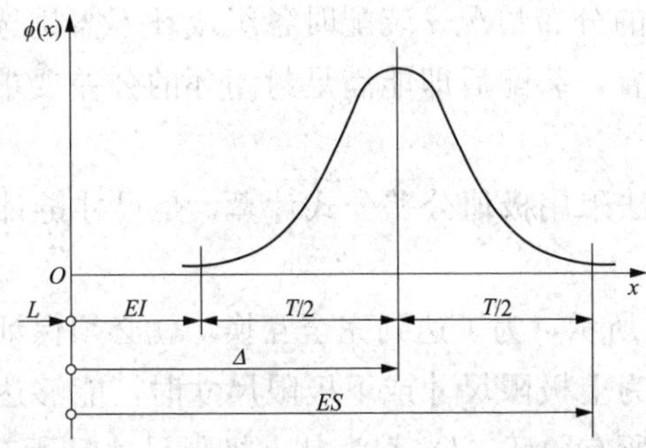

图 7-21　极限偏差与中间偏差、公差的关系

x-尺寸；$\phi(x)$—概率密度

$$\Delta=\frac{(ES+EI)}{2}$$

因此

$$ES=\Delta+\frac{T}{2} \tag{7-2}$$

$$EI=\Delta-\frac{T}{2} \tag{7-3}$$

尺寸链中任何一环的中间尺寸为 $(L_{\max}+L_{\min})/2=L+\Delta$，由图 7-20 中的直线尺寸链可以得出封闭环中间偏差 Δ_0 与各组成环中间偏差 Δ_i 的关系，即

$$\Delta_0=\sum_{i=1}^{l}\Delta_i-\sum_{i=l+1}^{m}\Delta_i \tag{7-4}$$

则封闭环的中间偏差，等于所有增环中间偏差之和减去所有减环中间偏差之和。

为了保证互换性，可以采用完全互换法或大数互换法来达到封闭环的公差要求。某些情况下，为了经济地达到装配尺寸链的装配精度要求，可以采用不完全互换的分组法、调整法或修配法

来满足装配尺寸链的装配精度要求。

二、用完全互换法计算尺寸链的基本公式

完全互换法（也称极值法）是指在全部产品中，从尺寸链各组成环的最大与最小极限尺寸出发进行尺寸链计算，不考虑各组成环实际尺寸的分布情况。装配时各组成环不需挑选，也不需改变其大小或位置，装配后即能满足封闭环的公差要求，可实现完全互换。

完全互换法采用极值公差公式计算，是尺寸链计算中最基本的方法。

如图 7-20 所示，为了达到完全互换，就必须保证尺寸链中各组成环的尺寸为上极限尺寸或下极限尺寸时，能够达到封闭环的公差要求。当所有增环（l）都为其上极限尺寸且所有减环（$m-l$）都为其下极限尺寸时，则封闭环为其上极限尺寸，即

$$L_{0\max}=\sum_{i=1}^{l}\Delta_{i\max}-\sum_{i=l+1}^{m}\Delta_{i\min} \tag{7-5}$$

则封闭环的上极限尺寸，等于所有增环的上极限尺寸之和减去所有减环的下极限尺寸之和。

当所有增环都为其下极限尺寸，且所有减环都为其上极限尺寸时，则封闭环为其下极限尺寸，即

$$L_{0\min}=\sum_{i=1}^{l}\Delta_{i\min}-\sum_{i=l+1}^{m}\Delta_{i\max} \tag{7-6}$$

则封闭环的下极限尺寸，等于所有增环的下极限尺寸之和减去所有减环的上极限尺寸之和。

将式（7-5）减去式（7-6）得出封闭环公差 T_0 与各组成环公差 T_{i} 之间的关系，即

$$T_0=\sum_{i=1}^{l}T_{\mathrm{i}}+\sum_{i=l+1}^{m}T_{\mathrm{i}} \tag{7-7}$$

则封闭环的公差，等于所有组成环的公差之和，式（7-7）称为极值公差公式。由式（7-7）可见，尺寸链各环公差中，封闭环的公差最大，它与组成环的数目及公差的大小有关。

三、尺寸链的计算实例

1. 设计计算

【例 7-3】 如图 7-16 所示的齿轮机构尺寸链，已知各组成环的公称尺寸分别为 $L_1=35\text{mm}$，$L_2=14\text{ mm}$，$L_3=49\text{mm}$，要求装配后齿轮右端的轴向间隙在 0.10 ～ 0.35mm。试用完全互换法计算尺寸链，确定各组成环的极限偏差。

解：分析图 7-16 中的尺寸链可知，装配后的轴向间隙 L_0 为封闭环，组成环数 $m=3$，其中 L_3 为增环，L_1、L_2 为减环。封闭环公称尺寸 $L_0=L_3-(L_1+L_2)=49-(35+14)=0$，其公差值 $T_0=0.35-0.10=0.25\text{mm}$，其上、下偏差分别为 $ES_0=+0.35\text{mm}$，$EI_0=+0.10\text{mm}$，其极限尺寸可表示为 $\dfrac{+0.35}{+0.10}\text{mm}$。

（1）确定各组成环的公差。先假设各组成环公差相等，即 $T_1=T_2=\cdots=T_m=T_{\text{av,L}}$（平均极值公差），则由式（7-7）得：$T_0=T_{\text{av,L}}$，因此各组成环的平均极值公差，即

$$T_{\text{av, }L}=\frac{T_0}{m}=0.083\text{mm}$$

考虑到各组成环的公称尺寸的大小及加工工艺各不相同，故各组成环的公差应在平均极值公差的基础上作适当的调整。因为尺寸 $L_1=35\text{mm}$，$L_3=49\text{mm}$，在同一尺寸分段内；查表可得标准公差数值，其平均极值公差 $T_{\text{av,L}}=0.083\text{mm}$，接近 IT10 的标准公差数值 $T_{\text{B}}=0.10\text{mm}$。所以可取

$$T_1=T_3=0.25\text{mm}(\text{IT10})$$

由式（7-7）得

$$T_2=T_0-T_1-T_3=0.25-0.10-0.10=0.05\text{mm}$$

大致相当于 IT9 的标准公差数值 $T_{\text{B}}=0.043\text{mm}$。

（2）确定各组成环的极限偏差。通常，尺寸链中的内、外尺寸（组成环）的极限偏差按“偏差入体原则”配置，即内尺寸按“H”配置，外尺寸按“h”配置；一般长度尺寸的极限偏差按“偏差对称原则”，即按“JS(js) 配制。因此，取

$$L_1=35_{-0.10}^{\ 0}\text{mm}(35\text{h}10)，L_3=49\pm0.05\text{mm}(49\text{js}10)$$

组成环 L_1 和 L_3 的极限偏差确定后，相应的中间偏差分别为 $\Delta_1=-0.05\text{mm}$，$\Delta_3=0$；封闭环的中间偏差 $\Delta_0=\dfrac{(ES+EI)}{2}=\dfrac{[(+0.35)+(+0.10)]}{2}=+0.225\text{mm}$。因此

$$\Delta_2=\Delta_3-\Delta_1-\Delta_0=0-(-0.05)-0.025=-0.175\text{mm}$$

按式（7-2）、式（7-3）计算出组成环 L_2 的上、下偏差分别为

$$ES_2=\Delta_2+\frac{T_2}{2}=(-0.175)+\frac{0.05}{2}=-0.15\text{mm}$$

$$EI_2=\Delta_2-\frac{T_2}{2}=(-0.175)-\frac{0.05}{2}=-0.20\text{mm}$$

所以 $$L_2=14_{-0.20}^{-0.15}\text{mm}$$

如果要求将组成环 L_2 的公差带加以标准化，可取为 14b9，即

$$L_2=14_{-0.193}^{-0.150}(14\text{b}9)$$

按式（7-5）和式（7-6）核算封闭环的极限尺寸，即

$$L_{2\max}=49.05-(34.90+13.807)=0.343\text{mm}$$

$$L_{0\min}=48.95-(35+13.85)=0.10\text{mm}$$

结论：综合以上的尺寸链计算结果，能够满足设计要求。

2. 校核计算

【例 7-4】 如图 7-22 所示，曲轴轴向装配尺寸链中，零件的公称尺寸和极限偏差为：$A_1=43.5_{+0.05}^{+0.10}\text{mm}$，$A_2=A_4=2.5_{-0.04}^{0}\text{mm}$，$A_3=38.5_{-0.07}^{0}\text{mm}$。试验算轴向装配间隙 A_0 是否在所要求的 0.05～0.25mm 范围内。

解：（1）建立尺寸链，如图 7-22（b）所示，其中 $A_1=43.5_{+0.05}^{+0.10}\text{mm}$ 为增环，$A_2=A_4=2.5_{-0.04}^{0}\text{mm}$，$A_3=38.5_{-0.07}^{0}\text{mm}$ 为减环，封闭环为 A_0。

（2）计算封闭环的极限尺寸。按式（7-1）和式（7-5）、式（7-6）分别计算封闭环的公称尺寸、封闭环的上、下极限尺寸。

$$A_0=A_1-(A_2+A_3+A_4)=43.5-(2.5+38.5+2.5)=0$$

$$\begin{aligned}A_{0\max}&=A_{1\max}-(A_{2\min}+A_{3\min}+A_{4\min})\\&=43.6-(2.46+38.43+2.46)=0.25\text{mm}\end{aligned}$$

$$A_{0\min}=A_{1\min}-(A_{2\max}+A_{3\max}+A_{4\max})$$
$$=43.55-(2.5+38.5+2.5)=0.05\text{mm}$$

因此，封闭环 $A_0=0^{+0.25}_{+0.05}$ mm。曲轴的轴向装配间隙 A_0 是在所要求的 0.05～0.25mm 范围内。

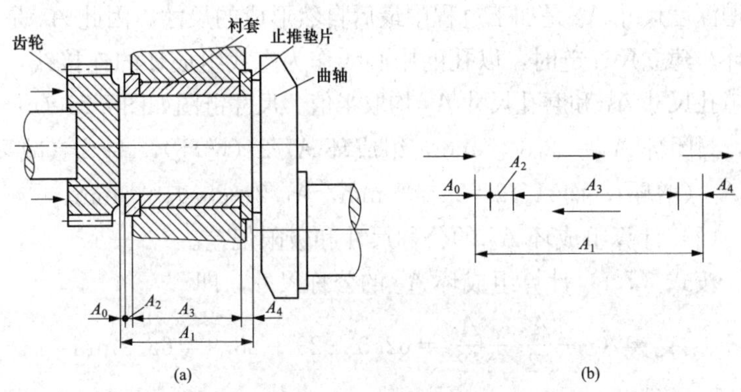

图 7-22　曲轴装配示意图
(a) 曲轴装配图；(b) 尺寸链

3. 工艺尺寸计算

【例 7-5】 如图 7-23（b）所示，是轮毂孔和键槽尺寸标注的示意图，轮毂孔和键槽的加工顺序为：首先按工序尺寸 $A_1=\phi57.8^{+0.074}_{0}$ mm 镗孔，再按工序尺寸 A_2 插键槽，淬火；然后按如图 7-23（a）所示图样上标注的尺寸 $A_3=\phi58^{+0.03}_{0}$ mm 磨孔。孔加

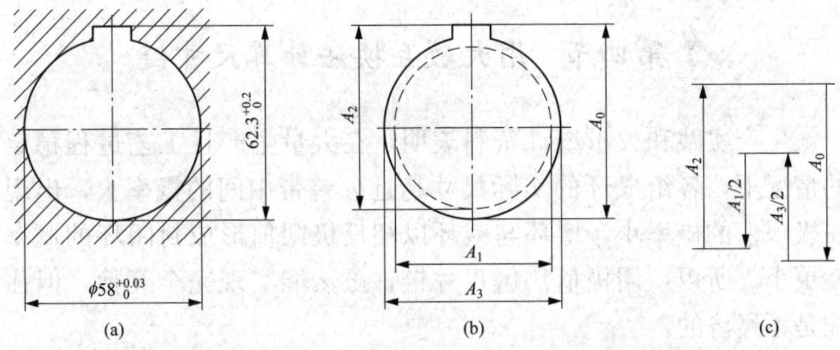

图 7-23　孔及其键槽加工的工艺尺寸链
(a) 零件样标注；(b) 工艺尺寸；(c) 尺寸链图

工完工后要求键槽深度尺寸 A_0 符合图样上标注的尺寸$62.3^{+0.2}_{0}$mm的规定。试用完全互换法计算尺寸链，确定工序尺寸 A_2 的极限尺寸。

解：(1) 建立尺寸链。如图 7-23 (b) 所示，从加工过程可知，键槽深度尺寸 A_0 是加工过程中最后自然形成的尺寸，因此 A_0 是封闭环。建立尺寸链时，以孔的中心线作为查找组成环的连接线，因此镗孔尺寸 A_1 和磨孔尺寸 A_3 均取半值。尺寸链图如图 7-23 (c) 所示，封闭环 $A_0=62.3^{+0.2}_{0}$ mm，组成环 $A_3/2$（增环），$A_1/2$（减环）和 A_2（增环）。而 $A_3/2=29^{+0.015}_{0}$ mm，$A_1/2=28.9^{+0.037}_{0}$ mm。

(2) 计算组成环 A_2 的公称尺寸和极限偏差。

按式 (7-1) 计算组成环 A_2 的公称尺寸，即

$$A_2=A_0-\frac{A_3}{2}+\frac{A_1}{2}=62.3-29+28.9=62.2\text{mm}$$

按式 (7-5) 和式 (7-6) 分别计算组成环 A_2 的上极限尺寸 $A_{2\max}$、下极限尺寸 $A_{2\min}$，即

$$A_{2\max}=A_{0\max}-\frac{A_{3\max}}{2}+\frac{A_{1\min}}{2}=62.5-29.015+28.9=62.385\text{mm}$$

$$A_{2\min}=A_{0\min}-\frac{A_{3\min}}{2}+\frac{A_{1\max}}{2}=62.3-29+28.937=62.237\text{mm}$$

因此，插键槽的工序尺寸 A_2 为

$$A_2=62.3^{+0.085}_{-0.063}\text{mm}$$

第四节 用大数互换法计算尺寸链

生产实践和大量统计资料表明，在大量生产且工艺过程稳定的情况下，各组成环的实际尺寸趋近公差带中间的概率大，出现在极限值的概率小，增环与减环以相反极限值形成封闭环的概率就更小。所以，用极值法解尺寸链，虽然能实现完全互换，但往往是不经济的。

大数互换法（也称统计法）是指在绝大多数产品中，装配时各组成环不需挑选，也不需改变其大小或位置，装配后即能达到

封闭环公差要求（即保证大数互换）的尺寸链计算方法。这个尺寸链计算方法，就是采用统计公差公式计算。

按大数互换法计算尺寸链，在相同的封闭环公差条件下，可使组成环的公差扩大。从而获得良好的技术经济效益，也比较科学合理，常用在大批量生产的场合。

一、统计公差公式

大数互换法是以一定置信概率为依据，假定各组成环实际尺寸的获得彼此无关，即它们都为独立随机变量，各按一定规律分布，因此它们所形成的封闭环也是随机变量，按某一规律分布。按照独立随机变量合成规律，各组成环（各独立随机变量）的标准偏差 σ_i 与封闭环（这些独立随机变量之和）的标准偏差 σ_0 之间的关系，即

$$\sigma_0=\sqrt{\sum_{i=1}^{m}\sigma_i} \tag{7-8}$$

式中 σ_0——封闭环的标准偏差，mm；

σ_i——各组成环的标准偏差，mm；

m——组成环的数目。

如果各组成环的实际尺寸分布都服从正态分布，则封闭环实际尺寸的分布也服从正态分布。设各组成环尺寸分布中心与公差带中心重合，取置信概率 $P=99.73\%$，分布范围与公差范围相同，则各组成环公差 T_i 和封闭环公差 T_0 各自与它们的标准偏差的关系，即 $T_i=6\sigma_i$，$T_0=6\sigma_0$。将 T_i、T_0 代入式（7-8）得

$$T_0=\sqrt{\sum_{i=1}^{m}T_i^2} \tag{7-9}$$

则封闭环公差等于各组成环公差的平方之和再开平方。式（7-9）是一个统计公差公式，其实它是统计公差公式中的一个特例，是在各组成环实际尺寸的分布都服从正态分布，分布中心与公差带中心重合，分布范围与公差范围相同这样的假设前提下得出的。而这个假设条件是符合大多数产品的实际情况的，因此这个统计公差公式的特例有其实用价值。

二、设计计算

【例 7-6】 用大数互换法求解［例 7-3］，假设各组成环的分布都服从正态分布，且分布中心与公差带中心重合，分布范围与公差范围相同。

解： 由［例 7-3］可知，封闭环的极限尺寸为 $0^{+0.35}_{-0.10}$mm。

（1）确定各组成环的公差，先假定各组成环公差相等，即 $T_1=T_2=\cdots=T_m=T_{av,Q}$（平均平方公差），则由式（7-9）得

$$T_0=\sqrt{mT^2_{av,\ Q}}$$

所以

$$T_{av,\ Q}=\frac{T_0}{\sqrt{m}}=\frac{0.25}{\sqrt{3}}=0.144\text{mm}$$

然后，调整各组成环公差。因为尺寸 $L_1=35$mm，$L_3=49$mm，在同一尺寸分段内；查表可得标准公差数值，其平均平方公差 $T_{av,Q}=0.144$mm，接近 IT11 的标准公差数值 $T_B=0.16$mm。因此取

$$T_1=T_3=0.16\text{mm(IT11)}$$

由式（7-9）得

$T_2=\sqrt{T_0^2-T_1^2-T_3^2}=\sqrt{0.25^2_-0.16^2-0.16^2}=0.11$mm（等于 IT11 的标准公差数值 $T_B=0.11$mm）。

（2）确定各组成环的极限偏差。由组成环 L_1 和 L_3 的公差 T_1 和 T_3，将它们的上、下偏差分别按“偏差入体原则”和“偏差对称原则”确定，即

$$ES_1=0,\ EI_1=-0.16\text{mm}$$

$$ES_3=+0.08\text{mm},\ EI_3=-0.08\text{mm}$$

所以，它们的极限尺寸分别为

$$L_1=35^{\ \ 0}_{-0.16}\text{mm},\ L_3=49\pm0.08\text{mm}$$

组成环 L_1 和 L_3 的极限偏差确定后，便可以计算组成环 L_2 的极限偏差。因为中间偏差为上下偏差的平均值，所以封闭环 L_0 和组成环 L_1、L_3 的中间偏差分别为 $\Delta_0=+0.0225$mm 和 $\Delta_1=-0.08$mm、$\Delta_3=0$。由式（7-4）得

$$\Delta_2=\Delta_3-\Delta_1-\Delta_0=0-(-0.08)-0.225=-0.145\text{mm}$$

按式（7-2）、式（7-3）计算出组成环 L_2 的上、下偏差，即

$$ES_2=\Delta_2+\frac{T_2}{2}=(-0.145)+\frac{0.11}{2}=-0.09\text{mm}$$

$$EI_2=\Delta_2-\frac{T_2}{2}=(-0.145)-\frac{0.11}{2}=-0.20\text{mm}$$

结论：将［例 7-6］与［例 7-3］的计算结果相比较，在封闭环公差相同的条件下，用大数互换法计算尺寸链，组成环的公差可以增大，而使其加工容易，加工成本降低。

三、校核计算

【例 7-7】 用大数互换法求解［例 7-4］，假设各组成环的分布都服从正态分布，且分布中心与公差带中心重合，分布范围与公差范围相同。

解：按式（7-1）计算封闭环的公称尺寸，得

$$A_0=A_1-A_2-A_3-A_4=43.5-2.5-38.5-2.5=0$$

按式（7-4）计算封闭环的中间偏差，得

$$\begin{aligned}\Delta_0&=\Delta_1-\Delta_2-\Delta_3-\Delta_4\\&=0.075-(-0.02)-(-0.035)-(-0.02)=0.15\text{mm}\end{aligned}$$

封闭环 T_0 按式（7-9）计算，得

$$\begin{aligned}T_0&=\sqrt{\sum_{i=1}^{m}T_i^2}=\sqrt{T_1^2+T_2^2+T_3^2+T_4^2}\\&=\sqrt{0.15^2+0.04^2+0.07^2+0.04^2}=0.175\text{mm}\end{aligned}$$

封闭环的上、下偏差按式（7-2）、式（7-3）计算，得

$$ES_0=\Delta_0+\frac{T_0}{2}=0.15+\frac{0.175}{2}=+0.238\text{mm}$$

$$EI_0=\Delta_0-\frac{T_0}{2}=0.15-\frac{0.175}{2}=+0.063\text{mm}$$

因此，封闭环 $A_0=0^{+0.238}_{+0.063}$，曲轴轴向装配间隙在 0.063～0.238mm 范围内，比要求的 0.05～0.25mm 变动范围小些。

结论：将［例 7-7］与［例 7-4］的计算结果进行比较，在组成环公差相同的条件下，用大数互换法计算尺寸链，封闭环的变动范围减小许多，容易达到精度要求。

第八章

量具量仪的使用与维护保养

第一节　金属直尺、内外卡钳及其使用

一、金属直尺及其使用

金属直尺是最简单的长度测量工具。金属直尺有 150、300、500mm 和 1000mm 四种规格。图 8-1 所示是常用的 150mm 金属直尺。

图 8-1　150mm 金属直尺

金属直尺用于测量零件的长度尺寸，如图 8-2 所示。它的测量

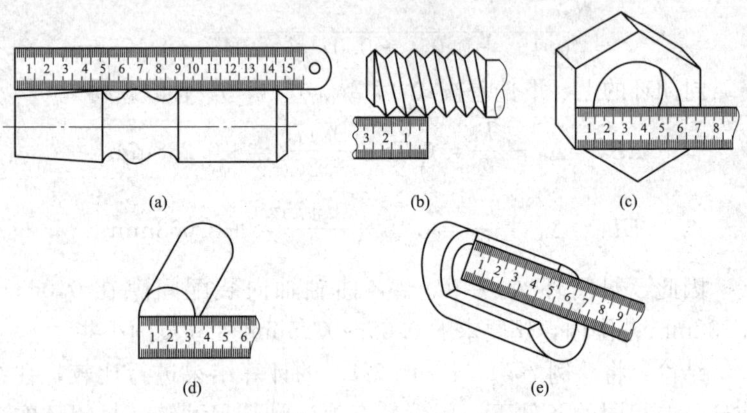

图 8-2　金属直尺的使用

(a) 量长度；(b) 量螺距；(c) 量宽度；(d) 量外径；(e) 量深度

结果不太准确，这是由于金属直尺的标尺间距为1mm，而标尺标记线本身的宽度就有0.1～0.2mm，测量时读数误差比较大，只能读出毫米数，即它的最小读数值为1mm，比1mm小的数值只能估计而得。

如果用金属直尺直接去测量零件的直径尺寸（轴径或孔径），则测量精度更差。其原因是，除了金属直尺本身的读数误差比较大以外，还因为金属直尺无法准确放在零件直径的正确位置，所以，零件直径尺寸的测量，需要金属直尺和内、外卡钳的配合使用。

二、内、外卡钳及其使用

如图8-3所示是常见的内、外卡钳，内、外卡钳是最简单的比较测量工具。外卡钳用于测量零件的外径和平面，内卡钳用于测量零件的内径和凹槽。它们本身都不能直接读出测量结果，而是把测量得到的长度尺寸（直径也属于长度尺寸），在金属直尺上进行读数，或在金属直尺上先取下所需测量值，再去检验零件是否符合要求。

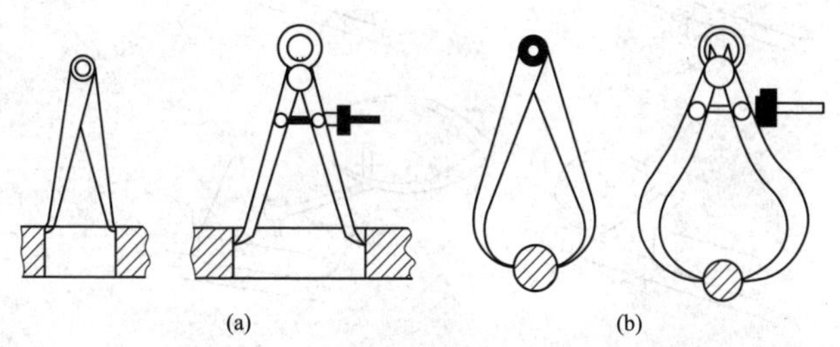

图8-3　内外卡钳
（a）内卡钳；（b）外卡钳

1. 卡钳开度的调节

首先检查钳口的形状。钳口形状对测量精确度影响很大，应注意经常修整钳口的形状。图8-4所示为卡钳钳口形状好与坏的对比。

调节卡钳的开度时，应轻轻敲击卡钳脚的两侧面。先用两手把卡钳调整到与工件尺寸相近的开口，然后轻敲卡钳的外侧来减小卡钳的开口，敲击卡钳内侧来增大卡钳的开口，如图 8-5（a）所示；但不能直接敲击钳口，如图 8-5（b）所示，否则会因钳口损伤测量面而引起测量误差；更不能在机床的导轨上敲击卡钳，如图 8-5（c）所示。

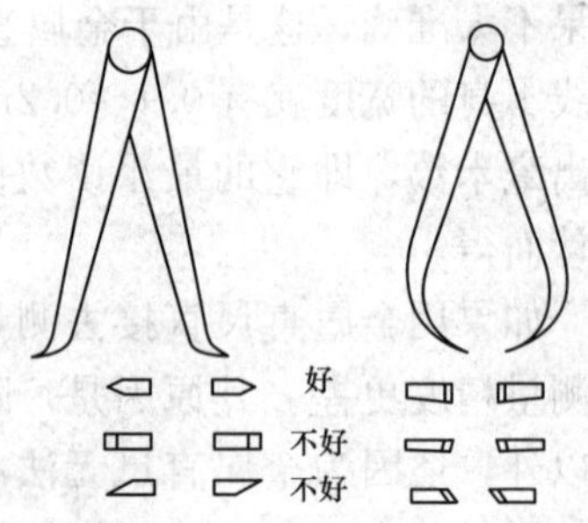

图 8-4　卡钳钳口形状好与坏的对比

2. 外卡钳的使用

用外卡钳在金属直尺上取下测量值，如图 8-6（a）所示。一个钳脚的测量面靠在金属直尺的端面上，另一个钳脚的测量面对准所需尺寸刻线的中间，且两个测量面的连线应与金属直尺平行，人的视线要垂直于金属直尺。

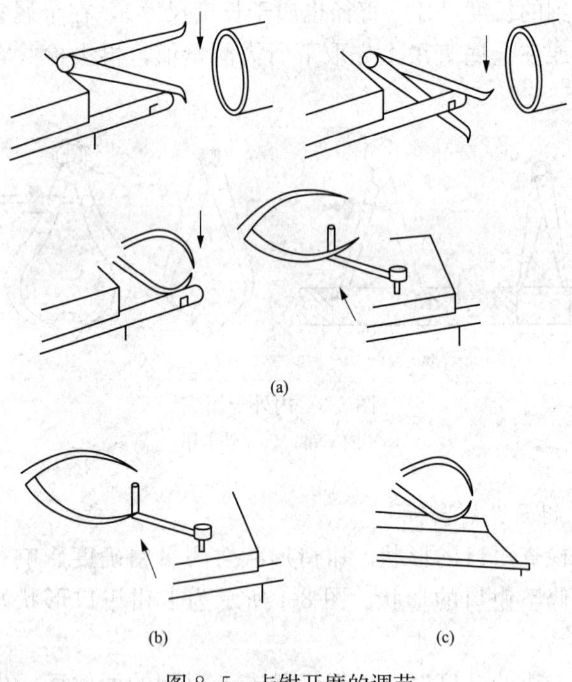

图 8- 5　卡钳开度的调节

（a）正确；（b）、（c）错误

用已在金属直尺上取好尺寸的外卡钳去测量外径时，要使两个测量点的连线垂直零件的轴线。靠外卡钳的自重滑过零件外圆时，手中的感觉应该是外卡钳与零件外圆正好是点接触，此时外卡钳两个测量点之间的距离，就是被测零件的外径。所以，用外卡钳测量外径，就是比较外卡钳与零件外圆接触的松紧程度。如图 8-6（b）所示，以外卡钳的自重能刚好滑下为合适。如当卡钳滑过外圆时，手中没有接触感觉，就说明外卡钳比零件外径尺寸大；如靠外卡钳的自重不能滑过零件外圆，就说明外卡钳比零件外径尺寸小。切不可将卡钳歪斜地放在零件上测量，这样会有误差，如图 8-6（c）所示。由于卡钳有弹性，把外卡钳用力压过外圆是错误的，更不能把卡钳横着卡上去，如图 8-6（d）所示。对于大尺寸的外卡钳，靠它的自重滑过零件外圆的测量压力已经太大了，此时应托住卡钳进行测量，如图 8-6（e）所示。

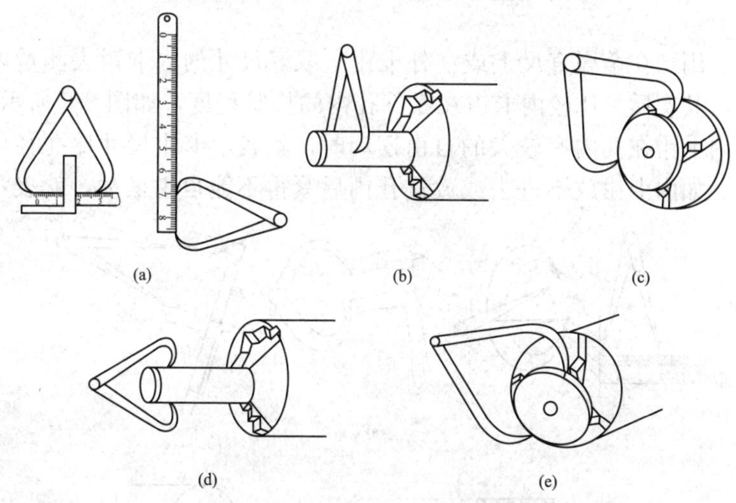

图 8-6　外卡钳在金属直尺上量取尺寸和测量方法

（a）取值；（b）测外径；（c）卡钳歪斜；

（d）卡钳横着测量；（e）托住卡钳测量

3. 内卡钳的使用

用内卡钳测量内径时，应使两个钳脚的测量点的连线正好垂直相交于内孔的轴线，即钳脚的两个测量点应是内孔直径的两端点。测量时应将下面钳脚的测量点停在孔壁上作为支点，如图 8-7（a）所示。上面的钳脚由孔口略往里面一些逐渐向外试探，并沿孔壁圆周方向摆动，当沿孔壁圆周方向能摆动的距离为最小时，则表示内卡钳脚的两个测量点已处于内孔直径的两端点了，再将卡钳由外至里慢慢移动，可检验孔的圆度公差，如图 8-7（b）所示。

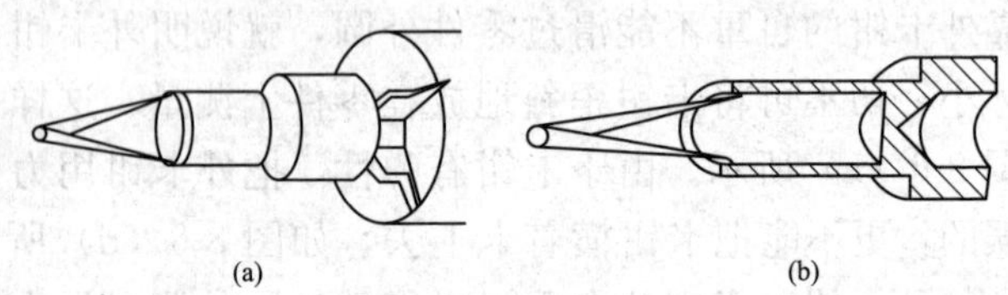

图 8-7　内卡钳测量方法

（a）测量点停在孔壁上；（b）在孔壁圆周摆动

用已在金属直尺上或在外卡钳上取好尺寸的内卡钳去测量内径，其实质是比较内卡钳在零件孔内的松紧程度，如图 8-8 所示。如内卡钳在孔内有较大的自由摆动时，就表示卡钳尺寸比孔径小了；如内卡钳放不进去或放进孔内后紧得不能自由摆动，就表示

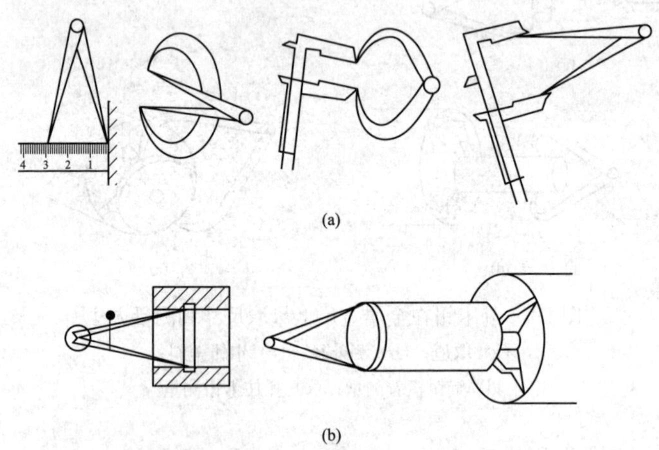

图 8-8　卡钳量取尺寸和测量方法

（a）正确；（b）错误

内卡钳尺寸比孔径大了；如内卡钳放入孔内，按照上述的测量方法能有 1～2mm 的自由摆动距离，这时孔径与内卡钳尺寸正好相等。测量时不要用手抓住卡钳测量，这样手感就没有了，难以比较内卡钳在零件孔内的松紧程度，并使卡钳变形而产生测量误差。

4. 卡钳的使用范围

卡钳是一种简单的测量工具，它具有结构简单、制造简便、价格低廉、维护和使用方便等特点，广泛应用于要求不高的零件尺寸的测量和检验，尤其是对锻、铸件毛坯尺寸的测量和检验，卡钳是最合适的测量工具。

卡钳虽然是简单的测量工具，但只要掌握得好，也可获得较高的测量精度。例如，用外卡钳比较两根轴直径的大小时，就是轴径相差只有 0.01mm，有经验的技术工人也能分辨得出来。又如，用内卡钳与外径百分尺联合测量内孔尺寸时，有经验的技术工人完全有把握用这种方法测量高精度的内孔。这种内径测量方法，称为“内卡钳搭百分尺”，是利用内卡钳在外径百分尺上读取准确的尺寸，再去测量零件的内径，如图 8-9 所示；或将内卡钳在孔内调整好与孔接触的松紧程度，再在外径百分尺上读出具体尺寸。这种测量方法，在缺少精密的内径测量工具时，是测量内径的好办法，尤其对于图 8-9 所示的零件，由于零件的孔内有轴，即使使用精密的内径测量工具测量也有困难，但是采用内卡钳搭百分尺测量内径的方法，就能较好地解决问题。

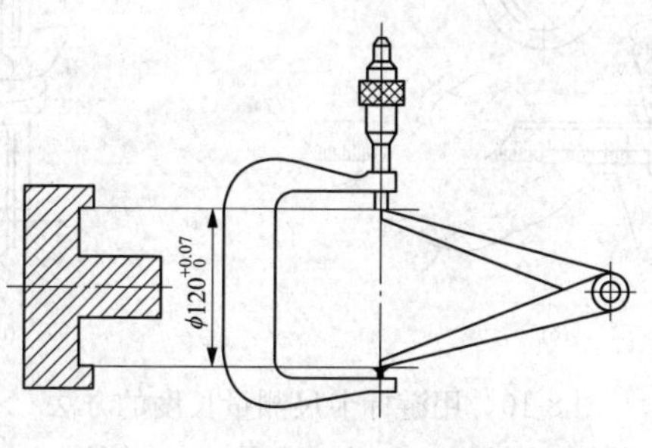

图 8-9　内卡钳搭百分尺测量内径

第二节　轴套类零件的测量

一、长度的测量

长度测量的内容较广，包括长度、轴径、孔径、几何形状、表面相互位置等参数的测量，如轴类、套类零件直径、孔径、沟槽尺寸的测量。长度测量方法较多，本章主要介绍几种常用测量方法。

1. 用游标卡尺测量长度

游标卡尺是利用游标和尺身相互配合进行测量和读数的量具，称为游标量具。游标卡尺结构简单，使用方便，维护、保养容易，在现场加工中应用广泛。

用游标卡尺测量长度的方法，如图 8-10 所示。

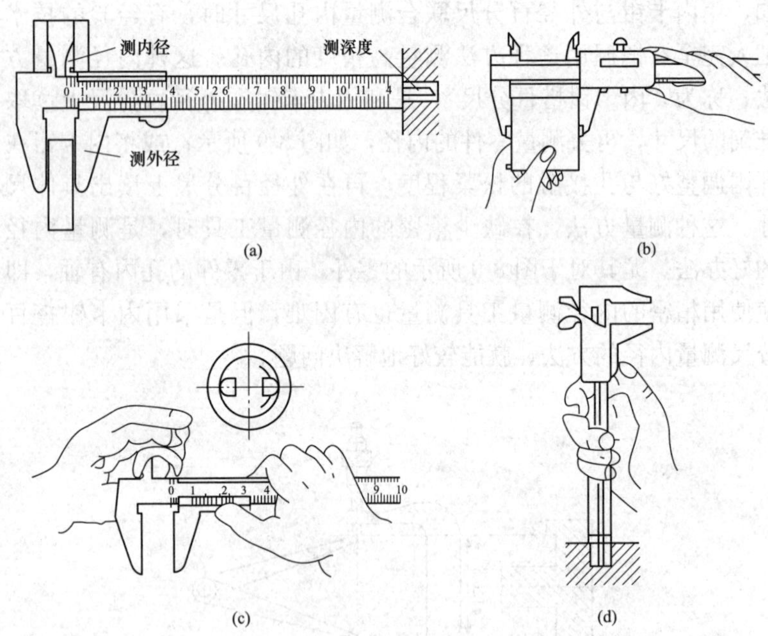

图 8-10　用游标卡尺测量长度的方法

(a) 三用游标卡尺的三种功能；(b) 厚度测量；(c) 内径测量；(d) 深度测量

测量时，游标卡尺要端平，否则将会产生测量误差，如图8-11所示。

游标卡尺不能当工具使用，其不当使用的方式如图 8-12 所示。

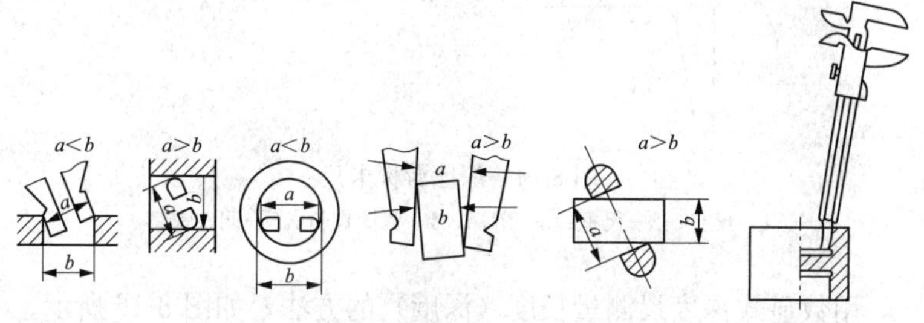

图 8-11　游标卡尺操作不正确的几种情形

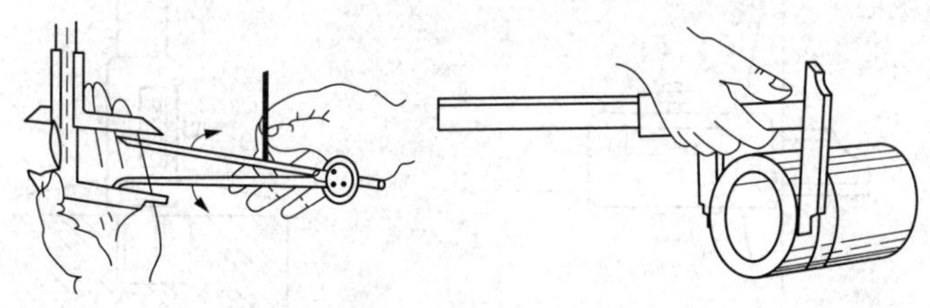

图 8-12　游标卡尺的不当使用方式

2. 用数显式深度尺测量长度

数显式深度尺是用容栅（或光栅）测量系统和数字显示器进行读数的一种长度测量仪器。其分辨力为 0.01mm；测量范围有 0～200mm，0～300mm，0～500mm 三种；深度尺结构形式如图 8-13～图 8-15 所示。数显式深度尺可用于测量通孔、不通孔、阶梯孔和槽的深度，也可测量台阶高度和平面之间的距离。

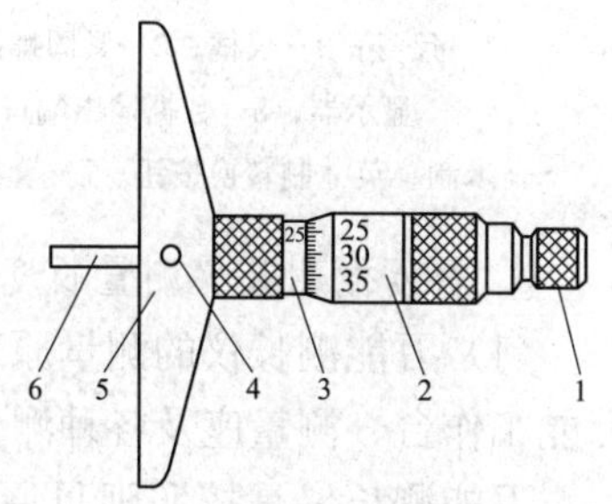

图 8-13　深度千分尺

1—测力装置；2—微分筒；3—固定套管；4—锁紧装置；5—基座；6—测量杆

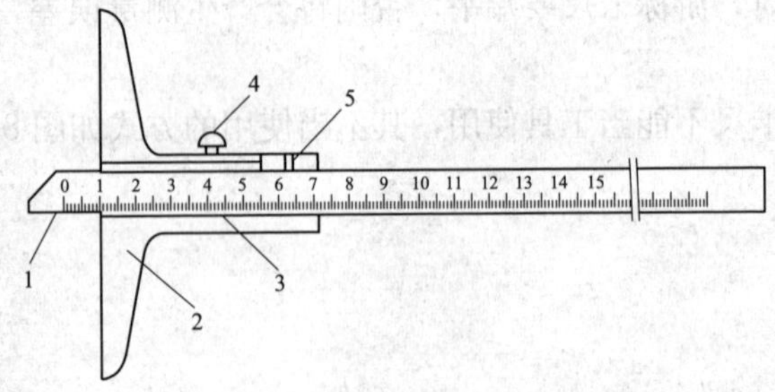

图 8-14　深度游标卡尺

1—尺身；2—尺框；3—游标；4—紧固螺钉；5—调整螺钉

用数显式深度尺测量长度（深度）的方法，如图 8-16 所示。

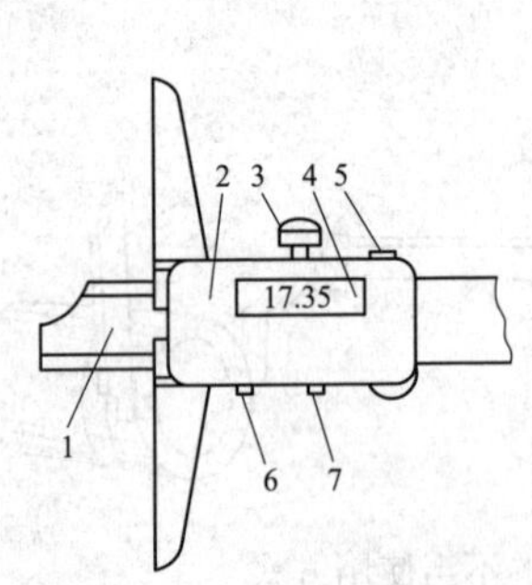

图 8-15　数显式深度尺

1—尺身；2—尺框；3—紧固螺钉；
4—显示器；5—数据输出端口；
6—米制、英寸制转换按钮；7—置零按钮

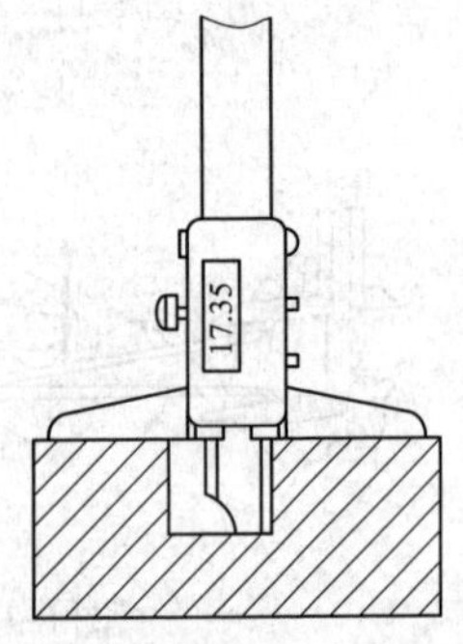

图 8-16　用数显式深度尺测量槽深的方法

3. 用万能测长仪测量长度

(1) 万能测长仪的测量原理。万能测长仪主要由底座、尾座、万能工作台、测量座及各种测量附件组成，如图 8-17 所示。

万能测长仪是按照阿贝原则设计制造的，被测零件放在标准件（玻璃分度尺）的延长线上，以保证仪器的高精度测量。在万能测长仪上进行测量，是直接把被测零件与精密玻璃分度尺作比较，然后利用补偿式读数显微镜观察分度尺，进行读数。玻璃分度尺被固定在测量轴 2 上，因其在纵向轴线上，故分度尺在纵向

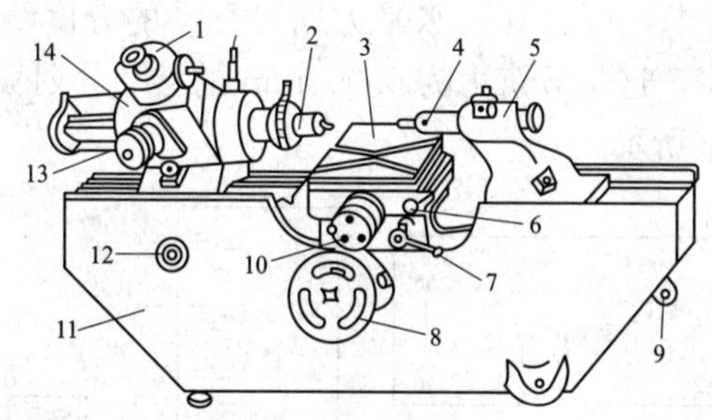

图 8-17　万能测长仪

1—读数显微镜；2—测量轴；3—万能工作台；4—微调螺钉；5—尾座；6—工作台转动手柄；7—工作台摇动手柄；8—工作台升降手轮；9—平衡手轮；10—工作台横向移动手轮；11—底座；12—电源开关；13—微动手柄；14—测量座

上的移动量完全与被测零件长度一致，而此移动量可在显微镜中读出。万能测长仪测量原理如图 8-18 所示。

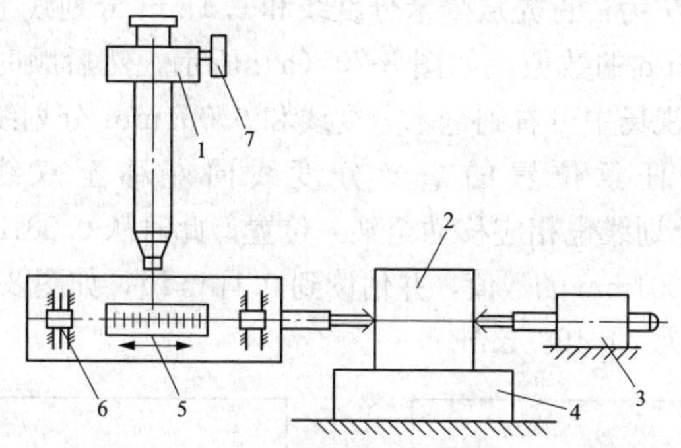

图 8-18　万能测长仪测量原理

1—读数显微镜；2—被测零件；3—尾座；4—万能工作台；5—玻璃分度尺；6—滚珠轴承；7—微调手轮

读数显微镜中的示值：在读数显微镜的绿色视场中，可看到三种不同的分度线，分置在两个不同的窗框中。在中间大的窗框中有两种分度线，一种是水平方向固定的双分度线，从左端开始标有 0～10 的数字，这是分辨力为 0.1mm 的分划板；另一种是一根长的并在垂直方向标有数字的分度线，这是毫米分划尺。在下面较小的窗框中，可看到一水平方向可移动的分度线，其上标有0～100的数字，这是分辨力为0.001mm的移动分划板。起始读数方法如图8-19所示。

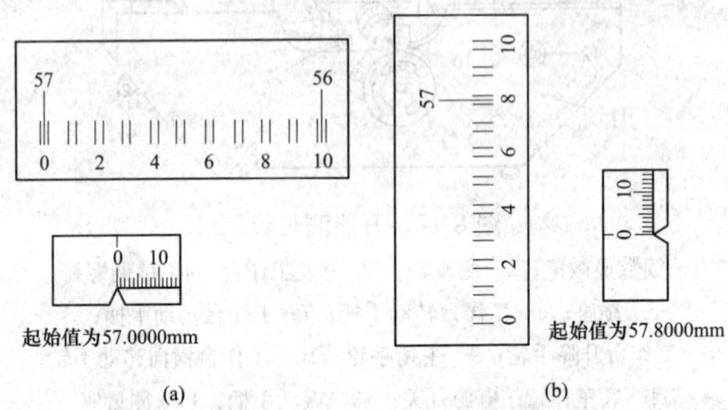

图 8-19　起始读数方法

(a) 读出 0.1mm 的数值；(b) 读出 0.001mm 数值

读数方法为：首先从毫米分度线和0.1mm分划线上，读出毫米值和0.1mm的数值，如图8-20（a）所示，然后顺时针转动微调手轮，在视场中可看到毫米分度线和0.001mm分划线均向左移动；当处于任意位置的毫米分度线向左移至双线之中时，0.001mm分划线也相应移动至某一位置。此时从0.001mm分划板上可读出0.001mm的数值，并估读到0.1μm级，如图8-20（b）所示，其数值为79.4685mm。

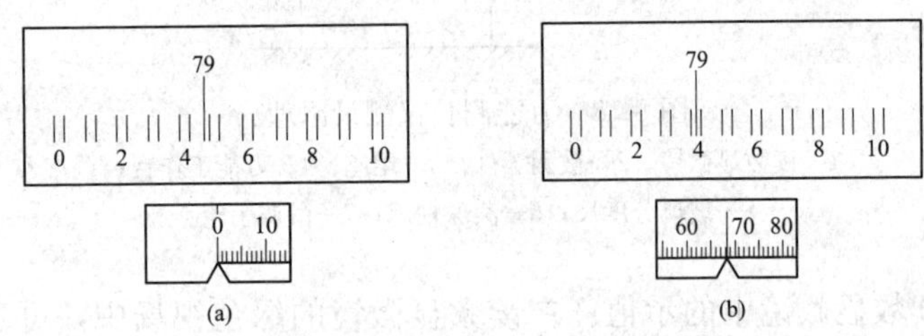

图 8-20　读数方法

(a) 读出 0.1mm 的数值；(b) 读出 0.001mm 数值

（2）用万能测长仪测量长度的测量步骤。

1）接通如图 8-17 所示万能测长仪的电源，转动读数显微镜 1 的目镜调节环来调节视度。

2）松开工作台升降手轮 8 的固定螺钉，转动手轮，使万能工作台 3 下降到最低位置。

(3）将一对测头分别安装在测量轴 2 和尾座 5 上，沿轴向移动对齐。万能测长仪采用的是接触测量方式，合理地选择测头可以避免较大的测量误差。测头的选择原则是：尽量减小测头与被测零件的接触面积。

(4）调整仪器找到转折点位置（取整数），并记下读数。调整方法，如图 8-21 所示。

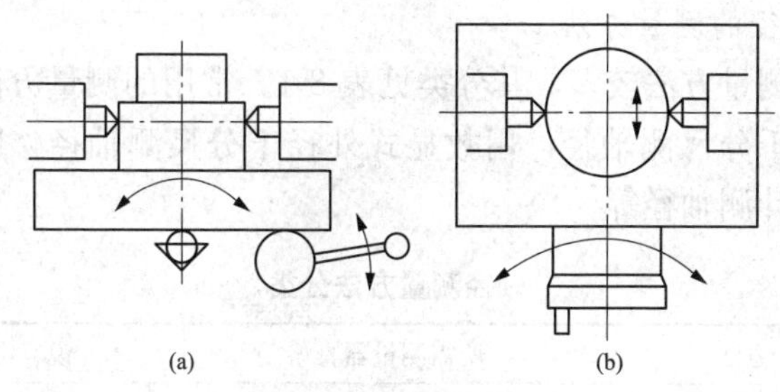

图 8-21　转折点调整

(a）工作台左右偏摆及上下偏摆找最小值；(b）移动工作台横向手柄找最大值

(5）将被测零件安装在工作台上，使两个测头接触被测零件两端面，并用压板固定，如图 8-22 所示。调整仪器至某一正确位置（取转折点），并记下读数，此时测长仪的读数与调零位时的读数之差，即为被测零件的实测尺寸。

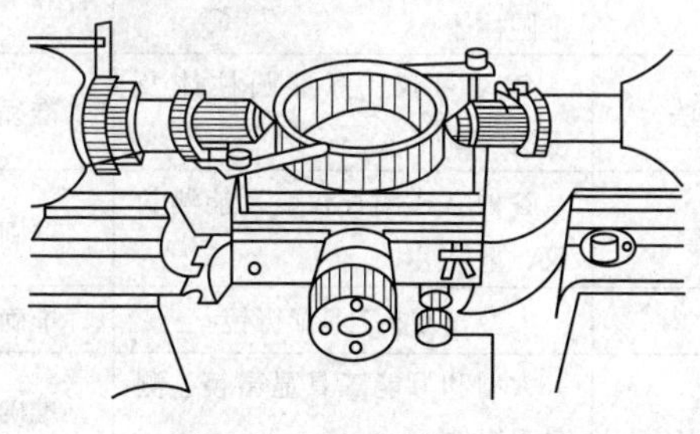

图 8-22　安装被测零件

(6) 填写长度测量与误差分析报告，并按是否超出零件设计公差带所限定的上极限尺寸与下极限尺寸，判断其合格性。

二、轴径的测量

机械制造业中，轴套类零件是一种非常重要的非标准零件。它主要用来支持旋转零件，传递转矩，保证转动零件（如凸轮、齿轮、链轮和带轮等）具有一定的回转精度和互换性。大部分轴套类零件的加工，可以在数控车床上完成。轴套类零件参数的精确与否将直接影响装配精度和产品合格率。对轴套类零件的主要技术要求有：尺寸精度、几何形状精度、相互位置精度、表面粗糙度，以及其他要求。

1. 轴径的测量方法

轴径测量方法较多，其分类见表 8-1。常用的测量方法有用游标卡尺、千分尺测轴径，用数显式外径千分尺测轴径，用数字式立式光学计测轴径等。

表 8-1　　轴径测量方法分类

序号	方法	所需测量器具	说　明
1	通用量具法	游标卡尺、千分尺、三沟千分尺、杠杆千分尺	准确度中等，操作简便
2	机械式测微仪法	百分表、千分表、扭簧比较仪、量块组	其中扭簧比较仪较准确
3	光学测微仪法	各种立、卧式光学比较仪、量块组	准确度较高
4	电动量仪法	各种电感或电容测微仪、数显或电了柱卡规、量块组或标准圆柱体	准确度较高，易于与计算机连接
5	气动量仪法	气动量仪、标准圆柱体及喷头	准确度较高，效率高
6	测长仪法	各种立式测长仪、万能测长仪、量块组	准确度较高
7	影像法	大型和万能工具显微镜	准确度一般
8	轴切法	大型和万能工具显微镜、测量刀组件	准确度较高

2. 用游标卡尺、千分尺测轴径

(1) 三用游标卡尺的下量爪用来测量工件的外径和长度，上量爪用来测量孔径和槽宽 [见图 8-23 (a)]，深度尺用来测量工件的深度和台阶长度。测量时，移动游标使量爪与工件接触，取得尺寸后，最好把紧固螺钉旋紧后再读数，以防尺寸变动。

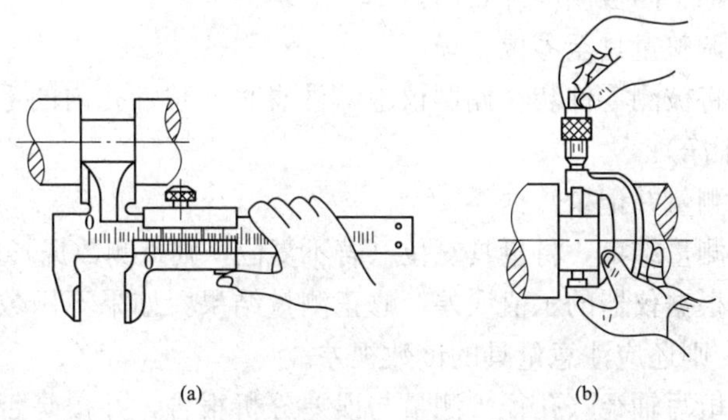

图 8-23　游标卡尺和千分尺的使用

(a) 游标卡尺测量轴径和槽宽；(b) 千分尺测量轴径

(2) 双面游标卡尺的上量爪用来测量沟槽直径和孔距，下量爪用来测量工件的外径。测量孔径时，游标卡尺的读数值必须加下量爪的厚度 b (b 一般为 10mm)。

(3) 用外径千分尺测量轴径，如图 8-23 (b) 所示。

3. 用数显式外径千分尺测轴径

如图 8-24 所示为数显外径千分尺，它由尺架、测砧、测微螺杆、测力装置和锁紧装置等组成。

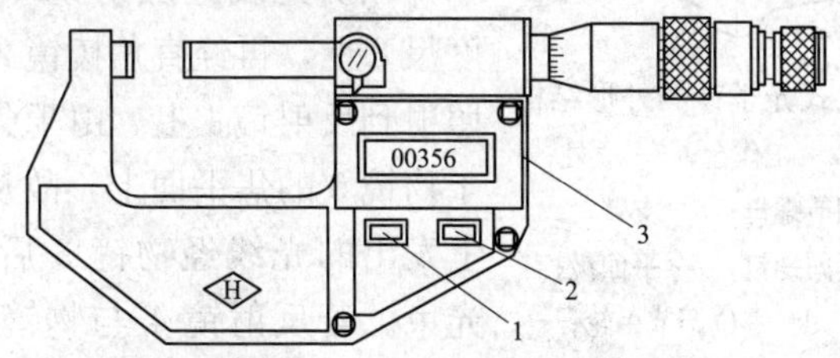

图 8-24　数显外径千分尺

1—米、寸制转换按钮；2—置雾按钮；3—数据输出端口

数显外径千分尺的工作原理是，利用一对精密螺纹耦合件，把测微螺杆的旋转运动变成直线位移，该方法是符合阿贝原则的。测微螺杆的螺距一般制成 0.5mm，即测微螺杆旋转一周，沿轴线方向移动 0.5mm。微分筒圆周有 50 个分度，所以微分筒的分辨力为 0.01mm。

用数显式外径千分尺测轴径测量步骤如下：

1）擦干净被测零件表面。

2）调整量具至零位。

3）将被测零件装在偏摆仪上（注意将两顶针孔内的毛刺和脏物清理干净）。

4）测量并记录数据。

5）测量结束，将量具复位（若不复位，则重测数据）。

6）根据仪器的示值误差，修正测量结果。如果不用数显量具来测量，则还应注意量具的读数视差。

7）填写轴径（孔径）测量与误差分析报告，并按是否超出零件设计公差带所限定的上、下极限尺寸，判断其合格性。

4. 用数字式立式光学计测量轴径

（1）立式光学计的测量原理。数字式立式光学计是一种可以用于测量长度的仪器，其外形结构如图 8-25 所示。

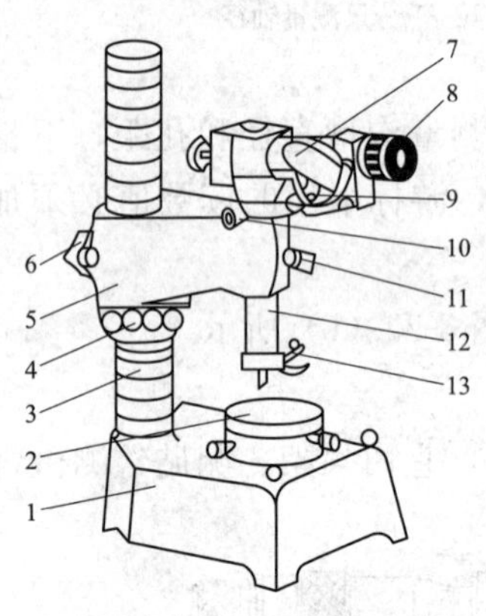

图 8-25　立式光学计的外形结构

1—底座；2—工作台；3—立柱；4—粗调节螺母；5—支臂；6—支臂紧固螺钉；7—平面镜；8—目镜；9—零位调节手轮；10—微调手轮；11—光管紧固螺钉；12—光学计管；13—提升器光源

立式光学计是利用光学杠杆放大原理进行测量的仪器，光学系统如图 8-26 所示。如图 8-26（b）所示，照明光线经反射镜 1 照射到分度尺 8 上，再经直角棱镜 2、物镜 3，照射到反射镜 4 上。由于分度尺 8 位于物镜 3 的焦平面上，故从分度尺 8 上发出的光线经物镜 3 后成为平行光束。若反射镜 4 与物镜 3 之间相互平行，则反射光线折回到焦平面，分度尺像 7 与分度尺 8 对称。

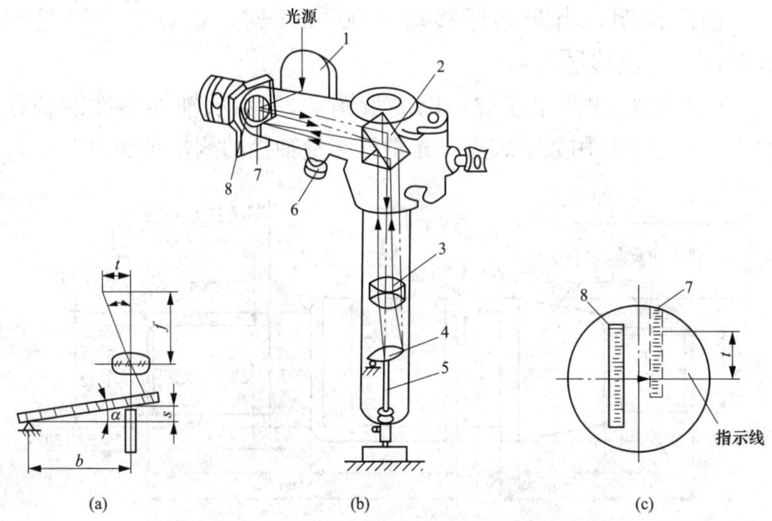

图 8-26　立式光学计光学系统图

(a) 反射偏转原理；(b) 光学系统；(c) 分度尺位移

1、4—反射镜；2—直角棱镜；3—物镜；5—测杆；

6—微调手轮；7—分度尺像；8—分度尺

若被测尺寸变动使测杆 5 推动反射镜 4 绕支点转动某一角度 α［见图 8-26 (a)］，则反射光线相对于入射光线偏转 2α 角度，从而使分度尺像 7 产生位移 t［见图 8-26 (c)］，它代表被测尺寸的变动量。物镜 3 至分度尺 8 间的距离为物镜焦距 f，设 5 为测杆中心至反射镜支点间的距离，s 为测杆 5 移动的距离，则仪器的放大比 K 为

$$K=\frac{t}{s}=\frac{f\tan 2\alpha}{b\tan\alpha} \tag{8-1}$$

当 α 很小时，$\tan 2\alpha=2\alpha$，$\tan\alpha=\alpha$，因此

$$K=\frac{2f}{b} \tag{8-2}$$

若光学计的目镜放大倍数为 12，$f=200\text{mm}$，$b=5\text{mm}$，则仪器的总放大倍数 n 为

$$n=12K=12\times\frac{2f}{b}=12\times\frac{2\times 200}{5}=960$$

由此说明，当测量杆移动 0.001mm 时，在目镜中可见到 0.96mm 的位移量。

(2) 轴径的测量步骤。以测量图 8-27 所示轴类零件的轴径 $\phi25_{-0.021}^{\ 0}$为例，用数字式立式光学计测量轴径的测量步骤如下。

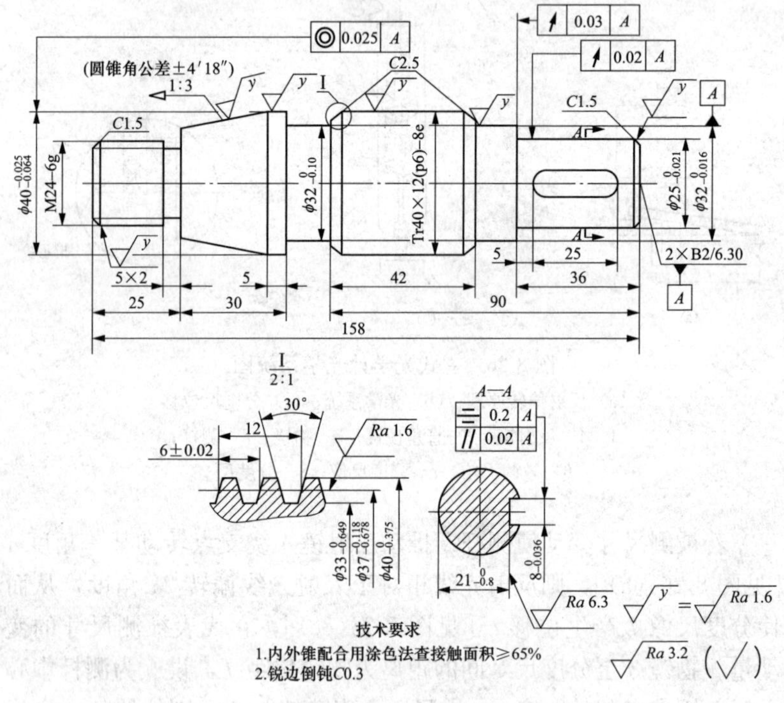

图 8-27　轴类零件

1）根据被测零件形状，正确选择测头装入测杆中。测量时被测零件与测头的接触面必须最小，因此在测量圆柱体时使用刀口形测头（本节是测量圆柱体，用刀口形测头），测量平面时需使用球形测头，测量球体时则使用平面形测头，测头形式如图 8-28 所示。

2）按被测的基本尺寸组合量块。轴径为 $\phi25_{-0.021}^{\ 0}$，故选用 25mm 量块。

3）调整仪器零位。

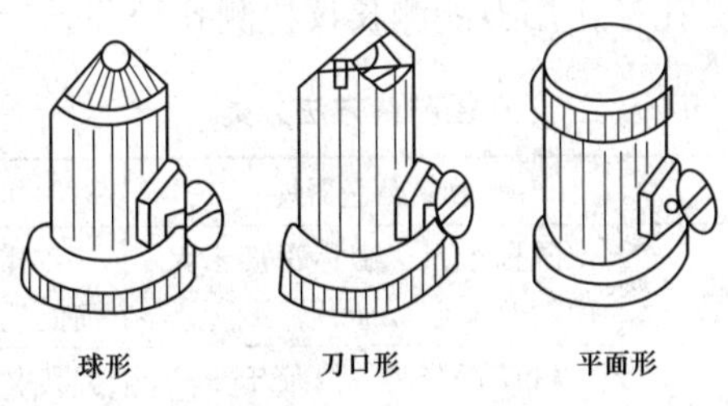

图 8-28 测头形式

a. 选择量块组后，将零件下测量面置于工作台 2（见图 8-25）的中央，并使测头对准零件上测量面中央。

b. 粗调节：松开支臂紧固螺钉 6，转动粗调节螺母 4，使支臂 5 缓慢下降，直到测头与量块上测量面轻微接触，并能看到数显分度有变化（压表现象），再将支臂紧固螺钉 6 锁紧。

c. 细调节：松开光管紧固螺钉 11，转动微调手轮 10，直至从目镜 8 中看到零位置指示线为止，然后拧紧光管紧固螺钉 11。

d. 将测头抬起，放回零位，观察是否稳定。

4）抬起提升杠杆，取出量块，轻轻地将被测零件放在工作台上，并在测头下来回移动，其最高转折点即为测得值。

5）在靠近轴的两端和轴的中间部位共取三个截面，并在互相垂直的两个方向上共测量 6 次。

6）填写轴径（孔径）测量与误差分析报告，并按是否超出零件设计公差带所限定的上极限尺寸与下极限尺寸判断其合格性。

（3）注意事项。

1）由于接触面的杂物和油污会造成测量值的不精确，因此要注意做好工作台与零件表面的清洁工作。

2）测量过程中测头与被测件接触的测量力不要太大，注意轻放测杆。

3）多件测量时，应注意要经常用量块复检零位。

三、孔径的测量

1. 孔径的测量方法

孔径的测量方法较多，其分类见表 8-2。常用的测量方法有用内径指示表检测孔径，用万能测长仪检测孔径等。

表 8-2　　孔径测量方法分类

序号	方法	所需测量器具	说　明
1	通用量具法	游标卡尺、游标深度卡尺、内径千分尺	准确度中等，操作简便
2	机械式测微法	内径百分表、内径千分表、扭簧比较仪、量块组	其中扭簧比较仪测量比较准确
3	量块比较光波干涉测微	孔径测量仪	准确度较高
4	用量块比较	各种电感或电容测微仪、内孔比长仪、量块组	准确度较高，易于与计算机连接
5	用量块比较	气动量仪	准确度较高，效率高
6	用电眼或内测钩	各种立式测长仪、万能测长仪、量块组	准确度较高
7	影像法、用光学测孔器	大型和万能工具显微镜	准确度一般
8	量块比较准直法测微	自准式测孔仪	准确度较高

2. 用内径千分表测量孔径

内孔是套类零件起支承或导向作用最主要的表面，它通常与运动着的轴颈或活塞等零件相配合，因此在长度测量中，圆柱形孔径（见图 8-29）的检测占很大的比例。根据生产批量大小、孔径精度高低和孔径尺寸等因素，可采用不同的检测方法。成批生产的孔，一般用光滑极限量规检测；中、低精度的孔，通常采用游标卡尺、内径千分尺、杠杆千分尺等进行绝对测量，或用百分表、千分表、内径百分表等进行相对测量；高精度的孔，则用机械比较仪、气动量仪、万能测长仪或电感测微仪等仪器进行测量。

（1）内径千分表的工作原理。内径千分表是生产中常用的测量孔径的测量仪器，如内径百分表、内径千分表等，由指示表和装有杠杆系统的测量装置组成，如图 8-30 所示。

活动测头 8 的移动可通过杠杆系统传给指示表 6。内径千分表

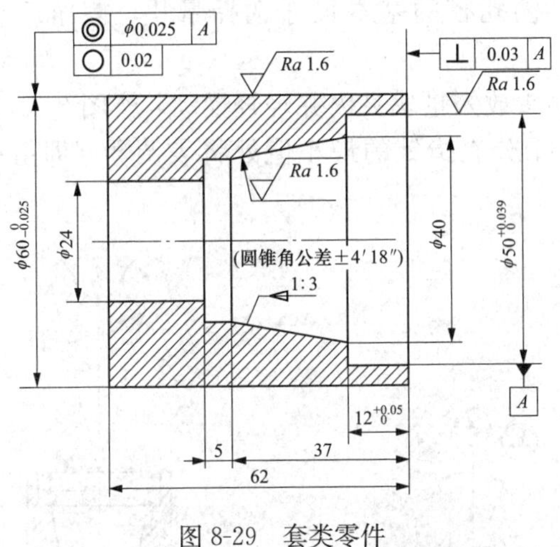

图 8-29 套类零件

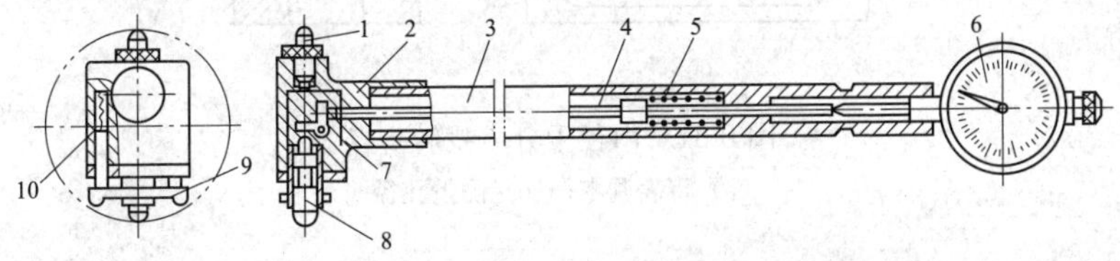

图 8-30 内径千分表

1—可换测头；2—测量套；3—测杆；4—传动杆；5、10—弹簧；6—指示表；7—杠杆；8—活动测头；9—定位装置

的两测头放入被测孔径内，位于被测孔径的直径方向上，这可由定位装置 9 来保证，定位装置 9 借助弹簧力始终与被测孔径接触，其接触点的连线和直径是垂直的。

内径千分表测量孔径属于相对测量，根据不同的孔径可选用不同的可换测头，故其测量范围可达 6～400mm，内径千分表的分度值为 0.001mm。

(2) 孔径测量步骤。以测量孔径 $\phi 50^{+0.039}_{0}$ mm 为例，孔径的测量步骤如下。

1) 根据被测孔径的大小正确选择测头，将测头装入测杆的螺孔内。

2）按被测孔径的基本尺寸选择量块，擦净后组合于量块夹内。

3）将测头放入量块夹内并轻轻摆动，按图 8-31（a）所示的方法在内径千分表指针的最小值处将表调零（即指针转折点位置）。

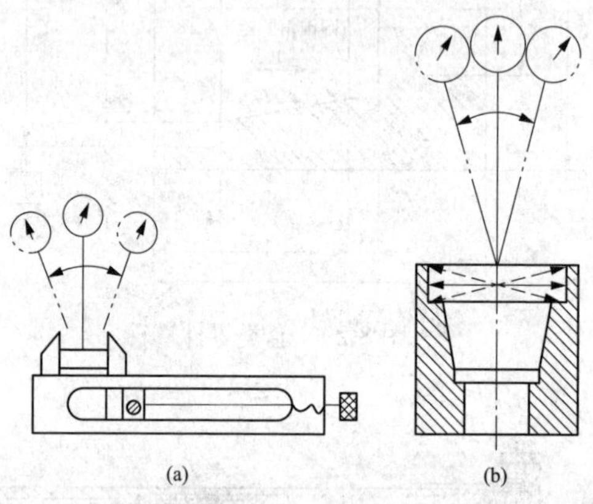

图 8-31　内径千分表找转折点

（a）将表调零；（b）测量孔径

4）按图 8-31（b）所示的方法测量孔径，在指示表指针的最小值处取读数。

5）在孔深的上、中、下三个截面内，互相垂直的两个方向上，共测六个位置。

6）填写轴径（孔径）测量与误差分析报告。

（3）注意事项。

1）注意测量面和被测量面的接触状况。当两测量面与被测量面接触后，要轻轻地晃动内径指示表，使测量面和被测量面紧密接触，测量时，不得只在测量面的边缘处进行测量。

2）要注意经常校对内径千分表，防止漂移。

3. 用万能测长仪测量孔径

在圆柱体的测定中（无论是外圆柱面还是内孔），必须使测量轴线穿过该曲面的中心，并垂直于圆柱体的轴线。为了满足这一条件，在被测零件固定于工作台上后，就要利用万能工作台各个可能的运动条件，通过寻找“读数转折点”，将被测零件调整到符合阿贝原则的正确位置上。下面以孔径测量（见图 8-32）为例介绍其操作步骤。

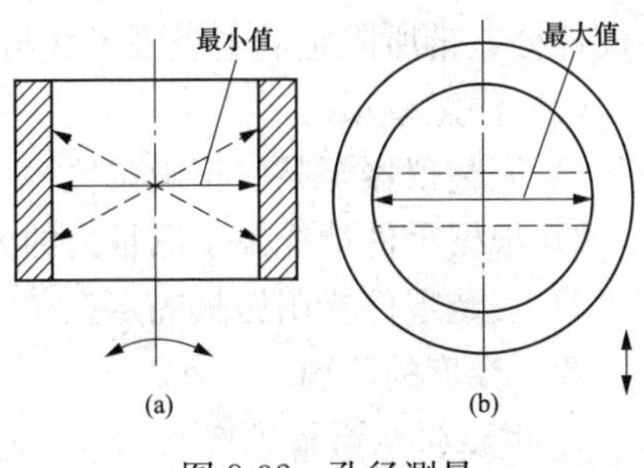

图 8-32　孔径测量

(a) 轴向最小；(b) 径向最大

1）将图 8-17 所示万能测长仪接通电源，转动读数显微镜 1 的目镜调节环来调节视度。

2）松开工作台升降手轮 8 的固定螺钉，转动手轮，使万能工作台 3 下降到最低位置。

3）将一对测钩分别安装在测量轴 2 和尾座 5 上。沿轴向移动测量轴 2 和尾座 5，使这一对测钩头部的凸楔、凹楔对齐。然后，旋紧两个测钩上的螺钉将它们分别固定。将具有被测孔径的组合量块夹或标准环安放在万能工作台上。

4）转动工作台升降手轮 8，使万能工作台 3 上升，使两个测钩伸入标准环或具有被测孔径的组合量块夹之中，然后将工作台升降手轮 8 的固定螺钉拧紧。调整仪器的零位或某一位置（取整数），并记下读数。

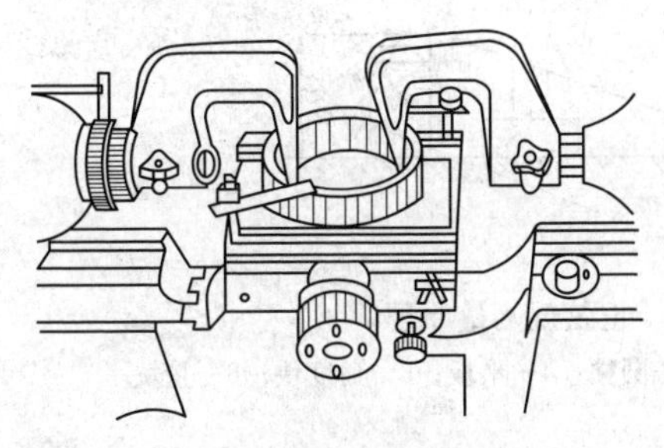

图 8-33　被测零件的安装

5）取下量块组，将被测零件安装在工作台上，使两个测钩伸入被测零件之内，并用压板固定，如图 8-33 所示。调整仪器至某一正确位置（取转折点），并记下读数。此时测长仪的读数与调零位时的读数之差，为被测零件的尺寸偏差（使用标准环时，被测零件的实际尺寸＝读数之差＋标准环直径）。

6）填写轴径（孔径）测量与误差分析报告，并按是否超出零件设计公差带所限定的上极限尺寸与下极限尺寸，判断其合格性。

(7) 注意事项。

1) 调整仪器至某一正确位置，一定要取得转折点。

2) 根据零件情况确定测量力的大小。

3) 安装零件要用压板固定。

四、锥度的测量

1. 用正弦规测量锥度

(1) 正弦规测量原理。

如图 8-9、图 8-34 所示，正弦规两个圆柱的直径相等，两圆柱中心线互相平行，又与工作面平行。两圆柱之间的中心距通常做成 100、200mm 和 300mm 三种。在测量或加工零件的角度或锥度时，只要用量块垫起其中一个圆柱，就组成一个直角三角形，锥角 α 等于正弦规工作面与平板（假如正弦规放在平板上测量零件）之间的夹角 α。

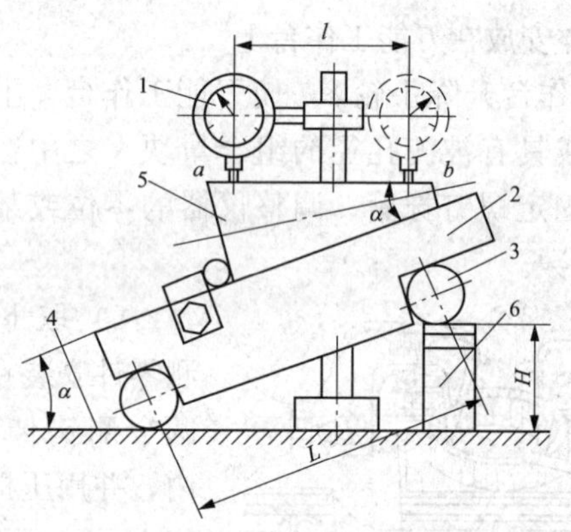

图 8-34 正弦规测量原理

1—指示计；2—正弦尺；3—圆柱；4—平板；5—角度块；6—量块

锥角 α 的对边是由量块组成的高度 H、斜边是正弦规两圆柱的中心距 L，这样利用直角三角形的正弦函数关系便可求出的 α 值：$\sin\alpha = H/L$。

若被测角度与其公称值一致，则角度块上表面与正弦规平板工作面平行；若被测角度有偏差，则角度块上表面与正弦规平板工作面不平行。可用在平台上移动的测微计，在被测角上表面两端进行测量。测微计在两个位置上的示值差与这两端点之间距离的比值，即为被测角的偏差值（用弧度来表示）。测微计在被测角度块的小端和大端测量的示值分别为 n_1 和 n_2，两测点之间的距离为 l，则角度块偏差为

$$\Delta\alpha=\frac{n_1-n_2}{l} \tag{8-3}$$

如果测量示值 n_1 和 n_2 的单位为μm，测点间距 l 的单位为mm，而 $\Delta\alpha$ 的单位为“"”时，则式（8-3）变为

$$\Delta\alpha=206\times\frac{n_1-n_2}{l} \tag{8-4}$$

（因为 1rad＝206 265"，式中只取前三位数字。）

（2）测量步骤。

1）将正弦规、量块用不带酸性的无色航空汽油进行清洗。

2）检查测量平板、被测零件表面是否有毛刺、损伤和油污，并进行清除。

3）将正弦规放在平板上，把被测零件按要求放在正弦规上。

4）根据被测零件尺寸，选用相应高度尺寸的量块组，垫起其中的一个圆柱。

5）调整磁性表架，装入千分表（或百分表），将表头调整到相应高度，压缩千分表表头 0.1～0.2mm（百分表表头压缩 0.2～0.5mm）。紧固磁性表架各部分螺钉（装入表头的紧固螺钉不能过紧，以免影响表头的灵活性）。

6）提升表头测杆 2～3 次，检查示值稳定性。

7）求出被测角的偏差值 $\Delta\alpha$。

8）填写锥度测量与误差分析报告。

（3）注意事项。

1）不要用正弦规检测粗糙零件。被测零件的表面不要带毛刺、研磨剂、灰屑等脏物，也要避免带磁性。

2）使用正弦规时，应防止在平板或工作台上来回拖动，以免

磨损圆柱而降低测量精度。

3）应利用正弦规的前挡板或侧挡板定位被测零件，以保证被测零件的角度截面在正弦规圆柱轴线的垂直平面内，避免测量误差。

2. 用游标万能角度尺测量锥度

游标万能角度尺（见图 8-35）是另一种可以用于测量角度的量具，它是一种用接触法测量斜面、燕尾槽和圆锥面角度的游标量具。

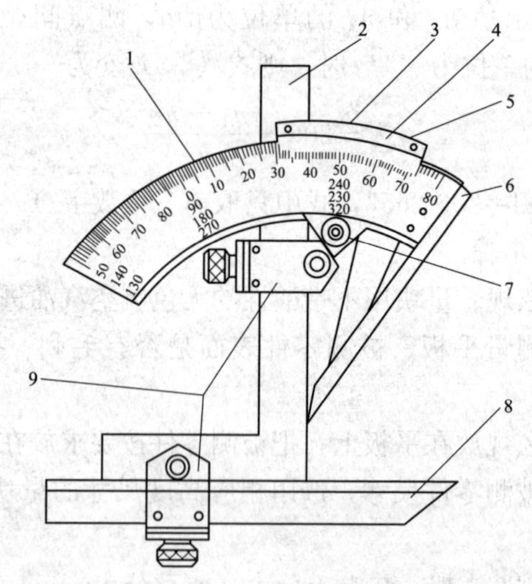

图 8-35　游标万能角度尺结构

1—尺身；2—直角尺；3—尺座；4—游标；5—齿轮转钮；6—基尺；7—制动器；8—活动直尺；9—紧固装置

3. 用圆锥量规测量锥度

（1）圆锥量规的操作方法。圆锥量规是另一种可用于测量角度的量具。锥度测量时可用涂色法进行检验，如图 8-36 所示。使用圆锥量规，应先在圆锥体或锥度塞规的外表面，顺着素线，用显示剂均匀地涂上三条线（线与线相隔约 120°）。然后再把环规或塞规，在圆锥体或圆锥孔上转动约半周，观察显示剂的擦去情况，以此来判断零件锥度的正确性。

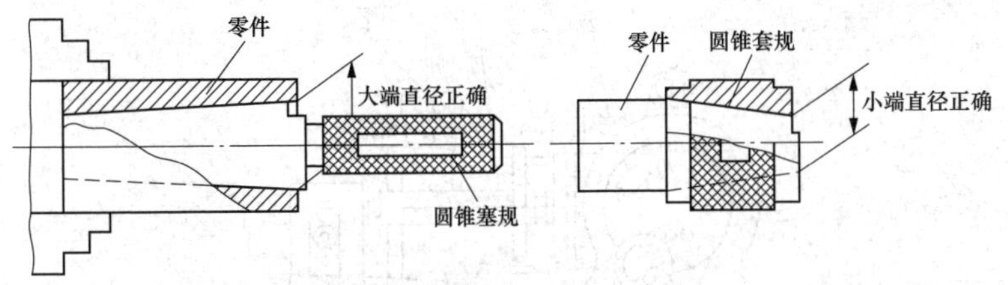

图 8-36　圆锥量规的操作方法

（2）注意事项。使用圆锥量规检验时应注意以下几点：

1）圆锥量规的转动量若超过半周，则显示剂会互相粘结，使操作者无法正确分辨，易造成误判。

2）锥度测量以后，切不可用敲击量规的方法取下量规，否则敲击后零件容易走动，产生锥度误差。

3）零件锥面没擦干净不能测量，否则易造成误判，使用时也容易破坏量规的锥面，影响量规的测量精度。

4）用涂色法测量锥度时，显示剂不能涂得厚薄不均，否则会造成检验时的误判，给判断带来困难。

五、圆度误差的测量

圆度误差的测量方法可以分为三大类，一是用测量坐标值原理进行测量（如用光学分度头检测圆度误差）；二是用圆度仪测量圆度误差；三是用两点法和三点法测量（如测微表测量）圆度误差。

（一）用光学分度头检测轴的圆度误差

光学分度头用于检测零件的中心角和加工中的分度，一般是以零件的旋转轴线为测量基准，测量中心角，所以也可以测量轴的圆度误差。

光学分度头按读数形式分为目镜式、影屏式和数字式，分辨力有 1′、10″、6″、5″、3″、2″、1″等几种，现以影屏式 5″分度头的测量为例。

1. 光学分度头的结构和光学系统

（1）光学分度头的外形结构。FP130A 型影屏式光学分度头外形结构如图 8-37 所示。

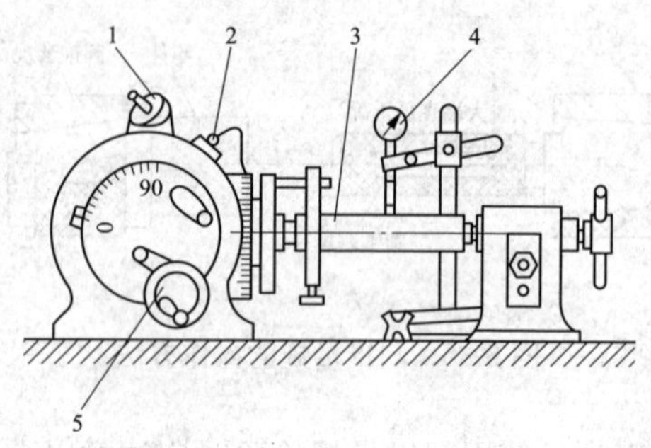

图 8-37　光学分度头外形结构

1—目镜；2—光源；3—零件；4—指示表；5—手轮

(2) 光学分度头的主要技术参数。

1) 玻璃分度盘分辨力：1°。

2) 分值分划板分辨力：5′。

3) 秒值分划板分辨力：5″。

4) 顶尖中心高：130mm。

5) 两顶尖间最大距离：710mm。

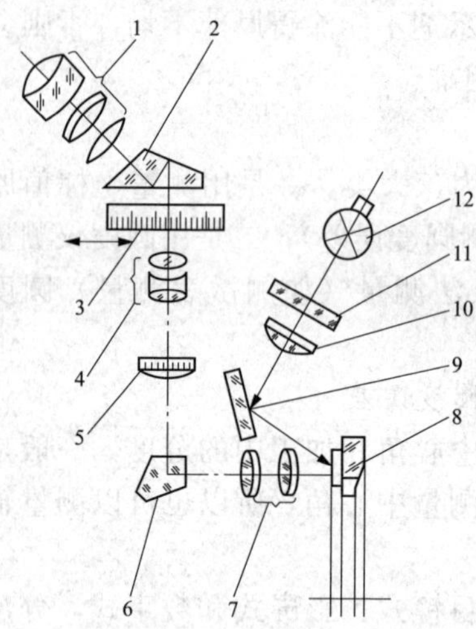

图 8-38　光学分度头的光学系统

1—目镜；2、6—棱镜；3—分值分划板；4、7—物镜组；5—秒值分划板；8—玻璃分度盘；9—反射镜；10—聚光镜；11—滤光片；12—光源

(3) 光学分度头的光学系统。图 8-38 所示为光学分度头的光学系统。光学分度头的玻璃分度盘，直接安装在分度头主轴上而与传动机构无关。当主轴旋转时，玻璃分度盘将随着一起转动，避免了传动机构的制造误差对测量结果的影响，所以具有相当高的精确度。

由光源 12 发出的光线经滤光片 11、聚光镜 10 到反射镜 9，照亮主轴上的玻璃分度盘 8（分辨力为 1°），通过物镜组

7。玻璃分度线影像经过棱镜 6 投射到秒值分划板 5 上（分辨力为 5″），通过物镜组 4，玻璃分度盘上的影像和秒值分度线影像一起又投射到分值分划板 3 上（分辨力为 5′），通过棱镜 2，最后通过目镜 1 可同时看到度值分度线、分值分度线和秒值划线。

2. 光学分度头的读数原理

如图 8-39 所示，在目镜视野中，右边细长分度线，分辨力为 1°，满分度 360°；中间短亮隙，分辨力为 5′，满分度 60′（1°）；左边分辨力 5″，满分度 300（5′）。

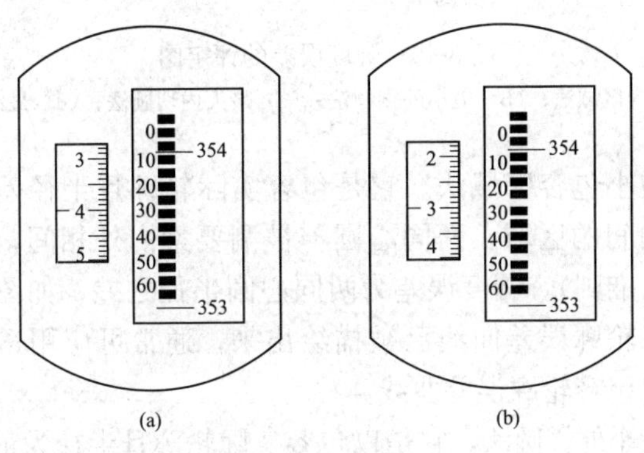

图 8-39　读数显示

（a）354°14′；（b）354°8′5″

测量时，通过螺旋手轮将度值划线调到邻近的分值划线亮隙中间，即可读数。图 8-39（a）的示值为 354°14′，图 8-39（b）的示值为 354°8′5″。

3. 测量步骤

（1）将零件顶在光学分度头的两顶尖间，指示表指向零件，并使表头与零件径向最高点相接触。

（2）将分度头主轴上的外活动度盘转到 0°，再将指示表调零。

（3）根据对测取点数的要求进行分度，在一周内，分度头每转过一个角度（或进行了一次分度），从指示表上读取相应点的数值，记入圆坐标纸，连成误差曲线。

（4）进行数据处理并作出合格性判断。

（5）填写用光学分度头检测圆度误差的检验报告。

4. 圆度误差的评定方法

圆度误差的评定方法目前有四种，如图 8-40 所示。

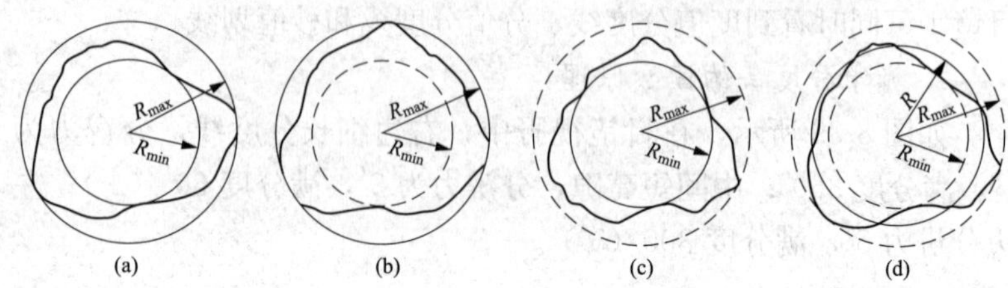

图 8-40　圆度误差的评定图

（a）最小包容区域法；（b）最小外接圆法；（c）最大内切圆法；（d）最小二乘圆法

（1）最小包容区域法。它是包容实际轮廓且半径差为最小的两个同心圆间的区域。两同心圆与被测要素内外相间，至少四点接触（交叉准则）。圆度误差为两同心圆半径之差，如图 8-40（a）所示。如果轮廓误差曲线已被描绘出来，通常可应用透明的同心圆模板试凑包容轮廓误差曲线。

（2）最小外接圆法。它是以包容实际轮廓且半径为最小的外接圆作为评定基准。以实际轮廓上各点与该圆的最大半径差作为圆度误差。适用于检测外圆柱面的圆度误差，如图 8-40（b）所示。

（3）最大内切圆法。它是以内切于实际轮廓且半径为最大的内切圆作为评定基准。以实际轮廓上各点与该圆的最大半径差作为圆度误差。适用于检测内圆柱面的圆度误差，如图 8-40（c）所示。

（4）最小二乘圆法。它是以被测实际轮廓的最小二乘圆作为理想圆，其最小二乘圆圆心与轮廓的最大距离 R_{max} 与最小距离 R_{min} 之差即为圆度误差，如图 8-40（d）所示。

在被测实际轮廓之内找出这样一点，使被测实际轮廓上各点到以该点为圆心所作的圆的径向距离的平方和为最小，该圆即为最小二乘圆。寻找最小二乘圆中心的方法，如图 8-41 所示，根据测得的误差曲线，按照测量时的回转中心等分圆周角。图 8-41 中将 360°等分为 12 份，设径向线与曲线的交点分别为 P_1，P_1，P_1，…，P_{12}。选取两个互相垂直的径向线构成一直角坐标系，并确定坐标轴 x 和 y。P_i 的极坐标为 P_i（r_i，θ_i），而直角坐标值为 $P_i(x_i，y_i)$。

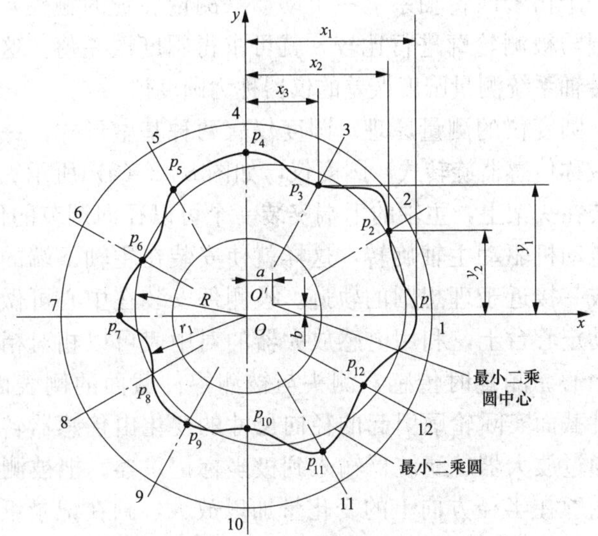

图 8-41 最小二乘圆中心作图法

设最小二乘圆中心 O' 的直角坐标为 $O'(a，b)$，则可根据各 P 点的直角坐标值或极坐标值求得 a 和 b 为

$$a=\frac{2}{n}\sum_{i=1}^{n}x_i，\ b=\frac{2}{n}\sum_{i=1}^{n}y_i \tag{8-5}$$

或者

$$a=\frac{2}{n}\sum_{i=1}^{n}(r_i\cos\theta_i)，\quad b=\frac{2}{n}\sum_{i=1}^{n}(r_i\sin\theta_i) \tag{8-6}$$

最小二乘圆半径 R 可用式（8-7）计算，即

$$R=\frac{1}{n}\sum_{i=1}^{n}r_i \tag{8-7}$$

式中 n——实际轮廓等分间隔数，n 越大计算结果越准确。

当最小二乘圆中心找到后，以该中心为圆心且与实际轮廓曲线相内切和外接的两个圆的半径差就是按最小二乘圆法评定的圆度误差，此时可不必算出半径 R。

（二）用圆度仪检测圆度误差

1. 圆度仪的测量原理和测头形状的选择

用一个精密回转轴系上一个动点（测量装置的触头）所产生的理想圆与被测轮廓进行比较，就可求得圆度误差值。这种具有精密回转轴系统测量圆度误差的仪器称为圆度仪。

（1）圆度仪的测量原理。圆度仪有两种基本形式，一种是转轴式（或称传感器旋转式）圆度仪，如图 8-42（a）所示。主轴垂直地安装在头架上，主轴的下端安装一个可以径向调节的传感器，用同步电动机驱动主轴旋转，这样就使安装在主轴下端的传感器测头形成一接近于理想圆的轨迹。被测件安装在中心可做精确调整的微动定心台上，利用电感放大器的对中表可以相对精确地找正主轴中心。测量时传感器测头与被测零件截面的侧表面接触，被测零件截面实际轮廓引起的径向尺寸的变化由传感器转化成电信号，通过放大器、滤波器输入到极坐标记录器。把被测零件截面实际轮廓在半径方向上的变化量加以放大，画在记录纸上。用刻有同心圆的透明样板或采用作图法可评定出圆度误差或计算机直接显示测量结果。对转轴式圆度仪，由于主轴工作时不受被测零件质量的影响，因而比较容易保证较高的主轴回转精度。

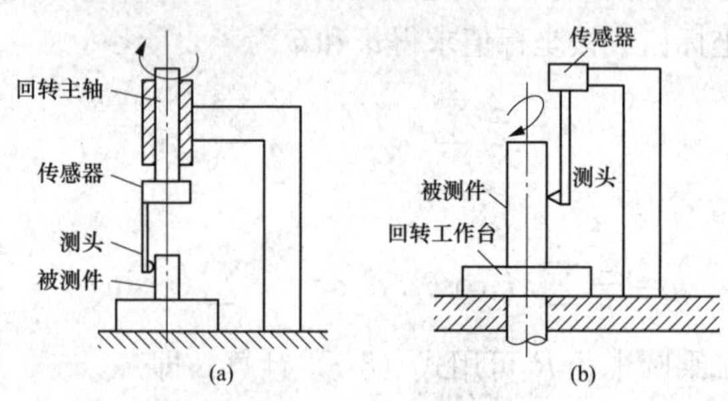

图 8-42　圆度仪的原理

（a）转轴式圆度仪；（b）转台式圆度仪

另一种是转台式（或称工作台旋转式）圆度仪，如图 8-42（b）所示。测量时，被测零件安置在工作台上，随工作台一起转动。传感器在支架上固定不动。传感器感受的被测零件轮廓的变化经放大器放大，并作相应的信号处理，然后送到记录器记录或由计算机显示结果。转台式圆度仪具有能使测头很方便地调整到被测零件任一截面位置进行测量的优点，但受旋转工作台承载能力的限制，只适用于测量小型零件的圆度误差。

（2）测头形状的选择。测头有针形测头、球形测头、圆柱形测头和斧形测头。对于较小的零件，材料硬度较低，则可用圆柱形测头。若材料硬度较低并要求排除表面粗糙度的影响，则可用斧形测头。

2. 圆度仪记录图形放大倍率的选择

圆度仪使用中要注意记录图形放大倍率的选择。圆度仪的放大倍率是指零件轮廓径向误差的放大比率，即记录笔位移量与测头位移量之比。在选取放大倍率时，通常使记录的轮廓图形占记录纸记录环宽度的1/3～1/2为宜。

圆度仪的记录图形是以被测零件的实际轮廓为依据的，是将实际轮廓与理想圆的半径差按高倍数放大，而半径尺寸则是按低倍数放大的，即记录图上半径差与半径尺寸值的放大倍率的不同，这样半径差与半径尺寸如按同一倍率放大，则需要极大的一张记录纸来描绘其轮廓图形。

由于上述原因，会造成记录的轮廓图形在形状特征上与实际轮廓有较大差别。如图8-43所示，一个五棱形的实际轮廓，会在选用三种不同的放大倍率的情况下，呈现出三个不同形状特征的记录轮廓图。

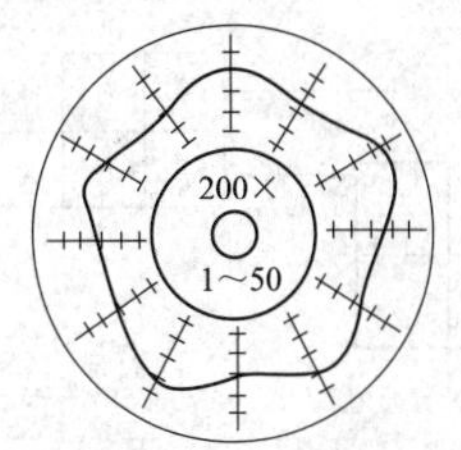

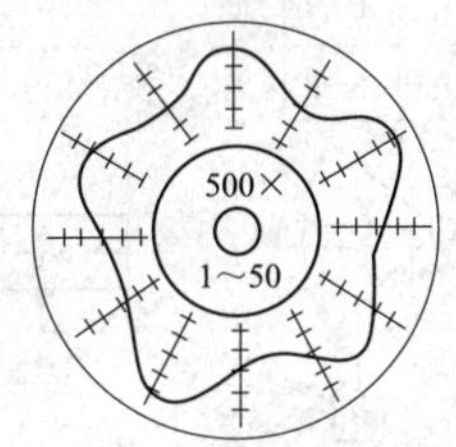

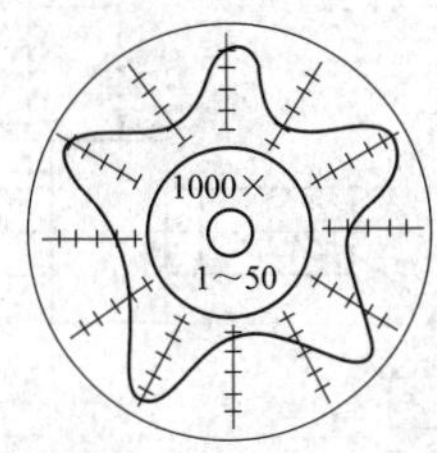

图8-43　三种不同的放大倍率曲线

对记录图形所代表的零件截面的形状特征要有一个正确的判断，不要因一些被夸张了的情况而产生误解。

3. 圆度误差评定方法

圆度误差评定方法与利用光学分度头检测圆度误差评定方法相同。

图 8-44　齿轮跳动检查仪

六、轴类零件几何误差的检测

1. 跳动误差的检测

检测轴类零件跳动误差所用的仪器有跳动检查仪，或平板、指示表、V 形架等。图 8-44 所示为齿轮跳动检查仪，主要用于齿轮加工现场或车间检查站测量圆柱齿轮或锥齿轮的径向跳动误差，同时也可以用于测量回转类零件的径向跳动误差。仪器的导轨面采用磨削后刮研工艺，精度高，美观耐用。

齿轮跳动检查仪的工作原理是，齿圈的径向跳动 F_r 为测量头相对于齿轮轴线的最大变动量。为此，齿圈径向跳动的检测是由具有原始齿条齿形的测量头进行，检查时，将被检测齿轮固定在仪器两顶尖间，把具有原始齿条齿形的测量头依次插入齿轮的齿间内，在齿轮转一圈范围内，测量头相对于齿轮轴线有最大变动量，即为 F_r。

被测轴类零件如图 8-45 所示，跳动误差的具体检测方法见表

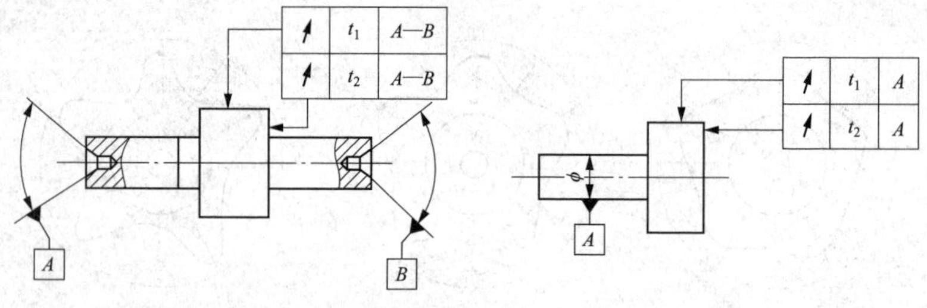

图 8-45　被测零件

8-3。检测结束后，填写轴类零件位置误差的检测报告。

2. 同轴度误差的检测

轴类零件同轴度误差检测方案很多，既可在圆度仪上记录轮廓图形，根据图形按同轴度定义求出同轴度误差，也可在三维坐标机上用坐标测量法，求得圆柱面轴线与基准轴线间最大距离的两倍，即为同轴度误差。生产实际中应用最广泛的是打表法，所用器具为平板、刃口状 V 形架、指示表及测量架。图 8-46（a）所示为被测要素的同轴度公差标注，图 8-46（b）所示为测量示意。

表 8-3　　轴类零件跳动误差的具体检测方法

检测项目	使用仪器	检测方法示意图	检测方法说明
径向圆跳动和径向全跳动	跳动检查仪、指示表	1 2	（1）将零件安装在跳动检查仪的两顶尖间，公共基准轴线由两顶尖模拟。 （2）将指示表压缩 2～3 圈。 （3）将被测零件回转一周，读出指示表的最大变动量即为径向圆跳动误差。 （4）按上述方法测若干个截面，取各截面跳动量的最大值作为径向全跳动误差
径向圆跳动	平板、指示表、V 形架、圆球、固定支承	1 2	（1）将被测零件放在 V 形架上，基准轴线由 V 形架模拟，轴向通过圆球支承定位。 （2）将指示表压缩 2～3 圈。 （3）将被测零件回转一周，读出指示表的最大变动量。 （4）按上述方法测若干个截面，取各截面跳动量的最大值作为径向圆跳动误差

续表

检测项目	使用仪器	检测方法示意图	检测方法说明
轴向圆跳动	跳动检查仪、指示表	1 2	(1) 将零件安装在跳动检查仪的两顶尖间，公共基准轴线由两顶尖模拟。 (2) 将指示表压缩 2～3 圈。 (3) 将被测零件回转一周，读出指示表的最大变动量。 (4) 按上述方法测若干个圆柱面，取各圆柱面上测得的跳动量最大值作为轴向圆跳动误差
轴向圆跳动	平板、指示表、V 形架、圆球、固定支承	1 2	(1) 将被测零件放在 V 形架上，基准轴线由 V 形架模拟，并在轴向固定。 (2) 将指示表压缩 2～3 圈。 (3) 将被测零件回转一周，读出指示表的最大变动量。 (4) 按上述方法，测若干个圆柱面，取各圆柱面上测得的跳动量的最大值作为轴向圆跳动误差

注 1 为被测零件转动方向，2 为指示表移动方向。

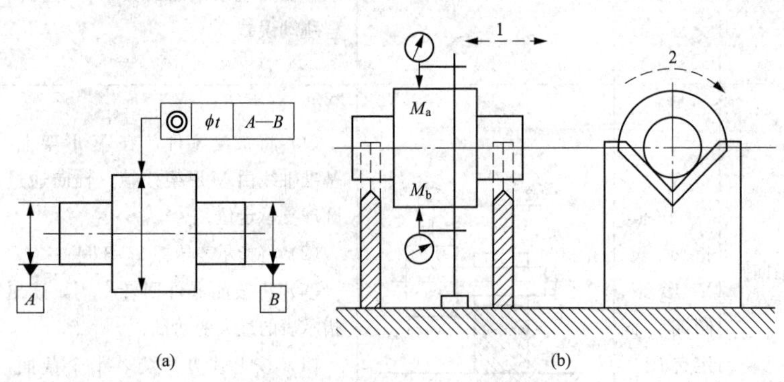

图 8-46 同轴度误差检测

(a) 被测要素的同轴度公差标注；(b) 测量方法示意图

测量步骤如下：

（1）将被测零件基准组成要素的中截面放置在两个等高的刃口状V形架上，公共基准由两个V形架模拟，将两个指示表分别在铅垂轴截面调零。

（2）转动被测零件，取指示表在垂直基准轴线的正截面上测得各对应点的读数差 $|M_a - M_b|$ 作为在该截面上的同轴度误差。

（3）按上述方法测量若干个截面，取各截面测得的读数中最大的同轴度误差，作为该零件的同轴度误差，并判断其合格性。

（4）填写同轴度误差检测报告。

第三节　常用典型零件的检测

一、残缺圆柱体的检测

残缺圆柱面尺寸的检测方法有很多，现介绍利用简单测量仪器，如用圆柱和深度千分尺、圆柱和外径千分尺、千分表和定位块及游标卡尺检测的方法。

1. 用圆柱检测残缺孔

将直径均为 d 的三个圆柱放置在残缺孔中，用深度千分尺测得距离 M，如图 8-47 所示，然后按式（8-8）计算出所测孔的半径 R 为

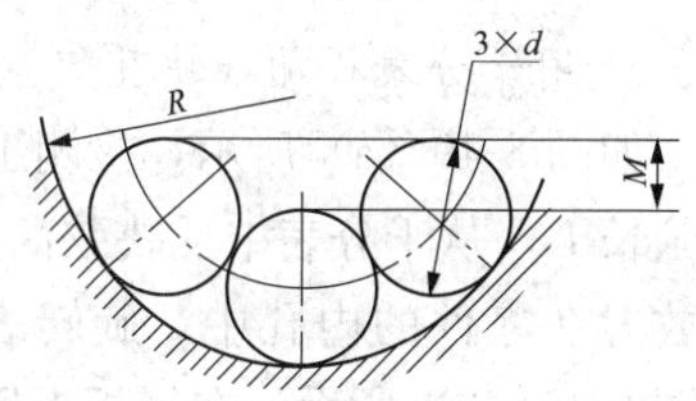

图 8-47　用圆柱检测残缺孔的半径

$$R = \frac{d(d+M)}{2M} \tag{8-8}$$

式中　R——孔半径，mm；

d——圆柱直径，mm；

M——检测值，mm。

【例 8-1】 图 8-47 中，已知三圆柱直径 $d=20$mm，用深度千分尺测得距离 $M=2.1$mm，求所测零件的孔半径 R。

解： 根据式（8-8），所测零件的孔半径 R 为

$$R = \frac{d(d+M)}{2M} = \frac{20(20+2.1)}{22.1} = 105.238\text{mm}$$

2. 用圆柱检测残缺轴

将残缺轴和两侧直径均为 d 的两个圆柱放置在平板上，用外径千分尺测得距离 M，如图 8-48 所示，然后按式（8-9）计算出所测轴的半径 R 为

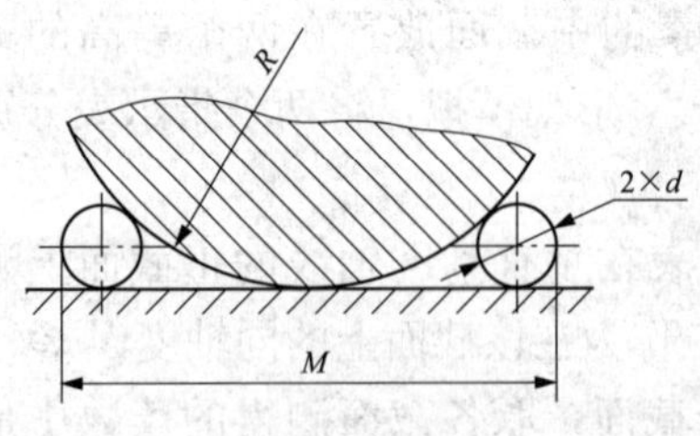

图 8-48　用圆柱检测残缺轴的半径

$$R=\frac{(M+d)^2}{8d} \tag{8-9}$$

式中　R——轴半径，mm；

d——圆柱直径，mm；

M——检测值，mm。

【例 8-2】 图 8-48 中，已知两圆柱直径 $d=25\text{mm}$，用外径千分尺测得距离 $M=155.2\text{mm}$，求轴的半径 R。

解： 根据式（8-9），所测零件的轴半径 R 为

$$R=\frac{(M+d)^2}{8d}=\frac{(155.2+25)^2}{8\times 25}=84.76\text{mm}$$

3. 用千分表检测残缺孔

如图 8-49（a）所示，检测工具（简称检具）是利用定位块作为弦长 L，从千分表中反映弦高 H 的原理制成的。检测时把该检具放置在零件的内孔中，旋转表盘，使千分表的指针对准零位。如图 8-49（b）所示，在平板上用两等高的量块支撑起该检具的定位块，调整量块的高度，使千分表的指针恢复至零件中的位置，

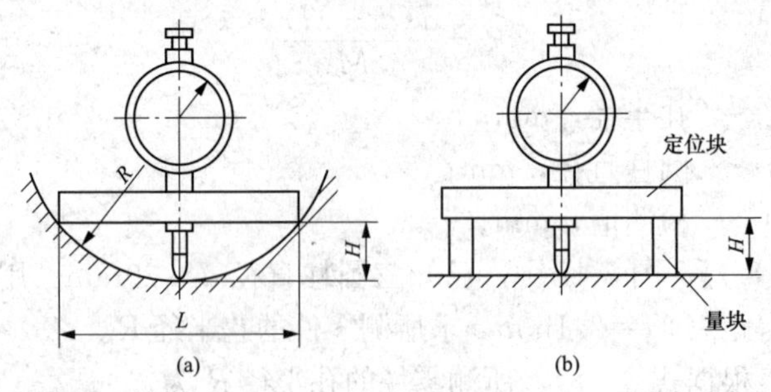

图 8-49　用千分表检测残缺内孔的半径

（a）检测；（b）对表

然后根据量块的高度 H 按式（8-10）计算出孔半径 R 为

$$R=\frac{L^2+4H^2}{8H} \tag{8-10}$$

式中　R——内孔半径，mm；

H——量块高度，mm；

L——定位块长度，mm。

【例 8-3】　图 8-49 中，已知定位块长度 $L=110$mm，量块高度 $H=4.22$mm，求零件的内孔半径 R。

解： 根据式（8-10），所测零件的内孔半径 R 为

$$R=\frac{L^2+4H^2}{8H}=\frac{110^2+4.22^2}{8\times 4.22}=84.76\text{mm}$$

4. 用游标卡尺检测残缺轴

用外测量爪长为 H 的游标卡尺检测残缺轴的半径，测得距离为 M，如图 8-50 所示，然后按式（8-11）计算出轴半径 R 为

$$R=\frac{M^2+4H^2}{8H} \tag{8-11}$$

式中　R——内孔半径，mm；

H——游标卡尺外测量爪长，mm；

M——检测值，mm。

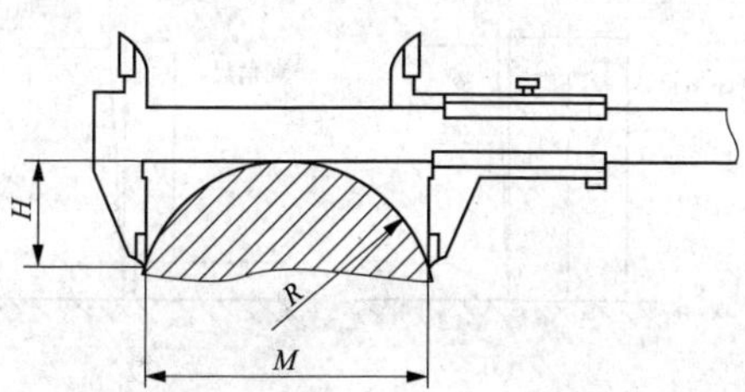

图 8-50　用游标卡尺检测残缺轴的半径

【例 8-4】　图 8-50 中，已知游标卡尺的外测量爪长 $H=40$mm，测得距离 $M=120$mm，求轴的半径 R。

解： 根据式（8-11），所测轴的半径 R 为

$$R=\frac{M^2+4H^2}{8H}=\frac{120^2+40^2}{8\times 40}=65\text{mm}$$

二、角度的检测

1. 用角度样板检测角度

成批或大量生产时，可用角度样板检测零件的角度。检测时，将角度样板的工作面与零件的被测面接触，根据间隙大小来判断角度，如图 8-51 所示。

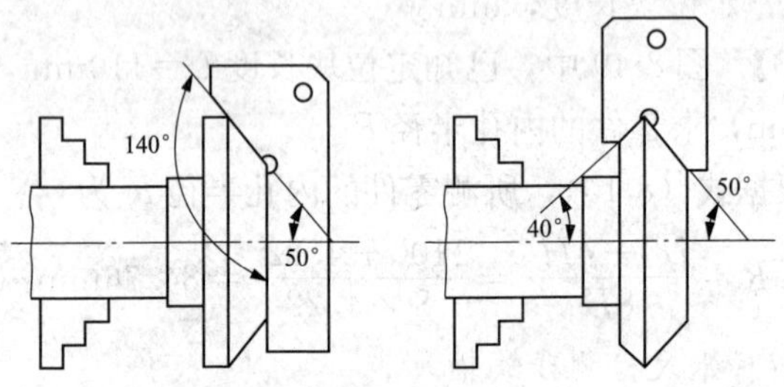

图 8-51 用角度样板检测锥齿轮坯的角度

2. 用直角尺或圆柱角尺检测直角

如图 8-52 所示，将零件的基准面放置在平板上，使零件的被测面与直角尺或圆柱角尺的工作面轻轻接触，根据间隙大小来判断直角。

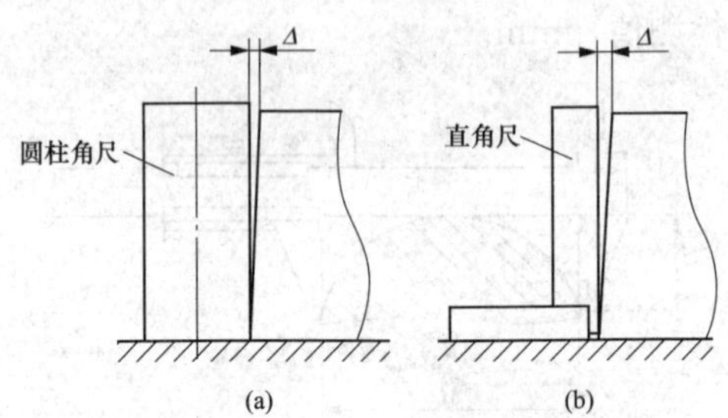

图 8-52 用圆柱角尺或直角尺检测直角

（a）圆柱角尺检测直角；（b）直角尺检测直角

3. 用游标万能角度尺检测角度

如图 8-53（a）所示，游标万能角度尺由尺身、角尺、游标、锁紧器、基尺、直尺及夹块等组成。检测时，可转动背面的捏手 8，通过小齿轮 9 转动扇形齿轮 10，使基尺 5 改变角度，转到所需角度时，可用锁紧器 4 锁紧，夹块 7 可将角尺和直尺固定在所需的位置上。

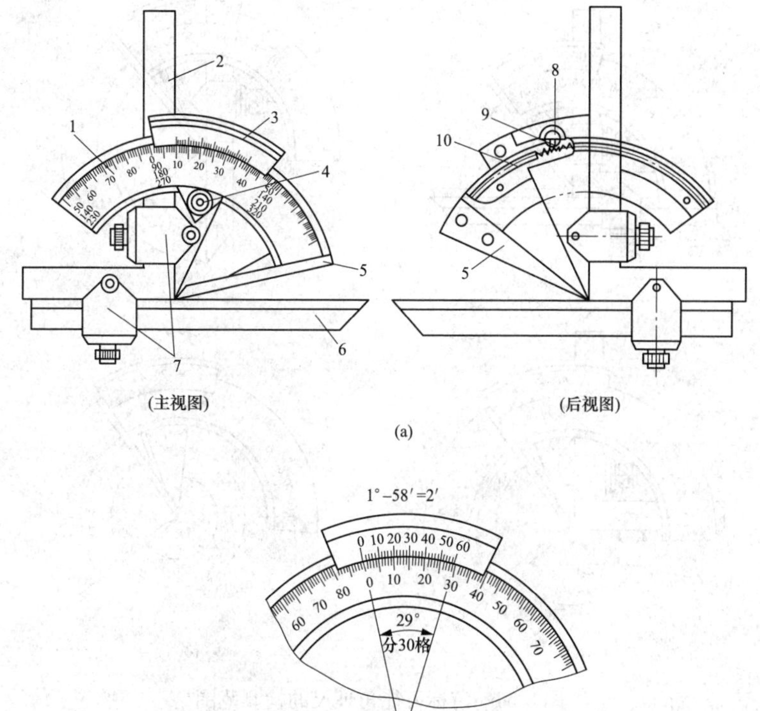

图 8-53　游标万能角度尺

（a）结构图；（b）游标读数

1—尺身；2—角尺；3—游标；4—锁紧器；5—基尺；6—直尺；7—夹块；8—捏手；9—小齿轮；10—扇形齿轮

游标万能角度尺是按游标原理读数，如图 8-53（b）所示，尺身每格为 1°，游标上每格的分度值为 2′。

游标万能角度尺的检测范围是 0°～320°，按不同方式组合可检测不同的角度。图 8-54（a）所示，检测范围是 0°～50°；图 8-54（b）所示，检测范围是 50°～140°；图 8-54（c）所示，检测范围是 140°～

230°；图 8-54（d）所示，检测范围是 230°～320°。

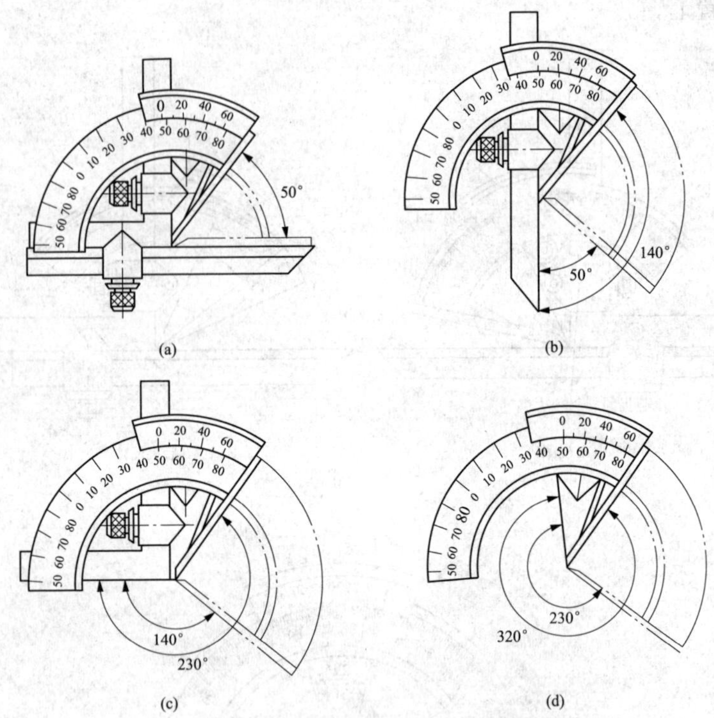

图 8-54　游标万能角理尺的检测范围

(a) 0°～50°；(b) 50°～140°；(c) 140°～230°；(d) 230°～320°

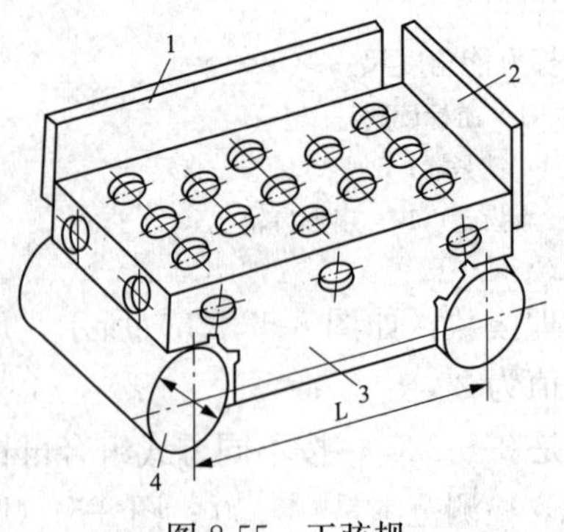

图 8-55　正弦规

1—侧挡板；2—前挡板；3—平台；4—圆柱

4. 用正弦规检测角度

如图 8-55 所示，正弦规主要由平台 3 和直径相同且互相平行的两个圆柱 4，以及紧固在平台侧面的侧挡板 1 和紧固在平台前面的前挡板 2 组成。正弦规用于检测小于 40°的角度，精度可达±3″～1″。

正弦规检测角度的方法是：

（1）设正弦规两圆柱的中

心距为 L，先按被测角度的理论值 α 算出量块尺寸 H，即

$$H = L\sin\alpha \tag{8-12}$$

式中　α——被测角度的理论值，(°)；

H——量块尺寸，mm；

L——正弦规两圆柱的中心距，mm。

(2) 然后将组合好的高度为 H 的量块垫在一端圆柱下，一同放置于平板上；再将被测件［见图 8-56 (a)］放置在正弦规的平台上，如图 8-56 (b) 所示。若被测件的被测实际角度等于理论值 α 时，则被测面与平板是平行的，用指示器可检测被测面与平板是否平行。

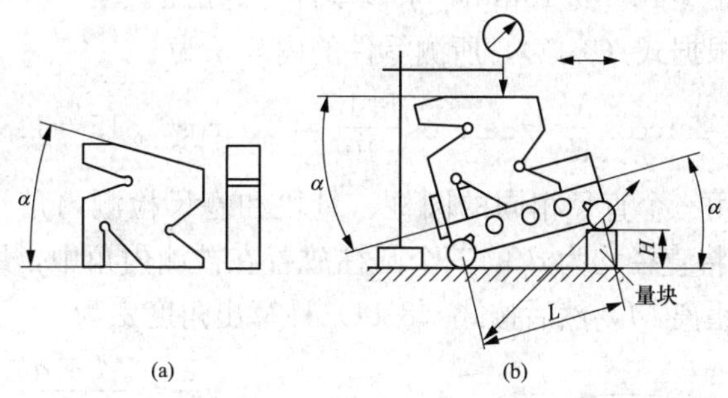

图 8-56　用正弦规检测角度

(a) 被测件；(b) 检测示例

5. 用圆柱检测角度

利用圆柱检测角度常用的方法有：用三个直径相同的圆柱和深度千分尺检测；用三个直径相同的圆柱、量块和塞尺检测；用大小两个圆柱、量块和塞尺检测；用两个直径相同的圆柱、量块与塞尺检测。

(1) 用三个直径相同的圆柱和深度千分尺检测内角。如图 8-57 所示，将直径均为 d 的三个圆柱放置在被测内角中，用深度千分尺测得距离 M，然后按式 (8-13) 计算出角度 α 为

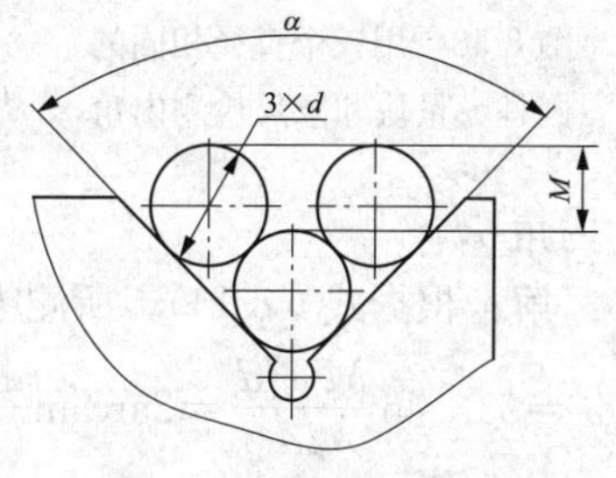

图 8-57　用三个直径相同的圆柱和深度千分尺检测内角

$$\cos\frac{\alpha}{2}=\frac{M}{d}$$

则

$$\alpha=2\arccos\frac{M}{d} \tag{8-13}$$

式中 α——被测角度，(°)；

d——圆柱直径，mm；

M——检测值，mm。

【例 8-5】 图 8-57 中，已知三圆柱直径 $d=10$mm，用深度千分尺测得距离 $M=5.15$mm，求该零件的内角 α。

解： 根据式（8-13），所测零件的内角 α 为

$$\alpha=2\arccos\frac{M}{d}=2\arccos\frac{5.15}{10}=2\arccos 0.515=118°$$

（2）用三个直径相同的圆柱、量块和塞尺检测内角。如图 8-58 所示，将直径均为 d 的三个圆柱放置在被测内角中，用量块与塞尺测得距离 M，然后按式（8-14）计算出角度 α 为

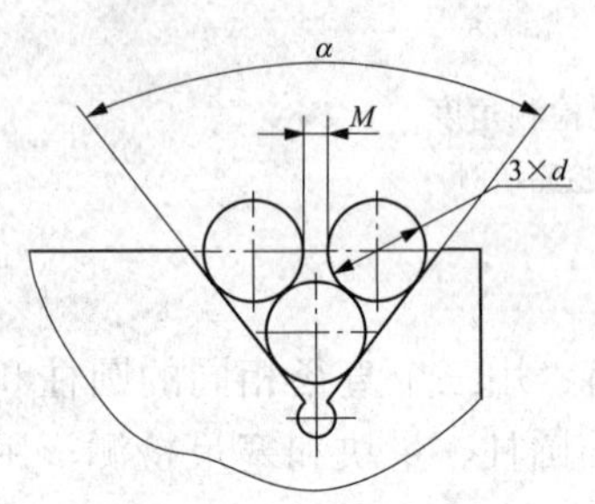

图 8-58　用三个直径相同的圆柱、量块和塞尺检测内角

$$\sin\frac{\alpha}{2}=\frac{M+d}{2d}$$

则

$$\alpha=2\arcsin\frac{M+d}{2d} \tag{8-14}$$

式中 α——被测角度，(°)；

d——圆柱直径，mm；

M——检测值，mm。

【例 8-6】 图 8-58 中，已知三圆柱直径 $d=8$mm，用量块与塞尺测得距离 $M=1.74$mm，求该零件的内角 α。

解： 根据式（8-14），所测零件的内角 α 为

$$\alpha=2\arcsin\frac{M+d}{2d}=2\arcsin\frac{1.74+8}{2\times 8}=2\arcsin 0.608\ 75=75°$$

（3）用大小两个圆柱、量块和塞尺检测内角。如图 8-59 所示，将直径分别为 D 和 d 的大小两个圆柱放置在被测内角中，用量块

与塞尺测得距离 M，然后按式（8-15）计算出角度 α 为

$$\sin\frac{\alpha}{2}=\frac{D-d}{2M+D+d}$$

则

$$\alpha=2\arcsin\frac{D-d}{2M+D+d} \tag{8-15}$$

式中　α——被测角度，(°)；

D、d——大、小圆柱的直径，mm；

M——检测值，mm。

【例 8-7】 图 8-59 中，已知圆柱直径 $D=10$mm，$d=4$mm，用量块与塞尺测得距离 $M=1.77$mm，求该零件的内角 α。

解： 根据式（8-15），所测零件的内角 α 为

$$\alpha=2\arcsin\frac{D-d}{2M+D+d}=2\arcsin\frac{10-4}{21.77+10+4}$$

$$=2\arcsin 0.3421=40^{\circ}$$

（4）用两个直径相同的圆柱、量块与塞尺检测内角。如图 8-60 所示，将直径均为 d 的两个圆柱放置在被测内角中，用量块与塞尺测得距离 M，然后按式（8-16）计算出角度 α 为

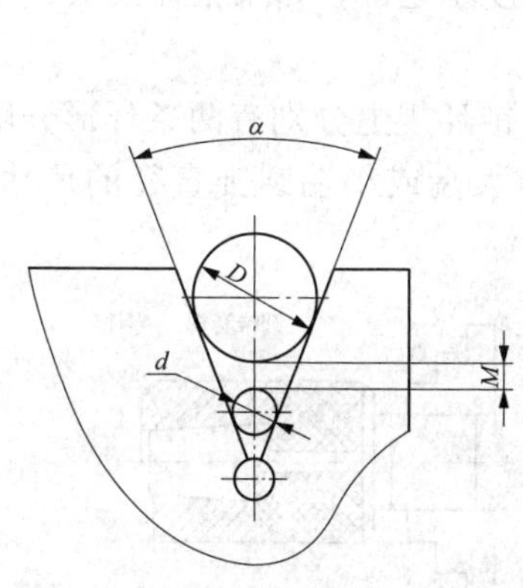

图 8-59　用大小两个圆柱、量块和塞尺检测内角

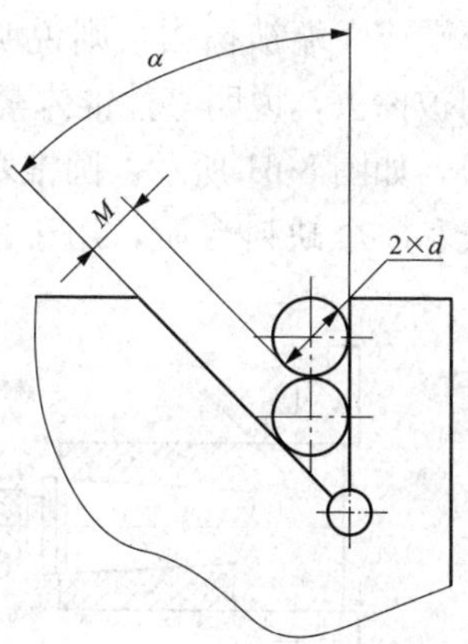

图 8-60　用两个直径相同的圆柱、量块与塞尺检测内角

$$\alpha=2\arcsin\frac{M}{d} \tag{8-16}$$

式中　α——被测角度，(°)；

d——圆柱直径，mm；

M——检测值，mm。

【**例 8-8**】　图 8-60 中，已知圆柱直径 $d=8\text{mm}$，用量块与塞尺测得距离 $M=5.66\text{mm}$，求该零件的内角 α。

解：根据式（8-16），所测零件的内角 α 为

$$\alpha=2\arcsin\frac{M}{d}=2\arcsin\frac{5.66}{8}=2\arcsin0.7075=45.2^\circ$$

三、圆锥的检测

1. 用圆锥量规检测内、外圆锥

可用圆锥量规来检测零件的米制锥度、莫氏锥度和其他标准锥度，其中圆锥塞规用于检测内锥体，圆锥环规用于检测外锥体。检测时用显示剂（印油或红丹粉）在零件外锥体表面或圆锥塞规表面沿着素线均匀地涂上三条线（三条线沿圆周方向均布，涂色要求薄而均匀）；然后将塞规或环规的锥面与被测锥面轻轻接触；再在 120°范围内往复旋转量规。退出塞规或环规后，若三条线（显示剂）全长被均匀地擦去，说明零件锥度正确；如果锥体小端或大端被擦去，则说明零件锥度不正确；如果锥体两头或中间被擦去，说明零件锥体素线不直。

如图 8-61 所示，圆锥塞规和圆锥环规上分别有两条环形分度线和一个缺口台阶，用于检测锥体大端或小端圆锥直径的尺寸，

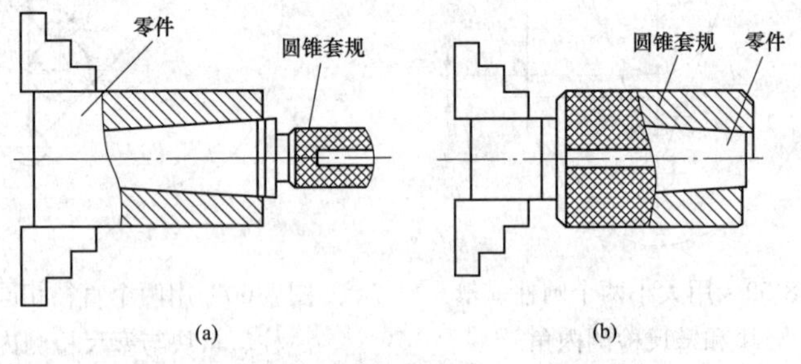

图 8-61　用圆锥量规检测内、外圆锥

（a）内圆锥大端圆锥直径正确；（b）外圆锥小端圆锥直径正确

如锥体端面位于环形分度线或缺口台阶之间，且两锥体表面接触均匀，则表示锥体的锥度和尺寸正确。

2. 用正弦规检测内、外圆锥锥角

用正弦规检测内、外圆锥锥角的方法，如图 8-56 所示。

3. 用圆柱检测外圆锥小端直径

如图 8-62 所示，将直径均为 d 的两个圆柱放置在圆锥的小端两处，并与放置在小端端面的平铁接触，用外径千分尺测得距离 M，然后按式（8-17）计算

$$d_1 = M - d - d \cdot \cot\left(\frac{90° - \frac{\alpha}{2}}{2}\right) \tag{8-17}$$

式中　d_1——圆锥小端直径，mm；

d——圆柱直径，mm；

$\frac{\alpha}{2}$——圆锥半角，(°)；

M——检测值，mm。

4. 用钢球检测内圆锥大端直径

如图 8-63 所示，将直径为 d 的钢球放置在内圆锥的大端处，并与放置在大端端面的平铁接触，用外径千分尺测得距离 M，然后按式（8-18）计算出内圆锥大端直径 D

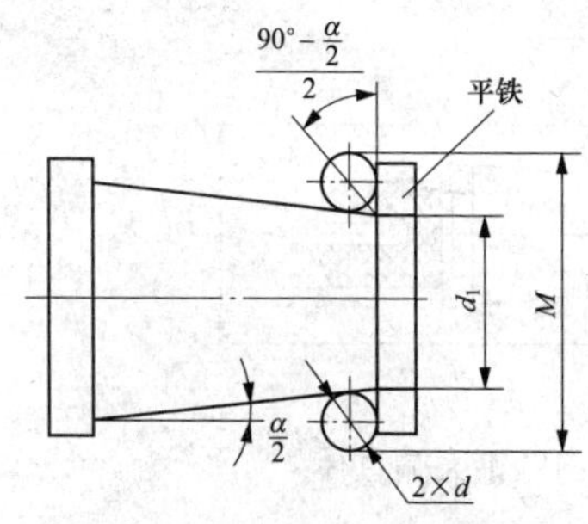

图 8-62　用圆柱检测外圆锥小端直径

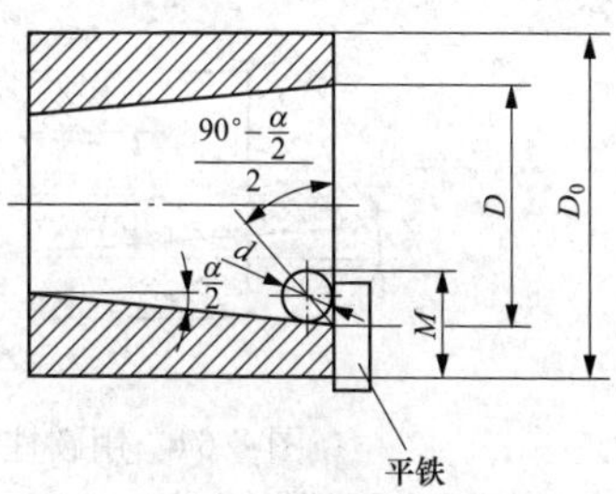

图 8-63　用钢球检测内圆锥大端直径

$$D = D_0 - 2M + d\left(\cot\frac{90° - \frac{\alpha}{2}}{2} + 1\right) \tag{8-18}$$

式中　D——内圆锥大端直径，mm；

D_0——圆锥外径，mm；

d——钢球直径，mm；

$\frac{\alpha}{2}$——圆锥半角，(°)；

M——检测值，mm。

5. 用圆柱检测内圆锥大端直径

如图 8-64 所示，将圆锥塞规塞入零件的内圆锥孔中，把直径均为 d 的两个圆柱放置在内圆锥的大端两处，并且同时与大端端面和塞规接触，用外径千分尺测得距离 M，然后按式（8-19）计算出内圆锥大端直径 D

$$D = M - d - d \cdot \cot\left(\frac{90° - \frac{\alpha}{2}}{2}\right) \tag{8-19}$$

式中　D——圆锥大端直径，mm；

D_0——圆锥外径，mm；

d——圆柱直径，mm；

$\frac{\alpha}{2}$——圆锥半角，(°)；

M——检测值，mm。

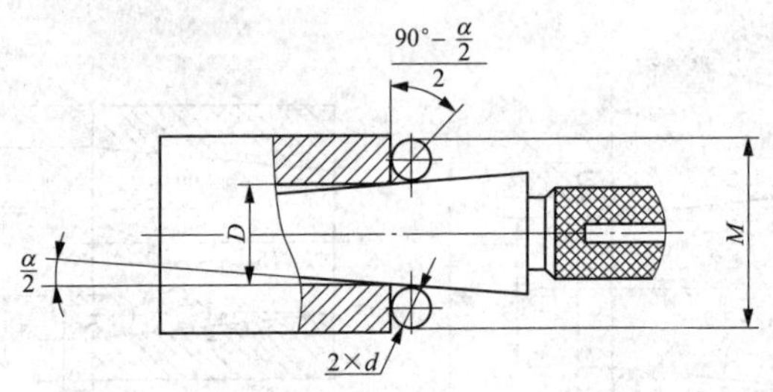

图 8-64　用圆柱检测内圆锥大端直径

6. 用钢球检测内圆锥的圆锥半角

如图 8-65 所示，先将直径为 d_1 的小钢球放入锥孔中，用深度千分尺测得距离 M_1，取出小钢球后再将直径为 d_2 的大钢球放入锥孔中，用深度千分尺测得距离 M_2，然后按式（8-20）计算出圆锥半角$\frac{\alpha}{2}$

$$\sin\frac{\alpha}{2}=\frac{d_2-d_1}{2(M_2-M_1)-(d_2-d_1)}$$

则
$$\frac{\alpha}{2}=\arcsin\frac{d_2-d_1}{2(M_2-M_1)-(d_2-d_1)} \tag{8-20}$$

式中　M_1——小钢球深度，mm；

M_2——大钢球深度，mm；

d_1——小钢球直径，mm；

d_2——大钢球直径，mm；

$\frac{\alpha}{2}$——圆锥半角，(°)。

7. 用圆柱、量块检测外圆锥的圆锥半角

如图 8-66 所示，将零件圆锥小端的端面放置在平板上，两个直径相同的圆柱放置在圆锥小端两处，用外径千分尺测得距离 M_1，再将原圆柱用高度均为 H 的量块支撑，用外径千分尺测得距离 M_2，然后按式（8-21）计算出圆锥半角$\frac{\alpha}{2}$

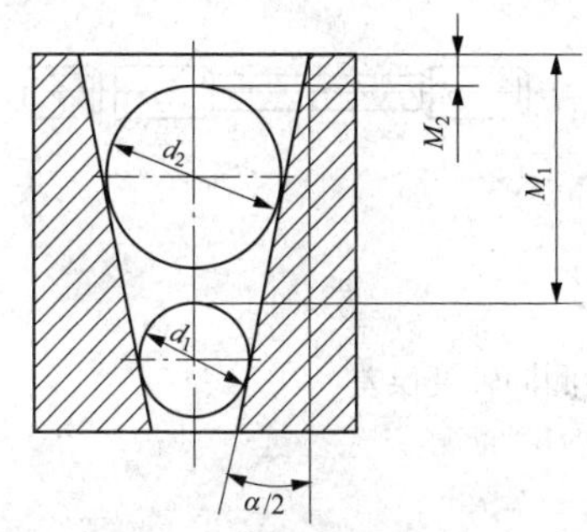

图 8-65　用钢球检测内圆锥的圆锥半角

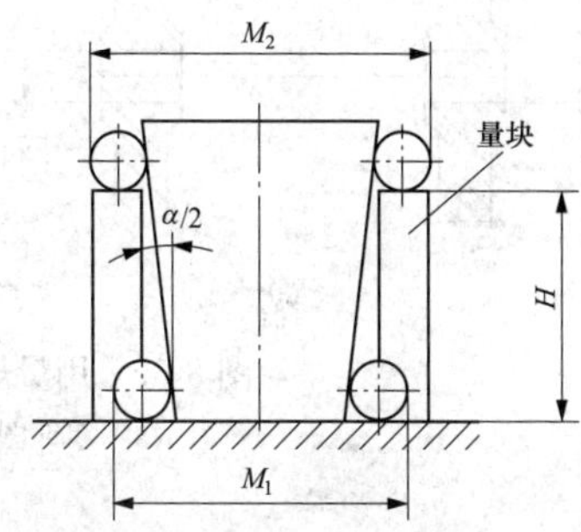

图 8-66　用圆柱、量块检测外圆锥的圆锥半角

$$\tan\frac{\alpha}{2}=\frac{M_2-M_1}{2H}$$

则
$$\frac{\alpha}{2}=\arctan\left(\frac{M_2-M_1}{2H}\right) \tag{8-21}$$

式中　$\frac{\alpha}{2}$——圆锥半角，(°)；

M_1——圆柱在小端处的检测值，mm；

M_2——圆柱在量块上的检测值，mm；

H——量块高度，mm。

四、箱体的检测

箱体的检测项目主要有：各加工表面粗糙度及外观检测，孔、平面的尺寸精度及几何形状精度检测，孔距精度及相互位置精度的检测等，这里只介绍孔距精度及相互位置精度的检测。

1. 孔的同轴度误差的检测

孔的同轴度误差可用专用同轴度量规进行综合检测。如图 8-67 所示，当公差框格标注方式不同时，量规检测部分的尺寸也不相同。

(1) 若公差框格中公差值后面标注了符号Ⓜ，则量规［见图 8-67 (b)］的检测部分的尺寸，应等于被测孔的最大实体实效尺寸（即“被测孔的最小极限尺寸-几何公差值”）。

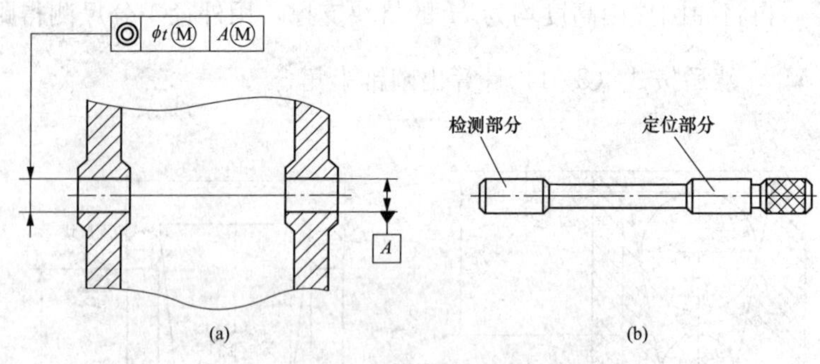

图 8-67　用量规检测同轴度误差

(a) 零件图样；(b) 量规

(2) 若公差框格中基准字母后面标注了符号Ⓜ，则量规的定位部分的尺寸应该为基准孔的最大实体尺寸（即“基准孔的最小极限尺寸”）。

(3) 若公差框格中基准字母后面没有标注符号Ⓜ，则量规的定位部分的尺寸，应随基准孔的实际尺寸的大小而变化（采用可胀式结构或分组选配，使量规定位部分与基准孔间形成很小的配合间隙）。

检测时，如量规的检测部分与定位部分均能自由通过箱体的被测孔与基准孔，则表示同轴度误差在公差允许范围内，是合格的。

用指示器检测同轴度误差如图 8-68（a）所示，使孔的轴线成垂线方向，在箱体的被测孔内插入被测心轴，轴向固定；在基准孔内插入基准心轴（与孔配合间隙较小的心轴），也轴向固定；固定在基准心轴上的百分表在水平面绕被测心轴旋转，即可检测同轴度误差。如使孔的轴线处于水平位置检测，如图 8-68（b）所示，由于指示器自身零件受地球引力的作用，在垂直面作旋转时，随着地球引力相对方向的改变，造成指示器有很大的示值误差。

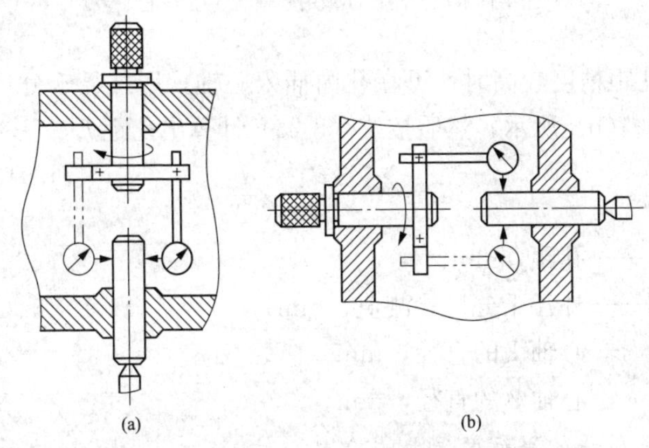

图 8-68　用指示器检测同轴度误差

（a）正确检测；（b）错误检测

2. 孔距的检测

当孔距的精度不高时，可用游标卡尺检测［见图 8-69（a）］，然后按式（8-22）计算出孔距 L

$$L = M + \frac{D_1}{2} + \frac{D_2}{2} \tag{8-22}$$

式中　L——孔距，mm；

M——游标卡尺检测值，mm；

D_1——被测孔 1 的直径，mm；

D_2——被测孔 2 的直径，mm。

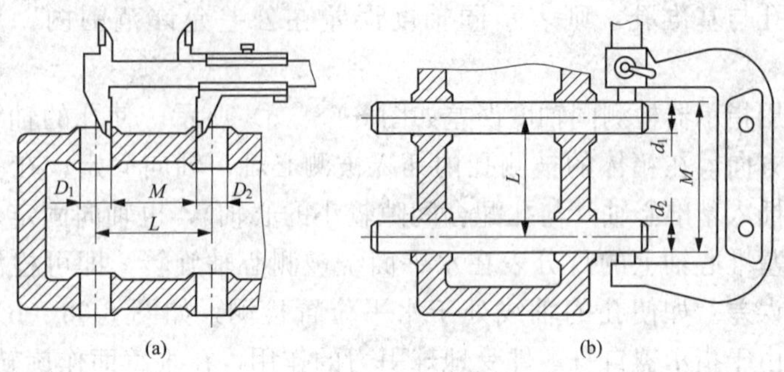

图 8-69　孔距的检测

(a) 用游标卡尺检测；(b) 用心轴与外径千分尺检测

当孔距精度较高时，可在孔内插入心轴，用外径千分尺检测，如图 8-69（b）所示，然后按式（8-23）计算出孔距 L

$$L = M - \frac{d_1}{2} - \frac{d_2}{2} \tag{8-23}$$

式中　L——孔距，mm；

M——外径千分尺检测值，mm；

d_1——心轴 1 的直径，mm；

d_2——心轴 2 的直径，mm。

3. 孔轴线的平行度误差的检测

检测孔轴线对基准平面平行度误差，如图 8-70 所示。将基准平面放置在平板上，并在被测孔内插入心轴，被测孔轴线由心轴

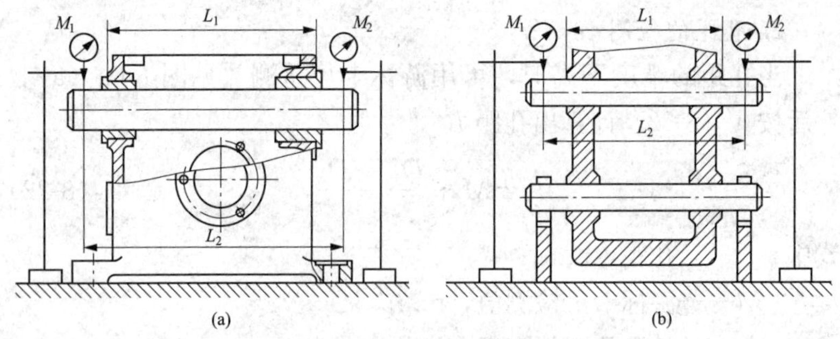

图 8-70　孔轴线的平行度误差的检测

(a) 孔轴线对基准面平行度误差的检测；(b) 两孔轴线平行度误差的检测

模拟，用指示器在心轴两端检测，然后按式（8-24）计算出两孔轴线的平行度误差 f

$$f=|M_1-M_2|\frac{L_1}{L_2} \tag{8-24}$$

式中　L_1——被测孔轴线长度，mm；

L_2——检测长度，mm；

M_1——指示器在检测长度上一端的读数，mm；

M_2——指示器在检测长度上另一端的读数，mm。

检测两孔轴线平行度误差，如图 8-70（b）所示。在基准孔和被测孔内均插入心轴，基准孔轴线和被测孔轴线由心轴模拟，将基准心轴的两端用等高 V 形架支撑，指示器在被测心轴两端检测，然后按式（8-24）计算出两孔轴线的平行度误差 f。

用外径千分尺检测基准心轴与被测心轴间的距离，也可计算出两孔轴线的平行度误差 f。

4. 两孔轴线垂直度误差的检测

如图 8-71（a）所示，将箱体放置在可调支撑上，基准孔和被测孔内均插入心轴，基准孔轴线和被测孔轴线（两孔的公共轴线）由心轴模拟，先调整可调支撑，使直角尺与基准心轴素线无间隙，然后用指示器在被测距离为 L_2 的两个位置上分别测得 M_1 和 M_2，

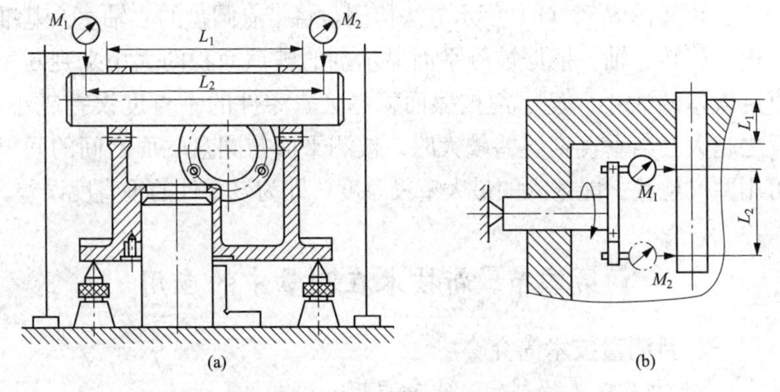

图 8-71　孔轴线垂直度误差的检测

（a）在可调支撑上检测；（b）以基准心轴为基准的检测

则按式（8-24）计算出两孔轴线的垂直度误差 f。

如图 8-71（b）所示，在箱体基准孔和被测孔内均插入心轴，基准孔轴线和被测孔轴线由心轴模拟，将指示器安装在基准心轴上，基准心轴轴向固定并转动，指示器在距离为 L_2 两个位置上分别测得 M_1 和 M_2，则按式（8-24）计算出两孔轴线的垂直度误差 f。

5. 端面对孔轴线垂直度误差的检测

用指示器检测端面对孔轴线垂直度误差如图 8-72（a）所示。将装有指示器的心轴插入箱体的基准孔内，轴向固定并转动心轴，即可测得在直径 D 范围内端面对孔轴线的垂直度误差。

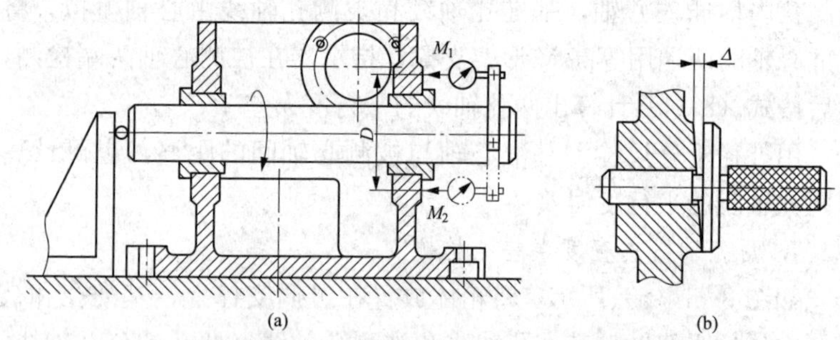

图 8-72　端面对孔轴线垂直度误差的检测
（a）用心轴与指示器检测；（b）用带有圆盘的心轴检测

也可按图 8-72（b）所示方法检测，将带有圆盘的心轴塞入基准孔内，旋转心轴，根据被测平面显示剂的被擦面积的大小来判断垂直度误差的大小。显示剂被擦面积越大，零件的垂直度误差越小，反之越大。当垂直度误差较大时，被测平面与圆盘端面之间的间隙可用塞尺检测。能塞入的最大塞尺厚度，即为该零件的垂直度误差。

第四节　新技术在测量中的应用

一、新测量技术简介

1. 新的国际单位制的诞生和启用

2018 年 11 月 16 日，国际计量大会通过了有关修订国际单位制的决议，明确自 2019 年 5 月 20 日起，7 个国际单位制（SI）基本单位全部实现由物理常数定义。为纪念这一里程碑式变革，国际计量组织将2019年第20个“5·20世界计量日”主题定为“国际单位制——根本性飞跃”。

2019年5月20日起，全世界将采用新的国际单位制，时间单位“秒（s)”、长度单位“米（m)”等7个基本单位全部从实物原器改为常数定义。这是国际单位制（SI）自1960年创立以来最重大的变革，标志着其定义不再与实物关联，而是根据定义复现单位量值。

国际单位制规定了7个具有严格定义的基本单位，分别是时间单位“秒（s)”、长度单位“米（m)”、质量单位“千克（kg)”、电流单位“安培（A）”、温度单位“开尔文（K)”、物质的量单位“摩尔（mol)”和发光强度单位“坎德拉（cd)”。

中国计量科学研究院院长方向说，国际单位制（SI）是从“米制”发展起来的国际通用的测量语言，是人类描述和定义世间万物的标尺。

新的国际单位制启用后，新定义用自然界恒定不变的“常数”替代了实物原器，保障了国际单位制的长期稳定性。“定义常数”不受时空和人为因素的限制，保障了国际单位制的客观通用性。新定义可在任意范围复现，保障了国际单位制的全范围准确性。

新国际单位制生效后要进行的首要工作，恰恰是保证普通用户、产业界人士以及科研人员的量值测量仍是连续的、稳定的。国际单位制测量方法的变革，有助于重新梳理和构建测量手段、测量能力，进而提升产品质量，为质量强国和智能制造提供技术基础。

2.新测量技术及其应用特点

当今科学发展和制造技术的快速进步引发了许多新型计测问题，推动着传感器、测试计量仪器的研究与发展，促使测量技术中的新原理、新技术、新装置系统不断出现，和传统的计测技术比较，现代测试计量技术呈现出一些新的特点。

（1）测量精确度不断提高。测量范围不断扩大，在20世纪的后50年，一般机械加工精度由0.1mm量级提高到0.001mm量级，相应的几何量测量精度从 1μm 提高到 0.01～0.001μm，其间测量精度提高了 3 个数量级，这种趋势将进一步持续。随着 MEMS、微米/纳米技术的兴起与发展，以及人们对微观世界探索的不断深入，测量对象尺度越来越小，达到了纳米量级；另一方面，由于大型、超大型机械系统（电站机组、航空航天制造）、机电工程的制造、安装水平提高，以及人们对于空间研究范围的扩大，测量对象尺度越来越大，导致从微观到宏观的尺寸测量范围不断扩大，目前已达 10^{-15}～10^{25} 的范围，相差 40 个数量级之巨。类似地，在力值测量上，相差约 14 个数量级；在温度测量中，相差约 12 个数量级。

（2）从静态测量到动态测量。从非现场测量到现场在线静态测量使科学研究从定性科学走向定量科学，实现了人类认识的一次飞跃。现在乃至今后，各种运动状态下、制造过程中、物理化学反应进程中等动态物理量测量将越来越普及，促使测量方式由静态向动态的转变。现代制造业已呈现出和传统制造不同的设计理念、制造技术，测量已不仅仅是最终产品质量评定的手段，更重要的是为产品设计、制造服务，以及为制造过程提供完备的过程参数和环境参数，使产品设计、制造过程和检测手段充分集成，形成一体的具备自主感知一定内外环境参数（状态），并作相应调整的“智能制造系统”，要求测量技术从传统的非现场、事后测量，进入制造现场，参与到制造过程，实现现场在线测量。

（3）从简单信息获取到多信息融合。传统的测量问题涉及的测量信息种类比较单一，现代测量信息系统则复杂得多，往往包括多种类型的被测量。信息量大，如大批量工业制造的在线测量，每天的测量数据高达几十万，又如产品数字化设计与制造过程中，包含了巨量数据信息。巨量信息的可靠、快速传输和高效管理以及如何消除各种被测量之间的相互干扰，从中挖掘多个测量信息融合后的目标信息将形成一个新兴的研究领域，即多信息融合。

（4）几何量和非几何量集成。传统机械系统和制造中的测量问题，主要面对几何量测量。当前复杂机电系统功能扩大，精确度提高，系统性能涉及多种参数，测量问题已不仅限于几何量，而且，日益发展的微纳米尺度下的系统与结构，其机械作用机理和通常尺度下的系统也有显著区别。为此，在测量领域，除几何量外，应当将其他机械工程研究中常用的物理量包括在内，如力学性能参数、功能参数等。

（5）测量对象复杂化、测量条件极端化。当前部分测量问题出现测量对象复杂化，测量条件极端化的趋势，有时候需要测量的是整个机器或装置，参数多样且定义复杂；有时候需要在高温、高压、高速、高危场合等环境中进行测量，使得测量条件极端化。

（6）虚拟仪器技术获得了广泛应用。虚拟仪器（Virtual Instrument）是日益发展的计算机硬件、软件和总线技术在向其他技术领域密集渗透的过程中，与测试技术、仪器技术密切结合，共同孕育出的一项全新成果，其核心是：以计算机作为仪器统一的硬件平台，充分利用计算机独具的运算、大容量存储、回放、调用、显示以及文件管理等智能化功能，同时把传统仪器的专业化功能和面板控件软件化，使之与计算机结合起来融为一体，从而构成一台外观与传统硬件仪器相同，功能得到显著加强，充分享用计算机智能资源的全新仪器系统。

3. 我国计量测试技术存在的问题和差距

纵观我国计量测试技术及仪器设备的历史与现状，和国外先进水平相比，存在下列不足。

（1）对技术创新重视不够，自主创新能力较差，原创技术少。在已有的主流计量测试技术及仪器设备中，很少有我们自己的原创技术。诚然，和其他学科类似，原创涉及理论基础和行业积累，长期以来我国和工业发达国家在制造技术上的差距，相当程度上影响了计量测试技术的研发能力，但不可否认的是，对计量测试技术的作用和地位认识不充分、研究力度和资金投入不足、研究工作不扎实、急功近利、只重数量不重质量、不重视工程应用等因素，也直接促成了当前研究缺乏活力的状况。

（2）高端、高附加值测量仪器设备几乎空白。当前主流行业应用中的高端仪器设备，国内品牌被排斥在外。高端仪器有着很高的附加值和商业利润，常常是一只进口的便携式仪器箱容纳的设备价值超过 100 万元（人民币），甚至更多，而一套大型的国产仪器设备只有相对低廉的利润。高端仪器设备的高额利润建立在高技术含量的基础上，因为利润高，保证了后续研发有充足的资金投入，形成了良性循环。与此形成反差的是，国内建立在原材料和人力成本优势基础上的仪器设备，必然利润微薄，继而造成研发投入不足，严重制约着我国测试计量技术及仪器设备的进一步发展。

（3）测试计量技术是面向工程应用的学科，推动学科发展的主要动力来源于应用需求，理论成果如无工程背景，不能解决工程应用中的测量问题，则意义和价值将大打折扣。

况且，我国在测试计量理论上也很薄弱，近年来虽发表了大量的学术论文，出现了很多研究成果，高水平、实用性强的成果不够多，而较多的则是低水平重复。此外，由于行业原因，我国计量测量从业人员较少，业务素质整体水平不高，人才流失，尤其是高层次人才流失严重，也严重阻碍了学科的发展。

二、测量技术应用与发展趋势

科学是从测量开始的——这是 19 世纪俄国著名科学家门捷列夫的名言。到了 21 世纪的今天，作为信息产业的三大关键技术之一，测试测量行业已经成为电子信息产业的基础和发展保障。而测试仪器作为测试测量行业发展不可或缺的工具，在测试测量行业的发展中起到了巨大的作用。

1. 国际仪器发展趋势和国内现状

（1）国际趋势。科学仪器的自主研发在创新型国家得到重视，欧美日等国家都把“发展一流的科学仪器支撑一流的科研工作”作为国家战略，对科学仪器的装备和创新给予重点扶持。如美国通过国家自然基金（NSF）和国家健康研究院等扶助科学仪器的研发，确保美国在世界科学仪器产业的领先地位；日本于 2002 年制定了高精密科学仪器振兴计划，在岛津公司的田中耕一因为在仪器方面的杰出贡献获得 2002 年诺贝尔奖后，日本文部科学省决定，从 2004 年起斥巨资（100 亿日元）开发世界尖端的分析计算测量仪器，以催生更多诺贝尔奖级的科研成果；欧盟在“第六框架计划”（2002—2006）中将“操纵和控制设备和仪器的开发”列为纳米技术和纳米科学领域的重点内容，在“第七框架计划”（2007—2013年）中，斥资41亿欧元主要用于辐射源、望远镜和数据库等新型研究基础设施建设；加拿大自然科学与工程研究理事会制定了“研究工具、仪器和设施计划”等。

正是这些创新型国家政府的大力支持，使科研人员在科学仪器研发方面做出了重要贡献。近些年来，与科学仪器研究开发相关的诺贝尔奖基本上都授予了欧、美、日等创新型国家的科学家。

（2）技术发展趋势。科学技术的飞速发展，促进科学仪器新技术、新成果层出不穷，应用前景更加广泛。

目前，科学仪器已远远超出“光机电一体化”这个概念，除了加入计算机技术，还大量引进日新月异的高新技术，如纳米、MEMS、芯片、网络、自动化、免疫学、仿生学、基因工程等新技术，同时，一些高精尖的军用技术向民用技术转移，大大提高了科学仪器的技术水平和更新换代速度。

当今科学仪器发展总体上呈现出如下趋势：

1）常规科学仪器向多功能、自动化、智能化、网络化方向发展；

2）生命科学仪器向原位、在体、实时、在线、高灵敏度、高通量、高选择性方向发展；

3）用于复杂组分样品检测分析的科学仪器向联用技术方向发展；

4）用于环境、能源、农业、食品、临床检验等国民经济领域的科学仪器向专用、小型化方向发展；

5）品前处理科学仪器向专用、快速、自动化方向发展；

6）监控工业生产过程的科学仪器向在线、原位分析方向发展。

（3）产业发展趋势。

1）PerkinElmer、热电、安捷伦、岛津、布鲁克等科学仪器企业大集团主导着国际科学仪器的市场；

2）中小型科学仪器企业通常向“专、精、特”方向发展；

3）通过并购和组建战略联盟，形成科学仪器大集团是国际科学仪器产业发展的重要趋势。

2. 测试计量技术的发展趋势

当前的传感、测试计量和计测仪器在机械系统和制造过程中的作用和重要性较之过去有明显提高，已作为必需的组成部分参与到系统的功能中。这种地位的变化，加之机械及制造技术的快速发展促使对传感器、测量仪器的研究不断深入，内容不断拓展，使得当前乃至将来一段时间内，该领域内研究的问题都将主要集中在传感原理、数字化测量、超精密测量、测量理论及基准标准等方面。其中涉及的共性问题有：新型传感原理及技术，先进制造的现场、非接触及数字化测量，机械测试类仪器“有界无限”统一模型的建立及实现，超大尺寸精密测量，微/纳米级超精密测量，基准标准及相关测量理论研究等，上述问题的研究也是测量技术研究领域内最具活力、最有代表性的研究方向。

（1）新的测试计量问题的不断出现。新的测量问题不断出现和最终解决有赖于传感原理和测量传感器研究的创新，综合目前国内外研究状况，该领域大致有两方面主要工作。

1）研究开发全新传感器原理和传感器；

2）深入研究和改进已有的传感原理和传感器，以获得更好的性能。前者如近年来获得广泛关注的基于 MEMS 工艺的集成多参数传感器、耐高温压力传感器、微惯性传感器、光纤传感器等；后者如电容、电感、电涡流、光栅尺、磁栅尺、观测型扫描电镜、激光干涉仪等传统传感器的深入原理研究和性能改进措施。

（2）测试计量技术应该符合现代制造的要求。传统的制造系统中，制造和检测常常是分离的，测量环境和制造环境不一致，测量的目的是判断产品是否合格，测量信息对制造过程无直接影响。现代制造业已呈现出和传统制造不同的设计理念、制造技术，测量技术应当从传统的非现场、“事后”测量，进入制造现场，参与到制造过程，实现现场在线测量。现场、在线测量的共同问题包括非接触、快速测量传感器研制与开发、测量系统及其控制、测量设备与制造设备的集成几个方面。近年来数字化测量的迅速发展为先进制造中的现场、非接触测量提供了有效解决方案，多尺寸视觉在线测量、数码柔性坐标测量、机器人测量机、三维形貌测量等数字化测量原理、技术与系统的研究取得了显著的研究成果，并获得成熟的工业应用，譬如3D扫描计量技术。

（3）领域测试类仪器统一模型的建立。领域测试类（例如机械测试类）仪器的“有界无限”统一模型的建立，所谓“有界无限”是指领域测试是一个“界”，只要在这个“界”内，同类测试的功能或仪器都将被包含或可添加到这一系统中，这一统一模型称之为“岩石模型”。基于这一模型理论，对测试功能虚拟控件进行多次、深度集成制造便可由上述模型演变成为一个“有界无限”、包含大量测试仪器并可实际使用的复杂、巨型虚拟测试仪器库。这是一个复杂的功能测试系统，同时也是一个开放的系统。对于其已有的资源可以立即满足测试的要求，还没有的资源可以很快地在模型内自动生成或开发，从而可以继续满足任何新的测试需求。通过这一模型的建立，将使传统仪器的“单机”概念消失，代之而起的是经多次、深度集成制造而成的大型“仪器库”。在将来的测试仪器中，仪器库将成为测试测量所使用的仪器“单位”，而同一行业的只需使用这一仪器“单位”便可满足其全部测试要求。

（4）微米/纳米技术迅速发展。微/纳米技术作为当前发展最迅速，研究广泛、投入最多的科学技术之一，被认为是当前科技发展的重要前沿。在该科技中，微/纳米的超精密测量技术是代表性的研究领域，也是微/纳米科技得以发展的前提和基础。在微/纳测量领域，基础问题包括纳米计量、纳米测量系统理论与设计、微观形貌测量等方面，主要研究问题和方向为：基于扫描电子显微镜的精密纳米计量、微纳坐标测量机（分子测量机）、基于干涉的非接触微观形貌测量、基于原子晶格作刻度的X射线干涉测量及其与光学干涉仪的组合原理、纳米测量系统设计理论和微纳尺寸测量条件的研究等。涉及的重要工程测量问题有：面向MEMS和MOEMS的微尺度测量、面向22～45nm极大规模集成电路制造的测量等，譬如精密测量显微镜的应用。

（5）发展超大尺寸测量和超大型设备。超大尺寸测量的主要任务是获取与评价大型和超大型装备与系统制造过程中机械特性和物理特性等信息，分析各影响制造性能的要素与机理，为提升制造能力与水平提供科学依据。在超大尺寸测量领域内的、共性基础问题包括距离测量原理、超大尺寸空间坐标测量、超大尺寸测量的现场溯源原理与方法。代表性研究方向和重要测量问题，如：大尺寸、高速跟踪坐标测量系统；车间范围空间定位系统（WPS）；GPS 在超大机械系统中的应用关键技术；数字造船中结构尺寸、容积测量；飞机制造中形状尺寸测量；超大型电站装备和重机装备制造中的测量；面向大型尖端装备制造的超精密测量等。

（6）大力发展基准、标准技术。基准标准技术是测试计量技术水平的最高表现形式，是发展超精密制造的前提和保障，也是引导促进先进加工和测量技术发展的技术基础。基准标准技术滞后将严重制约精密制造和装备制造业的发展。尤其是，在过去的 10 年中超精加工技术的提高使得工业界可以制造以前难以想象的微小和形状复杂的工件，表面粗糙度正在达到原子级尺度，并可由像原子力显微镜等这样复杂的显微镜来进行测量。但是相应的标准还没有制定，需要制定新的纳米尺度上表面粗糙度和公差测量标准作为新的纳米测量基础。

与此对应，研究对应芯片、掩模板测量中的线条宽度、间距、台阶高度、表面粗糙度、膜厚等被测量的校对样板，并对这些样板进行标定和比对，对于保证这些几何参数量值的统一和溯源具有十分重要的意义。多传感器测量及测量信息融合技术是现代测量计量技术出现的新特点。现代复杂机电系统涉及信息多，测量信息量大，传感器数量较多，多源巨量信息分析评估困难，需借助数据融合理论进行处理。多传感器测量应用中的数据融合技术正逐渐成为提升测量系统性能的关键技术之一。

在未来的测试计量及仪器技术的发展中，针对上述问题和发展趋势，着力加大科研投入，重视基础研究，紧密联系工程应用，相信在不久的将来我国测试计量技术及相关领域定可获得快速的发展，为我国科学技术和国民经济的发展发挥更大的作用。

三、测量新技术与新型测量仪器

随着科学技术的迅速发展，测量技术已从应用机械原理、几何光学原理发展到应用更多的新的物理原理进行测量，引进了最新的技术成就，如光栅、激光、感应同步器、磁栅以及射线技术等。特别是计算机技术的发展和应用，使得计量仪器跨越到一个新的领域。三坐标测量机和计算机完美的结合，使之成为一种越来越引人注目的高效率、新颖的几何量精密测量设备。

（一）光栅测量技术

1. 计量光栅

在长度测量测试中应用的光栅称为计量光栅，一般是由很多间距相等的不透光分度线和分度线间透光缝隙构成，光栅尺的材料有玻璃和金属两种。

计量光栅一般可分为长光栅和圆光栅，长光栅的分度线密度有 25 条/mm、50 条/mm 、100 条/mm 和 250 条/mm 等，圆光栅的分度线数有 10 800 条/mm 和 21 600 条/mm 两种。

2. 莫尔条纹的产生

如图 8-73 所示，将两块具有相同栅距（W）光栅的分度线面平行地叠合在一起，中间保持 0.01～0.1mm 间隙，并使两光栅分度线之间保持一个很小的夹角（θ）。于是在 a-a 线上，两块光栅的分度线相互重叠，而缝隙透光（或分度线间的反射面反光）形成

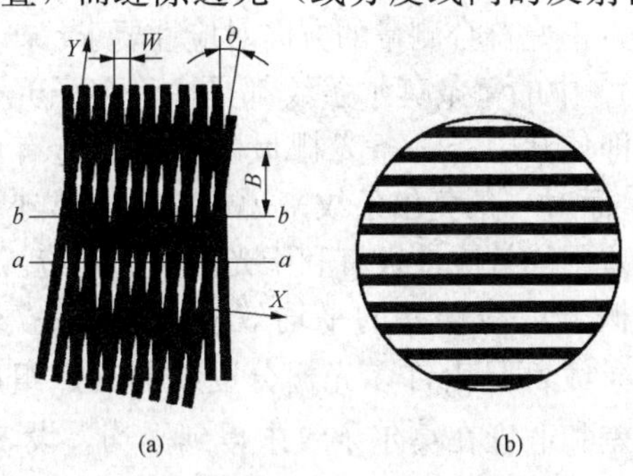

图 8-73　莫尔条纹的产生

（a）产生原理；（b）莫尔条纹

一条亮条纹。而在 b-b 线上，两块光栅的分度线彼此错开，缝隙被遮住，形成一条暗条纹。同时，在光线通过光栅缝隙出现的衍射作用下，实际上所看到的是连续的亮条纹，由此产生的一系列明暗相间的条纹称为莫尔条纹，如图 8-73（b）所示，图中莫尔条纹近似地垂直于光栅分度线，因此图 8-73 中莫尔条纹线称为横向莫尔条纹，两亮条纹或暗条纹之间的宽度 B 称为条纹间距。

3. 莫尔条纹的特征

（1）对光栅栅距的放大作用。根据图 8-73 的几何关系可知

$$\tan\theta = \frac{W}{B} \tag{8-25}$$

当两光栅分度线的 θ 交角很小时，条纹间距 B 的计算公式为

$$B \approx \frac{W}{\theta} \tag{8-26}$$

式中的 θ 以弧度为单位，式（8-25）说明，适当调整夹角 θ 可使条纹间距 B 比光栅栅距 W 放大几百倍甚至更大，这对莫尔条纹光电接收器的接收非常有利，即可以通过测量莫尔条纹间距 B 的变化来代替测量光栅尺线纹间距 W 的变化，如 W=0.04mm，θ=0°13′15″，则 B=10mm，相当于放大了 250 倍。

在图 8-73（a）中，当两光栅尺沿 X 方向相对移动时，就会发现莫尔条纹也会在与无相垂直的 Y 方向移动，而且当光栅尺移动一个间距 W 时，莫尔条纹也随之移动一个条纹间距 B；当光栅尺按相反方向移动时，莫尔条纹的移动方向也相反，莫尔条纹的这种方向对应性，正好符合测量的方向对应性要求。

由于图 8-73 中的每条莫尔条纹都是由许多条光栅线纹的交点所组成，因此即使其中有一条光栅尺的线纹制造有误差（如间距不等或歪斜），而对一条莫尔条纹来说影响却非常小，所以说莫尔条纹的这种误差平均效应性极有利于光栅尺的制造。

（2）对光栅分度线误差的平均效应。由图 8-73（a）可以看出，每条莫尔条纹都是由许多光栅分度线的交点组成，所以个别光栅刻线的误差和瑕疵在莫尔条纹中得到平均。设 δ_0 为光栅分度线误差，n 为光电接收器所接收的分度线数，则经莫尔条纹读出系统后的误差为

$$\delta=\frac{\delta_0}{\sqrt{n}} \tag{8-27}$$

由于 n 一般可以达几百条分度线，所以莫尔条纹的平均效应可使系统测量精度提高很多。

(3) 莫尔条纹运动与光栅副运动的对应性。在图 8-73 (a) 中，当两光栅尺沿 x 方向相对移动一个栅距 W 时，莫尔条纹在 y 方向也随之移动一个莫尔条纹间距 B，即保持着运动周期的对应性；当光栅尺的移动方向相反时，莫尔条纹的移动方向也随之相反，即保持了运动方向的对应性。利用这个特性，可实现数字式的光电读数和判别光栅副的相对运动方向。

3. 光栅计数原理

光栅计数装置是由光栅头与读数显示器两大部分所组成，如图 8-74 所示为光栅头示意图。光源 1 发出的光，经透镜 2 后成为一束平行光，穿过主光栅尺 3 和指示光栅尺 4 后而形成莫尔条纹，在指示光栅尺后又安装了一个光电接收器 5，调整指示光栅尺 4 与主光栅尺 3 的夹角 θ，使形成莫尔条纹的宽度 B 等于光电接收器 5 的宽度。当莫尔条纹的信号落到光电池上后，则由光电接收器 5 引出四路光电信号，且相邻两信号的相位差为 90°。

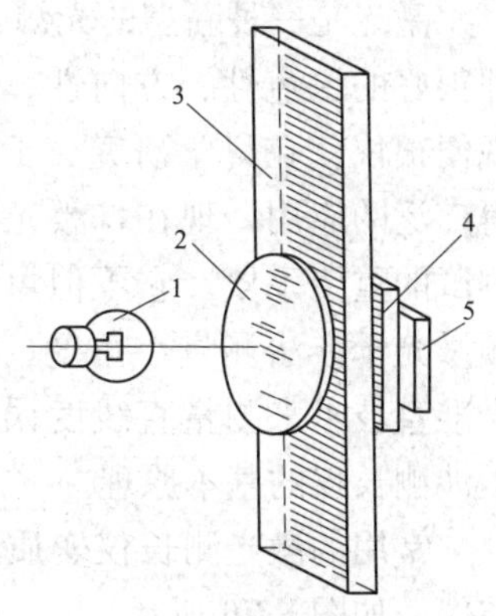

图 8-74　光栅头示意图

1—光源；2—透镜；3—主光栅尺；4—指示光栅尺；5—光电接收器

当主光栅尺移动时，可逆计数器就能进行计数，计数电路方框图如图 8-75 所示。由光电接收器引出的四路信号，分别送入差动放大器，再由差动放大器分别输出相位差为 90°的两路信号，再经整形、倍频和微分后，经门电路到可逆计数器，最后由数字显示器显示出两光栅相对移动的距离，从而实现数字化的自动测量。

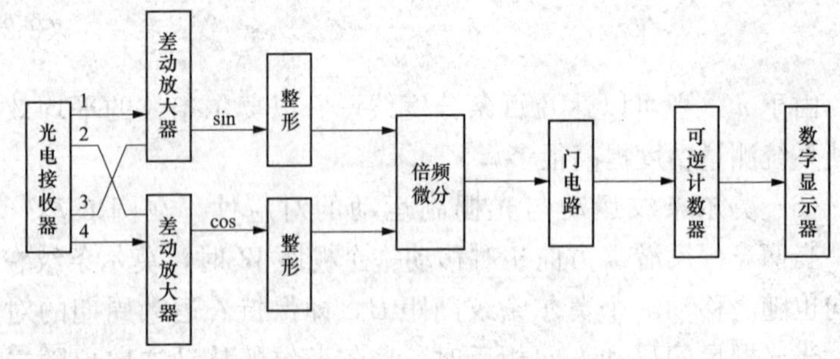

图 8-75　计数电路方框图

（二）激光测量技术

激光是一种新型的光源，它具有其他光源所无法比拟的优点，即很好的单色性、方向性、相干性和能量高度集中性，所以一出现便很快就在科学研究、工业生产、医学、国防等许多领域中获得广泛的应用。现在，激光技术已成为建立长度计量基准和精密测试的重要手段。它不但可以用干涉法测量线位移，还可以用双频激光干涉法测量小角度，用环形激光测量圆周分度，以及用激光准直技术来测量直线度误差等。这里主要介绍应用广泛的激光干涉测长仪的基本原理。

常用的激光测长仪实质上就是以激光作为光源的迈克尔逊干涉仪，如图 8-76 所示。

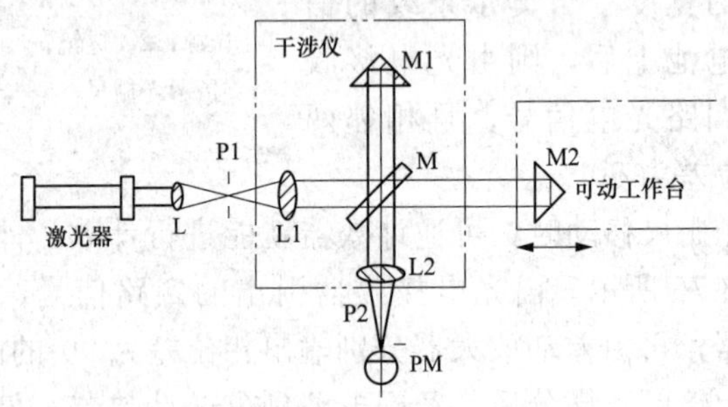

图 8-76　激光干涉测长仪原理

从激光器发出的激光束，经透镜 L、L1 和光阑 P1 组成的准直光管扩束成一束平行光，经分光镜 M 被分成两路，分别被角隅棱镜 M1 和 M2 反射回到 M 重叠，被透镜 L2 聚集到光电计数器 PM 处。当可动工作台带动棱镜 M2 移动时，在光电计数处由于两路光束聚集产生干涉，形成明暗条纹，通过计数就可以计算出工作台移动的距离为

$$S = N\lambda/2 \qquad (8\text{-}28)$$

式中　N——干涉条纹数；

　　λ——激光波长。

激光干涉测长仪的电子线路系统原理框图，如图 8-77 所示。

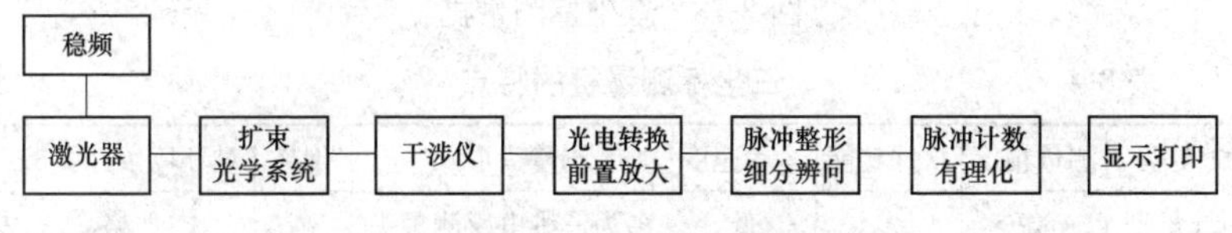

图 8-77　激光干涉测长仪电路原理图

（三）三坐标测量机及其应用

1. 三坐标测量机的类型、特点及结构

三坐标测量机是车间生产使用的现代先进技术计量装置，三坐标测量机综合利用精密机械、微电子、光栅和激光干涉仪等先进技术，目前广泛应用于机械制造、电子工业、航空、航天和国防工业各部门，特别适用于测量箱体类零件的孔距、面距以及模具、精密铸件、电子电路板、汽车外壳、发动机零件、凸轮和飞机型体等带有空间曲面的零件。

三坐标测量机也称三坐标测量仪器，如图 8-78 和图 8-79 所示，一般都具有相互垂直的三个测量方向，水平纵向运动方向为 X 方向（又称 X 轴），水平横向运动方向为 Y 方向（又称 Y 轴），垂直运动方向为 Z 方向（又称 Z 轴）。

（1）类型：三坐标测量机按其精度和测量功能，通常分为计量型（万能型）、生产和专用型三大类。

（2）特点：计量型与生产型三坐标测量机的特点比较，见表 8-4。

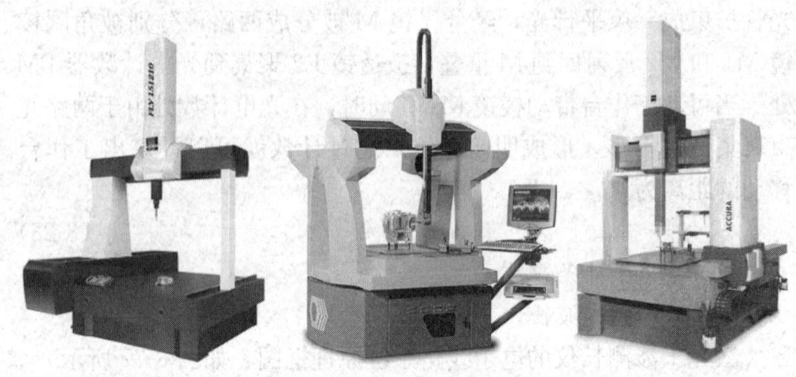

图 8-78　三坐标测量机

表 8-4　　　　　　**三坐标测量机的特点**

类型	测量精度	软件功能	运动速度	测量头形式	价格	对环境条件要求
计量型	高	多	低	多为三维电感测量头	高	严格
生产型	一般较低	一般较少	高	多为电触式测量头	低	低

（3）结构形式：三坐标测量机的结构可分为悬臂式、门框式（即龙门式）。门框式又可分为活动门框与固定门框，此外还有桥式、卧轴式等结构。

三坐标测量机的结构类型如图 8-79（a）为悬臂式，z 轴移动，特点是左右方向开阔，操作方便。但因 z 轴在悬臂 y 轴上移动，易引起 y 轴挠曲，使 y 轴的测量范围受到限制（一般不超过 500mm）。图 8-79（b）为悬臂式，y 轴移动，特点是 z 轴固定在悬臂 y 轴上，随 y 轴一起前后移动，有利于工件的装卸。但悬臂在 y 轴方向移动，重心的变化较明显。图 8-79（c）、（d）为桥式，以桥框作为导向面，x 轴能沿 y 方向移动，它的结构刚性好，适用于大型测量机。图 8-79（e）、（f）为龙门移动式和龙门固定式两种，其特点是当龙门移动或工作台移动时，装卸工件非常方便，操作性能好，适宜于小型测量机，精度较高。图 8-79（g）、（h）是借助卧式镗床或坐标镗床主体机构改造成的三坐标测量机构类型，属于卧轴式结构，这种测量形式精度也较高，但结构复杂。

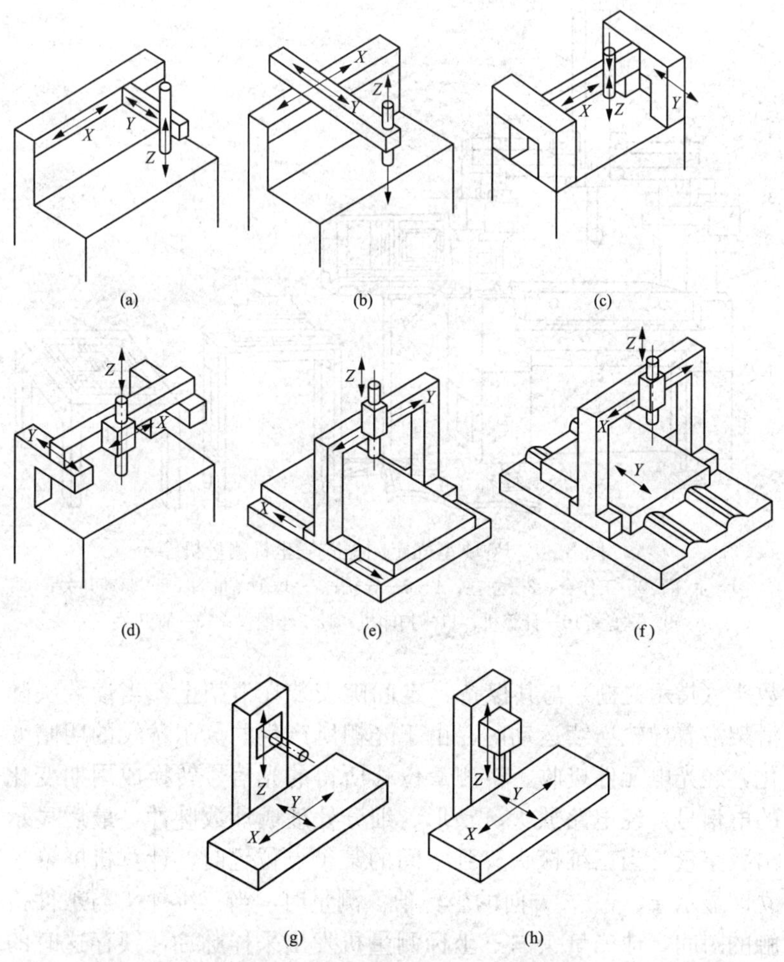

图 8-79　三坐标测量机的机构类型

（a）悬臂式 z 轴移动；（b）悬臂式 y 轴移动；

（c）、（d）桥式；（e）、（f）龙门式；（g）、（h）卧轴式

2. 三坐标测量机的测量原理

F604 型固定门框式三坐标测量机的外形，如图 8-80 所示。三坐标测量机由机械本体、计算机、打印机、绘图仪等部分组成，所采用的标准器是光栅尺。反射式金属光栅尺固定在导轨上，读

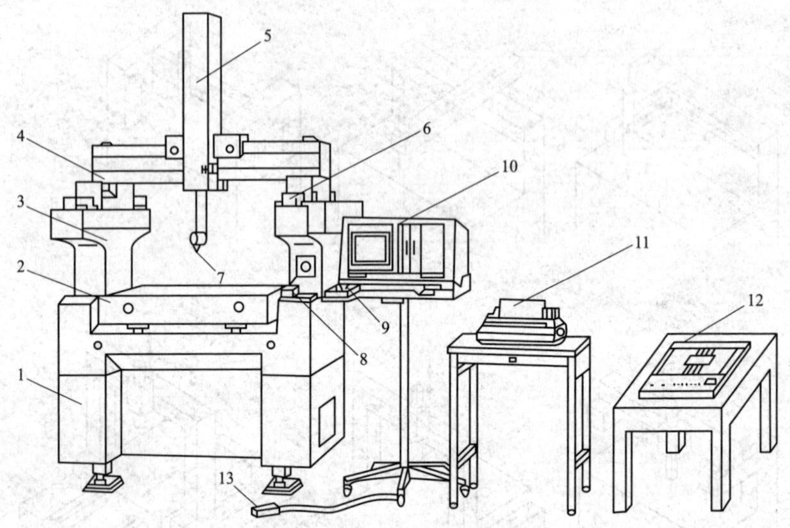

图 8-80　P604 型固定门框式三坐标测量机

1—底座；2—工作台；3—立柱；4～6—导轨；7—球型测量头；8—驱动开关；9—键盘；10—计算机；11—扫印机；12—绘图仪；13—脚开关

数头（指示光栅）与其保持一定间隙安装在滑架上，当读数头随滑架沿着导轨连续运动时，由于光栅所产生的莫尔条纹的明暗变化，经光电元件接收，将测量位移所得的光信号转换成周期变化的电信号，经电路放大、整形、细分处理成计数脉冲，最后显示出数字量，当三维探头移到空间的某个点位置时，计算机屏幕上立即显示 x、y、z 方向的坐标值。测量时，当三维探头与工件接触的瞬间，球测量头向三坐标测量机发出采样脉冲，锁存这时的球测量头球心的坐标。对表面进行几次测量后，即可求得其空间坐标方程，而确定工件的尺寸和形状。

3. 三坐标测量机的测量系统

测量系统是坐标测量机的重要组成部分之一，它关系着坐标测量机的精度、成本和寿命。对于 CNC 三坐标测量机一定要求测量系统输出的坐标值为数字脉冲信号，才能实现坐标位置闭环控制。坐标测量机上使用的测量系统种类很多，按其性质可分为机械式、光学式和电气式等，各种测量系统精度范围见表 8-5。

表 8-5　　　　　　　各种测量系统精度范围

测量系统	精度范围/μm	测量系统	精度范围/μm
丝杠或齿条	10～50	感应同步器	2～10
分度尺	光屏投影 1～10	磁尺	2～10
	光电扫描 0.2～1	码尺（绝对测量系统）	10
光栅	1～10	激光干涉仪	0.1

（1）机械式测量系统。机械式测量系统较典型的是精密丝杠和微分鼓读数系统，也可以把微分鼓的示值通过机电转换，用数字方式显示，示值一般为 1～5μm。也有采用精密齿轮齿条式的读数系统，以互相啮合的齿轮齿条为测量系统，在齿轮的同一轴上装有光电盘，经光电计数器用数字形式把移动量显示出来，但这种测量系统在精密三坐标测量机中很少应用。

（2）光学式测量系统。光学式测量系统最常用的是光栅测量系统，利用光栅的莫尔条纹原理来检测坐标的移动值。由于光栅体积小、精度高，信号容易细分，因此是目前三坐标测量机特别是计量型三坐标测量机使用最普遍的测量系统，但使用光栅测量系统需要洁净的工作环境。除光栅测量系统外，其他的光学测量系统还有光学读数刻度尺、光电显微镜和金属刻度尺、光学编码器、激光干涉仪等测量系统。

（3）电学式测量系统。电学式测量系统最常见的是感应同步器测量系统和磁尺测量系统两种。感应同步器的特点是成本低，对环境的适应性强，不怕灰尘和油污，精度在 1″内可以达到 10μm，因而常应用于生产型三坐标测量机。磁尺也有容易生产、成本低、易安装等优点，其精度略低于感应同步器，在 600mm 长度以内约为±10μm，在三坐标测量机上应用较少。

4. 三坐标测量机的测量头

（1）非接触式测量头：分为光学测量头与激光测量头，主要用于软材料表面、难于接触到的表面以及窄小的棱面的非接触测量。

（2）接触式测量头：分为硬测量头与软测量头两种。硬测量头多为机械测量头，主要用于手动测量与精度要求不高的场合，现代的三坐标测量机已较少使用这种测量头。而软测量头是目前三坐标测量机普遍使用的测量头，软测量头主要有触发式测量头和电感式三维模拟测量头两种，触发式测量头多用于生产型三坐标测量机，计量型三坐标测量机则大多使用电感式三维模拟测量头。

触发式测头亦称电触式测头，其作用是瞄准。它可用于“飞越”测量，即在检测过程中，测头缓缓前进，当测头接触被测件并过零时，测头即自动发出信号，采集各坐标值，而测头则不需要立即停止或退回，即允许若干毫米的超程。

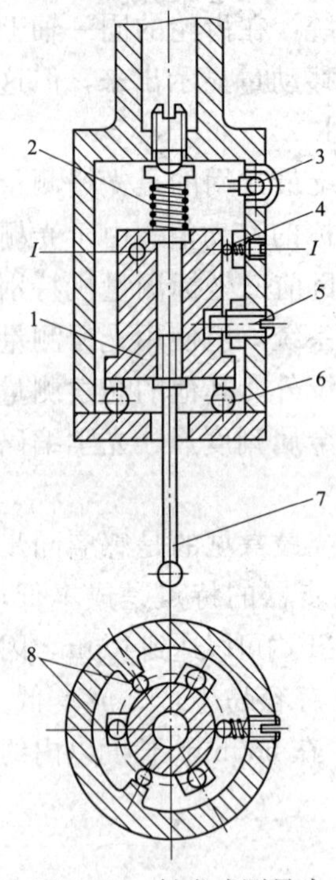

图 8-81　触发式测量头

1—探针体；2—弹簧；3—信号灯；4—活动钢球；5—导向螺钉；6—触点副；7—探针；8—固定钢球

触发式测量头的一种结构，如图 8-81 所示。探针体 1 在两个固定钢球 8 和活动钢球 4 的共同作用下定心，由于弹簧 2 的作用，静态下的三对触点副 6 全部均匀接触；当探针 7 和被测工件接触而引起位移或偏转的瞬间，总会引起三对触点副 6 之一脱离接触状态，电路立即断开而发出过零信号，同时发出声响和灯光信号，使信号灯 3 发亮。导向螺钉 5 保证探针 7 上下移动时不发生旋转。当测头与被测件脱离后，外力消失，由于弹簧的作用，测杆回到原始位置。这种测头的重复精度可达±1μm。

5. 三坐标测量机的主要技术指标

（1）测量范围：一般指 x、y、z 三个方向所能测量的最大尺寸。很多三坐标测量机的型号自身就包含一组表示测量范围特征的数字。

（2）测量精度：一般用置信度为 95% 的测量不确定度 U_{95} 表示。

1）对计量型三坐标测量机（最大测

量长度 $L<1200\text{mm}$）的坐标轴方向测量精度为

$$U_{95}=\left(1.5+\frac{L}{250}\right)\mu\text{m}$$

2）对生产型三坐标测量机的坐标轴方向测量精度为

$$U_{95}=\left(4+\frac{L}{250}\right)\sim\left(6+\frac{L}{100}\right)\mu\text{m}$$

（3）运动速度：三坐标测量机的运动速度，见表 8-6。

表 8-6　　三坐标测量机的运动速度表　　（mm/s）

三坐标测量机类型	最大运动速度	探针速度
计量型	约 50	$0.1\times10^{3}\sim50\times10^{-3}$
生产型	80～350	40～100

（4）分辨率：三坐标测量机的分辨率一般为 0.1～2μm。

（5）测量力：三坐标测量机的测量力一般为 0.1～1N（按不同的测量头）。

6. 三坐标测量机的功能

现代三坐标测量机都配有不同的计算机，因此，三坐标测量机的功能在很大程度上取决于计算机软件的功能，计量型和生产型三坐标测量机的基本测量功能相仿；但计量型三坐标测量机往往有许多特殊测量功能，因而被称为万能型三坐标测量机或测量中心。

（1）基本测量功能：包括对一般几何元素的确定（如直线、圆、椭圆、平面、圆柱、球、圆锥等）；对一般几何元素的几何误差测量（如直线度、平面度、圆度、圆柱度、平行度、垂直度、倾斜度、同轴度、位置度等），以及对曲线的点到点的测量和对一般几何元素的连接、坐标转换、相应误差统计分析，必要的打印输出和绘图输出等。

（2）特殊测量处理功能：包括对曲线的连续扫描，圆柱与圆锥齿轮的齿形、齿向和周节测量，各种凸轮和凸轮轴的测定以及各种螺纹参数的测量等。

（3）计算机辅助设计与辅助制造功能：三坐标测量机还可用

于机械产品的计算机辅助设计与辅助制造，例如汽车车身设计从泥模的测量到主模型的测量；冲模从数控加工到加工后的检验，直至投产使用后的定期磨损检验都可应用三坐标测量机完成。

7. 三坐标测量机的应用

三坐标测量机集精密机械、电子技术、传感器技术、电子计算机等现代技术之大成，对坐标测量机，任何复杂的几何表面与几何形状，只要测头能感受（或瞄准）到的地方，就可以测出它们的几何尺寸和相互位置关系，并借助于计算机完成数据处理。如果在三坐标测量机上设置分度头、回转台（或数控转台），除采用直角坐标系外，还可采用极坐标、圆柱坐标系测量，使测量范围更加扩大。对于有 X、Y、Z、φ（回转台）四轴坐标的测量机，常称为四坐标测量机。增加回转轴的数目，还有五坐标或六坐标测量机。

三坐标测量机与“加工中心”相配合，具有“测量中心”的功能。在现代化生产中，三坐标测量机已成为 CAD/CAM 系统中的一个测量单元，它将测量信息反馈到系统主控计算机，进一步控制加工过程，提高产品质量。

正因为如此，三坐标测量机越来越广泛地应用于机械制造、电子、汽车和航空航天等工业领域。

第五节　量具与量仪使用注意事项

一、量具与量仪使用时的注意事项

1. 塞尺的使用和注意事项

(1) 塞尺（feeler）的功用。塞尺是用来测量间隙的薄片量尺。塞尺又称厚薄规或间隙片，由一组具有不同厚度级差的薄钢片组成的量规，用于测量间隙尺寸，主要用来检验机床特别紧固面和紧固面、活塞与气缸、活塞环槽和活塞环、十字头滑板和导板、进排气阀顶端和摇臂、齿轮啮合间隙等两个结合面之间的间隙大小。在检验被测尺寸是否合格时，可以用通止法判断，也可由检验者根据塞尺与被测表面配合的松紧程度来判断。塞尺是由许多层厚薄不一的薄钢片组成，按照塞尺的组别制成一把一把的塞尺，一般用不锈钢制造，最薄的为 0.02mm，最厚的为 3mm。自 0.02～0.1mm 间，各钢片厚度级差为 0.01mm；自 0.1～1mm 间，各钢片的厚度级差一般为 0.05mm；自 1mm 以上，钢片的厚度级差为 1mm。每把塞尺中的每片具有两个平行的测量平面，且都有厚度标记，以供组合使用。

（2）使用方法。测量时，根据结合面间隙的大小，用一片或数片重叠在一起塞进间隙内进行检测。

如图 8-82 所示是用塞尺检验机床尾座紧固面的间隙。如图 8-83 所示是用直尺和塞尺测量轴的偏移和曲折，将直尺贴附在以轴系推力轴或第一中间轴为基准的法兰外圆的素线上，用塞尺测量直尺同与之连接的柴油机曲轴或减速器输出轴法兰外圆的间隙 Z_X（轴在 Z 方向向下方的偏移）、Z_S（轴在 Z 方向向上方的偏移）、Y_X（轴在 Y 方向向下方的偏移）、Y_S（轴在 Y 方向向上方的偏移），并依次在法兰外圆的上、下、左、右四个位置上进行测量。

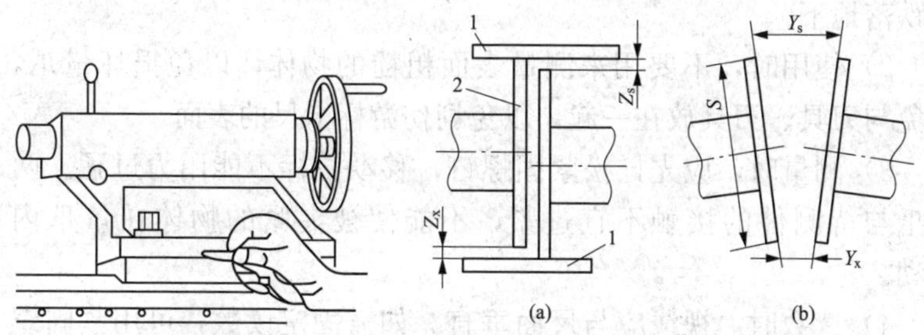

图 8-82　用塞尺检验车床尾座紧固面间隙

图 8-83　用直尺和塞尺测量轴的偏移和曲折
（a）轴向偏差的检测；（b）端面偏差的检测
1—直尺；2—法兰

（3）注意事项。

1）塞尺使用前必须先清除塞尺和工件上的污垢与灰尘。

2）使用时，根据结合面的间隙情况选用塞尺片数，但片数越少越好，可用一片或数片重叠插入间隙，以稍感拖滞为宜。

3）测量时动作要轻，不能用力太大，不允许硬插，以免塞尺片被弯曲和折断。

4）不允许测量温度较高的零件。

2. 游标卡尺的使用和注意事项

（1）使用方法。

1）使用前用软布将量爪擦干净，使其并拢，查看游标和主尺身的零刻度线是否对齐。如果对齐就可以进行测量，如没有对齐则要记取零误差，游标的零刻度线在尺身零刻度线右侧的叫正零误差，在尺身零刻度线左侧的叫负零误差（这一规定方法与数轴的规定一致，原点以右为正，原点以左为负）。

2）测量时，右手拿住尺身，大拇指移动游标，左手拿待测外径（或内径）的物体，使待测件位于外测量爪之间，当与量爪紧紧相贴时，即可读数。

3）读数时，由被测尺寸的整数部分和小数部分两者相加，即得测量结果。

（2）注意事项。

1）游标卡尺是比较精密的测量工具，要轻拿轻放，不得碰撞或跌落地下。

2）使用时，不要用来测量表面粗糙的物体，以免损坏量爪，避免与刀具、刃具放在一起，以免划伤游标卡尺的表面。

3）测量时，应先拧松紧固螺钉，移动游标不能用力过猛。两量爪与待测件的接触不宜过紧，不能使被夹紧的物体在量爪内挪动。

4）读数时，视线应与尺面垂直。如需固定读数，可用紧固螺钉将游标固定在尺身上，防止滑动。实际测量时，对同一长度应多测几次，取其平均值来减少偶然误差。

5）应定期校验游标卡尺的精准度和灵敏度。

6）不使用时，应置于干燥中性的地方，远离酸碱性物质，防止锈蚀。

3. 高度游标卡尺的使用和注意事项

（1）使用前，应检查底座工作面是否有毛刺或擦伤，底座的工作面和检验用的平板是否清洁，量爪是否完好，是否紧固等。

（2）搬动高度游标卡尺时，应握持底座，不允许抓住尺身，否则容易使高度尺跌落或尺身变形。

(3) 测量高度尺寸时，应先将高度尺的底座贴合在平板上，移动尺框的量爪，使其端部与平板接触，检查高度尺的零位是否正确。然后，将尺框的量爪提高到略大于被测工件的尺寸，拧紧微动装置的紧固螺钉，旋动微动螺母，使量爪端部与被测工作表面接触，紧固尺框上的紧固螺钉，即可读得被测高度。

(4) 用高度游标卡尺划线时，应装上划线量爪，按所需划线的高度尺寸调节尺框，先固紧微动装置的紧固螺钉，然后旋动微动螺母使高度尺寸准确地对准所需划线的尺寸，再将尺框紧固后即可进行划线。划线时底座应贴合平台，平稳移动。

4. 外径千分尺的使用方法和注意事项

(1) 外径千分尺的合理使用。只有正确合理地使用千分尺，才能保证测量的准确性，因此在使用时应注意如下几点。

1) 根据不同公差等级的工件，正确合理地选用千分尺。一般情况下，0 级千分尺适用于测量 IT8 级公差等级以下的工件，1 级千分尺适用于测量 IT9 级公差等级以下的工件。

2) 使用前，先用清洁纱布将千分尺擦干净，然后检查其各活动部分是否灵活可靠。在全行程内活动套管的转动要灵活，轴杆的移动要平稳，锁紧装置的作用要可靠。

3) 检查零位时应使两测量面轻轻接触，并无漏光间隙，这时微分筒上的零线应对准固定套筒上纵刻线，微分筒锥面的端面应与固定套筒零刻线相对。如有零位偏差，应进行调整。调整的方法是：先使砧座与测微螺杆的测量面合拢，然后利用锁紧装置将测微螺杆锁紧，松开固定套管的紧固螺钉，再用专用扳手插入固定套管的小孔中，转动固定套管使其中线对准微分筒刻度的零线，然后拧紧紧固螺钉。如果零位偏差是由于微分筒的轴向位置相差较远而致，可将测力装置上的螺母松开，使压紧接头放松，轴向移动微分筒，使其左端与固定套管上的零刻度线对齐，并使微分筒上的零刻度线与固定套管上的中线对齐，然后旋紧螺母，压紧接头，使微分筒和测微螺杆结合成一体，再松开测微螺杆的锁紧装置。

4）在测量前必须先把工件的被测量表面擦干净，以免脏物影响测量精度。

5）测量时，要使测微螺杆轴线与工件的被测尺寸方向一致，不要倾斜。转动微分筒，当测量面将与工件表面接触时，应改为转动棘轮，直到棘轮发出“咔咔”的响声后，方能进行读数，这时最好在被测件上直接读数。如果必须取下千分尺读数时，应用锁紧装置把测微螺杆锁住再轻轻滑出千分尺。如图 8-84 所示，读数要细心，看清刻度，特别要注意分清整数部分和 0.5mm 的刻线。

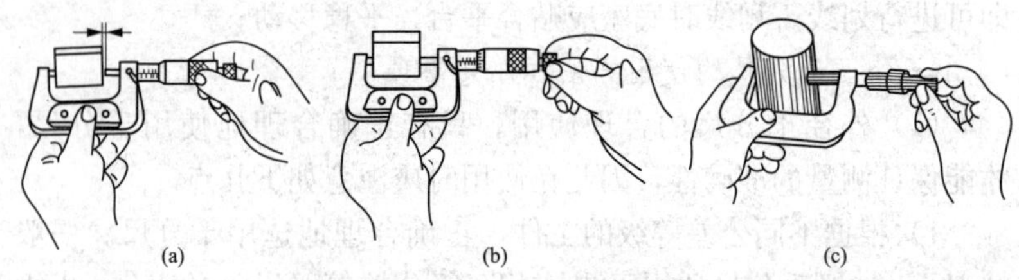

图 8-84 外径千公尺测量工件

(a) 转动微分筒；(b) 转动棘轮测出尺寸；(c) 测量工件外径

6）测量较大工件时，有条件的可把工件放在 V 形块或平板上，采用双手操作法，左手拿住尺架的隔热装置，右手用两指旋转测力装置的棘轮。

7）测量中要注意温度的影响，防止手温或其他热源的影响。使用大规格的千分尺时，更要严格地进行等温处理。

8）不允许测量带有研磨剂的表面和粗糙表面，更不能测量运动着的工件。注意绝对不能在工件转动时去测量。

(2) 千分尺的使用禁忌及维护保养。千分尺在使用中要经常注意维护保养，才能长期保持其精度，因此必须做到以下几点。

1）测量时，不能使劲拧千分尺的微分筒。

2）不允许把千分尺当卡规用。

3）不要拧松后盖，否则会造成零位改变，如果后盖松动，必须校对零位后才能使用。

4）不许手握千分尺的微分筒旋转晃动，以防止丝杆磨损或测量面互相撞击。

5）不允许在千分尺的固定套筒和微分筒之间加进酒精、煤油、柴油、凡士林和普通机油等；不准把千分尺浸入上述油类和切削液里，如发现上述物质浸入，要用汽油洗净，再涂以特种轻质润滑油。

6）要经常保持千分尺的清洁，使用完毕用软布或棉纱等擦干净，同时还要在两测量面上涂一层防锈油。要注意勿使两个测量面贴合在一起，然后放在专用盒内，并保存在干燥的地方。

5. 深度千分尺的使用方法和注意事项

（1）用螺旋拧紧的可换测量杆，由于拧紧程度不同，直接影响示值。因此，在使用前或更换测杆后，必须进行校正。

（2）测量前，应清洁底座的测量面和工件的被测量面，并去除毛刺。被测量工件要具有较小的表面粗糙度值。

（3）测量时，应使底座与被测工件表面保持紧密接触。测量杆中心轴线与被测工件的测量面保持垂直。

（4）测量杆的端部易磨损，应经常校对零位是否正确。零位的校对可应用圆筒式校对量具或采用二块尺寸相同的量块组合体进行。

6. 杠杆千分尺的使用和注意事项

（1）使用前，应校对杠杆千分尺的零位。首先校对微分筒零位和杠杆指示表零位。0～25mm 杠杆千分尺可使两测量面接触，直接进行校对；25mm 以上的杠杆千分尺用 0 级调整量棒或用 1 级量块来校对零位。

1）分度盘可调整式杠杆千分尺零位的调整，先使微分筒对准零位，指针对准零线即可。

2）分度盘固定式杠杆千分尺零位的调整，需先调整指示表指针零位，此时若微分筒上零位不准，则应按通常千分尺调整零位的方法进行调整，即将微分筒后盖打开，紧固止动器，松开微分筒后，将微分筒对准零线，再紧固后盖，直至零位稳定。

在上述零位调整时，均应多次拨动拨叉，示值必须稳定。

（2）直接测量时，将零件正确置于两测量面之间，调节微分筒使指针有适当示值，并应拨动拨叉几次，示值必须稳定。此时，微分筒的读数加上表盘的读数，即为工件的实测尺寸。

（3）相对测量时，可用量块做标准，调整杠杆千分尺，使指针位于零位，然后紧固微分筒，在指示表上读数。相对测量可提高测量精度。

（4）成批测量时，应按零件被测尺寸，用量块组调整杠杆千分尺示值，然后根据零件公差，转动公差带指标调节螺钉，调节公差带。

测量时，只需观察指针是否在公差带范围内，即可确定零件是否合格，这种测量方法不但精度高且检验效率亦高。

（5）使用后，放在专用盒内保存。

7. 框式水平仪的使用方法和注意事项

（1）使用方法。

1）框式水平仪的两个V形测量面是测量精度的基准，在测量中不能与工作的粗糙面接触或摩擦。

2）安放时必须小心轻放，避免因测量面划伤而损坏水平仪和造成不应有的测量误差。

3）用框式水平仪测量工件的垂直面时，不能用手握住与副侧面相对的部位，而用力向工件垂直平面推压，这样会因水平仪的受力变形，影响测量的准确性。正确的测量方法是用手握持副测面内侧，使水平仪平稳、垂直地（调整气泡位于中间位置）贴在工件的垂直平面上，然后从纵向水准读出气泡移动的格数。

4）使用水平仪时，要保证水平仪工作面和工件表面的清洁，以防止脏物影响测量的准确性。

5）测量水平面时，在同一个测量位置上，应将水平仪调过相反的两个方向再进行测量，以保证测量的准确。

6）当移动水平仪时，不允许水平仪工作面与工件表面发生摩擦，应该提起来后放置。

7）当测量长度较长的工件时，可将工件平均分成若干尺寸段，用分段测量法，然后根据各段的测量读数，绘出误差坐标图，以确定其误差的最大格数。

（2）注意事项。

1）水平仪使用前用无腐蚀性汽油将工作面上的防锈油洗净，并用脱脂棉纱擦拭干净方可使用。

2）温度变化会使测量产生误差，使用时必须与热源和风源隔绝。如使用环境温度与保存环境温度不同，则需在使用环境中将水平仪置于平板上稳定2h（等温）后方可使用。

3）测量时必须待气泡完全静止后方可读数。

4）水平仪使用完毕，必须将工作面擦拭干净，并涂以无水、无酸的防锈油，覆盖防潮纸装入盒中置于清洁干燥处保管。

8. 合像水平仪的使用方法和注意事项

（1）合像水平仪的功用。以测微螺旋副相对基座测量面调整水准器气泡，并由光学原理合像读数而测水平度。合像水平仪主要由测微螺杆、杠杆系统、水准器、光学合像棱镜和具有V型工作平面的底座等组成。水准器安装在杠杆架的底板上，它的水平位置用微分盘旋钮通过测微螺杆与杠杆系统进行调整。水准器内的气泡圆弧，分别用三个不同方向位置的棱镜反射至观察窗，分成两个半像，合象水平仪是利用棱镜将水准器中的气泡符号放大，来提高读数的精确度，利用杠杆、微动螺杆这一套传动机构来提高读数的灵敏度。所以被测量件倾斜0.01mm/m时，就可精确的在合象仪中读出，在合象水平仪中水准器主要是起指零的作用。

（2）使用方法。将合像水平仪安置在被检验的工作面上，由于被检验面的倾斜而引起两气泡的不重合，则转动度盘，一直到两气泡重合为止，此时即可得出读数。被检件的实际倾斜度可通过进行计算得出：实际倾斜度＝刻度值×支点距离×刻度盘读数。

（3）注意事项。

1）合像水平仪工作面上不得有锈迹、碰伤、划伤等缺陷及其他影响使用的缺陷。

2）喷漆表面应美观，不得有脱漆、划伤等缺陷，其他裸露非工作面不得有锈蚀等明显缺陷。

3）测微螺杆在转动时应顺畅，不得有卡住或跳动现象。

4）当测微螺杆均匀转动时，气泡在水准泡内移动应平稳，无停滞和跳动现象。

5）环境温度变化对测量精度有较大的影响，所以使用时应尽量避免工件和水平仪受热。

9. 水准仪的使用方法和注意事项

（1）水准仪的功用：根据水准测量原理测量两点间高度差。水准仪是建立水平视线测定地面两点间高差的仪器，主要部件有望远镜水准仪、管水准器（或补偿器）、垂直轴、基座、脚螺旋。按结构分为微倾水准仪、自动安平水准仪、激光水准仪和数字水准仪（又称电子水准仪），按精度分为精密水准仪和普通水准仪。

（2）使用方法。

1）微倾水准仪——借助于微倾螺旋获得水平视线的一种常用水准仪。作业时先用圆水准器将仪器粗略调平，每次读数前再借助微倾螺旋，使符合水准器在竖直面内俯仰，直到符合水准气泡精确居中，使视线水平。微倾的精密水准仪同普通水准仪比较，前者管水准器的分划值小、灵敏度高，望远镜的放大倍率大，明亮度强，仪器结构坚固，特别是望远镜与管水准器之间的连接牢固，装有光学测微器，并配有精密水准标尺，以提高读数精度。国产的微倾式精密水准仪，其望远镜放大倍率为40倍，管水准器分划值为10″/2mm，光学测微器最小读数为0.05mm，望远镜照准部分、管水准器和光学测微器都共同安装在防热罩内。

2）自动安平水准仪——借助于自动安平补偿器获得水平视线的一种水准仪。它的特点主要是当望远镜视线有微量倾斜时，补偿器在重力作用下对望远镜做相对移动，从而能自动而迅速地获得视线水平时的标尺读数。

3）激光水准仪——利用激光束代替人工读数的一种水准仪。将激光器发出的激光束导入望远镜筒内，使其沿视准轴方向射出水平激光束。利用激光的单色性和相干性，可在望远镜物镜前装配一块具有一定遮光图案的玻璃片或金属片，即波带板，使之所生衍射干涉。经过望远镜调焦，在波带板的调焦范围内，获得一明亮而精细的十字形或圆形的激光光斑，从而更精确地照准目标。如在前、后水准标尺上配备能自动跟踪的光电接收靶，即可进行水准测量。在施工测量和大型构件装配中，常用激光水准仪建立水平面或水平线。数字水准仪是目前最先进的水准仪，配合专门的条码水准尺，通过仪器中内置的数字成像系统，自动获取水准尺的条码读数，不再需要人工读数。这种仪器可大大降低测绘作业劳动强度，避免人为的主观读数误差，提高测量精度和效率。

(3) 注意事项。

1) 水准仪是精密的光学仪器，正确合理使用和保管对仪器精度和寿命有很大的作用；

2) 应避免阳光直晒，不可随便拆卸仪器；

3) 仪器有故障，应由熟悉仪器结构者或专业修理部修理；

4) 每个微调都应轻轻转动，不要用力过大；

5) 镜片、光学片不准用手触片；

6) 每次使用完后，应将仪器擦拭干净，保持干燥。

二、量具和量仪的选择

量具量仪的误差在测量误差中占有较大的比例，因此，正确、合理地选择量具量仪，对减小测量误差有着重要的意义。如果选用不当，有时还会将废品作为合格品，或将合格品误判为废品。

1. 量具量仪的选择原则

量具量仪的选择，主要决定于量具量仪的技术指标和经济指标，综合起来有以下几点。

(1) 根据被检验工件的数量（批量）来选择。工件数量（批量）小，选用通用量具量仪，如各种规格的游标卡尺、千分尺、指示表等；工件数量（批量）大，选用专用量具和检验夹具（测量装置），最常用的是选择极限量规，如卡规、塞规、螺纹量规等。

(2) 根据被检验工件的不同要求来选择。如测量的是工件的长度、直径（内径、外径）、角度、锥度、高度、螺纹、齿轮等，选取相应的测量量具和量仪。

(3) 根据被检验工件尺寸大小要求来选择。所选量具量仪的测量范围、示值范围、分度值等要能满足要求。测量器具的测量范围能容纳工件或探头要能伸入被测部位。

(4) 根据工件的尺寸公差和形位公差精度来选择。工件公差小，选精度高的量具量仪；反之，选精度低的量具量仪。一般量具量仪的极限误差占工件公差的1/10～1/3，工件精度越高，量具量仪极限误差所占比例越大。

(5) 根据被检验工件表面特征来选择。如工件表面结构材料比较软，可以考虑选用非接触测量量具和量仪。

(6) 根据量具量仪不确定度的允许值来选择。在生产车间选择量具量仪，主要按量具量仪的不确定度的允许值来选择。

(7) 应考虑选用标准化、系列化、通用化的量具量仪，便于安装、使用、维修和更换。

(8) 应保证测量的经济性。从测量器具成本、耐磨性、检验时间、方便性和检验人员的技术水平来综合考虑其测量的经济性。

2. 量具量仪的选择方法

(1) 按检验标准规定选择。GB/T 3177—2009《产品几何技术规范(GPS) 光滑工件尺寸的检验》规定了光滑工件尺寸检验的验收原则、验收极限、计量器具的测量不确定度允许值和计量器具选用原则。它适用于通用计量器具，如游标卡尺、千分尺及车间使用的比较仪、投影仪等量具量仪，对图样上注出的公差等级为6～18级(IT6～IT18)、公称尺寸至500mm的光滑工件尺寸的检验，也适用于对一般公差尺寸的检验。

(2) 按测量方法精度的因数选择。测量方法精度因数 K 等于测量方法检测误差 ΔL_{m} 除以被测工件公差值 T，即 $K=\dfrac{\Delta L_{\mathrm{m}}}{T}\times 100\%$，$K$ 值的选取见表8-7，此方法用于没有标准规定的其余工件的检验。

表8-7　测量方法精度因数 K

工件公差等级	IT6	IT7	IT8	IT9	IT10	IT11	IT12～IT16
K/%	32.5	30	27.5	25	0	15	10

总之，量具和量仪的选用是一个综合性的问题，应根据具体情况做具体分析并选用。在能保证测量精度的情况下，应尽量选择使用方便和比较经济的量具和量仪。选用过高或过低精度的量具量仪都是不合理的，选用过高精度的量具和量仪也是不必要的，因易于破坏仪器的精度，使仪器使用寿命缩短。例如，有的企业为了测量方便，不考虑被测工件的精度，一律在万能工具显微镜上测量工件尺寸、键槽对称度等，这显然是不合适的。

在工厂成批生产中，应多先用量规、卡板等专用量具。专用量具虽然不能测量出工件的实际尺寸，但它能测量出零件的尺寸和形状是否在公差范围内，是否合格。专用量具具备测量可靠、操作简单方便、效率高、经济性好等有点。

第六节　量具与量仪的维护和保养

一、量具与量仪的日常维护

正确地使用精密量具量仪是保证产品质量的重要条件之一。要保持量具量仪的精度和工作的可靠性，除了在使用中要按照合理的使用方法进行操作以外，还必须做好量具的日常维护和保养工作。

(1) 在机床上测量零件时，要等零件完全停稳后进行，否则不但使量具的测量面过早磨损而失去精度，而且还会造成事故。

(2) 测量前应把量具的测量面和零件的被测量表面都要揩干净，以免因有脏物存在而影响测量精度。用精密量具如游标卡尺、百分尺和百分表等，去测量锻铸件毛坯，或带有研磨剂（如金刚砂等）的表面是错误和不允许的，这样易使精密量具测量面很快因不断磨损而逐渐失去精度。不要用油石、砂纸等硬的东西擦拭量具、量仪的测量面和刻线部分。

(3) 量具在使用过程中，不要和工具、刀具如锉刀、榔头、车刀和钻头等堆放在一起，以免碰伤量具，也不要随便放在机床上，以免因机床振动而使量具掉下来损坏。尤其是游标卡尺等，应平放在专用盒子里，以免使尺身变形。

(4) 量具是测量工具，绝对不能作为其他工具的代用品。例如拿游标卡尺划线，拿百分尺当小榔头，拿钢直尺当起子旋螺钉，以及用钢直尺清理切屑等都是错误的。把量具当玩具，如把百分尺等拿在手中任意挥动或摇转等也是错误的，都是易使量具失去精度的。

(5) 温度对测量结果影响很大，零件的精密测量一定要使零件和量具都在20℃的情况下进行测量。一般可在室温下进行测量，但必须使工件与量具的温度一致，否则，由于金属材料的热胀冷缩的特性，使测量结果不准确。温度对量具精度的影响亦很大，量具不应放在阳光下曝晒或放在床头箱上，因为量具温度升高后，也测量不出正确尺寸。更不要把精密量具放在热源（如电炉、热交换器等）附近，以免使量具受热变形而失去精度。

(6) 不要把精密量具放在磁场附近，例如磨床的磁性工作台上，以免使量具磁化。

(7) 发现精密量具有不正常现象时，如量具表面不平、有毛刺、有锈斑以及刻度不准、尺身弯曲变形、活动不灵活等，使用者不应当自行拆修，更不允许自行用榔头敲、锉刀锉、砂布打光等粗糙办法修理，以免反而增大量具误差。发现上述情况，使用者应当主动送计量站检修，并经检定量具精度后再继续使用。

(8) 不要用手直接摸量具、量仪的测量面，以免因手汗、潮湿、赃物、污染测量面，使之锈蚀。量具使用后，应及时擦拭干净，除不锈钢量具或有保护镀层者外，量具金属表面应涂上一层防锈油，放在专用的盒子里，保存在干燥的地方，以免生锈。

(9) 精密量具应实行定期检定和保养，长期使用的精密量具，要定期送计量站进行保养和检定精度，以免因量具的示值误差超差而造成产品质量事故。

二、量具与量仪的管理和保养

1. 测量量具与量仪的日常管理

测量量具和量仪属于贵重、精密物品，为了使其保持良好的状态，更好地为科研和生产服务，并尽可能延长其使用寿命，因此，加强对测量器具日常管理是非常必要的。

(1) 所有测量量具和量仪一律实行统一管理、专人负责。除正常现场使用外，测量仪器（特别是精密、大型仪器设备）应统一保存在仪器室，并由保管员对其进行日常清洁、防潮等维护工作。

(2) 对于精密大型仪器，使用人应提前提出使用申请，并报主管领导审批，经同意后方可领用。

(3) 使用人领用时，应填写所领用测量仪器清单，并注明完好情况、使用期限、工程项目名称、用途、归还日期等。

(4) 量具量仪操作者必须是测量专业人员或经过培训达到能够独立操作的专业技术人员，操作时，应严格按照测量仪器使用说明书操作规程进行操作。

(5) 测量量具量仪领用人（或操作人）必须对所领用仪器的安全性负责。不得有人为损坏现象，如在使用中发生故障，应及时上报维修处理，个人不得随意拆卸、修理仪器。

(6) 测量仪器在搬运时应轻拿轻放，特别是长途运输时应将测量仪器盒放在软垫上，以免仪器损坏。

(7) 不得在下雨天露天使用测量仪器，更不得用测量仪器照射太阳光，要避免强光直射测量仪器；严禁用手触摸、用纸或手帕擦拭测量仪器镜头；测量仪器箱不得坐人，更不得用脚踩踏。

(8) 测量量具量仪领用人（或操作人）必须认真填写仪器使用记录，按期归还测量仪器。如有特殊原因不能如期归还，要及时请示管理人员，获准后方可延期使用。

(9) 任何人不得未经同意将测量仪器设备转借给他人使用。

(10) 对于人为原因造成测量仪器损坏的，可根据仪器损坏程度给予当事人相应处罚。

2. 计量器具的维护和保养

为了保持计量器具的精度和工作可靠性，必须十分注意计量器具的维护和保养。

(1) 测量前应将计量器块的测量面和被测工件的表面擦洗干净，以免脏物存在而影响测量精度、擦伤测量面。

(2) 测量时，要严格按照计量器具说明书中所规定的使用规则和操作要求进行，一旦发现技术故障或可疑之处，要立即查清原因，并予以排除，必要时送检修部门检修。对精密量具量仪，不允许使用者自行拆修，非计量专业人员严禁拆卸、改装、修理量具。量具量仪修复后，必须重新检定合格后，才能投入使用。

（3）量具量仪使用后，应及时清洗。如不涂油，应放在干烘缸里保存；短期一、二天不用，可涂上无水变压器油；长期不用，应涂上纯净无水的凡士林油，涂油一般不宜太厚。

（4）必须对计量器具定期擦洗，保持清洁，以防金属表面锈蚀和光学零件生霉、起雾。清洗精密量具量仪的金属表面可使用1级航空汽油、纯度99.5%的无水酒精或乙醚，清洗一般通用量具可使用工业汽油。擦洗材料使用脱脂棉、白细布、绸布或高级卫生纸。如发现金属表面已有锈迹，应及时用500″金相砂纸去锈，并清洗上油，使锈蚀不发展、不蔓延。清洁光学零件表面，宜用脱脂细软的毛笔轻轻拂去灰尘，再用柔软清洁的亚麻布或镜头纸轻轻擦拭，不可用手触摸镜面。如光学零件表面有油渍，可蘸一点酒精或乙醚擦拭，应尽量避免多擦。镜头里面发霉、起雾，要及时请检修部门擦拭干净，以免年长日久，生成霉、雾斑而不易擦去。

（5）量具的存放地点要求清洁、干燥、无振动、无腐蚀性气体；量具不应放在火炉边、机床床头箱、通风口处等高温或低温的地方，不要放在磁性卡盘等磁场附近，以免磁化，造成测量误差。

（6）使用后的量具、量仪要擦拭干净，松开紧固装置；暂时不用的，清洗后要在测量面上涂上防锈油，放入专用盒内保管。存放时不要使两个测量面直接接触（两测量面一般保持0.1～1mm间隙），以免生锈。

（7）大型计量器具一般不要经常移动，更不能自行拆卸，搬动时要严防振动。

（8）测量量具量仪要注意远离磁场、热源和震源，严格实行周期检定制度。

附　录

附录 A　轴的基本偏差数值表（摘自 GB/T 1800.1—2009）（μm）

公称尺寸/mm		基本偏差数值																
		上极限偏差 es												下极限偏差 ei				
		所有标准公差等级												IT5和IT6	IT7	IT8	IT4至IT7	≤IT3 >IT7
大于	至	a	b	c	cd	d	e	ef	f	fg	g	h	js	j			k	
—	3	−270	−140	−60	−34	−20	−14	−10	−6	−4	−2	0	偏差=±$\frac{IT_n}{2}$，式中IT_n是IT值数	−2	−4	−6	0	0
3	6	−270	−140	−70	−46	−30	−20	−14	−10	−6	−4	0		−2	−4		+1	0
6	10	−280	−150	−80	−56	−40	−25	−18	−13	−8	−5	0		−2	−5		+1	0
10	14	−290	−150	−95		−50	−32		−16		−6	0		−3	−6		+1	0
14	18																	
18	24	−300	−160	−110		−65	−40		−20		−7	0		−4	−8		+2	0
24	30																	
30	40	−310	−170	−120		−80	−50		−25		−9	0		−5	−10		+2	0
10	50	−320	−180	−130														
50	65	−340	−190	−140		−100	−60		−30		−10	0		−7	−12		+2	0
65	80	−360	−200	−150														
80	100	−380	−220	−170		−120	−72		−36		−12	0		−9	−15		+3	0
100	120	−410	−240	−180														
120	140	−460	−260	−200		−145	−85		−43		−14	0		−11	−18		+3	0
140	160	−520	−280	−210														
160	180	−580	−310	−230														
180	200	−660	−340	−240		−170	−100		−50		−15	0		−13	−21		+4	0
200	225	−740	−380	−260														
225	250	−820	−420	−280														
250	280	−920	−480	−300		−190	−110		−56		−17	0		−16	−26		+4	0
280	315	−1050	−540	−330														
315	355	−1200	−600	−360		−210	−125		−62		−18	0		−18	−28		+4	0
355	400	−1350	−680	−400														
400	450	−1500	−760	−440		−230	−135		−68		−20	0		−20	−32		+5	0
450	500	−1650	−840	−480														
500	560					−260	−145		−76		−22	0					0	0
560	630																	
630	710					−290	−160		−80		−24	0					0	0
710	800																	
800	900					−320	170		−86		−26	0					0	0
900	1000																	
1000	1120					−350	−195		−98		−28	0					0	0
1120	1250																	
1250	1400					−390	−220		−110		−30	0					0	0
1400	1600																	
1600	1800					−430	−240		−120		−32	0					0	0
1800	2000																	
2000	2240					−480	−260		−130		−34	0					0	0
2240	2500																	
2500	2800					−520	−290		−145		−38	0					0	0
2800	3150																	

续表

公称尺寸/mm		基本偏差数值													
		下极限偏差 ei													
		所有标准公差等级													
大于	至	m	n	p	r	s	t	u	v	x	y	z	za	zb	zc
—	3	+2	+4	+6	+10	+14		+18		+20		+26	+32	+40	+60
3	6	+4	+8	+12	+15	+19		+23		+28		+35	+42	+50	+80
6	10	+6	+10	+15	+19	+23		+28		+34		+42	+52	+67	+97
10	14	+7	+12	+18	+23	+28		+33		+40		+50	+64	+90	+130
14	18								+39	+45		+60	+77	+108	+150
18	24	+8	+15	+22	+28	+35		+41	+47	+54	+63	+73	+98	+136	+188
24	30						+41	+48	+55	+64	+75	+88	+118	+160	+218
30	40	+9	+17	+26	+34	+43	+48	+60	+68	+80	+94	+112	+148	+200	+274
40	50						+54	+70	+81	+97	+114	+136	+180	+242	+325
50	65	+11	+20	+32	+41	+53	+66	+87	+102	+122	+144	+172	+226	+300	+405
65	80				+43	+59	+75	+102	+120	+446	+174	+210	+274	+360	+480
80	100	13	+23	+37	+51	+71	+91	+124	+146	+178	+214	+258	+335	+445	+585
100	120				+54	+79	+104	+144	+172	+210	+254	+310	+400	+525	+690
120	140	+15	+27	+43	+63	+92	+122	+170	+202	+248	+300	+365	+470	+620	+800
140	160				+65	+100	+134	+190	+228	+280	+340	+415	+535	+700	+900
160	180				+68	+108	+146	+210	+252	+310	+380	+465	+600	+780	+1000
180	200	+17	+31	+50	+77	+122	+166	+236	+284	+350	+425	+520	+670	+880	+1150
200	225				+80	+130	+180	+258	+310	+385	+470	+575	+740	+960	+1250
225	250				+84	+140	+196	+284	+340	+425	+520	+610	+820	+1050	+1350
250	280	+20	+34	+56	+94	+158	+218	+315	+385	+475	+580	+710	+920	+1200	+1550
280	315				+98	+170	+240	+350	+425	+525	+650	+790	+1000	+1300	−1700
315	355	+21	+37	+62	+108	+190	+268	+390	+475	+590	+730	+900	+1150	+1500	+1900
355	400				+114	+208	+294	+435	+530	+660	+820	+1000	+1300	+1650	+2100
400	450	+23	+40	+68	+126	+232	+330	+490	+595	+740	+920	+1100	+1450	+1850	+2400
450	500				+132	+252	+360	+540	+660	+820	+1000	+1250	+1600	+2100	+2600
500	560	+26	+44	+78	+150	+280	+400	+600							
560	630				+155	+310	+450	+660							
630	710	+30	+50	+88	+175	+340	+500	+740							
710	800				+185	+380	+560	+840							
800	900	+34	+56	+100	+210	+430	+620	+940							
900	1000				+220	+470	+680	+1050							
1000	1120	+40	+66	+120	+250	+520	+780	+1150							
1120	1250				+260	+580	+840	+1300							
1250	1400	+48	+78	+140	+300	+640	+960	+1450							
1400	1600				+330	+720	+1050	+1600							
1600	1800	+58	+92	+170	+370	+820	+1200	+1850							
1800	2000				+400	+920	+1350	+2000							
2000	2240	+68	+110	+195	+440	+1000	+1500	+2300							
2240	2500				+460	+1100	+1650	+2500							
2500	2800	+76	+135	+240	+550	+1250	+1900	+2900							
2800	3150				+580	+1400	+2100	+3200							

注 1. 公称尺寸小于或等于 1mm 时，基本偏差 a 和 b 均不采用。

2. 公差带 js7 至 js11，若 IT_n 值数是奇数，则取偏差$=\pm\frac{IT_n-1}{2}$。

附录B　孔的基本偏差数值表（摘自GB/T 1800.1—2009）　　（μm）

公称尺寸/mm		基本偏差数值																				
		下极限偏差EI												上极限偏差ES								
		所有标准公差等级												IT6	IT7	IT8	≤IT8	>IT8	≤IT8	>IT8	≤IT8	>IT8
大于	至	A	B	C	CD	D	E	EF	F	FG	G	H	JS	J			K		M		N	
—	3	+270	+140	+60	+34	+20	+14	+10	+6	+4	+2	0	偏差 $=\pm\frac{ITn}{2}$，式中ITn是IT值数	+2	+4	+6	0	0	−2	−2	−4	−4
3	6	+270	+140	+70	+46	+30	+20	+14	+10	+6	+4	0		+5	+6	+10	−1+Δ		+4+Δ	−4	−8+Δ	0
6	10	+280	+150	+80	+56	+40	+25	+18	+13	+8	+5	0		+5	+8	+12	−1+Δ		−6+Δ	−6	−10+Δ	0
10	14	+290	+150	+95		+50	+32		+16		+6	0		+6	+10	+15	−1+Δ		−7+Δ	−7	−12+Δ	0
14	18																					
18	24	+300	+160	+110		+65	+40		+20		+7	0		+8	+12	+20	−2+Δ		−8+Δ	−8	−15+Δ	0
24	30																					
30	40	+310	+170	+120		+80	+50		+25		+9	0		+10	+14	+24	−2+Δ		−9+Δ	−9	−17+Δ	0
40	50	+320	+180	+130																		
50	65	+340	+190	+140		+100	+60		+30		+10	0		+13	+18	+28	−2+Δ		−11+Δ	−11	−20+Δ	0
65	80	+360	+200	+150																		
80	100	+380	+220	+170		+120	+72		+36		+12	0		+16	+22	+34	−3+Δ		−13+Δ	−13	−23+Δ	0
100	120	+410	+240	+180																		
120	140	+460	+260	+200		+145	+85		+43		+14	0		+18	+25	+41	−3+Δ		−15+Δ	−15	−27+Δ	0
140	160	+520	+280	+210																		
160	180	+580	+310	+230																		
180	200	+660	+340	+240		+170	+100		+50		+15	0		+22	+30	+47	−4+Δ		−17+Δ	−17	−31+Δ	0
200	225	+740	+380	+260																		
225	250	+820	+420	+280																		
250	280	+920	+480	+300		+190	+110		+56		+17	0		+25	+36	+55	−4+Δ		−20+Δ	−20	−34+Δ	0
280	315	+1050	+540	+330																		
315	355	+1200	+600	+360		+210	+125		+62		+18	0		+29	+39	+60	−4+Δ		−21+Δ	−21	−37+Δ	0
355	400	+1350	+680	+400																		
400	450	+1500	+760	+440		+230	+135		+68		+20	0		+33	+43	+66	−5+Δ		−23+Δ	−23	−40+Δ	0
450	500	+1650	+840	+480																		
500	560					+260	+145		+76		+22	0					0		−26		−44	
560	630																					
630	710					+290	+160		+80		+24	0					0		−30		−50	
710	800																					
800	900					+320	+170		+86		+26	0					0		−34		−56	
900	1000																					
1000	1120					+350	+195		+98		+28	0					0		−40		−66	
1120	1250																					
1250	1400					+390	+220		+110		+30	0					0		−48		−78	
1400	1600																					
1600	1800					+430	+240		+120		+32	0					0		−58		−92	
1800	2000																					
2000	2240					+480	+260		+130		+34	0					0		−68		−110	
2240	2500																					
2500	2800					+520	+290		+145		+38	0					0		−76		−135	
2800	3150																					

续表

公称尺寸/mm		基本偏差数值 上极限偏差 ES													Δ值					
		≤IT7	标准公差等级大于 IT7												标准公差等级					
大于	至	P至ZC	P	R	S	T	U	V	X	Y	Z	ZA	ZB	ZC	IT3	IT4	IT5	IT6	IT7	IT8
—	3	在大于IT7的相应数值上增加一个Δ值	−6	−10	−14		−18		−20		−26	−32	−40	−60	0	0	0	0	0	0
3	6		−12	−15	−19		−23		−28		−35	−42	−50	−80	1	1.5	1	3	4	6
6	10		−15	−19	−23		−28		−34		−42	−52	−67	−97	1	1.5	2	3	6	7
10	14		−18	−23	−28		−33		−40		−50	−64	−90	−130	1	2	3	3	7	9
14	18							−39	−45		−60	−77	−108	−150						
18	24		−22	−28	−35		−41	−47	−54	−63	−73	−98	−136	−188	1.5	2	3	4	8	12
24	30					−41	−48	−55	−64	−75	−88	−118	−160	−218						
30	40		−26	−34	−43	−48	−60	−68	−80	−94	−112	−148	−200	−274	1.5	3	4	5	9	14
40	50					−54	−70	−81	−97	−114	−136	−180	−242	−325						
50	65		−32	−41	−53	−66	−87	−102	−122	−144	−172	−226	−300	−405	2	3	5	6	11	16
65	80			−43	−59	−75	−102	−120	−146	−174	−210	−274	−360	−480						
80	100		−37	−51	−71	−91	−124	−146	−178	−214	−258	−335	−445	−585	2	4	5	7	13	19
100	120			−54	−79	−104	−144	−172	−210	−254	−310	−400	−525	−690						
120	140		−43	−63	−92	−122	−170	−202	−248	−300	−365	−470	−620	−800	3	4	6	7	15	23
140	160			−65	−100	−134	−190	−228	−280	−340	−415	−535	−700	−900						
160	180			−68	−108	−146	−210	−252	−310	−380	−465	−600	−780	−1000						
180	200		−50	−77	−122	−166	−236	−284	−350	−425	−520	−670	−880	−1150	3	4	6	9	17	26
200	225		−56	−80	−130	−180	−258	−310	−385	−470	−575	−740	−960	−1250						
225	250			−84	−140	−196	−284	−340	−425	−520	−640	−820	−1050	−1350						
250	280		−62	−94	−158	−218	−315	−385	−475	−580	−710	−920	−1200	−1550	4	4	7	9	20	29
280	315			−98	−170	−240	−350	−425	−525	−650	−790	−1000	−1300	−1700						
315	355		−68	−108	−190	−268	−390	−475	−590	−730	−900	−1150	−1500	−1900	4	5	7	11	21	32
355	400			−114	−208	−294	−435	−530	−660	−820	−1000	−1300	−1650	−2100						
400	450		−78	−126	−232	−330	−490	−595	−740	−920	−1100	−1450	−1850	−2400	5	5	7	13	23	34
450	500			−132	−252	−360	540	660	−820	−1000	−1250	−1600	−2100	−2600						
500	560		−88	−150	−280	−400	−600													
560	630			−155	−310	−450	−660													
630	710		−100	−175	−340	−500	−740													
710	800			−185	−380	−560	−840													
800	900		−120	−210	−430	−620	−940													
900	1000			−220	−470	−680	−1050													
1000	1120		−140	−250	−520	−780	−1150													
1120	1250			−260	−580	−840	−1300													
1250	1400		−170	−300	−640	−960	−1450													
1400	1600			−330	−720	−1050	−1600													
1600	1800		−195	−370	−820	−1200	−1850													
1800	2000			−400	−920	−1350	−2000													
2000	2240		−240	−440	−1000	−1500	−2300													
2240	2500			−460	−1100	−1650	−2500													
2500	2800			−550	−1250	−1900	−2900													
2800	3150			−580	−1400	−2100	−3200													

注 1. 公称尺寸小于或等于 1mm 时，基本偏差 A 和 B 及大于 IT8 的 N 均不采用。

2. 公差带 JS7 至 JS11，若 $IT\mathrm{n}$ 值数是奇数，则取偏差$=\pm\frac{IT\mathrm{n}-1}{2}$。

3. 对小于或等于 IT8 的 K、M、N 和小于或等于 IT7 的 P 至 ZC，所需 Δ 值从表内右侧选取。

例如：18～30mm 段的 K7：$\Delta=8\mu m$，所以 $ES=-2+8=+6\mu m$

18～30mm 段的 S6：$\Delta=4\mu m$，所以 $ES=-35+4=-31\mu m$

4. 特殊情况：250～315mm 段的 M6，$ES=-9\mu m$（代替 $-11\mu m$）。

附录C　轴的极限偏差数值表（摘自 GB/T 1800.2—2009）　（μm）

公称尺寸/mm		公差带														
		a					*b*					*c*				
		公差等级														
大于	至	9	10	11	12	13	9	10	11	12	13	8	9	10	11	12
—	3	−270 −295	−270 −310	−270 −330	−270 −370	−270 −410	−140 −165	−140 −180	−140 −200	−140 −240	−140 −280	−60 −74	−60 −85	−60 −100	−60 −120	−60 −160
3	6	−270 −300	−270 −318	−270 −345	−270 −390	−270 −450	−140 −170	−140 −188	−140 −215	−140 −260	−140 −320	−70 −88	−70 −100	−70 −118	−70 −145	−70 −190
6	10	−280 −316	−280 −338	−280 −370	−280 −430	−280 −500	−150 −186	−150 −208	−150 −240	−150 −300	−150 −370	−80 −102	−80 −116	−80 −138	−80 −170	−80 −220
10 14	14 18	−290 −333	−290 −360	−290 −400	−290 −470	−290 −560	−150 −193	−150 −220	−150 −260	−150 −330	−150 −420	−95 −122	−95 −138	−95 −165	−95 −205	−95 −275
18 24	24 30	−300 −352	−300 −384	−300 −430	−300 −510	−300 −630	−160 −212	−160 −244	−160 −290	−160 −370	−160 −490	−110 −143	−110 −162	−110 −194	−110 −240	−110 −320
30	40	−310 −372	−310 −410	−310 −470	−310 −560	−310 −700	−170 −232	−170 −270	−170 −330	−170 −420	−170 −560	−120 −159	−120 −182	−120 −220	−120 −280	−120 −370
40	50	−320 −382	−320 −420	−320 −480	−320 −570	−320 −710	−180 −242	−180 −280	−180 −340	−180 −430	−180 −570	−130 −169	−130 −192	−130 −230	−130 −290	−130 −380
50	65	−340 −414	−340 −460	−340 −530	−340 −640	−340 −800	−190 −264	−190 −310	−190 −380	−190 −490	−190 −650	−140 −186	−140 −214	−140 −260	−140 −330	−140 −440
65	80	−360 −434	−360 −480	−360 −550	−360 −660	−360 −820	−200 −274	−200 −320	−200 −390	−200 −500	−200 −660	−150 −196	−150 −224	−150 −270	−150 −340	−150 −450
80	100	−380 −467	−380 −520	−380 −600	−380 −730	−380 −920	−220 −307	−220 −360	−220 −440	−220 −570	−220 −760	−170 −224	−170 −257	−170 −310	−170 −390	−170 −520
100	120	−410 −497	−410 −550	−410 −630	−410 −760	−410 −950	−240 −327	−240 −380	−240 −460	−240 −590	−240 −780	−180 −234	−180 −267	−180 −320	−180 −400	−180 −530
120	140	−460 −560	−460 −620	−460 −710	−460 −860	−460 −1090	−260 −360	−260 −420	−260 −510	−260 −660	−260 −890	−200 −263	−200 −300	−200 −360	−200 −450	−200 −600
140	160	−520 −620	−520 −680	−520 −770	−520 −920	−520 −1150	−280 −380	−280 −440	−280 −530	−280 −680	−280 −910	−210 −273	−210 −310	−210 −370	−210 −460	−210 −610
160	180	−580 −680	−580 −740	−580 −830	−580 −980	−580 −1210	−310 −410	−310 −470	−310 −560	−310 −710	−310 −940	−230 −293	−230 −330	−230 −390	−230 −480	−230 −630
180	200	−660 −775	−660 −845	−660 −950	−660 −1120	−660 −1380	−340 −455	−340 −525	−340 −630	−340 −800	−340 −1060	−240 −312	−240 −355	−240 −425	−240 −530	−240 −700
200	225	−740 −855	−740 −925	−740 −1030	−740 −1200	−740 −1460	−380 −495	−380 −565	−380 −670	−380 −840	−380 −1100	−260 −332	−260 −375	−260 −445	−260 −550	−260 −720
225	250	−820 −935	−820 −1005	−820 −1110	−820 −1280	−820 −1540	−420 −535	−420 −605	−420 −710	−420 −880	−420 −1140	−280 −352	−280 −395	−280 −465	−280 −570	−280 −740
250	280	−920 −1050	−920 −1130	−920 −1240	−920 −1440	−920 −1730	−480 −610	−480 −690	−480 −800	−480 1000	−480 −1200	−300 −381	−300 −430	−300 −510	−300 −620	−300 −820
280	315	−1050 −1180	−1050 −1260	−1050 −1370	−1050 −1570	−1050 −1860	−540 −670	−540 −750	−540 −860	−540 −1060	−540 1350	−330 −411	−330 −460	−330 −540	−330 −650	−330 −850
315	355	−1200 −1340	−1200 −1430	−1200 −1560	−1200 −1770	−1200 −2090	−600 −740	−600 −830	−600 −960	−600 −1170	−600 −1490	−360 −449	−360 −500	−360 −590	−360 −720	−360 −930
355	400	−1350 −1490	−1350 −1580	−1350 −1710	−1350 −1920	−1350 −2240	−680 −820	−680 −910	−680 −1040	−680 −1250	−680 −1570	−400 −489	−400 −540	−400 −630	−400 −760	−400 −970
400	450	−1500 −1655	−1500 −1750	−1500 −1900	−1500 −2130	−1500 −2470	−760 −915	−760 −1010	−760 −1160	−760 −1390	−760 −1730	−440 −537	−440 −595	−440 −690	−440 −840	−440 −1070
450	500	−1650 −1805	−1650 −1900	−1650 −2050	−1650 −2280	−1650 −2620	−840 −995	−840 −1090	−840 −1240	−840 −1470	−840 −1810	−480 −577	−480 −635	−480 −730	−480 −880	−480 −1110

续表

公称尺寸/mm		公差带													
		c	*d*					*e*					*f*		
		公差等级													
大于	至	13	7	8	9	10	11	6	7	8	9	10	5	6	7
—	3	−60 −200	−20 −30	−20 −34	−20 −45	−20 −60	−20 −80	−14 −20	−14 −24	−14 −28	−14 −39	−14 −54	−6 −10	−6 −12	−6 −16
3	6	−70 −250	−30 −42	−30 −48	−30 −60	−30 −78	−30 −105	−20 −28	−20 −32	−20 −38	−20 −50	−20 −68	−10 −15	−10 −18	−10 −22
6	10	−80 −300	−40 −55	−40 −62	−40 −76	−40 −98	−40 −130	−25 −34	−25 −40	−25 −47	−25 −61	−25 −83	−13 −19	−13 −22	−13 −28
10	14	−95 −365	−50 −68	−50 −77	−50 −93	−50 −120	−50 −160	−32 −43	−32 −50	−32 −59	−32 −75	−32 −102	−16 −24	−16 −27	−16 −34
14	18														
18	24	−110 −440	−65 −86	−65 −98	−65 −117	−65 −149	−65 −195	−40 −53	−40 −61	−40 −73	−40 −92	−40 −124	−20 −29	−20 −33	−20 −41
24	30														
30	40	−120 −510	−80 −105	−80 −119	−80 −142	−80 −180	−80 −240	−50 −66	−50 −75	−50 −89	−50 −112	−50 −150	−25 −36	−25 −41	−25 −50
40	50	−130 −520													
50	65	−140 −600	−100 −130	−100 −146	−100 −174	−100 −220	−100 −290	−60 −79	−60 −90	−60 −106	−60 −134	−60 −180	−30 −43	−30 −49	−30 −60
65	80	−150 −610													
80	100	−170 −710	−120 −155	−120 −174	−120 −207	−120 −260	−120 −340	−72 −94	−72 −107	−72 −126	−72 −159	−72 −212	−36 −51	−36 −58	−36 −71
100	120	−180 −720													
120	140	−200 −830	145 −185	−145 −208	−145 −245	−145 −305	−145 −395	−85 −110	−85 −125	−85 −148	−85 −185	−85 −245	−43 −61	−43 −68	−43 −83
140	160	−210 −840													
160	180	−230 −860													
180	200	−240 −960	−170 −216	−170 −242	−170 −285	−170 −355	−170 −460	−100 −129	−100 −146	−100 −172	−100 −215	−100 −285	−50 −70	−50 −79	−50 −96
200	225	−260 −980													
225	250	−280 −1000													
250	280	−300 −1110	−190 −242	−190 −271	−190 −320	−190 −400	−190 −510	−110 −142	−110 −162	−110 −191	−110 −240	−110 −320	−56 −79	−56 −68	−56 −108
280	315	−330 −1140													
315	355	−360 −1250	−210 −267	−210 −299	−210 −350	−210 −440	−210 −570	−125 −161	−125 −182	−125 −214	−125 −265	−125 −355	−62 −87	−62 −98	−62 −119
355	400	−400 −1290													
400	450	−440 −1410	−230 −293	−230 −327	−230 −385	−230 −480	−230 −630	−135 −175	−135 −198	−135 −232	−135 −290	−135 −385	−68 −95	−68 −108	−68 −131
450	500	−480 −1450													

续表

公称尺寸/mm		公差带												
		f		*g*					*h*					
		公差等级												
大于	至	8	9	4	5	6	7	8	1	2	3	4	5	6
—	3	−6 −20	−6 −31	−2 −5	−2 −6	−2 −8	−2 −12	−2 −16	0 −0.8	0 −1.2	0 −2	0 −3	0 −4	0 −6
3	6	−10 −28	−10 −40	−4 −8	−4 −9	−4 −12	−4 −16	−4 −22	0 −1	0 −1.5	0 −2.5	0 −3	0 −5	0 −8
6	10	−13 −35	−13 −49	−5 −9	−5 −11	−5 −14	−5 −20	−5 −27	0 −1	0 −1.5	0 −2.5	0 −4	0 −6	0 −9
10	14	−16 −43	−16 −59	−6 −11	−6 −14	−6 −17	−6 −24	−6 −33	0 −1.2	0 −2	0 −3	0 −5	0 −8	0 −11
14	18													
18	24	−20 −53	−20 −72	−7 −13	−7 −16	−7 −20	−7 −28	−7 −40	0 −1.5	0 −2.5	0 −4	0 −6	0 −9	0 −13
24	30													
30	40	−25 −64	−25 −87	−9 −16	−9 −20	−9 −25	−9 −34	−9 −48	0 −1.5	0 −2.5	0 −4	0 −7	0 −11	0 −16
40	50													
50	65	−30 −76	−30 −104	−10 −18	−10 −23	−10 −29	−10 −40	−10 −50	0 −2	0 −3	0 −5	0 −8	0 −13	0 −19
65	80													
80	100	−36 −90	−36 −123	−12 −22	−12 −27	−12 −34	−12 −47	−12 −66	0 −2.5	0 −4	0 −6	0 −10	0 −15	0 −22
100	120													
120	140	−43 −106	−43 −143	−14 −26	−14 −32	−14 −39	−14 −54	−14 −77	0 −3.5	0 −5	0 −8	0 −12	0 −18	0 −25
140	160													
160	180													
180	200	−50 −122	−50 −165	−15 −29	−15 −35	−15 −41	−15 −61	−15 −87	0 −4.5	0 −7	0 −10	0 −14	0 −20	0 −29
200	225													
225	250													
250	280	−56 −137	−56 −186	−17 −33	−17 −40	−17 −49	−17 −69	−17 −98	0 −6	0 −8	0 −12	0 −16	0 −23	0 −32
280	315													
315	355	−62 −151	−62 −202	−18 −36	−18 −43	−18 −54	−18 −75	−18 −107	0 −7	0 −9	0 −13	0 −18	0 −25	0 −36
355	400													
400	450	−68 −165	−68 −223	−20 −40	−20 −47	−20 −60	−20 −83	−20 −117	0 −8	0 −10	0 −15	0 −20	0 −27	0 −40
450	500													

续表

公称尺寸/mm		公差带												
		h							j			js		
		公差等级												
大于	至	7	8	9	10	11	12	13	5	6	7	1	2	3
—	3	0 −10	0 −14	0 −25	0 −40	0 −60	0 −100	0 −140	—	+4 −2	+6 −4	±0.4	±0.6	±1
3	6	0 −12	0 −18	0 −30	0 −48	0 −75	0 −120	0 −180	+3 −2	+6 −2	+8 −4	±0.5	±0.75	±1.25
6	10	0 −15	0 −22	0 −30	0 −58	0 −90	0 −150	0 −220	+4 −2	+7 −2	+10 −5	±0.5	±0.75	±1.25
10	14	0 −18	0 −27	0 −43	0 −70	0 −110	0 −180	0 −270	+5 −3	+8 −3	+12 −6	±0.6	±1	±1.5
14	18													
18	24	0 −21	0 −33	0 −52	0 −84	0 −130	0 −210	0 −330	+5 −4	+9 −4	+13 −8	±0.75	±1.25	±2
24	30													
30	40	0 −25	0 −39	0 −62	0 −100	0 −160	0 −250	0 −390	+6 −5	+11 −5	+15 −10	±0.75	±1.25	±2
40	50													
50	65	0 −30	0 −46	0 −74	0 −120	0 −190	0 −300	0 −460	+6 −7	+12 −7	+18 −12	±1	±1.5	±2.5
65	80													
80	100	0 −35	0 −54	0 −87	0 −140	0 −220	0 −350	0 −540	+6 −9	+13 −9	+20 −15	±1.25	±2	±3
100	120													
120	140	0 −40	0 −63	0 −100	0 −160	0 −250	0 −400	0 −630	+7 −11	+14 −11	+22 −18	±1.75	±2.5	±4
140	160													
160	180													
180	200	0 −46	0 −72	0 −115	0 −185	0 −290	0 −460	0 −720	+7 −13	+16 −13	+25 −21	±2.25	±3.5	±5
200	225													
225	250													
250	280	0 −52	0 −81	0 −130	0 −210	0 −320	0 −520	0 −810	+7 −16	—	—	±3	±4	±6
280	315													
315	355	0 −57	0 −89	0 −140	0 −230	0 −360	0 −570	0 −890	+7 −18	—	+29 −28	±3.5	±4.5	±6.5
355	400													
400	450	0 −63	0 −97	0 −155	0 −250	0 −400	0 −630	0 −970	+7 −20	—	+31 −32	±4	±5	±7.5
450	500													

续表

公称尺寸/mm		公差带											
		js										*k*	
		公差等级											
大于	至	4	5	6	7	8	9	10	11	12	13	4	5
—	3	±1.5	±2	±3	±5	±7	±12	±20	±30	±50	±70	+3 0	+4 0
3	6	±2	±2.5	±4	±6	±9	±15	±24	±37	±60	±90	+5 +1	+6 +1
6	10	±2	±3	±4.5	±7	±11	±18	±29	±45	±75	±110	+5 +1	+7 +1
10	14	±2.5	±4	±5.5	±9	±13	±21	±35	±55	±90	±135	+6 +1	+9 +1
14	18												
18	24	±3	±4.5	±6.5	±10	±16	±26	±42	±65	±105	±165	+8 +2	+11 +2
24	30												
30	40	±3.5	±5.5	±8	±12	±19	±31	±50	±80	±125	±195	+9 +2	+13 +2
40	50												
50	65	±4	±6.5	±9.5	±15	±23	±37	±60	±95	±150	±230	+10 +2	+15 +2
65	80												
80	100	±5	±7.5	±11	±17	±27	±43	±70	±110	±175	±270	+13 +3	+18 +3
100	120												
120	140	±6	±9	±12.5	±20	±31	±50	±80	±125	±200	±315	+15 +3	+21 3
140	160												
160	180												
180	200	±7	±10	±14.5	±23	±36	±57	±92	±145	±230	±360	+18 +4	+24 +4
200	225												
225	250												
250	280	±8	±11.5	±16	±26	±40	±65	±105	±160	±200	±405	+20 +4	+27 +4
280	315												
315	355	±9	±12.5	±18	±28	±44	±70	±115	±180	±285	±445	+22 +4	+29 +4
355	400												
400	450	±10	±13.5	±20	±31	±48	±77	±125	±200	±315	±485	+25 +5	+32 +5
450	500												

续表

公称尺寸/mm		公差带												
		k			*m*					*n*				
		公差等级												
大于	至	6	7	8	4	5	6	7	8	4	5	6	7	8
—	3	+6 0	+10 0	+14 0	+5 +2	+6 +2	+8 +2	+12 +2	+16 +2	+7 +4	+8 +4	+10 +4	+14 +4	+18 +4
3	6	+9 +1	+13 +1	+18 0	+8 +4	+9 +4	+12 +4	+16 +4	+22 +4	+12 +8	+13 +8	+16 +8	+20 +8	+26 +8
6	10	+10 +1	+16 +1	+22 0	+10 +6	+12 +6	+15 +6	+21 +6	+28 +6	+14 +10	+16 +10	+19 +10	+25 +10	+32 +10
10	14	+12 +1	+19 +1	+27 0	+12 +7	+15 +7	+18 +7	+25 +7	+34 +7	+17 +12	+20 +12	+23 +12	+30 +12	+39 +12
14	18													
18	24	+15 +2	+23 +2	+33 0	+14 +8	+17 +8	+21 +8	+29 +8	+41 +8	+21 +15	+24 +15	+28 +15	+36 +15	+48 +15
24	30													
30	40	+18 +2	+27 +2	+39 0	+16 +9	+20 +9	+25 +9	+34 +9	+48 +9	+24 +17	+28 +17	+33 +17	+42 +17	+56 +17
40	50													
50	65	+21 +2	+32 +2	+46 0	+19 +11	+24 +11	+30 +11	+41 +11	+57 +11	+28 +20	+33 +20	+39 +20	+50 +20	+66 +20
65	80													
80	100	+25 +3	+38 +3	+54 0	+23 +13	+28 +13	+35 +13	+48 +13	+67 +13	+33 +13	+38 +23	+45 +23	+58 +23	+77 +23
100	120													
120	140	+28 +3	+43 +3	+63 0	+27 +15	+33 +15	+40 +15	+55 +15	+78 +15	+39 +27	+45 +27	+52 +27	+67 +27	+90 +27
140	160													
160	180													
180	200	+33 +4	+50 +4	+72 0	+31 +17	+37 +17	+46 +17	+63 +17	+89 +17	+45 +31	+51 +31	+60 +31	+77 +31	+103 +31
200	225													
225	250													
250	280	+36 +4	+56 +4	+81 0	+36 +20	+43 +20	+52 +20	+72 +20	+101 +20	+50 +34	+57 +34	+66 +34	+86 +34	+115 +34
280	315													
315	355	+40 +4	+61 +4	+89 0	+39 +21	+46 +21	+57 +21	+78 +21	+110 +21	+55 +37	+62 +37	+73 +37	+94 +37	+126 +37
355	400													
400	450	+45 +5	+68 +5	+97 0	+43 +23	+50 +23	+63 +23	+86 +23	+120 +23	+60 +40	+67 +40	+80 +40	+103 +40	+137 +40
450	500													

续表

公称尺寸/mm		公差带												
		p					*r*					*s*		
		公差等级												
大于	至	4	5	6	7	8	4	5	6	7	8	4	5	6
—	3	+9 +6	+10 +6	+12 +6	+16 +6	+20 +6	+13 +10	+14 +10	+16 +10	+20 +10	+24 +10	+17 +14	+18 +14	+20 +14
3	6	+16 +12	+17 +12	+20 +12	+24 +12	+30 +12	+19 +15	+20 +15	+23 +15	+27 +15	+33 +15	+23 +19	+24 +19	+27 +19
6	10	+19 +15	+21 +15	+24 +15	+30 +15	+37 +15	+23 +19	+25 +19	+28 +19	+34 +19	+41 +19	+27 +23	+29 +23	+32 +23
10	14	+23 +18	+26 +18	+29 +18	+36 +18	+45 +18	+28 +23	+31 +23	+34 +23	+41 +23	+50 +23	+23 +28	+36 +28	+39 +28
14	18													
18	24	+28 +22	+31 +22	+35 +22	+43 +22	+55 +22	+34 +28	+37 +28	+41 +28	+49 +28	+61 +28	+41 +35	+44 +35	+48 +35
24	30													
30	40	+33 +26	+37 +26	+42 +26	+51 +26	+65 +26	+41 +34	+45 +34	+50 +34	+59 +34	+73 +34	+50 +43	+54 +43	+59 +43
40	50													
50	65	+40 +32	+45 +32	+51 +32	+62 +34	+78 +32	+49 +41	+54 +41	+60 +41	+71 +41	+87 +41	+61 +53	+66 +53	+72 +53
65	80						+51 +43	+56 +43	+62 +43	+73 +43	+89 +43	+67 +59	+72 +59	+78 +59
80	100	+47 +37	+52 +37	+59 +37	+72 +37	+91 +37	+61 +51	+66 +51	+73 +51	+86 +51	+105 +51	+81 +71	+86 +71	+93 +71
100	120						+64 +54	+69 +54	+76 +54	+89 +54	+108 +54	+89 +79	+94 +79	+101 +79
120	140	+55 +43	+61 +43	+68 +43	+73 +43	+100 +43	+75 +63	+81 +63	+88 +63	+103 +63	+126 +63	+104 +92	+110 +92	+117 +92
140	160						+77 +65	+83 +65	+90 +65	+105 +65	+128 +65	+112 +100	+118 +100	+125 +100
160	180						+80 +68	+86 +68	+93 +68	+108 +68	+131 +68	+120 +108	+126 +108	+133 +108
180	200	+64 +50	+70 +50	+79 +50	+96 +50	+122 +50	+91 +77	+97 +77	+106 +77	+123 +77	+149 +77	+136 +122	+142 +122	+151 +122
200	225						+94 +80	+100 +80	+109 +80	+126 +80	+152 +80	+144 +130	+150 +130	+159 +130
225	250						+98 +84	+104 +84	+113 +84	+130 +84	+156 +84	+154 +140	+160 +140	+169 +140
250	280	+72 +56	+79 +56	+88 +56	+108 +56	+137 +56	+110 +94	+117 +94	+126 +94	+146 +94	+175 +94	+174 +158	+181 +158	+190 +158
280	315						+114 +98	+121 +98	+130 +98	+150 +98	+179 +98	+186 +170	+193 +170	+202 +170
315	355	+80 +62	+87 +62	+98 +62	+119 +62	+151 +62	+126 +108	+133 +108	+144 +108	+165 +108	+197 +108	+208 +190	+215 +190	+226 +190
355	400						+132 +114	+139 +114	+150 +114	+171 +114	+203 +114	+226 +208	+233 +208	+244 +208
400	450	+88 +68	+95 +68	+108 +68	+131 +68	+165 +68	+146 +126	+153 +126	+166 +126	+189 +126	+223 +126	+252 +232	+259 +232	+272 +232
450	500						+152 +132	+159 +132	+172 +132	+195 +132	+229 +132	+272 +252	+279 +252	+292 +252

续表

公称尺寸/mm		公差带												
		s		t				u				v		
		公差等级												
大于	至	7	8	5	6	7	8	5	6	7	8	5	6	7
—	3	+24 +14	+28 +14	—	—	—	—	+22 +18	+24 +18	+28 +18	+32 +18	—	—	—
3	6	+31 +19	+37 +19	—	—	—	—	+28 +23	+31 +23	+35 +23	+41 +23	—	—	—
6	10	+38 +23	+45 +23	—	—	—	—	+34 +28	+37 +28	+43 +28	+50 +28	—	—	—
10	14	+46 +28	+55 +28	—	—	—	—	+41 +33	+44 +33	+51 +33	+60 +33	—	—	—
14	18			—	—	—	—					+47 +39	+50 +39	+57 +39
18	24	+56 +35	+68 +35	—	—	—	—	+50 +41	+54 +41	+62 +41	+74 +41	+56 +47	+60 +47	+68 +47
24	30			+50 +41	+54 +41	+62 +41	+74 +41	+57 +48	+61 +48	+69 +48	+81 +48	+64 +55	+68 +55	+76 +55
30	40	+68 +43	+82 +43	+59 +48	+64 +48	+73 +48	+87 +48	+71 +60	+76 +60	+85 +60	+99 +60	+79 +68	+84 +68	+93 +68
40	50			+65 +54	+70 +54	+79 +54	+93 +54	+81 +70	+86 +70	+95 +70	+109 +70	+92 +81	+97 +81	+106 +81
50	65	+83 +53	+90 +53	+79 +66	+85 +66	+96 +66	+112 +66	+100 +87	+106 +87	+117 +87	+133 +87	+115 +102	+121 +102	+132 +102
65	80	+89 +59	+105 +59	+88 +75	+94 +75	+105 +75	+121 +75	+115 +102	+121 +102	+132 +102	+148 +102	+133 +120	+139 +120	+150 +120
80	100	+106 +71	+125 +71	+106 +91	+113 +91	+126 +91	+145 +91	+139 +124	+146 +124	+159 +124	+178 +124	+161 +146	+168 +146	+181 +146
100	120	+114 +79	+133 +79	+119 +104	+126 +104	+139 +104	+158 +104	+159 +144	+166 +144	+179 +144	+198 +144	+187 +172	+194 +172	+207 +172
120	140	+132 +92	+155 +92	+140 +122	+147 +122	+162 +122	+185 +122	+188 +170	+195 +170	+210 +170	+233 +170	+220 +202	+227 +202	+242 +202
140	160	+140 +100	+163 +100	+152 +134	+159 +134	+174 +134	+197 +134	+208 +190	+215 +190	+230 +190	+253 +190	+246 +228	+253 +228	+268 +228
160	180	+148 +108	+171 +108	+164 +146	+171 +146	+186 +146	+209 +146	+228 +210	+235 +210	+250 +210	+273 +210	+270 +252	+277 +252	+292 +252
180	200	+168 +122	+194 +122	+186 +166	+195 +166	+212 +166	+238 +166	+256 +236	+265 +236	+282 +236	+308 +236	+304 +284	+313 +284	+330 +284
200	225	+176 +130	+202 +130	+200 +180	+209 +180	+226 +180	+252 +180	+278 +258	+287 +258	+304 +258	+330 +258	+330 +310	+339 +310	+356 +310
225	250	+186 +140	+212 +140	+216 +196	+225 +196	+242 +196	+268 +196	+304 +284	+313 +284	+330 +284	+356 +284	+360 +340	+369 +340	+386 +340
250	280	+210 +158	+239 +158	+241 +218	+250 +218	+270 +218	+299 +218	+338 +315	+347 +315	+367 +315	+396 +315	+408 +385	+417 +385	+437 +385
280	315	+222 +170	+251 +170	+263 +240	+272 +240	+292 +240	+321 +240	+373 +350	+382 +350	+402 +350	+431 +350	+448 +425	+457 +425	+477 +425
315	355	+247 +190	+279 +190	+293 +268	+304 +268	+325 +268	+357 +268	+415 +390	+426 +390	+447 +390	+479 +390	+500 +475	+511 +475	+532 +475
335	400	+265 +208	+297 +208	+319 +294	+330 +294	+351 +294	+383 +294	+460 +435	+471 +435	+492 +435	+524 +435	+555 +530	+566 +530	+587 +530
400	450	+295 +232	+329 +232	+357 +330	+370 +330	+393 +330	+427 +330	+517 +490	+530 +490	+553 +490	+587 +490	+622 +595	+635 +595	+658 +595
450	500	+315 +252	+349 +252	+387 +360	+400 +360	+423 +360	+457 +360	+567 +540	+580 +540	+603 +540	+637 +540	+687 +660	+700 +660	+723 +660

续表

公称尺寸/mm		公差带												
		v	x				y				z			
		公差等级												
大于	至	8	5	6	7	8	5	6	7	8	5	6	7	8
—	3	—	+24 +20	+26 +20	+30 +20	+34 +20	—	—	—	—	+30 +26	+32 +26	+36 +26	+40 +26
3	6	—	+33 +28	+36 +28	+40 +28	+46 +28	—	—	—	—	+40 +35	+43 +35	+47 +35	+53 +35
6	10	—	+40 +34	+43 +34	+49 +34	+56 +34	—	—	—	—	+48 +42	+51 +42	+57 +42	+64 +42
10	14	—	+48 +40	+51 +40	+58 +40	+67 +40	—	—	—	—	+58 +50	+61 +50	+68 +50	+77 +50
14	18	+66 +39	+53 +45	+56 +45	+63 +45	+72 +45	—	—	—	—	+68 +60	+71 +60	+78 +60	+87 +60
18	24	+80 +47	+63 +54	+67 +54	+75 +54	+87 +54	+72 +63	+76 +63	+84 +63	+96 +63	+82 +73	+86 +73	+94 +73	+106 +73
24	30	+88 +55	+73 +64	+77 +64	+85 +64	+97 +64	+84 +75	+88 +75	+96 +75	+108 +75	+97 +88	+101 +88	+109 +88	+121 +88
30	40	+107 +68	+91 +80	+96 +80	+105 +80	+119 +80	+105 +94	+110 +94	+119 +94	+133 +94	+123 +112	+128 +112	+137 +112	+151 +112
40	50	+120 +81	+108 +97	+113 +97	+122 +97	+136 +97	+125 +114	+130 +114	+139 +114	+153 +114	+147 +136	+152 +136	+161 +136	+175 +136
50	65	+148 +102	+135 +122	+141 +122	+152 +122	+168 +122	+157 +144	+163 +144	+174 +144	+190 +144	+185 +172	+191 +172	+202 +172	+218 +172
65	80	+166 +120	+159 +146	+165 +146	+176 +146	+192 +146	+187 +174	+193 +174	+204 +174	+220 +174	+223 +210	+229 +210	+240 +210	+256 +210
80	100	+200 +146	+193 +178	+200 +178	+213 +178	+232 +178	+229 +214	+236 +214	+249 +214	+268 +214	+273 +258	+280 +258	+293 +258	+312 +258
100	120	+226 +172	+225 +210	+232 +210	+245 +210	+264 +210	+269 +254	+276 +254	+289 +254	+308 +254	+325 +310	+332 +310	+345 +310	+364 +310
120	140	+265 +202	+266 +248	+273 +248	+288 +248	+311 +248	+318 +300	+325 +300	+340 +300	+368 +300	+383 +365	+390 +365	+405 +365	+428 +365
140	160	+291 +228	+298 +280	+305 +280	+320 +280	+343 +280	+358 +340	+365 +340	+380 +340	+403 +340	+433 +415	+440 +415	+455 +415	+487 +415
160	180	+315 +252	+328 +310	+335 +310	+350 +310	+373 +310	+398 +380	+405 +380	+420 +380	+443 +380	+483 +465	+490 +465	+505 +465	+528 +465
180	200	+356 +284	+370 +350	+379 +350	+396 +350	+422 +350	+445 +425	+454 +425	+471 +425	+497 +425	+540 +520	+549 +520	+566 +520	+592 +520
200	225	+382 +310	+405 +385	+414 +385	+431 +385	+457 +385	+490 +470	+499 +470	+516 +470	+542 +470	+595 +575	+604 +575	+621 +575	+647 +575
225	250	+412 +340	+445 +425	+454 +425	+471 +425	+497 +425	+540 +520	+549 +520	+566 +520	+592 +520	+660 +640	+669 +640	+686 +640	+712 +640
250	280	+466 +385	+498 +475	+507 +475	+527 +475	+556 +475	+603 +580	+612 +580	+632 +580	+661 +580	+733 +710	+742 +710	+762 +710	+791 +710
280	315	+506 +425	+548 +525	+557 +525	+577 +525	+606 +525	+673 +650	+682 +650	+702 +650	+731 +650	+813 +790	+822 +790	+842 +790	+871 +790
315	355	+564 +475	+615 +590	+626 +590	+647 +590	+679 +590	+755 +730	+766 +730	+787 +730	+819 +730	+925 +900	+936 +900	+957 +900	+989 +900
355	400	+619 +530	+685 +660	+696 +660	+717 +660	+749 +660	+845 +820	+856 +820	+877 +820	+909 +820	+1025 +1000	+1036 +1000	+1057 +1000	+1089 +1000
400	450	+692 +595	+767 +740	+780 +740	+803 +740	+837 +740	+947 +920	+960 +920	+983 +920	+1017 +920	+1127 +1100	+1140 +1100	+1163 +1100	+1197 +1100
450	500	+757 +660	+847 +820	+860 +820	+883 +820	+917 +820	+1027 +1000	+1040 +1000	+1063 +1000	+1097 +1000	+1277 +1250	+1290 +1250	+1313 +1250	+1347 +1250

注　公称尺寸小于 1mm 时，各级的 a 和 b 均不采用。

附录 D　孔的极限偏差数值表（摘自 GB/T 1800.2—2009）

（μm）

公称尺寸/mm		公差带												
		A				*B*				*C*				
		公差等级												
大于	至	9	10	11	12	9	10	11	12	8	9	10	11	12
—	3	+295 +270	+310 +270	+330 +270	+370 +270	+165 +140	+180 +140	+200 +140	+240 +140	+74 +60	+85 +60	+100 +60	+120 +60	+160 +60
3	6	+300 +270	+318 +270	+345 +270	+390 +270	+170 +140	+188 +140	+215 +140	+260 +140	+88 +70	+100 +70	+118 +70	+145 +70	+190 +70
6	10	+316 +280	+338 +280	+370 +280	+430 +280	+186 +150	+208 +150	+240 +150	+300 +150	+102 +80	+116 +80	+138 +80	+170 +80	+230 +80
10	14	+333 +290	+360 +290	+400 +290	+470 +290	+193 +150	+220 +150	+260 +150	+330 +150	+122 +95	+138 +95	+165 +95	+205 +95	+275 +95
14	18													
18	24	+352 +300	+384 +300	+430 +300	+510 +300	+212 +160	+244 +160	+290 +160	+370 +160	+143 +110	+162 +110	+194 +110	+240 +110	+320 +110
24	30													
30	40	+372 +310	+410 +310	+470 +310	+560 +310	+232 +170	+270 +170	+330 +170	+420 +170	+159 +120	+182 +120	+220 +120	+280 +120	+370 +120
40	50	+382 +320	+420 +320	+480 +320	+570 +320	+242 +180	+280 +180	+340 +180	+430 +180	+169 +130	+192 +130	+230 +130	+290 +130	+380 +130
50	65	+414 +340	+460 +340	+530 +340	+640 +340	+264 +190	+310 +190	+380 +190	+490 +190	+186 +140	+214 +140	+260 +140	+330 +140	+440 +140
65	80	+434 +360	+480 +360	+550 +360	+660 +360	+274 +200	+320 +200	+390 +200	+500 +200	+196 +150	+224 +150	+270 +150	+340 +150	+450 +150
80	100	+467 +380	+520 +380	+600 +380	+730 +380	+307 +220	+360 +220	+440 +220	+570 +220	+224 +170	+257 +170	+310 +170	+390 +170	+520 +170
100	120	+497 +410	+550 +410	+630 +410	+760 +410	+327 +240	+380 +240	+460 +240	+590 +240	+234 +180	+267 +180	+320 +180	+400 +180	+530 +180
120	140	+560 +460	+620 +460	+710 +460	+860 +460	+360 +260	+420 +260	+510 +260	+660 +260	+263 +200	+300 +200	+360 +200	+450 +200	+600 +200
140	160	+620 +520	+680 +520	+770 +520	+920 +520	+380 +280	+440 +280	+530 +280	+680 +280	+273 +210	+310 +210	+370 +210	+460 +210	+610 +210
160	180	+680 +580	+740 +580	+830 +580	+980 +580	+410 +310	470 +310	+560 +310	+710 +310	+293 +230	+330 +230	+390 +230	+480 +230	+630 +230
180	200	+775 +660	+845 +660	+950 +660	+1120 +660	+455 +340	+525 +340	+630 +340	+800 +340	+312 +240	+355 +240	+425 +240	+530 +240	+700 +240
200	225	+855 +740	+925 +740	+1030 +740	+1200 +740	+495 +380	+565 +380	+670 +380	+840 +380	+332 +260	+375 +260	+445 +260	+550 +260	+720 +260
225	250	+935 +820	+1005 +820	+1110 +820	+1280 +820	+535 +420	+605 +420	+710 +420	+880 +420	+352 +280	+395 +280	+465 +280	+570 +280	+740 +280
250	280	+1050 +920	+1130 +920	+1240 +920	+1440 +920	+610 +480	+690 +480	+800 +480	+1000 +480	+381 +300	+430 +300	+510 +300	+620 +300	+820 +300
280	315	+1180 +1050	+1260 +1050	+1370 +1050	+1570 +1050	+670 +540	+750 +540	+860 +540	+1060 +540	+411 +330	+460 +330	+540 +330	+650 +330	+850 +330
315	355	+1340 +1200	+1430 +1200	+1560 +1200	+1770 +1200	+740 +600	+830 +600	+960 +600	+1170 +600	+449 +360	500 +360	+590 +360	+720 +360	+930 +360
355	400	+1490 +1350	+1580 +1350	+1710 +1350	+1920 +1350	+820 +680	+910 +680	+1040 +680	+1250 +680	+489 +400	+540 +400	+630 +400	+760 +400	+970 +400
400	450	+1655 +1500	+1750 +1500	+1900 +1500	+2130 +1500	+915 +760	+1010 +760	+1160 +760	+1390 +760	+537 +440	+595 +440	+690 +440	+840 +440	+1070 +440
450	500	+1805 +1650	+1900 +1650	+2050 +1650	+2280 +1650	+995 +840	+1090 +840	+1240 +840	+1470 +840	+577 +480	+635 +480	+730 +480	+880 +480	+1110 +480

续表

公称尺寸/mm		公差带												
		D					*E*				*F*			
		公差等级												
大于	至	7	8	9	10	11	7	8	9	10	6	7	8	9
—	3	+30 +20	+34 +20	+45 +20	+60 +20	+80 +20	+24 +14	+28 +14	+39 +14	+54 +14	+12 +6	+16 +6	+20 +6	+31 +6
3	6	+42 +30	+48 +30	+60 +30	+78 +30	+105 +30	+32 +20	+38 +20	+50 +20	+68 +20	+18 +10	+22 +10	+28 +10	+40 +10
6	10	+55 +40	+62 +40	+76 +40	+98 +40	+130 +40	+40 +25	+47 +25	+61 +25	+83 +25	+22 +13	+28 +13	+35 +13	+49 +13
10	14	+68 +50	+77 +50	+93 +50	+120 +50	+160 +50	+50 +32	+59 +32	+75 +32	+102 +32	+27 +16	+34 +16	+43 +16	+59 +16
14	18													
18	24	+86 +65	+98 +65	+117 +65	+149 +65	+195 +65	+61 +40	+73 +40	+92 +40	+124 +40	+33 +20	+41 +20	+53 +20	+72 +20
24	30													
30	40	+105 +80	+119 +80	+142 +80	+180 +80	+240 +80	+75 +50	+89 +50	+112 50	+150 +50	+41 +25	+50 +25	+64 +25	+87 +25
40	50													
50	65	+130 +100	+146 +100	+174 +100	+220 +100	+290 +100	+90 +60	+106 +60	+134 +60	+180 +60	+49 +30	+60 +30	+76 +30	+104 +30
65	80													
80	100	+155 +120	+174 +120	+207 +120	+260 +120	+340 +120	+107 +72	+126 +72	+159 +72	+212 +72	+58 +36	+71 +36	+90 +36	+123 +36
100	120													
120	140	+185 +145	+208 +145	+245 +145	+305 +145	+395 +145	+125 +85	+148 +85	+185 +85	+245 +85	+68 +43	+83 +43	+106 +43	+143 +43
140	160													
160	180													
180	200	+216 +170	+242 +170	+285 +170	+355 +170	+460 +170	+146 +100	+172 +100	+215 +100	+285 +100	+79 +50	+96 +50	+122 +50	+165 +50
200	225													
225	250													
250	280	+242 +190	+271 +190	+320 +190	+400 +190	+510 +190	+162 +110	+191 +110	+240 +110	+320 +110	+88 +56	+108 +56	+137 +56	+186 +56
280	315													
315	355	+267 +210	+299 +210	+350 +210	+440 +210	+570 +210	+182 +125	+214 +125	+265 +125	+355 +125	+98 +62	+119 +62	+151 +62	+202 +62
355	400													
400	450	+293 +230	+327 +230	+385 +230	+480 +230	+630 +230	+198 +135	+232 +135	+290 +135	+385 +135	+108 +68	+131 +68	+165 +68	+223 +68
450	500													

续表

公称尺寸/mm		公差带												
		G				*H*								
		公差等级												
大于	至	5	6	7	8	1	2	3	4	5	6	7	8	9
—	3	+6 +2	+8 +2	+12 +2	+16 +2	+0.8 0	+1.2 0	+2 0	+3 0	+4 0	+6 0	+10 0	+14 0	+25 0
3	6	+9 +4	+12 +4	+16 +4	+22 +4	+1 0	+1.5 0	+2.5 0	+4 0	+5 0	+8 0	+12 0	+18 0	+30 0
6	10	+11 +5	+14 +5	+20 +5	+27 +5	+1 0	+1.5 0	+2.5 0	+4 0	+6 0	+9 0	+15 0	+22 0	+36 0
10	14	+14 +6	+17 +6	+24 +6	+33 +6	+1.2 0	+2 0	+3 0	+5 0	+8 0	+11 0	+18 0	+27 0	+43 0
14	18													
18	24	+16 +7	+20 +7	+28 +7	+40 +7	+1.5 0	+2.5 0	+4 0	+6 0	+9 0	+13 0	+21 0	+33 0	+52 0
24	30													
30	40	+20 +9	+25 +9	+34 +9	+48 +9	+1.5 0	+2.5 0	+4 0	+7 0	+11 0	+16 0	+25 0	+39 0	+62 0
40	50													
50	65	+23 +10	+29 +10	+40 +10	+56 +10	+2 0	+3 0	+5 0	+8 0	+13 0	+19 0	+30 0	+46 0	+74 0
65	80													
80	100	+27 +12	+34 +12	+47 +12	+66 +12	+2.5 0	+4 0	+6 0	+10 0	+15 0	+22 0	+35 0	+54 0	+87 0
100	120													
120	140	+32 +14	+39 +14	+54 +14	+77 +14	+3.5 0	+5 0	+8 0	+12 0	+18 0	+25 0	+40 0	+63 0	+100 0
140	160													
160	180													
180	200	+35 +15	+44 +15	+61 +15	+87 +15	+4.5 0	+7 0	+10 0	+14 0	+20 0	+29 0	+46 0	+72 0	+115 0
200	225													
225	250													
250	280	+40 +17	+49 +17	+69 +17	+98 +17	+6 0	+8 0	+12 0	+16 0	+23 0	+32 0	+52 0	+81 0	+130 0
280	315													
315	355	+43 +18	+54 +18	+75 +18	+107 +18	+7 0	+9 0	+13 0	+18 0	+25 0	+36 0	+57 0	+89 0	+140 0
335	400													
400	450	+47 +20	+62 +20	+83 +20	+117 +20	+8 0	+10 0	+15 0	+20 0	+27 0	+40 0	+63 0	+97 0	+155 0
450	500													

续表

公称尺寸/mm		公差带												
		H				*J*			*JS*					
		公差等级												
大于	至	10	11	12	13	6	7	8	1	2	3	4	5	6
—	3	+40 0	+60 0	+100 0	+140 0	+2 −4	+4 −6	+6 −8	±0.4	±0.6	±1	±1.5	±2	±3
3	6	+48 0	+75 0	+120 0	+180 0	+5 −3	—	+10 −8	±0.5	±0.75	±1.25	±2	±2.5	±4
6	10	+58 0	+90 0	+150 0	+220 0	+5 −4	+8 −7	+12 −10	±0.5	±0.75	±1.25	±2	±3	±4.5
10	14	+70 0	+110 0	+180 0	+270 0	+6 −5	+10 −8	+15 −12	±0.6	±1	±1.5	±2.5	±4	±5.5
14	18													
18	24	+84 0	+130 0	+210 0	+330 0	+8 −5	+12 −9	+20 −13	±0.75	±1.25	±2	±3	±4.5	±6.5
24	30													
30	40	+100 0	+160 0	+250 0	+390 0	+10 −6	+14 −11	+24 −15	±0.75	±1.25	±2	±3.5	±5.5	±8
40	50													
50	65	+120 0	+190 0	+300 0	+460 0	+13 −6	+18 −12	+28 −18	±1	±1.5	±2.5	±4	±6.5	±9.5
65	80													
80	100	+140 0	+220 0	+350 0	+540 0	+16 −6	+22 −13	+34 −20	±1.25	±2	±3	±5	±7.5	±11
100	120													
120	140	+160 0	+250 0	+400 0	+630 0	+18 −7	+26 −14	+41 −22	±1.75	±2.5	±4	±6	±9	±12.5
140	160													
160	180													
180	200	+185 0	+290 0	+460 0	+720 0	+22 −7	+30 −16	+47 −25	±2.25	±3.5	±5	±7	±10	±14.5
200	225													
225	250													
250	280	+210 0	+320 0	+520 0	+810 0	+25 −7	+36 −16	+55 −26	±3	±4	±6	±8	±11.5	±16
280	315													
315	355	+230 0	+360 0	+570 0	+890 0	+29 −7	+39 −18	+60 −29	±3.5	±4.5	±6.5	±9	±12.5	±18
355	400													
400	450	+250 0	+400 0	+630 0	+970 0	+33 −7	+43 −20	+66 −31	±4	±5	±7.5	±10	±13.5	±20
450	500													

续表

公称尺寸/mm		公差带												
		JS							*K*					*M*
		公差等级												
大于	至	7	8	9	10	11	12	13	4	5	6	7	8	4
—	3	±5	±7	±12	±20	±30	±50	±70	0 −3	0 −4	0 −6	0 −10	0 −14	−2 −5
3	6	±6	±9	±15	±24	±37	±60	±90	+0.5 −3.5	0 −5	+2 −6	+3 −9	+5 −13	−2.5 −6.5
6	10	±7	±11	±18	±29	±45	±75	±110	+0.5 −3.5	+1 −5	+2 −7	+5 −10	+6 −16	−4.5 −8.5
10	14	±9	±13	±21	±35	±55	±90	±135	+1 −4	+2 −6	+2 −9	+6 −12	+8 −19	−5 −10
14	18													
18	24	±10	±16	±26	±42	±65	±105	±165	0 −6	+1 −8	+2 −11	+6 −15	+10 −23	−6 −12
24	30													
30	40	±12	±19	±31	±50	±80	±125	±195	+1 −6	+2 −9	+3 −13	+7 −18	+12 −27	−6 −13
40	50													
50	65	±15	±23	±37	±60	±95	±150	±230	+1 −7	+3 −10	+4 −15	+9 −21	+14 −32	_8 −16
65	80													
80	100	±17	±27	±43	±70	±110	±175	±270	+1 −9	+2 −13	+4 −18	+10 −25	+16 −38	−9 −19
100	120													
120	140	±20	±31	±50	±80	±125	±200	±315	+1 −11	+3 −15	+4 −21	+12 −28	+20 −43	−11 −23
140	160													
160	180													
180	200	±23	±36	±57	±92	±145	±230	±360	0 −14	+2 −18	+5 −24	+13 −33	±22 −50	−13 −27
200	225													
225	250													
250	280	±26	±40	±65	±105	±160	±260	±405	0 −16	+3 −20	+5 −27	+16 −36	+25 −56	−16 −32
280	315													
315	355	±28	±44	±70	±115	±180	±285	±445	+1 −17	+3 −22	+7 −29	+17 −40	+28 −61	−16 −34
355	400													
400	450	±31	±48	±77	±125	±200	±315	±485	0 −20	+2 −25	+8 −32	+18 −45	+29 −68	−18 −38
450	500													

续表

公称尺寸/mm		公差带												
		M				N					P			
		公差等级												
大于	至	5	6	7	8	5	6	7	8	9	5	6	7	8
—	3	−2 −6	−2 −8	−2 −12	−2 −16	−4 −8	−4 −10	−4 −14	−4 −18	−4 −29	−6 −10	−6 −12	−6 −16	−6 −20
3	6	−3 −8	−1 −9	0 −12	+2 −16	−7 −12	−5 −13	−4 −16	−2 −20	0 −30	−11 −16	−9 −17	−8 −20	−12 −30
6	10	−4 −10	−3 −12	0 −15	+1 −21	−8 −14	−7 −16	−4 −19	−3 −25	0 −36	−13 −19	−12 −21	−9 −24	−15 −37
10	14	−4 −12	−4 −15	0 −18	+2 −25	−9 −17	−9 −20	−5 −23	−3 −30	0 −43	−15 −23	−15 −26	−11 −29	−18 −45
14	18													
18	24	−5 −14	−4 −17	0 −21	+4 −29	−12 −21	−11 −24	−7 −28	−3 −36	0 −52	−19 −28	−18 −31	−14 −35	−22 −55
24	30													
30	40	−5 −16	−4 −20	0 −25	+5 −34	−13 −24	−12 −28	−8 −33	−3 −42	0 −62	−22 −33	−21 −37	−17 −42	−26 −65
40	50													
50	65	−6 −19	−5 −24	0 −30	+5 +41	−15 −28	−14 −33	−9 −39	−4 −50	0 −74	−27 −40	−26 −45	−21 −51	−32 −78
65	80													
80	100	−8 −23	−6 −28	0 −35	+6 −48	−18 −33	−16 −38	−10 −45	−4 −58	0 −87	−32 −47	−30 −52	−24 −59	−37 −91
100	120													
120	140	−9 −27	−8 −33	0 −40	+8 −55	−21 −39	−20 −45	−12 −52	−4 −67	0 −100	−37 −55	−36 −61	−28 −68	−43 −106
140	160													
160	180													
180	200	−11 −31	−8 −37	0 −46	+9 −63	−25 −45	−22 −51	−14 −60	−5 −77	0 −115	−44 −64	−41 −70	−33 −79	−50 −122
200	225													
225	250													
250	280	−13 −36	−9 −41	0 −52	+9 −72	−27 −50	−25 −57	−14 −66	−5 −86	0 −130	−49 −72	−47 −79	−36 −88	−56 −137
280	315													
315	355	−14 −39	−10 −46	0 −57	+11 −78	−30 −55	−26 −62	−16 −73	−5 94	0 −140	−55 −80	−51 87	−41 −98	−62 −151
355	400													
400	450	−16 −43	−10 −50	0 −63	+11 −86	−33 −60	−27 −67	−17 −80	−6 −103	0 −155	−61 −88	−55 −95	−45 −108	−68 −165
450	500													

续表

公称尺寸/mm		公差带												
		P	*R*				*S*				*T*			*U*
		公差等级												
大于	至	9	5	6	7	8	5	6	7	8	6	7	8	6
—	3	−6 −31	−10 −14	−10 −16	−10 −20	−10 −24	−14 −18	−14 −20	−14 −24	−14 −28	—	—	—	−18 −24
3	6	−12 −42	−14 −19	−12 −20	−11 −23	−15 −33	−18 −23	−16 −24	−15 −27	−19 −37	—	—	—	−20 −28
6	10	−15 −51	17 −23	−16 −25	−13 −28	−19 −41	−21 −27	−20 −29	−17 −32	−23 −45	—	—	—	−25 −34
10	14	−18 −61	−20 −28	−20 −31	−16 −34	−23 −50	−25 −33	−25 −36	−21 −39	−28 −55	—	—	—	−30 −41
14	18													
18	24	−22 −74	−25 −34	−24 −37	−20 −41	−28 −61	−32 −41	−31 −44	−27 −48	−35 −68	—	—	—	−37 −50
24	30										−37 −50	−33 −54	−41 −74	−44 −57
30	40	26 −88	−30 −41	−29 −45	−25 −50	−34 −73	−39 −50	−38 −54	−34 −59	−43 −82	−43 −59	−39 −64	−48 −87	−55 −71
40	50										−49 −65	−45 −70	−54 −93	−65 −81
50	65	−32 −106	−36 −49	−35 −54	−30 −60	−41 −87	−48 −61	−47 −66	−42 −72	−53 −99	−60 −79	−55 −85	−66 −112	−81 −100
65	80		−38 −51	−37 −56	−32 −62	−43 −89	−54 −67	−53 −72	−48 −78	−59 −105	−69 −88	−64 −94	−75 −121	−96 −115
80	100	−37 −124	−46 −61	−44 −66	−38 −73	−51 −105	−66 −81	−64 −86	−58 −93	−71 −125	−84 −106	−78 −113	−91 −145	−117 −139
100	120		−49 −64	−47 −69	−41 −76	−54 −108	−74 −89	−72 −94	−66 −101	−79 −133	−97 −119	−91 −126	−104 −158	−137 −159
120	140	−43 −143	−57 −75	−56 −81	−48 −88	−63 −126	−86 −104	−85 −110	−77 −117	−92 −155	−115 −140	−107 −147	−122 −185	−163 −188
140	160		−59 −77	−58 −83	−50 −90	−65 −128	−94 −112	−93 −118	−85 −125	−100 −163	−127 −152	−119 −159	−134 −197	−183 −208
160	180		−62 −80	−61 −86	−53 −93	−68 −131	−102 −120	−101 −126	−93 −133	−108 −171	−139 −164	−131 −171	−146 −209	−203 −228
180	200	−50 −165	−71 −91	−68 −97	−60 −106	−77 −149	−116 −136	−113 −142	−105 −151	−122 −194	−157 −186	−149 −195	−166 −238	−227 −256
200	225		−74 −94	−71 −100	−63 −109	−80 −152	−124 −144	−121 −150	−113 −159	−130 −202	−171 −200	−163 −209	−180 −252	−249 −278
225	250		−78 −98	−75 −104	−67 −113	−84 −156	−134 −154	−131 −160	−123 −169	−140 −212	−187 −216	−179 −225	−196 −268	−275 −304
250	280	−56 −186	−87 −110	−85 −117	−74 −126	−94 −175	−151 −174	−149 −181	−138 −190	−158 −239	−209 −241	−198 −250	−218 −299	−306 −338
280	315		−91 −114	−89 −121	−78 −130	−98 −179	−163 −186	−161 −193	−150 −202	−170 −251	−231 −263	−220 −272	−240 −321	−341 −373
315	355	−62 −202	−101 −126	−97 −133	−87 −144	−108 −197	−183 −208	−179 −215	−169 −226	−190 −279	−257 −293	−247 −304	−268 −357	−379 −415
355	400		−107 −132	−103 −139	−93 −150	−114 −203	−201 −226	−197 −233	−187 −244	−208 −297	−283 −319	−273 −330	−294 −383	−424 −460
400	450	−68 −223	−119 −146	−113 −153	−103 −166	−126 −223	−225 −252	−219 −259	−209 −272	−232 −329	−317 −357	−307 −370	−330 −427	−477 −517
450	500		−125 −152	−119 −159	−109 −172	−132 −229	−245 −272	−239 −279	−229 −292	−252 −349	−347 −387	−337 −400	−360 −457	−527 −567

续表

公称尺寸/mm		公差带													
		U		*V*			*X*			*Y*			*Z*		
		公差等级													
大于	至	7	8	6	7	8	6	7	8	6	7	8	6	7	8
—	3	-18 -28	-18 -32	—	—	—	-20 -26	-20 -30	-20 -34	—	—	—	-26 -32	-26 -36	-26 -40
3	6	-19 -31	-23 -41	—	—	—	-25 -33	-24 -36	-28 -46	—	—	—	-32 -40	-31 -43	-35 -53
6	10	-22 -37	-28 -50	—	—	—	-31 -40	-28 -43	-34 -56	—	—	—	-39 -48	-36 -51	-42 -64
10	14	-26 -44	-33 -60	—	—	—	-37 -48	-33 -51	-40 -67	—	—	—	-47 -58	-43 -61	-50 -77
14	18			-36 -47	-32 -50	-39 -66	-42 -53	-38 -56	-45 -72	—	—	—	-57 -68	-53 -71	-60 -87
18	24	-33 -54	-41 -74	-43 -56	-39 -60	-47 -80	-50 -63	-46 -67	-54 -87	-59 -72	-55 -76	-63 -96	-69 -82	-65 -86	-73 -106
24	30	-40 -61	-48 -81	-51 -64	-47 -68	-55 -88	-60 -73	-56 -77	-64 -97	-71 -84	-67 -88	-75 -108	-84 -97	-80 -101	-88 -121
30	40	-51 -76	-60 -99	-63 -79	-59 -84	-68 -107	-75 -91	-71 -96	-80 -119	-89 -105	-85 -110	-94 -133	-107 -123	-103 -128	-112 -151
40	50	-61 -86	-70 -109	-76 -92	-72 -97	-81 -120	-92 -108	-88 -113	-97 -136	-109 -125	-105 -130	-114 -153	-131 -147	-127 -152	-136 -175
50	65	-76 -106	-87 -133	-96 -115	-91 -121	-102 -148	-116 -135	-111 -141	-122 -168	-138 -157	-133 -163	-144 -190	-166 -185	-161 191	-172 -218
65	80	-91 -121	-102 -148	-114 -133	-109 -139	-120 -166	-140 -159	-135 -165	-146 -192	-168 -187	-163 -193	-174 -220	-204 -223	-199 -229	-210 -256
80	100	-111 -146	-124 -178	-139 -161	-133 -168	-146 -200	-171 -193	-165 -200	-178 -232	-207 -229	-201 -236	-214 -268	-251 273	-245 -280	-258 -312
100	120	-131 -166	-144 -198	-165 -187	-159 -194	-172 -226	-203 -225	-197 -232	-210 -264	-247 -269	-241 -276	-254 -308	-303 -325	-297 -332	-310 -364
120	140	-155 -195	-170 -233	-195 -220	-187 -227	-202 -265	-241 -266	-233 -273	-248 -311	-293 -318	-285 -325	-300 -363	-358 -383	-350 -390	-365 -428
140	160	-175 -215	-190 -253	-221 -246	-213 -253	-228 -291	-273 -298	-265 -305	-280 -343	-333 -358	-325 -365	-340 -403	-408 -433	-400 -440	-415 -478
160	180	-195 -235	-210 -273	-245 -270	-237 -277	-252 -315	-303 -328	-295 -335	-310 -373	-373 -398	-365 -405	-380 -443	-458 -483	-450 -490	-465 -528
180	200	-219 -265	-236 -308	-275 -304	-267 -313	-284 -356	-341 -370	-333 -379	-350 -422	-416 -445	-408 -454	-425 -497	-511 -540	-503 -549	-520 -592
200	225	-241 -287	-258 -330	-301 -330	-293 -339	-310 -382	-376 -405	-368 -414	-385 -457	-461 -490	-453 -499	-470 -542	-566 -595	-558 -604	-575 -647
225	250	-267 -313	-284 -356	-331 -360	-323 -369	-340 -412	-416 -445	-408 -454	-425 -497	-511 -540	-503 -549	-520 -592	-631 -660	-623 -669	-640 -712
250	280	-295 -347	-315 -396	-376 -408	-365 -417	-385 -466	-466 -498	-455 -507	-475 -556	-571 -603	-560 -612	-580 -661	-701 -733	-690 -742	-710 -791
280	315	-330 -382	-350 -431	-416 -448	-405 -457	-425 -506	-516 -548	-505 -557	-525 -606	-641 -673	-630 -682	-650 -731	-781 -813	-770 -822	-790 -871
315	355	-369 -426	-390 -479	-464 -500	-454 -511	-475 -564	-579 -615	-560 -626	-590 -679	-719 -755	-709 -766	-730 -819	-889 -925	-879 -936	-900 -989
355	400	-414 -471	-435 -524	-519 -555	-509 -566	-530 -619	-649 -685	-639 -696	-660 -749	-809 -845	-799 -856	-820 -909	-989 -1025	-979 -1036	-1000 -1089
400	450	-467 -530	-490 -587	-582 -622	-572 -635	-595 -692	-727 -767	-717 -780	-740 -837	-907 -947	-897 -969	-920 -1017	-1087 -1127	-1077 -1140	-1100 -1197
450	500	-517 -580	-540 -637	-647 -687	-637 -700	-660 -757	-807 -847	-797 -860	-820 -917	-987 -1027	-977 -1040	-1000 -1097	-1237 -1277	-1227 -1290	-1250 -1347

注 1. 公称尺寸小于1mm时，各级的A和B均不采用。

2. 当公称尺寸大于250至315mm时，M6的ES等于-9（不等于-11）。

3. 公称尺寸小于1mm时，大于IT8的N不采用。

附录 E 普通螺纹极限偏差数值表（摘自 GB/T 2516—2003）（μm）

基本大径/mm		螺距/mm	内螺纹					外螺纹					
			公差带	中径		小径		公差带	中径		大径		小径
>	≤			ES	EI	ES	EI		es	ei	es	ei	用于计算应力的偏差
0.99	1.4	0.2	—	—	—	—	—	3h4h	0	−24	0	−36	−29
			4H	+40	0	+38	0	4h	0	−30	0	−36	−29
			5G	—	—	—	—	5g6g	−17	−55	−17	−73	−46
			5H	—	—	—	—	5h4h	0	−38	0	−36	−29
			—	—	—	—	—	5h6h	0	−38	0	−56	−29
			—	—	—	—	—	6e	—	—	—	—	—
			—	—	—	—	—	6f	—	—	—	—	—
			6G	—	—	—	—	6g	−17	−65	−17	−73	−46
			6H	—	—	—	—	6h	0	−48	0	−56	−29
			—	—	—	—	—	7e6e	—	—	—	—	—
			7G	—	—	—	—	7g6g	—	—	—	—	—
			7H	—	—	—	—	7h6h	—	—	—	—	—
			8G	—	—	—	—	8g	—	—	—	—	—
			8H	—	—	—	—	9g8g	—	—	—	—	—
		0.25	—	—	—	—	—	3h4h	0	−26	0	−42	−36
			4H	+45	0	+45	0	4h	0	−34	0	−42	−36
			5G	+74	+18	+74	+18	5g6g	−18	−60	−18	−85	−54
			5H	+56	0	+56	0	5h4h	0	−42	0	−42	−36
			—	—	—	—	—	5h6h	0	−42	0	−67	−36
			—	—	—	—	—	6e	—	—	—	—	—
			—	—	—	—	—	6f	—	—	—	—	—
			6G	—	—	—	—	6g	−18	−71	−18	−85	−54
			6H	—	—	—	—	6h	0	−53	—	−67	−36
			—	—	—	—	—	7e6e	—	—	—	—	—
			7G	—	—	—	—	7g6g	—	—	—	—	—
			7H	—	—	—	—	7h6h	—	—	—	—	—
			8G	—	—	—	—	8g	—	—	—	—	—
			8H	—	—	—	—	9g8g	—	—	—	—	—
		0.3	—	—	—	—	—	3h4h	0	−28	0	−48	−43
			4H	+48	0	+53	0	4h	0	−36	0	−48	−43
			5G	+78	+18	+85	+18	5g6g	−18	−63	−18	−93	−61
			5H	+60	0	+67	0	5h4h	0	−45	0	−48	−43
			—	—	—	—	—	5h6h	0	−45	0	−75	−43
			—	—	—	—	—	6e	—	—	—	—	—
			—	—	—	—	—	6f	—	—	—	—	—
			6G	+93	+18	+103	+18	6g	−18	−74	−18	−93	−61
			6H	+75	0	+85	0	6h	0	−56	0	−75	−43
			—	—	—	—	—	7e6e	—	—	—	—	—
			7G	—	—	—	—	7g6g	—	—	—	—	—
			7H	—	—	—	—	7h6h	—	—	—	—	—
			8G	—	—	—	—	8g	—	—	—	—	—
			8H	—	—	—	—	9g8g	—	—	—	—	—

续表

基本大径/mm		螺距/mm	内螺纹					外螺纹					
			公差带	中径		小径		公差带	中径		大径		小径
>	≤			*ES*	*EI*	*ES*	*EI*		*es*	*ei*	*es*	*ei*	用于计算应力的偏差
1.4	2.8	0.2	—	—	—	—	—	3h4h	0	−25	0	−36	−29
			4H	+42	0	+38	0	4h	0	−32	0	−36	−29
			5G	—	—	—	—	5g6g	−17	−57	−17	−73	−46
			5H	—	—	—	—	5h4h	0	−40	0	−36	−29
			—	—	—	—	—	5h6h	0	−40	0	−56	−29
			—	—	—	—	—	6e	—	—	—	—	—
			—	—	—	—	—	6f	−32	−82	−32	−88	−61
			6G	—	—	—	—	6g	−17	−67	−17	−73	−46
			6H	—	—	—	—	6h	0	−50	0	−56	−29
			—	—	—	—	—	7e6e	—	—	—	—	—
			7G	—	—	—	—	7g6g	—	—	—	—	—
			7H	—	—	—	—	7h6h	—	—	—	—	—
			8G	—	—	—	—	8g	—	—	—	—	—
			8H	—	—	—	—	9g8g	—	—	—	—	—
		0.25	—	—	—	—	—	3h4h	0	−28	0	−42	−36
			4H	+48	0	+45	0	4h	0	−36	0	−42	−36
			5G	+78	+18	+74	+18	5g6g	−18	−63	−18	−85	−54
			5H	+60	0	+56	0	5h4h	0	−45	0	−42	−36
			—	—	—	—	—	5h6h	0	−45	0	−67	−36
			—	—	—	—	—	6e	—	—	—	—	—
			—	—	—	—	—	6f	−33	−89	−33	−100	−69
			6G	—	—	—	—	6g	−18	−74	−18	−85	−54
			6H	—	—	—	—	6h	0	−56	0	−67	−36
			—	—	—	—	—	7e6e	—	—	—	—	—
			7G	—	—	—	—	7g6g	—	—	—	—	—
			7H	—	—	—	—	7h6h	—	—	—	—	—
			8G	—	—	—	—	8g	—	—	—	—	—
			8H	—	—	—	—	9g8g	—	—	—	—	—
		0.35	—	—	—	—	—	3h4h	0	−32	0	−53	−51
			4H	+53	0	+63	0	4h	0	−40	0	−53	−51
			5G	+86	+19	+99	+19	5g6g	−19	−69	−19	−104	−70
			5H	+67	0	+80	0	5h4h	0	−50	0	−53	−51
			—	—	—	—	—	5h6h	0	−50	0	−85	−51
			—	—	—	—	—	6e	—	—	—	—	—
			—	—	—	—	—	6f	−34	−97	−34	−119	−85
			6G	+104	+19	+119	+19	6g	−19	−82	−19	−104	−70
			6H	+85	0	+100	0	6h	0	−63	0	−85	−51
			—	—	—	—	—	7e6e	—	—	—	—	—
			7G	—	—	—	—	7g6g	−19	−99	−19	−104	−70
			7H	—	—	—	—	7h6h	0	−80	0	−85	−51
			8G	—	—	—	—	8g	—	—	—	—	—
			8H	—	—	—	—	9g8g	—	—	—	—	—

续表

基本大径/mm		螺距/mm	内螺纹					外螺纹					
			公差带	中径		小径		公差带	中径		大径		小径
>	≤			ES	EI	ES	EI		es	ei	es	ei	用于计算应力的偏差
1.4	2.8	0.4	—	—	—	—	—	3h4h	0	−34	0	−60	−58
			4H	+56	0	+71	0	4h	0	−42	0	−60	−58
			5G	+90	+19	+109	+19	5g6g	−19	−72	−19	−114	−77
			5H	+71	0	+90	0	5h4h	0	−53	0	−60	−58
			—	—	—	—	—	5h6h	0	−53	0	−95	−58
			—	—	—	—	—	6e	—	—	—	—	—
			—	—	—	—	—	6f	−34	−101	−34	−129	−92
			6G	+109	+19	+131	+19	6g	−19	−86	−19	−114	−77
			6H	+90	0	+112	0	6h	0	−67	0	−95	−58
			—	—	—	—	—	7e6e	—	—	—	—	—
			7G	—	—	—	—	7g6g	−19	−104	−19	−114	−77
			7H	—	—	—	—	7h6h	0	−85	0	−95	−58
			8G	—	—	—	—	8g	—	—	—	—	—
			8H	—	—	—	—	9g8g	—	—	—	—	—
		0.45	—	—	—	—	—	3h4h	0	−36	0	−63	−65
			4H	+60	0	+80	0	4h	0	−45	0	−63	−65
			5G	+95	+20	+120	+20	5g6g	−20	−76	−20	−120	−85
			5H	+75	0	+100	0	5h4h	0	−56	0	−63	−65
			—	—	—	—	—	5h6h	0	−56	0	−100	−65
			—	—	—	—	—	6e	—	—	—	—	—
			—	—	—	—	—	6f	−35	−106	−35	−135	−100
			6G	+115	+20	+145	+20	6g	−20	−91	−20	−120	−85
			6H	+95	0	+125	0	6h	0	−71	0	−100	−65
			—	—	—	—	—	7e6e	—	—	—	—	—
			7G	—	—	—	—	7g6g	−20	−110	−20	−120	−85
			7H	—	—	—	—	7h6h	0	−90	0	−100	−65
			8G	—	—	—	—	8g	—	—	—	—	—
			8H	—	—	—	—	9g8g	—	—	—	—	—
2.8	5.6	0.35	—	—	—	—	—	3h4h	0	−34	0	−53	−51
			4H	+56	0	+63	0	4h	0	−42	0	−53	−51
			5G	+90	+19	+99	+19	5g6g	−19	−72	−19	−104	−70
			5H	+71	0	+80	0	5h4h	0	−53	0	−53	−51
			—	—	—	—	—	5h6h	0	−53	0	−85	−51
			—	—	—	—	—	6e	—	—	—	—	—
			—	—	—	—	—	6f	−34	−101	−34	−119	−85
			6G	+109	+19	+119	+19	6g	−19	−86	−19	−104	−70
			6H	+90	0	+100	0	6h	0	−67	0	−85	−51
			—	—	—	—	—	7e6e	—	—	—	—	—
			7G	—	—	—	—	7g6g	−19	−104	−19	−104	−70
			7H	—	—	—	—	7h6h	0	−85	0	−85	−51
			8G	—	—	—	—	8g	—	—	—	—	—
			8H	—	—	—	—	9g8g	—	—	—	—	—

续表

基本大径/mm		螺距/mm	内螺纹					外螺纹					
			公差带	中径		小径		公差带	中径		大径		小径
>	≤			*ES*	*EI*	*ES*	*EI*		*es*	*ei*	*es*	*ei*	用于计算应力的偏差
2.8	5.6	0.5	—	—	—	—	—	3h4h	0	-38	0	-67	-72
			4H	+63	0	+90	0	4h	0	-48	0	-67	-72
			5G	+100	+20	+132	+20	5g6g	-20	-80	-20	-126	-92
			5H	+80	0	+112	0	5h4h	0	-60	0	-67	-72
			—	—	—	—	—	5h6h	0	-60	0	-106	-72
			—	—	—	—	—	6e	-50	-125	-50	-156	-122
			—	—	—	—	—	6f	-36	-111	-36	-142	-108
			6G	+120	+20	+160	+20	6g	-20	-95	-20	-126	-92
			6H	+100	0	+140	0	6h	0	-75	0	-106	-72
			—	—	—	—	—	7e6e	-50	-145	-50	-156	-122
			7G	+145	+20	+200	+20	7g6g	-20	-115	-20	-126	-92
			7H	+125	0	+180	0	7h6h	0	-95	0	-106	-72
			8G	—	—	—	—	8g	—	—	—	—	—
			8H	—	—	—	—	9g8g	—	—	—	—	—
		0.6	—	—	—	—	—	3h4h	0	-42	0	-80	-87
			4h	+71	0	+100	0	4h	0	-53	0	-80	-87
			5G	+111	+21	+146	+21	5g6g	-21	-88	-21	-146	-108
			5H	+90	0	+125	0	5h4h	0	-67	0	-80	-87
			—	—	—	—	—	5h6h	0	-67	0	-125	-87
			—	—	—	—	—	6e	-53	-138	-53	-178	-140
			—	—	—	—	—	6f	-36	-121	-36	-161	-123
			6G	+133	+21	+181	+21	6g	-21	-106	-21	-146	-108
			6H	+112	0	+160	0	6h	0	-85	0	-125	-87
			—	—	—	—	—	7e6e	-53	-159	-53	-178	-140
			7G	+161	+21	+221	+21	7g6g	-21	-127	-21	-146	-108
			7H	+140	0	+200	0	7h6h	0	-106	0	-125	-87
			8G	—	—	—	—	8g	—	—	—	—	—
			8H	—	—	—	—	9g8g	—	—	—	—	—
		0.7	—	—	—	—	—	3h4h	0	-45	0	-90	-101
			4H	+75	0	+112	0	4h	0	-56	0	-90	-101
			5G	+117	+22	+162	+22	5g6g	-22	-93	-22	-162	-123
			5H	+95	0	+140	0	5h4h	0	-71	0	-90	-101
			—	—	—	—	—	5h6h	0	-71	0	-140	-101
			—	—	—	—	—	6e	-56	-146	-56	-196	-157
			—	—	—	—	—	6f	-38	-128	-38	-178	-139
			6G	+140	+22	+202	+22	6g	-22	-112	-22	-162	-123
			6H	+118	0	+180	0	6h	0	-90	0	-140	-101
			—	—	—	—	—	7e6e	-56	-168	-56	-196	-157
			7G	+172	+22	+246	+22	7g6g	-22	-134	-22	-162	-123
			7H	+150	0	+224	0	7h6h	0	-112	0	-140	-101
			8G	—	—	—	—	8g	—	—	—	—	—
			8H	—	—	—	—	9g8g	—	—	—	—	—

续表

基本大径/mm		螺距/mm	内螺纹					外螺纹					
			公差带	中径		小径		公差带	中径		大径		小径
>	≤			*ES*	*EI*	*ES*	*EI*		*es*	*ei*	*es*	*ei*	用于计算应力的偏差
2.8	5.6	0.75	—	—	—	—	—	3h4h	0	−45	0	−90	−108
			4H	+75	0	+118	0	4h	0	−56	0	−90	−108
			5G	+117	+22	+172	+22	5g6g	−22	−93	−22	−162	−130
			5H	+95	0	+150	0	5h4h	0	−71	0	−90	−108
			—	—	—	—	—	5h6h	0	−71	0	−140	−108
			—	—	—	—	—	6e	−56	−146	−56	−196	−164
			—	—	—	—	—	6f	−38	−128	−38	−178	−146
			6G	+140	+22	+212	+22	6g	−22	−112	−22	−162	−130
			6H	+118	0	+190	0	6h	0	−90	0	−140	−108
			—	—	—	—	—	7e6e	−56	−168	−56	−196	−164
			7G	+172	+22	+258	+22	7g6g	−22	−134	−22	−162	−130
			7H	+150	0	+236	0	7h6h	0	−112	0	−140	−108
			8G	—	—	—	—	8g	—	—	—	—	—
			8H	—	—	—	—	9g8g	—	—	—	—	—
		0.8	—	—	—	—	—	3h4h	0	−48	0	−95	−115
			4H	+80	0	+125	0	4h	0	−60	0	−95	−115
			5G	+124	+24	+184	+24	5g6g	−24	−99	−24	−174	−140
			5H	+100	0	+160	0	5h4h	0	−75	0	−95	−115
			—	—	—	—	—	5h6h	0	−75	0	−150	−115
			—	—	—	—	—	6e	−60	−155	−60	−210	−176
			—	+149	—	—	—	6f	−38	−133	−38	−188	−153
			6G	+125	+24	+224	+24	6g	−24	−119	−24	−174	−140
			6H	—	0	+200	0	6h	0	−95	0	−150	−115
			—	+184	—	—	—	7e6e	−60	−178	−60	−210	−176
			7G	+160	+24	+274	+24	7g6g	−24	−142	−24	−174	−140
			7H	+224	0	+250	0	7h6h	0	−118	0	−150	−115
			8G	−200	+24	+339	+24	8g	−24	−174	−24	−260	−140
			8H	—	0	+315	0	9g8g	−24	−214	−24	−260	−140
5.6	11.2	0.75	—	—	—	—	—	3h4h	0	−50	0	−90	−108
			4H	+85	0	+118	0	4h	0	−63	0	−90	−108
			5G	+128	+22	+172	+22	5g6g	−22	−102	−22	−162	−130
			5H	+106	0	+150	0	5h6h	0	−80	0	−90	−108
			—	—	—	—	—	5h6h	0	−80	0	−140	−108
			—	—	—	—	—	6e	−56	−156	−56	−196	−164
			—	—	—	—	—	6f	−38	−138	−38	−178	−146
			6G	+154	+22	+212	+22	6g	−22	−122	−22	−162	−130
			6H	+132	0	+190	0	6h	0	−100	0	−140	−108
			—	—	—	—	—	7e6e	−56	−181	−56	−196	−164
			7G	+192	+22	+258	+22	7g6g	−22	−147	−22	−162	−130
			7H	+170	0	+236	0	7h6h	0	−125	0	−140	−108
			8G	—	—	—	—	8g	—	—	—	—	—
			8H	—	—	—	—	9g8g	—	—	—	—	—

续表

基本大径/mm		螺距/mm	内螺纹					外螺纹					
			公差带	中径		小径		公差带	中径		大径		小径
>	≤			*ES*	*EI*	*ES*	*EI*		*es*	*ei*	*es*	*ei*	用于计算应力的偏差
5.6	11.2	1	—	—	—	—	—	3h4h	0	−56	0	−122	−144
			4H	+95	0	+150	0	4h	0	−71	0	−112	−144
			5G	+144	+26	+216	+26	5g6g	−26	−116	−26	−206	−170
			5H	+118	0	+190	0	5h4h	0	−90	0	−112	−144
			—	—	—	—	—	5h6h	0	−90	0	−180	−144
			—	—	—	—	—	6e	−60	−172	−60	−240	−204
			—	—	—	—	—	6f	−40	−152	−40	−220	−184
			6G	+176	+26	+262	+26	6g	−26	−138	−26	−206	−170
			6H	+150	0	+236	0	6h	0	−112	0	−180	−144
			—	—	—	—	—	7e6e	−60	−200	−60	−240	−204
			7G	+216	+26	+326	+26	7g6g	−26	−166	−26	−206	−170
			7H	+190	0	+300	0	7h6h	0	−140	0	−180	−144
			8G	+262	+26	+401	+26	8g	−26	−206	−26	−306	−170
			8H	+236	0	+375	0	9g8g	−26	−250	−26	−306	−170
		1.25	—	—	—	—	—	3h4h	0	−60	0	−132	−180
			4H	+100	0	+170	0	4h	0	−75	0	−132	−180
			5G	+153	+28	+240	+28	5g6g	−28	−123	−28	−240	−208
			5H	+125	0	+212	0	5h4h	0	−95	0	−132	−180
			—	—	—	—	—	5h6h	0	−95	0	−212	−180
			—	—	—	—	—	6e	−63	−181	−63	−275	−243
			—	—	—	—	—	6f	−42	−160	−42	−254	−222
			6G	+188	+28	+293	+28	6g	−28	−146	−288	−240	−208
			6H	+160	0	+265	0	6h	0	−118	0	−212	−180
			—	—	—	—	—	7e6e	−63	−213	−63	−275	−243
			7G	+228	+28	+363	+28	7g6g	−28	−178	−28	−240	−208
			7H	+200	0	+335	0	7h6h	0	−150	0	−212	−180
			8G	+278	+28	+453	+28	8g	−28	−218	−28	−363	−208
			8H	+250	0	+425	0	9g8g	−28	−264	−28	−363	−208
		1.5	—	—	—	—	—	3h4h	0	−67	0	−150	−217
			4H	+112	0	+190	0	4h	0	−85	0	−150	−217
			5G	+172	+32	+268	+32	5g6g	−32	−138	−32	−268	−249
			5H	+140	0	+236	0	5h4h	0	−106	0	−150	−217
			—	—	—	—	—	5h6h	0	−108	0	−236	−217
			—	—	—	—	—	6e	−67	−199	−67	−303	−284
			—	—	—	—	—	6f	−45	−177	−45	−281	−262
			6G	+212	+32	+332	+32	6g	−32	−164	−32	−268	−249
			6H	+180	0	+300	0	6h	0	−132	0	−236	−217
			—	—	—	—	—	7e6e	−67	−237	−67	−303	−284
			7G	+256	+32	+407	+32	7g6g	−32	−202	−32	−268	−249
			7H	+224	0	+375	0	7h6h	0	−170	0	−236	−217
			8G	+312	+32	+507	+32	8g	−32	−244	−32	−407	−249
			8H	+280	0	+475	0	9g8g	−32	−297	−32	−407	−249

续表

基本大径/mm		螺距/mm	内螺纹					外螺纹					
			公差带	中径		小径		公差带	中径		大径		小径
>	≤			ES	EI	ES	EI		es	ei	es	ei	用于计算应力的偏差
			—	—	—	—	—	3h4h	0	−60	0	−112	−144
			4H	+100	0	+150	0	4h	0	−75	0	−112	−144
			5G	+151	+26	+216	+26	5g6g	−26	−121	−26	−206	−170
			5H	+125	0	+190	0	5h4h	0	−95	0	−112	−144
			—	—	—	—	—	6h6h	0	−95	0	−180	−144
			—	—	—	—	—	6e	−60	−178	−60	−240	−204
			—	—	—	—	—	6f	−40	−158	−40	−220	−184
		1	6G	+186	+26	+262	+26	6g	−26	−144	−26	−206	−170
			6H	+160	0	+236	0	6h	0	−118	0	−180	−144
			—	—	—	—	—	7e6e	−60	−210	−60	−240	−204
			7G	+226	+26	+326	+26	7g6g	−26	−176	−26	−206	−170
			7H	+200	0	+300	0	7h6h	0	−150	0	−180	−144
			8G	+276	+26	+401	+26	8g	−26	−216	−26	−306	−170
			8H	+250	0	+375	0	9g8g	−26	−262	−26	−306	−170
			—	—	—	—	—	3h4h	0	−67	0	−132	−180
			4H	+112	0	+170	0	4h	0	−85	0	−132	−180
			5G	+168	+28	+240	+28	5g6g	−28	−134	−28	−240	−208
			5H	+140	0	+212	0	5h4h	0	−106	0	−132	−180
			—	—	—	—	—	5h6h	0	−106	0	−212	−180
			—	—	—	—	—	6e	−63	−195	−63	−275	−243
			—	—	—	—	—	6f	−42	−174	−42	−254	−222
11.2	22.4	1.25	6G	+208	+28	+293	+28	6g	−28	−160	−28	−240	−208
			6H	+180	0	+265	0	6h	0	−132	0	−212	−180
			—	—	—	—	—	7e6e	−63	−233	−63	−275	−243
			7G	+252	+28	+363	+28	7g6g	−28	−198	−28	−240	−208
			7H	+224	0	+335	0	7h6h	0	−170	0	−212	−180
			8G	+308	+28	+453	+28	8g	−28	−240	−28	−363	−208
			8H	+280	0	+425	0	9g8g	−28	−293	−28	−363	−208
			—	—	—	—	—	3h4h	0	−71	0	−150	−217
			4H	+118	0	+190	0	4h	0	−90	0	−150	−217
			5G	+182	+32	+268	+32	5g6g	−32	−144	−32	−268	−249
			5H	+150	0	+236	0	5h4h	0	−112	0	−150	−217
			—	—	—	—	—	5h6h	0	−112	0	−236	−217
			—	—	—	—	—	6e	−67	−207	−67	−303	−284
			—	—	—	—	—	6f	−45	−185	−45	−281	−262
		1.5	6G	+222	+32	+332	+32	6g	−32	−172	−32	−268	−249
			6H	+190	0	+300	0	6h	0	−140	0	−236	−217
			—	—	—	—	—	7e6e	−67	−247	−67	−303	−284
			7G	+268	+32	+407	+32	796g	−32	−212	−32	−268	−249
			7H	+236	0	+375	0	7h6h	0	−180	0	−236	−217
			8G	+332	+32	+507	+32	8g	−32	−256	−32	−407	−249
			8H	+300	0	+475	0	9g8g	−32	−312	−32	−407	−249

续表

基本大径/mm		螺距/mm	内螺纹					外螺纹					
			公差带	中径		小径		公差带	中径		大径		小径
>	≤			*ES*	*EI*	*ES*	*EI*		*es*	*ei*	*es*	*ei*	用于计算应力的偏差
11.2	22.4	1.75	—	—	—	—	—	3h4h	0	−75	0	−170	−253
			4H	+125	0	+212	0	4h	0	−95	0	−170	−253
			5G	+194	+34	+299	+34	5g6g	−34	−152	−34	−299	−287
			5H	+160	0	+265	0	5h4h	0	−118	0	−170	−253
			—	—	—	—	—	5h6h	0	−118	0	−265	−253
			—	—	—	—	—	6e	−71	−221	−71	−336	−324
			—	—	—	—	—	6f	−48	−198	−48	−313	−301
			6G	+234	+34	+369	+34	6g	−34	−184	−34	−299	−287
			6H	+200	0	+335	0	6h	0	−150	0	−265	−253
			—	—	—	—	—	7e6e	−71	−261	−71	−336	−324
			7G	+284	+34	+459	+34	7g6g	−34	−224	−34	−299	−287
			7H	+250	0	+425	0	7h6h	0	−190	0	−265	−253
			8G	+349	+34	+564	+34	8g	−34	−270	−34	−459	−287
			8H	+315	0	+530	0	9g8g	−34	−334	−34	−459	−287
		2	—	—	—	—	—	3h4h	0	−80	0	−180	−289
			4H	+132	0	+236	0	4h	0	−100	0	−180	−289
			5G	+208	+38	+338	+38	5g6g	−38	−163	−38	−318	−327
			5H	+170	0	+300	0	5h4h	0	−125	0	−180	−289
			—	—	—	—	—	5h6h	0	−125	0	−280	−289
			—	—	—	—	—	6e	−71	−231	−71	−351	−360
			—	—	—	—	—	6f	−52	−212	−52	−332	−341
			6G	+250	+38	+413	+38	6g	−38	−198	−38	−318	−327
			6H	+212	0	+375	0	6h	0	−160	0	−280	−289
			—	—	—	—	—	7e6e	−71	−271	−71	−351	−360
			7G	+303	+38	+513	+38	7g6g	−38	−238	−38	−318	−327
			7H	+265	0	+475	0	7h6h	0	−200	0	−280	−289
			8G	+373	+38	+638	+38	8g	−38	−288	−38	−488	−327
			8H	+335	0	+600	0	9g8g	−38	−353	−38	−448	−327
		2.5	—	—	—	—	—	3h4h	0	−85	0	−212	−361
			4H	+140	0	+280	0	4h	0	−106	0	−212	−361
			5G	+222	+42	+397	+42	5g6g	−42	−174	−42	−377	−403
			5H	+180	0	+355	0	5h4h	0	−132	0	−212	−361
			—	—	—	—	—	5h6h	0	−132	0	−335	−361
			—	—	—	—	—	6e	−80	−250	−80	−415	−441
			—	—	—	—	—	6f	−58	−228	−58	−393	−419
			6G	+266	+42	+492	+42	6g	−42	−212	−42	−377	−403
			6H	+224	0	+450	0	6h	0	−170	0	−335	−361
			—	—	—	—	—	7e6e	−80	−292	−80	−415	−441
			7G	+322	+42	+602	+42	7g6g	−42	−254	−42	−377	−403
			7H	+280	0	+560	0	7h6h	0	−212	0	−335	−361
			8G	+397	+42	+752	+42	8g	−42	−307	−42	−572	−403
			8H	+365	0	+710	0	9g8g	−42	−377	−42	−572	−403

续表

基本大径/mm		螺距/mm	内螺纹					外螺纹					
			公差带	中径		小径		公差带	中径		大径		小径
>	≤			*ES*	*EI*	*ES*	*EI*		*es*	*ei*	*es*	*ei*	用于计算应力的偏差
22.4	45	1	—	—	—	—	—	3h4h	0	−63	0	−112	−144
			4H	+106	0	+150	0	4h	0	−80	0	−112	−144
			5G	+158	+26	+218	+26	5g6g	−26	−126	−26	−206	−170
			5H	+132	0	+190	0	5h4h	0	−100	0	−112	−144
			—	—	—	—	—	5h6h	0	−100	0	−180	−144
			—	—	—	—	—	6e	−60	−185	−60	−240	−204
			—	—	—	—	—	6f	−40	−165	−40	−220	−184
			6G	+196	+26	+262	+26	6g	−26	−151	−26	−206	−170
			6H	+170	0	+236	0	6h	0	−125	0	−180	−144
			—	—	—	—	—	7e6e	−60	−220	−60	−240	−204
			7G	+238	+26	+326	+26	7g6g	−26	−186	−26	−206	−170
			7H	+212	0	+300	0	7h6h	0	−160	0	−180	−144
			8G	—	—	—	—	8g	−26	−226	−26	−306	−170
			8H	—	—	—	—	9g8g	−26	−276	−26	−306	−170
		1.5	—	—	—	—	—	3h4h	0	−75	0	−150	−217
			4H	+125	0	+190	0	4h	0	−95	0	−150	−217
			5G	+192	+32	+268	+32	5g6g	−32	−150	−32	−268	−249
			5H	+160	0	+236	0	5h4h	0	−118	0	−150	−217
			—	—	—	—	—	5h6h	0	−118	0	−236	−217
			—	—	—	—	—	6e	−67	−217	−67	−303	−284
			—	—	—	—	—	6f	−45	−195	−45	−281	−262
			6G	+232	+32	+332	+32	6g	−32	−182	−32	−268	−249
			6H	+200	0	+300	0	6h	0	−150	0	−236	−217
			—	—	—	—	—	7e6e	−67	−257	−67	−303	−284
			7G	+282	+32	+407	+32	7g6g	−32	−222	−32	−268	−249
			7H	+250	0	+375	0	7h6h	0	−190	0	−236	−217
			8G	+347	+32	+507	+32	8g	−32	−268	−32	−407	−249
			8H	+315	0	+475	0	9g8g	−32	−332	−32	−407	−249
		2	—	—	—	—	—	3h4h	0	−85	0	−180	−289
			4H	+140	0	+236	0	4h	0	−106	0	−180	−289
			5G	+218	+38	+338	+38	5g6g	−38	−170	−38	−318	−327
			5H	+180	0	+300	0	5h4h	0	−132	0	−180	−289
			—	—	—	—	—	5h6h	0	−132	0	−280	−289
			—	—	—	—	—	6e	−71	−241	−71	−351	−380
			—	—	—	—	—	6f	−52	−222	−52	−332	−341
			6G	+262	+38	+413	+38	6g	−38	−208	−38	−318	−327
			6H	+224	0	+375	0	6h	0	−170	0	−280	−289
			—	—	—	—	—	7e6e	−71	−283	−71	−351	−360
			7G	+318	+38	+513	+38	7g6g	−38	−250	−38	−318	−327
			7H	+280	0	+475	0	7h6h	0	−212	0	−280	−289
			8G	+393	+38	+638	+38	8g	−38	−307	−38	−488	−327
			8H	+355	0	+600	0	9g8g	−38	−373	−38	−488	−327

续表

基本大径/mm		螺距/mm	内螺纹					外螺纹					
			公差带	中径		小径		公差带	中径		大径		小径
>	≤			ES	EI	ES	EI		es	ei	es	ei	用于计算应力的偏差
			—	—	—	—	—	3h4h	0	−100	0	−236	−433
			4H	+170	0	+315	0	4h	0	−125	0	−236	−433
			5G	+260	+48	+448	+48	5g6g	−48	−208	−48	−423	−481
			5H	+212	0	+400	0	5h4h	0	−160	0	−236	−433
			—	—	—	—	—	5h4h	0	−160	0	−375	−433
			—	—	—	—	—	6e	−85	−285	−85	−460	−518
			—	—	—	—	—	6f	−63	−263	−63	−438	−496
		3	6G	+313	+48	+548	+48	6g	−48	−248	−48	−423	−481
			6H	+265	0	+500	0	6h	0	−200	0	−375	−433
			—	—	—	—	—	7e6e	−85	−335	−85	−460	−518
			7G	+383	+48	+678	+48	7g6g	−48	−298	−48	−423	−481
			7H	+335	0	+630	0	7h6h	0	−250	0	−375	−433
			8G	+473	+48	+848	+48	8g	−48	−363	−48	−648	−481
			8H	+425	0	+800	0	9g8g	−48	−448	−48	−648	−481
			—	—	—	—	—	3h4h	0	−106	0	−265	−505
			4H	+180	0	+355	0	4h	0	−132	0	−265	−505
			5G	+277	+53	+503	+53	5g6g	−53	−223	−53	−478	−558
			5H	+224	0	+450	0	5h4h	0	−170	0	−265	−505
			—	—	—	—	—	5h6h	0	−170	0	−425	−505
			—	—	—	—	—	6e	−90	−302	−90	−615	−595
			—	—	—	—	—	6f	−70	−282	−70	−495	−575
22.4	45	3.5	6G	+333	+53	+613	+53	6g	−53	−263	−53	−478	−558
			6H	+280	0	+560	0	6h	0	−212	0	−425	−505
			—	—	—	—	—	7e6e	−90	−355	−90	−515	−595
			7G	+408	+53	+763	+53	7g6g	−53	−318	−53	−478	−558
			7H	355	0	+710	0	7h6h	0	−265	0	−425	−505
			8G	+503	+53	+953	+53	8g	−53	−388	−53	−723	−558
			8H	+450	0	+900	0	9g8g	−53	−478	−53	−723	−558
			—	—	—	—	—	3h4h	0	−112	0	−300	−577
			4H	+190	0	+375	0	4h	0	−140	0	−300	−577
			5G	+296	+60	+535	+60	5g6g	−60	−240	−60	−535	−637
			5H	+236	0	+475	0	5h4h	0	−180	0	−300	−577
			—	—	—	—	—	5h6h	0	−180	0	−475	−577
			—	—	—	—	—	6e	−95	−319	−95	−570	−672
			—	—	—	—	—	6f	−75	−299	−75	−550	−652
		4	6G	+360	+60	+660	+60	6g	−60	−284	−60	−535	−637
			6H	+300	0	+600	0	6h	0	−224	0	−475	−577
			—	—	—	—	—	7e6e	−95	−375	−95	−570	−672
			7G	+435	+60	+810	+60	7g6g	−60	−340	−60	−535	−637
			7H	+375	0	+750	0	7h6h	0	−280	0	−475	−577
			8G	+535	+60	+1010	+60	8g	−60	−415	−60	−810	−637
			8H	+475	0	+950	0	9g8g	−60	−510	−60	−810	−637

续表

基本大径/mm		螺距/mm	内螺纹					外螺纹					
			公差带	中径		小径		公差带	中径		大径		小径
>	≤			ES	EI	ES	EI		es	ei	es	ei	用于计算应力的偏差
22.4	45	4.5	—	—	—	—	—	3h4h	0	−118	0	−315	−650
			4H	+200	0	+425	0	4h	0	−150	0	−315	−650
			5G	+313	+63	+593	+63	5g6g	−63	−253	−63	−563	−713
			5H	+260	0	+530	0	5h4h	0	−190	0	−315	−650
			—	—	—	—	—	5h6h	0	−190	0	−500	−650
			—	—	—	—	—	6e	−100	−336	−100	−600	−750
			—	—	—	—	—	6f	−80	−316	−80	−580	−730
			6G	+378	+63	+733	+63	6g	−63	−299	−63	−563	−713
			6H	+315	0	+670	0	6h	0	−236	0	−500	−650
			—	—	—	—	—	7e6e	−100	−400	−100	−600	−750
			7G	+463	+63	+913	+63	7g6g	−63	−363	−63	−563	−713
			7H	+400	0	+850	0	7h6h	0	−300	0	−500	−650
			8G	+563	+63	+1123	+53	8g	−63	−438	−63	−863	−713
			8H	+500	0	+1060	0	9g8g	−63	−538	−63	−863	−713
45	90	1.5	—	—	—	—	—	3h4h	0	−80	0	−150	−217
			4H	+132	0	+190	0	4h	0	−100	0	−150	−217
			5G	+202	+32	+268	+32	5g6g	−32	−157	−32	−268	−249
			5H	+170	0	+236	0	5h4h	0	−125	0	−150	−217
			—	—	—	—	—	5h6h	0	−125	0	−236	−217
			—	—	—	—	—	6e	−67	−227	−67	−303	−284
			—	—	—	—	—	6f	−45	−205	−45	−281	−262
			6G	+244	+32	+332	+32	6g	−32	−192	−32	−268	−249
			6H	+212	0	+300	0	6h	0	−160	0	−236	−217
			—	—	—	—	—	7e6e	−67	−267	−67	−303	−284
			7G	+297	+32	+407	+32	7g6g	−32	−232	−32	−268	−249
			7H	+265	0	+375	0	7h6h	0	−200	0	−236	−217
			8G	+367	+32	+507	+32	8g	−32	−282	−32	−407	−249
			8H	+355	0	+475	0	9g8g	−32	−347	−32	−407	−249
		2	—	—	—	—	—	3h4h	0	−90	0	−180	−289
			4H	+150	0	+236	0	4h	0	−112	0	−180	−289
			5G	+228	+38	+338	+38	5g6g	−38	−178	−38	−318	−327
			5H	+190	0	+300	0	5h4h	0	−140	0	−180	−289
			—	—	—	—	—	5h6h	0	−140	0	−280	−289
			—	—	—	—	—	6e	−71	−251	−71	−351	−360
			—	—	—	—	—	6f	−52	−232	−52	−332	−341
			6G	+274	+38	+413	+38	6g	−38	−218	−38	−318	−327
			6H	+236	0	+375	0	6h	0	−180	0	−280	−289
			—	—	—	—	—	7e6e	−71	−295	−71	−351	−360
			7G	+338	+38	+513	+38	7g6g	−38	−262	−38	−318	−327
			7H	+300	0	+475	0	7h6h	0	−224	0	−280	−289
			8G	+413	+38	+638	+38	8g	−38	−318	−38	−488	−327
			8H	+375	0	+600	0	9g8g	−38	−393	−38	−488	−327

续表

基本大径/mm		螺距/mm	内螺纹					外螺纹					
			公差带	中径		小径		公差带	中径		大径		小径
>	≤			ES	EI	ES	EI		es	ei	es	ei	用于计算应力的偏差
45	90	3	—	—	—	—	—	3h4h	0	−106	0	−236	−433
			4H	+180	0	+315	0	4h	0	−132	0	−236	−433
			5G	+272	+48	+448	+48	5g6g	−48	−218	−48	−423	−481
			5H	+224	0	+400	0	5h4h	0	−170	0	−236	−433
			—	—	—	—	—	5h6h	0	−170	0	−375	−433
			—	—	—	—	—	6e	−85	−297	−85	−460	−518
			—	—	—	—	—	6f	−63	−275	−63	−438	−496
			6G	+328	+48	+548	+48	6g	−48	−260	−48	−423	−481
			6H	+280	0	+500	0	6h	0	−212	0	−375	−433
			—	—	—	—	—	7e6e	−85	−350	−85	−460	−518
			7G	+403	+48	+678	+48	7g6g	−48	−313	−48	−423	−481
			7H	+355	0	+630	0	7h6h	0	−265	0	−375	−433
			8G	+498	+48	+848	+48	8g	−48	−383	−48	−648	−481
			8H	+450	0	+800	0	9g8g	−48	−473	−48	−648	−481
		4	—	—	—	—	—	3h4h	0	−118	0	−300	−577
			4H	+200	0	+375	0	4h	0	−150	0	−300	−577
			5G	+310	+60	+535	+60	5g6g	−60	−250	−60	−535	−637
			5H	+250	0	+475	0	5h4h	0	−190	0	−300	−577
			—	—	—	—	—	5h6h	0	−190	0	−475	−577
			—	—	—	—	—	6e	−95	−331	−95	−570	−672
			—	—	—	—	—	6f	−75	−311	−75	−550	−652
			6G	+375	+60	+660	+60	6g	−60	−296	−60	−535	−637
			6H	+315	0	+600	0	6h	0	−236	0	−475	−577
			—	—	—	—	—	7e6e	−95	−395	−95	−570	−672
			7G	+460	+60	+810	+60	7g6g	−60	−360	−60	−535	−637
			7H	+400	0	+750	0	7h6h	0	−300	0	−475	−577
			8G	+560	+60	+1010	+60	8g	−60	−435	−60	−810	−637
			8H	+500	0	+950	0	9g8g	−60	−535	−60	−810	−637
		5	—	—	—	—	—	3h4h	0	−125	0	−335	−722
			4H	+212	0	+450	0	4h	0	−160	0	−335	−722
			5G	+336	+71	+631	+71	5g6g	−71	−271	−71	−601	−793
			5H	+265	0	+560	0	5h4h	0	−200	0	−335	−722
			—	—	—	—	—	5h6h	0	−200	0	−530	−722
			—	—	—	—	—	6e	−106	−356	−106	−636	−828
			—	—	—	—	—	6f	−85	−335	−85	−615	−807
			6G	+406	+71	+781	+71	6g	−71	−321	−71	−601	−793
			6H	+335	0	+710	0	6h	0	−250	0	−530	−722
			—	—	—	—	—	7e6e	−106	−421	−106	−636	−828
			7G	+496	+71	+971	+71	7g6g	−71	−386	−71	−601	−793
			7H	+425	0	+900	0	7h6h	0	−315	0	−530	−722
			8G	+601	+71	+1191	+71	8g	−71	−471	−71	−921	−793
			8H	+530	0	+1120	0	9g8g	−71	−571	−71	−921	−793

续表

基本大径/mm		螺距/mm	内螺纹					外螺纹					
			公差带	中径		小径		公差带	中径		大径		小径
>	≤			ES	EI	ES	EI		es	ei	es	ei	用于计算应力的偏差
45	90	5.5	—	—	—	—	—	3h4h	0	−132	0	−355	−794
			4H	+224	0	+475	0	4h	0	−170	0	−355	−794
			5G	+355	+75	+675	+75	5g6g	−75	−287	−75	−635	−869
			5H	+280	0	+600	0	5h4h	0	−212	0	−355	−794
			—	—	—	—	—	5h6h	0	−212	0	−560	−794
			—	—	—	—	—	6e	−112	−377	−112	−672	−906
			—	—	—	—	—	6f	−90	−355	−90	−650	−884
			6G	+430	+75	+825	+75	6g	−75	−340	−75	−635	−869
			6H	+355	0	+750	0	6h	0	−265	0	−560	−794
			—	—	—	—	—	7e6e	−112	−447	−112	−672	−906
			7G	+525	+75	+1025	+75	7g6g	−75	−410	−75	−635	−869
			7H	+450	0	+950	0	7h6h	0	−335	0	−560	−794
			8G	+635	+75	+1255	+75	8g	−75	−500	−75	−975	−869
			8H	+560	0	+1180	0	9g8g	−75	−605	−75	−975	−869
		6	—	—	—	—	—	3h4h	0	−140	0	−375	−866
			4H	+236	0	+500	0	4h	0	−180	0	−375	−866
			5G	+380	+80	+710	+80	5g6g	−80	−304	−80	−680	−946
			5H	+300	0	+630	0	5h4h	0	−224	0	−375	−866
			—	—	—	—	—	5h6h	0	−224	0	−600	−866
			—	—	—	—	—	6e	−118	−398	−118	−718	−984
			—	—	—	—	—	6f	−95	−375	−95	−695	−961
			6G	+455	+80	+880	+80	6g	−80	−360	−80	−680	−946
			6H	+375	0	+800	0	6h	0	−280	0	−600	−866
			—	—	—	—	—	7e6e	−118	−473	−118	−718	−984
			7G	+555	+80	+1080	+80	7g6g	−80	−435	−80	−680	−946
			7H	+475	0	+1000	0	7h6h	0	−355	0	−600	−866
			8G	+680	+80	+1330	+80	8g	−80	−530	−80	−1030	−946
			8H	+600	0	+1250	0	9g8g	−80	−640	−80	−1030	−946
90	180	2	—	—	—	—	—	3h4h	0	−95	0	−180	−289
			4H	+160	0	+236	0	4h	0	−118	0	−180	−289
			5G	+238	+38	+338	+38	5g6g	−38	−188	−38	−318	−327
			5H	+200	0	+300	0	5h4h	0	−150	0	−180	−289
			—	—	—	—	—	5h6h	0	−150	0	−280	−289
			—	—	—	—	—	6e	−71	−261	−71	−351	−360
			—	—	—	—	—	6f	−52	−242	−52	−332	−341
			6G	+288	+38	+413	+38	6g	−38	−228	−38	−318	−327
			6H	+250	0	+375	0	6h	0	−190	0	−280	−289
			—	—	—	—	—	7e6e	−71	−307	−71	−351	−360
			7G	+353	+38	+513	+38	7g6g	−38	−274	−38	−318	−327
			7H	+315	0	+475	0	7h6h	0	−236	0	−280	−289
			8G	+438	+38	+638	+38	8g	−38	−338	−38	−488	−327
			8H	+400	0	+600	0	9g8g	−38	−413	−38	−488	−327

续表

基本大径/mm		螺距/mm	内螺纹					外螺纹					
			公差带	中径		小径		公差带	中径		大径		小径
>	≤			*ES*	*EI*	*ES*	*EI*		*es*	*ei*	*es*	*ei*	用于计算应力的偏差
90	180	3	—	—	—	—	—	3h4h	0	−112	0	−236	−433
			4H	+190	0	+315	0	4h	0	−140	0	−236	−433
			5G	+284	+48	+448	+48	5g6g	−48	−228	−48	−423	−481
			5H	+236	0	+400	0	5h4h	0	−180	0	−236	−433
			—	—	—	—	—	5h6h	0	−180	0	−375	−433
			—	—	—	—	—	6e	−85	−309	−85	−460	−518
			—	—	—	—	—	6f	−63	−287	−63	−438	−496
			6G	+348	+48	+548	+48	6g	−48	−272	−48	−423	−481
			6H	+300	0	+500	0	6h	0	−224	0	−375	−433
			—	—	—	—	—	7e6e	−85	−365	−85	−460	−518
			7G	+423	+48	+678	+48	7g6g	−48	−328	−48	−423	−481
			7H	+375	0	+630	0	7h6h	0	−280	0	−375	−433
			8G	+523	+48	+848	+48	8g	−48	−403	−48	−648	−481
			8H	+475	0	+800	0	9g8g	−48	−498	−48	−648	−481
		4	—	—	—	—	—	3h4h	0	−125	0	−300	−577
			4H	+212	0	+375	0	4h	0	−160	0	−300	−577
			5G	+325	+60	+535	+60	5g6g	−60	−260	−60	−535	−637
			5H	+265	0	+475	0	5h4h	0	−200	0	−300	−577
			—	—	—	—	—	5h6h	0	−200	0	−475	−577
			—	—	—	—	—	6e	−95	−345	−95	−570	−672
			—	—	—	—	—	6f	−75	−325	−75	−550	−652
			6G	+395	+60	+660	+60	6g	−60	−310	−60	−535	−637
			6H	+335	0	+600	0	6h	0	−250	0	−475	−577
			—	—	—	—	—	7e6e	−95	−410	−95	−570	−672
			7G	+485	+60	+810	+60	7g6g	−60	−375	−60	−535	−637
			7H	+425	0	+750	0	7h6h	0	−315	0	−475	−577
			8G	+590	+60	+1010	+60	8g	−60	−460	−60	−810	−637
			8H	+530	0	+950	0	9g8g	−60	−560	−60	−810	−637
		6	—	—	—	—	—	3h4h	0	−150	0	−375	−866
			4H	+250	0	+500	0	4h	0	−190	0	−375	−866
			5G	+395	+80	+710	+80	5g6g	−80	−316	−80	−680	−946
			5H	+315	0	+630	0	5h4h	0	−236	0	−375	−866
			—	—	—	—	—	5h6h	0	−236	0	−600	−866
			—	—	—	—	—	6e	−118	−418	−118	−718	−984
			—	—	—	—	—	6f	−95	−395	−95	−695	−961
			6G	+480	+80	+880	+80	6g	−80	−380	−80	−680	−946
			6H	+400	0	+800	0	6h	0	−300	0	−600	−866
			—	—	—	—	—	7e6e	−118	−493	−118	−718	−984
			7G	+580	+80	+1080	+80	7g6g	−80	−455	−80	−680	−946
			7H	+500	0	+1000	0	7h6h	0	−375	0	−600	−866
			8G	+710	+80	+1330	+80	8g	−80	−555	−80	−1030	−946
			8H	+630	0	+1250	0	9g8g	−80	−680	−80	−1030	−946

续表

基本大径/mm		螺距/mm	内螺纹					外螺纹					
			公差带	中径		小径		公差带	中径		大径		小径
>	≤			ES	EI	ES	EI		es	ei	es	ei	用于计算应力的偏差
90	180	8[a]	—	—	—	—	—	3h4h	0	−170	0	−450	−1155
			4H	+280	0	+630	0	4h	0	−212	0	−450	−1155
			5G	+380	+100	+900	+100	5g6g	−100	−365	−100	−810	−1255
			5H	+355	0	+800	0	5h4h	0	−265	0	−450	−1155
			—	—	—	—	—	5h6h	0	−265	0	−710	−1155
			—	—	—	—	—	6e	−140	−475	−140	−850	−1295
			—	—	—	—	—	6f	−118	−463	−118	−828	−1273
			6G	+550	+100	+1100	+100	6g	−100	−435	−100	−810	−1255
			6H	+450	0	+1000	0	6h	0	−335	0	−710	−1155
			—	—	—	—	—	7e6e	−140	−565	−140	−850	−1295
			7G	+660	+100	+1350	+100	7g6g	−100	−525	−100	−810	−1255
			7H	+560	0	+1250	0	7h6h	0	−425	0	−710	−1155
			8G	+810	+100	+1700	+100	8g	−100	−630	−100	−1280	−1255
			8H	+710	0	+1600	0	9g8g	−100	−770	−100	−1280	−1255
180	355	3	—	—	—	—	—	3h4h	0	−125	0	−236	−433
			4H	+212	0	+315	0	4h	0	−160	0	−236	−433
			5G	+313	+48	+448	+48	5g6g	−48	−248	−48	−423	−481
			5H	+265	0	+400	0	5h4h	0	−200	0	−236	−433
			—	—	—	—	—	5h6h	0	−200	0	−375	−433
			—	—	—	—	—	6e	−85	−335	−85	−460	−518
			—	—	—	—	—	6f	−63	−313	−63	−438	−496
			6G	+383	+48	+548	−48	6g	−48	−298	−48	−423	−481
			6H	+335	0	+500	0	6h	0	−250	0	−375	−433
			—	—	—	—	—	7e6e	−85	−400	−85	−460	−518
			7G	+473	+48	+678	+48	7g6g	−48	−363	−48	−423	−481
			7H	+425	0	+630	0	7h6h	0	−315	0	−375	−433
			8G	+578	+48	+848	+48	8g	−48	−448	−48	−648	−481
			8H	+530	0	+800	0	9g8g	−48	−548	−48	−648	−481
		4	—	—	—	—	—	3h4h	0	−140	0	−300	−577
			4H	+236	0	+375	0	4h	0	−180	0	−300	−577
			5G	+360	+60	535	+60	5g6g	−60	−284	−60	−535	−637
			5H	+300	0	+475	0	5h4h	0	−224	0	−300	−577
			—	—	—	—	—	5h6h	0	−224	0	−475	−577
			—	—	—	—	—	6e	−95	−375	−95	−570	−672
			—	—	—	—	—	6f	−75	−355	−75	−550	−652
			6G	+435	+60	+660	+60	6g	−60	−340	−60	−535	−637
			6H	+375	0	+660	0	6h	0	−280	0	−475	−577
			—	—	—	—	—	7e6e	−95	−450	−95	−570	−672
			7G	+535	+60	+810	+60	7g6g	−60	−415	−60	−535	−637
			7H	+475	0	+750	0	7h6h	0	−355	0	−475	−577
			8G	+660	+60	+1010	+60	8g	−60	−510	−60	−810	−637
			8H	+600	0	+950	0	9g8g	−60	−620	−60	−810	−637

续表

基本大径/mm		螺距/mm	内螺纹					外螺纹					
			公差带	中径		小径		公差带	中径		大径		小径
>	≤			ES	EI	ES	EI		es	ei	es	ei	用于计算应力的偏差
180	355	6	—	—	—	—	—	3h4h	0	−160	0	−375	−866
			4H	+265	0	+500	0	4h	0	−200	0	−375	−866
			5G	+415	+80	+710	+80	5g6g	−80	−330	−80	−680	−946
			5H	+335	0	+630	0	5h4h	0	−260	0	−375	−866
			—	—	—	—	—	5h6h	0	−260	0	−600	−866
			—	—	—	—	—	6e	−118	−433	−118	−718	−984
			—	—	—	—	—	6f	−95	−410	−95	−695	−961
			6G	+505	+80	+880	+80	6g	−80	−395	−80	−680	−946
			6H	+425	0	+800	0	6h	0	−315	0	−600	−866
			—	—	—	—	—	7e6e	−118	−518	−118	−718	−984
			7G	+610	+80	+1080	+80	7g6g	−80	−480	−80	−680	−946
			7H	+530	0	+1000	0	7h6h	0	−400	0	−600	−866
			8G	+750	+80	+1330	+80	8g	−80	−580	−80	−1030	−946
			8H	+670	0	+1250	0	9g8g	0	−710	−80	−1030	−946
		8	—	—	—	—	—	3h4h	0	−180	0	−450	−1155
			4H	+300	0	+630	0	4h	0	−224	0	−450	−1155
			5G	+475	+100	+900	+100	5g6g	−100	−380	−100	−810	−1255
			5H	+375	0	+800	0	5h4h	0	−280	0	−450	−1155
			—	—	—	—	—	5h6h	0	−280	0	−710	−1155
			—	—	—	—	—	6e	−140	−495	−140	−850	−1295
			—	—	—	—	—	6f	−118	−473	−118	−828	−1273
			6G	+575	+100	+1100	+100	6g	−100	−455	−100	−810	−1255
			6H	+475	0	1000	0	6h	0	−355	0	−710	−1155
			—	—	—	—	—	7e6e	−140	−590	−140	−850	−1295
			7G	+700	+100	+1350	+100	7g6g	−100	−550	−100	−810	−1255
			7H	+600	0	+1250	0	7h6h	0	−450	0	−710	−1155
			8G	+850	+100	+1700	+100	8g	−100	−660	−100	−1280	−1255
			8H	+750	0	+1600	0	9g6g	−100	810	−100	−1280	−1255

注　ES和es分别为内、外螺纹的上偏差代号：EI和ei分别为内、外螺纹的下偏差代号。

[a] 8mm螺距仅适用于基本大径大于和等于125mm的螺纹。

参 考 文 献

[1] 黄祥成，邱言龙，尹述军. 钳工技师手册. 北京：机械工业出版社，1998.

[2] 邱言龙，李文林，谭修炳. 工具钳工技师手册. 北京：机械工业出版社，1999.

[3] 杨昌义. 极限配合与技术测量基础（第三版）. 北京：中国劳动社会保障出版社，2000.

[4] 胡荆生. 公差配合与技术测量基础（第二版）. 北京：中国劳动社会保障出版社，2000.

[5] 邱言龙. 机床维修技术问答. 北京：机械工业出版社，2001.

[6] 邱言龙，陈德全，张国栋. 模具钳工技术问答. 北京：机械工业出版社，2001.

[7] 李文林，邱言龙，陈德全. 钳工实用技术问答. 北京：机械工业出版社，2001.

[8] 何兆凤. 公差配合与技术测量. 北京：中国劳动社会保障出版社，2001.

[9] 邱言龙，郑毅，余小燕. 磨工技师手册. 北京：机械工业出版社，2002.

[10] 邱言龙. 铣工技师手册. 北京：机械工业出版社，2003.

[11] 乔元信. 公差配合与技术测量. 北京：中国劳动社会保障出版社，2006.

[12] 杨昌义. 极限配合与技术测量基础. 北京：中国劳动社会保障出版社，2007.

[13] 邱言龙，王兵. 钳工实用技术手册. 北京：中国电力出版社，2007.

[14] 邱言龙，王秋杰. 铣工实用技术手册. 北京：中国电力出版社，2008.

[15] 王国钱. 模具钳工工艺与技能训练. 北京：科学出版社，2008.

[16] 王敏杰，宋满仓. 模具制造技术. 北京：电子工业出版社，2008.

[17] 胡家富，李立均，尤根华. 图解模具工入门. 北京：中国电力出版社，2009.

[18] 邱言龙. 模具钳工实用技术手册. 北京：中国电力出版社，2010.

[19] 邱言龙，王兵，刘继福. 车工实用技术手册. 北京：中国电力出版社，2010.

[20] 邱言龙，刘继福. 车工技师手册（第 2 版）. 北京：机械工业出版社，2011.

[21] 宋文革. 极限配合与技术测量基础（第四版）. 北京：机械工业出版社，2011.
[22] 晏初宏. 几何量公差配合与技术测量. 上海：上海科学技术出版社，2011.
[23] 邱言龙. 巧学模具钳工技能. 北京：中国电力出版社，2012.
[24] 邱言龙，尹述军. 巧学装配钳工技能. 北京：中国电力出版社，2012.
[25] 邱言龙. 巧学机修钳工技能. 北京：中国电力出版社，2012.
[26] 曾正明. 实用金属材料选用手册. 北京：中国电力出版社，2012.
[27] 陈宏钧. 金属切削工艺技术手册. 北京：机械工业出版社，2013.
[28] 陈宏钧. 金属切削操作技能手册. 北京：机械工业出版社，2013.
[29] 顾小玲. 量具、量仪与测量技术. 北京：机械工业出版社，2013.
[30] 邱言龙，雷振国. 模具钳工技术问答（第 2 版）. 北京：机械工业出版社，2013.
[31] 邱言龙，雷振国. 机床维修技术问答（第 2 版）. 北京：机械工业出版社，2013.
[32] 熊建武，周进. 公差配合与测量. 北京：机械工业出版社，2014.
[33] 邱言龙，雷振国. 机床机械维修技术. 北京：中国电力出版社，2014.
[34] 孙长库、胡晓东. 精密测量理论与技术基础. 北京：机械工业出版社，2015.
[35] 邱言龙. 塑料模具实用技术手册. 北京：中国电力出版社，2015.
[36] 邱言龙，王兵，赵明. 钣金工实用技术手册. 北京：中国电力出版社，2016.
[37] 邱言龙. 装配钳工实用技术手册（第二版）. 北京：中国电力出版社，2018.
[38] 邱言龙. 模具钳工实用技术手册（第二版）. 北京：中国电力出版社，2018.
[39] 邱言龙，王兵. 车工实用技术手册（第二版）. 北京：中国电力出版社，2018.
[40] 邱言龙，王兵. 钳工实用技术手册（第二版）. 北京：中国电力出版社，2018.
[41] 邱言龙，李文菱，谭修炳. 工具钳工实用技术手册（第二版）. 北京：中国电力出版社，2019.
[42] 邱言龙. 机修钳工实用技术手册（第二版）. 北京：中国电力出版社，2019.